Goethe als Naturforscher im Urteil der Naturwissenschaft und Medizin des 19. Jahrhunderts

Dietrich von Engelhardt

Goethe als Naturforscher im Urteil der Naturwissenschaft und Medizin des 19. Jahrhunderts

Themen, Texte, Titel

Unter Mitarbeit von Ulrike von Engelhardt

1682 J.B. METZLER

Dietrich von Engelhardt
Karlsruhe, Baden-Württemberg
Deutschland

ISBN 978-3-662-68125-1 ISBN 978-3-662-68126-8 (eBook)
https://doi.org/10.1007/978-3-662-68126-8

Die Deutsche Nationalbibliothek verzeichnet diese Publikation in der Deutschen Nationalbibliografie; detaillierte bibliografische Daten sind im Internet über http://dnb.d-nb.de abrufbar.

Einbandabbildung: Farbenkreis: SUB Göttingen Cod. Ms. Lichtenberg VI, 44; Rose: GSA 26/LIV, 8 (ÜF 349) Abb. 47 1110_85, Foto Klassik Stiftung Weimar; Schafschädel: Frithjof Spangenberg, Illustrationen & Kommunikationsdesign, Konstanz

Planung/Lektorat: Oliver Schuetze
J.B. Metzler ist ein Imprint der eingetragenen Gesellschaft Springer-Verlag GmbH, DE und ist ein Teil von Springer Nature.
Die Anschrift der Gesellschaft ist: Heidelberger Platz 3, 14197 Berlin, Germany

Das Papier dieses Produkts ist recyclebar.

Der Natur und dem Geist,
dem Leib und der Seele.

Inhaltsverzeichnis

Teil II Bibliographie der Primärtitel

Einleitung

> Die Natur bekümmert sich nicht um irgendeinen Irrtum; sie selbst kann nicht anders, als ewig recht handeln, unbekümmert, was daraus erfolgen möge.
>
> Goethe

1.

Goethe als Naturforscher findet bei deutschen und ausländischen Naturforschern und Medizinern des 19. Jahrhunderts durchgängig Beachtung, erfährt Zustimmung und Ablehnung, führt zu einer Fülle spezifischer Studien mit Interpretationen und Beurteilungen seiner Beiträge zur Physik und Chemie, Geologie, Botanik, Zoologie, Physiologie, Anatomie, Pathologie und Therapie – neben zahlreichen knappen Ausführungen oder kurzen Hinweisen in naturwissenschaftlichen und medizinischen Publikationen dieser Zeit.

Die Goetheforschung hat diese naturwissenschaftliche und medizinische Rezeption und Resonanz während des 19. Jahrhunderts, abgesehen von einzelnen herausragenden Naturforscher und Medizinern (Alexander von Humboldt, Lorenz Oken, Johannes Müller, Georges Cuvier, Étienne Geoffroy Saint-Hilaire, Ernst Haeckel, John Tyndall, Hermann von Helmholtz, Emil Du Bois-Reymond, Rudolf Virchow) kaum oder nur bibliographisch zur Kenntnis genommen.[1] Die Ursachen liegen – im offensichtlichen Gegensatz zu Goethes Verbindung von Naturwissenschaften

[1] Frederick Amrine, Hg.: Goethe in the History of Science, Bd. 1–2, New York 1996; Bianca Bican u. Manfred Wenzel: Rezeptions- und Wirkungsgeschichte, in: Goethe-Handbuch, Supplemente, Bd. 2, Stuttgart 2012, S. 215–280; Lutz Danneberg: Goethe und die Naturwissenschaften – mit Blick auf die Philosophie, die Antike und die übrigen Wissenschaften.

D. von Engelhardt, *Goethe als Naturforscher im Urteil der Naturwissenschaft und Medizin des 19. Jahrhunderts*,
https://doi.org/10.1007/978-3-662-68126-8_1

und Geisteswissenschaften, Künsten und Literatur in seinem Denken und seinen Werken – in der sich nach der Epoche der Romantik und des Idealismus zunehmenden und heute weltweit dominierenden Trennung der vier Kulturen der Naturwissenschaften, Geisteswissenschaft, Künste und des Lebens.

Veröffentlichungen über Goethe und die Romantik, über seine Position allgemein in Europa oder spezieller in seinen Beziehungen zu England, Frankreich, Italien, Spanien, den skandinavischen und slavischen Ländern berücksichtigen überwiegend Goethes literarische, künstlerische und geisteswissenschaftliche Werke und gehen allenfalls begrenzt oder nur gelegentlich auf die Aufnahme seiner naturwissenschaftlichen und medizinischen Beiträge in den Naturwissenschaften und der Medizin ein.

Der vorliegende Band möchte diese Lücke schließen oder zumindest verringern. Im Zentrum steht der Abdruck von 48 nicht nur deutschen, sondern internationalen und nicht selten an entlegenen Orten und anonym erschienenen Studien von Naturwissenschaftlern und Medizinern des 19. Jahrhunderts. Den Texten werden jeweils biographische Informationen über die Autoren und Resümees ihrer Beiträge vorangestellt. Ein Register führt zu den in diesen Texten erwähnten Personen.

Ergänzt wird diese Quellensammlung von einer Bibliographie von 240 Titeln entsprechender Veröffentlichungen von Naturwissenschaftlern und Medizinern dieses Jahrhunderts, die sich explizit mit Goethe als Naturforscher auseinandersetzen.

Bibliographische Hinweise konnten an verschiedenen Orten aufgegriffen werden. In der II. Abteilung der historisch-kritischen Leopoldina-Ausgabe von Goethes *Schriften zur Naturwissenschaft* (Weimar 1959 ff.) finden sich wesentliche Zeugnisse der Reaktionen von Naturwissenschaftlern und

Auswahlbibliographie. URL: https://www.fheh.org/images/fheh/material/goethe-v02.pdf (besucht am 10.07.2023); Dietrich v. Engelhardt: Goethes Farbenlehre und Morphologie in den Naturwissenschaften des 19. Jahrhunderts, in: Goethe-Jahrbuch, Bd. 116, Weimar 1999, S. 224–233; ders.: Gli studi scientifici di Goethe nel giudizio delle scienze naturali del XIX secolo, in: Gian Franco Frigo, Raffaella Simili, Federico Vercellone u. Dietrich v. Engelhardt, Hg.: Arte, scienza e natura in Goethe, Turin 2005, S. 69–94; Oscar Fambach: Goethe und seine Kritiker, Berlin 1955; Felix Höpfner: Wissenschaft wider die Zeit. Goethes Farbenlehre aus rezeptionsgeschichtlicher Sicht, Heidelberg 1990; Karl Robert Mandelkow: Die Rezeption der naturwissenschaftlichen Schriften, in: ders.: Goethe in Deutschland. Rezeptionsgeschichte eines Klassikers, Bd. I, 1773–1918, München 1980, S. 174–200; René Michéa: „La métamorphose des plantes" devant la critique, in: Études Germaniques 24 (1969) (2) S. 194–209; Irmgard Müller: Goethes Farbenlehre und Morphologie in den Naturwissenschaften des 20. Jahrhunderts, in: Goethe-Jahrbuch, Bd. 116, Weimar 1999, S. 234–244; Olaf L. Müller: Goethe und die Physik seiner Zeit. Wider einige Vorurteile zur zeitgenössischen Wirkungsgeschichte der *Farbenlehre*, in: Manfred Leber u. Sikander Singh, Hg.: Goethe und … (= Saarbrücker literaturwissenschaftliche Ringvorlesungen 5), Saarbrücken 2016, S. 143–169; Günther Schmid: Goethes Beziehungen zu Naturforschern und Medizinern, in: ders.: Goethe und die Naturwissenschaften, Halle 1940, S. 477–602.

Mediziner auf Goethes naturwissenschaftliche Arbeiten bis zu seinem Tod 1832. Die Bibliographie *Goethe und die Naturwissenschaften*[2] von Günther Schmid aus dem Jahr 1940 enthält ebenfalls umfassend entsprechende Titel. Der von Hans Ruppert bearbeitete Katalog von *Goethes Bibliothek* von 1958 gibt Auskunft über die naturwissenschaftlich-medizinischen Schriften in seiner Bibliothek. Frederick Amrine bietet in *Goethe in the History of Science*[3] von 1996 eine umfangreiche Bibliographie spezifischer Goethe Studien sowie von Werken, in denen Goethe mehr oder weniger ausführlich erwähnt und behandelt wird. Das *Goethe Handbuch. Supplemente 2, Naturwissenschaften* von 2012[4], hg. v. Manfred Wenzel, verzeichnet neben den ausführlich referierten Kontakten zwischen Goethe, Naturwissenschaftlern und Medizinern seinerseits Publikationen deutscher Naturwissenschaftler und Mediziner seit dem 19. Jahrhundert bis 2011. Die Auswahlbibliographie von Lutz Danneberg *Goethe und die Naturwissenschaften* von 2018 führt ebenfalls zahlreiche Beiträge von Naturwissenschaftlern und Medizinern an.

Verschiedentlich kommt es – mit einem deutlich geisteswissenschaftlichen Schwerpunkt – bereits zu Quelleneditionen. Julius W. Braun nimmt in seine dreibändige weitgespannte Sammlung *Goethe im Urtheile seiner Zeitgenossen. Zeitungskritiken, Berichte, Notizen*[5] aus dem Zeitraum von 1773 bis 1812 sieben naturwissenschaftliche Rezensionen über die Farbenlehre und Pflanzenmetamorphose auf. Oscar Fambach druckt in seiner Kollektion *Goethe und seine Kritiker* (1955)[6] unter 27 Texten aus dem Zeitraum 1788–1831 eine medizinische Rezension ab; vollständiger ist die Bibliographie naturwissenschaftlicher und medizinischer Rezensionen aus den wichtigsten Literaturzeitschriften bis zu Goethes Tod im Anhang dieser Publikation. In Karl Robert Mandelkows vierbändigen Ausgabe *Goethe im Urteil seiner Kritiker. Dokumente zur Wirkungsgeschichte Goethes in Deutschland* (1975–1984)[7] werden in den Teil I–III bei 196 Titeln vier medizinische und drei naturwissenschaftliche Studien erneut, wenn auch zum Teil nur auszugsweise abgedruckt. František Tomáš Bratranek dokumentiert 1874 in seiner zweibändigen Sammlung *Goethe's naturwissenschaftliche Correspondenz*

[2] Günther Schmid: Goethe und die Naturwissenschaften. Eine Bibliographie, Halle 1940.

[3] Frederick Amrine, Hg.: Goethe in the History of Science, Bd. 1, Bibliography, 1776–1949, Bd. 2, Bibliography, 1950–1995, New York 1996, Bd. 3, Goethe in the History of Science: The Perennial Alternative: Episodes in the Reception of Goethe's Scientific Work, New York 2021.

[4] Manfred Wenzel, Hg.: Goethe Handbuch, Supplemente 2, Naturwissenschaften, Stuttgart 2012.

[5] Julius W. Braun: Goethe im Urtheile seiner Zeitgenossen. Zeitungskritiken, Berichte, Notizen, Bd. 1–3, 1773–1812, Berlin 1883–1885, Nachdruck Hildesheim 1969.

[6] Oscar Fambach: Goethe und seine Kritiker, Berlin 1955.

[7] Karl Robert Mandelkow: Goethe im Urteil seiner Kritiker. Dokumente zur Wirkungsgeschichte Goethes in Deutschland, Teil I–IV, München 1975–1984.

(1812–1832)[8] briefliche Kontakte Goethes mit 75 deutschen und ausländischen Naturwissenschaftlern und Medizinern. Entsprechende Angaben bieten *Briefe an Goethe. Gesamtausgabe in Regestform*[9], verschiedentlich veröffentlichte Gespräche mit Goethe sowie die überwältigende Dokumentation *Goethes Leben von Tag zu Tag.*[10]

Grenzen gelten auch für die vorliegende Veröffentlichung. Nicht aufgenommen werden konnten in die Quellensammlung wegen ihres Umfanges monographische Publikationen von Naturwissenschaftlern und Medizinern über Goethe als Naturforscher, die aber in der Bibliographie der Primärtitel angeführt werden. Zu ihnen gehören überwiegend bislang unbeachtete Arbeiten von Christoph Heinrich Pfaff (1813), Johann Friedrich Christian Werneburg (1817), Andrej Nikolaevič Beketov (1858), Carl Heinrich Meding (1861), Ernest Faivre (1862), Georg Rudolf Hantzsch (1862), Carl Gustav Carus (1863), Carl Neumann (1863), Frédéric Kirschleger (1865), Jean Nicolas Boulay (1869), Tymoteusz Stępniewski (1877), Eduard Hlawaczek (1877), Salomon Kalischer (1878), Karl Friedrich Jordan (1888), Paul Julius Möbius (1889), Vladimír Josef Procházka (1895), Reinhard Hederich (1897), Paul Henry Gerber (1900).

Ebenso konnten deutsche und internationale naturwissenschaftliche und medizinische Veröffentlichungen des 19. Jahrhunderts mit wiederholt vorkommenden und meist nur knappen, aber immer wieder auch gehaltreichen Erwähnungen und Beurteilungen Goethes als Naturforscher in der Bibliographie der Primärtitel nicht berücksichtigt werden wie auch nicht auf entsprechende Passagen in Autobiographien, Tagebüchern und Briefen oder Widmungen und Zueignungen in dieser Bibliographie hingewiesen werden konnte. Jeder Anspruch auf eine auch nur annähernd vollständige Dokumentation dieser für die Rezeption und Resonanz Goethes gleichwohl wichtigen und vielfältigen Zeugnisse kann nur scheitern.

Das Spektrum der Hinweise und Bezüge ist vielfältig. Der Naturforscher und Mediziner Johannes Müller verfasst für den Nachdruck von Goethes *Über den Zwischenkiefer des Menschen und der Thiere* von 1831 eine kurze Einleitung. Der englische Biologe Thomas Henry Huxley eröffnet 1869 mit Aphorismen aus dem Goethe zugeschriebenen, aber nicht von ihm stammenden Fragment *Die Natur* von 1783 die neue und heute noch

[8] F. Th. Bratranek, Hg.: Goethes naturwissenschaftliche Correspondenz. (1812–1832), Bd. 1–2, Leipzig 1874.

[9] Briefe an Goethe. Gesamtausgabe in Regestform, Bd. 1 ff., Weimar 1980 ff.

[10] Johann Peter Eckermann: Gespräche mit Goethe in den letzten Jahren seines Lebens, 1836–1842, erneut Frankfurt a. M. 1999; Ernst Grumach u. Renate Grumach, Hg.: Goethe – Begegnungen und Gespräche, Bd. 1 ff., Berlin 1965ff; Wolfgang Herwig, Hg.: Goethes Gespräche. Eine Sammlung zeitgenössischer Berichte aus seinem Umgang auf Grund der Ausgabe und des Nachlasses von Flodoard Freiherrn von Biedermann, Bd. 1–4, Zürich 1986–1987; Friedrich Soret: Zehn Jahre bei Goethe – Erinnerungen an Weimars klassische Zeit 1822–1832, Leipzig 1829, Nachdruck Hildesheim 1991; Robert Steiger u. a., Hg. Goethes Leben von Tag zu Tag. Eine dokumentarische Chronik, Bd. I–VIII, Zürich 1982–1996.

bestehende naturwissenschaftliche Zeitschrift ‚Nature'. Der Mediziner und Naturphilosoph Ernst Haeckel stellt den 30 Kapiteln seiner *Generellen Morphologie* von 1866 jeweils als Motto ein Zitat Goethes voran. Schriften widmen ihm oder eignen ihm zu die Mediziner und Naturforscher Carl Wigand Maximilian Jacobi (1797), Nicolaus Meyer (1800), Henrik Steffens (1801), Johann Christian Friedrich Graumüller (1803), Carl Christian Adolph Neuenhahn (1803), Alexander von Humboldt (1805, 1806, 1807, 1808, 1811 u. 1826), Franz Joseph Schelver (1822), Justus Christian von Loder (1823), Moritz Ernst Adolph Naumann (1823), Jan Evangelista Purkyně (1825). Friedrich Nasse u. a. (1825), Friedrich Gottlieb von Busse (1828) und Augustin Pyramus de Candolle (1828), ohne in diesen Werken auf Goethe besonders einzugehen.[11] Der Physiologe und Naturphilosoph Bernhard Wildbrand und der Gynäkologe und Naturphilosoph Ferdinand August Ritgen widmen Goethe, Alexander von Humboldt und Johann Friedrich Blumenbach das nach einer Zeichnung Ritgens von Joseph Päringer lithographierte *Gemälde der organischen Natur in ihrer Verbreitung auf der Erde* als Beilage zu der gleichnamigen Veröffentlichung von 1821, worüber sich Goethe am 28. April 1822 „auf das angenehmste überrascht" bedankte und überzeugt hinzufügte, „daß die ganze naturforschende Welt mit uns davon erbaut sein werde".[12] Auf dem Grabstein des 1849 verstorbenen Chemikers Johann Wolfgang Döbereiner steht „Berater Goethes. Schöpfer der Triadenlehre. Entdecker der Platinkatalyse". Der Mineraloge Johann Georg Lenz führte 1806 den Namen *Goethit* für ein Mineral aus der Klasse der Oxide und Hydroxide ein. Der Physiker Ludwig Wilhelm Gilbert moniert 1811 in einer Fußnote in den von ihm herausgegebenen ‚Annalen der Physik', dass Goethe die Forschungen zur Farbenlehre des Thomas Young nicht zur Kenntnis genommen habe. In einer In ihren Autobiographien äußern sich die Naturforscher, Mediziner und Naturphilosophen Jöns Jacob Berzelius, Henrik Steffens, Gotthilf Heinrich von Schubert, Carl Gustav Carus und Karl Friedrich Burdach mehrfach über Goethes naturwissenschaftliche Leistungen und berichten von ihren persönlichen Begegnungen und brieflichen Kontakten.[13] Der Physiker Heinrich Wilhelm Dove führt

[11] Nicolaus Meyer: Prodromus anatomiae murium, med. Diss. Jena 1800; Henrik Steffens: Beiträge zur innern Naturgeschichte der Erde, Freiberg 1801; Alexander von Humboldt: Ideen zu einer Geographie der Pflanzen, Wien 1811; Franz Joseph Schelver: Lebens- und Formgeschichte der Pflanzenwelt, Heidelberg 1822; Jan Evangelista Purkyně: Neue Beiträge zur Kenntniss des Sehens in subjectiver Hinsicht, Berlin 1825.

[12] Johann Wolfgang von Goethe an Johann Bernhard Wilbrand, 28. April 1822, in: Goethes Werke, IV. Abth., Goethes Briefe, Bd. 36, Weimar 1907, S. 32–33, hier S. 32.

[13] Jöns Jacob Berzelius: Självbiografiska anteckningar, hg. v. H. G. Söderbaum, Stockholm 1901, dt. gekürzt, Selbstbiographische Aufzeichnungen, v. Emilie Wöhler u. Georg W. Kahlbaum, Leipzig 1903, Nachdruck Leipzig 1970; Karl Friedrich Burdach: Rückblick auf mein Leben, Leipzig 1848, erneut, hg. v. Karl-Maria Guth, Berlin 2014; Carl Gustav Carus: Lebenserinnerungen und Denkwürdigkeiten, Bd. 1–4, Leipzig 1865–1866; Bd. 5, posthum, hg. v. Rudolf Zaunick, Dresden 1931, Nachdruck, in: ders. Gesammelte Schriften, hg. v. Olaf Breidbach,

in seiner *Darstellung der Farbenlehre* von 1853 die positive Aufnahme von Goethes Werk auf den poetischen „Zauber der Darstellung“ zurück, von dem sich viele gefangen nehmen ließen. „Gibt es irgendwo anders einen Stil von so durchsichtiger Klarheit und von so leidenschaftlicher Wärme?“[14] Der čechische Botaniker Ladislav Josef Čelakovský erörtert eingehend 1885 in seiner Studie *Linné's Anteil an der Lehre von der Metamorphose der Pflanze*[15] Goethes Vorstellungen, ohne Goethe im Titel anzuführen; das trifft auch für Handbücher, Lehrbücher und fachhistorische Darstellungen der Physik, Botanik, Zoologie und Medizin zu. Der Mediziner und Botaniker Friedrich Siegmund Voigt stellt in seinem Handwörterbuch der botanischen Kunstsprache (1805, ^{2}1824) wie in seinem *System der Botanik* (1808) Goethes botanische Konzepte vor. In ihren Geschichten der Botanik gehen Kurt Sprengel (1818), Carl Friedrich Wilhelm Jessen (1864) und Julius Sachs (1875) auf Goethe und vor allem die Metamorphose der Pflanzen ein.[16]

Die Rezeption wissenschaftlicher Personen und Positionen erfolgt auf unterschiedliche Weise, die sich, was auch auf Goethe als Naturforscher zutrifft, sinnvoll in 10 Dimensionen gliedern lassen: 1) Zeiten, Epochen, 2) Länder, Sprachräume, Übersetzungen, 3) Lexika, Biographien, Autobiographien, 4) wissenschaftliche Disziplinen, 5) empirische Forschungsbeiträge, 6) theoretische Abhandlungen, 7) wissenschaftshistorische Studien, 8) Leben, Kontakte, Briefwechsel, 9) Inhalt und Form, 10) Anhänger und Schulen.

2.

Die Beachtung Goethes als Naturforscher bleibt während des 19. Jahrhunderts nicht auf Deutschland begrenzt, sondern erfolgt auch in anderen Ländern. Thomas Young, Pierre Prévost, Georges Cuvier, Étienne Geoffroy Saint-Hilaire, David Brewster, Ernest Faivre, John Tyndall sind einige bekanntere Beispiele. Viele weitere Beiträge werden in der Bibliographie der Primärliteratur angeführt und sind zum Teil auch in der Quellensammlung abgedruckt.

Bd. 5–8, Hildesheim 2009; Gotthilf Heinrich von Schubert: Der Erwerb aus einem vergangenen und die Erwartung von einem zukünftigen Leben. Eine Selbstbiographie, Bd. 1–3, Erlangen 1854–1856; Henrik Steffens: Was ich erlebte. Aus der Erinnerung niedergeschrieben, Bd. 1–10, Breslau 1840–44, Nachdruck, hg. v. Dietrich v. Engelhardt, Stuttgart-Bad Cannstatt 1995–1996.

[14] Heinrich Wilhelm Dove: Darstellung der Farbenlehre und optische Studien, Berlin 1853, S. 16.

[15] Ladislav Josef Čelakovský: Linné's Anteil an der Lehre von der Metamorphose der Pflanze, in: Botanische Jahrbücher für Systematik, Pflanzengeschichte und Pflanzengeographie 6 (1885) S. 146–186.

[16] Kurt Sprengel: Geschichte der Botanik, Th. 1–2, Leipzig 1818; Karl Friedrich Wilhelm Jessen: Botanik der Gegenwart und Vorzeit in culturhistorischer Entwickelung, Leipzig 1864; Julius Sachs: Geschichte der Botanik, München 1875.

Wenn die Urteile über die Bedeutung Goethes für den Verlauf der Naturwissenschaften und Medizin während des 19. Jahrhunderts ambivalent, in Teilbereichen zustimmend, im allgemeinen aber zurückhaltend oder negativ ausfallen, sollte zweierlei bedacht werden: Die Beziehung des Menschen zur Natur und zu sich selbst muss keineswegs nur nach der Logik der Naturwissenschaften und Medizin oder im Blick auf den praktischen und therapeutischen Nutzen erfolgen; es gibt neben diesen ohne Zweifel wichtigen Orientierungen auch andere sinnvolle und berechtigte Perspektiven der Künste und Literatur, der Philosophie und Theologie mit ihren Interpretationen und Deutungen.

Damit stellt sich des Weiteren im Blick auf Goethe als Naturforscher die Frage nach dem Wissenschaftsverständnis oder genauer nach der Beziehung der Naturwissenschaften und Medizin zu den Geisteswissenschaften und Künsten. Die Ideen und Vorstellungen von Goethe als Naturforscher haben sich in den Naturwissenschaften und der Medizin nicht durchgesetzt, besitzen aber – wie allgemein die Konzepte und Ideen der Naturphilosophen und romantischen Naturforscher um 1800 – angesichts der Suche nach Schutz und Bewahrung der Natur, nach einer Verbindung von Natur und Kultur, von Wissenschaft, Kunst und Leben, nach einer Einheit von Leib und Seele in Gesundheit und Krankheit unzweifelhaft auch heute noch oder erneut wieder aktuelle Bedeutung.[17]

3.

Goethes Naturforschung befindet sich ohne Zweifel in einer Nähe zur metaphysischen Naturphilosophie und romantischen Naturforschung und Medizin um 1800, weicht aber in ihrer charakteristischen Verbindung von Ästhetik, Philosophie, Wissenschaft und Biographie ebenso deutlich von diesen Positionen wie von der empirischen Naturforschung und Medizin der Zeit ab. Die *Hefte zur Morphologie* (1817) tragen den bezeichnenden Untertitel „Erfahrung, Betrachtung, Folgerung – durch Lebensereignisse verbunden."

Auf Goethe als Naturforscher wird von den romantischen Naturforschern und Medizinern sowie idealistischen Naturphilosophen wiederholt eingegangen.[18] Die Trennung zwischen den Disziplinen entwickelt sich erst, nicht nur zwischen den Naturwissenschaften und der Medizin, auch zwischen den medizinischen Disziplinen. Die Naturphilosophen Friedrich Wilhelm Joseph Schelling und Georg Wilhelm Friedrich Hegel sind bestens über den Stand der Naturwissenschaften und Medizin informiert, über Phänomene und Theorien, über Krankheiten, Diagnostik und Therapie und äußern sich eingehend über Goethes Naturforschung.

[17] Dietrich v. Engelhardt: Medizin in Romantik und Idealismus. Gesundheit und Krankheit in Leib und Seele, Natur und Kultur, Bd. 1–4, Stuttgart-Bad Cannstatt 2023.

[18] Ders.: Quellen und Zeugnisse zur Wechselwirkung zwischen Goethe und den romantischen Naturforschern, in: Acta historica Leopoldina 20 (1992) S. 31–55.

Goethe ist mit vielen Forschern persönlich bekannt, steht mit ihnen in brieflichem Kontakt, verfolgt ihre Veröffentlichungen und auch Aufsätze in Zeitschriften der Romantik und Naturphilosophie (‚Zeitschrift für speculative Physik', ‚Zeitschrift für organische Physik', ‚Archiv für den thierischen Magnetismus', ‚Jahrbücher für wissenschaftliche Kritik') und äußert sich nicht selten skeptisch und ablehnend.

Rezeption und Resonanz seiner eigenen Forschungen vermitteln Goethe, was ihm besonders wichtig ist, die Gewissheit, mit seiner Naturbetrachtung auf positive Resonanz in den Wissenschaften und der Philosophie zu stoßen, Verbündete und Gleichgesinnte unter den zeitgenössischen Forschern und Denkern zu besitzen. In diesem Sinn schreibt Goethe am 23. März 1818 an den Mediziner, Naturphilosophen und Maler Carl Gustav Carus: „Das Alter kann kein höheres Glück empfinden als daß es sich in die Jugend hineingewachsen fühlt und mit ihr nun fortwächst. Die Jahre meines Lebens, die ich der Naturwissenschaft ergeben einsam zubringen musste, weil ich mit dem Augenblick in Widerwärtigkeit stand, kommen mir nun höchlich zugute, da ich mich jetzt mit der Gegenwart in Einstimmung fühle, auf einer Altersstufe, wo man sonst nur die vergangene Zeit zu loben pflegt."[19]

Von dem Mediziner, Naturforscher und Naturphilosophen Gotthilf Heinrich von Schubert, der keine besondere Studie über Goethe verfasst hat, wird Goethes Naturauffassung überaus geschätzt; seine Farbenlehre habe er „mit wahrhaftem jugendlichen Entzücken gelesen", aus seiner Morphologie – „dieser geistvollen Formenlehre der organischen Welt" – habe er „Lichtblicke einer tieferen Naturanschauung"[20] gewonnen. Ebenso positiv fällt das Urteil des Mediziners und Philosophen Carl Joseph Hieronymus Windischmann 1813 über Goethes Farbenlehre aus, auch mit ihren Anregungen für die Künste und nicht zuletzt den Ausführungen über die sinnlich-sittlichen Wirkungen der Farben – die „reifste Frucht der Farbenlehre".[21] In seiner Rezension der *Metamorphose der Pflanzen* erinnert der Botaniker und Naturphilosoph Christian Gottfried Daniel Nees von Esenbeck 1818 an die Bedeutung von Carl von Linné, Baruch Spinoza und William Shakespeare für Goethe, gibt sein Konzept der Pflanzenmetamorphose im Detail wieder und zieht das Fazit, dass erst Goethe die Pflanzenwelt wissenschaftlich geordnet und philosophisch entwickelt habe. Die Bezeichnung seiner Art der Naturbetrachtung als „gegenständliches Denken"[22] durch den Mediziner und Psychiater Christian Friedrich August Heinroth, der Goethe am 15.

[19] Johann Wolfgang von Goethe an Carl Gustav Carus, 23. März 1818, in: ders.: Werke, IV. Abth., Goethes Briefe, Bd. 29, Weimar 1904, S. 97–100, hier S. 99.

[20] Gotthilf Heinrich von Schubert: Der Erwerb aus einem vergangenen und die Erwartung von einem zukünftigen Leben, Bd. 2, Erlangen 1855, S. 223.

[21] Carl Joseph Hieronymus Windischmann: Johann Wolfgang von Goethe: Zur Farbenlehre, in: Jenaische Allgemeine Literatur-Zeitung (1813) Ergänzungsbl., Sp. 20–44, hier Sp. 44.

[22] Christian Friedrich August Heinroth: Lehrbuch der Anthropologie, Leipzig 1822, S. 387.

September 1827 in Weimar besucht und ebenfalls keine eigeständige Untersuchung über Goethe vorlegt, stößt auf dessen ausdrückliche Zustimmung: „Ich bin wohl zufrieden mit dieser Auslegung meiner Träume".[23]

Einwände bleiben aber nicht aus. Der Naturforscher und Naturphilosoph Henrik Steffens, der in seinen *Beiträgen zur innern Naturgeschichte* (1801) der Erde sowie in seiner Abhandlung *Ueber die Bedeutung der Farben in der Natur*[24] (1810) Goethe nur knapp erwähnt, hält von seiner Optik wenig, dafür aber umso mehr von der Pflanzenmetamorphose. „Er gehörte, wie der Dichterwelt, so den Geistern zu, die sich der Wissenschaft widmen."[25] Für den Mediziner Franz Joseph Schelver, von dem 1790 eine ihm zugeschriebene anonyme Rezension über Goethe stammt, ist der Metamorphosegedanke, wie er am 7. November 1803 dem Philosophen Schelling schreibt, zu empirisch oder nur eine „sehr gemeine Abstraktion"; zunächst hätte er diesen Gedanken für viel höher angesehen, doch leider habe sich Goethe „mit der schlechtesten empirischen Notwendigkeit"[26] begnügt. Schelvers Kontakt mit Goethe wird von diesem Urteil aber nicht getrübt, weiterhin fühlt er sich in der Überzeugung von der schicksalhaften Verbindung zwischen Wissenschaft und Empirie mit ihm verbunden: „Jene wird unverständlich und gehaltlos, wo sie sich selbst nicht hinauswenden und den Geist in Sinn verwandeln kann, wie diese wo ihr die Einkehr versagt ist."[27]

In der vergleichenden Anatomie ergeben sich Übereinstimmungen vor allem mit den romantischen Naturforschern und Medizinern Lorenz Oken, Carl Friedrich Burdach und Carl Gustav Carus. Über die Frage einer Übernahme oder parallelen und unabhängigen Entdeckung des Wirbels als Grundtypus im Knochenbereich kommt es zwischen Goethe und Oken zu einer weitbeachteten Kontroverse, die von den meisten Naturforschern zugunsten von Oken entschieden wird und auf die Oken noch einmal 1847 in dem Aufsatz *Über die Schädelwirbel. Gegen Hegel und Goethe* eingeht: „Die Belletristen aber, welche überall das große Wort führen und von meinen Schriften nichts wussten, nahmen die Andeutungen Goethes begreiflicherweise an, und verkündigten den Ruhm ihres Mannes in aller Welt. Die Naturforscher aber, welche mit dem Gang dieser Lehre bekannt waren, wie Meckel, Spix, Ulrich, Carus, Cuvier, Geoffroy St. Hilaire, Albers, Burmeister, Straus-Dürckheim, Owen, Kieser und Lichtenstein haben Gerechtigkeit geübt und

[23] Johann Wolfgang von Goethe an Sulpiz Boisserée, 22. Dezember 1822, in: Goethes Werke, IV. Abth., Goethes Briefe, Bd. 36, Weimar 1907, S. 239–241, hier S. 240.

[24] Henrik Steffens: Ueber die Bedeutung der Farben in der Natur, 1810, in: ders.: Alt und Neu, Breslau 1821, S. 5–35.

[25] Ders.: Was ich erlebte, Bd. 4, Breslau 1843, Nachdr. Stuttgart-Bad Cannstatt 1996, S. 316.

[26] Franz Joseph Schelver an Friedrich Wilhelm Joseph Schelling, 7. 11. 1803, in: Johann Wolfgang von Goethe: Die Schriften zur Naturwissenschaft, 2. Abt., Bd. 9B, Weimar 1986, S. 212–213, hier S. 213.

[27] Ders. an Johann Wolfgang von Goethe, 1. Juni 1817, in: Johann Wolfgang von Goethe: Die Schriften zur Naturwissenschaft, 2. Abt., Bd. 10A, Weimar 1995, S. 216–217, hier S. 217.

Goethe zurückgewiesen."[28] In der Kritik an Newtons Farbentheorie stimmen Goethe und Oken aber wieder miteinander überein: „Seit der Wiederherstellung der Wissenschaften ist kein so unwahres und verderbliches Buch geschrieben worden, als diese Optik von Newton"[29], lautet Okens vernichtendes Urteil über den englischen Physiker.

Der Mediziner, Naturphilosoph und Maler Carus, der Goethe als Mensch, Dichter und Naturforscher gleichermaßen schätzt, in ihm ein Vorbild für sein eigenes Leben sieht, ihn persönlich in Weimar aufsucht und einen Briefwechsel mit ihm unterhält, unterscheidet 1843 in der Rezeption Goethes als Naturforscher die Dimensionen: Wissenschaftsverständnis und Methodik, naturwissenschaftliche Disziplin, Thema und sprachliche Form sowie Auswirkungen auf das literarische Werk. In thematischer Hinsicht hebt Carus an Goethe besonders hervor: „Das Urwesentliche der Pflanze – die Grundgestaltung des Skeleton – das Licht – die Erscheinungen der Atmosphäre".[30] Für psychologisch bemerkenswert und zugleich wissenschaftlich überholt hält Carus Goethes Kritik am Vulkanismus, unvergänglich sei dagegen seine Lehre von der Metamorphose der Pflanze: „von höchster lebendigster Einwirkung auf das gesamte Gebiet der Botanik".[31] Als weniger „eindringend", aber ebenfalls überzeugend könnten Goethes anatomische Einsichten gelten: Zwischenkiefer, Wirbelbau des Schädels als Fortsetzung der Rückenwirbelsäule. Besonders intensiv seien Goethes naturwissenschaftliche Untersuchungen über das Licht und die Farben ausgefallen – „und dessen ungeachtet wird vielleicht gerade von diesen Bestrebungen das wenigste als ein festes aus der Zeitflut sich herausraffendes Eigentum der Wissenschaft betrachtet werden dürfen"[32], wobei allerdings das Urteil nach den verschiedenen Bereichen der Farbenlehre zu differenzieren sei.

Vielfältig und wechselseitig ist die Verbindung zwischen Goethe und Alexander von Humboldt. In Briefen äußert sich Humboldt mehrfach ambivalent gegenüber anderen Personen über Goethe als Naturforscher, vermeidet aber deutliche Aussagen in seinen Werken, veröffentlicht auch keine spezifische Studie über Goethes Naturforschung, die er für Naturästhetik und ein sinnvolles „Anregungsmittel zum Naturstudium"[33] hält. Ein entscheidender Unterschied bestehe zwischen der „geistreichen Pflanzenmetamorphose" und der „arroganten und recht albernen Farbenlehre", deren

[28] Lorenz Oken: Über die Schädelwirbel. Gegen Hegel und Goethe, in: Isis oder Encyklopädische Zeitung (1847) Sp. 557–559, hier S. 559.

[29] Ders.: Erste Ideen zur Theorie des Lichts, der Finsterniß, der Farben und der Wärme, Jena 1808, S. 11.

[30] Carl Gustav Carus: Goethes Verhältnis zur Natur und Naturwissenschaft, in: Göthe zu dessen näherem Verständniß, Leipzig 1843, Nachdr. Dresden 1953, S. 97–119, hier S. 106.

[31] Ders.: a. a. O., hier S. 110.

[32] Ders., a. a. O.: Goethes Verhältnis zur Natur und Naturwissenschaft, in: ders.: Göthe zu dessen näherem Verständniß, Leipzig 1843, Nachdr. Dresden 1953, S. 97–119, hier S. 112.

[33] Alexander von Humboldt: Kosmos, Bd. 1, Stuttgart 1845, S. 75.

Beurteilung er allerdings zurückgehalten gehalten habe, da er sich „zum unverbrüchlichen Gesetz gemacht habe, nie ein unfreundliches Wort über Goethes naturwissenschaftliche Arbeiten zu veröffentlichen".[34] Mit seinem Wandel von einem Neptunisten zu einem Vulkanisten gerät Humboldt in einen klaren Gegensatz zu Goethe, während er dessen Überzeugung von der notwendigen Verbindung von Wissenschaft, Philosophie und Kunst ausdrücklich anerkennt: „Wer hat beredter seine Zeitgenossen angeregt des ‚Weltalls heilige Rätsel zu lösen', das Bündnis zu erneuern, welches im Jugendalter der Menschheit Philosophie, Physik und Dichtung mit *einem* Band umschlang?"[35]

Stets gibt es in jenen Jahren um 1800, woran immer wieder zu erinnern ist, neben der romantischen Naturforschung und Medizin auch empirische Naturforscher und Mediziner – in Deutschland und vor allem im Ausland; keineswegs sind Naturwissenschaften und Medizin insgesamt durch eine romantisch-idealistische Epoche hindurchgegangen. Das zeigt sich auch an der Rezeption und Resonanz Goethes während dieser Jahrzehnte in Beiträgen der Naturforscher und Mediziner Friedrich Albrecht Carl Gren, Giovanni Battista Brocchi, Heinrich Friedrich Link, Christian Heinrich Pfaff, Jakob Friedrich Fries, Thomas Johann Seebeck, Karl Brandan Mollweide, Heinrich Wilhelm Brandes, Friedrich Theodor Poselger, Thomas Young, Pierre Prévost, Augustin Pyramus de Candolle, Antoine-Laurent de Jussieu, Frédéric de Gingins-La Sarraz, Georges Cuvier, Étienne Geoffroy Saint-Hilaire.

Aber auch die Vielzahl kürzerer Erwähnungen und Hinweise in wissenschaftlichen Publikationen, Korrespondenzen und Autobiographien belegen diese Spannweite des Spektrums der naturwissenschaftlich-medizinischen Reaktionen auf Goethe um 1800. Für den italienischen Mediziner Francesco Tantini hat sich der Dichter Goethe mit der Farbenlehre von 1810, wie er in seinem *Rapido sguardo sullo stato presente scientifico e letterario della Germania* (1812) ausführt, als ein „Fisico del primo ordine" erwiesen und überdies gezeigt, dass „in qualunque sua produzione egli è un Genio".[36] Der schwedische Chemiker Jöns Jacob Berzelius berichtet in seiner Autobiographie, wie er Goethe auf einer gemeinsamen Exkursion von der Krater- und Lavabildung des Vulkans von Kammerbühl bei Karlsbad sowie von dem einfachen Nachweis von Titan in Mineralien mit dem Lötrohr überzeugt hatte, dessen Gebrauch der „berühmte Dichter und Naturforscher"[37] aus Altersgründen, wie er sich bitter beklagt habe, nicht mehr zu lernen imstande gewesen sei.

[34] Ders. an Gottschalk Eduard Guhrauer, 21. 6. 1849, in: Kurt-Reinhard Biermann: Goethe in vertraulichen Briefen Alexander von Humboldts, in: Goethe-Jahrbuch 102 (1985) S. 11–33, hier S. 22 f.

[35] Ders.: Kosmos, Bd.2, Breslau 1844, Darmstadt 1993, S. 64.

[36] Francesco Tantini: Rapido sguardo sullo stato presente scientifico e letterario della Germania, in: ders.: Opuscoli scientifici, Bd. 1, Pisa 1812, 79–201, hier S. 98.

[37] Jöns Jacob Berzelius: Själbiografiska anteckningar, hg. v. H. G. Söderbaum, Stockholm 1901, dt. gekürzt, Selbstbiographische Aufzeichnungen, v. Emilie Wöhler u. Georg W. Kahlbaum, Leipzig 1903, Nachdruck Leipzig 1970, S. 80.

Während Gren in *Einige Bemerkungen über des Herrn von Goethe Beyträge zur Optik* (1793), Link in seiner Rezension der *Farbenlehre* (1810) und Seebeck in *Von den Farben und dem Verhalten derselben gegen einander* (1811) Goethe verteidigen oder für vereinbar mit Newton halten, kommt Pfaff in seiner Abhandlung *Über Newton's Farbentheorie. Herrn von Goethes Farbenlehre und den chemischen Gegensatz der Farben* (1813) bei aller Zustimmung zu verschiedenen Passagen des didaktischen und historischen Teils in der wissenschaftlichen Darstellung und Begründung der Farben wie die Majorität der zeitgenössischen Physiker zu einem negativen Urteil: „Welche ganz andere Empfindung muss in uns entstehen, wenn wir dem Herrn von Goethe in seiner Polemik gegen Newton folgen, wo wir ihn die Waffen der Sophistik, der Sarkasmen gebrauchen sehen, wo wir die leidenschaftlichste Erbitterung im Widerspiele mit dem ruhigen Ernst eines gründlichen Forschers erblicken."[38]

Ebenso kritisch äußert sich der englische Naturforscher und Mediziner Thomas Young 1814 in seiner Rezension der Farbenlehre. Enttäuschend habe Goethe mit Schmähungen („obliquy") und Invektiven („invective") auf die überwiegende Ablehnung der Mathematiker und Physiker reagiert. Plan und Inhalt des Werkes manifestierten eindrucksvoll seine geistige Krankheit („malady"), unzutreffend seien Didaktik, Polemik und Geschichte der Farbenlehre in den Phänomen und Erklärungen, wenn auch sorgfältig in der Wiedergabe vergangener Autoren, und schließt mit dem Fazit, dass selbst schlechte Theoretiker erfolgreich experimentelle Untersuchungen durchführen könnten – „a bad theorist is sometimes capable of making correct and valuable combinations of experimental investigations".[39]

Voller Anerkennung äußert sich 1829 der schweizer Botaniker und Historiker Frédéric de Gingins-La Sarraz über Goethes Pflanzenmetamorphose („éminemment élémentaire") wie desgleichen in diesem Jahr der schweizer Botaniker Augustin Pyramus de Candolle („découverte importante") und etwas später 1831 der französische Zoologe Étienne Geoffroy Saint-Hilaire, für den der große Dichter mit Recht den Titel eines „savant naturaliste" verdiene.

4.

Der weitere Verlauf des 19. Jahrhunderts steht unter den Prinzipien der Empirie und des Positivismus. Für den Ingenieur und Industriellen Werner Siemens ist das 19. Jahrhundert schlechthin das „naturwissenschaftliche Jahrhundert".[25] Die Naturwissenschaften erklärt der Physiologe Emil Du Bois-Reymond zum „Organ der Kultur", die Geschichte der Naturwissenschaft sei

[38] Christian Heinrich Pfaff: Über Newtons Farbentheorie. Herrn von Goethes Farbenlehre und den chemischen Gegensatz der Farben, Leipzig 1813, S. XI.

[39] Thomas Young [Rez.]: Zur Farbenlehre. On the Doctrine of Colours. By Goethe, Bd. 1–2, Tübingen 1810, in: The Quarterly Review 10 (1814) S. 427–444, hier S. 444.

„die eigentliche Geschichte der Menschheit."[26] Laboratorien gehören für den Chemiker Justus von Liebig zu den *„anziehendsten, schönsten und mächtigsten Mitteln einer höheren Kultur des Geistes"*[28], geradezu unerträglich sei es, wie sehr sich unter Geisteswissenschaftlern *„der überwuchernde Humanismus den Fortschritten der Naturwissenschaften und Medizin"*[29] überall entgegenstelle.

Goethe stößt jetzt mit seinen naturwissenschaftlichen Beobachtungen, Vorstellungen und Konzepten – wie ebenfalls insgesamt die romantische Naturforschung und metaphysische Naturphilosophie – bei Naturwissenschaftlern und Medizinern in Deutschland und im Ausland überwiegend auf Ablehnung, die Anerkennung in bestimmten Naturbereichen, einzelnen Disziplinen oder auch spezifischen Dimensionen nicht ausschließt. Neben umfassenden Veröffentlichungen erscheinen fachlich begrenztere Studien über Goethes Beiträge in den verschiedenen Naturwissenschaften und der Medizin.

Zahlreiche und von der Forschung kaum oder überhaupt nicht beachtete Naturforscher und Mediziner des Auslandes setzen sich in Rezensionen und Abhandlungen mit Goethe als Naturforscher auseinander, die in der Bibliographie der Primärtitel angeführt und zum Teil auch als Quelle abgedruckt sind.

Interpretationen und Urteile können vom Selbstverständnis Goethes abweichen: Ablehnung kann sich auf Goethe beziehen und ihm zugleich nicht gerecht werden, Zustimmung kann ihn verfehlen oder missverstehen. Die Kritik von Naturwissenschaftlern und Medizinern stößt wiederum auch bei Fachkollegen auf Kritik. Der Physiker Salomon Kalischer veröffentlicht 1883 in dieser Perspektive die Untersuchung *Goethe als Naturforscher und Herr Du Bois-Reymond als sein Kritiker. Eine Antikritik.* Robby Kossmann lehnt 1877 in der Schrift *Eine Warnung vor E. Haeckel 's Citaten* darwinistische Goethedeutungen des Zoologen und Naturphilosophen in Jena ab.

In vier Typen klingt die Epoche der romantischen Naturforschung oder Naturforschung der Romantik aus: 1. Aufgabe der romantischen Orientierung und Hinwendung zu empirisch-positivistischer Wissenschaft; 2. Verzicht überhaupt auf Naturforschung und Medizin und Hinwendung zu anderen Aktivitäten; 3. Fortführung der romantischen Orientierung in der Naturforschung und Medizin; 4. Hinwendung zu empirisch-positivistischer Wissenschaft bei erkennbarer Weiterwirkung romantischer oder auch idealistischer Auffassungen.

Ernst von Feuchtersleben, der den vierten Typ des Übergangs von der romantisch-idealistischen in die empirisch positivistische Phase des 19. Jahrhunderts repräsentiert, legt 1837 die enthusiastische Studie *Goethes naturwissenschaftliche Ansichten* vor. „Von Allem, was Goethe gedacht, gestrebt, geleistet, haben bisher seine Bemühungen für Naturwissenschaft am wenigsten Eingang, ja vielmehr meistens Tadel und Widerspruch gefunden. Und doch getraue ich mir zu behaupten, daß gerade sie es sind, was, nebst den vollendeten seiner poetischen Gebilde, die Prüfung der Zeiten am glorreichsten bestehen wird."[40] Die zentralen Beiträge der Optik (Farbenlehre), Botanik (Metamorphose der Pflanze), Anatomie (Schädellehre) werden von Feuchtersleben positiv beurteilt. Die Verbindung von ‚Beobachtung und Idee' mache vor allem das Verdienst Goethes aus und begründe seine Abweichung von der etablierten Naturforschung.

In dieser komplexen Verbindung von Nähe und Ferne zur romantisch-idealistischen Phase der Naturforschung und Medizin stehen auch die für die moderne Entwicklung der Physiologie einflussreichen Naturforscher und Mediziner Johannes Müller und Jan Evangelista Purkyně, die einerseits bewusst die Tradition der Goethe'schen Naturanschauung und Hegel'schen Naturphilosophie fortführen und sich andererseits ebenso deutlich von der romantischen Naturforschung distanzieren. Müllers Antrittsvorlesung *Von dem Bedürfnis der Physiologie nach einer philosophischen Naturbetrachtung* vom 19. Oktober 1824 bezieht sich auf Goethes Überlegungen zur Rolle des Versuchs in der Naturwissenschaft, seine Beiträge zur Farbenlehre und Morphologie wie ebenso die allgemeine Orientierung seiner Naturbetrachtung: „Die Erfahrung wird zum Zeugungsferment des Geistes. Nicht das abstrakte Denken über die Natur ist das Gebiet des Physiologen. Der Physiologe erfährt die Natur, damit er sie denke."[41] In einem Kapitel seiner Schrift *Zur vergleichenden Physiologie des Gesichtssinnes* aus dem Jahre 1826 legt Müller *Fragmente zur Farbenlehre, insbesondere zur Goetheschen Farbenlehre* vor. Purkyně, dessen Dissertation *Das Sehen in subjectiver Hinsicht* (1819) von Goethe mit Anerkennung rezensiert wird[42], erwähnt diesen zustimmend in seinen ihm gewidmeten *Neuen Beiträgen zur Kenntniss des Sehens in subjectiver Hinsicht* von 1825. „Ihre Farbenlehre war mir ein Befehl, der ein dunkles, schon in früher Jugend sich regendes Bestreben in mir weckte und ihm seine bestimmte Richtung anwies."[43] Noch 1862 lobt Purkyně Hegels Logik, bedauert ihre Missachtung und ihr Missverständnis („špatně rozuměl")[44], über das sich der Philosoph bereits beklagt hätte.

Wichtige Quellen der Resonanz und Rezeption Goethes stellen Editionen und Übersetzungen dar, die mehrfach von zeitgenössischen Naturforschern und Medizinern auch rezensiert werden.

[40] Ernst von Feuchtersleben: Goethe's naturwissenschaftliche Ansichten, 1837, in: Sämtliche Werke, Bd.5, Wien 1852, S. 83–116, hier S. 83.

[41] Johannes Müller: Von dem Bedürfnis der Physiologie nach einer philosophischen Naturbetrachtung, 1824, in: Adolf Meyer-Abich, Hg.: Biologie der Goethezeit, Stuttgart 1949, S. 280.

[42] Johann Wolfgang von Goethe (Rez.): Jan Evangelista Purkyně: Das Sehen in subjektiver Hinsicht, Prag 1819, in: ders.: Zur Naturwissenschaft überhaupt, besonders zur Morphologie, Bd. 2, 2. Heft, Stuttgart 1824, S. 102–117, auch in: ders.: Die Schriften zur Naturwissenschaft, LA, 1. Abt., Bd. 9, Weimar 1954, S. 343–352.

[43] Jan Evangelista Purkyně: Neue Beiträge zur Kenntniss des Sehens in subjectiver Hinsicht, Berlin 1825, S. V.

[44] Jan Evangelista Purkyně: Akademie národni. 13. Ústav filosofický, in: Živa. Časopis přirodnicky 12 (1862) S. 245–266, hier S. 264.

Goethes *Versuch die Metamorphose der Pflanze zu erklären* von 1790 wird von Frédéric de Gingins-La Sarraz 1829 und von dem französischen Privatgelehrten und Naturforscher Frédéric Soret 1831 unter dem Titel *Essai sur la métamorphose des plantes* in die französische Sprache übertragen. 1837 erscheinen in Frankreich von dem französischen Mediziner Charles Frédéric Martins Goethes *Œuvres d'histoire naturelle*. Der französische Zoologe François Jules Pictet erwartet in seiner Rezension dieser Übersetzung, dass der Dichter aus Weimar auf diesem Wege im Ausland nicht nur als Dichter, sondern zugleich ernsthafter Naturforscher gelesen werde, dessen Beiträge zur Geologie, Botanik Zoologie und Anatomie wichtige und ebenso umstrittene Fragen des organischen Lebens behandelten, wobei Pictet besonders auf die vergleichende Anatomie und speziell den Zwischenkieferknochen, die Wirbeltheorie, den Akademiestreit zwischen Georges Cuvier und Étienne Geoffroy Saint-Hilaire von 1830 sowie ihre Würdigung durch Goethe eingeht. Goethes Farbenlehre gibt der englische Maler und Kunstgelehrte Charles Lock Eastlake 1840 mit Anmerkungen als *Goethe's Theory of Colours* heraus.

Salomon Kalischer veröffentlicht umfangreiche Einführungen zu den naturwissenschaftlichen Bänden der Ausgabe *Goethe's Werke* (Bd. 33–35, 1877–1878), von denen die Einleitung zu Bd. 33 auch 1878 unter dem Titel *Goethe's Verhältniß zur Naturwissenschaft und seine Bedeutung in derselben* separat gedruckt wird. Ebenso trägt zur Verbreitung die von dem Anthroposophen Rudolf Steiner im ausgehenden 19. Jahrhundert besorgte Ausgabe *Goethes Naturwissenschaftliche Schriften* (Bd. 1–5, 1883–1897) mit jeweils ausgedehnten Einleitungen bei, die seit 1926 in zahlreichen Auflagen bis in die Gegenwart auch für sich als Buch erscheinen.[45]

Mehrfach verfassen Naturforscher und Mediziner allgemeine Studien über Goethe. Kürzere Beiträge in dieser zugleich disziplinenübergreifenden Perspektive veröffentlichen Giovanni Battista Brocchi (1831), Eugène Gillette (1845), Aloys Clemens (1847), Carl Schimper (1847), Heinrich Gottlieb Ludwig Reichenbach (1856), Augusto González de Linares (1866), Mathias Jacob Schleiden (1867), Hermanus Hartogh Heijs van Zouteveen (1876), François-Louis Hahn (1883), Otto Köstlin (1883), Edmond Perrier (1884), Ernst Hallier (1889), Antonio Lo Re (1899) und Hans Molisch (1900).

Die umfassendste Untersuchung des 19. Jahrhunderts über Goethe als Naturforscher legt der französische Mediziner Ernest Faivre 1862 in seinen *Œuvres scientifiques de Goethe. Analysées et appréciées* vor. Faivre, der bereits 1859 die Studie *Goethe Naturaliste* veröffentlicht hat, geht es in seiner Darstellung und Würdigung um eine „étude sur l'homme de science, ses doctrines et se découvertes"[46]. Als großer Kenner der internationalen und deutschen Wissenschaftsgeschichte behandelt Faivre Goethes Beiträge zu allen

[45] Rudolf Steiner: Goethes naturwissenschaftliche Schriften, Dornach 1926, erneut 2022.

[46] Ernest Faivre: Œuvres scientifiques de Goethe. Analysées et appréciées, Paris 1862, S. 1.

Bereichen der Natur – Geologie, Botanik, Anatomie, Optik – , schildert seine Beziehungen zu zeitgenössischen Naturwissenschaftlern, diskutiert seine allgemeinen Auffassungen über die Natur und Naturforschung und wendet sich ebenso dem Einfluss von Goethes Naturforschung auf seine Gedichte und Romane sowie konkret den sittlichen Dimensionen der Farbenlehre und ihrer Rolle für die Malerei zu. Goethes Bedeutung als Naturforscher steht für Faivre außer Zweifel, er gehöre seiner Epoche und zugleich allen Epochen an: „L'homme ne vit pas seulement de lui-même"[47]. Neben fraglosen Leistungen stünden allerdings auch krasse Irrtümer, wie zum Beispiel seine „inaccetable théorie des couleurs"[48]. Vor allem zeichneten Goethes Naturforschung drei Merkmale aus: „l'exactitude dans l'observation, le sentiment dans l'expression, l'élévation dans la pensée"[49]. An Goethe könne im übrigen begriffen werden, welche Bedeutung eine mit Philosophie und Kunst in rechter Weise verbundene Erfahrung für die Wissenschaft besitzen können: „l'expérience, unie dans des justes limites à la philosophie et à l'inspiration poétique".[50]

Eine disziplinär weitgespannte Perspektive nimmt auch der Physiker Hermann von Helmholtz mit seiner in verschiedene Sprachen übersetzten Rede *Über Goethe's naturwissenschaftliche Arbeiten* von 1853 ein. Physikalische und beschreibende Beiträge seien zu unterscheiden, das heißt Farbenlehre einerseits sowie Botanik und Osteologie andererseits. In der beschreibenden Naturforschung seien dem Dichter Goethe zwei bedeutende Einsichten zu verdanken. Einmal der anatomische Bauplan als Grundtypus bei Tier und Mensch: „Es ist das im gegenwärtigen Zustande der vergleichenden Anatomie in der Tat die leitende Idee dieser Wissenschaft geworden"[51], wenn auch nicht für das ganze Tierreich, sondern für die Cuvier'schen Hauptabteilungen. Zum anderen die Metamorphose der Pflanze: „Auch diese Anschauungsweise Goethe's ist gegenwärtig in die Wissenschaft vollständig eingebürgert und erfreut sich der allgemeinen Zustimmung der Botaniker, wenn auch über einzelne Deutungen gestritten wird, z. B. ob der Samen ein Blatt oder ein Zweig sei"[52]. Eindeutige Ablehnung verdiene dagegen die Farbenlehre: „So gross aber auch die Verehrung ist, welche sich Goethe durch seine Leistungen in den beschreibenden Naturwissenschaften erworben hat, ebenso unbedingt ist der

[47] Ders.: a. a. O., S. 3.

[48] Ders.: a. a. O., S. 12.

[49] Ders.: a. a. O., S. 22.

[50] Ders.: a. a. O., S. 25.

[51] Hermann von Helmholtz: Über Goethe's naturwissenschaftliche Arbeiten, 1853, in: Vorträge und Reden, Bd. 1, Braunschweig 1884, [4]1894, S. 13; vgl. a. Nachschrift von 1875 und die Rede über Goethe's Vorahnungen kommender naturwissenschaftliche Ideen von 1892, in: ders.: Vorträge und Reden, Bd. 2, Braunschweig [4]1896, S. 335–361, hier S. 5.

[52] Ders., Rede über Goethe's Vorahnungen kommender naturwissenschaftliche Ideen von 1892, a. a. O., S. 6.

Widerspruch, den sämtliche Fachgelehrte seinen Arbeiten aus dem Gebiete der physikalischen Naturwissenschaften entgegensetzten, namentlich seiner Farbenlehre“[53]. Schließlich dürfe nicht vergessen werden, dass Goethe ein Dichter gewesen sei, der sich mit den Naturphilosophen Schelling und Hegel in Übereinstimmung befunden habe.[54]

Der Mediziner Rudolf Virchow setzt sich in seinem gleichfalls umfangreichen Vortrag *Goethe als Naturforscher und in besonderer Beziehung auf Schiller* aus dem Jahre 1861 für eine differenzierende oder ausgleichende Beurteilung ein. Auch für ihn ist Goethe vor allem ein Dichter. Seine Geologie und Mineralogie verdienten eine gewisse Anerkennung, während die Meteorologie inzwischen einen Umschwung erlebt habe, „der auch seine Hypothesen mit zu Boden riß“. Krasser stelle sich die Situation in der Farbenlehre dar: „In der Optik, dieser liebsten Gefährtin seiner Mußestunden, gelang es ihm nie, mit der „Gilde“ in ein Einverständniß zu kommen, obwohl er unzählige Versuche und die wundervollsten Beobachtungen über die physiologische Seite des Sehens gemacht hatte“[55]; die Ursache für dieses Versagen liege in Goethes gestörtem Verhältnis zur Mathematik. Große Leistungen dagegen seien Goethe aber in der Organik und genetischen Methode gelungen, die auch ihn selbst – zum Beispiel die Wirbeltheorie – angeregt hätten. Ohne Zweifel habe Goethes Naturbeschäftigung besondere Bedeutung auch für sein dichterisches Schaffen besessen und könne darüber hinaus zu einer Lebenshilfe in individuellen Krisen und sozialen Beziehungen werden – das sollten Naturforscher und Mediziner mit Dank begreifen und anerkennen.[56]

Besonders kritisch fällt das Urteil des bedeutenden Physiologen Emil Du Bois-Reymond in seiner Rede *Goethe und kein Ende* von 1883 aus, die auch in die französische Sprache[57] übersetzt wird. Goethe hätte lieber Dichter bleiben und auch hier sich mehr an das wirkliche Leben halten sollen: „Wie prosaisch es klinge, es ist nicht minder wahr, dass Faust, statt an Hof zu gehen, ungedecktes Papiergeld auszugeben, und zu den Müttern in die vierte Dimension zu steigen, besser getan hätte, Gretchen zu heiraten, sein Kind ehrlich zu machen, und Elektrisiermaschine und Luftpumpe zu erfinden.“[58] Im Übrigen bestehe offensichtlich ein Zusammenhang zwischen Goethes begrenzten analytischen und experimentellen Fähigkeiten und seiner Schwäche in der Handlungsanlage seiner literarischen Texte, was

[53] Ders.: a. a. O., S. 8.

[54] Ders.: a. a. O., S. 13.

[55] Rudolf Virchow: Goethe als Naturforscher und in besonderer Beziehung auf Schiller, Berlin 1861, S. 21.

[56] Ders.: a. a. O., S. 29.

[57] Emil Du Bois-Reymond: Goethe, in: Revue Scientifique de la France et de l’Étranger, 3. s., 4 (1882) S. 769–776.

[58] Ders.: Goethe und kein Ende, 1882, in: Reden, Bd.1, Leipzig 1886, S. 418–447, hier S. 430.

die entsprechende Überlegung nahelege, ob „Walter Scott wohl ein guter Konstrukteur geworden wäre".[59]

Über Goethes Farbenlehre ist für Du Bois-Reymond längst ein vernichtendes Urteil gefällt worden – vor allem durch die Arbeiten der Physiker Heinrich Wilhelm Dove, Ernst Wilhelm von Brücke und Hermann von Helmholtz. Du Bois-Reymonds Ablehnung folgt aus seinem Wissenschaftsverständnis der mechanischen Kausalität. Goethes „gehässige Polemik gegen die Newton'sche Farbenlehre" habe ihren Grund in seinem „Widerwille(n) gegen den physikalischen Versuch und dessen mathematische Behandlung"; Goethes „chromatisches Evangelium, das wenigstens nicht unreinen Ursprunges war", sei von der philosophischen Schule seiner Zeit, befangen „in dialektischem Gedankenspiel und unfruchtbarem Formalismus", gepredigt worden. Du Bois-Reymond sieht hier eine völkerpsychologische „Uranlage" der Deutschen wirksam werden, die auch „mit grossen Eigenschaften zusammenhängt"[60] und dazu geführt habe, die Deduktion der Induktion sowie die Spekulation der Empirie vorzuziehen. Irrtümer in der Physik schließen für Du Bois-Reymond Leistungen in der Morphologie aber nicht aus: „Die Metamorphose der Pflanze, die Entdeckung des Zwischenkiefers beim Menschen, die Wirbeltheorie des Schädels werden dauernd von Goethe's Fleiss und glücklichem Blicke zeugen".[61] Diese Leistungen seien ihrerseits aber auch ohne große Resonanz geblieben und für den Fortschritt der Wissenschaften auch belanglos. ‚Byzantinismus' sei schließlich die Auffassung Goethe habe die Selektionstheorie vorweggenommen.

Für den französischen Biologen und Mediziner Fernand Papillon verbindet Goethe, wie er in seiner Studie *Doctrine physiologique leibnizienne de Goethe* von 1876 ausführt, poetische und philosophische Fähigkeiten mit naturwissenschaftlicher Originalität, er sei ein Naturforscher („naturaliste") und zugleich Idealist („idéaliste") gewesen, der Naturobjekte gesammelt und Experimente durchgeführt habe, für den die Intuition für wichtiger als die Analyse gewesen sei und der mit seinen Studien zur Metamorphose der Pflanzen, zum Zwischenkiefer und organischen Grundtypus Erfolg gehabt habe, nicht aber mit seiner Farbenlehre.

Zahlreiche und überwiegend kritische Studien während der zweiten Hälfte des 19. Jahrhunderts gelten der Optik und besonders der Farbenlehre, meist unter Vernachlässigung des historischen Teils und der sinnlich-sittlichen Dimensionen der Farbenlehre sowie ihrer Beziehung zur Malerei. Wiederholt setzt sich der Mediziner Friedrich Graevell (1857, 1859 u. 1860) für Goethes Farbenlehre ein und kritisiert die verbreitete Ablehnung der Physiker. Häufig zustimmend oder ambivalent werden Arbeiten über die naturhistorischen

[59] Ders.: a. a. O., S. 435.

[60] Ders.: a. a. O., S. 430 f.

[61] Ders.: a. a. O., hier S. 435.

Disziplinen Geologie, Botanik und Zoologie sowie Anatomie und Physiologie veröffentlicht.

Die Reaktion in der Geologie fällt zurückhaltend oder negativ aus. Vor allem bezieht sich dies auf die unter den Geologen vorherrschende Distanz gegenüber der neptunistischen Lehre des Geologen Abraham Gottlob Werner, die von Goethe geteilt und – wie die Farbenlehre – von ihm zu einer Charakterfrage erklärt wird. Carl von Raumer fällt 1840 über Goethes Beschäftigung mit der Geologie und Mineralogie ein positives Urteil.[62] Aloys Clemens teilt 1848 die Kritik an Goethes Konzept der Erdbildung, hebt aber zustimmend seine Vorstellung vom Einfluss der Erdrinde auf die Atmosphäre hervor, die inzwischen weitgehend in der Wissenschaft geteilt werde. Franz von Toula beurteilt 1880 positiv Goethes Leistungen in der Geognosie, Geologie und Mineralogie, die sich von seinen „bedauerlichen optischen Irrgängen“[63] deutlich unterscheide. Carl Vogt kann 1883 Goethes Vorstellungen, die bereits zu seiner Zeit wissenschaftlich unzulänglich gewesen seien und ihn als Anhänger der Naturphilosophie erscheinen ließen, wenig abgewinnen. Vladimir Josef Procházka beschreibt 1895 Goethes geologische Sammlung im Museum des Königreichs Böhmen in Prag. Salomon Kalischer gibt 1877 Goethes meteorologische Vorstellungen und Beobachtungen wieder, die zu keinem Gesetz der Phänomene gelangt seien, und weist auf den großen Einfluss des englischen Meteorologen und Pharmazeuten Luke Howard mit seiner Differenzierung und Terminologie der Wolkenformen hin; den Wechsel des Barometerstandes habe Goethe von periodischen Änderungen der Anziehungskraft der Erde abhängig gemacht. Karl Alfred von Zittel resümiert in seiner *Geschichte der Geologie und Paläontologie bis zum Ende des 19. Jahrhunderts* aus dem Jahr 1899: „Von nennenswerter Bedeutung sind übrigens Goethes Leistungen auf dem Gebiete der Geognosie nicht.“[64]

Den biologischen Disziplinen gilt der Vortrag des Zoologen Oscar Schmidt *Göthe's Verhältniß zu den organischen Naturwissenschaften* von 1853. Zunächst hebt Schmidt, dem es vor allem um die positiven Leistungen geht, das lebenslange Interesse Goethes bis in den „Spätherbst seines Lebens“[65] an den Naturwissenschaften hervor, was sich auch an der ausführlichen Reaktion auf den Streit über die Grundsätze der vergleichenden Anatomie zwischen Cuvier und Geoffroy Saint-Hilaire im Jahr 1831 gezeigt habe. Goethe, dem „jeder unharmonische Klang in tiefster Seele zuwider“ war, habe sich „mit

[62] Carl von Raumer: Göthe als Naturforscher, in: ders.: Kreuzzüge, Th. 1., Stuttgart 1840, S. 70–92.

[63] Franz von Toula: Goethe als Geologe, in: Die Natur. Zeitung zur Verbreitung naturwissenschaftlicher Kenntniß und Naturanschauung für Leser aller Stände, n. F., 6 (1880) (46–47) S. 581–582, 587–590, hier S. 581.

[64] Karl Alfred von Zittel: Geschichte der Geologie und Paläontologie bis zum Ende des 19. Jahrhunderts, München 1899.

[65] Oscar Schmidt: Goethe's Verhältniß zu den organischen Wissenschaften, Berlin 1853, S. 3.

der zerrissenen Art der linnéischen Systematik“[66] nicht anfreunden können; das Ergebnis seiner eigenen Bemühungen war die Idee der Urpflanze, über die er 1790 den *Versuch die Metamorphose der Pflanzen zu erklären* vorlegte. Leider habe Goethe den Stengel – „dieses zweite Haupt- und Grundorgan der von ihm betrachteten Pflanzen“[67] – zu sehr vernachlässigt und das Mikroskop kaum benutzt. Schmidt stimmt Goethe im Verständnis der Blattidee zu, nicht aber in ihrer Verallgemeinerung auf alle Pflanzen: „Mit der Göthe’schen Urpflanze im Allgemeinen ist es aber nichts, schon aus dem Grunde, weil in einer großen Abteilung des Pflanzenreichs Stengel und Blätter gar nicht vorkommen.“[68] Die Pflanzenzelle habe nach den Forschungen von Mathias Jacob Schleiden als das durchgängige Urorgan zu gelten. Die Entdeckung des Zwischenkieferknochens wie des Wirbels als osteologischem Urtyp entspreche ebenso Goethes Überzeugung von der Harmonie und Gesetzmäßigkeit der Natur. Der Gegensatz von Tieren mit und ohne Rückgrat könne allerdings nicht übergangen werden; Cuviers Unterscheidung von vier animalischen Grundgestalten habe allgemeine Anerkennung gefunden. Insgesamt könne Goethe nicht als Naturforscher im üblichen Sinne des Wortes gelten: „überall durchdringen sich bei ihm Poesie und Wirklichkeit, Wahrheit und Dichtung.“[69]

In seinem Beitrag *Over Goethe’s verdiensten als onderzoeker der organische natuur* von 1866 bezeichnet der holländische Naturforscher van Zouteveen Goethe als berühmten Dichter und unsterblichen Naturforscher, der philosophische Reflexionen für eine wesentliche Bedingung des wissenschaftlichen Fortschritts gehalten habe, geht auf die eindrucksvollen Beiträge in der Zoologie (Zwischenkieferknochen, Schädelwirbel), Botanik (Metamorphose der Pflanzen) und Theorie des Organismus (Zentrifugal- und Zentripetalkraft) ein, kritisiert die misslungene Farbenlehre, versteht Goethe als Vorläufer der Evolutionstheorie von Charles Darwin und ist überzeugt, dass sein „poetischer Geist mit prophetischem Blick (dichterlijke geest met prophetische blik)“[70] weit über den Standpunkt der Naturforscher seiner Zeit hinausgeschaut habe.

In seiner *Kritik und Geschichte der Lehre von der Metamorphose der Pflanze* aus dem Jahre 1846 behandelt der Botaniker Albert Wigand die Position Goethes als eines Dichters und naturwissenschaftlichen Außenseiters und zugleich in der doppelten Abhängigkeit von Empirie und Spekulation.[71]

[66] Ders.: a. a. O., S. 4.

[67] Ders.: a. a. O., S. 8.

[68] Ders.: a. a. O., S. 8.

[69] Ders.: a. a. O., S. 20.

[70] Hermanus Hartogh Heijs van Zouteveen: Over Goethe’s verdiensten als onderzoeker der organische natuur, in: Album der Natuur 25 (1876) (1) S. 202–215, hier S. 215.

[71] Albert Wigand: Kritik und Geschichte der Lehre von der Metamorphose der Pflanze, Leipzig 1846, S. 41–50.

Goethes Konzept der Metamorphose habe „mannigfache Bewunderung und Nachahmung“ gefunden und die Metamorphoselehre „in die Wissenschaft eingeführt“.[72] In dreifacher Hinsicht lasse sich diese Wirkung vor allem gliedern: „Die Bedeutung, die er bei seiner Deutung der Organe auf die Missbildungen der Blüten legte, regte die Aufmerksamkeit vieler Beobachter an, und es bildete sich eine eigene Lehre davon aus. – Der andere fruchtbare Punkt in Goethes Lehre war das Gesetz der Expansion und Kontraction, welches zumal in der nächsten Zeit mit besonderer Vorliebe aufgegriffen und bei den Naturphilosophen, denen diese Begriffe ohnedies geläufig waren, zu mancherlei Spielereien benutzt ward. Das Hauptelement in Goethes Lehre, die Hervorbringung des Gesetzes von der Identität der Seitenorgane, ist indes das eigentlich Bleibende, wodurch denn auch die neuere Metamorphosenlehre und weiterhin die ganze Morphologie in Goethe ihren Ausgangspunkt gewinnt.“[73]

Der amerikanische Botaniker Thomas Huston McBride spricht Goethe 1885 das Verdienst zu, ein wahres Verständnis der Morphologie entwickelt und inzwischen auch die Anerkennung der Welt („recognition of the world“) gewonnen zu haben. Seine Leistung gehe auf die Verbindung von Wissenschaft und Poesie zurück, sein Denken habe dem Denken der Natur entsprochen – „his thought responded to the thought in Nature“.[74] Mehrfach diskutiert zustimmend der russische Botaniker Andrej Nikolaevič Beketov die morphologischen Vorstellungen Goethes; 1858 in seiner Petersburger naturwissenschaftlichen Dissertation sowie 1893 und 1896 in enzyklopädischen Artikeln.[75] Der englische Naturforscher William Crawford Williamson gibt 1887 mit großer Zustimmung in seinem Vortrag *On Goethe as Botanist and Osteologist* Goethes Vorstellungen über die Pflanzenmetamorphose wieder, sieht in Goethes Auffassung, das gesamte Pflanzenreich könne aus einem Urkeim hervorgegangen sein, eine partielle Vorwegnahme der Lehre von Charles Darwin und erklärt Goethe nach knappen Hinweisen auf seine anatomischen Untersuchungen über den Zwischenkieferknochen und Wirbelknochen zum Begründer der modernen Tier- und Pflanzenmorphologie.

Goethe als Anhänger oder Vorläufer von Charles Darwin wird kontrovers erörtert. Ernst Haeckel stellt sein monistisches Naturverständnis in die

[72] Ders.: Kritik und Geschichte der Lehre von der Metamorphose der Pflanze, Leipzig 1846, S. 48.

[73] Ders.: a. a. O., S. 48 f.

[74] Thomas Huston McBride: Vegetable Morphology a Century Ago. – Goethe, in: Science 6 (1885) S. 130–131, hier S. 131.

[75] Andrej Nikolaevič Beketov: O morfologičeskich otnošenijach listovich častei meždu soboju i so steblem (Über die morphologischen Beziehungen der Blattteile untereinander und mit dem Stengel, russ.), Diss. St. Petersburg 1858.; ders.: Gëте – estestvoispytatel‘ (Goethe – Naturforscher, russ.) in: Enciclopedičeskij Slovar‘, Bd. 7-A, St. Petersburg 1893, S. 594–595; ders.: Morfologija rastenij (Morphologie der Pflanzen, russ.), in: Enciclopedičeskij Slovar‘, Bd. 19-A, St. Petersburg 1896, S. 919–920.

Tradition von Goethe und Oken, die nach ihm zu den Vorläufern der Evolutionslehre Darwins gehören. In der *Generellen Morphologie* (1866) werden Goethe und Lamarck als Begründer der Deszendentheorie bezeichnet. Erneut verfolgt Haeckel 1882 in seiner Abhandlung *Die Naturanschauung von Darwin, Goethe und Lamarck* diese Auffassung. Goethe gilt ihm als „entschiedener Anhänger einer monistischen Entwicklungsidee", sowohl auf geologischem als auch biologischem Gebiete: „hier hatte er namentlich in der Morphologie, der von ihm tief erfaßten ‚Gestaltenlehre', Blicke in das innere Werden und Entstehen der organischen Formen getan, wie sie so tief und klar nur ein Genius tun konnte, der gleichzeitig Denker und Künstler, Naturforscher und Philosoph ist."[76] Weitere Beiträge verfassen Oscar Schmidt (1871 u. 1873), A. C. (1874), Salomon Kalischer (1876), Hermanus Hartogh Heijs van Zouteveen (1876), Otto Zacharias (1876), Robby Kossmann (1877), Joseph Theodore Cattie (1877), Anton Kerner von Marilaun (1880), Walther May (1899).

Über Anatomie, Physiologie und Medizin werden ebenfalls mehrfach Arbeiten veröffentlicht. Der Mediziner Julius Schwalbe erinnert 1896 in seinem Aufsatz *Zur Geschichte der „plastischen Anatomie"* an Goethes Plädoyer in *Wilhelm Meisters Wanderjahren* (1821/1829) für die plastische Anatomie vor allem im Blick auf den medizinischen Unterricht und auch aus Gründen der Humanität: „Diejenigen freien Räume, welche das Gesetz der Willkür überlässt, hat sich die Menschlichkeit erobert und engt nunmehr das Gesetz ein."[77] Der Mediziner Karl von Bardeleben behandelt 1892 in seiner Studie *Goethe als Anatom* voller Anerkennung Goethes anatomische Beiträge, vor allem über den Zwischenkieferknochen, hebt ihre Verbindung mit seinem literarischen Werk und seiner Lebens- und Weltauffassung hervor und bedauert die geringe Zustimmung unter den Fachgelehrten. Der Mediziner Paul Henry Gerber berichtet 1899 in *Goethe als Mediziner* über dessen biographisches und wissenschaftliches Verhältnis zur Medizin, persönliche Kontakte zu Medizinern, Kenntnis chirurgischer Operationen, Einstellung zur Krankheit und zu Kranken wie ebenfalls über Auswirkungen auf Goethes literarisches Werk sowie Ablehnung und Anerkennung bei Naturwissenschaftlern und Medizinern.

5.

Goethe als Naturforscher spielt in den Naturwissenschaften und der Medizin des 19. Jahrhunderts eine bemerkenswerte und bislang noch zu wenig beachtete und im Detail analysierte Rolle. Die 48 in diesem Band

[76] Ernst Haeckel: Die Naturanschauung von Darwin, Goethe und Lamarck, 1882, in: Gemeinverständliche Werke, Bd. 5, Leipzig 1924, S. 291–331, hier S. 314.

[77] Julius Schwalbe: Zur Geschichte der „plastischen Anatomie", in: Deutsche Medizinische Wochenschrift 2 (1896) (47) S. 761–762, hier S. 761.

abgedruckten Texte und vor allem die Bibliographie von 240 Primärtiteln bieten eine Basis für entsprechende zukünftige Forschungen.

Zahlreiche Zeugnisse der internationalen Wirkungsgeschichte der naturwissenschaftlich-medizinischen Beiträge Goethe werden noch zu entdecken sein – vor allem gilt das für Italien, Spanien, Portugal, skandinavische und slavische Länder. Der Focus dehnt sich seit dem 20. Jahrhundert auf Asien, Süd- und Nordamerika sowie Afrika aus.

Die Fülle der Hinweise und Ausführungen – unabhängig von spezifischen Goethestudien – in naturwissenschaftlichen und medizinischen Publikationen Deutschlands und des Auslands während des 19. Jahrhunderts ist allerdings kaum zu übersehen und wurde bislang auch nicht annähernd erfasst.[78]

Das vorliegende Werk gilt der Rezeption Goethes als Naturforscher in den Naturwissenschaften und der Medizin des 19. Jahrhunderts. Naturwissenschaftler und Mediziner dieses Zeitraums setzen sich aber auch mit Goethe als Schriftsteller und Maler auseinander wie umgekehrt Geisteswissenschaftler mit Goethe als Naturforscher. Die Naturforscher und Mediziner Carus, Faivre, Helmholtz und Du Bois-Reymond, um nur einige Beispiele anzuführen, äußern sich über literarische Werke Goethes, die Philosophen Schelling, Hegel, Schopenhauer, Dilthey sowie die Schriftstellerin und Literaturwissenschaftlerin Germaine de Staël, der Literaturwissenschaftler Wilhelm Bölsche und der Maler Philipp Otto Runge umgekehrt über Goethe als Naturforscher.

Komparative Untersuchungen im Blick auf Unterschiede und Übereinstimmungen legen sich in thematischer und zeitlicher Hinsicht nahe: übernehmen Naturwissenschaftler und Mediziner in ihren Einschätzungen Goethes als Schriftsteller und Künstler literaturwissenschaftliche Auffassungen, halten sich umgekehrt Literaturwissenschaftler und Philosophen in ihren Interpretationen über Goethe als Naturforscher an naturwissenschaftlich-medizinische Beurteilungen?

Die Auseinandersetzungen über Goethe als Naturforscher brechen in den Naturwissenschaften und der Medizin während des 20. Jahrhunderts und bis in die Gegenwart nicht ab. Bedeutende Beiträge stammen von den Naturwissenschaftlern Max Born, Walther Gerlach, Werner Heisenberg, Adolf Portman, Carl Friedrich von Weizsäcker, Arnold Sommerfeld. Auch hier bieten sich Vergleiche mit entsprechenden Studien von Philosophen, Literaturwissenschaftlern, Wissenschaftshistorikern, Schriftstellern und Künstlern über Goethe als Naturforscher an.

Das weitgespannte Spektrum der Urteile des 19. Jahrhunderts hat sich bis in die Gegenwart erhalten. Repräsentativ für die ambivalente Verbindung von Zustimmung und Ablehnung ist die Einschätzung des Psychiaters und Philosophen Karl Jaspers in seiner Rede *Unsere Zukunft und Goethe* bei der Ent-

[78] Frederick Amrine, Hg.: Goethe in the History of Science, Bd. 1, 1776–1949, Bd. 2, 1950–1990, New York 1996.

gegennahme des Goethe-Preises am 28. August 1948 in Frankfurt: „Goethes schöpferische Gestaltung der *Naturanschauung* ist unbestritten. Durch seine Morphologie, durch seine Farbenlehre, durch sein Erschauen dessen, was er die Urphänomene nennt, hat er Unverlierbares geleistet. Die Wahrheit seiner Aufstellungen hat sich heute durchgesetzt. Aber diese gesamte Erkenntnis hat nichts zu tun mit der eigentümlich *modernen* Naturwissenschaft.“[79]

Goethe als Naturforscher bleibt weiter ein bedeutendes Beispiel und eine stimulierende Anregung zur Wahrnehmung und zum Verständnis der Natur und der Position des Menschen in der Welt. „Es ist ein angenehmes Geschäft, die Natur zugleich und sich selbst zu erforschen, weder ihr noch seinem Geiste Gewalt anzutun, sondern beide durch gelinden Wechseleinfluß miteinander ins Gleichgewicht zu setzen.“ (Goethe)

[79] Karl Jaspers: Unsere Zukunft und Goethe, in: Die Wandlung 2 (1947) S. 559–578, hier S. 565, auch Bremen 1949, S. 15.

TEIL I

Texte

Erfahrung, Betrachtung, Folgerung – durch Lebensereignisse verbunden.

Goethe

August Aderholdt: Über die Goethe'sche Farbenlehre (1865)

Vita – Abstract
August Aderholdt (2. Dezember 1828 Nordhausen – 18. Oktober 1890 Paris) studierte ab 1848 Naturwissenschaften und Mathematik in Bonn, war Assistent am Chemischen Institut in Göttingen, wurde 1852 mit einer pflanzenchemischen Arbeit promoviert, war Privatgelehrter in Jena und Weimar mit Unterrichtstätigkeiten in Dresden und ließ sich nach Aufenthalten an verschiedenen Orten 1876 in Paris nieder. Sein wissenschaftliches Interesse galt besonders Fragen eines natürlichen und vegetarischen Lebens; Aderholdt veröffentlichte auch literarische Texte und redigierte seit 1886 die Zeitschrift ‚Thalysia. Vereinsblatt für Freunde der naturgemäßen Lebensweise'.

Nach einem früheren Vortrag von 1858 über die historische Entwicklung der Farbenlehre Goethes untersucht Aderholdt in diesem Vortrag von 1864 ihre wissenschaftliche Berechtigung und kommt zu dem Schluss, dass auf Grund der Unterscheidung von Beschreibung (Naturgeschichte) und Erklärung (Naturlehre) Newton eine überzeugende Erklärung der Farben entwickelt habe, Goethe dagegen nicht, der aber für Laien und Künstler Anregungen geboten sowie sich auf anderen Gebieten der Optik Verdienste erworben habe.

Aderholdt, August:
Über die Goethe'sche Farbenlehre, in: Sitzungsberichte und Abhandlungen der Naturwissenschaftlichen Gesellschaft Isis 1864 (1865) S. 265–269.

***

D. von Engelhardt, *Goethe als Naturforscher im Urteil der Naturwissenschaft und Medizin des 19. Jahrhunderts*,
https://doi.org/10.1007/978-3-662-68126-8_2

Meine Herren! Wenn ich in einem früheren Vortrag über Goethes Farbenlehre die historische Seite hervorgehoben habe, indem ich zu zeigen unternahm, wie Goethe auf das Studium der Farben hingeführt und zur Bildung eigener Ansichten über das Wesen derselben veranlasst wurde, so will ich heute, auf die Sache selber eingehend, versuchen, diese Ansichten der Kritik zu unterwerfen.

Mögen wir demnach zuvörderst unser Augenmerk auf die *Methode* richten, welche Goethe und seine Anhänger anwenden, und prüfen, ob sie eine wissenschaftliche ist und ob sie im Besondern zulässig genug ist, um ihren Resultaten den Stempel der Wahrheit aufdrücken zu können.

Jede Erfahrungswissenschaft beginnt mit der Anschauung; so auch die Naturwissenschaft. Die erste und unterste Stufe der Naturwissenschaft ist die der Beobachtung von Erscheinungen, wie sie uns die Dinge teils unmittelbar entgegenbringen, teils durch Experimente gezwungen uns kundgeben. Beobachten können und im Besondern richtig beobachten können ist auf dieser Stufe der Empirie das Erfordernis des Naturforschers. Hier wird aber immer nur erst eine oberflächliche Kenntnis gewonnen, und darum erhebt sich die Forschung schon unwillkürlich auf die zweite, höhere Stufe, indem sie rationell wird. Die Vergleichung der Beobachtungsresultate lässt die Naturgesetze erkennen, d. h. die Regeln, nach denen die Erscheinungen zu Stande kommen. Aber der forschende Geist wird durch die so gewonnene Erkenntnis noch nicht befriedigt; er will in das Innere eindringen und fragt nach den Gründen der Erscheinungen, den Naturkräften. Hier beginnt die Spekulation, denn die Kräfte selber entziehen sich der Wahrnehmung durch die Sinne; die Forschung hat sich zur dritten und höchsten Stufe erhoben. Die Betrachtung der Kräfte verweist uns auf allgemeinere, höherstehende Ursachen, und so werden wir von allen Seiten her auf eine letzte, allergemeinste Ursache, dem Urgrund aller Dinge, hingewiesen und ahnen die Einheit des Weltalls.

Die beschreibende Naturwissenschaft bewegt sich im Gebiet des Empirischen, vergleicht, ordnet und fasst zu Gruppen zusammen. Es handelt sich hier um Individuen, die als Erscheinung ihre Bedeutung haben. Die Forschung hält sich hier hauptsächlich auf den beiden ersten der genannten Stufen. Die Naturlehre hingegen ist wesentlich spekulativ. Von den Erscheinungen ausgehend, legt sie den Schwerpunkt ihrer Tätigkeit in die *Erklärung* derselben, und da es sich hier um Naturkräfte handelt, welche sich der unmittelbaren Wahrnehmung entziehen, so ist sie genötigt, *Hypothesen* aufzustellen und in darauf fußenden *Theorien* den inneren Zusammenhang der Dinge begreifen zu lehren. Es ist selbstverständlich, dass eine Hypothese fallen muss, sobald nur eine einzige Tatsache ihr widerspricht; dagegen muss wegen der unleugbaren Einheitsidee der Natur diejenige Theorie als die *beste* gelten, *welche die meisten Tatsachen auf die einfachste Weise zu erklären vermag*. Wende hier niemand ein, dass Theorie noch nicht *Wahrheit* sei; dem Menschengeist ist nicht mehr vergönnt, als sich der Wahrheit zu nähern, ohne sie jemals vollständig erreichen zu können; darum wird es jedem genügen dürfen, wenn eine Theorie von der Wahrheit nur um eine verschwindend kleine Größe verschieden ist.

Fragen wir nun: Wie verfährt Newton? Die Antwort kann nicht anders lauten als: Richtig im Einklang mit seiner Hypothese. Wie verfährt die gegenwärtige Optik? Richtig im Einklang mit ihrer Hypothese. Wie aber verfährt Goethe? Auf subjektivem Boden stehend, wehrt er alle tiefere Begründung ab; er und seine Anhänger treten darum gleichzeitig mit Newton und der Physik in Widerspruch. Setzen wir den möglichen Fall, dass, wie Newton in seiner Hypothese irrte, auch die Physik in der ihrigen irrt: Goethes Farbenlehre – dies wenigstens muss nach dem Vorausgeschickten gefolgert werden – ist keine Wissenschaft, da seine Methode eine unwissenschaftliche ist. Denn wenn Goethes Forschung vorsätzlich nicht über von ihm sogenannte Urphänomene hinausgehen und nicht tiefer in das Innere der Dinge eindringen will, so ist er nicht im Stande, eine wissenschaftliche Erklärung zu geben. Darum eben bedarf er (zu einer Scheinerklärung) der Analogien; darum sind seine versuchten Erklärungen nur ein Plausibel-Machen. Goethes Farbenlehre kann mithin nichts Höheres beanspruchen, als eine Farbenlehre für Laien zu sein, und unter diesem Titel wollen wir ihr kein Verdienst schmälern. Auch dem Maler mag sie immerhin empfohlen sein; denn in der Nutzanwendung sind die Tatsachen in ihren Beziehungen zueinander wichtiger, als die Begründung.

Dass Goethe in Gebieten der beschreibenden Naturwissenschaft Großes geleistet habe, kann das gefällte Urteil, falls es dasselbe zu mildern vermöchte, doch nicht umstoßen. Denn das ist eben der Fehler Goethes, dass er die Methode, welche der beschreibenden Naturwissenschaft zukommt, auf die Farbenlehre diktatorisch überträgt und dieser in einem Prokustesbett nicht die Füße, aber den Kopf abschlägt.

Ist denn nun aber Goethe selbst frei von Hypothesen, die er so verwirft? Wir wollen sehen. Seine Farbenlehre fußt auf folgenden Sätzen die, weil als unbeweislich hingestellt, nichts anderes sind als *Hypothesen*.

Erste Hyp.: Trübes Mittel und Hintergrund sind *alleinige* Quellen Farben.
Zweite Hyp.: Bei Spalten wirken nur die Ränder farbengebend.
Dritte Hyp.: Prismen verschieben das Bild als Nebenbild über das zurückbleibende Hauptbild.
Vierte Hyp.: Das Auge übt gegen das Licht stets eine *aktive* Reaktion aus.
Fünftens ist zu bemerken, dass Goethe vom Licht öfters ganz im Sinn der Undulationstheorie redet, sowie er z. B. von Schwingungen der Netzhaut spricht, wogegen manche seiner Anhänger sich der Newton'schen Theorie zuwenden, indem sie, jedenfalls in falscher Auffassung der Wellentheorie, von Lichtströmen reden, welche in das Auge hineinfließen.

Was nun die streitigen Punkte selbst betrifft, so werde zunächst die von Newton behauptete und von Goethe so bestrittene *Zusammensetzung des weißen Lichtes aus Farbstrahlen* erwähnt. Newton sagt, dass die Farben das Ursprüngliche seien, Weiß die Folge. Goethe behauptet das Umgekehrte und sucht das durch den unwahren Satz zu begründen, dass Farben sich niemals zu Weiß mischen könnten, worin Schopenhauer übrigens sowie auch Herr Hantzsch ihm widersprechen. Goethe schilt die von Newton so zweckmäßig angestellten Versuche Taschenspielerkunststücke; wenn er aber das nach ihm durchaus unfarbige Licht, durch ein trübes Mittel gesandt, in schönster Farbe produziert, ist das nicht um so viel mehr ein Taschenspielerkunststück? – Was aber urteilt nun die Physik hierüber? Newton und Goethe, beide haben Recht, beide Unrecht; denn sie erfassen dasselbe Ding von zwei Seiten, Newton von der objektiven, Goethe von der subjektiven. Newton hat Recht, wenn er behauptet, dass Weiß in Farben zerlegt und diese wieder zu Weiß vereinigt werden können; es ist auch nur in der Ordnung und zeugt von seinem richtigen, wissenschaftlichen Verfahren, dass er aus diesen Tatsachen den Schluss zog: die Farben seien Bestandteile des (weißen) Lichtes. Gleichwohl hat er hierin nicht völlig Recht, und es ist vielmehr Goethe darin beizustimmen, dass die Farben Modifikationen des Lichtes sind. Denn nach der Wellenlehre setzen sich zwei Wellen zu einer neuen Welle von komplizierterer Gestalt zusammen, wie z. B. durch Zusammenklingen eines Tones mit seiner Quint im Fall vollkommener Reinheit das Gemisch beider Töne in die tiefere Oktav des Grundtones, den sogenannten Tartinischen Ton, sich verliert. Weiß und die Farben sind demnach sämtlich selbstständige Erscheinungen des Lichtes, nämlich Wellen, welche nur durch ihre Formverschiedenheit sich als von verschiedener Qualität äußern. Nimmt man hinzu, dass man (durch fluoreszierende Mittel) die Wellen einer Lichtart in die einer andern umformen, also eine Farbe in die andere verwandeln kann, so muss man zugeben, dass Newton die Sache zu objektiv erfasst, wenn er einen Strahl weißen Lichtes als ein Bündel farbiger Strahlen ansieht. Aber dennoch hat Goethe, welcher auf dem Newton diametral entgegengesetzten Standpunkt beharrlich stehen bleibt, ebenso Unrecht, weil er in denselben Fehler der Einseitigkeit verfällt. Polarisation und Fluoreszenz zeigen, dass es doch wenigstens außer den trüben Mitteln noch andere, sehr wesentliche Bedingungen der Farbenentstehung gibt. Letztgenannte Disziplinen sind Hauptstützen der Undulationstheorie geworden.

Ich komme nun zu dem streitigen zweiten Punkt; derselbe betrifft die *subjektiven Farbenwirkungen*, ich möchte sagen die ästhetischen, um die Sache im Sinne Goethes zu bezeichnen. Gelb soll vortretend, Blau zurücktretend dem Auge erscheinen. Hier wird wohl niemand verkennen, dass, wenn genannte Farben diese Wirkung haben, das Urteil unseres Verstandes, welcher den entfernten Himmel und die Helligkeit naher Gegenstände zum Vergleich heranzieht, das meiste dabei getan hat. Man kann ebenso gar nicht sagen, Gelb sei heller als Blau, denn das hieße die Begriffe der Intensität und Qualität verwechseln. Übrigens zerfällt der Sehprozess in einen subjektiven und objektiven Vorgang, welchen letzteren Goethe vernachlässigt. Das Abklingen der Farben, d. h. die Nachwirkung des Lichtes im geblendeten Auge, erklärt sich aus zweierlei Momenten; erstlich nämlich dauern die Lichtschwingungen im Auge noch längere Zeit an, ehe sie allmählich erlöschen, dann aber wird der durch die Blendung unempfindliche Nerv allmählich wieder restauriert, wobei noch zu beachten ist, dass das für eine Farbe abgestumpfte Auge beim Betrachten einer weißen Fläche die komplementäre Farbe erblicken muss. Aus diesen Gründen also und nicht aus der aktiven Reaktion des Auges gegen den äußeren Eindruck ist abzuleiten, dass das von Rot geblendete Auge, wenn es sich gegen eine weiße Wand richtet, eine Farbenfolge von Rot, Weiß, Grün, welche sich meist noch einmal wiederholt, erblicken muss. Es erhellt aus alledem wenigstens so viel, dass die Physik, indem sie die Dinge von allen Seiten betrachtet, viel tiefer in das Wesen derselben eindringt und eben deshalb zuverlässigere und vollständigere Erklärungen gibt, als dies Goethe vermag.

Zum dritten Punkt kommend, erkenne ich gerne an, dass Herr Hantzsch eine beachtenswerte Frage aufwirft, wenn er sich äußert: *Kann die Vergleichung der Einrichtungen von Auge und Ohr eine Analogie des Lichtes und Schalles zulassen?* Gewiss zeugt die Aufstellung einer solchen Frage von richtiger, wissenschaftlicher Methode, welche wir bei Goethe eben vermissen. Aber die Verneinung dieser Frage ist nicht das richtige Ergebnis wissenschaftlicher Untersuchung. Denn das Auge ist nicht minder zur Wahrnehmung von Schwingungen eingerichtet als das Ohr, ja es steht von dieser Seite nichts entgegen, alle Sinnesempfindungen physikalischer Natur aus Schwingungen abzuleiten.

Ad quartum habe ich zu bemerken, dass einige *streitige Tatsachen* durch den Versuch ins Klare zu bringen sind. Dabei muss man jedoch verfahren, wie es eine wissenschaftliche Untersuchung erheischt, muss also z. B. nicht etwa erwarten, dass ein unreines Violett bei der Analyse durch das Prisma nur ein violettes Bild an gehöriger Stelle zeige und nicht etwa auch noch Rot, Grün, Blau u. dergl. an den diesen Farben im Spektrum zukommenden Stellen; noch muss man voraussetzen, dass ein rein scheinendes Violett auch wirklich rein sei. Goethe selbst irrt hier weniger oft und meist nur im Streit mit Newton; seine Anhänger aber lassen es an einseitigen Beobachtungen und voreiligen Schlüssen nicht fehlen. So will Graevell einen wichtigen Schluss aus der Beobachtung ziehen, dass eine Lichtflamme bei der Betrachtung durch farbige Gläser von kleinerem Durchmesser erscheine, während doch die Erscheinung niemand auffallen kann, der an die Irradiation und den Umstand denkt, dass dunkles Glas weniger Licht hindurchlässt als farbloses, wonach also eine durch letzteres betrachtete Flamme zu groß, eine durch ersteres betrachtete je nach der Dunkelheit des Glases auf die hellsten Stellen (Spitze und Mitte) reduziert erscheint.

Aus dem Gesagten lassen Sie mich, meine Herren, den Schluss ziehen, dass die Goethe'sche Farbenlehre in ihrem positiven Teil, wenn sie der Behauptung, dass die Farben sich nur zu Grau mischen und des Gegensatzes von Licht und Finsternis beraubt wird, wie dies Herr Hantzsch getan, vollständig in der Physik enthalten ist. Der negative Teil aber muss der gründlicheren Erklärungsweise der Physik weichen. Goethe hat das Verdienst, auf manches aufmerksam gemacht zu haben, was der Praktiker zu verwerten vermag, was aber für die theoretische Physik weniger Interesse hat; dass er auch um die wissenschaftliche Optik sich direkt und indirekt verdient gemacht habe, das habe ich bereits früher genugsam ausgesprochen.

George Herbert Bailey: Goethe as a Student of Chemistry (1894)

Vita – Abstract
George Herbert Bailey (17. Mai 1852 Barnard Castle – 18. April 1924 Datchet) schloss sein naturwissenschaftliches Studium in London 1878 als Bachelor of Science ab, führte chemische Forschungen in London durch, begab sich nach Heidelberg, wurde dort 1885 bei Robert Wilhelm Bunsen (1811–1899) mit einer Analyse des Schwermetalls Zirconium promoviert und war nach seiner Rückkehr als Dozent an der Universität Manchester tätig. In seinen Forschungen behandelte Bailey vor allem Themen der Anorganischen Chemie, der Luftverschmutzung in Städten sowie der chemischen Ausbildung.

Der Text gibt den Vortrag wieder, den Bailey am 5. März 1890 vor der Manchester Goethe Society gehalten hat. Bailey berichtet von Goethes theoretischer und praktischer Beschäftigung mit der Chemie, von seinem Interesse in früheren Jahren für die Alchemie, seiner Lektüre von Schriften von Paracelsus (1493/94–1541) und Hermann Boerhaave (1668–1738), erwähnt spätere Kontakte in Weimar und Jena zu den Chemikern und Apothekern Wilhelm Heinrich Sebastian Buchholz (1734–1798), Johann Friedrich August Göttling (1753–1809) und Johann Wolfgang Döbereiner (1780–1849) und schließt mit einer Würdigung Goethes als „true student of science, and no mere dilettante".

D. von Engelhardt, *Goethe als Naturforscher im Urteil der Naturwissenschaft und Medizin des 19. Jahrhunderts*,
https://doi.org/10.1007/978-3-662-68126-8_3

Bailey, George Herbert:
Goethe as a Student of Chemistry, in: Transactions of the Manchester Goethe Society (1886–1893) 1894, S. 142–144.

* * *

The lecturer pointed out how at a very early age Goethe's love for the study of nature showed itself – in rather fantastic fashion as yet – by the erection of an altar of natural products, the whole surmounted by sulphur, as a type of the unity of nature. His earliest serious study of chemistry partook somewhat of the same mystical character. After his return in ill-health from Leipzig in the autumn of 1768, he and his friend, Fräulein von Klettenberg (in whom love for alchemy was an inherited taste), together made a regular study of such works on alchemy as the *Aurea Catena Homeri*, of Welling's *Opus Mago-Cabbalisticum*, the writings of Paracelsus, Boerhaave, and others. The first of these works (in no way connected with the Greek singer, Homerus being here the cognomen given in the Rosenkreuzerbund to its author, Anton Joseph Kirchweger) especially fascinated Goethe, and exercised no inconsiderable influence on him through life, its fundamental principle, the essential continuity of nature, being one that he ever sought to verify in all branches of natural science. At this time, as later and in all his works, Goethe worked not merely theoretically, but practically, getting together all the necessary apparatus for an alchemist's laboratory. During his stay in Strasburg his work in this direction was not entirely suspended, but was at any rate kept secret from dread of Herder's sharp tongue; perhaps, too, it was somewhat crowded out by the multitude of other interests. When he went to Weimar, however, Goethe resumed it, turning his knowledge of chemistry now to practical account for the study of mineralogy, which his official duties made imperative on him, and which he pursued in his own characteristic experimental fashion. Henceforward his interest in the subject never died out. We find him seeking information from an intelligent apothecary, Buchholz; and, in 1795, at the age of forty-six, he went regularly, often through deep snow, to Jena, to attend the chemistry lectures of Göttling, whose appointment was due to him. With Göttling's successor, Döbereiner (the discoverer of the self-igniting lamp, known as Döbereiner's lamp), Goethe was in frequent correspondence. He has constantly some question to propound to him, and is evidently quite *au fait* with Döbereiner's practical experiments. For instance, he is much interested in Döbereiner's idea of adding manganese oxide and powdered glass to iron to produce steel; and the commercial spirit, as he says, coming over him, he urges Döbereiner to keep the matter secret. Again, we find him supplying Döbereiner with 100 thalers to enable him to experiment on a cheaper and simpler gas than the coal gas as prepared in England, which he thinks might be got from carbon and water at a high temperature. Here, apparently, said the lecturer, we have the introduction of a line of industry which is only today beginning to bear fruit-viz., that of preparing a cheap gaseous fuel. It is to Goethe's influence, too, that Jena owes its chemical laboratory, opened in 1820. So much for Goethe's practical work as a chemist. For the right understanding of much of his literary work, however, particularly, of course, of his *Faust*, we must take into account also his early researches in alchemy. Dr. Bailey then gave a sketch of the conditions which obtained in the alchemistical societies of the time, such as the Rosenkreuzerbund, and quoted a number of passages from Goethe's works in which references are made to alchemy, and which can only be explained through a knowledge of alchemistic lore. The lecturer concluded with a warm tribute to Goethe's work as a true student of science, and no mere *dilettante*, drawing attention especially to the breadth and boldness of his conception of the workings of nature.

Karl von Bardeleben: Goethe als Anatom (1892)

Vita – Abstract
Karl von Bardeleben (7. März 1849 Gießen – 19. Dezember 1918 Jena) diente nach dem Studium der Medizin in Greifswald, Heidelberg, Berlin und Leipzig als Feldarzt im deutsch-französischen Krieg 1870/71, war nach der Promotion mit einer Arbeit über das arteriell-venöse Aneurysma in Berlin als Assistent in Leipzig und Prosektor in Jena, wurde 1878 in Jena zum Professor und 1898 zum Hofrat ernannt, war Oberstabsarzt und Generaloberarzt. Wissenschaftlich beschäftigte sich von Bardeleben vor allem mit Themen der topographischen und vergleichenden Anatomie, mit dem Nervensystem und den Sinnesorganen, gab 1893 Goethes Schriften zur *Morphologie*, Teil III, als Bd. 8 der *Naturwissenschaftlichen Schriften* heraus; die Teile I–II wurden 1891/92 von dem Begründer der Anthroposophie Rudolf Steiner (1861–1925) ediert.

In seiner Studie von 1892 behandelt Bardeleben voller Anerkennung Goethes Arbeiten zu anatomischen Themen und besonders zum Zwischenkiefer, die mit seinen literarischen Werken und seiner Lebens- und Weltauffassung in einer inneren Verbundenheit stünden, in der Fachwelt allerdings wenig Zustimmung gefunden hätten.

Bardeleben, Karl von:
Goethe als Anatom, in: Goethe-Jahrbuch 13 (1892) S. 163–180.

* * *

D. von Engelhardt, *Goethe als Naturforscher im Urteil der Naturwissenschaft und Medizin des 19. Jahrhunderts*,
https://doi.org/10.1007/978-3-662-68126-8_4

Weit verbreitet – auch innerhalb der Goethe-Gemeinde – ist die Ansicht, dass Goethe nur gelegentlich und nebenbei sich wie mit vielem anderen so auch mit Anatomie beschäftigt habe und dass es ein glücklicher Zufall gewesen sei, dass er als Laie eine Entdeckung gemacht habe, die später eine gewisse Bedeutung erlangt hätte. Nichts kann verkehrter sein als diese Ansicht. Schon die bisher bekannten oder richtiger die bisher veröffentlichten anatomischen Schriften und Briefe Goethes zeigen, dass Goethe sich viele Jahre lang planmäßig mit der Anatomie des Menschen wie mit der vergleichenden Anatomie der anatomisch und zoologisch dem Menschen nahestehenden Säugetiere beschäftigt hat. Noch viel mehr aber beweisen dies die neuerdings im Goethe-Archiv aufgefundenen bisher unbekannten Schriften anatomischen Inhalts wie die gleichfalls erst jetzt im Goethe-Hause entdeckten Zeichnungen und die dort sowie auf der Anatomie in Jena aufbewahrten, von Goethe stammenden osteologischen Präparate.

Veranlassung zu einem gründlichen Studium der schon früher bekannten wie der neu gefundenen anatomischen Arbeiten Goethes gab dem Verfasser der mit höchster Genehmigung ihrer Königlichen Hoheit der Frau Großherzogin Sophie von Sachsen gewordene ehrenvolle Auftrag, die anatomischen Schriften Goethes in der Weimarer Ausgabe herauszugeben. Mit höchster Genehmigung soll hier Einzelnes daraus schon jetzt veröffentlicht werden, wofür ich der hohen Besitzerin des Archivs den ehrerbietigsten Dank ausspreche. Von dem Direktor des Archivs, Herrn Prof B. Suphan, hatte ich mich freundwilliger Unterstützung zu erfreuen, ebenso seitens des Direktors des Goethe-National-Museums, Herrn Geh. Hofrat Dr. Ruland, welcher mir gestattete, die im Goethe-Hause gefundenen Zeichnungen zu benutzen.

Auf Grund dieser neuen Materialien wird es nun leicht sein nachzuweisen, in wie hohem Maße Goethe als selbständiger, ebenso zielbewusster wie erfolgreicher Forscher auf anatomischem Gebiet betrachtet werden muss. Andererseits aber wird sich zeigen, dass Goethes Studien und ihre Erfolge nicht unvermittelt dastehen seiner sonstigen Tätigkeit, seinem ganzen Dichten und Trachten gegenüber, sondern dass sie gerade den bedeutendsten, wertvollsten, bisher sehr unterschätzten Teil seiner naturwissenschaftlichen Forschungen bilden und im engsten Zusammenhange mit seiner ganzen Lebens- und Weltanschauung stehen.

Bekanntlich hat Goethe „zu Anfang der achtziger Jahre" zuerst ernsthafte anatomische Studien betrieben – unter Anleitung des damaligen Anatomen in Jena, Professor Loder. Äußere Veranlassung hierzu ist wohl vor allem das Interesse an den physiognomischen Bestrebungen Lavaters gewesen – vielleicht auch künstlerische Neigungen, die immer wiederkehrende Lust zum Zeichnen und Malen. Ein neues Zeugnis für den frühen Beginn der anatomischen Arbeiten befindet sich unter den neuerdings im Goethe-Hause aufgefunden Zeichnungen. Eine davon zeigt das Skelett des Armes und das Datum des 20. Oktober 1781, eine andere denselben Gegenstand, auf der Rückseite die Skizze der Kollegienkirche in Jena, in deren nächster Nähe sich die Anatomie heute befindet. Das Goethe das Skelett des Menschen und der

Säugetiere bis in die kleinsten Details durchgearbeitet hat, dafür zeugen die sonst noch vorhandenen Skizzen und Zeichnungen, welche sich auf sämtliche Teile des Skeletts beziehen. Sehr bald wurde aus dem rezipierenden Schüler Loders ein selbständiger Forscher. Wahrscheinlich ist Goethe von Anfang an mit bestimmten Ideen, die sich dann wohl verändern und geklärt haben mögen, an die Anatomie herangegangen, nicht lange hat er nur gelernt – sehr bald hat er gesucht, geforscht – vor allem tatsächliche Beweise für seine große Idee des „Typus" gesucht und gefunden.

Goethes Art, naturwissenschaftlich, insbesondere anatomisch zu arbeiten, ist von seiner Art zu arbeiten überhaupt nicht wesentlich verschieden gewesen. Jahre lang, Jahrzehnte hat ihn ein Gedanke beschäftigt, – er hat ihm immer und immer wieder andere Seiten abzugewinnen gestrebt, er hat ihm in den mannigfachsten Wendungen Ausdruck zu geben versucht, bis er ihn nach allen Richtungen hin, man möchte sagen, plastisch, stereometrisch dargestellt hatte. Goethe vertieft sich in das Tatsächliche, er durchstudiert die großen und kleinen Skelettteile, er lernt ihre Namen, die ihrer einzelnen Teile, Flächen, Fortsätze und Öffnungen, er studiert die Verbindungen und Beziehungen, er beobachtet alles, was sich irgend sehen lässt, – er sammelt Material aus der Literatur und der Natur, aus Büchern und Atlanten, vor allem aber wirkliche Schädel und Tiergebeine, er macht Notizen, zeichnet Skizzen, – er wirft seine Idee in knappster Form auf das Papier und versucht nun nach allen Richtungen hin ihre Geltung zu erproben. Goethe macht große anatomische Entdeckungen, weil er nicht nur mit dem körperlichen Auge sieht – nicht nur der exakte Untersucher ist, – sondern weil er die Idee, den Typus vor seinem geistigen Auge stehen hat, weil er weiß, was er finden will, was er finden muss. – Dann lässt er es sich nicht der Mühe verdrießen, seine Aufsätze zwei, dreimal umzuarbeiten, immer wieder etwas hinzuzutun und fortzunehmen, bis das Werk nach außen und innen hin harmonisch geworden ist, die Form dem Inhalt entspricht.

Und des alten Satzes eingedenk: „Docendo discimus" hält sich der Geheimrat von Goethe nicht für zu gut, den Künstlern in Weimar Vorträge über das Skelett zu halten und für diese die Tafeln selbst zu zeichnen – oder doch nach eignen Skizzen zeichnen zu lassen Wenigstens möchte ich die im Goethe-Haus gefundenen, mit Konturen-Tafeln und Erklärungen versehenen großen Abbildungen als das Unterrichtsmaterial für die Künstler-Vorträge ansehen. Jedenfalls können sie weder für eigene Studien – noch auch für die Veröffentlichung bestimmt gewesen sein.

* * *

Die Zwischenkiefer-Arbeit Goethes ist nur ein kleiner Teil eines großen organischen Ganzen, welches aber leider nicht vollendet worden ist. Schon unter den bisher bekannten, zum Zwischenkiefer gehörigen Materialien finden sich Hinweise darauf, dass auch andere Knochen des Schädels, so das das innere Gehörorgan umschließende Felsenbein, ferner die vor dem Schläfenbein an der Basis des Schädels gelegenen Flügelbeine in mehrere

Elemente aufgelöst werden müssten – wie es die vergleichende Anatomie und Entwicklungsgeschichte inzwischen getan hat.

Aus Goethes Andeutungen in den bisher bekannten Schriften war schon zu entnehmen, worauf auch in den inzwischen im Band 6 der Naturwissenschaftlichen Abteilung (herausgegeben von Rudolf Steiner) erschienenen Schriften sich Hinweise finden, dass Goethe noch andere, umfassendere Arbeiten als die in ihrer Idee immerhin bedeutende, aber wie gesagt, nur einen kleinen Bruchteil darstellende Zwischenkiefer-Arbeit unter der Feder gehabt hat.

Doch bleiben wir zunächst bei dieser stehen. Der Zwischenkiefer der Säugetiere (Zwischenknochen, Os intermaxillare, Os incisivum, Schneidknochen) ist der paarige (rechts und links vorhandene) Knochen, der die oberen Schneidezähne trägt – der aber auch da vorhanden ist, wo letztere fehlen. Dass aber der Knochen fehlen sollte, während die Zähne vorhanden sind, dass also der Mensch ihn nicht besitzen sollte, der sich doch oberer Schneidezähne erfreut, das fand Goethe mit Recht „seltsam" und ruhte nicht eher, als bis er sich von der Existenz des Zwischenkiefers auch beim Menschen und davon überzeugt hatte, dass die Lehre von seinem Fehlen hier ein Irrtum sei. Schwieriger allerdings als sich selbst überzeugte er die Fach-Anatomen – ja er stieß bei den meisten und berühmtesten derselben auf solchen Widerspruch, dass er auf lange Jahre die Lust verlor – nicht anatomisch zu arbeiten, wie man bisher glaubte – sondern zu *veröffentlichen*, was er gefunden, geschrieben und gezeichnet hatte. Im Alter hat Goethe sich selbst des jugendlichen Selbstsinns angeklagt, und es als Zeugnis für eine besondere Unbekanntschaft mit der Welt hingestellt, dass er als laienhafter Schüler den Gildemeistern zu widersprechen gewagt, ja, was noch törichter, sie zu überzeugen gedacht habe. „Fortgesetzte vieljährige Versuche haben mich eines anderen belehrt, mich belehrt, dass immerfort wiederholte Phrasen sich zuletzt zur Überzeugung verknöchern und die Organe des Anschauens völlig verstumpfen."

Bis zu Goethes Entdeckung und noch lange nachher hielt man das Fehlen des Zwischenkiefers beim Menschen für das charakteristische, für das einzige osteologische Unterscheidungs-Merkmal gegenüber den Affen. Goethes Idee von dem Typus, von der alles beherrschenden und durchdringenden Grund- oder Urform, widerstrebte solcher Auffassung.

Die erste Niederschrift der Zwischenkiefer-Arbeit, – Goethe nennt sie später mal das „Konzept" – hat sich im Goethe-Archiv, mit Goethes eigenhändiger, sehr viel späterer Aufschrift: „wahrscheinlich Konzept der Arbeit", gefunden. Sie ist in Form eines Schreibens an Soemmerring abgefasst, der damals Lehrer der Anatomie und Chirurgie am Carolinum in Kassel war und gerade im Begriff stand, einem an ihn ergangenem Ruf an die Universität Mainz Folge zu leisten.

Soemmerring galt damals wie noch heute – und gewiss mit Recht – für einen der bedeutendsten Anatomen Deutschlands. Die Handschrift ist Seidels, vielfache Veränderungen stammen von eigener Hand. Die Zeit der

Abfassung muss der Sommer 1784 gewesen sein, wie Goethes Briefe an Herder und an Frau von Stein beweisen. Größtenteils hat sich Goethe damals in Jena aufgehalten, wo er Material, – den Beirat von Loder und Muße zum Arbeiten fand.

Der Eingang lautet: „Mit einem aufrichtigen Wunsche, dass die Veränderung Ihres Aufenthaltes zu Ihrem Glücke gereichen möge, sende ich Ihnen einige Versuche osteologischer Zeichnungen, die in der Absicht zusammengeheftet sind, um Ihnen eine kleine Entdeckung vorzulegen, die ich glaube gemacht zu haben. Sollte ich mich aber irren und Ihnen statt einer Neuigkeit, wie ich glaube, nur etwas Bekanntes vortragen, so verzeihen Sie es, da mir meine Geschäfte wohl erlauben, manchmal einen Blick auf die Natur und die Bücher zu tun, welche Sie uns kennen lehren, es aber in meiner Lage unmöglich ist, von dem, was andere vor uns entdeckt haben, genau unterrichtet zu sein."

Ehe der Aufsatz an Soemmerring abging, sandte Goethe denselben im Oktober 1784 von Weimar aus zur Durchsicht an seinen Lehrer und Mitarbeiter Loder, welcher ihm die Aufstellung der lateinischen Nomenklatur für die einzelnen Teile des Zwischenkiefers besorgt hatte, wie die fast ausschließlich von Loders Hand geschriebene Tabelle im ersten Entwurf der Arbeit bezeugt. Goethe hat an derselben nur vereinzelte Zusätze und Veränderungen angebracht, wie die Korrekturen von seiner Hand und die von ihm niedergeschriebene Tabelle mit ihren Buchstaben und Ziffern beweisen. Diese dient gleichzeitig als Schlüssel für das gesamte, höchst umfangreiche Material zum Zwischenkiefer, welches, wohl noch ganz vollständig vorhanden, in der „Ausgabe" erscheinen soll. Goethe wird die Tabelle beim Diktieren in der Hand gehabt haben.

Loder antwortete am 31. Oktober, nachmittags 4 Uhr mit folgendem im Goethe-Archiv befindlichen Brief, der nach mehreren Seiten hin Interesse erwecken dürfte und hier folgen möge:

> Jena, den 31 Okt. nachmittags 4 Uhr:
> „Ew. Hochwohlgeboren sende ich den mir geneigtest kommunizierten Aufsatz mit dem verbindlichsten Dank zurück. Ich habe bei Durchlesung desselben so viel Vergnügen empfunden, und ihre Präzision in der anatomischen Beschreibung sowohl als Ihren Blick in die Physiologie des Teils so sehr bewundert, dass ich in der anatomischen Begeisterung es in vollem Ernst bedauere, dass Sie Minister und nicht Professor Anatomiae sind. Sie werden mir aber antworten, wie Kaiser Leopold einem Musikus, der dem Kaiser, der ihm etwas auf dem Klavier vorgespielt hatte, in voller Ekstase um den Hals fiel, und es bedauerte, dass er kein Musikus geworden: ‚Wir stehen uns halt so auch gut.'
>
> Ich habe nichts zu ändern gefunden, als ein paar Kleinigkeiten, die der Mühe des Nennens nicht wert sind. Den Titel vom Cheselden habe ich am Rande beigefügt, aber das durchgestrichen, was man wegzulassen pflegt, wenn man das Buch zitiert. Auch den Titel vom John Hunter habe ich beigesetzt. Das Buch von Scarpa ist noch nicht heraus; es wird aber den Titel kriegen: *Anatomicarum annotationum liber secundus*. Er hat mir eben seine Werke

zugeschickt, weil seine große Eilfertigkeit ihn nötigte, Jena aus dem Wege zu lassen, ob er mir gleich seine Ankunft annonciert hatte, auch seine Briefe hierher hatte adressieren lassen. Unter seinen Werken ist das erste Buch von den anat. annotatt. und eine Oration, die er bei dem Antritt seiner neuen Lehrstelle in Pavia (er war vorher in Modena) gehalten hat; in dieser kündigt er das zweite Buch der annotatt. an, verspricht mir auch im Brief, mir es, sobald es herauskommen würde, zu schicken. Das Kupfer quaest. ist also eigentlich noch nicht zum *öffentlichen* Gebrauch qualifiziert.

Ein Paar sehr merkwürdige Stellen aus dem Vesal lege ich in Kopie bei. Weil die Zeichnung im Vesal Ihnen sehr interessant sein wird, so will ich ihn diesen Abend mit der Post überschicken; ich bäte mir ihn aber bald wieder aus, weil ich ihn immer brauche.

Den Albin habe ich von Durchl. dem Herzog noch nicht zurück. Weil ich ihn – zumal die Tafeln von den Muskeln – sehr notwendig brauche, so habe ich schon vor 8 Tagen Hrn. Rat Kraus gebeten, mir ihn durch Hrn. Rat Bertuch wieder zu schaffen. Sie haben ihn in Weimar vergeblich gesucht, und daher geglaubt, dass er noch bei der Frau Gräfin Werther liegen mag. Hr. R. Kraus hat mir versprochen, darum zu schreiben, weil ich ihn sehr darum bat.

Da ich meine Köpfe revidiere, finde ich, dass die Sutur des ossis intermaxillaris im processu palatino ossis maxill. superioris bei einigen craniis, wo die anderen Suturen alle noch sehr sichtbar und nicht verwachsen sind, doch schon völlig verwachsen ist. Dies lässt die Ursache erraten, warum diese Sutur von so vielen Anatomen (die aber freilich Vesals Zeichnung übersehen haben müssen) nicht bemerkt worden ist.

An einem Kopf eines Jungen von 12 Jahren, den ich mitschicke, und mir gelegentlich wieder zurückerbitte, läuft aus der Sutur eine andre kleine Spalte zwischen dem ersten und zweiten Schneidezahn, wodurch gleichsam eine Art von kleiner Insel im Knochen gebildet wird. Weil dieses eine artige Varietät ist, so schicke ich den Schädel mit.

Den Didelphis-Kopf lege ich auch mit bei. Weil an dem einen die Schneidezähne der oberen Kinnlade ausgefallen sind, so habe ich geschwind noch einen skelettiert…"

Die Arbeit wurde dann bald darauf (im November) an Knebel, am 19. Dezember an Merck, von diesem an Soemmerring schließlich an Camper (mit einer lateinischen, in Jena unter Loders Aufsicht angefertigten Übersetzung) gesandt. Beigegeben wurden siebenzehn große Tafeln, von denen vierzehn im Goethe-Hause noch vorhanden sind. Auch an Herzog Ernst von Gotha sandte Goethe ein Exemplar der Abhandlung mit einem Briefe (20. Dezember 1784) in dem es heißt: „Ich werde nur erst abwarten, wie es die Herren vom Handwerk aufnehmen, dass ein Laie in einem so bekannten Land eine neue Entdeckung gemacht haben will." Die ziemlich kurze zusammenfassende Darstellung Goethes beruhte auf sehr gründlichen und umfassenden Untersuchungen, in welche uns die im Goethe-Archiv noch vorhandenen teilweise von Seidels, teilweise von eigener Hand herrührenden genauen Beschreibungen des Zwischenkiefers bei einer großen Anzahl von Tieren Einblick gestatten. Auch die Erklärungen zu den 17 ursprünglichen

Tafeln sind erhalten. Sie stellen den Zwischenkiefer von nicht weniger als zwanzig Säugetieren und dem Menschen (jung und erwachsen) dar.

Trotz dieser – auch modernen Ansprüchen an eine wissenschaftliche Arbeit genügenden – Begründung fand Goethes Aufsatz bei keinem der genannten Anatomen außer bei Loder Gnade. Bekannt sind die fast wegwerfenden Beurteilungen Soemmerrings und Campers aus dem Jahre 1785. Dies ist umso mehr zu bedauern, als nach den Funden im Archiv Goethe doch wohl die Absicht gehabt haben muss, eine größere Abhandlung über den Zwischenkiefer zu veröffentlichen, nachdem er das – wie er bestimmt annehmen musste – *zustimmende* Urteil Soemmerrings und Campers eingezogen. Wenn Goethe am 6. März 1785 an Soemmerring schreibt: „Da meine kleine Abhandlung gar keinen Anspruch an Publizität hat und bloß als ein Konzept anzusehen ist…", so bezieht sich das eben auf den *kleinen*, gewissermaßen nur eine „vorläufige Mitteilung" bildenden Aufsatz – auf das „Konzept", aber nicht auf die geplante große Arbeit, zu der massenhaftes Material an Schädeln, Notizen, Abbildungen vorhanden war. Nach dem Papier und der Handschrift (Seidel) stammen diese schriftlichen Materialien alle aus derselben Zeit wie das Konzept. Dazu kommt, dass eine Einleitung (Seidels Hand, Korrekturen von eigener Hand) vorhanden ist, die sich nur auf eine wirkliche Veröffentlichung beziehen kann. In dieser wird, ohne Nennung von Namen, Loders gedacht, während Soemmerring und Camper ignoriert werden. Dass die Einleitung vor Abgang des Aufsatzes an diese Koryphäen geschrieben sein könnte, erscheint durch den Hinweis auf die „Kupfer" ausgeschlossen.

In einem von eigner Hand mit der Aufschrift: „II. Beschreibung des Zwischenknochens mehrerer Tiere bezüglich auf die beliebte Einteilung und Terminologie" versehenen Umschlag findet sich zunächst die oben erwähnte Einleitung, dann das auf Säugetiere und Mensch – ferner auf Vögel bezüglich Einzelmaterial, sodann, wiederum von eigener Hand überschrieben (Seidel diktiert): „Versuch die Beschreibungen No. II Stylo continuo fasslicher und angenehmer darzustellen."

Aus der „Einleitung" mögen hier die ersten Absätze folgen:

„*II. Beschreibung des Zwischenknochens mehrerer Tiere bezüglich auf die beliebte Einteilung und Terminologie.*

Ein Liebhaber der Naturlehre war durch Nachdenken und Zufall auf die Entdeckung geführt, die er dem Publikum hier mitteilt. Er eröffnete sie einem gelehrten Anatomen, der ihm in Bestimmung der Terminologie und kunstmäßiger Beschreibung behilflich war. Ein geschickter Zeichner übernahm die Sorge der Kupfer und der Verfasser erkennt eines jeden Anteil öffentlich mit Dank und wünscht, dass diesem kleinen Werk ungeachtet seiner Unvollkommenheit nicht ganz der Beifall der Kenner und dieser Materie zu ihrer weiteren Ausbildung die Bemühung eines Meisters nicht fehlen möge.

Wie merkwürdig und wichtig eine nähere Untersuchung dieses einen Knochens in der Naturlehre sei, wird man leicht gestehen, wenn man

> bedenkt, dass er zu der Absicht gebildet ist, dass ein Tier sich hauptsächlich seine Nahrung, wovon die ganze Existenz des Tiers doch abhängt, zu eigne. Das Linnéische System beruht vorzüglich auf diesem Knochen und es käme darauf an, ob man bei näherer Untersuchung die untere Kinnlade nicht ganz in der Klassifikation weglassen und bloß nach dem Os intermaxillare klassifizieren könnte. Die Linie, welche der berühmte Camper zu Bestimmung der Physiognomie angibt, beruht auch auf der mehr oder weniger Vorgeschobenheit dieses Knochens. Und ob man wohl gleich von einem jeden Beine am Tier sagen kann, es trage durch seine Umänderung zu der verschiedenen Gestalt nach seiner Art bei, so sind doch vielleicht wenige so ausgezeichnet, so ins Gesicht fallend abwechselnd als dieses."

Die ganze Einleitung, sowie der „Versuch der Darstellung stylo continuo" werden in der Ausgabe veröffentlicht werden.

Bekanntlich hat Goethe von seiner „Wirbeltheorie", d. h. der Entdeckung der Wirbelnatur der Schädelknochen, zwei voneinander abweichende Darstellungen gegeben. Die vom Jahre 1823 (Morphol. II, 1, 50), in der auch die Jahreszahl 1791 irrtümlich ist (auch beim „Zwischenkiefer" hat Goethe sich später ja um zwei Jahre geirrt: 1786 statt 1784), führt die erste Idee, dass nicht nur die eigentlichen Schädelknochen, sondern auch die *Gesichtsknochen* von Wirbeln abgeleitet seien, auf den Fund des Schöpsenkopfes auf dem Judenkirchhof von Venedig zurück. Die andere (Annalen zu 1790) spricht davon, dass dieser Fund die *„früher von mir erkannte Wahrheit*, die sämtlichen Schädelknochen seien aus verwandelten Wirbelknochen entstanden, *abermals bestätigte.*" Ich halte aus inneren Gründen dafür, dass letztere Darstellung die richtige ist und dass Goethe durch seine Studien am Zwischenkiefer und die sich naturgemäß daran schließenden sonstigen Untersuchungen am Schädel schon in der Mitte der achtziger Jahre zu jener großen Idee gekommen ist, die bis auf unsere Tage fördernd und befruchtend auf die Lehre von der Natur und Entstehung des Kopfskeletts eingewirkt hat – wenn sie sich auch für die Gesichtsknochen als irrtümlich, betreffs der Schädelknochen als unzureichend erwiesen hat. Erst durch den Vergleich der Kopfknochen mit den Wirbeln, durch die Auflösung des Schädels in einzelne Elemente, die man mit mehr oder weniger Recht als Wirbel oder Wirbelteile oder den Rippen entsprechende Bildungen anzusehen sich bemühte, hat man für die Lösung des überaus schwierigen Problems von der Entstehung und Bedeutung des Kopfskeletts eine Grundlage gewonnen, – ebenso wie für die Anatomie des Gehirns und der Kopfnerven in dem Vergleich mit dem Rückenmark und den aus ihm austretenden Nerven. Trotzdem die entwicklungsgeschichtliche und vergleichend-anatomische Basis, von der aus wir heutzutage arbeiten, eine unvergleichlich breitere, vor allem tiefer gelegene ist, so sind wir, wenn wir offen sein wollen, von der Lösung des großen Rätsels noch immer sehr weit entfernt.

Erhellt schon aus dem oben Angeführten, dass die Zwischenkiefer-Arbeit nur als der Teil eines größeren Ganzen aufzufassen ist, so wird der vollgültige Beweis dafür durch die neuen Funde im Archiv erbracht. „Der

Versuch einer allgemeinen Knochenlehre“ hat, wie Goethes eigene Aufschrift: „1. Abschnitt!“ Vor diesem Titel bezeugt, nur den ersten Teil eines großen Werkes über vergleichende Anatomie bilden sollen, das leider niemals geschrieben wurde. Auch die von dem Versuch einer allgemeinen Knochenlehre vorhandenen Blätter umfassen nur einen kleinen, wenn auch den schwierigsten und wichtigsten Teil der vergleichenden Osteologie, den Kopf, nämlich den Schneideknochen – wie Goethe jetzt den Zwischenkiefer nennt –, den Oberkiefer, das Jochbein, das Tränenbein, das Gaumenbein; darauf folgt eine Rekapitulation der bis dahin beschriebenen fünf Knochen, sodann „Übergang zu den zunächst zu beschreibenden Knochen“, worauf mit dem Stirnbein fortgefahren wird, auf welches das Keilbein (vorderes und hinteres), Schläfenbein, „Zitzenbein“ und Felsenbein folgen. Sechs Blätter mit zehn Abbildungen von dem schwierigsten der Schädelknochen, dem das innere Gehörorgan bergenden Felsenbein, liegen dem Manuskript bei.

Dieses ist in Form eines Aktenbündels geheftet und größtenteils dem Schreiber Goetze diktiert, mit Ausnahme des Abschnittes „Gaumenbein“, der von einer bisher im Archiv unbekannt gewesenen Hand geschrieben ist, – während zwei lateinische Dispositionen (Gaumenbein, Os temporum) vor eigener Hand herrühren, ebenso wie die, allerdings nur auf die ersten Blätter beschränkten Korrekturen.

Die Beantwortung der Frage, von welcher Hand das Kapitel „Gaumenbein“ geschrieben sei, erschien besonders wichtig für die Erledigung der Hauptfrage, *wann* die Arbeit abgefasst ist. Eine glückliche Verkettung von Umständen führte zu einer sicheren Lösung. Ihrer Königlichen Hoheit der Frau Erbgroßherzogin von Sachsen, welche das Archiv mit Höchstihrem Besuche beehrte, fiel eine gewisse Ähnlichkeit der fraglichen Handschrift mit der ihr zufällig vorgelegten von J. G. Herder auf; und so gelang es, unter Zutun Suphans, die Handschrift als die des zweiten Sohnes Herders, August, festzustellen, von dem Briefe aus dem Januar 1793 und November 1795 im Archiv vorhanden sind. Nun ging August Herder im Herbst 1794 nach Neuenburg, während Goethe Ende August 1793 von der Belagerung von Mainz heimkehrte. Das fragliche Kapitel muss also zwischen dem Herbst 93 und dem Herbst 94 diktiert sein. Höchst wahrscheinlich ist somit die ganze Arbeit in diesen Zeitraum, also wesentlich in das Jahr 1794 zu setzen.

Goethes vergleichende Anatomie des Schädels bezieht sich allerdings nur auf die höheren Wirbeltiere, auf die Klasse der Säugetiere, aber die Beschreibung der hier allgemein vorkommenden Skeletteile, der kunstvolle Aufbau des Schädels, den Goethe vor den Augen des Lesers vollzieht, können noch heute als Muster einer anatomischen Darstellung dienen. Die Goethe'sche Methode ist es, welche in ihrer Genauigkeit im Einzelnen und in ihren weiten vergleichenden wie mechanischen, ich möchte sagen architektonischen Gesichtspunkten so ungemein fesselt, dazu der klassische Stil, der sich sogar diesen spröden, für die zusammenhängende Darstellung so schwierigen, zu Wiederholungen von Worten und Wendungen geradezu herausforderndem Gegenstand zu unterwerfen weiß: diese Vereinigung exakter nüchterner prosaischer Angaben und künstlerischen Gestaltung der Form ist so echt Goethisch, dass gewiss auch Laien diesen leider Torso gebliebenen Aufsatz nicht ohne Genuss lesen werden. Einige Proben mögen dies bezeugen.

Goethe beginnt:

> „Wenn es natürlich war, dass man die Betrachtung des menschlichen Schädels mit dem Stirnknochen anfing, als dessen Gestalt die menschliche Natur am meisten bezeichnet, so finden wir uns dagegen, indem wir den Tierschädel beschreiben wollen, zu einer anderen Methode genötigt, wozu uns das Anschauen die einfache Anleitung gibt.
> Wir mögen nämlich das Tier ansehen, wie es im freien Zustand sein Haupt trägt, oder dessen Schädel zur Betrachtung vor uns legen; so finden wir immer, dass die Werkzeuge der Nahrung uns am stärksten in die Augen fallen.
> 1. *Der Schneide-Knochen.*
> Am skelettierten Kopfe des Tiers bemerken wir zuerst denjenigen Knochen, durch welchen es seine Nahrung ergreift. Ich darf ihn gegenwärtig getrost in den allgemeinen Typus einführen, da er nun auch an Menschen anerkannt[1] wird, wo er sich selbst den scharfsichtigsten Beobachtern eine Zeitlang eigensinnig zu verbergen schien."

Dass Goethe schon bei der Abfassung des Konzeptes zum Zwischenkiefer die Absicht hatte, seine Untersuchungen weiter auszudehnen, geht aus dem Briefe an Soemmerring (VII, 3. 7 Januar 1785) hervor: „Ich werde meine Beobachtungen über diesen Knochen fortsetzen, und wenn meine Bemühungen Beifall finden, auch über die übrigen Knochen des Kopfes Vergleichungen anstellen und mitteilen. Das Feld ist so groß, dass man bei eingeschränkter Zeit und Kräften wohltut, sich ein Winkelchen auszusuchen und es zu bearbeiten."

Ja, aus einem aller Wahrscheinlichkeit nach aus dem Jahre 1784 vermutlich dem Herbste dieses Jahres stammenden Brief an Merck, dessen Urschrift (diktiert an zwei verschiedene Schreiber, Zusätze und Verbesserungen von eigener Hand) sich im Archiv unter den osteologischen Manuskripten fand, geht hervor, dass Goethe schon damals das allgemeine Prinzip erkannt hatte und verfolgte, dass die scheinbar einfachen Knochen des Schädels sich in mehrere Elemente auflösen lassen und zwar sowohl vergleichend-anatomisch als entwicklungsgeschichtlich. Goethe schreibt: „Ich beziehe mich hier wieder auf das, was ich von der Teilbarkeit der Knochen in meinem vorigen gesagt habe und würde, wenn ich so glücklich wäre, den Schädel eines Elephantenfoetus zu besitzen, noch weit mehr darüber sagen können." Die

[1] Loder, Handbuch der Anatomie 1788 [= Justus Christian von Loder: Anatomisches Handbuch, Jena 1788]. – Vicq d'Azyr. – Auch Soemmerring bekehrte sich zu Goethes Auffassung – um 1791.

Zerlegung des Oberkiefers in seine Bestandheile, welche Goethe damals versuchte ist bis heute noch nicht in befriedigender Weise gelungen.

In diesen Gedankengang gehören wohl Notizen auf einem von eigener Hand geschriebenen Blatt, die sich auf die Zerlegung des Körpers in Partes propriae und impropriae beziehen: „Alle Teile des organischen Körpers, insofern *er lebt,* sind partes impropriae. Insofern er seiner Natur gemäß zerlegt wird, wird er aber in partes proprias zerteilt. Diese hat man in der Myologie schon verfolgt. Warum nicht in der Osteologie."

Dass sich Goethe aber nicht nur mit der Osteologie, sondern auch mit den Bändern, den Muskeln sowie dem Gehirn beschäftigt hat, zeigen verschiedene Notizen, auf meist losen Blättern. In dem Venezianischen Tagebuch von 1790 fand R. Steiner folgenden Satz, der in innerem Zusammenhang mit den Gedanken über die Wirbelnatur der Schädelknochen stehen dürfte: „Das Hirn selbst nur ein großes Hauptganglion. Die Organisation des Gehirns wird in jedem Ganglion wiederholt, so dass jedes Ganglion [als] ein kleines subordiniertes Gehirn anzusehen ist." – Dass Goethe sich später genauer mit den Furchen und Windungen an der Oberfläche des Gehirns – die erst in unseren Tagen näher untersucht worden sind – beschäftigt hat, bezeugt eine Notiz über die starke Prominenz der „Gyrorum" des Kalbshirns auf einem einzelnen Blatte, das ferner Notizen über das Innere dieses Organs und seiner Umhüllung enthält. – Auf einem anderen Blatte desselben Bündels liest man: „Es ist ein angenehmes Geschäft die Natur zugleich und sich selbst erforschen, weder ihr noch seinem Geist Gewalt anzutun, sondern beide durch gelinden Wechsel Einfluss miteinander ins Gleichgewicht zu setzen."

Der interessanteste Fund für die Beurteilung von Goethes anatomischem Forschen und Denken ist unstreitig der leider auch nur Bruchstück gebliebene *Versuch über die Gestalt der Tiere.* Derselbe stammt höchst wahrscheinlich aus dem Jahre 1790 und ist in Breslau während des militärischen Getümmels geschrieben. Hierfür sprechen sowohl die Annalen von 1790 als das Papier und die Schreiberhand (Götze) – schließlich auch innere Gründe. Wir finden nämlich einen Teil der hier in der Disposition angedeuteten oder bereits ausgeführten Gedanken und Wendungen sowohl in dem *Ersten Entwurf einer allgemeinen Einleitung in die vergleichende Anatomie, ausgehend von der Osteologie* (Jena, Januar 1795) als auch in den Vorträgen über die drei ersten Kapitel des eben genannten Entwurfs (1795) wieder. Goethe hat jedenfalls die Absicht gehabt, eine umfassende, um es modern auszudrücken, Generelle Morphologie zu schreiben. Er wird diese Absicht später aus äußeren wie inneren Gründen aufgegeben und sich auf die Veröffentlichung einzelner Kapitel in den genannten gedruckt vorliegenden Aufsätzen beschränkt haben. Bemerkenswert ist nun, dass auch der Versuch über die Gestalt der Tiere bereits vorläufig ausgearbeitete Kapitel zeigt, die aber von den mehr oder weniger entsprechenden der beiden späteren Arbeiten von 1795 und 1796 ganz erheblich abweichen – ein neuer Beweis für die

Unermüdlichkeit Goethes, seine Gedanken immer wieder in neues Gewand zu kleiden.

Der eigenständige mit verblassender Tinte geschriebene Entwurf besteht aus Kapitel-Überschriften an den Köpfen der Bogenblätter; teilweise ist der Inhalt der Kapitel etwas weiter ausgeführt. Das Papier ist später zu osteologischen Details verwandt worden.

„Vorerinnerung.

–

Nähere Bestimmung.
Säugetiere.
Osteologisch.

1. Kap. *Bemühungen der vergleichenden Anatomie und Hindernisse die ihnen entgegenstehen.*
   a) Ähnlichkeit der Tiere untereinander. Vierfüßig.
   b) Ähnlichkeit der Tiere mit dem Menschen.
   a. b. beides auffallend auch der flüchtigsten Betrachtung. Gegenstand des Nachdenkens der Philosophen, Ärzte und Zergliederer. Bemühungen unseres Jahrhunderts.
   c) Schwierigkeit der Vergleichung wegen Mangel eines Tertii comparationis
   man mag *Menschen* / oder *Tiere* } zu Grunde legen.
   d) Übergang zu einem Typus
2. Kap. *Vorschlag zu einem Schema oder Typus.*
   e) Bedürfnis, da man die Anwendung des allgemeinen Prinzips der Übereinstimmung nicht gestatten wollte
   f) Aufsuchung und Ordnung der Teile. Insofern sie entw. immer gegenwärtig sind oder sich verbergen, oder verlieren d. h. sehr untergeordnet oder gar aufgehoben werden.
   übereinstimmen.
   abweichen.
   beides letzte an Gestalt und Zahl
3. Kap.
   g) Typus selbst osteologisch
   (Folgt Aufzählung der einzelnen Teile des Skeletts.)
   h) Ursachen warum Typus so geordnet worden.
   Damit die Gestalt mehr rationell werde. Die einzelnen Teile durchzugehen und zu betrachten.
   Os intermax. ist das vordere Ende des Tieres wir bemerken es nicht beim Menschen, weil die Stirne prädominiert.
   Es wird nach Vergleichung verschiedener Tiere jederzeit anzuzeigen sein, welcher Teil (Knochen) in seiner freisten und ausgebildetsten Gestalt erscheint.

Erst die Grundgestalt des Knochens
Veränderung desselben
durch innere Determination
durch innere[1] Einwirkung.

i) Teilbarkeit der Knochen auf möglichste zu verfolgen.
k) Mangelnde Teile an den Extremitäten.
l) Veränderlichkeit der Teile in ihrer Gestalt und Richtung pp.
Base der Mannigfaltigkeit
m) Beständigkeit der Teile in ihrer Lage gegen einander
Base der Übereinstimmung.
n) In der Balance dieser beiden Bestimmungen liegt der Grund des ganzen Mechanismus der Organisation.

In dem mehren was gegeben, in dem minderen was entzogen wird

Liegt { Das charakteristische / und zweckmäßige (nach außen } aller Bildung

4. Kap. *Prinzip des Gebens und Entziehens*
   o) Die Natur kann nur einen Teil auf Unkosten des andern begünstigen, sie muss also in einem gewissen Maße bleiben.
   p) Osteologische Beispiele
   q) Beispiele von weichen Teilen.
   r) Anwendung auf den Charakter der Tiere.
   s) Große Bedeutsamkeit (Übergewicht) der Zähne besonders der Schneidezähne. Urspr. der Hörner etc.
   t) Verschiedene Charaktere der Tiere durchgegangen.
   u) Charakter des Menschen.
   v) Charakter des Affen des Esels.
   w) Anwendung des Prinzips auf die Gestalt der beiden Geschlechter.

5. Kap. *Allgemeine Betrachtungen.*
   x) Größe und Kleinheit, viel oder wenig Masse machen keinen Unterschied in Betrachtung des Typus.
   y) Bemerkungen über große und kleine Tiere. Ihre eminenten Disproportionen.

6. Kap. *Prinzip nach außen*
   z) Das scheinende Zweckmäßige als
   Bestimmung *von* außen
   Verhältnis *nach* außen.

7. Kap. *Einige Blicke auf die übrigen Tiere*
   α) Vögel.
   β) Amphibien.
   γ) Fische.

8. Kap. *Schluss* über die Behandlungsart selbst
   γ) Bemühung, dem Mechanismus der Natur näher zu rücken und fruchtbare Prinzipien anzusprechen.
   Besser. Den Gesetzen der Natur nachzuspüren nach selchen sie in einer gewissen bestimmten Folge wirkt.

ε) Entsagung auf einen Endzweck loszugehen.
ζ) Zwecke nach innen, Naturzwecke, Ursache und Wirkung
η) Pflicht des Forschers und Denkers, so zu Werke zu gehen.
Weil sonst nichts gefunden noch geordnet werden kann. Freiheit eines jeden weiter zu gehen und sich des Dargelegten zu bedienen.

9. Kap. *Schluss*
ϑ) Rückblick von dem Punkte…"

Auf dem Titelblatt des „Versuchs" findet sich, noch eine andere, mit schwarzer Tinte eigenhändig geschriebene Disposition, welche Kapitel enthält, über die sich Goethe, soweit bekannt, niemals ausführlicher geäußert. Vielleicht ist dies der allererste Entwurf, den Goethe, soweit bekannt, niemals ausführlicher geäußert hat. Vielleicht ist dies der allererste Entwurf, den Goethe später, als zu viel umfassend, eingeengt hat:

„Inhalt, Absicht, des Werkes.
Vergleichende Anatomie. Wirkung auf Naturlehre.
Physiologie

I. Geschichte.
Schwierigkeiten.
Reunions Punkt

Versuch des Typus

II. Typus generalis.
Rechtfertigung desselben

III. Bildung der Tiergestalt. Im Allgemeinen des Gebens und Nehmens.
Beständigkeit desselben.
Versatilität desselben.
Wirkungen von innen.
– von außen.
Exempel

IV. Bildung der Tiergestalt in osteologischer Rücksicht. Typus specialis osteologicus

V. Übergang von der weicheren in festere Teile. Fest und weich muss gleich gedacht werden.

VI. Wirkung des Gehirns. Der Nerven.

VII. Der Eingeweide.

VIII. Der Muskeln in dieser Hinsicht.

IX. Haut Haare Überfluss andeutend."

[1] Jedenfalls verschrieben für „äußere".

Diese Entwürfe zu dem „Versuch" sind deswegen hier ausführlich mitgeteilt worden, weil sie Goethes Ideen über vergleichende Anatomie und den viel besprochenen Typus viel vollständiger und anschaulicher zeigen als die nur die ersten Kapitel des Entwurfs enthaltenden ausführlicheren Darstellungen. – Goethe entwickelt hier Gedanken, wie sie erst sehr viel später von den Begründern der Naturphilosophie, teilweise erst in den letzten Jahrzehnten geäußert wurden. Goethe spricht ja nirgends von einer „Abstammung", einer wirklichen Bluts-Verwandtschaft der Tiere untereinander oder zwischen den Tieren und dem Menschen. Aber, wenn er das Wort auch nicht ausgesprochen hat, so scheint er doch stark an eine innere Verwandtschaft der Formen, von der Urpflanze bis zum Menschen gedacht zu haben. Jedenfalls hat er die Vorstellung einer zusammenhängenden Entwicklungsreihe der Organismen gehabt, welche indes nicht, wie Darwin will mehr auf Zufall, auf „Anpassung an äußere Einwirkungen und Vererbung" von den durch solche Anpassung erworbenen Eigenschaften, sondern wesentlich oder lediglich auf *inneren Gesetzen* beruhe. So dürfte meines Erachtens Goethe der Lamarck'schen Deszendenzlehre näherstehen als dem eigentlichen Darwinismus, wenn man überhaupt die ganz eigenartige[2] und selbständige Anschauung Goethes mit modernen Theorien vergleichen darf oder will.

Nach einer etwa zehnjährigen Unterbrechung der anatomischen Studien während des gemeinsamen Wirkens mit Schiller – von 1795 bis 1805 – hat Goethe diese Lieblingsbeschäftigung bald nach dem Tode Schillers wieder aufgenommen, wie Papiere aus dem Jahre 1807 beweisen. In den zwanziger Jahren, bis zu seinem Tode, hat dann bekanntlich Goethe sich wieder ganz besonders mit Anatomie befasst, wobei er vielfach auf seine früheren ersten Entwürfe und Ausarbeitungen zurückkam, wie die neu gefundene *Geschichte des Manuskripts* und andere Schriften zeigen, die aus der Mitte der zwanziger Jahre stammen müssen. Goethe berichtet in diesem kleinen Fragment zu einer Autobiographie u. a. über den „Versuch, den Versuch umzuarbeiten. Misslingt. Wenn man es besser machen will ohne gleiches Feuer und Gegenwart. Bleibt liegen. Jetzt wieder auf erste zurückgeführt, *da das alte Mspt. noch zu handen ist.*" In der „Schlussbetrachtung" spricht Goethe von seinem „dreißigjährigen noch nicht erkalteten Interesse;" er fragt: „Warum soll man aber nicht lebendig erhalten, was einmal gelebt hat" – und schließt höchst charakteristisch: „Velleitäten. Man tröstet sich, dass die Geschichte der Wissenschaften, ja die ganze Geschichte nur dergleichen aufweist. Und ich wüsste daraus keine weitere Nutzanwendung zu ziehen, als dass wir nichts sorgfältiger tun sollten, als das Entdeckte, Gefundene, Bedachte, Geordnete, wie und wo wir es finden, redlich zu ehren und zu unserem wie zu anderer Nutzen sträcklich anzuwenden. Hora ruit.

[2] Folgender Satz (im Bündel: „Tierwelt") spricht allerdings nicht sehr für Deszendenz-Gedanken:

„Der Affe hat etwas ähnliches vom Krebs darin, dass bei der möglichsten Verwandlungsfähigkeit aller Teile kein regulierendes und konstituierendes Prinzip irgendwo obwaltet. Deswegen jeder Teil sich ungestraft erweitern, verengern, verlängern oder verkürze mag, und das Ganze darum, es mag sich gebärden, wie es will, immer absurd bleibt". „Den Affen" (Goethe spricht stets in der Einzahl von diesen Tieren) scheint Goethe überhaupt nicht sehr geliebt zu haben.

Giovanni Battista Brocchi: Goethe scienziato (1831)

Vita – Abstract
Der italienisch Naturforscher und Dichter Giovanni Battista Brocchi (18. Februar 1772 Bassano del Grappa – 25. September 1826 Khartum) betrieb in Rom und Venedig mineralogische und botanische Studien, wurde 1801 zum Professor für Naturgeschichte am Lyceum in Brescia und Leiter des Botanischen Gartens sowie des Naturhistorischen Kabinetts dieser Stadt ernannt, trat 1822 als Direktor der Bergwerke in den Dienst des Vizekönigs Muhammed Ali Pascha (1769–1849) von Ägypten und starb am 26. September 1826 auf einer Forschungsreise in Khartum. Wissenschaftlich beschäftigte sich Brocchi – neben seinem literarischen und kulturhistorischen Engagement – mit Themen der Mineralogie, Geologie, Chemie und Botanik, worüber er mehrfach Beiträge in der wissenschaftlich-kulturhistorischen ‚Biblioteca Italiana' veröffentlichte.

In seiner posthum erschienen Studie von 1831 berichtet Brocchi von seinem Besuch 1816 in Weimar und den Gesprächen mit Goethe, lobt Aufwand und Exaktheit der optischen Versuche, hält die Farbentheorie aber für vollkommen verfehlt („fallace“) und die verachtende Kritik an Isaac Newton (1643–1727) für unwürdig („biasimevole“), preist dagegen die zunächst von Wissenschaftlern abgelehnte, später aber anerkannte Metamorphose der Pflanzen, die ihn zu einem bedeutenden Botaniker („botanico insigne“) gemacht habe, referiert schließlich auch den Akademiestreit von 1830 zwischen Étienne Geoffroy Saint-Hilaire (1772–1844) und Georges Cuvier (1769–1832) über die Einheit und

D. von Engelhardt, *Goethe als Naturforscher im Urteil der Naturwissenschaft und Medizin des 19. Jahrhunderts*,
https://doi.org/10.1007/978-3-662-68126-8_5

Vielfalt der Lebewesen („unité de composition organique“) und ihre Analyse durch Goethe in zwei Rezensionen von 1830 und 1832 in den ‚Jahrbüchern für wissenschaftliche Kritik'.

Brocchi, Giovanni Battista (Kürzel B.):
Goethe scienziato, in: Biblioteca Italiana 63 (1831) S. 247–251.

* * *

Viaggiando la Germania nel 1816 ci avvenne di visitare Weimar, l'Atene di quella contrada. Con molto nostro diletto abbiamo vedute e considerate le cose notabili della città, e fra l'altre l'insigne istituto topografico e calcografico di Bertuch, che tanto contribuisce alla diffusione delle utili cognizioni in tutta Germania; la Chiesa maggiore decorata di vari monumenti; la pubblica Biblioteca fregiata di bei dipinti, di busti, e dove si mostrano gli autografi di Lutero e Melantone. Ma ciò che in Weimar ci riempì l'animo veramente di soddisfazione e di gioia, fu la visita e la conversazione di Goethe, di quell'uomo rarissimo i cui sommi talenti sono a tutti oggetto di meraviglia, ma a' Tedeschi il sono inoltre di un tale entusiasmo che mal sapremmo descrivere. Ci accolse cortesemente, e quanto fu per noi dolce sentir dal suo labbro sonare armoniosa e piena di dignità la favella italiana, quanto commovente l'udire da lui le lodi della nostra patria, e come in noi più vivo si accese il desiderio di rivederla, allora ché ci parlò della dolcezza de' suoi giorni vissuti sotto il bel cielo d'Italia.[1] Aggiunse poi un altro singolar tratto di gentilezza, e fu di trattenerci a lungo intorno ad argomenti per noi gratissimi, come quelli che al subietto de' nostri studi, cioè alle scienze fisiche si riferivano. Ed eccolo infatti dar mano ad ottici congegni, e mostrarci nuovi fenomeni della polarizzazione della luce riflessa, non che quelli da Seebeck e da Brewster scoperti e prodotti col variar la pressione o la temperatura dei corpi, le quali dimostrazioni ne fece con mano si esperta, e con sì nitido e accomodato discorso, che noi non potevamo in allora riaverci dalla meraviglia ch' egli fosse quel desso, il cui amplissimo sapere e valor letterario fecero chiamar sufficiente a tutta rappresentar per intiero la tedesca letteratura.[2]

Ora diremo per qual motivo abbiamo qui fatta menzione della nostra visita al Goethe, e delle sue applicazioni all'ottica. Fu pubblicato non ha guari in un reputato giornale francese (‚Ann. des scienc. natur.' fév. 1831.) un articolo *Sur des écrits de Goethe lui donnant des droits au titre de savant naturaliste*, nel quale sono mentovati, ad encomio di Goethe, altri suoi studi

[1] Quanto il Goethe senta gentilmente dell'Italia e degl'Italiani, può conoscersi da varie espressioni sparse nel suo giudizio intorno al *Conte Carmagnola* di Manzoni: e non è egli uno dei più caldi ammiratori. di questo nostro poeta?

[2] Staël. Allemagne. Seconde partie, chap. VII. [Germaine de Staël: De l'Allemagne, Bd. 1–2, Paris 1813].

ed altre sue opere concernenti le scienze naturali, ma degli studi e delle opere ottiche affatto si tace. Se però ci potevan essere ragioni di serbare questo silenzio, altre ce n' erano di non serbarlo, e le seconde, per nostro avviso, volevansi anteporre. Bello era il tacere perché la *teoria dei colori* di Goethe, a crear la quale mirarono tutti i suoi sforzi, comunque ingegnosa e stata da taluno in Germania molto vantata, è cosa al tutto fallace; e perché veramente sono biasimevoli le sprezzanti parole con cui egli, inteso a combattere la teorica di Newton, ingiuriò la memoria di questo grande, e lo zelo de' suoi seguaci. Bello poi era il non tacere, perché degno indubitatamente di rimembranza si è che un uomo, qual è Goethe, si applicasse all'ottica con tanta perseveranza e tanto ardore, e ripetesse con molta accuratezza gli altrui esperimenti, e moltissimi affatto nuovi ne facesse, i quali avendo in qualche modo contribuito ad accrescere il patrimonio della scienza, e quindi a farla progredire e perfezionare, gli danno un merito che insieme agli altri suoi meriti scientifici vuol essere connumerato. Poiché dunque noi cultori delle naturali discipline siamo sul vantarci di avere avuto il Goethe a parte de' nostri studi, quel Goethe che l'Humboldt celebrò come uno de' più esperti nel tracciare de' quadri veramente fedeli della natura[3], tutte raccontiamone sinceramente le scientifiche applicazioni; e i suoi medesimi errori siano a noi ed a' futuri di giovamento, dimostrando quanto travia un grande ingegno, allora che preoccupar si lascia da smoderata voglia di comparir inventore, e di rendere eccelsa la sua fama sulla rovina di altra eccelsissima fama.

Per questi motivi ne parve dover ricordare che Goethe occupassi a lungo di studi ottici. È noto a' fisici ch' egli sin dal 1810 pubblicò la sua teoria de' colori[4], ma non e forse ugualmente noto ad essi, come in appresso continuasse a far suo diletto de' medesimi ottici studi, del che però il nostro precedente racconto li renderà pienamente istrutti e sicuri.

Ma perché a noi non si faccia quello stesso rimprovero che abbiamo fatto altrui, non vogliamo, dopo aver toccato una parte de' meriti scientifici di Goethe, omettere l'altra, massime che questa, a vero dire, è la più degna di far memorabile il suo nome negli annali delle scienze. Ora vogliam dunque esporre come in Goethe debba riconoscersi un botanico insigne. La dimestichezza con Ludwig, caldissimo amatore della botanica, presso cui dimorava in Lipsia ne' suoi anni giovanili, gl' infuse il gusto di quella scienza, che oltremodo crebbe ed ingagliardi, quando verso il 1790, recatosi in Italia a sollievo de' gravissimi suoi studi letterari, ammiro l'ubertosa e florida vegetazione di questo bellissimo suolo. E frutto dei suoi botanici studi fu una teorica ingegnosissima, per cui spiando tra le apparenti disuguaglianze delle piante diverse le loro riposte analogie, ha potuto dimostrare come quelle non

[3] Tableaux de la nature, par Humboldt, Paris 1808, vol II, pag. 27.

[4] Zur Farbenlehre von Goethe, nebst einem Heft mit 16 Kupfertafeln, Tübingen 1810. Der Durchlauchtigsten Herzogin und Frauen Luisen, regierenden Herzogin von Sachsen-Weimar und Eisenach.

altrimenti intervengano che in virtù di modificazioni svariatissime sì, ma pur soggette a certe norme, di un organismo fondamentale dall' una all' altra pianta non vario. Le quali speculazioni dal Goethe esposte nel suo *Saggio sulle metamorfosi delle piante*[5], furono in principio accolte con disprezzo dai dotti, ma il merito se ne conobbe dappoi, e il De Candolle (che a consimili speculazioni era stato condotto da meditazioni sue proprie) fa plauso ad esse nella sua *Organografia*[6], le corrobora di nuovi argomenti, e felicemente le applica a spiegare i fenomeni dell'organismo vegetabile.

Quella così detta *unità di composizione* che Goethe, De Candolle ed altri cercarono ne' corpi vegetabili, altri naturalisti, e segnatamente il signor Geoffroy Saint-Hilaire, cercarono ne' corpi animali, come può vedersi esposto nell' opera di quest' ultimo intitolata *Principes de philosophie zoologique* (Paris 1830). Però le opinioni del signor Geoffroy Saint-Hilaire hanno trovato un forte oppositore nel celebre barone Cuvier, e nacque tra loro, nel marzo dello scorso anno, una solenne disputa dinanzi all'Accademia delle scienze. Della quale disputa il Goethe rendendo conto negli *Annali di critica scientifica* che si pubblicano a Berlino dopo aver menzionati diversi naturalisti alemanni, le cui opinioni concordano con quelle del signor Geoffroy Saint-Hilaire, conclude il discorso colle seguenti parole, che riferiamo come si trovano tradotte nel citato fascicolo degli *Annales des sciences naturelles.*

„Nous-même n'avons-nous pas, il y a présentement trente années, pris part aussi à ces études? Si nous les comptons aujourd'hui, je crois qu'on peut porter à plus de cinquante ceux des nôtres voués avec une ardente prédilection à ces sortes de recherches. Je suis peut-être resté seul de ceux qui, à la naissance de ces idées, s'y consacrèrent. Par conséquent, qu'on me pardonne d'être en cette circonstance revenu sur ces études de ma jeunesse, études que je puis sans doute me permettre de considérer comme ayant aussi pour leur part répandu quelques lumières sur les points en discussion; cependant

Je ne juge pas, je raconte“ (Montaigne).

[5] Il Goethe ristampò nel corrente anno il suo *Saggio* in un'opera così intitolata: *Sulle analogie e le metamorfosi delle piante*, nella quale al suddetto Saggio aggiunse la storia de' suoi studi botanici, dimostrando quanto siano stati assidui, fervorosi ed intensi, e aggiunse ancora la storia de' progressi fatti sino a questi ultimi tempi dalla botanica filosofica ch'egli ha coltivata.

[6] Sappiamo che il sig. De Candolle si è risolto di pubblicare in quest' anno, dopo averla ben tre volte rifatta, la sua *Fisiologia vegetabile*, che insieme all' *Organografia*, alla *Teoria elementare* ed al *Prodromo*, deve darci un magnifico corpo di scienza botanica.

Augustin Pyramus de Candolle [Rez.]: Essai sur la métamorphose des plantes, par S. W. de Goethe (1829)

Vita – Abstract
Der schweizerische Botaniker Augustin Pyramus de Candolle (4. Februar 1778 Genf – 9. September 1841 Genf war nach dem Studium der Medizin in Paris und weiterer Ausbildung in Biologie bei den Naturforschern Georges Cuvier (1769–1832) und Jean-Baptiste de Lamarck (1744–1829) in Paris von 1808 bis 1816 Professor für Botanik und Direktor des Botanischen Gartens in Montpellier, anschließend von 1816 bis 1837 Professor für Naturgeschichte in Genf, wo er 1817 den Botanischen Garten gründete und 1830–32 als Rektor der Universität vorstand. In seinen Forschungen vertrat de Candolle, Mitglied zahlreicher Akademien, eine deskriptiv-systematische Richtung der Botanik, besaß ein umfassendes Privatherbarium mit 75000 Pflanzenarten und führte 1827 den Begriff ‚Organographie' ein.

In seiner knappen Rezension von 1829 des aus seiner Sicht durch den botanischen Privatforscher Frédéric de Gingins-Lassaraz (1790–1863) überzeugend und mit informativen Kommentaren in die französische Sprache übersetzten und kommentierten *Essai sur la métamorphose des plantes* äußert sich de Candolle voller Anerkennung über die bedeutende Entdeckung („découverte importante") des illustren Dichters, die mit seinen eigenen Auffassungen sehr übereinstimme, aber ihm wie auch vielen anderen ausländischen Naturforschern bislang unbekannt geblieben sei.

D. von Engelhardt, *Goethe als Naturforscher im Urteil der Naturwissenschaft und Medizin des 19. Jahrhunderts*,
https://doi.org/10.1007/978-3-662-68126-8_6

Candolle, Augustin Pyramus de [Rez.]:
Essai sur la métamorphose des plantes, par S. W. de Goethe, traduit de l'allemand par Mr. Fréd. de Gingins-Lassaraz, Genève 1829, in: Bibliothèque Universelle des Sciences, Belles-Lettres et Arts 40 (1829) 262–263.

* * *

C'est un fait remarquable dans l'histoire des sciences, que de voir un illustre poète qui semble exclusivement voué aux méditations morales et aux arts de l'imagination, se détourner un instant de sa direction habituelle, jeter un regard sur le règne végétal, et y faire en passant une découverte importante; c'est là ce qui est arrivé au célèbre Goethe dès 1790. Il a senti avec une sagacité remarquable, qu'au milieu de la prodigieuse variété des organes foliacés et floraux des plantes, il existait, entr'eux une telle analogie que chacun d'eux pouvait être considéré comme une métamorphose de quelqu'autré. Loin de savoir gré à Goethe de cette idée ingénieuse, le public allemand sembla vouloir le punir d'avoir abandonné les travaux poétiques qui faisaient ses délices, et donna peu d'attention à son ouvrage; celui-ci fui, à plus forte raison, négligé par les étrangers.

Lorsqu'en 1812 je publiai la *Théorie Elémentaire*, quand je désignai sous le nom de dégénérescence le même phénomène que Goethe avait nommé *métamorphose*, je ne connaissais point son ouvrage; et quoique en apprenant plus tard à le connaître, j'aie appris aussi que j'avois été devancé dans cette partie de ma théorie, je me félicite de m'être trouvé d'accord sur ce point principal avec l'illustre auteur que je viens de désigner. J'ose croire que cette conformité d'opinions et les preuves nouvelles que j'ai citées en sa faveur, ont rappelé l'attention de l'Europe et de l'Allemagne en particulier, sur l'Essai de Goethe. Dès-lors, en effet, cet ouvrage, presqu'oublié depuis vingt-trois ans, a été mieux apprécié; et une nouvelle édition en a été publiée en 1817.

Cependant il n'en existait encore aucune traduction française; Mr. de Gingins a réparé cette omission, et le public savant lui en doit des remerciements, non seulement à cause de l'intérêt que l'ouvrage a pour la haute botanique, mais encore à raison du phénomène littéraire qu'il présente. Cette traduction écrite avec élégance et correction, est précédée d'une courte préface où le traducteur passe rapidement en revue les divers ouvrages relatifs à la métamorphose des organes des plantes; il y a joint aussi quelques notes très-courtes pour éclaircir certains points ambigus. Mais il a bien compris qu'il ne s'agissait point de relever actuellement telle petite inexactitude qui a pu échapper au poète devenu momentanément botaniste. C'est un ouvrage dans lequel il faut voir l'œuvre de la sagacité et du génie, plutôt que de débattre tel petit point d'observation minutieuse. Mr. de Gingins aurait pu, mieux que personne, se livrer à ces recherches; sa monographie des Lavandes a prouvé aux botanistes tout son talent d'observation, et nous sommes heureux d'annoncer ici qu'il continue ce travail et l'étendra graduellement à la famille entière des Labiées.

Carl Gustav Carus: Goethes Verhältnis zur Natur und Naturwissenschaft (1843)

Vita – Abstract
Der Mediziner, Naturphilosoph und Maler Carl Gustav Carus (3. Januar 1789 Leipzig – 28. Juli 1869 Dresden) wurde nach dem Studium der Naturwissenschaften und Medizin in Leipzig 1811 mit einer gynäkologischen Dissertation promoviert und habilitierte sich im selben Jahr mit einer Arbeit über die Lebenslehre als erster für das Fach Vergleichende Anatomie. 1814 erfolgte die Berufung als Professor der Frauenheilkunde an die ‚Königlich Chirurgisch-Medizinische Akademie' in Dresden und Direktor der Entbindungsanstalt. In seinen Veröffentlichungen behandelte Carus naturwissenschaftlich-naturphilosophische, medizinische und psychologisch-anthropologische sowie kunsttheoretische Themen und publizierte umfangreiche Berichte über seine Reisen nach Italien, Frankreich und England. Natur und Kultur hängen für Carus wesentlich zusammen, sind auf den verantwortungsvollen Umgang des Menschen vor allem mit der Natur angewiesen. Goethe, über den Carus mehrfach Studien verfasste, war für ihn ein Vorbild für Kunst, Wissenschaft und Leben („gesunde Krankheit"). Carus erhielt zahlreichen Ehrungen und wurde 1862 zum Präsidenten der ‚Deutschen Akademie der Naturforscher Leopoldina' gewählt. Seine *Lebenserinnerungen und Denkwürdigkeiten* (1865/66) entwerfen ein umfassendes Bild der Epoche der Klassik und Romantik um 1800.

Carus beurteilt Goethe in der Studie von 1843 mit großer Anerkennung aus der Sicht der Wissenschaftstheorie, Wissenschaftsgeschichte, Literaturwissenschaft und Individualpsychologie. Goethe sei den deduktiven Weg vom Allgemeinen zum Einzelnen oder von

D. von Engelhardt, *Goethe als Naturforscher im Urteil der Naturwissenschaft und Medizin des 19. Jahrhunderts*,
https://doi.org/10.1007/978-3-662-68126-8_7

der Idee zum Phänomen und nicht umgekehrt induktiv vom Einzelnen zum Allgemeinen gegangen, seine Naturvorstellungen – besonders in der Pflanzenmetamorphose, weniger der Geologie, Farbenlehre und Anatomie – dienten nicht praktischen Zwecken, sondern hätten überzeitliche und ideelle Bedeutung, vor allem auch in ihrer Beziehung zu seinen Dichtungen und hingen zugleich wesentlich mit seiner Persönlichkeit zusammen.

Carus, Carl Gustav:
Goethes Verhältnis zur Natur und Naturwissenschaft, 1843, in: ders.: Goethe zu dessen näherem Verständnis, Dresden 1953, S. 97–119.

***

Obwohl wir alle in Gottes großer Natur existieren und nur in und durch sie unser Dasein haben, so stellt sich doch das Leben der Menschen so vielfach und wunderlich dar, dass wir gar wohl zwischen Menschen der Natur angehörig und zwischen Menschen eines künstlichen Daseins – Stubenmenschen wie man wohl zu sagen pflegt – unterscheiden dürfen. Wir finden Individuen, deren Existenz dergestalt an freie Luft, an Wald und Gebirge, an Land und Meer geknüpft ist, dass sie ein gesundes Dasein nur unter der Bedingung fortzusetzen vermögen, dass sie immer und immer wieder aus den engen Räumen des täglichen Lebens hinausmüssen, und dass nur unter freiem Himmel sie wieder die Kraft einsaugen, das Kunstwerk ihres eigenen Daseins mit Schönheit und Liebe fortzubilden. Andere hinwiederum gibt es, denen ein solches Bedürfnis gar nicht einzuwohnen scheint. Mit lauter artifiziellen Gebilden umgeben, möglichst abgeschlossen gegen die namentlich in strengeren Klimaten allerdings den Menschen nicht immer auf das Sanfteste erfassende Natur, ganz sich versenkend in Erscheinungen und Produkte derjenigen menschlichen Bestrebungen, welche zum Zweck haben, sich eine eigentümliche, eine künstliche Welt zu erschaffen, bleiben sie oder werden sie den Erscheinungen des tellurischen Organismus fremd und fremder und können endlich dahin kommen, Feld und Wald und Gebirge und Tal nur noch vom Hörensagen oder aus Büchern und Bildern zu kennen. – Eine solche Verschiedenheit, ja ein solcher Gegensatz ist aber keineswegs etwas rein Zufälliges oder Willkürliches, sondern er wird teils bedingt durch die Natur des Menschen, teils aber auch durch die äußere Umgebung. Die Hinsicht auf das letztere erklärt es, warum man diesen Gegensatz eigentlich selbst in den verschiedenen Stämmen gesamter Menschheit gar wohl durchführen könnte. Der Unterschied zwischen dem Bewohner tropischer Gegenden und dem der kalten Zonen ist schon im Wesentlichen der des Naturmenschen und des Stubenmenschen, und es wäre eine ganz interessante Aufgabe, einmal recht im Einzelnen nachzuweisen, wie die gesamte künstliche Existenz des Nordländers, seine Bücherwelt, seine Komforts, seine Gelehrsamkeit und seine Kränklichkeit, seine Entdeckungen und sein Philistertum wesentlich darauf ruhen, dass ein im ganzen widerwärtiges Klima ihn mehr und mehr von der freien Natur absondert, während der hellere, mehr nach außen gewendete Geist des Südländers, seine Sorglosigkeit und seine Unwissenheit, seine eigentümliche Lebendigkeit und seine Trägheit hauptsächlich dadurch bedingt wird, dass die Milde und Schönheit der freien Natur ihn immerfort sich selbst entreißt und in eine mehr heitere, freiere Existenz zerstreut. – Indes auch abgesehen von dem Äußeren liegt ein anderer wichtiger Grund davon, ob ein Mensch mehr in der einen oder in der anderen Richtung sich entwickeln soll, in der Besonderheit seiner eigenen körperlichen Anlagen. – Ob wir gesünder und fester, oder ob wir kränklicher und verletzlicher sind, wird es allemal wesentlich mitbestimmen, ob wir mehr der freien Natur uns hinzugeben geneigt und geschickt sein, oder ob wir auf eine künstliche Existenz im Inneren unserer Wohnungen uns beschränken sollen. – In letzterer Beziehung fand nun Goethe allerdings durch die Frischheit der inneren Gesundheit seines Wesens sich vollkommen befähigt und berechtigt, bis in seine hohen Jahre einen steten Verkehr mit freier Natur zu unterhalten, und wie bedeutend dieses Moment auch für seine eigene Entwicklung sowie für den Charakter seiner Werke genannt werden darf, kann niemand entgehen, der nur irgend genauere Betrachtung anwenden will. Goethe war auch in dieser Beziehung ein Naturmensch, und wenn man die lebhafte Sehnsucht verfolgt, welche ihn nach Italien, nach einem schöneren, freies Naturleben im höheren Grad begünstigenden Klima drängte, so mag auch dies zu jener Eigentümlichkeit seines Daseins einen neuen und charakteristischen Zug beifügen. Aber wir wollen damit nicht sagen, dass ihn bloß die Anmut der Natur ins Freie habe locken können; wer keinen Sinn hat, die Natur auch in ihren finsteren, harten und gewaltigen Formen zu lieben, der liebt sie überhaupt noch nicht recht. – Wie wer einmal liebt, auch das Geliebte ganz und gar umfasst und die von dessen Wesen nun einmal unzertrennlichen Fehler und Schwächen auch mit Liebe trägt und festhält, so liebt auch die Natur nicht recht, wer ihr nur im Festkleide, in Sonnenschein und Frühlingslust nachgeht, wer ihre Macht und Schönheit nicht auch im Herbststurm und Winterwetter, in Nacht und Dämmerung aufzusuchen und zu lieben imstande ist. – Goethe vermochte beides. Wenn man liest, wie er im Winter allein das Harzgebirge durchstrich; wie eigentümlich ihn diese große Natur in ihrem herben Gewand aufregte und welch schönes poetisches Resultat sein Geist aus diesen Eindrücken zu ziehen vermochte, so mag man erkennen, dass nicht bloß das Anmutige und Weichgefällige, sondern auch das Gewaltige. Finstere und Rauhe im freien Naturleben ihn mit Macht an sich zog. – Könnte auch sonst dieses tiefe, wunderbare Naturgefühl seine Dichtungen, seine Schilderungen durchdringen! – Doch seine Liehe zur Natur beruhigte sich nicht bei der innigen und nachhaltigen Erfassung ihrer äußeren Erscheinungen, sie wollte das Wesen der Erscheinung durchdringen, sie sehnte sich nach Ergründung ihres geheimsten Lehens, sie strebte, mit einem Worte es zu sagen, nach der Erfassung der Idee ihres Daseins! – Von hier aus ist nun der Grund seiner naturwissenschaftlichen Bestrebungen erkennbar! – Nicht eine ursprüngliche analytische Tendenz seines Geistes, nicht ein Bestreben, sich selbst durch möglichst feine Zergliederungen des Naturlebens hervorzutun und Ruhm zu schaffen, noch weniger irgend das Bedürfnis, in die Untersuchung der Natur für Zwecke des praktischen Lebens einzugehen, brachten ihn der Naturwissenschaft näher, sondern, wie Plato sagt, dass die Philosophie überhaupt mit der Bewunderung beginnen müsse, so war es bewundernde Liebe und tieferes Vereinleben mit der Natur, welches ihn nötigte, auch einer wissenschaftlichen Naturbetrachtung sich angelegentlich zu widmen und hinzugeben.

Wenn wir aber jetzt versuchen wollen, die Eigentümlichkeit der Goethe'schen Naturwissenschaft uns deutlich zu machen, so wird es zuvor nötig, zu bemerken, dass auf diesem Felde gar verschiedenartige Wege gezogen sind, den Forschenden dem Schleier der Isis näherzuführen. Die wesentlichste Verschiedenheit zeigt sich, je nachdem der Weg geht vom Besonderen zum Allgemeinen oder vom Allgemeinen zum Besonderen. Der erste Weg ist der betretenste, der auch dem schwachen Talent geöffnete; – eine rein spezielle Untersuchungsmethode mit großer Sorglichkeit und Treue durchgeführt, gewährt immer ein Resultat für die Wissenschaft, sammelt Materialien zum Gesamtbau derselben, bringt es aber schwerlich jemals zum frischen, gesunden Überblick der Natur und des Lebens; – und hinwiederum eine sich ganz im allgemeinen haltende Forschung wandelt am Abgrund der Phantasie und wird leicht veranlasst, ein bloß Subjektives für ein Objektives zu halten. Wenn jedoch die letztere in ihrem höheren Sinn nur denjenigen offen steht, in welchen die Idee vorwaltet, so wird sie auch alsdann, wenn sie von einem höheren Standpunkte niederwärts mit Umsicht und Schärfe zur Betrachtung des Einzelnen sich wendet, deshalb die schönsten Resultate gewähren, weil das helle geistige Auge, von der Idee der Welt belebt und durchdrungen, nun auch dieses einzelne richtiger, ja am richtigsten versteht und deutet, denn sie erfasst es nicht mehr einseitig, sondern aus seinem Urgrund hervor, und folglich vielseitig, ja allseitig. – So sieht das Auge eines Raffael die Erscheinungen des Lebens in einem anderen und reineren Licht als das des Unbefähigten, und nur zwar, weil in Raffael selbst die Idee des Schönen der Welt auf andere und höhere Weise lebte als in gewöhnlichen Naturen. Für Goethe, der zu etwas anderem berufen, nie auf den Ruhm eines speziellen Forschers im Reich der Natur Anspruch machen sollte, den aber die innige Liebe zur Natur durchdrang und festhielt, konnte nur der zweite Weg der angemessene sein, wenn er die Erscheinungen der Natur im Einzelnen zu deutlicherer Erkenntnis sich zu bringen bestrebt war. Bedeutungsvoll ist es für ihn und seine naturwissenschaftliche Richtung, in früher Zeit die Andacht zu erkennen, die bewundernde Liebe zur Natur, worin seine Forscherlust zuerst sich betätigte. Ich kann mich nicht entbrechen, die hierher gehörige Stelle aus Wahrheit und Dichtung selbst einzuschalten. – Er schreibt: –

„Der Knabe hatte sich überhaupt an den ersten Glaubensartikel gehalten. Der Gott, der mit der Natur in unmittelbarer Verbindung stehe, sie als sein Werk anerkenne und liebe, dieser schien ihm der eigentliche Gott; der ja wohl auch mit dem Menschen wie mit allem übrigen in ein genaueres Verhältnis treten könne und für denselben, ebenso wie für die Bewegung der Sterne, für Tages- und Jahreszeiten, für Pflanzen und Tiere Sorge tragen werde. Einige Stellen des Evangeliums besagten dies ausdrücklich. Eine Gestalt konnte der Knabe diesem Wesen nicht verleihen; er suchte ihn also in seinen Werken auf und wollte ihm auf gut alttestamentliche Weise einen Altar errichten. Naturprodukte sollten die Welt im Gleichnis darstellen, über diesen sollte eine Flamme brennen und das zu seinem Schöpfer sich aufsehnende Gemüt des Menschen bedeuten. Nun wurden aus der vorhandenen und zufällig vermehrten Naturaliensammlung die besten Stufen und Exemplare herausgesucht; allein, wie solche zu schichten und auf zubauen sein möchten, dies war nun die Schwierigkeit. Der Vater hatte ein schönes, rotlackiertes, goldgeblümtes Musikpult in Gestalt einer vierseitigen Pyramide mit verschiedenen Abstufungen, die man zu Quartetten sehr bequem fand, obgleich sie in der letzten Zeit nur wenig gebraucht wurde. Deren bemächtigte sich der Knabe und baute nun stufenweise die Abgeordneten der Natur übereinander, so dass es recht heiter und zugleich bedeutend genug aussah. Nun sollte bei einem frühen Sonnenaufgang die erste Gottesverehrung angestellt werden; nur war der junge Priester nicht mit sich einig, auf welche Weise er eine Flamme hervorbringen sollte, die doch auch zu gleicher Zeit einen guten Geruch von sich geben müsse. Endlich gelang ihm ein Einfall, beides zu verbinden, indem er Räucherkerzchen besaß, welche, wo nicht flammend, doch glimmend, den angenehmsten Geruch verbreiteten. Ja, dieses gelinde Verbrennen und Verdampfen schien noch mehr das, was im Gemüt vorgeht, auszudrücken als eine offene Flamme. Die Sonne war schon längst aufgegangen, aber Nachbarhäuser verdeckten den Osten. Endlich erschien sie über den Dächern; sogleich ward ein Brennglas zur Hand genommen und die in einer schönen Porzellanschale auf dem Gipfel stehenden Räucherkerzen angezündet. Alles gelang nach Wunsch, und die Andacht war vollkommen. Der Altar blieb als eine besondere Zierde des Zimmers, das man ihm im neuen Haus eingeräumt hatte, stehen. Jedermann sah darin nur eine wohlaufgeputzte Naturaliensammlung; der Knabe hingegen wusste besser, was er verschwieg."

Mir hat diese Stelle immer sehr merkwürdig geschienen, denn wie in der Physiognomie des Kindes schon auf geheimnisvolle Weise die Züge des Mannes vorgebildet sein können, so spiegelt sich hier in diesen Träumen des Knaben viel von der eigentümlichen naturwissenschaftlichen Tendenz, welche Goethe im gereiften Alter immerdar eigen blieb. Es ist schwer, diese Tendenz mit einem einzigen, gemeinsamen Namen zu bezeichnen, versucht wären wir indes, sie geradezu die poetisch-pantheistische zu nennen, pantheistisch jedoch in dem schönen Sinn gebraucht, dass es nicht sowohl bezeichnet,„alles als Gottheit", sondern vielmehr,.alles als in Gott seiend" zu denken. Goethe betrachtet daher das Schauen der Natur als ein Erhabenes, als ein Menschheitfortbildendes, als ein Priesteramt, und indem, eben weil nicht in das Spezielle der Wissenschaft vollkommen eingeweiht, er von künstlichen Experimenten und Vorrichtungen sich größtenteils fernhielt, sondern immerfort nach dem Erfassen von dem strebte, was er das Ur-Phänomen nannte, so erhielt seine Art der Naturforschung.etwas vom Sinn des Altertums und lag schon eben dadurch einer poetischen Anschauung der Natur näher. –„*Mikroskope und Teleskope verrücken beide den eigentlich menschlichen Standpunkt*" – ist ein Wort, auf welches er mehrfach zurückkommt und wodurch seine Sinnesweise in dieser Beziehung sehr entschieden bezeichnet wird.

Übrigens darf man sagen, dass diese Richtung seines Geistes im Naturwissenschaftlichen auch in der Wahl der Gegenstände sich mit kundgab, denen sein Eifer sich widmete. Das Urwesentliche der Pflanze – die Grundgestaltung des Skeletts – das Licht – die Erscheinungen der Atmosphäre – dies waren würdige Vorwürfe, an welchen seine Kräfte sich versuchten. Wir wollen es gewiss dankbar anerkennen, wenn ein Naturforscher uns die tausenderlei Arten von Schlupfwespen unterscheiden und kennen lehrt, wenn ein anderer die Pilze und Schimmelfaden sondert und ein Dritter die Auswurfsstoffe der Tierwelt mit größter Genauigkeit chemisch zu bestimmen sucht, aber man wird keine detaillierten Beweise fordern, dass es für Goethe unmöglich war, sich in Forschungen dieser Art einzulassen. – Übrigens ist ihm dann auch gerade hieraus mancherlei Unangenehmes erwachsen, denn es fehlte nicht, dass von den Geistern, deren Reich gerade die peinlichste Kleinforschung war, ihm jene Richtung als eine Art von Hochmut ausgelegt wurde, als eine absichtliche Verwerfung ihrer Bestrebungen, und dass er darüber vielfältig angefeindet wurde; wobei ihm denn abermals jene Gesinnung sehr gut zustattenkam, welche auf Missgunst und Widerspruch solcher Art gar nicht einzugehen pflegte und welche höchstens zu einer kleinen poetischen Verwünschung veranlasste, wie das Bekannte:

Es bellt der Spitz aus unserm Stall
Und will uns stets begleiten
Und seiner lauten Stimme Schall
Beweist nur, dass wir reiten.

Wir müssen dagegen, noch auf eine andere Frage näher eingehen: nämlich, ob Goethes naturwissenschaftliche Bestrebungen wirklich einen Einfluss auf den Gesamtbau der Wissenschaft gewonnen, ob sie ein Resultat gelassen haben in der Geschichte der Naturwissenschaft. – Es ist hier zuvörderst eine allgemeine Bemerkung vorauszuschicken! – Beobachten wir nämlich., wie der Baum der menschlichen Erkenntnis durch die vielfältigen Geschlechter der Menschen hindurch fortwächst, so dürfen wir zwischen den mannigfaltigen Früchten desselben wohl drei verschiedene Formen unterscheiden. Die erste mag diejenige genannt werden, welcher bei weitem die Mehrzahl angehört, welche höchst vergänglicher Natur ist, kaum eine Bedeutung für den Augenblick hat und nicht vor- und nicht rückwirkt; die zweite können wir diejenige nennen, welche zwar in ihrer Zeit wahrhaft das Wachstum des

Wissens fördert, welche darum immer in der Geschichte der Wissenschaft in Ehren gehalten werden wird, welche aber im Lauf der Zeit sich allmählich und notwendig von anderen Formen verdrängt findet und in der Folgezeit kein Material mehr dem Bau der Wissenschaft darbietet. Die dritte Form endlich ist diejenige, welche nicht nur für ihre Zeit das Reich des Wissens erweitert und befestigt, nicht mehr bloß mittelbar noch Anteil hat an seinem ferneren Ausbau, sondern durch welche Entdeckungen, luminose Gedanken. Ideen ausgesprochen und eingeführt werden, welche für alle Zeit und für die gesamte Menschheit ihre volle Geltung behalten. Diese Form ist natürlich so wie die höchste so die seltenste. Ihr gehören an die großen Gedanken und Entdeckungen eines Euklid und Archimedes über Mathesis, ihnen die Erkenntnisse eines Kepler über Gesetze der Weltkörperbewegung, ihr die Anschauungen eines Plato, die Naturphilosophie eines Baco, das erste richtige Schauen der Blutbewegung von Harvey, die Erkenntnisse über Kontakt-Elektrizität von Galvani und über magnetische Elektrizität und Erdmagnetismus von Oerstedt und ähnliche mehr. In die zweite Form gehört so vieles, was zu seiner Zeit mächtig in das Getriebe der Wissenschaft eingriff, aber in seiner Form nicht mehr zu brauchen ist, dahin so viele frühere naturgeschichtliche Systeme, dahin die ersten unvollkommenen Versuche, eine vergleichende Anatomie zu geben, dahin Werners Geologie, Galls Organenlehre, dahin die früheren Systeme der Chemie usw. – Von der dritten Form bedarf es keiner Beispiele, denn täglich entstehen und vergehen Ephemeren dieser Art, wie im poetischen und politischen, so auch im Feld der Naturwissenschaften. – Messen wir nun nach diesem ernsten Maßstab das, was Goethe im Feld der Naturwissenschaft getan hat, so finden wir zwar manches, was vergänglicher Natur, obwohl immer von einer bedeutenden und großen Gesinnung in der Darstellung durchdrungen, allein wir finden auch Ideen angeregt und in schöner Anwendung durchgeführt, welche für alle Zeit nachhaltig fortwirken, und, weil sie wahrhaft der höchsten jener oben aufgestellten drei Kategorien angehören, auch in dieser Beziehung seinen Namen unsterblich machen müssen. – Als vergänglicher Natur können wir unter Goethes naturwissenschaftlichen Arbeiten am meisten bezeichnen, was über Bildungsgeschichte der Erdoberfläche in seinen Heften zerstreut ist. Merkwürdigerweise und gleichsam zum Beleg, dass niemand wahrhaft universal sein kann, berührten die großen Wahrnehmungen in der Geologie, über plutonische Erhebungen, Vulkanismus und Verwerfung der Erdschichten, wie wir sie Leopold v. Buch, Élie de Beaumont und anderen verdanken – Goethe nie auf eine ansprechende Weise. Ein gewisses Prinzip der Stabilität und Widerwillen gegen alle revolutionäre Zerwürfnis verleidete ihm entschieden diese neueren Ideen und machte, dass er sie höchstens im Mund des Mephistopheles im zweiten Teil des Faust statuierte. – Er, der in so viel anderen Dingen weit seiner Zeit vorausgriff und in der Gegenwart das Künftige ahnte, blieb hier hinter der Gegenwart zurück – etwas, das ihm außerdem vielleicht nur in manchen Richtungen der bildenden Kunst begegnet ist.

Unter dem hingegen, was in seinen naturwissenschaftlichen Bestrebungen unvergänglicher Natur ist, stellen wir mit Recht oben an seine *Metamorphose der Pflanzen*. – Der Gedanke, die Pflanzenwelt in ihrer unendlichen Mannigfaltigkeit als entstehend zu erfassen durch rastlose Metamorphosen der Elementarglieder jener einen Idee der Pflanze überhaupt, welche unter dem Namen der Urpflanze ihn lange Zeit wachend und träumend beschäftigt und verfolgt hatte, ist von höchster lebendigster Einwirkung auf das gesamte Gebiet der Botanik gewesen. Diese ganze Anschauung war aber – und das ist hier besonders hervorzuheben – der Zeit, in welcher Goethe zuerst sie aussprach, noch so fremd, dass dieses sein kleines Buch über Pflanzenmetamorphose die wunderlichsten Schicksale erfuhr: kein Buchhändler wollte es drucken, kein Zeitgenosse es anfänglich für mehr als Phantasie gelten lassen, und einzelne wirklich Wohlwollende hielten es höchstens für eine hübsche Anweisung, wie man etwa Arabesken aufzeichnen könnte. – Nur nach und nach, und indem diese Bestrebungen mit anderen, überall erwachenden genetischen Arbeiten zusammentrafen, gewann diese Vorstellungsweise sich Grund und Boden, und gegenwärtig wird kein noch so sehr in Spezialitäten versenkter, aber sonst nur wahrhaft wissenschaftlicher Botaniker gefunden werden, welcher es nicht anerkannte, dass Goethe zuerst die folgenreiche, späterhin einzig eine natürliche Systematik begründende Idee der Metamorphose der Pflanzen ausgesprochen habe. – Weniger eindringend waren seine Arbeiten über das Skelett, mindestens das, was als eigene Darstellung bekannt geworden ist, können wir nicht mit der Metamorphose der Pflanzen an wissenschaftlicher Bedeutung gleichstellen. Nichtsdestoweniger ist das Bestreben, die Gestaltung des Knochensystems im höheren genetischen Sinne aufzufassen, überall durchleuchtend und machte, dass zu einer Zeit, wo zum Beispiel viele Anatomen noch das Zwischenkieferbein im menschlichen Haupt nicht anerkennen wollten, ihm doch die Notwendigkeit dieser Annahme vollkommen einleuchtete. – Noch merkwürdiger aber war es, dass eine der folgenreichsten Anschauungen auch in Beziehung auf Gestaltungslehre des Skeletts zuerst im Goethe'schen Geiste sich erschloss, und dies ist die Anschauung vom Wirbelbau des Hauptes, dessen Schädelgebilde ihm vielleicht unter allen Sterblichen zuerst als entschiedene Fortsetzung der Gebilde der Rückenwirbelsäule erschienen sind. Bekanntgemacht wurde dies zwar später, und Oken hat das große Verdienst, im Jahre 1807 zuerst die Theorie vom Wirbelbau des Schädels öffentlich wissenschaftlich begründet zu haben; nichtsdestoweniger scheint es ohne Zweifel, dass Goethe diesen luminosen Gedanken eine gute Reihe Jahre früher erfasst habe, und ganz entschieden liegt auch hierin ein Beweis, wie mächtig und naturgemäß sein Genius auch in diesem Sinn immerdar mit den Erscheinungen zu gebaren wusste.

Am ausführlichsten und nachhaltigsten hatten sich seine naturwissenschaftlichen Untersuchungen dem Licht zugewandt. Über Licht- und Farbenerzeugung haben wir allein ein größeres selbständiges Werk von ihm, und dessen ungeachtet wird vielleicht gerade von diesen Bestrebungen das wenigste als ein festes aus der Zeitflut sich herausraffendes Eigentum der Wissenschaft betrachtet werden dürfen. Nur von den Urerscheinungen der Farben in der Atmosphäre, inwiefern sie als durchscheinende zwischen Licht und Finsternis sich bilden, haben wir durch Goethe eine schöne, naturgetreue und durchaus originelle Darstellung erhalten. Es ist dagegen schon früher beiläufig erwähnt worden, dass diese seine Farbenlehre wohl schon deshalb nicht unbedingt Platz greifen konnte, weil die beiden anderen nicht minder ursprünglichen Farbenentstehungen, die durch Lichtbrechung und die durch Lichtspiegelung in den Pigmenten, über der zu lebendigen Auffassung der Entstehungsart im Durchscheinen ganz unbeachtet geblieben waren, und weil ihr eben deshalb die vollkommene innere und allgemeine Wahrheit doch abging. – Bei alledem ist auch in diesem Werk eine gewisse innere griechische Einfachheit der Form und der Darstellung lebhaft zu bewundern. Ich kann nicht unterlassen, um das, was ich hier meine, sogleich zu deutlicher Vorstellung zu bringen, folgende Stelle aus der Einleitung zur Farbenlehre mitzuteilen:

„*Eigentlich unternehmen wir umsonst, das Wesen eines Dinges auszudrücken. Wirkungen werden wir gewahr, und eine vollständige Geschichte dieser Wirkungen umfasste wohl allenfalls das Wesen jenes Dinges. Vergebens bemühen wir uns, den Charakter eines Menschen zu schildern; man stelle dagegen seine Handlungen, seine Taten zusammen, und ein Bild des Charakters wird uns entgegentreten.*

Die Farben sind Taten des Lichts, Taten und Leiden. In diesem Sinn können wir von denselben Aufschlüsse über das Licht erwarten. Farben und Licht stehen zwar untereinander in dem genauesten Verhältnis, aber wir müssen uns beide als der ganzen Natur angehörig denken; denn sie ist es ganz, die sich dadurch dem Sinn des Auges besonders offenbaren will.

Ebenso entdeckt sich die ganze Natur einem anderen Sine. Man schließe das Auge, man öffne, man schärfe das Ohr, und vom leisesten Hauch bis zum wildesten Geräusch, vom einfachsten Klang bis zur höchsten Zusammenstimmung, von dem heftigsten leidenschaftlichen Schrei bis zum sanftesten Worte der Vernunft ist es nur die Natur, die spricht, ihr Dasein, ihre Kraft, ihr Leben und ihre Verhältnisse offenbart, so dass ein Blinder, dem das unendlich Sichtbare versagt ist, im Hörbaren ein unendlich Lebendiges fassen kann."

Eine solche Vollendung und Schönheit der Darstellung ist übrigens keineswegs der Farbenlehre allein eigen; die morphologischen Hefte, die Aufsätze über Wolkenformen, deren Beobachtung und Schilderung nach Art Howards ihm ebenfalls eine bleibende Teilnahme abgewann, und über geologische Wahrnehmungen zeigen fast überall eine Schönheit des Stils und Klarheit der Auffassung, welche umso mehr sie musterhaft erscheinen lassen, je mehr im allgemeinen der deutschen wissenschaftlichen Literatur noch jene Ausbildung der Form fehlt, welche wir selbst in streng wissenschaftlichen Werken französischer Gelehrten größtenteils anerkennen und oft bewundern müssen, ja welche umso wichtiger ist, da sie nicht nur das Verständnis erleichtert, sondern den Verfasser selbst nötigt, den Gedanken zu höherer Klarheit in sich durchzubilden, ehe er ihn niederschreibt.

Betrachten wir nun dieses alles, so können wir nicht leugnen, dass Goethe wirklich auf eine bedeutende und nachhaltige Weise auf die Naturwissenschaften gewirkt hat, und es bleibt uns nur noch übrig, auch umgekehrt in Untersuchung zu nehmen, wie die Naturwissenschaften auf Goethe gewirkt haben. – Es sind nämlich die verschiedenartigsten Stimmen laut geworden, Stimmen Wohlwollender und Stimmen Übelwollender, welche behaupteten, es sei eine große Verirrung und sei nachdrücklich zu beklagen, dass Goethe, der hochbegabte und wohlberufene Dichter, sich habe beigehen lassen, auf das Feld der Naturwissenschaften auszuschweifen und Zeit zu verlieren mit allerhand Licht- und Farbenversuchen, mit Tierskeletten und Pflanzenbildungen; denn nicht genug, dass wir ohne diese Abwege ein halbes Dutzend Dramen und ein paar hundert Gedichte mehr von ihm haben könnten, so wäre dies Wesen überhaupt dem Gang seines Geistes nachteilig gewesen und habe Anteil an der späteren Tendenz seiner Muse gehabt, welcher man auf dem deutschen Parnass nun einmal keinen rechten Platz anzuweisen imstande sei!

Gehen wir nun zuvörderst gar nicht auf Gründe und Gegengründe dieser Art ein, aber fragen wir nur: Wo ist denn eben eine Individualität, die sich vermessen dürfte, einem Geist wie Goethe gegenüber zu diktieren: dies hätte er sollen so oder so machen, dies taugte ihm, dies taugte ihm nicht usw. – Ein erwachsener verständiger Mann mag wohl einem Kind gegenüber sagen und wohlmeinend sich vernehmen lassen, dass das Kind zur Förderung seines Wohls und zur Wahrung seiner Gesundheit dies oder jenes lassen und dies und jenes tun müsse, allein wenn eine Individualität von der inneren Befähigung und Berechtigung eines Goethe sich durch beinahe ein Jahrhundert hindurch in einer gewissen bestimmten großartigen Richtung rein entwickelt, und wenn diese Entwicklung nach allen Seiten hin die folgewichtigsten Resultate ausstreut, so scheint es mir, gelind ausgedrückt, eine große Voreiligkeit, einem solchen Geist zuzurufen und zuzupredigen:„hier bist du auf dem rechten, dort bist auf dem falschen Weg, dies dient dir zur Förderung, dies zum Nachteil deines Talents“ usw.! – Wenn irgendjemand, so war wohl Goethe mit seiner kerngesunden Natur und mit der Klarheit seines ganzen Wesens der Mann, der da wusste, was ihm diente und was nicht, und schon von dieser Seite gesehen, muss es doch wohl den Anschein gewinnen, als sei für Goethe das Studium der Naturwissenschaften ein wahrhaftes Bedürfnis und eben dadurch auch eine Förderung seines Lebens wie seines Dichtens gewesen. – Hat es mir doch überall so herrlich an Goethe geschienen, dass er nie und nirgends es so etwa besonders darauf angelegt hat, ein großer Dichter zu werden! – dass im Gegenteil: er (wie es in einem seiner früheren Briefe heißt) „*weder rechts noch links fragt, was von dem gehalten werde, was er machte, weil er arbeitend immer gleich eine Stufe höher steigt, weil er nach keinem Ideal springen, sondern gar seine Gefühle sich zu Fähigkeiten, kämpfend und spielend, entwickeln lassen will.*“ – So dichtete er umso gesünder und größer und mächtiger, je bedeutender und frischer und lebendiger er sein eignes Wesen entfaltete, und dass er dies nur entfalten konnte im Vereinleben der Natur, und dass hinwiederum ein solcher Geist sich nicht bloß auf ein gefühlvolles Anschauen der Natur beschränken konnte, sondern dass es ihn treiben musste, auch tiefer in das Wesen der Erscheinung einzudringen, wem das nicht aus seinen Werken überall entgegenleuchtet, dem werden wir es hier schwerlich zu demonstrieren imstande sein! –

Will man daher wirklich fragen:„Ja, was wäre aber wohl aus dem Dichter Goethe geworden, wenn er den Hang zu den Naturwissenschaften bekämpft und Dichtkunst sich hingegeben hätte?“ so gehört das etwa zu der Frage: „was aus Raffael geworden wäre, wenn er ohne Arme geboren worden sei?“ und zu ähnlichen. – Nein! es gibt eine gewisse höhere organische Nötigung, durch welche die Entwicklung einer bedeutenden Individualität bestimmt wird, und nur willkürliche Eingriffe und Störungen dieses organischen Ganzen werden dem Individuum zum Nachteil ausschlagen, während das ruhige, wohlverstandene Fortgehen im Gleis des echten Naturgemäßen, wie dem Individuum, so auch seinen Wirkungen auf die Welt nur zum wahren Heil gereichen kann. Übrigens, was sollte denn auch in den Naturwissenschaften liegen, was echter Poesie hinderlich sei? – Wenn der Forscher wirklich, wie er soll, als Priester der Natur sich verhält, wenn bei jedem Schritt, den er vorwärts tut, ihm neue Schönheit, höhere Weisheit, größere Mannigfaltigkeit entgegenleuchtet, wie soll dies nicht sein Vorstellungsleben bereichern, seine Phantasie erwärmen, seine Begeisterung steigern? – Das eine freilich ist gewiss, dass ein Dichter, dessen Geist erfüllt ist von Erkenntnissen, wie sie nur wissenschaftliche Bestrebungen uns verleihen, und der nun mit diesen Erkenntnissen auch gebart, der sie bald als Gleichnisse verwendet, bald die innere Göttlichkeit der Erscheinung selbst zum Vorwurf des Gedichts werden lässt, voraussetzen muss, dass auch seine Leser einigermaßen unterrichtet seien, dass ihnen die Beziehungen, welche er in seine Dichtung verwebt, nicht ganz fremd blieben und dass der Kreis ihrer Anschauung der Welt von dem des Dichters nicht allzu weit abstehe. – Verse wie jene:

Durchsichtig scheint die Luft und rein
Und trägt im Busen Stahl und Stein;
Entzündet werden sie sich begegnen,
Da, wird's Metall und Steine regnen

verlangen, um in ihrer Beziehung nicht nur auf atmosphärische Vorgänge und dann auch gleichnisweise auf menschliches Leben verstanden zu werden, einen deutlichen Begriff von der Geschichte der Meteore; und jene:

Wenn zu der Regenwand
Phöbus sich gattet.
Gleich steht ein Bogen da
Farbig beschattet

oder:

Zart Gemüt und Regenbogen
Wird nur auf dunkeln Grund gezogen.
Darum behagt dem Dichtergenie
Das Element der Melancholie

werden erst dem recht bedeutungsvoll erscheinen, wem nicht fremd ist, auf welche Weise die wunderbare, tausendfache Farbenbrechung des Sonnenlichts im Wassertropfen zum Irisbogen sich gestaltet. Freilich wird dadurch der Kreis des Verständnisses etwas enger gezogen, und eben darum haben viele der späteren Gedichte von Goethe nicht die allgemeine Verständlichkeit seiner früheren; indes, wer darf das leichte Verständnis zum Merkzeichen des geringeren oder höheren poetischen Wertes machen! – Dantes Paradies könnte dann leicht eine tiefere Stelle als Matthissons Gedichte bekommen. – In diesen Dingen ist alles zu sehr relativ, um eine bestimmte Norm im Voraus festzusetzen: was dem einen schwer verständlich ist, wird von einem andern ganz leicht erfasst werden, wo dieser Dunkelheit sieht, erfreut sich jener des Lichts, und es ist am Ende doch gerade diese Befähigung; in dem, was andern dunkel scheint, das Licht zu erkennen, welche den Alten schon die tiefere Bedeutsamkeit in den Vogel Minervens legen hieß. – Es ist freilich erschrecklich und vernichtet alles poetische Lehen, wenn verwünschterweise in sogenannten didaktischen Gedichten Gelehrsamkeit zur Schau gelegt wird, und der gebildete Mensch von dem Dichter mit neuer Bildung absichtlich überzogen werden soll. Die deutsche Literatur wie die französische und englische kennt dergleichen poetischen Misswachs – aber wer hat dergleichen je bei Goethe gefunden! – Er lebte sich in die Natur ein, er suchte sie mit allen seinen Organen zu durchdringen, sie geistig sich zu assimilieren, und was nun so ihn durchdrungen hatte, was ein Teil seines geistigen Organismus geworden war, das spiegelte sich in den mannigfaltigsten Gestalten auch in seinen poetischen Gebilden wider. Wohl dem, der auch in diesen Spiegelbildern bekannte, befreundete Gestalten erkannte und wem Natur auch im Schleier der Poesie ihren ewigen Jugendreiz nicht wirklich verborgen hielt, – denn allerdings mögen wir auch hier in Bezug auf Natur anwenden, was Goethe im„Divan" vom Orient aus hören lässt:

Wer den Dichter will verstehen,
Muss ins Land der Dichtung gehen!

Ferdinand Cohn: Goethe und die Metamorphose der Pflanze (1862)

Vita – Abstract
Ferdinand Cohn (24.1.1828 Breslau – 25.6.1898 Breslau) studierte seit 1844 in Breslau Naturwissenschaften und besonders Botanik, setzte das Studium, da ihm in Breslau die Promotion wegen seiner jüdischen Herkunft verwehrt war, in Berlin fort, wurde dort 1847 promoviert und 1850 Privatdozent, in welcher Position er 1851 an die Universität Breslau berufen wurde, 1852 wurde er zum Mitglied und 1856 Leiter der botanischen Sektion der ‚Schlesischen Gesellschaft für Vaterländische Kultur' und nach der Habilitation 1859 zum außerordentlichen Professor und Direktor des Botanischen Museums sowie 1872 zum ordentlichen Professor der Botanik ernannt, 1866 gründete er an der Universität das Pflanzenphysiologische Institut. 1849 erfolgte die Aufnahme in die ‚Deutsche Akademie der Naturforscher Leopoldina', 1889 in die ‚Preußische Akademie der Wissenschaften' und 1895 als korrespondierendes Mitglied in die ‚Académie des Sciences de Paris'. Seine Forschungen galten der Pflanzenphysiologie, Algen, Pilzen und vor allem Bakterien und ihrer Klassifizierung (1872) und machten ihn zu einem Mitbegründer der Bakteriologie und Mikrobiologie. Ebenso setzte er sich für die Popularisierung der Botanik ein (*Die Pflanze in der Kunst*, 1898).

Cohn, der 1882 eine allgemeine Studie über Goethe als Botaniker verfasst, kritisiert in seinem Beitrag von 1862 nach einem Vergleich der Anerkennung, die Friedrich Schiller (1759–1805) und Goethe gefunden hätten, die unzulängliche Darstellung von Goethes naturwissenschaftlichen Leistungen in der vielbeachteten Schrift *The Life and*

D. von Engelhardt, *Goethe als Naturforscher im Urteil der Naturwissenschaft und Medizin des 19. Jahrhunderts*,
https://doi.org/10.1007/978-3-662-68126-8_8

Works of Goethe (1855) des englischen Schriftstellers und Philosophen George Henry Lewes (1817–1878) und widmet sich speziell der Metamorphose der Pflanze mit den Prinzipien der beständigen „Wiederholung von Blatt und Stengel", dem abwechselnden Ausdehnen und Zusammenziehen, der fortschreitenden und rückschreitenden Veränderung, die zunächst auf Ablehnung und Ignoranz gestoßen sei, in der Gegenwart und für alle Zeiten aber als „Ausgangspunkt aller wissenschaftlichen Pflanzenbetrachtung" gelten könne, hebt Unterschiede gegenüber Caspar Friedrich Wolff (1733–1794) und Carl von Linné (1707–1778) im Verständnis der Metamorphose hervor und formuliert auch eigene Einwände gegen Goethes Vernachlässigung des Stengels gegenüber dem Blatt und seine physiologische Interpretation der Blütenbildung.

Cohn, Ferdinand:
Goethe und die Metamorphose der Pflanze, in: Deutsches Museum. Zeitschrift für Literatur, Kunst und öffentliches Leben 12 (1862) S. 128–141.

***

Der alte Streit, ob Goethe, ob Schiller der größere Dichter gewesen, hat in Rietschels Doppelstatue die sinnigste monumentale Lösung gefunden; Goethe reicht den Kranz, den er zuerst erfasst, Schiller hin, der Lorber schwebt zwischen den beiden Heldengestalten, da es unmöglich ist, den einen auf Kosten des andern zu krönen. Aber die Jubelfeier vom 10. November 1859, die das gesamte deutsche Volk mit einer in allen anderen Richtungen – leider – seit Jahrhunderten nicht mehr vorhandenen Einigkeit zu gleicher Begeisterung emporhob, hat den Beweis geliefert, dass dem Herzen seiner Nation doch Schiller der Nächste sei. Wir sind gewöhnt, Goethe als den vom Glück Bevorzugten zu betrachten, „den die Götter bei der Geburt schon segneten" und der bis an sein spätes Ende der Liebling derselben geblieben; Schiller gilt uns als der Mann, der einem feindlichen Schicksal, einem gebrechlichen Körper, oft den kleinlichsten Lebenssorgen seinen Ruhm abringen musste. Wenn freilich das Ideal der Menge, ein hohes Amt, ein vornehmer Titel, ein reichliches Auskommen der Maßstab des Glückes sind, so ist dasselbe sicherlich Goethe in hohem Grad zuteilgeworden. Dennoch könnte man fragen, ob in Wahrheit nicht Schiller der Beneidenswertere gewesen. Denn ihm war es vergönnt, dem Ideal, dem er von früher Jugend nachgestrebt, unverrückten Auges von Jahr zu Jahr näher und näher zu treten, nie einen Schritt umsonst, nie einen Schritt zurück gemacht zu haben, in allen Bestrebungen der begeisterten Sympathie der Zeitgenossen und selbst der Bewunderung der Nachwelt bewusst zu sein. Und wenn in dem alten Spruch eine Wahrheit liegt: „Wen die Götter lieben, der stirbt jung", so ist auch in diesem Sinne Schiller ein Liebling der Götter gewesen. Denn nun lebt er im Andenken seines Volkes als ein ewiger Jüngling, der, ob er gleich das Höchste erreicht, doch immer noch Höheres verhieß; und wie man der Jugend selbst ihre Fehler verzeiht und sie wohl gar liebenswürdig findet, so ist auch Schiller wohl der einzige, in dessen Dichtungen die Unvollkommenheiten und Mängel vielleicht fast ebenso viel Verehrer und Bewunderer gefunden haben als die ewigen Schönheiten derselben.

Goethe dagegen wurde abgerufen, nachdem er sein Tagewerk längst vollbracht, ja nachdem er schon seit langen Jahren wider eine unablässige Zersplitterung seiner Tätigkeit und die sinkende Kraft oft vergeblich angekämpft hatte. Und wie wir mit dem Wirken des reifen Mannes strenger ins Gericht zu gehen gewohnt sind, so haben die Mängel in manchen Dichtungen Goethes gewiss niemand zu Bewunderung verblendet, wohl aber haben sie, wie die Literaturgeschichte zeigt, nicht selten gegen die klassische Vollendung seiner meisten Schöpfungen ungerecht gemacht. Und wenn selbst in seinen Dichterwerken, die doch in der Weltliteratur aller Zeiten und Völker eine der ersten Stellen einnehmen, Goethe nicht immer von jenem begeisterten Enthusiasmus des gesamten Volkes getragen wurde, wie er Schiller überall gleichsam von selbst entgegenflog, so musste der große Mann es erleben, dass seine übrigen Bestrebungen, denen er seine edelsten Kräfte gewidmet und auf deren Erfolg er sich am meisten zugutetat, von den Zeitgenossen mit bedenklichem Achselzucken, mit kalter Vernachlässigung, wenn nicht gar mit bitterem Spott aufgenommen wurden. Noch bis auf den heutigen Tag wissen die meisten von Goethe nur, dass er ein großer Dichter und ein schlechter Physiker gewesen, dass er außerdem noch in vielen Gebieten der Kunst und Wissenschaft dilettiert, ohne in irgendeinem etwas Bedeutendes zu Stande gebracht zu haben. Vielleicht kann auch die gerechtere Kritik, angesichts der erhabenen Mission, zu welcher Goethe in der Geschichte der deutschen Nationalliteratur vor allem berufen war, das Bedauern nicht ganz zurückhalten, dass es ihm nicht gegeben war, seine ganze Kraft in dieser Einen Aufgabe zu konzentrieren – verliert doch auch der vollflutendste Strom an Tiefe, über je weitere Flächen er sich verbreitet. Mit umso größerer Genugtuung aber erfüllt es uns, wenn wir in einsamen und entlegenen Feldern des menschlichen Forschens neben manchen verfehlten Bestrebungen doch hier und da einer Schöpfung Goethes begegnen, die, wenn auch den meisten unbekannt und nur von wenigen beachtet, doch an innerem Wert seinen berühmtesten Dichtungen ebenbürtig ist. In dieser Beziehung scheint uns Lewes ein besonderes Verdienst erworben zu haben, dass er in seiner Biographie von Goethe alle die verschiedenen Strahlen, in denen sich der Genius desselben wie in den Farben eines Regenbogens gebrochen, mit Liebe verfolgt und sie erst dadurch dem Bewusstsein der Zeitgenossen nähergebracht hat. Aber gerade die bedeutungsvollsten Arbeiten Goethes im Reich der Naturwissenschaften, seine botanischen Forschungen, sind von Lewes teilweise missverstanden und infolgedessen einseitig beurteilt und unterschätzt worden. Es scheint daher die Pflicht eines Botanikers, die allgemeine Aufmerksamkeit nochmals auf diese Bestrebungen hinzulenken, in denen einer unserer größten Geister, den wir sonst nur als Meister im heitern Spiel der Musen zu bewundern gewohnt sind, auch in der ernsten Arbeit der Wissenschaft seine ganze Genialität bekundet hat.

Unendlich ist die Mannigfaltigkeit der Formen, welche das Reich der Pflanzen uns entgegenführt. Hier ein Stamm, der turmgleich gen Himmel emporragt wie die Wachspalme der Anden oder Gummibaum von Neuholland oder die Wellingtonia der kalifornischen Waldschlucht; dort ein Pflänzchen, das seine Blüten kaum über den Boden zu erheben vermag und, scheinbar stammlos, die Blätter unter der Erde lässt, wie der Krokus oder die Herbstzeitlose. Hier ein Baum, unförmlich plump wie der Affenbrotbaum vom Senegal; er ist von einer Liane umwunden, deren Stengel einem hundert Ellen langen schmalen Seil gleicht. Das Farnkraut hat spitzengleich zerteilte Blätter; bei der Mimose sind hundert Blättchen zu einem Blatt zusammengesetzt; die Blätter der Palme gleichen bald einer riesigen Feder, bald einem kolossalen Fächer; die Blätter der Victoria schwimmen einem kreisförmigen Schild gleich auf dem Wasserspiegel; die Fichte hat Nadeln statt der Blätter, und beim Kaktus scheinen die Blätter am Säulenstamme gänzlich zu fehlen. Von den Blüten ist jede anders in Gestalt, Größe, Farbe, innerem Bau, Zahl der Organe. Und welche Mannigfaltigkeit bieten uns erst die Früchte, wenn immer auch nur einige der bekanntesten: Weizenkorn, Erbsenhülse, Weintraube, Tannenzapfen, Apfel, Haselnuss, Kokosnuss und andere. Wo findet sich in allen diesen Gebilden eine Ähnlichkeit, wo ein einheitlicher Plan, der uns in den Stand setzte, das Gleiche in der verschiedenen Form herauszufinden, das Verschiedenartige auch trotz äußerer Ähnlichkeit gesondert zu halten? In der Tat, wer den unermesslichen Formenreichtum der Pflanzenwelt mit unbefangenem Blick überschaut, der fühlt sich noch immer abgestoßen von jenem scheinbaren Chaos in derselben Weise, wie sie Goethe in seinem schönen Gedicht *Die Metamorphose der Pflanze*, das er seiner späteren Gattin Christiane Vulpius widmete, so charakteristisch geschildert hat:

> Dich verwirret, Geliebte, die tausendfältige Mischung
> Dieses Blumengewühls über dem Garten umher;
> Viele Namen hörest du an, und immer verdränget
> Mit barbarischem Klang einer den andern im Ohr;
> Alle Gestalten sind ähnlich, doch keine gleichet der andern.

Während die meisten Zeitgenossen Goethes sich damit begnügten, alle diese verschiedenen Organe der Pflanzen mit ebenso vielen verschiedenen Namen zu belegen und diese selbst in künstliche Systeme einzuregistrieren, konnte sich der ordnende Geist des Dichters, dessen letzter Wunsch noch nach „mehr Licht“ gerichtet war, dabei nicht beruhigen. Es ahnte ihm, dass in diesem scheinbaren Chaos ein einfacher Plan verhüllt sei; es deutete ihm „der verwirrte Chor“ auf ein „geheimes Gesetz“, und sofort ging er daran, diesem Geheimnis auf die Spur zu kommen, indem er mit Ernst und Begeisterung sich in das Studium der Pflanzenwelt vertiefte.

Wie Goethe selbst in der Geschichte seiner botanischen Forschungen uns erzählt, hatte er schon von Jugend an ein lebhaftes Interesse für die Natur empfunden. In Weimar gewinnt er innigere Teilnahme an der Pflanzenwelt durch seine amtliche Betätigung an dem Jagd- und Forstwesen des Ländchens; er lebt sich ein in jene „uralten Bergwälder, wo Nadelhölzer mit ernstem Grün und balsamischem Duft, Buchenhaine von freudigem Anblick, die schwanke Birke und das niedere namenlose Gesträuch ihren Platz gesucht und gefunden haben“. Der Umgang mit den Jenenser Gelehrten, insbesondere mit Batsch, das Studium der Werke von Linné und Jean Jacques Rousseau, der bekanntlich auch ein leidenschaftlicher Pflanzenfreund war, erweitern und ordnen die botanischen Kenntnisse unseres Dichters. Während er in Karlsbad die Kur gebraucht, lässt er sich von seinem Famulus Dietrich große Bündel von Blumen und Kräutern in der ersten Frühe auf den benachbarten Bergen für die Lektion zusammensuchen, die dann zum Staunen der Mitgäste an den Brunnen gebracht und zwischen den einzelnen Bechern benannt und erläutert werden.

Aber erst seine italienische Reise brachte Goethe hier wie in so vielen andern Dingen Licht und Klarheit. Seine botanischen Grübeleien verfolgen ihn auf Schritt und Tritt. Von Padua schreibt er: „In dieser hier entgegentretenden Mannigfaltigkeit neuer Pflanzenformen wird mir der Gedanke immer lebendiger, dass man sich alle Pflanzengestalten vielleicht aus Einer entwickeln könne. Auf diesem Punkte bin ich in meiner botanischen Philosophie noch stehen geblieben und sehe nicht ein, wie ich mich entwirren will. Die Tiefe und Breite dieses Geschäfts scheint mir völlig gleich.“ Als er aber den uralten botanischen Garten von Padua besucht, der den von Norden kommenden Reisenden mit einer Fülle südlicher Pflanzenformen überrascht, erblickt er an der von feuerroten Begonienglocken übersponnenen Gartenmauer eine Fächerpalme (Chamaerops humilis), die seine Aufmerksamkeit mächtig anzieht. Da enthüllt sich ihm zum ersten Mal die stufenweise Ausbildung des Blattes, das anfangs einfach, später handförmig zerschlitzt erscheint; er lässt sich vom Gärtner die Reihenfolge dieser Umwandlungen abschneiden und belastet sich mit einigen großen Mappen, den kostbaren Fund nach Haus zu nehmen. Noch heutigen Tages ziert diese Palme, inzwischen zum stattlichen Baum herangewachsen, den Garten von Padua; sie trägt die ehrwürdige Inschrift: „La Palma del Goethe.“

Je weiter Goethe nach Süden vordringt, desto mehr beschäftigen ihn seine Forschungen, desto mehr läutern sich seine Ideen. Statt, wie er in Weimar beabsichtigt hatte, auf dem klassischen Boden Kunst und Geschichte zu studieren, untersucht er Kaktus und Akanthus, lässt Pinien und Datteln keimen. Seine Freunde machen ihm Vorwürfe:

Hingesunken alten Träumen
Buhlst mit Rosen, sprichst mit Bäumen,
Statt der Mädchen, statt der Weisen;
Können das nicht löblich preisen.

Er aber lässt sich nicht beirren, und als er auf Sizilien noch einen Blick in die Pflanzenherrlichkeit der subtropischen Natur getan, da war in ihm auch der Gedanke zur Klarheit gekommen, der, einmal ausgesprochen, der ganzen Wissenschaft eine neue Richtung geben sollte. Die Entdeckung Goethes aber ist der Hauptsache nach folgende: Alle Pflanzen ohne Ausnahme, mögen es Bäume, Sträucher oder Kräuter sein, mögen sie aussehen wie sie wollen, sind im Wesentlichen nach einem und demselben Plan gebaut, nach einem und demselben Typus oder Schema, wie wir jetzt gewöhnlich sagen; Goethe selbst drückt sich so aus: sie sind die sinnlichen Darstellungen einer in ihnen verborgenen übersinnlichen Urpflanze. Alle Pflanzenorgane, so verschieden sie auch in Gestalt, Farbe, Größe, Konsistenz sind, mögen sie als Laubblatt, Kelch, Blumenkrone, Staubgefäß, Fruchtknoten auftreten, sind doch nur Entwicklungsformen, Abänderungen, Metamorphosen eines und desselben Grundorgans, das bald zarter, bald kräftiger, bald einfacher, bald zusammengesetzter, bald verbreitert, bald zusammengezogen erscheint. Für dieses Grundorgan sollte eigentlich ein besonderes Wort eingeführt werden; indessen zieht Goethe es vor, dasselbe schlechthin als Blatt zu bezeichnen. Jede Pflanze ist nichts weiter als eine beständige Wiederholung von Blatt und Stengel.

Die Stengel können wir uns als eine Säule vorstellen; aber gleich wie die Säule in der Regel aus einzelnen Stücken besteht, die trommelförmig übereinander gefügt sind, so ist auch der Pflanzenstengel aus einzelnen übereinanderstehenden Stücken oder Gliedern zusammengesetzt, die wir als Stengelglieder oder Internodien bezeichnen.

Diese Gliederung des Stengels lässt sich bei vielen Pflanzen auf den ersten Blick erkennen, so beim Grashalm, beim Bambusrohr, bei der Nelke, der Weinrebe; bei anderen Stengeln ist sie undeutlich, immer aber ist sie vorhanden. Die Stelle, wo zwei solcher Stengelglieder übereinanderstehen, nennt man den Knoten; hier heftet sich an den oberen Rand des Stengelgliedes eine seitlich abstehende Platte an das Blatt. Denken wir uns ein jedes Stengelglied als einen kurzen Zylinder, an dessen oberem Ende seitlich ein Blatt befestigt ist, so haben wir die Grundform, aus deren steter Wiederholung jede Pflanze ohne Ausnahme sich aufbaut. Ob ein Stengelglied kurz oder lang, breit oder schmal, ob das Blatt fleischig oder zart, einfach oder zusammengesetzt ist, tut nichts zur Sache. Setzen wir solcher aus Blatt und Stengelglied bestehender Grundformen zwei, drei, vier, fünf und mehr übereinander, so erhalten wir einen beblätterten Zweig. Indem die Pflanze wächst, setzt sie Stengelglied über Stengelglied, Blatt über Blatt, und das kann sich ins Unendliche fortsetzen, solange das Sprossen fortdauert.

Untersuchen wir eine Knospe, wie sie am Ende des Winters von den noch blattlosen Zweigen getragen ist, so finden wir dieselbe außen von einer Reihe von Schuppen bedeckt, die gleich den Schienen eines Panzers sich übereinander schieben; in der Tat sind dieselben dazu bestimmt, das zarte Herz der Knospe gegen die tödlichen Angriffe des Frostes und der Nässe zu verteidigen. Wenn im Frühling die steigende Sonne das schlummernde Pflanzenleben wiedererweckt, öffnen sich auch die geschlossenen Knospenaugen; die Schuppen tun sich voneinander und lassen zwischen sich einen jungen Zweig heraus, gebildet aus zierlich gefalteten, dicht übereinander gelegten Blättchen, die in der Knospe mit einem Haarpelz bedeckt wie in Baumwolle eingepackt lagen, zum Schutz gegen die Kälte des Winters. Was sind nun jene Schuppen, deren Bestimmung offenbar in den Frühlingstagen bereits erfüllt ist? Denn sie vertrocknen jetzt und fallen ab, während die Stengelglieder des jungen Zweiges sich strecken, seine Blättchen sich auseinanderfalten und ihre grüne Fläche dem Licht entgegenbreiten. Goethe hat uns gelehrt, dass die Knospenschuppen ebenfalls Blätter sind, so gut wie die grünen Laubblätter, aber auf der niedersten Stufe der Entwicklung, von derbem, grobem Gewebe, aber ihrem Zweck entsprechend, da sie ja nur zur Beschützung des zarten Laubes bestimmt sind; sinnig bezeichnet sie die heutige Botanik als Niederblätter.

Während der Zweig sich entwickelt und Glied über Glied, Blatt über Blatt ausbildet, so veredelt und verfeinert sich der Saft in jedem neuen Glied, und das Blatt nimmt daher eine umso vollkommenere Gestalt an, je höher am Zweig es zu stehen kommt. Sobald der Saft seine feinste Läuterung und Konzentrierung erreicht hat, so tritt die Pflanze in eine höhere Entwicklungsstufe; statt eines ins Unendliche fortsprosse den Laubzweiges bildet sie eine Blüte. Die Blüte ist aber nicht etwas absolut Neues, aus fremden Elementen Aufgebautes, sondern sie besteht aus denselben Grundformen wie der Zweig, aus Blatt und Stengel; nur sind dieselben zu höherem Zweck in edlere Formen eingekleidet. Die Stengelglieder, welche im Laubzweig die einzelnen Blätter auseinanderhielten, bleiben in der Blüte unentwickelt und verkürzt; daher folgen die Blätter selbst dicht aufeinander und reihen sich in einen geschlossenen Kreis. Denken wir uns an einem reich beblätterten Zweige die fünf untersten Blätter dicht aufeinander geschoben, indem die zwischen ihnen sonst vorhandenen Stengelglieder sich auf den kleinsten Raum zusammengezogen haben, so haben wir einen fünfblättrigen Kreis, und das ist der Kelch. Die fünf unmittelbar darüberstehenden Blätter, ebenfalls in einen Kreis zusammengedrängt, werden durch verfeinerte Säfte zarter ausgebildet; das rohere Grün des Laubes, das sich im Kelch erhalten, veredelt sich zum bunten Farbenschmelz, und so stellen sie die Blumenkrone oder Corolle dar. Die nun folgenden Blätter, bald fünf an der Zahl, bald zwei-, bald drei-, bald vielmal mehr, erleiden eine solche Zusammenziehung und eine so eigentümliche Metamorphose, dass man sie kaum als Blätter anerkennen würde. Ihr Stiel verengt sich zu einem schmalen Faden;

in der Blattfläche bilden sich Höhlungen, die mit gelblichem ober bläulichem Blütenstaub sich füllen; und nun stellen sie den Kreis der Staubblätter oder Staubgefäße dar. Endlich die obersten Blätter falten sich tütenförmig, ein jedes in seiner Mittelrippe, und indem ihre Seitenränder miteinander verwachsen, stellen sie hohle Gehäuse dar, in deren Innerem die Samen, gewissermaßen junge Knospen, sich entwickeln; diese Blätter sind es, die als Fruchtblätter ober Stempel bezeichnet werden. Nach dem Verblühen erleiden diese Stempel eine durchgreifende Veränderung ihrer Substanz, und indem sie anschwellen, holzig oder saftig werden und oft miteinander verwachsen, bilden sie endlich die Frucht, welche die reifen Samen einschließt und an der wir den Ursprung aus metamorphosierten Blättern durchaus nicht mehr erkennen würden, wenn wir nicht ihre Entwicklung aus den Fruchtblättern der Blüte Schritt für Schritt hätten verfolgen können.

Aus diesen Betrachtungen ergibt sich, dass Fortpflanzung und Wachstum, Blühen und Sprossen, Blumen- und Zweigbildung im Wesentlichen ein und dasselbe sind. Beim Wachstum baut die Pflanze sich sukzessive, Schritt für Schritt aus übereinander hervorsprossenden Stengelgliedern und Blättern auf. Bei der Blüte sind die Stengelglieder auf einen einzigen Punkt zusammengezogen und die dazu gehörigen Blätter infolge dessen in Kreise geordnet; das Blühen ist daher gewissermaßen ein konzentriertes Wachstum. Der Unterschied beider Vorgänge beruht hauptsächlich auf der Nahrung. Solange man einen Baum mit überflüssiger Nahrung, allzu reichlichem Begießen übersättigt, solange wird er immer weiter sprossen und Laub tragen, aber nicht blühen; setzt man ihn auf magere Kost, begießt man ihn spärlicher, so wird er, insbesondere unter Einfluss des Lichts, gar bald zur Blüte kommen.

Die Urwälder der heißen Zone bewahrheiten dieses Gesetz im großartigsten Maßstab. Auf einem unerschöpflichen Boden, von ewiger Feuchtigkeit getränkt, entfalten sie in üppiger Pracht ihr Laubwerk, aber sie blühen selten; ein trockener Jahrgang dagegen, der ihnen die Nahrung verkümmert, bedeckt mit einem Mal den ganzen Wald mit überschwänglicher Blütenfülle. Der Grund davon ist einfach. Solange der Pflanze im Überfluss roher Nahrungsstoff zuströmt, verarbeitet sie denselben in den einfacheren Laubsprossen; erst wenn der Saft in geringerer Menge zugeführt wird, ist sie im Stande, denselben so zu konzentrieren und zu läutern, wie es für die Bildung des Blütenorgans erforderlich ist.

In diesem Punkt unterscheidet sich Goethe von seinem Vorgänger, dem Petersburger Physiologen Kaspar Friedrich Wolff, der schon früher, obwohl von unserem Dichter nicht gekannt, die Einheit von Blüte und Laubspross ausgesprochen hatte. Aber Wolff hielt die Blume für einen unvollkommenen Laubzweig, dessen einzelne Blätter wegen Mangel an hinreichender Nahrung sich nicht hätten völlig ausbilden können und daher zu den Formen der Blütenorgane verkümmern mussten, während Goethe, offenbar naturwahrer, gerade umgekehrt die Blüte für die höchste Entwicklungsform der Pflanze erklärt, wie ja auch alle Lebenstätigkeit in der Blüte zur höchsten Potenz gesteigert ist.

Den Beweis für die Metamorphosenlehre möge die Rose führen, die Königin der Blumen, welche unter ihren Schwestern von jeher der Liebling des Dichters wie jeglichen sinnigen Gemüts gewesen ist; jetzt, nachdem wir die Gesetze des Pflanzenlebens erkannt, werden wir die Schönheit der Rose nicht bloß mit den Sinnen, sondern auch mit dem Geist zu erfassen im Stande sein. Goethe selbst tat einst in Bezug auf die Rose den Ausspruch:

Als Allerschönste bist du anerkannt,
Bist Königin des Blumenreichs genannt;
Unwidersprechlich allgemeines Zeugnis,
Streitsucht verbannend – wundersam Ereignis: –
Doch Forschung strebt und ringt, ermüdend nie,
Nach dem Gesetz, dem Grund: warum und wie?

Aber Goethe hat uns auf die Frage, warum and wie, zu welchem Zweck und mit welchen Mitteln die Natur in ihrem Meisterwerk, der Rose, eine solche Fülle verschiedenartiger Organe vereinigt hat, selbst die Antwort zu geben gelehrt, indem er die Metamorphose der Pflanzen enthülle. Die fünf Blättchen des Rosenkelches sind in der Regel nicht gleich gestaltet; während einige unter ihnen zierlich ausgeschnitten sind und an die zusammengesetzten Laubblätter nicht bloß durch ihre grüne Farbe, sondern selbst durch die Form erinnern, sind andere halb grün halb rot, sodass sie in Blumenblätter übergehen und es veranschaulichen, dass der Purpur der Corolle nichts weiter ist als eine veredelte Stufe des Laubgrüns.

Die Blumenkrone selbst hatten wir aber als fünfblättrig angenommen. Allein auf eine so geringe Zahl von Blättern beschränken sich mir die einfacheren Schwestern der Gartenrose, die wilden Rosen, die an Hecken und Wegen bescheiden und doch so lieblich blühen; die Königin der Blumen trägt eine Krone von zahllosen Blättern. Aber während die Staubgefäße bei der wilden Rose einen Kranz von unzähligen Fäden bilden, finden sich bei der gefüllten Gartenrose umso weniger Staubgefäße, je mehr Blumenblätter sich entwickelt haben, und bei der hundertblätterigen Zentifolie fehlen die Staubgefäße gewöhnlich gänzlich. Dagegen werden bei dieser die Blumenblätter, je mehr nach innen, um so schmaler und zarter; in einigen Blumenblättern hat sich seitlich eine Tasche gebildet, die mit gelbem Blütenstaub gefüllt ist; und schließlich können wir nicht mehr angeben, wo das letzte Blumenblatt aufhört und wo das erste Staubgefäß anfängt. Offenbar ist die gefüllte Rose nur dadurch aus der einfachen entstanden, dass die Staubgefäße der wilden Rose bei der Zentifolie sich zu Blumenblättern umgewandelt haben.

Und nachdem wir so verschieden gebildete Organe, wie Laubblatt und Kelchblatt, Kelchblatt und Blumenblatt, Blumenblatt und Staubgefäß als ineinander übergehende Formen eines und desselben, in mannigfaltigen Gestalten auftretenden proteisch sich verwandelnden Grundorgans erkannt haben, so werden wir es begreiflich finden, wenn auch die Fruchtblätter sich als Metamorphosen derselben Grundform herausgestellt haben, und wenn infolge der Goethe'schen Lehre die Botanik uns sagt, dass die Weinbeere aus zwei, die Kokosnuss aus drei, eine Kastanie aus sechs Blättern besteht, dass eine Zwiebel, eine Kartoffelknolle als voll ständige Pflanze anzusehen ist, mit Zweigen, Blättern und Stengeln, so gut wie ein Eichbaum oder eine Palme.

Goethe legt Gewicht auf die merkwürdige Tatsache, dass bei dem Wechsel der Formen, welche das Blatt in seinen verschiedenen Metamorphosen annimmt, sich ein beständiges Schwanken in den Dimensionen, ein abwechselndes Ausdehnen und Zusammenziehen offenbart; er zeigt, wie die Laubblätter von den tiefsten Samenblättern an umso größer und mannigfaltiger gestaltet sind, je höher am Stengel sie stehen; wie sie dann wieder umso schmäler und zarter werden, je mehr sie sich der Blüte nähern. Die heutige Botanik unterscheidet sogar die am höchsten auf dem Stengel, zunächst unter der Blüte stehenden Blätter ihrer Gestalt und Färbung wegen, die oft an das bunte Kolorit der Blume erinnern, als Hochblätter von den tiefer gestellten Laubblättern. In der Blüte selbst sind die Blätter des Kelches schmal, zusammengezogen; die Blätter verbreiten sich dann in der Blumenkrone, ziehen sich zusammen zu Staubgefäßen, um sich in den Blättern, welche die Frucht zusammensetzen, zum letzten Mal auszudehnen. Einen solchen allmählich zum Höheren sich gestaltenden Entwicklungsgang des Blattes, wie er sich in der einfachen Blüte darstellt, bezeichnet Goethe als fortschreitende Metamorphose; wenn aber in der gefüllten Blume die Staubfäden zur tieferen Stufe der Blumenblätter zurücksinken, so sind sie nach Goethes bezeichnendem Ausdruck rückschreitender Metamorphose unterworfen gewesen.

Als Goethe mit voller Begeisterung seine Entdeckung zum ersten Mal Schiller mitteilte, hörte dieser aufmerksam zu, dann aber meinte er kopfschüttelnd: „Das ist keine Erfahrung, das ist eine Idee." Und in der Tat war es eine Idee, aber eine solche, wie sie nur der schöpferische Genius eines tiefen Denkers zu fassen vermag, aber eine Idee, die die eigentliche Wahrheit der äußeren Erscheinungen uns enthüllt, die mit der Gewissheit eines Naturgesetzes auftrat und die eine ganze Wissenschaft zu befruchten berufen war.

Zwar wurde die Goethe'sche Lehre, als sie von ihm zuerst 1790 in der ebenso anziehend als selbst für Laien verständlich geschriebenen Abhandlung: *Versuch, die Metamorphose der Pflanzen zu erklären*, entwickelt worden war, selbst von den Fachgelehrten teils mit Misstrauen, teils mit gänzlicher Ignorierung aufgenommen, sodass Göschen, der Verleger der Goethe'schen Werke, den Druck des kaum 86 Seiten starken Büchleins ablehnte und ein anderer Verleger, Ettinger in Gotha, sich erst durch die Hoffnung auf dauernde Verbindung mit dem Dichter zur Annahme bestimmen ließ. Einer der ersten Förderer der Goethe'schen Metamorphosenlehre, Auguste de St.-Hilaire, spricht sich darüber 1841 in folgender Weise aus: „Die Gelehrten lasen Goethes Buch nicht; denn sie meinten: weil die Schrift von einem großen Dichter herrühre, könne sie nichts enthalten als poetische Phantastereien. Wie schlecht verstanden sie den Geist Goethes, diesen vielseitigen Geist, der jede Form annahm und stets die wählte, welche dem Gegenstande am angemessensten war; der in einem wunderbaren Werke, das man verbrennen und doch immer von neuem lesen möchte, uns bald die himmlischen Harmonien des Chors der Engel vernehmen lässt, bald das sardonische Grinsen des Fürsten der Hölle, jetzt das verworrene Gelärm der ins Freie strömenden Menge, jetzt den Schmerzensschrei, welchen das Gewissen einer unglücklichen Sünderin auspresst. Schrieb Goethe über wissenschaftliche Fragen, so war er ernst wie die Wissenschaft selber. Er hatte Muster geliefert für die verschiedensten Gebiete der Literatur; er schrieb auch ein solches für wissenschaftliche Abhandlungen. Wenn die *Metamorphose der Pflanzen* zuerst nicht gewürdigt wurde, so war es, weil sie zu früh erschien, weil ihr Verfasser seinem Jahrhundert vorausgeeilt war."

Einen Teil der Schuld für die anfänglich ungünstige Aufnahme des Goethe'schen Schriftchens trägt vielleicht die nicht glückliche Wahl des Wortes „Metamorphose", das in der Regel missverstanden wird und auch von Lewes nicht richtig aufgefasst worden ist. Den Ausdruck „Pflanzenmetamorphose" hatte Goethe von Linné übernommen, einem der bedeutendsten Geister des vorigen Jahrhunderts, der in genialem Blick, durchsichtiger Klarheit, selbst in poetischer Begabung Goethe verwandt war und wie dieser ein Meister des Stils.

Linné hatte schon 40 Jahre früher (1751) in einem merkwürdigen Buch, das er die „Philosophie der Botanik" nannte, es ausgesprochen, dass in Blüten- und Laubbildung dasselbe Prinzip walte, dass in der Gestaltung der Pflanzen das Gesetz der Metamorphose herrsche. Aber Linnés Ideen blieben in Vergessenheit; denn es gelang sonderbarerweise dem großen Naturforscher nicht, seine Beobachtungen von poetischen, selbst phantastischen Verirrungen frei zu erhalten, von denen sie erst durch unsern großen Dichter befreit wurden. Die meisten denken sich wohl unter „Metamorphose der Pflanzen" eine jener Verwandlungen, wie sie Ovid in seinen „Metamorphosen" beschreibt, wenn er z. B. den im Bach sich spiegelnden Jüngling in eine Narzisse sich verwandeln, die fliehende Daphne zu einem Lorbeerbaum werden, oder die Rose aus dem Blut des Adonis entstehen lässt. Andere, und so auch Lewes, halten die Pflanzenmetamorphose für gleichbedeutend mit der Metamorphose der Tiere, infolge deren ein Tier zu gewisser Zeit in auffallender Weise seine Gestalt und Organisation verändert, wenn z. B. eine Kaulquappe sich in einen Frosch oder eine Raupe sich in eine Puppe, eine Puppe in einen Schmetterling sich verwandelt. So aber ist die Metamorphose der Pflanzen nicht zu verstehen. Wenn wir sagen, ein Staubgefäß habe sich in ein Blumenblatt metamorphosiert, so dürfen wir uns die Sache nicht so vorstellen, als ob jenes Organ jemals ein wirklicher Staubfaden gewesen und sich erst später in ein Blumenblatt verwandelt habe: etwa wie ein Tier, das heute Schmetterling ist, gestern noch Puppe war. Es soll damit nur gesagt werden, dass ein Organ, welches nach seiner Stellung in der Blüte zu einem Staubfaden sich hätte entwickeln können und entwickeln sollen, infolge gewisser Einflüsse sich nicht als solcher, sondern in der verwandten, wenn auch äußerlich unähnlichen Form des Blumenblattes entwickelt hat, etwa wie wir sagen, dass ein Kind, welches seiner Geburt und seinen Umständen nach zum Bauer bestimmt war, unter günstigen Verhältnissen sich zum Staatsmann oder Künstler entwickelt hat, und dass umgekehrt ein Kind, dem die Anlage zum Genie angeboren war, durch nachteilige Einflüsse als Abenteurer verkümmert ist.

Nach dieser Erörterung wird es uns leicht sein, den Einwurf, welchen Lewes gegen die Goethe'sche Metamorphosenlehre als „unwiderlegbar, als den einzig stichhaltigen" aufführt, auf ein reines Missverständnis dieser Lehre zurückzuführen. Lewes meint nämlich: von einer Metamorphose könne bei den Pflanzen nur dann die Rede sein, wenn die verschiedenen Blütenteile wirklich aus entwickelten Blättern hervorgehen, nicht bloß an ihre Stelle treten; es könne daher beispielsweise ein Staubgefäß nicht als Metamorphose des Blattes erklärt werden, da es ebenso wohl einen anderen Zweck als eine andere Form habe. Wir wissen jetzt, dass überhaupt nach den Gesetzen der Pflanzenmetamorphose nicht davon die Rede ist, als werde etwa das grüne zusammengesetzte Laubblatt der Rose zu einer bestimmten Zeit in einen Staubfaden umgewandelt, sondern dass diese beiden Organe nur Formen einer und derselben Anlage sind, die unter Umständen sich bald zu diesem, bald zu jenem Organ entwickeln kann.

Aber Lewes hält überhaupt die ganze Lehre unseres Dichters bereits für antiquiert, da heutzutage nicht mehr, wie Goethe annahm, das Blatt als die allgemeine Grundform der Pflanzen gelten könne, seitdem ein weit einfacheres Elementarorgan entdeckt worden ist, die Zelle. Es gebe Pflanzen ohne Blätter, aber keine Pflanze, die nicht aus Zellen bestände.

Die Tatsache, auf welche dieser Einwurf anspielt, ist richtig; aber sie hat mit der Metamorphosenlehre nichts zu tun. Wenn wir sagen, dass ein gotischer Dom aus Pfeilern und Spitzbogengewölben aufgebaut sei, so wird dieser Satz nicht entkräftet, wenn wir auch finden, dass Pfeiler und Bogen selbst wieder aus Backsteinen zusammengesetzt sind. Und wenn wir sagen, dass der Körper des Tieres aus Fleisch und Knochen, Gehirn und Eingeweiden bestehe, so steht dem nicht entgegen, dass alle diese Organe ursprünglich aus Zellen hervorgegangen sind. Und wenn Goethe uns gelehrt hat, dass in den Pflanzen nicht, wie man früher annahm, eine unübersehbare Menge verschiedener Organe existieren, sondern dass alle Pflanzen in allen ihren Teilen aus der steten Wiederholung zweier Grundformen, des Stengels und des Blattes, sich aufbauen, so steht damit durchaus nicht in Widerspruch, dass Blatt und Stengel selbst wieder aus Zellen zusammengesetzt sind. Nur die allerniedersten und einfachsten Pflanzen, Algen, Pilze und Flechten, lassen in ihrem Gewebe keinen Unterschied von Blatt und Stengel erkennen, und auf diese hat daher allerdings das Gesetz der Metamorphose keine Geltung. Wenn dagegen auch an einigen höheren Gewächsen keine Blätter deutlich sind, so hat eine genauere Untersuchung gezeigt, dass alsdann dergleichen Organe zwar angelegt, aber später verkümmert sind und höchstens als unscheinbare Schuppen sich entwickelt haben, wie beim Mäusedorn (Ruscus), der Entengrütze (Lemna), der Atlaszeder (Callitris), oder dass die Blätter sich nur in ungewöhnlichen Formen metamorphosiert haben, zu Dornen beim Kaktus, zu flügelartigen Säumen beim Besenstrauch usw.

Ich habe bei den Einwürfen, welche Lewes gegen Goethe geltend macht, ausführlicher verweilt, weil bei der allgemeinen Verbreitung und Anerkennung, deren das Lewes'sche Buch in Deutschland sich mit Recht erfreut, und bei der sonstigen Unbefangenheit und Umsicht seiner Urteile, es mir als Pflicht erschien, den deutschen Dichter gegen die Missverständnisse des englischen Kritikers in Schutz zu nehmen. Allerdings können wir, um gerecht zu sein, nicht in Abrede stellen, dass Goethes Schrift nicht frei von Mängeln ist, welche die Ungunst seiner Zeitgenossen wenigstens erklärlich machen. Abgesehen von einzelnen Irrtümern, zu denen Goethe sich durch den unvollkommenen Zustand der Botanik zu seiner Zeit verführen ließ, ist er auch bei seinen Betrachtungen immer nur vom Blatt als der Grundform der Pflanzen ausgegangen, während er das zweite gleich wichtige Elementarorgan, den Stengel, in den Hintergrund treten ließ. Ebenso haben die physiologischen Hypothesen, von denen er bei der Erklärung der Blütenbildung ausgegangen ist, sich zum Teil als unbegründet erwiesen. Die Goethe'sche Auffassung musste erst im Einzelnen berichtigt und vervollständigt, es musste ihr erst durch Botaniker vom Fach die Ausführung und tatsächliche Begründung verliehen werden, ohne welche keine Idee, möge sie herrühren von wem sie wolle, sich dauernd in der Wissenschaft Geltung verschaffen kann. Es musste erst durch die Verbesserungen im Bau des Mikroskops dem Botaniker ein neues vollkommeneres Auge geschaffen werden, mit dessen Hilfe er Blatt und Stengel bis in ihre ersten unsichtbaren Anfänge zurückverfolgen und sie nicht bloß nach Form und Farbe, sondern auch nach den Gesetzen ihrer Entwicklung von ihrem Entstehen an zu unterscheiden vermag. Erst dadurch wurden die Bedenken gehoben, die Goethe selbst an seine Lehre knüpfte, wenn er sagt: „Die Idee der Metamorphose ist eine höchst ehrwürdige, aber zugleich höchst gefährliche; sie führt in das Formlose, zerstört das Wissen, löst es auf."

Seitdem aber das Goethe'sche Gesetz der Metamorphose in der Wissenschaft einmal festen Fuß gefasst, ist es bis auf den heutigen Tag und für alle Zeiten der Ausgangspunkt aller wissenschaftlichen Pflanzenbetrachtung geblieben; es ist in Übereinstimmung mit ähnlichen, zum Teil ebenfalls von Goethe angeregten, Bestrebungen in der Zoologie zu einer besonderen Wissenschaft, der Gestaltenlehre oder Morphologie ausgebildet worden, der wir alles tiefere Verständnis in der Architektonik der Tier- und Pflanzenwelt verdanken. Der jüngst verstorbene Botaniker Ernst Friedrich Meyer in Königsberg gibt jedem Naturforscher den dringenden Rat, das Goethe'sche Büchlein wenigstens einmal jährlich mit Bedacht durchzulesen, „und je nachdem er in der Zwischenzeit mehr oder weniger gelesen, gedacht oder beobachtet hat, wird ihm bei der Wiederholung klarer und fasslicher werden, was er sowohl in diesem wie auch im Buche der Natur selbst gelesen“.

Wenn wir daher auch zugeben, dass die Goethe'sche Darstellung in manchen Stellen unvollkommen war, so wird dadurch das Verdienst unseres Dichters durchaus nicht geschmälert. Denn es ist in der Wissenschaft nicht wie in der Kunst, dass ein genialer Mensch etwas für alle Zeiten Vollendetes hinstellen kann, das die Nachwelt nur zu bewundern und nachzuahmen, aber nicht zu überbieten vermag. Der Gang der Wissenschaft ist langsam, aber stetig; der Fortschritt allmählich, aber sicher. Kein Forscher, auch der größte nicht, vermag die ganze Wahrheit zu erschöpfen, sich von allen Irrtümern frei zu halten; immer muss er der folgenden Generation den Ausbau seines Werks, die Vervollständigung seiner Entdeckungen, die Berichtigung seiner Irrtümer überlassen. Das gereicht ihm nicht zum Vorwurf, wenn er einzelnes Unvollkommene geleistet; wenn er aber durch geniale Ideen und Schöpfungen einer ganzen Wissenschaft eine neue Richtung gegeben hat, so dient ihm das zum unsterblichen Ruhme. Und in diesem Sinne können wir das Verdienst des Naturforschers Goethe um die wissenschaftliche Botanik in seiner Art vielleicht nicht für geringer achten als das des Dichters Goethe um die deutsche Nationalliteratur.

Georges Cuvier: De la philosophie de la nature en Allemagne et en France (1845)

Vita – Abstract
Der französische Naturforscher Georges Cuvier (23. August 1769 Montbéliard – 13. Mai 1832 Paris) wurde in der württembergischen Enklave Mömpelgard/Montbéliard geboren, studierte von 1784 bis 1788 an der ‚Hohen Karlsschule' in Stuttgart, führte anschließend als Privatlehrer botanische und zoologische Studien durch, wurde 1795 zum Professor der Zoologie zunächst an den ‚Écoles Centrales' in Paris und dann am ‚Collège de France' ernannt sowie in Akademien des In- und Auslandes aufgenommen und erhielt 1831 den Titel eines ‚Pair de France'. Mit seinen Forschungen begründete Cuvier die Paläontologie und vergleichende Anatomie, vertrat die Auffassung von dem wiederholten Untergang von Lebewesen in der Erdgeschichte (Katastrophismus), das Konzept einer Korrelation der Organe der Lebewesen sowie der Konstanz der Arten, überprüfte im Auftrag der Regierung die Ausbildungssituation in Frankreich und den Niederlanden und hielt Vorlesungen über die Geschichte der Naturwissenschaften, die posthum in fünf Bänden 1841–45 im Druck erschienen (*Histoire des sciences naturelles*). Der vielbeachteten Kontroverse zwischen ihm und Étienne Geoffroy Saint-Hilaire (1772–1844) im sogenannten ‚Akademiestreit' über die Einheit und Vielfalt der Lebewesen („unité de composition organique") widmete Goethe eine eingehende Darstellung und Analyse, die 1830 und 1832 in den ‚Jahrbüchern für wissenschaftliche Kritik' erschienen.

Cuvier, der in seinen früheren Jahren die deutsche Sprache in Wort und Schrift bestens beherrschte, hebt in seinen posthum erschienenen

D. von Engelhardt, *Goethe als Naturforscher im Urteil der Naturwissenschaft und Medizin des 19. Jahrhunderts*,
https://doi.org/10.1007/978-3-662-68126-8_9

Ausführungen über die Naturphilosophie in Deutschland und Frankreich den Einfluss der Philosophie auf die Wissenschaften seit der Antike hervor, erinnert für die Gegenwart an Immanuel Kant (1724–1804), Johann Gottlieb Fichte (1762–1814) und Friedrich Wilhelm Joseph Schelling (1775–1854), weist umgekehrt auf den Einfluss Goethes und Karl Friedrich Kielmeyers (1765–1844) auf Schelling hin, referiert neutral Goethes Metamorphose der Pflanze als Blattumwandlung und erklärt die Anwendung der Prinzipien Metamorphose und Kompensation auf die Tierwelt für verfehlt („peu heureuses"). Die ingeniöse Idee Kielmeyers („qui plaît à l'esprit"), bei dem er in Stuttgart studiert und mit dem er später korrespondiert hat, in Infusionstierchen die embryonale Basis der Entwicklung und Veränderung der Tiere zu sehen, träfe in empirischen Details allerdings nur zu oft nicht zu; die Übertragung der Polarität aus der Physik und Chemie in die Biologie habe Kielmeyer zwar in Vorlesungen, aber nicht im Druck vertreten.

Cuvier, Georges:
De la philosophie de la nature en Allemagne et en France, in: ders.: Histoire des sciences naturelles pendant la deuxième moitié de XVIIIe siècle et une partie du XIXe chez tous les peuples connus, 3. p., t. 5, compl., posthum, Paris 1845, S. 313–435. (Goethe S. 315–323).

***

Pour achever l'exécution du plan que je me suis tracé, il me reste à traiter de la philosophie de la nature en Allemagne et en France.

Le système de philosophie dominant à chaque époque a toujours nécessairement exercé de l'influence sur les sciences naturelles. Ainsi nous les avons vues, dans l'antiquité, s'accroître ou déchoir selon que le péripatétisme était plus ou moins honoré. Dans le moyen-âge, nous les avons vues presque étouffées par l'espèce de péripatétisme bâtard nommé philosophie scolastique. A la renaissance des lettres, elles ont pris un nouvel essor, ayant d'abord Galilée pour modèle et Bacon pour législateur. Enfin, au commencement du XVIIe siècle, Newton donna, en Angleterre, la véritable méthode scientifique, et il en résulta des progrès tellement inouïs qu'aucun des siècles précédents n'avait rien eu qui en approchât. La doctrine de la logique péripatéticienne, développée en même temps et dans le même pays, par Locke, fut le second régulateur des sciences naturelles.

Mais dès ce temps commencèrent à se montrer des philosophies rivales, sorties des principes de Leibniz. Elles se développèrent et arrivèrent à une forme mathématique dans les écrits et dans l'enseignement de Wolff. Elles régnèrent principalement en Allemagne, jusque vers le dernier tiers du XVIIIe siècle.

Mais Kant, inspiré par Hume, donna alors à la métaphysique un essor nouveau, en publiant, en 1781, sa *Critique de la raison pure*, où il examine quelle est la portée de la raison humaine, quelles sont les choses qu'elle peut connaître avec certitude. Entre autres propositions, il énonce celle-ci: que nous ne pouvons avoir aucune notion certaine des choses en elles-mêmes. Il exprime sur la physique des idées desquelles il résulterait que la nature est composée d'éléments de nature identique. Au fond, sa physique est la physique dynamique, qui, depuis le temps de Descartes, est opposée à la physique atomistique. Il admet une partie des idées développées plus tard par Fichte, qui professe l'idéalisme pur et les principes de l'école éléatique. Fichte cherche à établir que le *moi* seul existe pour nous; que c'est lui qui se *pose*, suivant l'expression bizarre de ses élèves, en opposition au *non-moi*, c'est-à-dire au monde extérieur qui est sa création.

Cette philosophie purement idéalistique, née dans pays où les mathématiques étaient le plus cultivées, l'Allemagne, y eut une certaine vogue qui existe encore aujourd'hui. Mais jusqu'à Schelling, elle n'avait point été assez directement appliquée aux sciences naturelles pour que je dusse la faire entrer dans l'histoire de ces sciences.

Avant de l'exposer, je ferai connaître les auteurs dont Schelling a pu tirer des idées pour la fonder.

Le premier est Goethe, l'auteur de *Faust*, de *Werther*, de *Goetz* et d'autres poèmes. Il était né à Francfort-sur-le-Main en 1749. Il avait étudié à Leipsick, et se fixa à Weimar, où il est mort, plus qu'octogénaire, en mars 1832, un peu avant G. Cuvier. Il s'était occupé dans sa jeunesse, et s'occupa jusqu'à la fin de sa vie, de connaissances relatives aux sciences naturelles.

Dans un de ses écrits sur ces sciences, il e essaya de porter la comparaison des êtres plus loin qu'on ne l'avait fait avant lui. Il s'efforça de prouver que l'homme a un os intermaxillaire comme les quadrupèdes. Et en effet, on en voit des vestiges dans le fœtus. Ce fut de cette découverte que sortit tout son système; elle donna naissance à deux ouvrages intitulés, l'un: *Essai sur la métamorphose des plantes*; l'autre: *Essai d'une introduction générale à une anatomie comparative*.

Dans le premier, publié à Gotha en 1790, il considère les plantes comme composées de parties qui sont essentiellement identiques quant au tissu, et qui se changent successivement l'une dans l'autre, de manière à prendre des apparences tout-à-fait différentes: ainsi les tiges produisent des pétioles, qui sont eux-mêmes des espèces de tiges d'où naissent des feuilles, qui n'en sont que le développement.

Les fleurs des plantes, qui paraissent si différentes de leurs autres parties et beaucoup plus compliquées, ne sont cependant, dit Goethe, que des feuilles qui ont changé de forme, et que certaines circonstances peuvent rendre à leur figure primitive: ainsi les folioles du calice de la rose se changent en feuilles semblables à celles qui sont sur les tiges du rosier. Les pétales, ces feuilles colorées qui forment l'enveloppe intérieure de la fleur, et qui nous paraissent si différentes de celles du calice, peuvent se changer en calice dans certaines circonstances. On voit cette transformation dans les immortelles, où l'on a intérêt à conserver le calice parce qu'il est plus coloré que le reste de la fleur. Les petites coroles qui composent l'intérieur de cette fleur se changent en folioles de calice.

Dans les fleurs doubles, les étamines se sont changées en pétales. Quand une giroflée ou un œillet, par exemple, devient double, on voit les étamines se dilater et prendre la forme de pétales.

Ces faits avaient déjà été présentés par Linnæus dans sa dissertation intitulée: *Prolepsis plantarum*; mais Goethe les a généralisés. Il a essayé de les étendre au règne animal; il a cherché dans ce règne le type dont les métamorphoses pourraient expliquer la configuration des différentes espèces. Ses idées à cet égard sont exprimées dans l'autre ouvrage que j'ai indiqué plus haut, et qui a pour titre, comme je l'ai dit: *Essai d'une introduction générale à une anatomie comparative*. On y retrouve avec étonnement presque toutes les propositions qui ont été avancées d'une manière isolée dans ces derniers temps, et qui ne peuvent satisfaire l'esprit qu'autant qu'on reste dans des considérations vagues et qu'on n'entre pas dans des comparaisons détaillées. Admettant une compensation organique dans les animaux, Goethe prétend que la longueur du cou et des jambes de la girafe ne s'est développée qu'aux dépens de son corps, et que c'est pour cela que celui-ci est si petit. Il explique de la même manière la brièveté des pieds de la taupe et la longueur de son corps, formé, en quel que façon, aux dépens de ses pieds.

Ces idées ne sont pas heureuses; Goethe ne fait pas attention que si le cou, les jambes ou d'autres parties s'étendent surtout dans la jeunesse, tandis que le corps se développe moins en proportion, celui-ci doit alors paraître plus petit qu'il ne l'est réellement; que si, au contraire, ce sont les pattes qui se sont le moins développées, comme on le voit dans la taupe, ce sont alors celles-là qui paraissent être plus petites qu'elles ne le sont en réalité.

Cependant Goethe a fait de cette idée la base de toutes ses recherches sur les efforts que le corps fait pour s'étendre dans tous les sens.

Pour expliquer ses métamorphoses, il veut que l'on ait égard aux circonstances dans lesquelles les animaux se trouvent. Il considère l'eau et l'air comme des matières qui pénètrent dans les pores des animaux; suivant lui, ils enflent, chez les uns, leurs parties charnues et réduisent leurs parties osseuses; chez les autres, vivant essentiellement dans l'air, on remarque, dit-il, des effets contraires: ce sont les parties osseuses, membraneuses et les téguments extérieurs qui acquièrent le plus de puissance et de développement. L'aigle, dit-il, se forme pour l'air; mais c'est par l'air qu'il s'y forme. Le cygne et les cigognes lui paraissent tenir le milieu entre ces organisations opposées. Goethe se jette alors dans des expressions figurées et vagues; il tombe dans cette philosophie vicieuse, dont il a produit, pour ainsi dire, le germe, qui emploie le même terme en deux sens opposés ou différents dans un même raisonnement, de manière à produire souvent des syllogismes contraires à la logique. La chaleur, la sécheresse, donnent, selon Goethe, les animaux les plus parfaits, c'est-à-dire ceux qui se rapprochent le plus de l'homme. Ainsi, dit-il, le lion, le singe, sont des êtres de la zone torride; les autres naissent dans une zone plus froide. Mais on pourrait lui objecter qu'autrefois les lions étaient plus rapprochés du nord qu'aujourd'hui.

Goethe a appliqué son idée, qu'une partie de l'animal ne peut s'accroître qu'aux dépens de l'autre, aux ruminants et aux carnassiers: c'est, dit-il, parce que les premiers n'ont pas de dents à la mâchoire supérieure qu'il a pu se développer des cornes à leur front; les carnassiers, au contraire, ayant des dents complètes, sont privés de cornes, parce qu'ils n'avaient pas de résidu pour les former: ainsi le lion ne pouvait pas avoir de cornes, mais le cerf et le bœuf devaient en avoir.

Toutes ces idées vagues se détruisent d'elles-mêmes quand on examine les faits. Les fourmiliers, par exemple, qui n'ont pas de dents, devraient avoir des cornes plus grandes que celles de tous les ruminants. Les chevrotains, les chameaux, qui n'ont pas de dents à la mâchoire supérieure, devraient avoir des cornes comme les cerfs et les bœufs: cependant ils n'en ont pas.

Cette manière de philosopher par des aperçus vagues, par des règles générales qui ne sont pas vérifiées par les faits, peut conduire à de grandes erreurs. On en voit surtout la preuve dans les essais de Goethe sur les diverses parties de l'animal: il y représente le sternum comme une répétition de l'épine du dos, et il examine pourquoi il y a un sternum dans certaines classes d'animaux, et pourquoi il n'y en a pas dans telle autre. Il fonde son idée, que le sternum est une répétition de l'épine du dos, sur ce que les os du sternum se suivent, sont placés à la file les uns des autres comme les vertèbres. Mais il oublie que dans les lézards, dans les oiseaux, dans les tortues, il n'y a qu'une grande pièce plate, dilatée, dont les parties ne sont pas à la file l'une de l'autre, et ne représentent nullement l'épine du dos. Toutes ces comparaisons fausses se retrouvent pourtant dans les ouvrages de ses successeurs.

Le second auteur qui a pu fournir des idées à Schelling pour fonder sa philosophie de la nature, est Kielmeyer, qui était professeur à Tubingue. Il était plus jeune que Goethe: il naquit en 1765, à Bebenhausen, dans le Wurtemberg. Après avoir été élevé à Stuttgart, ses grands talents, ses grandes connaissances, le firent nominer professeur en sortant du collège. Dès 1789, il donnait des leçons d'histoire naturelle. En 1796, il fut nommé professeur à Tubingue. Il prononça, en entrant dans cette université, un discours sur le développement graduel des différentes organisations et sur les rapports qu'elles ont entre elles, sans en excepter les plus élevées.

C'est ce petit discours, presque le seul écrit de Kielmeyer, qui a été le germe de toutes les idées reproduites de mille manières sur le développement des animaux, sur leur passage d'une classe à l'autre, sur les différents états successifs des animaux supérieurs, états qui correspondraient à celui de chacune des classes inférieures. Kielmeyer admet, dans son discours, comme on l'a répété depuis lui, que l'embryon, dans son état primitif, même l'embryon humain, ressemble à un ver. Les embryons, en effet, soit dans l'œuf, soit dans l'utérus, ne paraissent d'abord que comme une ligne simple; on n'y voit pas d'extrémités, de membres, de tête; rien ne s'y montre développé. La ligne primitive s'organise peu à peu; on distingue des points qui seront des vertèbres, et l'animal, commençant de s'agiter, a l'apparence des vers intestinaux nommés ascarides. Kielmeyer montre beaucoup d'esprit et de génie en cherchant à établir que les diverses classes animales représentent chacune un état par lequel la classe la plus élevée est obligée de passer pour arriver à son entier développement. Il montre des rapports extrêmement singuliers entre toutes les classes. Les grenouilles, les salamandres, par exemple, naissent sous forme de têtards, c'est-à-dire qu'elles sont d'abord semblables à un petit poisson à grosse tête et à longue queue comprimée; de plus elles ont de chaque côté du cou des branchies semblables à celles des poissons, avec lesquelles elles respirent, comme eux, l'air contenu dans l'eau qui passe par leur bouche. A une certaine époque, elles changent de forme; elles perdent leur queue; des bras et des jambes leur sortent du corps; leurs branchies s'oblitèrent; le trou par lequel l'eau passait se ferme, et des poumons intérieurs leur servent à respirer l'air en nature. De poissons qu'elles étaient, elles sont ainsi devenues reptiles, et sont passées d'une classe à une autre. Suivant Kielmeyer, on peut admettre, en se basant sur ce fait de métamorphose, que tout animal est un ver dans son premier état; qu'ensuite il passe à une classe plus élevée, à celle des poissons, puis à la classe des reptiles. Ceux-ci diffèrent de l'animal supérieur, tel que le quadrupède ou l'homme, par les organes de la circulation. Leur cœur n'a qu'un seul ventricule; leur sang est obligé de revenir à ce cœur sans avoir passé en totalité dans le poumon; et c'est parce que leur respiration est ainsi incomplète qu'ils ont le sang plus froid que celui des mammifères. Or le fœtus des quadrupèdes et de l'homme offre précisément le mode de circulation des reptiles. Quoique son cœur se compose de deux ventricules et de deux oreillettes, il n'y a qu'une oreillette et qu'un ventricule qui servent à la circulation du sang. Ce fluide passe par l'ouverture nommée trou de Botal, au lieu de traverser les poumons. On peut donc considérer les mammifères dans leur premier état comme des reptiles. La métamorphose est complète, générale; elle embrasse toutes les classes. Chaque être, depuis le plus élevé, passe par des développements correspondants au type de chaque classe inférieure à la sienne. Ces classes ne seraient ainsi que des organisations arrêtées à des points différents. Dans ces derniers temps, quelques auteurs, pour appuyer ces idées, ont prétendu avoir vu, dans l'embryon des quadrupèdes et des oiseaux, des trous aux côtés du cou, qui leur ont paru représenter les trous par lesquels les poissons respirent l'air contenu dans l'eau.

Toutes ces idées ont quelque chose d'ingénieux et qui plaît à l'esprit, à cause de leur simplicité apparente. Mais quand on examine les détails, on voit que les ressemblances sont bien loin d'être aussi complètes qu'elles l'avaient paru au premier coup d'œil, et que dans chaque classe il y a une forme permanente et caractéristique. Ces idées étaient bonnes tout au plus pour le temps où elles furent émises.

Une autre partie de cette doctrine est relative à la polarité. Mais Goethe ne paraît pas en être l'inventeur. Son application au règne animal appartient aussi à Kielmeyer, bien qu'il ne l'ait pas publiée dans des livres. Il est constaté par le témoignage de ses élèves, et par des notes prises à ses premiers cours de Stuttgart et de Tubingen, qu'il en a parlé dans ces cours. Il considérait les oppositions qui existent entre les extrémités postérieures et antérieures des animaux, comme une sorte de polarisation semblable à celle de l'électricité. On sait que dans un corps électrisé il y a un côté positif et un côté négatif, et que, si l'on réunit ces deux forces opposées, elles se neutralisent; il n'y a plus d'électricité apparente, C'est donc la polarisation qui constitue l'électricité, ou, au moins, qui la manifeste. Il en est de même pour le magnétisme. Kielmeyer pensait, mais il jouait avec cette idée plutôt qu'il ne la donnait comme positive, il pensait, dis-je, qu'une force polarisante pouvait aussi agir dans les corps organisés, produire à une extrémité un certain effet, et à l'extrémité opposée un autre effet, à quelques égards contraire, mais semblable à d'autres égards. Il étendait aux sexes cette polarisation.

Bientôt la pile galvanique, qui n'est autre chose qu'un instrument de polarisation, fut découverte, et Ritter en Allemagne, Carlisle et Nicholson en Angleterre firent cette découverte, qui étonna les chimistes, que les deux pôles de la pile ont un pouvoir décomposant; que l'oxygène, ou la substance oxygénée, apparaît au pôle positif, et l'hydrogène, ou la substance non oxygénée, au pôle négatif. Cette découverte, développée par les recherches de Davy et autres chimistes, servira probablement, dans les mains de M. Berzelius, à fonder un nouveau système de chimie. Cette dernière science dépendra ainsi elle-même de la polarisation, absolument comme l'électricité.

D'un autre côté, les découvertes de M. Malus ont constaté deux forces opposées dans les rayons de la lumière, et ce savant a lui-même employé le terme de polarisation pour exprimer le phénomène qu'il a découvert. Tout pourrait donc, dans la nature, se manifester par polarisation.

Presque toutes ces idées existaient dans la science lorsque Schelling s'occupa de son système de philosophie, excité par les vues de Kielmeyer dont il était l'élève.

Emil Du Bois-Reymond: Goethe und kein Ende (1882)

Vita – Abstract
Emil Du Bois-Reymond (7. November 1818 Berlin – 26. Dezember 1896 Berlin) studierte Naturwissenschaften und Medizin, wurde 1843 mit einer historischen Arbeit über elektrische Fische promoviert, habilitierte sich 1846 mit einer Studie über die postmortale saure Reaktion der Muskelsubstanz und wurde 1858 in Berlin auf die Professur für Physiologie berufen und 1882/83 zum Rektor der Universität ernannt. Grundlegend waren Du Bois-Reymonds elektrophysiologische Forschungen mit dem Nachweis der Elektrizität in Nerven und Muskeln, weitreichende Beachtung fanden seine Vorträge über Philosophie, Wissenschaft und Kultur mit der Wesensbestimmung der Naturforschung als „Auflösung der Naturvorgänge in Mechanik der Atome", der Behauptung ihrer grundsätzlichen Unfähigkeit zur Erkenntnis der Beziehung von Materie-Kraft und Gehirn-Seele („ignoramus et ignorabimus") und zugleich ihrer Erhebung zum „absoluten Organ der Kultur" sowie seinem Engagement mit Hermann Helmholtz (1821–1894) und Rudolf Virchow (1821–1902) für einen ganzheitlichen und nicht einseitig geisteswissenschaftlich bestimmten Bildungs- und Kulturbegriff („Kegelschnitte – kein griechisches Skriptum mehr!").

D. von Engelhardt, *Goethe als Naturforscher im Urteil der Naturwissenschaft und Medizin des 19. Jahrhunderts*,
https://doi.org/10.1007/978-3-662-68126-8_10

In seiner Berliner Rektoratsrede[1] vom 15. Oktober 1882 fällt Du Bois-Reymond ein zustimmendes Urteil über Goethes Metamorphose der Pflanzen, die Entdeckung des Zwischenkiefers wie ebenfalls die Wirbeltheorie des Schädels, hält die Farbenlehre dagegen, abgesehen von ihrem subjektiven Teil, für vollständig verfehlt („totgeborene Spielerei eines autodidaktischen Dilettanten"); grundsätzlich widerspreche Goethes Naturforschung dem mechanischen Kausalitätsbegriff der empirischen Naturwissenschaften. Als Dichter verdiene Goethe aber mit Recht weiter Beachtung und Anerkennung, allerdings ebenfalls bei spezifischen Einwänden – Faust hätte gewiss besser daran getan „Gretchen zu heiraten, sein Kind ehrlich zu machen und Elektrisiermaschine und Luftpumpe zu erfinden".

[1] Die Rede erschien zuerst als von der Berliner Universität herausgegebene Gelegenheitsschrift (4°), dann im Verlag von Veit & Comp. Leipzig 1883. Eine Übersetzung brachte die Revue scientifique etc. 3e Série. 3e Année. No. 25. 16 Décembre 1882. p. 760 et suiv. – In der Anm. 1 zur publizierten Rede bemerkt der Autor: Die Rede über Goethe hat wider mich in der Presse einen Sturm entfesselt, den an Heftigkeit nur der übertraf, welchen mir kurz darauf der Nachruf an Darwin zuzog. In einem förmlichen kleinen Buche gab sich Hr. Kalischer abermals (s. unten Anm. 10) die Mühe, das zu beweisen, was, wenn es der Fall wäre. keines Beweises bedurfte: dass Goethe, trotz alledem, eine der größten Naturforscher war (Goethe als Naturforscher und Herr Du Bois-Reymond als sein Kritiker. Eine Antikritik usw. Berlin 1883). Nach der bekannten, nicht immer guten Taktik: Prügelst du meinen Hund, prügle ich deinen Hund – füllt Hr. Kalischer allein einen Druckbogen mit dem Nachweis, dass Voltaire ein schlechter Naturforscher war, als ob dies Goethes Ruhm erhöhte. Der Antikritiker übersieht, dass in meiner Studie über Voltaire dieser durchaus nicht als großer Naturforscher hingestellt wird. In meinem zusammenfassenden Urteil. „Zu einem eigenen Ergebnis von einiger Bedeutung brachte es Voltaire nicht, und in seinen theoretischen Aufstellungen ist er nicht allemal glücklich gewesen" (s. Bd. I. S. 333) – liegt doch kein übertriebenes Lob. Was ich bezweckte, war, an die wenigstens bei uns ganz vergessene Tatsache zu erinnern, dass auch Voltaire mit Naturwissenschaft, unter anderem mit der Erhaltung der Kraft, sich beschäftigt habe, und dass die von ihm aus England mitgebrachte naturwissenschaftliche Denkart ein wesentliches Glied in seiner geistigen Entwicklung ward. Durch Hrn. Kalischers Bemerkungen veranlasst, habe ich übrigens im Text der Rede einiges geändert, freilich nicht in seinem Sinn.

Besonders die wenigen, den Faust betreffenden Seiten der Rede riefen eine Flut entrüsteter, verachtender, höhnische Artikel hervor. Es konnte nicht anders sein. Es gibt ja in Deutschland eine weitverbreitete Gemeinde, welche in abgöttischer Verehrung des großen Dichtwerkes erzogen und befangen, jede nicht unbedingten Beifall atmende Äußerung als Lästerung empfindet. Eine kleine Anzahl tieferer, aber verworrener Naturen meint denselben ungeregelten Wissensdrang zu verspüren wie Faust; wäre nicht abgeneigt, ihre Sehnsucht nach dem ewig Weiblichen in der Art zu stillen wie er; träumt sich gern in einen so lässlichen ethischen Zustand hinein, wie denjenigen, worin Faust ihnen dennoch als sublimer Typus des Allgemeinmenschlichen vorgeführt wird. Von solchen und ähnlichen Gläubigen ist natürlich nicht zu erwarten, dass sie einer objektiven Kritik Gehör geben: es erscheint ihnen als freches Unterfangen, wenn jemand nachzusehen wagt, ob nicht ihr Idol vielleicht auf tönernen Füßen ruhe.

Ach! es ist ja nur erfreulich, dass in dieser illiterarischen Zeit noch recht viel Leute dergestalt, wenn auch in unmündiger Weise, ein Ideal im Busen hegen. Nur sollten sich diese Leute nicht

Du Bois-Reymond, Emil:
Goethe und kein Ende. In der Aula der Berliner Universität am 15. Oktober 1882 gehaltene Rektoratsrede, Leipzig 1883, auch in: ders.: Reden, Bd. 1, Leipzig 1887, S. 418–447, auch in: Reden von Emil Du Bois-Reymond in zwei Bänden, hg. v. Estelle Du Bois-Reymond, Bd. 2, Leipzig ^{2}*1912, S. 157–183.*

* * *

einbilden, dass, weil sie zu solcher Scheidung unfähig sind, es auch Anderen nicht gelinge, ein Kunstwerk als solches zu empfinden, und in einer anderen Stimmung die daran bemerkbaren Unvollkommenheiten ins Auge zu fassen. Als ich die den Kommentatoren entgangenen Widersprüche im Faust aufdeckte, dachte ich nicht daran, ausdrücklich zu versichern, dass ich trotz dem gestörten Gesamteindruck die Schönheiten der Dichtung noch vollauf genösse. Vor fünfzig Jahren setzte ich in Goethes Haus Eckermann und den Sekretar Kraeuter in Erstaunen damit, dass ich den ersten Teil des Faust wörtlich auswendig wusste, und meine Schriften und Vorträge bekunden, denke ich, dass er in Kopf und Herzen mir stets gegenwärtig blieb. Woher wissen denn die Knaben, die über meinen Faustkommentar in Feuilletons sich lustig machten und mir (neben sich als Faust) die Rolle des Wagner zudachten, dass nicht auch in meiner Brust zwei Seelen wohnen? Und warum ist es weniger nötig und verdienstlich, auf versteckte Schwächen im Gefüge des Gedichtes aufmerksam zu machen, wie Napoleon eine solche auch im *Werther* aufgespürt hatte, als an einer mystisch dunklen Stelle herumzudeuteln oder eine entlegene theologische Anspielung zu entziffern? Oder wenn es so völlig in der Ordnung ist, dass jemand Geister sieht und mit dem Teufel Kameradschaft macht, dabei aber weder an Unsterblichkeit der Seele noch an einen persönlichen Gott glaubt, warum erklärt man mir denn nicht einfach, wie das zugehe?

Der Freiherr Alfred von Berger zwar ist in einer eigenen Schrift (Goethes Faust und die Grenzen des Naturerkennens. Wider „Goethe und kein Ende" von Emil du Bois-Reymond usw. Wien 1883) auf diese und ähnliche von angeregte Fragen eingegangen. In je freundlicherem Tone für mich diese Schrift gehalten ist, umso mehr bedaure ich, dass sie nur dazu dienen kann, den Gegensatz zwischen ihres Verfassers spekulativ philosophischer Auffassung, welche die vieler nur mit Geisteswissenschaften Beschäftigten sein dürfte, und der verständig reflektierenden des Naturforschen ins Licht zu stellen. Hr. von Berger erkennt die von mir hervorgehobenen Widersprüche an; aber sie bestehen für ihn nur bei der „mechanischen Nachtansicht der Welt", in der ich befangen bin; bei seiner „animistischen Tagesansicht" findet er für ihre Lösung leicht Formeln, bei welchen ich mir allerdings nichts zu denken weiß.

Mit besonderer Virulenz ließ sich in der Vossischen Zeitung vom 18. November 1882 Hr. Dr. Otto Brahm gegen die Goethe-Rede und meine literarischen, ja alle meine nicht fachwissenschaftlichen Bestrebungen vernehmen, schnöde verweist er mich an meinen Leisten als „Mediziner". Statt aller Entgegnung nur eine für Hrn. Brahms Beruf, mich zu kritisieren, maßgebende Bemerkung. Er tadelt meinen Stil als voll „geistreichelnder, ‚gebildeter' Vergleiche", wie „Goethes Hedschra von Karlsbad". Wie jeder Leser der Italienischen Reise weiß, ist der Ausdruck von Goethe selber. Ähnlich wird es wohl Hrn. Brahm mit anderen Anführungen gegangen sein, deren Ursprung anzugeben mir auch nicht einfiel, weil sie mir, obschon nur „Mediziner", ganz natürlich in die Feder flossen. Wer einen Ton anstimmt wie Hr. Brahm und überdies als einen der Werkleute „am gewaltigen Bau der Wissenschaft, die auf den Namen Goethe getauft ist", sich hinstellt, sollte vor Fehlern sich hüten, wie dem, einen landläufigen Vergleich Goethes nicht zu kennen und darüber als „geistreichelnd und gebildet sein sollend" abzusprechen.

– Und will in Kunst und Wissenschaft
Wie immer protestieren.
Goethe

Ich weiß nicht, ist die Bemerkung alt oder ist sie neu – was lässt sich wohl Neues noch über Goethes Faust sagen – jedenfalls verdient sie einmal bei akademischer Feierlichkeit gebührend ins Licht gestellt zu werden. Der Held des modernen deutschen Nationalgedichtes ist kein auf der Menschheit Höhen einherschreitender gekrönter Sterblicher, er ist kein erobernder Krieger, kein fahrender Ritter, kein verliebter Abenteurer, kein asketischer Nachtwandler durch Himmel und Hölle. Er ist, nennt er sich auch nur Magister und Doktor, ein Universitätsprofessor, unser Kollege, wenn wir auch über seine Fakultät im Zweifel bleiben. Die Gewalt, mit welcher das Gedicht die Nation weithin ergriff, entsprang, wir sagen es stolz, zu nicht kleinem Teil daher, dass das Universitätsleben einen so bedeutenden Platz im deutschen Leben einnimmt.

Die Zustände freilich, in welchen uns Faust vorgeführt wird, sind nicht die einer neueren deutschen Universität. Nach Oxford, nach Cambridge, wo mittelalterliche Formen noch heute grünen, muss man sich versetzen, um sich den Professor Heinrich Faust in seiner gotischen Zelle, in Hörweite den durch seine vermeintliche Deklamation angelockten *Fellow* Wagner leibhaftig zu vergegenwärtigen. Dürfen wir uns Faust in unserer eigenen Amtstracht denken, so hat man sich den Schüler in der Tracht der dortigen Studenten vorzustellen. Sonst freilich gleicht diese Figur mehr einem gutgearteten deutschen Fuchs, dessen Geist wie ein frischgepflügter des Säemanns harrender Acker vom Gymnasium kommt, als den übermütigen Sprösslingen der weltbeherrschenden Aristokratie, die dem Vernehmen nach bis vor Kurzem in Christ-Church- oder Trinity-College die Tragiker und den Euklid lasen, Ball spielten und ruderten, um bald darauf vielleicht eine indische Provinz groß wie ein deutsches Königreich zu regieren.

Der Reiz der mephistophelischen Belehrung, von der es dem Schüler so dumm wird, als ging‘ ihm ein Mühlrad im Kopf herum, liegt für uns im einseitigen Hervorheben gewisser Schwächen, die den verschiedenen Fakultäten teils natürlich innewohnen, teils geschichtlich sich angehängt haben. Die durchsichtige Ironie dieser Persiflage macht sie wenig gefährlich, am wenigsten da, wo Mephisto, mit sehr fragwürdiger Wendung, sich selber zum Bösen mit den Worten anfeuert:

Ich bin des trocknen Tons nun satt,
Muss wieder recht den Teufel spielen.

Das Gift, welches er dem Schüler einflößt, liegt auch nicht, wie er selber annimmt, in dem alten Spruch, durch den seine Muhme, die Schlange im Paradies, die weibliche Neugier leicht verführte. Das wahre Gift für den

Schüler liegt in der scheinbar in edlerer Stimmung und mehr absichtslos hingeworfenen Sentenz:

> Grau, teurer Freund, ist alle Theorie,
> Und grün des Lebens goldner Baum.

Denn wie wahr auch dies Wort in gewisser Sphäre, für den Studenten steht es nicht geschrieben. Für ihn, den Lernenden, Werdenden, soll der goldene Baum des schaffenden, des genießenden Lebens noch nicht blühen. Gleichviel in welchem Gebiet, er bereitet sich erst zu Taten vor, und ihm darf die Theorie nicht grau erscheinen, nicht grau in grau gemalt werden. Mit dem ihm geschenkten unschätzbaren Vorrecht, in einer Welt von Idealen zu leben, ist auch die Pflicht verbunden, auf diese Welt sich zu beschränken. Im Vertrauen auf das Innehalten dieser Schranke wurzelt unsere kostbare akademische Freiheit. Der Student als solcher soll so wenig politisieren wie dozieren oder praktizieren. So gut es ihm steht, für das Vaterland zu glühen, für welches zu sterben er berufen sein kann, den Parteiungen des Tages bleibe er fern. Dem widerspricht nicht, dass die deutsche Einheit, die Herrlichkeit des wiedererstandenen Reiches Deutscher Nation, zum Teil aus den Köpfen und Herzen der deutschen Studenten entsprangen: denn damals waren sie theoretisches Ideal.

Am schlimmsten wäre es, wenn Mephistos Spruch vom goldenen Baum den Studierenden mittels eines naheliegenden Wortspieles verlockte, nur dem praktischen Erfolg zu huldigen und an der Beschäftigung mit der Wissenschaft nur die gewinnbringende Seite ins Auge zu fassen. Selbst Mephisto, indem er die Jurisprudenz verhöhnt, die Medizin in den Kot zerrt, schweigt von den Reichtümern, welche Galen, den Ehren, welche Justinian spendet. Den mancherlei praktischen Hochschulen gegenüber, die neben der alten Universität sich auftun, sollte dieser als Gepräge bleiben, dass in ihr die Wissenschaft ihrer selber willen geschätzt, gelehrt und angebaut werde. Das wird am sichersten dem um sich greifenden Strebertum vorbeugen, welches denen, die bessere Zeiten kannten, heute das wissenschaftliche Leben schier verleidet.

In jenem dem Versucher in den Mund gelegten Gegensatz zwischen Theorie und Leben erkennt man einen Grundgedanken Goethe'scher Lebensweisheit, dem der Dichter nicht nur vielfach in seinen Werken Ausdruck gegeben, sondern den er auch selber dargelebt hat. Zurzeit etwa, welcher der Schluss von Wahrheit und Dichtung entspricht, merkwürdigerweise kurz nach den unerhörten Triumphen des *Götz* und *Werther*, fängt er an mit Geringschätzung auf ein rein beschauliches Leben zu blicken. Ihn ergreift die Sehnsucht nach dem Leben in der Wirklichkeit, nach praktischer Beschäftigung. Er folgt dem fürstlichen Freund nach Weimar in der ausgesprochenen Absicht, sich an Geschäften zu beteiligen. Er stürzt sich in diese Bahn mit nachhaltigem Ernst und verschmäht nicht, von allen

Einzelheiten technischer Verwaltungszweige, wie des Bergbaues, genaue Kenntnis zu nehmen. Während der Jahre, welche sonst das Blütenalter produktiver Kraft sind, sieht man das größte poetische Talent der Neuzeit sich von der Produktion abwenden und einer theoretischen Maxime zu Liebe in einer praktischen Tätigkeit aufgehen, in der weit unterlegene Menschen ihn leicht überflügelt hätten, bis endlich die ausgetriebene Natur mit Gewalt wiederkehrt, und die Hedschra von Karlsbad nach Rom eine neue Periode künstlerischen Schaffens eröffnet.

Aber nicht genug, dass er selber zu diesem Abweg sich zwingt, Goethe wird auch nicht müde, der Welt das Evangelium der Tat zu predigen. Unaufhörlich, in tausend Wendungen, kehrt in seinen Schriften der Ausdruck dieses seltsamen Widerstreites in seiner Natur wieder, sei's dass der mystische Knabe dem Schatzgräber guten Rat erteilt, dass Wilhelm Meister den Hamlet auslegt und selber, der Kunst entsagend, zum gemeinen Leben sich bequemt, dass Charlotte und der Hauptmann uns mit ihrer Landschaftsgärtnerei beschwerlich fallen, dass der Faust des ersten Teiles den Λόγος mit Tat übersetzt, oder endlich dass der des zweiten es für den höchsten Augenblick erklärt, eine technische Anlage vollendet zu sehen, bei der kein holländischer Wasserbaumeister sich etwas Besonderes denken würde. Auf dies Denkmal aus Stein, Sand und Mörtel gründet sogar der sterbende Faust jenes *Exegi monumentum,* welches man auf die Geistestaten des Dichters zu deuten sich gewöhnt hat:

Es kann die Spur von meinen Erdentagen
Nicht in Äonen untergehn.

Die Verschiedenheit der Urteile, welche über diese Seite von Goethes Wesen gefällt werden, zeigt hinlänglich, wie schwer es hält, sich damit zu befreunden. Die Einen bewundern darin den Beweis der wohlabgewogenen Harmonie seiner Kräfte, und gegen diese unbedingten Verehrer braucht man ihn nicht in Schutz zu nehmen. Die anderen begreifen nicht, wie ein Mann von so ausgesprochener Begabung, nach solchen Anfängen, über seinen Beruf im Zweifel sein konnte, und sein Beamtenspielen erscheint ihnen als eine Versündigung an seinem edelsten Selbst. Von keinem anderen großen Schriftsteller ist bekannt, dass er sich in einem ähnlichen inneren Konflikt befunden habe. Vielmehr pflegt der Kampf der umgekehrte zu sein: äußere Umstände drängen den Jünglingen praktische Tätigkeit auf, unwillig schüttelt ihr Genius sie ab. Shakespeare, Molière, Schiller bleiben schaffensfreudig bei der Stange; ihre Dichtwerke sind ihre Taten. Voltaire, Diderot greifen ein ins wirkliche Leben, aber nicht aus Reflexion, sondern ganz natürlich, wo äußerer Anlass sich bietet und innerer Drang sie spornt. Lord Byron freilich sprach auch verächtlich von seiner literarischen Tätigkeit und holte sich den Tod als freischärlender Philhellene. Doch hatte er einen übertriebenen Begriff von seiner Würde als englischer Peer, und, wie Trelawny erzählt, trieben ihn nach Mesolunghi teils ähnliche Beweggründe, wie Goethe nach Italien, – die Gräfin Guiccioli war seine Frau von Stein, – teils die geheime Hoffnung, nach Griechenlands Befreiung zum Βασιλεῦς ausgerufen zu werden.[2] Hätte Goethe allgemein Recht mit seiner Mahnung, so läge ja darin ein Vorwurf für alle, die in irgend einer Richtung, als Künstler, Forscher, Denker, in der Stille nur auf Schöpfungen des Geistes bedacht sind. Ist es überhaupt nötig, die Menschen zu einem praktischen und genießenden Leben anzuhalten? Auch bei unserer mehr beschaulichen Volksart, vollends bei den leichtlebigen Lateinern, energischen Angelsachsen ist ja der unermesslichen Mehrzahl Sinn ganz von selbst auf nichts anderes gerichtet. Von nichts anderem erzählen Geschichte und Dichtung, nichts anderes wird auf den Brettern vorgeführt, die die Welt bedeuten. Warum soll denn auch der verschwindende Bruchteil, welcher gern im Ewigen und Absoluten weilt, in Staub und Getümmel des Marktes gelockt werden? Legt doch Goethe selber dem Mephisto im Selbstgespräch, wo er die Wahrheit redet, den Warnruf in den Mund:

> Verachte nur Vernunft und Wissenschaft,
> Des Menschen allerhöchste Kraft,
> So hab' ich dich schon unbedingt!

Wenn wirklich durch Goethes Ratschläge ein paar Schwächlinge aufgerichtet würden, böte dies der Gesamtheit doch keinen Ersatz auch nur für Eine geistige Natur, die dadurch von idealen Zielen abgelenkt worden wäre.

Des Rätsels Lösung ist wohl, dass Goethe, indem er immer von Neuem jene Mahnung an die Menschen richtet, unbewusst die Menschen unter seinem eigenen Bilde sich vorstellt, und dass bei ihm jenes von Einigen angenommene Gleichgewicht der Kräfte ursprünglich keineswegs vorhanden war. Die Tiefe und Zartheit seiner Empfindung, die Stärke seiner Phantasie befähigten ihn von Natur wenig zu rasch entschlossenem Handeln. Er mied heftige Eindrücke, und alles Gewaltsame war ihm zuwider, wie er denn in der Geologie den Vulkanismus verabscheute. Sein Umkehren auf dem Gotthard, der Wert, den er auf glücklich bestandene sehr unbedeutende Abenteuer legt, die vielen liegengebliebenen Arbeiten – *Prometheus*, *Mahomet*, *Geheimnisse*, *ewiger Jude*, *Nausikaa*, *Achilleis*, *natürliche Tochter* –, die schleppende Vollendung des *Wilhelm Meister*, verbinden sich nicht eben zu einem Bilde besonderer Tatkraft. Er wäre anders vielleicht nicht, neben sonst so gewaltigen Gaben, der Lyriker gewesen, dessen aus dem Innersten hervorbrechende Naturlaute uns im Innersten ergreifen. Zu dieser Naturanlage

[2] Edward J. Trelawny, Records of Shelley, Byron, and the Author. London 1878. Vol. II. p. 109; – The Athenaeum etc. July 15, 1882, No. 2855. p. 79; – July 29, No. 2857. p. 145 (W. M. Rossetti, Talks with Trelawny) [= William Michael Rossetti: Talks with Trelawny, in: Athenaeum. Journal of Literature, Science, the Fine Arts, Music, and the Drama (1882) (15.7.) (Nr. 255) S. 78–79, (Nr. 2857) S. 144–145].

kam noch, um ihn mit sich selber unzufrieden zu machen, die in übermäßige Subjektivität versunkene träumerische Ossian- und Wertherstimmung der Goethe'schen Jugendzeit, Jean-Jacques Rousseaus verführerischer Einfluss mit seiner verdüsterten Weltanschauung und lähmenden Selbstquälerei und, durch Goethes glückliche äußere Verhältnisse getragen, ein nach unseren Begriffen müßiges Dasein ohne geregelte Beschäftigung und festen Plan im Frankfurter Stilleben.

Von ethischen Strebungen erfüllt, nach Selbstvervollkommnung trachtend, kämpfte er sich bekanntlich aus der See eingebildeten Wehs heraus, arbeitete halb bewusst, halb unbewusst jener Schwäche seiner Anlage entgegen und schuf sich allgemach zu der zeusähnlichen Persönlichkeit um, als welche die drei ersten Jahrzehnte des Jahrhunderts ihn gekannt haben, umso mehr Ehrfurcht gebietend, als man, mit den ‚Geheimnissen' zu reden, ihn mit Freuden anderen zeigen und sagen konnte: ‚Das ist er, das ist sein eigen'. Die tiefaufgewühlte Spur aber des Kampfes, in welchem er mit sich selber begriffen Sieger blieb und den er gleichsam heautomorphisch auch bei anderen voraussetzte, sind jene nicht versiegenden, für die meisten Menschen so überflüssigen Ratschläge, „resolut zu leben". Aus diesem Gesichtspunkt erklärt sich auch Goethes ihm so oft und bitter vorgeworfenes Προςχυνεῖν vor dem furchtbaren Mann der Tat, Napoleon, die ihm fehlende Eigenschaft imponierte ihm am meisten; es ist Faust, der sich dem Erdgeist beugt.

Verlor aber der Dichter Goethe bei jenem Härtungsprozess mehr als er gewann, so würde es doch dem deutschen Volk übel anstehen, darum mit ihm zu rechten. Ist es nicht selber in einer ähnlichen Entwicklungsphase begriffen? Hat es nicht seiner Sehnsucht nach politischer Größe seinen Idealismus, seine Romantik, sein sinniges Gemütsleben vorläufig geopfert? Verzehren nicht der Hader um Güter von oft recht zweifelhaftem Wert, eine atemlose gesetzgeberische Tätigkeit, Parteigezänk, Wahlkämpfe und Kannegießerei einen ganz unverhältnismäßigen Teil seiner Zeit und Kraft? Noch dazu ist aus dieser politischen Arbeit der begeisterte Hauch entwichen, der ihr einst den hinreißenden Schwung verlieh! „Deutschland ist Hamlet" passt nicht mehr, denn es hat die mächtig entscheidende Tat vollführt. Sagen wir lieber „Deutschland ist Goethe", und in seines eigensten Dichters Lebensweg spiegelt sein eigener Lebensgang sich ab. Jetzt ist das deutsche Volk der nach Weimar gezogene Goethe, der, unverwelklichen Lorbers überdrüssig, in seinem Bestreben, ein ganzer Mann zu sein, das Kind mit dem Bade verschüttet und den Pegasus in den Stall stellt. Mindestens knüpft sich an dies Gleichnis die Hoffnung, dass auch für Deutschland einst der Tag der Flucht nach Rom komme; in anderem Sinn freilich, als einige meinen.

Wir sind an die Fabel des Faust so gewöhnt, dass es uns ausnehmend schwerfällt, sie mit frischem Blick zu betrachten. Gelingt dies, so erstaunt man über deren tiefe psychologische Unwahrheit.

Ich rede nicht von der poetischen Übertreibung, dass Faust sich das Leben nehmen will, weil er sieht, dass wir nichts wissen können. In keines Menschen

Brust ist der Wissensdrang heftiger als die jedem Lebendigen eingeborene Lust zu leben, und ohnehin solche Verzweiflung durchaus nicht die ethische Frucht des *Ignorabimus*. Die Entsagung in diesem Bekenntnis kann mit der reinsten Beruhigung einhergehen, schon deshalb, weil zu wissen, dass und warum man nicht weiß, Wissen ist: wie denn Mathematik eine Aufgabe für bewältigt hält, deren Unlösbarkeit sie bewies.

Da inzwischen Goethes Kunst uns mit Faust unvermerkt soweit bringt, dass wir nicht übermäßig erstaunen, wenn er die Opiumtinktur herunterholt, wollen wir ihm diesen Punkt zugeben. Aber Fausts *Ignorabimus* hat eigentlich keinen Sinn. Faust ist von vornherein überzeugt vom Dasein einer Geisterwelt, er hält sie sogar nicht für verschlossen, und die Erscheinung des Erdgeistes kann ihn über die Berechtigung des Dualismus vollends nicht im Zweifel lassen. Damit sind ihm, sollte man meinen, so wichtige Fragen gelöst, dass ihm auf das Übrige, beispielsweise das Wesen von Materie und Kraft, soviel nicht mehr ankommen kann.

Undenkbar ist dabei, dass Faust an der Fortdauer der persönlichen Existenz nach dem Tode zweifeln solle:

> Zu diesem Schritt sich heiter zu entschließen,
> Und wär es mit Gefahr, ins Nichts dahin zu fließen.

Freilich begegnen wir dem gleichen Anstoß bei Shakespeare, wenn er Hamlet, welcher seinen abgeschiedenen Vater sah und ihn die Qualen des Fegefeuers schildern hörte, und welcher höchstens besorgt, der Geist könne ein Teufel sein, der ihn zum Verderben täusche, dennoch daran zweifelt, ob es im Todesschlaf Träume geben werde: *To sleep, perchance to dream*‘. Undenkbar ist ferner, dass Faust sage:

> Die Botschaft hör‘ ich wohl, allein mir fehlt der Glaube.

Was bedarf der Geisterseher des Glaubens, der da ist eine gewisse Zuversicht des, was man nicht sieht? Noch schwerer zu begreifen ist, dass Faust, der mit dem personifizierten bösen Prinzip du und du ist, durch Gretchen katechisiert sich weigert, zum Glauben an das personifizierte gute Prinzip sich zu bekennen, und das gute Kind mit pantheistischen Redensarten abzufinden versucht. An Götter glaubt er, wenigstens führt er sie im Munde, nicht an Gott. Die im Walpurgisnachtstraum dem Supernaturalisten spottweise in den Mund gelegten Worte:

> Denn von den Teufeln kann ich ja
> Auf gute Geister schließen –

sind aber doch ganz richtig gedacht.

Zu so viel logisch Unversöhnbarem gesellt sich nun noch die ethische Ungeheuerlichkeit, dass ein um die Wahrheit redlich bemühter Mann, welcher für den Dualismus so greifbare Beweise in Händen hat wie die Erscheinung des Erdgeistes und den täglichen Umgang mit dem Teufel, so handeln solle, wie Faust. Keine halbe Stunde nach seiner Unterhaltung mit dem Erdgeist legt er Hand an sich, um die Pforten aufzureißen, an denen jeder gern vorüberschleicht. Wie unnatürlich erscheint diese von ihm eingestandene Vermessenheit, auch wenn man ihm gestattet, auf seinem Standpunkt noch an der Unsterblichkeit der Seele zu zweifeln; um wieviel näher läge der Versuch, nochmals mit jenem mächtigen Wesen anzubinden, es durch erneute Beschwörung wieder zu zitieren und seinen zweiten Besuch besser auszunutzen. Der Monolog:

> Erhabner Geist, du gabst mir, gabst mir alles.
> Worum ich bat. Du hast mir nicht umsonst
> Dein Angesicht im Feuer zugewendet –

und die Szene in Prosa sind wohl stehengebliebene Bruchstücke aus einer Gestalt des Gedichtes, welche diese mehr natürliche Wendung nahm.

Um vollends die Unwahrscheinlichkeit zu ermessen, dass Faust, seiner besseren Natur zuwider, ohne das leiseste Bedenken in ephemere, ja verbrecherische Freuden sich stürze, zum Verführer und Totschläger werde, stelle man sich vor (was ja nicht weit von Auerbachs Keller sich noch vor kurzem angeblich zutrug), wissenschaftlich gebildete Männer voll ernsten Erkenntnistriebes und von sittlicher Haltung, deutsche Professoren wie Faust mit einem Wort, erführen Dinge, welche ihnen die Überzeugung vom Dasein einer übersinnlichen Welt mit der unbedingten Gewissheit einer naturwissenschaftlichen Tatsache aufdrängten. Man denke sich durch das Zeugnis unserer Sinne jeden Zweifel gehoben an der Wirklichkeit von Engeln, Teufeln, Gespenstern, an der Nähe der abgeschiedenen Seelen unserer Geliebten oder auch großer Männer der Vorzeit, die aber hoffentlich sich geistreicher äußern würden als bei früheren Gelegenheiten. Man träume sich nur wirklich einmal hinein in den Wahn, von teils unsichtbaren, teils unseren Sinnen wahrnehmbaren schrankenlosen Existenzen umgeben zu sein. Wer vermöchte den in unserer Weltanschauung bewirkten Umschwung zu schildern? Also es war doch so, und alle unsere Schulweisheit ging fehl! Würden wir unter der Gewalt solcher Katastrophe nicht zerknirscht, nicht anbetend zusammensinken? Kaum dass uns Lust bliebe, die leuchtenden Gestalten spektroskopisch zu studieren oder etwas von ihrer Substanz für die chemische Untersuchung aufzufangen. Von dem Tag ab erschiene uns das ganze Treiben dieser Welt so ekel, schal und unersprießlich wie dem Dänenprinzen; beschauliches Mönchtum wäre vielleicht noch die beste Lösung, die wir dem Lebensproblem zu geben wüssten.

Dies aber ist Fausts Lage auf ein Haar. Und in dieser Lage soll ein Mann wie er – kein wilder schottischer Than wie Macbeth, kein frecher spanischer Wüstling wie Don Juan – aller sittlichen Schranken vergessen zwischen Selbstmord und ungefesselter Genusssucht schwanken! Nach dem erschütternden

Ende des ersten Teils wird den edlen Elfen die Erfüllung von Ariels Auftrag doch allzu leicht:

> Besänftiget des Herzens grimmen Strauß,
> Entfernt des Vorwurfs glühend bittre Pfeile,
> Sein Innres reinigt von erlebtem Graus.

Bis zuletzt, wo die an Philemon und Baucis verübte Schandtat ihn nicht mehr aufregt als nötig, bewahrt sich Faust diesen glücklichen Leichtsinn, der sonderbar absticht gegen das Feingefühl, mit welchem er sich anfangs über die ihm in der Jugend, unter seines Vaters Leitung, missratenen Pestkuren grämt. Der verstockteste Monist und Freigeist könnte sich nicht trotziger gebärden, als im Besitz sicherster Kenntnis vom Jenseits unser Held. Vom Stillen des Wissensdurstes, wozu doch Mephistos ihm behilflich sein könnte, ist dabei nur noch ganz nebenher die Rede, wie in der Brockenszene:

> Dort strömt die Menge zu dem Bösen;
> Da muss sich manches Rätsel lösen.

Er versäumt aber auch diese in ihrer Art einzige Gelegenheit sich zu unterrichten, und tanzt lieber mit einem artigen Hexchen, unbekümmert darum, wie es unterdes dem armen Gretchen geht, an welches er erst durch ihre gespenstische Erscheinung erinnert werden muss. Auffallend nur, dass nicht auch Valentins blutiger Schatten ihm entgegentritt.

In dem allen liegt ein Widerspruch, der, einmal bemerkt, den Eindruck des Gedichtes stört, wie eine lange übersehene Verzeichnung ein Gemälde verleidet. Aber dieser Fehler wurzelt in der Faustsage selber, und zwar so tief, dass Goethe, wenn er ihn gewahrte, nur die Wahl hatte, entweder darüber hinwegzusehen, oder den *Faust* ungeschrieben zu lassen. Nicht der Dichter also wäre deshalb anzuklagen, sondern der Wahnsinn jener Zeit tiefer Erniedrigung der Menschheit, des christlichen Mittelalters. Die Faustsage ist der Hexenglaube in höherer Sphäre. Ist es nun schon unfassbar, wie das Dogma entstehen konnte, dass triefäugige alte Weiber für die Macht, ihrer Nachbaren Vieh zu schaden, ihre Seele dem Teufel zu verkaufen pflegen, so gehörte vollends die Verfinsterung des Menschengeistes in jener Periode dazu, die Vorstellung zu ermöglichen, ein Mann von hervorragenden Gaben und tiefem Wissen könne einen für seine Verhältnisse gleich sinnlosen Handel eingehen.

Hüten wir uns übrigens vor Überhebung im Rückblick auf diese Verirrungen einer früheren Zeit. Dieselben törichten und bösen Neigungen, welche damals so grässliche Gestalt annahmen, sie schlummern noch heut im Schoß der Gesellschaft, und jeden Tag können sie sich aufs Neue in minder roher, aber nicht minder schimpflicher Art entwickeln. Was sind die spiritistischen Plattheiten, die in Amerika, England, Leipzig solche Verwirrung anrichteten, anderes als in zeitgemäßer Hülle die Wahrsagerkünste des Altertums, welche durch die von Horaz verlachten Gaukeleien der Sagana und Canidia und durch das Hexenwesen dem Mesmerismus und tierischen Magnetismus die Hand reichen; und worin sonst als in den heute durch den Staat und die allgemeine Gesittung gesetzten Schranken unterscheiden sich die Rassen- und Glaubensverfolgungen der letzten Jahre von einem Albigenser Kreuzzug oder von einer mittelalterlichen Judenhetze?

Sind Weislingen, Werther, Clavigo, Prometheus, Tasso und noch andere Figuren heautomorphische Schöpfungen des Dichters, so ist dies vollends Faust. Daher die ihm in den Mund gelegten Sentenzen meist Goethes eigensten Sinn widerspiegeln. In den Worten:

> Ihr Instrumente freilich spottet mein,
> Mit Rad und Kämmen, Walz und Bügel.
> Ich stand am Thor, ihr solltet Schlüssel sein;
> Zwar euer Bart ist kraus, doch hebt ihr nicht die Riegel.
> Geheimnisvoll am lichten Tag,
> Lässt sich Natur des Schleiers nicht berauben,
> Und was sie deinem Geist nicht offenbaren mag,
> Das zwingst du ihr nicht ab mit Hebeln und mit Schrauben –

hat Goethe seiner Abneigung gegen das Experiment, seiner Geringschätzung der schulmäßigen Bemühungen des Physikers witzigen Ausdruck verliehen. Aber Faust hat sehr Unrecht mit seiner Klage. Richtig gebaute und gebrauchte Instrumente erweitern Kenntnis und Macht des Menschen innerhalb der Grenzen des Naturerkennens und sind dazu unentbehrlich; innerhalb dieser Grenzen lässt sich Natur zu manchem Zugeständnis bewegen, wenn auch etwas mehr dazu gehört als Hebel und Schrauben. Verlangte der Magus weiteres von den Instrumenten, so hatte er es sich selber zuzuschreiben, wenn sie die Antwort schuldig blieben. Wie prosaisch es klinge, es ist nicht minder wahr, dass Faust, statt an Hof zu gehen, ungedecktes Papiergeld auszugeben und zu den Müttern in die vierte Dimension zu steigen, besser getan hätte, Gretchen zu heiraten, sein Kind ehrlich zu machen und Elektrisiermaschine und Luftpumpe zu erfinden; wofür wir ihm denn an Stelle des Magdeburger Bürgermeisters gebührenden Dank wissen würden.

Der Widerwille gegen den physikalischen Versuch und dessen mathematische Behandlung bildet bekanntlich einen wichtigen Artikel von Goethes naturwissenschaftlichem Bekenntnis und in der heutigen Kunstsprache das Leitmotiv zu seiner gehässigen Polemik gegen die Newton'sche Farbenlehre. Die Geschichte von Goethes Farbenlehre ist unerfreulich verflochten mit der des deutschen Geistes. Es war die Zeit, wo in Frankreich Malus, Biot, Arago, Fresnel, in England Thomas Young, Wollaston, John Herschel, Brewster die neuere Optik schufen. Längst hatte in beiden Ländern die Naturwissenschaft ihre für das neunzehnte Jahrhundert bezeichnende siegende Stellung eingenommen. In Deutschland war zu dieser Zeit die Physik der Gegenstand spöttischer Herabsetzung seitens einer in dialektischem Gedankenspiel und unfruchtbarem Formalismus befangenen philosophischen Schule, die in ästhetischen Kreisen, bei der Masse der Gebildeten, Glauben fand, weil sie mit der Zuversicht der Beschränktheit sich für die höchste Entwicklungsstufe des Menschengeistes gab. Obwohl Goethe sich um die spekulative Philosophie nie sonderlich kümmerte, predigte die Schule sein chromatisches Evangelium, das wenigstens nicht unreinen empirischen Ursprunges war. Fraunhofers Entdeckungen, welche die Wunder der Spektralanalyse vorbereiteten, hatte Goethe selber als Hokuspokus schnöde bei Seite geschoben. Die Frage: Sind Sie ein Anhänger der Newton'schen oder der Goethe'schen Farbenlehre? war, wie Dove erzählt, zum Schibboleth geworden, ob der Gefragte „auch zu der Gilde gehöre, welche den Unsinn nachbete, den man nun fast hundert Jahre als Glaubensbekenntnis wiederhole“[3].

Das sind trübe Erinnerungen; es kann aber nicht schaden, sie zuweilen aufzufrischen. Neuere Vorgänge scheinen zu lehren, dass jene für die deutsche Wissenschaft beschämenden Zustände noch auf etwas anderem beruhten, als auf dem Gesetz, wonach ein Volk erst eine gewisse Zeit nach seiner Dichterblüte reif für Naturwissenschaft wird. Es handelt sich dabei zugleich um einen Fehler der deutschen Uranlage, der erkannt werden muss, damit man ihn bekämpfen könne. Dieser Fehler, welcher übrigens in der Tiefe mit großen Eigenschaften zusammenhängt, ist der Hang zur Deduktion gegenüber der Induktion, zur Spekulation, deren zu stark geschwellter Luftball leicht im Steigen platzt, gegenüber der auf sicherem Grund weilenden Empirie. Damit der deutsche Denker, um in Mephistos Gleichnis zu reden, auf der dürren Heide der Spekulation bleibe, ist meist gar nicht nötig, dass ein böser Geist ihn im Kreis herumführe: er blickt verachtend auf die schöne grüne Weide der Wirklichkeit rings um ihn her. Doch ist hier nicht der Ort, diesen völkerpsychologischen Zügen der Nation weiter nachzugehen.

Goethes Farbenlehre ist längst gerichtet, aber trotz unzähligen Erörterungen, an denen sich Männer wie Dove, Hr. Bruecke[4] und Hr. Helmholtz[5] beteiligten, bleibt, wie mir scheint, ein Wort auszusprechen, welches

[3] H. W. Dove, Die neuere Farbenlehre mit anderen chromatischen Theorien verglichen. Programm vom Kgl. Friedrich-Wilhelms-Gymnasium. Berlin 1836. 4°. S. 5. 13. – Vergl. Goethe, Materialien zur Geschichte der Farbenlehre. Konfession des Verfassers. In: Goethes sämtliche Werke in 30 Bänden. Bd. XXIX. S. 335; – Nachträge zur Farbenlehre. Ebenda. Bd. XXX. S. 60.

[4] Hr. Bruecke hat Goethes sogenanntes Urphänomen (die Farben trüber Mittel) auf seine physikalische Ursache im Sinne der Wellentheorie des Lichtes zurückgeführt. Sitzungsberichte der mathematisch-physikalischen Classe der Wiener Akademie der Wissenschaften. 1852. S. 530; – Die Physiologie der Farben für die Zwecke der Kunstgewerbe ... bearbeitet u. s. w. Leipzig 1866. S. 95 [= Ernst Wilhelm von Brücke: Die Physiologie der Farben für die Zwecke der Kunstgewerbe, Leipzig 1866].

[5] Ueber Goethes naturwissenschaftliche Arbeiten. Vortrag gehalten im Frühling 1853 ... zu Königsberg. In: Populäre wissenschaftliche Vorträge. Erstes Heft. 2. Auflage. Braunschweig 1876. S. 33 [= Hermann von Helmholtz: Über Goethes naturwissenschaftliche Arbeiten, 1853, in: ders.: Populäre wissenschaftliche Vorträge, H. 1, Braunschweig ^{2}1876, S. 33–55]; – Handbuch der physiologischen Optik. Leipzig 1867. S. 267.

vielleicht schärfer als bisher den Mangel der Goethe'schen Auffassung, und zugleich den Grund klarlegt, weshalb zwischen Goethe und den Physikern keine Verständigung möglich war.

Hr. Gustav Kirchhoff hat als Aufgabe der Mechanik hingestellt, die in der Natur vor sich gehenden Bewegungen vollständig und auf die einfachste Art zu beschreiben.[6] So befremdlich beim ersten Blick diese Definition erschien, so ausreichend und tief gefasst erweist sie sich bei näherer Betrachtung, wenn man nur unter vollständigem und einfachstem Beschreiben das Rechte versteht, nämlich das *mechanische* im Gegensatze zum bloß *graphischen* Beschreiben. Zwischen dem mechanischen und dem graphischen Beschreiben einer Bewegung, dem mechanischen Beschreiben eines im Gleichgewicht befindlichen Systems, beispielsweise eines kapillaren Meniskus, und dem rein deskriptiven Schildern eines organischen Gebildes, beispielsweise eines Baumblattes, besteht der Unterschied, dass beim graphischen Beschreiben die Ursachen der Bewegung, die gestaltenden Kräfte außeracht bleiben, während nach der hergebrachten Vorstellung die Mechanik auf Ursachen und Kräfte zurückgeht und Bewegungen und Gestalten daraus ableitet. Daher befriedigt, nach dieser Vorstellung, mechanische Beschreibung unseren Kausalitätstrieb, bei graphischer Beschreibung kommt er gar nicht in Frage. Hrn. Kirchhoffs Definition meint zwar das mechanische Beschreiben, sie ignoriert aber geflissentlich den Unterschied, der es vom graphischen Beschreiben trennt, und in gewisser Beziehung nicht ohne Grund. Die sogenannten Kräfte als Bewegungsursachen sind rein formale Begriffe, bei denen wir uns nichts Wirkliches denken, so dass unser Kausalitätstrieb durch die Mechanik nur scheinbar befriedigt wird. In diesem Sinn ist in der Tat kein Unterschied zwischen der Beschreibung der Trajektorie eines geworfenen Körpers und der Beschreibung eines Käfers.

Wer könnte mehr als ich bereit sein, die Unwirklichkeit der Kräfte zuzugeben, und einzuräumen, dass wir von Entstehung und Hemmung der Bewegung, sei's durch Fernwirkung, sei's durch Druck oder Stoß, nichts wissen. Gehe ich doch bekanntlich so weit zu behaupten, dass wir davon auch nichts wissen können und wissen werden. Dennoch bleibt nach meinem und, irre ich nicht, nach der meisten Menschen Empfinden der Unterschied zwischen beiden Arten der Beschreibung vollauf bestehen. Man mag sich auf einen noch so abgezogenen Standpunkt stellen, das Zurückführen einer Erscheinung auf ihre differentialen Bewegungselemente oder ihre Entwicklung daraus erwecken in uns ein positives Gefühl der Befriedigung, bei dem wir zunächst ausruhen mögen, ähnlich dem einer mathematischen Einsicht, mit der sie ja gleiche Form annehmen; der äußere Vorgang ist mit gewissen Gesetzen unseres Denkens in Einklang befunden oder gebracht, denen er nicht widersprechen dürfte ohne uns peinlich zu verwirren; und herkömmlicherweise, immerhin mit Unrecht, nennen wir dies Befriedigung

[6] Vorlesungen über mathematische Physik. Mechanik. Leipzig 1876. S. I, § I [= Emil Du Bois-Reymond: Voltaire als Naturforscher, 1868, in: ders.: Reden, Leipzig [2]1912, S. 318–348].

unseres Kausalitätstriebes. Offenbar liegt hier eine psychologische Tatsache vor, welche an sich eins der letzten Probleme ist. In der von Johannes Müller angenommenen empiristischen Theorie des Kausalitätstriebes,[7] – welche man, wie die ganze empiristische Theorie, vom Einzelwesen auf das Geschlecht übertragen kann[8] – würde die Sache sich dahin aufklären, dass unsere Denkformen überhaupt sich an der regelmäßigen Wiederkehr äußerer Vorgänge entwickelt haben. Das Bedürfnis, diese Vorgänge und jene Denkformen auch ferner in Einklang zu sehen, das peinigende Gefühl der Verwirrung, solange dies nicht gelingt, würden so einigermaßen verständlich.

Wie dem auch sei, das Kausalitätsgesetz in seiner gewöhnlichen Bedeutung beherrscht, wie unser ganzes Denken, so die theoretische Naturwissenschaft. Sie ist das systematisch ausgestaltete Bestreben, „der Dinge Gründe zu kennen". Gemäß der Natur unseres Intellekts nimmt dies die Form des mechanischen Zergliederns an. Gleichviel welche Vorstellung über die Konstitution der Materie man zugrunde lege, die theoretische Naturwissenschaft ruht nicht eher, als bis sie die Erscheinungswelt auf Bewegungen letzter Elemente zurückführte, welche nach denselben Gesetzen vor sich gehen, wie die der gröberen, sinnfälligen Materie.

Von dieser Art der Tätigkeit und dem geistigen Bedürfnis, welches sie voraussetzt und zu befriedigen sucht, hatte Goethe sichtlich keine Ahnung. Mechanische Zergliederung erwähnt er nur, um sie mit gereizter Feindseligkeit von sich zu weisen. Sein Theoretisieren beschränkt sich darauf, aus einem Urphänomen, wie er es nennt, welches aber schon ein sehr verwickeltes ist, andere Phänomene ohne erkennbaren ursächlichen Zusammenhang hervorgehen zu lassen, etwa wie im Feld der Zauberlaterne ein Nebelbild dem anderen folgt. *Der Begriff der mechanischen Kausalität war es, der Goethe gänzlich abging.* Deshalb blieb seine Farbenlehre, abgesehen von dem auf die subjektiven Gesichtserscheinungen bezüglichen Teil, trotz den leidenschaftlichen Bemühungen eines langen Lebens, die totgeborene Spielerei eines autodidaktischen Dilettanten; deshalb konnte er sich mit den Physikern nicht verständigen; deshalb war Newtons Größe ihm verschlossen; und deshalb sah er in der wissenschaftlichen Optik eines Young, eines Fresnel nur eine ‚Katzenpastete'.

James Watt besaß bekanntlich ein erstaunliches Talent Geschichten zu erfinden, und das in mechanischer Erfindung erste Volk, die Engländer, sind zugleich die fruchtbarsten Romanschriftsteller.[9] Das Talent mathematisch-mechanischer Zergliederung deckt sich nicht ganz mit dem des mechanischen

[7] S. Bd. I. S. 383 f. [= Anm. 6, S. 318–348].

[8] S. Bd. I. S. 388. 380 [= Anm. 6, S. 318–348].

[9] François Arago, Eloge historique de James Watt. Œuvres complètes etc. T. I. p. 377. 472 [= François Arago: Éloge historique de James Watt, in: ders.: Œuvres complètes etc., Bd. 1, S. T. I. p. 377. 472]. – vgl. M. M. von Webers Aufsatz: Der Schöpfer der Dampfmaschine als Märchenerzähler, in der Deutschen Rundschau, 1877, Bd. III. S. 49 f. ff. [=Max Maria von Weber: Der Schöpfer der Dampfmaschine als Märchenerzähler, in: Deutsche Rundschau 13 (1877) S. 494–501], in welchem die Verwandtschaft zwischen dem Erfinden dessen, was die Engländer *the plot of a story* nennen, und dem einer Maschine, sich schon auseinandergesetzt findet.

Konstruierens, doch lehrt das öftere Zusammentreffen letzterer Gabe mit der des romanhaften Erfindens vielleicht eine Lücke in Goethes sonst so vollständigem Dichterkranze verstehen. So unvergleichlich er als Erzähler war, man vermisst bei ihm die Gabe, eine Handlung sinnreich anzulegen und sie sich künstlich mehr und mehr verschlingen zu lassen, um die scheinbar ins Ratlose gesteigerte Verwirrung auf der Höhe überraschend und gefällig zu lösen. Ob dieser Mangel wohl damit zusammenhing, dass Goethe an scharfsinniger Analyse und verwickelten experimentellen Anordnungen keine Freude hatte? Ob Walter Scott wohl ein guter Mechaniker geworden wäre?

Fehlte Goethe das Organ für theoretische Naturwissenschaft in ihrer höheren Gestalt, so hinderte dies ihn nicht, mit Erfolg tätig zu sein in Gebieten, wo plastische Phantasie und künstlerische Anschauung genügen, um in verwandten Formen das Gemeinsame und Wesentliche aufzufassen, und von diesem Punkt aus eine Mannigfaltigkeit von Erscheinungen in dem Sinne zu verstehen, wie dies Wort in morphologischen Betrachtungen genommen wird. Die Metamorphose der Pflanzen, die Entdeckung des Zwischenkiefers beim Menschen, die Wirbeltheorie des Schädels werden dauernd von Goethes Fleiß und glücklichem Blick zeugen. Hr. Charles Martins[10], der Goethes naturwissenschaftliche Schriften ins Französische übersetzte, Hr. Virchow unter uns[11] haben diesen Leistungen volle Anerkennung gezollt. Besonders die Arbeit über den Zwischenkiefer befriedigt auch strengere fachwissenschaftliche Ansprüche.

Mit Hinblick auf die Zeit, wo sie entstand, befriedigt die Arbeit über den Zwischenkiefer selbst strengere fachwissenschaftliche Ansprüche.

Mit den Vielen, die ein leidenschaftliches Interesse daran nehmen, den Heros in jeder Beziehung untadlig zu wissen, wollen wir uns über solchen Erfolg freuen, ohne viel zu fragen, ob Goethe für sich und die Welt nicht besser getan hätte, wie auf Clairauts Rat Voltaire, naturwissenschaftliche Studien lieber denen zu überlassen, die nicht zugleich große Dichter seien.[12] Sollen wir aber ohne Ansehen der Person vom Standpunkt der Wissenschaft, welche kein Argumentum ad pietatem kennt, urteilen, so lässt sich nicht verhehlen, dass auch ohne Goethes die Wissenschaft überhaupt so weit wäre, wie sie ist, ja die deutsche Wissenschaft vielleicht weiter.

Freilich kann man von jedem Forscher sagen, was vom Künstler nicht gilt, dass früher oder später andere das ihm Gelungene vollbracht hätten. Allein Goethes Fall liegt verschieden. Es handelt sich nicht um Möglichkeiten, sondern um Tatsachen. Die Pflanzenmetamorphose hatte wirklich vor ihm Caspar Friedrich Wolff erkannt, die Nachbilder waren von Erasmus und Robert Waring Darwin beschrieben, die Wirbeltheorie hatte Oken

[10] Œuvres d'Histoire naturelle de Goethe comprenant divers Mémoires d'Anatomie comparée, de Botanique et de Géologie etc. Paris et Genève, 1837.

[11] Goethe als Naturforscher und in besonderer Beziehung auf Schiller. Eine Rede nebst Erläuterungen u. s. w. Berlin 1861.

[12] S. Bd. I. S. 337 [= Anm. 6, S. 377].

veröffentlicht, so dass hierin Goethe nicht das Erstenrecht, nur die Selbständigkeit zusteht. Der menschliche Zwischenkiefer wurde kurz nach ihm von Vicq-D'Azyr selbständig nachgewiesen. Da sodann Goethe außerhalb der fachwissenschaftlichen Kreise und Literatur stand, und gegen den naturforschenden Dichter ein Vorurteil herrschte, welches seine Polemik in der Farbenlehre nur zu sehr rechtfertigte: so hatten seine Bemühungen im Ausland die längste Zeit so gut wie keinen und in Deutschland nur zweifelhaften Erfolg.

Mehr als seine eigenen Erfolge nützten, schadete aber die falsche Richtung, welche er der damals durch die sogenannte Naturphilosophie schon hinlänglich betörten deutschen Wissenschaft einprägte. Man erinnere sich des argen mit der Wirbeltheorie getriebenen Missbrauches. Weithin verbreitet in den Schriften jener Zeit findet man seine unverkennbare Manier, seine gereizten Vorurteile. Gerade die Talentvollsten, welche Reichtum der Phantasie, Gedankenfülle und allgemeine Bildung ihm als Jünger zuführten, unterlagen am leichtesten diesem Einfluss. Sogar Johannes Müller war bis zur gefährlichen Krise, aus der er als objektiver Forscher geläutert hervorging, in Goethe'schen Meinungen so befangen, dass der künftige Erneuerer der experimentellen Richtung in der deutschen Physiologie den Versuch gegenüber dem von Goethe empfohlenen bloßen ‚Schauen' mit den Worten verketzert: „Die Beobachtung schlicht, unverdrossen, fleißig, aufrichtig, ohne vorgefasste Meinung, – der Versuch künstlich, ungeduldig, emsig, abspringend, leidenschaftlich, unzuverlässig."[13]

Hier liegt der Gegensatz Goethes und Voltaires als Naturforscher, welchen ich bei früherer Gelegenheit[14] schon einmal bezeichnete. Trotz eifrigen und nachhaltigen Bemühungen um verschiedene Zweige der Naturwissenschaft hat Voltaire seinen Namen mit keinem Fund verknüpft, und darin also ist ihm Goethe überlegen. Auch hat übertriebene Zweifelsucht, der natürliche Rückschlag gegen den Aberglauben, den er auf fast allen Gebieten der Erkenntnis vorfand und auf vielen siegreich bekämpfte, Voltaire in seinen theoretischen Aufstellungen mannigfach geirrt. Bei alledem bleibt er Goethe im Vorteil, sofern er in der Jugend in England mit dem wahren Geist der theoretischen Naturforschung, dem Newton'schen Geiste gesättigt, ihn nach Frankreich verpflanzte, sein Leben lang für seine Verbreitung wirkte, und so die Triumphe anbahnen half, welche die französische Naturwissenschaft gegen das Ende des vorigen und während der ersten Jahrzehnte dieses Jahrhunderts feierte: gerade als die deutsche Wissenschaft vom Taumeltrank der falschen Naturphilosophie bewältigt durch Goethe noch tiefer in ihre ästhetischen Träumereien eingewiegt wurde, und als er selber gegen Newton in den

[13] Zur vergleichenden Physiologie des Gesichtssinnes des Menschen und der Tiere u. s. w. Leipzig 1826. S. 20. – Müller hat später im Handbuch der Physiologie u. s. w. Bd. II. Abt. II. 1838. S. 300. Anm. sich ausdrücklich von der Goethe'schen Lehre losgesagt.

[14] S. Bd. I. S. 333 [= Anm. 6, S. 377].

Schmähungen sich erging, von denen man in Hrn. Helmholtz' Vortrag eine Blumenlese findet.[15] Während sich bekanntlich Goethe auf seine Naturstudien einen ganz unverhältnismäßigen Wert legte, und ein Ring blinder Nachbeter ihm den schlechten Dienst erwies, auch hierin ihn zu vergöttern, waren Voltaire und seine Bewunderer klug genug, von seinen naturwissenschaftlichen Verdiensten nicht mehr Aufhebens zu machen als nötig, so dass es vielen wie eine literarische Entdeckung erschien, als ich sie in Deutschland, wie schon Lord Brougham in England, hundertjähriger Vergessenheit entriss.

Neuerlich bemühte man sich, in Goethes Lorbeer als Denker über die Natur ein neues Blatt zu flechten. Hr. Haeckel namentlich hat wiederholt und noch vor wenig Wochen Goethe neben Lamarck als bedeutendsten Vorläufer Darwins mit großer Beredsamkeit hinzustellen versucht.[16] Dabei kann doch nur von dem einen Hauptsatz des Darwinismus die Rede sein, der Abstammungslehre. Man hat zwar auch etwas dem Kampf ums Dasein Ähnliches irgendwo bei Goethe finden wollen; aber obschon der Byzantinismus so weit geht, dass man ihn wegen seines Abscheus gegen plutonische Umwälzungen auch für Lyells Vorläufer in der Geologie ausgibt, wird wohl niemand im Ernst behaupten, der Dichter habe die Selektionstheorie schon besessen.

Mit der Beschränkung der Goethe'schen Ansprüche auf den Satz von der Stammverwandtschaft der Lebewesen sinkt deren Bedeutung sehr, denn die Schwierigkeit war nicht, diesen Satz zu ersinnen, sondern ihn annehmbar zu machen, vollends zu beweisen. Wer, mit mäßiger Kenntnis der paläontologischen Ergebnisse, ohne kindlich dogmatische Fessel über Entstehung der Lebewesen nachdachte, musste zu allererst auf die Vorstellung ihrer folgeweisen Entwicklung zu höherer Vollkommenheit geraten. Bezweifelt dies Einer, so verrät er, dass ohne Darwin er an Schöpfung aus dem Nichts oder an Urzeugung von großen verwickelten Organismen glauben würde. Wollte man auch annehmen, dass Männer wie Cuvier, Johannes Müller, Louis Agassiz nicht von selbst auf die Vorstellung allmählicher Entwicklung der Tier- und Pflanzenwelt gekommen wären, so war sie ihnen doch bekannt, da sie sonst sie nicht bekämpft hätten. Der Unterschied zwischen ihnen und den vordarwinischen Anhängern der Abstammungslehre besteht also nur darin, dass diese sich über Schwierigkeiten hinwegsetzten, welche jenen unüberwindlich schienen. Im engen Kreis der Säuger-Osteologie, aus welchem Goethe kaum je sich entfernt, an der Hand einiger lockeren Betrachtungen über den Einfluss des Mittels, Klimas u. d. m. mit verschlossenen Augen über die Klüfte fortzusteigen, vor denen Cuvier, der ihre volle Tiefe ermaß,

[15] A. a. O. S. 384 [= Hermann von Helmholtz: Ueber Goethe's naturwissenschaftliche Arbeiten, in: Allgemeine Monatsschrift für Wissenschaft und Kultur (1853) S. 383–398, hier S. 384].

[16] Die Naturanschauung von Darwin, Goethe und Lamarck. Deutsche Rundschau usw. Bd. XXXIII., S. 69 ff. [Ernst Haeckel: Die Naturanschauung von Darwin, Goethe und Lamarck, in: Deutsche Rundschau 33 (1882) S. 69–92].

zögernd stillstand, war keine so große Kunst. Nirgend hat Goethe die Gründe der älteren zoologischen Schule für Unveränderlichkeit der Spezies widerlegt, nirgend die Schwierigkeiten erörtert, welche der Abstammungslehre aus der Unvollständigkeit des paläontologischen Archives – des Buches in Lyells treffendem Gleichnis – erwachsen. Statt uns zu zeigen, mit welchem Recht er diese ungeheuren Hindernisse unbewältigt hinter sich ließ, sucht man Beweisstellen dafür hervor, dass er den Schulbegriff der Spezies nicht als feststehend ansah; wie man ihn dafür lobt, die Endursachen verworfen zu haben, ohne uns zu sagen, wie er ohne sie auskam. Dass Goethe eine schöne, großartige, einheitliche Vorstellung vom Naturganzen hegte, welches er sich pantheistisch in allen Teilen beseelt dachte, wer wollte es leugnen? Dass ein Geist wie der seine über manche Schranke hinweg und vorwärts sah, welche damals noch die durch das Gewirr der Einzelheiten sich hindurcharbeitenden Fachgelehrten beengte, wer stellt es in Abrede? Aber ebenso sicher kann man behaupten, dass die rein mechanische Weltkonstruktion, welche heute die Wissenschaft ausmacht, dem Weimarschen Dichterfürsten nicht minder verhasst gewesen wäre, als einst Friederikens Freund das *Système de la Nature*.[17] Vom Darwinismus, der durch die Urzeugung an die Kant-Laplace'sche Theorie grenzt, von der Entstehung des Menschen aus dem Chaos durch das von Ewigkeit zu Ewigkeit mathematisch bestimmte Spiel der Atome, von dem eisigen Weltende – von diesen Bildern, welche unser Geschlecht so unfühlend ins Auge fasst, wie es an die Schrecknisse des Eisenbahnfahrens sich gewöhnte – hätte Goethe sich schaudernd abgewandt.

Schließlich was kommt darauf an, und was ist gleichgültiger als der größere oder geringere Wert der naturwissenschaftlichen Studien, welche die Pausen in Goethes dichterischer Tätigkeit ausfüllten? Gewiss wird diese vielbesprochene Seite des erhabenen Mannes jeden Gebildeten einmal interessieren; ihre Kenntnis wird zum Verstehen mancher seiner Dichtungen beitragen; aber es ist in Goethes Sinn gehandelt, wenn man das in Bezug auf ihn verfehlte Maß, auch zu seinem Nachteil, wiederherstellt. Wie neben Friedrichs Taten als Held und Herrscher, ja neben seinem sonstigen Verdienst als Schriftsteller, der Wert seiner Gedichte zurücktritt, so verschwindet in Goethe neben dem Dichter der Naturforscher, und man sollte letzteren endlich ruhen lassen, anstatt ihn immer wieder der urteilslosen Menge übertrieben anzupreisen, und die Gegenrede mehr kritisch Gestimmter herauszufordern.[18]

Der Sänger so vieler beglückenden Lieder; der Schöpfer so vieler sei's ernsten, sei's reizenden Gestalten; der bald anmutig bestrickende, bald gewaltig packende Erzähler; der Sehnsucht weckende Landschaftsmaler;

[17] Vgl. Bd. I. S. 543 [= Emil Du Bois-Reymond: Darwin versus Galiani, 1876, in: ders.: Reden, Bd. 1, Braunschweig 1886, S. 211–239, ^{2}1912, S. 540–566, hier S. 543].

[18] S. beispielsweise: Kalischer, Goethes Verhältnis zur Naturwissenschaft und seine Bedeutung in derselben usw. Separatabdruck aus der neuen Ausgabe von Goethes Werken herausgegeben von v. Biedermann usw. Berlin 1878.

der tiefe Ergründer und kluge Berater des menschlichen Herzens; der Verkünder heiter antiker Weltanschauung; endlich der freie hochschwebende Geist, der unwürdiger Fessel bar doch in Kunst und Leben sich mit schönem Maß bewegte und ohne fromm zu sein selig war: das ist der Goethe, der mit Homer und Shakespeare uns nicht von der Seite kommt, an den wir in guten und bösen Stunden wie an einen Freund uns halten. Er ist's dem Jeder von uns auch unbewusst ein mächtig Teil seiner selbst verdankt, dem die Denkmäler gelten, den das Ausland feiert, den die fernste Zukunft nennen wird, von dem wir gern immer wieder auch das Kleinste vernehmen, und über dessen Größe kein Streit ist.

In den dreißiger Jahren freilich, – jener unbehaglichen Zeit verhaltener politischer Erregung, unreifer Neugestaltung in Literatur und Kunst, ungeduldiger Rückwirkung gegen alles Hergebrachte, auch gegen den erstarrten Hellenismus des unlängst geschiedenen klugen Kunstgreises, – damals ward es Sitte, ihn wegen seiner geringen Teilnahme an der Politik, seiner aristokratischen und nicht hinlänglich betonten nationalen Gesinnung anzuklagen. Man verdachte ihm, dass er über Nationen und Parteien wie über Bekenntnissen im Geistesäther thronend nur ewigen Ideen lebte, dass ein wissenschaftlicher Streit in der Pariser Akademie ihm wichtiger deuchte als die Julischlacht, dass es für ihn nur noch eine Weltliteratur gab.

Jetzt, wo das deutsche Volk das damals von fern Erstrebte vollauf errang, und darüber hinaus Macht und Ehre gewann, ist vielleicht der Tag gekommen, Goethe in diesem Punkt milder zu beurteilen. Man wird bedenken, dass, wenn er sich außerhalb des großen Kampfes der Zeit hielt, er doch den Sieg vorbereiten half, sofern er sein Leben lang für geistige Freiheit in seiner Weise bemüht war, und sofern in Verehrung für ihn alle Deutschen sich als Ein Volk empfanden. Man wird innewerden, wie das ihm vorgeworfene ausschließliche Leben in der Idee gerade ein deutscher Grundzug ist, der einst herrliche Frucht trug. Auch seine der ganzen antiken und modernen Kulturwelt gleichmäßig zugewandte Neigung, sein Empfinden von Mensch zu Mensch gegen die vorzüglichen Individuen jeder Nationalität, sind ein solcher Zug des deutschen Gemütes, welcher unser Volk vor den anderen Völkern, die meist nur sich kennen, bisher vorteilhaft auszeichnete und Deutschland zum Welthafen für die mit geistigen Gütern beladenen Schiffe aller Flaggen erhob.

Goethes Dichtungen, als unerschöpflicher Born allgemein menschlicher, das will sagen deutscher Bildung, und als stets bereiter Fittig zum Flug aus der Beschränktheit fachwissenschaftlichen Tagewerkes in die Gefilde des ewig Wahren und Schönen, sollten auf dem Bücherbrett keines deutschen Studenten fehlen. Für die ganze Nation aber, dass auch sie im Wechsel dauere, seien die Worte gesprochen, die einst ihr Dichter prophetisch sich selber zurief:

Selig, dass die Gunst der Musen
Unvergängliches verheißt:
Den Gehalt in deinem Busen,
Und die Form in deinem Geist.

Ernest Faivre: Goethe Naturaliste (1859)

Vita – Abstract
Ernest Faivre (16. März 1827 Pontailler – 24. Juni 1879 Lyon) studierte Rechtswissenschaft, Naturwissenschaften und Medizin in Paris und wurde 1853 mit einer Arbeit über Hirnhautentzündung promoviert. In seinen Forschungen behandelte Faivre botanische, zoologische und medizinische Themen, zugleich galt sein Interesse der Wissenschaftsgeschichte. In seiner ausgedehnten Einführung (S. I-LVI) zur Ausgabe der *Œuvres complètes* von Georges-Louis Leclerc de Buffon (1707–1788) von 1859 beurteilte Faivre detailliert die Leistungen des französischen Naturforschers im Blick auf Vorläufer und Nachfolger und erwähnte zustimmend auch Goethe. Umfassend ist sein Werk *Œuvres scientifiques de Goethe*, zunächst als Aufsatz 1859 in einer Zeitschrift erschienen und 1862 als Monographie mit 444 Seiten.

Im 4. Teil seiner Publikation von 1859 über Goethe als Naturforscher plädiert Faivre für die Verbindung der Künste und Naturwissenschaften und geht nach einer Skizze ihrer Entwicklung im 18. Jahrhundert kenntnisreich auf Goethe ein, dessen Bedeutung als Naturforscher von ihm ausführlich in den anderen Teilen dieser Arbeit behandelt wird und die ebenso unbezweifelbar wie seine Bedeutung als Dichter sei – „observateur et poète de la nature“. Goethes wesentliche Werke der Literatur und Naturforschung werden von Faivre mit Überlegungen zum Wesen der Kunst und Naturwissenschaft in ihren jeweiligen Wechselbeziehungen analysiert; Chemie trage ebenso zum Verständnis der *Wahlverwandtschaften* bei wie Sinne, Geschlecht, Alter und Nationalität zum Verständnis der subjektiven Seite der *Farbenlehre*.

D. von Engelhardt, *Goethe als Naturforscher im Urteil der Naturwissenschaft und Medizin des 19. Jahrhunderts*,
https://doi.org/10.1007/978-3-662-68126-8_11

Die Trennung der Künste und Wissenschaften habe in der Gegenwart zwar zu Fortschritten geführt, aber zugleich Gefahren mit sich gebracht („progrès et péril"), die allein eine Einheit der Wissenschaft, Philosophie und Kunst im Sinne Goethes überwinden könne („union étroite de la science, philosophie et de l'art").

Faivre, Ernest:
Goethe Naturaliste. Quatrième Partie. La Science dans les poésie, les Romans et les Œuvres artistiques de Goethe, in: Revue Contemporaine. Philosophie – Histoire – Sciences 42 (1859) S. 39–58.
***

I.

La science peut inspirer les arts; la peinture et la poésie doivent, dans une juste mesure, participer au développement de nos connaissances sur la nature. Toutes les œuvres de Goethe sont empreintes de cette vérité trop oubliée par les hommes qui cultivent, enseignent ou appliquent les sciences.

Que le savant aime à s'isoler, qu'il ne s'abandonne point aux séduisantes fantaisies de l'imagination, on le conçoit; mais doit-il repousser avec indifférence le secours de la littérature et des arts, se défier de son cœur, de ses émotions, se faire comme un devoir de rester impassible en face de la nature? Cette tendance nuirait à la vulgarisation des sciences, arrêterait l'élan des découvertes, rendrait incomplète l'observation des phénomènes, opposerait un invincible obstacle à l'amélioration de l'homme par l'étude des sciences. Ce dernier but est le plus élevé et le plus noble que le savant puisse se proposer d'atteindre; il s'en éloigne dès qu'il méconnaît les services que peuvent rendre la littérature et les arts, en inspirant les émotions et les sentiments qui, faisant aimer la vérité, contribuent à la répandre.

Dépouillé de ce noble privilège de produire et d'entretenir l'amour du bien et du beau, le savoir n'est plus que l'instrument de la curiosité ou de l'intérêt, deux tendances également fatales à l'étude de la nature. Si l'homme étudie par curiosité, prétend résoudre tous les problèmes, veut sans cesse découvrir, il oublie les limites de son esprit: alors il se dissipe dans l'illusion ou se perd dans l'orgueil. Tel est aussi l'inévitable terme des recherches qui n'ont pour mobile que l'intérêt. Elles alimentent nos passions, et préparent la ruine de ces immuables principes sans lesquels la vie n'a pas de sens.

C'est en bannissant tout ce qui touche aux sentiments qu'on arrive à cette vaine science contre laquelle se sont toujours élevées les âmes nobles. „J'estime peu la science, dit un ancien, lorsqu'elle ne fait pas aimer la vertu." – „La science, écrit Bossuet, est la lumière de l'entendement, le guide de la vérité, la compagne de la sagesse… Cette vive lumière, qui nous charme en elle, ne lui est pas donnée seulement pour réjouir notre vue, mais pour conduire nos pas et régler nos volontés.“ Comment la science pourra-t-elle conduire nos pas ou régler nos volontés, si elle ne s'adresse aux sentiments, qui sont les mobiles du bien, si elle ne veut s'associer, pour pénétrer l'âme tout entière, ni à la poésie, ni aux arts, seules formes capables d'exprimer les beautés que toute vérité porte en elle? Mais laissons ces considérations morales auxquelles Goethe ne s'est malheureusement jamais attaché; cherchons ailleurs les raisons qui le portaient à associer sans cesse la science, la littérature et les arts.

La science nue et aride n'a rien qui charme et qui séduise; elle ne se propage pas, ne se vulgarise pas; on la conçoit souvent sans la sentir, comme on l'enseigne sans la faire goûter. La poésie sait animer ces froides vérités: elle a des accents pour les embellir, des expressions pour en présenter les merveilleux détails, des charmes pour en faire goûter la profondeur, des ressources pour en aplanir les accès difficiles; la poésie est à la science, ce que la parure du printemps est à la vie intime de la nature; les frais gazons nous cachent les arides rochers, les feuilles et les fleurs ornent les branches difformes des arbres, un brillant plumage dérobe à notre vue les contours disgracieux du corps de l'oiseau; la nature jette partout un voile brillant sur le mécanisme de la vie, comme si, nous attirant par cette gracieuse harmonie des formes et des couleurs, elle voulait nous inviter à contempler les mystères qui se pressent dans son vaste sein. Le poète emprunte quelque chose de ces prestiges de la nature, lorsqu'il embellit les âpres doctrines de la science et fait oublier par les séductions de son style, leur habituelle austérité il sait le secret de rendre accessible à tous les richesses de la pensée, et d'animer d'un souffle de vie les lois que l'ingénieux esprit de l'homme arrache au monde physique.

La poésie ne prête pas seulement ses formes à la science pour la répandre et la faire aimer, elle lui apporte son concours dans l'interprétation même des phénomènes. Attaché aux objets isolés, curieux du détail, avide de faits, le savant oublie souvent, dans ses laborieuses recherches, les rapports et les harmonies. I divise sans réunir, il analyse sans rapprocher, il s'attache à quelques vérités isolées, indifférent d'ailleurs à la beauté des phénomènes et à l'expression de l'ensemble. Mais si le savant est artiste, il complète ses recherches ébauchées, saisit les harmonies et les contrastes, s'aide des lumières d'une inspiration heureuse pour embrasser et féconder son sujet; il sait exprimer ses pensées dans une langue souple et facile que tous peuvent lire et pénétrer. Le don d'instruire et de toucher, de rendre à la fois ce qu'il y a de beauté et de vérité dans chaque phénomène, n'appartient qu'au génie: on le retrouve toujours chez les maîtres de la science; on sent dans leurs œuvres les élans d'une inspiration artistique, et leurs découvertes témoignent d'une étroite harmonie entre l'intelligence et le cœur.

Au XVIIIe siècle ont vécu trois hommes auxquels on ne contestera pas la gloire d'avoir, dans des directions différentes, imprimé aux sciences naturelles une égale impulsion. Doués tous trois d'un vaste génie, ils unissaient aux qualités qui font l'observateur, la puissance de sentir qui fait les artistes et les poètes. Il suffit de citer les noms de Haller, le père de la physiologie moderne, de Buffon et de Linné.

Haller a suivi presque à la fois la double carrière du littérateur et du savant. Il était né avec une âme impressionnable et rêveuse. Tout enfant il écrivait des vers: à quinze ans, il avait fait des tragédies, des comédies, un poème épique de quatre mille vers; plus tard, alors qu'il était déjà connu par ses découvertes physiologiques, il compose le grand poème sur les Alpes, et écrit, vers la fin de sa longue carrière, le roman poétique d'*Usong et Alfred*. C'est à Haller que nous devons l'*Ode au matin*, modèle d'observation et de poésie.

Buffon n'a publié ni poèmes ni romans; il est poète cependant, et ses œuvres descriptives le révèlent à chaque page. Les *Époques de la Nature*, le *Discours sur l'Histoire naturelle*, le *Traité de l'Homme*, les descriptions des mammifères et des oiseaux sont remplies de vives images, de tableaux ravissants: le savant a sans cesse inspiré l'artiste. Buffon était pénétré de la grandeur des œuvres de Dieu, et c'est en face de la nature qu'il écrivait. Il sentait alors toutes ces merveilles, et devenait habile à s'en rendre l'interprète, les pénétrant à la fois par l'intelligence et le cœur. Quand le cœur féconde ainsi l'intelligence, quand l'homme, vivifié par le sentiment profond de la Divinité, se place ainsi en présence des œuvres qu'il lui a été donné d'approfondir, nul doute que, pour lui, la nature ne dissipe ses mystères et ne soulève ses voiles. A un tel génie appartient le pouvoir d'arracher au monde ses secrets, et la puissance d'en faire un noble usage. Mais peut-on penser sans tristesse aux hommes qui ont la prétention de deviner la nature sans la sentir? Leur vue est étroite, leur cœur glacé; ils se heurtent en aveugles contre les beautés muettes, et se bornent à glaner quelques épis dans ce champ si fécond, que l'homme qui aime Dieu peut seul facilement moissonner. Buffon était un de ces moissonneurs. „Frappé, comme dit Condorcet, d'une sorte de respect religieux pour les grands phénomènes de l'univers, pour les lois générales auxquelles obéissent les parties de ce vaste ensemble, ce sentiment se montre partout, et fait, en quelque sorte, le fond sur lequel il répand de la variété, sans que cependant on cesse de l'apercevoir."

En quittant Buffon pour parler de Linné, nous changeons de savant sans changer de sujet. Linné est aussi une de ces âmes d'élite dont on peut dire, comme de notre grand naturaliste, „*majestati naturae par ingenium.*" La majesté de la nature l'émeut et l'élève; il sent tout à la fois, et c'est la règle du génie, l'infini, la nature et sa propre faiblesse. Linné est poète: il a l'émotion de la nature et s'abandonne sans réserve au sentiment religieux qu'elle inspire. „Je me suis éveillé, écrit-il aux derniers jours de sa laborieuse carrière, je me suis éveillé: Dieu passait devant moi; je l'ai vu et j'ai été frappé de stupeur; j'ai suivi quelques-unes de ses traces à travers la création, et dans tous les êtres, dans ceux même qui sont les plus petits et presque imperceptibles; quelle puissance, quelle sagesse, quelle incompréhensible perfection!" Peut-on s'étonner de l'enthousiasme qu'inspirait aux âmes artistiques un si grand esprit? Goethe et J.-J. Rousseau subirent son ascendant: „Après Shakespeare et Spinoza, disait Goethe, Linné est l'homme qui a agi sur mon esprit avec le plus de force, et cela précisément à cause de la lutte intérieure qu'il provoquait en moi; j'ai cédé avec tous mes contemporains au pouvoir entraînant et au génie vainqueur de Linné." – „Seul avec la nature et vous, écrivait Rousseau à l'illustre Suédois, je passe dans mes promenades champêtres des heures délicieuses... Continuez d'ouvrir et d'interpréter aux hommes le livre de la nature; pour moi, content d'en déchiffrer quelques mots à votre suite dans le feuillet du règne végétal, je vous lis, je vous étudie, je vous médite, je vous honore, je vous aime de tout mon cœur."

Jean-Jacques Rousseau, dont nous avons cité le nom à dessein, appartient aussi par un côté à la grande famille des poètes observateurs de la nature. Il n'est pas un savant, il n'a fait que déchiffrer quelques mots dans le feuillet du règne végétal, mais il a senti avec une exquise délicatesse cette belle science de la botanique, qui forme comme le trait d'union entre le cœur et l'esprit. Jean-Jacques n'étudie pas la nature comme Goethe. Goethe, appliquant au monde physique la puissance d'une vaste pensée, essayait de le deviner, Rousseau se bornait à en observer les détails; Goethe étudiait avec passion, Rousseau avec amour; Rousseau, dégoûté des hommes, mélancolique et rêveur, trouvait un charme indicible à contempler en paix le tranquille royaume des plantes, et la botanique n'était pour lui qu'une science sentimentale: „Attiré par les riants objets qui m'entourent, je les considère, écrit-il, je les contemple, je les compare, j'apprends enfin à les classer, et me voilà tout à coup aussi botaniste qu'a besoin de l'être celui qui ne veut étudier la nature que pour trouver sans cesse de nouvelles raisons de l'aimer."

La place de Goethe est marquée entre Linné et Rousseau, si toutefois nous considérons Goethe comme observateur, et poète de la nature. Avec une souplesse de talent dont peu d'autres grands hommes nous donneraient une idée, Goethe a uni dans ses œuvres le sentiment et la conception: dans ses écrits scientifiques, il a l'inspiration du poète, et dans ses œuvres littéraires, on reproduit souvent, sous une forme brillante, les observations du savant. *Werther* est un tableau des harmonies du monde physique et de l'âme; *Faust*, une étude philosophique sur les savants et sur la science: *Wilhelm Meister* une peinture des résultats pratiques de l'observation; le roman des *Affinités électives*, une application bizarre de lois du monde physique aux phénomènes du monde moral.

Goethe forme la transition entre les naturalistes poètes du siècle dernier et ceux de l'école moderne, dont le vénérable Alexandre de Humboldt est aujourd'hui le chef.

II.

Goethe a compris de deux manières l'interprétation poétique de la nature: tantôt il emprunte au monde extérieur des images, pour mieux peindre les passions ou les sentiments intimes qui agitent l'âme; tantôt la nature devient directement le sujet de ses poésies; il veut en représenter fidèlement les détails, les réalités, avec leurs beautés et leurs harmonies. Dans sa jeunesse, Goethe s'est surtout attaché à associer les sensations du monde physique aux émotions de l'âme, et à chercher dans la poésie une expression de ces harmonies. Lorsqu'il était enfant, lorsque son âme était simple et naïve, la nature était devant lui comme un symbole de la divinité; il confondait, par l'effet d'une disposition intime et poétique, sa foi en Dieu et l'admiration que lui causait le spectacle de l'univers. Il nous a laissé dans ses mémoires un récit curieux, qui peint bien l'état de sa jeune âme à cette époque où les passions n'en avaient pas encore troublé le calme et la pureté: „L'enfant, nous dit-il, cherchai Dieu dans la nature e voulait lui élever un autel à la manière de l'Ancien Testament. Des productions diverses devaient symboliser la création; au-dessus d'elle brûlerait une flamme, et cette flamme exprimait les sentiments de l'homme s'élevant jusqu'au Créateur. Les collections d'histoire naturelle avaient été mises à profit: l'enfant y avait recherché les objets les plus choisis, il restait à les disposer avec symétrie, et c'était là le point difficile. Le père possédait un riche pupitre de musique, plaqué de laque rouge à fleurs d'or, en forme d'une pyramide à quatre pans; on s'en était servi pour les quatuors, mais, depuis quelques temps, ce pupitre était presque sans usage; l'enfant s'en saisit du pupitre et y dispose régulièrement les objets qui devaient exprimer les productions de la nature: l'arrangement était agréable et curieux. Au premier rayon du soleil, le jeune prêtre se proposait de commencer les prières, seulement il ne savait trop comment représenter la flamme qui devait briller et exhaler un doux parfum. Enfin, une idée se présente: il avait en sa possession des pastilles odorantes, qui ne brûlent pas avec flammes, mais exhalent, en se consumant, un agréable odeur: cette lente combustion représentait mieux encore qu'une flamme vive ce passe dans e cœur de l'homme. Le soleil était déjà levé, mais caché encore vers l'est par les toits des maisons voisines; il paraît enfin: l'enfant prend une lentille et enflamme ce corps odorant disposé dans un coupe de porcelaine au sommet de la pyramide: tout était à merveille, et l'adoration était complète."

Voilà comment, tout enfant, Goethe sentait et interprétait la nature, avant l'éveil des ardentes passions auxquelles nous devons les pages de *Werther*. Dans *Werther*, on retrouve partout une admiration profonde de la nature, un vif sentiment de ses harmonies: l'auteur, cependant, ne sentait alors que par instinct ces merveilles qu'il n'avait pas encore étudiées.

Dès le début de l'œuvre, dès les premières lettres que Werther écrit à son ami, on retrouve la jeune âme de Goethe avec ses premières impressions religieuses en face de la nature; seulement, il ne les traduit plus d'une manière enfantine: „Quand les vapeurs de la vallée se lèvent devant moi, qu'au-dessus de ma tête le soleil lance d'aplomb ses feux sur l'impénétrable voûte de l'obscure de forêt, et que seulement quelques rayons épars se glissent au fond du sanctuaire; que, couché sur la terre, dans les hautes herbes près d'un ruisseau, je découvre dans l'épaisseur du gazon mille petites plantes inconnues; que mon cœur sent de plus près l'existence de ce petit monde que fourmille parmi les herbes, de cette multitude d'innombrables de vermisseaux et d'insectes de toutes les formes; que je sens la présence du Tout-Puissant qui nous a créés à son image, et le souffle du Tout Aimant qui nous soutient flottants sur une mer d'éternelles délices: mon ami, quand le monde infini commence à poindre ainsi à mes yeux, et que je réfléchis le ciel comme l'image d'une bien-aimée... mon ami, mais je sens que je succombe sous la puissance et a majesté de ses apparitions.“

Werther, en écrivant ces lignes, n'est pas encore possédé de son funeste amour, mais quand la passion dévore son âme, la nature change d'aspect à ses yeux, elle revêt la triste livrée de sa mélancolie: „... Toute cette magnifique nature, écrit-il alors, est pour moi froide et inanimée comme une estampe coloriée, et de tout ce spectacle je ne peux verser en mois et faire passer de ma tête dans mon cœur la moindre goutte d'un sentiment bienheureux. L'homme tout entier est là debout devant Dieu comme un puits tari, comme un seau desséché.“

Le peintre qui sait si heureusement harmoniser les sentiments de l'âme avec le tableau du monde, qui nous a montré les délices de la nature et la pureté de l'esprit si bien unis, excellera aussi à nous dépeindre und âme pleine de passions, cherchant dans le spectacle du monde des objets digne de la tristesse et de l'ardeur de ses pensées: „Un rideau funeste, écrit encore Werther, s'est tiré devant moi, e le spectacle de la vie intime s'est métamorphosé en un tombeau éternellement ouverte... Il n'y a point d'instant qui ne te dévore, toi les tiens, point d'instant que tu ne sois, que tu ne doives être un destructeur. La plus innocente promenade coûte la vie à mille pauvres insectes; un seul de tes pas détruit les pénible ouvrage des fourmis et foule un petit monde dans le tombeau... Ce qui me mine le cœur, c'est cette force dévorante qui est cachée dans toute la nature, qui ne produit rien qui ne détruise ce qui l'environne, et ne ce détruise soi-même, et lorsque, dans le vertige de mon inquiétude, je contemple le ciel et la terre et leurs forces infatigables, je ne vois rien qu'und monstre qui engloutit éternellement rumine.“

Quand on lit ces lignes, qui se gravent si aisément dans le cœur, on sent, comme Goethe, que la nature est le miroir de l'âme, et que les révolutions de notre esprit ont leurs reflets dans les révolutions du monde: nous retrouvons dans la nature, comme en nous-mêmes, une mélancolique rêverie, les tempêtes et les orages, le calme et la sérénité. Ces analogies sont des traits de lumière pour le poète, et comme des pressentiments de la vérité, encore qu'il la devine, plutôt qu'il ne la comprend, et marche vers elle, plutôt qu'il ne l'atteint.

Goethe a exprimé, dans d'autres ouvrages encore, cette harmonie intime qui unit l'âme et le monde physique; *Hermann el Dorothée*, la nuit de Walpurgis dans *Faust*, l'histoire d'Ottilie et de Mignon dans *Wilhem Meister*, le *Voyage en suisse*, les *Poésies mêlées*, témoignent de l'inspiration qui entraîne sans cesse le poète, de l'âme vers la nature, de la nature vers l'âme.

L'histoire de Mignon est justement célèbre dans cette composition ravissante, le poète a voulu retracer les impressions que la nature nous fait éprouver dès nos plus jeunes années, et l'amitié naïve qui nous attache aux arbres, aux ruisseaux, aux montagnes, muets témoins de nos jeux et de nos premiers désirs: au milieu des soucis et des déceptions de la vie, comme on aime à évoquer ces lointains souvenirs et les joies si courtes de la terre natale et du toit paternel! Combien, les vers de Mignon ont de charmes! „Connais-tu le pays où fleurit le citronnier, où la pomme d'or de l'oranger mûrit à l'abri de son feuillage sombre? Là, le souffle le plus doux part sans cesse d'un ciel toujours bleu; là, le myrte croît solitaire, et le laurier s'élève haut sous les cieux: ce doux pays, le connais-tu ? C'est là, c'est là, ô mon bien aimé, que je voudrais aller avec toi... Connais-tu la montagne et son sentier brumeux ?... " Ainsi, dans toutes ses poésies, Goethe associe la nature aux émotions et aux joies de notre âme: sa *Chanson de mai* est populaire en Allemagne:

Comme la nature semble brillante,
Comme le soleil est radieux,
Comme la campagne sourit.
Les fleurs s'élancent de chaque tige;
Mille voix gazouillent dans les verts buissons;
La joie et le bonheur
O plaisir ! ô bonheur !
O amour

L'*Ode à la lune* est une peinture des souvenirs, des rêveries, que le spectacle d'une belle nuit inspire: „Dans les silence du soir, tu verses de nouveau ta douce lumière sur les vallons et les broussailles, de nouveau tu invites mon âme à la rêverie; ton bienfaisant regard se répand sur les campagnes, comme le regard d'un ami qui s'intéresse à mon destin. Alors se fait sentir à mon cœur chaque souvenir des temps joyeux ou tristes; et, dans la solitude, ma pensée se promène entre la joie et la douleur. Coulez, charmant fleuve, coulez, jamais je ne puis trouver qu'un moment passager de bonheur."

Les poésies sur le calme de la mer, les rêveries d'automne, sont, comme celles que nous venons de citer, des tableaux délicieux de l'émotion qu'excitent en nous les scènes variées de la nature. Mais toutes ces œuvres restent trop exclusivement dans le domaine de la poésie; nous nous bornons à en rappeler les titres, et nous revenons aux vers que Goethe a composés sous l'inspiration plus directe de ses études scientifiques.

III.

Alexandre de Humboldt a écrit dans le *Cosmos* un chapitre sur le rôle du sentiment et de la poésie dans l'interprétation de la nature. Il trace, avec cette érudition qui lui est familière, l'histoire de la poésie didactique à différentes époques et chez les nations différentes; il donne une idée de l'influence que la configuration physique du sol exerce sur l'imagination des peuples: il insiste sur le développement de cette forme poétique, naïve et sentimentale, naturelle à l'enfant et aux nations encore jeunes. N'y aurait-il pas lieu d'étudier, à l'exemple d'un grand homme, chacune des formes de ce qu'on appelle vaguement la poésie descriptive, et d'en mieux préciser les caractères? Tantôt le poète veut exprimer surtout les aspects changeants, les harmonies variées que la nature déroule en grand à nos regards: il essaye de peindre le mouvement et la vie des premiers jours du printemps, la tristesse de l'automne, les effets du soleil le matin ou le soir, les tempêtes et les orages, les aspects du paysage, soit dans les contrées glaciales, soit sous les zones brûlantes des tropiques: plus il s'est empreint de la réalité, plus il excellera à interpréter ces scènes silencieuses, et à éveiller dans l'esprit, les sensations que leur aspect ferait naître. Il existe une poésie descriptive plus savante: celle-ci ne s'arrête pas à l'écorce de la nature, elle veut pénétrer dans ses profondeurs. Le poète met alors en œuvre les données du savant: il isole les objets, les phénomènes, les êtres, s'initie aux expériences qui éclairent, aux calculs qui démontrent, aux lois qui régissent. Astres, animaux, plantes, cristaux, organes, fonctions, machines, rouages de toutes sortes, peuvent fournir des sujets de poésie. Enfin, la nature a ses lois éternelles: le poète peut les célébrer, et c'est la forme la plus élevée à laquelle la poésie didactique puisse atteindre.

Goethe s'est livré à tous les genres de poésie descriptive. Doué d'un sentiment exquis des réalités, préparé par de sérieuses études, il a su réunir dans ses compositions la vérité des détails et l'élan d'une inspiration facile. De là ces poèmes charmants que l'on connaît trop peu, et que personne n'a eu la pensée de réunir.

II débute par mettre en vers ses idées sur la métamorphose des plantes, et publie, à la prière de Schiller, cette admirable pièce dont nous reproduirons seulement quelques strophes: „Tu t'égares, ma bien-aimée, au milieu de cette variété infinie de fleurs du jardin; beaucoup de noms frappent ton oreille; mais c'est toujours un son barbare qui vient en chasser un autre; toutes les formes sont semblables, et cependant aucune n'est identique à l'autre; ainsi le monde des plantes te révèle une loi secrète, une énigme sacrée.“ Le poète commence l'exposition de sa doctrine et arrive au terme le plus élevé de la métamorphose, la naissance des organes fécondateurs: „La feuille colorée sent la main divine, elle se contracte en se modifiant: ses tendres formes se développent, destinées à s'unir: ils paraissent maintenant, les couples gracieux, groupés autour de l'autel sacré; Hymen les protège de ses ailes, et les brises embaumées, chassées par le souffle de l'air, exhalent de tous côtés les plus suaves parfums. Alors des germes incalculables se gonflent enveloppés dans le fruit maternel: ici, la nature ferme le cycle de ses forces éternelles.“

Toute cette pièce exprime la féconde idée de Goethe sur la métamorphose des plantes. Nous avons dit qu'il avait appliqué les mêmes vues à l'organisation des animaux; il les a aussi exprimées dans un langue poétique. Nous citons quelques fragments de cette composition originale, qui présente sous la forme la plus attrayante la théorie des analogues et la loi du balancement des organes. „La nature n'éprouve point, comme les femmes mortelles, des soucis et des inquiétudes, s'il s'agit d'assurer à ses enfants une subsistance facile; de pareils soins seraient indigne d'elle… Chaque être est son but à lui-même, il sort parfait des mains de la nature et produit des descendants parfaits… La mère donne à chacun de ses enfants une pleine et pure santé, une certaine conformation normale.“ Goethe décrit les deux forces qui sont dans chaque être en perpétuel antagonisme; l'une fixe, déterminée, maintient l'être dans ses limites conformément à un plan général; l'autre tend à l'en faire sortir. De là une rupture d'équilibre qui anéantit la beauté de la forme, l'élégance du mouvement. „Si tu vois, continue Goethe, qu'une créature obtienne un privilège particulier, cherche s'il n'y a pas ailleurs une altération, une dégradation; cherche, et tu reconnaîtras le clef de toute formation. Un animal dont la mâchoire d'en haut est hérissé de dents ne portera jamais de cornes sur son front… Il est impossible à la mère éternelle de former un lion à cornes, quelque effort qu'elle puisse tenter… Admire donc ce contraste sublime de puissance et de limite, d'arbitraire et de loi, de liberté et de mesure, d'ordre et de mouvement, d'excès et de défaut; la muse sacrée t'en offre les preuves et t'en dévoile les harmonies en t'instruisant avec douce contrainte.“ Ce morceau ne se trouve point dans les poésies de Goethe: il forme, sous le nom d'aphorisme, un appendice à ses études sur l'ostéologie. Chaque fois que Goethe étudiait une nouvelle branche de la science, il sentait s'éveiller en lui de nouvelles conceptions poétiques et se livrait aux charmes de ses inspirations.

La météorologie, la géologie, l'optique, sujets en apparence d'en arides et ingrats, ne le rebutent pas: il trouve le moyen exprimer poétiquement les beautés. La lecture d'un auteur anglais qui a beaucoup écrit sur la météorologie, Howard, lui inspire des vers bizarres sur la forme des nuages. Il peint les brouillards qui s'élèvent de la surface des eaux, s'allongent sur le flanc des montagnes en bandes brumeuses, et se forment en nuages. Ces nuages s'arrondissent en amas floconneux comme la laine d'agneau, s'élèvent, et vont se perdre dans la main divine! Ces formes changent et revêtent tour à tour les aspects les plus singuliers: ici un lion, là un éléphant, ailleurs la silhouette d'une forme humaine: un souffle d'air dissipe ces apparitions éphémères. „Que le peintre et le poète étudient la théorie de Howard. Que le matin et le soir ils observent attentivement l'atmosphère. Il se pénétreront des caractères de la réalité; par l'aspect des mondes aériens, ils apprendront à connaître la gradation et la souplesse des teintes et des formes; ils apprendront à les concevoir, à les sentir, à les exprimer."

Si nous ne craignions d'abuser du droit de citer, nous pourrions analyser la neuvième zénie, que Goethe a entièrement consacrée à des sujets scientifiques. Il y expose en poète la doctrine de Newton, la réfutation qu'il croit en avoir faite, et se plaint avec amertume de ses efforts trop oubliés. Il trace le tableau de la lutte des neptuniens et des plutoniens. Il représente Neptune dépossédé par Pluton et précipité dans le sombre royaume, „Tout s'émeut, tout s'ébranle: ce qui était caché paraît à la lumière, ce qui était apparent s'engloutit dans les profondeurs; l'alpha devient oméga." Nous retrouverons dans le *Faust* les mêmes idées exprimées par d'autres images.

Ce serait une erreur de croire que les poésies dont nous venons de parler sont le résultat d'un caprice, et qu'elles ont été écrites sans ordre et sans dessein, sous l'impulsion d'une inspiration passagère. Goethe avait un plan dont il a suivi toute sa vie l'exécution, bien qu'il ne l'ait jamais réalisé; il voulait composer un vaste poème sur la vie et ses diverses manifestations. Il écrit à Knebel: „Je n'ai pas encore abandonné la pensée d'un grand poème sur la nature. Il me semble que je ne puis faire un meilleur emploi du temps et des forces que j'ai sacrifiés à ces études, qu'en les mettant à profit pour la composition d'un poème: sans doute la pensée d'une œuvre de cette importance effraie, mais on doit songer à quels résultats peut conduire la persévérance." On retrouve les mêmes idées dans une lettre adressée à un autre de ses amis: „Je me suis rendu dans mon jardin de Stern, pour observer, à l'aide d'un télescope, le changement de la lune. Je veux mieux connaître un hôte du ciel que depuis longtemps j'aime et j'admire. – En tout ceci, mes motifs secrets ont été la composition d'un poème sur la nature, l'idée en est au fond de mon âme."

Pour réaliser cette pensée, Goethe a fait diverses tentatives; en 1798, il commence une poésie sur la force magnétique; en 1810, il essaye, sur les conseils de Schiller, de traduire en vers son traité des couleurs; plus tard il veut terminer un poème sur la chasse, poème dont on retrouve un fragment dans le roman de Wilhelm Meister. – De tous ces projets aucun n'a reçu sa complète exécution; le temps seul a manqué à Goethe, et la postérité a sans doute perdu une œuvre capitale.

Ce que Goethe ne pouvait réaliser, il cherchait du moins à inspirer à ses amis le désir de le tenter, et souvent il leur en fournissait l'occasion et les moyens; c'est ainsi qu'il a contribué à allumer dans l'âme d'Alexandre de Humboldt ce sentiment de la poésie, cette émotion de la nature que l'illustre vieillard a toujours conservés. C'est ainsi que Goethe a agi sur Schiller, nature puissante et inspirée, que son penchant entraînait à un idéalisme rêveur, et qu'il l'a doucement ramené à l'étude de la réalité. Schiller subissait volontiers cette heureuse influence. Sur les indications de Goethe il a écrit les plaintes de Cérès, où l'on retrouve quelque empreinte du poème sur la métamorphose des plantes. La ballade du plongeur n'a été composée qu'après une étude faite d'après nature, sur le mouvement des ondes, l'effet des vagues, les formes des poissons qui habitent les profondeurs des eaux; Goethe avait donné des conseils à Schiller et lui avait communiqué divers ouvrages d'histoire naturelle.

Il semble que Schiller ait voulu payer sa dette de reconnaissance à l'ami qui le ramenait ainsi à la contemplation de la nature.

Il a exprimé, dans des vers harmonieux et simples, toute de la théorie des couleurs. Nous citons ces vers, que Goethe n'a pas manqué de reproduire dans son ouvrage; on en comprendra aisément le sens allégorique: „Nous sommes six frères et sœurs; nous descendons d'un couple singulier, d'une mère toujours sévère et sombre, d'un père toujours joyeux. Tous deux nous ont légué la vertu: de notre mère nous tenons la douceur, de notre père, l'éclat. Nous tournoyons en éternelle jeunesse, en danse circulaire; nous évitons volontiers les sombres cavernes, la clarté du jour nous sourit. Nous animons le monde par l'effet magique de notre existence; gaies messagères du printemps, nous conduisons son joyeux cortège. Nous fuyons la demeure des morts, car autour de nous doit s'agiter la vie. Amis de tous les hommes heureux, nous accourons partout où éclate la joie; si un empereur se fait décerner des honneurs, nous lui prêtons l'éclat de la pourpre."

La poésie didactique, telle que nous venons de la présenter en empruntant des exemples aux compositions de Schiller et de Goethe, ne peut servir à la vulgarisation d'une science, qu'autant qu'elle associe deux conditions éminemment difficiles à remplir la règle et l'inspiration. La règle enferme et circonscrit; l'inspiration tend à s'affranchir, et il faut presque du génie pour interpréter la nature sans rien lui ôter de sa réalité. Le poète de la nature, ou pour mieux dire de la science, est jugé par deux publics, doit satisfaire à deux exigences; le savant lui demande l'exactitude et la fidélité, le littérateur, l'inspiration, la richesse et la grâce; le savant doit y trouver le charme de la beauté et l'émotion; l'homme de goût doit en retirer un enseignement profitable. Qu'on ne s'étonne donc pas si cette poésie de la science est encore dans l'enfance, et si elle ne compte parmi ses interprètes que de rares savants comme Haller et Goethe, ou des hommes simples qui ont vécu dès l'enfance au milieu de la nature, comme le paysan Finsternist, dont Goethe a souvent fait l'éloge, comme le pasteur badois Eble, dont on lit maintenant en Allemagne les instructives poésies.

Nos poètes vivent moins qu'autrefois près de la nature et par la nature; ils composent dans les villes, pendant des heures d'agitation fiévreuse! Ils parlent bien des forêts ombreuses, des montagnes escarpées, de vertes bruyères, des mers sans fond; ces réalités, ils ne les connaissent pas, et sont impuissants à les décrire; ils les empruntent comme un ornement destiné à voiler le vide de leurs compositions; qu'ils retournent à la nature et ne dédaignent pas la science et ses sévères enseignements; le réel animera leur poésie, et leurs vers pourront faire quelque impression durable. Nous parlons des poètes; quant aux savants habiles dans l'art d'écrire, capables d'exprimer avec inspiration les vérités de l'expérience, combien le nombre en est restreint, surtout depuis qu'on développe prématurément, dans la jeunesse, les opérations intellectuelles? Nous vivons trop, dès notre enfance, au milieu des machines et des livres; notre âme ne se développe pas assez sous l'influence de la nature. Revenons à Goethe; son exemple nous enseignera comment on peut embellir la science par la poésie et féconder la poésie par la science.

Nous avons vu Goethe aborder successivement les divers genres de poésie didactique; il a voulu aussi en essayer la forme la plus haute, et exprimer par des vers quelques-unes des lois générales que la nature lui avait enseignées. La philosophie naturelle est essentiellement capable de produire l'inspiration. „Elle est, comme le dit si bien Dante, la petite fille de Dieu, née de l'univers et de l'esprit de l'homme;" elle nous laisse entrevoir quelques traces de ces lois qui régissent et soutiennent le monde: la stabilité dans le changement, le mouvement dans la durée, l'harmonie dans la variété, l'unité dans la diversité, la sagesse et la puissance partout.

De ces hauteurs, comme la nature humaine paraît tout à la fois grande et misérable! s'agitant, comme dit Pascal, dans un désespoir éternel de connaître jamais ni le commencement ni la fin des choses. Goethe a souvent éprouvé ces émotions que l'étude inspire aux âmes élevées, il a essayé de les exprimer. Dans son ode sur le changement dans la durée, il peint la vie qui s'écoule, le tourbillon de la matière renouvelant sans cesse l'organisme: „Et toi-même, tu changes; ces mures, ces palais que se dressent devant toi, tu les vois avec d'autres yeux. Elles ont disparu, ces lèvres qui savouraient les baisers; ils ne sont plus, ces pieds qui, sur la montagne, rivalisaient d'agilité avec la gazelle! Elle n'est plus, cette main charitable qui, autrefois, aimait tant à donner! Elle a changé: sous la même forme, une autre matière est voilée; tout ce que tu nommes maintenant s'est élevé comme la vague sur l'onde, et, bientôt, a disparu dans le sein de l'élément... Souviens-toi, cependant, que la nature te promet l'immuable; ton âme est une substance, et ton esprit une forme éternelle."

IV.

Trois des plus grandes œuvres de Goethe, *Faust*, *les Années d'apprentissage de Wilhelm Meister*, *les Affinités électives*, renferment, sous forme de fictions, d'allégories ou de fables, des considérations sur les sciences en général, et les sciences naturelles en particulier. Goethe nous le dit lui-même, dans un lettre adressée au conseiller Beuth, de Berlin: „J'ai caché, dans mes romans, bien des choses sous forme paradoxale et fabuleuse, j'en ai présenté d'autres sous forme paradoxale ou fabuleuse, j'en ai présenté d'autres sous forme de problèmes, dans la ferme intention d'en donner l'explication plus tard." Goethe a, en effet, fréquemment employé ses connaissances scientifiques, tantôt dans le but d'ajouter au charme du récit et à l'intérêt des situations, tantôt il a profité de la liberté que laisse la forme littéraire pour hasarder quelques critiques sévères, comme dans *Faust*, ou pour développer, comme dans *Wilhelm Meister*, des vues qui n'auraient pu trouver place dans aucun livre scientifique. La science fait tour à tour l'ornement, l'intérêt, le fond même de chaque roman de Goethe; c'est ce qu'une rapide analyse va clairement démontrer. Nous commençons par la composition de *Faust*, parce qu'elle est la première dans l'ordre chronologique.

Faust est un savant qui a tout approfondi avec une ardeur laborieuse; il a étudié tour à tour les problèmes de philosophie, de jurisprudence, de médecine; il s'est arraché à la société des hommes, et s'est fait un monde avec ses papiers, ses verres, ses instruments vermoulus. Il avait la prétention de lire dans le livre de la nature, d'atteindre aux plus hautes vérités, de dominer les hommes, de commander en maître aux phénomènes; il reconnaît bientôt la vanité de ses efforts. Irrité par sa faiblesse, entraîné par sa soif de connaître, il abandonne les voies ordinaires de l'étude, pour demander aux sciences occultes leurs secrets mystérieux: il invoque le démon, et le démon l'entraîne dans l'abîme. „Tu cherchais la pure lumière, se disait Faust en gémissant sur la stérilité de ses recherches, et tu as misérablement erré dans les ténèbres avec ta soif de la vérité.“ Toutes les sciences excitent ses railleries, et, après avoir trop cru à leur puissance, il arrive à les tourner en dérision.

La science des mots et des expériences, celle qui ne touche point âme, excitait surtout les railleries de Faust: „Le parchemin, dit-il à Wagner, est-il donc la source sacrée où la soif de l'âme doive s'apaiser à jamais? Tu n'as pas atteint les grâces de la consolation si elle ne jaillit pas des sources même de ton cœur!... Restez enfoui éternellement, amalgamez les choses, faites-vous un ragoût du repas d'autrui, et tirez, à force de souffler, une misérable flamme de votre tas de cendres! Vous aurez l'admiration des enfants et des singes, si tel est votre goût, mais vous n'agirez jamais sur le cœur des hommes si votre éloquence ne part pas du cœur.“

Cette judicieuse critique d'une science vaine et stérile pour l'âme, Goethe la met également dans la bouche de Méphistophélès. On n'a point oublié cette scène célèbre où le démon, sous le costume de docteur, répond aux naïves questions de l'écolier. „Je voudrais être fort savant, dit ingénument celui-ci, et je serais bien aise d'embrasser ce qu'il y a sur la terre et dans le ciel, la science et la nature.“ Pour satisfaire l'écolier, Méphistophélès lui trace à sa manière un tableau de la science: Apprenez la logique, on passera des journées à vous répéter que les choses les plus simples sont indispensables; adonnez-vous à la métaphysique, et vous croirez résoudre, par des mots ronflants, des problèmes qu'il n'est pas donné à l'homme d'approfondir; on ne sait trop ce que c'est que la jurisprudence; lois et droits s'y succèdent comme une éternelle maladie; pour bien entendre la théologie, il faut jurer toujours sur la parole du maître; quant à la médecine, son esprit est facile à saisir: vous étudiez à fond le grand et le petit monde pour finir par les laisser aller comme il plaît à Dieu.“ Pour montrer le but que peut atteindre l'homme qui consacre ses efforts à ces vaines études, Méphistophélès trace ces mots sur l'album de l'écolier:

Eritis sicut Deus, scientes bonum et malum.

Dans le second *Faust*, que Goethe a écrit à la fin de sa vie, il a soin de mettre de nouveau en présence l'écolier et Méphistophélès: l'écolier, devenu bachelier, a suivi les conseils du maître; il a vu que l'expérience n'est que fumée, et que tout ce qu'on a su ne vaut pas la peine d'être appris.

Le poète qui a représenté sous les traits de Faust l'homme qui cherche le bonheur absolu dans l'étude et n'y trouve qu'illusion et vanité, dépeint sous les traits de Wagner le savant follement amoureux de la science pour la science elle-même. Wagner a commencé de la manière la plus obscure: serviteur de Faust, il s'est élevé successivement à de hauts emplois, et il en a profité pour se livrer avec une naïve passion aux recherches les plus extravagantes. Pendant que Faust, son maître, entraîné par le démon, s'agite dans le gouffre du monde surnaturel, Wagner continue ses expériences. Il conçoit le projet de créer un homme en dehors des lois de la nature. *Homunculus* est le fruit de ses efforts; *Homunculus* est un pygmée, une risible apparition dans une fiole de verre, un être singulier qui possède la science innée, et dont la vie cependant n'est qu'une lumière tremblotante que le moindre souffle éteint pour jamais. Orgueilleux de sa création, Wagner voudrait s'élancer avec elle au milieu des espaces, mais la médiocrité de sa nature le retient vers la terre, et *Homunculus*, qu'il vient de créer, lui crie en se dégageant de ses mains débiles: „Reste, ton œuvre à toi, maître, est bien autrement importante; songe que tu dois feuilleter les vieux parchemins, rassembler en bon ordre les éléments de la vie es les classer avec circonspection. Ne manque pas de méditer la cause encore le moyen.“[1]

Dans toutes ces fictions, on devine aisément la pensée du poète: il trace un tableau saisissant des vanités de la science et des illusions du savant. Nous disons les vanités de la science, et notre pensée ne saurait être obscure pour tous ceux qui ont sagement médité sur l'emploi que l'homme doit faire de sa faculté de connaître. Il ne s'agit pas de cette manie puérile qui porte quelques observateurs à se faire un jouet des instruments, des livres, des papiers, de la nature elle-même. Il existe des savants plus sérieux, qui appliquent leurs facultés à des objets vraiment dignes d'attention, et qui cependant étalent aussi toutes les vanités de leurs recherches. Nous en voyons chaque jour qui, s'oubliant et oubliant plus encore les limites de la puissance de l'âme, se persuadent que la nature doit se soumettre à leurs efforts et ne leur cacher aucun de ses secrets. Ils poursuivent la connaissance entière de la vérité intérieure, partant de leur esprit comme d'un centre lumineux qui éclaire tout sans emprunter lui-même son éclat à une lumière supérieure. La science les rend vains et superbes; parce qu'ils ignorent moins que le reste des hommes, ils croient pouvoir tout expliquer, secouer tous les jougs, toutes les croyances, toutes les opinions, pour ne relever que d'eux-mêmes. Ils jugent en dernier

[1] Faust, p. 381.

ressort les questions d'art et de morale, qu'ils mettent naturellement bien en dehors et au-dessous de leur savoir.

De tout temps les grands hommes ont tourné en dérision une science qui s'élève à de pareilles prétentions. Socrate déclarait déjà qu'il savait seulement qu'il ne savait rien, et Platon, que nous savons les choses en songe et les ignorons en vérité; saint Paul disait que cette vaine science produit l'enflure, et Montaigne la traite souvent, dans ses *Entretiens*, „d'ignorance confirmée et avérée par longue étude; il est advenu, ajoute-t-il, aux gens véritablement savants, ce qu'il advient aux espis de bleds, ils vont s'élevant et haussant la tête droite et fière tant qu'ils sont vuides, mais quand ils sont pleins et grossis de grains en leur maturité, ils commencent à s'humilier et à baisser les cornes; pareillement les hommes ayant tout essayé, tout sondé, et n'ayant trouvé en cet amas de science et provision de tant de choses diverses, rien de massif et ferme et rien que vanité, ils ont renoncé à leur présomption et reconnu leur condition naturelle." En proclamant, dans un langage si judicieux, la vanité de la science, Montaigne, et tant d'autres après lui, n'ont pas voulu faire preuve d'un scepticisme absolu. Ces esprits sérieux ont critiqué avec bon sens la folle recherche de l'objet comme terme de la science; ils ont déploré l'erreur des hommes qu'un faux savoir abuse, et qui ont la prétention de tout approfondir. Que sommes-nous donc, pour nous aveugler ainsi sur la portée de notre faculté de connaître? „La destinée de l'homme, dit sagement Goethe, est de chercher où de problème commence, et de se tenir ensuite dans les limites du compréhensible." L'orgueil nous fait franchir ces bornes, et Méphistophélès grave dans notre esprit, comme sur l'album de l'écolier, cette sentence qui nous perd Vous serez comme Dieu, connaissant le bien et le mal.

A côté des savants orgueilleux, qui du moins aiment la science avec désintéressement, il y a les savants ambitieux qui n'étudient que pour arriver à la réputation et à la fortune. „La science n'est plus pour eux, dit Schiller, une divinité puissante et céleste, c'est une bonne vache qui les pourvoit de beurre." Goethe les a aussi sévèrement jugés: „Je n'aurais jamais connu, écrit-il dans ses *Maximes*, toute la petitesse des hommes, si je ne m'étais trouvé en rapport avec eux par mes recherches sur les sciences naturelles. J'ai remarqué alors que la science n'a d'intérêt pour eux qu'autant qu'elle les fait vivre, et qu'ils adoptent même l'erreur quand elle soutient leur existence... La conception d'un but élevé, le sens du vrai et du beau, le désir de leur propagation sont des phénomènes très-rares." Voilà comment Goethe traite les faux savants, et son *Faust* a ce caractère particulier qu'il montre à la fois l'impuissance de la science orgueilleuse et la puérilité du savoir qui se fait un jeu des objets de la nature.

A part cet ensemble de conceptions générales dont nous venons de parler, on trouve dans le *Faust* plusieurs passages qui se rattachent plus directement à des point de vue scientifiques: ce sont des allusions qu'il est difficile de pénétrer lorsqu'on n'a pas étudié les travaux de Goethe. Nous signalerons d'abord une des scènes de la première partie. Faust et Wagner, le jour de la fête de Pâques, sont sortis de la ville, et, à l'entrée de la nuit, ils se promènent dans la campagne. Faust exprime à Wagner les pressentiments et les élans intimes de son être vers un monde idéal, et soudain il s'interrompt pour fixer sur un autre objet l'attention de son compagnon.

Faust. – Vois-tu ce chien noir rôder à travers les blés et les chaumes?
Wagner. – Il y a déjà longtemps que je le vois sans lui rien trouver d'étonnant.
Faust. – Regarde-le bien. Pour qui tiens-tu cet animal?
Wagner. – Mais pour un barbet occupé à chercher à sa façon les traces de son maître.
Faust. – Ne remarques-tu pas comme il décrit de longues spirales autour de nous et s'approche de plus en plus? Et, tiens, ou je me trompe, ou des traces de feu marquent son passage.
Wagner. – Quant à moi, je n'aperçois qu'un barbet noir ; il se peut que ce soit une illusion de vos yeux.

Nous avions lu maintes fois ce passage sans en comprendre le sens, lorsqu'en parcourant *l'Optique*, nous arrivâmes au chapitre consacré aux couleurs subjectives. Dans ce chapitre, où Goethe traite des couleurs que nous apercevons en l'absence même des objets, il prend soin de citer entièrement la scène que nous venons de transcrire, et il fait remarquer que cette scène a été composée pour expliquer par un exemple, les couleurs physiologiques. Faust, exalté par son imagination, croit avoir devant les yeux des formes et des couleurs qui n'existent pas, et que Wagner, resté plus calme, s'efforce en vain de distinguer.

La géologie a fourni à Goethe le sujet de plusieurs scènes que l'on comprend dès que l'on connaît les controverses des neptuniens et des plutoniens, et la part du poète à ces débats. Une des scènes se passe sur le haut Péneios; un effroyable tremblement de terre se produit, la terre frémit, l'eau bouillonne; une montagne s'élève par prodige, et les sphinx étonnés nous montrent Séismos (personnification du tremblement de terre) le dos courbé, le bras tendu, pressant le sol, déchirant en zigzag le vert tapis des vallons, et portant, colossale cariatide, un effroyable échafaudage de pierres. Séismos prend la parole: „C'est moi tout seul qui ai fait cela; on finira, j'espère, par en convenir; comment vos montagnes s'élèveraient-elles dans l'azur splendide et pur de l'éther, si je ne les avais poussées à me suis limpide et magnifique, si je ne les avais soulevées, pour un spectacle pittoresque et enchanteur ?... Maintenant, je me suis soulevé du fond de l'abîme, et j'appelle à voix haute des habitants joyeux pour commencer une nouvelle vie."[2] Il est facile de reconnaître, sous cette allégorie transparente, le système du soulèvement des montagnes.

[2] Trad. citée, IV, p. 351.

Attaché à l'école de Werner, Goethe, comme nous l'avons déjà dit, repoussait ses théories et saisissait toutes les occasions de les combattre; c'est ainsi que dans son second *Faust*, il établit le dialogue suivant entre Anaxagore, le partisan du feu, et Thalès, le partisan de l'eau:

- Anaxagore à Thalès. Ton esprit obstiné ne veut donc pas se plier ?... C'est par émanation du feu que ce rocher se trouve là.
- Thalès. C'est dans l'humidité que la vie prend naissance.
- Anaxagore. As-tu jamais, ô Thalès, un une seule nuit tiré du limon une pareille montagne?
- Thalès. La nature et ses courants vitaux n'ont jamais travaillé au jour, à la nuit, à l'heure; elle a créé avec ordre chaque forme, et même dans ses phénomènes les plus grands, la violence n'est pour rien.
- Anaxagore. Ici pourtant on ne peut pas dire que ce fut autre chose...
- Thalès. Et définitivement, qu'est-ce que cela prouve ? La montagne est là, il n'y a plus rien à dire.

Dans un autre passage, Goethe personnifie la théorie neptunienne dans Oreas, roc de nature qu'il oppose à la montagne mise au jour par Séismos. Il est inutile d'ajouter qu'il donne la supériorité à Oreas. Ailleurs encore il met dans la bouche de Méphistophélès une réfutation ironique de la doctrine des Plutoniens.

Nous avons choisi dans *Faust* quelques-uns des passages où les allusions sont frappantes. Nous pourrions citer encore la nuit de Walpurgis, la scène du jardin de Marguerite, et d'autres morceaux, où le poète s'est heureusement inspiré de la nature.

Pour comprendre la part que Goethe a faite à la science, dans le roman de *Wilhelm Meister*, il faut se souvenir que ce roman se compose de deux parties écrites à des époques différentes; *les Années d'apprentissage* ont été données au public en 1791; Goethe était jeune encore; la littérature et la poésie s'étaient presque exclusivement partagées ses heures; au contraire, *les Années de voyage* ont écrites de 1820 à 1829, à l'époque où l'expérience avait déjà modéré les élans de l'imagination, où l'observation sérieuse avait pris en partie la place du poète.

Dès le premier pages de ce volume, Goethe représente les minéralogistes sous les trait de Montan. Montan est un amateur passionné de minéraux et de pierres; le marteau à la main, il explore les montagnes, brise les roches, recueille des échantillons qui ne sont pas seulement pour lui un vain objet de curiosité, mais qu'il se propose d'étudier pour arriver à l'avancement de la science. Montan est un vrai disciple de Werner, observateur, penser, homme de théorie et pratique: il ne dédaigne aucun détail, persuadé que l'industrie peut retirer les plus précieux avantages d'une étude en apparence aride. Ce caractère de Montan est d'une réalité saisissante. Goethe l'a racé sans doute lorsqu'il explorait en géologue les montagnes des environs de Marienbad et de Carlsbad, en Bohème.

Les applications de la science à l'industrie paraissent avoir beaucoup préoccupé Goethe. Témoin des grands progrès et des premières applications de la physique mécanique, de la géologie, il prévoyait qu'un jour les sciences changeraient la face du monde donne-t-il une place importante dans son roman. Il condit Wilhelm au milieu des ateliers de métallurgie et des colonies de filateurs, et développe dans un long chapitre toutes ses vues sur l'application des industries qu'elles ont fait naître.

Wilhelm, le héros du roman, a été passionné pour la science anatomique, et il croit avoir trouvé un moyen pratique de rendre plus facile et plus répandue cette intéressante étude; il s'agit encore ici d'une application, mais d'une application de l'art à la science: Wilhelm se fait le défenseur de l'anatomie d'imitation; grâce à cette représentation, l'homme du monde et l'artiste pourront surmonter la répugnance invincible que fait naître la vue de la réalité; les médecins surtout apprendront à mieux connaître les organes, dont sans cesse ils pourront avoir une fidèle représentation sous les yeux; l'humanité y gagnera, l'art y trouvera une source de sérieuses études de nouvelles inspirations.

L'homme mêle quelquefois au besoin de savoir le désir d'aborder des problèmes que leur nature rend insolubles. Goethe a voulu personnifier cet amour des sciences surnaturelles qui a séduit, à toutes les époques, tant d'intelligences. Il a imaginé une femme, *Makarie*, qui, soumise dans son organisation, à des rapports étranges avec les corps inorganiques, ressent leurs modifications, reflète le mouvement du système solaire, devine le cours des eaux, indique la disposition des couches minérales et gisement des substances exploitables. Mais quelque séduisante que soit Makarie, ce n'est point en elle que Goethe trouve l'image de la science véritable; il n'a voulu peindre en elle que la science égarée. Il a tracé lui-même un admirable portrait du vrai savant; nous en réunissons les traits épars dans son roman.

Le vrai savant doit être seul; s'il veut créer, qu'il s'éloigne des hommes, qu'il fasse régner le silence autour de lui. Le vrai savant n'est pas ambitieux; les richesses et les honneurs sont peu de choses pour lui; ce qu'il recherche est au-dessus des richesses et des honneurs; la connaissance de quelques vérités, le bonheur de les faire partager aux autres, voilà sa seule ambition; ce qu'il a découvert, nul ne peut le lui ravir; tous les pouvoirs, toutes les lois cherchent en vain à comprimer l'élan de sa pensée, à taxer d'erreur les résultats qu'il obtient; la vérité est libre; elle ne perd rien de son caractère sacré. On dit que la science dessèche; oui, sans doute, si elle devient pour l'homme un calcul, elle le rend froid et égoïste; mais le vrai savant ne perd rien des tendres affections; les émotions de la vérité, le sentiment de sa faiblesse, la reconnaissance envers le Créateur le rendent plus aimant et meilleur. „Dans les régions purement intellectuelles, dit Goethe, les tendres affections trouvent toujours un point où elles peuvent se déployer librement sous l'égide des lois éternelles. Etablir une harmonie parfaite entre les deux mondes, personnifier, pendant son passage sur cette terre, tout ce que l'un et l'autre ont de grand, de noble, d'utile, c'est le plus haut degré de perfection que la créature humaine puisse attendre.“

Les *Affinités électives* sont la plus bizarre des productions littéraires de Goethe; dans les autres œuvres, la science joue un rôle accessoire; dans celui-ci, elle fait le fond et l'intérêt principal. C'est en 1808 que l'œuvre a paru, et à cette époque correspond dans la vie de Goethe une période grande activité scientifique. Il étudiait beaucoup la physique et la chimie, soit à Weimar, soit à Iéna; il était en correspondance avec Seebeck et le chimiste Döbereiner, il travaillait activement son *Traité des couleurs*.

Vivant au milieu des littérateurs et des savants, son esprit était sans cesse disposé à associer les vues des uns et des autres. Le plan est d'ailleurs indiqué d'une manière fort claire dans le chapitre quatrième. Trois personnages sont mis en scène: le baron Edouard, sa femme Charlotte, et un capitaine, intime ami du baron et très versé dans les sciences. Dans une des conversations du soir, Edouard lit quelques passages d'un livre de chimie, et le mot *affinité* vient frapper l'oreille de Charlotte. Charlotte en demande l'explication, et le capitaine se hâte de l'initier aux phénomènes de cet ordre; il lui fait comprendre comment deux ou plusieurs substances ont la faculté de se rechercher, de se saisir, de se déterminer mutuellement, et par là même de s'arracher à certaines combinaisons. Ainsi, par exemple, l'acide sulfurique a une plus grande affinité pour la chaux que l'acide carbonique; si donc on verse sur le carbonate de chaux (terre calcaire) de l'acide sulfurique, ce dernier s'empare de la chaux pour former du plâtre, et l'acide carbonique se dégage.

„Figurez-vous, continue le capitaine, figurez-vous A si étroitement uni à B, que plus d'une expérience a déjà prouvé qu'ils étaient inséparables; supposez les mêmes rapports entre C et D, mettez les deux couples en contact: et vous verrez A s'unir à D et C à B, sans qu'il soit possible de dire lequel a le premier abandonné l'autre, lequel a le premier cherché et formé un lieu nouveau.“

„Puisque nous ne pouvons pas voire tout cela s'opérer sous nos yeux, reprend Edouard, tâchons, en attendant, de tirer de cette charmante formule un enseignement utile et applicable à nous-même. Il est évident, ma chère Charlotte, que tu es A et que je suis B, dépendant de toi et très irrévocablement attaché à ta suite; le capitaine est le méchant C qui m'attire assez puissamment pour nous éloigner; il est donc juste de te procurer un D qui t'empêche de te perdre dans le vague, et ce D est la pauvre Ottilie.“

Le roman se développe suivant la loi que le baron vient d'exposer; les personnages s'attirent et se repoussent à la manière des corps chimiques, et l'on conçoit tout de suite quelles étranges situations vont naître d'une donnée aussi singulière. Au milieu des péripéties du roman, se dessinent quelques caractères heureux et intéressants pour l'observateur de la nature. Tel est le caractère d'Ottilie, de cette jeune fille expansive et aimante, qui cherche partout dans la nature le mouvement et la vie, et professe une aversion profonde pour les collections où sont entassés les débris des animaux et des plantes. Quelques lignes du journal qu'elle écrit font connaître sa pensée: „Nous ne devrions connaître de la nature qu'en ce qu'elle fait immédiatement mouvoir et vivre autour de nous. Chaque arbre qui verdit, fleurit et porte des fruits sous nos yeux, chaque plante que nous trouvons sur notre passage, chaque brin d'herbe que nous foulons aux pieds, ont des rapports directs avec nous et sont nos véritables compatriotes. Les oiseaux qui sautent de branche en branche dans nos jardins et chantent dans nos bosquets, nous appartiennent et parlent un langage que dès notre enfance nous apprenons à connaître; mais qu'on se le demande, chaque être étrange arraché à son entourage naturel, ne produit-il pas sur nous une impression inquiétante et désagréable que l'habitude seule peut vaincre?... Un cabinet d'histoire naturelle ressemble à un sépulcre égyptien, où l'on voit des plantes et des animaux dont on a fait des dieux, soigneusement embaumés et symétriquement classés.“

Il serait à souhaiter que les sages réflexions d'Ottilie ne fussent pas tout à fait perdues pour nous. Nos galeries, nos herbiers, nos armoires vitrées ne sont guère propres à inspirer l'amour de la nature, ni même à la faire comprendre. On étudie mal la vie dans les collections où règne la mort. Des peaux de mammifères ou d'oiseaux empaillés, des insectes méthodiquement rangés dans des boîtes, des cristaux brisés, voilà tout ce qu'aperçoit le curieux, l'ignorant qui veut s'instruire, dans ces édifices pompeusement décorés du nom de Muséums. Partout la vie est absente, partout le plan de la nature est brisé. Qu'on suive le conseil d'Ottilie; qu'on nous montre les animaux dans le rôle et à la place où Dieu les a mis. Qu'on nous fasse voir le ver à soie sur le mûrier, le chêne ou le ricin; qu'on en présente les développements, qu'on en étale les admirables produits. Que d'habiles préparateurs nous montrent les abeilles ouvrières travaillant à la construction des gâteaux ou des alvéoles, les cochenilles fixées aux feuilles du nopal; que des dispositions du même genre accompagnent chaque groupe d'animaux ou de plantes; nous n'aurons plus alors devant les yeux de vaines apparences, mais des réalités qui feront naître en nous de salutaires réflexions.

La peinture, la sculpture, l'histoire naturelle pourraient aussi s'unir pour nous donner une idée des productions de chaque climat, et réaliser les descriptions des savants explorateurs des contrées lointaines. Ces galeries, que la science et l'art pourraient aujourd'hui si facilement créer, serviraient à propager le goût des sciences et l'amour de la nature.

V.

Il y a dans l'art deux éléments, l'idéal et le réel, qui sont représentés, dans l'histoire, par deux écoles rivales et également exclusives. Les maîtres n'ont point cédé à ces tendances extrêmes, ils ont compris que la réalité est une condition de l'art, et que l'idéal est le but suprême auquel il doit tendre. Telle a été aussi la pensée de Goethe; il insiste souvent sur ce principe: „La réalité, nous dit-il, doit fournir les motifs, les points essentiels, ce qu'on peut appeler le noyau de la composition; mais que tirer de là un ensemble harmonieux et vivant, est la tâche du poète et de l'artiste.“

Si l'artiste a besoin du réel, il pourra s'appuyer sur les sciences, leur emprunter des détails nouveaux, leur demander des enseignements plus précis. Les sciences, celles surtout qui ont pour objet la connaissance de la nature, seront pour lui d'une double utilité: elles l'aideront à concevoir, elles l'aideront surtout à interpréter et à exprimer. Le sculpteur a besoin de sérieuses études anatomiques; le peintre, s'il veut tirer de la composition et du coloris de puissants effets, ne doit ignorer ni la théorie des couleurs, ni la perspective. Goethe avait de bonne heure compris la nécessité de pareilles études, aussi le *Traité des couleurs* est écrit en grande partie pour les artistes, auxquels il reproche, non sans raison, leur ignorance des théories, leur aversion pour les principes. Il espère que, grâce à ses efforts, les artistes comprendront la nécessité de la science, et appliqueront des théories qui, jusque-là, ont été formulées sans précision et sans clarté. C'est ici le lieu de faire connaître les principes que Goethe a établis, et qui constituent, suivant nous, la partie la plus importante du *Traité des couleurs.*

Pour attendre la perfection dans l'art du coloris, l'artiste doit considérer les effets moraux des couleurs, leurs effets physiologiques, leur nature technique, enfin l'influence qu'exercent sur elles les circonstances extérieures. Les couleurs agissent sur l'âme: elles peuvent y exciter des sensations, y éveiller des émotions, des idées qui nous reposent ou nous agitent, et provoquent la tristesse ou la gaieté. Un ciel bleu, des arbres verts, disposent notre âme aux joyeuses pensées et au repos; d'autres couleurs la portent à la mélancolie et aux tristes souvenirs. Goethe analyse avec détails ces effets moraux des couleurs. Les teintes claires réjouissent, les teintes sombres disposent à la gravité; le jaune clair a de l'éclat, de la chaleur, de la noblesse; le jaune pur est désagréable, c'est une teinte à laquelle s'attache le ridicule; le rouge jaune est chaud et actif: il rappelle l'éclat resplendissant d'un soleil couchant; le jaune rouge éblouit et fatigue, le bleu obscur calme et repose la vue: il s'accompagne d'une sensation de froid, d'ombre, d'éloignement; nous aimons le bleu, comme nous aimons un objet agréable qui s'éloigne et nous fuit. Le violet, plus lumineux, nous réjouit davantage; le rouge s'associe à une impression de gravité, de dignité et de puissance; quant au vert, il nous attache avec un irrésistible attrait. Ces effets moraux varient avec l'âge, le sexe, le caractère, l'état social; les peintres, dans leurs compositions, doivent tenir compte de ces diverses circonstances. „Ces couleurs que nous donnent les corps, dit Goethe, ne sont pas, pour l'organe visuel, quelque chose de complétement étranger; l'œil est essentiellement actif et toujours en état de produire lui-même les couleurs; il doit donc éprouver un sentiment agréable lorsque quelque impression, conforme à sa nature intime, lui arrive du dehors... Une couleur isolée fait naître dans l'œil la tendance vers la totalité et l'harmonie.“ Goethe a tiré de ces principes des conséquences que nul n'avait formulées avant lui; l'exposition que nous avons déjà faite du *Traité des couleurs* les rendra faciles à comprendre.

Il nous suffira de rappeler que les trois couleurs fondamentales, rouge, jaune, bleu, occupent les extrémités des grands diamètres: le rouge en haut, le jaune et le bleu à droite et à gauche du diamètre horizontal; entre le rouge et le bleu on a placé le violet; entre le bleu et le jaune, le vert; entre le jaune et le rouge, l'orangé; ces couleurs secondaires sont complémentaires des couleurs fondamentales. – Cette construction rappelle dans ses points essentiels celle que M. Chevreul a imaginée après Goethe, et dont on trouvera les détails dans son remarquable ouvrage sur le contraste simultané des couleurs.

Il y a harmonie pour l'œil toutes les fois que les couleurs réunies peuvent donner du blanc; c'est ce qui a lieu, soit qu'on unisse les trois couleurs fondamentales, soit qu'on associe une couleur fondamentale et la couleur complémentaire opposée. Alors l'harmonie est complète. Si l'on fixe deux couleurs fondamentales comme le jaune et le bleu, le bleu et le rouge, il n'y a pas une harmonie complète, mais seulement une tendance vers cette harmonie; c'est ce que Goethe appelle *juxtaposition caractéristique*. Toute harmonie disparaît, si l'œil reçoit l'impression de deux couleurs, dont l'une est une couleur fondamentale et l'autre la couleur complémentaire qui la suit; ainsi, le bleu et le vert, le vert et le jaune s'associent mal et ont quelque chose de repoussant. Les anciens disaient d'une pareille association des couleurs, qu'elle était agréable aux fous; Goethe l'appelle *juxtaposition sans caractère*.

L'expérience confirme ce qu'enseigne la théorie, et les artistes ne doivent pas ignorer que les associations de couleurs sont en harmonie avec les caractères, les âges, les sexes, les nationalités: les couleurs énergiques plaisent aux enfants; les vieillards recherchent de préférence les teintes violettes et sombres; chaque nation adopte plus volontiers une couleur en rapport avec son caractère. La vivacité française aime les couleurs brillantes; la tranquillité de l'Anglais et de l'Allemand recherche de préférence le jaune foncé et le bleu sombre, le rouge charme davantage les Italiens et les Espagnols.

Pour atteindre la perfection du coloris, l'artiste doit s'exercer à mettre les couleurs en harmonie avec la nature et avec la position des objets. La coloration d'un objet sera complète, achevée, si elle exprime la nature physique de l'objet, la place qu'il occupe, la disposition de la lumière et de l'ombre, le ton de l'ensemble. Quant à la nature physique de l'objet, le peintre apprendra à la représenter, s'il s'attache au réel; et il ne peindra pas le sapin comme le chêne, le coton comme la laine, les tissus de soie comme les étoffes de velours.

La perspective fournira à l'artiste des principes pour l'intelligence de la théorie si délicate du clair et de l'obscur, des règles pour la position absolue ou relative des objets, le groupement suivant les plans rapprochés ou éloignés. A la perspective, l'artiste doit joindre le coloris caractéristique et le coloris harmonique. Le coloris caractéristique exprime les harmonies de l'objet et des sentiments. Il peut être puissant, doux ou éclatant; le coloris harmonique consiste dans un ensemble de teintes qui produisent sur la rétine une impression agréable. Le ton, dans le coloris, est une teinte générale jetée sur l'image et destinée à en faire ressortir l'unité: le ton se retrouve en musique comme en peinture; il est, soit à la couleur, soit au son, ce que le caractère est à l'âme, ce que le tempérament est au corps. „Que le peintre, ajoute Goethe en terminant ces considérations, se pénètre bien des règles que nous avons posées; c'est par l'harmonie de la lumière et de l'ombre, l'observation de la perspective, l'emploi de la coloration vraie et caractéristique, qu'un tableau peut être considéré comme achevé au point de vue du coloris."

Les connaissances scientifiques sont nécessaires pour l'exécution de toutes les œuvres d'art; le sculpteur en a besoin comme le peintre. Le peintre doit étudier la perspective et le coloris, le sculpteur doit se familiariser avec les formes et chercher ses modèles dans la nature vivante; les études anatomiques lui sont donc indispensables, son œuvre est isolée; elle n'est pas complexe comme la composition du peintre et du musicien; elle s'attache à l'individualité, mais s'efforce d'en reproduire la vivante harmonie; la connaissance du détail devient dès lors bien plus indispensable. Si le sculpteur veut faire une étude approfondie des formes, qu'il ne se borne pas à prendre le scalpel et à analyser les détails anatomiques du corps humain; qu'il ne néglige pas dans ses recherches les formes des animaux supérieurs, et surtout qu'il étudie la forme vivante, animée, changeant suivant les modifications des passions et des instincts. Il y a une anatomie physiologique que les savants ont trop négligée, et qui doit rendre aux beaux-arts, à la sculpture surtout, dès qu'elle sera mieux développée, d'incontestables services. A diverses époques de sa vie, Goethe a travaillé dans ce but, et c'est justice de rappeler qu'un des premiers, il a encouragé en Allemagne, les progrès de l'anatomie plastique.

L'anatomie plastique est une représentation détaillée, minutieuse, de l'organisme humain; elle est utile au médecin et à l'artiste; au médecin, puisqu'elle lui fournit les moyens d'étudier sans cesse le corps qu'il ne connaît jamais assez; à l'artiste, puisqu'elle met à sa disposition un modèle exact. L'artiste, d'ailleurs, doit s'exercer à produire lui-même ses modèles en se pénétrant de la réalité. Dans un des chapitres de *Wilhelm Meister*, Goethe a longuement développé les avantages de l'anatomie plastique. Dans la dernière année de sa vie, en 1832, il a écrit sur ce sujet au conseiller Beuth, de Berlin, une lettre très-intéressante et peu connue. Il demande la fondation d'un établissement d'anatomie plastique où la science, l'art, la technique pourraient se réunir. Qu'on envoie à Florence un anatomiste, un statuaire, un fondeur: l'anatomiste étudiera les procédés de préparation et de conservation des pièces; le statuaire consacrera son talent à représenter d'une manière idéale, mais fidèle, les parties dont l'aspect nous inspire d'ordinaire l'aversion et le dégoût; le fondeur s'exercera au maniement de la cire et des couleurs: de retour à Berlin, ces trois hommes y introduiront l'art nouveau, dont les résultats sont incalculables. Le savant trouvera dans l'anatomie plastique un moyen de populariser la science, le statuaire une occasion de méditer sur la beauté des formes, le chirurgien une facilité extrême pour acquérir plus d'habileté dans l'exercice de son art. On n'aura plus à déplorer des excès, des crimes même, que le besoin des études médicales ne saurait justifier. Les vœux de Goethe se trouve aujourd'hui en partie réalisé; malheureusement, l'anatomie plastique n'a guère reçu que des applications scientifiques ou médicales; l'art en a peu profité; la plupart des artistes y sont restés complétement étrangers.

Il existe une branche de l'art dans laquelle l'idéal tient une moins grand place que dans les autres; nous voulons parler de l'art descriptif, qui concourt si puissamment à aider la science dans l'interprétation de la nature. Là le réel devient à la fois le point de départ et le but; l'artiste cherche par-dessus tout à se pénétrer des caractères de la réalité et à en découvrir les beautés cachées; il n'impose plus son inspiration personnelle aux objets, il la reçoit de ces objets mêmes. C'est la beauté de la nature qui s'impose à lui et le domine; son rôle se réduit à la comprendre et à l'exprimer. Pour réussir dans ce genre difficile, pour représenter les paysages, les plantes, les animaux, les scènes de la nature morte et vivante, l'artiste doit être avant tout un observateur; la fidélité, la rigueur sont les conditions essentielles du génie. Son esprit doit donc être libre des passions et des préjugés, afin que les vues personnelles ne faussent pas la pureté de ses premières impressions. Son œuvre est d'un savant, parce qu'elle est fidèle, vraie, jusque dans le détail; elle est d'un artiste, parce qu'elle est l'expression de la beauté cachée que chaque être, chaque forme réalise. Les anciens ont à peine connu cet art descriptif et ses applications à la science du monde physique; un seul artiste, Philostrate, a tenté quelques essais. Goethe en parle dans son ouvrage sur l'Art et l'Antiquité. Les modernes, au contraire, ont développé puissamment cette branche de la peinture; le paysage et la nature morte comptent des maîtres aujourd'hui chez presque toutes les nations civilisées. Dès le XIVe et le XVe siècle, les écoles néerlandaises et brabantaises se sont attachées à ce genre de composition; on peut voir au musée d'Anvers les belles toiles de Jean Fyt, qui réalisent merveilleusement toutes les conditions de la peinture descriptive.

L'art descriptif est appelé à devenir un auxiliaire de la science, et à seconder les efforts des naturalistes qui cherchent à faire connaître la configuration des animaux, les productions de toutes les contrées du globe, et à décrire la nature sous ses aspects les plus divers. Les ouvrages de Humboldt, de Meyen, de Schleiden et de Martius pourraient fournir d'inépuisables sujets aux artistes. La physionomie de la nature, ainsi exprimée conformément à la connaissance de ses lois, serait saisissante; les palmiers couronnés de leurs feuilles aux découpures variées; les agaves, dont la hampe fleurie s'élance au milieu d'une touffe de feuilles; les yuccas aux longues branches rameuses, terminées par des collerettes de feuilles aiguës; les pandanus suspendus par leurs racines; les bertholetus, dont le tronc et les branches nourrissent mille plantes parasites et s'entourent de lianes; donneraient l'idée la plus vraie de la végétation sous les zones torrides. Si aux plantes on associait les animaux, en représentant avec fidélité leurs formes, leurs habitudes, leurs physionomies, on donnerait une vive image de ces beautés muettes, de ces harmonies cachées, dont la nature est prodigue; de telles peintures seraient un enseignement plus fructueux, peut-être, que celui qu'on puise dans les leçons et les livres; elles populariseraient avec la science, l'amour et l'émotion de la nature. Appliquée à la minéralogie, et à la géologie, la peinture descriptive exprime aussi, avec puissance et clarté, des effets dont les descriptions les plus exactes ne peuvent souvent nous donner qu'une idée imparfaite. Goethe, qui comprenait merveilleusement ce que peut produire l'alliance de la science et des arts, attachait une importance extrême à l'union de l'observation et du dessin. Il dessinait lui-même le paysage avec une assez grande perfection et surtout avec un goût exquis. „La parole et le dessin, disait-il souvent, doivent rivaliser dans la description des objets d'histoire naturelle." Il donne l'exemple de cette heureuse association dans chacun de ses travaux scientifiques. Ses études anatomiques et géologiques sont accompagnées de figures exécutées par lui avec une grande précision, et qui aident puissamment à l'intelligence du texte. Il exprimait même beaucoup plus volontiers ses impressions par le dessin que par des descriptions complexes. En 1787, il entreprend un voyage dans le Hartz, et fait de nombreuses excursions géologiques; il remplit un album d'esquisses de tous genres, et s'étudie surtout à représenter l'aspect particulier, le mode de structure de chaque roche. Ces dessins dont il nous donne la description, n'ont jamais été publiés; nous ignorons en quelles mains a passé cette précieuse collection.

Si nous avons insisté sur les rapports intimes qui unissaient l'esprit scientifique de Goethe à son génie artistique, c'est surtout pour rappeler cette vérité trop oubliée que les beaux-arts peuvent seconder la science de la nature, soit qu'ils fournissent les moyens d'en interpréter les merveilles, soit qu'ils contribuent à en inspirer l'amour. Aujourd'hui, la science veut marcher seule, et prétend se suffire à elle-même; elle s'isole, elle s'entoure de termes inaccessibles, et, fière de ses applications, s'étonne qu'on lui propose un traité avec la poésie et les arts. Elle a tort. Privée de toute inspiration supérieure, elle ne pourra que se vouer au service des intérêts matériels. C'est à la fois le progrès et le péril de notre temps; nous sommes loin de ces siècles où la science cherchait à élever l'âme humaine, respectait nos plus nobles sentiments, mettait la dignité de l'esprit bien au-dessus des misérables satisfactions du corps, et ne cherchait pas à flatter les passions, mais à les dominer. Où est maintenant cette dignité de la science, que Goethe avait si bien comprise? Les inventions modernes participent-elles au développement de l'âme? Inspirent-elles les arts et la poésie? Favorisent-elles l'amour du beau et l'admiration de la nature? Insouciante des besoins de l'esprit, indifférente à ses inspirations et à ses tendances divines, la science contemporaine n'a souci que de la matière, et ne songe qu'à multiplier les jouissances du corps.

Cette science, qui s'isole ainsi du mouvement poétique, philosophique et moral, qui développe sans contre-poids le côté matériel de notre nature, est pleine de périls pour l'avenir. Déjà elle a pris une large place dans le gouvernement des États, et une trop grande part dans l'éducation de la jeunesse; au nom de ses services, elle s'impose partout, s'empare des issues, crée des carrières, attire à elle toutes les intelligences d'élite: elle écarte comme des rêveurs tous ceux qui n'encensent pas l'idole. Bientôt, si l'on n'y prend garde, elle montrera ses dernières conséquences: le sens du beau et du vrai sacrifié à l'utile, la doctrine de l'intérêt érigée en principe, les intelligences abaissées, les plus nobles inspirations comprimées, le règne de l'égoïsme établi partout. Nous avons montré le danger; puisse-t-il être combattu, comme le voulait Goethe, par le fécond et salutaire amour de l'idéal, par l'union étroite de la science, de la philosophie et de l'art.

Gustav Theodor Fechner: Kurze Darstellung der Goethe'schen Farbentheorie (1816)

Vita – Abstract
Gustav Theodor Fechner (19. April 1801 Groß Särchen – 18. November 1887 Leipzig) studierte seit 1817 neben Medizin auch Mathematik, Naturwissenschaften und Logik in Leipzig, war aber nach dem medizinischem Examen 1822 und der Promotion 1823 mit einer naturwissenschaftlichen Dissertation über die Theorie des Organismus nicht als Arzt tätig, sondern wandte sich der Physik zu, wurde 1831 zum Extraordinarius und 1834 zum Ordinarius für Physik und 1835 Direktor des neuen Instituts für Physik sowie nach einer durch ein Augenleiden und eine psychische Erkrankung (depressiv-manisch) bedingten Unterbrechung von 1840 bis 1843 zum Professor für Naturphilosophie und Anthropologie in Leipzig ernannt, welche Stelle er aber nicht in Anspruch nahm. Fechner gründete mit dem Verleger David Leopold Voß (1793–1868) 1830 das ‚Pharmaceutische Central-Blatt' und 1846 mit anderen Wissenschaftlern die ‚Königlich Sächsische Gesellschaft der Wissenschaften zu Leipzig'. Nach Fechner, Mitglied verschiedener Akademien, wurde ein Mondkrater und ein Asteroid benannt. Seine Forschungen galten physikalischen, naturwissenschaftlichen, medizinischen, psychologischen, ästhetischen, kunsthistorischen und philosophischen Themen. 1825 erschien von ihm unter dem Pseudonym Dr. Mises *Die vergleichende Anatomie der Engel* (span. 2001). Im *Büchlein vom Leben nach dem Tode* (1836) vertrat Fechner nach den beiden irdischen Stadien stetes Schlafen und dem Wechsel von Schlafen und Wachen ein drittes Stadium als ewiges Wachen im Jenseits. Mit seinen Analysen der gegenseitigen Beziehungen zwischen

D. von Engelhardt, *Goethe als Naturforscher im Urteil der Naturwissenschaft und Medizin des 19. Jahrhunderts*,
https://doi.org/10.1007/978-3-662-68126-8_12

physikalischem Reiz und Sinnesempfindung gilt Fechner als Begründer der Psychophysik, über die er 1860 ein zweibändiges Werk (*Elemente der Psychophysik*, 21889, engl. 1966) veröffentlichte. Seine *Vorschule der Ästhetik* (1876) übte einen bleibenden Einfluss auf die Entwicklung der Ästhetik aus. Ein philosophisch-theologisches Resümee seiner Forschungen und wissenschaftlichen Orientierung zog Fechner in der Schrift *Die Tagesansicht gegenüber der Nachtansicht* aus dem Jahre 1879. Posthum erschienen im Jahre 2004 seine *Tagebücher 1828 bis 1879*, in denen Goethe mehrfach erwähnt wird.

In dem knappen Beitrag zu seiner deutschen Übersetzung des *Précis élémentaire de physique expérimentale* (1817) des französischen Physikers Jean Baptiste Biot (1774–1862) gibt Fechner, der in seiner Schrift *Nana oder über das Seelenleben der Pflanzen* (1848) und anderen Studien über Farben und Sehen mit Zustimmung Goethe erwähnt, eine kurze Darstellung von Goethes Farbenlehre, führt das Interesse, das sie gewonnen habe, auf seine Bedeutung als Schriftsteller zurück, weist auf spezifische Irrtümer hin und stellt prinzipiell in Frage, dass Goethe sich mit seinem Angriff überhaupt auf Newton bezogen habe.

Fechner, Gustav Theodor:
Kurze Darstellung der Goethe'schen Farbentheorie, in: Jean Baptiste Biot: Lehrbuch der Experimental-Physik, Bd. 4, a. d. Franz. (1816) übers. v. Gustav Theodor Fechner (1817), Leipzig 1817, 21829, S. 486–488.

* * *

Wenngleich die Goethe'sche Farbentheorie das Interesse, welches sie erregt hat, mehr dem von anderen Seiten her begründeten Ruf ihres Urhebers, als einer streng wissenschaftlichen Begründung derselben verdanken möchte, so habe ich doch, eben deshalb, weil man sich öfter auf dieselbe bezieht, eine kurze Darstellung derselben nicht für überflüssig gehalten.

Hinsichtlich ihrer allgemeinen Würdigung bemerke ich bloß Folgendes. Goethe glaubte, teils durch seine allgemeine Ansicht von der Farbe, teils durch ihre Anwendung auf einzelne Tatsachen, die Newton'sche Theorie gestürzt zu haben. Allein was erstere anlangt, so lässt sich nicht einmal von einem Verhältnis derselben zur Newton'schen Ansicht sprechen, weil Goethe bloß von zusammengesetzten Tatsachen ausgeht und sogar nicht bestimmt, welche Grundvorstellung er eigentlich für Licht und Finsteres, Helles und Dunkles zu Grunde legt, so dass es wohl möglich wäre, dass bei einer näheren Bestimmung dieser Punkte die Goethe'sche Ansicht mit der Newton'schen oder Huyghens'schen auf irgendeine Weise zusammenträfe. Was aber die Angriffe Goethes gegen Newtons Theorie von einzelnen

Tatsachen aus anlangt, so haben gründliche Physiker die Irrtümer hinlänglich nachgewiesen, welche Goethe bei dieser Art der Widerlegung begangen.[1]

Jedenfalls bleibt der Goethe'schen Ansicht über die Entstehung der Farben das eigentümliche Verdienst, eine große Anzahl von Farbenerscheinungen unter eine allgemeine, leicht fassliche Tatsache zu bringen, die man nur nicht mit Goethe als ein keiner weiteren Rückführung fähiges, noch weniger anderen Theorien widersprechendes Grundphänomen ansehen darf, und von der man nicht erwarten darf, dass sie zu einer näheren Einsicht in die Erscheinungen selbst führe, die nur eine Theorie gewähren kann, welche der Berechnung sichere Anhaltspunkte darbietet, die bei der Goethe'schen Ansicht gänzlich fehlen.

Nach v. Goethe gehen die Farben nicht aus Zerlegung des weißen Lichts hervor, sondern das Licht ist ein Einfaches, nicht näher Bestimmtes, das durch seinen Konflikt mit der Finsternis, die Goethe ebenfalls als positiv wirkend betrachtet, die Farben erzeugt. Es entsteht nämlich nach ihm jedes Mal da Farbe, wo Helles (Lichtes) durch Finsteres oder Finsteres durch Helles hindurchscheint[2], und zwar im ersten Fall, wo das Finstre durch das Helle hindurchscheint, Blau, im zweiten, wo man das Helle durch ein dunkles Mittel hindurchsieht, Gelb oder Rot nebst den verwandten Nuancen.

Es wird hinreichen, einige der Belege, die Goethe für diese Grundansicht anführt, kennen zu lehren, um sie teils richtig zu verstehen, teils die allerdings nicht geringe Ausdehnung, in der sie sich bestätigt, zu erfahren.

Das höchst energische Licht, wie das der Sonne, des Phosphors in Sauerstoffgas verbrennend, ist blendend und farblos. So kommt auch das Licht der Fixsterne meist farblos zu uns. Dieses Licht aber, durch ein auch nur wenig trübes Mittel gesehen, erscheint uns gelb. Nimmt die Trübe eines solchen Mittels zu, oder wird seine Tiefe vermehrt, so sehen wir das Licht nach und nach eine gelbrote Farbe annehmen, die sich endlich bis zum Rubinroten steigert.[3]

Wird die Finsternis des unendlichen Raumes durch atmosphärische, vom Tageslicht erleuchtete Dünste hindurch angesehen, so erscheint die *blaue*

[1] Vergl. z. B. Brandes in Gehlers Wörterb. [= Heinrich Wilhelm Brandes: Farbe, in: Johann Samuel Traugott Gehler, Hg.: Physikalisches Wörterbuch, Bd. 4, 1. Abth., Leipzig 1827, S. 39–131]. – Mollweide Prüf. der Farbenlehre von Goethe. Halle. 1810 [= Carl Brandan Mollweide: Prüfung der Farbenlehre des Herrn v. Goethe und Verteidigung des Newton'schen Systems wider dieselbe, Halle 1810].

[2] Es ist wohl zu bemerken, dass Goethe nicht sagt, „wo Helles sich mit Finsterem mischt"; da dies offenbar nur Grau geben würde. Inwiefern aber das Hindurchscheinen einen anderen Effekt geben könne als das Mischen, hat Goethe nirgends erörtert.

[3] So zeigt sich die Sonne, durch einen gewissen Grad von Dünsten gesehen, mit einer gelblichen Scheibe. Beim Heerrauch und noch mehr beim Scirocco erscheint die Sonne rubinrot. Morgen- und Abendröte entstehen nach Goethe aus derselben Ursache, indem die Sonne am Horizont durch eine größere Menge Dünste hindurchstrahlt.

Farbe.[4] Ebenso scheinen die Berge blau; denn indem wir sie in einer solchen Ferne erblicken, dass wir die Lokalfarben nicht mehr sehen und kein Licht von ihrer Oberfläche mehr auf unser Auge wirkt, so gelten sie als ein reiner finstrer Gegenstand. Das Blau wird überhaupt immer heller und blässer, je mehr sich die Trübe des Mittels vermehrt, hingegen immer dunkler und satter, je durchsichtiger das Trübe wird, ja es wird bei dem mindesten Grade der reinsten Trübe als das schönste Violet dem Auge fühlbar.

Der Rauch ist als ein trübes Mittel anzusehen, das uns vor einem hellen Grund gelb oder rötlich, vor einem dunkeln (gegen den es selbst hell ist) aber blau erscheint.

Befestigt man vor die Öffnung des eben von der Sonne beschienenen Fensterladens ein Stück Pergament, so wird es weißlich erscheinen; fügt man ein zweites hinzu, so entsteht eine gelbliche Farbe, die immer zunimmt und endlich bis ins Rote übergeht, je mehr Blätter man nach und nach hinzufügt.

Auf dieselbe allgemeine Tatsache führt nun Goethe auch die prismatischen Farben folgendermaßen zurück. Weil jede mit Farbenzerstreuung verbundene Brechung eine *Verrückung* der Ränder des Bildes zur unmittelbaren Folge hat, so schließt Goethe, die Farbenerscheinung des Bildes rühre bloß daher, dass hierbei seine entweder hellen oder dunklen Ränder über den dunkeln oder hellen umgebenden Grund gleichsam hinweggeschoben würden[5], sodass nun solchergestalt an diesen Rändern Dunkles durch Helles oder Helles durch Dunkles hindurchwirke, weshalb auch die prismatischen Farben nur an den Rändern erscheinen.

Zur näheren Verdeutlichung der Art, wie Goethe diese Ansicht anwendet, mögen hier einige Beispiele folgen:

Man nehme ein helles Bild auf dunklem Grund. An diesem findet eine Verrückung der Ränder statt, wenn wir diese von dem Mittelpunkt aus scheinbar nach Außen dehnen, indem wir es vergrößern. Dieses geschieht durch jedes konvexe Glas, und wir erblicken in diesem Fall einen blauen Rand. Wenn wir mittelst eines Hohlglases den (dunkeln) Umkreis des Bildes nach dem Mittelpunkt scheinbar hineinbewegen, indem wir das Rund verkleinern, erscheinen die Ränder gelb.[6]

[4] Auf hohen Gebirgen sieht man am Tag den Himmel königsblau, weil nur wenig feine Dünste vor dem unendlichen finsteren Raum schweben; sobald man in die Täler herabsteigt, wird das Blaue heller usw. (Goethe).

[5] Im Grunde ist dies freilich eine sonderbare Annahme, denn eigentlich werden doch nur die *gemeinschaftlichen* Grenzen des hellen und dunkeln Grundes verschoben.

[6] Damit man letzteren Versuch mit einem konvexen Glas machen könne, bringe man in das helle Rund auf schwarzem Grund eine kleine schwarze Scheibe. Denn vergrößert man durch das konvexe Glas die schwarze Scheibe auf weißem Grund, so geschieht dieselbe Operation, als wenn ein weißes Rund verkleinert wird.

Rückt man durch ein Prisma die helle Scheibe im Ganzen von ihrer Stelle, so wird sie in der Richtung gefärbt, in der sie scheinbar bewegt wird, und zwar nach jenen Gesetzen, der obere Rand (wenn die Bewegung nach oben geschieht) blau und blaurot. Im ersten Fall wird das helle Bild über den dunkeln Rand, im andern der dunkle Rand über das helle Bild gleichsam hingeführt.[7]

[7] Man sieht leicht, dass nach Goethes Theorie die Paradoxie stattfindet, dass, weil an der einen Seite das helle Bild über das dunkle und an der anderen Seite das dunkle Bild über das helle geführt wird, das helle Bild mehr und zugleich weniger als das dunkle gebrochen würde. Diese Schwierigkeit, die bloß eine mathematische sei, überlässt Goethe den Mathematikern aufzulösen.

Ernst von Feuchtersleben: Goethes naturwissenschaftliche Ansichten (1837)

Vita – Abstract
Ernst von Feuchtersleben (29. April 1806 Wien – 3. September 1849 Wien) studierte seit 1825 in Wien Medizin, wurde 1834 mit einer Arbeit über medizinische Indikationen promoviert, öffnete eine Privatpraxis, stand mit Dichtern und Musikern in Kontakt, veröffentlichte selbst Gedichte und wurde 1844 zum Professor der Psychiatrie in Wien ernannt. Seine Publikationen behandelten neben literarischen und ästhetischen vor allem psychologische und psychiatrische Themen. Das in verschiedene Sprachen übersetzte *Lehrbuch der ärztlichen Seelenkunde* von 1845 ist ein Grundwerk der medizinischen Psychologie und Psychiatrie. 1838 erschien weitbeachtet und mehrfach erneut aufgelegt *Zur Diätetik der Seele.*

In seiner Studie von 1837 äußert sich von Feuchtersleben überzeugt, dass Goethes naturwissenschaftlichen Werke, obwohl sie in der Gegenwart wenig Beachtung gefunden hätten, die Prüfung der Zeit bestens bestehen und als Voraussetzung seiner Dichtungen erscheinen würden sowie belegen könnten, dass wahre Naturwissenschaft auf Poesie angewiesen ist. Naturforscher und Mediziner hätten von Goethe profitiert wie umgekehrt Goethe von Naturforschern und Medizinern. Die zentralen Beiträge der Optik (Farbenlehre), Botanik (Metamorphose der Pflanze), Anatomie (Schädellehre) werden von Fechner positiv beurteilt, und vor allem findet die Verbindung von Beobachtung und Idee seine Anerkennung. Goethe bestätigt von Feuchtersleben zugleich in seiner Vorstellung von der Beseeltheit der gesamten Natur bestätigt: „Ohne Hylozoismus keine lebendige Naturwissenschaft.“

D. von Engelhardt, *Goethe als Naturforscher im Urteil der Naturwissenschaft und Medizin des 19. Jahrhunderts*,
https://doi.org/10.1007/978-3-662-68126-8_13

Feuchtersleben, Ernst von:
Goethe's naturwissenschaftliche Ansichten[1]*, in: ders.: Beiträge zur Literatur, Kunst und Lebens-Theorie, Bd. 1, Wien 1837, S. 99–140, auch in ders.: Sämmtliche Werke, Bd. 5, Wien 1852, S. 83–116.*

* * *

> Die Jugend eines Menschen, wie eines Volkes hält sich an der Betrachtung des Menschen; die Betrachtung der Natur ist ein Geschäft reiferer Jahre.
>
> C. G. Carus.

Von allem, was Goethe gedacht, gestrebt und geleistet, haben bisher seine Bemühungen für Naturwissenschaft den wenigsten Eingang, ja vielmehr meistens Tadel und Widerspruch gefunden. Und doch getraue ich mir zu behaupten, dass gerade sie es sind, was, nebst den vollendeten seiner poetischen Gebilde, die Prüfung der Zeiten am glorreichsten bestehen wird; dass sie es sind, worin sich Goethes Wert und Eigenheit am reinsten und vollkommensten ausspricht, wofür er eigentlich geboren zu sein schien; so dass uns, wenn wir in diese Betrachtungen aufmerksam eingehen, selbst seine dichterischen Hervorbringungen wie Werke erscheinen, die aus Naturforschung hervorgegangen sind. Ja man wird selbst das, was man ihm sowohl in der Poesie als besonders in der Kunsttheorie zur Last legt, in dieser Richtung begründet, wenn nicht entschuldigt finden. Auf der anderen Seite wird man an diesem Beispiel bestätigt finden, was von den besseren Geistern unserer Zeit längst nicht mehr verkannt wird, dass echte, treue Naturforschung, wenn sie fördern und befreien soll, eine poetische Anschauungsweise nicht nur nicht ausschließt, sondern ganz eigentlich fordert. Wie Goethe ohne Naturforschung nicht so vollkommen Dichter, so wäre er ohne Poesie nicht so vollkommen Naturforscher geworden. Ein anderes ist's: in der Wissenschaft dichten, – und auf der Höhe stehen, wo Kunst und Wissen Eins werden. – Dieses Alles nun wünschte der folgende Aufsatz zu bestätigen; vorzüglich aber soll: das *Ganze*, die leitende und belebende Idee von Goethes Naturstudien, die man bisher zu wenig auffasste, hervorgehoben werden; denn so wird meine Arbeit weniger atomistisch, durch Kleinlichkeiten verwirrend, – vielmehr ganz, einig, bedeutend und belebend werden, – und so vielleicht ihren Zweck erreichen: die Teilnahme des Gebildeten überhaupt zu erregen und Angelegenheiten, die unser höchstes Interesse so nahe berühren, vor das Forum unbefangen prüfender Vernunft zu bringen.

Um aber für das, was ich hierüber zu sagen gedenke, im Leser zum Voraus die gehörige Stimmung zu bereiten, sind vor allem zwei Punkte festzusetzen. Erstens muss bedacht werden, dass in keinem Bereich menschlichen Wissens der abgeschlossene Geist der Gebilde so durchaus waltet, als

[1] Die Zitate beziehen sich auf die Duodez-Ausgabe

in den unpopulären Bezirken der Naturforschung; vorzugsweise in jenen, deren Tron die Mathematik usurpiert hat. Wer würde sich hier so leicht entschließen, die mühsam aufgespeicherten Schätze der Gelehrsamkeit, die geheiligten Theorien anerkannter Erfinder, die süße Vaterlust an selbsterzeugten Hypothesen, den Nimbus in sich vollendeter Systematik, – der leichten, freien, heiteren Ansicht eines unbefangenen Beobachters, und gar eines Dichters – aufopfernd hinzugeben? Da mag eher die Wahrheit noch lange kommenden Geschlechtern ein Rätsel bleiben, ehe wir das Siegel von unserem Diplom wankend machen lassen! – Es sei genug, diese Stelle berührt zu haben und uns Ärzten, im Gegensatz zu den Mathematikern, den schönen Ruhm zu vindizieren, dass wir, mit dem Wohl der Menschen beschäftigt, die ersten sind, die mit aufmerksamem Dank die Wahrnehmungen eines reinen und scharfen Beobachters aufzunehmen und zu nützen uns nicht schämen. Loder war es, der zuerst in seinem anatomischen Handbuch (1788) des Zwischenknochens gedachte, Soemmerring tat 1791 das Gleiche, Oken wie Steffens haben sich teilweise mit sichtlicher Liebe aus Goethes Minen bereichert; Carus (Gynäkologie, Urwirbel usw.) hat aus ihnen manches zu Tage gefördert, und namentlich das Schema der Filiation im Knochensystem bis zum Erstaunlichen ausgebildet; Schmidt, Dr. J. H. (zwölf Bücher über Morphologie usw. Berlin; Enslin, 1831) solche Ideen zur komparativen Pathologie zu verwenden gesucht; Dr. Engelmann (*de Antholysi prodromus* etc. Frankf. a.M. Broenner 1832) sie im botanischen Fach weiter ausgebildet; Purkinje übereinstimmende Erfahrungen über das Sehen (1819) veröffentlicht; anderer einzelner Erwähnungen, oder eigentlicher Schüler, als Ernst Meyers usf. nicht zu gedenken. Den Ärzten zum Gegensatz hat Pfaff (über Newtons usw. Leipzig 1813) die verrosteten Waffen der alten Lichttheorie gegen Goethe zugeschärft, und wir wissen niemand zu nennen, der ihm hierin widersprochen hätte, als etwa im Stillen Maler, Färber und andere praktische Menschen. Die Professoren in ihren Lehrbüchern gingen den sanktionierten Weg und blickten höchstens vornehm seitwärts auf den armen Dichter, der sich in ihren aufgestellten Netzen gefangen hatte. Jenen wackeren ärztlichen Kollegen nun mich anzureihen, ist mir Ehre und Zweck bei diesen Zeilen; dass sie übrigens nicht für die Gilde, sondern für alle Gebildeten, Freien geschrieben sind, die in diesen Dingen Licht haben wollen und gesunde Augen mitbringen, brauche ich nach dem Gesagten kaum hinzuzufügen.

Ich komme nun zu dem zweiten festzustellenden Punkt. Wer nämlich wähnt, dass Goethes Bestrebungen in unserm Fach von der Lust herrührten, universal zu scheinen und überall glänzen zu wollen, der irrt gröblich und verdunkelt sich zum Voraus die ganze Untersuchung, Zu zeigen, auf welchem Weg der Dichter in dieses Gebiet, mit Notwendigkeit, geführt wurde, sei vorerst hier unsere Aufgabe. Wir können sie nur lösen, indem wir uns auf die Geschichte seines Lebens und Denkens einlassen, und, was sich ihm von naturwissenschaftlichen Ideen ergab, genetisch entwickeln.

Denn bei diesem Mann war alles ganz und folgerecht, und wir müssen es auch zu sein versuchen, sobald wir ihn begreifen wollen. Dass ein glücklich organisiertes, zeitlich aufgeschlossenes, heiteres Gemüt, das in der Breite der Welt poetische Nahrung sucht, ein heller, rüstiger Verstand, der sich zu orientieren wünscht, frühzeitig auf das schöne, klare Wort des Lebens hingewiesen werden, das die Natur in ihren Werken rings um uns lebendig ausspricht, wird uns nicht befremden. Der erste Keim also zu späteren Entfaltungen ist in Goethes Naturell zu suchen und in so manchen Äußerungen aus seinem ersten geistigen Erwachen (aus mein. Leb. 1 und 2) zu finden. Umstände, als: der Umgang mit Medizinern, der sogar zum Besuch anatomischer und chemischer Kollegien veranlasste (aus m. L. 2. Teil, S. 233), Ausflüge in bedeutende Gebirgsgegenden, wo Steinkohlengruben, Eisen- und Alaunwerke die Betrachtung auf sich zogen (ebend. S. 323), die frühe Bekanntschaft mit Spinoza (ebendas. III. S. 290), die persönliche mit einem würdigen, klinischen Lehrer (ebendas. S. 9), mit dem unvergleichlichen Zimmermann (ebendas. S. 337) haben das ihre zur Pflege jener Keime beigetragen, wie denn ein Blick auf die Medizin, „die den ganzen Menschen beschäftigt, weil sie sich mit dem ganzen Menschen beschäftigt" (25. Bd. 232), die Lektüre der Aphorismen Boerhaaves (ebendas. S. 204) in einem so hellen Geist auch hierin fruchtbare Gedanken reifen musste, wie die über die Kontagien (Bd. 45) oder über das Schicksal neuer Heilmethoden (ebendas. S. 366, Vakzination) und dgl. a. m. O. – so wie Herders große, auf das Letzte, Höchste hindeutende, unendliche Bahnen vorzeichnende, in den „Ideen" und in „Gott" ausgesprochene Ansichten, gleichsam im Voraus etwas von den Früchten zu kosten gaben, welche jenen Keimen einst entwachsen würden. Allein alle diese Bedingungen, wenngleich nicht in demselben Maß, traten bei so manchem andern auch zusammen. Wir haben also den Grund besonderer Naturstudien noch anderswo zu suchen und finden ihn in den Studien zur *Kunst*. Dies ist die Pforte, durch welche Goethe in den Isistempel trat. Auch in diesem Sinne waren die „Propyläen" Vorhallen. Die italienische Reise war es, welche die frische, poetische Lust an Kunstwerken, durch Anschauung und Nachdenken, zum Begriff reifte, und von diesem Begriff war der Übergang zum Naturstudium notwendig. Von da ist also eigentlich die Ära des letzteren zu datieren. Das künstlerische Kolorit war es, was zuerst die Betrachtung auf sich zog und zu einer sicheren Begründung gebracht werden sollte. Woher aber war eine solche zu erwarten, wenn nicht von einer naturgemäßen, praktischen Theorie der Farbe? Das Bedürfnis war von Malern nie verhehlt, Newtons optische Theoreme waren zu nichts zu brauchen, – ein mutwilliges Paradoxon, ein Versuch einer Künstlerin, ohne Blau zu malen, führten auf die genauere Betrachtung der atmosphärischen Farben, welche die erste Aussicht in eine heitere Physik gewährte.

Ich führe diese historischen Anfänge ausführlicher an, weil bei der Prüfung wissenschaftlicher Leistungen, zumal dessen, was einer Hypothese gleichsieht, gar viel darauf ankommt, wie der Urheber dazu gelangt sei; hier aber zeigt es sich, dass der Weg sachgemäß, notwendig und unbefangen war. Denn bald nach der Rückkehr aus Italien wurde Newtons sogenannter Fundamental-Versuch, der, einseitig und absichtlich, wie er ist, für eine allseitige Theorie gelten soll, geprüft, und es ergab sich, dass die daraus gefolgerte Hypothese unhaltbar sei (1799). Die um Rat gefragten Physiker schüttelten die Köpfe, wiederholten das alte Evangelium, Lichtenberg versagte grämlich seine Teilnahme, und das erste Stück optischer Beiträge (1791) ward mit schlechtem Dank und hohlen Redensarten der Schule beiseitegeschoben (Bd. 31. S. 17). So geschah es, dass ein Bestreben, welches die Freunde des Dichters barock fanden, weil sie dessen Wurzel nicht berücksichtigten, und welches die vom Fach zu ignorieren suchten, weil sie ihr verwöhntes Auge von dem foramen exiguum auf den unendlichen Äther wenden sollten, – in sich zurückgedrängt wurde; und dass der mildeste, billigste, der Satire abgeneigteste aller Deutschen zu Ausdrücken sich getrieben sah, wie die folgenden: „Da ich damals in dem Wahn stand, denen, die sich mit Naturwissenschaften abgaben, sei es um die Phänomene zu tun“ usw. (Bd. 54. S. 305). – Dieser bitteren Erfahrungen ungeachtet, wurde im Stillen fortgearbeitet, und unter der liebevollen Mithilfe Meyers und Schillers, bei der edlen Teilnahme einer hochgebildeten Fürstin, das Gebäude nach und nach zu jener Festigkeit und Schönheit gebracht, in der es nun mit der Aufschrift *Farbenlehre* vor uns steht. Die Methode, wie in dem polemischen Teil der alte Schutt aufgeräumt und im Didaktischen der Grund bezeichnet und die Steine geprüft, behauen und geschichtet werden, würde allein schon, ein ewiges Muster wissenschaftlichen Verfahrens, den Dank der Unsterblichkeit verdienen. In dieser Gestalt nun wirkte die reine Theorie mehr; hatte aber noch des Kampfes genug zu bestehen. Teils suchte man durch misswollendes Verschweigen Goethes frühere Bemühungen auszulöschen, was umso tunlicher schien, als er selbst deshalb seit Jahren nichts direkt zur Sprache brachte; teils machte man von seinen Ansichten, die er seit ebenso langer Zeit im Leben und Gespräch gern mitteilte, in größeren und kleineren Schriften eine Art von Halbgebrauch, ohne sein dabei zu gedenken (Bd. 54. S. 318). Indes machte Runge übereinstimmende Erfahrungen und Absichten bekannt, Dr. Schopenhauer trat den Hauptpunkten bei, Steffens ging in freiere Ansichten von der Farbe ein, Künstler, Techniker, und unbefangene Menschen fühlen das Unfruchtbare der alten, das Lebendige der neuen Doktrin, – und vielleicht ist Pfaff der letzte in Deutschland, der sich der reinen Lehre, die uns das Blau des Himmels erteilt, widersetzt hat! – Dies in wenigen Zügen die Geschichte der Goethe'schen Farbenlehre. Nun wird der Laie fragen, was denn das für eine absonderliche Theorie sei, die so schwer in die theoretischsten Köpfe hineinwolle. Diese Frage komplett zu beantworten, müsste man Goethes Werk abschreiben; liefert doch dieses selbst nur gedrängteste Stoffe, auszufüllende Umrisse! Dabei würde die zu verfolgende Konsequenz ins Grenzenlose führen. Der Kern ist in Folgendem enthalten.

Die ganze Farbenlehre beruht auf dem reinen Begriff vom Trüben, indem wir durch ihn zur Anschauung des Urphänomens gelangen und durch eine vorsichtige Entwicklung desselben uns über die ganze sichtbare Welt aufgeklärt finden (Bd. 32). Denn die Farbe ist nichts anderes als der Bezug der Natur auf den Sinn des Auges (Bd. 52), wenn wir nämlich bloß das einen reinen Bezug nennen, wobei das Organ in seiner Integrität verbleibt. Dieser Bezug aber wird nur durch das Trübe zur Erscheinung gebracht. Das höchst energische Licht, wie das der Sonne, ist blendend und farblos; das völlig Finstere ist unsichtbar; beides also hebt jenen Bezug auf, indem es das Organ gleichsam vernichtet; jenes durch übermäßige Entbindung, dieses durch übermäßige Beschränkung des inneren Lichtes; ein Verhältnis, welches bereits der göttliche Platon ausgesprochen. Der leer gedachte Raum ist durchsichtig; der Raum, mit einem Mittel erfüllt, das unser Auge nicht gewahr wird, ist durchscheinend und gibt den Begriff des Trüben. Die vollendete Trübe ist das Weiße, die gleichgültigste, hellste, erste undurchsichtige Raumerfüllung. Das Licht, durch ein auch nur wenig trübes Mittel gesehen, erscheint uns gelb. Nimmt die Trübe des Mittels zu, so erscheint das Licht nach und nach gelbrot und steigert sich bis zum Rubinroten. Die Finsternis, durch ein trübes, von einem darauf fallenden Licht erleuchtetes Mittel gesehen, erscheint uns blau; heller, wenn das Mittel trüber, dunkler, wenn dieses durchsichtiger wird: beim mindesten Grad der Trübe als das schönste Violett. Darum sehen wir den Himmel blau, denn es ist der unendliche, finstere Raum, durch atmosphärische, vom Tageslicht beleuchtete Dünste gesehen; darum erscheint die Sonne, das blendende Licht, durch Dünste gelb, morgens und abends durch Gewölk als Morgen- und Abendrot. Ein schönes Sinnbild dieser Lehre ist die reine Flamme. Auf dem dunkeln Grund eines Tempels sehen wir ihren untern Teil blau, als Dunst der mittleren gelb, den höchsten rot als selbstleuchtenden Körper. Die Farbe also ist ein verdunkeltes Licht oder ein beleuchtetes Dunkel. Σκιερον sagten die hellsehenden Griechen; lumen opacatum bei Ath. Kircher. Diese Grunderfahrung durch trübe Mittel nennen wir ein Urphänomen. Solche Erscheinungen sind Symbole aller übrigen, und über sie hinaus gibt es nichts mehr. Mit Worten ist ihnen nicht beizukommen, in ihrem Gewahrwerden besteht aber die Naturwissenschaft, welche als vollendet zu betrachten wäre, sobald wir alle Erscheinungen auf solche Urphänomene reduziert hätten. Ein solches ist der Magnet. Wir hören dieses Wort, und eine Welt von Tätigkeiten ist erklärt. So erhellt die Anschauung des Trüben den Raum, der uns umgibt. Es fällt mir schwer, hier die Andeutung zu unterdrücken, welche Symbolik des ganzen Natur- und Menschenlebens dem Blick des Denkers bei diesem einfachen Phänomen sich ins Unendliche auftut; die ewige Formel des Daseins, das Wesen der Polarität, das höchste, was er denken kann, was Platons erhabene Vernunft als συγχρισις und διαχρισις aufgefasst hat, – kommt zum Vorschein, und der mittlere Zustand des Menschen zwischen Licht und Nacht wird klar, des Menschen, dessen „Leben nur ein farbiger Abglanz" ist. Doch, um nicht abstrus zu werden, verfolge ich meine Darstellung. Zunächst also am Licht entsteht Gelb, zunächst am Dunkel Blau; beides, zum Gleichgewicht gemischt, gibt Grün. Die beiden ersten Farben, verdichtet, werden rötlich, bis zu einem Grad, dass man das primitive Gelb und Blau nicht mehr erkennen kann; doch lässt sich das höchste Rot physisch hervorbringen, wenn man die beiden Enden des Gelbroten und Blauroten vereint. Man kann auch zu dem fertigen Blau und Gelb fertiges Rot annehmen und rückwärts durch Mischung hervorbringen, was vorwärts durch Intensivieren bewirkt wurde. Das sind die Elemente der Chromatik. Das Große und Wichtige aber ist, dass Goethe diese Erscheinungen allseitig, nicht bloß subjektiv auffasst. Er betrachtet demgemäß die Farben physiologisch, physisch und chemisch. Die ersten sind ganz subjektiv, die zweiten gemischt, die dritten objektiv; die ersten, die man bisher als pathologische Phänomene ansah, beruhen auf den vitalen Funktionen der Retina, in welchen sich nur die ewige Lebensformel – Systole und Diastole – wiederholt; sie sind in der Erscheinung flüchtig; die wirklich pathologischen schließen sich an sie, und Goethe bezeichnet und überlässt hier dem Ophthalmologen ein schönes Feld; die zweiten entstehen durch Mittel, sind vorübergehend und zerfallen in verschiedene Rubriken, welche von der Subjektivität der ersten zur Objektivität der dritten die Stufen bilden; die dritten haften an Stoffen und sind permanent. Bei den ersten lernen wir die fruchtbare Entdeckung der geforderten Farben kennen, d. h. der Farben, die sich gegenseitig im Auge bedingen und hervorrufen; als: Gelb und Violett, Orange und Blau, Grün und Purpur. Hierin ist endlich ein Grundgesetz für Farbenharmonie gegeben, welches der bisher zum Typus aufgestellte Regenbogen, dem die Hauptfarbe, das reine Rot, fehlt, durchaus nicht leistete. Und so wirkt die Theorie der Naturerscheinung von ihrem Gipfel wieder auf die künstlerische Praxis zurück, von wo der Weg zu ihr ursprünglich ausgegangen war. Wem nun bei unbefangenen Sinnen rätselhaft erschiene, wie so klare Wahrnehmungen irgend geleugnet oder auf verwickelte Prinzipien reduziert werden konnten, der erfahre, dass die bisherige Theorie behauptet: in dem weißen Licht seien überall, zumal im Sonnenlicht, mehrere verschiedenfarbige Lichter wirklich enthalten, deren Zusammensetzung das weiße Licht erzeuge. Damit nun diese zum Vorschein kommen sollen, setzt Newton dem weißen Licht gar mancherlei Bedingungen entgegen, vorzüglich brechende Mittel, die es von seiner Bahn ablenken; aber diese nicht in einfacher Vorrichtung; er gibt ihnen allerlei Form, den Raum, in dem er operiert, richtet er auf mannigfache Art ein, beschränkt das Licht durch kleine Öffnungen, und, nachdem er es auf hunderterlei Art in die Enge gebracht, behauptet er, alle diese Bedingungen hätten keinen anderen Einfluss, als die Eigenschaften des Lichts rege zu machen, dass es sein Inneres offenbare. Goethe beweist dagegen, dass es keineswegs die Brechung allein sei, was die Farbenerscheinung verursacht; vielmehr bleibt eine zweite Bedingung unerlässlich; dass nämlich die Brechung auf ein Bild wirke und ein solches von der Stelle rücke; ein Bild entsteht nur durch Grenzen, und diese übersieht Newton. Das Ganze ist eine Randerscheinung, und keines Bildes Mitte wird farbig, als insofern die farbigen Ränder sich decken (Erkl. z. d. Kupfertaf.). Hier hat man ein Spezimen von willkürlichem Experimentieren und eins von reiner Auffassung der Phänomene. Zum Überfluss werden die Künstler aufgefordert, den Vorrat ihrer Palette zusammenzumischen – ob ein weißes Licht herauskommen werde? – So viel von den Elementen des Ganzen. Wenn wir aber erst, diesen Faden in der Hand, die mäandrischen Labyrinthe der ganzen Physik, Optik, Chemie, Naturgeschichte, Technologie und Kunst-Technik bis hinauf zur Physiologie, Philosophie und in die Bezirke ethischer, ja religiöser Anschauungen verfolgen, – wenn wir den Gegensatz von Säure und Alkali in dem der Farbe wieder ausgesprochen, die Gestalt der Mineralien mit ihrer Mischung und diese mit ihrer Farbe im Zusammenhang finden, wenn wir das Kolorit organischer Körper als Resultat einer inneren Kochung (τεφις) und die Metamorphose der Pflanzen damit in Verbindung betrachten lernen, wenn uns die Pracht des Pfauenauges, des Schmetterlingsflügels, des Gefieders überhaupt über animalische Lebensverhältnisse aufklärt, – wenn uns der Spezifikationsgrad der Farbe zum Merkmal der Stufe dient, auf der sich lebende Geschöpfe befinden, – wenn das Verschwinden der Elementarfarben uns andeutet, dass wir im Reiche der Menschheit uns befinden und von da aus erst eine höhere Bedeutung der Farbe angeht, – dann erst erscheint uns die Farbenlehre im ganzen Umfang ihres Wertes; und es wird uns klar, dass jeder Teil der Naturwissenschaft so wichtig und notwendig als jeder andere ist. Ich bin vielleicht schon zu breit über diesen Gegenstand geworden; allein da er den Typus für die in allen anderen Naturforschungen Goethes waltende Methode angibt und zugleich der angefochtenste ist, habe ich ihn etwas prolixer erörtert; ich habe dabei so viel als möglich Goethes eigene Worte hervorgesucht, weil man bei Darstellung der Ansichten anderer nicht zu gewissenhaft sein kann, besonders wo man sich auf polemischem Boden befindet. Wer übrigens den historischen Teil und den didaktischen der Farbenlehre zusammenfassend prüft, bestätigt sich wieder in der Überzeugung, dass die Geschichte einer Wissenschaft die Wissenschaft selbst ist. Während des historischen Studiums der Physik, „dieser höchsten Wissenschaft“, schrieb Goethe: „Eine Wissenschaft ist, wie jede menschliche Anstalt, eine ungeheure Kontignation von Freiwilligem und Notwendigem, von Gesundem und Krankhaftem; alles, was wir täglich gewahren, dürfen wir am Ende doch nur als Symptome ansehen, die auf ihre patho- und physiologischen Prinzipien zurückzuführen sind“ (Bd. 32). Ich habe eine solche Reduktion im Vorhergehenden, so bündig als es möglich schien, versucht. – Fahren wir nun in unserer genetischen Entwicklung fort.

Außer dem Kolorit, und in einer noch höheren, geistigeren Bedeutung, zog die Gestalt, vor allem die menschliche, die Aufmerksamkeit des Kunstfreundes an sich. Die Vollendung dieses höchsten Gebildes, wie sie uns in den plastischen Idealwerken der Alten entzückt, hatte bereits dem scharfen Blick Campers den Gesichtswinkel geoffenbart und die Ahnung eines Vorbildes gegeben, dem die Natur, durch tausend Verhältnisse gedrängt, nur in den glücklichsten Augenblicken sich zu nähern im Stande ist. Es musste aber dem Geist des Menschen, der ein Ebenbild des Ewigen ist, durch solche Winke geleitet, möglich sein, der Absicht der Natur auf die Spur zu kommen und sie gleichsam bei ihrem Schaffen zu ertappen. Diese tiefste, innere Verwandtschaft zwischen Kunst und Natur war schon den Alten, wie sie selbe durch ihre Werke betätigten, kein Geheimnis geblieben. „Der geistige Bestandteil des Samens" – sagt Erasistrat bei Galen (de nat. fac. II) – „bringt die Entwicklung der Gestalt und des Baues des kindlichen Körpers auf eben die Art hervor, wie Phidias aus einem Marmorblock eine Bildsäule." – Also auch umgekehrt! Allein wie nun dieser Prozedur, wie ihrem Gesetze auf die Spur kommen? Es fällt in die Augen, dass die Gestalt, wie sie der Plastiker vor uns hinstellt, ihren Charakter durch das zu Grunde liegende Knochengerüst erhält; wie der Kern, so die Schale; nichts wird außen erscheinen, das nicht innen vorgebildet ist. War es doch dieser Wechselbezug von Innen und Außen, der erst Lavater auf seine Physiognomik, später den scharfsichtigen Gall auf seine Schädellehre führte! weshalb auch Goethe bei Gelegenheit des kotzebueschen Scherzes „der Schädelkenner" aussprach: es möchte weder dieser wunderlichen Lehre, noch jener an einem Fundament fehlen (Bd. 31. S. 148). Der Forscher sieht sich also hier an die Osteologie gewiesen. Er studiert sie im Komplex mit der Syndesmologie, die eigentlich jene erst belebt, „durch eine besondere Verrücktheit der medizinischen Jugend jedoch vernachlässigt wird"; sieht aber bald, dass durch die schulmäßige Kenntnis des einzelnen, toten Skeletts kein Schritt vorwärts zu tun sei. Da eröffnen sich ihm zwei Wege: die Betrachtung desselben organischen Ganzen durch alle Tierklassen – *vergleichende Anatomie*, und Betrachtung desselben Organismus in demselben Individuum, wie er sich zu verschiedenen Zeiten, auf verschiedenen Stufen der Entwicklung befindet, – *Morphologie* im engeren Sinn; ein Wort, und ein Begriff, welche Goethe in die Wissenschaft eingeführt hat. Wenn wir das Skelett in diesem Sinn beschauen, so scheint es durch die Klassen der Lebendigen und durch die Stufen des Lebens sich gleichsam zu bewegen und wird selbst bewegt. (Hier schalte ich den Vorschlag Goethes ein, durch plastische Anatomie die fortbildende Natur darzustellen, und zugleich den Schreckensszenen der „Resurrektionisten" vorzubeugen und Einhalt zu tun; Bd. 23 und 44) Die Wahrnehmung, welche Goethe 1786 machte: dass dem Menschen ein Zwischenknochen (os intermacillare) zukomme, so wie die zu Venedig 1790 aus dem Schädel eines Schafes herausgelesene Bildung des Schädels aus den Wirbelknochen, – werden nun nicht mehr vereinzelt und unwichtig erscheinen; man wird einsehen, dass sie so gut als die Einteilung des Os petrosum in bulla und os petrosum propr. sic. dict. (Bd. 55. S. 303), des Os sphenoideum in anterius und posterius (ibid.) und die Vergleichung von Ulna und Radius, Tibia und Fibula (ebend.) Glieder eines Ganzen sind. Zu gleicher Zeit, als Goethe mit diesen Anschauungen beschäftigt war, trat ihm, in Sizilien 1788, bei Betrachtung einer herrlichen

Vegetation das ideale, aus dem Gemeinschaftlichen der einzelnen Pflanzen abstrahierte Bild einer Urpflanze vor den inneren Sinn, während er, nach dem oben erwähnten Doppelschema, zugleich die Umbildung der einzelnen Pflanze vom Keim bis zur Blüte zu beobachten und so dem Geheimnis der Organisation auf die Spur zu kommen suchte. Wie sich nun so die *Botanik*, zu der ein fröhliches Jagdleben den ersten Impuls gab, den das peinliche Gefühl der Unzulänglichkeit der herkömmlichen Nomenklatur verstärkte, den übrigen Naturanschauungen anschloss, ward dem Geist das Gesetz offenbar, welches, wie Goethes roter Faden, alle Reiche der Natur durchwaltet; und indem der edle Herder gleichzeitig nach seiner Weise von innen heraus dieselbe große Pulsader des Weltalls entdeckte, sodass man nicht sagen kann, wem man hierin die Priorität zugestehen sollte (man sehe Herders Ideen, 1. Bd. Gott, 5. Gesp.) – ward die Idee der Naturwissenschaft zur Welt geboren. Es ist die Lehre vor der *Metamorphose*; und ich wiederhole: ehe diese Idee ausgesprochen war, hat es keine Naturwissenschaft gegeben.

Ich muss hier suchen, zu Atem zu kommen, damit mich das Ungeheure nicht überwältige, und ich zugleich das Fruchtbare wie das Gefährliche eines so großen Gedankens zeigen könne. Plutarch erzählt im Leben des Theseus, das Schiff, auf welchem dieser nach Kreta geschifft, sei von den Athenern bis auf die Zeit des Demetrius Phalereus zum Andenken erhalten worden, indem man das veraltete Holz wegnahm und dafür neues, festes einzog. Er setzt hinzu, das habe nachher den Philosophen Stoff zu Kontroversen über die Veränderung der Dinge gegeben, und einige hätten behauptet, es wäre das alte, andere, es wäre ein neues Schiff. Hier ist der Begriff der Metamorphose des Individuums. Der Strom ewiger Umwandlungen würde es verflüchtigen, wie einst in der alten ionischen Schule, wenn nicht das Beharrlichkeitsvermögen, das zentripetale Prinzip sein Bestehen sicherte (Conatus, quo unaquaeque res in suo esse perseverare conatur, nihil est praeter ipsius rei actualem essentiam. Spinoza. Eth. P. III. prop. 7). Dies Ineinanderwirken liefert die Erscheinung, die wir Leben nennen; sein Gesetz heißt: Polarität mit Steigerung; Polarität, in immerwährendem Anziehen und Abstoßen, Steigerung in immerwährendem Aufwärtsstreben, sich offenbarend; jene mehr der materiellen, diese der geistigen Seite der Naturen angehörig. Das ist die Natur und die Geschichte, – das ist das Wort des Geheimnisses, in dem wir leben und weben. – Wenden wir uns nun zu einem anderen Bild. Wenn wir die Weltgeschichte betrachten, so sehen wir den Genius der Menschheit auf eine ideale Einheit hinwirken, worin die Kontraste der Wirklichkeit sich lösen sollen; ein aufmerksamer Blick aber auf den Globus überzeugt uns, dass diese Einheit nie völlig zur Erscheinung kommen werde, so lange die Erde – Erde ist, d. h. so lange Kontinent und Inseln, Klimate, Ströme und Gebirge auf ihr sind, welche verschiedenartige Bedürfnisse begründen. Alles Individuelle in dem Reich der Natur würde sich in das universelle Schema des Organismus auflösen, wenn nicht der Spezifikationstrieb es zusammenhielte. Und hierin liegt auch die Gefahr, bei Verfolgung dieser Idee in der Wissenschaft sich ins Allgemeine, ins Unbestimmte, Leere zu verlieren; zugleich mit dem in die andere Schale zu legenden Gegengewicht. „Das Detail verachten", sagt ein tiefer Autor, „heißt Natur verachten. Wo ist mehr Detail bei mehr Einheit, als in ihr?" – Diesen beiden Formen der Metamorphose liegt eine Urform zugrunde, die sich durch alle Reiche der Natur verfolgen lässt. Herder nennt sie das Hauptplasma der Organisation. Bei den Pflanzen lässt sich leicht bemerken, wie Stipula und Blatt ein und dasselbe Organ auf verschiedener Entwicklungsstufe darstellen; das Bryophyllum calycinum feiert den Triumph der Metamorphose; die Verwandlung eines Gliedes, das immer dasselbe bleibt, in eine andere Gestalt, ist am Insekt (z. B. Monoculus apus) deutlich zu sehen; in der vergleichenden Anatomie ist schon dem Auge deutlich, wie die verschiedenen Sinne als Zweige des Rückenmarks ausfließen, erst einfach, einzeln erkennbar, nach und nach schwerer zu beobachten, bis allmählich die angeschwollene Masse Unterschied und Ursprung völlig verbirgt. Der allgemeine Typus muss auch da noch anerkannt werden, wenn er sich, auf der höchsten Stufe der Menschheit, ins Verborgene bescheiden zurückzieht (Bd. 31).

Um das Vorhergehende recht zu begreifen, dürfen wir nie vergessen, dass wir die Natur nicht als tot zu denken haben. Ohne Hylozoismus keine lebendige Naturwissenschaft. Jedes organische Individuum besteht aus mehreren Wesen, die selbstständig leben, sich stets bedingen, umbilden, bewegen, trennen und suchen, herrschen und dienen und eine unendliche Produktion begründen. Wir sehen das an der Fortpflanzung der Vegetabilien durch Absenker und Augen, wie durch den Samen, wo sie eine Entwicklung vieler gleicher Individuen aus dem Schoß der Mutterpflanze darstellt; an den Infusorien, die bei Mangel an Feuchtigkeit vertrocknen, platzen und eine Menge Körner ausschütten, in die sie, bei naturgemäßem Gang, auch im Feuchten sich zerlegt und so fortgepflanzt hätten; an Polypen und Lumbricis, die in neue Organismen zerschnitten werden können (*Beit. zur Naturw. und Morph.* Tübing. 1817). Der sich zunächst an die Erkenntnis der entelechischen Monade anschließende Begriff ist der von den Grenzen, in welche ihre Tätigkeit eingeschlossen ist, wo Gestalten und Zwecke der einzelnen Geschöpfe sich bedingen, und selbst in Unvollkommenen, in der gestörten Bildung, das Walten und die Gesetze einer heiligen Ordnung erscheinen. Denn jeder Organismus ist, wie es schon in den hippokratischen Schriften (περι τοπων των κατα ανϑρωπον) gesagt ward, ein lebendiger Kreis; ein Organ bedingt das andere und wird von ihm bedingt; die Gestalt des Lebendigen begründet dessen Lebensweise, und die Lebensweise wirkt auf die Gestalt zurück. Das Tier ist Zweck seiner selbst und auf die Grenzen angewiesen, innerhalb derer allein diesem Zweck genügt werden kann. Durchbricht der animalische Bildungstrieb nach irgendeiner Seite die Schranken, so lässt er eine Lücke auf der entgegengesetzten Seite zurück. So entstehen die seltsamen, die abnormen Bildungen (s. das Gedicht: *Metamorphose der Tiere*, Bd. 3). Es waren eben die „Kompensationen in einem

Ganzen gestörter, organischer Kräfte", aus denen Herder die Idee einer ewigen Notwendigkeit, Güte und Weisheit deutend erbaute. – Von hier war der Übergang in *pathologische Anatomie* natürlich, unausweichlich. Die dahin gehörigen Beobachtungen sind in Goethes Tagebüchern und Reiseskizzen zerstreut (Bd. 43. S. 116; Bd. 31. S. 80) und gingen, besprochen, vermehrt, wiederholt, ins Leben über (Specimen anatomico-pathol. de lab. leporin. auctore, Constant Nicati 1822. – Nova acta physico-medica Acad. Caes. Leop.-Carol. – Bonn. Weber 1829). Vol. XIV., die der treffliche Nees von Esenbeck redigierte; wo Weber eine merkwürdige Übereinstimmung von Missbildungen im Hirn, Schädel und Becken eines Mannes beschreibt. Im 15. Band dieser Zeitschrift findet man auch die Abbildungen zur Anatomie des oss. intermax., und Goethes Beobachtungen über die unglaubliche Prolifizität des Anthericum Sternbergianum Schult., die das ganze Leben einer Pflanze vor unseren Augen vorgehen lässt; und über Konfervenbildung aus toten Fliegenleibern). Wie nun die aus pathologischen Prozessen entwickelte Einsicht in organische Verhältnisse auf die Pathologie selbst zurückwirken musste, da besonders der Chirurg mit Geistesaugen, oft nicht einmal von Tastsinn unterstützt, die innen verletzte Stelle zu finden weiß und sich daher eine Art von durchdringender Allwissenheit erwerben muss (Bd. 55), wohin er nur durch Erhebung zum plastischen Begriff gelangt, – so wirkte die ganze Reihe organischer Naturbetrachtungen wieder auf die Betrachtung der Kunst zurück, aus der sie ursprünglich entstanden war. Was Goethe bei Gelegenheit der Landschaftsmalerei von der Metamorphose der Pflanzen einschiebt, kann bestätigen, was ich im Anfang andeutete, dass der Naturforscher in ihm alles Übrige überwog. Der Einfluss lebendiger Anatomie auf Malerei und Skulptur ist deutlich; von der Physiognomik war es bereits empfunden, was sie bedeute; David nahm bei seinen Arbeiten Antike, Gall und Lavater zu Hilfe; ja, die Alten müssen hierüber sattsam vorgearbeitet haben, wenn Jamblichus erzählen darf, dass die Pythagoräer keinen initiierten, bevor dessen Schädel und Physiognomie genau untersucht war. Übrigens begreift man aus reinen physiographischen Ansichten gar wohl, was durch angeborene, zumal Knochengestalt, charakterisiert werde, und gibt Goethe Recht, wenn er sagt, dass die Physiognomik, von der man mehr durch Ahnung als durch Begriff Rechenschaft geben könne, bei ihrem echten Naturgrund, nur dadurch außer Kredit kam, dass man sie zur Wissenschaft machen wollte (Bd. 32) Diese höchste und tiefste Einheit von Kunst und Natur hat schon Winkelmann gefühlt, als er für seine alten Tage sich Naturstudien vornahm. Camper, Blumenbach (*Spec. hist. nat. antiqu. art. operib. illustr.* Gött. 1808), Geoffroy St. Hilaire, d'Alton, Carus ergriffen diesen Sinn. – Hier nun bin ich wieder auf meiner Heerstraße und habe von Goethes naturwissenschaftlichen Ansichten, wie sie aus Kunstforschung entsprangen, weiter zu berichten.

Die Schweizerreise 1779, so wie später die italienische, gaben Anlass genug, zu fühlen, dass die *Geognosie*, zu der schon der Ilmenauer

Flötzbergbau Lust und Fleiß erregt hatte, ein für jeden Reisenden unerlässliches Studium sei; der Zug der Gebirge, der davon abhängige der Gewässer, der um jene Gipfel schwärmende der Gewölke wurden beobachtet und so der Übergang zur *Meteorologie* gebahnt. Und wenn einerseits die riesigen, vor den Augen der Sterblichen in der Form von Gebirgen hingestellten Probleme den poetischen Geist auf die ruhige, stumme Großheit der *Geologie*, dieser uralten, steinernen Sphinx der Wissenschaften hinwiesen, so konnte es dem Kunstfreund nicht entgehen, dass dem Maler zur landschaftlichen Darstellung, und noch mehr dem Plastiker zur Kenntnis der Stoffe, in denen er arbeitet (vergl. Benvenuto Cellini II. S. 319, 330), die Oryktognosie von größtem Nutzen sei. Dass wir hier dem Gebiet der *Chemie*, welches uns übrigens schon seit der Untersuchung der Farben nicht mehr fremd ist, nicht ausweichen können, ist klar; und wie wollte man auch das letzte Glied der ungeheuren Kette des Weltorganismus in Bewegung setzen, ohne dass alsbald alle übrigen Glieder klirrend mit einstimmten? Was Humboldt angedeutet, Goethe im Großen geschaut, Oerstedt im Einzelnen empirisch nachgewiesen: „Der sich täglich mehr offenbarende, und doch immer geheimnisvollere Bezug aller physikalischen Phänomene auf einander", wird immer mehr als die Achse der Naturkenntnisse anerkannt werden und erhält den Mut des Forschenden aufrecht, wenn sein Geist sich in den unabsehbaren Labyrinthen verlieren will. Die Betrachtung der mächtigen, aber stillen und leisen Wirkungen der schaffenden Natur, im Gegensatz zu den beliebten vulkanischen und neptunischen Revolutionen, – und des lebendigen Wechselbezugs zwischen der Erde und ihrer Atmosphäre, schon während der italienischen Reise als ein Pulsieren oder tellurisches Atmen ausgesprochen (Bd. *27.* S. 19), – später durch das entsprechende Steigen und Fallen des Merkurs erläutert (Bd. 32. S. 214*)*, – leuchtete in den dunkeln Grüften der Geologie, wie durch die Nebel der Meteorologie. Dem menschlichen Geist ist die Idee der Totalität gegönnt und ihr Bedürfnis angeboren; und so sucht er Leben und Bewegung in der Wissenschaft vom Starren, Gesetz und Ruhepunkt in der vom ewig Wandelbaren; er möchte den Granit lösen und den Äther binden. Jener Wissenschaft sollte ein projektiertes Modell förderlich werden, das beim ersten Anblick eine anmutige Landschaft vorstellen, beim Auseinanderziehen aber in den inneren Profilen das Fallen, Streichen usf. der Gebirgsarten anzeigen sollte. Das Projekt blieb aber Projekt (Bd. 32. S. 8). Überhaupt schien Goethe das Schematische, Tabellarische sehr fördersam, um das Mentale sinnlich überschaubar zu machen; so zeichnete er eine Temperamentenrose, wie man eine Windrose hat u. dgl. Was konnte dagegen für die Forschungen in der Meteorologie erwünschter kommen, als die stille Bemühung des frommen Howard, die rätselhaften Gestalten der Wolken zu bannen, zu unterscheiden, zu deuten? in Prosa und Reimen wurde die neue Lehre verherrlicht, damit der Forscher wie der Künstler sich aus ihr bereichere. Dabei war Goethe bedacht, die vier lakonischen Grundbestimmungen durch Anwendung zu verdeutlichen und durch Nuancierung zu vervielfältigen, ohne den Erkennungstypus zu verwischen (vergl. Dr. Kastners *Handb. der Meteorologie.* Erlangen 1830, wo zu Goethes paries noch oelum sich gesellt). Humboldts grandiose Empirie veranlasste ihn, die geographischen Verhältnisse der Pflanzenwelt in einer Landschaft zu symbolisieren; – und die herrliche Betrachtung einer Doppel-Tendenz in den Pflanzen: Der vertikalen, beharrenden, und der spiralen, fortbildenden, – erheiterte noch den Abend seines reichen, großen Lebens. – So zurückhaltend und flüchtig nun auch mir die gegebenen Andeutungen über diese Bestrebungen Goethes scheinen, so fürchte ich doch für viele Leser schon zu ausführlich geworden zu sein, was meinem Zweck ganz zuwiderliefe, da ich gebildete Menschen für ähnliche Studien und zur Anerkennung Goethes zu gewinnen und nicht davon abzuschrecken wünschte. Ich eile daher noch, ehe ich Ergebnisse ausspreche, mit einigen Zügen, die vor den meisten Lesern Gnade zu finden pflegen, mein Bild zu vollenden. Bisher ist es in allen Partien gleich und hell beleuchtet; noch fehlt ihm vielleicht das, was Schubert „die Nachtseite der Naturwissenschaften" nennt; und bei einem Dichter sollte dies Etwas gefehlt haben? nimmermehr! es war vielmehr der dunkle Anfang und das dunkle Ende seines Forschertages, und in alle Winkel seiner poetischen und szientifischen Werke hat er die mystischen Schatten wie flüchtige Rätsel ausgestreut, wo sie den Vorüberwandelnden, je nachdem er ist, zur Ruhe einladen, necken oder ungeschoren lassen. Die aurea catena Homeri umschlang den poetischen Jüngling mit magischem Reiz; die schnelle Genesung nach einem verschluckten Wundersalz, die herrliche, nach Wellings op. magno-cabal. selbst bereitete, Erscheinung des liquoris Silicum waren nicht geeignet, jenen Reiz so schnell zu lösen. Dazu kamen die in ähnlichen Büchern wie Fulgurationen ausgestreuten Fingerzeige, die auf einen lebendigen Wechselbezug und auf ein erstes und letztes ahnend hindeuten und so den Geist erweitern, ohne ihn auszufüllen; – sie trafen überdies ein dichterisches Gemüt, in dessen Tiefe sich bereits eine eigene, mystisch-kosmologische Gott- und Weltlehre aufgebaut hatte (Bd. 25), und so ward in einem Winkel von Goethes Innerem ein Altar für den Kultus der Nacht gegründet, dessen verborgene Flamme nie wieder erlosch. Wie sie später mit den klaren Emanationen naturwissenschaftlicher Erleuchtung ineinanderfloss, und nur hier und da zwischen den reinen Strahlen durch ihr Flackern bemerkbar wird – ist für Wissende als Symbol menschlichen Strebens überhaupt anziehend zu bemerken. Poetische Züge im Faust, so mancher geheimnisvolle Bezug in den Wahlverwandtschaften, zumal Ottiliens siderisch-magnetische Wundernatur, Jarnos Wünschelrute, selbst ein wissenschaftlicher Seitenblick auf die Astrologie (Bd. 55. S. 52) und noch so manche Seltsamkeiten sind hierher zu beziehen, – und zur glorreichen Vollendung reißt uns Makariens planetarisches Sonnenleben wirbelnd von Sphäre zu Sphäre in die Unendlichkeit hinaus, so dass ich froh bin, an meiner sich abstumpfenden Feder eine Erinnerung meiner Endlichkeit und einen Anlass zum Abschluss zu haben.

Wir haben nun, so viel es in unseren Grenzen tunlich war, erzählt, was Goethe im Kreis der Naturerkenntnis gedacht, gewollt, getan, und wie er zu allem gelangt sei; das Schwierigste bei diesem Unternehmen war, uns von der Fülle des Gegenstandes weder ins Allgemeine noch ins allzu Detaillierte hinreißen zu lassen; eine Grenzlinie, die ich bereits übertreten zu haben fürchte. Nun bleibt uns die Beantwortung der Hauptfrage übrig, der Frage, um derentwillen wir die ganze nicht eben allzu leichte Bemühung unternommen: was ist nun mit dem allem geleistet? worin besteht das große Verdienst, das wir Goethe zuschrieben? Was unterscheidet ihn von der großen Masse der Naturforscher?

Ich antworte: Zweierlei, – die Beobachtung und die Idee (die Methode und das Resultat). Das Fruchtbare, Praktisch-Eingreifende jener Ansichten erwähne ich gar nicht, denn es versteht sich von selbst. Der Denker fragt nie: ist dieser Satz auch nützlich? Ist er nur wahr, so ist er es gewiss. – Das Folgende soll meine Antwort erläutern; ihr völliges Verständnis findet sie nur in dem sorgfältigen Studium der besprochenen Werke – und der Natur. Denn diese Antwort enthält alles, was über Naturforschung zu sagen und zu denken ist. Zuerst also die *Beobachtung*. Alle Naturforschung beginnt empirisch; und auf die Methode des Erfahrens kommt es an, ob sie mit Grillen oder mit Ideen enden soll. Nun hat aber, seit den Griechen, deren Behelf leider! zu arm war, niemand zu erfahren gewusst, wie Goethe; ja, das Erfahren ist ihm ganz eigentlich zur Kunst geworden. Die Unschuld, Reinheit, Klarheit, Schärfe und Unmittelbarkeit seiner Beobachtungen hat in der Geschichte der Naturwissenschaften nicht ihres Gleichen; und glücklich wären besonders wir Ärzte zu preisen, wenn wir mehrere Kapitel so abgehandelt besäßen, als das von den physio- und pathologischen Farben! wie sehr würde z. B. der Kreis der so außerordentlichen, unschätzbaren, stethoskopischen Wahrnehmungen durch eine solche Bearbeitung an zuverlässiger Fruchtbarkeit gewinnen! (Ich kann mich hier unmöglich enthalten, im Vorbeigehen aus jenem Kapitel, weil sie niemand dort suchen wird, eine Stelle einzuschalten, die mir den Kern aller pathologischen Philosophie zu enthalten scheint, wie er, nur unausgesprochen, in den therapeutischen Grundsätzen des Hippokrates ruht: „Wenn ein besonderes lebendiges Wesen von derjenigen Regel abweicht, durch die es gebildet ist, so strebt es ins allgemeine Leben hin, immer auf einem gesetzlichen Weg, und macht uns auf seiner ganzen Bahn jene Maximen anschaulich, aus welchen die Welt entsprungen ist und durch welche sie zusammengehalten wird"). – Das erste Erfordernis, zur echten Methode zu gelangen, besteht in der Selbstverleugnung. Der Naturforscher wähnt gemeinhin umso höher zu stehen, je mehr er von seinem Verstand in das Experiment hineinmischt. Allein die Natur verlangt eine tabula rasa, um darauf schreiben zu können. Ist es der Gegenstand, oder bist Du es, was sich jetzt ausspricht? Das ist die erste Frage im Katechismus der Naturforschung. Der Mensch, und wo möglich *nur* der Mensch, sei das Werkzeug des Versuches; und damit er es recht sei, sei auch er sich früher objektiv geworden. So tue er seine *Frage* an die Natur; ohne diese, wie Menelaos den Proteus in Bande, oder wie Newton das Licht in elf Schrauben (Bd. 50. S. 188) zu zwingen. Die Antwort, nachdem er das Objekt allseitig umfragt hat, fasse er mit kindlichem Sinn auf, wolle nicht erklären, sondern verehren, und begnüge sich, statt Theorien zu schmieden, mit der herrlichen Gottesgabe: Anschauung; – denn das vollständige Phänomen ist die wahre Theorie, und die beste Erklärung doch nur ein idem per idem. Daher kommt es, dass kindlich frommen Gemütern, wie Howard, Novalis, die Natur ihr Bestes, ihr Innerstes am liebsten offenbart. So entsteht jene „zarte Empirie, die sich mit dem Gegenstand innigst identisch macht und dadurch zur eigentlichen Theorie wird" (Bd. 22. S. 248). Dabei darf keine der menschlichen Kräfte unwirksam bleiben; die ganze Natur und der ganze Mensch treten in ein lebendiges Verhältnis, Analyse und Synthese halten gleichen Schritt, die Weltseele offenbart sich der menschlichen, und die Naturforschung wird zur *Kunst*.

Nun das *Resultat*: Die Idee; denn wie die Erfahrung das Alpha, so ist die Idee das Omega der Naturwissenschaft; und nirgends leuchtet uns ihr himmlischer Strahl ungetrübt und glänzend wie bei Goethe entgegen. Denn die Idee kommt von oben; und wenn Aristoteles, der zu ihr hinauf-, und Platon, der von ihr herablehrte, das Symbol zweier Seiten der Menschenbildung darstellen, so verehren wir in Goethe die ganze. Wenn er geschaut und gedacht, unterschieden und verglichen, da ward eine Welt vor seinem Geist licht, und bescheiden nannte er das ein Aperçu, was Philosophen ein System genannt hätten. Übrigens würde es der redliche Blick dem Genie bald gleichtun, wenn er sich liebend in die Gegenstände versenkte; „hat doch die Natur kein Geheimnis, das sie nicht irgendwo dem aufmerksamen Beobachter nackt vor die Augen stellte!" Ihre Geschöpfe sind Signaturen, ihre Begebenheiten Chiffren; aussprechen kann kein Mensch das Wort ihres Lebens, denn unsere Sprache ist arm gegen ihr Schweigen; aber es lesen zu lehren, war Goethes Aufgabe und Verdienst. Er selbst beschreibt sein Verfahren mit dem glücklichsten Ausdruck, wo er sagt, „dass aus der Übersicht der Phänomene ein Begriff sich bildet, der sodann in aufsteigender Linie der *Idee begegnen* wird" (Bd. 51. S. 209). Nie fiel es ihm ein, die ewig lebendige Natur dem Partikulär-Gesetz des menschlichen Verstandes zu unterwerfen; und wenn die skeptische Schrankenlosigkeit des ersten Anschauens (Bd. 50. die Natur) auch später durch die reife Anerkenntnis notwendiger Gesetzlichkeit determiniert wurde, so blieb die Unendlichkeit unverletzt in ihren Rechten. Le grand défaut de tous les naturalistes – sagt der scharfblickende Casanova – est d'être systématiques. Il leur faut un système; mais celui qu'ils adoptent pour connaître et comprendre ce qu'ils ne pourront ni concevoir ni deviner, est celui qu'ils ont créés eux-mêmes a seconde de leur besoin. Das war es, was Goethe, nicht mit der Verzweiflung des Grüblers, sondern mit dem freien Bewusstsein eines Geistes, der das Unendliche zu denken vermag, sich gestand; mit Kühnheit sprach er es aus: „Die Natur hat kein

System; sie hat, sie ist Leben und Folge aus einem unbekannten Zentrum zu einer nicht erkennbaren Grenze“ (Bd. 50). Die bisherige Behandlung der Naturwissenschaften aber ließ uns bereits fürchten, dass die lebendigsten aller menschlichen Kenntnisse zu einer Nomenklatur von Begriffen ohne Anschauung erstarren möchten. In diesem Sinn war es gemeint, wenn ein verehrender Biograph von Goethe an die Erlösung der Naturwissenschaften datiert; wenn wir gleich den Alten das schöne Glück eines großen, schuldlosen, freien Blickes in das All nicht streitig machen wollen. Bei einer solchen poetischen Ansicht von der Natur (sie ist am kecksten ausgedrückt in dem Aufsatz: Natur, Bd. 50) wäre jedoch zu befürchten, dass das All, welches wir eben zu Buchstaben und Ziffern verhärten sahen, nun in Myriaden wechselnder Gestalten sich lösend, unserm Blick auf ewig unerreichbar in fließende Unendlichkeiten auseinanderquölle; die Aufgabe der Physik aber ist – nach dem Ausdruck des eben erwähnten Schriftstellers –, das *Band* in der Natur zu finden; „Encheiresis naturae nennts die Chemie, spottet ihrer selbst, und weiß nicht wie.“ Und dieses Band ist eben die Idee. Hatte dem Dichterweisen schon früh das Gewahrwerden des Unendlichen Staunen und die Ahnung des Gesetzlichen Ehrfurcht abgewonnen, so dass schon der drangvolle Jüngling beim Anblick des Straßburger Münsters nicht bunte Phantasien, sondern Gedanken von Harmonie und Ordnung lallt (so Fr. v. Müller, *Goethe in seiner praktischen Wirksamkeit.* Weimar 1832), – so kann man doch sagen, dass damals, als unter den Ruinen von Agrigent in Sizilien das Bild der Urpflanze vor seinem Geist auftauchte, über den Gehalt seines Daseins entschieden wurde. Die Natur und der Geist begegneten sich in jenem Augenblick – in der Idee; im aufgeschlossenen Innern der Welt, die einst „ein allverschlingendes, ewig wiederkäuendes Ungeheuer“ geschienen, offenbarte sich das stille Band, das alle Dinge verbindet, der Lebenskreis, in dem sie werden und wesen, das Beharrende im Wandel„„das ewige Gesetz, wonach die Rose und Lilie blüht“; ein zarter Denker aber hat den Ausspruch getan: „Allenthalben dieselbe heilige Notwendigkeit wahrzunehmen, lieb zu gewinnen, sich selbst anzubilden, – das macht den Wert eines Menschenlebens.“ Numa Pompilius hatte eine Muse, die er „die Schweigende“ nannte, und die ihm das Heiligste in seinen Einsamkeiten verkündete. Eine solche Muse wird uns die Erkenntnis der Natur; sie deutet, ein stummer Genius, den Sterblichen auf seine Grenze und Bestimmung hin und beglückt ihn praktisch, wie sie ihn innerlich beseligt; das quem te deus esse jussit wird der denkenden Kreatur klar und wichtig, und der endliche, diskursive Verstand nimmt gleichsam Teil an dem schaffenden Genuss des intellectus archetypus, Teil an der ewigen Liebe, Ruhe, Kraft und Seligkeit. Hier sind wir an der Grenze des irdischen Horizontes, und unser Auge verweilt einen Augenblick bei der Aussicht in ein überirdisches Gefilde. Wir ahnen dasjenige, was keine Zunge ausspricht, von dem alles Sichtbare nur ein Gleichnis ist; und wie dem Geometer von jeher der Triangel, als einfachstes Schema des Urverhältnisses aller Dinge: der Entfaltung und Rückkehr in sich, – als höchstes Sinnbild gegolten hat und gilt, wie in den Naturwissenschaften jedes Besondere Symbol des Ganzen, das Ganze Symbol des Kleinsten ist, so wird dem fürs Höchste empfänglichen Geist die ganze Naturwissenschaft und ihre leitende Idee, das Gesetz der Metamorphose, wiederum nur Symbol sittlicher und religiöser Ideenwelten. Auch der Mensch und sein Geschlecht sind im Tiefsten ein Gebilde des Kampfes und des Aufwärtsstrebens; auch der Tod, wie das ihn bereitende Leben, ist Metamorphose; ein göttliches unabänderliches Gesetz des Bewegens und Wirkens geht durch alle Welten (töricht, was irgend ihm Trotz bieten will!), das Erkennen wird Pflicht, das Forschen Andacht, und „das Wissen, das bei der Unmittelbarkeit göttlicher Gefühle in uns, zumal auf einem Planeten, der, aus seinem Zusammenhang mit der Sonne herausgerissen, als Stückwerk erscheinen muss, findet seine Ergänzung im Glauben“ (Goethe bei Falk: *G. aus näh. Umg.* usf.). – im Glauben, „der nicht der Anfang, sondern das Ende alles Wissens ist.“ So bestätigt sich, trotz roher Verleumdungen, womit Unsinn und böser Wille den gottergebenen Denker nie verschonen, das alte Wort: Philosophia, leviter gustata, abducit a deo, penitus exhausta reducit ad deum; ist doch jedes Naturwerk immer „ein frisch ausgesprochenes Wort Gottes“ (G. an die Großherzogin Luise) – „der Mensch aber in der Reihe so mannigfacher Produkte das erste Gespräch, das die Natur mit Gott hält“ (G. bei Falk).

Bei diesen Gefühlen, die der Silberblick des Lebens sind, verweilt und beruhigt sich der Vertrauende. Der Forscher, überzeugt, dass ein Blick in diese Herrlichkeit fürs Leben genügt, dass wir aber, je mehr wir davon aussprechen wollen, desto mehr uns in ein schales, stammelndes Gerede verlieren, widmet sich liebevoll den schönen Erscheinungen, arbeitet wie der Goldschmied zu Ephesus am Saum des göttlichen Gewandes fort, setzt das Unerforschliche voraus und zieht sich fürder keine Grenze. „Muss er sich denn nicht selbst voraussetzen, ohne jemals zu wissen, wie es denn eigentlich mit ihm beschaffen sei? studiert er nicht immerfort, ohne sich jemals zu begreifen? sich und andere? und doch geht es fröhlich immer weiter und weiter!“ (*Zur Morphol.*) Dieses *Weiter* soll auch unsere Parole auf Leben und Sterben sein, – wie es den Grund unseres Wesens ausdrückt; in rastloser Tätigkeit bewege sich die Entelechie von Sphäre zu Sphäre, in immer weiteren, immer helleren Kreisen! Auch in der Naturwissenschaft wollen wir dies Gebot erfüllen, nicht ewig klauben, ausprägen und zählen, was Goethe und die Besten aus den edlen Gängen gefördert, lieber sichten, läutern, es mit dem Neugewonnenen verschmelzen und kühn das ewige Urgestein von Frischem behauen, uns nicht Goethes Sprüche und Formen, sondern den Geist aneignen, aus dem sie entquollen sind.

Auf diesen Geist zu deuten, seine Spuren zu verfolgen, war ich in diesen Blättern bemüht. Haben sie zur Erweckung desselben in andern, auch nur im kleinsten Kreis beigetragen, so sind sie nicht umsonst geschrieben; nicht umsonst, solange es wahr bleibt, dass echte Naturforschung nicht in der Kammer, sondern im Leben gedeiht, und dass echte Weisheit des Lebens nichts anderes ist, als treue Naturforschung.

Étienne Geoffroy Saint-Hilaire [Rez.]: Johann Wolfgang von Goethe: Essai sur la métamorphose des plantes (1831)

Vita – Abstract
Étienne Geoffroy Saint-Hilaire (15. April 1772 Étampes – 19. Juni 1844 Paris) studierte Theologie und Jura in Paris, wechselte dann zu den Naturwissenschaften und wurde 1793 auf den Lehrstuhl für Zoologie am neu gegründeten ‚Muséum National d'Histoire Naturelle' in Paris berufen, nahm als Wissenschaftler 1798–1801 am Ägyptenfeldzug von Napoleon teil, wurde 1807 Mitglied der ‚Académie des Sciences de Paris' wie ebenfalls anderer Akademien. In seinen umfangreichen Forschungen setzte sich Geoffroy Saint-Hilaire für einen gemeinsamen Grundaufbau („unité de plan") von Wirbellosen und Wirbeltieren ein (*Philosophie anatomique*, 1818–1822), begründete mit seinen Beobachtungen über die Ursachen von Missbildungen mit Johann Friedrich Meckel d. J. (1781–1833) die Disziplin Teratologie und gab mit seinen vergleichenden Untersuchungen in der Paläontologie, Anatomie und Embryologie wichtige Anstöße für die Evolutionslehre. Seine Auseinandersetzung in der Pariser Akademie mit Georges Cuvier (1769–1832) im Jahr 1830 über die Einheit und Vielfalt der Lebewesen („unité de composition organique") bewegten Goethe zu einer Darstellung und Analyse in seiner letzten und weitbeachteten Veröffentlichung 1830 und 1832 in den bedeutenden ‚Jahrbüchern für wissenschaftliche Kritik'. In seinem letzten übergreifenden Werk *Notions synthétiques, historiques et physiologiques de philosophie naturelle* von 1838 plädierte Geoffroy Saint-Hilaire erneut für die Einheit der Wissenschaften und kritisierte ihre in der Gegenwart vorherrschende Zersplitterung („La science es une, et vous l'avez partagée!!!").

D. von Engelhardt, *Goethe als Naturforscher im Urteil der Naturwissenschaft und Medizin des 19. Jahrhunderts*,
https://doi.org/10.1007/978-3-662-68126-8_14

Geoffroy Saint-Hilaire bietet in seiner am 5. Juli 1831 in der ‚Académie des Sciences de Paris' vorgetragenen Rezension der Übersetzung der *Metamorphose der Pflanzen* durch den Schweizer Privatgelehrten Frédéric Soret (1795–1865), der über seine Kontakte mit Goethe in Weimar in *Zehn Jahre bei Goethe. Erinnerungen an Weimars klassische Zeit 1832–1832* (posthum 1929) berichtet, eine zustimmende Analyse der Hauptpunkte der aus seiner Sicht philosophischen Pflanzenschrift des Dichters Goethe, die allerdings zu ihrer Zeit von Botanikern weder gelesen noch verstanden wurden („lire et comprendre"), hebt zugleich die Nähe zu entsprechenden Vorstellungen von Augustin Pyramus de Candolle (1778–1841) hervor. Ebenfalls 1831 kommt Geoffroy Saint-Hilaire in einer weiteren Studie über Goethe zu dem Schluss, dass ihm mit seinen naturwissenschaftlichen Beiträgen zu Recht der Titel eines „gelehrten Naturforschers" („savant naturaliste") zukomme.

Geoffroy Saint-Hilaire, Étienne [Rez.]:
Johann Wolfgang von Goethe: Essai sur la métamorphose des plantes, dt. u. franz., übers. v. Frédéric Soret, suivi de notes historiques. Stuttgart,1831 (Note lue à l'Académie des Sciences le 5 juillet 1831), in: Revue Encyclopédique ou Analyse Raisonnée 51 (1831) S. 523–526.

* * *

Un nouveau livre où la philosophie des sciences naturelles est exposée avec une bien grande supériorité paraît présentement en Allemagne: en voici un premier exemplaire, dont j'ai comme reçu la mission de faire hommage à l'Académie des Sciences. Cette communication m'est inspirée par les soins que l'auteur a pris en effet de faire accompagner son texte allemand d'une traduction française; soins dans lesquels j'entrevois la pensée de vous témoigner tout le prix qu'il attache à vos suffrages.

L'illustre patriarche de la littérature germanique, le poète Goethe, est l'auteur de cet ouvrage sur les sciences: j'en vais présenter en quelques mots l'analyse. Un tiers du livre se compose d'une réimpression des aphorismes que ce grand écrivain publia pour la première fois en 1790, leur ayant donné le titre d'*Essai sur la métamorphose des plantes.* Malgré la célébrité de Goethe, ou plutôt à cause de son genre d'illustration, cette œuvre fut délaissée. Elle fut jugée une véritable faute: le fond et la forme en parurent également reprochables; mais c'était une fauté faite, comme il appartient au génie d'en commettre: Goethe n'avait eu réellement que le tort de produire un écrit sur les plantes près d'un demi-siècle avant qu'il y eût des botanistes pour le pouvoir lire et comprendre.

Mais aujourd'hui qu'il réimprime son ancien opuscule, il le commente; et il consacre en particulier la seconde partie de sa nouvelle production à des explications pour se faire reconnaître des botanistes. "Qu'ils ne me rejettent point comme un laïque, dit-il, j'ai droit comme eux au titre de travailleur et d'homme du métier." Ainsi il se défend d'être exclusivement un *philosophe occupé de dessiner l'homme interne, un poète absorbé par le prestige des illusions scéniques*; et pour combattre d'aussi injustes préventions, il raconte comment il appliqué une grande partie de son existence, avec entraînement, passion et persévérance, à l'étude de la nature. Si ce n'était le nom qui figure en tête de ce récit, on croirait lire l'histoire des développements de l'esprit humain; celle de son action graduée, pour se former à la contemplation et pour acquérir l'intelligence des phénomènes de l'univers.

Mais enfin, après 1810, les conceptions philosophiques de Goethe surgissent de toutes parts. Notre illustre confrère, M. de Candolle entre autres, fait, quelques années après, de ces mêmes idées le sujet de ses *Principes de la symétrie et de la métamorphose des plantes*. Cette coïncidence étant remarquée, on recherche comment un poète auquel on n'accorde de dispositions naturelles que pour saisir les phénomènes moraux serait parvenu à découvrir avec autant de précision les lois du développement des organes des plantes; mais Goethe repousse l'honneur qu'on en veut faire à sa sagacité: il prévient toute fausse conjecture en présentant aux observateurs sérieux la marche historique de ses études.

Dans sa troisième et dernière partie, l'auteur se livre avec un goût sûr et une érudition très-remarquable à un examen critique des idées publiées depuis lui sur l'analogie des parties végétales. Ses susceptibilités particulières relativement aux doctrines françaises se manifestent sans réserve, soit qu'il applaudisse au renversement de ce qu'il signale comme une fâcheuse et trop longue dictature, soit que tout au contraire il préconise certaines idées générales qu'il regrette qu'on n'encourage point assez. C'est à l'un de ces derniers travaux qu'il a fait l'honneur d'emprunter pour son nouvel ouvrage l'épigraphe suivante: Voir venir les choses est le meilleur moyen de les expliquer. *Turpin*

L'illustre poète avait terminé l'impression de son nouvel opuscule quand il vint à lire, dans les *Annales des Sciences naturelles*, cahier de février dernier, un article de moi, intitulé: *Sur des écrits de Goethe lui donnant des droits au titre de savant naturaliste*. Il en était temps encore: un dernier folio était vacant; Goethe y annote cette circonstance, y place pour moi une recommandation toute bienveillante, et me fait tenir aussitôt l'exemplaire, que je me suis fait un devoir de communiquer à l'Académie.

Goethe, dans son premier écrit (1790), avait cédé aux seules inspirations de son génie et s'y était montré simplement inventeur et nullement érudit. Dans une édition de 1817[1], il rechercha si d'autres avant lui l'avaient précédé

[1] Cette publication de 1817 a été traduite en français par M. Frédéric Gingins-Lassaraz. Genève et Paris, 1829; Barbezat et Compagnie. In-8°.

dans ses conceptions philosophiques, et ce fut alors que déjà il prit plaisir à rendre justice à ses prédécesseurs; savoir:

1° A Joachim Jungius, qui, deux siècles et demi auparavant, avait dans ses *Isogoge phyoscopica*, essayé, dans le même sens que lui, une description organographique des végétaux;

2° A Linnæus, qui, différemment toutefois, avait en 1751 donné les mêmes généralités dans une théorie dite de l'anticipation ou *prolepsis*;

3° Et enfin à Gaspard Frédérick Wolff, professeur et académicien à Pétersbourg, lequel avait annoncé et admis sans hésitation le principe du rapport analogique de tous les organes extérieurs des végétaux; tous ainsi réductibles à un seul type, malgré l'immense variété de leurs formes.

Je viens de citer le prolepsis de Linnæus: qu'il me soit permis de remarquer à cette occasion combien il est entré de notions vagues dans les opinions régnantes au sujet du grand naturaliste de la Suède, dès que c'est moins par le côté de sa force philosophique que par celui de quelques théories transitoires, mises à la portée des faibles intelligences et que désavouait son génie, qu'il a été généralement considéré et qu'il est devenu populaire. Vers la fin du dernier siècle, surtout en France, où la botanique a été en grand honneur, l'on était absorbé par une vue trop exclusive pour oser entreprendre davantage. Les *rapports naturels* formaient la grande ou mieux l'unique étude. Mais ces *rapports acquis*, qu'est-ce autre chose si ce n'est le savoir de la valeur réciproque des degrés différentiels sur quelques points déterminés? Si cette étude a son prix, ce serait toutefois une grave erreur que de s'y concentrer uniquement. Et cela devient manifeste aujourd'hui que la paraphrase des douze derniers aphorismes du chapitre: *Metamorphosis vegetabilis* de la *Philosophie botanique*, c'est-à-dire que les lois de la transformation et du développement des parties végétales, leur structure, leurs métamorphoses et leurs analogies respectives, fournissent à la spéculation philosophique un champ plus vaste et plus instructif.

Or ces douze aphorismes de la philosophie linnéenne, qui n'ont que peu ou point excité la sympathie des botanistes de la dernière école, avaient été admirablement compris et furent savamment développés par Goethe en 1790: ce poète faisait alors seul avec succès ce que la science, par tous les efforts réunis des botanistes contemporains, s'occupe aujourd'hui à mettre en lumière.

Henry Gerber: Goethe als Mediziner (1899)

Vita – Abstract
Paul Henry Gerber (14. Mai 1863 Königsberg – 16. Oktober 1919 Königsberg) studierte Medizin in Königsberg, Berlin und Wien, wurde 1888 mit einer Arbeit über die elektrische Reizung des Großhirns promoviert, habilitierte sich 1895 in Königsberg für Oto-Laryngologie, wurde 1906 zum a.o. Professor und Direktor der Hals-Nasenpoliklinik der Universität ernannt. In seinen Publikationen behandelte Gerber die Pathologie und Klinik des Skleroms, der Tuberkulose und Lues im Hals-, Nasen und Ohrenbereich sowie über Stirnhöhleneiterungen und gab 1902 einen Atlas der Erkrankungen der Nase und der Nebenhöhlen heraus.

Gerber skizziert neben Hinweisen auf Goethes vielseitige Beziehungen zu den Künsten und Naturwissenschaften – mit Zitaten aus seiner Autobiographie – sein biographisches und wissenschaftliches Verhältnis zur Medizin, hebt persönliche Kontakte zu Medizinern, Besuch medizinischer Vorlesungen, Kenntnis besonderer chirurgischer Operationen, Einstellung zur Krankheit und zu Kranken sowie Lektüre medizinischer Schriften hervor, erwähnt Auswirkungen auf sein literarisches Werk, erinnert an Ablehnung und Anerkennung bei Naturwissenschaftlern und Medizinern und bedauert, dass sich 1899 in Breslau die Studentenschaft, und zwar vor allem auf Betreiben der Burschenschaften, geweigert habe, Goethe an seinem 150. Geburtstag mit einer Feier zu würdigen („da er nichts für die ‚deutsch-nationale' Sache getan habe").

D. von Engelhardt, *Goethe als Naturforscher im Urteil der Naturwissenschaft und Medizin des 19. Jahrhunderts*,
https://doi.org/10.1007/978-3-662-68126-8_15

Gerber, Paul Henry:
Goethe als Mediziner, in: Wiener Medizinische Wochenschrift (1899) Sp. 2001–2005, 2061–2065.

* * *

Wie oft wohl mögen im August dieses Jahres die Setzer seinen Namen gesetzt haben, der – wie Herder einst schrieb – „von den Göttern stammt, von den Gothen oder vom Kothe“: Goethe! Teilt er nun aber dieses Schicksal vielleicht auch mit einigen anderen Jubilaren, die auf den Höhen der Menschheit ihre Jubiläen feiern, so war wohl noch nie da und wird sicher nie mehr sein diese Mannigfaltigkeit der Beziehungen, in denen dieser sonnengleich leuchtende Name gedruckt worden ist, gedruckt werden konnte, ohne dass man – meines Wissens – diese Beziehungen hätte erschöpfen können. Dazu ist der *ganze* Goethe noch viel zu wenig populär; nur der Dichter Goethe gehört der Allgemeinheit an. Der Forscher, der Weise, der Mensch Goethe gehört erst nur einer kleinen Gemeinde.

Männer von staunenswerter Vielseitigkeit hat es zu allen Zeiten gegeben, besonders im Quattro- und Cinquecento, wo man sich nur eines Leonardo da Vinci zu erinnern braucht. Eine solche Universalität des Genies, gekrönt von dem schönsten Menschentum, aber, wie sie in Goethe der Menschheit aufging, war nicht da und wird nicht sein! – Goethe als Dramatiker, als Dichter im allgemeinen, Goethe als Jurist, als Politiker, Goethe als „Befreier“, als Duellant (der er nie gewesen); der junge Goethe, Goethe als Greis, Goethe „bei Tisch“, Goethe im Umgang mit Menschen, Goethes Beziehungen zu den Frauen, Goethe als Theaterdirektor, als Botaniker. Das sind so einige Aufsatztitel, die mir zu Augen gekommen. Man hätte ihn dann ferner schildern können – und hat es vielleicht auch getan – als Ästhetiker und Kunstkenner, als Kritiker, Biographen und Übersetzer, als Sammler, als Anatomen, Biologen und Geologen, als Optiker, Physiker, Meteorologen u. a.m. Kennt die Welt Goethe als Dichter, so weiß sie auch, dass er als „Brotstudium“, dem Wunsch seines Vaters entsprechend, sich die Jurisprudenz erwählt hatte. Wenn nun auch nicht zu leugnen ist, dass er wirklich Karriere gemacht, dass er die denkbar höchste Staffel, die auf diesem Wege zu erreichen war, den Ministerposten erklommen, so hat er dieses, wie männiglich bekannt, nur seinem fürstlichen Freund zu verdanken. Dem Stud. jur. Wolfgang Goethe können wir kein sehr glänzendes Zeugnis ausstellen, wie ihn selbst die Trockenheit und Starrheit seines Faches abschreckte. Er war in den anderen Fakultäten mehr zuhause, wie in der juridischen, und ließ sich von einem Repetenten zum Examen recht und schlecht einpauken.

Wenn wir ihn, der überall herumnaschte, als akademischen Bürger seinem Interesse und den wirklich gehörten Kollegien nach in eine Fakultät einrangieren sollten, so könnte es nur die – *medizinische sein.* Ja, als Mediziner vor allem haben wir den Studiosus Goethe zu betrachten, und die hier empfangenen Anregungen sehen wir, durch mancherlei andere Momente gesteigert, sein ganzes Leben hindurch fortwirken. Begeisterte Liebe für naturwissenschaftliches Forschen im allgemeinen, eigene Krankheiten und Zufälligkeiten im Umgang haben ihn immer wieder auf die *Medizin und ihre Hilfswissenschaften* hingewiesen.

Schon durch seine Geburt hat Goethe, wie man aus Dichtung und Wahrheit erfährt, der Medizin – wenigstens seiner Vaterstadt – einen Dienst geleistet. „Denn" – so erzählt er – „durch Ungeschicklichkeit der Hebamme kam ich für tot auf die Welt und nur durch vielfache Bemühungen brachte man es dahin, dass ich das Licht erblickte. Dieser Umstand, welcher die Meinigen in große Not versetzt hatte, gereichte jedoch meinen Mitbürgern zum Vorteil, indem mein Großvater, der Schultheiß Johann Wolfgang Textor, diesen Anlass nahm, dass ein Geburtshelfer angestellt und der Hebammenunterricht eingeführt oder erneuert wurde, welches dann Manchem der Nachgeborenen mag zugutegekommen sein."

Im weiteren Verlauf dieser einzigen und unvergleichlichen Autobiographie erfahren wir denn auch, welchen Eindruck die merkwürdige Persönlichkeit und die großartigen Stiftungen des Frankfurter Arztes Dr. Senckenberg auf das jugendliche Gemüt des Knaben machten. In nahe und wirksame Berührung mit Medizinern brachte ihn dann gleich sein erstes Wintersemester in Leipzig.

Während es hier mit den juristischen Kollegien ein übel Ding war, indem er gerade schon so viel wusste, als der Lehrer ihm zu überliefern für gut fand, der erste hartnäckige Fleiß im Nachschreiben bald gelähmt wurde und die „Hefte locker wurden und das Ende derselben gegen das Frühjahr mit dem Schnee zugleich verschmolz und sich verlor," – so fügte es sich, dass er seinen Mittagstisch bei Hofrat Ludwig hatte. Er war Medikus, Botaniker, und die Gesellschaft bestand außer Morus in lauter angehenden oder der Vollendung näheren Ärzten. „Ich hörte nun – fährt er fort – in diesen Stunden gar kein anderes Gespräch, als von Medizin oder Naturhistorie, und meine Einbildungskraft wurde in ein ganz anderes Feld hinübergezogen. Die Namen Haller, Linné, Buffon hörte ich mit großer Verehrung nennen, und wenn auch manchmal wegen Irrtümer, in die sie gefallen sein sollten, ein Streit entstand, so kam doch zuletzt dem anerkannten Übermaß ihrer Verdienste zu Ehren alles wieder ins Gleiche. Die Gegenstände waren unterhaltend und bedeutend und spannten meine Aufmerksamkeit. Viele Benennungen und eine weitläufige Terminologie wurden mir nach und nach bekannt".

Von den medizinischen Tischgenossen Goethes in Leipzig sind außer dem Professor der Medizin Ludwig selbst bekannt geworden: Lavater, der jüngere Bruder des berühmten Physiognomiken, und der Bakkalaureus der Medizin Kapp. Aber auch der medizinischen Literatur scheint er schon damals nicht ganz ferngeblieben zu sein, wofür die Bemerkung spricht: „Nach dem Vorgange eines Ausländers, Tissot, fingen nunmehr auch die Ärzte mit Eifer an, auf die allgemeine Bildung zu wirken. Sehr großen Einfluss hatten Haller,

Unzer, Zimmermann, und was man im Einzelnen gegen sie, besonders gegen den Letzten, auch sagen mag, sie waren zu ihrer Zeit sehr wirksam.“ Nichts aber drängt uns alle so sehr zum Denken und Handeln, wie das, was wir am eigenen Körper, an der eigenen Seele erfahren.

Zu Ende seines Leipziger Aufenthaltes war Goethe schwer erkrankt: krank kam er nach Frankfurt zurück, wo er aus einem üblen Zustand in den anderen fiel und Monate lang das Zimmer hüten musste. Die Krankheit selbst nun wie die gegen sie angewandten – von dem behandelnden Arzte zum Teil geheimnisvoll dargereichten – Mittel führten Goethe unter Mitwirkung des Frl. v. Klettenberg zum Studium anfangs mystischer, chemisch-alchemischer, späterhin auch verständigerer chemischer Werke. So brachten sie, die Frau Rat oft mit dabei, die Abende eines langen Winters mit dem Studium von Wellings *Opus magno-cabbalisticum*, den Werken des Paracelsus, Basilius Valentinus, Helmont und Starkey zu, nicht ohne dass in seinem kleinen primitiven Laboratorium allerhand wunderbare Experimente versucht wurden. Wertvoller war jedenfalls, dass er auch zu den chemischen Kompendien des Boerhaave gelangte, was ihn verlockte, „mehrere Schriften dieses Mannes zu lesen, wodurch ich denn, da ohnehin meine langwierige Krankheit mich dem Ärztlichen nähergebracht hatte, eine Anleitung fand, auch die Aphorismen dieses trefflichen Mannes zu studieren, die ich mir gerne in den Sinn und ins Gedächtnis einprägen mochte“. Diese aber bildeten damals die Grundlage des medizinischen Unterrichtes. In allem diesen haben wir Vorarbeiten zum *Faust* zu sehen, wie denn das Laboratorium bei Frl. v. Klettenberg eher das Modell zu einer Hexenküche wie zu einem chemischen Laboratorium in unserem Sinn abgegeben haben mag. Jedenfalls hatte er schon so viele medizinische und naturwissenschaftliche Kenntnisse gesammelt, dass er damit seinen neuen Freunden in Straßburg, wohin er sich nun nach seiner endlichen Genesung wandte, mächtig imponieren konnte.

Eine merkwürdige Fügung führte ihn hier wieder in eine Tischgesellschaft, die fast nur aus Medizinern bestand. In erster Reihe gedenkt er da eines gewissen Meyer von Lindau, den er als einen ebenso schönen wie geistreichen, ebenso gutmütigen wie leichtsinnigen Menschen schildert.

„Die meisten meiner Tischgenossen“ – heißt es im zweiten Buch von Dichtung und Wahrheit – „waren Mediziner. Diese sind, wie bekannt, die einzigen Studierenden, die sich von ihrer Wissenschaft, ihrem Metier auch außer den Lehrstunden mit Lebhaftigkeit unterhalten. Es liegt dieses in der Natur der Sache. Die Gegenstände ihrer Bemühungen sind die sinnlichsten und zugleich die höchsten, die einfachsten und die kompliziertesten.

Die Medizin beschäftigt *den ganzen Menschen, weil sie sich mit dem ganzen Menschen beschäftigt.* Alles, was der Jüngling lernt, deutet sogleich auf eine wichtige, zwar gefährliche, aber doch in manchem Sinne belohnende Praxis. Er wirft sich daher mit Leidenschaft auf das, was zu erkennen und zu tun ist, teils weil es ihn an sich interessiert, teils weil es ihm die frohe Aussicht von Selbstständigkeit und Wohlhaben eröffnet.

Bei Tisch also hörte ich nichts anderes als medizinische Gespräche, eben wie vormals in der Pension des Hofrates Ludwig. Auf Spaziergängen und bei Lustpartien kam auch nicht viel anderes zur Sprache; denn meine Tischgesellen, als gute Kumpane, waren mir auch Gesellen für die übrige Zeit geworden und an sie schlossen sich jedes Mal Gleichgesinnte und Gleiches Studierende von allen Seiten au. Die medizinische Fakultät glänzte überhaupt vor den übrigen sowohl in Absicht auf die Berühmtheit der Lehrer als die Frequenz der Lernenden, und so zog mich der Strom dahin, umso leichter, als ich von allen diesen Dingen gerade so viel Kenntnis hatte, dass meine Wissenslust bald vermehrt und angefeuert werden konnte. Beim Eintritt des zweiten Semesters besuchte ich daher Chemie bei Spielmann, Anatomie bei Lobstein und nahm mir vor, recht fleißig zu sein, weil ich bei unserer Sozietät durch meine wunderlichen Vor- oder vielmehr Überkenntnisse schon einiges Ansehen und Zutrauen erworben hatte."

Die oben erwähnten Tischgenossen waren – außer dem schon genannten Meyer – der Elsässer Weyland, Goethes getreuer Begleiter bei seinen Landpartien, der ihn auch im Pfarrhaus zu Sesenheim einführte. Dann der bekannte Jung-Stilling, von dem noch weiter unten die Rede sein wird, dessen Wort: „Goethes Herz, das wenige kannten, war so groß, wie sein Verstand, den alle kannten" – noch immer wenige überzeugt zu haben scheint. Ferner der Wiener Waldberg, allem Anscheine nach richtiges leichtes Wiener Blut, Melzer und schließlich zwei ältere Mediziner, die zur Wiederauffrischung ihrer Kenntnisse da waren, die Chirurgen Troost und Peglow, welch' letzterer sogar aus Russland herbeigekommen war.

Diese beiden hatte wohl hauptsächlich der Ruf Lobsteins angelockt, eines „der ersten Anatomen und Chirurgen der Zeit". Der zweite von Goethe erwähnte Dozent: Spielmann, war „Professeur de Chimie, de Botanique et de Matiere medicale".

Damit ist aber Goethes medizinischer Studienplan nicht erschöpft. Er hörte außerdem innere Medizin bei einem Doktor Ehrmann, „Doyen perpetuel des medecins et physicien de la ville", und Geburtshilfe bei dessen Sohn, „Professeur extraordinaire en medecine et medecin de l'hôpital bourgeois, y enseignant la pratique". Man sieht, kein Mediziner von Fach kann fleißiger sein.

Wie die chemisch-alchemischen Studien dem *Faust*, so kamen die anatomischen dem *Wilhelm Meister* zugute; im dritten Buch der Wanderjahre werden Wilhelms anatomische Studien ausführlich dargestellt.

Über seine Straßburger Studien resümierend, sagt Goethe: „Das Juristische trieb ich mit so viel Fleiß als nötig war, um die Promotion mit einigen Ehren zu absolvieren; das Medizinische reizte mich, weil es mir die Natur nach allen Seiten, wo nicht aufschloss, doch gewahr werden ließ, und ich war daran durch Umgang und Gewohnheit gebunden."

Wir sehen also, wie sehr viel besser die Medizin bei ihm wegkam als die Jurisprudenz. Mit wieviel Lob und Liebe spricht er dann von dem Klinikum bei Ehrmann: „Die große Heiterkeit und Behaglichkeit, womit der verehrte

Lehrer uns von Bett zu Bett führte, die genaue Bemerkung bedeutender Symptome, die Beurteilung des Ganges der Krankheit überhaupt, die schöne hippokratische Verfahrungsart, wodurch sich ohne Theorie, aus einer eigenen Erfahrung die Gestalten des Wissens heraufgaben, die Schlussreden, mit denen er gewöhnlich seine Stunden zu krönen pflegte, das alles zog mich zu ihm und machte mir ein fremdes Fach, in das ich nur wie durch eine Ritze hineinsah, um desto reizender und lieber. Mein Abscheu gegen die Kranken nahm immer mehr ab, je mehr ich diese Zustände in Begriffe verwandeln lernte, durch welche die Heilung, die Wiederherstellung menschlicher Gestalt, und Wesens als möglich erschien."

Es war nun auch weiterhin in Goethes Leben, als er nicht mehr auf hohen Schulen studierte, dafür gesorgt, dass er mit der Medizin und ihren Hilfsfächern immer wieder in Berührung kam. Schon während des Straßburger Aufenthaltes hatte er Gelegenheit, einem ihm nahestehenden Leidenden hilfreich zur Seite zu stehen. Herder nämlich entschloss sich, in Straßburg zu bleiben und sich eines Augenleidens wegen von Lobstein operieren zu lassen. Goethe schildert dieses Leiden und seine Behandlung, dem damaligen Stand der Wissenschaft entsprechend, völlig sachgemäß, so wie es eben nur ein Eingeweihter kann: „Dieses Übel ist eins der beschwerlichsten und unangenehmsten und um desto lästiger, als es nur durch eine schmerzliche, höchst verdrießliche und unsichere Operation geheilt werden kann. Das Tränensäckchen nämlich ist nach unten zu verschlossen, so dass die darin enthaltene Feuchtigkeit nicht nach der Nase hin und umso weniger abfließen kann, als auch dem benachbarten Knochen die Öffnung fehlt, wodurch diese Sekretion naturgemäß erfolgen sollte. Der Boden des Säckchens muss daher aufgeschnitten und der Knochen durchbohrt werden; da dann ein Pferdehaar durch den Tränenpunkt, ferner durch das eröffnete Säckchen und durch den damit in Verbindung gesetzten neuen Kanal gezogen und täglich hin und wieder bewegt wird, um die Kommunikation zwischen beiden Teilen herzustellen, welches alles nicht getan noch erreicht werden kann, wenn nicht erst in jener Gegend äußerlich ein Einschnitt gemacht worden." Ebenso sachgemäß ist auch die Schilderung einer Staroperation, zu der Jung nach Frankfurt berufen war, die er aber leider ohne den gewünschten Erfolg ausführte. Er hatte seine Ankunft daselbst dem früheren Studiengenossen, jetzt in Frankfurt wohlbestallten Advokaten Goethe angezeigt und war in dem Hause seiner Eltern auf das liebenswürdigste aufgenommen worden. Mit größter Teilnahme verfolgte Goethe den Verlauf der Operation. „Nach mehreren ärztlichen Vorbereitungen ward nun endlich der Star auf beiden Augen gestochen; wir waren höchst gespannt; es hieß, der Patient habe nach der Operation sogleich gesehen, bis der Verband das Tageslicht wieder abgehalten. Allein es ließ sieh bemerken, dass Jung nicht heiter war und dass ihm etwas auf dem Herzen lag, wie er mir denn auf weiteres Nachforschen bekannte, dass er wegen Ausgang der Kur in Sorge sei. Gewöhnlich – und ich hatte selbst in Straßburg mehrmals zugesehen – schien nichts leichter in der

Welt zu sein, wie es denn auch Stilling hundertmal gelungen war. Nach vollbrachtem schmerzlosen Schnitt durch die unempfindliche Hornhaut sprang bei dem gelindesten Druck die trübe Linse von selbst heraus, der Patient erblickte sogleich die Gegenstände und musste sich nur mit verbundenen Augen gedulden, bis eine vollbrachte Kur ihm erlaubte, sich des köstlichen Organs nach Willen und Bequemlichkeit zu bedienen.

Wie mancher Arme, dem Jung dieses Glück verschafft, hatte dem Wohltäter Gottes Segen und Belohnung von oben herab gewünscht, welche nun durch diesen reichen Mann (den jetzt operierten) abgetragen werden sollte.

Jung bekannte, dass es diesmal so leicht und glücklich nicht hergegangen: Die Linse sei nicht herausgesprungen, er habe sie holen, und zwar, weil sie angewachsen, ablösen müssen: dies sei nun nicht ohne einige Gewalt geschehen." usw.

Kurz, die Kur misslang, wie schon gesagt, Stilling versank darob in den tiefsten Missmut, und Goethe und sein ganzes Haus trauerten mit ihm.

Unter den Männern, die bedeutsam auf ihn gewirkt haben, nennt Goethe auch den seinerzeit weltberühmten Arzt und Schriftsteller Zimmermann, der heute nur noch in letzterer Eigenschaft, als Verfasser des bekannten Buches „Über die Einsamkeit" genannt wird. An die Schilderung seiner Person, die, so interessant wie sie war, doch nicht ganz einwandfrei war, schließt Goethe eine ausführliche und vorzügliche Schilderung *der medizinischen Bewegung der damaligen Zeit*, in welcher eine neue – lediglich der Erfahrung folgen wollende empiristische Medizin mit der noch mittelalterlichen, hermetischen, auf allerlei Geheimlehren basierenden gewaltig kämpfte. Zimmermann, ein Schüler Boerhaaves und Hallers, galt als Repräsentant dieser neuen Richtung, der er in seinem Buch: „Von der Erfahrung in der Arznei Wissenschaft" die Hauptstütze gegeben hatte. „Die Epoche – sagt Goethe – in der wir lebten, kann man die *fordernde* nennen: denn man machte an sich und andere Forderungen auf das, was noch kein Mensch geleistet hatte. Es war nämlich vorzüglichen denkenden und fühlenden Geistern ein Licht aufgegangen, dass die unmittelbare originelle Ansicht der Natur und ein darauf gegründetes Handeln das Beste sei, was der Mensch sich wünschen könne, und nicht einmal schwer zu erlangen. Erfahrung war also abermals das allgemeine Losungswort und jedermann tat die Augen auf, so gut er konnte: eigentlich aber waren es die Ärzte, die am meisten Ursache hatten, darauf zu dringen, und Gelegenheit, sich danach umzutun. Die Schriften, die uns unter dem Namen „Hippokrates" zugekommen waren, gaben das Muster."

Goethe, der diese Bewegung als Teilerscheinung der großen allgemeinen Bewegung der Zeit erkannte, deren Losungswort: „Rückkehr zur Natur" war, und deren gesunden Kern wohl anerkannte, warnt doch vor Einseitigkeit und Übertreibung. Einmal gibt er zu bedenken, „dass wir nicht sehen können wie die Griechen, und dass wir niemals wie sie dichten, bilden und heilen werden. Ferner, dass sich die Gelehrtheit überhaupt nicht wohl ohne Polyhistorie und Pedanterie, die Praxis aber wohl schwerlich ohne Empirie und Charlanterie denken“ lässt. Aus dieser für uns Ärzte so wichtigen Wahrheit erklärt er den damals herrschenden großen Konflikt, den zu lösen er an anderer Stelle selbst das richtige Rezept gegeben hat: „Ein Blick ins Buch und zwei ins Leben!“

Wichtiger wie Zimmermann wurden für Goethes eigene Studien die Beziehungen zu Lavater. Dieser forderte – wie alle Welt – so besonders Goethe zur Mitarbeiterschaft an seinen *Physiognomischen Fragmenten* auf. In diesem gewann er jedenfalls den glänzendsten Helfer, der nicht nur nach eigenem Gutdünken korrigierte, ausmerzte und zusetzte, sondern auch viele Fragmente selbst schrieb und eine Menge Zeichnungen, besonders Tierköpfe dazu lieferte. Gerade die von Goethe verfassten Stellen fanden die größte Bewunderung bei den Lesern, ohne dass diese den wahren Verfasser kannten. Wie Goethe über dieses wunderliche Werk später wirklich dachte, finde ich nirgends klar ausgesprochen; es ist nicht anzunehmen, dass er es noch in allen seinen Konsequenzen anerkennen konnte. Der Gewinn aber, der für ihn aus dieser Mitarbeiterschaft entsprang, war die Nötigung, sich wieder eingehender mit *Anatomie* zu beschäftigen, denn beide, Lavater wie Goethe, sahen ein, dass das Bestimmende an den verschiedenen Charakteren der einzelnen Geschöpfe im Skelett, im Knochen liegen müsse.

Je mehr Goethe nun aus der Zeit des Sturmes und Dranges heraustrat, das Meer wilder Leidenschaften sich glättete und die schweifenden Wünsche nach festen Zielen zu streben begannen, umso inniger wurde seine Liebe zu den Naturwissenschaften, um so ernster und eingehender seine Beschäftigung mit ihnen, die, seine poetischen Arbeiten bisweilen ganz verdrängend, von seiner Berufung nach Weimar an bis in die letzten Tage seines unvergleichlichen Lebens hinein fast ununterbrochen andauerte. Im Winter 1781 hörte er bei Hofrat Loder „*Bänderlehre*“, und es ist doch wohl ein fesselndes und in gewissem Sinne rührendes Bild, den schon zu Weltruhm gelangten Dichter jeden Morgen, ehe der Tag graute, durch den tiefsten Schnee nach dem fast leeren anatomischen Auditorium pilgern zu sehen. In demselben Winter trug er selbst den Schülern der Zeichenakademie zu Weimar die Knochenlehre des menschlichen Körpers vor, „sowohl um ihnen – schrieb er – als mir zu nützen, sie auf das Merkwürdige dieser einzigen Gestalt zu führen – – – Zugleich behandle ich die Knochen als einen Text, woran sich alles Leben und alles Menschliche anhängen lässt“. Man kann sich ungefähr ein Bild davon machen und hätte wohl dabei sein mögen, wie der Dichter des *Faust* die menschliche Knochenlehre vortrug! Es ist bekannt, dass Goethe in den Naturwissenschaften – und zwar in ihren verschiedensten Zweigen – nicht nur ein Empfangender blieb, sondern auch ein Gebender wurde, nicht nur ein Lernender, sondern auch ein Lehrender; wie schwer es lange Zeit auch den Herren vom Fach wurde, dieses dem großen Dichter zuzugestehen. Wie früher aber schon Alexander v. Humboldt und Geoffroy de Saint Hilaire, so haben späterhin Helmholtz, Virchow und Haeckel, also die größten Naturforscher dieses Jahrhunderts, bewundernd die tiefen Blicke anerkannt, die

Goethe in die Gesetze der Natur getan. Bewundernswerter als die einzelnen, höchst wertvollen Entdeckungen, die er machte, war die allgemeine einheitliche Auffassung der Natur, speziell der organischen Welt, aus der heraus eben er zu jenen glücklichen Funden kam. Dasselbe göttlich-klare Auge, das in Blüte, Kelch und Frucht nur ein umgewandeltes Blatt sah, sah den Schädel sich aus umgeformten Wirbeln zusammensetzen, und dieses selbige Auge, das – vor Darwin und Lamarck – alle organischen Geschöpfe als Glieder einer einzigen großen Kette betrachtete, sah auch am menschlichen Schädel den Zwischenkiefer – den die größten Anatomen jener Zeit nicht sahen.

Wie Goethe die Natur liebte, so hatte sie ihn geliebt und ihm mehr gegeben, wie irgendeinem ihrer Söhne. Ins Zeichen der Jungfrau stellte sich, da er geboren ward, die Sonne, und so umkränzte die Liebe der Frauen seinen Lebenspfad mit Rosen von der Wiege bis zum Grabe. Sie gab ihm in der Mutter den Quell unerschöpflicher Phantasie, mit dem väterlichen Blut – noch immer nicht genug gewürdigt – Beharrlichkeit und Fleiß und den regen Bildungstrieb, die allein den wilden überflutenden Strom des Genies in das ruhige Flussbett der Arbeit lenken können.

Da wir hier von den medizinischen Studien Goethes gesprochen haben, so sind wir es ihm schuldig, am Schluss zu erwähnen, dass er auch *Doktor medicinae* geworden ist, freilich honoris causa, ebenso wie Doktor der Theologie, der Philosophie und der Jurisprudenz, – alles „ehrenhalber“, aber wahrlich von Rechts wegen, – denn Philosophie, Juristerei und Medizin und leider auch Theologie, er hatte alles getrieben, er, der Fleißigste aller Sterblichen!

Im Jahr 1825 nämlich ernannte ihn die Universität Jena zum Ehrendoktor aller Fakultäten. Im Jahr 1899 versagte die Studentenschaft einer deutschen Universität anlässlich seines 150. Geburtstages ihm jede Ehrung.

Wie die Universität Jena durch jene höchste Ehrung nur sich selbst geehrt hat, so hat die Breslauer Studentenschaft nur sich selbst geschändet.

Wer es heute noch nicht weiß, dass Goethe der höchste Trumpf des Deutschen ist, der höchste Trumpf bleiben wird, wenn manche Kriegs- und Staatshelden, die heute den deutschen Studenten fackelzugsfähig erscheinen, nur noch wie eine Sage durch die Geschichte gehen werden, wer das heute noch nicht weiß, wird es wohl auch nicht mehr lernen.

Goethe ist ein Kulturfaktor, ein Bildungsmesser von höchster Potenz. Sage mir, wie Du mit Goethe umgehest, und ich werde Dir sagen, wer Du bist.

Frédéric Gingins-La Sarraz: Précis historique et avant-propos (1829)

Vita – Abstract
Frédéric de Gingins-La Sarraz (24. August 1790 Eclépens – 27. Februar 1863 Lausanne) war ein botanischer Privatforscher und Historiker aus der Schweiz, wurde in verschiedene in- und ausländische gelehrte Gesellschaften aufgenommen, erhielt 1844 den Ehrendoktor von der Universität Bern verliehen und wurde 1854 zum Honorarprofessor der ‚Académie de Lausanne' ernannt, seit 1890 Universität mit der Einrichtung auch einer medizinischen Fakultät.

Im Vorwort zu seiner französischen Übersetzung der *Metamorphose der Pflanzen* von 1829 skizziert Gingins-La Sarraz die zunächst ablehnend und später zustimmend beurteilten Vorstellungen des Dichters Goethes („éminemment élémentaire"), weist auf Übereinstimmungen mit Auffassungen des Botanikers Augustin Pyramus de Candolle (1778–1841) hin und gibt einen knappen Überblick über entsprechende Vorläufer und Nachfolger.

Gingins-La Sarraz, Frédéric:
Précis historique et avant-propos, in: Johann Wolfgang Goethe: Essai sur la métamorphose des plantes, übers. v. Frédéric de Gingins-La Sarraz, Genf 1829, S. V–XIV.

***

D. von Engelhardt, *Goethe als Naturforscher im Urteil der Naturwissenschaft und Medizin des 19. Jahrhunderts*,
https://doi.org/10.1007/978-3-662-68126-8_16

Les théories sans les faits
sont des métiers d'esprit.
Vauvenargues

Il existe deux manières fort différentes de considérer les végétaux: ‚l'une, et c'est la plus ordinaire, compare entre elles toutes les plantes qui composent le règne végétal; l'autre compare entre eux les divers organes qui forment la plante, et l'observe comme un symptôme individuel de la vie végétale. La première de ces deux manières d'étudier les plantes nous conduit à la connaissance de tous les végétaux qui sont répandus sur le globe, de leurs rapports naturels, de leur mode de vivre, et de leur utilité. La seconde nous apprend à connaître les organes de la plante, leurs fonctions physiologiques et le rôle qu'ils jouent dans son économie vitale. Elle étudie la marche des développements et les métamorphoses que parties peuvent subir; elle nous fait voir dans la plante un être qui naît, qui s'accroît, qui se reproduit et qui meurt. En un mot, l'une est l'*histoire des plantes*, et l'autre l'*histoire de la plante*.

Cette dernière façon d'envisager les végétaux a reçu l'épithète de philosophique, parce qu'elle se lie plus étroitement à la philosophie de la nature. Mais, en réalité, ces deux manières d'étudier les êtres sont inséparables; on ne saurait bien apprécier les rapports naturels des végétaux comparés entre eux, qu'en appréciant aussi à leur juste valeur les diverses apparences sous lesquelles les organes se déguisent à nos yeux; et, d'un autre côté, la vraie nature des organes ne peut nous être dévoilée que par la comparaison des parties analogues dans un grand nombre de végétaux de différents genres.

Ces considérations pourront faire accueillir la traduction de l'ingénieux Essai de Goethe sur la *Métamorphose des plantes,* le temps et l'observation des faits ayant plus ou moins constaté la vérité de sa théorie.

Il était réservé à ce poète, connu par l'ingénuité et le naturel de ses productions littéraires, de porter sur le végétal le coup-d'œil de son génie dégagé de toute prévention systématique, et de nous montrer la plante dans toute la simplicité de sa nature, exerçant dans le silence et le mystère la faculté de végéter, de fleurir et de se reproduire. Comprimant l'élan naturel de son imagination, le poète, appuyé sur un petit nombre d'exemples vulgaires, mais bien choisis, s'est imposé l'obligation de conduire ses lecteurs pas à pas, par une route aussi simple que lumineuse, vers l'évidence des vérités dont il était pénétré. Aussi sa théorie est éminemment élémentaire, et très propre à instruire et à convaincre ceux même qui n'ont fait aucune étude approfondie des végétaux; et, sous ce rapport, elle pourrait servir de modèle à ceux qui sont jaloux de rendre populaire la connaissance des êtres qui nous entourent.

La première édition de la *Métamorphose des plantes* parut à Gotha, en 1790. Loin de produire alors aucune sensation, elle fut assez mal accueillie par un public accoutumé à ne voir sortir que des fictions poétiques de la plume de cet auteur favori. On lui sut mauvais gré d'avoir franchi le cercle de ses travaux littéraires, et l'on attribua cet écart au déclin de son génie. On oublia que le poète, qui bien souvent avait trempé ses pinceaux dans les brillantes couleurs de la nature, pouvait à son tour, sans déroger à son talent, prêter le charme de sa plume à la description de ses ouvrages.

Malgré ce mauvais succès, l'idée de la métamorphose germa dans l'obscurité, et elle a fait insensiblement de nombreux et d'illustres prosélytes. Encouragé par ce résultat, l'auteur donna en 1817 une seconde édition de son Essai[1], qui a servi de texte à cette traduction, quoique dès-lors nous ayons pu nous procurer l'édition originale.

Mais, dans l'intervalle, un célèbre botaniste, sans connaître l'ouvrage de Goethe, guidé par une supériorité de talent dont il ne m'appartient pas de juger tout le mérite, s'appuyant sur une étude profonde du règne végétal et sur une masse considérable de faits et d'observations, exposa en 1813, dans sa théorie élémentaire, les principes de la symétrie des organes et l'histoire de leurs métamorphoses, qu'il nomma *dégénérescences.* Fondée sur des bases aussi solides, cette théorie, loin d'avoir le sort de l'ouvrage de Goethe, ne pouvait manquer de faire faire de nombreux et rapides progrès à l'étude naturelle et philosophique des végétaux, et cet ouvrage vient d'être complété par la publication de l'*Organographie végétale*, qui résume toutes nos connaissances actuelles sur les organes des plantes.[2]

Sans entrer ici dans aucun détail chronologique des auteurs antérieurs ou postérieurs qui ont publié des vues analogues à celles de Goethe, sur la métamorphose des organes des végétaux, nous citerons les principaux.

Au nombre des plus anciens botanistes qui ont comparé les organes des végétaux entre eux, et qui ont étudié leurs analogies, on peut sans doute ranger Joach. Jungius, dont les *Isagoge Phytoscopica*, publiées il y a déjà deux siècles et demi[3], contiennent une description organographique des parties de la plante, qui se fait remarquer par la sagacité et la justesse des définitions; cet ouvrage, trop peu connu, aurait immortalisé son auteur et avancé d'un siècle le siècle de Linné, s'il avait été apprécié dans son temps comme il le méritait.

La théorie de l'anticipation (*prolepsis*) de Linné, qui parut en 1751, loin d'étendre la connaissance de la métamorphose dans les plantes, retarda au contraire ses progrès, sa théorie étant évidemment fondée sur des erreurs. On verra plus loin comment Goethe en développe les défauts; cependant, malgré ces erreurs, cette théorie prouve que le Pline du Nord avait reconnu

[1] Zur Morphologie, 1. Heft.

[2] DC. Théor. Élém. de Bot. 1re édit. Paris, 1813 [= Augustin Pyramus de Candolle: Théorie élémentaire de la botanique, Paris 1813]. – DC. Organ. Végét. 1re édit. Paris, 1827 [= Augustin Pyramus de Candolle: Organographie végétale ou description raisonnée des organes des plantes, Paris 1827].

[3] 1678. Sprengel Gesch. d. Bot. 2, p. 29 [= Kurt Sprengel; Geschichte der Botanik, Bd. 2, Altenburg 1818].

la transformation graduelle des organes; mais il l'attribuait à la transformation des couches de la tige, soit à une sorte de *décortication* analogue à celle des insectes.[4]

Un peu plus tard, Gaspard Friedrich Wolff, professeur à l'académie de Pétersbourg, fit faire un pas de plus à la métamorphose, et annonça positivement l'identité de tous les organes extérieurs des végétaux, malgré la diversité de leurs formes; il reconnut la ressemblance des feuilles du calice avec celles de la tige, le rapprochement en verticilles, qui s'opère par le raccourcissement des entrenœuds, la transformation des feuilles calicinales en pétales, la métamorphose des pétales en étamines, etc. etc.

Il attribua cette série de modifications à la diminution progressive des forces végétatives; mais, arrêté par ses principes, qui ne lui permettaient point de passer les bornes de l'autopsie des objets, il ne réfléchit pas que la force végétative, en diminuant d'intensité, était remplacée par la force reproductive, et que les organes se perfectionnaient et s'ennoblissaient.

Goethe nous apprend qu'il ne connaissait pas ces observations de Wolff à l'époque où parut la première édition de sa Métamorphose, et que ce ne fut que plus tard qu'il fut instruit de cet antécédent.

Dans le nombre des auteurs postérieurs, nous nommerons d'abord M. Aubert Dupetit-Thouars[5], qui considéra la fleur comme un bourgeon, et attribua la formation des organes floraux à la transformation des feuilles. L'ingénieux Turpin, dans son Iconographie, reconnaît aussi l'identité de tous les organes appendiculaires des végétaux.

Enfin, le célèbre R. Brown paraît avoir également connu l'analogie intime des organes latéraux et leurs dérivations progressives en organes floraux.[6]

Ainsi, nous sommes fondés à dire que la métamorphose des organes est généralement admise aujourd'hui par la pluralité des botanistes de tous les pays. Quant à l'idée fondamentale de la métamorphose, elle doit être entendue en ce sens, que les différents organes appendiculaires des végétaux, tels que sépales, pétales, étamines et carpelles, existent virtuellement (mais non actuellement) dans la feuille caulinaire, c'est-à-dire que la même force d'évolution qui, dans des circonstances données, produit une feuille, peut dans d'autres circonstances produire un sépale, un pétale, etc.

Cette base fondamentale de la métamorphose est le seul point sur lequel tous les auteurs cités paraissent d'accord; mais il reste à déterminer, soit par l'expérience, soit par l'observation, quels sont les changements anatomiques

[4] Voy. Amœnit. Acad. vol. VI, pp. 324 et 365 [= Carl von Linné: Prolepsis plantarum, in: Amoenitates Academicae, Bd. 6, Stockholm 1763, S. 324–341, 365–383].

[5] Journ. de Phys. t. LXXXIX, p. 385 (1819) [= Louis Marie Aubert Du Petit-Thouars: Observations sur la transformation des différentes parties des plantes de la fructification en feuilles, in: Journal de Physique, de Chimie et d'Histoire Naturelle et des Arts 89 (1819) S. 385–388].

[6] Linn. Trans. t. XIII, pag. 211, note [= Robert Brown: An account of a new genus of plants, named rafflesia, in: Transactions of the Linnean Society of London 13 (1822) S. 201–234].

et physiologiques que subit l'organe originel dans chacune des six périodes que Goethe distingue dans la métamorphose régulière. Le système d'expansion et de contraction alternative, réuni à la présence de sucs végétaux plus finement organisés, suffit-il, ainsi que Goethe le pense, pour expliquer tous les changements de nature et de forme que nous apercevons dans les divers organes extérieurs des végétaux? Je ne me permettrai pas d'énoncer une opinion à cet égard; mais cette question me paraît digne de toute l'attention des botanistes.

Augusto González de Linares: Goethe considerado como naturalista y como filósofo de la naturaleza (1866)

Vita – Abstract
Augusto González de Linares (28. Oktober 1845 Valle de Cabuérniga – 1. Mai 1904 Santander) studierte Rechtswissenschaften und Naturwissenschaften in Valladolid und Madrid, wurde 1870 promoviert und 1872 auf den Lehrstuhl für Naturgeschichte in Santiago de Compostela berufen; wegen seines Eintretens für die Freiheit der Wissenschaft 1875 seines Postens enthoben, gehörte González de Linares zu den Gründern 1876 der ‚Institución Libre de Enseñanza' in Madrid, an der er Mineralogie und biologische Morphologie unterrichtete, kehrte 1881 nach Valladolid auf den Lehrstuhl für Mineralogie und Botanik zurück und wurde 1887 zum Direktor der ‚Estación Marítima de Zoología y Botánica' in Santander ernannt. González de Linares, ein Anhänger der Evolutionstheorie Charles Darwins (1809–1882) und der Philosophie Karl Friedrich Christian Krauses (1781–1832), veröffentlichte Beiträge zur Geologie, Chemie, Zoologie und Soziologie und verstand sich als rationalistischer Philosoph („filósofo racionalista").

González de Linares äußert sich in seiner nur im ersten Teil erhaltenen Studie zustimmend über Goethes Metamorphose der Pflanzen als eine der größten Konzepte des Jahrhunderts („más grandioses concepciones al mundo científico"), erinnert an Goethes Enttäuschung über die herabsetzenden und verständnislosen Reaktionen der Naturwissenschaftler, was sich nun aber in Deutschland, Schweiz und Frankreich gewandelt habe, während er in Spanien weiterhin nur als Dichter bekannt sei, und will ihn nach der vorliegenden Skizze der Vorgeschichte in einem zweiten Teil als Naturforscher und Interpret der kosmischen Gesetze („intérprete de las leyes cosmicas") vorstellen, wozu es nicht gekommen ist.

D. von Engelhardt, *Goethe als Naturforscher im Urteil der Naturwissenschaft und Medizin des 19. Jahrhunderts*,
https://doi.org/10.1007/978-3-662-68126-8_17

González de Linares, Augusto:
Goethe considerado como naturalista y como filósofo de la naturaleza, in: La Enseñanza. Revista General de Instrucción Pública y Particular de Archivos y Bibliotecas 29 (1866) S. 65–67.

* * *

Mais ce qu'on ne sait pas aussi généralement et qu'on n'a pas assez pris en considération, c'est que je me suis occupé des phénomènes physiques et physiologiques de la nature avec la plus grande attention, et que je les ai observées en silence avec cette persévérance que la passion seule peut donner.

Prólogo de Goethe en la edición completa de sus obras. Traducción de Porchat [= Johann Wolfgang von Goethe: Œuvres, übers. v. Jean Jacques Porchat, Bd. 1, Paris 1860]

Llegaba el momento de decir „Adiós" a la naturaleza: el estrecho lazo que uniera el organismo cósmico con la grandiosa inteligencia del autor de *Fausto*, había de ser roto en breve tiempo; aquel eterno afán de penetrar las leyes naturales, aquella aspiración suprema de Goethe simbolizada en la asimilación de las bellezas que el cosmos oculta en sus innumerables formalismos, aquel tenaz empeño de descubrir a través de la profusión de diferencias la unidad de tipo que las une, no contaban ya sino breves momentos en el clepsidro de la vida.

Ceñida de laureles la frente del poeta que dio vida a *Wilhelm Meister*, padecía indecible amargura el corazón del sabio que había lanzado con la *metamorfosis de las plantas* una de las más grandiosas concepciones al mundo científico de su siglo. El ideal del poeta estaba realizado; el ideal del naturalista no llegó a tocar la esfera de la vida.

Aquel genio, idólatra de la naturaleza, no pudo allanarse a la indiferencia con que inmerecidamente miraron sus descubrimientos los sabios y academias de su siglo.

Lamentóse en sus postreros días de tan ilegítimo desprecio; y ha sido preciso que la antorcha de su espíritu dejase de lucir para que tratasen de hacerle reparadora justicia Alemania en primer término, Suiza y Francia después.

España le conoce como poeta: como tal le ha revelado en su libro el ilustrado cubano, Sr. Angulo y Heredia: darle a conocer como naturalista y como intérprete de las leyes cósmicas, es poner de manifiesto la gran parte que le cabe en la evolución científica del siglo, y tributar a su memoria homenaje en armonía con el verdadero ideal, cuya realización no consiguió ni aun a costa de gigantes esfuerzos.

Tal propósito me mueve a escribir estas líneas. Acaso la magnitud de su nombre, como poeta, sea motivo para que traten de conocer esta nueva fase de su genio muchos cuya atención ha menester de atractivo que la estimule.

Las ciencias naturales son para el vulgo ilustrado de nuestra patria plantas exóticas, si así cabe decirlo: háblase de ellas de ordinario, no de diversa manera que de alquimia pudo hablar el vulgo ilustrado en tiempos de Raymundo Lulio. ¿Sacudirà nuestro país el marasmo científico en que yace? Tiempo era ya de cesar de vivir *„perinde ac cadaver"* para la ciencia de la naturaleza.

I.

El mundo de los infinitamente grandes había dejado de ser un misterio: separado por la inteligencia de Kepler el velo que encubría las leyes a que obedecen sus movimientos las masas planetarias, el genio de Newton penetrando ya en la elevada esfera de los principios, había revelado la causa esencial de aquellas leyes, y la atracción universal pasó a ser patrimonio de la inteligencia humana.

El mundo de los infinitamente pequeños, polo opuesto al primero en el gran eje del organismo natural, salía entonces del caos en que yaciera antes: la perfección a que habían llegado los medios de interrogar la naturaleza, auxiliares poderosos de los sentidos en esta obra colosal, hacían posibles descubrimientos que por su inmensa magnitud no cabrían en la imaginación humana, falta de norma, de unidad, de medida, de término, de comparación para poder apreciar realidades de indefinidas proporciones; los filósofos Griegos y Romanos que arrastrados por el espíritu de sistema habían querido forjar un mundo a su manera, trasladando a la esfera de lo desconocido las concepciones de su inteligencia, se habrían llenado de asombro, sí les hubiera sido dado asistir al espectáculo que el mundo de lo infinitamente pequeño ofreció a los ojos de Lewenhoeck y Swammerdam cuando ayudados del microscopio, y sostenidos por un valor heroico en su obra, consiguieron vislumbrar no más los colosales abismos que la naturaleza les mostraba.

Bacon había hecho con su *novum organum,* un llamamiento hacia las vías de experiencia razonada: iconoclasta decidido en el terreno de la ciencia, había emprendido tenaz cruzada para derrocar los ídolos de la antigüedad, en cuyos altares quemaban incienso los pensadores de aquella é poca; habíase atrevido a dirigir ataques al principio de autoridad y proclamaba el reino futuro del individualismo científico.

Juan Ray cierra el siglo XVII, resumiendo y simbolizando en su saber enciclopédico la ciencia de la antigüedad y los descubrimientos del Renacimiento. Ábrese el siglo XVIII: la ciencia se subdivide más y más; hácese una marcada separación entre los naturalistas apegados al trabajo de detalle y los que abarcan esfera más general: los primeros allegan con abnegación digna de elogio materiales para levantar el edificio de la ciencia, y son eclipsados por la aparición de los genios privilegiados que se libertan de esa íntima dependencia del fenómeno, para elaborar la síntesis ordenadora de los hechos recogidos.

Dos grandes figuras llenan la primera mitad de este fecundo siglo: el primero asombra tanto por lo atrevido de sus concepciones, cuanto por la superioridad de su talento descriptivo: el segundo tiene poder de inteligencia suficiente para dar a una ciencia caótica por entonces, orden y método; esfuerzo supremo del espíritu analítico que ha exigido colosales trabajos posteriores para decaer un grado en la escala de su interés científico, sin que por ello haya cesado de ser hoy la clave de los misterios del reino vegetal.

El primero de estos dos genios, se llamaba Buffon. Los pensadores de su época no hicieron excepción del hábito ordinario en críticos coetáneos de grandes hombres, y pagaron el acostumbrado tributo que de suyo impone la mediocridad de inteligencia: fué menester que generación más desinteresada apareciese, para devolver a aquella prodigiosa inteligencia las dotes que la anterior llegára a cercenarle. Las ciencias naturales le son deudoras de grandes adelantos, y de publicidad que solo la elegancia de su frase hubiera podido darles.

El segundo se llamaba Linneo. Símbolo del triunfo de la energía y de la pasión a la ciencia sobre la fatalidad de los medios para conquistarla, realizó a más de innumerables progresos en todos los ramos de la ciencia de la naturaleza, uno que por sí solo es bastante para inmortalizar su nombre: tal fué aplicar a la ciencia botánica el aforismo célebre *„nomina si nescis, periit cognitio rerum.“*

Y en tanto que los dos inician el gran período de las ciencias de la organización, Bonnet se esfuerza por disponer en serie gradual los organismos naturales; pugna por enlazarlos en no interrumpida cadena; lucha por llenar las lagunas que esta serie presenta; violenta en fuerza de su concepción *a priori* los caracteres orgánicos para ver de hallar puntos de contacto entre seres de difícil aproximación en un agrupamiento natural; piérdese, como era de esperar, en un dédalo de hipótesis y quimeras, y deja un precedente a los llamados después „filósofos de la naturaleza“, cuya aparición se acerca más y más.

Las ciencias de la naturaleza inorgánica se preparan a colosal evolución.

Lavoisier rasgará pronto el velo que la ignorancia de los alquimistas había echado sobre la Química: realizando en esta lo que Linneo llevó a cabo en la Botánica, sentará las bases del edificio científico que nuestro siglo levanta con prodigiosa actividad.

La Geología es llamada a la vida por Bernardo de Palyssi y Buffon: las sandeces ignorantes de Voltaire sobre la naturaleza de los fósiles, no han de oponerse a los progresos de la ciencia que nace: Werner le dedicará su vida, y el estudio de las capas corticales de nuestro globo, páginas auténticas de su historia, quedará iniciado.

Presentida ya por Roemer la velocidad de la luz en su carrera; adivinada la naturaleza real del calórico, a lo menos en cuanto a su naturaleza, iba a ser sujetado por Watt el vapor acuoso, determinación fenomenal de aquel agente: Galvani había de evocar pasado breve tiempo el elemento eléctrico: la fermentación científica era pues universal: conmovíase en sus cimientos el doble edificio labrado por la filosofía aristotélica y los enigmáticos naturalistas del Renacimiento.

He aquí la atmósfera científica constituida, cuando Buffon publicaba en 1749 el tomo primero de su obra inmortal, y veí a la luz en Francfort sobre el Mein el futuro naturalista Juan Wolfgang Goethe. (Se continuarà).

Friedrich Graevell: Die Urteile der Physiker (1857)

Vita – Abstract
Friedrich Graevell (2. September 1819 Breslau – 25. August 1878 Berlin) studierte Medizin, war nach der Promotion mit einer kritischen Betrachtung über die Tendenz der zeitgenössischen Medizin 1843 in Berlin praktisch und publizistisch tätig, setzte sich für die Medizinalreform ein, plädierte für die Gründung einer ‚Berliner Akademie der Ärzte', veröffentlichte mehrere Werke über Goethes Farbenlehre und stand in diesem Zusammenhang mit dem Philosophen Arthur Schopenhauer (1788–1860) in persönlichem und brieflichem Kontakt.

In dem Kapitel „Die Urteile der Physiker" seines Buches *Göthe im Recht gegen Newton* stellt Graevell die ablehnenden und aus seiner Sicht ungerechten Reaktionen der Physiker auf Goethes Farbenlehre vor, die er in seiner späteren Monographie *Ueber Licht und Farben. Mit besonderer Beziehung auf die Farbenlehren Newton's und Goethes* (1859) erneut und ausführlicher behandelt (S. 187–104).

Graevell, Friedrich:
Die Urteile der Physiker, in: ders.: Göthe im Recht gegen Newton, Berlin 1857, S. 5–12.

* * *

Die über Goethes Farbenlehre verbreitete Meinung ist im Allgemeinen keine günstige zu nennen. Bringt man bei einem Physiker die Rede auf dieselbe, so kann man sicher darauf rechnen, achselzuckende Äußerungen zu vernehmen, bei denen die Andeutungen über ein unzweifelhaftes Fiasco, welches

D. von Engelhardt, *Goethe als Naturforscher im Urteil der Naturwissenschaft und Medizin des 19. Jahrhunderts*,
https://doi.org/10.1007/978-3-662-68126-8_18

Goethe mit diesem Versuch gemacht haben soll, höchstens mit einigen anerkennenden Worten über die sonstigen Verdienste des großen Mannes überzuckert zu werden pflegen. Wiewohl diese Urteile der Physiker ziemlich bekannt sind, so mag es doch nicht überflüssig sein, etwas von denselben wortgetreu anzuführen, um den Lesern die Entschiedenheit, mit welcher die Wertung der Goethe'schen Farbenlehre von dieser Seite stattfand, zu vergegenwärtigen. Um aber nicht etwas aus einem unbedeutenderen Munde Stammendes vorzubringen, will ich mich nur auf die Äußerungen einer in dem Gebiet der Physik wohlbekannten Autorität berufen. Es liegt mir in neuester Auflage die *Darstellung der Farbenlehre* meines hochgeschätzten Lehrers Dove vor, welche, außer andern auf die Goethe'sche Farbenlehre bezüglichen Äußerungen, die folgende Stelle enthält:[1]

„Wer sich auch nur oberflächlich mit der empirischen Seite der Optik vertraut gemacht hat, muss erstaunen, wenn er hört, dass die scheinbar unendliche Mannigfaltigkeit der Erscheinungen sich zusammenfassen lässt unter dem einfachen Gesichtspunkt, dass der Eindruck des Lichtes durch Schwingungen eines elastischen Mediums erregt werde, deren Anzahl die Farbe bestimmt, von deren Weite die Helligkeit abhängt, deren lineare, kreisförmige oder elliptische Gestalt ihre Polarisation hervorbringt. Bei einer näheren Betrachtung dessen, wovon jetzt im Reich des Lichtes die Rede ist, wird er einsehen, dass das Vertrauen auf seine Verfassung gerechtfertigt erscheint, denn diese besitzt Elastizität genug, um neue Elemente in sich aufzunehmen und eine hinlänglich befestigte Grundlage, um nicht von ihnen überwältigt zu werden. Er wird es dann auch begreiflich finden, dass ein Physiker die Frage, welcher jener beiden optischen Theorien er folge, (der Emanations- oder der Undulationstheorie), überhört, da ihre Antwort sich von selbst versteht."

„Aber nicht diese Frage ist es, zu deren Beantwortung man in Deutschland aufgefordert wird. In den Worten: sind Sie ein Anhänger der Newton'schen oder der Goethe'schen Farbenlehre, glauben viele eine Zauberformel zu haben, um sogleich zu entscheiden, ob der Gefragte ‚auch zu der Gilde gehöre, welche den Unsinn nachbete, den man nun fast hundert Jahre als Glaubensbekenntnis wiederhole.' Soll man solchen Rede stehen, denen ebenso wenig an der Wissenschaft liegt als der Wissenschaft an ihnen? Als Talleyrand nach der Julirevolution in London von einem Diplomaten gefragt wurde, was nun werden würde, Krieg oder Frieden, sagte er in seiner treffenden Weise: ni l'un ni l'autre. Dieselbe Antwort, doch in einem anderen Sinn, passt auf jene Frage. Sie nicht missverstehen, setzt aber voraus, dass man wisse, um was es sich in der Farbenlehre handelt."

Es gibt eine andere höchst achtungswerte Klasse von Fragern. Wenn man Eckermanns Gespräche mit Goethe liest, so fühlt man, dass in Goethes

[1] Dove, Darstellung der Farbenlehre. Berlin 1853. Müller. 8. S. 15 ff.

Persönlichkeit etwas so Imponierendes und Hohes gelegen habe, dass ihm gegenüber jeder Widerspruch verstummte. Auch aus der Ferne hat er auf viele so gewirkt. Diese vergessen, dass die Natur immer Recht hat, wir ihr gegenüber uns aber häufig irren, bald dieser, bald jener. Und kann man es ihnen verargen, dass sie sich gefangen geben in den Zauber der Darstellung, wie er in der Farbenlehre herrscht? Gibt es irgendwo anders einen Stil von so durchsichtiger Klarheit und von so leidenschaftlicher Wärme, durchdringen sich wohl anderswo so innig wie hier jene scheinbar heterogenen Elemente der Sprache, die im *Werther* und den *Wahlverwandtschaften* als gleich vollendete Extreme auseinanderfallen? Was soll man diesen antworten, die nicht gern an einem irre werden möchten, und doch zuletzt die Frage nicht unterdrücken können: was halten Sie von der Goethe'schen Farbenlehre?"

Man kann sich nicht verhehlen, dass diese Aussprüche Doves der Goethe'schen Farbenlehre, bei allem Lob ihrer stilistischen Vorzüge, nichts weniger als günstig sind. Denn es ist ziemlich deutlich darin zu verstehen gegeben, dass Goethes Werk den bei einzelnem errungenem Erfolg im Grunde nur der imponierenden Darstellungsgabe des Verfassers zu verdanken habe, dass im Übrigen in Betreff des wissenschaftlichen Wertes desselben von einem Vergleich mit den Leistungen eines Newton keine Rede sein könne.

Dass in Folge dieser von den Physikern stets in derselben Weise bis auf den heutigen Tag wiederholten Aussprüche sich eine ähnliche Ansicht über die Farbenlehre beim Publikum festgestellt hat, kann nicht verwundern. Denn wo sollte man ein gediegeneres Urteil suchen, als bei den Sachverständigen, von denen die beste und gründlichste Übersicht des ihr Fach Betreffenden mindestens zu erwarten sein sollte? Es ist daher sehr natürlich, dass ihr Urteil immer ein erhebliches, ja Ausschlag gebendes Gewicht in die Waagschale legt.

Die Physiker hatten ihre Gründe, welche sie bestimmten, wie Dove es betont[2], „selbst nach dem Erscheinen von Goethes Farbenlehre" – ich frage die Leser, ob es eine entschiedenere Verurteilung der letzteren als dieses „selbst nach" geben kann – von der Newton'schen Farbenlehre nicht abzugehen. Vergegenwärtigt man sich dagegen den ausnehmend klaren Blick, der uns aus jeder Auffassung Goethes entgegentritt, so wird man dennoch zu der Vermutung veranlasst, dass die Gründe, welche ihn zu einem so ausdauernden Gegner jener Farbenlehre machten, wohl nicht ganz gehaltlose gewesen sein können. In dieser Vermutung sieht man sich bestärkt, wenn man mit jenen Urteilen der Physiker, wie es das Audiatur et altera pars erfordert, Äußerungen von der anderen Seite vergleicht. Die Leser werden mir, glaube ich, beistimmen, dass die Sache ein ganz anderes Aussehen gewinnt, als es nach jenem Urteil der Physiker anzunehmen wäre, wenn sie hören, was Schopenhauer in das Goethe-Album seiner Vaterstadt geschrieben hat, wo er sich folgendermaßen äußert:[3]

[2] Ebendas. S. 123.

[3] Schopenhauer, Parerga. Berlin 1851. Han. 8. 2. Bd. S. 165.

„Nicht bekränzte Monumente, noch Kanonensalven, noch Glockengeläute, geschweige Festmahle mit Reden, reichen hin, das schwere und empörende Unrecht zu sühnen, welches Goethe erleidet in Betreff seiner Farbenlehre. Denn, statt dass die vollkommene Wahrheit und hohe Vortrefflichkeit derselben gerechte Anerkennung gefunden hätte, gilt sie allgemein für einen verfehlten Versuch, über welchen, wie jüngst eine Zeitschrift sich ausdrückte, die Leute vom Fache nur lächeln, ja, für eine mit Nachsicht und Vergessenheit zu bedeckende Schwäche des großen Mannes. – Diese beispiellose Ungerechtigkeit, diese unerhörte Verkehrung aller Wahrheit, ist nur dadurch möglich geworden, dass ein stumpfes, träges, gleichgültiges, urteilsloses, folglich leicht betrogenes Publikum in dieser Sache sich aller eigenen Untersuchung und Prüfung – so leicht auch, sogar ohne Vorkenntnisse, solche wäre – begeben hat, um sie den „Leuten von Fach", d. h. den Leuten, welche eine Wissenschaft nicht ihrer selbst, sondern des Lohnes wegen betreiben, anheimzustellen, und nun von diesen sich durch Machtsprüche und Grimassen imponieren lässt. Wollte nun einmal dieses Publikum nicht aus eigenen Mitteln urteilen, sondern, wie die Unmündigen, sich durch Autorität leiten lassen; so hätte doch wahrlich die Autorität des größten Mannes, welchen, neben Kant, die Nation aufzuweisen hat, und noch dazu in einer Sache, die er sein ganzes Leben hindurch als seine Hauptangelegenheit betrieben hat, mehr Gewicht haben sollen, als die vieler tausende solcher Gewerbsleute zusammengenommen. Was nun die Entscheidung dieser Fachmänner betrifft, so ist die ungeschminkte Wahrheit, dass sie sich erbärmlich geschämt haben, als zu Tage kam, dass sie das handgreiflich Falsche nicht nur sich hatten aufbinden lassen, sondern es hundert Jahre hindurch, ohne alle eigene Untersuchung und Prüfung, mit blindem Glauben und andächtiger Bewunderung verehrt, gelehrt und verbreitet haben, bis dann zuletzt ein alter Poet gekommen war, sie eines Besseren zu belehren. Nach dieser nicht zu verwindenden Demütigung haben sie alsdann, wie Sünder pflegen, sich verstockt, die späte Belehrung trotzig von sich gewiesen und durch ein jetzt schon vierzigjähriges hartnäckiges Festhalten am aufgedeckten und nachgewiesenen offenbar Falschen, ja, Absurden, zwar Frist gewonnen, aber auch ihre Schuld verhundertfacht. Denn veritatem laborare nimis saepe, extingui nunquam, hat schon Livius gesagt: der Tag der Enttäuschung wird, er muss kommen: und dann? – Nun dann – wollen wir uns gebärden wie wir können" (Egm. 3, 2).

Hiermit können die Aussprüche Goethes zusammengestellt werden, welche er in den „Nachträgen zur Farbenlehre" veröffentlicht hat[4], woraus die folgenden Stellen hervorzuheben sind:

> „Der Verfasser eines Entwurfes der Farbenlehre wurde oft gefragt: warum er seinen Gegnern nicht antworte, welche mit so großer Heftigkeit seinen

[4] Goethes Werke. Gesamtausg. 40. Bd. S. 5–12.

Bemühungen alles Verdienst absprechen, seine Darstellung als mangelhaft, seine Vorstellungsart als unzulässig, seine Behauptungen als unhaltbar, seine Gründe als unüberzeugend ausschreien. Hierauf ward einzelnen Freunden erwidert: dass er von jeher zu aller Kontroverse wenig Zutrauen gehabt, deshalb er auch seine früheren Arbeiten nie bevorwortet, weil hinter einer Vorrede gewöhnlich eine Misshelligkeit mit dem Leser versteckt sei. Auch hat er allen öffentlichen und heimlichen Angriffen auf sein Tun und Bemühen nichts entgegengestellt, als eine fortwährende Tätigkeit, die er sich nur durch Vermeidung alles Streites, welcher sowohl den Autor als das Publikum von der Hauptsache gewöhnlich ablenkt, zu erhalten entschlossen blieb; ich habe, sprach er, niemals Gegner gehabt, Widersacher viele.

Ein Autor, der mit etwas Ungewöhnlichem auftritt, appelliert mit Recht an die Nachwelt, weil sie ja erst ein Tribunal bilden muss, vor dem das Ungewohnte beurteilt werden kann, und einen solchen Gerichtshof einzusehen vermag nur die Zeit, welche dem Seltsamsten das Fremde abstreift und es als etwas Bekanntes vor uns hinstellt."

Nachdem Goethe des günstigen Einflusses gedacht hat, den seine Abhandlung über Metamorphose der Pflanzen ausgeübt, fährt er fort:

„Ebenso muss es mit der Farbenlehre auch werden; es dauert vielleicht noch zwanzig Jahre, bis ein Tribunal sich bildet, vor welchem die Sache ventiliert und mit gerechter Einsicht entschieden werden kann. In diesem Fach lässt sich aber keine reine Erfahrungslehre aufstellen, wenn man nicht die unreine, hypothetische, falsche Newtonische Lehre oder vielmehr ihre Trümmer aus dem Weg räumt: denn sie ist gegenwärtig schon aufgelöst, weil man ihr alle Entdeckungen, die ihr geradezu widersprechen, dennoch hat anpassen, oder sie vielmehr danach zerren und verstümmeln wollen. So musste, nach Erfindung der achromatischen Gläser, zur Brechbarkeit noch eine Zerstreubarkeit gesellt werden, um sich notdürftig teils im Vortrag, teils in Berechnungen durchhelfen zu können.

Die Newtonische Phraseologie ist jedoch schon über hundert Jahre im Gange, alle alternde Physiker sind von Jugend auf eingelernt, auch Männern von mittleren Jahren ist sie geläufig, weil sie wie eine Art von Scheidemünze durchaus gebraucht wird. Dazu kommt noch, dass der Mathematiker den großen Ruf eines verdienten, allgemeinen Kunstgenossen nicht möchte ausdrücklich schmälern lassen, wenn er gleich im Einzelnen die Irrungen des außerordentlichen Mannes zugesteht. Noch bis auf den heutigen Tag werden junge Leute auf diese Weise ins Halbwahre und Falsche eingeweiht, und ich muss daher meinen Nachfahren hinterlassen, die Sache dereinst vor ein kompetentes Gericht zu bringen, weil ich den gleichzeitigen Schöppenstuhl durchaus nicht anerkenne."

„Es ist nichts jammervoller als die akademisch-optischen Apparate, welche das Jahr über verstauben und verblinden, bis das Kapitel an die Reihe kommt, wo der Lehrer kümmerliche Versuche von Licht und Farben gerne darstellen möchte, wenn nur die Sonne bei der Hand wäre. Es kann sein, dass irgendwo etwas einigermaßen Hinreichendes vorgezeigt werde, immer geschiehts aber nur nach dem kümmerlichen Anlass der Kompendien, in welchen sich die

Newtonische Lehre, die doch anfangs wenigstens ein Abrakadabra war, zu unzusammenhängenden Trivialitäten verschlechtert. Die Zeugnisse hiervon stehen schon in meiner Geschichte der Farbenlehre, und in den Sessionsberichten des künftigen Gerichts wird bei dieser Gelegenheit öfters stehen: man lacht!"

„Jeder Studierende fordere auf seiner Akademie vom Professor der Physik einen Vortrag sämtlicher Phänomene, nach beliebiger Ordnung; fängt dieser aber den bisherigen Bocksbeutel damit an: ‚Man lasse durch ein kleines Loch einen Lichtstrahl usw.', so lache man ihn aus, verlasse die dunkle Kammer, erfreue sich am blauen Himmel und am glühenden Roth der untergehenden Sonne nach unserer Anleitung."

Nach diesen Äußerungen der Gegenpartei möchte den Urteilen der Physiker keine unfehlbare Bedeutung zuzusprechen sein, da für dieselben der immer sehr missliche Umstand teilweise geltend gewesen zu sein scheint, dass sie Richter und Partei zugleich in einer Person waren. Jedenfalls lag nach diesen entgegenstehenden Äußerungen Grund genug zu einer weiteren Untersuchung vor, auf welcher Seite das Recht mehr liegen möchte. Zu dieser Untersuchung wurde ich nicht durch die erwähnten Äußerungen Goethes – denn auch ich gehörte zu den Opfern jener Urteile der Physiker und hatte bis dahin die Goethe'sche Farbenlehre als etwas vermeintlich Wertloses nicht gelesen –, sondern durch Schopenhauers Schriften[5] veranlasst.

Welches Resultat sich mir aus dem Verlauf dieser Untersuchung ergeben hat, können die Leser aus dem Titel der vorliegenden Schrift erraten. Sie werden aber kaum eine Ahnung davon haben, in welchem Umfang das Zuerkenntnis des Rechts auf Goethes Seite zuerteilt werden musste, und welche Aufschlüsse höchst überraschender Art aus der Einsicht der zur Beleuchtung dieses Rechtsfalls dienenden Akten zu Tage gekommen sind. Sollte man es wohl für möglich halten, dass dem großen Mathematiker Newton bei der Aufstellung seiner Farbenlehre ein mathematisches Versehen sehr erheblicher Art begegnet war? Sollte man es für möglich halten, dass so vielen berühmten Physikern. und Akademikern, welche sich mit diesem Gegenstand beschäftigt haben – und wie groß ist die Zahl derselben in dem seither verflossenen Zeitraum von zweihundert Jahren nicht gewesen – dieses mathematische Versehen, so auffallend es war, doch nicht aufgefallen ist, und dass sie fortwährend als den Ausdruck der größten Genauigkeit das bewundert und gepriesen haben, was von einer überraschenden Ungenauigkeit Zeugnis gibt? Es erscheint so wunderbar, dass man sich unwillkürlich gegen diese Annahme sträubt. Man setzt bei diesem Gedanken Misstrauen in die eigenen Sinne und möchte lieber zehnmal an den eigenen Irrtum als an eine solche Möglichkeit glauben. Aber es hilft zu nichts. Von den mathematischen Linien gilt es noch viel mehr, was vom Wort gesagt ist,

[5] Schopenhauer, über das Sehn und die Farben. 2. Aufl. Leipzig 1854. Hartknoch 8.

dass sich kein Jota von ihnen rauben lässt. Ihre Sprache ist unerbittlich. So viel man sie betrachtet, sie wanken und rühren sich nicht und wiederholen immer wieder denselben mahnenden Ruf. Einer solchen Hartnäckigkeit und Unerbittlichkeit gegenüber geht es zuletzt mit allem Sträuben zu Ende.

Da die Andeutung dieser wunderbaren Umstände, ohne die unmittelbare Folge der Beweise, leicht den Verdacht erregen könnte, dass man dem Publikum gegenüber die Rolle der Scheherazade übernehmen wolle, so bitte ich die Leser sich einstweilen mit dem Versprechen zu beruhigen, dass die Vorführung der für diesen Prozess aufgefundenen Verbrechenskörper möglichst bald und rasch erfolgen soll. Um aber nicht durch eine überstürzende Eile jede vernünftige prozessualische Ordnung über den Haufen zu werfen, halte ich es für zweckmäßig, zur besseren Orientierung über die Sachlage, da gegenwärtig Goethes Farbenlehre als ein in Deutschland vergessenes Werk dasteht, den Nachweisen, welche im vierten Abschnitt folgen werden, eine kurze Auseinandersetzung über die streitigen Punkte und den Standpunkt der Farbenlehre in der heutigen Physik vorauszuschicken.

Friedrich Albrecht Carl Gren: Einige Bemerkungen über des Herrn von Goethe Beiträge zur Optik (1793)

Vita – Abstract
Friedrich Albrecht Carl Gren (1. Mai 1760 Berneburg/Saale – 26. November 1798 Halle/Saale) studierte nach einer Apothekerausbildung und Leitung einer Apotheke Chemie und Medizin in Helmstedt und Halle, wurde 1782 mit einer Arbeit über den Kohlenstoff zum Dr. med. und 1787 in der Naturlehre zum Dr. phil. promoviert, erhielt eine Professur in der Medizin mit Vorlesungen in der Chemie, Physik und Pharmakologie, war ein Anhänger der Naturphilosophie Immanuel Kants (1724–1804), veröffentlichte mehrere Handbücher der Physik, Chemie und Pharmakologie und gab physikalische Zeitschriften heraus.

Gren ist in seinem Aufsatz von 1793 überzeugt, dass Physiker in der Zukunft die optischen Untersuchungen Goethes anerkennen würden, der mit seinem Ruf als Dichter auch Menschen, denen dieses Thema ferner liege, zur Beschäftigung mit der Physik anregen werde. Gren beabsichtigt, die von Goethe gut beobachteten Phänomene zu erklären und stellt die in dieser Hinsicht wissenschaftlich zutreffenden Ausführungen von Isaac Newton (1643–1727) vor, denen die Physiker später insgesamt gefolgt seien.

Gren, Friedrich Albrecht Carl:
Einige Bemerkungen über des Herrn von Goethe Beyträge zur Optik, in: Journal der Physik 7 (1793) S. 3–21.

* * *

D. von Engelhardt, *Goethe als Naturforscher im Urteil der Naturwissenschaft und Medizin des 19. Jahrhunderts*,
https://doi.org/10.1007/978-3-662-68126-8_19

Die Reihe von Versuchen, die Hr. von Goethe in seinen *Beiträgen zur Optik* (Weimar, 1. St. 1791. II. St. 1792. kl. 8.) über die Farben aufgestellt hat, welche Körper, durchs Prisma angesehen, dem Auge zeigen, erwirbt ihm mit Recht den Dank der Physiker, da die Resultate dieser Versuche noch von keinem so in ihrer Mannigfaltigkeit abgehandelt und zusammengestellt worden sind, als es von ihm geschehen ist. Zudem ist mit Grund zu erwarten, dass schon der Name des Verfassers, der von dem lesenden Publikum Deutschlands in anderer Hinsicht mit Achtung und Ruhm genannt wird, einer großen Anzahl Personen, die sich eben sonst nicht durch die denselben minder oder gar nicht bekannte Namen anderer Physiker zur Beschäftigung mit diesen Versuchen würden bewegen lassen, Veranlassung sein werde, diese Erfahrungen zu einem Gegenstand ihrer Beschäftigung und ihres Nachdenkens zu machen, zumal da der Urheber derselben ihre Anstellung selbst so sehr erleichtert, so anschaulich gemacht und so lichtvoll vorgetragen hat.

Herr von Goethe hat indessen die Erklärung der bis jetzt von ihm bekannt gemachten Erfahrungen noch nicht gegeben; er scheint sie sogar noch für problematisch zu halten; er überlässt es (St. 1. §. 63.) der Sagazität der Leser, die wichtigsten Punkte der Erklärung, die er späterhin vorzutragen habe, zu entdecken, ehe sie durch ihn selbst bekannt würden; und sagt dem einen Versuch im §. 56, dass er fast einen jeden, der ihn zum ersten Mal machte, erstaunt gesehen und die erstaunlichen Bemühungen wahrgenommen habe, das Phänomen aus der bisherigen Theorie zu erklären.

Wenn ich es hier übernehme, die Erklärung der von Hrn. von Goethe erwähnten Phänomene zu geben, so geschieht es wahrlich nicht aus der Absicht, um jenen Preis zu wetteifern, sondern zu zeigen, dass die Erklärung ganz und gar in Newtons Theorie der Farben und der Brechbarkeit des Lichtes gegründet ist, ja dass der unsterbliche Urheber dieser Theorie, in dessen Händen das Prisma als Fackel zur Erleuchtung so vieler bis dahin dunkler Regionen der Naturlehre diente, auch die Erklärung davon schon gegeben habe.

Von den zahleichen Versuchen, die Hr. von Goethe erzählt, will ich mich jetzt mur auf einige derselben im ersten Stücke seiner *Beiträge zur Optik* einschränken, da ihre Erklärung den Schlüssel zu der aller übrigen enthält. Es sind die, auf welche sich die Karten No. 3. und 4 beziehen; und deren Resultate die Karten No. 13 und 12, und No. 5 und 6 anzeigen sollen.

1) Wenn man einen *schwarzen* Streifen auf einem *weißen* Grund durch ein gleichwinkliges, dreiseitiges, gläsernes Prisma betrachtet, während der Streifen der Länge nach und vertikal vor dem horizontal gehaltenen Prisma sich befindet, und der brechende Winkel des Prismas, durch den das Auge die Strahlen empfängt, nach unten zu gerichtet ist: so sieht mag an dem *oberen* Rand des schwarzen Streifens einen *blauen* und *violetten*, und an dem unteren Rand einen *roten* und *gelben* Saum.

2) Wenn man einen *weißen* Streifen auf einem *schwarzen* Grund unter den eben bemerkten Umständen durchs Prisma betrachtet, so sieht man die farbigen Säume an dem weißen Streifen in umgekehrter Ordnung des vorigen

Versuchs; nämlich am oberen Rand *rot* und *gelb*; am unteren Rand *blau* und *violett.*

3) Wenn man den ersten Versuch so abändert, dass der schwarze Streifen parallel mit der Achse des Prismas gerichtet, übrigens aber der brechende Winkel des Prismas ebenfalls, wie vorher, nach unten zu gekehrt ist, so bemerkt man, falls der Streifen nicht zu breit oder dem Prisma nicht zu nah ist, dass der schwarze Streifen ganz verschwindet; und wir sehen von oben herab gerechnet, ihn mit aneinandergrenzenden, blauen, violetten, hellroten und gelben Streifen bedeckt. Bei noch weiterem Abstand wird der hellrote Streifen *pfirsichblütenfarben.*

4) Stellen wir dieser Versuch mit dem *weißen* Streifen auf *schwarzem* Grund an, so erscheint derselbe auch mit farbigen Strafen ganz bedeckt, und zwar von oben herab gerechnet, mit einem roten, gelben, blauen und violetten. Bei weiterem Abstand desselben vom Prisma wird der gelbe Streifen ganz oder zum Teil *grün.*

Dies sind die Hauptversuche, wovon die übrigen nur Abänderungen sind. Ehe ich indessen an ihre Erklärung gehe, muss ich noch bemerken, dass, wenn der brechende Winkel des Prismas, durch den das Auge den Gegenstand beschaut, nach oben gerichtet ist, die vorhergehenden Versuche gerade umgekehrt werden, wie diese auch Hr. von Goethe im §. 88. anführt, nämlich

1) beim *schwarzen* Streiten auf *weißem* Grund ist oben ein *gelber* und *roter* und unten ein *violetter* und *blauer* Saum;
2) beim *weißen* Streifen auf *schwarzem* Grund ist oben ein *violetter* und *blauer* und unten ein gelber und roter Saum.
3) Der *schwarze* Streifen auf *weißem* Grund, wenn er mit der Achse des Prismas parallel ist, ist (von oben herab gerechnet) mit einem gelben, roten, violetten und blauen Streiten bedeckt; bei weiterer Entfernung des Prismas wird der hochrote Streifen *pfirsichblütenfarben.*
4) Der *weiße* Streifen auf *schwarzem* Grund ist in dem angeführten Falle mit einem violetten, blauen, gelben und roten Streiten bedeckt; bei weiterer Entfernung des Prismas bildet sich zwischen dem blauen und gelben auch ein *grüner* Streifen.

Newton hat bei seinen vielfachen Versuchen mit dem Prisma diese Erscheinungen nicht nur nicht übersehen, sondern auch die Erklärung davon schon so deutlich gegeben, dass dabei nichts Schwieriges mehr stattfindet. Er handelt davon sowohl in seiner Optik, als noch weitläufiger und umständlicher in seinen *Lectionibus opticis.* Ich will aus beiden Werken seine eigenen Worte und die dazu gehörige Zeichnungen anführen, in der Hoffnung, mehreren Besitzern des Goethe'schen Werks, die sich bloß als Dilettanten mit diesen Versuchen beschäftigen, und jene Werke zu studieren nicht Zeit, Lust oder Gelegenheit haben, damit einen Dienst zu erweisen.

Newton (*Optice libr. III. lat. redd. Sam. Clarke. Lond.* 1709. 4. S. 134) geht zuerst von einer Erscheinung aus, die das durchs Prisma gebrochene weiße Licht im finsteren Zimmer zeigt.

„Es sei, sagt er, *ABC* (T. I. Fig. 1) ein Prisma, durch welches das Licht der Sonne, das in ein finsteres Zimmer durch die Öffnung *Fφ* fällt, gebrochen wird, und diese Öffnung sei beinah von einerlei Breite mit dem Prisma. *MN* sei ein weißes Papier, von welchem das gebrochene Licht so aufgefangen wird, dass die am meisten brechbaren Strahlen, oder die äußersten violetten auf den Raum Pπ fallen; die am wenigsten brechbaren, oder äußersten roten, auf den Raum *πτ*; die mittleren zwischen den indigoblauen und hellblauen auf den Raum *Qχ*; die grünen von der Mittelgattung auf den Raum *Rζ*; die mittleren zwischen den gelben und orangefarbenen auf den Raum Sσ, und die andern Gattungen der mittleren Strahlen auf die verhältnismäßigen Räume dazwischen. Wenn nun das Papier *MN* so nah im Prisma steht, dass die Räume *PT* und *πτ* nicht ineinander fallen, so wird der Zwischenraum *Tπ* von allen Gattungen der Strahlen erleuchtet sein, die gegen einander in dem Verhältnis sind, wie sie aus dem Prisma heraustreten; und folglich wird jener Raum weiß erscheinen. Aber die Räume *PT* und *πτ* zu beiden Seiten des Raumes Tπ werden nicht von allen Arten der Strahlen erleuchtet werden; sie werden folglich gefärbt erscheinen. Besonders wird an der Stelle *P*, wo die äußersten violetten Strahlen allein hinfallen, die violette Farbe am gesättigtsten sein; an der Stelle *Q*, wo die violetten und indigofarbenen Strahlen vermischt sind, wird die Farbe sich mehr dem indigoblauen nähern, an der Stelle *R*, wo die violetten, indigoblauen, hellblauen und die Hälfte der grünen Strahlen gemischt sind, wird eine zusammengesetzte Farbe sein, die zwischen Indigoblau und Hellblau das Mittel hält: in der Stelle *S*, wo alle Strahlen, außer rote und orangefarbene, vermischt sind, wird die zusammengesetzte Farbe wasserblau (color thalassinus) sein, die sich mehr dem Grünen, als dem indigofarbenen nähert. In dem Raum von *S* nach *T* endlich wird jene wasserblaue Farbe mehr und mehr verdünnt und verschwindend werden, und zuletzt bei *T*, wo alle Farben sich zu vermischen anfangen, in das Weiß selbst übergehen.

Das Ähnliche geschieht auf der anderen Seite des weißen Raumes *Tπ*. An der Stelle *τ*, wo die am wenigsten brechbaren Strahlen oder die äußersten roten allein hinfallen, wird die Farbe am gesättigtsten rot sein müssen; an der Stelle *σ* wird die aus Rot und Orange zusammengesetzte Farbe rotorangefarben sein müssen; an der Stelle *ζ* wird die aus den vereinigten roten, orangefarbenen, gelben und der Hälfte der grünen Strahlen zusammengesetzten Farbe des Mittel halten zwischen dem Orange und Hellgelb: an der Stelle *χ* wird aus der Vermischung aller Farben, ausgenommen der Violetten und Indigoblauen, eine zusammengesetzte blassgelbe Farbe sein, die sich mehr dem Grün, als dem Orangegelb nähert. Endlich, in dem Raum von *χ* zu *ϰ*, wird diese blassgelbe Farbe immer matter und verschwindender werden, und sich endlich bei *ϰ*, wo Strahlen aller Gattungen vermischt zu werden anfangen, sich in das Weiß selbst zu verlieren.

Diese Farben müssten nun so erscheinen, wenn das Sonnenlicht vollkommen weiß wäre. Da, es sich aber ein wenig dem blassgelblichen nähert, so macht der Überschuss der gelblichen Strahlen in der Vermischung mit dem verschwindenden Blau zwischen *S* und *T*, dass daselbst eine blassgrünliche Farbe entsteht. Die Farben werden also in der Folge von *P* zu *τ* in dieser Ordnung sein müssen: violett, indigoblau, hellblau, blassgrünlich, weiß, lilagelb, orangegelb, rot. So verhält sich die Sache nach der Berechnung; und jeder, der die durchs Prisma dargestellten Farben selbst betrachtet, wird durch Erfahrung finden, dass dies wirklich die wahre Ordnung sei.

Diese Farben haben zwischen sich weiß, solange das Papier zwischen das Prisma und den Punkt *X*, wo die Farben ineinander gehen, und das dazwischen liegende Weiß verschwindet, gestellt ist. Stellt man das Papier jenseits *X*, so werden die am meisten und am wenigsten brechbaren Strahlen in der Mitte fehlen, und die übrigen Strahlen, die hier miteinander vermischt werden, werden ein lebhafteres Grün als vorher zwischen sich zu Wege bringen; so wird auch das Gelb und Blau weniger zusammengesetzt sein, als vorher, und folglich stärker. Auch dies stimmt mit der Erfahrung überein."

Hiervon macht nun Newton die Anwendung zur Erklärung auf die Erscheinungen der farbigen Säume an Körpern durchs Prisma betrachtet.

„Wenn jemand, fährt er fort, irgendeinen Körper, der mit Schwärze oder mit Schatten umgeben ist, durchs Prisma ansieht, so wird das Verhältnis der Farben, womit der Körper eingefasst (fimbriatum) erscheint, fast ebenso sein, als ich angeführt habe; wie dem, *der die Sache etwas aufmerksamer erwägt*, leicht einleuchten wird. Wenn im Gegenteil der Körper schwarz und mit einem weißen umgeben ist, so werden die Farben, die sich dem Beobachter durchs Prisma zeigen, dem Licht des weißen Körpers zuzuschreiben sein, das sich in die Teile des schwarzen hinein erstreckt... Deswegen erscheinen auch die Farben in entgegengesetzter Ordnung, als wenn der weiße Körper mit einem schwarzen umgehen ist. Eben dies gilt auch von den Körpern durchs Prisma angesehen, von denen einige Teile mehr erleuchtet sind als andere. Denn an Grenzen der mehr oder weniger erleuchteten Teile müssen aus eben den Ursachen von dem stärkeren Licht der stärker leuchtenden Teile Farben entstehen, und von eben der Gattung und Ordnung sein, als wenn die dunkleren Teile schwarz wären; doch müssen sie schwächer und blässer sein."

In den *Lectionibus opticis* (*Isaaci Newtoni Opuscula, mathematica, philosophica et philologica*, ed. Joh. Castilloneus. T. II. Lausannae et Genev. 1744. 4. 248. ff.) widmet Newton den Phänomenen, von welchen hier die Rede ist, eine weitläufigere Betrachtung.

„Man muss sich hierbei, sagt er, erinnern, dass die Bilder der Objekte, die vermittelst der Brechung erhalten werden, nicht an ihren eigentlichen Orten, sondern an denen gesehen werden, welche die geradlinige Verlängerung des gebrochenen Strahls von Auge, gibt. – Es ist ferner bekannt, dass von den durchs Prisma gegen das Auge zu gebrochen Stahlen die violetten, wegen ihrer größten Brechbarkeit, sich am weitesten von der geraden Linie entfernen. die zwischen dem Auge und Objekt liegt. Man nehme nun an, dass die durch des Prisma *ABG* (fig. 2) gebrochenen *violetten* Strahlen so in das Auge gelangen, als ob sie von *P* herrührten, und die roten so, als kämen sie von *T*, und die übrigen in den zwischenliegenden Stellen, nach den Graden ihrer Brechbarkeit. Es ist klar, dass das Bild des Objekts, wenn dies nur allein durch Hilfe der violetten Strahlen gesehen würde, in *P* sein würde und von blauer Farbe sein müsste; würde es bloß durch die roten Strahlen gesehen, so würde das Bild nach *T* fallen und rot von Farbe sein; und bei *R* wurde es grün erscheinen, wenn es bloß durch die grünen Strahlen gesehen würde, und so weiter. Wenn das Objekt nur zwei Gattungen von Strahlen zugleich ausschickte, so würde nur ein doppeltes Bild entspringen; nämlich von den ausgehenden roten und violetten Strahlen würde das eine Bild bei *T* rot, und das andere bei *P* violett erscheinen. Wenn es aber nun alle Arten von Strahlen zugleich ausschickte (wie es bei den natürlichen Körpern der Fall ist), so würden unzählige Bilder der stufenweise verschiedenen Farben erhalten werden, die durch, den ganzen Raum *PT* in einer stetigen Ordnung gestellt wären; die, weil sie in nicht ganz verschiedenen Stellen gebildet werden, sich wechselseitig decken und machen werden, dass nur eine verwirrte Reihe von Farben erscheinen könnte.

Auf solche Art müssten Farben aller Gattung gebildet werden, wenn die scheinbare Größe des erleuchteten, mit Schwärze oder Dunkelheit begrenzten Objekts sehr klein ist, so wie es bei der Sonne, beim Mond und anderen Gestirnen, oder bei einem Loch des Fensters, das das Tageslicht in ein helleres Zimmer schicke, der Fall ist. Wenn wir aber ein mehr ausgedehntes Objekt durchs Prisma betrachten, dergleichen *X* vorstellen soll, so bemerken wir erstlich die Grenze *GH* dem Scheitel des Prismas näher; und es ist offenbar, dass, weil von den Bildern derselben, die aus den verschiedenen Gattungen von Strahlen gebildet, werden, das violette unter allen am weitesten abfällt, wie nach *P* diese Farbe auch als die äußerste erscheint. Das grüne Bild, das bis nach *R* fällt, trifft daselbst mit einem Teil des violetten und des dazwischen befindlichen blauen Bildes (darunter liegender Punkte) zusammen, und es muss aus dieser Vermischung Blau entstehen. Das rote Bild, das bis *T* reicht, wird hier mit den bis dahin ausgedehnten Teilen aller übrigen Bilder zusammenfallen und daselbst die Farbe des Objekts wiederherstellen, ich meine, die weiße, wenn das Objekt weiß war.

So wie nun an der Grenze *GH* das Objekt mit einem violetten und blauen Saum erscheinen wird; so ist klar, dass an der entgegengesetzten Grenze *IK*, nach einer ähnlichen Folgerung, die anderen Farben, nämlich rot und gelb, hervorgebracht werden müssen.

Ganz nicht anders werden die verschiedenen Farben gebildet werden, wenn Teile eines und desselben Objekts mehr erleuchtet sind als andere.

Die Größe des Winkels *POT*, unter dem die Farben erscheinen, wird am größten sein, wenn das Prisma dem Auge ganz nah steht; und sie wird desto mehr abnehmen, je näher das Prisma am Objekt steht. Wenn das Prisma aus Glas und sein brechender Winkel 60 Gr. ist, so werden die Farben ungefähr unter dem Winkel von 2° erscheinen, wenn das Auge ganz nahe am Prisma ist, und unter dem Winkel von 11°, wenn das Prisma in der Mitte zwischen dem Auge und dem Objekt steht, und unter dem Winkel von 30°, wenn das Prisma dreimal weiter vom Auge als vom Objekt entfernt ist; usw. Ich nehme aber hierbei an, dass die Strahlen auf den beiden Flächen derselben gleich gebrochen werden. Denn wenn es durch die Umdrehung um seine Achse auf der einen oder andern Seite eine schiefere Stellung gegen die Strahlen erhält, so wird auch jener Winkel vermehrt werden. Ich setze auch voraus, dass das Objekt gehörig erleuchtet und mit recht starker Dunkelheit umgeben sei, damit die Farben an den äußersten Enden noch gesehen werden können." – –

So haben nun auch die nachfolgenden Naturforscher dies Phänomen nach der Newton'schen Farbenlehre erklärt, und es ist, soviel ich weiß, keinem, der mit der Theorie vertraut gewesen ist, eingefallen, sie für ein noch unaufgelöstes Problem zu halten. Ich erwähne hier nur von den neuern Hrn. Gehler (*Physikal. Wörterbuch, Th. II.* S. 137 f.), und Hrn. Klügel (Jos. Priestleys *Geschichte der Optik*, a. d. Engl. mit Anmerk. von G. S. Klügel. Leipzig 1776. 4. S. 203. Anm.) und noch deutlicher in *der Encyclopädie.* II. Ausg. Berlin und Stettin 1792. 8. S. 447. f.

Nach den aus Newton angeführten Sätzen wird jetzt leicht sein, alle Phänomene, die Hr. von Goethe beschreibt, und namentlich die oben angeführten, umständlich zu erklären. Es sei also *AB* (Fig. 3.) ein weißer Streifen auf einem dunkeln oder schwarzen Grund. Ich setze hier als bekannt voraus, dass Weiß aus der Vermischung aller Arten des homogenen Lichts entspringt, und dass Schwarz wenig oder kein Licht ausströmt. Oberhalb und unterhalb *AB* sind also keine leuchtenden oder erleuchteten Punkte. Von jedem Punkt der weißen Fläche *AB*, die dem Auge zugekehrt ist, kommt ein Strahlenkegel ins Auge, der seine Spitze am strahlenden Punkt hat, und dessen Grundfläche die Pupille des Auges ist. Um uns nicht durch zu viele Linien in der Zeichnung zu verwirren, wollen wir hier für die divergierenden Strahlen dieser Strahlenkegel nur die Achsen derselben nehmen. Das Auge sehe nun den Gegenstand *AB* durch das Prisma *CDE*, dessen brechender Winkel *CED* nach unten zu gekehrt ist. Von dem obersten Punkt *A* des weißen Körpers geht ein Strahlenkegel nach dem Auge durchs Prisma, dessen mittleren Strahl oder Achse wir hier nur nehmen. Dieser Strahl wird im Prisma erst dem Einfallslot zugelenkt und beim Ausgang aus dem Prisma vom Einfallslot abgelenkt; und da die verschiedenen Gattungen des Lichts, woraus das weiße Licht vermischt besteht, eine verschiedene Brechbarkeit haben, so fahren diese einzelnen Arten des Lichts divergierend aus dem Prisma; das violette Licht wird am stärksten und das rote am wenigsten gebrochen; die übrigen nach ihrer Stufenfolge. Das violette Licht des weißen Strahls geht also nach *v*, das Grüne nach *g*, und das rote nach *r*; die anderen Arten des Lichts liegen verhältnismäßig dazwischen. Das Auge, das an dieser Stelle hinter dem Prisma ist, sieht also so viele Bilder des Punkts *A*, als Arten des farbigen Lichts im weißen enthalten sind. Da wir nach einem mit dem Sehen auch ohne unser Bewusstsein verknüpften Urteil die Bilder dahin setzen, wohin nach der in gerader Linie verlängerten Achse des Lichtkegels die Spitze desselben hinfallen würde, so sieht das Auge, das von dem Punkt *A* durchs Prisma hindurch den Strahlenkegel empfängt, die farbigen Bilder dieses Punktes nach der geradlinigen Verlängerung von *v* und *r*, zwischen *V* und *R*. Es würde also in *R* das rote, in *G* das grüne, und in *V* das violette Bild von dem Punkt *A* wahrnehmen. Zwischen dem Roten und

Grünen würde das Orangefarbene und Gelbe und zwischen dem Grünen und Violetten das Hellblaue und Indigoblaue stehen müssen. (Was von dem einen Punkt in *A* gilt, gilt von allen neben demselben in gerader Linie befindlichen, und das Auge muss also von der Grenze *A* des Streifens *AB* zwischen *R* und *V* die farbigen Bilder dieser Grenze in ihrer Ordnung sehen). Da nun aber auch der strahlende Punkt zunächst unter *A* sein weißes Licht durch das Prisma zum Auge schickt, und dies oben so wieder gebrochen wird, so fällt das rote Bild dieses Punktes auf das orangefarbene Bild des ersten Punktes, das gelbe Bild auf das orangefarbene, das grüne auf das gelbe Bild des ersten Punktes, usw. Von dem dritten Punkt unterhalb *A* fällt so das rote Bild desselben auf das gelbe des ersten und auf das orangefarbene Bild des zweiten Punkts, und es entsteht eine Abnahme des reinen Rots, und eine Annäherung desselben ins Gelbe. Von dem vierten Punkte unter *A* fällt das rote Bild auf das grüne Bild des ersten Punktes, auf das gelbe des zweiten und auf des orangefarbene des dritten, und es entsteht eine gemischte gelbe Farbe des Bildes; und dies geht sofort nach folgendem Schema, wo die arabischen Ziffern die Reihe der untereinander liegenden weiß strahlenden Punkt, die darunter stehenden Buchstaben, die Folgen der von den verschieden gefärbten und divergierenden Strahlen der respektiven Punkte gemachten Bilder und die horizontalen Reihen dieser Bilder die korrespondierenden Deckungen der gefärbten einzelnen Bilder der verschiedenen Punkte anzeigen.

	I.	2	3	4	5	6	7 . . . .
I.	*R*	.	.	.	.	.	.
II.	*O*	*R*	.	.	.	.	.
III.	*G*	*O*	*R*	.	.	.	.
IV.	*Gr*	*G*	*O*	*R*	.	.	.
V	*B*	*Gr*	*G*	*O*	*R*	.	.
VI	*I*	*B*	*Gr*	*G*	*O*	*R*	
VII	*V*	*I*	*B*	*Gr*	*G*	*O*	.
VIII	–	*V*	*I*	*B*	*Gr*	*G*	*O*
IX	–	–	*V*	*I*	*B*	*Gr*	*G*
X	–	–	–	*V*	*I*	*B*	*Gr*
XI	–	–	–	–	*V*	*I*	*B*
XII	–	–	–	–	–	–	*V*.

In der Reihe I ist also das reine Rot des ersten und obersten Punkts, in der Reihe II ist es schon zusammengesetztes Rot, in der Reihe III nähert es sich mehr dem Gelben, in der Reihe IV ist es schon ganz gelb, in der Reihe V ist es blasser gelb und in der Reihe VI nähert es sich schon so dem Weiß, dass es kaum davon zu unterscheiden ist, bis endlich in der Reihe VII durch die Vermischung aller Grundfarben vollkommenes Weiß entsteht. Verlängert man die Zahlenreihe über 7 fort, so sieht man, dass auf die Reihe VIII wieder Rot oder *R* kommt, und also auch hier wieder ein weißes Bild hervorgebracht wird, und dies so immer fort. Das Auge sieht also von hier an lauter ungefärbte oder weiße Bilder der Punkte, wegen der Deckung der Bilder von allen Farben. Da, wo die Reihe der strahlenden Punkte aufhört, z. B. an der unteren Grenze *B* des Objekts *AB*, entsteht nun, wie die Zeichnung es gibt und das vorige Schema es einleuchtend macht, aus der Zusammensetzung der Farben der Reihe VIII ein sehr zusammengesetztes, sehr blasses, kaum vom Weiß zu unterscheidendes grünlich blaues Bild, das in der Reihe IX deutlicher hellblau wird und sich dem violetten in XI und XII immer mehr nähert, bis es endlich in der Reihe XIII rein violett ist. So entsteht also von dem ganzen Objekt *AB* ein Bild *ab*, das oben bei *aR* mit einem roten und gelben Saum versehen ist, wovon der letztere sich über *cV* ins Weiß zu verlieren anfängt; von *cV* bis *cR* ist das Bild weiß, und unterhalb *bR* fängt ein hellblauer Streifen an, der sich in einen violetten verliert. Diese Streifen erstrecken sich über die Grenze *bR* des Bildes hin in das daran grenzende Schwarz oder Dunkel.

Dies ist die Erklärung des oben angeführten zweiten Versuchs. Die Erklärung des vierten folgt daraus unmittelbar. Denn wenn die Grenzen *a* und *b* nicht weit auseinander liegen, oder der Sehwinkel ihres Abstandes klein ist, so dass der obere gelbe und der untere hellblaue Streifen zum Teil zusammenfallen, so entsteht daraus ein grüner; oder der gelbe wird auch ganz in einen grünen verwandelt. Dieses Grün ist aber kein reines homogenes, sondern ein gemischtes Grün. Wenn also z. B. in dem vorigen Schema die Punkte 5, 6 und 7 wegfallen, so wird in der Reihe VII kein Weiß mehr entstehen können; und in V und VI wird sich Grün bilden, das sich in VII schon dem Blauen zu nähern anfängt.

Wenn, wie im *ersten* Versuch, ein *schwarzer* Streifen auf *weißem* Grund ist, so wird die Stellung der vorigen farbigen Säume umgekehrt werden müssen. So sei (Fig. 4) oberhalb *A* eine kontinuierliche Reihe weißer Punkte und ebenso auch unterhalb *B*; der Abstand zwischen *A* und *B* sei schwarz, oder es sei daselbst kein strahlender Punkt oder auch weniger Licht. Es ist aus dem Vorigen klar, dass das Auge, welches den Strahl von *A* durch den nach unten zu stehenden brechenden Winkel *CED* das Prisma empfängt, so viele farbige Bilder des Punktes sieht, als Arten des farbigen Lichts im weißen enthalten sind; und dass das rote Bild von *A* nach *aR*, das grüne nach *G* und das violette nach *V* zu liegen kommt. Allein dies rote Bild von *A* wird mit dem orangefarbenen Bilde des zunächst darüber liegenden Punktes, mit dem gelben Bild des dritten Punktes darüber, mit dem grünen des vierten Punktes darüber, usw., kurz mit farbigen Bildern aller Art von den über *A* höher hinaufstehenden Punkten bedeckt, und erscheint also ungefärbt. Das orangefarbene Bild von *A* unterhalb *aR* wird von dem gelben Bild des zweiten Punktes, von dem grünen des dritten Punktes usw. und endlich von dem violetten Bild des sechsten Punktes über *A* bedeckt und erscheint sehr blassblau oder nähert sich fast ganz dem Weiß, weil alle Arten der Bilder der korrespondierenden Punkte dahin fallen, nur kein rotes. Das gelbe Bild von *A* wird mit dem grünen des zweiten darüber liegenden, mit dem blauen des dritten, mit dem indigofarbenen des vierten und mit dem violetten des fünften Punktes darüber erreicht, und also ein zusammengesetztes Hellblau, worin zum Weiß nur Rot und Orangegelb mangeln. Das grüne Bild von *A* wird mit dem Blau des über *A* liegenden zweiten Punktes, mit dem Indigo des dritten und dem violetten Bild des vierten Punktes über *A* vermischt, und erscheint also dunkler blau; das blaue Bild des Punktes *A* wird mit dem indigoblauen des zweiten und dem violetten Bilde des dritten Punktes über *A* erreicht und nähert sich in der Farbe dem violetten; das indigoblaue Bild des Punktes *A* ist bloß mit dem violetten Bild des zunächst über *A* liegenden Punktes bedeckt, und nähert sich dem violblauen noch mehr; das violette Bild *V* des Punktes *A* wird endlich rein und unvermischt erscheinen. Das folgende Schema zeigt alles dies[1]:

9	–	–	–	–	–	–	–	–	*R*	.	.	.
8	–	–	–	–	–	–	–	*R*	*O*	.	.	.
7	–	–	–	–	–	–	*R*	*O*	*G*	.	.	.
6	–	–	–	–	–	*R*	*O*	*G*	*Gr*	.	.	.
5	–	–	–	–	*R*	*O*	*G*	*Gr*	*B*	.	.	.
4	–	–	–	*R*	*O*	*G*	*GR*	*B*	*I*	.	.	
3	–	–	*R*	*O*	*G*	*GR*	*B*	*I*	*V*			
2	–	*R*	*O*	*G*	*GR*	*I*	*B*	*V*				
	O	*G*	*GR*	*B*	*I*	*V*						
	G	*Gr*	*B*	*I*	*V*							
	Gr	*B*	*I*	*V*								
	B	*I*	*V*									
	I	*V*										
	V											

Man sieht hieraus, dass der blaue und violette Streifen sich in das Schwarz unter *a* (Fig. 4) hinein erstrecken müsse, wie es auch die Erfahrung lehrt; und dass sie kein reines homogenes Hellblau und Violett, sondern zusammengesetzt sind, außer an der äußersten Grenze, wo homogenes Violett ist.

Von dem Punkt *B* (Fig. 4) und den farbigen Bildern desselben in *a* gilt, was vorher von (Fig. 3) angeführt ist, denn die Bedingungen sind dieselben; also erscheint in *b* ein roter und gelber Streifen.

Wenn nun *A* und *B* (Fig. 4) wenig voneinander entfernt sind, oder ihr Abstand einen kleinen Sehwinkel macht, so kann der rote Saum von *b* mit dem violetten von *a* zusammenfallen, oder das letztere kann das erstere erreichen, und so entsteht jetzt ein pfirsichblütenfarbenes Rot, wie dies der oben angeführte *dritte Versuch* gibt.

[1] Ich nehme hier an, dass die Länge der einfachen Farbenbilder gleich sei; das ist nun zwar nicht so, indessen ist, das violette Bild ausgenommen, der Unterschied in den übrigen hier erwähnten Fällen nicht so, dass dadurch die Resultate merklich verändert würden.

Man wird nun von diesen hier angeführten Sätzen die Anwendung leicht auf alle anderen von Hr. *v. Goethe* aufgezählten Versuche machen können, und es wird wenige Mühe kosten, sich die prismatischen Phänomene der übrigen Karten, die zu seinem Werk ausgegeben werden, zu erklären. Übrigens bedarf es wohl keiner weiteren Erklärung, warum an den Grenzen zwischen Licht und Schatten die farbigen Säume, die man durchs Prisma wahrnimmt, durch keine scharfe Grenzlinie voneinander abgesondert sind, und warum sich das reine Rot allmählich ins Gelbe, das Gelbe allmählich ins Weiße, das Weiße allmählich ins Hellblaue, und dies allmählich ins Violette verliert.

Wird der brechende Winkel des Prismas *CED* (Fig. 3. 4) nach oben gekehrt, so werden die vorigen Erscheinungen umgekehrt werden müssen. Denn weil die violetten Strahlen stärker als die roten gebrochen werden, so werden sie bei ihrem Ausgang aus dem Prisma dann mehr nach unten als die roten abgelenkt werden, und das Auge wird den Gegenstand noch oben zu erhöht erblicken, wie man leicht finden wird, wenn man die Zeichnung (Fig. 3. und 4) umkehrt. Es bedarf also dies keiner umständlichen Auseinandersetzung.

Ernst Haeckel: Die Naturanschauung von Darwin, Goethe und Lamarck (1882)

Vita – Abstract
Ernst Haeckel (16. Februar 1834 Potsdam – 9. August 1919 Jena) studierte von 1852–1858 Medizin in Berlin, Würzburg und Wien, wurde 1857 in Berlin mit einer Arbeit über das Gewebe der Flusskrebse promoviert, wandte sich nach kurzer ärztlicher Praxis der vergleichenden Anatomie und Entwicklungsgeschichte zu, habilitierte sich 1861 in Jena und erhielt 1865 das neugegründete Ordinariat für Zoologie. In seinen Forschungen und Publikationen setzte sich Haeckel für die Evolutionstheorie von Charles Darwin (1809–1882) ein, erfand neue Begriffe für die Biologie (Phylogenie, Ontogenie, Ökologie, Chorologie etc.), vertrat das ‚Biogenetische Grundgesetz' (Wiederholung der Phylogenese in der Ontogenese), lehnte entschieden und weitbeachtet die wissenschaftstheoretische Begrenzung der Naturerkenntnis durch Emil Du Bois-Reymond (1818–1896) wie ebenso die wissenschaftspolitische Einschränkung der Popularisierung naturwissenschaftlicher Theorien durch Rudolf Virchow (1821–1902) ab und entwickelte mit dem ‚Monismus' eine naturwissenschaftlich fundierte Weltanschauung (*Welträtsel*, 1899) mit sozialpolitischen und eugenischen Plädoyers. Mit den *Kunstformen der Natur* (1899–1904) übte Haeckel, selbst Zeichner und Maler, einen großen Einfluss auf den Jugendstil aus.

Haeckel schildert in seinem Vortrag von 1882 zunächst den Verlauf der Auseinandersetzungen um die Evolutionstheorie von Darwin und seine eigene Unterstützung, um dann ihre Vorgeschichte seit der Antike und vor allem bei Goethe und Lamarck, dessen *Philosophie Zoologique*

D. von Engelhardt, *Goethe als Naturforscher im Urteil der Naturwissenschaft und Medizin des 19. Jahrhunderts*,
https://doi.org/10.1007/978-3-662-68126-8_20

(1809) Goethe leider unbekannt geblieben sei, wiederzugeben, deren Übereinstimmung mit Darwin in wesentlichen Momenten nicht zu bezweifeln sei. Goethes „ideales Urbild“ könne mit einer „realen Stammform“ gleichgesetzt werden. Zum Fortschritt der Geologie (Ablehnung von erdgeschichtlichen Katastrophen), Biologie (Morphologie der Pflanzen und Tiere) und Osteologie (Zwischenkiefer, Wirbeltheorie) habe er entscheidend beigetragen; überzeugend sei Goethes monistischer Grundgedanke von der „untrennbaren Einheit von Natur und Gott.“

Haeckel, Ernst:
Die Naturanschauung von Darwin, Goethe und Lamarck, in: Tageblatt der 55. Versammlung Deutscher Naturforscher und Ärzte in Eisenach vom 18. bis 22. September 1882, Eisenach 1882, S. 81–91.

* * *

Als vor fünf Monaten der Telegraph aus England uns die Trauerbotschaft brachte, dass am 19. April Charles Darwin sein tatenreiches Leben beschlossen habe, da durchbebte mit seltener Einhelligkeit die ganze wissenschaftliche Welt das Gefühl eines unersetzlichen Verlustes. Nicht allein die zahllosen Anhänger und Schüler des großen Naturforschers betrauerten den Hingang des Altmeisters; sondern auch seine angesehensten Gegner mussten zugestehen, dass einer der bedeutendsten und einflussreichsten Geister des Jahrhunderts geschieden sei. Ihren beredtsten Ausdruck fand diese allgemeine Teilnahme wohl dadurch, dass schon unmittelbar nach seinem Tod die englischen Tagesblätter aller Parteien – seine konservativen Gegner an der Spitze – die Beisetzung des Verewigten in der Walhalla Großbritanniens, in der nationalen Ruhmeshalle der Westminster Abtei verlangten, und dass er in der Tat hier neben dem ebenbürtigen Newton seine letzte Ruhestätte fand.[1]

[1] Die *Anerkennung Darwins* in seinem Vaterland sprach sich bei seinem feierlichen Leichenbegängnis in einer Weise aus, welche Großbritannien alle Ehre macht und wunderbar mit der Missachtung und dem Spott kontrastiert, mit welchem er viele Jahre hindurch verfolgt worden war. Die Zipfel des Leichentuchs trugen nicht allein vier der berühmtesten britischen Naturforscher: Huxley, Hooker, Lubbock, Wallace, sondern auch der Theologe Farrar, der Herzog von Argyll, der Herzog von Devonshire. Im Trauergefolge befanden sich außer den nächsten Verwandten und Freunden auch Vertreter von sämtlichen wissenschaftlichen Gesellschaften Großbritanniens, die Spitzen der Regierung und der Stadt London, die Botschafter Deutschlands, Frankreichs und Italiens. Wenn man bedenkt, wie heftig der Darwinismus noch vor wenigen Jahren vom größten und einflussreichsten Teil der englischen Presse bekämpft wurde, welchen ungeheuren Widerstand von religiösen und sozialen Vorurteilen er gerade in seinem Vaterland zu überwinden hatte, so darf man dieses Begräbnis wohl als einen hohen Triumph des Geistes der Wahrheit feiern!

Nun hat aber in keinem Land der Welt – England nicht ausgenommen – die reformatorische Lehre Darwins von Anfang an so viel lebendige Teilnahme gefunden, eine solche Sturmflut von Schriften und Gegenschriften hervorgerufen, als bei uns in Deutschland. Wir erfüllen daher nur eine Ehrenpflicht, wenn wir auf der diesjährigen Versammlung Deutscher Naturforscher und Ärzte des gewaltigen Genius dankbarst gedenken und die erhabene Höhe der Naturanschauung, zu der er uns hinaufgeführt hat, uns vergegenwärtigen. Und welche Stätte der Erde könnte für dieses schuldige Dankopfer geeigneter sein, als Eisenach mit seiner *Wartburg*, dieser festen Burg freier Forschung und freien Denkens! Wie an dieser heiligen Stätte vor 360 Jahren Martin Luther durch seine Reform der Kirche an Haupt und Gliedern eine neue Ära der Kulturgeschichte herbeiführte, so hat in unseren Tagen Charles Darwin durch seine Reform der Entwicklungslehre das ganze Empfinden, Denken und Wollen der Menschheit in neue, höhere Bahnen gelenkt. Freilich hatte Darwin persönlich, nach Charakter und Wirksamkeit, mehr Verwandtschaft mit dem sanften milden Melanchthon als mit dem energischen begeisterten Luther; allein Umfang und Bedeutung des großen Reformwerkes war in beiden Fällen ganz ähnlich; und in beiden bezeichnet den Erfolg desselben eine neue Epoche der menschlichen Geistesentwicklung.

Unerschütterlich fest steht zunächst der beispiellose Erfolg, den Darwin mit seiner Reform der Wissenschaft in dem kurzen Zeitraum von dreiundzwanzig Jahren errungen hat. Denn niemals, solange menschliche Wissenschaft besteht, hat eine neue Theorie so tief in das Getriebe des Erkenntniswerkes im Allgemeinen wie in die wertvollsten persönlichen Überzeugungen der einzelnen Forscher eingegriffen; niemals einen so heftigen Widerstand hervorgerufen, und niemals diesen in so kurzer Zeit völlig überwunden. Wenn noch jetzt hier und da ein gedankenloser Empiriker dieselbe bekämpft, so geht die *denkende* Naturforschung achselzuckend an diesen Monologen vorüber. Wir halten es daher auch ganz unter der Würde dieser hohen Versammlung, die kläglichen und verächtlichen Angriffe zu widerlegen, welche noch vor wenigen Wochen der Präsident der sogenannten „Deutschen anthropologischen Gesellschaft“ in Frankfurt a. M. gegen Darwin zu schleudern für passend erachtet hat.[2]

Die Betrachtung dieser erstaunlichen Umwälzung der gesamten Naturanschauung und Weltauffassung wird ein interessantes Kapitel in der künftigen Geschichte der Entwicklungslehre werden. Als ich 1863, vier Jahre nach der Veröffentlichung von Darwins bahnbrechendem Hauptwerk, dasselbe

[2] Die Angriffe, welche Dr. Lucae als Präsident der diesjährigen Anthropologenversammlung in Frankfurt a.M. gegen Darwin richtete, sind gleich denjenigen ihres Generalsekretärs, des Professor Johannes Ranke aus München, insofern interessant, als sie die merkwürdige Unwissenheit dieser sogenannten „*Empiriker*“ illustrieren. Obgleich dieselben mit Vorliebe die Resultate der vergleichenden *Schädellehre* gegen Darwin in das Feld führen, sind sie doch mit deren wichtigsten Fortschritten, insbesondere mit der berühmten Schädeltheorie von Gegenbaur, so gut wie ganz unbekannt. Im Übrigen vergl. mein Vorwort.

zum ersten Male auf der Naturforscherversammlung zu Stettin öffentlich zur Sprache brachte, war die große Mehrzahl der Ansicht, man dürfe solche„naturphilosophische Phantasien" eigentlich nicht ernsthaft diskutieren.[3] Ein angesehener Zoologe erklärte die ganze Theorie für den „harmlosen Traum eines Nachmittagsschläfchens", während ein anderer sie mit dem Tischrücken und dem Od verglich. Ein berühmter Botaniker versicherte, dass keine einzige Tatsache zugunsten dieser „haltlosen Hypothese" spreche; dass sie vielmehr mit allen Erfahrungen in Widerspruch stehe; und ein namhafter Geologe meinte, dass auf diesen vorübergehenden Schwindel bald die unausbleibliche Ernüchterung folgen werde. Ein bekannter Physiologe nannte später die ganze Stammesgeschichte einen Roman, und ein Anatom prophezeite, dass nach wenigen Jahren kein Mensch mehr davon sprechen werde. In dickleibigen Werken und in zahllosen Abhandlungen wurde der Nachweis geführt, dass Darwins Theorie von Anfang bis zu Ende falsch sei, unbewiesen durch Tatsachen, trügerisch in ihren Schlüssen, verderblich in ihren Folgerungen. Ja selbst noch vor fünf Jahren, als ich auf der Naturforscherversammlung zu München (1877) „die heutige Entwicklungslehre im Verhältnisse zur Gesamtwissenschaft" beleuchtete, stieß ich auf den entschiedensten Widerspruch eines unserer berühmtesten Naturforscher; und dieser gipfelte in der Forderung den Darwinismus als „unbewiesene Hypothese" vom Unterricht auszuschließen. Ich war genötigt, das Recht des letzteren in meiner Schrift über „Freie Wissenschaft und freie Lehre" nachdrücklich in Schutz zu nehmen.[4]

Und was ist heute von all diesen Verdammungsurteilen unserer zahlreichen Gegner übriggeblieben? Nichts! Gerade die Zahl und Wucht ihrer viel-

[3] *Ueber die Entwickelungs-Theorie Darwin's.* Vortrag gehalten am 19. September 1863 in der ersten allgemeinen Sitzung der 38. Versammlung Deutscher Naturforscher und Ärzte zu Stettin. Da in diesem Vortrag zum ersten Mal der Darwinismus und die dadurch begründete moderne Entwicklungslehre vor einer Naturforscherversammlung in Deutschland zur Sprache gebracht wurde, und da der offizielle Abdruck desselben in dem „Amtlichen Bericht" durch zahlreiche und grobe Druckfehler entstellt war, habe ich denselben im ersten Heft meiner „Gesammelten populären Vorträge aus dem Gebiete der Entwickelungslehre" (Bonn, 1878) abdrucken lassen.

[4] *Die heutige Entwickelungslehre im Verhältnisse zur Gesammtwissenschaft.* Vortrag gehalten am 18. September 1877 in der ersten allgemeinen Sitzung der 50. Versammlung deutscher Naturforscher und Ärzte zu München (Stuttgart, 1877. Dritte Auflage 1878). Abgedruckt im zweiten Heft der „Gesammelten populären Vorträge" (Bonn 1879). Dieser Vortrag wurde wenige Tage später (am 22. September) in der zweiten allgemeinen Sitzung derselben Versammlung auf das Schärfste von Rudolf Virchow angegriffen in seiner Rede über „die Freiheit der Wissenschaft im modernen Staate". Als notgedrungene *Verteidigung* gegen diesen starken und von mir in keiner Weise provozierten *Angriff* veröffentlichte ich sodann meine Schrift über „Freie Wissenschaft und freie Lehre" (Stuttgart 1878). Ich sehe mich zu meinem aufrichtigen Bedauern gezwungen, hier nochmals an diese *TatsachenL* zu erinnern, weil noch vor wenigen Tagen mehrere Berliner Blätter mit der dreistesten Umkehrung der Wahrheit das Gegenteil behauptet und mich eines unmotivierten *Angriffes* gegen Virchow beschuldigt haben; die vorliegende Eisenacher Rede sollte angeblich diesen „Angriff" wiederholen und erneuern! (Vergl. das Vorwort und die vorhergehenden Anmerkungen.)

seitigen Angriffe hat uns zum entschiedensten Sieg geführt. Denn je mehr die unerschütterliche Feste der neuen Naturanschauung von allen Seiten angegriffen und mit den verschiedensten Waffen bekämpft wurde, desto mehr ließen ihre unerschrockenen Verteidiger es sich angelegen sein, die einzelnen Lücken ihrer geschlossenen Ringmauer auszufüllen. Alles Sturmlaufen der veralteten Dogmen scheiterte an dem undurchdringlichen Eisenpanzer der vereinigten Erfahrungswissenschaften. Der geniale Feldherr aber, der für letztere das lange gesuchte Einigungsband gefunden hatte und der mit den Einheitsgedanken des *Monismus* die Verteidigung leitete, er konnte vor drei Jahren, bei der Feier seines siebzigsten Geburtstages, mit voller Genugtuung auf den vollendeten Sieg seiner Heerscharen blicken und durfte sich mit Goethe sagen:

Es wird die Spur von meinen Erdentagen
Nicht in Äonen untergehn!

Dass es sich in der Tat so verhält, dass Darwin noch am späten Abend seines Lebens sich des *vollkommenen Sieges* seiner guten Sache erfreuen konnte, davon legt der ganze gegenwärtige Zustand der Naturwissenschaften unwiderlegliches Zeugnis ab. Es genügt dafür, einen Blick in die zahlreichen Zeitschriften und die wichtigsten Werke derjenigen Fächer zu werfen, die zunächst und am meisten von Darwins Lehre berührt werden: Zoologie und Botanik, Morphologie und Physiologie, Ontogenie und Paläontologie. Da erscheint fast keine bedeutendere Arbeit mehr, die nicht von der Idee der *natürlichen Entwicklung* durchdrungen ist. Fast alle Untersuchungen – mit verschwindend wenigen und unbedeutenden Ausnahmen – gehen von diesem Grundgedanken Darwins aus; fast alle nehmen mit ihm an, dass die Formverwandtschaft der verschiedenen Tier- und Pflanzenarten auf ihrer wahren Blutsverwandtschaft beruht, und dass gemeinsame Abstammung einerseits, allmähliche Umbildung andererseits uns die verwickelten Beziehungen der Organismenwelt erklärt.

Aber auch der eigentliche *Darwinismus* im engeren Sinne, die Selektionstheorie, hat trotz aller Angriffe ihre Geltung behalten; denn sie deckt uns erst die physiologischen Ursachen auf, durch welche der Kampf ums Dasein jene Umbildung oder Transformation mechanisch bewirkt. Wenn auch keineswegs die natürliche Züchtung die einzige Triebkraft im Transformismus ist, so bleibt sie doch bis jetzt der wichtigste Hebel desselben. Indem Darwin sie an der Hand der künstlichen Züchtung entdeckte, löste er eines der größten biologischen Rätsel. Denn die Lehre von der „natürlichen Zuchtwahl durch den Kampf ums Dasein" ist nichts geringeres als die endgültige Beantwortung des großen Problems: „Wie können zweckmäßig eingerichtete Formen der Organisation ohne Hilfe einer zweckmäßig wirkenden Ursache entstehen? Wie kann ein planvolles Gebäude sich selbst aufbauen ohne Bauplan und ohne Baumeister?" Eine Frage, welche selbst unser größter kritischer Philosoph, Kant, noch vor hundert Jahren für unlösbar erklärt hatte.[5]

Auf keinem Gebiet der Naturwissenschaft treten aber die großartigen Erfolge Darwins klarer zutage als auf demjenigen, in dem unsere eigenen Untersuchungen sich bewegen, auf dem weiten Gebiete der Morphologie, der vergleichenden Anatomie und Entwicklungsgeschichte. Denn in der Morphologie, die auch Goethes besonderer Liebling war, hängt geradezu alle tiefere Erkenntnis von der Anerkennung der Abstammungslehre ab; und gerade hier sind mit ihrer Hilfe in kürzester Zeit die glänzendsten Resultate erzielt. Die *Stammbäume* der einzelnen Formengruppen, die anfangs kaum als heuristische Hypothesen sich ans Licht wagen durften, sind jetzt für viele Organismengruppen schon vollständig anerkannt.[6] Um nur einige Beispiele anzuführen, so zweifelt kein einziger urteilsfähiger Zoologe mehr an der Abstammung der Pferde von tapirartigen Paläotherien, der Wiederkäuer von schweineartigen Anoplotherien, der Vögel von eidechsenartigen Reptilien. Kein einziger bezweifelt mehr, dass alle höheren, luftatmenden Wirbeltiere aus niederen, kiemenatmenden Fischen entstanden sind. Aber selbst die wichtigste und bestrittenste von allen Deszendenz-Hypothesen, die *Abstammung des Menschen* von affenartigen Säugetieren, hat in den letzten Jahren auf Grund gereifter Erkenntnis so sehr die allgemeine Anerkennung der

[5] Darwins *Selektionstheorie*, als schlagende Widerlegung der landläufigen *Teleologie*, kann wohl kaum in glänzenderem Licht erscheinen, als gegenüber dem folgenden Satz von Kant: „Es ist für Menschen ungereimt, auch nur einen solchen Anschlag zu fassen, oder zu hoffen, dass noch etwa dereinst ein *Newton* aufstehen könne, der auch nur die Erzeugung eines Grashalms nach Naturgesetzen, die keine Absicht geordnet hat, begreiflich machen werde, sondern man muss diese Einsicht dem Menschen schlechterdings absprechen." Indem Darwin tatsächlich diese schwerste, noch von Kant für unlösbar erklärte Aufgabe gelöst hat, ist er in der Tat jener „*Newton der organischen Natur*" geworden. Nichts beweist schlagender die Riesengrösse der Fortschritte, welche unsere ursächliche Erkenntnis der Natur seitdem gemacht hat. Vergl. meine „Natürliche Schöpfungsgeschichte", VII. Auflage, S. 95 (Berlin 1879).

[6] *Die Stammbäume der Organismen und die phylogenetische Methode.* Angesichts der fortdauernden Missverständnisse, welche die Anwendung der phylogenetischen Forschungsmethode in der Morphologie der Organismen noch immer erfährt, sehen wir uns hier zu der wiederholten Erklärung genötigt, dass diese Methode die *einzige* ist, welche uns durch die Erkenntnis der Stammverwandtschaft der organischen Formen zu einem wahrhaft *kausalen* Verständnis derselben führt. Daraus folgt aber ganz von selbst und mit Notwendigkeit die Auffassung des natürlichen Systems der organischen Formen als ihres hypothetischen Stammbaumes; und für jeden Morphologen, der vergleichend die Beziehungen der „ähnlichen und doch ungleichen" Gestalten untersucht, ergibt sich daraus die Notwendigkeit, sich mehr oder weniger bestimmte Vorstellungen über ihre gemeinsame Abstammung zu bilden; mit anderen Worten: ihren hypothetischen Stammbaum mehr oder weniger annähernd zu konstruieren. Diese *phylogenetischen* Hypothesen haben ganz denselben Wert und sind ebenso unentbehrlich, als die allgemein angenommenen *geologischen* Hypothesen, und wer die ersteren verwirft, darf auch die letzteren nicht gelten lassen. Vergl. unter anderem: Gegenbaur, Grundriss der vergleichenden Anatomie, und Strasburger, *Ueber die Bedeutung phylogenetischer Methoden für die Erforschung lebender Wesen* (Jenaische Zeitschrift für Naturwissensch., Bd. VIII, 1874).

kompetenten Fachgenossen gewonnen, dass sie von der großen Mehrzahl für ebenso wohl begründet gehalten wird wie die vorher angeführten phylogenetischen Hypothesen.[7]

Angesichts dieser erfreulichen Übereinstimmung dürfen wir jetzt ruhig den fortdauernden Widerspruch ignorieren, den hier und da noch einzelne Gegner des Transformismus laut werden lassen. Die Hauptsache bleibt, dass die ganze jüngere Generation im Sinne Darwins arbeitet, und dass seine Lehre weit über die eigentlichen Fachkreise hinaus sich als ein Ferment bewährt hat, welches die größten Probleme der menschlichen Erkenntnis ihrer Lösung näher führt.

Wenn wir demnach heute hier den vollständigen Sieg der Darwin'schen Entwicklungslehre feiern dürfen, so erachten wir damit zugleich eine unerquickliche Periode der heftigsten literarischen Kämpfe für abgeschlossen; und wir dürfen wohl diesem frohen Siegesgefühl umso mehr ungeschmälerten Ausdruck geben, als wir selbst bei jenen harten Kämpfen persönlich vielfach beteiligt waren. Da aber nach Heraklit der Kampf der Vater aller Dinge ist, so konnte der Kampf ums Dasein auch der Theorie nicht erspart bleiben, die selbst diesen Begriff begründet und zum wertvollsten Rüstzeug ihrer Beweisführung erhoben hat. Umso willkommener begrüßen wir jetzt die neue Periode des Friedens, die jenem Sieg folgt, und der ruhigen Entwicklung, die uns die schönsten Früchte auf den neuen Bahnen der Forschung verspricht. Der Versammlung Deutscher Naturforscher und Ärzte aber, die schon wiederholt Zeuge von dem lauten Waffengeklirr jener Kämpfe gewesen, ziemt es wohl, nach deren glücklichem Abschluss den Frieden zu sanktionieren und die Entwicklungslehre als den bleibenden Grundstein der wissenschaftlichen Forschung feierlich anzuerkennen.

Werfen wir nun einen Blick auf die Ursachen, welche trotz des heftigsten Widerstandes in so kurzer Zeit eine so außerordentliche Wirkung der Darwin'schen Lehren hervorbrachten, so haben wir sie keineswegs allein in

[7] *Der Stammbaum des Menschengeschlechts*, wie ich ihn in meiner „*Anthropogenie*" (Dritte Auflage, 1877) zu entwerfen versucht habe, hat ganz dieselbe Berechtigung wie jede andere phylogenetische Hypothese, die sich auf die *Tatsachen der vergleichenden Anatomie, Ontogenie und Paläontologie* stützt. Nach unserer Überzeugung sind sogar viele einzelne Stufen dieses Stammbaumes – Dank der hohen Ausbildung, die neuerdings die genannten Wissenschaften erreicht haben – viel besserer und sicherer begründet, als die meisten anderen Stammbäume. So erscheint es z. B. schon jetzt nicht mehr zu bezweifeln, dass das Menschengeschlecht zunächst aus *catarrhinen* Affen *der alten Welt* hervorgegangen ist, dass diese gleich allen anderen Säugetieren auf *Amphibien* der Steinkohlenperiode zurückzuführen sind, diese letzteren auf silurische Urfische u. s. w. Aber auch für die gemeinschaftliche Abstammung aller dieser Wirbeltiere von wirbellosen Vorfahren liegen in der vergleichenden Keimesgeschichte des *Amphioxus* und der *Ascidie* so viele und wichtige Tatsachen vor, dass die kompetentesten Zoologen in deren Anerkennung übereinstimmen. Wenn demgegenüber noch einzelne sogenannte Anthropologen zwar eine Abstammung des Menschen von einer tierischen Ahnenreihe zugeben, aber behaupten, dass diese völlig unbekannt sei, so beweisen sie damit nur, dass sie selbst mit den angeführten Wissenschaften unbekannt sind.

der überzeugenden Kraft ihrer inneren Wahrheit zu suchen, sondern auch in der seltenen Gunst der äußeren Verhältnisse, unter denen sie in das wissenschaftliche Leben eintraten; und nicht zum wenigsten in den seltenen Charaktereigenschaften des Mannes, der eine solche Riesenaufgabe löste. Denn Charles Darwin vereinigte in sich einen Reichtum verschiedener Geistesgaben, die gewöhnlich nur getrennt auftreten, und war einerseits ein ebenso kenntnisreicher und scharfsinniger Naturforscher als andererseits ein weitblickender und umfassender Philosoph. Wie sehr er diese beiden oft sich feindlich gegenüberstehenden Seiten der menschlichen Geistestätigkeit harmonisch verband, geht wohl am besten daraus hervor, dass viele kurzsichtige Empiriker in ihm nur den gewissenhaften Beobachter und sinnreichen Experimentator anerkennen, hingegen seine Theorie als eine spekulative Verirrung bedauern; während umgekehrt manche hochfliegende Denker auf jene empirischen Leistungen mit großer Geringschätzung herabsehen, hingegen die Schärfe seines Urteils und die Klarheit seines folgerichtigen Gedankenganges bewundern. Er erinnert in dieser Beziehung an zwei unserer größten deutschen Naturforscher, an Johannes Müller und an Carl Ernst Baer. Wenn der letztere seine klassische „Entwicklungsgeschichte der Tiere" auf dem Titelblatt selbst als „*Beobachtung und Reflexion*" bezeichnete, so konnte Darwin das von allen seinen Werken sagen.

Zu dieser seltenen Beobachtungs- und Urteilskraft gesellten sich nun aber andere edle Eigenschaften des Charakters, welche den Wert und Ertrag derselben außerordentlich erhöhten: Unermüdliche Ausdauer in der Verfolgung der gesteckten Ziele, peinlichste Gewissenhaftigkeit in der Zusammenstellung der gesicherten Ergebnisse, reinstes Streben nach natürlicher Wahrheit und einfache Offenheit in Mitteilung der Endresultate. Nicht minder rühmlich war die außerordentliche Bescheidenheit, mit der er seine Ansichten vortrug, und die milde Sanftmut, mit der er auf die scharfen sachlichen Angriffe seiner Gegner antwortete, während er die persönlichen Beschimpfungen einfach ignorierte.

Wahrhaft bewunderungswürdig ist die Geduld und Vorsicht, mit welcher Darwin seine wichtigste Lebensaufgabe, die Erklärung des Ursprungs der Tier- und Pflanzenarten durch natürliche Züchtung, erfasste und durchführte. Den ersten Grund dazu legte er schon in seinem dreiundzwanzigsten Lebensjahr, als er 1832 in Südamerika geographische und paläontologische Beobachtungen über die Tierarten dieses Kontinentes anstellte. Die reichen Erfahrungen, welche er auf dieser fünfjährigen, für ihn so bedeutungsvollen Reise um die Welt sammelte, gelangten aber erst viel später zur vollen Bewertung. Denn der nachteilige Einfluss, den die starken Strapazen jener Reise auf seine Gesundheit gehabt hatten, nötigte ihn, sich aus dem unruhigen Treiben von London völlig zurückzuziehen und seinen persönlichen Verkehr möglichst einzuschränken. 1842, im dreiunddreißigsten Jahr seines Alters, bezog er seinen idyllischen Landsitz, das stille Down, anmutig zwischen den grünen Wiesen und bewaldeten Hügeln der heiteren Grafschaft Kent gelegen.[8]

In der harmonischen Einsamkeit dieses grünen Musensitzes verlebte Darwin volle vierzig Jahre, einzig und allein dem ausdauerndsten Studium der Natur hingegeben und der Lösung des großen Problems, das sich ihm offenbart hatte. Indem er die praktische Tätigkeit des Gärtners und des Tierzüchters selbst viele Jahre lang ausübte, konnte er unter seinen Augen die Körperformen der Tiere und Pflanzen sich verwandeln sehen; und indem er die physiologischen Ursachen dieser Verwandlungen, die Gesetze der *Vererbung* und *Anpassung* untersuchte, erkannte er klar, dass auch in der freien Natur dieselben mechanischen Ursachen den Artenwechsel bedingen. Er überzeugte sich, dass die künstliche und die natürliche Züchtung im Wesentlichen auf denselben Vorgängen der Auslese oder Selektion beruhen; was dort der planmäßig wirkende Wille des Menschen für seinen eigenen Vorteil in kurzer Zeit hervorbringt, das erzeugt hier in viel längeren Zeiträumen der planlos tätige „Kampf ums Dasein", zum Besten der umgebildeten Organismen selbst.

Obgleich nun Darwin diesen Grundgedanken seiner *Selektionstheorie* schon frühzeitig erfasst und viele Jahre hindurch das reichste Beobachtungsmaterial für dessen Beweis gesammelt hatte, konnte er sich doch lange nicht zu einer Veröffentlichung seiner Theorie entschließen; immer noch erschien sie ihm zu lückenhaft, die Masse der beweisenden Tatsachen zu gering, die Kette der Schlussfolgerungen zu unvollständig; immer noch wollte er neues Beweismaterial herbeischaffen, immer mehr von allen Seiten her die Fragen beleuchten und womöglich im Voraus die vielen Einwände gegen seine Schlüsse widerlegen. Er wäre vielleicht nie dazu gekommen, die Schätze seiner Erkenntnis der Welt mitzuteilen, wenn schließlich nicht ein äußerer Anstoß ihn dazu gedrängt hätte. Und so erschien denn erst 1859, nachdem er sein fünfzigstes Lebensjahr vollendet, das epochemachende Hauptwerk über den „Ursprung der Arten", zu welchem alle seine übrigen Schriften nur Ausführungen und Kommentare liefern. Das geschah gerade ein volles Jahrhundert, nachdem Caspar Friedrich Wolff in Deutschland die wahre Entwicklung des Tierkeimes entdeckt, und gerade ein halbes Jahrhundert, nachdem Lamarck in Frankreich die von Darwin bewiesenen Lehrsätze prophetisch aufgestellt hatte.

Die außerordentliche Bescheidenheit und Anspruchslosigkeit, welche Darwin dergestalt in der Veröffentlichung seiner wichtigsten Schriften bewies, offenbarte sich auch allenthalben in seiner ausgebreiteten Korrespondenz und nicht minder im persönlichen Verkehr. Jeder, der das Glück hatte, ihn persönlich kennen zu lernen, musste von ihm mit dem Gefühl der aufrichtigsten Verehrung und der größten Hochschätzung scheiden. Wenn es mir hier gestattet ist, ein paar Worte über meine persönliche Begegnung mit Darwin einzuflechten, so möchte ich diese Erlaubnis vor allem zum Ausdruck der hohen

[8] *Zur Biographie von Charles Darwin* vergl. namentlich W. Preyer im IV. Band des „Kosmos" (März 1879); ferner *Ernst Krause* im XI. Band desselben (VI. Jahrgang, 3. Heft).

Bewunderung benutzen, mit der mich mein dreimaliger Besuch in Down für Darwin als *idealen Menschen* erfüllt hat. Das erste Mal war ich dort im Oktober 1866, als ich eine Reise nach den Kanarischen Inseln unternahm. Ich hatte soeben die „Generelle Morphologie" vollendet, eine Schrift, in der ich den Versuch gewagt hatte, die Wissenschaft von den organischen Formen durch die von Darwin reformierte Deszendenztheorie mechanisch zu begründen. Darwin kannte diesen Versuch durch übersandte Druckbogen und nahm daran umso mehr Interesse, als gerade diese morphologischen Untersuchungen seinen eigenem vorzugsweise experimentellen Studium ziemlich fern lagen. So folgte ich denn mit großer Freude einer Einladung nach Down, die ich während meines kurzen Aufenthaltes in London erhielt.

In Darwins eigenem Wagen, den er mir vorsorglich nach der Eisenbahnstation gesendet hatte, fuhr ich an einem sonnigen Oktobermorgen durch die anmutige Hügellandschaft von Kent, die mit ihren bunten Laubwäldern, dem roten Heidekraut, dem gelben Ginster und den immergrünen Steineichen im schönsten Herbstschmuck prangte. Als der Wagen vor dem freundlichen, mit Efeu umsponnenen und von Ulmen beschatteten Landhaus Darwins hielt, trat mir aus der schattigen, von Schlingpflanzen umrankten Vorhalle der große Forscher selbst entgegen: eine hohe, ehrwürdige Gestalt, mit den breiten Schultern des Atlas, der eine Welt von Gedanken trägt; eine Jupiterstirn, wie bei Goethe, hoch und breit gewölbt, vom Pflug der Gedankenarbeit tief durchfurcht; die freundlichen sanften Augen von einem mächtigen Dach vorspringender Brauen beschattet; der weiche Mund von einem gewaltigen silberweißen Vollbart umrahmt. Der einnehmende herzliche Ausdruck des ganzen Gesichts, die leise und sanfte Stimme, die langsame und bedächtige Aussprache, der natürliche und naive Ideengang seiner Unterhaltung nahmen in der ersten Stunde unseres Zwiegesprächs mein ganzes Herz gefangen, wie sein großes Hauptwerk früher gleich beim ersten Lesen meinen ganzen Verstand im Sturm erobert hatte. Ich glaubte einen hehren Weltweisen des hellenischen Altertums, einen Sokrates oder Aristoteles, lebendig vor mir zu sehen.

Unser Gespräch drehte sich natürlich in erster Linie um den Gegenstand, der uns beiden am meisten am Herzen lag, um die Fortschritte und Aussichten der Entwicklungslehre. Diese Aussichten standen damals, vor sechzehn Jahren, schlecht genug; denn die angesehensten Autoritäten hatten sich meistens gegen die neue Lehre erklärt. Mit rührender Bescheidenheit äußerte Darwin, dass seine ganze Arbeit nur ein schwacher Versuch sei, die Entstehung der Tier- und Pflanzenarten auf natürliche Weise zu erklären, und dass er einen namhaften Erfolg dieses Versuchs nicht erleben werde; denn der Berg von entgegenstehenden Vorurteilen sei zu hoch. Ich selbst, meinte er, habe sein geringes Verdienst allzu sehr überschätzt, und das hohe Lob, welches ich in der „Generellen Morphologie" ihm gespendet, sei gar sehr übertrieben. Weiterhin lenkte sich unser Gespräch auf die zahlreichen und heftigen Angriffe gegen sein Werk, die damals noch ganz die Oberhand hatten.

Bei vielen dieser armseligen Machwerke wusste man in der Tat nicht, ob man mehr den Mangel an Verstand und Urteil bejammern sollte, der sich darin entblößte, oder mehr Entrüstung über den Hochmut und die Anmaßung empfinden, mit der jene miserablen Skribenten Darwins Ideen verhöhnten und seinen Charakter besudelten. Ich hatte dem gerechten Zorn über diese verächtliche Sippschaft schon damals, wie auch wiederholt später, entsprechenden Ausdruck verliehen. Darwin lächelte darüber und suchte mich zu beruhigen mit den Worten: „Mein lieber junger Freund, glauben Sie mir, mit solchen armen Leuten muss man Mitleid und Nachsicht haben; den Strom der Wahrheit können sie nur vorübergehend aufhalten, aber niemals dauernd hemmen."

Bei meinen späteren beiden Besuchen in Down, 1876 und 1879, hatte ich das Vergnügen, Darwin von den gewaltigen Fortschritten erzählen zu können, welche seine Lehre inzwischen in Deutschland gemacht hatte. Der entscheidende Durchbruch derselben geschah hier bei uns rascher und vollständiger als in England selbst, hauptsächlich weil die Macht der sozialen und religiösen Vorurteile bei uns lange nicht so bedeutend ist wie bei unseren besser situierten Stammverwandten jenseits des Kanals. Darwin wusste das wohl, wie er überhaupt, trotz seiner mangelhaften, oft von ihm beklagten Kenntnis unserer Sprache und Literatur, doch vor den Geistesschätzen unserer Nation die größte Hochachtung besaß. Da Darwin in dem grundlegenden 1859 erschienenen Hauptwerk nichts von den anthropologischen Konsequenzen desselben gesagt hatte und bis zum Jahre 1871 darüber mit weiser Zurückhaltung schwieg, so war es für mich von höchstem Interesse, schon bei meinem ersten Besuch 1866 ausführlich mit ihm darüber zu sprechen. Wie vorauszusehen, zögerte der große Denker nicht im mindesten, die Ausdehnung seiner Abstammungslehre auf den Menschen als notwendig anzuerkennen. Es war daher für mich die größte Genugtuung, als ich ihm die ersten damals entworfenen Stammbaumtafeln erläutern durfte und in allen wesentlichen Punkten seine Zustimmung erhielt. Obgleich das spezielle Studium der vergleichenden Anatomie und Ontogenie, auf das ich meine phylogenetischen Entwürfe stützte, Darwin fernlag, so erkannte er doch deren Bedeutung vollständig an. So hat er denn auch in dem berühmten zweibändigen Werk über „die Abstammung des Menschen und die geschlechtliche Zuchtwahl", 1871, sich in allen Hauptpunkten mit mir einverstanden erklärt und die stammesgeschichtliche Bedeutung der zahlreichen tierischen Erbstücke, die wir in unserem menschlichen Wirbeltierorganismus besitzen, ausführlich hervorgehoben.)

Wenn man die ungeheure Masse von Tatsachen überblickt, welche Darwin in diesem und anderen Werken mit ebenso viel Vorsicht als Kühnheit zur Stütze seiner Ideen verknüpft hat; wenn man die zahllosen Beobachtungen und Versuche anschaut, die er selbst zu deren Begründung angestellt hat, so erstaunt man über die Kraft des Riesengeistes, der eine solche Fülle von Wissen und Können, von empirischen Kenntnissen und philosophischen Erkenntnissen in den winzigen Spielraum eines einzigen Menschenlebens zusammengedrängt hat. Unwillkürlich fragt man, welche seltene Konstellation von glücklichen Verhältnissen eine solche außerordentliche Leistung und einen entsprechenden Erfolg überhaupt möglich gemacht habe?

Da ist denn allerdings zuzugestehen, dass bei Darwin Verdienst und Glück sich gleichmäßig verketteten, und dass eine seltene Gunst des Schicksals ihm die volle Durchführung seiner großen Lebensaufgabe ermöglichte. Frei von den Sorgen und Plagen des alltäglichen Lebens, im sicheren Genuss einer behaglichen Häuslichkeit und eines glücklichen Familienlebens, ungestört durch Berufsgeschäfte und Amtspflichten, konnte er sich ein halbes Jahrhundert hindurch ganz seinen Lieblingsstudien hingeben. Wenn ihn die Isolierung auf seinem stillen Landsitz von dem lauten Marktgetreibe der Wissenschaft abschloss, das in großen Städten die besten Kräfte verzehrt, so gewann er dadurch andererseits umso mehr für die innere Sammlung und Harmonie seiner reichen Gedankenwelt. Nichts ist nach unserer Ansicht der tieferen und ernsteren wissenschaftlichen Arbeit so schädlich, wie das Schulgezänk unserer großen Universitäten und das Parteitreiben der wissenschaftlichen Akademien. Von diesem ebenso wie von allen Ehrenämtern und sonstigen störenden Einflüssen des äußeren Lebens hat sich Darwin zeitlebens ferngehalten, und er tat weise daran!

Wenn so der große Forscher seinen beispiellosen Erfolg in erster Linie sich selbst und seinen edlen Gaben verdankt, so ist andererseits doch auch zu berücksichtigen, dass ihm die Gunst der wissenschaftlichen Zeitverhältnisse in hohem Maß fördernd entgegenkam. Seit dem Scheitern der älteren Naturphilosophie im Anfang unseres Jahrhunderts, seitdem Goethe und Kant in Deutschland, Lamarck und Geoffroy in Frankreich vergeblich auf die natürliche Entwicklung der organischen Welt hingewiesen hatten, gelangte allenthalben eine streng empirische Richtung in der Biologie zur Geltung. Diese suchte ihre Aufgabe in der genauesten Erforschung aller einzelnen Formen und Erscheinungen des Tier- und Pflanzenlebens, während sie auf die einheitliche Erklärung des Ganzen und insbesondere auf die Beantwortung des Schöpfungsproblems verzichtete. Die Begründung der Keimesgeschichte durch Baer, der vergleichenden Anatomie und Paläontologie durch Cuvier, die Reform der Physiologie durch Johannes Müller, die Aufstellung der Zellentheorie und Gewebelehre durch Schleiden und Schwann hatten großartige neue Schächte der Naturforschung geöffnet, aus deren Tiefen das Gold der Tatsachen in überraschender Fülle durch zahlreiche wissensdurstige Arbeiter zutage gefördert wurde. In dem kurzen Zeitraum eines halben Jahrhunderts entstand eine ganze Reihe von neuen Wissenschaften.

Je mehr sich aber von Jahr zu Jahr die Zahl der neuen Entdeckungen häufte, je gewaltiger die Literatur anschwoll, desto verworrener wurde das Chaos der allgemeinen Naturanschauung, und desto mehr machte sich bei denkenden Forschern das Bedürfnis geltend, über die erstickende Fülle der Einzelerfahrungen hinaus zu einheitlichen allgemeinen Gesichtspunkten und zur Erkenntnis der wahren Ursachen zu gelangen. Diesem Bedürfnis nun kam die neue Entwicklungslehre willkommen entgegen. Zwar hatte schon 1809, im Geburtsjahre Darwins, Lamarck ganz klar gezeigt, dass die Ähnlichkeit der organisierten Formen durch ihre gemeinsame Abstammung, ihre Verschiedenheit hingegen durch ihre Anpassung an die Existenzbedingungen zu erklären sei. Allein es fehlte ihm noch die Erkenntnis der bewirkenden Ursachen, welche Darwin erst fünfzig Jahre später in seiner Selektionstheorie enthüllte.

Es widerspricht daher vollkommen den historischen Tatsachen und zeugt von gründlicher Unbekanntschaft mit der Geschichte der Biologie, wenn noch jetzt einzelne Gegner des Darwinismus ihn für eine vage Hypothese erklären, für welche erst noch die *Beweise* zu suchen seien. In Wirklichkeit verhält es sich gerade umgekehrt. Die tatsächlichen Beweise für die gemeinsame Abstammung der mannigfaltigen Lebensformen waren längst vorhanden, ehe dieselbe durch Darwin zu einer klaren wissenschaftlichen Theorie formuliert wurde. Sogar zahlreiche physiologische *Experimente* waren schon lange vorher zu ihren Gunsten ausgeführt. Denn die gesamten Resultate unserer Gartenkunst und Tierzucht, die Masse von neuen Lebensformen, welche der Kulturmensch künstlich für seinen Nutzen und Gebrauch hervorgebracht, sind ebenso viele experimentelle Beweise für die Selektionstheorie. Und was den„Kampf ums Dasein" betrifft, das wesentlichste Element des Darwinismus, so braucht man dafür doch wahrlich keine besonderen Beweise; denn die ganze Geschichte der Menschheit ist in der Tat nichts anderes!

Unsere ganze Wissenschaft von der lebendigen Natur, die wir mit einem Wort *Biologie* nennen, war demnach für die Aufnahme der befruchtenden Ideen Darwins vollkommen vorbereitet, und hieraus erklärt sich zum großen Teil ihre außerordentliche Wirkung, während die ähnlichen Theorien seiner Vorgänger verfrüht waren und wirkungslos verhallten. Die hohen Verdienste dieser Vorgänger hat Darwin selbst mit seinem edlen Gerechtigkeitssinn jederzeit anerkannt. Es geschieht daher durchaus nicht im Sinn des großen Forschers, wenn gegenwärtig einige übereifrige Jünger desselben (besonders in England) bestrebt sind, ihn als alleinigen Begründer der ganzen Entwicklungslehre zu feiern, als ob diese mit einem Mal fertig aus seinem Denkerhaupte entsprungen sei, wie eine gewappnete Minerva aus der Stirn des Jupiter. Wir glauben im Gegenteil ganz im Sinne unseres verewigten Meisters und Freundes zu handeln, wenn wir hier auch seiner großen Vorgänger ehrend gedenken. Der Glanz seines Namens kann nur gewinnen, wenn wir sehen, dass er in den wichtigsten Grundsätzen seiner Naturanschauung eins war mit einer auserwählten Anzahl der größten Geister, welche die Kulturgeschichte der Menschheit kennt.

Nicht weniger als fünfundzwanzig Jahrhunderte, bis in die graue Vorzeit des klassischen Altertums, haben wir zurückzugehen, um die ersten Keime einer Naturphilosophie zu finden, welche mit klarem Bewusstsein Darwins Ziel verfolgte: *natürliche Ursachen* für die Erscheinungen der Natur nachzuweisen und dadurch den Glauben an übernatürliche Kausalität, den Glauben an Wunder zu verdrängen. Die Gründer der griechischen Naturphilosophie im siebten und sechsten Jahrhundert vor Christus waren es, die zuerst diesen wahren Grundstein der Erkenntnis legten und einen natürlichen gemeinsamen Urgrund aller Dinge zu erkennen suchten. Dieses bewusste Streben nach absoluter Kausalität, nach einheitlicher Erkenntnis einer gemeinsamen Weltursache erscheint umso bewunderungswürdiger, als von eigentlicher empirischer Naturforschung damals noch keine Rede war.[9]

Vielleicht der bedeutendste unter diesen ionischen Naturphilosophen war *Anaximander*. Er nimmt an, dass aus dem unendlichen Stoff durch ewige Kreisbewegung, als Verdichtung der Luft, zahllose Weltkörper entstanden seien, und dass auch die Erde, als einer dieser Weltkörper, aus einem ursprünglich luftförmigen und später flüssigen Zustand hervorgegangen sei. Er antizipierte also den heute noch gültigen Grundgedanken über natürliche Weltentwicklung, welchen erst 2400 Jahre später, 1755, unser größter deutscher Philosoph, Immanuel Kant, in seiner „allgemeinen Naturgeschichte und Theorie des Himmels“ zur allgemeinen Geltung brachte. Wie Anaximander hier im kosmologischen Gebiet als Vorläufer von Kant und Laplace erscheint, so tritt er gleichzeitig auch im biologischen Gebiet als Prophet von Lamarck und Darwin auf. Denn die ältesten lebenden Wesen unseres Erdballs sind nach ihm durch die Wirkung der Sonne im Wasser entstanden; aus diesen haben sich erst später die landbewohnenden Pflanzen und Tiere entwickelt, die das Wasser verließen und sich dem Leben auf dem trockenen Lande anpassten; auch der Mensch selbst hat sich allmählich erst aus tierischen Organismen entwickelt, und zwar aus fischartigen Wassertieren.

Finden wir hier schon einige der wichtigsten Grundgedanken unserer heutigen Entwicklungslehre überraschend klar ausgesprochen, so tritt uns diese als Ganzes noch deutlicher ein Jahrhundert später bei *Heraklit* aus Ephesus entgegen. Er stellte zuerst den Satz auf, dass ein großer, ununterbrochener Entwicklungsprozess das ganze Weltall beherrsche; dass alle Formen in ewigem Fluss begriffen und „der Kampf der Vater aller Dinge“ sei. Da nirgends in der Welt absolute Ruhe sich findet, da aller Stillstand nur scheinbar ist, so muss ein ewiger Wechsel des Stoffes, eine beständige Veränderung der Form überall angenommen werden. Das ist aber nur dadurch möglich, dass eine Form die andere verdrängt und das Neue gewaltsam an die Stelle des Alten tritt: der allgemeine „*Kampf ums Dasein*“.

War hier bereits von Heraklit die *ewige Bewegung* im Kampf aller Dinge als das treibende Grundprinzip der Welt aufgestellt, so fand diese Naturanschauung eine weit tiefere Begründung wenig später bei Empedokles von Agrigent in Sizilien. Auch er nimmt einen ununterbrochenen Wechsel der

[9] *Über die griechische Naturphilosophie in ihrem Verhältnis zum* Darwinismus vergl. besonders Fritz Schultze im II. Bande des „Kosmos“ (1877), sowie in seinem Werk: „Philosophie der Naturwissenschaft“ (Bd. I, 1881). Vergl. ferner: Eduard Zeller: Ueber die griechischen Vorgänger Darwin's (in den Abhandl. der Berliner Akademie von 1878).

Erscheinungen an, findet aber die allgemeine Grundursache des ewigen allgemeinen Kampfes in den beiden widerstreitenden Prinzipien des Hasses und der Liebe; – oder, wie unsere heutige Physik sagt, der Anziehung und Abstoßung der Teile. Wie durch Liebe die Mischung der Körper, so wird durch Hass deren Trennung bewirkt. Wenn wir heute Anziehung und Abstoßung der Atome als letzte Gründe aller Erscheinungen betrachten, so finden wir diese Grundvorstellung unserer heutigen Atomistik hier schon antizipiert. Noch merkwürdiger aber ist es, dass Empedokles auch die zweckmäßige Form der Organismen durch zufälliges Zusammentreffen der widerstreitenden Kräfte, also zwecklos entstehen lässt. Aus diesem großen Kampf sind die jetzt existierenden Lebensformen deshalb siegreich hervorgegangen, weil sie für denselben am zweckmäßigsten eingerichtet und demnach am lebensfähigsten waren. Hier ist nicht allein der Grundgedanke von Darwins Selektionstheorie vorweggenommen, sondern auch die Lösung des großen Rätsels angedeutet, dessen Beantwortung wir dem letzteren zum höchsten philosophischen Verdienst anrechnen; des Rätsels: „Wie können die zweckmäßig eingerichteten Formen der Organismen rein mechanisch, ohne Mitwirkung einer zwecktätigen Endursache entstehen?“

Unter allen großen Philosophen des klassischen Altertums sind es wohl die drei genannten, Anaximander, Heraklit und Empedokles, bei denen wir die wichtigsten Elemente unserer heutigen monistischen Naturanschauung am klarsten ausgesprochen treffen. Außerdem finden wir jedoch auch bei anderen Zeitgenossen oft ähnliche Entwicklungsgedanken wieder, so bei Thales, Anaximenes, Demokritus, Aristoteles, Epikur, Lucretius usw. Doch wurden diese verschiedenen Anläufe zu einer genetischen Naturanschauung bald um o mehr in den Hintergrund gedrängt, je mehr sich auf ihre Kosten eine ganz entgegengesetzte Weltauffassung entwickelte, die von den Sophisten ausgehende„Philosophie der Begriffe“, welche in *Plato* ihren Mittelpunkt fand.

Hatten jene naiven Empiriker der ionischen Philosophie die Gesamtheit der Welt aus *natürlichen* Ursachen durch mechanische Prozesse zu erklären versucht, so setzte nunmehr die platonische Schule an deren Stelle die *übernatürlichen* Ursachen in Gestalt teleologischer Ideen. So entwickelte sich eine Richtung des Denkens und Forschens, welche vom objektiven Naturerkennen abgewendet, vielmehr das subjektive Wesen des Menschen in den Vordergrund der Betrachtungen stellte, und welche während eines Zeitraumes von mehr als zwei Jahrtausenden in gesteigertem Maße ihren unheilvollen Einfluss ausübte. In völligem Widerspruch zu der *Einheit der Natur*, die durch den Kausalzusammenhang ihrer Erscheinungen überall bewiesen wird, entwickelte sich mächtig der durch *Plato* erfundene *Dualismus*, ein schroffer Gegensatz zwischen Gott und Welt, zwischen Idee und Materie, zwischen Kraft und Stoff, zwischen Seele und Körper. Die zahllosen Formen der organischen Natur, die wir als Tier- und Pflanzenarten unterscheiden, erschienen nun nicht mehr als verschiedene Entwicklungsstufen gemeinsamer Stammformen, sondern als Verkörperungen von ebenso vielen eingeborenen, ewigen und unveränderlichen„Ideen“, als *konstante Spezies*, oder, wie Agassiz, Darwins größter Gegner, sagte, als: „Verkörperte Schöpfungsgedanken Gottes“.

Dieser *Platonismus* fand seine stärkste Stütze in den entgegenkommenden Dogmen des Christentums, welches Abwendung von der Natur predigte. Noch mehr begünstigte beide der zunehmende Verfall der Wissenschaften, welcher auf die tragische Zerstörung des edlen Hellenentums folgte. In der ganzen langen Geistesnacht des christlichen Mittelalters gab es keinen selbständigen Anlauf zu einer monistischen Naturanschauung auf Grund empirischer Forschung. Allerdings fehlte es nicht an derartigen Anläufen auf dem Gebiet der reinen Spekulation. Insbesondere sind die pantheistischen Systeme von *Giordano Bruno* und von *Benedictus Spinoza* im sechzehnten und siebzehnten Jahrhundert bewunderungswürdige Versuche, zu einer einheitlichen und natürlichen Weltauffassung zu gelangen. Allein diese pantheistischen Kosmologien, welche in allen materiellen Dingen eine bewegende Weltseele in untrennbarer Einheit annehmen, waren doch vorzugsweise auf das Gebiet der Sittenlehre, der praktischen Philosophie berechnet und entbehrten allzu sehr der erfahrungsmäßigen Begründung durch die unmittelbare Naturbeobachtung; eine solche gab es eben damals noch nicht. Vielmehr war das ganze Sinnen und Trachten der meisten Denker jenes Zeitraumes von der Natur abgewandt und lediglich auf den Menschen gerichtet, den man als außerhalb und über der Natur stehend ansah. Es vermochten daher auch jene monistischen Systeme zu keiner Geltung gegenüber dem allmächtigen Dualismus zu gelangen, der durch den Platonismus und das Christentum zur allgemeinen Herrschaft gelangt war.

Erst viel später, erst um die Mitte des vorigen Jahrhunderts, trat endlich die naturgemäße Reaktion gegen jene dualistische Weltauffassung ein. Man wandte sich endlich wieder dem wahren Urquell aller Erkenntnis, der Natur selbst zu; und vor allem brach für die Kenntnis der lebendigen Naturkörper, für die man seit zwei Jahrtausenden fast allein aus den Schriften des Aristoteles geschöpft hatte, eine neue Ära selbständiger Beobachtung an. Die äußere Form und der innere Bau der Pflanzen und Tiere, ihre Lebenserscheinungen und ihre Entwicklung wurden jetzt zum ersten Mal Gegenstand eifriger und ausgedehnter Untersuchungen zahlreicher Forscher. Die Fülle interessanter Tatsachen, welche dieser Quell der natürlichen Offenbarung spendete, musste aber naturgemäß auch die Frage nach den bewirkenden Ursachen wieder anregen, und alsbald bricht sich auch zu deren Beantwortung die Idee der natürlichen Entwicklung wiederum Bahn.

Die sogenannte Schule der *„älteren Naturphilosophie“* gegen Ende des vorigen und im Beginn unseres Jahrhunderts tritt zunächst als Bannerträger dieser Idee wieder auf, gleichzeitig in Deutschland und in Frankreich. Aber auch unabhängig von dieser Schule sehen wir von derselben Idee eine Anzahl der größten Denker und Dichter unserer klassischen Literaturperiode bewegt; vor allem Goethe, Lessing[10], Herder[11], Kant[12]; später Schelling, Oken und Treviranus; in Frankreich Lamarck, Geoffroy St. Hilaire und Blainville; in England Erasmus Darwin[13], den Großvater unseres Reformators, der nach den Gesetzen der latenten Vererbung eine ganze Reihe von charakteristischen Geisteszügen auf seinen Enkel übertrug. Unsere Zeit gestattet es uns heute nicht, den verschiedenen Ausdruck des Entwicklungsgedankens in diesen hervorragenden Denkern vergleichend zu verfolgen; zudem ist vieles darüber schon allbekannt. Nur auf die Naturanschauung von zweien der hervorragendsten Geister wollen wir hier noch eingehen, auf Goethe und Lamarck, weil sie nach unserer Überzeugung unter allen Vorgängern Darwins die bedeutendsten sind.

Die Bedeutung von *Goethe als Naturforscher* ist in neuerer Zeit so oft und so eingehend von mehreren unserer angesehensten Biologen hervorgehoben worden, dass wir auch davon das meiste als allbekannt voraussetzen dürfen. Wir wollen daher nur jenen Punkt derselben hier beleuchten, welcher für uns heute von besonderem Interesse und zugleich sehr verschieden aufgefasst worden ist; die Frage, inwieweit die *allgemeine Naturanschauung* unseres größten Dichters mit derjenigen Darwins zusammenfällt? Ich hatte schon 1866 in meiner *Generellen Morphologie* Goethe und Lamarck geradezu neben Darwin als Begründer der Deszendenztheorie bezeichnet und zum Beweis dafür eine große Anzahl besonders merkwürdiger Stellen aus ihren Schriften zusammengestellt. Die Zahl derselben ist später noch von anderen vermehrt worden.[14] Übrigens kommt es bei einem universellen Genius wie Goethe viel weniger auf die Zahl und Form der einzelnen Stellen an, in denen er seine Ansicht von der „Bildung und Umbildung organischer Naturen" kundgibt, als vielmehr auf den ganzen Geist seiner großartigen, durch und durch *einheitlichen* Naturanschauung; und über diese kann jetzt wohl für alle diejenigen, die überhaupt Goethe kennen und begreifen, kein Zweifel mehr sein. Zum Überfluss hat er in dem kostbaren Vermächtnis, das „*Gott und Welt*"

[10] „*Lessing's Kosmologie* gipfelt in der Lehre von einem *Gesetze der Entwickelung*, welches die gesammte Natur beherrscht und welches zu der Idee einer Stufenreihe der Weltwesen führt." J. H. Witte, *Die Philosophie unserer Dichter-Heroen* (Bonn 1880, *p.* 50).

[11] Friedrich von Baerenbach, *Herder als Vorgänger Darwins und der modernen Naturphilosophie.* Beiträge zur Geschichte der Entwickelungslehre im 18. Jahrhundert. Berlin 1877.

[12] Fritz Schultze, *Kant und Darwin.* Ein Beitrag zur Geschichte der Entwickelungslehre. Jena 1875.

[13] *Erasmus Darwin und seine Stellung in der Geschichte der Descendenz-Theorie*, von Ernst Krause. Mit seinem Lebens- und Character-Bilde von Charles Darwin. Nebst Portrait. Leipzig 1880.

[14] *Transformistische Aussprüche von Goethe* hat neuerdings Dr. S. Kalischer in größerer Zahl zusammengestellt und treffend beleuchtet in seinem Aufsatz über *Goethe und Darwin* (in der Berliner Zeitschrift „Wage", 1876, Nr. 11 und 12). Ich stimme der hier gegebenen Darstellung vollständig bei.

betitelt ist, uns eine Sammlung von Bekenntnissen hinterlassen, die ebenso vollendet schön in ihrer Form als bedeutungsvoll in ihrem Inhalt sind.

Gleich das Vorwort zu diesen Bekenntnissen, das Proömium, drückt den monistischen Grundgedanken von Goethes allgemeiner Naturanschauung, die *untrennbare Einheit von Natur und Gott* in einer Form aus, die keinen Zweifel übriglässt:

Was wär ein Gott, der nur von außen stieße,
Im Kreis das All am Finger laufen ließe!
Ihm ziemt's, die Welt im Innern zu bewegen,
Natur in Sich; Sich in Natur zu hegen,
So dass, was in Ihm lebt und webt und ist,
Nie Seine Kraft, nie Seinen Geist vermisst!

Nehmen wir dazu nun die wundervollen folgenden Dichtungen, die „Weltseele, Eins und alles, Vermächtnis, Parabase, Epirrhema" usw.; nehmen wir dazu sein ausgesprochenes Bekenntnis zur Lehre Spinozas, so können wir irgendeinen wesentlichen Unterschied von unserer heutigen, durch Darwin neu begründeten monistischen Weltauffassung in der Tat nicht finden. Und wie hoch Goethe selbst diese anschlägt, zeigt seine Frage:

Was kann der Mensch im Leben mehr gewinnen,
Als dass sich Gott-Natur ihm offenbare,
Wie sie das Feste lässt zu Geist verrinnen,
Wie sie das Geisterzeugte fest bewahre!

Dass sich unser großer Dichterfürst demnach die ganze Welt nur als einen *einheitlichen Entwicklungsprozess* im Sinne der hellenischen Naturphilosophie dachte, beweisen u. a. auch die Dialoge zwischen Thales und Anaxagoras in der klassischen Walpurgisnacht, besonders aber der Nachdruck, mit welchem er in der Geologie an der Theorie einer allmählichen und ununterbrochenen Entwicklung unseres Planeten und seiner Gebirge festhielt. Von Anfang an war er der entschiedenste Gegner der Irrlehre von den wiederholten gewaltsamen Revolutionen unseres Erdballs, die im Anfange unseres Jahrhunderts sich entwickelt und besonders durch Cuvier zu allgemeiner Geltung gelangte. „Das Gewaltsame, Sprunghafte in dieser Lehre", sagte er,„ist mir in der Seele zuwider, denn es ist nicht naturgemäß. Die Sache mag sein, wie sie will, so muss geschrieben stehen: dass ich diese vermaledeite Polterkammer der neuen Weltschöpfung verfluche! Und es wird gewiss irgendein junger Mann aufstehen, der sich diesem allgemeinen verrückten Konsens zu widersetzen Mut hat!" Nur wenige Jahre verflossen, bis diese Zuversicht sich erfüllte. Denn schon 1830 erschien Darwins ebenbürtiger Landsmann, der große Geologe Charles Lyell, und gab uns seine Kontinuitätstheorie, die heute allgemein angenommene Lehre von der allmählichen und ununterbrochenen Entwicklung der Erde aus natürlichen Ursachen; eine mechanische geologische Theorie, die ganz im Sinne Goethes alle gewaltsamen Erdrevolutionen aus übernatürlichen Ursachen ausschloss.

Offenbart sich hier schon auf geologischem Gebiet Goethe als ganz entschiedener Anhänger einer monistischen Entwicklungsidee, so gilt das noch in weit höherem Maße auf dem biologischen Gebiet. Denn die Erkenntnis „des Lebendigen, dieses köstlichen, herrlichen Dinges“, war ja sein eigenstes Lieblingsstudium; hier hat er namentlich in der *Morphologie*, der von ihm tief erfassten „Gestaltenlehre“, Blicke in das innere Werden und Entstehen der organischen Formen getan, wie sie so tief und klar nur ein Genius tun konnte, der gleichzeitig Denker und Künstler, Naturforscher und Philosoph ist.

Unter den vielen interessanten Beiträgen, welche Goethe zur Morphologie geliefert hat, ist der wertvollste und am meisten ausgearbeitete die 1790 erschienene *Metamorphose der Pflanzen*. In diesem reifen Produkt seiner vieljährigen botanischen Studien, das ihn auf der Reise nach Italien angelegentlichst beschäftigte, leitet er bekanntlich den ganzen Formenreichtum der Pflanzenwelt von einer einzigen Urpflanze ab und lässt alle die verschiedenen Organe derselben durch mannigfache Umbildung und Ausbildung eines einzigen Grundorgans entstehen, des Blattes. Damit geschah tatsächlich der erste Versuch, die unendliche Vielheit der einzelnen vegetabilischen Formen auf eine gemeinsame ursprüngliche Einheit genetisch zurückzuführen:

Alle Gestalten sind ähnlich, doch keine gleichet der andern;
Und so deutet das Chor auf ein geheimes Gesetz!

Dieses „geheime Gesetz“, dieses „heilige Rätsel“ ist die gemeinsame Abstammung aller Pflanzen von jener Urpflanze, während ihre speziellen Unterschiede durch Anpassung an die verschiedenen Umstände ihrer Existenzbedingungen bewirkt werden. Wie hier in der „Metamorphose der Pflanzen“, so sucht Goethe gleicherweise auch in der „Metamorphose der Tiere“ nach dem gemeinsamen Typus oder Urbild, aus dem alle verwandten Formen durch divergente Entwicklung hervorgegangen sind:

Alle Glieder bilden sich aus nach ew‘gen Gesetzen,
Und die seltenste Form bewahrt im geheimen das Urbild.
Also bestimmt die Gestalt die Lebensweise des Tieres,
Und die Weise zu leben, sie wirkt auf alle Gestalten Mächtig zurück.
So zeiget sich fest die geordnete Bildung,
Welche zum Wechsel sich neigt durch äußerlich wirkende Wesen.

Wie sich aus zahlreichen anderen Stellen seiner morphologischen Studien über „Bildung und Umbildung organischer Naturen“ klar ergibt, war jenes „Urbild“ oder der „Typus“ die „innere ursprüngliche Gemeinschaft, welche allen organischen Formen zugrunde liegt und die ursprüngliche Bildungsrichtung durch *Vererbung* fortpflanzt“. Hingegen ist die„unaufhaltsam fortschreitende Umbildung, welche aus den notwendigen Beziehungsverhältnissen zur Außenwelt entspringt“, nichts anderes als die *Anpassung* an die äußeren Existenzbedingungen. Diese letztere ist die zentrifugale Bildungskraft der „*Metamorphose*“, jene erstere hingegen die zentripetale Bildungskraft der „*Spezifikation*“. Die klare Erkenntnis dieser beiden entgegenwirkenden und im Gegengewicht befindlichen Bildungstriebe schätzt der Dichter so hoch, dass er sie begeistert als den „*höchsten Gedanken*“ preist, zu dem die schaffende Natur sich aufschwang.

Dasjenige Gebiet der tierischen Morphologie, auf welchem sich Goethe mit besonderer Vorliebe jahrelang bewegte, war die vergleichende Osteologie, die Skelettlehre der Wirbeltiere. Das erklärt sich daraus, dass vielleicht nirgends so wie hier die Wirkung jenes höchsten Naturgedankens, der mannigfaltigen Entwicklung aus einer einzigen typischen Grundform, uns auf das Überzeugendste entgegentritt; daher ist auch bis auf den heutigen Tag die vergleichende Skelettlehre das bevorzugte Lieblingsgebiet der Morphologen geblieben. Indem Goethe hier die Einheit der Wirbelbildung in den verschiedenen Abteilungen der Wirbeltiere nachwies, und indem er ferner in seiner berühmten Schädeltheorie die Zusammensetzung des Schädels aus einer Reihe von umgebildeten Wirbeln demonstrierte, gelangte er schon 1796 zu folgendem merkwürdigen Ausspruch: „Dies also hätten wir gewonnen, ungescheut behaupten zu dürfen, dass alle vollkommeneren organischen Naturen, – worunter wir Fische, Amphibien, Vögel, *Säugetiere und an der Spitze der letzteren den Menschen* sehen, alle nach einem Urbild geformt seien, das nur in seinen sehr beständigen Teilen mehr oder weniger hin und her weicht und sich noch täglich durch Fortpflanzung aus- und umbildet.“

Einige unserer Gegner haben eingewendet, dass diese und ähnliche Stellen von Goethe keine„wissenschaftlichen Wahrheiten, sondern poetisch-rhetorische Floskeln und Gleichnisse“ enthalten; jener Typus sei nur ein „ideales Urbild“, keine reale Stammform. Uns will scheinen, dass dieser Einwand wenig Verständnis des größten deutschen Genius verrät. Wer die durchaus gegenständliche Denkweise von Goethe kennt, seine durch und durch lebendige und realistische Naturanschauung würdigt, der wird mit uns nicht länger im Zweifel sein, dass es sich bei jenem Typus um eine ganz reale Abstammung der verwandten Organismen von einer gemeinsamen Stammform handelt. Dass der große Menschenkenner dabei auch den Menschen nicht aus der Entwicklungsreihe der übrigen Wirbeltiere ausschloss, zeigt besonders klar seine Vergleichung des menschlichen Schädels mit demjenigen niederer Säugetiere. Er bezeichnet hier ausdrücklich mehrere Stellen am menschlichen Schädel als Reste des tierischen Schädels, „die sich bei solcher geringen Organisation in stärkerem Maße finden, und die sich beim Menschen, trotz seiner Höhe, noch nicht ganz verloren haben“. Nicht weniger zeugt dafür die berühmte Entdeckung des Zwischenkiefers. Da der Mensch Schneidezähne gleich den anderen Säugetieren besitzt, schloss Goethe, dass auch der Zwischenkieferknochen, in dem sie bei letzteren wurzeln, beim Menschen ebenso vorhanden sein müsse; und er wies durch die sorgfältigste anatomische Untersuchung denselben in der Tat nach, obgleich er von den angesehensten anatomischen Autoritäten bestritten wurde.

Sehr merkwürdig ist ferner in dieser Hinsicht die Zustimmung, welche Goethe zu der bezüglichen Ansicht Kants in seiner „Kritik der Urteilskraft" ausspricht, einem Werk, dessen „große Hauptgedanken seinem eigenen bisherigen Schaffen, Tun und Denken ganz analog waren". Der große Königsberger Philosoph hatte die Abstammung aller organischen Wesen von einer gemeinschaftlichen Urmutter (vom Menschen bis zum Polypen herunter) für eine Hypothese erklärt, welche allein in Übereinstimmung sei mit dem Prinzip des *Mechanismus der Natur, ohne das es überhaupt keine Naturwissenschaft geben kann*; er hatte aber diese Deszendenzhypothese zugleich „ein gewagtes Abenteuer der Vernunft" genannt. Hierzu bemerkt nun Goethe: „Hatte ich doch erst unbewusst und aus innerem Trieb auf jenes Urbildliche, Typische rastlos gedrungen, war es mir sogar geglückt, eine naturgemäße Darstellung aufzubauen, so konnte mich nunmehr nichts weiter verhindern, das *Abenteuer der Vernunft*, wie es der Alte vom Königsberg selbst nennt, mutig zu bestehen."

Höchst bezeichnend endlich für das ganz außerordentliche Interesse, mit welchem Goethe diese Umbildungstheorie bis zu seinem Lebensende verfolgte, ist seine bekannte Teilnahme an dem Streit zwischen Geoffroy St. Hilaire und Cuvier. „Dieses Ereignis ist für mich von ganz unglaublichem Wert", ruft der 81 jährige Greis mit jugendlichem Feuer; „und ich juble mit Recht über den endlich erlebten allgemeinen Sieg einer Sache, *der ich mein Leben gewidmet habe*, und die ganz vorzüglich auch die meinige ist." Die lebendige Darstellung dieses bedeutungsvollen Kampfes, die Goethe erst wenige Tage vor seinem Tod im März 1832 vollendete, ist das letzte schriftliche Vermächtnis, das der größte Dichter und Denker der Deutschen Nation hinterlassen hat, und auch von diesem großen Geisteskampf gilt sein letztes Wort: „Mehr Licht!"

In hohem Maß zu bedauern ist es, dass Goethe die höchst bedeutende 1809 erschienene *Philosophie Zoologique* von Lamarck ganz unbekannt blieb. Denn gerade in der Entwicklungslehre dieses ganz anders gefügten und streng systematisch verfassten Werkes würde er vieles gefunden haben, was ihm fehlte; vieles, was ihm die vollkommenste Ergänzung für seine eigenen unvollständigen Studien geliefert hätte. In Bezug sowohl auf die einheitliche und vollständige Durchführung der Entwicklungsidee als auf deren vielseitige empirische Begründung ist das große Werk von *Jean Lamarck* weit bedeutender als die ähnlichen Versuche aller seiner Zeitgenossen, insbesondere als das gleichnamige Werk von Geoffroy St. Hilaire. Wenn man bedenkt, mit welchem außerordentlichen Interesse Goethe das letztere aufnahm, so darf man schließen, dass er dem ideenreichen Werk von Lamarck noch viel eingehendere Teilnahme geschenkt haben würde. Wir müssen es als eine wahrhaft tragische Tatsache ansehen, dass die *Philosophie Zoologique* von Lamarck, eines der größten Erzeugnisse der großen Literaturperiode im Anfange unseres Jahrhunderts, von Anbeginn an nur eine äußerst geringe Beachtung fand und binnen wenigen Jahren ganz vergessen wurde. Erst als Darwin volle fünfzig Jahre später dem darin begründeten Transformismus neues Leben einhauchte, wurde der vergrabene Schatz wieder gefunden, und wir können jetzt nicht umhin, ihn als die vollkommenste Darstellung der Entwicklungstheorie vor Darwin zu bezeichnen. Ja, es erscheint uns als die notwendige Sühne einer großen historischen Ungerechtigkeit, wenn wir heute hier abermals (wie schon vor sechzehn Jahren in der *Generellen Morphologie* geschehen) den großen Franzosen neben den größeren Briten und den größten Deutschen stellen. Jede der drei großen Kulturnationen von Mitteleuropa hat der Menschheit im Laufe eines Jahrhunderts einen Geisteshelden ersten Ranges geschenkt, der den Grundgedanken der einheitlichen Weltentwicklung aus natürlichen Ursachen in seiner ganzen Bedeutung erfasste.

Es würde viel zu weit führen, wollten wir hier den Versuch unternehmen, Lamarcks Werk im Auszug vorzuführen und mit demjenigen Darwins zu vergleichen. Es genügt, einige der wichtigsten Grundgedanken anzuführen, welche seine allgemeine Naturanschauung charakterisieren und zeigen, wie weit er seiner Zeit vorausgeeilt war. Der große französische Biologe hatte sich viele Dezennien hindurch sehr eingehend mit systematischer Botanik und Zoologie beschäftigt. Zeugnis dafür sind seine beiden berühmten und viel benutzten Spezialwerke: Die *Flore française* und die *Histoire naturelle des animaux sans vertèbres*. Indem er nicht allein die lebenden Formen systematisch klassifizierte und beschrieb, sondern auch die ausgestorbenen Vorfahren mit in sein System aufnahm, erschloss sich ihm der innige morphologische Zusammenhang der ersteren und letzteren, und er folgerte daraus ihre gemeinsame Abstammung. Alle Tier- und Pflanzenformen, die wir als Spezies unterscheiden, besitzen demnach nur eine relative zeitweilige Beständigkeit, und die Varietäten sind beginnende Arten. Daher ist die Formengruppe der Art oder Spezies ebenso ein künstliches Produkt unseres analysierenden Verstandes wie die Gattung, Ordnung, Klasse und jede andere Kategorie des Systems. Die Veränderung der Lebensbedingungen einerseits, der Gebrauch und Nichtgebrauch der Organe andererseits wirken beständig umbildend auf die Organismen ein; sie bewirken durch *Anpassung* eine allmähliche Umgestaltung der Formen, deren Grundzüge durch *Vererbung* von Generation zu Generation übertragen werden. Das ganze *System* der Tiere und Pflanzen ist also eigentlich ihr *Stammbaum* und enthüllt uns die Verhältnisse ihrer natürlichen Blutsverwandtschaft. Der Entwicklungsgang des Lebens auf unserem Erdball war daher stets kontinuierlich und ununterbrochen, ebenso wie derjenige der Erde selbst.

Während Lamarck so alle wesentlichen Grundgedanken unserer heutigen Abstammungslehre klar ausspricht und durch die Tiefe seiner *morphologischen* Erkenntnis unsere Bewunderung erregt, überrascht er uns nicht weniger durch die vorausschauende Klarheit seiner *physiologischen* Auffassung. Während damals noch ganz allgemein die falsche Lehre von einer übernatürlichen Lebenskraft in Geltung war, erkennte Lamarck dieselbe nicht an, sondern behauptete, dass das Leben nur ein sehr verwickeltes physikalisches Phänomen sei. Denn alle Lebenserscheinungen beruhen auf mechanischen Vorgängen, die durch die Beschaffenheit der organischen Materie selbst bedingt sind. Auch die Erscheinungen des Seelenlebens sind in dieser Beziehung von den übrigen Lebenserscheinungen nicht verschieden. Denn die Vorstellungen und die Tätigkeiten des Verstandes beruhen auf Bewegungsvorgängen im Zentralnervensystem; der Wille ist in Wahrheit niemals frei, und die Vernunft ist nur ein höherer Grad von Entwicklung und Verbindung der Urteile.

In diesen und anderen Sätzen erhebt sich Lamarck weit über die allgemeine Naturanschauung seiner meisten Zeitgenossen und entwirft ein Programm für die Biologie der Zukunft, das erst in unseren Tagen zur Ausführung gelangt. Bei der großen Klarheit und Konsequenz seines Systems ist es selbstverständlich, dass er auch dem Menschen seinen naturgemäßen Platz an der Spitze der Wirbeltiere anweist und die Ursachen seiner Umbildung aus affenartigen Säugetieren erläutert. Mit gleichem Scharfsinn bespricht er aber auch eine der dunkelsten und schwierigsten Fragen der ganzen Entwicklungslehre, die Frage nach der Entstehung der ersten lebenden Wesen auf unserem Erdball. Zur Beantwortung derselben nimmt er an, dass die gemeinsamen ältesten Stammformen aller Organismen absolut einfache Wesen waren, und dass diese durch *Urzeugung* unter dem Zusammenwirken verschiedener physikalischer Ursachen unmittelbar aus anorganischer Materie im Wasser entstanden. Dergleichen einfachste Organismen waren aber damals noch gar nicht beobachtet; sie wurden erst ein halbes Jahrhundert später in den *Moneren* wirklich entdeckt.

Lamarck erreichte das hohe Alter von fünfundachtzig Jahren; er lebte mithin zwei Jahre länger als Goethe, zwölf Jahre länger als Darwin. Während aber die beiden letzteren das Glück genossen, ihren langen schönen Lebensabend von dem Sonnenglanz des Erfolges und des Weltruhms verklärt zu sehen, beschloss der arme Lamarck sein langes und arbeitsreiches Leben verkannt, einsam und in Dürftigkeit. Er hatte sogar das Unglück, zehn Jahre vor seinem Tod zu erblinden und konnte den letzten Teil seiner großen Naturgeschichte der wirbellosen Tiere nur aus dem Gedächtnis seinen beiden Töchtern diktieren, die ihn zärtlich pflegten und die er ohne alle Unterstützung zurücklassen musste. Hoffen wir, dass die Bitterkeit dieses schweren Missgeschickes durch das Bewusstsein gemildert wurde, die tiefsten Blicke in die Geheimnisse der schaffenden Natur getan zu haben; und dass das klare Geistesauge des erblindeten Propheten oft den Lorbeerkranz vorausschaute, welchen dereinst eine dankbare Nachwelt auf sein einsames Grab legen würde.[15]

[15] *Über Lamarcks Leben* und Bedeutung vergl. die biographische Einleitung zu der neuen Auflage seiner *Philosophie zoologique* (Paris 1873) von Charles Martins; sowie deren deutsche Übersetzung von A. Lang (Jena 1876).

Unzweifelhaft der größte Mangel an Lamarcks Werke war die ungenügende Menge von Beobachtungen und Experimenten, die er zum Beweis seiner weitreichenden Lehrsätze anführte. Denn damals wie heute will die große Mehrzahl der Naturforscher vor allem greifbare *Tatsachen* in der Hand haben. Damals wie heute stehen wir vor der paradoxen Erscheinung, dass die große Mehrzahl zwar die absurdesten Hypothesen und die vernunftwidrigsten Glaubenssätze unbesehen annimmt und vertritt, hingegen wohlbegründeten wissenschaftlichen Theorien umso mehr Misstrauen und Widerstand entgegenbringt, je mehr sie sich der Wahrheit nähern. Unter den empirischen Beweisgründen der Theorien sind aber den meisten nicht diejenigen am willkommensten, welche durch zusammenhängende Erscheinungsreihen und ganze große Klassen von Tatsachen geliefert werden, sondern vielmehr die spezielle Beobachtung, das einzelne Experiment. Einen großen Teil seines ungeheuren Erfolgs hat Darwin gerade dem Umstand zu verdanken, dass er solche einzelnen einleuchtenden Beobachtungen und Versuche in wahrhaft erdrückender Weise ins Feld führte; während der arme Lamarck, viel zu sehr auf das logische Schlussvermögen der Naturforscher trauend, größtenteils darauf verzichtete.

Die Vergleichung der drei großen Naturphilosophen, in denen der grundlegende Entwicklungsgedanke unserer heutigen Naturforschung am bedeutendsten und umfassendsten sich offenbarte, ist von hohem Interesse. Denn alle drei sind unter sich sehr verschieden, sowohl hinsichtlich ihrer universalen Anlage und der äußeren und inneren Lebensschicksale wie auch ganz besonders hinsichtlich ihres Studienganges und der Wege, auf welchen sie ihr hohes Ziel verfolgten. Lamarck geht aus von den sorgfältigsten speziellen Studien der einzelnen Tier- und Pflanzenformen und wird durch seine vieljährige systematische Untersuchung und Vergleichung derselben zu der Überzeugung geführt, dass alle lebenden und fossilen Spezies aus wenigen einfachsten gemeinsamen Stammformen sich entwickelt haben. Goethe gelangt zu derselben Überzeugung auf Grund seiner allgemeinen vergleichend-morphologischen Studien, geleitet von der Überzeugung, dass die Einheit des gemeinsamen Typus oder des erblichen Urbildes in allen den verschiedenen organischen Formen überall sich nachweisen lasse, wie mannigfaltig sie auch im Einzelnen durch Anpassung an die äußeren Umstände umgebildet werden. Darwin endlich beantwortet sich zunächst die Frage, durch welche Ursachen die neuen vom Menschen gezüchteten Kulturformen der Tiere und Pflanzen entstehen, und zeigt dann, dass der Kampf ums Dasein diejenige Ursache ist, welche in gleicher Weise, durch Wechselwirkung der Anpassung und Vererbung, neue Organismenarten im freien Naturzustand beständig hervorbringt.

Auf diesen ganz verschiedenen Wegen und durch Anwendung ganz verschiedener Untersuchungsmethoden gelangen alle drei Naturforscher schließlich zu derselben Überzeugung, zu der Annahme einer einheitlichen und zusammenhängenden Entwicklung der ganzen organischen Natur, allein durch die Wirkung natürlicher Ursachen, mit Ausschluss aller übernatürlichen Schöpfungswunder. Da aber alle drei zugleich tiefdenkende Philosophen sind und beständig die *Einheit* der gesamten Erscheinungswelt im Auge behalten, so erweitert sich ihre Entwicklungsidee zu einer großartigen pantheistischen Weltauffassung, zu derjenigen Einheitslehre, die das Wesen unserer heutigen *monistischen Naturanschauung* bildet.

Die unermessliche Wirkung, welche der entschiedene Sieg dieser einheitlichen Naturanschauung heute schon auf alle Gebiete der menschlichen Erkenntnis ausübt, und welche von Jahr zu Jahr in geometrischer Progression steigt, eröffnet uns die erfreulichste Aussicht auf die weitere intellektuelle und moralische Entwicklung der Menschheit. Ich persönlich wiederhole hier meine feste Überzeugung, dass man diesen Fortschritt der wissenschaftlichen Erkenntnis künftig als den größten Wendepunkt in der Geistesgeschichte der Menschheit betrachten wird. Glücklich dürfen wir uns preisen, denselben zu erleben, und Augenzeugen des goldenen Glanzes zu sein, welchen die neu aufgehende Morgensonne der Wahrheit über das unermessliche Gebiet wissenschaftlicher Forschung ergießt.

Gerade die *versöhnende* und *ausgleichende* Wirkung unserer genetischen Naturanschauung möchten wir hier ganz besonders betonen, umso mehr als unsere Gegner fortdauernd bestrebt sind, derselben zerstörende und zersetzende Bestrebungen unterzuschieben. Diese destruktiven Tendenzen sollen nicht allein gegen die Wissenschaft, sondern auch gegen die Religion, und somit überhaupt gegen die wichtigsten Grundlagen unseres Kulturlebens, gerichtet sein. Solche schweren Beschuldigungen, sofern sie wirklich auf Überzeugung beruhen und nicht bloß auf sophistischen Trugschlüssen, können nur aus einer argen Verkennung dessen erklärt werden, was den eigentlichen Kern der wahren Religion bildet. Dieser Kern beruht nicht auf der speziellen Form des Glaubensbekenntnisses, der Konfession, sondern vielmehr auf der kritischen Überzeugung von einem letzten unerkennbaren gemeinsamen Urgrund aller Dinge und auf der praktischen Sittenlehre, die sich aus der geläuterten Naturanschauung unmittelbar ergibt.

In diesem Zugeständnis, dass der letzte Urgrund aller Erscheinungen bei der gegenwärtigen Organisation unseres Gehirns uns nicht erkennbar ist, begegnet sich die kritische Naturphilosophie mit der dogmatischen Religion. Natürlich nimmt aber dieser Gottesglaube unendlich verschiedene Formen des Bekenntnisses an, entsprechend dem unendlich verschiedenen Grad der Naturerkenntnis. Je weiter wir in der letzteren fortschreiten, desto mehr nähern wir uns jenem unerreichbaren Urgrunde, desto reiner wird unser Gottesbegriff.[16]

[16] *Das kritische Zugeständnis*, dass der letzte Urgrund aller Erscheinungen bei der gegenwärtigen Organisation unseres Gehirns uns nicht erkennbar ist, haben Berliner Anhänger von Du Bois-Reymond sofort als Bekehrung zu dessen berühmten „Ignorabimus" ausgelegt. Diese übersehen aber den Unterschied zwischen Präsenz und Futurum; „*Ignoramus*" ist etwas ganz Anderes als „*Ignorabimus*". Außerdem nimmt unser *monistisches* Bekenntnis nur *ein einziges* „Welträt-

Die geläuterte Naturerkenntnis der Gegenwart kennt nur jene natürliche Offenbarung, die im Buch der Natur für jedermann offen da liegt, und die jeder vorurteilsfreie, mit gesunden Sinnen und gesunder Vernunft ausgestattete Mensch aus diesem Buch lernen kann. Es ergibt sich daraus jene monistische reinste Glaubensform, die in der Überzeugung von der *Einheit Gottes und der Natur* gipfelt, und die in den pantheistischen Bekenntnissen unserer größten Dichter und Denker, Goethe und Lessing voran, schon längst ihren vollkommensten Ausdruck gefunden hat.

Dass auch Charles Darwin von dieser Naturreligion durchdrungen und kein kurzsichtiger Bekenner irgendeiner besonderen Kirchenkonfession war, liegt für jeden auf der Hand, der seine Werke kennt. Da aber einige seiner Landsleute gleich nach seinem Tod das Gegenteil behaupteten, und da einige bigotte Priester sogar Darwin als orthodoxen Bekenner eines spezifischen Bekenntnisses der Englischen Kirche verherrlicht haben, so wird es uns gestattet sein, hier diese Unwahrheit durch einen unzweideutigen Beweis zu widerlegen. Ich bin so glücklich, hier ein unschätzbares, bisher unbekanntes Dokument mitteilen zu können, welches darüber gar keinen Zweifel lässt.

Ein strebsamer, von aufrichtigem Erkenntnisdrange beseelter Jüngling, den ich noch vor wenigen Monaten unter meinen Zuhörern in Jena zu sehen das Vergnügen hatte, war durch die Lektüre von Darwins Werken an dem christlichen Offenbarungsglauben irre geworden, welchen er bis dahin als die wertvollste Grundlage aller seiner Überzeugungen betrachtet hatte. Von schweren Zweifeln bedrängt, schrieb er an Darwin und bat ihn um Aufklärung, besonders über seine Ansicht von der Unsterblichkeit der Seele. Darwin ließ ihm durch eines seiner Familienmitglieder antworten, dass er alt und kränklich und mit wissenschaftlichen Arbeiten zu sehr belastet sei, um diese schwierigen Fragen beantworten zu können. Aber der junge Wahrheitsforscher beruhigte sich dabei nicht, sondern richtete an den ehrwürdigen Greis nochmals eine ebenso herzliche als dringliche Bitte. Als Antwort kam jetzt ein eigenhändig von Darwin selbst geschriebener und unterschriebener Brief von folgendem Wortlaut:[17]

sel“ an, während Du Bois-Reymond deren damals schon *zwei* annahm, neuerdings aber sogar *sieben*! Vermutlich wird bei dieser rückläufigen Entwicklung die Zahl derselben beständig steigen! Vergl. das Kapitel: „Ignorabimus et Restringamur“ in meiner Schrift über „Freie Wissenschaft und freie Lehre“ (Stuttgart 1878).

[17] Letter from Charles Darwin to Nicolas Baron Mengden. Juni 5. 1879. Down, Beckenham, Kent: „Dear Sir! I am much engaged, an old man and out of health, and I cannot spare time to answer Your question fully – provided it can be answered. *Science has nothing to do with Christ*; except in so far, as the habit of scientific research makes a man cautious in admitting evidence. *For myself I do not believe, that there ever has been any Revelation*. As for a future life, every man must judge for himself between conflicting probabilities. Wishing you happiness

I remain, dear Sir, Yours faithfully
Charles Darwin.

Down, 5. Juni 1879.

Lieber Herr!

Ich bin sehr beschäftigt, ein alter Mann und von schlechter Gesundheit, und ich kann nicht Zeit gewinnen, Ihre Frage vollständig zu beantworten, vorausgesetzt, dass sie beantwortet werden kann. *Wissenschaft hat mit Christus nichts zu tun*, ausgenommen insofern, als die Gewöhnung an wissenschaftliche Forschung einen Mann vorsichtig macht, Beweise anzuerkennen. *Was mich selbst betrifft, so glaube ich nicht, dass jemals irgendeine Offenbarung stattgefunden hat.* In betreff aber eines zukünftigen Lebens muss jedermann für sich selbst die Entscheidung treffen zwischen widersprechenden unbestimmten Wahrscheinlichkeiten.

Ihr Wohlergehen wünschend, bleibe ich, lieber Herr,

Ihr hochachtungsvoller

Charles Darwin.

Nach diesem offenen Bekenntnis wird niemand mehr in Zweifel sein, dass die Religion von Charles Darwin keine andere war als diejenige von Goethe und Lessing, von Lamarck und Spinoza. Diese *monistische Religion der Humanität* steht mit denjenigen Grundlehren des Christentums, die dessen wahren Wert begründen, keineswegs im Widerspruch. Denn die allgemeine Menschenliebe, als Grundprinzip der Sittlichkeit, ist in der ersteren ebenso wie in dem letzteren enthalten. Die Urquelle derselben ist, wie Darwin gezeigt hat, in den *sozialen Instinkten* der höheren Tiere zu suchen, jenen psychischen Funktionen, welche die letzteren durch Anpassung an das gesellige Zusammenleben erworben und durch Vererbung auf den Menschen übertragen haben.

Denn der Mensch kann nur in gesetzmäßig geordneter Gesellschaft die wahre und volle Ausbildung des höheren Menschenwesens erlangen. Das ist aber nur möglich, wenn der natürliche Selbsterhaltungstrieb, der Egoismus, eingeschränkt und berichtigt wird durch die Rücksicht auf die Gesellschaft, durch den Altruismus. Je höher sich der Mensch auf der Stufenleiter der Kultur erhebt, desto größer sind die Opfer, welche er der Gesellschaft bringen muss. Denn die Interessen der letzteren gestalten sich immer mehr zugleich zum Vorteil jedes einzelnen; sowie umgekehrt die geordnete Gemeinschaft umso besser gedeiht, je mehr die Bedürfnisse ihrer Glieder befriedigt sind. Es ist daher eine ganz einfache Naturnotwendigkeit, welche ein gesundes Gleichgewicht zwischen Egoismus und Altruismus zur ersten Forderung der natürlichen Sittenlehre erhebt.

Die größten Feinde der Menschheit sind von jeher bis auf den heutigen Tag Unwissenheit und Aberglaube gewesen; ihre größten Wohltäter aber die hehren Geisteshelden, welche die letzteren mit dem Schwert ihres freien Gedankens mutig bekämpft haben. Unter diesen ehrwürdigen Geisteskämpfern stehen Darwin, Goethe und Lamarck obenan, in einer Reihe mit Newton, Galilei und Kopernikus. Indem diese großen Naturdenker ihre reichen Geistesgaben, allen Anfechtungen trotzend, zur Entdeckung der erhabensten natürlichen Wahrheiten verwendeten, sind sie zu wahren Erlösern der hilfsbedürftigen Menschheit geworden und haben einen weit höheren Grad von christlicher Menschenliebe betätigt als die Schriftgelehrten und Pharisäer, welche dieses Wort stets im Munde, das Gegenteil aber im Herzen führen.

Wie wenig hingegen der blinde Wunderglaube und die Herrschaft der Orthodoxie imstande sind, wahre Menschenliebe zu betätigen, davon legt leider nicht nur die ganze Geschichte des Mittelalters Zeugnis ab, sondern auch das intolerante und fanatische Gebaren der streitenden Kirche in unseren Tagen. Oder müssen wir nicht mit tiefer Beschämung auf jene rechtgläubigen Christen blicken, die gegenwärtig wieder ihre christliche Liebe in der Verfolgung Andersgläubiger und in blindem Rassenhass zum Ausdruck bringen? Selbst hier in Eisenach, im Herzen Deutschlands, an der heiligen Stätte, wo Martin Luther uns vom finsteren Bann des Buchstabenglaubens befreit hat, in dem gesegneten Land Weimar, in welchem sowohl die besten Traditionen des allverehrten Fürstenhauses als des Volkes mit der freien Entwicklung des deutschen Geistes untrennbar für immer verknüpft sind, selbst hier hat kaum vor Jahresfrist eine schwarze Schar von sogenannten Lutheranern es gewagt, die freie Wissenschaft aufs Neue unter jenes Joch beugen zu wollen![18]

Gegen diese Anmaßung eines herrschsüchtigen und eigennützigen Priestertums wird es uns heute gestattet sein, an derselben Stelle zu protestieren, wo der große Reformator der Kirche vor 360 Jahren das Licht der freien Forschung angezündet hat. Als wahre Protestanten werden wir uns gegen jeden Versuch erheben, die selbständige Vernunft wieder unter das Joch des Aberglaubens zu zwingen, gleichviel ob dieser Versuch von einer kirchlichen Sekte oder von einem pathologischen Spiritismus ausgeht.[19]

Glücklicherweise dürfen wir diese mittelalterlichen Rückfälle als vorübergehende Verirrungen betrachten, die keine bleibende Wirkung haben. Die unermessliche praktische Bedeutung der Naturwissenschaften für unser modernes Kulturleben ist jetzt so allgemein anerkannt, dass kein Teil desselben sich ihr mehr entziehen kann. Keine Macht der Welt wird imstande sein, die

[18] Der Berliner Hofprediger Stöcker, der bekannte antisemitische Agitator, forderte in der Thüringer Theologenkonferenz, welche vor einem Jahre in Eisenach abgehalten wurde, u. a. „die Anstellung orthodoxer Professoren an der Universität Jena“, zwar als ein „Recht der Kirche“. So wenig unter der weisen und toleranten Regierung, deren wir uns erfreuen, die Erfüllung einer solchen törichten Forderung zu fürchten ist, so beweist sie doch deutlich, welcher Zumutungen sich die freie Wissenschaft von Seiten dieser „wahren Christen“ zu versehen hat.

[19] Der „pathologische Spiritismus“, eine moderne Form des nackten Wunderglaubens, gegen die wir hier protestieren, ist von Berliner Tagesblättern unbegreiflicherweise auf Rudolf Virchow bezogen worden, weil dieser„Professor der pathologischen Anatomie“ ist! (Vergl. oben das Vorwort.) Wie bei früheren ähnlichen Produkten des Mystizismus, so spielt auch bei dem heutigen Spiritismus der bewusste Betrug keine geringere Rolle, als die unbewusste Selbsttäuschung. Es erscheint gewiss nicht überflüssig, bei jeder Gelegenheit auf die daraus entspringenden Gefahren hinzuweisen, wenn man bedenkt, dass dieser gefährliche, aller vernünftigen Erfahrung widersprechende Aberglaube Millionen von „gebildeten“ Anhängern zählt und durch eine periodische Literatur von mehr als dreißig Zeitschriften gefördert wird!

ungeheuren Fortschritte wieder rückgängig zu machen, welche wir den Eisenbahnen und Dampfschiffen, der Telegraphie und Photographie, den tausend unentbehrlichen Entdeckungen der Physik und Chemie verdanken.

Ebenso wenig wird es aber auch irgendeiner Macht der Welt gelingen, die theoretischen Errungenschaften zu vernichten, welche mit jenen praktischen Erfolgen der modernen Naturwissenschaft untrennbar verknüpft sind. Unter diesen Theorien müssen wir der Entwicklungslehre von Lamarck, Goethe und Darwin den ersten Platz anweisen. Denn durch sie allein werden wir befähigt, jene umfassende *Einheit unserer Naturanschauung* fest zu begründen, in der jede Erscheinung nur als Ausfluss eines und desselben allumfassenden Naturgesetzes erscheint. Das große Gesetz von der „*Erhaltung der Kraft*" findet dadurch seine allgemeine Anwendung auch auf jenen biologischen Gebieten, die ihm bisher verschlossen erschienen.

Angesichts der überraschenden Geschwindigkeit, mit der die Entwicklungslehre in den letzten Jahren sich ihren Eingang in die verschiedensten Forschungsgebiete gebahnt hat, dürfen wir hier die Hoffnung aussprechen, dass auch ihr hoher pädagogischer Wert immer mehr anerkannt wird, und dass sie den Unterricht der kommenden Generationen ganz gewaltig vervollkommnen wird. Als ich vor fünf Jahren auf der fünfzigsten Naturforscherversammlung in München die hohe Bedeutung der Entwicklungslehre für den Unterricht betonte, wurde ich so missverstanden, dass mir hier einige Worte der Verständigung gestattet sein mögen. Selbstverständlich konnte ich damit nicht die Forderung stellen wollen, dass der Darwinismus in den Elementarschulen gelehrt werde. Das ist einfach unmöglich. Denn ebenso wie die höhere Mathematik und Physik, oder wie die Geschichte der Philosophie, erfordert derselbe eine Masse von Vorkenntnissen, die erst auf den höheren Lehrstufen erworben werden können. Wohl aber dürfen wir jetzt fordern, dass alle Unterrichtsgegenstände nach der *genetischen Methode* behandelt werden; dann wird auch die Grundidee der Entwicklungslehre, der *ursächliche Zusammenhang der Erscheinungen*, überall zur Geltung kommen. Wir sind der festen Überzeugung, dass durchaus das naturgemäße Denken und Urteilen in weit höherem Maße gefördert werden wird als durch irgendwelche anderen Methoden.

Zugleich wird durch diese ausgedehnte Anwendung der Entwicklungslehre eines der größten Übel unserer heutigen Jugendbildung beseitigt werden: jene Überhäufung mit totem Gedächtniskram, welche die besten Kräfte verzehrt und weder Geist noch Körper zur normalen Entwicklung kommen lässt. Diese übermäßige Belastung beruht auf dem alten unausrottbaren Grundirrtum, dass die *Quantität* der tatsächlichen *Kenntnisse* die beste Bildung bedinge, während diese in der Tat vielmehr von der *Qualität* der ursächlichen *Erkenntnis* abhängt. Wir würden es daher vor allem nützlich erachten, dass die Auswahl des Lehrstoffes in den höheren wie in den niederen Schulen viel sorgfältiger geschehe, und dass dabei nicht diejenigen Lehrfächer bevorzugt werden, welche das Gedächtnis mit Massen von toten Tatsachen belasten, sondern diejenigen, welche das Urteil durch den lebendigen Fluss der Entwicklungsidee bilden. Man lasse unsere geplagte Schuljugend nur halb so viel lernen, lehre sie aber diese Hälfte gründlicher verstehen, und die nächste Generation wird an Seele und Leib doppelt so gesund sein als die jetzige.[20]

In erfreulichster Weise kommen diesen Forderungen die Reformen entgegen, die sich gleichzeitig auf den verschiedensten Gebieten der Wissenschaft vollziehen. Überall rührt und regt sich frisches, neues Leben, angeregt durch die Idee der natürlichen Entwicklung; in der vergleichenden Sprachforschung und der Kulturgeschichte ebenso wie in der Psychologie und Philosophie; in der Ethnographie und Anthropologie nicht minder als in der Botanik und Zoologie. Überall treiben die erfreulichsten Blüten aus den verschiedensten Zweigen der Wissenschaft, und ihre Früchte werden übereinstimmend Zeugnis davon ablegen, dass sie alle aus einem einzigen Baum der Erkenntnis entspringen und ihre Nahrung aus einer einzigen Wurzel beziehen. Dank und Ehre aber den großen Meistern, die uns durch ihre genetische und monistische Naturanschauung zu dieser lichten Höhe der Erkenntnis geführt haben, auf der wir mit Goethe sagen dürfen:

Dieser schöne Begriff von Macht und Schranken, von Willkür
Und Gesetz, von Freiheit und Maß, von beweglicher Ordnung,
Vorzug und Mangel, erfreue dich hoch; die heilige Muse
Bringt harmonisch ihn dir, mit sanftem Zwange belehrend.
Keinen höhern Begriff erringt der sittliche Denker,
Keinen der tätige Mann, der dichtende Künstler; der Herrscher,
Der verdient es zu sein, erfreut nur durch ihn sich der Krone.
Freue dich, höchstes Geschöpf der Natur, du fühlest dich fähig,
Ihr den höchsten Gedanken, zu dem sie schaffend sich aufschwang,
Nachzudenken. Hier stehe nun still und wende die Blicke
Rückwärts; prüfe, vergleiche, und nimm vom Munde der Muse,
Dass du schauest, nicht schwärmst, die liebliche volle Gewissheit.

Nachschrift

Im Begriff, die Korrektur dieses Bogens zu schließen, erhalte ich soeben den nachstehenden interessanten Brief aus England, welcher über die Auf-

[20] Die *Reform des Unterrichts*, für welche wir vom Sieg der Entwicklungslehre das Beste hoffen, wird ebensowohl das mathematisch-naturwissenschaftliche wie das philologisch-historische Gebiet betreffen müssen; denn auf beiden Gebieten wird gleichmäßig darin gefehlt, dass viel zu viel Lehrstoff angehäuft und viel zu wenig auf dessen gehörige Verdauung geachtet wird. Obgleich diese Klagen fast auf allen Lehrerversammlungen sich wiederholen, sehen wir dennoch keine ernstlichen Anstrengungen zu deren Abhilfe; und wir halten es demnach für unsere Pflicht, auch bei dieser Gelegenheit darauf hinzuweisen. Nur durch sein *Werden* wird das Gewordene – erkannt! Wahres Verständnis der Erscheinungen liefert nur die Geschichte ihrer *Entwicklung*!

nahme des S. 48 und 60 mitgeteilten Briefes von Darwin in seinem Vaterland berichtet:

Practical Science Laboratory,
13, Newman Street,
London, W. 6. October 1882.

Sehr geehrter Herr!

Ich wünsche Ihnen hierdurch mitzuteilen, in welcher Art unsere englische Presse die Mitteilungen empfangen hat, welche Sie über Charles Darwin und seinen Brief über Religion in Ihrer Vorlesung in Eisenach letzten Monat machten. Von der Frankfurter Zeitung – September – entnehme ich, dass Sie zunächst mit Ihrer gewöhnlichen Unerschrockenheit und Bestimmtheit Darwins Stellung zur Religion klarlegten und dann einen Brief anführten, den Darwin an einen Jenaer Studenten richtete. Dieser *äußerst wichtige* Brief, welcher der Welt deutlich macht, was bisher nur Einige als evident angenommen hatten, nämlich dass Charles Darwin ungläubig gegen Kirchen-Religion war, wurde in einer hiesigen Abendzeitung, ‚Pall Mall Gazette', (herausgegeben von John Morley) und im ‚National Reformer' (herausgegeben von Charles Bradlaugh und Annie Besant) wiedergegeben. Neben diesen zwei Ausnahmen existiert meines Wissens keine Zeitung in London, die den Brief ebenfalls veröffentlicht hätte – so feig sind unsere Literaten. Alles wird unterdrückt, sogar ein so wichtiges Dokument, wie das vom berühmten Darwin, und warum? Weil die Ansichten, die in demselben niedergelegt sind, einfach im Widerspruch stehen mit den festgesetzten gesellschaftlichen Formen und weil sie *nicht orthodox* sind. Zu der *Schande Englands* sei es gesagt, dass sogar die den Ton angebende wissenschaftliche Zeitung ‚*Nature*' in der Nummer vom 28. September allerdings eine wörtliche Wiedergabe Ihrer Vorlesung bekannt macht, den Brief von Darwin aber einfach auslässt. Dies zeigt nur zum kleinen Teil das englische System, welches lehrt, die Augen zu schließen, wenn unangenehme Tatsachen zur Geltung kommen.

Wäre der Brief unseres heimgegangenen Lehrers zu Gunsten der Kirchen-Religion geschrieben gewesen, so würde hingegen die erwähnte Zeitung nicht die geringste Rücksicht auf die Ansichten der freidenkenden und wissenschaftlichen Welt genommen und den Brief vollständig wiedergegeben haben. Ich meine, dass *Worte eines Mannes wie Darwin rückhaltlos der Welt bekannt gegeben werden sollten*, ohne eine freundliche oder feindliche Aufnahme derselben in Betracht zu ziehen. Alles was solch ein kosmopolitischer Denker sagt, ist *von ungeheurem Wert und das Eigentum der ganzen Welt*, nicht von Verwandten und Freunden.

Wir in England sind Ihnen dankbar, diesen so wertvollen Brief bekannt gegeben zu haben; wir bedauern unendlich, dass unsere Zeitungen (– eingeschlossen „Nature", die bekannt ist als eines der ersten wissenschaftlichen Journale –), vorsätzlich einen Artikel Darwins unterdrücken, der in diesem

Brief allerdings den innersten Kern eines alten und untauglich gewordenen Gebäudes, den in der Welt verbreiteten *Aberglauben* antastet. Eine Veröffentlichung vorstehender Auseinandersetzungen stelle ich ganz in Ihr Gutachten.

Ihr sehr ergebener
Edward B. Aveling.

Aus diesem Brief ergibt sich, bis zu welchem erstaunlichen Grad selbst jetzt noch in dem „freien" Großbritannien der freie Gedanke und die Wahrheitsforschung von dem festgesetzten Terrorismus der sozialen und religiösen Vorurteile unterdrückt wird. Wir sind gewohnt, England als Hort politischer Freiheit zu preisen. Vergessen wir aber nicht, dass diese teuer erkauft wird durch die Unterwerfung unter einen gesellschaftlichen und kirchlichen Zwang, den wir Deutschen schon seit langer Zeit glücklich überwunden haben.

François-Louis Hahn: Goethe. Le plus grand poète de l'Allemagne (1883)

Vita – Abstract
François-Louis Hahn (6. Dezember 1844 Straßburg – 20. Dezember 1921 Saint-Denis d'Oléron) studierte Naturwissenschaften und Medizin in Straßburg, wurde 1869 zum Professor der Mathematik am Collège von Bouxwiller ernannt, 1874 in Paris mit einer Arbeit über chronische Lungentuberkulose in der Medizin promoviert, erhielt 1872 eine Stelle als Bibliothekar an der ‚Faculté de Médecine' in Paris sowie 1875 als Sekretär und 1886 als stellvertretender Direktor des *Dictionnaire Encyclopedique des Sciences Médicales.* Zahlreiche medizinische und medizinhistorische Aufsätze sowie Übersetzungen wurden von ihm an diesem Ort und in anderen Zeitschriften veröffentlicht. 1887 erschien von Hahn *Vocabulaire médical allemand-français,* 1904 *La vie des cristaux* und 1911 *Répertoire de médecine internationale.*

Goethe als größter Dichter Deutschlands verdient für Hahn wegen seiner Beiträge zum Fortschritt der Naturwissenschaften eine Würdigung in der französischen Enzyklopädie der Medizin. Nach einem knappen biographischen Überblick behandelt er zustimmend Goethes Entdeckungen in der Botanik, Zoologie und Anatomie, hebt seine Ableitung der Verschiedenheiten im Bau der Pflanzen und der Tiere von Veränderungen eines Grundtypus („type fondamentale") hervor, hält Goethe nur bedingt für einen Vorläufer von Charles Darwin (1809–1882), teilt Emil Du Bois-Reymonds (1818–1896) Verurteilung der Goethe'schen Farbenlehre und betont die ästhetische Motivation und Orientierung seiner Naturforschung.

D. von Engelhardt, *Goethe als Naturforscher im Urteil der Naturwissenschaft und Medizin des 19. Jahrhunderts*,
https://doi.org/10.1007/978-3-662-68126-8_21

Hahn, François-Louis:
Goethe (Johann-Wolfgang). Le plus grand poète de l'Allemagne, in: Dictionnaire Encyclopédique des Sciences Médicales, 4. sér., t. 9 (1883) S. 738–744.

* * *

Goethe a sa place marquée dans ce Dictionnaire, à cause de l'influence qu'il a exercée à son époque sur les progrès des sciences naturelles par les idées nouvelles qu'il y a introduites, bien que cette influence ait été contestée déjà de son vivant, mais surtout après sa mort.

Il naquit à Francfort le 28 août 1749. Son père était un des citoyens les plus respectés de la ville; homme grave, sérieux et sévère, même pédant, mais à idées au-dessus de son époque, quoique d'un jugement un peu étroit, il fit apprendre à l'enfant les langues anciennes et modernes, de sorte que celui-ci connut de bonne heure le français, l'italien, l'espagnol et l'anglais; la mère de Goethe, de la famille des Textor, était douée d'un caractère gai et aimable; elle se plaisait à développer l'imagination de son fils par des récits de toute sorte, et à cette école il arriva lui-même à inventer des contes et s'exerça ainsi à son futur métier de romancier. Pendant la guerre de Sept Ans, il fit la connaissance d'un Français, le comte de Thoranc, lieutenant du roi à Francfort, qui contribua à lui faire connaître et aimer la langue française et surtout le théâtre français.

A l'âge de seize ans, Goethe fut envoyé à Leipzig pour étudier le droit, et on commença à le faire travailler d'après le système de Wolff, „le classeur". Il ne tarda pas à s'y ennuyer et, à la suite de diverses aventures désagréables, il tomba malade et revint à Francfort après une absence de trois ans. C'est alors qu'il subit l'influence du mysticisme religieux de mademoiselle de Klettenberg; en même temps il s'occupa de chimie et même d'alchimie, en étudiant avec ardeur les ouvrages de van Helmont et de Paracelse. En 1770, son père l'envoya à Strasbourg pour y terminer ses études juridiques. Mais là comme à Leipzig le droit ne fut pour lui qu'une affaire secondaire; il acquit cependant le titre de licencié qu'il changea en celui de docteur à son retour à Francfort, sans toutefois l'avoir obtenu d'aucune faculté. A Strasbourg, il subit l'influence de Herder, le brillant critique, qui lui fit apprécier Homère et surtout Shakespeare, et celle de Jung-Stilling, qui lui communiqua ses idées philosophiques. C'est grâce à Herder qu'il se décida à écrire en allemand et non en français, comme il en avait eu un moment l'intention.

De retour à Francfort, vers la fin de 1771, Goethe y trouva la vie trop étroite et trop formaliste et ne put se décider à y exercer la profession d'avocat; il se rendit à Wetzlar en mai 1772 et s'y fit immatriculer au Conseil supérieur. C'est pendant son séjour à Wetzlar qu'il termina le drame de *Goetz de Berlichingen* et le roman de *Werther*, en même temps qu'il continuait à publier un grand nombre de *Lieds*; par ces publications il régénérait le théâtre, le roman et la poésie lyrique de son pays.

Un jeune souverain, le duc de Saxe-Weimar, de passage à Francfort, ayant désiré voir notre poète, Goethe lui fut présenté et conquit toute l'amitié du prince. La vie purement contemplative lui pesait probablement à ce moment et, décidé à se livrer à la vie pratique, à l'activité réelle, à se consacrer aux affaires, en un mot, il n'hésita pas à suivre aussitôt (1775) le duc à Weimar. „Il se jette, dit Du Bois-Reymond, dans cette voie avec persistance; il ne dédaigne pas de prendre une connaissance approfondie des détails techniques de branches particulières de l'administration, telles que l'exploitation des mines. Pendant les années qui auraient dû être celles de la floraison et de la fécondité, on voit le plus grand génie poétique des temps modernes renoncer à produire et, pour l'amour d'une maxime abstraite, se vouer à des occupations pratiques où l'auraient dépassé facilement des hommes bien inférieurs à lui.“ Pendant dix ans, jusqu'en 1786, il joua à la cour de Weimar ce rôle de vice-roi et en quelque sorte de demi-dieu. Du Bois-Reymond lui reproche de n'avoir presque rien produit durant toute cette période, mais cette opinion est trop exclusive, car, s'il n'a rien produit, il a, selon l'expression de ses biographes, conçu ses chefs-d'œuvre et préparé leur exécution. „Enfin, dit Du Bois-Reymond, le naturel qu'il avait refoulé reprend son empire, et l'*hégire* de Carlsbad à Rome ouvre une nouvelle période d'activité poétique.“

Goethe, durant son voyage en Italie, fut artiste, poète et naturaliste, mais le tempérament artistique primait tout, même lorsqu'il s'agissait d'histoire naturelle; il visita toute la péninsule et la Sicile sous un nom d'emprunt et revint à Weimar en juin 1788, rapportant deux grands drames, *Iphigénie en Tauride* et *le Tasse.*

C'est cette époque que date sa liaison avec Christine Vulpius, qu'il épousa plus tard après la bataille d'Iéna, en 1806, pour la récompenser des services qu'elle lui avait rendus en défendant sa maison lors du pillage de Weimar. Il accompagna le duc de Saxe-Weimar en Silésie en 1790, fit avec lui la campagne de France en 1792 et assista l'année suivante au siège de Mayence. Dans toutes ces pérégrinations, ici comme en Italie, il observait la nature, avec ce talent particulier qui le caractérisait et qui a fait dire à Heine: „La nature, désirant savoir comment elle était faite, créa Goethe.“

En 1794 eut lieu sa rencontre mémorable avec Schiller, à qui, dès la première entrevue, il expliqua la métamorphose des plantes, dont l'idée lui était venue en Italie; l'amitié de ces deux grands génies dura jusqu'à la mort de Schiller en 1805. C'est d'après les indications et les conseils de Goethe, paraît-il, que Schiller donna toute sa couleur locale à son *Guillaume Tell.*

La célébrité de Goethe était alors européenne, et lorsque Napoléon Ier, lors de l'entrevue d'Erfurt, séjourna en Saxe, il demanda à voir le poète et, après l'avoir contemplé, l'aborda par ces mots restés célèbres: „Vous êtes un homme, monsieur Goethe!“ Goethe conserva une profonde admiration et même un vrai culte pour le grand capitaine et, quoique patriote allemand, ne cessa d'aimer la France, dont il avait célébré la révolution dans un chef-d'œuvre, *Hermann et Dorothée*, et dont il admirait les productions littéraires et artistiques. Aussi, pendant la guerre de la Délivrance, sa muse ne produisit-elle point de poésies militaires.

Après 1815, Goethe ne s'occupa plus des affaires du duché de Saxe-Weimar, mais il continua à enrichir les collections d'histoire naturelle de l'Université d'Iéna et les siennes propres. Les sciences naturelles étaient l'une de ses passions. Goethe avait pris alors aux yeux de l'Europe la situation qu'occupait cinquante ans auparavant Voltaire dans sa retraite de Ferney. Il vivait retiré dans une petite maison avec jardin, située tout près de Weimar et que lui avait donnée le duc de Saxe-Weimar. Victor Cousin le visita là en 1817 et laissa un récit de son entretien avec lui; J.-J. Ampère fit le pèlerinage de Weimar quelques années après, et l'on peut dire que ce jeune Français de vingt-deux ans en imposa à Goethe par la profondeur de ses connaissances.

Goethe, malgré l'immense prestige dont il jouissait, n'était pas ce Jupiter olympien qu'en font quelques-uns de ses admirateurs enthousiastes. Il était au contraire très-bonhomme dans ses allures et dans ses habitudes, comme en témoignent ses entretiens avec Eckermann et comme le représentent même une foule de peintures, de lithographies, de médailles, de bustes, etc. Pour s'en convaincre, il suffit de voir les portraits authentiques qui existent dans sa maison natale de Francfort. L'un de ses plus grands plaisirs était de s'occuper prosaïquement d'horticulture et d'agriculture, et même d'ornithologie et de minéralogie avec Eckermann.

Goethe termina son plus grand chef-d'œuvre, le premier *Faust*, en 1806; il avait quatre-vingts ans sonnés quand il mit la dernière main à son second *Faust*, œuvre plus ou moins incompréhensible, où il a cherché à faire la synthèse de ses idées en philosophie et en histoire naturelle.

En 1830, il suivit avec passion la fameuse lutte de nos deux grands naturalistes Cuvier et Geoffroy Saint-Hilaire; il fit même un résumé de la discussion qui s'était élevée entre eux à l'Académie des sciences; ce fut son dernier travail. Il mourut le 22 mars 1832, âgé de quatre-vingt-deux ans; au moment où il allait rendre le dernier soupir, il fit ouvrir les volets de sa fenêtre, réclamant „plus de lumière".

Nous n'avons pas à apprécier ici le poète, ni le romancier, ni l'auteur dramatique, mais le naturaliste et le physicien mérite de nous arrêter un instant.

La puissante imagination de Goethe, aidée d'un remarquable esprit d'observation, trouva ample matière à s'exercer, notamment en zoologie. Ainsi il a cherché à démontrer que les différences qui existent dans la conformation anatomique des animaux ne doivent être considérées que comme des modifications d'un type primitif, commun pour tous; modifications correspondantes aux diverses influences de mœurs, de climats, d'aliments; mais il ne définit pas autrement ce type et n'en rend la conception possible par aucune indication générale. Cette conception avait pris naissance chez lui à la suite de sa découverte de l'os intermaxillaire, qui, soit dit en passant, fut découvert à la même époque en France par Vicq-d'Azyr. C'est du moins dans l'opuscule publié en 1786 sur l'os intermaxillaire qu'on trouve la première indication de ces idées générales. Cette découverte lui suggéra encore d'autres idées, relativement aux analogies entre parties servant à certains usages chez les animaux et ces mêmes parties persistant chez l'homme, quoiqu'elles ne soient plus utiles pour le parfait fonctionnement de l'organisme; preuve de plus pour lui que les différences de structure des animaux doivent être considérées comme des modifications d'un même type fondamental, résultant de l'oblitération, de la déformation, de l'augmentation ou de la diminution des organes, ou même de la disparition totale de certains d'entre eux.

Goethe eut bientôt une nouvelle occasion pour appliquer ces idées. Un jour, en se promenant sur les sables du Lido, à Venise, il trouva un crâne de mouton fendu; il l'examina avec soin, et l'idée lui vint aussitôt que les os de la tête pouvaient n'être qu'une transformation des vertèbres. Il ne publia pas immédiatement cette conception nouvelle, et plus tard, en 1817, quand Oken l'exprima à son tour, une violente dispute de priorité s'éleva entre les deux savants.

C'est également pendant son voyage en Italie que l'idée de la métamorphose des plantes vint à Goethe. Il fut frappé un jour des particularités de forme que présentaient les feuilles d'un palmier éventail, dans le jardin botanique de Padoue. Il observa alors avec curiosité les modifications que peuvent affecter dans leur développement successif les feuilles de diverses plantes, les premières petites feuilles radicales simples se trouvant remplacées par des feuilles de plus en plus séparées jusqu'aux feuilles pennées les plus complexes; il constata ensuite dans d'autres plantes le passage graduel des feuilles de la tige en folioles du calice et de la corolle, et de ces dernières en étamines, nectaires, etc.

II publia en 1790 dans un ouvrage resté justement célèbre ces vues théoriques toutes nouvelles. Ces mêmes idées sont aujourd'hui adoptées par tous les botanistes, malgré quelques dissentiments sur des questions de détail, comme celle de savoir si la graine est une feuille ou une branche; elles doivent être considérées, en un mot, comme le point de départ et le fond de la botanique philosophique actuelle.

C'est ainsi que, grâce à son profond talent d'observateur et à sa force d'intuition et par l'examen attentif d'une foule de détails dans les objets qui se présentaient à sa curiosité, détails qui auraient échappé à un esprit moins investigateur, Goethe arriva à formuler des idées générales qui ont acquis droit de cité dans la science et n'ont pas été sans influence sur son développement.

La première idée, déjà formulée plus haut, c'est que les différences qu'on observe dans la conformation des animaux ne doivent être considérées que comme des modifications d'un plan commun, d'un type primitif, *idéal*, il est vrai; idée qui a fait considérer Goethe par beaucoup de savants, et en dernier lieu par Haeckel, comme l'un des précurseurs de Darwin; c'est pousser un peu loin les choses. A ce compte Diderot serait également un précurseur de Darwin, car il dit expressément et *avant Goethe*: „Ne croirait-on pas volontiers qu'il n'y a jamais eu qu'un premier animal prototype de tous les animaux, dont la nature n'a fait qu'allonger, raccourcir, transformer, multiplier, oblitérer certains organes?" N'est-ce pas là du reste le sentiment qu'on trouve exprimé chez tous les philosophes ou naturalistes leibniziens du dix-huitième siècle, le sentiment plus ou moins net de l'unité de composition et de type dans le règne animal et végétal? Diderot formule même avec précision une idée nouvelle pour son époque, celle du balancement physiologique et des compensations organiques: „Il est évident, dit-il, que la nature n'a pu conserver tant de ressemblance dans les parties et affecter tant de variétés dans les formes, sans avoir souvent rendu sensible dans un être organisé ce qu'elle a dérobé dans un autre."

La seconde idée, laissée dans le monde par Goethe, c'est qu'il existe autant d'analogie entre les diverses parties d'un seul et même être organique qu'il s'en trouve entre les parties correspondantes dans les diverses espèces. C'est sur cette idée que repose la théorie de la métamorphose des plantes, la théorie vertébrale du crâne, etc.

Mais il ne faut pas s'y tromper. Ces conceptions de Goethe ne répondaient pas chez lui à un besoin scientifique, mais plutôt à un besoin esthétique. Pour lui, la nature tout entière et tous les objets naturels ne sont que l'expression d'une idée, ne constituent que le développement, l'évolution de cette idée; cette conception de l'unité dans la diversité flatte son esprit artistique: en présence d'un objet naturel, il procède comme s'il avait devant lui un objet d'art, il l'examine en tous sens, cherche par intuition le lien qui en unit les diverses parties et prétend en dégager l'idée; dans un groupe d'objets de nature semblable, un groupe d'animaux d'espèces différentes, par exemple, il cherche ça qu'il y a de commun, de typique dans leur forme, en un mot, le trait d'union entre tant d'objets disparates, et imagine ainsi son type idéal, qui lui permet de réunir tout le règne animal dans un tout harmonieux, quoique infiniment varié, qui satisfait ses aspirations d'artiste.

Par ces idées de dynamisme universel, de continuité dans les phénomènes naturels, grâce à une synergie en quelque sorte esthétique, et même par son penchant plus ou moins avoué à la monadologie, Goethe est donc leibnizien; par son panthéisme, qui est la théologie de tous les poètes athées, il se rapproche plus ou moins de Spinoza, dont il s'éloigne cependant par ses idées sur la vie, sur la spontanéité vitale dans la nature. Pour Goethe, comme pour tout poète et tout artiste, l'idée n'est pas ce but insaisissable, sans expression possible dans la réalité, que l'homme doit constamment poursuivre avec la certitude de ne jamais l'atteindre, l'idée kantienne, en un mot, telle que la concevait son émule et ami Schiller, l'idée pour Goethe a sa représentation matérielle dans l'œuvre même sortie des mains de l'artiste ou du poète. Par là il se rapproche des philosophes de la nature, qui n'ont pas manqué de le revendiquer comme un des leurs; c'est ce qui explique l'acharnement et l'obstination avec lesquels Schelling, Hegel, etc., ont défendu les plus énormes erreurs scientifiques de l'immortel poète.

Ainsi chez Goethe tout était affaire d'intuition; le fameux type qu'il a imaginé ne reposait sur aucune base scientifique sérieuse; loin d'être fondé sur des lois d'analogie et de constituer ainsi une hypothèse vraiment scientifique, il n'avait que la valeur d'une conception poétique, nécessaire pour maintenir l'intégrité et l'harmonie du tableau idéal que Goethe s'était tracé de toute la création. Quant aux lois de la structure des animaux, il n'en avait aucune idée, comme on peut le voir par sa *Préface à l'anatomie comparée.* On conçoit qu'avec cette méthode de saisir les rapports morphologiques par simple intuition, il a dû être exposé à bien des erreurs.

En somme, notre poète préconise surtout l'observation synthétique et, s'il admet l'analyse, c'est simplement comme une opération de l'esprit; il rejette l'intervention des appareils et des expérimentations compliquées; comme Diderot, il repousse l'emploi fréquent du calcul et des mesures.

Cette aversion pour l'expérimentation et le calcul nous permet de nous rendre compte des erreurs dans lesquelles Goethe est tombé, notamment dans sa théorie des couleurs.[1] Du Bois-Reymond l'a jugé très-sévèrement: „Goethe, dit-il, n'avait aucun pressentiment de cet ordre de recherches (il s'agit des recherches scientifiques), ni du besoin intellectuel qu'elles supposent et qu'elles ont pour but de satisfaire. Il ne mentionne l'analyse mécanique que pour la rejeter avec une grande hostilité. Pour lui, construire une théorie, c'est seulement ramener les phénomènes à un phénomène qu'il appelait primordial et qui était déjà extrêmement complexe. C'est à peu près ainsi que des images optiques se succèdent les unes aux autres, sans qu'on puisse établir entre elles un lien de cause à effet. *Le concept d'une causalité mécanique était ce qu'il repoussait absolument.* C'est pourquoi sa théorie des couleurs, indépendamment de sa partie subjective, en dépits d'ardents efforts poursuivis pendant une longue vie, n'est que l'enfant mort-né de la fantaisie d'un dilettante autodidacte; c'est pourquoi il ne pouvait s'entendre avec les physiciens, c'est pourquoi il ne pouvait comprendre la grandeur de Newton; c'est pourquoi il ne voyait dans l'optique scientifique d'un Young ou d'un Fresnel que de la *bouillie pour les chats*", et plus loin „la métamorphose des plantes, la découverte de l'os intermaxillaire chez l'homme, la théorie, aujourd'hui contestée, mais non moins importante, des vertèbres du crâne, resteront comme un témoignage durable de l'activité de Goethe et de la sûreté de son coup d'ail. M. Charles Martins, qui a traduit en français ses œuvres scientifiques, et parmi nous Virchow, ont rendu pleine justice à

[1] En deux mots voici cette théorie: Les couleurs sont toujours plus foncées que le blanc et ont quelque chose qui tient de l'ombre. Le mélange direct de lumière et d'ombre, de blanc et de noir, donne du gris. Les couleurs sont dues au mélange en diverses proportions de la lumière et de l'ombre. Un argument dont Goethe se servait, c'est que les substances translucides placées sur un fond obscur paraissent bleues, tandis que vues par transmission elles paraissent jaunes.

ses mérites.... Cependant il m'est impossible de dissimuler ma conviction personnelle que, sans le concours de Goethe, la science serait aujourd'hui tout aussi avancée qu'elle l'est. Les progrès qu'il lui a fait faire, d'autres les auraient réalisés tôt ou tard; déjà, avant Goethe, Gaspard-Frédéric Wolff connaissait plus ou moins complétement la métamorphose des plantes, et Oken la théorie des vertèbres. La fausse direction qu'il a imprimée à la science allemande, déjà troublée depuis longtemps par ce qu'on appelait la philosophie de la nature, a été plus nuisible que ses découvertes n'ont été profitables ... On a récemment essayé d'ajouter une feuille de laurier à la couronne scientifique de Goethe. M. Haeckel, notamment, s'est efforcé de nouveau, il y a quelques semaines, et avec une grande éloquence, de placer Goethe à côté de Lamarck parmi les principaux précurseurs de Darwin... du transformisme. On a aussi voulu trouver chez lui quelque chose d'analogue à la lutte pour l'existence. Mais, si loin qu'aille le byzantinisme, et bien qu'à cause de son aversion pour les révolutions plutoniennes on l'ait aussi présenté comme un prédécesseur de Lyell en géologie, personne ne soutiendra sérieusement que le poète ait déjà été en possession de la théorie de la sélection."

Nous n'irons pas plus loin; par ce qui précède, en faisant la part de ce qu'il peut y avoir d'exagéré dans la critique de Du Bois-Reymond, on aura pu se faire une idée de la valeur de Goethe comme homme de science; c'était le but que nous nous proposions.

On remplirait aisément une bibliothèque avec tout ce qui se publie sur Goethe depuis un certain nombre d'années; la goetholatrie est arrivée actuellement chez nos voisins à l'état aigu; nous ne savons si le discours de Du Bois-Reymond, dont nous avons donné quelques extraits, réussira à modérer le flot, mais il est certain qu'il a opéré comme une douche d'eau froide sur l'enthousiasme des admirateurs fanatiques du grand poète.

Les œuvres scientifiques de Goethe ont été traduites en français par Charles Martins (*Œuvres d'histoire. naturelle de Goethe, comprenant divers mémoires d'anatomie comparée, de botanique et de géologie*, Paris et Genève, 1837). Voy. encore sur Goethe: Virchow (*Goethe als Naturforscher und in besonderer Beziehung auf Schiller*, Berlin, 1861); Helmholtz (*Goethe naturaliste et physicien*, in: Revue des Cours Scientifiques de la France et de l'Étranger 7 (1870) p. 18–25); Haeckel (*Die Naturanschauung von Darwin, Goethe und Lamarck*, Jena 1882, trad. en franç., in: La Revue Scientifique de la France et de l'Étranger 3. sér., t. 4 (1882) p. 705–716); Du Bois-Reymond (*Goethe und kein Ende*, Leipzig, 1885, trad. en franç., in La Revue scientifiques de la France et de l'Étranger 3. sér. t. 4 (1882) p. 769–776); S. Kalischer (*Goethe als Naturforscher und Herr Du Bois-Reymond als sein Kritiker*, Berlin 1885); F. Cohn (*Goethe als Botaniker*, in: *Die Pflanze*, Breslau 1882, S. 23–64); F. Papillon (*Histoire de la philosophie moderne*, t. 2, Paris 1876, p. 389–416), et les innombrables biographies de Goethe.

Georg Rudolf Hantzsch: Über die der Goethe'schen Farbenlehre bisher zu Teil gewordene Kritik (1862)

Vita – Abstract
Georg Rudolf Hantzsch (1829 Radebeul-1889 Dresden war ein Weinhändler und wie sein Bruder Karl August Hantzsch (1825–1886) ein anerkannter Amateurbotaniker. 1862 veröffentlichte er die Monographie *Goethe's Farbenlehre und die Farbenlehre der heutigen Physik*.

In seinem Vortrag vor der ‚Naturwissenschaftlichen Gesellschaft Isis zu Dresden' berichtet Hantzsch als Resümee der Monographie von 1862 von seiner gewandelten negativen zu einer positiven Einschätzung der Farbenlehre von Goethe als eines Naturforschers und nicht Poeten, versucht die Einwände verschiedener Physiker zu widerlegen, verteidigt die Farbenlehre – mit wenigen Einschränkungen – als „die einzige in ihren Grundlagen und Ausgangspunkten richtige" und kritisiert umgekehrt in einigen Punkten die Position Isaac Newtons (1643–1727).

Hantzsch, Georg Rudolf:
Ueber die der Goethe'schen Farbenlehre bisher zu Theil gewordene Kritik, in: Sitzungs-Berichte der Naturwissenschaftlichen Gesellschaft Isis zu Dresden (1862) (10–12) S. 244–256.

* * *

In einer der letzten Versammlungen unserer Gesellschaft wurde Ihre Aufmerksamkeit auf die Goethe'sche Farbenlehre und eine kürzlich von mir veröffentlichte, diesen Gegenstand behandelnde Schrift gelenkt. Durch Umstände war es mir leider nicht vergönnt, wie ich es wohl gewünscht hätte, dabei gegenwärtig zu sein, so dass es mein Bruder übernommen hatte, statt

D. von Engelhardt, *Goethe als Naturforscher im Urteil der Naturwissenschaft und Medizin des 19. Jahrhunderts*,
https://doi.org/10.1007/978-3-662-68126-8_22

meiner jene Abhandlung bei Ihnen einzuführen. Ich kann es mir jedoch unmöglich versagen, auch meinerseits mir für einige Augenblicke Ihre Aufmerksamkeit zu erbitten.

Angeregt durch die in neuerer Zeit sich mehr und mehr der Forschung Goethes auf dem Gebiet der Farbenlehre zuwendende Anerkennung, sowie in Folge der von Schopenhauer in dieser Angelegenheit so laut und unermüdlich erhobenen Berufung an die öffentliche Aufmerksamkeit, beschäftigte ich mich längere Zeit mit der Goethe'schen Farbenlehre und deren Vergleichung mit der uns Allen geläufigen, von der Physik jetzt als allgemein gültig anerkannten Newton'schen. Gleich der Mehrzahl oder vielleicht der Gesamtheit der geehrten Versammlung war auch ich früher ein eifriger Bekenner und Verehrer der Newton'schen Lehre und hielt Goethes Farbenlehre für etwas Unbegründetes, längst Abgetanes und Widerlegtes, was man aus Achtung vor dem großen Dichter im besten Falle als nicht geschrieben wünschen möchte, ohne dass ich doch dessen Schriften selbst gelesen hatte. Nachdem mich aber ein Freund darauf aufmerksam gemacht hatte, dass man einem Genius wie Goethe gegenüber, wenn man dessen Schriften verwerfen wolle, sie doch mindestens gelesen haben müsse, nahm ich dieselben zur Hand, und vertiefte mich, je weiter ich las, umso mehr in deren Studium. Ich fand da zu meiner Überraschung eine neue, mir noch ganz unbekannte Farbenlehre, die mit den einfachsten Erscheinungen beginnt, zu den komplizierteren in folgerechter Weise übergeht und die Haltlosigkeit und die Inkonsequenzen der Newton'schen Theorie Punkt für Punkt darlegt. Ich war erstaunt darüber, wie eine solche Theorie von der Wissenschaft zurückgewiesen werden konnte, und konnte es mir nicht versagen, einen engen Kreis vertrauter Freunde mit derselben bekannt zu machen. Die Teilnahme und Aufmunterung, die mir hierbei wurde, ließ aber den Wunsch in mir entstehen, auch das öffentliche Interesse für den erwähnten Gegenstand anzuregen, und so entstand jene Abhandlung, die ich, um zur Anerkennung unseres großen Landsmannes mein Möglichstes beizutragen, dem Druck übergab.

Es würde zu weit führen, wollte ich Ihnen jetzt eine Darstellung der Farbenlehre vom Standpunkt der Goethe'schen und der Newton'schen Theorie geben, wie dieselbe in meiner Abhandlung enthalten ist. Mir liegt heute nur daran, Ihr Interesse für diesen Gegenstand zu erwecken und die vorgefasste ungünstige Meinung, die so manche Kritik in Ihnen vielleicht erregt haben könnte, zu zerstreuen. Ich will Sie heute nur ersuchen: die Streitfrage zwischen Goethe und Newton selbst zu verfolgen, und Sie bitten, die betreffenden Schriften Goethes selbst zu lesen. Sie werden dadurch am schnellsten und am sichersten zu einer eigenen Meinung gelangen. – Prüfen Sie selbst, ob die Forschungen Goethes wirklich so unhaltbar sind, wie man sie bezeichnet; überzeugen Sie sich selbst, ob die Newton'sche Theorie in Wahrheit so fest begründet ist, wie man vorgibt. Ich glaube im Interesse der Wissenschaft keine unstatthafte Bitte zu stellen, wenn ich an Ihr eigenes Urteil appelliere, um diese wichtige Frage, die man so gern bei Seite schieben will und darum als vergessen und längst abgemacht bezeichnet, zu einem endlichen Austrag zu bringen.

Lassen Sie sich nicht durch die hin und wieder laut gewordenen Urteile und Kritiken von einer solchen eigenen Prüfung abschrecken. Es ist sehr die Frage, ob jene Kritiken, die dem mit dem Gegenstand nicht Vertrauten *vor* der Prüfung so überzeugend zu sein scheinen, *nach* derselben noch ihre Beweiskraft bewähren. In wie verändertem Licht dergleichen bei genauerer Prüfung erscheinen können und wie es mit der Beweiskraft der Newton'schen Lehre selbst steht, wenn man von der Haltbarkeit ihrer Einwürfe gegen Goethes Theorie auf sie selbst zurückschließen wollte, davon erlaube ich mir, Ihnen jetzt einige wenige Belege vorzuführen.

So äußert sich Herr Helmholtz in seiner physiologischen Optik, Seite 267: „Goethes übermäßig heftige Polemik gegen Newton gründet sich mehr darauf, dass dessen Fundamental-Hypothesen ihm absurd erscheinen, als dass er etwas Erhebliches gegen seine Versuche oder Schlussfolgerungen einzuwenden hätte." – Dieser Einwurf ist vollständig aus der Luft gegriffen und erscheint rein unbegreiflich, wenn man bedenkt, dass Goethe einen ganzen Band seiner Werke der Widerlegung Newtons gewidmet hat und darin dessen Optik Satz für Satz durchgeht.

Ähnliches begegnet Herrn Dove in seinem kurzen Abrisse der Theorie Goethes. Er sagt S. 140 in seiner *Darstellung der Farbenlehre*: „Von kleinen Öffnungen, von der übersehenen Wirkung der Ränder noch zu sprechen, würde jetzt wenigstens vollkommen lächerlich sein, seitdem wiederum Fraunhofer nachgewiesen hat, dass das Spektrum des unter freiem Himmel betrachteten Abendsternes ganz dieselben Eigenschaften hat, wie das in einer Spalte aus Sonnenlicht erzeugte." – Zur Begegnung dieses Einwurfes verweise ich auf Goethe, der wiederholt sagt:„Sonne, Mond, Sterne, Öffnung des Fensterladens erscheinen durchs Prisma nur farbig, weil sie als kleine, helle Körper auf dunklem Grund anzusehen sind."

Herr Dove scheint übrigens gegen Goethe vorweg eingenommen zu sein; es zeigt dies namentlich die Art und Weise, wie er Stellen aus Goethe zitiert. So lässt er, um nur *ein* Beispiel zu nehmen, den § 239 aus dessen Farbenlehre abdrucken, wo es heißt:„Und so lassen sich die Farben bei Gelegenheit der Refraktion aus der Lehre von den trüben Mitteln gar bequem ableiten." Herr Dove bringt dabei die Worte „gar bequem" in gesperrtem Druck (was bei Goethe nicht der Fall ist), ohne Zweifel doch nur deshalb, um damit eine lächerliche Anspielung zu verbinden. Wer aber Goethes Farbenlehre selbst nachliest, wird nicht im Zweifel darüber sein, dass dort gar oft der Ausdruck „bequem" für „leicht, ohne Zwang" gebraucht ist. Aber selbst angenommen, dass Goethe hier die Bequemlichkeit für sich in Anspruch nähme, auf die seine langjährigen sorgfältigen Forschungen gewiss nicht schließen lassen, so ließe sich fragen: welche Theorie verdient wohl den Vorzug; diejenige, aus der sich die Erscheinungen „gar bequem" ableiten lassen, oder die, welche nach ihrem eigenen Geständnis dies„nur mit unsäglicher Mühe darzustellen im Stande ist", wie dies die Undulations-Theorie hinsichtlich der

Interferenz-Erscheinungen einräumt, aus denen sie die Wellenlänge der verschiedenen farbigen Strahlen berechnet.

Man scheint aber auch noch durch andere, weniger wissenschaftliche, als unschwer zu erratende Beweggründe von der Beachtung und Anerkennung Goethes abgehalten worden zu sein. Die Berlinische Zeitung vom 25. Mai 1862, Nr. 121, veröffentlicht einen Brief Schopenhauers an Sir Ch. Eastlake in London, welcher Goethes Farbenlehre ins Englische übertragen hatte. Aus diesem Briefe verdient folgende interessante Stelle hervorgehoben zu werden:„Nun wohl, mein Herr, was ich Ihnen jetzt mitteilen werde, bezeuge ich bei meiner Ehre, bei meinem Gewissen und bei meinem Eid als reine Wahrheit. Im Jahr 1830, als ich im Begriff war, dieselbe Abhandlung, welche deutsch diesen Brief begleitet, lateinisch herauszugeben, ging ich zu Dr. Seebeck an der Berliner Akademie, der allgemein für den ersten Physiker Deutschlands gilt; er ist der Entdecker der Thermo-Elektrizität und verschiedener physischer Wahrheiten. Ich befragte ihn um seine Meinung über die Streitsache zwischen Goethe und Newton: er war außerordentlich vorsichtig, ließ mich versprechen, dass ich Nichts von Dem, was er sage, drucken und veröffentlichen würde, und zuletzt, nachdem ich ihn hart ins Gedränge gebracht hatte, gestand er, dass Goethe in der Tat vollkommen Recht und Newton Unrecht habe, dass es aber seine Sache nicht sei, dies der Welt zu sagen.“ – Diese Erklärung des Herrn Dr. Seebeck, zu deren Mittheilung sich Schopenhauer nach dessen Tod ermächtigt glauben durfte und an deren Echtheit sich nach der bekannten Aufrichtigkeit und Wahrheitsliebe Schopenhauers nicht im Entferntesten zweifeln lässt, wirft allerdings ein eigentümliches Streiflicht auf das Verhalten der Physiker von Fach der Goethe'schen Farbenlehre gegenüber.

An einem der vorigen Versammlungsabende, nachdem durch meinen Bruder die Goethe'sche Farbenlehre in den Kreis der Besprechungen unserer Gesellschaft gezogen worden war, hielt Herr Dr. Aderholdt einen Vortrag, mit welchem derselbe (wie er in der seinem Vortrag zu Grunde gelegten Druckschrift[1] sagt) beabsichtigt: „mit der vergessenen Goethe'schen Farbenlehre bekannt zu machen und durch Vergleichung derselben mit der Newton'schen und der gegenwärtig in der Wissenschaft gültigen Lehre ein unparteiisches Urteil anzuregen.“

Ob es nun dem geehrten Mitgliede unserer Gesellschaft gelungen ist, Sie auf einen *unparteiischen* Standpunkt zu erheben, scheint mir noch einigermaßen zweifelhaft zu sein, es will mir vielmehr bedünken, dass jener Vortrag mehrere nicht begründete Einwürfe und Angaben enthält, die zu einem einseitigen Urteil Anlass geben können. In wie weit ich dabei im Recht bin, überlasse ich Ihrer eigenen Entscheidung. – Da mir die erwähnte Druckschrift, auf die sich der Vortrag stützte, vorliegt, so bin ich in den Stand

[1] Dr. August Aderholdt, *Ueber Göthe's Farbenlehre*. Weimar 1858.

gesetzt, genauen Bezug zu nehmen und von den mir nicht stichhaltig scheinenden Stellen jener angeführten Schrift einige herauszuheben.

Herr Dr. Aderholdt sagt Seite 8:

„Diese Anfechtungen der Newton'schen Farbenlehre zeigen uns eine höchst interessante Erscheinung. Unser hochgefeierter Dichter Goethe tritt als Naturforscher auf, eröffnet einen heftigen, hartnäckigen Kampf gegen Newtons Lehre und sucht seine eigenen Ansichten zur Geltung zu bringen."

Wenn uns nun hier gesagt wird, dass unser hochgefeierter Dichter Goethe bei dieser Gelegenheit als Naturforscher auftrete, so möchte ich doch noch hinzugefügt wissen, dass er hier nicht das einzige und erste Mal als solcher auftritt, wie man es nach den herausgehobenen Worten, die ihn als den *„Dichter"* einführen, fast glauben möchte. Goethe hat sich ebenso große Verdienste auf dem Gebiet der Naturforschung wie auf dem der Dichtkunst erworben, und haben seine Leistungen in dieser Hinsicht längst ihre Anerkennung gefunden, so dass sein Name unter denen der Naturforscher ersten Ranges mitgezählt wird. So trägt, wenn ich mich nicht irre, eine der Ehrentafeln, die im naturhistorischen Pavillon des Zwingers angebracht und mit den Namen der hervorragenden Naturforscher geschmückt sind, den seinigen.

Ich nehme hierbei Veranlassung, den Einwurf aufs Entschiedenste zurückzuweisen, den man bei Beurteilung der Goethe'schen Farbenlehre hergebrachter Weise immer wieder und sogar von Autoritäten wie Helmholtz hören muss, nämlich dass Goethe hierbei mehr Dichter als Forscher gewesen, dass es ihm um den schönen Schein der Sinnesempfindung mehr als um streng wissenschaftliche Begründung und Ableitung zu tun gewesen sei. Wer Goethes Schriften liest, wird sich überzeugen, wie ungerechtfertigt solch ein Vorwurf ist. Von den phantasiereichen Abschweifungen, die dem Dichter sonst wohl erlaubt sind, hält er sich in seiner Farbenlehre fern, während man in den gegen ihn gerichteten Kritiken mit seltsamer Vorliebe Zitate aus den *poetischen* Schriften Goethes und anderer Dichter anbringt.

Wie sehr übrigens Goethe von dergleichen nichts *beweisenden* Vorwürfen verschont bleiben sollte, kann nicht mit besseren Worten gesagt werden, als es Herr Dr. Aderholdt tut, indem er Seite 10 sagt:

„Wer Goethe kennt, der weiß, wie klar und unentstellt die Außenwelt sich in seinem Innern abspiegelte, wie richtig sein gewaltiger Geist die Erscheinungen zu beurteilen im Stande war und dass er in die Werkstatt der Natur tiefer eingedrungen ist, als das vielen der Naturwissenschaft Beflissenen vergönnt ist, welchen zu den Teilen in der Hand leider das geistige Band fehlt. Nehmen wir den Umstand hinzu, dass die Farbenlehre Goethes eine Frucht langjähriger Studien ist, die der Zeit seiner vollkommensten geistigen Entfaltung angehören, so fällt es uns ebenso schwer, an die von den Physikern ausgesprochene Wertlosigkeit dieses Werkes zu glauben, als an des großen Newton allgemein anerkannter Farbenlehre zu zweifeln."

Herr Dr. Aderholdt sagt ferner Seite 8:„Wer Newton kennt aus der Geschichte und aus seinen Werken, dem ist er ein großer, ein gewaltiger

Mann, ein Prophet der neueren Zeit, dessen leitender Grundsatz in den Worten liegt: Die Erkenntnis der Wahrheit ist die höchste Macht. Newtons Wissenschaftlichkeit ist außerordentlich. Seine Voraussetzungen waren so einfach und naturwüchsig, seine Methode so streng mathematisch, seine Beobachtungen so richtig, seine Versuche so plan und zweckmäßig, dass sich die Gelehrtenwelt seiner und der späteren Zeit ohne Bedenken zu seiner Lehre bekennen musste."

Hiergegen erlaube ich mir zu bemerken, dass, wenn Newton, wie niemand bestreitet, ein großer Mathematiker und Physiker war, diese sonst so verdiente Anerkennung in Betreff seiner Farbenlehre doch eine Beschränkung finden muss. Zum Beweis wollen wir die Methoden Newtons und Goethes vergleichen, wobei Sie mir verstatten wollen, auf letztere zu diesem Zweck etwas näher einzugehen.

Der Dichter Goethe geht in seinen Untersuchungen von denjenigen Farben aus, die nur allein im Auge, als dem zur Erfassung und Einwirkung des Lichtes und der Farben bestimmten Organ, vorhanden sind, die er die physiologischen Farben nennt. Hierauf wendet er sich zu den physischen, d. h. denjenigen, zu deren Hervorbringung gewisse materielle Mittel notwendig sind, welche aber selbst keine Farbe haben und teils durchsichtig, teils trübe und durchscheinend, teils völlig undurchsichtig sein können. Er nimmt auch hier von dem Einfachsten seinen Ausgang, indem er die Entstehung der Farbe bei Gelegenheit der Durchstrahlung trüber Mittel, bei denen noch keine Brechung auftritt, betrachtet. Er zeigt uns, wie das weiße, farblose Licht durch eine gelinde Trübung, z. B. Rauch, geschwächt, gelb, bei zunehmender Trübung gelbrot erscheint, während eine vor der Finsternis schwebende und erleuchtete Trübung blau erscheint und mit Abnahme der Trübung, oder des von dieser reflektierten Lichtes, sich ins Blaurot oder Violett steigert. – Hierauf geht Goethe zu denjenigen Farben über, die gelegentlich der Brechung des Lichtes durch Prismen entstehen. Um die Entstehung der farbigen, prismatischen Säume und das Gesetz, nach denen sie erfolgt, zu erforschen, stellt er seine Beobachtungen mit farblosem Licht an und betrachtet zuerst farblose, d. h. weiße, schwarze und graue Bilder, an denen sich die entstehenden Farbensäume unbeeinflusst zeigen können. Er betrachtet ein weißes Bild auf schwarzem Grund und zeigt uns hierbei, wie bei der Brechung durch Prismen eine unvollkommene Verrückung des betrachteten Bildes, des Urbildes, stattfindet, indem ein Teil des von diesem ausgehenden Lichtes weiter geführt wird und eine Reihe von Nebenbildern entstehen lässt, welche Nebenbilder auf der einen Seite über die Grenze des Urbildes in den schwarzen Hintergrund hinausgeführt und, diesen als ein schwaches Licht erhellend, Blau und Violett erzeugen, während auf der anderen Seite des Urbildes durch jene Verschiebung der Nebenbilder nur ein geschwächtes Licht vorhanden ist, das als solches gelbrot und gelb erscheint. Von hier geht Goethe zu der Betrachtung farbiger Bilder durchs Prisma über, bei denen die Farbe des betrachteten Bildes und die Farbe des gesetzmäßig entstehenden prismatischen Saumes sich natürlich gegenseitig beeinflussen und bei passend gewählten Farben des Urbildes sich erhöhen oder aufheben müssen. Hier lässt uns Goethe zwei horizontal neben einander gelegte, gleich große Vierecke auf schwarzem Grund betrachten, von denen das eine blau, das andere gelbrot ist. Er belehrt uns, wie bei der Betrachtung dieser Vierecke durch ein waagerecht mit der brechenden Kante nach unten gehaltenes Prisma an der oberen Grenze der beiden Vierecke der gelbrote und gelbe Saum, an der unteren der blaue und violette Saum entsteht. Der gelbrote und gelbe Saum vereinigt sich mit der Farbe des gelbroten Vierecks, das er in seiner Grenze bestehen lässt. Beim blauen Viereck wird der gelbrote Saum, dessen Farbe zu ihm komplementär ist, sich mit jenem aufheben und der gelbe Saum sich zu einem dunkeln Grün verbinden, wodurch diese Seite des blauen Vierecks herunter gerückt erscheint. An der unteren Grenze der beiden Vierecke findet mit dem dort auftretenden blauen und violetten Saum das Umgekehrte statt. Beim blauen Viereck wird er sich mit dessen Farbe vereinigen, so dass dieses durch ihn vergrößert erscheint; beim gelbroten Viereck aber wird der blaue Saum, als zu dessen Farbe komplementär, aufgehoben, wodurch das Rote an dieser Seite verkürzt erscheint und der violette Saum nach dem Schwarzen zu kaum bemerkt wird. – Goethe sagt hierbei, die Wirkung der gleich- und entgegengesetzt gefärbten Farbensäume sei so mächtig und sonderbar, dass einem flüchtigen Beschauer beim ersten Anblicke die beiden Vierecke aus ihrer gegenseitigen waagerechten Lage verschoben und im entgegengesetzten Sinn verrückt scheinen, das rote nach oben, das blaue nach unten; doch werde niemand, der in einer gewissen Folge zu beobachten, Versuche aneinander zu knüpfen und auseinander herzuleiten verstehe, sich von einer solchen Scheinwirkung täuschen lassen.

Wie verfährt dagegen der Mathematiker Newton? Statt sich zuvor mit den Einwirkungen und Beziehungen der Farbe zu unserem Auge bekannt zu machen; statt zuvor die Entstehung der Farbe auf einfacherem Wege als dem gelegentlich der Brechung zu untersuchen; statt die prismatischen Experimente mit den einfacheren zu beginnen und farblose Flächen zu betrachten, beginnt er seine Optik mit dem kompliziertesten Experiment, sagt als 1. Proposition, 1. Theorem: „Lichter, die an Farbe verschieden sind, dieselben sind auch an Brechbarkeit verschieden", und bringt als ersten Versuch jenes letzterwähnte Goethe'sche Experiment mit dem gelbroten und blauen Viereck, welches auch noch heute erscheinende Lehrbücher der Physik aufführen. Aus der scheinbar verschobenen Lage der Vierecke schließt er sofort auf eine verschiedene Brechbarkeit.

Man fragt hier mit Recht: wessen Methode ist streng mathematisch, wessen Beobachtungen sind richtig, wessen Versuche sind die plan- und zweckmäßigeren, diejenigen des Dichters Goethe, oder die des Physikers und Mathematikers Newton? Muss man Goethe nicht von Herzen beistimmen, wenn er sagt:„Man wird sogleich sehen, dass Newton hier nicht auf eine Weise verfährt, die dem Mathematiker geziemt. Denn dieser setzt, wenn er belehren will, das Einfachste voraus und baut aus den begreiflichsten Elementen sein bewundernswürdiges Gebäude zusammen. Newton hingegen stellt den kompliziertesten subjektiven Versuch, den es vielleicht gibt, an die Spitze, verschweigt seine Herkunft, hütet sich, ihn von mehreren Seiten darzustellen und überrascht den unvorsichtigen Schüler, der, wenn er einmal Beifall gegeben hat, sich in dieser Schlinge gefangen sieht, nicht mehr weiß, wie er zurücksoll. – Dies ist nun der Grund- und Eckstein des Newton'schen optischen Werkes, so sieht es mit einem Experiment aus, das dem Verfasser so viel zu bedeuten schien, dass er es aus Hunderten heraushob, um es an die Spitze seiner chromatischen Erfahrungen zu setzen. Wir haben schon bemerkt, wie kaptiös und taschenspielerisch dieser Versuch angegeben worden, denn wenn die Erscheinung einigermaßen täuschen soll, so muss das Rote ein Zinnoberrot und das Blaue sehr dunkelblau sein. Nimmt man Hellblau, so wird man die Täuschung gleich gewahr. Und warum ist denn niemand eingefallen, noch eine andere verfängliche Frage zu tun? Nach der Newton'schen Lehre ist das Gelbrot am wenigsten refrangibel, das Blaurot am meisten; warum also nimmt er denn nicht ein violettes Papier neben das rote, sondern ein dunkelblaues? Wäre die Sache wahr, so müsste die Verschiedenheit der Refrangibilität bei Gelbrot und Violett weit stärker sein als bei Gelbrot und Blau. Allein hier findet sich der Umstand, dass ein violettes Papier die prismatischen Farbensäume weniger versteckt als ein dunkelblaues, wovon sich jeder Beobachter leicht überzeugen kann. Wie es dagegen um die Newton'sche Beobachtungsgabe und um die Genauigkeit seiner Experimente stehe, wird jeder, der Augen und Sinn hat, mit Verwunderung gewahr werden; ja man darf dreist sagen, wer hätte einen Mann von so außerordentlichen Gaben, wie Newton war, durch ein solches Hokuspokus betrügen können, wenn er sich nicht selbst betrogen hätte? Nur derjenige, der die Gewalt des Selbstbetrugs kennt und weiß, dass er ganz nahe an die Unredlichkeit grenzt, wird allein das Verfahren Newtons und seiner Schule rechtfertigen können." – So weit Goethe.

Um übrigens von der so viel gerühmten, streng mathematischen Behandlungsweise Newtons nur noch ein Beispiel zu geben, zitiere ich zwei Stellen. So äußert sich Newton, nachdem er bei der vermeinten Zerlegung des durch eine runde Öffnung und Prismen gegangenen Sonnenlichtes gesagt hat, dass die Strahlen, die von gleicher Brechbarkeit seien, auf einen Kreis fallen, der der Sonnenscheibe entspreche, wörtlich: „Unter einem Kreis verstehe ich hier nicht einen vollkommen geometrischen Kreis, sondern irgendeine Kreisfigur, deren Länge der Breite gleich ist, und die den Sinnen allenfalls wie ein Kreis vorkommen könnte." Ferner sagt Newton bei Gelegenheit der Zusammensetzung des Weißen aus farbigen Pulvern, als hierbei kein Weiß, sondern Grau erscheinen wollte:„Und deswegen, indem man solche Pulver mischt, müssen wir nicht erwarten, ein reines und vollkommenes Weiß zu erzeugen, wie wir etwa am Papier sehen, sondern ein gewisses düsteres, dunkles Weiß, wie aus der Mischung von Licht und Finsternis entstehen möchte, oder aus Weiß und Schwarz, nämlich ein graues, braunes, rotbraunes, dergleichen die Farbe der Menschennägel ist, oder mäusefarben, aschfarben, etwa steinfarben, oder wie der Mörtel, Staub oder Straßenkot aussieht und dergleichen. Und so ein dunkles Weiß habe ich oft hervorgebracht, wenn ich farbige Pulver zusammenmischte."

Die Gegner der Newton'schen Theorie sind daher gewiss gerechtfertigt, wenn sie gegen die so oft vorgebrachte und auch von Herrn Dr. Aderholdt geteilte Behauptung einer mathematischen Behandlungsweise Newtons, eines plan- und zweckmäßigen Ganges seiner Untersuchungen protestieren, ebenso wie sie gegen die Ansicht des Herrn Dr. Aderholdt Einsprache erheben werden, dass sich in Folge jener Behandlungsweise die Gelehrtenwelt seiner und der späteren Zeit ohne Bedenken zu seiner Lehre bekennen musste. Die Geschichte zeigt, dass Newton mit seiner Farbenlehre sofort den heftigsten Widerstand fand, ich erwähne hier nur Mariotte, Rizzetti, und dass in neuester Zeit Schopenhauer aufs Entschiedenste gegen ihn aufgestanden ist. Goethes Lehre ist mithin nicht so abgetan und vergessen, als man vorgibt. Wenn übrigens in der neueren Zeit weniger Männer von Fach ihre Zustimmung zu Goethes Theorie laut werden ließen, so darf man wohl annehmen, dass ähnliche Beweggründe, wie diejenigen, von denen Herr Professor Seebeck geleitet wurde, wirksam gewesen sind.

Herr Dr. Aderholdt sagt Seite 9: „Es kann uns nicht befremden, dass ein Dichter die Farben als Gegenstand spezieller Studien erwählte; wir begreifen auch leicht, dass ihm, der mit der Mathematik wenig vertraut war, die Newton'sche mathematische Behandlungsweise der Optik wenig anziehend erschien; endlich gestehen wir auch gerne einem Goethe das Recht zu, sich der Schonung zu entäußern, wo er meinte, einen alten, steifen Gelehrtenzopf abschneiden zu müssen, aber es wird schwer sein, die ehrenrührigen Ausfälle Goethes gegen Newton zu entschuldigen, unmöglich sie zu rechtfertigen."

Zunächst möchte ich wünschen, dass auch hier Goethe nicht als „ein Dichter" aufgeführt werde, wodurch der Unbefangene leicht zu dem Glauben geleitet wird, dass Goethe hier immer nur als „Dichter" vor ihm stehe, der sich der Behandlung der Farbenlehre, angeregt durch den sinnlichen Reiz und die ästhetische Bedeutung der Farben, unterziehe. Obschon nun Herr Dr. Aderholdt eine solche Verwechselung der Begriffe keinesfalls im Sinn gehabt hat, da er Goethe an verschiedenen Stellen seines Vortrags ein gebührendes Lob spendet, so wird sie sich bei einem Unkundigen, der seinen Vortrag liest, doch fast von selbst einstellen, und zwar umso leichter, als Herr Dr. Aderholdt Seite 48 von einem Goethe'schen Schattenspiel, an dem sich Schopenhauer kindlich freue, spricht.

Dass aber die mathematische Behandlungsweise des Newton für Goethe wenig anziehend sein konnte, wird man nach dem Gesagten leicht begreiflich finden; auch kann man wohl der Ansicht des Herrn Dr. Aderholdt beipflichten, der einem Goethe das Recht zuerkennt, sich der Schonung zu entäußern, wo es gilt, einen alten, steifen Gelehrtenzopf abzuschneiden. Wir bleiben aber hierbei nicht stehen und gehen gewiss nicht zu weit, wenn wir die Ausfälle Goethes gegen Newton, die dessen wissenschaftliche Ehre allerdings angreifen und die Herrn Dr. Aderholdt zu rechtfertigen unmöglich erscheinen, dennoch entschuldigen. Wer will es einem Genius wie Goethe verdenken, wenn er unwillig wurde, dass man über den spitzfindigen und unhaltbaren Ableitungen Newtons seine gegründeten Einwürfe übersah; wenn er sich zu scharfen Urteilen hinreißen ließ und jenes Grau, das aus Newtons Mischung der farbigen Pulver entstand, und das auch uns noch beim Farbenkreisel, allem Augenscheine zum Trotz, als Weiß bezeichnet wird, bloß ein niederträchtiges Grau nannte, während Newton selbst sein Weiß als grau, braun, mäusefarben, aschen- und straßenkotfarben bezeichnet.

Nachdem Newton einen Sonnenstrahl durch eine kleine Öffnung im Fensterladen eines finsteren Zimmers auf ein Prisma geleitet hat und das hierdurch erzeugte farbige Spektrum betrachtet, so gelangt er und mit ihm die noch heute geltende Physik sofort zu dem Satz, den uns Herr Dr. Aderholdt Seite 17 aufführt: „Das weiße Sonnenlicht ist aus verschiedenen, gefärbten Strahlen zusammengesetzt. Diese sind ungleich brechbar."

Herr Dr. Aderholdt fährt fort: „Was könnte einfacher und natürlicher sein, als die Folgerung dieses Satzes aus den beobachteten Erscheinungen? Aber Newton lässt es auch an bestätigenden Versuchen nicht fehlen. Er überzeugt sich zunächst von der Richtigkeit des zweiten Teils desselben, indem er einen Streifen Pappe, welcher zur Hälfte rot, zur Hälfte blau ist, durch ein Prisma betrachtet, auf welche Weise beide Hälften getrennt erscheinen, dergestalt, dass der blaue Teil stärker abgelenkt ist."

Ich bin hier entschieden anderer Ansicht als Herr Dr. Aderholdt. Wenn im vorliegenden Falle *hinter* dem Prisma Farben sichtbar werden, während *vor* demselben nur ein weißes, farbloses Licht vorhanden ist, so kann dies verschiedene Gründe haben. Es kann dies allerdings durch eine Zerlegung des weißen Lichtes bewirkt worden sein, es kann dies aber ebenso gut die Folge einer durch das Prisma bewirkten Verschiebung des Lichtstromes sein und einer dadurch erzeugten Modifikation seiner Intensitäts-Verhältnisse. Statt nun zuvor nach der Natur der Farbe und ihrer Entstehung auf anderem als dem bloß prismatischen Wege zu forschen, lässt Newton und mit ihm die noch heute geltende Physik jenen zur Erklärung der Farbe so wichtigen Teil der ihnen zukommenden Forschung ganz unberücksichtigt und setzt dennoch fest: das weiße Licht werde in seine Bestandteile zerlegt.

Diese Folgerung Newtons ist daher nicht als eine „einfache und natürliche", sondern mindestens als eine voreilige zu bezeichnen, die man allenfalls jemandem nachsehen dürfte, der nur nach dem Augenschein, ohne tieferes, wissenschaftliches Eingehen urteilt, nicht aber dem Mathematiker Newton. Wie es mit der von Herrn Dr. Aderholdt behaupteten Bestätigung einer verschiedenen Brechbarkeit durch die Betrachtung jenes gelbroten und blauen Vierecks beschaffen ist, haben wir vorhin gesehen.

Herr Dr. Aderholdt sagt Seite 18: „Da der Sonnenstrahl bei seiner Ausbreitung durch das Prisma in den verschiedenen Farben auftritt, so sind diese ursprünglich im weißen Sonnenlicht enthalten. Dass das Prisma die Farbe nicht *erzeuge*, ist daraus klar, dass zur Hervorbringung von Farben bloße Ränder undurchsichtiger Körper ausreichen, wovon uns die Betrachtung der

Sonne oder einer Kerzenflamme durch eine Federfahne oder einen Flor leicht überzeugen kann."

Wie voreilig der Schluss auf die zusammengesetzte Natur des weißen Lichtes aus dem Erscheinen von Farben hinter dem Prisma zu nennen sei, war bereits erwähnt. Herr Dr. Aderholdt ist aber auch im Unrecht, wenn er sagt, dass das Prisma die Farben nicht erzeuge. Wohl erzeugt, d. h. veranlasst das Prisma die Farben. Durch das Prisma wird der Lichtstrom, abgesehen von der allgemeinen Brechung, in seinen Grenzen verschoben, so dass auf der einen Seite ein geschwächtes Licht erzeugt wird, das als solches gelbrot und gelb aussieht, während auf der anderen Seite ein schwaches, durchsichtiges Licht über die Grenze in die Finsternis hinaustritt und als solches den blauen und violetten Saum bildet. – Dieselbe Verschiebung des Lichtstromes erfolgt gelegentlich der Beugung, wenn das Licht an der Kante eines festen Körpers herstrahlt. Auch hier werden dieselben farbigen Säume erzeugt, doch treten sie wegen des geringeren Bereichs der beugenden Kante dabei schwächer auf.

Es ließen sich noch gegen den Sachverhalt mehrerer anderer Angaben der Newton'schen Farbenlehre die gegründetsten Einwürfe erheben, z. B. gegen die sogenannte Homogenität der Farben, besonders gegen diejenige des Grün, das sich vor unseren Augen aus Gelb und Blau mischt, das erst dann im Spektrum auftritt, wenn man den gelben und den blauen Saum sich erreichen lässt, das bei einem Spektrum mit einer weißen Mitte gar nicht vorhanden ist, während es doch, wenn es homogen wäre, ebenso uranfänglich wie Orange, Gelb, Blau und Violett im Spektrum auftreten müsste; man könnte fragen, warum die Brechbarkeit der im weißen Licht angeblich enthaltenen verschiedenen farbigen Strahlen sich nur bei der Brechung durch Prismen und nicht beim Durchgange des Lichtes durch parallelflächige Körper, z. B. eine dicke Glasplatte, bewährt. Sie müsste nach der von der Physik angenommenen verschiedenen Brechbarkeit der farbigen Strahlen hier gleicherweise wie beim Prisma, wenn auch schwächer, auftreten. Es ließe sich noch die Unhaltbarkeit der von der Physik aufgestellten und doch gänzlich verfehlten Analogie der Farben und Töne darlegen, bezüglich deren ich aber wegen der Kürze der Zeit auf die betreffenden Schriften verweisen muss, da das Ziel, was ich jetzt im Auge habe, nur das ist, Sie über die Frage aufzuklären, ob man die der Goethe'schen Lehre gemachten Einwürfe unbedingt annehmen dürfe.

Wenn nun nach meiner Meinung Goethes Theorie als die einzige in ihren Grundlagen und Ausgangspunkten richtige anzuerkennen ist, so soll damit doch keineswegs gesagt sein, dass sie nicht eines weiteren Ausbaues und mancher Berichtigung in der Ausführung bedürfe. Äußert ja Goethe selbst den Wunsch, dass die Physiker sich mit seiner Lehre beschäftigen und sie weiter ausbauen möchten.

Zwei Punkte, in denen ich von Goethes Ansicht abgewichen bin und über die ich mich in meiner Abhandlung verbreitete, sind seine Annahme einer realen Finsternis und die Wiederherstellung des Weißen. Es sind dieses jedoch keine wesentlichen Punkte, da deren Lösung im Sinn der Theorie möglich ist, ja sich sogar als deren Konsequenz ergibt. Die Farben entstehen nur aus dem weißen Lichte als Modifikationen desselben; das Weiße ist unbedingt aus den prismatischen Farben wieder herzustellen. Eine Erzeugung von Weiß aus Pigmenten und selbst durch die Drehscheibe oder den Farbenkreisel, wie die Physiker sie lehren, ist aber eine reine Unmöglichkeit.

Herr Dr. Aderholdt sagt Seite 19: „Dass man jedoch nicht durch Mischen von Pigmenten eine weiße Farbe herzustellen vermag, das findet seinen Grund in der Unreinheit selbst der schönsten Farbstoffe.

Busolts Farbenkreisel, eine rotierende, mit den prismatischen Farben bemalte Scheibe, bringt einen dem Weiß sehr ähnlichen Eindruck hervor, indem hier die Mischung der Farben im Auge vor sich geht. Besser aber ist eine Scheibe aus Sektoren von durchsichtiger Leimfolie, welche die Farben des Spektrums haben. Man beleuchtet dieselbe im dunklen Zimmer durch Sonnenlicht, so dass die Farben auf einer weißen Wand erscheinen; bei der Rotation verschwinden dann die Farben und die erleuchtete Stelle der Wand erscheint weiß."

Herr Dr. Aderholdt hat aber auch hier offenbar Unrecht. In dem ersteren Fall der Mischung von Pigmenten ist nicht die Unreinheit der Farben an dem sich zeigenden Grau schuld; im zweiten Fall ist es nicht Weiß, was bei der Drehung der Scheibe erscheint: man verwechselt hier farblos und weiß. Wir erhalten in beiden Fällen nicht die Helligkeit des Sonnenlichtes, mit dem wir experimentieren, sondern den Durchschnitt der in den einzelnen Farben enthaltenen Helligkeit, der immer geringer als jenes sein muss. Wir erhalten also nicht Weiß, d. h. die Lichtstärke, mit der gerade operiert wird, sondern„weniger Licht", d. h. Grau, wie Schwarz „kein Licht" bedeutet.

Wie es also mit der Beweiskraft der der Goethe'schen Farbenlehre gemachten Einwürfe beschaffen ist, hoffe ich, Ihnen mindestens an einigen Beispielen gezeigt zu haben. Es würde mir eine große Befriedigung gewähren, wenn es mir dadurch gelungen sein sollte, Ihnen zu zeigen, wie sehr man sich und mit Grund zu hüten hat, nach solchen Kritiken blindlings über Goethe abzuurteilen. Vor allem gilt es, Goethe, den Sie richten wollen, selbst zu lesen und seinen Versuchen, die mit leichter Mühe anzustellen sind, zu folgen. Diese Untersuchungen werden Sie allerdings zu einem Kampf gegen die Autorität Newtons auf dem Gebiet der Farbenlehre drängen. Lassen Sie sich aber hierbei nicht durch den Spott des Herrn Dove irren, wenn derselbe sagt: „dass es zu allen Zeiten nicht an solchen fehlen wird, für welche der Pater Castel eine größere Autorität ist als Huyghens, Newton, Fresnel und Fraunhofer." Es sei Ihnen diese Äußerung vielmehr ein Beweis, wie wenig ein *mit Autorität belegter*, und ein *bewiesener* Lehrsatz zu verwechseln sind. Denn während uns hier Newton von Herrn Dove als Autorität zur Verehrung vorgeführt wird, erfahren wir fast in demselben Atemzug, nämlich nur einige Seiten später, dass diese Autorität Newton mit ihrer Emanations-Theorie gegen Huyghens im Unrecht war.

Kopernikus hatte gegen die gewaltigste Autorität zu kämpfen, gegen das über 1000 Jahre geltende *Ptolemäische System*, das von aller Welt angenommen, von Mathematikern gestützt und von den mächtigsten Schützern, der Kirche und dem Glauben, geschirmt war, und doch hatte er Recht!

Lassen Sie daher bei Ihrer Untersuchung der Goethe'schen Farbenlehre und ihrer Vergleichung mit der Newton'schen, allein Ihr unbefangenes Urteil den Richter sein, und Sie werden der besten Autorität folgen, der jede andere weichen muss.

Hermann von Helmholtz: Über Goethes naturwissenschaftliche Arbeiten (1853)

Vita – Abstract
Hermann von Helmholtz (31. August 1821 Berlin – 8. September 1894 Berlin) studierte seit 1838 Medizin in Berlin, wurde 1842 mit einer Arbeit zur mikroskopischen Anatomie (*Ursprung der Nervenfasern aus Ganglienzellen*) promoviert und nach einer ärztlichen Tätigkeit in der Charité und als Militärarzt 1848 auf den Berliner Lehrstuhl für Physiologie berufen, um nach weiteren Stationen in Königsberg, Bonn und Heidelberg 1871 als Professor für Physik nach Berlin zurückzukehren. Helmholtz war 1877/78 Rektor der Universität, wurde in verschiedene Akademien aufgenommen und 1883 geadelt. In seinen umfassenden Forschungen und Publikationen behandelte er zentrale Themen der Physik (Energieerhaltungssatz), Physiologie (Nervenleitung), Psychologie (Dreifarbentheorie), Ästhetik (Theorie der Töne) und Philosophie (Erkenntnistheorie der Naturwissenschaften und Medizin), entwickelte technische Geräte (akustischer Resonator) und diagnostische Instrumente (Augenspiegel), war ein Wissenschaftsorganisator, setzte sich für die Freiheit der Wissenschaft sowie mit Emil Du Bois-Reymond (1818–1896) und Rudolf Virchow (1821–1902) für einen naturwissenschaftlich und nicht einseitig geisteswissenschaftlich bestimmten Schulunterricht ein, trug schließlich in dieser Perspektive mit populären Vorträgen zur Verbreitung naturwissenschaftlicher Entdeckungen und Theorien bei.

In seinem Vortrag von 1853 vor der ‚Königlichen deutschen Gesellschaft zu Königsberg' beurteilt Helmholtz Goethes Beiträge in den beschreibenden Naturwissenschaften oder Botanik und Osteologie positiv,

D. von Engelhardt, *Goethe als Naturforscher im Urteil der Naturwissenschaft und Medizin des 19. Jahrhunderts*,
https://doi.org/10.1007/978-3-662-68126-8_23

einschränkend dagegen in den physikalischen Naturwissenschaften oder der Farbenlehre. Die Metamorphose der Pflanzen sei ein „anerkanntes und direktes Eigentum“ der Botanik, der Grundgedanke der Wirbeltheorie habe sich durchgesetzt, wenngleich über Einzelheiten weiterhin kein Konsens bestehe, das Konzept des Bauplans der Tiere sei dagegen weniger aufgegriffen worden und die Farbenlehre auf allgemeine Ablehnung unter Physikern gestoßen. Den Konflikt zwischen Goethe und Newton (1643–1727) führt von Helmholtz, der selbst über Farben und Farbwahrnehmung forschte, auf einen Unterschied in der Geistesrichtung zurück, der Goethes eines Hofmannes unwürdige Polemik relativiere. Als Dichter, der er bei allem Engagement in der Naturforschung geblieben sei, stehe Goethe für die unmittelbare Versinnlichung der Idee, Newton als Physiker für die kausale Begründung der Naturphänomene, mit der die Welt der Sinnlichkeit verlassen werden müsse. Der Mechanismus der Materie könne aber, wie Helmholtz überzeugt ist, nicht durch Verleugnung besiegt werden, sondern nur, indem man ihn den „Zwecken des sittlichen Geistes“ unterwerfe.

Helmholtz, Hermann von:
Über Goethe's naturwissenschaftliche Arbeiten, in: Allgemeine Monatsschrift für Wissenschaft und Kultur (1853) S. 383–398.

***

Goethe, dessen umfassendes Talent namentlich in der besonnenen Klarheit hervortrat, womit er die Wirklichkeit des Menschen und der Natur in ihren kleinsten Zügen mit lebensfrischer Anschauung festzuhalten und wiederzugeben wusste, ward durch diese besondere Richtung seines Geistes mit Notwendigkeit zu naturwissenschaftlichen Studien hingeführt, in denen er nicht nur aufnahm, was andere ihn zu lehren wussten, sondern auch, wie es bei einem so ursprünglichen Geist nicht anders sein konnte, bald selbsttätig und zwar in höchst eigentümlicher Weise einzugreifen versuchte. Er wandte seine Tätigkeit sowohl dem Gebiet der beschreibenden als dem der physikalischen Naturwissenschaften zu; jenes geschah namentlich in seinen botanischen und osteologischen Abhandlungen, dieses in der Farbenlehre. Die ersten Gedankenkeime dieser Arbeiten fallen meist in das letzte Jahrzehnt des vorigen Jahrhunderts, wenn auch ihre Ausführung und Darstellung teilweise später vollendet ist. Seitdem hat die Wissenschaft in sehr ausgedehnter Weise vorwärts gearbeitet, zum Teil ganz neues Ansehen gewonnen, ganz neue Gebiete der Forschung eröffnet, ihre theoretischen Vorstellungen mannigfach geändert. Ich will versuchen, im Vorliegenden das Verhältnis der Arbeiten Goethes zum gegenwärtigen Standpunkt der Naturwissenschaften zu schildern und den gemeinsamen leitenden Gedanken derselben anschaulich zu machen.

Der eigentümliche Charakter der beschreibenden Naturwissenschaften, Botanik, Zoologie, Anatomie usw., wird dadurch bedingt, dass sie ein ungeheures Material von Tatsachen zu sammeln, zu sichten und zunächst in eine logische Ordnung, ein System, zu bringen haben. So weit ist ihre Arbeit nur die trockene eines Lexikographen, ihr System ein Repositorium, in welchem die Masse der Akten so geordnet ist, dass Jeder in jedem Augenblick das Verlangte finden kann. Der geistigere Teil ihrer Arbeit und ihr eigentliches Interesse beginnt erst, wenn sie versuchen, den zerstreuten Zügen von Gesetzmäßigkeit in der unzusammenhängenden Masse nachzuspüren und sich daraus ein übersichtliches Gesamtbild herzustellen, in welchem jedes Einzelne seine Stelle und sein Recht behält und durch den Zusammenhang mit dem Ganzen an Interesse noch gewinnt. Hier fand der ordnende und ahnende Geist unseres Dichters ein geeignetes Feld für seine Tätigkeit, und zugleich war die Zeit ihm günstig. Er fand schon genug Material in der Botanik und vergleichenden Anatomie gesammelt und logisch geordnet vor, um eine umfassende Rundschau zu erlauben und auf richtige Ahnungen einer durchgehenden Gesetzmäßigkeit hinzuweisen. Dagegen irrten die Bestrebungen seiner Zeitgenossen in dieser Beziehung meist ohne Leitfaden umher, oder sie waren noch so sehr von der Mühe des trockenen Einregistrierens in Anspruch genommen, dass sie an weitere Aussichten kaum zu denken wagten. Hier war es Goethe vorbehalten, zwei bedeutende Gedanken von ungemeiner Fruchtbarkeit in die Wissenschaft hineinzuwerfen.

Die erste Idee war, dass die Verschiedenheiten in dem anatomischen Bau der verschiedenen Tiere aufzufassen seien als Abänderungen eines gemeinsamen Bauplanes oder Typus, bedingt durch die verschiedenen Lebensweisen, Wohnorte, Nahrungsmittel. Die Veranlassung für diesen folgereichen Gedanken war sehr unscheinbar und findet sich in der schon 1786 geschriebenen kleinen Abhandlung über das Zwischenkieferbein. Man wusste, dass bei sämtlichen Wirbeltieren (d. h. Säugetieren, Vögeln, Amphibien, Fischen) die obere Kinnlade jederseits aus zwei Knochenstücken besteht, dem sogenannten Oberkiefer- und Zwischenkieferbein. Ersteres enthält bei den Säugetieren stets die Backen- und Eckzähne, letzteres die Schneidezähne. Der Mensch, welcher sich von ihnen allen durch den Mangel der vorragenden Schnauze unterscheidet, hatte dagegen jederseits nur ein Knochenstück, das Oberkieferbein, welches alle Zähne enthielt. Da entdeckte Goethe auch am menschlichen Schädel schwache Spuren der Nähte, welche bei den Tieren Oberkiefer und Zwischenkiefer verbinden, und schloss daraus, dass auch der Mensch ursprünglich einen Zwischenkiefer besitze, der aber später durch Verschmelzung mit dem Oberkiefer verschwinde. Diese unscheinbare Tatsache lässt ihn sogleich einen Quell des anregendsten Interesses in dem wegen seiner Trockenheit übel berüchtigten Boden der Osteologie entdecken. Dass Mensch und Tier ähnliche Teile zeigen, wenn sie diese Teile zu ähnlichen Zwecken dauernd gebrauchen, hatte nichts Überraschendes gehabt. In diesem Sinn hatte schon Camper die Ähnlichkeiten des Baues bis zu den Fischen hin zu verfolgen gesucht. Aber dass diese Ähnlichkeit der Anlage nach bestehe, auch in einem Fall, wo sie den Anforderungen des vollendeten menschlichen Baues offenbar nicht entspricht und ihnen deshalb nachträglich durch Verwachsung der getrennt entstandenen Teile angepasst werden muss, das war ein Wink, welcher dem geistigen Auge von Goethe genügte, um ihm einen Standpunkt von weit umfassender Aussicht anzuzeigen. Weitere Studien überzeugten ihn bald von der Allgemeingültigkeit seiner neugewonnenen Anschauung, so dass er im Jahr 1795 und 1796 die ihm dort aufgegangene Idee näher bestimmen und in dem *Entwurf einer allgemeinen Einleitung in die vergleichende Anatomie* zu Papier bringen konnte. Er lehrt darin mit der größten Entschiedenheit und Klarheit, dass alle Unterschiede im Bau der Tierarten aufgefasst werden müssten als Veränderungen des einen Grundtypus, welche durch Verschmelzung, Umformung, Vergrößerung, Verkleinerung oder gänzliche Beseitigung einzelner Teile hervorgebracht seien. Es ist das, im gegenwärtigen Zustand der vergleichenden Anatomie, in der Tat die leitende Idee dieser Wissenschaft geworden. Sie ist später nirgends besser und klarer ausgesprochen, als es durch Goethe geschehen ist; auch hat die Folgezeit nur wenige wesentliche Veränderungen daran vorgenommen, deren wichtigste die ist, dass man den gemeinsamen Typus jetzt nicht für das ganze Tierreich, sondern für jede der von *Cuvier* aufgestellten Hauptabteilungen desselben zu Grunde legt. Der Fleiß von Goethes Nachfolgern hat ein unendlich viel reicheres, wohlgesichtetes Material zusammengehäuft und hat das, was er nur in allgemeinen Andeutungen geben konnte, in das Speziellste verfolgt und durchgeführt.

Die zweite leitende Idee, welche Goethe der Wissenschaft schenkte, sprach eine ähnliche Analogie zwischen den verschiedenen Teilen ein und desselben organischen Wesens aus, wie wir sie eben für die entsprechenden Teile verschiedener Arten beschrieben haben. Die meisten Organismen zeigen eine vielfältige Wiederholung einzelner Teile. Am auffallendsten ist das bei den Pflanzen; eine jede pflegt eine große Anzahl gleicher Stengelblätter, gleicher Blütenblätter, Staubfäden usw. zu haben.

Goethe wurde zuerst, wie er erzählt, beim Anblick einer Fächerpalme in Padua darauf aufmerksam, wie mannigfach die Übergänge zwischen den verschiedenen Formen der nach einander entwickelnden Stengelblätter einer Pflanze sein können, wie, statt der ersten einfachsten Wurzelblättchen, mehr und mehr geteilte Blätter und schließlich die zusammengesetztesten Fiederblätter sich entwickeln; es gelang ihm auch später die Übergänge zwischen den Blättern des Stengels und denen des Kelches und der Blüte, zwischen letzteren und den Staubfäden, Nektarien und Samengebilden zu finden und so zur Lehre von der Metamorphose der Pflanzen zu gelangen, welche er 1790 veröffentlichte. Wie die vordere Extremität der Wirbeltiere sich bald zum Arm beim Menschen und Affen, bald zur Pfote mit Nägeln, bald zum Vorderfuß mit Hufen, bald zur Flosse, bald zum Flügel entwickelt und immer eine ähnliche Gliederung, Stellung und Verbindung mit dem Rumpf behält, so erscheint das Blatt bald als Keimblatt, bald als Stengelblatt, Kelchblatt, Blütenblatt, Staubfaden, Honiggefäß, Pistill, Samenhülle usw. immer mit einer gewissen Ähnlichkeit der Entstehung und Zusammensetzung und, unter ungewöhnlichen Umständen, auch bereit, aus der einen Form in die andere überzugehen. Jeder, der eine gefüllte Rose aufmerksam betrachtet, wird ihre teils halb, teils ganz in Blütenblätter verwandelten Staubfäden leicht erkennen. Auch diese Anschauungsweise Goethes ist gegenwärtig in der Wissenschaft vollständig eingebürgert und erfreut sich der allgemeinen Zustimmung der Botaniker, wenn auch über einzelne Deutungen gestritten wird, z. B. ob der Samen ein Blatt oder ein Zweig sei.

Unter den Tieren ist die Zusammensetzung aus ähnlichen Teilen sehr auffallend in der großen Abteilung der Geringelten, z. B. der Insekten und Ringelwürmer. Die Insektenlarve, die Raupe eines Schmetterlings, besteht aus einer Anzahl ganz gleicher Körperabschnitte, der Leibesringel; nur der erste und letzte zeigen gewisse Abweichungen. Bei ihrer Verwandlung zum vollkommenen Insekt bewährt sich sehr leicht und deutlich die Anschauungsweise, welche Goethe in der Metamorphose der Pflanzen aufgefasst hatte: die Entwicklung des ursprünglich Gleichartigen zu anscheinend sehr verschiedenen Formen. Die Ringel des Hinterleibes behalten ihre ursprüngliche einfache Form, die des Bruststückes ziehen sich stark zusammen, entwickeln Füße und Flügel, die des Kopfes Kinnladen und Fühlhörner, so dass an vollkommenen Insekten die ursprünglichen Ringel nur noch am Hinterleib zu erkennen sind. Auch bei den Wirbeltieren ist die Wiederholung gleichartiger Teile in der Wirbelsäule angedeutet, aber in der äußeren Gestalt nicht mehr zu erkennen. Ein glücklicher Blick auf einen halbgesprengten Schafschädel, welchen Goethe im Sand des Lidos von Venedig 1790 zufällig fand, lehrte ihn auch den Schädel als eine Reihe stark veränderter Wirbel aufzufassen. Beim ersten Anblick kann nichts unähnlicher sein, als die weite, einförmige, von platten Knochen begrenzte Schädelhöhle der Säugetiere und das enge zylindrische, aus kurzen, massigen und vielfach gezackten Knochen zusammengesetzte Rohr der Wirbelsäule. Es gehört ein geistreicher Blick dazu, um im Schädel der Säugetiere die ausgeweiteten und umgeformten Wirbelringe wiederzuerkennen, während bei Amphibien und Fischen die Ähnlichkeit auffallender ist. Goethe ließ übrigens diesen Gedanken lange Zeit liegen, ehe er ihn veröffentlichte; vielleicht, weil er einer günstigen Aufnahme nicht recht sicher war. Unterdessen fand Oken 1806 denselben Gedanken, führte ihn in die Wissenschaft ein und geriet darüber in einen Prioritätsstreit mit Goethe, welcher erst 1817, als der Gedanke anfing sich Beifall zu erwerben, erklärte, dass er ihn seit 30 Jahren gehegt habe. Über die Zahl und die Zusammensetzung der einzelnen Schädelwirbel ward und wird noch viel gestritten, der Grundgedanke hat sich aber erhalten.

Die Lehre von der Pflanzenmetamorphose ist als Goethes anerkanntes und direktes Eigentum in die Botanik eingeführt worden. Seine Ansichten über den gemeinsamen Bauplan der Tiere scheinen dagegen nicht eigentlich direkt in den Entwicklungsgang der Wissenschaften eingegriffen zu haben. Seine osteologischen Ansichten stießen zuerst auf Widerspruch bei den Männern vom Fache und wurden erst später, als sich die Wissenschaft, wie es scheint, unabhängig zu derselben Erkenntnis durchgearbeitet hatte, Gegenstand der Aufmerksamkeit. Er selbst klagt, dass seine ersten Ideen über den gemeinsamen Typus zur Zeit, als er sie in sich durcharbeitete, nur Widerspruch und Zweifel gefunden und dass sogar Männer von frisch aufkeimender Originalität, wie Alexander und Wilhelm von Humboldt, sie nur mit einer gewissen Ungeduld angehört hätten. Es liegt aber in der Natur der Sache, dass theoretische Ideen in den Naturwissenschaften nur dann die Aufmerksamkeit der Fachgenossen erregen, wenn sie gleichzeitig mit dem ganzen beweisenden Material vorgeführt werden und durch dieses ihre tatsächliche Berechtigung darlegen. Jedenfalls aber gebührt Goethe der große Ruhm, die leitenden Ideen zuerst vorausgeschaut zu haben, zu denen der eingeschlagene Entwicklungsgang der genannten Wissenschaften hindrängte und durch welche deren gegenwärtige Gestalt bestimmt wird.

So groß nun die Verehrung ist, welche Goethe durch seine Leistungen in den beschreibenden Naturwissenschaften sich erworben hat, so unbedingt ist auch der Widerspruch, den seine Arbeiten auf dem Gebiet der physikalischen Naturwissenschaften, namentlich seine Farbenlehre bei sämtlichen Fachgenossen gefunden haben. Es ist hier nicht die Stelle, mich in die darüber geführte Polemik einzulassen; ich will nur versuchen, den Gegenstand des Streites, seinen verborgenen Sinn, seine eigentliche Bedeutung darzulegen und nachzuweisen. Es ist in dieser Beziehung von Wichtigkeit auf die Entstehungsgeschichte der Farbenlehre und ihren ersten einfachsten Stand zurückzugehen; weil hier schon die Gegensätze vollständig vorhanden sind und, nicht verhüllt durch Streit um die Richtigkeit besonderer Tatsachen und verwickelter Theorien, sich leicht und klar darlegen lassen.

Goethe selbst erzählt sehr hübsch in der Konfession am Schluss seiner Geschichte der Farbenlehre, wie er dazu gekommen war, diese zu bearbeiten. Weil er sich die ästhetischen Grundsätze des Kolorits in der Malerei nicht klar machen konnte, beschloss er, die physikalische Farbenlehre, wie sie ihm auf der Universität gelehrt worden war, wieder vorzunehmen und die dazu gehörigen Versuche selbst zu wiederholen. Er borgt zu dem Ende ein Glasprisma vom Hofrat Büttner in Jena, lässt es aber längere Zeit unbenutzt liegen, weil andere Beschäftigungen ihn von seinem Vorsatz ablenken. Der Eigentümer, ein ordnungsliebender Mann, schickt, nach mehreren vergeblichen Mahnungen, einen Boten, der das Prisma gleich mit sich zurücknehmen soll. Goethe sucht es aus dem Kasten hervor und möchte doch wenigstens noch einen Blick hindurch tun. Er sieht auf das Geradewohl nach einer ausgedehnten hellen weißen Wand hin, in der Voraussetzung, da sei viel Licht, da müsse er auch eine glänzende Zerlegung dieses Lichts in Farben sehen, eine Voraussetzung, welche übrigens beweist, wie wenig gegenwärtig ihm Newtons Theorie der Sache war. Er findet sich natürlich getäuscht. Auf der weißen Wand erscheinen ihm keine Farben; diese entwickeln sich erst da, wo sie von dunkleren Gegenständen begrenzt werden, und er macht die richtige Bemerkung, welche übrigens in Newtons Theorie ebenfalls ihre vollständige Begründung findet, dass Farben durch das Prisma nur da erscheinen, wo ein dunklerer Gegenstand an einen helleren stößt. Betroffen von dieser ihm neuen Bemerkung und in der Meinung, sie sei mit Newtons Theorie nicht vereinbar, sucht er den Eigentümer des Prismas zu beschwichtigen und macht sich nun mit angestrengtem Eifer und Interesse über die Sache her. Er bereitet sich Tafeln mit schwarzen und weißen Feldern, studiert an diesen die Erscheinungen unter mannigfachen Abänderungen, bis er seine Regeln hinreichend bewährt glaubt. Nun versucht er seine vermeintliche Entdeckung einem benachbarten Physiker zu zeigen und ist unangenehm überrascht, von diesem die Versicherung zu hören, die Versuche seien allbekannt und erklärten sich vollständig aus Newtons Theorie der Sache. Dieselbe Erklärung trat ihm von nun an unabänderlich aus dem Mund jedes Sachverständigen entgegen, selbst bei dem genialen Lichtenberg, den er eine Zeit lang vergebens zu bekehren suchte. Newtons Schriften studierte er und glaubte, die Trugschlüsse, welche den Grund des Irrtums enthalten sollten, darin aufgefunden zu haben. Da er keinen seiner Bekannten zu überzeugen vermochte, beschloss er endlich, vor den Richterstuhl der Öffentlichkeit zu treten und gab nun 1791 und 1792 das erste und zweite Stück seiner Beiträge zur Optik heraus.

Darin sind die Erscheinungen beschrieben, welche weiße Felder auf schwarzem Grund, schwarze auf weißem und farbige Felder auf schwarzem oder weißem Grund darbieten, wenn sie durch ein Prisma angesehen werden. Über den Erfolg der Versuch ist durchaus kein Streit zwischen ihm und den Physikern. Er beschreibt die gesehenen Erscheinungen umständlich, streng naturgetreu und lebhaft, ordnet sie in einer angenehm zu übersehenden Weise zusammen und bewährt sich hier, wie überall im Gebiete des Tatsächlichen, als der große Meister der Darstellung. Er spricht dabei aus, dass er die vorgetragenen Tatsachen zur Widerlegung von Newtons Theorie geeignet halte. Namentlich sind es zwei Punkte, an denen er Anstoß nimmt, nämlich, dass die Mitte einer weißen breiteren Fläche, durch das Prisma gesehen, weiß bleibe, und dass auch ein schwarzer Streifen auf weißem Grunde ganz in Farben aufgelöst werden könne.

Newtons Farbentheorie gründet sich auf die Annahme, dass es Licht verschiedener Art gebe, welches sich unter anderem auch durch den Farbeneindruck unterscheide, den es im Auge mache. So gebe es Licht von roter, orangener, gelber, grüner, blauer, violetter Farbe wie von allen zwischenliegenden Übergangsstufen.

Licht verschiedener Art und Farbe zusammengemischt gebe Mischfarben, die teils anderen ursprünglichen Farben ähnlichsehen, teils neue Farbentöne bilden. Weiß sei die Mischung aller genannten Farben in bestimmten Verhältnissen. Aus den Mischfarben und dem Weiß könne man aber stets die einfachen Farben wieder ausscheiden, die letzteren seien dagegen unzerlegbar und unveränderlich. Die Farben der durchsichtigen und undurchsichtigen irdischen Körper entständen dadurch, dass diese, von weißem Licht getroffen, einzelne farbige Teile desselben vernichteten, andere, welche nun nicht mehr im richtigen Verhältnis gemischt seien um Weiß zu geben, dem Auge zuschickten. So erscheine ein rotes Glas deshalb rot, weil es nur rote Strahlen durchlasse. Alle Farbe rühre also nur von einem veränderten Mischungsverhältnis des Lichtes her, gehöre also ursprünglich dem Licht an, nicht den Körpern, und letztere seien nur die Veranlassung zu ihrem Hervortreten.

Ein Prisma bricht das durchgehende Licht, d. h. lenkt es um einen gewissen Winkel von seinem Weg ab; verschiedenfarbiges einfaches Licht hat nach Newton verschiedene Brechbarkeit, schlägt deshalb nach der Brechung im Prisma verschiedene Wege ein und trennt sich voneinander. Ein heller Punkt von verschwindend kleiner Größe erscheint deshalb, durch das Prisma gesehen, aus seiner Stelle gerückt und in eine farbige Linie, ein sogenanntes Farbenspektrum, ausgezogen, welches die genannten einfachen Farben in der angegebenen Reihenfolge zeigt. Betrachtet man eine breitere helle Fläche, so fallen, wie eine leichte geometrische Untersuchung zeigt, die Spektra der in ihrer Mitte gelegenen Punkte so übereinander, dass alle Farben überall in dem Verhältnis, um Weiß zu geben, zusammentreffen. Nur an den Rändern werden sie teilweise frei. Es erscheint daher die weiße Fläche verschoben; an dem einen Rande blau und violett, am anderen gelb und rot gesäumt. Ein schwarzer Streif zwischen zwei weißen Flächen kann von deren farbigen Säumen ganz bedeckt werden; wo sie in der Mitte zusammenstoßen, mischen sich Rot und Violett zur Purpurfarbe. Die Farben, in die der schwarze Streif aufgelöst erscheint, entstehen also nicht aus dem Schwarzen, sondern aus dem umgebenden Weißen.

Im ersten Augenblick hat Goethe offenbar Newtons Theorie zu wenig im Gedächtnis gehabt, um die physikalische Erklärung der genannten Tatsachen, die ich eben angedeutet habe, finden zu können. Später ist sie ihm vielfach und zwar durchaus verständlich vorgetragen worden, denn er spricht darüber mehrere Male so, dass man sieht, er habe sie ganz richtig verstanden.[1] Sie genügt ihm aber so wenig, dass er dennoch fortwährend bei der Behauptung bleibt, die angegebenen Tatsachen seien geeignet, jedem, der sie nur ansehe, die gänzliche Unrichtigkeit von Newtons Theorie vor Augen zu legen. Aber weder hier noch in seinen späteren polemischen Schriften bezeichnet Goethe auch nur ein einziges Mal mit Bestimmtheit, worin denn das Ungenügende der Erklärung liege. Er wiederholt nur immer wieder und wieder die

[1] In der Erklärung der neunten Kupfertafel zur Farbenlehre, welche gegen *Gren* gerichtet ist

Versicherung ihrer gänzlichen Absurdität. Und doch weiß ich nicht, wie jemand – seine Ansicht über die Farben sei wie sie wolle – zu bestreiten vermag, dass die Theorie in sich vollständig konsequent ist, dass ihre Annahmen, einmal zugegeben, die besprochenen Tatsachen vollständig und sogar einfach erklären. Newton selbst erwähnt an vielen Stellen seiner optischen Schriften solcher unreinen, in der Mitte noch weißen Spektra, ohne sich je in eine besondere Erörterung darüber einzulassen, offenbar in der Meinung, dass die Erklärung davon sich aus seinen Annahmen von selbst verstehe. Und er scheint sich in dieser Meinung nicht getäuscht zu haben, denn als Goethe anfing, auf die betreffenden Erscheinungen aufmerksam zu machen, trat ihm ein jeder, der etwas von Physik wusste, wie er selbst berichtet, unabänderlich mit dieser selben Erklärung aus Newtons Prinzipien sogleich entgegen, die sich also ein jeder auf der Stelle zu bilden im Stande war.

Den Lesenden, der aufmerksam und gründlich jeden Schritt in diesem Teil der Farbenlehre sich klar zu machen sucht, überschleicht hier leicht ein unheimliches ängstliches Gefühl; er hört fortdauernd einen Mann von der seltensten geistigen Begabung leidenschaftlich versichern, in einigen scheinbar ganz klaren, ganz einfachen Schlüssen sei eine augenfällige Absurdität verborgen. Er sucht und sucht, und da er beim besten Willen keine solche finden kann, nicht einmal einen Schein davon, wird ihm endlich zu Mute, als wären seine eigenen Gedanken wie festgenagelt. Aber eben wegen dieses offenen und schroffen Widerspruches ist der Standpunkt, den Goethe 1792 in der Farbenlehre einnahm, so interessant und wichtig. Er hat hier seine eigene Theorie noch nicht entwickelt; es handelt sich noch um einige wenige leicht zu übersehende Tatsachen, über deren Richtigkeit alle Parteien einig sind, und doch stehen beide mit ihren Ansichten streng gesondert einander gegenüber; keiner begreift auch nur, was der Gegner eigentlich wolle. Auf der einen Seite steht eine Zahl von Physikern, welche durch lange Reihen der scharfsinnigsten Untersuchungen, Rechnungen und Erfindungen die Optik zu einer Vollendung gebracht haben, dass sie als die einzige der physikalischen Wissenschaften mit der Astronomie fast zu wetteifern anfing. Alle haben teils durch direkte Untersuchungen, teils durch die Sicherheit, mit der sie den Erfolg der mannigfaltigsten Konstruktionen und Kombinationen von Instrumenten vorausberechnen können, Gelegenheit gehabt, die Folgerungen aus Newtons Ansichten an der Erfahrung zu prüfen, und stimmen in diesem Feld ausnahmslos überein. Auf der anderen Seite steht ein Mann, dessen seltene geistige Größe, dessen besonderes Talent für die Auffassung der tatsächlichen Wirklichkeit wir nicht nur in der Dichtkunst, sondern auch in den beschreibenden Teilen der Naturwissenschaften anzuerkennen Ursache haben; der mit dem größten Eifer versichert, seine Gegner seien im Irrtum; der in seiner Überzeugung so gewiss ist, dass er sich jeden Widerspruch nur durch Beschränktheit oder bösen Willen erklären kann; der endlich seine

Leistungen in der Farbenlehre für viel wertvoller erklärt, als alles, was er je in der Dichtkunst getan habe.[2]

Ein so schroffer Widerspruch lässt uns vermuten, dass hinter der Sache ein viel tiefer liegender prinzipieller Gegensatz verschiedener Geistesrichtungen verborgen sei, der das gegenseitige Verständnis der streitenden Parteien verhindere. Ich will mich bemühen, im Folgenden zu bezeichnen, worin ich einen solchen zu finden glaube.

Goethe, obgleich er sich in vielen Feldern geistiger Tätigkeit versucht hat, ist seiner hervorragendsten Begabung nach Dichter. Das Wesentliche der dichterischen wie jeder künstlerischen Tätigkeit besteht darin, das künstlerische Material zum unmittelbaren Ausdruck der Idee zu machen. Nicht als das Resultat einer Begriffsentwicklung, sondern als das der unmittelbaren geistigen Anschauung, des erregten Gefühls, dem Dichter selbst kaum bewusst, muss die Idee in dem vollendeten Kunstwerk daliegen und es beherrschen. Durch diese Einkleidung in die Form unmittelbarer Wirklichkeit empfängt der ideelle Gehalt des Kunstwerkes eben die ganze Lebendigkeit des unmittelbaren sinnlichen Eindruckes, verliert aber natürlich die Allgemeinheit und Verständlichkeit, welche er, in der Form des Begriffes vorgetragen, haben würde. Der Dichter, welcher in dieser besonderen Art der geistigen Tätigkeit die eigene wunderbare Kraft seiner Werke begründet fühlt, sucht dieselbe auch auf andere Gebiete zu übertragen. Die Natur sucht er nicht in anschauungslose Begriffe zu fassen, sondern er stellt sich ihr gegenüber wie einem in sich geschlossenen Kunstwerk, welches seinen geistigen Inhalt von selbst hier oder dort dem empfänglichen Beschauer offenbaren müsse. So wird ihm auf dem Lido von Venedig, beim Anblick des gesprengten Schafschädels, an dem ihm die Wirbeltheorie des Schädels aufgeht, sein alter, durch Erfahrung bestärkter Glauben wieder aufgefrischt, dass die Natur kein Geheimnis habe, was sie nicht irgendwo dem aufmerksamen Beobachter nackt vor die Augen stelle. Dasselbe geschieht bei seinem ersten Gespräch mit Schiller über die Metamorphose der Pflanzen. Für Schiller, den Kantianer, ist die Idee das ewig zu erstrebende, ewig unerreichbare und daher nie in der Wirklichkeit darzustellende Ziel, während Goethe, als echter Dichter, in der Wirklichkeit den unmittelbaren Ausdruck der Idee zu finden meint. Er selbst gibt an, dass dadurch der Punkt, der ihn von Schiller trennt, auf das Strengste bezeichnet sei. Hier liegt auch seine Verwandtschaft mit Schellings und Hegels Naturphilosophie, welche ebenfalls von der Annahme ausgeht, dass die Natur die verschiedenen Entwicklungsstufen des Begriffs unmittelbar darstelle. Daher auch die Wärme, mit der Hegel und seine Schüler Goethes naturwissenschaftliche Ansichten verteidigt haben. Die bezeichnete Naturansicht bedingt bei Goethe denn auch die fortgesetzte Polemik gegen zusammengesetzte Versuchsweisen. Wie das echte Kunstwerk keinen fremden Eingriff erträgt, ohne

[2] S. Eckermanns Gespräche [= Johann Peter Eckermann: Gespräche mit Goethe in den letzten Jahren seines Lebens, Bd. 1–2, Leipzig 1836, Bd. 3, Magdeburg 1848].

beschädigt zu werden, so wird ihm auch die Natur durch die Eingriffe des Experimentierenden in ihrer Harmonie gestört, gequält, verwirrt, und sie täuscht dafür den Störenfried durch ein Zerrbild.

> Geheimnisvoll am lichten Tag
> Lässt sich Natur des Schleiers nicht berauben,
> Und was sie deinem Geist nicht offenbaren mag,
> Das zwingst du ihr nicht ab mit Hebeln und mit Schrauben.

Demgemäß spottet er oftmals, namentlich in seiner Polemik gegen Newton, der durch viele enge Spalten und Gläser hindurchgequälten Farbenspektra und preist die Versuche, welche man in klarem Sonnenschein unter freiem Himmel anstellen könne, nicht nur als besonders leicht und besonders ergötzlich, sondern auch als besonders beweisend.

Die dichterische Richtung geistiger Tätigkeit charakterisiert sich schon ganz entschieden in seinen morphologischen Arbeiten. Man untersuche nur, was denn eigentlich mit den Ideen geleistet ist, die die Wissenschaft von ihm empfangen hat, man wird ein höchst wunderliches Verhältnis finden. Niemand wird sich gegen die Evidenz verschließen, wenn ihm die Reihenfolge der Veränderungen vorgelegt wird, womit ein Blatt in einen Staubfaden, ein Arm in einen Flügel oder eine Flosse, ein Wirbel in das Hinterhauptbein übergeht. Die Idee, sämtliche Blütenteile der Pflanze seien umgeformte Blätter, eröffnet einen gesetzmäßigen Zusammenhang, der etwas sehr Überraschendes hat. Jetzt suche man das blattartige Organ zu definieren, sein Wesen zu bestimmen, so dass es alle die genannten Gebilde in sich begreift. Man gerät in Verlegenheit, weil alle besonderen Merkmale verschwinden, und man zuletzt nichts übrigbehält, als dass ein Blatt im weiteren Sinn ein seitlicher Anhang der Pflanzenachse sei. Sucht man also den Satz:„die Blütenteile sind veränderte Blätter“, in der Form wissenschaftlicher Begriffsbestimmungen auszusprechen, so verwandelt er sich in den anderen:„die Blütenteile sind seitliche Anhänge der Pflanzenachse“ und um das zu sehen, braucht kein Goethe zu kommen. Ebenso hat man der Wirbeltheorie des Schädels nicht mit Unrecht vorgeworfen, sie müsse den Begriff des Wirbels so sehr erweitern, dass nichts übrigbleibe, als, ein Wirbel sei ein Knochen. Nicht kleiner ist die Verlegenheit, wenn man in klaren wissenschaftlichen Begriffen definieren soll, was es bedeute, dass dieser Teil des einen Tieres jenem des anderen entspreche. Es ist nicht der gleiche physiologische Gebrauch, denn dasselbe Knochenstück, welches bei einem Vogel zur Einlenkung des Unterkiefers dient, wird bei einem Säugetier ein winziges, in der Tiefe des Felsenbeins verborgenes Gehörknöchelchen, – es ist nicht die Gestalt, nicht die Lage, nicht die Verbindung mit anderen Teilen, welche einen konstanten Charakter seiner Identität abgeben. Aber dennoch ist es in den meisten Fällen durch Verfolgung der Übergangsstufen möglich gewesen, mit ziemlicher Sicherheit auszumitteln, welche Teile sich entsprechen. Goethe selbst hat dieses

Verhältnis sehr richtig eingesehen; er sagt bei Gelegenheit der Wirbeltheorie des Schädels:„Ein dergleichen Aperçu, ein solches Gewahr Werden, Auffassen, Vorstellen, Begriff, Idee, wie man es nennen mag, behält immerfort, man gebärde sich, wie man will, eine esoterische Eigenschaft; im Ganzen lässt es sich aussprechen, aber nicht beweisen, im Einzelnen lässt es sich wohl vorzeigen, doch bringt man es nicht rund und fertig.“ So steht die Sache größtenteils noch jetzt. Man kann sich den Unterschied noch klarer machen, wenn man überlegt, wie die Physiologie, die Erforscherin des ursächlichen Zusammenhangs der Lebensvorgänge, diese Idee des gemeinsamen Bauplanes der Tiere behandeln müsste. Sie könnte fragen: Ist etwa die Ansicht richtig, wonach während der geologischen Entwicklung der Erde sich eine Tierart aus der anderen gebildet habe, und hat sich dabei die Brustflosse des Fisches allmählich in einen Arm oder Flügel verwandelt? Oder, sind die verschiedenen Tierarten gleich fertig erschaffen worden und rührt ihre Ähnlichkeit daher, dass die frühesten Schritte der Entwicklung aus dem Ei bei allen Wirbeltieren nur auf eine einzige, sehr übereinstimmende Weise von der Natur ausgeführt werden können, und sind die späteren Analogien des Baues durch diese ersten gemeinsamen Grundzüge der Entwicklung bedingt? Zu der letzteren Ansicht möchte sich die Mehrzahl der Forscher gegenwärtig neigen[3], denn die Übereinstimmung in den früheren Zeiten der Entwicklung ist sehr auffallend. So haben selbst die jungen Säugetiere zeitweise die Anlagen zu Kiemenbögen an den Seiten des Halses, wie die Fische, und es scheinen in der Tat die sich entsprechenden Teile der erwachsenen Tiere während der Entwicklung auf gleiche Weise zu entstehen, so dass man neuerdings angefangen hat, die Entwicklungsgeschichte als Kontrolle für die theoretischen Ansichten der vergleichenden Anatomie zu gebrauchen. Man sieht, dass durch die angedeuteten physiologischen Ansichten die Idee des gemeinsamen Typus ihre begriffliche Bestimmung und Bedeutung bekommen würde. Goethe hat Großes geleistet, indem er ahnte, dass ein Gesetz vorhanden sei, und die Spuren desselben scharfsichtig verfolgte; aber welches Gesetz da sei, erkannte er nicht und suchte auch nicht danach. Das letztere lag nicht in der Richtung seiner Tätigkeit; und darüber ist selbst bei dem jetzigen Zustand der Wissenschaft noch keine feststehende Ansicht möglich, kaum dass die Art wird, wie die Fragen zu stellen sein werden. Gern erkennen wir also an, dass Goethe in diesem Gebiet alles geleistet hat, was in seiner Zeit überhaupt zu leisten war. Ich sagte vorher, er stelle sich der Natur wie einem Kunstwerk gegenüber. In seinen morphologischen Studien spielt er dieselbe Rolle wie der kunstsinnige Hörer einer Tragödie, welcher fein herausfühlt, dass in dieser alles Einzelne zusammengehört, zusammenwirkt, von einem gemeinsamen Plan beherrscht wird, und sich an dieser kunstvollen Planmäßigkeit lebhaft erfreut, ohne doch die leitende Idee des Ganzen begriffsmäßig entwickeln zu können. Das letztere Geschäft bleibt der wissenschaftlichen Betrachtung des Kunstwerks vorbe-

[3] Dies ist vor Darwins Buch über den Ursprung der Arten geschrieben.

halten, und jener Hörer ist vielleicht, wie Goethe der Natur gegenüber, kein Freund solcher Zergliederung des Werkes, an dem er sich freut, weil er, aber mit Unrecht, fürchtet, seine Freude könne ihm dadurch gestört werden.

Ähnlich ist Goethes Standpunkt in der Farbenlehre. Wir haben gesehen, dass seine Opposition gegen die physikalische Theorie bei einem Punkt anhebt, wo diese ganz vollständige und konsequente Erklärungen aus ihren einmal angenommenen Grundlagen gibt. Er kann offenbar nicht daran Anstoß genommen haben, dass die Theorie in dem einzelnen Fall nicht ausreicht, sondern vielmehr an den Annahmen, die sie zum Zweck der Erklärung macht, und die ihm so absurd erscheinen, dass er deshalb die gegebene Erklärung als gar keine achtet. Es scheint ihm namentlich der Gedanke undenkbar gewesen zu sein, dass weißes Licht aus farbigem zusammengesetzt werden könne; er verdammt schon in jener frühesten Zeit[4] das ekelhafte Newton'sche Weiß der Physiker, ein Ausdruck, welcher anzudeuten scheint, dass besonders diese Annahme ihn in jener Erklärung beleidigte.

Auch in seiner späteren Polemik gegen Newton, welche erst herausgegeben wurde, nachdem seine eigene Theorie der Farben vollendet war, geht Goethes Streben mehr dahin, zu zeigen, dass die von Newton angeführten Tatsachen sich auch aus seiner Ansicht erklären ließen, und dass die Ansicht Newtons deshalb nicht genügend bewiesen sei, als dass er in derselben innere Widersprüche oder solche gegen die Tatsachen nachzuweisen suchte. Vielmehr glaubte er, seine eigene Ansicht sei so überzeugend, dass er sie nur vorzuführen brauche, um die Annahme Newtons zu vernichten. Es sind nur wenige Stellen, wo er die von Newton beschriebenen Versuche bestreitet. Die Wiederholung von einigen derselben[5] scheint ihm deshalb nicht geglückt zu sein, weil nicht bei allen Stellungen der dabei gebrauchten Linsen der Erfolg gleich leicht zu beobachten ist, und weil ihm die geometrischen Verhältnisse unbekannt waren, durch welche sich die günstigste Stellung der Linsen bestimmt. Bei anderen Versuchen über die Ausscheidung einfachen farbigen Lichtes mit Hülfe bloßer Prismen sind Goethes Einwürfe nicht ganz unrichtig, insofern die Reinigung der isolierten Farben auf diesem Weg wohl schwerlich so weit getrieben werden kann, dass die Brechung in einem anderen Prisma nicht Spuren einer anderen Färbung an den Rändern noch geben sollte. Eine so vollständige Ausscheidung des einfach farbigen Lichtes lässt sich nur in sehr sorgfältig geordneten, gleichzeitig aus Prismen und Linsen bestehenden Apparaten bewirken, und Goethe ist die Besprechung gerade dieser Versuche, welche er auf einen ergänzenden Teil verschoben hatte, schuldig geblieben. Wenn er auf die verwirrende Komplikation dieser Vorrichtungen schilt, so denke man an die mühsamen Umwege, welche der Chemiker oft nehmen muss, um gewisse einfache Körper rein darzustellen, und man wird sich nicht verwundern dürfen, dass die ähnliche Aufgabe für das

[4] Konfession am Schluss der Geschichte der Farbenlehre

[5] Polemischer Teil. §. 47 u. 169.

Licht nicht unter freiem Himmel, im Garten und mit einem einfachen Prisma in der Hand zu lösen ist.[6] Goethe muss seiner Theorie gemäß die Möglichkeit, reines farbiges Licht abzuscheiden, gänzlich in Abrede stellen. Ob er jemals mit Apparaten experimentiert hat, welche geeignet waren, diese Aufgabe zu lösen, bleibt zweifelhaft, da eben der versprochene ergänzende Teil fehlt.

Um eine Anschauung von der Leidenschaftlichkeit zu geben, mit welcher der sonst so hofmännisch gemäßigte Goethe gegen Newton polemisiert, zitiere ich aus wenigen Seiten des polemischen Teils der Farbenlehre folgende Ausdrücke, mit denen er die Sätze dieses größten Denkers in dem Gebiet der Physik und der Astronomie belegt:„bis zum Unglaublichen unverschämt" – „barer Unsinn" – „fratzenhafte Erklärungsart" – „höchst bewundernswert für die Schüler in der Laufbank." – „Aber ich sehe wohl, Lügen bedarfs und über die Maßen."

Goethe bleibt auch in der Farbenlehre seiner oben erwähnten Ansicht getreu, dass die Natur ihre Geheimnisse von selbst darlegen müsse, dass sie die durchsichtige Darstellung ihres ideellen Inhalts sei. Er fordert daher für die Untersuchung physikalischer Gegenstände eine solche Anordnung der Beobachtungen, dass eine Tatsache immer die andere erkläre, damit man zur Einsicht in den Zusammenhang komme, ohne das Gebiet der sinnlichen Wahrnehmung zu verlassen. Diese Forderung hat einen sehr bestechenden Schein für sich, ist aber ihrem Wesen nach grundfalsch. Denn eine Naturerscheinung ist physikalisch erst dann vollständig erklärt, wenn man sie bis auf die letzten ihr zu Grunde liegenden und in ihr wirksamen Naturkräfte zurückgeführt hat. Da wir nun die Kräfte nie an sich, sondern nur ihre Wirkungen wahrnehmen können, so müssen wir in jeder Erklärung von Naturerscheinungen das Gebiet der Sinnlichkeit verlassen und zu unwahrnehmbaren, nur durch Begriffe bestimmten Dingen übergehen. Wenn wir einen Ofen warm finden und dann bemerken, dass Feuer darin brennt, so sagen wir allerdings, vermöge eines ungenauen Sprachgebrauches, dass durch die zweite Wahrnehmung die erste erklärt werde. Im Grunde heißt das aber doch nichts anderes als: Wir sind immer gewohnt, da, wo Feuer brennt, auch Wärme zu finden, so auch dieses Mal im Ofen. Wir reihen also unser Faktum unter ein allgemeineres, bekannteres ein, beruhigen uns dabei und nennen dies fälschlich eine Erklärung. Die Allgemeinheit dieser Beobachtung führt offenbar noch nicht die Einsicht in die Ursachen mit sich; letztere ergibt sich erst, wenn wir ermitteln können, welche Kräfte in dem Feuer wirksam sind, und wie die Wirkungen von ihnen abhängen.

[6] Ich erlaube mir hier noch zu bemerken, dass ich die Unzerlegbarkeit und Unveränderlichkeit des einfachen farbigen Lichtes, diese beiden Grundlagen von Newtons Theorie, nicht bloß vom Hörensagen, sondern durch eigenen Augenschein kenne, indem ich in einer meiner eigenen Untersuchungen (Über D. Brewsters neue Analyse des Sonnenlichts in Poggendorffs Annalen Bd. 86, S. 501) gezwungen war, die Reinigung des farbigen Lichtes bis zur letzten erreichbaren Vollendung zu treiben [= Hermann Helmholtz: Ueber Hrn. D. Brewster's neue Analyse des Sonnenlichts, in: Annalen der Physik und Chemie 86 (1862) S. 501–523].

Aber dieser Schritt in das Reich der Begriffe, welcher notwendig gemacht werden muss, wenn wir zu den Ursachen der Naturerscheinungen aufsteigen wollen, schreckt den Dichter zurück. In seinen Dichtwerken hat er deren geistigem Gehalt die Einkleidung der unmittelbarsten sinnlichen Anschauung gegeben, ohne alle begrifflichen Zwischenglieder. Je grösser hier die sinnliche Lebendigkeit der Anschauung war, desto grösser war sein Ruhm. Er möchte die Natur ebenso angegriffen sehen. Der Physiker dagegen will ihn hinüberführen in eine Welt unsichtbarer Atome, Bewegungen, anziehender und abstoßender Kräfte, die, in zwar gesetzmäßigem, aber kaum zu übersehendem Gewirr durcheinander arbeiten. Ihm ist der sinnliche Eindruck keine unumstößliche Autorität; er untersucht die Berechtigung desselben, fragt, ob wirklich das ähnlich, was die Sinne für ähnlich, ob wirklich das verschieden, was sie für verschieden erklären, und kommt häufig zu einer verneinenden Antwort. Das Resultat dieser Prüfung, wie es jetzt vorliegt, ist, dass die Sinnesorgane uns zwar von äußeren Einwirkungen benachrichtigen, dieselben aber in ganz veränderter Gestalt zum Bewusstsein bringen, so dass die Art und Weise der sinnlichen Wahrnehmung weniger von den Eigentümlichkeiten des wahrgenommenen Gegenstandes abhängt, als von denen des Sinnesorganes, durch welches wir die Nachricht bekommen. Alles, was uns der Sehnerv berichtet, berichtet er unter dem Bild einer Lichtempfindung, sei es nun die Strahlung der Sonne oder ein Stoß auf das Auge oder ein elektrischer Strom im Auge. Der Hörnerv verwandelt wiederum alles in Schallphänomene, der Hautnerv in Temperatur- oder Tastempfindungen. Derselbe elektrische Strom, dessen Dasein der Sehnerv als einen Lichtschein, der Geschmacksnerv als Säure berichtet, erregt im Hautnerven das Gefühl des Brennens. Denselben Sonnenstrahl, den wir Licht nennen, wenn er in das Auge fällt, nennen wir Wärme, wenn er die Haut trifft. Objektiv dagegen ist das Tageslicht, welches in unsere Fenster eindringt, und die Wärmestrahlung eines eisernen Ofens nicht mehr und nicht anders voneinander unterschieden, als es die roten und blauen Bestandteile des Lichtes unter sich sind. Wie sich die roten von den blauen Strahlen, nach der Undulationstheorie, durch größere Schwingungsdauer und geringere Brechbarkeit unterscheiden, so haben die dunklen Wärmestrahlen des Ofens eine größere Schwingungsdauer und eine geringere Brechbarkeit als die roten Lichtstrahlen, sind ihnen aber in jeder anderen Beziehung vollkommen ähnlich. Alle diese Strahlen, leuchtende und nicht leuchtende, wärmen, aber nur ein gewisser Teil derselben, den wir eben deshalb mit dem Namen Licht belegen, kann durch die durchsichtigen Teile unseres Auges bis zum Sehnerven dringen und Lichtempfindung erregen. Wir können das Verhältnis vielleicht am passendsten so bezeichnen: Die Sinnesempfindungen sind uns nur Symbole für die Gegenstände der Außenwelt und entsprechen diesen etwa, wie der Schriftzug oder Wortlaut dem dadurch bezeichneten Dinge entspricht. Sie geben uns zwar Nachricht von den Eigentümlichkeiten der Außenwelt, aber nicht bessere, als wir einem Blinden durch Wortbeschreibungen von der Farbe geben.

Wir sehen, dass die Wissenschaft zu einer ganz entgegengesetzten Schätzung der Sinnlichkeit gelangt ist, als sie der Dichter in sich trug, und zwar ist es Newtons Behauptung gewesen, Weiß sei aus allen Farben des Spektrums zusammengesetzt, welche den ersten Keim zu dieser erst später sich entwickelnden Ansicht ergab. Denn zu jener Zeit fehlten noch die galvanischen Beobachtungen, die den Weg zur Kenntnis eröffneten, welche Rolle die Eigentümlichkeit der Sinnesnerven bei den Sinnesempfindungen spielt. Weiß, welches dem Auge als der einfachste, reinste aller Farbeneindrücke erscheint, sollte aus dem unreineren Mannigfaltigen zusammengesetzt sein. Hier scheint der Dichter mit schneller Vorahnung gefühlt zu haben, dass durch die Konsequenzen dieses Satzes sein ganzes Prinzip in Frage komme, und deshalb erscheint ihm diese Annahme so undenkbar, so namenlos absurd. Seine Farbenlehre müssen wir als den Versuch betrachten, die unmittelbare Wahrheit des sinnlichen Eindrucks gegen die Angriffe der Wissenschaft zu retten. Daher der Eifer, mit dem er sie auszubilden und zu verteidigen strebt, die leidenschaftliche Gereiztheit, mit der er die Gegner angreift, die überwiegende Wichtigkeit, welche er ihr vor allen seinen anderen Werken zuschreibt, und die Unmöglichkeit der Überzeugung und Versöhnung.

Wenden wir uns nun zu seinen eigenen theoretischen Vorstellungen, so ergibt sich schon aus dem Vorigen, dass Goethe, ohne seinem Prinzip untreu zu werden, keine Erklärung der Erscheinungen geben kann, welche im physikalischen Sinne eine solche wäre. Und so finden wir es wirklich. Er geht davon aus, dass die Farben stets dunkler sind als das Weiß, dass sie etwas Schattiges haben (nach der physikalischen Theorie: weil Weiß, die Summe alles farbigen Lichtes, heller sein muss als jeder seiner einzelnen Teile). Direkte Mischung von Licht und Dunkel, von Weiß und Schwarz gibt Grau; die Farben müssen also durch eine andere Art der Zusammenwirkung von Licht und Schatten entstanden sein. Diese glaubt Goethe in den Erscheinungen schwach getrübter Medien zu finden. Solche sehen in der Regel blau aus, wenn sie selbst vom Lichte getroffen vor einem dunklen Grund gesehen werden, gelb dagegen, wenn man durch sie einen hellen Gegenstand sieht. So erscheint die Luft bei Tag vor dem dunklen Himmelsgrund blau, und die Sonne, beim Untergang durch eine lange trübe Luftschicht gesehen, gelb oder gelbrot.

Die physikalische Erklärung dieses Phänomens, das sich jedoch nicht an allen trüben Körpern, z. B. nicht an mattgeschliffenen Glasplatten zeigt, würde uns hier zu weit von unserem Weg abführen. Durch das trübe Mittel soll nach Goethe dem Licht etwas Körperliches, Schattiges gegeben werden, wie es zum Entstehen der Farbe notwendig sei. Schon bei dieser Vorstellung gerät man in Verlegenheit, wenn man sie als eine physikalische Erklärung betrachten will. Sollen sich etwa körperliche Teile zu dem Licht mischen und mit ihm davonfliegen? Auf dieses sein Urphänomen sucht Goethe alle übrigen Farbenerscheinungen zurückzuführen, namentlich die prismatischen. Er betrachtet alle durchsichtigen Körper als schwach trübe und nimmt an, dass das Prisma dem Bild, welches es dem Beobachter zeigt, von seiner Trübung etwas mitteile. Hierbei ist es wieder schwer, sich etwas Bestimmtes zu denken. Goethe scheint gemeint zu haben, dass das Prisma nie ganz scharfe Bilder entwerfe, sondern undeutliche, verwaschene; denn in der Farbenlehre reiht er sie an die Nebenbilder an, welche parallele Glasplatten und Kristalle von Kalkspat zeigen. Verwaschen sind die Bilder des Prismas allerdings im zusammengesetzten Licht, vollkommen scharf dagegen im einfachen. Betrachte man, meint er, durch das Prisma eine helle Fläche auf dunklem Grund, so werde das Bild vom Prisma verschoben und getrübt. Der vorangehende Rand desselben werde über den dunklen Grund hinübergeschoben und erscheine als helles Trübes vor dunklem Blau, der hinterher folgende Rand der hellen Fläche werde aber von dem vorgeschobenen trüben Bilde des danach folgenden schwarzen Grundes überdeckt und erscheine, als ein Helles hinter einem dunklen Trüben, gelbrot. Warum der vorgeschobene Rand vor dem Grund, der nachbleibende hinter demselben erscheint und nicht umgekehrt, erklärt er nicht. Man analysiere aber diese Vorstellung weiter und mache sich den Begriff des optischen Bildes klar. Wenn ich einen hellen Gegenstand in einem Spiegel abgebildet sehe, so geschieht dies deshalb, weil das Licht, welches von jenem ausgeht, von dem Spiegel gerade so zurückgeworfen wird, als käme es von einem Gegenstand gleicher Art hinter dem Spiegel her, den das Auge des Beobachters demgemäß abbildet und den der Beobachter deshalb wirklich zu sehen glaubt. Jedermann weiß, dass hinter dem Spiegel nichts Wirkliches dem Bild entspricht, dass auch nicht einmal etwas von dem Lichte dort hindringt; sondern dass das Spiegelbild nichts ist als der geometrische Ort, in welchem die gespiegelten Strahlen, rückwärts verlängert, sich schneiden. Deshalb erwartet auch niemand, dass das Bild hinter dem Spiegel irgendeine reelle Wirkung ausüben solle. Ebenso zeigt uns das Prisma Bilder der gesehenen Gegenstände, welche eine andere Stelle als diese Gegenstände selbst haben. Das heißt: das Licht, welches der Gegenstand nach dem Prisma sendet, wird von diesem so gebrochen, als käme es von einem seitlich liegenden Gegenstand, dem Bilde, her. Dieses Bild ist nun wieder nichts Reelles, sondern es ist wiederum nur der geometrische Ort, in welchem sich, rückwärts verlängert, die Lichtstrahlen schneiden. Und doch soll nach Goethe dieses Bild durch seine Verschiebung reelle Wirkungen hervorbringen. Das verschobene Helle soll wie ein trüber Körper das dahinter scheinende Dunkle blau, das verschobene Dunkle das dahinter liegende Helle rotgelb erscheinen lassen. Goethe behandelt hier ganz eigentlich das Bild in seiner scheinbaren Örtlichkeit als Gegenstand. Dies zwingt ihn zu der Annahme, der blaue Rand des hellen Feldes liege örtlich vor, der rote hinter dem mitverschobenen dunklen Bild. Goethe bleibt hier dem sinnlichen Schein getreu und behandelt einen geometrischen Ort als körperlichen Gegenstand. Ebenso wenig nimmt er daran Anstoß, Rot und Blau sich zuweilen gegenseitig zerstören zu lassen, z. B. in dem prismatischen blauen Rand eines roten Feldes, in anderen Fällen dagegen daraus eine schöne Purpurfarbe zusammen zu setzen, wenn sich z. B. die blauen und roten Ränder über einem schwarzen Feld begegnen. Noch wunderlicher sind die Wege, wie er sich aus den Verlegenheiten zieht, welche ihm Newtons zusammengesetztere Versuche bereiten. Solange man Goethes Erklärungen als bildliche Versinnlichungen der Vorgänge gelten lässt, kann man ihnen beistimmen, ja sie haben oft etwas sehr Anschauliches und Bezeichnendes; als physikalische Erklärungen dagegen würden sie sinnlos sein.

Dass der theoretische Teil der Goethe'schen Farbenlehre keine Physik ist, wird hiernach jedem einleuchten, und man kann auch einsehen, dass der Dichter eine ganz andere Betrachtungsweise als die physikalische in die Naturforschung einführen wollte, und wie er dazu kam. In der Dichtung kommt es ihm nur auf den „schönen Schein" an, der das Ideale zur Anschauung bringt; wie dieser Schein zu Stande komme, ist gleichgültig. Auch die Natur ist dem Dichter sinnbildlicher Ausdruck des Geistigen. Die Physik sucht dagegen die Hebel, Stricke und Rollen zu entdecken, welche, hinter den Kulissen arbeitend, diese regieren, und der Anblick des Mechanismus zerstört freilich den schönen Schein. Deshalb möchte der Dichter gern die Stricke und Rollen hinwegleugnen, sie für die Ausgeburten pedantischer Köpfe erklären und die Sache so darstellen, als veränderten die Kulissen sich selbst, oder als würden sie durch die Idee des Kunstwerkes regiert. Auch liegt es in Goethes ganzer Richtung, dass gerade er unter allen Dichtern gegen die Physik polemisch auftreten musste. Andere Dichter, je nach der Eigentümlichkeit ihres Talentes, achten entweder in der leidenschaftlichen Macht ihrer Begeisterung nicht auf das störende Materielle, oder sie erfreuen sich daran, wie auch durch die widerstrebende Materie der Geist sich Wege bahnt. Goethe, nie durch eine subjektive Erregung über die umgebende Wirklichkeit geblendet, kann nur da behaglich verweilen, wo er die Wirklichkeit selbst vollständig poetisch gestempelt hat. Darin liegt die eigentümliche Schönheit seiner Dichtungen, und darin liegt auch gleichzeitig der Grund, warum er gegen den Mechanismus, der ihn jeden Augenblick in seinem poetischen Behagen zu stören droht, kämpfend auftritt und den Feind in seinem eigenen Lager anzugreifen sucht.

Wir können aber den Mechanismus der Materie nicht dadurch besiegen, dass wir ihn wegleugnen, sondern nur dadurch, dass wir ihn den Zwecken des sittlichen Geistes unterwerfen. Wir müssen seine Hebel und Stricke kennen lernen – wenn es auch die dichterische Naturbetrachtung stören sollte – um sie nach unserem eigenen Willen regieren zu können; darin liegt die große Bedeutung der physikalischen Forschung für die Kultur des Menschengeschlechtes und ihre volle Berechtigung gegründet.

Aus dem Dargestellten wird es klar sein, dass Goethe allerdings in seinen verschiedenen naturwissenschaftlichen Arbeiten die gleiche Richtung geistiger Tätigkeit verfolgt hat, dass aber die Aufgaben sehr entgegengesetzter Art waren. Dieselbe Eigentümlichkeit, welche ihn auf dem einen Feld zu glänzendem Ruhm emportrug, bedingte sein Scheitern auf dem anderen. In dieser Einsicht wird mancher Verehrer des großen Dichters vielleicht geneigter werden, den Verdacht, den er gegen die Physiker hegt, schwinden zu lassen, als habe ihr verstockter Zunftstolz sie für die Inspirationen des Genius blind gemacht.

Nachschrift (1875)

Hier ist zu konstatieren, dass in dem seit der ersten Abfassung dieses Aufsatzes verflossenen Vierteljahrhundert die Gedankenkeime, welche Goethe im Gebiet der Naturwissenschaften ausgesät hat, zu voller und zum Teil reicher Entwicklung gelangt sind. Unverkennbar stützt sich Darwins Theorie von der Umbildung der organischen Formen vorzugsweise auf dieselben Analogien und Homologien im Bau der Tiere und Pflanzen, welche der Dichter, als der erste Entdecker, zunächst nur in der Form ahnender Anschauung, seinen ungläubigen Zeitgenossen darzulegen versucht hatte. Darwins Verdienst ist es, dass er mit großem Scharfsinn und aufmerksamer Beobachtung den ursächlichen Zusammenhang, dessen Wirkungen diese Übereinstimmungen in dem Typus der verschiedenartigsten Organismen sind, oder doch sein könnten, aufgespürt, und so die dichterische Ahnung zur Reife des klaren Begriffes entwickelt hat. Ich brauche nicht hervorzuheben, welche Umwälzung in der ganzen Auffassung der Lebenserscheinungen diese Erkenntnisse hervorgerufen haben.

Aber auch den Ideen, welche sich Goethe gebildet hatte über die Wege, die die Naturforschung einschlagen, und die Ziele, denen sie nachstreben müsse, ist man in naturwissenschaftlichen Kreisen unverkennbar nähergekommen.

In dieser Beziehung möchte ich hinweisen auf meine Rede zum Gedächtnis von Gustav Magnus. Was Goethe suchte, war das Gesetzliche in den Phänomenen; das war ihm die Hauptsache, welche er sich nicht durch metaphysische Gedankengebilde verwirren lassen wollte. Wenn die Naturforscher ihrerseits nun dazu gelangen, die Kraft aufzufassen als das Gesetz, das von aller Zufälligkeit der Erscheinung gereinigt und, in seiner Herrschaft über die Wirklichkeit, als objektiv gültig anerkannt ist, so besteht über die letzten Ziele wohl kaum noch eine erhebliche Divergenz der Meinungen. Den entschiedensten Ausdruck hat diese Auffassung in Kirchhoffs Vorlesungen über mathematische Physik empfangen, wo er die Mechanik geradezu unter die beschreibenden Naturwissenschaften einreiht. Goethes Versuch, seine Anschauungen an dem Beispiel der Farbenlehre praktisch durchzuführen, können wir freilich nicht als gelungen betrachten, aber das Gewicht, was er selbst auf diese Richtung seiner Arbeiten legte, wird verständlich. Er sah auch da ein hohes Ziel vor sich, zu dem er uns führen wollte; sein Versuch, einen Anfang des Weges zu entdecken, war jedoch nicht glücklich und leitete ihn leider in unentwirrbares Gestrüpp

Thomas Henry Huxley: Nature: Aphorisms by Goethe (1869)

Vita – Abstract
Thomas Henry Huxley (4. Mai 1825 Ealing, Middlesex – 29. Juni 1895 Eastbourne) begann 1842 ein Studium der Medizin in London, das er 1845 mit dem Bakkalaureat abschloss, nahm von 1846–1850 als Schiffsarzt auf einer Forschungsreise zu eigenen naturwissenschaftlichen Studien teil, wurde 1854 zum Professor der Paläontologie und Naturgeschichte an der ‚Royal School of Mines' in London ernannt, unterrichtete daneben von 1855–1858 an der ‚Royal Institution of Great Britain' und von 1863–1869 am ‚Royal College of Surgeons of England'. Huxley wurde Mitglied führender Akademien, war 1883–1885 Präsident der ‚Royal Society', setzte sich neben seinen botanischen und zoologischen Forschungen entschieden für die Anerkennung und Popularisierung der Evolutionstheorie von Charles Darwin (1809–1882) ein („Darwin's Bulldog") und vertrat einen naturwissenschaftlich-geisteswissenschaftlich geprägten Bildungs- und Kulturbegriff („An exclusively scientific training will bring about a mental twist as surely as an exclusively literary training.", 1880). Legendär wurde Huxleys Wortgefecht mit dem Bischof Samuel Wilberforce (1805–1873) am 30. Juni 1869 über die Abstammung des Menschen vom Affen. Besondere Beachtung fand sein in viele Sprachen übersetztes Werk *Evidence as to Man's Place in Nature* (1863), seine *Essays* (1893–1894) belegten seine stilistische Begabung.

Mit den Aphorismen aus dem Goethe zugeschriebenen, aber nicht von ihm stammenden Fragment *Die Natur* von 1783 zur Eröffnung der neuen naturwissenschaftlichen Zeitschrift ‚Nature' in ihrem ersten

D. von Engelhardt, *Goethe als Naturforscher im Urteil der Naturwissenschaft und Medizin des 19. Jahrhunderts*,
https://doi.org/10.1007/978-3-662-68126-8_24

Heft von 1869 drückt Huxley seine Anerkennung des Dichters Goethe aus, dessen pantheistischen Neigungen er selbst fern stehe, dessen Auffassungen in der Metamorphose der Pflanzen, des Zwischenkiefers und der Wirbeltheorie Beachtung bei den Naturforschern gefunden hätten und dessen Naturvision die naturwissenschaftlichen Erkenntnisse seiner Zeit überleben würde als ein wahres und wirkungsvolles Symbol des Wunders und des Geheimnisses der Natur – „a truthful and efficient symbol of the wonder and the mystery of Nature".

Huxley, Thomas Henry:
Nature: Aphorisms by Goethe, in: Nature 4 (1869) S. 9–11.

* * *

„Nature! We are surrounded and embraced by her: powerless to separate ourselves from her, and powerless to penetrate beyond her.

Without asking, or warning, she snatches us up into her circling dance, and whirls us on until we are tired, and drop from her arms.

She is ever shaping new forms: what is, has never yet been; what has been, comes not again. Everything is new, and yet nought but the old.

We live in her midst and know her not. She is incessantly speaking to us, but betrays not her secret. We constantly act upon her, and yet have no power over her.

The one thing she seems to aim at is Individuality; yet she cares nothing for individuals. She is always building up and destroying; but her workshop is inaccessible.

Her life is in her children; but where is the mother? She is the only artist; working-up the most uniform material into utter opposites; arriving, without a trace of effort, at perfection, at the most exact precision, though always veiled under a certain softness.

Each of her works has an essence of its own; each of her phenomena a special characterisation: and yet their diversity is in unity.

She performs a play; we know not whether she sees it herself, and yet she acts for us, the lookers-on.

Incessant life, development, and movement are in her, but she advances not. She changes for ever and ever, and rests not a moment. Quietude is inconceivable to her, and she has laid her curse upon rest. She is firm. Her steps are measured, her exceptions rare, her laws unchangeable.

She has always thought and always thinks; though not as a man, but as Nature. She broods over an all-comprehending idea, which no searching can find out.

Mankind dwell in her and she in them. With all men she plays a game for love, and rejoices the more they win. With many, her moves are so hidden, that the game is over before they know it.

That which is most unnatural is still Nature; the stupidest philistinism has a touch of her genius. Whoso cannot see her everywhere, sees her nowhere rightly.

She loves herself, and her innumerable eyes and affections are fixed upon herself. She has divided herself that she may be her own delight. She causes an endless succession of new capacities for enjoyment to spring up, that her insatiable sympathy may be assuaged.

She rejoices in illusion. Whoso destroys it in himself and others, him she punishes with the sternest tyranny. Whoso follows her in faith, him she takes as a child to her bosom.

Her children are numberless. To none is she altogether miserly; but she has her favourites, on whom she squanders much, and for whom she makes great sacrifices. Over greatness she spreads her shield.

She tosses her creatures out of nothingness, and tells them not whence they came, nor whither they go. It is their business to run, she knows the road.

Her mechanism has few springs – but they never wear out, are always active and manifold.

The spectacle of Nature is always new, for she is always renewing the spectators. Life is her most exquisite invention; and death is her expert contrivance to get plenty of life.

She wraps man in darkness, and makes him for ever long for light. She creates him dependent upon the earth, dull and heavy; and yet is always shaking him until he attempts to soar above it.

She creates needs because she loves action. Wondrous! that she produces all this action so easily. Every need is a benefit, swiftly satisfied, swiftly renewed. – Every fresh want is a new source of pleasure, but she soon reaches an equilibrium.

Every instant she commences an immense journey, and every instant she has reached her goal.

She is vanity of vanities; but not to us, to whom she has made herself of the greatest importance. She allows every child to play tricks with her; every fool to have judgment upon her; thousands to walk stupidly over her and see nothing; and takes her pleasure and finds her account in them all.

We obey her laws even when we rebel against them; we work with her even when we desire to work against her.

She makes every gift a benefit by causing us to want it. She delays, that we may desire her; she hastens, that we may not weary of her.

She has neither language nor discourse; but she creates tongues and hearts, by which she feels and speaks.

Her crown is love. Through love alone dare we come near her. She separates all existences, and all tend to intermingle. She has isolated all things in order that all may approach one another. She holds a couple of draughts from the cup of love to be fair payment for the pains of a lifetime.

She is all things. She rewards herself and punishes herself; is her own joy and her own misery. She is rough and tender, lovely and hateful, powerless and omnipotent. She is an eternal present. Past and future are unknown to her. The present is her eternity. She is beneficent. I praise her and all her works. She is silent and wise.

No explanation is wrung from her; no present won from her, which she does not give freely. She is cunning, but for good ends; and it is best not to notice her tricks.

She is complete, but never finished. As she works now, so can she always work. Everyone sees her in his own fashion. She hides under a thousand names and phrases, and is always the same. She has brought me here and will also lead me away. I trust her. She may scold me, but she will not hate her work. It was not I who spoke of her. No! What is false and what is true, she has spoken it all. The fault, the merit, is all hers."

So far Goethe.

When my friend, the Editor of ‚Nature', asked me to write an opening article for his first number, there came into my mind this wonderful rhapsody on „Nature", which has been a delight to me from my youth up. It seemed to me that no more fitting preface could be put before a Journal, which aims to mirror the progress of that fashioning by Nature of a picture of herself, in the mind of man, which we call the progress of Science.

A translation, to be worth anything, should reproduce the words, the sense, and the form of the original. But when that original is Goethe's, it is hard indeed to obtain this ideal; harder still, perhaps, to know whether one has reached it, or only added another to the long list of those who have tried to put the great German poet into English, and failed.

Supposing, however, that critical judges are satisfied with the translation as such, there lies beyond them the chance of another reckoning with the British public, who dislike what they call „Pantheism" almost as much as I do, and who will certainly find this essay of the poet's terribly Pantheistic. In fact, Goethe himself almost admits that it is so. In a curious explanatory letter, addressed to Chancellor von Müller, under date Ma 26th, 1828, he writes: –

"This essay was sent to me a short time ago from amongst the papers of the ever-honoured Duchess Anna Amelia; it is written by a well-known hand, of which I was accustomed to avail myself in my affairs, in the year 1780, or thereabouts.

I do not exactly remember having written these reflections, but they very well agree with the ideas which had at that time become developed in my mind. I might term the degree of insight which I had then attained, a comparative one, which was trying to express its tendency towards a not yet attained superlative.

There is an obvious inclination to a sort of Pantheism, to the conception of an unfathomable, unconditional, humorously self-contradictory Being, underlying the phenomena of Nature; and it may pass as a jest, with a bitter truth in it."

Goethe says, that about the date of this composition of „Nature" he was chiefly occupied with comparative anatomy; and, in 1786, gave himself incredible trouble to get other people to take an interest in his discovery, that man has a intermaxillary bone. After that he went on to the metamorphosis of plants, and to the theory of the skull; and, at length, had the pleasure of seeing his work taken up by German naturalists. The letter ends thus: –

„If we consider the high achievements by which all the phenomena of Nature have been gradually linked together in the human mind; and then, once more, thoughtfully peruse the above essay, from which we started, we shall, not without a smile, compare that comparative, as I called it, with the superlative which we have now reached, and rejoice in the progress of fifty years."

Forty years have passed since these words were written, and we look again, „not without a smile," on Goethe's superlative. But the road which led from his comparative to his superlative, has been diligently followed, until the notions which represented Goethe's superlative are now the commonplaces of science – and we have a super-superlative of our own.

When another half-century has passed, curious s of the back numbers of *Nature* will probably look on *our* best, „not without a smile"; and, it may be, that long after the theories of the philosophers whose achievements are recorded in these pages, are obsolete, the vision of the poet will remain as a truthful and efficient symbol of the wonder and the mystery of Nature.

Anton Kerner von Marilaun: Goethe und Darwin (1880)

Vita – Abstract
Anton Kerner von Marilaun (12.11.1831 Mautern, Österreich – 21.6.1898, Wien) studierte von 1848–1853 Medizin in Wien, wurde 1854 promoviert, nach einem Engagement als Lehrer für Naturgeschichte in Ofen in Ungarn 1860 zum Professor für Naturgeschichte und Direktor des Botanischen Gartens in Innsbruck ernannt und folgte 1876 dem Ruf als Professor der Botanik und Direktor des Botanischen Gartens in Wien. Wissenschaftlich beschäftigte sich Kerner von Marilaun, ein Anhänger der Evolutionstheorie, vor allem mit der heimischen Botanik, veröffentlichte *Das Pflanzenleben der Donauländer* (1863), *Die botanischen Gärten, ihre Aufgabe in der Vergangenheit, Gegenwart und Zukunft* (1874), *Pflanzenleben* (1883) und gilt mit seinen Studien zu Pflanzengesellschaften als Mitbegründer der Pflanzensoziologie.

Nach Hinweisen auf die in der Neuzeit unter Laien wie Botanikern leider überwiegend nutzenorientierte Einstellung zur Pflanzenwelt – sei es im Blick auf Konsum oder Therapie – erinnert Kerner von Marilaun, der auch in seinem *Pflanzenleben* (1883) ausführlich auf Goethe eingeht und ihn mit gewissen Einschränkungen als „Begründer der Lehre von der Metamorphose der Pflanzen" bezeichnet, an die deskriptiv systematische Orientierung der Botanik in der Vergangenheit vor allem bei Carl von Linné (1707–1787) unter Vernachlässigung der Phänomene der Entwicklung und Veränderung, während es Goethe schon früh und besonders nach seinen Beobachtungen in den Botanischen Gärten in Italien um die Einheit in der Vielfalt gegangen sei, konkret in den sechs Stufen der Blattentwicklung im Wechsel von Ausdehnung und

D. von Engelhardt, *Goethe als Naturforscher im Urteil der Naturwissenschaft und Medizin des 19. Jahrhunderts*,
https://doi.org/10.1007/978-3-662-68126-8_25

Zusammenziehung von den Kotyledonen oder Keimblättern bis zu den Fruchtblättern. Die botanische Morphologie sei erst durch Goethe zu einer „Wissenschaft" geworden, noch bedeutender sei die weitere Ausdehnung des Prinzips der Metamorphose durch Goethe auf die gesamte Welt der Lebewesen, die ihn bei allen Unterschieden zu einem „Vorläufer" der Deszendenztheorie von Charles Darwin (1809–1882) gemacht habe; Goethe stehe für eine „idealistische", Darwin für eine „angewandte" Morphologie. Die mangelnde Anerkennung der Pflanzenmetamorphose unter Botanikern sei auf die „unglückselige Farbenlehre" zurückzuführen. An Goethe könne begriffen werden, dass ein wahrer Fortschritt nur in der Verbindung von „Verstand und Einbildungskraft" oder „Wissenschaft und Kunst" zu erreichen sei.

Kerner von Marilaun, Anton:
Goethe und Darwin, in: Neue Freie Presse. Abendblatt (1880) (29.4.) (5628) S. 4, auch in: Ernst Moritz Kronfeld: Anton Kerner von Marilaun. Leben und Arbeit eines deutschen Naturforschers, Leipzig 1908, S. 215–224.

* * *

Vor einigen Jahren besuchte ich die Berge an der Mündung der Vallarsa bei Roveredo. Es war im Mai. In einer kleinen abgelegenen Talschlucht, deren Gehänge noch mit schönen Baumgruppen und dichtem Buschwerk bekleidet waren, zeigte sich die südliche Flora mit allen ihren Reizen entfaltet. Goldregen und Manna-Eschen, Heckenrosen, Ginster und unzählige niedrige Stauden standen in voller Blüte. Aus jedem Busch tönte das Lied einer Nachtigall, und ich genoss in vollen Zügen die ganze Herrlichkeit eines südlichen Maimorgens. An einer Stelle ausruhend, äußerte ich gegenüber dem mich begleitenden Führer, einem italienischen Bauer, meine Freude über die zahlreichen Nachtigallen, die mich durch ihren Gesang entzückten. Wie grausam fühlte ich mich aber aus meiner Stimmung gerissen, als dieser lakonisch antwortete: „Nachtigallen seien allerdings noch viele, aber Hasen gebe es hier fast gar keine mehr." Für ihn waren die Nachtigallen nur Wildbret, und er hätte sie jedenfalls viel lieber auf der Schüssel gebraten gesehen, als hier in den blühenden Büschen flöten gehört. Dieses kleine Erlebnis aber schein mir bezeichnend für die Art und Weise, wie die große Masse der Bevölkerung Tier- und Pflanzenwelt auffasst. Die Tiere sind ihr Wildbret, die Bäume Bau- und Brennholz, die krautartigen Gewächse Gemüse und heilsame Medikamente und die Blumen allenfalls noch Schmuck und Zierrat. Wohin ich meine Schritte gewendet, in aller Herren Ländern, die ich botanisierend durchzogen, waren die Fragen der angesessenen Bevölkerung immer die gleichen. Immer wieder sollte ich Auskunft geben, ob die Pflanzen, die ich aufsuchte und auflas, giftig oder nicht giftig seien, ob sie gegen diese oder jene Krankheit mit Erfolg verwendet werden könnten und durch welches Merkmal man die heilsamen oder sonst brauchbaren Gewächse zu erkennen und von den anderen zu unterscheiden vermöchte.

Bis zum Ende des sechzehnten Jahrhunderts war übrigens diese Auffassung der Pflanzenwelt vom ungeschminkten Nützlichkeitsstandpunkt auch diejenige der Fachgelehrten, und in den botanischen Werken der sogenannten „Väter der Botanik" findet man immer die medizinische „Kraft und Wirkung" und überhaupt die Benützbarkeit der beschriebenen und unterschiedenen Pflanzen an hervorragender Stelle und in ausführlichster Weise behandelt. Karl Clusius, welcher unter Ferdinand I. und Maximilian II. die Pflanzenwelt der österreichischen Länder von Wien aus erforschte, war der erste Botaniker, welcher von diesem Utilitäts-Standpunkt absah und welchen bei seinen Studien einzig und allein der Wunsch beseelte, alles, was da grünt und blüht kennen zu lernen, zu unterscheiden, zu beschreiben und womöglich auch abzubilden, gleichgiltig ob die erkannten Pflanzenformen eine praktische Verwendung im Arzneischatz, in der Küche oder im Blumengarten finden oder nicht, freilich auch ohne die Absicht, die durch die Erfahrung gewonnenen Einzelbeobachtungen schließlich durch ein geistiges Band mit einander zu verknüpfen.

Diese Methode der Behandlung der Pflanzenwelt blieb dieselbe bis an das Ende des vorigen Jahrhunderts, und selbst Linné, welcher als Reformator und Begründer einer neuen Richtung der Botanik gilt, ist im Grunde über diese rein beschreibende Richtung nicht hinausgekommen. Linnés größtes Verdienst war es, dass er von Clusius' Zeiten her ganz planlos aufgespeicherten Wust von Einzelbeobachtungen übersichtlich ordnete, den einzelnen Pflanzenarten kurze bezeichnende Namen gab und diese Arten durch bündige Beschreibungen unterscheiden lehrte. Es wurden von ihm zu diesem Behuf für alle Formen der Blätter, Blüten und Früchte Kunstausdrücke festgestellt. Mit Hilfe der so gebildeten Kunstsprache war es dann möglich, nicht nur die Beschreibungen der Pflanzenarten möglichst kurz zu fassen, sondern auch die ähnlichen Arten nach diesen Beschreibungen zu erkennen und zu bestimmen. Sein Vorgehen war ein analytisches, seine Gestaltlehre eine beschreibende, sie war eigentlich mehr eine Sammlung von Kunstausdrücken, eine Terminologie.

Die Gestalten der Organismen fanden von Linné nur insofern Berücksichtigung und Würdigung, als es durch sorgfältige Beachtung ihrer Verschiedenheiten möglich war, die zahllosen Pflanzenarten, welche die Erde bevölkern, auseinander zu halten und zu unterscheiden. Eine andere Bedeutung hatte die Gestalt für die Botaniker der Linné'schen Zeit nicht. Der Gedanke an die Möglichkeit, dass sich die Gestalten der Pflanzen verändern, dass sich die Arten umprägen, dass sie aus einander hervorgehen, in einem genetischen Zusammenhang stehen könnten, war durch das von Linné ausgesprochene Dogma, dass der Arten so viele seien, als am Anfang der Welt erschaffen wurden, ausgeschlossen, und die Frage, warum eine Pflanze diese, die andere jene Form hat, warum die Blätter der einen breiteiförmig, glatt und glänzend, jene der andern schmal und lang ausgezogen oder in zahlreiche Zipfel gespalten und in einen dichten Pelz von grauen Haaren gehüllt, warum die Blüten der einen glockenförmig überhängend und blau gefärbt, die der andern einen weit geöffneten Tier-Rachen oder einem sitzenden Schmetterling ähnlich und mit bunten Makeln bemalt sind – derlei Fragen nach dem Warum der besonderen Gestalt wurden weder gestellt noch beantwortet.

Linnés Methode, durch ihre konsequente Durchführung bestrickend, hatte sich aber im Fluge die gebildete Welt erobert. Ein Fachmann, der nicht zu Linnés Fahne schwur, wurde als ein unbegreiflicher Sonderling betrachtet. Auch die Laienwelt betrieb mit großem Eifer Botanik im Linné'schen Stil, und man empfahl die Botanik insbesondere für die Frauen als einen harmlosen, den Geist nicht übermäßig anstrengenden Zeitvertreib. In Frankreich hielt Rousseau einem Kreis schöngeistiger Frauen Vorträge über Botanik, und auch Goethe fühlte sich von der lieblichsten der Wissenschaften, wie man damals die Botanik nannte, mächtig angezogen.

Während Goethe in Karlsbad weilte, brachte ein junger Gärtner, den Goethe aus Weimar mitgenommen hatte, täglich Bündel von frischen blühenden Gewächsen den beim Brunnen versammelten Kurgästen, und Herren und Damen interessierten sich lebhaft für die Determinierung dieser Pflanzen. Goethe erzählt uns aber auch, wie sich damals schon Stimmen vernehmen ließen, welche diese Behandlungsweise der Pflanzenwelt als geistlose Spielerei bezeichneten und sich äußerten, diese ganze Linné'sche Botanik sei nichts weiter als eine Nomenklatur, ein auf Zahlen gegründetes System, welches weder dem Verstand noch der Einbildungskraft genügen und das niemand auf die Dauer befriedigen könne. Offenbar hatte auch Goethe schon damals die Schwäche der Linné'schen Behandlungsweise erkannt. Das Zählen war ohnedies Goethes Sache nicht, auch das Auseinanderhalten und Unterscheiden nicht: ihn fesselte daher auch weit weniger das, was die Pflanzen unterschied, als vielmehr das, was sie ähnlich machte, was sie gemeinsam hatten. Es schwebte ihm schon damals eine synthetische Behandlung der Pflanzengestalten vor; er wollte aus der Vielheit die Einheit herauslesen, und glaubte, aus der Ähnlichkeit der Formen eine diese Formen verbindende Gesetzmäßigkeit herausfinden zu können. Mit den Worten:

> Alle Gestalten sind ähnlich, und keine gleichet der andern
> Und so deutet der Chor auf ein geheimes Gesetz, –

sprach Goethe wohl am bündigsten den Gedanken aus, der ihn schon damals bewegte.

Dieser Gedanke verfolgte ihn über den Brenner nach Italien. Immer grübelte er nach dem „geheimen Gesetz". Im botanischen Garten zu Padua machte eine Fächerpalme mit Blüten und Blättern in allen Entwicklungsstufen auf ihn einen gewaltigen Eindruck, und hier gelangte er auch auf die Idee, dass die in ihrer Gestalt so unendlich mannigfachen Organe der Pflanzen sich sämtlich auf eine Grundform, auf das Blatt zurückführen lassen, das sich an jedem Einzelwesen im Verlauf des Lebens stufenweise nach einem allgemeinen Schema verwandle. In Sizilien leuchtet ihm, wie er an Herder schreibt, die ursprüngliche Identität aller Organe eines Pflanzenstockes vollkommen ein, und er suchte das gemeinsame Gesetz, nach welchem sich die Blütenpflanzen im Verlauf ihres Lebens aufbauen, an einem Urbild, gewissermaßen an einer idealen Pflanze zum Ausdrucke zu bringen.

Seine Ideen über die Metamorphose der Pflanze zu welchen er damals gelangt war und die er nach seiner Rückkehr aus Italien im Herbst 1789 in Weimar zu Papier brachte, lassen sich kurz in folgender Weise darstellen: Die Pflanze baut sich stufenweise auf aus einem Grundorgan, dem Blatt, welches von den Knoten eines Stengels ausgeht. Zuerst entwickeln sich an der aus dem Samen aufkeimenden jungen Pflanze, von dem untersten Knoten des Stengels ausgehend und meist unter der Erde, jene Organe, welche man die Samenlappen oder Kotyledonen genannt hat. Sie sind von verhältnismäßig geringem Umfang, sind einfach, ungeteilt, ohne Spur von Einschnitten, präsentieren sich meistens in Gestalt von weißlichen dicklichen Lappen, die – wie sich Goethe ausdrückt – mit einer rohen Materie gleichsam vollgestopft und nur grob organisiert sind. Goethe deutet diese Kotyledonen als die untersten, in der Entwicklungsreihe auf der tiefsten Stufe stehenden Blätter. Nach ihnen und über ihnen entwickeln sich an den folgenden Knoten des Stengels die Laubblätter; sie sind ausgedehnter länger oder breiter angelegt, oft am Rand eingekerbt, in Zipfel gespalten oder auch aus Teilblättchen zusammengesetzt, und sind grün gefärbt. Sie stehen auf einer höheren Stufe der „Ausbildung und Verfeinerung", „welche sie dem Licht und der Luft schuldig sind". Noch weiter aufwärts erscheint dann die dritte Entwicklungsstufe des Blattes. Das, was Linné den Blütenkelch nennt, ist für Goethe kein neues Organ, sondern er erkennt in dem Kelch eine Ansammlung von Blättern, also desselben Organs, welche tiefer unten als Laubblatt erschien, nur ist dieses Blatt hier eigentümlich umgebildet. Diese Gruppe zusammengedrängter Blätter, welche gewissermaßen im dritten Stockwerk des ganzen Pflanzengebäudes von den Stengelknoten ausgehen und, dort zusammengedrängt, den Kelch bilden, sind im Vergleich zu den breit angelegten Laubblättern klein, zusammengezogen und wenig mannigfaltig. Auf der vierten Sprosse der Leiter, auf welcher das Blatt in seinem Streben sie zu vervollkommnen, emporsteigt, erscheint das, was die Linné'sche Terminologie die Blumenkrone nennt. Die Blumenkrone besteht wie der Kelch wieder nur aus mehreren um einen Mittelpunkt gruppierten Blättern. Hat im Kelch eine Zusammenziehung stattgefunden, so findet jetzt wieder eine Ausdehnung statt: die Blätter, welche die Krone zusammensetzen, sind nämlich im Allgemeinen breiter angelegt als jene des Kelches, sie sind überdies zarter, feiner, prangen in bunten Farben, und Goethe denkt sich dieselben auch mit feineren, reineren Säften erfüllt. Goethe stellt sich vor, dass diese Säfte in den tieferstehenden Blättern gewissermaßen filtriert werden und so mehr und mehr vervollkommnet in die oberen Stockwerke gelangen, und er meint, ein feinerer Saft müsse dann auch ein feineres, zarteres Gewebe bedingen. – Über der Blumenkrone folgt nun auf der fünften Sprosse der Stufenleiter die Gruppe der Staubgefäße, Gebilde, welche zwar der gewöhnlichen Vorstellung eines Blattes nicht entsprechen, aber doch wieder nur als Blätter zu deuten sind. Im Bereich der Krone waren die Blätter ausgebreitet und durch ihren Farbenreiz in die Augen fallend, in den Staubgefäßen erscheinen sie auf das Äußerste zusammengezogen, zum Teil fast fadenförmig, sie erscheinen in einem höchst verfeinerten Zustand, und in den Antheren entwickeln sich die „Staubkügelchen", in welchen „ein höchst feiner Saft aufbewahrt ist". – An diese den Blütenstaub entwickelnden Blätter, in welchen die Zusammenziehung ihren äußersten Grad erreicht hat, schließt sich endlich das sechste Stockwerk, aus Blättern gebildet, die wieder breiter angelegt sind und in welchen die Pflanze zum letzten Mal eine Ausdehnung erfährt. Es sind die Fruchtblätter, welche um den obersten Teil des Stengels zusammenschließen und die Samen umhüllen, welche sich aus dem Gipfelpunkt des Stengels herausbilden. – So vollendet die Pflanze in sechs Schritten ihren Lebenslauf. Sie baut sich aus Blättern auf, welche zwar entsprechend den sechs Schritten zur Vervollkommnung die mannigfachsten Gestalten annehmen, aber die „innere Identität" nicht verkennen lassen. Bei diesem Wechsel der Gestalt, dieser Metamorphose des Blattes wechselt dreimal Zusammenziehung mit Ausdehnung: jede Stufe ist vollkommener als die nächste tiefer stehende.

Dies die gedrängt Darstellung der Abhandlung, welche Goethe unter dem Titel: „Die Metamorphosen der Pflanze" im Jahr 1790 veröffentlichte, bei welcher Darstellung ich mich bemühte, selbst die heute etwas veraltete Ausdrucksweise Goethes festzuhalten.

Goethe hatte sich von derselben einen großen, durchschlagenden Erfolg versprochen. Sie wurde aber von den Zeitgenossen sehr kühl aufgenommen, ja die Männer der Wissenschaft haben sich ihr gegenüber anfänglich geradezu ablehnend verhalten.

Was man ihr aussetzte und auch heute noch aussetzen muss, ist vor allem, dass die Zahl der Fälle, auf welche sich Goethe stützte, von ihm selbst willkürlich beschränkt wurde, und dass daher die Metamorphosenlehre, wie sie Goethe zuerst publizierte, eigentlich nur auf einen Teil der pflanzlichen Organismen passt. Auch einzelne Unrichtigkeiten sind noch zu rügen, auf welche aber im Einzelnen einzugehen viel zu weit führen würde.

Nach meiner Auffassung liegt jedoch der Wert der Goethe'schen Metamorphosenlehre weit weniger in dem Inhalt des Schriftchens an und für sich, als vielmehr darin, dass durch diese kleine Abhandlung jene Methode des Forschens in die organische Naturwissenschaft eingeführt wurde, welche durch Vergleich ähnlicher Erscheinungen allgemeine Gesetze abzuleiten sucht. Die Wissenschaft beginnt erst da, wo die von der Erfahrung gegebenen und durch Beobachtung ermittelten Tatsachen durch ein geistiges Band verknüpft werden, und insofern kann man wohl sagen, dass die botanische Morphologie erst durch Goethe zu einer Wissenschaft geworden ist.

Den bedeutendsten Wurf machte Goethe als Naturforscher aber damit, dass er seine Metamorphosenlehre nachträglich auf die gesamte Welt organischer Bildungen verallgemeinert. Seine *Metamorphose der Pflanze* stellte sich nur die Aufgabe, die mannigfachen Erscheinungsweisen der Organe des Einzelwesens auf ein allgemeines, einfaches Prinzip zurückzuführen, in seinen späteren morphologischen Aufsätzen, zumal in seinem Entwurf zu Vorträgen über vergleichende Anatomie aus dem Jahr 1796 und in den naturwissenschaftlichen Aphorismen, dehnt er aber seine Theorie auf die ganze Welt der Organismen aus und stellt sich damit auch in Gegensatz zur Linné'schen Ansicht über die gleichzeitige Erschaffung aller existierenden Pflanzenarten am Anfang der Welt. Die „Metamorphose der Pflanze" führte ihn so konsequenterweise zur Idee eines genetischen Zusammenhanges der in so unendlicher Mannigfaltigkeit ausgestalteten Pflanzen- und Tierarten, zu den Grundlinien einer Geschichte der organischen Welt, zu einer Naturgeschichte in des Wortes vollster Bedeutung oder, um einen modernen Namen zu gebrauchen, zur Deszendenztheorie.

Mag diese Theorie durch Geoffroy St. Hilaire, Lamarck und insbesondere durch Darwin später auch eingehender behandelt und weiter ausgebildet worden sein, in ihren Grundzügen wurde sie bereits von Goethe klar und deutlich entwickelt, und insofern mag man Goethe wohl auch als einen Vorläufer Darwins bezeichnen.

Darwins Verdienst war es, die durch zahlreiche neue Beobachtungen gestützte Deszendenztheorie mit der Lehre von der natürlichen Auslese, der sogenannten Selektionstheorie, in Verbindung gebracht zu haben. Diese Theorie der natürlichen Auslese ist es auch, welche die ureigenste Spekulation Darwins bildet, und welche daher auch ausschließlich mit dem Namen Darwinismus bezeichnet werden sollte.

Während Goethe davon ausging, dass er die einzelnen Gestalten in ihrer mannigfaltigen Ausbildung auf ein einfaches Urbild bezog, so prüfte Darwin die Gestalten zunächst mit Rücksicht auf ihre Bedeutung für das Leben der Pflanze, mit Rücksicht auf den Vorteil, welchen die besondere Gestalt für die betreffende Pflanze bietet, und wollte man die von Goethe eingehaltene Richtung der Morphologie als die idealistische bezeichnen, so müsste man die Richtung der Gestaltlehre, in deren Verfolg Darwin zu seiner Selektionstheorie hingedrängt wurde, die angewandte nennen.

Vom Standpunkt dieser angewandten Morphologie kümmern wir uns wenig um die Stellung eines Pflanzenteils in dem Schema der idealen Pflanze, sondern fragen bei dem Anblick einer jeden Gestalt: Warum und wozu gerade so und nicht anders?

Nichts ist da ohne Bedeutung, weder die Richtung, Dicke und Länge der Wurzeln, noch der Zuschnitt, die Berippung und die Lage der Blattflächen, weder der Bau und die Farbe der Blüten, noch die Gestalt der Früchte und die Samen, ja selbst jeder Stachel, jede Borste und jedes Haar hat seine besondere Aufgabe zu erfüllen. Auch stehen immer alle die besonderen Merkmale einer Pflanzenart zu einander in innigster Beziehung, in gegenseitiger Abhängigkeit. Ein Merkmal bedingt ein zweites, dieses in drittes: alle einzelnen Glieder einer Pflanze müssen wie die Teile einer Maschine aufeinanderpassen, ineinandergreifen und zusammenwirken, wenn die betreffend Pflanze sich erhalten, wenn sie konkurrenzfähig sein soll.

Klappt an einem Individuum nicht alles gut zusammen, so kann es die Konkurrenz mit jenen Individuen, welche vollkommenere Maschinen darstellen, nicht vertragen, es geht zugrunde, während die mit Rücksicht auf die gegebenen Verhältnisse vollkommeneren, die passendsten sich auf dem Felde behaupten; es wird so gewissermaßen das Unharmonische von dem Harmonischen verdrängt und aus dem Felde geschlagen. Es ist selbstverständlich, dass diejenigen, welche eben am vorteilhaftesten ausgestattet sind und sich in Folge dieser ihrer Organisation behaupten, sich auch am üppigsten entwickeln, vervielfältigen und ausbreiten. Diese kommen uns daher auch ganz vorzüglich unter die Augen; Tier- und Pflanzenreich scheint nur aus harmonisch gebildeten Gestalten zusammengesetzt, und wir bekommen so den Eindruck der vollendeten Harmonie der organischen Welt.

Goethe hielt die vollkommene Anpassung der Gestalten an die gegebenen Lebensbedingungen für den Ausfluss der schaffenden Natur. Goethe ist eben Dualist; er nimmt die Vollkommenheit der Gestalten als planmäßig vorhergedacht und die Pflanzen- und Tiergestalten nicht nur diesem Plane entsprechend geschaffen, sondern auch ihre Metamorphose zweckentsprechend vorhergesehen. Hierin nun weichen Goethe und Darwin wesentlich voneinander ab. Darwin erklärt das Angepasstsein an die gegebenen Verhältnisse, die Vollkommenheit der Gestalten nur als eine indirekt erworbene, nur als das Resultat der Auslese. Mit dem Passenden entsteht auch Unpassendes, das aber notwendig zu Grund gehen muss. Wäre die Zweckmäßigkeit, die Harmonie der Gestalten mit den mit den umgebenden Verhältnissen von der schöpferischen Natur planmäßig vorausgedacht, wie Goethe meinte, so könnten nicht auch unharmonische Formen entstehen und in Erscheinung treten. Auch sind die gegebenen harmonisch erscheinenden Gestalten nur für eine gegebene Zeit, für gegebene äußere Verhältnisse die passendsten, bei Änderung der äußeren Lebensbedingungen im Laufe der Zeiten können sie unharmonische werden, an der Ungunst der neuen Verhältnisse zugrunde gehen und aussterben. Das Angepasstsein ist daher nach Darwin das Resultat der Auslese des jeweilig Passendsten, es ist die Folge der Tatsache, dass nur die für einen gegebenen Raum und eine gegebene Zeit am vorteilhaftesten organisierten Tiere und Pflanzen den Platz behaupten, dass nur diejenigen Organismen, welche ausgerüstet sind, die Konkurrenz mit den anderen erfolgreich zu bestehen, sich auch zu erhalten vermögen.

Wenn aber in diesem Punkt Goethe und Darwin verschiedener Auffassung huldigen, in dem einen stimmen sie miteinander überein, dass alle die unzähligen Pflanzen- und Tierformen nicht, wie Linné meinte, mit jener äußeren Gestalt erschaffen wurden, mit welcher sie uns gegenwärtig gegenüberstehen, sondern dass die jetzt lebenden unter sich und mit den untergegangenen Erscheinungsweisen in einem genetischen Zusammenhang stehen.

Und auch insofern besteht noch zwischen Goethe und Darwin ein bemerkenswerter Einklang, dass beide zur Idee der Deszendenz der Organismen durch die Betrachtung und Vergleichung der Gestalten der Lebewesen gelangten, dass sie ihr wissenschaftliches Gebäude auf Grund morphologischer Studien aufbauten. Beide haben sie in die geistlose deskriptive Morphologie Bresche geschossen und gezeigt, wie sich morphologische Studien zu einer Theorie verwerten lassen, welche die höchsten und letzten Probleme der Wissenschaft berührt.

Indem ich gerade darin eines der größten Verdienste der beiden Männer erkenne, darf ich auch nicht unerwähnt lassen, dass beide auf die Disziplin, welcher sie so große Erfolge verdanken, auch in der fruchtbringendsten Weise zurückwirkten. Bewusst oder unbewusst, hat die jüngere Generation der Naturforscher durch die Deszendenz- und Selektionstheorie die Anregung zu einer Unzahl der eingehendsten morphologischen, entwicklungsgeschichtlichen und physiologischen Studien erhalten. Wie Goethe der Begründer der idealistischen Morphologie, so wurde Darwin der Begründer der angewandten Morphologie. Beide bilden sie hervorragende Marksteine am Wege der Entwicklung der Gestaltlehre und der Naturgeschichte überhaupt, was selbst von denjenigen nicht angefochten werden kann, welche die Deszendenz- und Selektionslehre nicht als eine Theorie, sondern nur als eine Hypothese gelten lassen wollen.

Wie schon erwähnt, wollten die Zeitgenossen Goethes von ihm als Naturforscher und insbesondere als Morphologen nicht viel wissen, und nichts verbitterte Goethe mehr als gerade das Ausbleiben der Anerkennung von Seite der zünftigen Gelehrten. Zum Teil mochte diese Nichtanerkennung wohl durch die unglückselige Farbenlehre veranlasst worden sein, mit welcher er einen Irrweg betreten hatte, von dem er sich bis zur letzten Stunde leider nicht mehr abwendig machen ließ; vorzüglich aber war, wie das Goethe wohl selbst recht gut herausfühlte, der Umstand Schuld, dass er in erster Linie als – Dichter bekannt war! Poet und Naturforscher noch dazu – das schien den Zünftigen unvereinbar und unfassbar. Seine naturgeschichtlichen Spekulationen wurden daher von den zeitgenössischen Naturforschern als die Erzeugnisse dichterischer Phantasie hingenommen und als solche von jenen Gelehrten, welche der Einbildungskraft jede Berechtigung in wissenschaftlichen Fragen absprechen, beiseitegelassen.

Ich bin der Letzte, welcher in Abrede stellen wollte, dass überall dort, wo die Zahlen eine große Rolle spielen, in jenen Disziplinen, welche wir die exakten nennen, der Einbildungskraft nur ein sehr bescheidenes Plätzchen zukommt, in der Naturgeschichte aber, wo wir nicht im Stande sind, gleich vom Anfange auf mathematischer Grundlage vorzugehen, bildet die Betrachtung und Vergleichung der organischen Gestalten die Basis für alle Spekulationen: die Gestalten der Pflanzen und Tiere sind gewissermaßen die Zahlen, mit welchen wir rechnen müssen, und bei dieser Art des Rechnens hat denn doch auch die Einbildungskraft eine Rolle zu spielen, zumal dann, wenn es sich um Verknüpfung und Erfahrungen, um die Kombination der durch Untersuchung und Experiment gewonnen Tatsachen und vor allem um das Einschlagen neuer Richtungen, um den Plan zum Aufbau eines neuen Stockwerkes am Gebäude der Wissenschaft handelt.

An diesem Aufbau, an dem wir alle mithelfen, sind eben zweierlei Arbeiter beschäftigt, solche, welche die Bausteine behauen und aneinandersetzen, und solche, welche angeben, wie dieses Aneinanderfügen zu geschehen hat. Wie wir aber bei dem Anblick eines Bauwerkes nicht so sehr die Sorgfalt bewundern, mit welcher der eine Arbeiter die Steine behandelt und Ornamente aus denselben herausmeißelt, und nicht den Fleiß, mit welchem ein zweiter Arbeiter die Steine verbindet, sondern den Architekten, den Künstler, den Meister loben, welcher den Entwurf zu dem Gebäude vorgezeichnet hat, und wie es ja leicht möglich ist, dass der Architekt den Meißel und die Kelle bei weitem nicht so gut zu handhaben weiß, wie die bei dem Baue beschäftigten Arbeiter, so geht es auch im Bereich der Gestaltlehre und des auf dieser gegründeten wissenschaftlichen Gebäudes. Goethe gehörte nicht zu den fleißigen exakten Arbeitern. Goethe hatte seine Theorie auf Grund von ganz wenigen Tatsachen, die er selbst ermittelte, aufgebaut, er hat aber reine neue Bahn gebrochen, den Plan zu einem Neubau entworfen, nicht trotzdem er ein Dichter war, sondern weil er ein begnadeter Dichter war, oder vielleicht besser gesagt, weil in ihm die lebhafte Einbildungskraft mit einem klaren durchdringenden Verstand, weil in ihm Kunst und umfassendes Wissen in seltener Weise vereinigt waren.

Wissen ist Macht, Dichtung ist Freiheit! Wahrer Fortschritt zur Wahrheit aber auf allen Gebieten nur dort, wo Verstand und Einbildungskraft harmonisch tätig sind, wo Wissenschaft und Kunst sich brüderlich die Hände reichen.

Salomon Kalischer: Einleitung zur Meteorologie von Goethe (1877)

Vita – Abstract
Salomon Kalischer (8. Oktober 1845 Thorn – 22. September 1924 Marienbad) studierte zunächst Theologie und Philosophie in Breslau, wurde 1868 in Halle mit einer Dissertation über die Nikomachische Ethik von Aristoteles promoviert, wandte sich dann dem Studium der Physik und Chemie in Berlin zu, erhielt nach der Habilitation 1876 eine Stelle als Privatdozent an der Berliner Bauakademie und wurde 1894 als Dozent und 1896 als Professor an die Technische Hochschule Charlottenburg berufen. Kalischer beschäftigte sich in seinen Forschungen mit Themen der Elektrizität, Optik, Magnetismus, Naturphilosophie und der Naturforschung Goethes, war von 1912 bis 1924 Präsident des ‚Deutsch-Israelitischen Gemeindebundes' und leitete das ‚Gesamtarchiv der deutschen Juden'.

Kalischer, der 1877 *Goethe's Verhältniß zur Naturwissenschaft und seine Bedeutung in derselben* und 1883 *Goethe als Naturforscher und Herr Du Bois-Reymond als sein Kritiker* in Monographien behandelt, sich 1877–78 mit umfangreichen Einleitungen an der Ausgabe der Naturwissenschaftlichen Werke Goethes durch Rudolf Steiner (1861–1925) beteiligt, noch einmal 1904 in der Schrift von Albert Bielschowsky (1847–1902) über *Goethe als Naturforscher* in *Goethe. Sein Leben und seine Werke* (S. 412–461) berichtet, geht 1877 in seiner Einleitung zu Bd. 34 der *Naturwissenschaftlichen Werke* Goethes auf dessen Vorstellungen über Meteorologie ein, über die er in seinen Reisen durchgängig Beobachtungen gemacht habe, stets auch im Blick auf die Auswirkungen der Witterung auf die eigene Stimmung und Gesundheit

D. von Engelhardt, *Goethe als Naturforscher im Urteil der Naturwissenschaft und Medizin des 19. Jahrhunderts*,
https://doi.org/10.1007/978-3-662-68126-8_26

und mit genauen Messungen, ohne letztlich ein überzeugendes Gesetz der Phänomene in dieser Frühphase einer wissenschaftlichen Meteorologie gefunden zu haben. Besonders Beachtung habe bei Goethe der englische Meteorologe und Pharmazeut Luke Howard (1772–1864) mit seiner Differenzierung und Terminologie der Wolkenformen gefunden. Verschiedene Thesen über den Zusammenhang zwischen Barometerstand und Witterung – wie zum Beispiel der Einfluss der Mondphasen oder vulkanischer Veränderungen – habe Goethe nicht geteilt, selbst habe er vielmehr periodische Änderungen der Anziehungskraft der Erde als Ursache für möglich gehalten und sich für die Errichtung meteorologischer Beobachtungstationen eingesetzt, über die von ihm verfasste handschriftliche *Instruktionen* überliefert seien.

Kalischer, Salomon:
Einleitung, in: Goethes Werke, Bd. 34, Zur Metorologie. – Zur Naturwissenschaft im Allgemeinen. – Naturwissenschaftliche Einzelheiten, hg. v. Salomon Kalischer, Berlin 1877, S. VII–XVI.

* * *

Goethes Interesse an der Meteorologie ging, wie natürlich, von den augenfälligsten Erscheinungen unseres Luftkreises aus, von den wunderlichen, die Phantasie erregenden Wolkengebilden. In den Berichten seiner frühesten Reisen, wie beispielsweise der Schweizerreise des Jahres 1779, fehlen Schilderungen jener ephemeren Gestaltungen nicht. Von diesem Punkt aus verbreitete sich sein Interesse über alle atmosphärischen Phänomene. Denn ihre scheinbare Zügellosigkeit, die vergeblichen Bemühungen, sie einem Gesetz zu unterwerfen, mussten seinen überall den ruhenden Pol in der Erscheinungen Flucht suchenden Geist auf das Lebhafteste anregen, selbst nach dem Gesetz zu forschen. Dabei verdient vielleicht hervorgehoben zu werden, dass ein rein individueller Grund den Antrieb verstärkt haben mag. Denn wie die Abnahme der Tageslängen deprimierend auf seine Stimmung wirkte[1], so litt er in ungewöhnlicher Weise unter den Unbilden der Witterung; und wem ist es nicht aufgefallen, dass in dem Briefwechsel unseres großen Dichterpaares, der an kunstwissenschaftlichem Gehalt ohne Gleichen dasteht, so oft vom Wetter die Rede ist, wie es die Arbeitskraft und Arbeitslust der erhabenen Geister in nicht geringem Grad beeinflusst! Bei Schiller ist dies im Hinblick auf seine Kränklichkeit begreiflicher; Goethes Natur aber muss an und für sich in hohem Maße feinfühlig gegen die Veränderungen des Zustandes der Atmosphäre ge-

[1] Vgl. Eckermanns Gespräche etc., III. 18. [= Johann Peter Eckermann: *Gespräche mit Goethe in den letzten Jahren seines Lebens*, Bd. 3, Magdeburg 1848]

wesen sein; er gehörte wohl zu den wenigen Menschen, welche den Barometerstand unmittelbar empfinden.[2] Den Launen der Witterung nachzuspüren, das Gesetzliche darin aufzusuchen, war für ihn daher ebenso sehr gleichsam eine häusliche Angelegenheit als eine Sache des Verstandes, und in der richtigen Erkenntnis, dass in den Schwankungen des Barometers eine der wichtigsten Manifestationen der Zustandsänderungen der Atmosphäre liege und diese sich darin am Treuesten abspiegeln, wich jenes Instrument kaum von seiner Seite. „Ich bin auf meine neuen Baro- und Thermometers" – die er bei dem Nordhäuser Wetterpropheten hatte bestellen lassen – „verlangender als jemals", schreibt er am 19. November 1784; er will sie zu sich ins Haus hängen und die Beobachtung mit dem fürstlichen Freund teilen[3]: auch benutzte er zuweilen das „Wetterbeobachtungs-Museum" des Dr. Siewer in Oberweimar.[4] Allein er war in diesen Beobachtungen nicht so glücklich wie auf anderen Gebieten der Naturwissenschaft, zumal da der Zustand der Meteorologie ihm nicht das wissenschaftliche Material darbot, welches seine Art der Naturbetrachtung zu weiteren Forschungen hätte einladen können; den ganzen Komplex der Witterungskunde, wie er tabellarisch durch Zahlen und Zeichen aufgestellt wird, zu erfassen oder auf irgendeine Weise daran Teil zu nehmen, war, wie er selbst uns sagt, seiner Natur unmöglich. Erst als Howard für die den Dichter am lebhaftesten interessierenden Erscheinungen der Wolkengebilde eine wissenschaftliche Kunstsprache erfand, um sie nach bestimmten Gruppen zu unterscheiden, leuchtete ihm ein Hoffnungsstrahl, in dem Wechsel der atmosphärischen Phänomene einen festen Punkt zu finden, und fühlte er sich ermutigt, an dem„dargereichten Faden" fortzuspinnen. Wie er uns selbst erzählt, wurde er durch den Großherzog auf Howards Terminologie aufmerksam gemacht, und zwar höchst wahrscheinlich 1815 nach einem Aufsatz in Gilberts ‚Annalen' von diesem Jahr: „*Versuch einer Naturgeschichte und Physik der Wolken* von Lukas Howard, frei bearbeitet von Gilbert", den er sich am 25. Mai 1816 von Döbereiner zur „Wiederansicht" erbittet. Bald schwebte über seiner ganzen naturhistorischen Beschäftigung die Howardische Wolkenlehre; sie ward in der Folge fleißig auf die atmosphärischen Erscheinungen angewendet, und nach ihr werden mannigfache Zeichnungen entworfen.[5] Freilich war mit der Howardischen Terminologie im Grunde nur eine übersichtliche Registrierung von Tatsachen gegeben; allein eine treffende wissenschaftliche Terminologie ist an und für sich von Wert, da sie nicht nur die allgemeine Verständigung erleichtert, sondern bisweilen selbst zum Ausgangspunkt für eine weitere

[2] Vgl. unten S. 41.

[3] Briefwechsel mit Karl August, 1. 32. [= Briefwechsel des Großherzogs Sachsen-Weimar und Eisenach, Carl August Herzog von mit Goethe in den Jahren 1775 bis 1828, Bd. 1, Weimar 1863]. Vgl. Goethes Briefe an Frau v. Stein, III. 119. [= Göthe's Briefe an Charlotte von Stein aus den Jahren 1776 bis 1826, hg. v. Adolf Schöll, Bd. 3, Weimar 1851].

[4] Vgl. Briefe an Frau v. Stein, III. 41.

[5] Vgl. Tag- und Jahreshefte, Abf. 875, 901, 944, 1109.

Erkenntnis dienen kann, wie es in unserem Fall die Vergleichung der Barometerstände mit den Gestalten der Wolken war.[6] Goethe erkannte darin einen besonderen Wert der Howard'schen Terminologie, welche sich bald allgemeine Geltung verschafft und bis auf den heutigen Tag erhalten hat.

Seit der Erfindung des Barometers war die Erforschung der Ursache der Schwankungen desselben oder, was dasselbe ist, der Änderungen des Luftdrucks ein Angelpunkt aller meteorologischen Untersuchungen, da man wohl erkannte, dass damit die Witterungsverhältnisse überhaupt in innigster Beziehung stehen. Zur Erklärung derselben griff man zu den sonderbarsten Hypothesen. Wie in den frühsten Zeiten schrieb man auch nach der Erfindung des Barometers den Gestirnen einen Einfluss auf die Witterung zu, und am Längsten erhielt sich der Mond in der Rolle eines Wettermachers, welche er nicht nur im Volksglauben, sondern auch in der Meinung einiger Naturforscher auch heute noch nicht ausgespielt hat. Kant – um nicht weiter zurückzugreifen –, anknüpfend an einen Ausspruch Lichtenbergs: „Der Mond sollte keinen Einfluss auf die Witterung haben. hat ihn aber doch", bestreitet einen direkten Einfluss, meint aber, man könne einen indirekten zulassen, wenn man jenseits der Luftgrenze eine imponderable Materie annimmt, welche unter dem Einfluss des Mondes durch ihre *Affinität* (also auf chemischem Weg) die Elastizität der Luft ändere.[7] Eine imponderable Materie nehmen wir allerdings in dem durch den Weltraum verbreiteten Äther an, aber für die von Kant hypothetisch aufgestellten Einflüsse bietet die Erfahrung keinen Anhalt. Freilich muss der Einfluss des Mondes auf die Atmosphäre, da sie ein bewegliches Element ist, sich in einer täglichen Flut und Ebbe äußern, und manche Naturforscher glauben in der Tat, darin eine nicht unwesentliche Ursache der Barometerschwankungen sehen zu sollen; aber nach den Berechnungen von Laplace und Bouvard ist dieser Einfluss so außerordentlich gering, dass er von dem der Sonne, von den durch die Erwärmung hervorgerufenen Luftströmungen völlig verdeckt wird, und Goethe lehnt daher mit Recht jene Wirkungen zur Erklärung der Barometerschwankungen ab.

Vom Mond verlegte man die Ursache der Änderungen des Luftdrucks ins Innere der Erde. Vulkanische Kräfte rief man herbei, und nach dem Vorgang Woodwards sprach Meinecke im Jahr 1823 die Ansicht aus, dass der Erdboden bald Luft absorbiere, bald wieder entlasse –welchen Prozess er mit dem Namen des Atmens bezeichnete –, wodurch das Barometer bald sinke, bald steige.[8]

[6] Vgl. unten S. 20 und 38; Tag- und Jahreshefte, Abf. 901 u. 961.

[7] Kant, Etwas über den Einfluss des Mondes auf die Witterung. Im Maiheft der Berliner Monatsschrift von 1794. [= Immanuel Kant: Etwas über den Einfluss des Mondes auf die Witterung, in: Berliner Monatsschrift (1794) (1) S. 392–402].

[8] Vgl. Kämtz, Lehrbuch der Meteorologie, I. III f.; III. 532 ff. [= Ludwig Friedrich Kämtz: Lehrbuch der Meteorologie, Bd. 1–3, Halle 1831–1836]. – Wenn Düntzer in dem von ihm herausgegebenen Briefwechsel zwischen Goethe und Staatsrat Schulz (S. 252, Note 6) bemerkt, Meinecke habe die von Goethe später weiter ausgeführte und mit ganz besonderer Vorliebe verfolgte Ansicht einer Einwirkung der Erde auf das Barometer, eines Ein- und Ausatmens dersel-

So wenig indessen diese Hypothese sich den Beifall der Wissenschaft erwerben konnte, so wenig kann er Goethes eigener Hypothese gezollt werden, dass die Anziehungskraft der Erde periodisch veränderlich sei – wofür er das Bild eines Pulsierens oder eines *Ein- und Ausatmens* gebrauchte –, und wenn dieselbe größer werde, die Schwere oder den Druck der Luft vermehre, wenn sie kleiner werde, denselben vermindere und dadurch bald ein Steigen, bald ein Sinken des Barometers bewirke. Trotz mancher Zweifel, die Goethe zuweilen an seiner meteorologischen Hypothese aufstiegen[9], hatte er doch großes Zutrauen zu ihr, so dass er sie in sehr vielen Briefen aus den zwanziger Jahren aussprach und zuletzt in diesem seinem „Glaubens und Überzeugungsbekenntnis" völlig bestärkt wurde.[10]

Öffentlich sprach er sie zuerst im Jahre 1816 im Eingang der *Italienischen Reise* aus, in dem auf dem Brenner den 8. September Abends geschriebenen Brief.[11] Allein es darf vielleicht bezweifelt werden, dass der Brief damals in der vorliegenden Fassung geschrieben worden sei; denn am 9. Dezember 1822 schreibt Goethe an Schultz, dass er diese Vorstellungsart, die Ursache der Barometerschwankungen sei tellurisch, sei auf eine Veränderlichkeit der Anziehungskraft der Erde zurückzuführen, schon mehrere Jahre mit sich herumtrage, und so auch jetzt nur mit Scheu und gleichsam zufällig ausgesprochen habe. Auffallend bleibt es, dass weder Goethe auf jene Stelle der *Italienischen Reise* hinweist, noch auch Schultz durch dieses Werk, sondern erst durch den im ersten Heft des zweiten Bandes *Zur Naturwissenschaft überhaupt* erschienenen Aufsatz *Meteorologische Nachschrift* auf Goethes meteorologische Hypothese aufmerksam wurde.[12] Trotzdem erscheint uns dieselbe in

ben, als eine ihm *eigentümliche* vorgetragen, so muss seiner Behauptung ein Irrtum zu Grunde liegen, da Goethes Hypothese doch eine andere ist. Goethe macht nicht die Annahme, dass die Erde Luft *absorbiere*, wie etwa eine Flüssigkeit ein Gas absorbiert und unter anderen Umständen wieder entlässt, sondern, wie im Text ausgeführt wird, dass in Folge der veränderlichen *Anziehungskraft* der Erde der Luftdruck bald größer, bald geringer werde. Nach Meinecke ändert sich der Luftdruck in Folge einer Vermehrung oder Verminderung des *Luftquantums* über der Erdoberfläche, nach Goethe bleibt *dieses ungeändert*, und nur die Erdanziehung variiert; die hypothetische Ursache der Schwankungen des Luftdrucks ist also nach Meinecke eine *physikalische*, nach Goethe aber eine *mechanische* im engeren Sinne. Merkwürdig bleibt freilich die Übereinstimmung im Gebrauch des Bildes für den Vorgang nach beider Vorstellung; aber es lag doch auch der Auffassung Meineckes sehr nahe.

[9] Vgl. Briefw. mit Schultz, S. 275. [= Briefwechsel zwischen Goethe und Staatsrath Schultz, hg. v. Heinrich Düntzer, Leipzig 1853].

[10] A. a. o. S. 379. Vgl. S. 262, 290, 304, 308, 323.

[11] Teil XXIV. S. 11 f.

[12] Das naturwissenschaftliche Heft, in welchem der Aufsatz erschien, trägt die Jahreszahl 1823, aber es war, wie sich aus den gewechselten Briefen ergibt, bereits im letzten Viertel 1822 in Schultz' Händen. Der Brief von Schultz, worin er zuerst seinen Beifall über Goethes Hypothese aussprach, ist nicht bekannt (vgl. a. a. o. S. 261, Note 2); aber dass in demselben nicht auf die *Italienische Reise* Bezug genommen war, darf wohl aus dem oben erwähnten Antwortschreiben Goethes vom 9. Dezember 1822 geschlossen werden.

der *Italienischen Reise* beinahe schärfer und gegen gewisse Einwände gewappneter aufzutreten als in den meteorologischen Abhandlungen. Eine Vermutung über eine bestimmte Ursache, welche die Variabilität der Erdanziehung bewirken könnte, spricht Goethe freilich nirgends aus, und auch in der *Italienischen Reise* äußert er sich nur allgemein, „dass sie sich durch innere notwendige, vielleicht auch äußere zufällige Ursachen bald vermehrt, bald vermindert"; aber gegen den stillschweigend gemachten Einwand, weshalb nicht auch andere Erscheinungen von jener Veränderlichkeit Kunde geben, hat er daselbst die allerdings nicht überzeugende Entgegnung zur Hand: „Mögen alle anderen Versuche, diese Oszillation darzustellen, zu beschränkt und roh sein, die Atmosphäre ist zart und weit genug, um uns von jenen stillen Wirkungen zu unterrichten." Allein wir müssen bekennen, dass Goethes Hypothese uns nicht in Übereinstimmung mit der allgemeinen Vorstellung von der Anziehungskraft zu stehen scheint. Denn da nach dem Gravitationsgesetz die Anziehung zweier Körper aufeinander proportional ihrer Masse ist, so muss unter sonst gleichen Umständen die Anziehung dieselbe bleiben, solange die Masse ungeändert bleibt. Wohl ließe sich unter der Voraussetzung eines flüssigen Erdkerns und im Innern der Erde vor sich gehender Fluktuationen der Fall einer periodischen *lokalen* Veränderlichkeit denken; aber das hieße, Hypothese auf Hypothesen bauen. Vielmehr haben die unablässig nach verbesserten Methoden fortschreitenden Beobachtungen immer unzweideutiger gelehrt, dass im letzten Grunde die Temperaturdifferenzen, welche ab- und aufsteigende Luftströme, deren seitliches Eindringen in niedere und seitliche Ausbreitung in höheren Schichten der Atmosphäre, ein mehr oder minder ihres Feuchtigkeitsgehalts, Bewölkung, Niederschlag und Winde bedingen, deren Stärke und Richtung wiederum teils von den Druckdifferenzen der Luft an verschiedenen Orten gleicher Höhe, teils, wie Doves Arbeiten unzweifelhaft gelehrt haben, von der Umdrehung der Erde abhängt, dass also die Temperaturdifferenzen und die Wechselbeziehungen aller genannten Faktoren zu einem allgemeinen Verständnis der Barometerschwankungen ausreichen, dass die atmosphärischen Erscheinungen sich zum Teil der Rechnung unterwerfen lassen, wenn es auch bei der Kompliziertheit der Verhältnisse, der Mannigfaltigkeit der meteorologischen Elemente nicht gelingt, jeden einzelnen Fall in die Fessel des Gesetzes zu schlagen. Nur beiläufig darf hier bemerkt werden, dass einige Naturforscher auch andere kosmische Ursachen als die *direkte* Wirkung der Sonnenwärme zur Erklärung gewisser Witterungsphänomene nicht ausschließen. So werden von einigen die Perioden der Sonnenflecken-Maxima in Beziehung gesetzt zu gewitterreichen Jahren und von andern die Sternschnuppenschwärme des August und November, die Perseiden und Leoniden, verantwortlich gemacht für die kalten Tage des Februar und für die Maifröste, indem jene bei ihrem Vorübergang vor der Sonne eine geringe Sonnenfinsternis bewirken. Lamont schreibt die Barometerschwankungen einer kosmischen Kraft zu, die, verschieden von der Schwere, ihren

Sitz in der Sonne hat, und die er vorläufig als identisch mit der Elektrizität annimmt.[13]

Im letzten Viertel des vorigen Jahrhunderts, als Goethe sich der Meteorologie zuzuwenden begann, war dieselbe erst eine im Aufkeimen begriffene Wissenschaft, ward sie eben aus den Cabanen der Schiffer, aus dem Waldrevier des Jägers, aus den Fluren und Auen des Landmannes und Gärtners in die Pflanzstätten der Wissenschaften verlegt. Wie mächtig auch seitdem unsere Kenntnis fortgeschritten ist, – im Vergleich zu dem, was uns noch zu erforschen übrigbleibt, ist sie gering. Denn es gibt kaum eine Wissenschaft, an welcher so viele praktische Lebensinteressen hängen als an der Meteorologie, und von der eben jene es so wünschenswert machen, eine *astronomische* Kenntnis zu erlangen, um einen Ausdruck Du Bois-Reymonds[14] zu gebrauchen, oder, genügsamer zu reden, die Fähigkeit, von gegebenen Prämissen die Folge der atmosphärischen Ereignisse wenigstens für kurze Zeit mit Sicherheit vorherzusagen. Allein davon sind wir noch sehr weit entfernt, und es kann daher nicht in Erstaunen setzen, dass bei den vergeblichen Bemühungen, in den Witterungserscheinungen bindende Gesetzmäßigkeit aufzufinden, manche abenteuerliche Hypothese aufgestellt wurde. Noch immer spotten die zahlreichen Ausnahmefälle, die scheinbare Willkür im Eintreten und Verlaufe der Witterungsphänomene der Gesetze und Regeln; noch möchte man mit Karl August ausrufen: „Der Zustand der Meteorologie gibt uns Ursache zum Verzweifeln; bald darf man glauben, dass sie mit Händen zu greifen wäre, augenblicks darauf ist ein anscheinender Anhaltepunkt wie eine Wolke zerflossen“[15]; noch mag mancher eifrige Meteorologe im Geheimen mit ihm beten: Gott lasse mich einige Klarheit in dieser verworrenen Wissenschaft noch erleben“[16]; noch endlich gilt Goethes Spottverslein:

Lass regnen, wenn es regnen will,
Dem Wetter seinen Lauf;
Denn wenn es nicht mehr regnen will,
So hört's von selber auf.

oder, wie es nach einer anderen Version, welche er einer Dame ins Stammbuch geschrieben haben soll, als diese in einer Audienz bei ihm die Geistesge-

[13] Poggendorff, Annalen, Bd. 114, S. 281. [= Johann von Lamont: Über die Frage: Ob die tägliche Schwankung des Barometers durch die Erwärmung der Erdoberfläche erklärt werden könne, oder sie theilweise einem kosmischen Einfluß zugeschrieben werden müsse, in: Annalen der Physik und Chemie 114 (1861) S. 281–287].

[14] Vgl. Über die Grenzen des Naturerkennens, 4. Aufl., S. 25. [= Emil Du Bois-Reymond: Über die Grenzen des Naturerkennens, Leipzig 1872, ^{4}1873].

[15] Briefwechsel mit Goethe, II. 290. [= Briefwechsel des Großherzogs Sachsen-Weimar und Eisenach, Carl August Herzog von mit Goethe in den Jahren 1775 bis 1828, Bd. 2, Weimar 1863].

[16] A. a. o., II. 190.

genwart verlor und von dem gerade herrschenden Regenwetter zu sprechen anfing, heißt:

Es regnet, wenn es regnen soll,
Und regnet seinen Lauf,
Und wenn's genug geregnet hat,
So hört es wieder auf."[17]

Allein in Wahrheit ist zum Verzweifeln kein Grund, und wenn auch die Fortschritte auf diesem Gebiet der Natur der Sache nach langsam gemacht werden, so ist doch die Hoffnung, die Schwierigkeiten zu überwinden und zu dem ersehnten Ziele zu gelangen, keineswegs unbegründet. Offenbar gibt es kein besseres Mittel, der Natur auch in dem Walten des Elementes, auf dessen Grunde wir leben, ihre Gesetze abzulauschen, als die Vermehrung der Beobachtungsörter und damit der Beobachtungen selbst, und wenn wir sehen, dass das Netz der meteorologischen Stationen sich immer weiter und in immer engeren Maschen über die Erde ausbreitet, so ist es nicht mehr als billig, auch hier der Verdienste unseres großen Dichters zu gedenken; denn ein praktischer Gewinn der Teilnahme, welche er der Meteorologie zuwandte, war seine Mitwirkung bei Errichtung einer Anzahl meteorologischer Stationen im Großherzogtum Weimar, für deren Beobachter er selbst die *Instruktionen*, von denen wir alsbald reden werden, aufsetzte, und als Poggendorff von der Berliner Akademie mit meteorologischen Beobachtungen betraut wurde und auch an die Weimarischen Anstalten eine Einladung zur Teilnahme an dem Unternehmen erging, äußerte Goethe: „Wir glauben das Nötige beitragen zu können, ich bin verlangend über die mannigfaltigen Erfahrungen; denn sie haben ihr Netz weit ausgespannt. Sodann wäre neugierig, ob sie auf den Gedanken kommen, auch auf den Meeren in gewisser Entfernung korrespondierende Beobachtungen anzustellen; mir würde das sehr bedeutend sein, doch wollt' ich mich unmittelbar nicht einmischen, es ergibt sich vielleicht auf andere Weise."[18]

Was die eben erwähnten *Instruktionen* betrifft, welche nur handschriftlich existieren, so verdanken wir der Schlesischen Gesellschaft für vaterländische Kultur in Breslau, welcher Goethe sie wahrscheinlich 1824 zusandte, einen Einblick in dieselben. Sie enthalten, wie der Name besagt, zunächst Vorschriften über die Art, wie die großherzoglichen Meteorologen ihre Beobachtungen in die Tabellen einzutragen hätten und sind im Allgemeinen diesen besonderen Verhältnissen so eng angepasst, dass ein Abdruck in dem vorliegenden Teil kaum geeignet gewesen wäre und auch aus offizinellen Gründen

[17] Vgl. Th. III. S. 197.

[18] Briefwechsel mit Schultz, S. 275; [= Briefwechsel des Großherzogs Sachsen-Weimar und Eisenach, Carl August Herzog von mit Goethe in den Jahren 1775 bis 1828, Bd. 1, Weimar 1863]. vgl. Briefwechsel mit Sternberg, S. 112. [= Briefwechsel zwischen Goethe und Kaspar Graf von Sternberg. (1820–1832), hg. v. František Tomáš Bratranek, Wien 1866].

unterbleiben musste. Dagegen glaubten wir die einem Anhang zu den Instruktionen zugehörige *Erläuterung* zu *Howards Wolkenformen* nicht vorenthalten zu sollen, und können nicht umhin, der Schlesischen Gesellschaft für die bereitwilligst erteilte Erlaubnis, jene zum Abdruck zu bringen, hier unsern besonderen Dank auszusprechen. Da wir indessen erst nach der Stereotypierung des gesamten Textes des vorliegenden Bandes ermittelten, dass sich die Instruktionen, welche aus Weimar nicht zu erlangen waren, im Besitz der genannten Gesellschaft befinden, so konnte das erwähnte Stück nicht mehr in den Text, sondern nur in die darauf folgenden *Anmerkungen* eingefügt werden, woselbst auch alle etwaigen Zweifel an der Authentizität der Instruktionen beseitigt sein dürften und über alle Einzelheiten nach Kräften Aufschluss erteilt ist.[19]

Unter dem Titel *Zur Naturwissenschaft im Allgemeinen* sind diejenigen Aufsätze vereinigt, welche seit der vierzigbändigen Ausgabe, nur in etwas anderer Reihenfolge, unter demselben zusammengefasst werden, mit Ausnahme der die Überschrift *Bedeutende Fördernis durch ein einziges geistreiches Wort* führenden Abhandlung, welche bereits in den XXVII. Teil dieser Ausgabe unter *Biographische Einzelheiten* aufgenommen worden ist. Bei der Wahl der Reihenfolge war die größere oder geringere inhaltliche Zusammengehörigkeit in erster Linie maßgebend; doch bekennen wir unser Bedauern, Goethes Behandlung des Streites zwischen Cuvier und Geoffroy St. Hilaire nicht an die Abteilung *Zur Osteologie und Zoologie* des vorigen Teiles angeschlossen zu haben, woselbst dieser Aufsatz wohl eine geeignetere Stelle gefunden hätte, wenngleich sein Interesse ein allgemeineres ist und derselbe daher auch im vorliegenden Teil nicht am unrechten Platz steht. Unser spät gefasster Entschluss, den Aufsatz der genannten Abteilung einzuverleiben, konnte aus offizinellen Rücksichten nicht mehr zur Ausführung gelangen. Da sein wissenschaftlicher Wert in der *Einleitung* zum vorigen Teil gewürdigt worden ist und die folgenden Anmerkungen sich eingehend über ihn wie über die anderen Aufsätze dieser Rubrik auslassen, so bliebe hierüber an dieser Stelle nichts zu sagen übrig.

Den *Naturwissenschaftlichen Einzelheiten* ist eine Anzahl von Aufsätzen eingereiht, welche in die bisherigen Ausgaben nicht aufgenommen sind. Da auch über sie die *Anmerkungen* sich verbreiten, so dürfen wir uns im Allgemeinen begnügen, sie hier zu nennen:

1. *Physiognomische Fragmente* (S. 177 ff.). Darunter sind natürlich nur diejenigen Goethe'schen Beiträge zu Lavaters „Physiognomik" enthalten, welche nicht bereits an anderer Stelle dieser Ausgabe Aufnahme gefunden haben, und nur solche, für welche Goethes Autorschaft *sicher verbürgt* ist und nicht bloß vermutet wird. Dass Goethes Anteil an Lavaters *Physiognomik* sich niemals vollständig wird feststellen lassen, wird jeder zugeben, und es war daher dem Herausgeber hier vor allem Beschränkung geboten. Während nun die

[19] Unten S. 237 ff., Anm. 6 und 10.

Authentizität der drei ersten Artikel (S. 177–182) durch Lavaters und zum Teil Goethes eigenes Zeugnis verbürgt ist, sind die beiden folgenden bisher nicht mit Bestimmtheit Goethe zugeschrieben worden. So sagt S. Hirzel (*Neuestes Verzeichnis einer Goethe-Bibliothek*, S. 16) von denselben, es scheine darin einiges von Goethe zu sein; allein uns scheint die Quelle, auf welche sich diese Annahme stützt[20], genügend, um sie ganz Goethe zuzuerkennen, womit nicht gesagt ist, dass Lavaters Hand nicht hier wie anderswo gewaltet habe. Überdies liegt in Bezug auf Brutus ein neueres Zeugnis in einem Brief Goethes an Lavater vor, worin ersterer unter anderem „nächstens *Brutus*" verspricht.[21] Darauf macht auch Ludwig Hirzel in seiner Abhandlung: *Goethes Anteil an Lavaters Physiognomik* aufmerksam, worin derselbe auch den Nachweis geführt hat, dass der Artikel Carolus von Hedlinger von Goethe ist[22], was bisher gänzlich verborgen geblieben war. Auf Grund dieses Fundes ist der genannte Artikel in den vorliegenden Band aufgenommen worden. Näheren Aufschluss geben die *Anmerkungen* S. 265 ff., Nr. 72–76.

2. *Gemälde der organischen Natur etc.* (S. 194) war bisher mit Ausnahme des letzten Absatzes (S. 195) nicht in die Werke übergegangen. Vgl. S. 267, Nr. 78.

3. *Mineralogische Gesellschaft* (S. 195 ff.). Vgl. S. 267, Nr. 79.

4. *Jenaische Museen und Sternwarte* (S. 197 ff.). Vgl. S. 268, Nr. 78.

5. *Zwei deutsche Altertümer* (S. 201 ff.). Von dem ersten der beiden Artikel sind auch die ursprünglichen Fassungen aus Dorows *Denkmale etc.*" im Anhang wiedergegeben und damit für die Textrevision ein Manuskript von Riemers Hand, mit Goethes Unterschrift, verglichen, das wir unserem verehrten Mitarbeiter G. v. Loeper verdanken. Vgl. S. 268 ff., Nr. 81.

6. *Leben und Verdienste des Doktor Joachim Jungius etc.* (S. 208 ff.). Diese Fragmente haben wir von manchen sinnentstellenden Fehlern, welche namentlich Goethes knappe Auszüge aus Jungius' Werken enthalten, befreit. Vgl. S. 271 ff., Nr. 83–94. Was endlich die Ökonomie des vorliegenden Bandes betrifft, so gilt das in der Vorbemerkung zum XXXIII. Teil Gesagte, nur dass hier bei den meist voneinander unabhängigen vereinzelten Aufsätzen den Anmerkungen anstatt der Einleitung ein verhältnismäßig größerer Umfang einzuräumen war.

[20] Goethes Briefe an Lavater, S. 10. [= Briefe von Goethe an Lavater. Aus den Jahren 1774 bis 1783, hg. v. Heinrich Hirzel, Leipzig 1833].

[21] Der junge Goethe. Mit einer Einleitung v. Michael Bernays, III. 114. [= Der junge Goethe. Dritter Teil. Seine *Briefe und Dichtungen von 1764–1776*, mit einer Einleitung von Michael Bernays, Leipzig 1875].

[22] Zeitschrift für deutsches Alterthum, N. F., 9 (1877) S. 254 ff. [= Ludwig Hirzel: Goethes Anteil an Lavaters Physiognomik, in: Zeitschrift für deutsches Altertum, n. F. 9 (1877) S. 254–258]

Robby Kossmann: War Goethe ein Mitbegründer der Deszendenztheorie? (1874)

Vita – Abstract
Robert (Robby) August Kossmann (22. November 1849 Danzig – 29. September 1907 Berlin) studierte seit 1868 Naturwissenschaften in Heidelberg, Jena und Leipzig, wo er 1871 mit einer zoologischen Arbeit über die Talgdrüsen der Vögel promoviert wurde, habilitierte sich nach wissenschaftlichen Studienreisen nach Würzburg, Helgoland und Italien 1875 in Heidelberg mit einer parasitologischen Studie für Zoologie, führte Forschungen in Leipzig, am Roten Meer und in Heidelberg durch und wurde 1877 zum a.o. Professor in Heidelberg ernannt, welche Stelle er 1890 aufgab, sich zu einem Studium der Medizin in Heidelberg, Straßburg und Göttingen entschloss, 1892 mit einer histologischen Dissertation über die Chorionzotten des Menschen promoviert wurde und sich in Berlin in den Disziplinen Gynäkologie und Geburtshilfe spezialisierte. Die weitgespannten Interessen Kossmanns, der auch Dramen und Märchen verfasste, schlugen sich in Publikationen zur Zoologie (*Elemente der wissenschaftlichen Zoologie*, 1878), Anatomie, Entwicklungsgeschichte, Gynäkologie (*Allgemeine Gynäkologie*, 1903), Wissenschaftsgeschichte, Sprachwissenschaft und Sozialgeschichte (*Die Gesundheit*, 1890, *Mann und Weib*, 1908) nieder.

Kossmann lehnt in seiner Veröffentlichung von 1877 Ernst Haeckels (1834–1919) Auffassung, dass Goethe die Deszendenztheorie Charles Darwins (1809–1882) vorweggenommen habe, mit konkreten und differenzierten Interpretationen der von Haeckel angeführten, aber, wie Kossmann überzeugt ist, missverstandenen oder falsch zitierten entsprechenden Passagen Goethes ab; bereits Oscar Schmidt (1823–1886)

D. von Engelhardt, *Goethe als Naturforscher im Urteil der Naturwissenschaft und Medizin des 19. Jahrhunderts*,
https://doi.org/10.1007/978-3-662-68126-8_27

habe in seiner Studie *War Goethe eine Darwinianer?* von 1871 überzeugend dieser Ansicht Haeckels widersprochen. Keineswegs können die ‚Idee der Metamorphose' mit der realgenetischen Entwicklungstheorie Darwins gleichgesetzt werden.

Kossmann, Robby:
War Göthe ein Mitbegründer der Descendenztheorie?, in: Verhandlungen des Naturhistorisch-medizinischen Vereins zu Heidelberg (1874) S. 152–164.

* * *

„... führe ich hier als erheiterndes Kuriosum noch an, dass in neuester Zeit zwei deutsche Zoologen von ganz untergeordneter Bedeutung in Goethe einen höchst bornierten Naturforscher und „einen wissentlichen Anhänger der Lehre von der Artkonstanz" entdeckt haben. Carl Semper, der geniale Erfinder des „Haeckelismus in der Zoologie" und Robby Kossmann, der sinnreiche „Löser des Rhizocephalenproblems", haben aus Goethes morphologischen Schriften herausgelesen, dass dieses dürftige Frankfurter Ingenium weder eine richtige Vorstellung von der Bedeutung der organischen Gestalten überhaupt noch eine Ahnung von ihrer natürlichen Entwicklung und ihrem verwandtschaftlichen Zusammenhang gehabt habe. Wenn man nun die flachen und beschränkten literarischen Produkte von Semper und Kossmann selbst kennt, so kann man sich angesichts ihres Vernichtungs-Urteiles über Goethes Naturanschauung einer heitern Stimmung nicht erwehren." Haeckel, *Anthropogenie*, 3. Auflage, Leipzig 77, p. 74.

Als Erwiderung auf die vorstehende Ausschreitung genügt die Zusammenstellung derselben mit der darin geschmähten Schrift, die in diesem Abdruck aus den ‚Verhandlungen des Naturhistorisch-Medizinischen Vereins zu Heidelberg' einem größeren Leserkreis zugänglich gemacht wird.

Herr Haeckel fährt fort, gefälschte Zitate aus Goethe – so unmittelbar vor obigem Passus ein bereits von mir korrigiertes (s. u. p. 13) – dem Publikum aufzutischen: möge denn nun also dieses durch eigene Prüfung mich in meiner Bemühung unterstützen, den geistvollsten Denker und Schriftsteller des deutschen Volkes vor Verunstaltung zu bewahren.

Der Abdruck ist bis auf die Verbesserung unwesentlicher Druckfehler, die hinzugefügten Anmerkungen und eine kenntlich gemachte Erweiterung der Bemerkungen über den Begriff der Metamorphose bei Goethe wortgetreu.

Heidelberg, Januar 1877.

Der Verfasser.

Die Ansicht, dass Goethe ein Mitbegründer der Deszendenztheorie gewesen sei, ist heute, wohl hauptsächlich in Folge der Darstellungen Ernst Haeckels, fast allgemein angenommen. Trotz der Einsprache, welche Oskar Schmidt im Jahre 1871 durch sein Schriftchen *War Goethe eine Darwinianer?* gegen seines Freundes Haeckel Behauptungen erhoben hat, ist dieser in den späteren Auflagen seiner *Natürlichen Schöpfungsgeschichte* bei denselben geblieben, und ich bin erstaunt, auch in der neuen Auflage von G. Seidlitzs Werk *Die Darwinsche Theorie*" die Haeckel'schen Ansichten über Goethes Stellung zur Deszendenztheorie vertreten zu finden.

In den nachfolgenden Zeilen will ich es versuchen, den Beweis für die Unrichtigkeit dieser Ansichten zu liefern, indem ich mich direkt an die von Haeckel gegebenen Anführungen und Ausführungen halte. Dieselben sind die umfangreichsten und gewichtigsten, und ich darf hoffen, durch ihre Zurückweisung zugleich alle gleichen Bestrebungen als nichtig zu erweisen.

Haeckel widmet einen Teil seiner *Generellen Morphologie* unter anderen auch Wolfgang Goethe als einem „Begründer der Deszendenztheorie".

In demselben Werk[1] definiert H. das Wort Deszendenztheorie folgendermaßen:

Alle Organismen, welche heutzutage die Erde bewohnen und welche sie zu irgendeiner Zeit bewohnt haben, sind im Laufe sehr langer Zeiträume durch allmähliche Umgestaltung und langsame Vervollkommnung ***aus einer geringen Anzahl von gemeinsamen Stammformen*** (vielleicht selbst aus einer einzigen) ***hervorgegangen***, welche als höchst einfache Urorganismen vom Wert einer einzigen Plastide (Moneren) durch Autogonie aus unbelebter Materie entstanden sind."

Wir sehen von der Betrachtung über Goethes Stellung zu den nicht gesperrt gedruckten Erweiterungen der Definition ab und behaupten: Nicht einmal dafür, dass Goethe an den oben gesperrt gedruckten Teil der Haeckel'schen Deszendenztheorie geglaubt habe, sind von Haeckel Beweise beigebracht worden; wohl aber hat Goethe unter ausdrücklicher Übernahme der Verantwortung Worte veröffentlicht, in denen kurz und bündig die Unrichtigkeit derartiger Theorien behauptet ist.

Betrachten wir diejenigen Goethe'schen Aussprüche, welche Haeckel als Beweise für die Richtigkeit seiner Behauptung in der *Natürlichen Schöpfungsgeschichte* angeführt, im Einzelnen.

I.

In der *Natürlichen Schöpfungsgeschichte* vierte Auflage 1874, pag. 82 steht wörtlich:

… „musste ihn" (Goethe) „naturgemäß zu dem Grundgedanken der Abstammungslehre führen, zu der Vorstellung, dass die formverwandten

[1] Haeckel, Generelle Morphologie der Organismen. Berlin 66. Bd. II, pag. 148.

organischen Arten wirklich blutsverwandt sind, und dieselben von gemeinsamen ursprünglichen Stammformen abstammen."

Nun folgt die Anführung des Goethe'schen Ausspruchs, der das beweisen soll:

„Dies also hätten wir gewonnen, ungescheut behaupten zu dürfen, dass alle vollkommeneren organischen Naturen, worunter wir Fische, Amphibien, Vögel, Säugetiere und an der Spitze der letzten den Menschen sehen, alle nach einem Urbild geformt seien, das nur in seinen sehr beständigen heilen mehr oder weniger hin und her weicht und sich noch täglich durch Fortpflanzung aus- und umbildet."[2]

Darauf fährt H. fort:

„Die Theorie, ‚dass alle vollkommeneren organischen Naturen' d. h. alle Wirbeltiere von einem gemeinsamen Urbild abstammen, dass sie aus diesem durch Fortpflanzung (Vererbung) und Umbildung (Anpassung) entstanden sind, ist daraus deutlich zu entnehmen."

Warum?

Heißt nach einem Urbild geformt sein etwa von einem Urbild abstammen? Sind etwa alle Kopien der mediceischen Venus leibliche Kinder und Kindeskinder derselben? Behauptet etwa Moses, wenn er sagt: „Gott schuf den Menschen ihm zum Bilde", dass der Mensch von Gott abstamme?

„Von einem Urbild abstammen" ist ein so schlechtes Bild, dass man, indem man es liest, fast an die Ausdrücke eines berühmten Parlamentsredners gemahnt wird, der „den Strom des Zeitgeistes an der Stirnlocke fasste." Wenige werden mit dieser Verbesserung des Goethe'schen Textes zufrieden sein, und wenige werden glauben, dass Goethe den Ausdruck Urbild gebraucht haben sollte, wo er Urform oder Stammform meinte. Aber nehmen wir einmal an, Haeckel habe wirklich den Goethe'schen Ansichten präziseren Ausdruck gegeben als Goethe selbst.

Wenn dies Urbild, das besser eine Stammform heißen sollte, „nur in seinen sehr beständigen Teilen hin- und herweicht", wie können dann alle die unendlich mannigfaltigen Organismen daraus entstehen, die jetzt die Erde bewohnen und die dieselbe je bewohnt haben?

Sowohl die Behauptung Goethes, dass dies Urbild hin- und herweicht, als auch die, dass es sich aus- und umbildet, schließt die Veränderlichkeit des Organismus ein. Aber das „hin- und herweichen" sagt deutlich, dass hier nicht von einer unbegrenzten Veränderlichkeit die Rede ist, und das „in seinen sehr beständigen Teilen" sagt deutlich, dass Goethe dieser Veränderlichkeit keinen großen Spielraum zugemessen glaubt. An eine geringe Veränderlichkeit glaubte aber zu Goethes Zeiten, wie heute, jeder Naturforscher:

[2] Nr. II der *Vorträge über die drei ersten Kapitel des Entwurfs einer allgemeinen Einleitung in die vergleichende Anatomie, ausgehend von der Osteologie, 1796.* Absatz 3. In der vollständigen Oktav-Ausgabe letzter Hand, Cotta, 1833. Bd. 55 pag. 247.

nur ging dieselbe nach der meisten Ansicht nicht soweit, dass neue Arten dadurch entstehen könnten.

Welcher Ausdruck in diesem Satz kann uns sonach berechtigen, zu glauben, dass Goethe mit demselben den herrschenden Ansichten entgegentreten wollte?

Haeckel freilich findet in diesem Satz sogar schon die Lamarck'sche Lehre von der Wechselwirkung der Vererbung und Anpassung. In seiner oben angeführten Interpretation fügt er dem Wort „Fortpflanzung" als Erläuterung in Klammern „Vererbung" hinzu.

Man ersetze doch im Goethe'schen Text das Wort „Fortpflanzung" durch das Wort „Vererbung", und sehe, welch' ein Unsinn daraus wird: „und sich noch täglich durch Vererbung aus- und umbildet".

Oder war vielleicht der Unsinn schon vor dieser Textänderung in dem Goethe'schen Ausdruck? Wir glauben es nicht; und sicherlich wäre er dann doch erst recht untauglich gewesen, um den Nachweis eines wissenschaftlichen Glaubensbekenntnisses Goethes zu liefern. –

Man wird sich vielleicht dafür interessieren, zu erfahren, was denn eigentlich Goethe mit jenem Ausspruch für einen Sinn verband, auf welche Tatsachen er unsere Aufmerksamkeit lenken wollte. Ich führe, um solchem Interesse zu genügen, Folgendes an:

Der Titel der Schrift, in welcher der in Rede stehende Satz vorkommt, lautet:

Über einen aufzustellenden Typus zur Erleichterung der vergleichenden Anatomie.[3]

Im achten und neunten Absatz[4] dieser selben Schrift gebraucht Goethe hintereinander die Worte „Schema", „Urbild", „Typus" als Synonyme.

Im zwölften Absatz[5] sagt er:

„Wie nun aber ein solcher Typus aufzufinden, zeigt uns der Begriff desselben schon selbst an: die Erfahrung muss uns die Teile lehren, die allen Tieren gemein und worin diese Teile bei verschiedenen Tieren verschieden sind, alsdann tritt die Abstraktion ein, sie zu ordnen und ein allgemeines Bild aufzustellen."

Also dieses Urbild ist ein Resultat der Abstraktion. Aber, kann man mir einwenden, darum, weil wir seine Gestalt nur noch durch Abstraktion unserer Phantasie wieder vorführen können, kann es doch einst in concreto existiert haben?

Richtig! Aber Goethes „Urbild" hat seiner Meinung nach auch nicht in concreto existiert. Im neunten Absatz desselben Schriftchens, dem alle diese Zitate entnommen sind, heißt es:

[3] l. c. Bd. 55 pag. 246 ff.

[4] Ibid. pag. 249.

[5] Ibid. pag. 250.

„Hat man aber die Idee von diesem Typus gefasst, so wird man erst recht einsehen, wie unmöglich es sei, eine einzelne Gattung als Kanon aufzustellen. Das Einzelne kann kein Muster vom Ganzen sein, und so dürfen wir das Muster für alle nicht im Einzelnen suchen."

Hat Goethe nun also an eine leibliche Abstammung aller Wirbeltiere von einer reinen Abstraktion geglaubt – oder hat er nicht vielmehr in dieser ganzen Schrift den Gedanken an eine leibliche Verwandtschaft der Wirbeltiere unerörtert gelassen?

II.

Ein anderer Satz Goethes, der beweisen sollte, dass Goethe bereits eine Wechselwirkung zweier entgegengesetzter Bildungstriebe, der Vererbung und der Anpassung als Ursache der Umbildung des Urbildes gelehrt habe, lautet bei Haeckel[6]:

„Eine innere ursprüngliche Gemeinschaft liegt aller Organisation zu Grunde; die Verschiedenheit der Gestalten dagegen entspringt aus den notwendigen Beziehungsverhältnissen zur Außenwelt, und man darf daher eine ursprüngliche, gleichzeitige Verschiedenheit und eine unaufhaltsam fortschreitende Umbildung mit Recht annehmen, um die ebenso konstanten als abweichenden Erscheinungen begreifen zu können."

Dies Zitat ist in seinem ersten Satz falsch. Derselbe lautet bei Goethe[7]:

„Eine innere ursprüngliche Gemeinschaft aller Organisation liegt zu Grunde";

Wem liegt dieselbe denn zu Grunde? wird der erstaunte Leser fragen. Der Übersicht über die Skelette der Nagetiere, welche d'Alton in achtzehn Tafeln in den Jahren 1823 und 1824 veröffentlicht hatte, ist die Antwort.

In der Tat, es handelt sich hier nur um eine Rezension und um Wiedergabe dessen, was eines Andern Werk enthält. Goethe selbst nennt in den dem zitierten Satz unmittelbar vorangehenden Worten ersteren das Resultat der treulichen Nutzung der erläuternden Druckblätter, die d'Alton seinen Tafeln beigegeben hat.

Aber nehmen wir immerhin an, Goethe wolle selbst diese Resultate vertreten, so gelten sie doch nicht für alle Organisation, sondern für die Nagetiere.

Und gelten sie für diese, so steht da schwarz auf weiß, man dürfe eine ursprüngliche gleichzeitige Verschiedenheit annehmen.

Was kann in solchem Zusammenhang die Behauptung einer ursprünglichen Gemeinschaft noch anderes bedeuten, als eben, dass dem Bau dieser Tiere ein gemeinsamer Typus zu Grunde liege? Denn sollte es wirklich eine

[6] l. c. pag. 80. –Dies ist das Zitat, welches von Haeckel auch in der neuesten Auflage der Anthropogenie in der gleichen entstellten Form wiederholt ist (s. d. Vorrede).

[7] Siehe die zitierte Ausgabe: Die Skelette der Nagetiere abgebildet und verglichen, von d'Alton. Bd. 55, pag. 310.

Gemeinschaft der Abstammung bedeuten, wie könnte dann in demselben Satz von ursprünglicher Verschiedenheit die Rede sein?

Ständen die letzten Zeilen des zitierten Satzes außer allem Zusammenhange so würde man allerdings die Behauptung einer „unaufhaltsam fortschreitenden Umbildung" leicht als Beweis für Goethes Hinneigung zur Deszendenztheorie nehmen können. Aber die Worte „man darf eine ursprüngliche gleichzeitige Verschiedenheit annehmen" zwingen uns, wenn wir nicht glauben wollen, dass Goethe sich in einem und demselben Satz widerspricht, uns nach einer anderen Deutung umzusehen.

Goethes Satz ist durch ein Semikolon in zwei Teile geteilt. Der erste enthält die Behauptung, das Resultat des Studiums des erwähnten d'Alton'schen Werkes sei die Erkenntnis, dass demselben eine innere und ursprüngliche Gemeinschaft aller Organisation bei den Nagetieren zu Grunde liege, dass sich in ihnen ein gemeinsamer Typus erkennen lasse. Der zweite Teil enthält die Behauptung, dass trotz dieser typischen Übereinstimmung eine ursprüngliche Verschiedenheit vorhanden sei. Die Worte „eine ursprüngliche gleichzeitige Verschiedenheit und eine unaufhaltsam fortschreitende Umbildung" erklären sich gegenseitig und gehören aufs engste zusammen. Das unaufhaltsame Fortschreiten ist keine zeitliche Aufeinanderfolge, sondern ein Bild, das, zumal hier, wo man von einem Blatt des Atlanten zum andern fortschreitend einen Überblick über alle die vorhandenen Verschiedenheiten gewann, sehr nahe lag, und nichts als eine gleichzeitige Abweichung der einzelnen Arten bezeichnete, die nur unseren Sinnen sich in zeitlicher Aufeinanderfolge offenbaren. Solche Bilder sind im täglichen Leben gemein; Goethe selbst sagt in demselben kurzen Rezensionsartikel z. B.[8]:

„Suchen wir nun das Geschöpf in der Region des Wassers, so zeigt es sich schweinartig im Ufersumpf, als Biber sich an frischen Gewässern anbauend; alsdann, immer noch einige Feuchtigkeit bedürfend, gräbt sich's in die Erde und liebt wenigstens das Verborgene, furchtsam-neckisch vor der Gegenwart der Menschen und anderer Geschöpfe sich versteckend. Gelangt endlich das Geschöpf auf die Oberfläche, so ist es hüpf- und sprunglustig, so dass sie aufgerichtet ihre Weisen treiben und sogar zweifüßig, mit wundersamer Schnelle, sich hin und her bewegen.

Ins völlig Trockne gebracht, finden wir zuletzt den Einfluss der Lufthöhe und des alles belebenden Lichtes entscheidend."

Sollen da die Worte „nun" „alsdann" „endlich" „zuletzt" etc. etwa eine wirkliche Aufeinanderfolge in der Zeit bedeuten, soll der ganze Satz die Entwicklungsgeschichte der Nagetiere aus einem Stammtier darstellen? Gewiss nicht. Wenn aber hier für die Darstellung der Verschiedenheiten der Nagetiere das Bild einer fortschreitenden Umbildung gebraucht ist, dürfen wir dann nicht in dem Satz, der diese Darstellung noch einmal rekapituliert, den Ausdruck „fortschreitende Umbildung" auch als ein bloßes Bild betrachten?

[8] l. c. pag. 306.

und müssen wir es nicht, da jede andere Deutung einen inneren Widerspruch in jenen Satz hineininterpretieren würde?

Stände da freilich, wie H. auf Seite 80/81 des zitierten Werkes sagt, „die ‚unaufhaltsam fortschreitende Umbildung' dagegen, welche ‚aus den notwendigen Beziehungsverhältnissen entspringt', bewirkt... die ‚unendliche Verschiedenheit der Gestalten'", so klänge das sehr lamarckistisch. Aber das steht da nicht, sondern einfach: „die Verschiedenheit der Gestalten dagegen entspringt aus den notwendigen Beziehungsverhältnissen zur Außenwelt." Das aber ist doch wahrlich ein Satz, wie ihn die eifrigsten Verteidiger des Zweckmäßigkeitsprinzips, die energischsten Gegner der Deszendenztheorie, die gläubigsten Verehrer eines allweisen Schöpfers in vollster Konsequenz ihrer Ansichten aussprechen können.

III.

Die Art und Weise, wie Haeckel in seiner natürlichen Schöpfungsgeschichte Goethe zitiert, ist für ihn sehr bequem, für seine Leser, falls dieselben etwa nachschlagen wollten, sehr unbequem. Er zitiert nämlich die vier hier in Betracht kommenden Arbeiten Goethes, die zum Teil selbst Sammlungen kleinerer Aufsätze über die verschiedensten Themata sind, alle in einer einzigen Anmerkung, und fügt im Text nur bei zwei Zitaten die Jahreszahl an. Man hat also das Vergnügen, den ganzen Band, der diese 4 Sammlungen enthält, durchlesen zu müssen, um die betreffenden Stellen zu finden.

Aber selbst, wenn man sich dieser Mühe unterzieht, kann man leicht genug seinen Zweck verfehlen. Zwar eine kleine Wortverstellung, wie die oben erwähnte, macht einen ganzen Satz nicht unkenntlich. Aber ziemlich schwer wird das Wiederauffinden denn doch, wenn H. von einem Goethe'schen Satz die ersten vier Worte nimmt, den Rest bis zum Punkt, den nächsten Satz von Punkt zu Punkt und den Anfang des dritten Satzes weglässt, und dann, ohne irgendein Zeichen für die Weglassung anzubringen, einfach im dritten Satze fortfährt.

So zitiert Haeckel (pag. 81 1. c.):

„‚Die Idee der Metamorphose ist gleich der vis centrifuga und würde sich ins Unendliche verlieren, wäre ihr nicht ein Gegengewicht zugegeben: ich meine den Spezifikationstrieb, das zähe Beharrlichkeitsvermögen dessen, was einmal zur Wirklichkeit gekommen, eine vis centripeta, welcher in ihrem tiefsten Grund keine Äußerlichkeit etwas anhaben kann.'"

Dazu bemerkt Haeckel:

„Die ‚Idee der Metamorphose' ist beinahe gleichbedeutend mit unserer Entwicklungstheorie."

Machen wir einmal das schon oben angestellte Experiment und sehen dieses „beinahe gleichbedeutende" Wort an die Stelle des von Goethe gebrauchten. Wir nehmen uns nur die Freiheit, dazu nicht die Haeckel'sche

Wiedergabe, sondern den wirklich von Goethe herrührenden Text[9] zu wählen. Dann hieße derselbe:

„Die Entwicklungstheorie ist eine höchst ehrwürdige, aber zugleich höchst gefährliche Gabe von oben. Sie führt ins Formlose, zerstört das Wissen, löst es auf" etc.

Hätte Goethe wirklich mit „Idee der Metamorphose" die Entwicklungstheorie bezeichnen wollen, so möchte dieser Satz nicht gerade vielen als ein Beweis dafür erscheinen, dass der Schreiber desselben ein Begründer der Deszendenztheorie sei!

Aber wir glauben lieber dem, was Haeckel selbst 13 Zeilen vorher sagt, dass nämlich die „Idee der Metamorphose", gleichbedeutend mit „Variationstrieb", dem gleich darauf erwähnten „Spezifikationstrieb" gegenübersteht. Dann hieße es, der „Variationstrieb", der Trieb sich zu verändern, würde ins Unendliche führen, zur Formlosigkeit, er würde das Wissen zerstören, d. h. eine Unterscheidung der Formen unmöglich machen, wäre ihm nicht ein Gegengewicht gegeben in dem Spezifikationstrieb, in dem zähen Beharrlichkeitsvermögen dessen, was einmal zur Wirklichkeit gekommen.

Aber wo steht in diesem Satz, dass die Metamorphose, oder der Variationstrieb, eine Veränderung zwischen zwei Generationen hervorbringt? Ist es nicht wohl möglich, dass es sich hier nur um die Metamorphose oder Veränderung, die an demselben Individuum abläuft, handelt?

*) Und selbst wenn hier nicht diese Metamorphose des Individuums (also z. B. der Raupe in den Schmetterling) gemeint ist, so kann doch sicher noch viel weniger auf die Metamorphose einer Art in die andere angespielt sein, wenn in demselben Satz das Gegengewicht gegen diese Metamorphose, das Beharrlichkeitsvermögen dessen, was einmal zur Wirklichkeit gekommen, ein Spezifikationstrieb, auf Deutsch ein Artbildungstrieb genannt wird. Das Beharrlichkeitsvermögen macht nach Goethe die Art, nicht der Veränderlichkeitstrieb. Heißt das nicht, die Konstanz der Art lehren? der Deszendenztheorie direkt entgegentreten?

Nirgends hat Goethe unter dem Ausdruck „Metamorphose" eine reale, sukzessive Umwandlung des Charakters einer Art, Gattung oder sonst eines Komplexes organischer Individua verstanden. Er gebraucht diesen Ausdruck in drei Bedeutungen, die wir stets leicht aus dem Zusammenhang erkennen können. Man vergleiche hierüber die Rezension, welche Nees von Esenbeck über Goethes Schriften „zur Morphologie" in der Jenaischen Literaturzeitung Jahrgang 1823 Num. 101 ff. veröffentlicht. Nicht nur die Klarheit seiner Auseinandersetzungen, sondern auch bestimmte Äußerungen Goethes beweisen, wie richtig N. v. E. den Inhalt der rezensierten Schrift aufgefasst und umschrieben hat.[10] Dieser unterscheidet in Goethes Aufsätzen:

[9] Dieselbe Ausgabe: *Probleme*. Bd. 50, pag. 72.

[10] Neue Mitteilungen aus Goethes handschriftl. Nachlass, herausgegeben von Bratranek, Leipzig 1874, II. Band, pag. 44 Goethe an Nees von Esenbeck, 2/2, 1823: „Was die Jenaische Literaturzeitung mir von Ihnen bringt, sei durchaus willkommen; der Einklang unseres Denkens und

1) „Den Begriff einer sukzessiven Verwandlung identischer Teile“ (Jen. Litz. 1823, p. 349 – Goethe, Vortr. über die 3 ersten Kapitel des Entwurfs einer allgemeinen Einleitung in die vergl. Anatomie. III., 22. Absatz). Diese Art von Metamorphose suchte Goethe durch seine Theorie von dem Aufbau der Pflanze aus eigentümlich umgewandelten Blattorganen sowie durch seine Wirbeltheorie des Schädels nachzuweisen. Die einzelnen Organe (Blätter, Staubfäden etc.) der Pflanze, die einzelnen Segmente der Wirbelsäule sind im Wesen identisch, in spezielleren Formverhältnissen aber metamorphosiert.

2) „Sukzession der Metamorphose des Ganzen, mit Gleichzeitigkeit der Teilmetamorphose, innerer Wandel des ganzen Wesens bei äußerer Umwandelbarkeit der nur durch Erinnerung mit dem früheren Zustand verknüpften wiedererstandenen Form der Individualität ist Charakter der Tiermetamorphose, soweit diese sich noch real erstrecken kann“ (Jen. Litz. ibid. p. 350.) Das Einschiebsel: „mit Gleichzeitigkeit der Teilmetamorphose“ besagt, dass 1) und 2) zusammen auftreten können, also zugleich die identischen Teile des Ganzen gegeneinander und das Ganze gegen seine früheren Zustände eine Umwandlung erfahren können. Aber da ausdrücklich hier nur von der „Form der Individualität“ gesprochen wird, und da der Verfasser bemerkt, dass die wiedererstandene Form mit dem früheren Zustand durch *Erinnerung* verknüpft ist, so kann es sich auch hier nicht um eine sukzessive Metamorphose einer Art in die andere handeln.

3) „Gleichzeitige Metamorphose... d. i. ideale Metamorphose oder Metamorphose gegen den Typus ... ist das Prinzip und die Grundlage einer *wissenschaftlichen Metamorphosenlehre*, die sich jener *realen* Metamorphosen in der Beobachtung nur als leitender Vorbilder... bedient“ (ibid. 350/51). Kaum brauche ich das noch zu umschreiben. Die unter 2) geschilderte Umwandlung ist nach Nees’ Worten Charakter der Tiermetamorphose, *soweit diese sich noch real erstrecken kann*; hier kommt er zu der, die nur noch ideal ist, zu der Metamorphose gegen den Typus, also gegen eine Abstraktion[11], der er die realen Metamorphosen in der Beobachtung scharf gegenüberstellt. Dass eine ideale Metamorphose einer Abstraktion himmelweit verschieden ist von der realen Umwandlung einer konkreten Stammform in die davon abstammenden Arten, liegt auf der Hand. Diese ideale Metamorphose ist der *Zustand* der Mannigfaltigkeit, in welcher die typischen, allen Organismen einer Gruppe gemeinschaftlichen Charakteristika auftreten; jene reale ist der *Vorgang* der Umwandlung identischer Teile in einem Individuum oder des ganzen Individuums selbst. Dazu kommt nun noch das Eigenschaftswort

Wirkens ist zu entschieden, als dass nicht jede Äußerung davon Zeugnis geben sollte.“ ibid. p. 53. G. an N. v. E. 10/6 23: „Durch wohlwollende Männer seh‘ ich mich günstig geschildert, und zwar so recht durch und durch aufgefasst. ...“

[11] S. oben pag. 12, Zeile 2 v. u.

„gleichzeitig"; kann nach der Deszendenztheorie die phylogenetische Metamorphose eine gleichzeitige, oder wie Nees v. E. sich an anderer Stelle (ibid. p. 326) selbst verbessert, zeitlose sein? Und Goethe selbst gebraucht den Ausdruck „simultane Metamorphose" in dem Schlusssatz der zitierten „Vorträge":

„Wir wiederholen also, dass die Beschränktheit ... der ... simultanen Metamorphose den Typus möglich macht, dass aber aus der Versatilität dieses Typus die vielen Geschlechter und Arten ... abzuleiten sind."

D. h. also: Wäre die *simultane* Metamorphose nicht *beschränkt*, d. h. hätte die Natur jede denkbare Formwirklich erschaffen, wäre der Übergang fließend, so würde es unmöglich sein, einen Typus aus diesem Chaos des Konkreten zu abstrahieren; wäre aber andererseits dieser aus der *Beschränkung* der Metamorphose entstandene Typus gar keiner Metamorphose fähig, so würde es unmöglich sein, *viele* Geschlechter und Arten zu unterscheiden. Ganz im Gegensatz hierzu nimmt der Darwinismus eine *sukzessive unbeschränkte* Metamorphose an, hält daher die Abstraktion eines Typus für unmöglich, und leitet also auch die *Vielheit* (Mannigfaltigkeit) der Geschlechter und Arten nicht aus der Versatilität des Typus, sondern direkt aus jener sukzessiven unbeschränkten Metamorphose ab.

Scheint aber alles dieses jemandem noch nicht genügend, so lese er die Erläuterungen zu der Stelle, von welcher wir ausgingen. Schon von O. Schmidt ist Haeckel, leider ohne Erfolg, auf dieselben verwiesen[12]. Diese Erläuterungen sind von Ernst Meyer auf ausdrücklichen Wunsch Goethes geschrieben und „als Zeugnis reiner Sinn- und Geistesgemeinschaft"[13] von Goethe selbst zugleich mit seinen eigenen Worten veröffentlicht. Dieselben haben demnach volle Beweiskraft. Oskar Schmidt zitiert aus diesen Erläuterungen noch nicht diejenigen, welche die schlagendsten sind. Im zehnten Absatz derselben[14] lautet der fünfte Satz:

„Es ist unmöglich, dass eine Art aus der andern hervorgehe;"
Und im elften Absatz[15] heißt es:
... „mag die Idee der Metamorphose ihn sicher leiten, so lange sie ihn nicht verführt, Arten in Arten hinüberzuziehen, das wahrhaft gesonderte mystisch zu verflößen. Von einem System des Organismus, von einer Metamorphose der Arten, von beiden kann nur symbolisch die Rede sein. Es ist ein gefährlicher Irrtum, ist Götzendienst des Verstandes oder der Natur, das Symbol mit der Sache selbst zu verwechseln, die es bedeutet."

[12] Der zwischen Sternchen eingeschlossene Passus bildet eine erhebliche Erweiterung des ursprünglichen Textes.

[13] Bd. 50 ders. Ausgabe pag. 71.

[14] Ibid. pag. 79.

[15] Ibid. pag. 80.

Kann Jemand glauben, dass ein Deszendenztheoretiker diese Worte in seinen Werken als Zeugnis reiner Sinn- und Geistesgemeinschaft zwischen ihm und dem Schreiber veröffentlichen würde?

IV.

Wir können uns wohl eigentlich nach dem Vorhergehenden sparen, auf die andern Zitate Haeckels einzugehen. Es sind ihrer noch drei, eines in gebundener Rede, zwei in prosaischer Form.

Das erste ist dem „αδροισμος" betitelten Gedicht entnommen; es lautet im Urtext[16]:

Alle Glieder bilden sich aus nach ew'gen Gesetzen,
Und die seltenste Form bewahrt im Geheimen das Urbild.
....
Also bestimmt die Gestalt die Lebensweise des Tieres,
Und die Weise zu leben sie wirkt auf alle Gestalten
Mächtig zurück. So zeigt sich fest die geordnete Bildung,
Welche zum Wechsel sich neigt durch äußerlich wirkende Wesen.

Es ist klar, dass dies Zitat gar nichts beweist. Dass die Gestalt die Lebensweise des Tieres bestimmt, versteht sich für jeden vernünftigen Menschen von selbst; und dass die Weise zu leben auf alle Gestalten zurückwirkt, gibt auch jedermann zu, ohne sich im Geringsten für einen Deszendenztheoretiker auszugeben. Es steht doch nirgends in diesem Zitat, dass die Einwirkung der Lebensweise auf die Gestalt so mächtig sei, dass dadurch die Artunterschiede verwischt werden?

Das zweite Zitat ist dem zweiten Vorworte zur Metamorphose der Pflanzen entnommen, das den Titel trägt: „die Absicht eingeleitet." Es lautet[17]:

„Wenn man Pflanzen und Tiere in ihrem unvollkommensten Zustand betrachtet, so sind sie kaum zu unterscheiden"...„Soviel aber können wir sagen, dass die aus einer kaum zu sondernden Verwandtschaft als Pflanzen und Tiere nach und nach hervortretenden Geschöpfe nach zwei entgegengesetzten Seiten sich vervollkommnen, so dass die Pflanze sich zuletzt im Baum dauernd und starr, das Tier im Menschen zur höchsten Beweglichkeit und Freiheit sich verherrlicht."

Wenn irgendwo in Goethes Schriften ein Beweis dafür vorläge, dass er an eine Blutsverwandtschaft aller Organismen glaube, so könnte dieser Satz vielleicht als Bestätigung jenes Beweises dienen. So aber, da die oben genannten direkt entgegengesetzten Äußerungen vorliegen, fragt man sich natürlich, ob

[16] Ibid. Bd. 55, pag. 236 ff.

[17] Goethe: Zur Naturwissenschaft überhaupt, besonders zur Morphologie. Stuttg. u. Tüb. 1817. Erster Band 1. Heft pag. XIII.

denn dieser Ausdruck „Verwandtschaft“ notwendig eine Blutsverwandtschaft bezeichnen müsse. Ich verweise in dieser Hinsicht auf Haeckel selbst, der auf Seite 82 seiner natürlichen Schöpfungsgeschichte sagt:

… „Vorstellung, dass die formverwandten organischen Arten wirklich blutsverwandt sind“.

So erkennt Haeckel selbst an, dass man von einer Verwandtschaft auch reden könne, ohne eine Blutsverwandtschaft zu meinen. Noch heutigen Tages wird jener Ausdruck von Unzähligen gebraucht, die nicht daran denken, man könne ihnen dabei die Absicht unterlegen, eine gemeinschaftliche Abstammung zu behaupten. Wer Goethe um dieses Wortes willen einen Deszendenztheoretiker nennen wollte, der könnte mit gleichem Recht Linné für einen solchen halten, weil derselbe ja eine gewisse Zahl von Arten unter der Bezeichnung „Geschlecht“ zusammenfasste; denn dies Wort bedeutet ursprünglich und im gewöhnlichen Leben auch eine gemeinsame Abstammung.

Goethe spricht in den dem zitierten Satz vorausgehenden Zeilen von verschiedenen Graden von Vollkommenheit in der Organisation, von dem, was man heute gewöhnlich mit dem Ausdruck „Differenzierung“ bezeichnet. In dem zitierten Satz selbst spricht er nun aus, dass es Pflanzen und Tiere gibt, bei denen diese „Differenzierung“, das Vorhandensein von unter sich unähnlichen, subordinierten Organen, so gänzlich fehlt, dass man kaum Unterscheidungsmerkmale zwischen Tier und Pflanze angeben kann. Indem man dann aber von jedem dieser Ausgangspunkte aus die ganze Leiter der Vervollkommnungsstufen durchgeht, bemerkt man, dass dieselben zu zwei ganz verschiedenen Höhepunkten führen, deren einen der Baum, deren andern der Mensch einnimmt.

Nicht viel anderes will der letzte von uns zu besprechende Satz sagen, den Haeckel, wieder ohne Angabe der Fundstelle und fast bis zur Unkenntlichkeit verändert, folgendermaßen wiedergibt:

„Der Triumph der physiologischen Metamorphose zeigt sich da, wo das Ganze sich in Familien, Familien sich in Geschlechter, Geschlechter in Sippen, und diese wieder in andere Mannigfaltigkeiten bis zur Individualität scheiden, sondern und umbilden. Ganz ins Unendliche geht dieses Geschäft der Natur; sie kann nicht ruhen noch beharren, aber auch nicht alles, was sie hervorbrachte, bewahren und erhalten. Aus den Samen entwickeln sich immer abweichende, die Verhältnisse ihrer Teile zu einander verändert bestimmende Pflanzen.“

Der Satz, welcher sich in den „Nacharbeiten und Sammlungen“ zur *Metamorphose der Pflanzen* ziemlich am Schluss findet[18], heißt in Wahrheit:

[18] Goethe: Zur Naturwissenschaft überhaupt etc. Stuttg. u. Tüb. 1820. Erster Band 2. Heft; pag. 144.

„Er" (Nees von Esenbeck) *„feiere mit uns den Triumph der physiologen Metamorphose, er zeige sie da*, wo das Ganze sich in Familien, Familien sich in Geschlechter, Geschlechter in Sippen, und diese wieder in andere Mannigfaltigkeiten bis zur Individualität scheiden, sondern und umbilden. Ganz ins Unendliche geht dieses Geschäft der Natur; sie kann nicht ruhen noch beharren, aber auch nicht alles, was sie hervorbrachte, bewahren und erhalten. *Haben wir doch von organischen Geschöpfen, die sich in lebendiger Fortpflanzung nicht verewigen konnten, die entschiedensten Reste. Dagegen entwickeln* sich aus dem Samen immer abweichende, die Verhältnisse ihrer Teile zueinander verändert bestimmende Pflanzen, … "

Also Nees von Esenbeck wird ermuntert, die Metamorphose auf dem Gebiet der Systematik nachzuweisen; und kurz vorher ist angegeben, wie dieser verdienstliche Mann bereits nachgewiesen habe, dass innerhalb eines Genus eine Art aus der andern sich reihenweise entwickele. Der zitierte Satz ist eine Mahnung an Nees von Esenbeck, auf dem eingeschlagenen Weg fortzuarbeiten.

Hätte nun etwa Nees von Esenbeck wirklich eine Stammverwandtschaft der Arten eines Geschlechtes nachgewiesen, so könnte man den obigen Satz allenfalls dafür anführen, dass Goethe solche Bestrebung für höchst verdienstlich hielt. Da aber Nees von Esenbeck selbst nicht an eine Verwandtschaft des Blutes unter diesen Arten gedacht hat, so fällt auch eine etwaige derartige Behauptung in Nichts zusammen. Es ist auch hier nur von einer richtigen, übersichtlichen Anordnung des überall wiedererkennbaren Typus[19] die Rede.

Was aber die letzten Worte des Satzes betrifft, so können sie sich lediglich auf die Variabilität innerhalb der Art beziehen, und wer sich der oben erwähnten Stellen erinnert, in denen Ernst Meyer unter ausdrücklicher Beistimmung Goethes jeden Gedanken an eine Abstammung einer Art von der anderen mit den schärfsten Worten zurückweist, der wird nicht im Zweifel sein, wie willkürlich jede Interpretation ist, die da, wo von einer Veränderlichkeit des Organismus überhaupt die Rede ist, gleich eine Veränderlichkeit der Arten befürwortet sehen will.

Nach alledem scheint mir sicher zu sein, dass Goethe in seiner ganzen wissenschaftlichen Tätigkeit sich – wenn auch vielleicht unwissentlich als Förderer der Deszendenztheorie – wissentlich als Anhänger der Lehre von der

[19] Von der Darstellung der „idealen, gleichzeitigen Metamorphose gegen den Typus" (Nees von Esenbeck, Jen. Literaturztg. L. c.). Bis jetzt hatte Nees von Goethe solche Gruppierungen nur innerhalb einzelner Gattungen versucht: er sollte dasselbe mit den höheren Kategorien des Systems unternehmen.

Artkonstanz[20] erwiesen habe. Wenn seine in hohem Alter gemachten Äußerungen über den Streit zwischen Geoffroy St.-Hilaire und Cuvier hiermit nicht übereinzustimmen scheinen, so könnte das im höchsten Fall eine späte Sinnesänderung beweisen, die uns nicht berechtigt, ihn als einen Mitbegründer der Deszendenztheorie in Anspruch zu nehmen.

[20] Glaubt Haeckel wirklich, dass ich deshalb ihn – nämlich Goethe – für einen „bornierten Naturforscher" und ein „dürftiges Ingenium" halte? Will er seinem Publikum aufbinden, dass ich diese Schimpfworte gebraucht habe? Das wäre eine Lüge. Will er sagen, dass die oben entwickelten Naturanschauungen Goethes diesen, auch ohne dass ich es ausgesprochen habe, zu einem „bornierten Naturforscher" und „dürftigen Ingenium" stempeln? Dann würde er diese Schimpfworte nicht auf Goethe allein, sondern auf eine imposante Reihe großer Naturforscher von Aristoteles bis auf Cuvier geschleudert und nichts erreicht haben, als dass sie auf ihn selbst zurückfallen.

Heinrich Friedrich Link [Rez.]: Zur Farbenlehre von Goethe (1813)

Vita – Abstract
Heinrich Friedrich Link (2. Februar 1767 Hildesheim – 1. Januar 1861 Berlin) studierte in Göttingen Medizin, wurde 1789 mit einer Dissertation über die Pflanzenwelt Göttingens promoviert, habilitierte sich im selben Jahr für Medizin und Naturwissenschaften, folgte 1792 einem Ruf als Professor für Naturgeschichte und Chemie nach Rostock, 1811 für Chemie und Botanik nach Breslau und 1815 für Naturgeschichte nach Berlin. Link, zum Rektor sowohl in Breslau wie in Berlin gewählt, Mitglied verschiedener Akademien, seit 1828 auch der ‚Académie des Sciences de Paris' sowie Freimaurer in der Loge ‚Zu den drei Weltkugeln', beschäftigte sich mit Mineralogie, Geologie, botanischer Anatomie und Physiologie, Pflanzensystematik, Entwicklung von Kulturpflanzen, Zoologie und Naturphilosophie (*Ueber Naturphilosophie*, 1806, *Elementa philosophiae botanicae*, 1824, ^{2}1837) wie ebenfalls Poesie, Ethik und Sprachgeschichte. Auf seinen Reisen durch Schweden, Griechenland, Italien, Spanien und vorzüglich Portugal (*Bemerkungen auf einer Reise durch Frankreich, Spanien und Portugal*, 1801, port. 2005) untersuchte Link die Pflanzen dieser Länder und knüpfte wissenschaftliche Kontakte zu ausländischen Naturforschern und Medizinern. In seinem letzten Werk *Die Philosophie der gesunden Vernunft* (1851) ließ Link – in Ablehnung der Identitätsphilosophie Friedrich Wilhelm Joseph Schellings (1775–1854) und Georg Wilhelm Friedrich Hegels (1770–1831) – die Vernunft an die Grenze des Erkennens und Wissens

D. von Engelhardt, *Goethe als Naturforscher im Urteil der Naturwissenschaft und Medizin des 19. Jahrhunderts*,
https://doi.org/10.1007/978-3-662-68126-8_28

gelangen, in der sie in den Glauben übergehe. „An dieser Grenze bleibt die Vernunft staunend und bewundernd stehen."

Für Link, der bereits 1808 ein Abhandlung *Von der Natur und den Eigenschaften des Lichtes* veröffentlich hat und in seinen naturwissenschaftlichen wie naturphilosophischen Schriften immer wieder Goethe erwähnt, ist die Auseinandersetzung zwischen Goethe und Newton, „beide gleich unerreichbar", eigentlich kein Kampf zwischen zwei Naturforschern, sondern zwischen dem ‚Inneren' und ‚Äußeren' in ihnen und durch sie. Goethe entspreche mit der Suche nach der „Totalität" oder nach den sich im Ganzen ergänzenden Gegensätzen einem Gesetz des Geistes wie der Natur und damit auch der Farben, was sich mit Newton aber ebenfalls auf mathematische Weise erklären lasse. „Das Auge des Geistes blickt nie auf einen Gegenstand allein, es sehnt sich nach dem Ganzen." Der Grundsatz der Farbenlehre Goethes, dass Blau – gesteigert Violett – entstehe, wenn sich das Helle über das Dunkle ziehe, wie Gelb – gesteigert Rot – entstehe, wenn sich das Dunkle über das Helle ziehe, widerspreche Newton keineswegs. Die abweichende Schnelligkeit der Lichtstrahlen, bedingt durch brechende Mittel, bringe die Farben hervor, was der Entstehung der Töne sehr ähnlich sei und überdies eine Verbindung von Physis und Psyche herstelle. Der Streit zwischen Dynamismus und Atomismus, Philosophie und Mathematik, auch den Positionen zwischen Goethe und Newton könne gelöst, die Polemik überwunden und der Sinn der Farbenlehre verdeutlicht werden, worauf im folgenden Beitrag in der ‚Jenaischen Allgemeinen Literatur-Zeitung' (1813, Sp. 20–44) der Rezensent K. J. W. (= Karl Joseph Hieronymus Windischmann) näher eingehen werde.

Link, Heinrich Friedrich (Kürzel L. R.) [Rez.]:
Zur Farbenlehre von Goethe, Bd. 1–2, Tübingen 1810, in: Ergänzungsblätter zur Jenaischen Allgemeinen Literatur-Zeitung 1 (1813) Sp. 17–20.

* * *

Es ist ein merkwürdiges Schauspiel, wenn ein großer Mann gegen einen anderen auftritt und einen Riesenkampf beginnt, dem die Menge nur in der Ferne staunend zusehen mag. Goethe und Newton, beide gleich unerreichbar, kämpfen nicht als einzelne Menschen; das Innere und Äußere kämpft in ihnen und durch sie. Der Sterbliche wagt sich nicht in den Streit der Unsterblichen; aber wenn auch Götter einander gegenüberstehen: so bleibt es dem zuschauenden Haufen erlaubt, Beifall oder Tadel laut zu rufen, und dieses Recht wollen wir uns nicht nehmen lassen. Und wenn wir gewahr werden, dass der Kampf ewig dauern würde, dass die Kräfte der Streitenden gleich und unerschöpflich sind: so rufen wir ihnen Frieden zu. Auch hier fängt der geistige Kampf mit der Frage an: welches ist das Urphänomen? wo sollen wir anfangen, wo aufhören? Beantworten lässt sich eine solche Frage nicht; es ist Sache des Genies, den Ort zu finden, wo die Forschung am fruchtbarsten anhebt; und wenn wir nur tief in den Gegenstand eindringen, wenn sich nur die Mannigfaltigkeit der Natur unfern unserer Augen entwickelt: so mag es fürs Erste gleichgültig sein, ob die Forscher zusammentreffen, oder nicht. Die Geschichte der Wissenschaft lehrt, dass man nur still und ruhig seinen Gang gehen muss; endlich erscheint doch ein heller Punkt, der allen Forschern ein Ziel wird, wohin sie streben. Goethe fängt mit der Frage an: wie sehen wir einen hellen oder dunklen Gegenstand auf seiner dunklen oder hellen Unterlage? Es ist das Sehen selbst in seiner Totalität, welches den alles lebendig ergreifenden Forscher leitet. Ihm ist die dunkle Kammer, durch deren Öffnung nur ein Strahl dringt, die Zurüstung mit Prismen, das kleinliche Messen der Winkel ein verwickeltes, zusammengesetztes späteres Geschäft, als der erste heitere Blick in die große Natur. Newton misst den Weg, auf welchem das Bild zu ihm kommt; er sucht den Strahl so einzeln zu fassen, als möglich ist; er verdunkelt sein Zimmer, um alles Fremde zu entfernen, ganz allein auf den Gegenstand seiner Forschung gerichtet. Es ist gewiss, dass Newton durch alles Messen der Winkel nie dahin gelangt zu lernen, wie der Sinn mit eigener Kraft das Bild ergreift; es ist gewiss, dass Goethe leicht ungerecht gegen eine Beobachtung werden könnte, welche die Veranlassung zur Entdeckung der achromatischen Gläser wurde. Goethe hat in diesem Werk zuerst einen wichtigen fruchtbaren Satz aufgestellt, der in das Innere des Menschen ein helles Licht wirft und den man als Gesetz des menschlichen Geistes ansehen kann, diesen nämlich, dass der Geist überall Totalität fordere. Wenn man dem Auge das Helle bietet, sagt er: so fordert es das Dunkele; bietet man ihm das Dunkele: so will es das Helle. Gibt man ihm das Blaue: so bringt es das Gelbe hervor; gibt man ihm das Gelbe: so erzeugt es das Blaue, um den ganzen Farbenkreis zu schließen. Nicht bloß den Gegensatz (in kleinliche Gegensätze die ganze Natur zu fesseln, ist das Geschäft kleinlicher Menschen), die Totalität verlangt der Geist, um in einer wiederkehrenden Linie das Ganze zu finden. So klingt auch das Licht, wie Goethe sich schön ausdrückt, durch das ganze Farbenbild ab; die ganze Reihe der Erscheinungen folgt einander im Geiste, wenn eine verschwindet. Dieses Gesetz lässt sich überall in unserem Innern nachweisen; es ist für den Geist, was das Gesetz der Anziehung für die äußere Natur war. Liegt nicht das Wesentliche des Begriffs darin, dass ein Merkmal nicht isoliert, nicht als Merkmal eines Gegenstandes gefasst wird, sondern dass der Geist die Totalität der Gattung fordert, zu welcher das Merkmal als solches gehört? Ist es nicht das Wesentliche des Urteils, dass in ihm das Verbindungswort mit Rücksicht auf alle möglichen Urteile, bejahende, verneinende, allgemeine, besondere, ausgesprochen wird, dass der ganze Kreis des Möglichen durchlaufen, gezogen wird? Das Tier scheint auch ein Urteil zu haben, ein Analogon des Urteils nannten es einige Philosophen; es bringt wenigstens dieselben Erfolge hervor, als ob es geurteilt hätte, aber nie spricht es sein Urteil aus, weil es ihm nur um den Erfolg zu tun ist, nie um die Totalität der Urteile, welche mit und durch das Ausgesprochene gefordert wird. Das Auge des Geistes blickt nie auf einen Gegenstand allein, es sehnt sich nach dem Ganzen, und ein beständiges Streben nach diesem Ganzen ist der Charakter dessen, was wir in eigentlicher Bedeutung Geist nennen, was nur dem Menschen allein und ausschließlich eigen ist. Aussprechen musste sich dieses Gesetz zuerst in dem Geiste, der diesen Namen vor allen andern vorzüglich verdient. Was über die Art, wie der Mensch sieht, eigentlich sehen lernt, was über die mit Unrecht sogenannten Gesichtsbetrüge und damit verwandten Gegenstände gesagt wird, ist das Beste von allem, was je Physiker darüber lehrten. Aber ist der Zweck erreicht, das newtonische System zu stürzen? Wir zweifeln. Schon der Grundsatz, dass Blau, und in größerer Vollendung Violett entsteht, wenn sich das Helle über das Dunkle zieht, und so Gelb und in größerer Vollendung Rot, wenn sich das Dunkle, Trübe hinzieht über das Helle, lässt sich nach Newton ebenfalls erklären. Denn überall, wo Dunkelheit ist, haben wir ein dunkles Zimmer, und durch brechende Mittel sehen wir in einem Fall die untere Seite des Farbenbildes, im anderen die obere. Die farbigen Ränder, wo und wie sie entstehen mögen, lassen sich Newtonisch deduzieren, und es ist nur eine mathematische Aufgabe, dieses in jedem Fall zu bewerkstelligen. Man sieht auch immer, wenn eine solche Erscheinung durch Brechung stattfindet, neben dem Gelben den gefärbten roten Rand und neben dem Blauen den violetten Rand; auch sieht man ihn, wenn man helle Gegenstände durch ein konvexes oder konkaves Glas auf einem dunklen Grund betrachtet, wo es Goethe nicht angibt. Selbst das Gefärbte kann eine Art von etwas verfinstertem Zimmer geben und in dieser Rücksicht farbige Ränder zeigen. Die Luft ist blau; diese zarte Materie vermag nur die schwächsten Strahlen zurückzuwerfen, in dem alle anderen durchgehen, aber diese blaue Farbe sehen wir nur in großen Massen, so wie wir die Farbe der Fernambuktinktur in zarten Röhren nicht mehr wahrnehmen. Die Sonne schickt durch ein dunkles Glas nur die stärksten Strahlen, die roten, durch. Und wenn wir dunkles Ebenholz durch trübe Gläser, Flor und andere trübe Mittel ansehen: so wird es doch nie blau; ebenso bekommt das reine Gelb durch ähnliche Mittel keine rote Farbe. Wie nun, wenn der Mathematiker fragt, nach welchen Gesetzen die Verrückung des Bildes geschehe, deren es nach Goethes Theorie der farbigen Ränder bedarf, um diese hervorzubringen? Wenn hier also eine Lücke bleibt, welche nur die mathematische Physik auszufüllen vermag: so werden wir es ihr danken müssen, dass sie zugleich bei diesen notwendigen Untersuchungen die Gesetze der farbigen Strahlen mit anzeigt. So wenig die mathematischen Gesetze sagen können, wie wir das Sehen lernen: so können sie doch allein uns lehren, unter welchen Winkeln Bilder erscheinen und Regenbogen stehen. Nur von ihr erwarten wir die Bestimmung, wie mit dem verdoppelnden Kristall sich die abgebildeten Punkte um einander drehen. Das Licht ist körperlich, es hat sogar seine Polaritäten, es will, wie die Körper, gemessen werden. Aber ließe sich nicht die reiche, fruchtbare goethesche Ansicht mit den genauen newtonischen Erörterungen vereinigen, und könnte diese nicht dadurch von den Hypothesen befreit werden, welche sich dem unbefangenen Forscher als widrig schon ankündigen, dass nämlich im Licht nichts als kleine Bündel von Strahlen sich befinden, und ein Bündel von sieben Strahlen ein weißes Bündel macht? Uns scheint es wohl. Alles Licht ist ursprünglich sich selbst gleich, ein reines ungetrübtes Wesen. Aber es ist noch immer materiell, obgleich die zarteste Materie, und daher bewegt es sich von einem Ort zum andern. Die verschiedene Schnelligkeit, womit die Strahlen fortgehen, gibt die verschiedenen Farben. Die brechenden Mittel, chemisch auf das Mechanische wirkend, bringen erst diese verschiedene Schnelligkeit hervor und auf diese Weise Trennung in das gleichförmige Licht. Es ist hier nicht von einem überall verbreiteten elastischen Äther die Rede, der bewegt in Schwingung gerät, sondern von einer Emanationslehre, die sich aber auf verschiedene Bewegungen gründet. In dieser Rücksicht hat sie die größte Ähnlichkeit mit der Lehre vom Ton. So wie das Ohr Akkorde fordert und diese im Abklingen der Töne hört: so fordert das Auge die Totalität der Farben-Akkorde und merkt beim Blauen und Violetten auf die Quinte desselben, auf das Rote. So wäre die ganze prismatische Erscheinung nur ein Abklingen des Lichts, und Goethes Theorie stände hier oben, indem ihr die newtonische dienstfertig zu Hülfe käme, um Winkel zu messen, wie der Tonkünstler Saiten zu messen hat. Wie der Widerhall denselben Ton zurückruft: so bleibt auch das gefärbte Licht nach Brechungen und Zurückstrahlungen dasselbe. Die physische Übereinstimmung zwischen Ton und Farbe, welche man längst geahnt, welche Euler heraus zu zwingen versucht und Goethe in ihrem innersten Wesen durch den Ausdruck Abklingen angegeben hat, würde hierdurch eine psychische werden. Der Streit zwischen dem Inneren und Äußeren, der Dynamik und Atomistik, Philosophie und Mathematik wird immer aufhören, wenn man eins dem anderen richtig zu Hülfe kommenlässt. Immer mag das Erste oben anstehen; nur muss man nicht vergessen, dass überall das Zweite zur Ergänzung und Berichtigung unserer Ansichten folgen müsse, und dass jenes ohne dieses nicht sicher stehen könne. Dann wird der polemische Teil dieses Buchs wegfallen, und die schöne Dogmatik bleiben, die hier in dem reinen, anspruchslosen Gewand der schönsten Sprache auftritt. Doch man möge den Inhalt des Werks selbst vornehmen, den ein anderer Mitarbeiter dieser Zeitung geliefert hat.

Hermann Lövy: Göthes Farbenlehre, im Gegenteil eine zu wenig beachtete Ergänzung der Theorie der Polarität (1831)

Vita – Abstract
Hermann Lövy (1801–1843) studierte Medizin in Prag, wurde 1831 mit einer Arbeit über das Phänomen der Polarität promoviert, war in Prag als Arzt tätig, beschäftigte sich mit Naturforschern und Philosophen der Vergangenheit und Gegenwart und schickte durch Vermittlung des Polizeirats Joseph Sebastian Grüner (1780–1864) am 20. Januar 1832 seine Dissertation in deutscher Sprache Goethe zu, wofür sich dieser bei Grüner, mit dem er bekannt war und eine 1853 im Druck erschienene Korrespondenz unterhielt, am 15. März 1832 erfreut bedankte („Es ist dies ganz in meinem Sinne").

Im Rahmen seiner allgemeinen Untersuchung über die Polarität wendet sich der jüdische Arzt Lövy in einem Kapitel speziell der Farbenlehre Goethes zu, der mit seinen Überlegungen zur Morphologie bereits viel Anerkennung gefunden habe, wenn auch nicht auf diesem Feld, gibt einen kurzen Bericht über entsprechende Erscheinungen und Experimente und äußert sich überzeugt von einer möglichen Aussöhnung der Physiker mit der „naturgemäßen, einfach-genialen Lehre" Goethes.

Lövy, Hermann:
Göthe's Farbenlehre, im Gegentheil eine zu wenig beachtete Ergänzung der Theorie der Polarität, in: ders.: Ueber Polarität, Prag 1831, S. 47–54.

* * *

D. von Engelhardt, *Goethe als Naturforscher im Urteil der Naturwissenschaft und Medizin des 19. Jahrhunderts*,
https://doi.org/10.1007/978-3-662-68126-8_29

Obgleich manche Theoretiker geneigt sind, die Lehre von der Polarität über Himmel und Erde, über die ganze unorganische und organische Welt auszubreiten; so bleibt dennoch eine große Lücke in der genannten Theorie, so lange nicht Goethes Farbenlehre, die ebenfalls auf der Idee der Polarität, nur freilich in einem dem Gegenstande eigentümlichen Sinne, beruht, eine allgemeinere Anerkennung findet als bisher. Es wird der unsterbliche Ruhm eines Newton dadurch nicht verdunkelt, wenn man zugibt, dass er in diesem Punkt geirrt. Schon lässt sich hier und da eine Stimme vernehmen, dass die alte Lehre, welche die Farben aus dem einfachen Licht herleitet, nicht haltbar sei; aber man will dem allgemein anerkannten, verehrten Dichtergenius nicht auch Genialität in der Naturforschung zutrauen, man erwägt nicht, dass auch dieses, fremd scheinende, Streben aus der Tiefe seiner Individualität quelle, und dass mit seinem Denken wie mit seinem Dichten stets die unbefangenste, himmelklare Anschauung aufs Innigste verknüpft ist. Da aber seine Leistungen in der Morphologie und anderen Zweigen der Naturwissenschaft bei den bedeutendsten Männern, von denen ich bloß einen Alexander von Humboldt und einen Loder nenne, bereits gerechte Anerkennung gefunden; so scheint bei vielen die Hintansetzung der gerade am sorgfältigsten bearbeiteten, obwohl noch der Vervollständigung bedürftigen, Farbenlehre nur auf dem Vorurteil zu beruhen, dass sie der Mathematik durchaus nicht entbehren könne.

Es ist unmöglich, von dieser herrlichen Lehre in Kurzem einen vollständigen Begriff zu geben; ich will nur einige Züge daraus entlehnen, um damit diese Blätter zu zieren.

Zuerst werden alle Farben in drei Abteilungen gebracht, und nach diesen physiologische, physische und chemische Farben genannt. Die ersten, unaufhaltsam, flüchtig, gehören dem Auge zu; die zweiten, wandelbar, verschwindend, werden durch farblose, teils durchscheinende, teils durchsichtige Körper vermittelt; die dritten, obwohl auch wandelbar, doch festzuhalten, gehören Körpern aller Art an.

Der Gegensatz, die Polarität, die hier Goethe zu Grunde legt, gehört zur zweiten Form (S. 9), indem er ursprünglich, als schon gegeben, ein Positives und Negatives, Licht und Finsternis (S. 4), enthält.

Aus der ersten Abteilung

Man halte ein kleines Stück lebhaft farbigen Papiers vor eine mäßig erleuchtete weiße Tafel, schaue unverwandt auf die kleine farbige Fläche und hebe sie, ohne das Auge zu verrücken, nach einiger Zeit hinweg; so wird das Spektrum einer anderen Farbe auf der Tafel zu sehen sein, und zwar ruft Gelb das Violette, Orange das Blaue, Rot das Grüne hervor, und umgekehrt. Dieses sekundäre Bild gehört dem Auge an, und bewegt sich mit ihm.

Aus der zweiten Abteilung

Diese zerfällt in mehrere Unterabteilungen nach den verschiedenen Bedingungen der Entstehung der Farben. Ich hebe die *dioptrischen Farben* als die in mehrfacher Hinsicht wichtigsten, heraus. So heißen diejenigen, zu deren Entstehung ein farbloses Mittel gefordert wird, dergestalt, dass Licht und Finsternis hindurchwirken. Es unterscheidet sich die Polarität in diesem Feld schon dadurch, dass die Gegensätze nicht unmittelbar zusammenstreben, sondern eines vermittelnden, durchsichtigen oder durchscheinenden, Körpers, wie dort der vermittelnden Tätigkeit des Auges, bedürfen.

Die dioptrischen Erscheinungen werden in zwei Klassen geteilt; in der ersten stehen diejenigen, welche bei durchscheinenden trüben Mitteln entstehen, in der zweiten solche, die sich zeigen, wenn das Mittel durchsichtig ist.

Dioptrische Farben der ersten Klasse

Ein *trübes Mittel* ist jede durchscheinende Materie, und da es keinen vollkommen durchsichtigen Körper gibt, so ist das Durchsichtige selbst, empirisch betrachtet, schon der erste Grad des Trüben.

Das höchst energische Licht, wie das der Sonne, des in Sauerstoff verbrennenden Phosphors ist blendend und farblos. Dieses Licht aber, durch ein auch nur wenig trübes Mittel gesehen, erscheint uns gelb. Nimmt die Trübe eines solchen Mittels zu oder wird seine Tiefe vermehrt, so sehen wir das Licht nach und nach eine gelbrote Farbe annehmen, die sich endlich bis zum Rubinroten steigert.

Wird hingegen durch ein trübes, von einem darauf fallenden Lichte erleuchtetes Mittel die Finsternis gesehen, so erscheint uns eine blaue Farbe, welche immer heller und blässer wird, je mehr sich die Trübe des Mittels vermehrt, hingegen immer dunkler und satter sich zeigt, je durchsichtiger das Trübe werden kann, ja bei dem mindesten Grad der reinsten Trübe als das schönste Violett dem Auge fühlbar wird.

Dies ist das Urphänomen dieses Teils der Farbenlehre.

Wenn diese Wirkung auf die beschriebene Weise in unserem Auge vorgeht und also subjektiv genannt werden kann; so lässt sie sich auch objektiv darstellen, zum Beweis, dass diese Farben nicht, wie die physiologischen, bloß der Tätigkeit des Auges angehören, sondern von außen durch das trübe Mittel zunächst bedingt werden. Ein so gemäßigtes und getrübtes Licht wirft nämlich auch auf die Gegenstände einen gelben, gelbroten oder roten Schein; und ob sich gleich die Wirkung der Finsternis durch das Trübe nicht eben so mächtig äußert; so zeigt sich doch der blaue Himmel in der *Camera obscura* ganz deutlich auf dem weißen Papier neben jeder anderen körperlichen Farbe.

Hierher gehören die meisten atmosphärischen Farben. So erscheint die Sonne durch einen gewissen Grad von Dünsten gesehen gelb oder rot; so entsteht die Morgen- und Abendröte, so die blaue Farbe der Atmosphäre in verschiedenen Abstufungen; so erscheinen uns die Berge blau, die Eisberge aber gelblich.

Dioptrische Farben der zweiten Klasse

Farben bei Gelegenheit der Refraktion. Subjektive Versuche.

Die Refraktion kann ihre Wirkung äußern, ohne dass man eine Farbenerscheinung gewahr werde. So sehr auch durch Refraktion das unbegrenzt Gesehene, eine farblose oder einfach gefärbte Fläche verrückt werde, so entsteht innerhalb derselben doch keine Farbe. Es müssen Bilder, d. i. von Rändern begrenzte Flächen, verrückt werden, wenn Farbenerscheinung sich zeigen soll.

Man nehme ein helles Rund auf dunklem Grunde. An diesem findet eine Verrückung (in Bezug auf das Auge) statt, wenn man seine Ränder von dem Mittelpunkt aus scheinbar nach außen dehnt, indem man es vergrößert. Dieses geschieht durch jedes konvexe Glas, und man erblickt in diesem Fall einen blauen Rand.

Den Umkreis eben desselben Bildes kann man nach dem Mittelpunkt zu scheinbar hineinbewegen, indem man das Rund zusammenzieht; da alsdann der Rand gelb erscheint. Dieses geschieht durch ein (etwas dickes) konkaves Glas. Diese beiden Erscheinungen, die blaue und gelbe, zeigen sich an und über dem Weißen. Sie nehmen, insofern sie über das Schwarze reichen, einen rötlichen Schein an.

Hiermit sind die Grundphänomene aller Farbenerscheinung bei Gelegenheit der Refraktion ausgesprochen, welche denn freilich auf mancherlei Weise wiederholt, variiert, erhöht, verringert, verbunden, verwickelt, verwirrt, zuletzt aber immer wieder auf ihre ursprüngliche Einfalt zurückgeführt werden können.

Die größte Verrückung bringt man durch Prismen hervor. Bewegt man vermittelst eines Prismas eine dunkle Grenze gegen das Helle, so geht der gelbe breitere Saum vor und der schmälere gelbrote Rand folgt mit der Grenze. Rückt man eine helle Grenze gegen das Dunkle, so geht der breitere violette Saum voraus und der schmälere blaue Rand folgt.

Ist das Bild groß, so bleibt dessen Mitte ungefärbt. Ist es aber so schmal, dass der gelbe Saum den blauen Rand erreichen kann; so erzeugen sie Grün, wodurch die Mitte völlig zugedeckt wird.

Man mache diesen Versuch mit einem weißen Streifen auf schwarzem Grund; über einem solchen werden sich die beiden Extreme bald vereinigen und das Grün erzeugen. Man erblickt alsdann folgende Reihe von Farben:

Gelbrot, Gelb, Grün, Blau, Blaurot.

Bringt man auf weißes Papier einen schwarzen Streifen; so wird sich der violette Saum darüber hinbreiten und den gelbroten Rand erreichen. Hier wird das dazwischenliegende Schwarz, so wie vorher das dazwischenliegende Weiß, aufgehoben und an seiner Stelle ein prächtig reines Rot erscheinen. Nun ist die Farbenfolge nachstehende:

Blau, Blaurot, Rot, Gelbrot, Gelb.

Ableitung der angezeigten Phänomene

Ein Bild wird durch Refraktion verrückt, aber nicht vollkommen, nicht rein verrückt, sondern unvollkommen, dergestalt, dass ein Nebenbild entsteht. Das Kennzeichen des Nebenbildes ist die Halbdurchsichtigkeit. Man denke sich daher innerhalb eines durchsichtigen Mittels ein halbdurchsichtiges Scheinbild, so wird man dieses sogleich für ein trübes Bild ansprechen.

Und so lassen sich die Farben bei Gelegenheit der Refraktion aus der Lehre von den trüben Mitteln bequem ableiten. Denn wo der voreilende Saum des trüben Nebenbildes sich vom Dunklen über das Helle zieht, erscheint das Gelbe; umgekehrt, wo eine helle Grenze über die dunkle Umgebung hinaustritt, erscheint das Blaue. Die voreilende Farbe ist immer die breitere. So greift die gelbe über das Licht mit einem breiten Saum; da wo sie aber an das Dunkle grenzt, entsteht, nach der Lehre der Steigerung und Beschattung, das Gelbrote als ein schmälerer Rand.

An der entgegengesetzten Seite hält sich das gedrängte Blau an der Grenze, der vorstrebende Saum aber, als ein leichtes Trübes über das Schwarze verbreitet, lässt uns die violette Farbe sehen, nach eben denselben Bedingungen, welche bei der Lehre von den trüben Mitteln angegeben werden.

(Die parallelen objektiven Versuche anzuführen, gestattet der Raum nicht.)

Also aus dem uranfänglichen Gegensatz von Licht und Finsternis, durch Vermittlung der Trübe, entsteht zunächst der Farbengegensatz des Gelben und Blauen, aus einer Steigerung dieser das Gelbrote und Blaurote, aus der Verknüpfung dieser beiden höheren Enden das reine Rot, aus der Vermischung der beiden niederen Enden, des Gelben und Blauen, das Grün. –

An diesen wenigen Hauptsätzen sei's genug. Nur kann ich mich nicht enthalten, darauf aufmerksam zu machen, dass das nachträgliche Kapitel der Farbenlehre (S. *Zur Naturwissenschaft überhaupt, besonders zur Morphologie* von Goethe 1. Bd. 3. Hft. *Zur Naturw.* S. 126.), welches unter dem Titel: *Entoptische Farben* das enthält, was man gewöhnlich unter *Polarisation des Lichts* begreift, sich durch dieselbe herrliche Methode, auf die ungezwungenste Weise, an das Frühere anschließt, ohne dass bei diesem neu entdeckten Gegenstand eine neue Erklärungsweise nötig gewesen wäre. Die komplizierte, mechanisch-hypothetische Theorie der Franzosen, unter welchen selbst sich bereits ein sie zum Teil wieder zerstörender Streit erhoben, könnten die Deutschen füglich entbehren, und mit der in wenigen Blättern enthaltenen, naturgemäßen, einfach-genialen Lehre Goethes zufrieden sein. Es wäre sogar nicht unmöglich, dass gerade dieser Gegenstand eine Aussöhnung der Physiker mit dem hohen Greise herbeiführte, und dass man sich endlich freute, das ehrwürdige Haupt des vielseitigen Lehrers seiner und der kommenden Zeit neben so vielen unverwelklichen Kränzen auch mit dem der Naturforschung zu umwinden.

Antonio Lo Re: Goethe scienziato (1899)

Vita – Abstract
Antonio Lo Re (18. April 1857 San Vito/Italien – 12. Februar 1920 Foggia/Italien) studierte nach dem Schulbesuch Agrikulturwissenschaften und Botanik an der ‚Regia Scuola Superiore di Agricoltura di Portici', unterrichtete nach dem Abschluss 1879 in diesen Fächern an verschiedenen Institutionen in Sizilien und Apulien, zuletzt in Foggia, wo er auch starb. Lo Re veröffentlichte wissenschaftliche sowie technik- und agrikulturhistorische Aufsätze, verfasste schulische Lehrbücher (*Lezioni elementari di zootecnia e tecnologia agraria*, 1892) und engagierte sich mit öffentlichen Vorträgen für die Verbreitung theoretischer und praktischer Kenntnisse der Naturwissenschaften.

In seiner Studie von 1899 stellt Lo Re den in Italien – im Gegensatz zu seinen literarischen Leistungen – wenig bekannten Naturforscher Goethe mit seinen bedeutenden Beiträgen zur Physik (Farbenlehre), Botanik (Metamorphose der Pflanze etc.) und Anatomie (Zwischenkieferknochen, organischer Grundtyp), Mineralogie und Geologie (Neptunismus – Vulkanismus) vor, weist zugleich auf verschiedene Übertreibungen und Goethes unangemessene und missglückte Polemik gegen Isaac Newton (1643–1727) hin, hebt die Wechselbeziehungen zwischen Wissenschaft und Kunst hervor und ist mit Hermann von Helmholtz (1821–1894) überzeugt, dass Goethe die grundlegenden Ideen für den Fortschritt der Naturwissenschaften „erraten hätte" („divinare le idee fondamentali, che presiedono oggidì al progresso delle scienze naturali").

D. von Engelhardt, *Goethe als Naturforscher im Urteil der Naturwissenschaft und Medizin des 19. Jahrhunderts*,
https://doi.org/10.1007/978-3-662-68126-8_30

Lo Re, Antonio:
Goethe scienziato, in: Rivista Minima di Varia Cultura, in: Szienza e Diletto 7 (1899) (39) (23.9.).

***

Del trenta volumi in 8.°. della edizione completa, Stuttgart et Tübingen, che formano le *Goethe's sämtliche Werke*, quattro – il XXVII, il XXVIII, il XXIX e il XXX – comprendono le opere scientifiche del grande poeta tedesco.

Goethe è a pena conosciuto come naturalista, anche da' suoi compatriotti, e intanto i maestri della scienza hanno proclamato l'importanza delle sue scoperte e delle sue induzioni, e lo hanno messo all'altezza de' più eminenti interpreti della natura. L'unità della composizione organica, una tra le più grandi idee del secolo, è scaturita dalle mente di Goethe.

La gente colta legge *Faust* e *Werther*, ma ignora, forse, che la stessa penna ha scritto il Saggio sulla metamorfosi delle piante una discussione di anatomie filosofica e un trattato sulla teoria de' colori. Molti ammirano le creazioni potenti e graziose di *Goetz*, *d'Ifigenia*, di *Meister*, *d'Hermann* e di *Dorotea*; ma pochi sanno che lo stesso genio, penetrando la realtà, ha anche scoperto qualcuna delle leggi più elevate dell'organismo degli animali e delle piante.

Del resto. Egli stesso sul finir della sua vita, ha riconosciuto con rammarico, codesta dimenticanza o noncuranza del pubblico per i suoi lavori scientifici.

„E più di mezzo secolo, ch' io son conosciuto come poeta nel mio paese e anche fuori, e nessuno pensa di contestarmi questo titolo. Ma quel che non si conosce cosi generalmente, e che non si è preso a bastanza in considerazione, è ch' io mi sono occupato de fenomeni fisici e fisiologici della natura con attenzione vivissima, e che li ho osservati in silenzio con quella perseveranza, che solo la passione può dare. Cosi quando il mio saggio sulle leggi di sviluppo delle piante, pubblicato in lingua tedesca, dopo quarant'anni attrasse l'attenzione, prima nella Svizzera, poi in Francia, rimasero meravigliati che un poeta, occupato ordinariamente de' fenomeni intellettuali, che sono l'effetto del sentimento e dell'immaginazione, avesse bruscamente cambiato rotta, e avesse fatto, passando, una scoperta di tanta importanza. E per combattere codesto pregiudizio ch' io ho scritto questa prefazione. Essa è destinata a mostrare, che io ho consacrato una grande parte della mia vita alla storia naturale, verso la quale mi attrae un gusto passionato."

A Lipsia, ove comincio i suoi studi, Goethe udì per la prima volta pronunciare i nomi di Haller e di Linneo. Le loro opere, le loro scoperte svegliarono nell'animo di lui una viva passione per la scienza de' fenomeni della vita. A Strasburgo, ove si stabilì per prendere i suoi gradi in giurisprudenza, s' inizio negli studi di medicina. A ventiquattro anni, nel 1773, lascio Strasburgo. Il suo genio era nella pienezza della forza, e le grandi opere che doveva bentosto creare, vi fermentavano già ad altissima temperatura. Nel 1774 comparve il *Werther*.

Ma gli studi seri che Goethe intraprese sulla storia naturale datano veramente dal 1775. Egli era a Weimar, ove tutto era favorevole ai suoi studi scientifici: la bellezza del luogo, la società di uomini dotti, la vicinanza della Università di lena, e sopra tutto la protezione illuminata d'un principe, i cui incoraggiamenti non mancarono mai a quanti scienziati e poeti onorarono la Germania nella prima metà di questo secolo.

Nel 1790 comparve il Saggio sulla *metamorfosi delle piante*, accolto assai freddamente dagli scienziati del tempo: gli stessi letterati, amici del poeta, lo consigliarono di non barattare con la flora locale, i campi sempre fioriti della letteratura. Al che il poeta più tardi mestamente osserva: „Nessuno voleva comprendere l'intima unione della poesia e della scienza; si dimenticava che la poesia è la sorgente della scienza, e non si sognava né anche che con il progresso de' tempi esse possono formare una alleanza diretta e feconda nelle più alte regioni dello spirito umano. Il vero è che la *Metamorfosi delle piante* è di altissima importanza sia per il tempo in cui fu scritta, sia per valore scientifico assoluto, perché poggia su osservazioni rigorosissime, controllate e trovate esatte dalle stesse dimostrazioni della natura. Ma i lavori die Goethe come botanico non si fermano alla *Metamorfisi*; egli ha inoltre fatto delle ricerche sulla *tendenza spirale*, su la risoluzione in vapore, in *forza* e in *acque*, sui *fenomeni luminosi* prodotti da certe piante, e in fine sulle opinioni intorno alle *Classificazioni*.

Durante e dopo gli studi botanici quelli di anatomia comparata, che cominciò a lena sotto la direzione del professor Loder, lo condussero alla scoperta dell'osso *intermascellare* umano. Di quel tempo egli aveva udito da Herder sostenere la tesi della unità dell'organizzazione nell' uomo e negli animali, sì che la sua scoperta gli dette la conferma inaspettata della teoria dell'amico. Nel quarto capitolo della introduzione generale all' *Anatomia comparata*. Goethe posa già il principio che le differenti forze elementari della natura agiscono sul „tipo" per modificarle: l'acqua gonfia i corpi de' pesci e riduce a piume gli organi di locomozione; l'aria dissecca gli uccelli e sviluppa a la superficie de' loro corpi le piume e le ali, il calore e l'umidità deformano gli organismi; il calore e la secchezza producono gli esserci più perfetti, come il leone e la tigre. Goethe sviluppo le stesse idee nelle due dissertazioni su' tardigradi e i pachidermi e su' roditori...

A parte la esagerazione alla quale è stato trasportato cercando di applicare all'insieme dell'organismo la sua ingegnosa idea del „tipo universale", bisogna convenire che egli ha reso all'anatomia filosofica eminenti servizi. „Una delle più alte idee del secolo, ha detto Geoffroy Saint-Hilaire, è la questione dell'unità organica; essa è ormai nel dominio dello spirito umano, e l'onore di un successo così memorabile appartiene a Goethe."

Non meno importanti, severi e geniali sono gli studi e i lavori di Goethe sulla Geologia e la Mineralogia. Vissuto mentre ferveva la lotta tra i nettuniani e i plutoniani, egli prese parte attiva al dibattito passionato. Anche in questi studi, pubblicati nel XXX de' volumi citati, nella parte sintetica il poeta si è lasciato trascinare dalla esagerazione, tentando di applicare al regno minerale la legge delle trasformazioni, cercando cioè la „roccia fondamentale", che per lui doveva essere il granito, da cui per via di metamorfosi deriverebbero tutte le altre rocce, cosi come aveva cercato il „tipo osteologico" e la „pianeta primitiva". E gli accadde perciò di asserire cose, intorno alla costituzione, all' età e alla natura delle rocce, che la scienza non potrebbe accettare.

Aiutato e incoraggiato dal celebre fisico Seebeck, Goethe si occupò di ottica e scrisse un *Trattato di colori*, diviso in tre parti, e dedicato alla Granduchessa Luisa di Weimar, sua protettrice. Dopo dieci anni di paziente lavoro il Trattato fu pubblicato nel 1810. La prima parte è una esposizione didattica della dottrina: la seconda è una polemica contro Newton, non che una confutazione delle *Lectiones opticae* dell'immortale fisico inglese: la terza è una interessante disertazione sulla storia de' colori presso gli antichi e i moderni. In generale in questo trattato il poeta dà prova di conoscenza esatta de' fatti fondamentali ma ignoranza completa della teoria e del calcolo. L'opera è ricca di esperienze originali e anche di scoperte di cui la scienza ha saputo in seguito trarre partito. Sono specialmente da segnalare: il capitolo consacrato ai colori fisiologici, l'idea del cerchio cromatico e de suoi tre colori fondamentali, le osservazioni sul daltonismo, i raggi fossogenici dello spettro, l'oscurità e la chiarezza dei colori, l'acromatismo incompleto dell'occhio umano, il contrasto simultaneo, le ombre colorate.

Fu costante l'illusione di Goethe nel credere che il suo *Trattato de colori* avesse distrutto la dottrina di Newton[1] e fu anche triste lo spettacolo dato dal grande poeta attaccante con l'invettiva e l'ironia il grande fisico. Sedotto dal desiderio di passare per uno spirito universale e d'associare il suo nome al nome dello osservatore di genio al quale si devono tante scoperte sull'ottica, egli si trova di fronte all' autorità di Newton, la cui dottrina è contraria alla sua, e diventa geloso delle scoperte di lui, del suo prestigio, della sua dottrina. „Le ricerche di Goethe, ha scritto il gran fisico Helmholtz, sono il frutto di serie osservazioni, che egli ha esposto con grazia e sulla esattezza delle quali nessuno oserebbe elevare alcun dubbio. Tuttavia, Goethe pare non abbia né viste né ripetute le esperienze realizzate con l'aiuto dei raggi luminosi, i più semplici ed isolati, mentre quelle sono il fondamento della dottrina Newtoniana. Egli ha intrapreso contro Newton una polemica senza misura, piuttosto perché l'ipotesi fondamentale gli pareva assurda, non perché credeva necessario opporre obbiezioni importanti alle esperienze e alle conclusioni." Si capisce, mettendosi dal punto di vista artistico del poeta, perché egli trovava assurda questa proposizione di Newton:

[1] Per far epoca nel mondo, Egli ha scritto, occorrono due cose: una buona testa e una grande eredità. Napoleone ha ereditato dalla Rivoluzione, Pietro il Grande dalla guerra Siberiana, Lutero dalla ignoranza del Clero, io ho ereditato dalla dottrina di Newton.

„La luce bianca è formata da più luci colorate.“ Egli pensava che la verità come la bellezza deve essere cercata immediatamente nella rappresentazione sensibile. In quella epoca, la fisiologia delle sensazioni non era ancora sviluppata, e il principio sostenuto da Newton, che il bianco è un colore composto era il primo passo empirico nella via esclusiva della potenza subiettiva de' sensi. Tale era il presentimento di Goethe, allorché egli fece viva „opposizione a questo primo principio, che minacciava di far dimenticare l'indipendenza e la spontaneità del nostro organo visivo“ (*Enyclop. der Physik, Optik* IX, 268).

Nelle poesie e ne' romanzi di Goethe si nota l'influenza della scienza e un grande sentimento della natura. La scienza può ispirare le arti; la pittura e la poesia devono, in una giusta misura, partecipare allo sviluppo delle nostre conoscenze della natura. In tutte le opere di Goethe traspare codesta verità, troppo dimenticata e dagli artisti e dagli scienziati unilaterali e meschini. La poesia non presta solamente le sue forme alla scienza per diffonderla e farla amare; essa le apporta anche il suo contributo nella interpretazione de' fenomeni. Attaccato agli oggetti isolati, curioso del dettaglio, avido de' fatti, lo scienziato dimentica sovente, nelle sue laboriose ricerche, I rapporti e le armonie. Egli divide senza riunire, analizza senza sintetizzare, si arrampica a qualche verità isolata, indifferente alla bellezza dei fenomeni e alla espressione dell'insieme. Ma se lo scienziato è un artista, completa le sue ricerche abbozzate, saggia le armonie e i contrasti, si aiuta con la luce di una felice ispirazione per abbracciare e fecondare il suo soggetto; e esprimere i suoi pensieri in una lingua semplice e facile, che tutti possono leggere e penetrare.

Cosi è di Goethe. È impossibile trovare stile d' una chiarezza più pura, d'un calore più passionale, penetrante meglio e più intimamente, di quello con cui sono scritte le opere scientifiche di Goethe. Eppure pareva, che, dopo il *Werther* e le *Affinità elettriche*, fosse difficile ottenere più completamente la perfezione ne' limiti estremi dell'arte di scrivere.

Le *Affinità elettive* sono un romanzo ricavato dalla chimica. Si sviluppa le leggi di affinità; i personaggi si attirano o si respingono come i corpi, e da ciò si comprende quali strane situazioni nascono da una donnèe così singolare. In mezzo alle Peripezie del romanzo si disegna felicemente qualche carattere, interessante per l'osservatore della natura; e sono splendide e acute le osservazioni di Ottilia sulle armonie della natura.

Le opere scientifiche di Goethe sono di tale importanza, come Saint-Hilaire e Cuvier, Alessandro di Humboldt e Owen e Helmholtz hanno riconosciuto, da porlo tra i più eminenti naturalisti filosofi di questo secolo. La sua scienza no è quella di un osservatore curioso dei dettagli ma di un filosofo che vede di lontano e dall'altro. Egli contempla la natura, messo sulla sommità, senza però cessare per questo d'apportare la massima cura alle esperienze più minute e più difficili. Non è del numero di quegli scienziati i quali solamente contano, pesano, osservano, esperimentano; egli appartiene a quel piccolo gruppo di spiriti eminenti che meditano, interpretano, indicano le nuove vie, precorrono la loro epoca e preparano il progresso.

Goethe, ha detto Helmholtz, ha avuto il grande merito di divinare le idee fondamentali, che presiedono oggidì al progresso delle scienze naturali.

Étienne Louis Malus [Rez.]: Traité des Couleurs. Extrait de l'ouvrage allemand, par M. Goethe (1811)

Vita – Abstract
Étienne Louis Malus (23. Juli 1775 Paris – 24. Februar 1812 Paris) trat 1793 in die Militärschule von Mézières ein, nahm am Ägyptenfeldzug Napoleons teil, war an verschiedenen Orten für Befestigungsanlagen verantwortlich und kehrte 1808 nach Paris zurück. Wissenschaftlich beschäftigte sich Malus, Mitglied der naturwissenschaftlichen ‚Société d'Arcueil', mit der Ausbreitung und Brechung des Lichts.

Mit dem ‚Gesetz von Malus' (‚loi de Malus') wird die Abhängigkeit der Intensität polarisierten Lichts von der Ausrichtung eines vorgehaltenen Polfilters bezeichnet.

In der anonymen und ihm zugeschriebenen Rezension von 1811 setzt sich Malus mit Goethes Farbenlehre vor allem im Blick auf seine Theorie und die Kritik an Isaac Newton (1643–1727) auseinander, übergeht den historischen Teil und die sinnlich-sittlichen Wirkungen der Farben und ist überzeugt, dass Goethe mit seiner haltlosen und moralisch überzogenen Kritik („excessive intolérance") kaum Anhänger unter Physikern gewinnen werde.

Malus, Étienne Louis (Anonym) [Rez.]:
Traité des Couleurs. Extrait de l'ouvrage allemand, par M. Goethe (1810), in: Annales de Chimie 79 (1811) S. 199–219.

***

D. von Engelhardt, *Goethe als Naturforscher im Urteil der Naturwissenschaft und Medizin des 19. Jahrhunderts*,
https://doi.org/10.1007/978-3-662-68126-8_31

M. Goethe a composé ce Traité pour remplacer l'Optique de Newton qu'il compare à un vieux monument abandonné, et tombant en ruines de toutes parts.

Il partage son ouvrage en trois sections. Dans la première, il décrit les principaux phénomènes de l'optique, et il expose sa théorie des couleurs; dans la seconde, il cherche à démontrer l'absurdité de la théorie de Newton; et enfin dans la troisième, il donne une histoire de l'optique, considérée principalement sous le rapport des couleurs.

Avant d'examiner ce Traité, il convient de faire connaître en peu de mots quelles sont les opinions de l'auteur, et principalement en quoi elles diffèrent de celles de Newton. M. Goethe prévient ses lecteurs qu'il s'est bien gardé de faire usage des mathématiques dans sa théorie des couleurs; quoiqu'il y ait quelques points d'optique où le secours de la géométrie n'eût point été à dédaigner.

Mais les géomètres sans préjugés qu'il a l'avantage de connaître, et qui devaient faire cause commune avec lui, en ont été détournés par leurs propres occupations. Il pense au reste qu'il en pourra résulter un avantage, parce que cela donnera à quelque bon géomètre l'occasion de chercher ce qui manque à sa théorie, et de compléter cette partie de la science. Quoique l'auteur n'ait pas pu s'occuper lui-même de cet objet, il n'en condamne pas moins la partie mathématique de l'ouvrage de Newton.

Voici comment il explique ce qui distingue sa théorie de celle adoptée par l'école newtonienne.

> „Newton, dit-il, avance que la lumière blanche en général et celle du soleil particulièrement, contient plusieurs lumières colorées, dont la réunion donne la sensation du blanc.
>
> Pour que ces lumières colorées deviennent sensibles, il faut mettre la lumière blanche dans des circonstances particulières; il faut qu'un corps diaphane la réfracte ou qu'un corps opaque la réfléchisse, ou qu'enfin un corps quelconque l'infléchisse; mais ces conditions ne lui suffisent pas. Il donne aux milieux réfringents toutes sortes de formes, il dispose de différentes façons, le milieu dans lequel il opère. Il resserre la lumière dans de petites ouvertures, de petites fentes, enfin il la met à l'étroit de cent manières. Il prétend ensuite que toutes ces conditions n'ont d'autre influence que de développer les propriétés de la lumière et de les mettre au jour.
>
> Ces lumières colorées sont des parties intégrantes de sa lumière blanche. On n'ajoute rien à la lumière par les opérations dont nous venons de parler, on ne lui enlève rien, on développe seulement ses facultés et son essence. La réfraction produit-elle différentes couleurs? c'est que les rayons sont diversement réfrangibles; la réflexion produit-elle différentes couleurs? c'est que les rayons sont diversement réflexibles, etc. ... Chaque nouveau phénomène fait naître une nouvelle propriété de la lumière.
>
> La doctrine que nous avons adoptée, quoique opposée à celle de Newton s'occupe aussi de la lumière blanche: elle a aussi besoin de circonstances particulières pour produire des phénomènes colorés: mais elle donne à ces conditions

leur véritable importance. Elle n'a pas la prétention de retirer les couleurs de la lumière elle-même, elle cherche bien plutôt à nous persuader que les couleurs viennent également de la lumière et du corps qui la reçoit.

Ainsi pour nous arrêter au cas de la réfraction qui est celui dont Newton s'est principalement occupé dans son Optique; ce n'est pas la réfraction qui retire les couleurs de la lumière, il y a une seconde condition bien plus indispensable: c'est que la réfraction agisse sur une image et la détourne de sa place. Or, une image consiste dans les bords qui la terminent. Newton ne fait aucun cas de ces bords: il nie même leur influence. Nous attribuons au contraire dans ce cas une égale influence à l'image et à ce qui l'entoure, au milieu clair et à la limite obscure. Toutes ces expériences nous confirment dans cette opinion, et plus on les multipliera, plus la chose deviendra claire. Nous montrerons par la suite comment. Newton a réussi à faire passer pour vrai, ce qui était faux, et pour faux ce qui était vrai. "

Chapitre Ier

Passons actuellement à l'examen de la première partie de l'ouvrage de M. Goethe, qui contient la description des phénomènes et l'exposition de sa théorie, l'auteur commence par traiter des couleurs accidentelles. Il examine l'impression que produit sur la rétine le contraste de la lumière et de l'obscurité. Il décrit les sensations qu'on éprouve lorsqu'on ferme les yeux après avoir regardé fixement un objet très-brillant, ou lorsqu'on les détourne sur un fond obscur. Il passe ensuite aux effets produits par les images colorées, et particulièrement à la propriété qu'elles ont de faire naître la sensation des couleurs supplémentaires. Il observe, par exemple, que si l'on regarde un papier blanc sur un mur jaune, ce papier semble prendre une teinte violette. Il décrit les ombres colorées et les auréoles qu'on aperçoit autour des points brillants ou des objets fortement éclairés.

Tous ces phénomènes étaient déjà connus, et les expériences qui s'y rapportent ont déjà été décrites dans d'autres ouvrages. L'auteur termine ce chapitre par une discussion sur les couleurs pathologiques qui appartiennent à certaines maladies, ou à une conformation particulière de l'organe.

Chapitre II

M. Goethe traite dans la seconde partie des couleurs physiques, et c'est principalement ici qu'il expose sa théorie.

„Les couleurs physiques, dit-il, sont celles qui ont besoin d'être excitées par certains milieux matériels qui n'ont aucune couleur par eux-mêmes, mais qui peuvent être ou diaphanes ou simplement transparents, ou enfin tout-à-fait opaques.

La lumière peut se trouver dans ces circonstances de trois manières différentes. Premièrement, lorsqu'elle est réfléchie par la surface d'un milieu, ce qui est l'objet de la catoptrique; secondement, lorsqu'elle est infléchie en passant près d'un corps, ce qui est l'objet des expériences paroptiques; et enfin, lorsqu'elle est réfractée par un corps diaphane, ce qui est l'objet de la dioptrique.

Nous appelons couleurs dioptriques celles qui sont produites par un milieu sans couleur, à travers lequel la lumière et l'obscurité peuvent agir, soit immédiatement sur l'œil, soit sur la surface d'un tableau.“

L'auteur examine d'abord la couleur des flammes, celle de l'atmosphère, celle de la mer et des différents liquides colorés.

Il passe ensuite à sa théorie de la réfraction qui est un des objets principaux de son ouvrage, parce que c'est là qu'il développe les opinions qui lui sont particulières.

„Quand on regarde, dit-il, à travers un prisme un ciel gris ou bleu, un mur blanc ou coloré, la partie de la surface qu'on reçoit dans l'œil est entièrement détournée de sa place sans qu'on distingue la moindre apparence de couleur. Nous n'apercevons un spectre qu'à la limite de la surface, lorsqu'elle est coupée par un fond clair ou obscur. La réunion d'une surface et d'un bord forme une image; en sorte que nous posons en principe qu'il est nécessaire qu'une image soit détournée de sa place par la réfraction pour qu'on aperçoive des couleurs.

Prenons l'image la plus simple, un rond clair sur un fond obscur. Il y a un déplacement de l'image, lorsque nous l'amplifions au moyen d'un verre convexe. Nous éloignons en apparence les bords du centre. Dans ce cas nous apercevons autour de l'image une bordure bleue.

Si au moyen d'un verre concave nous diminuons la grandeur du cercle, nous rapprochons en apparence les bords du centre, et nous apercevons une bordure jaune.

Pour faire cette dernière expérience avec un verre convexe, il faut tracer un petit rond noir, au milieu du rond blanc. On augmente alors au moyen du verre convexe le rond noir, qui s'étend sur le rond blanc, ce qui produit le même effet que si l'on diminuait le rond blanc, parce que dans les deux cas, on pousse le bord noir vers le bord blanc. Dans cette dernière expérience on aperçoit à-la-fois la bordure bleue et la bordure jaune.

Ces deux apparences du bleu et du jaune se montrent au bord du blanc et sur le blanc, et à mesure qu'elles s'étendent sur le noir, elles prennent une teinte rougeâtre.

Ce que nous venons de dire renferme tous les phénomènes fondamentaux de la formation des couleurs dans le cas de la réfraction; ces phénomènes peuvent se varier à l'infini, mais ils sont tous susceptibles d'être rattachés au cas simple que nous venons de considérer.

Si nous examinons les opérations que nous avons faites; nous trouvons que dans un cas, nous avons poussé le bord clair vers l'obscur, et dans l'autre le bord obscur vers le clair, que nous les avons confondus l'un avec l'autre, que nous les avons fait glisser l'un sur l'autre.

Si au moyen d'un prisme on transporte en apparence le rond blanc hors de sa place, il sera terminé d'un côté par un disque bleu, de l'autre par un disque jaune, et il sera coloré précisément dans la direction où il aura été transporté. Si on regarde le même rond à travers deux prismes placés perpendiculairement

> l'un à l''autre; l'image sera encore colorée dans le sens de la diagonale, suivant laquelle elle aura été transportée. Cela confirme ce que nous avons avancé; savoir, que si une image est réfractée, son bord clair est transporté en apparence sur le bord obscur, le bord obscur sur le clair; l'image sur ses limites, les limites sur l'image.“

C'est dans cette explication que consiste toute la théorie de M. Goethe; c'est à cette explication qu'il rattache tous les phénomènes, et qu'il compare sans cesse la théorie de Newton, lorsqu'il veut prouver qu'elle manque de clarté, de précision et d'exactitude.

Il y a dans la théorie de M. Goethe une difficulté qui consiste en ce que, si l'image claire empiète d'un côté sur l'obscure, et si de l'autre côté l'image obscure empiète sur la claire; il faut nécessairement en conclure que l'image claire, par exemple, est à-la-fois plus réfractée et moins réfractée que l'image obscure: mais comme cette difficulté est purement mathématique, M. Goethe en abandonne la solution aux géomètres qui se chargeront de la partie analytique de sa théorie.

Voici les raisons que l'auteur ajoute en se résumant, pour confirmer sa théorie des couleurs.

> „Qu'on se rappelle, dit-il, qu'une image claire sur un fond noir, et une image noire sur un fond clair, sont dans une espèce d'opposition par rapport à la rétine. L'image claire paraît dans ce cas-là plus grande, et l'image noire la plus petite.
>
> Quand on examine ces phénomènes avec une grande attention, on s'aperçoit que les images ne sont pas tranchées sur le fond, et paraissent jusqu'à un certain point entourées de bandes colorées et d'une image secondaire. Or, si ces images produisent déjà de semblables effets sur l'œil nu, que serait-ce lorsqu'elles traverseront un milieu dense. Les objets qui nous paraissent actifs au plus haut degré ne sont pas les seuls qui produisent ou supportent une action, tous les objets qui ont quelques rapports entre eux agissent l'un sur l'autre, et souvent de la manière la plus énergique.
>
> Lorsque la réfraction agit sur une image, on voit une image secondaire à côté de l'image principale, et il semble que la véritable image reste en arrière, et résiste à la force qui l'entraîne.“

Après cette explication de la réfraction, l'auteur développe les circonstances qui accompagnent le déplacement d'une image grise ou colorée, et il emploie un chapitre à décrire les phénomènes achromatiques et hyperchromatiques. Il passe ensuite à la description des expériences qui ont directement pour objet les rayons du soleil, et d'après: lesquelles il complète sa théorie. M. Goethe commence par dire, qu'en faisant réfracter un rayon solaire, on obtient une image sans couleur; mais il observe néanmoins qu'il faut pour cela, que le tableau soit rapproché du prisme, et qu'on ne considère que le milieu de l'image.

„On aperçoit, ajoute-t-il, aux limites de l'image des bandes colorées. Le corps lumineux qui agit ici est limité, et le soleil quand il rayonne agit comme une image.

Il arrive ici la même chose que dans les expériences précédentes: un bord clair est poussé vers un plan obscur, et un plan obscur vers un bord clair: les limites doivent marcher et glisser également l'une sur l'autre, comme dans le premier cas."

M. Goethe regarde cette explication comme infiniment plus claire et plus précise celle que Newton à donnée en suivant que pas à pas la marche des rayons, et en analysant tous les phénomènes de la réfraction.

Après avoir ainsi exposé sa théorie, l'auteur décrit les circonstances qui augmentent ou qui diminuent l'étendue du spectre: le reste du chapitre est employé à la description des couleurs catoptriques, qui accompagnent la réflexion des couleurs paroptiques qui dépendent de l'inflexion, et des couleurs époptiques qui se rattachent aux phénomènes des anneaux colorés.

Chapitre III

M. Goethe traite dans le IIIe chapitre des couleurs chimiques, et il appelle ainsi celles qui peuvent se retirer de certains corps, ou se fixer sur certaines substances. C'est ici qu'il commence à rattacher les couleurs à des actions positives et négatives, aux acides et aux alcalis. Et voici comment il s'explique.

„En considérant la lumière en général, elle se détermine d'après deux pôles. Elle représente un état d'opposition que nous pouvons nommer polarité, et désigner par les signes + ou —. Ainsi du côté positif, on aura le jaune, la lumière, la clarté, la force, la chaleur, la proximité, la répulsion et l'affinité avec les acides; du côté négatif, le bleu, l'ombre, l'obscurité, la faiblesse, le froid, l'éloignement, l'attraction, et l'affinité avec les alcalis.

Si les deux côtés opposés se combinent ensemble, ils ne perdent pas leurs propriétés, mais ils se mettent dans un état d'équilibre qui produit la sensation du vert."

Nous ne suivrons pas l'auteur dans ses observations sur l'essence des couleurs, leurs rapports avec la philosophie, les mathématiques, les arts, la physiologie, la pathologie, l''histoire naturelle, la physique générale, l'acoustique. Nous examinerons encore moins le chapitre des effets physiques et moraux des couleurs. C'est là que M. Goethe prétend qu'à la couleur de l'habit on reconnaît le caractère de la personne.

Dans ces derniers chapitres les faits et les raisonnements métaphysiques sont tellement confondus ensemble, qu'il serait impossible d'en faire l'analyse.

Si l'on considère cette première partie de l'ouvrage de M. Goethe, indépendamment de la métaphysique et des explications vagues qu'elle renferme, on y trouve une description assez complète des principaux phénomènes de l'optique. On voit que l'auteur a connu toutes les expériences, et les a répétées lui-même; mais on s'aperçoit en même temps qu'il n'a mesuré aucun phénomène, ce qui est la cause du vague qui règne dans sa théorie.

La seconde partie de l'ouvrage de M. Goethe est consacrée à la critique de l'Optique de Newton; elle présente un contraste frappant entre la manière précise et simple avec laquelle Newton expose ses expériences et ses conclusions, et le ton emphatique, vague et ironique, avec lequel M. Goethe nie les faits les plus connus, et les conséquences les plus évidentes.

> „Les lumières, dit Newton, qui diffèrent en couleur, diffèrent aussi en réfrangibilité."
>
> „Nous osons remarquer, répond M. Goethe, que dans ces premiers mots, dans cette première proposition, toute la théorie se trouve renfermée comme dans une noix, et que déjà commence cette méthode captieuse avec laquelle l'auteur se moque de nous dans tout le cours de son ouvrage."
>
> „*Les lumières.* Plusieurs lumières? et quelles lumières?
>
> *Qui diffèrent en couleur.* Dans la première et la seconde expérience qui doivent servir d'exemple, on nous montre des papiers colorés, et on traite comme des lumières les effets qu'ils produisent sur notre œil. Cette expression est évidemment hypothétique, car le sens commun nous apprend que la lumière nous fait connaître les propriétés des surfaces; mais on ne peut pas avancer que la lumière qu'elles réfléchissent puisse avoir des propriétés diverses."
>
> „*Diffèrent aussi en réfrangibilité.* Comme ce mot abstrait arrive tout-à-coup. A la vérité, il est déjà dans les axiomes, et l'écolier attentif pénétré de ces prodiges, n'a plus même la liberté d'examiner avec quelque méfiance la doctrine qu'on lui enseigne. "
>
> „*Diffèrent.* La réfrangibilité nous apprend ici un grand mystère. La lumière, cet être que nous n'apercevons que comme un corps simple, agissant d'une manière simple, nous est présenté comme un composé de diverses parties agissant d'une manière différente."

Comme Newton prouve par des expériences la proposition qu'il vient d'avancer, M. Goethe déclare que, quoiqu'il lui en coûte d'effrayer dès le commencement ses lecteurs par une espèce de paradoxe, il ne peut s'empêcher d'avancer que les expériences ne prouvent absolument rien.

Première expérience. Newton ayant placé l'un à côté de l'autre, sur un fond noir, deux carrés colorés l'un en rouge l'autre en bleu et les regardant à travers un prisme horizontal, observe que le carré bleu paraît plus élevé que le rouge; d'où il conclut que la lumière envoyée par le papier bleu subit une plus grande réfraction, que celle envoyée par le papier rouge.

> „Voici, dit M. Goethe, le fondement et la pierre angulaire de l'Optique de Newton; mais j'ai déjà remarqué combien cette expérience était captieuse, et que c'était une véritable jonglerie.... Qu'on prenne un bleu clair, ajoute-t-il, et l'erreur est évidente."

M. Goethe prévoit qu'on pourra lui objecter que le bleu clair qui lui donne un bord rougeâtre n'est pas une couleur homogène, tandis que le bleu foncé que Newton conseille d'employer est une couleur homogène, et que c'est une condition nécessaire à cette expérience. Voici comment il répond à cette objection.

> „Si les Newtoniens se retranchent sur ce les lumières ne sont jamais parfaitement homogènes, et sont toujours entachées jusqu'à un certain point, du péché originel de leur mère la lumière; j'abandonne volontiers l'école à son digne président et chef de Cosaques; car dans tout le cours de l'ouvrage j'ai assez prouvé qu'il méritait ce titre."

Dans la troisième expérience. Newton fait passer un rayon solaire à travers un prisme; et il observe que si on fait traverser au rayon la partie la plus épaisse on la moins épaisse du prisme, la longueur du spectre reste sensiblement la même.

Cela est faux, dit M. Goethe, car l'amplitude de l'angle du prisme a une grande influence sur la longueur du spectre.

L'auteur confond ici l'épaisseur du prisme avec la grandeur de l'angle réfringent, et après de semblables méprises, on n'est plus étonné de l'aversion qu'il témoigne pour la partie mathématique de l'ouvrage de Newton. Dans la cinquième expérience, Newton fait réfracter un rayon solaire au moyen d'un prisme horizontal; il dirige ensuite le spectre qu'il a obtenu sur un second prisme placé verticalement; en sorte qu'après ces deux réfractions, il observe un spectre incliné dans le sens de la diagonale. Il en conclut que dans la seconde réfraction chaque rayon en particulier s'est comporté comme dans la première; c'est-à-dire, par exemple, que rayon bleu a été plus réfracté que le rayon rouge, et ainsi de suite.

> „Newton, dit M. Goethe, examine encore cette expérience à travers le brouillard du préjugé. Il ne sait ni ce qu'il voit ni ce qu'il doit conclure. L'image inclinée qu'il aperçoit n'est pas son premier spectre qui fait une révérence après une seconde réfraction; c'est un spectre tout nouveau qui est coloré dans la direction qui lui convient."

Newton en suivant la marche des rayons, avait vu que le rayon bleu du premier spectre formait encore le rayon bleu du second. C'est ce que M. Goethe veut absolument nier, parce que cette observation demande une espèce d'analyse du phénomène. Il est à remarquer que dans tout le Traité des couleurs, aucune expérience n'est mesurée ni analysée; l'auteur se retranche toujours dans un vague d'idées, au milieu duquel il élude les conséquences positives qu'il serait forcé de déduire de la mesure des phénomènes.

Nous ne le suivrons pas plus loin dans sa critique de l'ouvrage de Newton. Tantôt il l'accuse de se tromper, tantôt il lui proche la mauvaise foi avec laquelle il abuse de la crédulité de ses lecteurs, en leur cachant les principales circonstances des phénomènes: d'autres fois, c'est sur les partisans de Newton qu'il décharge sa haine et tout le fiel de l'ironie. En général tous ses raisonnements se réduisent à ceci. Newton a donné une explication des phénomènes de la réfraction; j'en ai donné une bien plus simple en disant que les images glissent l'une sur l'autre; il suffit d'avoir le sens commun pour ne pas balancer entre nous, et je suis persuadé qu'aucun homme raisonnable ne sera de l'avis de Newton.

M. Goethe ne se contente pas d'exposer ses opinions, il renvoie ses antagonistes disputer dans la tour des fous, ou dans la cuisine des sorcières. Il traite les Newtoniens de Cosaques, leurs opinions d'incroyables folies. Il s'étonne qu'il y ait dans le cerveau humain des organes capables de concevoir de semblables idées, et il fait des vœux pour que le docteur Gall examine le crâne d'un vrai Newtonien, afin qu'on ait une solution de ce problème.

On est surpris de voir M. Goethe employer de semblables arguments dans un ouvrage de physique, et l'on s'aperçoit trop souvent qu'il n'est pas dans la disposition d'esprit qui convient à ceux qui cherchent franchement la vérité. Il est donc probable qu'il fera peu de prosélytes, malgré son excessive intolérance. Comme il condamne indistinctement toutes les opinions du Traité d'optique, ce n'est pas dans son livre qu'on osera rechercher les erreurs que Newton peut avoir commises.

Thomas Huston McBride: Vegetable Morphology a Century Ago. – Goethe (1885)

Vita – Abstract
Thomas Huston McBride (31. Juli 1848 Rogersville/Tennessee – 27. März 1934 Seattle) studierte Kunstwissenschaften, unterrichtete Mathematik und Sprachen von 1870–1878 am Lennox College in Iowa, wurde 1878 zum Assistent Professor für Naturwissenschaften und 1884 zum Professor für Botanik an der State University of Iowa ernannt, deren Präsident er 1914–1916 war. Seine Forschungen und Publikationen galten vor allem Pilzen (*North American Slime-Moulds*, 1899, [3]1934), der Geologie der Umgebung von Iowa, fossilen Pflanzen, Geschichte der Botanik, botanischen Textbüchern sowie dem Landschaftsschutz und der Anlage öffentlicher Parks.

Für McBride hat Goethe nach entsprechenden Beiträgen von Carl von Linné (1707–1778) und Caspar Friedrich Wolff (1735–1794) mit seiner Abhandlung über die Metamorphose der Pflanze endgültig ein wahres Verständnis der Morphologie entwickelt und inzwischen auch die Anerkennung der Welt („recognition of the world") gewonnen. Goethes Leistung sei das Ergebnis der Verbindung von Wissenschaft und Poesie und keineswegs nur von Intuition („intuition") und Eingebung („inspiration"). Morphologie meine für Goethe, der diesen Begriff seit 1807 verwendet habe, nicht eine tatsächliche Verwandlung eines Organs in ein anderes, sondern nur die Übereinstimmung von Organen mit einem Idealtypus – hier im Blick auf die Blätter in der Pflanzentwicklung. Goethes Beitrag zur botanischen Wissenschaft könne kaum überschätzt, ihre Schönheit nicht nur an der Entdeckung,

D. von Engelhardt, *Goethe als Naturforscher im Urteil der Naturwissenschaft und Medizin des 19. Jahrhunderts*,
https://doi.org/10.1007/978-3-662-68126-8_32

sondern vor allem an der Art und Weise, wie sie von Goethe gewonnen wurde, begriffen werden. Goethe sei genauso ein Poet wie die Natur, ihrem Denken habe sein Denken entsprochen – „his thought responded to the thought in Nature".

McBride, Thomas Huston:
Vegetable Morphology a Century Ago – Goethe, in: Science 6 (1885) S. 130–131.

***

In a previous article we have seen the conclusions reached in matters morphological by Linné and his contemporaries. Thirty years from the time of Wolff and Linné had passed away, when the appearance of Goethe's treatise on metamorphosis gave to the world once for all the true solution of Nature's problem, and, as becomes more and more apparent, determined for the nineteenth century the trend of its scientific thought. Goethe approached and stated the whole question anew; worked it out in his own persistent way; set forth with clearness the truths dimly hinted by Linné, by Wolff vainly declared; and by the splendor of his genius, and his attainments in matters purely literary, compelled the recognition of the world.

Goethe's discovery was a wonder to men of his day, is a wonder still. It is thought that the truth came to him by strange intuition, by special inspiration of some mysterious sort. His mind so surpassed that of ordinary men of talent that to his clear vision nought but truth appeared; as to a Newton, the propositions of simple geometry came without necessity of proof. But such was by no means Goethe's experience. Surely bis imaginative genius suggested the idea involved; but the exposition of his theory came after months of laborious investigation, and observations repeated again and again. Furthermore, while the result proves that he made a most ‚scientific use' of his imagination, it is also apparent that the poetic use of that faculty is never quite absent from bis work. If his testing by observation the suggestions of his imagination is scientific, his fondness for generalization, his instinctive conviction of the unity of natural forms, and many of the details of his theory, are poetic in the extreme.

Goethe wrote of metamorphosis. The term ‚morphology' does not appear in his writings until 1807. He uses the former word, however, to denote, not the actual conversion of any one organ into any other, but simply the correspondence of all organs discussed to one and the same ideal type.

In setting forth his theory, Goethe begins with the cotyledons, and shows them to be leaves after their fashion, differing in form from the ordinary leaf of the plant as they differ in function. He also notices that the first true leaves put forth are likewise not perfect, but are usually much narrower and simpler every way than those that follow. Goethe believes that the varying form of the leaf is due to variable nourishment. He regards the sap which nourishes these early leaves as very crude and poor indeed. He observes that the successive nodes of the stem receive each its sap through the medium of those below, and so each receives and furnishes to leaf and bud purer and more refined juices. Further, while the more imperfect fluids are constantly discarded, the purer are as continually assimilated and used, until Nature reaches her prescribed limits of growth: the leaves attain their greatest extent and perfection in development, and all is prepared for a new phenomenon.

Linné had shown that abundant bloom comes from scant nourishment. Goethe reasserts this, and argues, that, so long as raw material is to be disposed of, so long must all possible organs of the plant be converted into tools for the purpose. If too much nourishment is provided, the condition of blooming becomes impossible. Withdraw the nutrition, the organs of the node become more refined; the elaboration of juices unadulterated, purer and more refined takes place; the metamorphosis of the parts becomes possible, and forthwith ensues. When, in the light of present knowledge, we reflect upon the cost at which any plant puts forth its bloom, these century-old surmises of the poet seem to acquire new meaning and most peculiar interest.

In Goethe's time the involucre of a composite flower was still regarded as calyx, and accordingly the gradation from bracts to sepals was easy enough. This mistake does not, however, vitiate the poet's argument on this point: for he asserts the same transition in other plants, and cites the Compositae simply as affording the most patent illustration. He argues with perfect clearness, that the assembling about one point of several leaves, nay, even of several nodes, is not strange, as the same thing may be meet in every plumule. The union of these narrowed sepal-leaves in the monopetalous calyx is induced by the highly refined sap circulating in a part of the plant so distal, so remote. „In the calyx, Nature produces nothing new. She simply unites and changes parts already familiar, and so rises by one step nearer her destination."

Now, as the calyx owes its character to the refinements of organs preceding it, so it in turn becomes an organ of filtration; and from the crowded vessels of the sepal comes the pure liquid which makes possible the petal. Colored petals indicate that the nourishing fluid has reached a high degree of refinement, white, of absolute purity. The equivalency of sepal and petal is shown by the usual comparison. Goethe adding only that as the sepal evinces contraction, so does the petal expansion, and we are thus prepared for the last degree of contraction in the formation of the stamen. The foliar nature of the latter organ, as of the carpels, is shown in the familiar way. The petaloid style of the iris is cited, as also the reversion so common among crowfoots, tulips, etc.

But it is to the nectary (a very comprehensive term in Goethe's time) that the poet here gives chief attention. Nectaries seem to occupy an intermediate place between stamens and petals, now partaking of the character of one organ, now of the other. Goethe inclines to the opinion that nectaries are undeveloped stamens. He is certain, at least, that the nectar itself is concerned in the fertilization of the flower; for, „after fertilization, the nectar disappears, and no more is formed." He conceived that the nectar might be an imperfect fertilizing fluid; that the pollen-grains are so many minute vesicles containing an exceedingly delicate matter elaborated by the vessels of the stamen, and destined to be absorbed by the pistil.

Think of all this in view of the modern doctrine of fertilization and cross-fertilization, and you begin to appreciate the inventive genius of the man, hovering about his subject, and almost divining that which he could not clearly see, and then bis conclusion: „The forms of plants about us are not originally determined and invariably fixed, but unite with some persistence of generic, specific, and individual character, a fortunate power to vary and to accommodate themselves to circumstances, so as to be able to meet and adapt themselves to varying conditions which come upon the earth." Darwin might have written it: Darwin could have said no more.

Such is a brief outline of Goethe's contribution to botanical science. The importance of his discovery can scarce be over-estimated, while its beauty can be appreciated only after careful examination, not only of the discovery itself, but likewise of the manner of its attainment. As to the latter, we are happily not left in doubt. The poet has himself given us a concise account of every step of his progress. We may see the impassioned enthusiasm of Linné stimulating society universal, so that Goethe says it fairly floated him along. What an era in which to live, – the very springtime of science, the air redolent of odors of the life to be! Even petulant, passionate Rousseau forgets for the nonce his dreams of social compact, and, charmed with the beauty of the living world, becomes botanist, and even begins a botanical dictionary. The spirit of investigation was abroad, and Goethe entered his morphological studies with all the energy of his nature. His ideas took possession of him. The voice of Nature cried: he could not choose but bear. His work became a passion, a *leidenschaft* he calls it, from which even the marbles of Italy and the palaces of the ‚eternal city' could not divert him. He was a poet; but he suddenly found out that Nature, too, is poetic, and that even her most gifted child has nothing that he has not received, nor has so much that he may not crave and receive the more. The facts of Nature were before him: his thought responded to the thought in Nature. It seemed as if it were so. It must be so. It was so.

It is said that each individual lives in epitome the life-history of his race. May it not be said that in this brief sketch of the rise of a single scientific doctrine we have found those agencies which make possible all and every science, – the light of the eye, the light of the intellect, and the vivid brilliancy of the imagination, – Linné, Wolff, Goethe, – the systematist, the student, and the poet?

Hans Molisch: Goethe als Naturforscher (1899)

Vita – Abstract
Hans Molisch (6. Dezember 1856 Brünn – 8. Dezember 1937 Wien) studierte Naturwissenschaften in Wien, wurde 1879 promoviert und habilitierte sich 1885, unternahm eine zweijährige botanische Forschungsreise, wurde nach einer Professur in Graz 1894 auf den Lehrstuhl in Prag und 1909 als Professor der Anatomie und Physiologie nach Wien berufen; 1926/27 war er Rektor der Universität. In seinen Forschungen beschäftigte sich Molisch mit Themen der Pflanzenchemie, der Lebensdauer von Pflanzen, der Experimente mit Pflanzen ohne Apparate und begründete die Allelopathie als negative wie positive chemisch bedingte Wechselwirkungen zwischen Pflanzen.

Molisch behandelt in seiner Rede vom 22. November 1899 zur Goethefeier in Prag Goethes Vorstellungen über die Metamorphose der Pflanzen, den Zwischenkiefer, die Wirbeltheorie des Schädels und die Farbenlehre, die neben zutreffenden Beobachtungen eine falsche theoretische Begründung liefere, von wissenschaftlich unhaltbaren und moralisch unsachgemäßen Angriffe gegen Newton erfüllt sei, während seine physiologischen Analysen, sittlichen Zusammenhänge und historischen Voraussetzungen überzeugend ausfielen; das bis zum Lebensende anhaltende Interesse belege der botanische Essay *Die Spiraltendenz* von 1831. Mit seinen Einzelbeobachtungen und der Suche nach der Einheit in Vielfalt (Urpflanze, Urtier, Urphänomen) gehöre Goethe zu den „vielseitigsten Naturforschern seiner Zeit“.

D. von Engelhardt, *Goethe als Naturforscher im Urteil der Naturwissenschaft und Medizin des 19. Jahrhunderts*,
https://doi.org/10.1007/978-3-662-68126-8_33

Molisch, Hans:
Goethe als Naturforscher, in: Bericht der Lese- und Redehalle der deutschen Studenten in Prag 1899, Prag 1900, S. 5–14.

* * *

Als Alexander von Humboldt die deutsche Übersetzung seiner Ideen zu einer Geographie der Pflanzen nebst einem Naturgemälde der Tropenländer an Goethe übersandte, fügte er dem Dedikationsexemplar eine von Thorwaldsens kunstgeübter Hand entworfene Vignette bei, welche auf die in Goethe vorhandene Vereinigung von Dichtkunst. Philosophie und Naturkunde anspielen und andeuten sollte, dass es auch der Poesie gelingen könne, den Schleier der Natur aufzuheben. Wenige deutsche Dichter dürfen sich rühmen, dieses Talent zu besitzen. Albrecht von Haller und Adalbert von Chamisso gehörten dazu und in besonderem Grad der von uns heute gefeierte Dichter Goethe.

Einer Einladung der Lese- und Redehalle deutscher Studenten unserer Universität Folge leistend, will ich es versuchen, Goethe als Naturforscher in gedrängter Kürze zu schildern, nicht etwa in der Absicht, Neues von wesentlicher Bedeutung über Goethe zu bringen, denn wer vermöchte dies bei dem großen Weimarer Dichter, der so vielen Gesichtspunkten aus schon so oft und so glänzend von beleuchtet wurde? Wenn ich von dieser Stelle aus über Goethes naturwissenschaftliches Talent spreche, so gilt es vornehmlich den Tribut unserer Verehrung in dem Jahr, in dem sich sein Wiegenfest zum 150. Male jährt, zu zollen und die Erinnerung an den außerordentlichen Mann im Kreis der akademischen Jugend rege zu erhalten.

Eine der hervorragendsten Eigenschaften Goethes ist sein Streben nach universeller Bildung. Rastlos arbeitet er sein langes Leben lang an seiner harmonischen Ausbildung; wo er darin eine Lücke bemerkt, sucht er sie zu beseitigen. Und eine solche Lücke war in dem *jungen* Goethe vorhanden nach der naturwissenschaftlichen Seite hin. Wir verdanken Goethe selbst eine anziehend geschriebene Geschichte seiner botanischen Studien, und in dieser bekennt er offen: „Von dem hingegen, was eigentlich äußere Natur heißt, hatte ich keinen Begriff, und von ihren sogenannten drei Reichen nicht die geringste Kenntnis." Und weiter heißt es: „In das tätige Leben jedoch sowohl als in die Sphäre der Wissenschaft trat ich eigentlich zuerst, als der edle Weimarische Kreis mich günstig aufnahm; wo außer anderen unschätzbaren Vorteilen mich der Gewinn beglückte, Stuben- und Stadtluft mit Land-, Wald- und Gartenatmosphäre zu vertauschen."[1]

Der Aufenthalt im Thüringer Wald, die Jagd, der Umgang mit Forstmännern und Geologen weckten alsbald den schlummernden Sinn für Natur

[1] Goethes *Werke*, herausgegeben im Auftrage der Großherzogin Sophie von Sachsen. Weimar. II. Abt. 6. Bd. *Zur Morphologie*. I. Th. S. 98. Alle in diesem Vortrage nach Goethe zitierten Stellen beziehen sich auf diese Ausgabe.

und insonderheit die Lust zur Botanik. Das artenreiche Geschlecht des Enzians beginnt den Dichter zu fesseln, Linnés Terminologie begleiten ihn auf seinen Ausflügen, und Linnés Philosophie der Botanik wird Gegenstand seines täglichen Studiums. In Karlsbad bringt der junge pflanzenkundige F. G. Dietrich ganze Bündel gesammelter Gewächse zu Goethe, noch bevor dieser seine Becher beim Brunnen geleert hatte, und nennt ihm unter lebhafter Anteilnahme des Kurpublikums die Namen.

Solche Tätigkeit, die nur aufs Bestimmen und Beschreiben hinauslief, konnte Goethe nicht auf die Dauer befriedigen. „Trennen und Zählen“ war nicht seine Sache, und die starre Terminologie Linnés, welche das Ungleichartigste oft gewaltsam verband, musste unseren Dichter, dem die „Mobilität und Biegsamkeit“ der Gewächse allmählich auffiel, bald mit Widerwillen erfüllen.

Immer mehr sieht er sich gedrängt, dem Grundplan in der Architektur der höheren Pflanze nachzuspüren, denn merkwürdiger Weise wusste man von diesem zu einer Zeit, da der innere Bau der Pflanze beiläufig bekannt war, recht wenig. Die Lehre von der äußeren Gestalt der Pflanze, die Morphologie als wissenschaftliche Disziplin fehlte; sie als einer der Ersten mitbegründet zu haben, ist das große Verdienst Goethes.

Wie überall zeigt uns die Pflanze in der Ausbildung ihrer Organe eine überaus große Mannigfaltigkeit. An einer einjährigen Blütenpflanze unterscheiden wir Wurzel, Stengel, Blätter, Kelch, Krone, Staubgefäße und Fruchtknoten. Dem gesunden Blick Goethes blieb die innere Verwandtschaft zwischen dem Laubblatt und den Blütenteilen nicht lange verborgen, er erkannte, dass Kelch, Krone, Staubgefäße und Fruchtknoten metamorphosierte Blattgebilde sind – eine Auffassung, die sich bis auf den heutigen Tag erhalten und die auch von dem großen Morphologen Alexander Braun im Goethe'schen Sinne weiter verwertet wurde.

Das Grundorgan der Pflanze ist nach Goethe das Blatt mit dem damit verbundenen Stengelknoten; dieses ist gewissermaßen der Baustein, mit dem die Pflanze operiert und mit dem sie in beständiger Verwandlung gleichsam, „wie auf einer geistigen Leiter“ emporsteigend, ihre Architektur vollendet. Alle diese Veränderungen der Blätter, von den Kotyledonen bis hinauf zum Fruchtblatt, machen die Metamorphose der Pflanze aus. Auch heute noch wird man den Kern der Metamorphosenlehre als richtig anerkennen müssen, wenngleich der Dichter die Wurzel und den Stengel als Grundorgan nicht erkannte und beide bei Seite liegen ließ und auch über den Grund der fortschreitenden Verwandlung eine unhaltbare Ansicht aufstellte.

Auf dem Wege der Metamorphosenlehre kam Goethe zu dem Urblatt und endlich zur Urpflanze, indem er das allen Blütenpflanzen Gemeinsame, also den Bauplan abstrahiert. Nach Goethe ist die Urpflanze ein Modell, „nach dem man Pflanzen ins Unendliche erfinden kann, die alle eine innere Wahrheit besitzen, die alle, wenn sie auch nicht existieren, doch existieren könnten.“

Die Urpflanze Goethes ist also nichts Reales, sondern, wie es Schiller ganz richtig bezeichnete, eine Idee. Als Goethe und Schiller im Frühjahre 1794, bis dahin sich noch immer kalt gegenüberstehend, nach einem Vortrag des Botanikers Batsch in der naturforschenden Gesellschaft zu Jena auf dem Heimweg sich über naturwissenschaftliche Dinge unterhielten, setzte Goethe Schiller die Metamorphosenlehre auseinander, betrat im Eifer des Zwiegesprächs zum ersten Mal Schillers Wohnung und entwarf ihm rasch eine symbolische Zeichnung der Urpflanze. „Das sei keine Erfahrung, das sei eine Idee", bemerkte Schiller, worauf Goethe erwiderte, „dann könne er Ideen mit Augen sehen".[2] Seit jenem Gespräch datiert die Freundschaft der beiden größten deutschen Dichter, die für das deutsche Volk so herrliche Früchte trug.

Goethes Urpflanze darf demnach, nicht wie manche glauben, als Urpflanze im deszendenztheoretischen Sinn aufgefasst werden, eine solche wäre im Bereich der Blütenpflanzen, an welche sich der Dichter bei seinen Studien ausschließlich gehalten hat, nicht zu suchen gewesen, denn, wenn es eine solche Urpflanze gibt oder gegeben hat, so ist dieselbe aller Wahrscheinlichkeit nach im Bereich der einzelligen Kryptogamen zu finden. In der Zelle erblicken wir heute den Baustein der Pflanze und im einzelligen Lebewesen sehen wir die Wurzel, aus welcher Pflanzen- und Tierreich entspross.

Nach Goethes Rückkehr aus Italien wird 1790 seine Metamorphose der Pflanze der Öffentlichkeit übergeben, doch der Erfolg, auf den der Verfasser sicher gerechnet hatte, blieb zunächst vollends aus. „Aus Italien den formenreichen war ich in das gestaltlose Deutschland zurückgewiesen, heiteren Himmel mit einem düsteren zu vertauschen; die Freunde, statt mich zu trösten und wieder an sich zu ziehen. brachten mich zur Verzweiflung."[3]

Abgesehen davon, dass sein früherer Verleger Göschen die Schrift nicht annahm, weil er an ihrem Erfolg zweifelte, fand er auch bei seinen Freunden kein Verständnis, hatte ja sogar einer seiner römischen Kunstfreunde gemeint, der Verfasser der Metamorphose habe die Absicht, den Künstler zu lehren, wie sprossende und rankende Blumenverzierungen zu erfinden sind.

Seinen Freundinnen, die an seiner abstrakten Gärtnerei gleichfalls keinen Geschmack finden konnten, kommt Goethe, um sie zur Teilnahme zu bewegen, durch die bekannte Elegie entgegen, die mit den Versen beginnt:

Dich verwirret, Geliebte, die tausendfältige Mischung
   Dieses Blumengewühls über dem Garten umher;
   Viele Namen hörest Du an und immer verdränget,
   Mit barbarischem Klang einer den andern im Ohr.
   Alle Gestalten sind ähnlich und keine gleichet der anderen;

[2] Vergl. Goethe Jahrbuch II. 168 [= Heinrich Düntzer: *Zu Goethe's Bericht über seine Anknüpfung an Schiller*, in: Goethe Jahrbuch 2 (1881) S. 168–189].

[3] Goethes *Werke* l. c. *Morphologie* I. Th. S. 131.

Und so deutet der Chor auf ein geheimes Gesetz,
Auf ein heiliges Rätsel. – – –

Helmholtz[4] hat darauf aufmerksam gemacht, dass genial veranlagte Personen auf ihre bewundernswerten Leistungen, die sie kraft ihres Genies gewissermaßen spielend vollbringen, nicht selten weniger Gewicht legen, als auf ihre geringeren, doch mühevolleren. So bemerkte einst Richard Wagner, er schätze seine Verse höher als seine Musik, und Goethe äußerte gegen Eckermann, er glaube in der Farbenlehre Bedeutenderes geleistet zu haben als in seinen Gedichten. Auch mit der Metamorphose hatte sich unser Dichter lange abgemüht, umso mehr schmerzte ihn daher der anfängliche Misserfolg.

Nach und nach jedoch begann der Widerspruch der Fachgelehrten zu verstummen, und die Metamorphose übte schließlich einen bedeutenden Einfluss auf die Morphologie – trotzdem Goethes Schrift in der epochemachenden *Theoria generationis* Caspar Friedrich Wolffs eine ausgezeichnete Vorläuferin hatte, die der Dichter aber erst nach der Veröffentlichung seiner Metamorphose kennen lernte.

Wie sehr Goethe das Studium der Pflanzengestalt fesselte, geht auch aus dem kurz vor seinem Tode geschriebenen Essai *Über die Spiraltendenz der Vegetation* hervor. Angeregt durch Don, Lindley, Dutrochet und insbesondere durch einen Vortrag Philipp von Martius' in München (1827) über die Architektonik der Blüten, in welchem der berühmte Reisende und Verfasser der *Flora Brasiliensis* zeigte, dass die Blütenblätter oft nicht in Kreisen, sondern in Spiralen angeordnet sind, bemüht sich Goethe, an der Hand zahlreicher Beispiele zu zeigen, dass an der Pflanze überhaupt eine Spiraltendenz vorhanden sei. Die spiralige Anordnung der Arum-, Mais- und vieler anderer Früchte um eine Mittelsäule, die schraubige Bewegung des Windlings. die Schrauben der Ranken der Leidensblume, des Weinstocks, die schraubenförmige Anordnung der Blätter bei Pandanus odoratissimus, die Einrollung junger Farnblätter, die Schraubenwindungen eintrocknender Hülsenfrüchte, der weiblichen Blütenstiele von Vallisneria, die schraubige Drehung vieler Baumstämme, der Holzfasern, die Spiralgefäße, die Bewegungen der Oscillarien – all das führte ihn auf die Idee einer Spiraltendenz. Neben dieser sollte auch eine Vertikaltendenz herrschen. „Diese ist anzusehen wie ein geistiger Stab, welcher das Dasein begründet und solches auf lange Zeit zu erhalten fähig ist. Dieses Lebensprinzip manifestiert sich in den Längenfasern, die wir als biegsame Fäden zu dem mannigfaltigsten Gebrauch benutzen; es ist dasjenige, was bei den Bäumen das Holz macht, was die einjährigen, zweijährigen aufrechterhält, ja selbst in rankenden kriechenden Gewächsen die Ausdehnung von Knoten zu Knoten bewirkt. Sodann haben wir

[4] H. v. Helmholtz, *Goethes Vorahnungen kommender naturwissenschaftlicher Ideen.* Deutsche Rundschau 72. Bd. 1892. S. 118.

die Spiralrichtung zu beobachten, welche sich um jene herumschlingt.“[5] An anderer Stelle betrachtet er, da der männliche Blütenstiel der Vallisneria gerade bleibt, der weibliche sich aber schraubig windet, das vertikalstrebende System als das männliche und das spiralstrebende als das weibliche: „So können wir uns die ganze Vegetation von der Wurzel auf androgynisch insgeheim verbunden vorstellen; worauf dann im Verfolg der Wandlungen des Wachstums die beiden Systeme sich im offenbaren Gegensatz auseinander sondern und sich entschieden gegen einander über stellen, um sich in einem höheren Sinne wieder zu vereinigen.“[6]

Solche Äußerungen beweisen wohl deutlich, dass auch Goethe im Bann der Naturphilosophie Hegel-Schellings stand. Befreien wir aber Goethes Abhandlung über die Spiraltendenz ihres einem nüchternen Naturforscher ungenießbaren Gewandes, so ergibt sich auch hier ein gesunder Kern, der wie eine Vorahnung jener Aufsehen erregenden Idee erscheint, die 50 Jahre später Darwin in seinem „Bewegungsvermögen der Pflanze“ auf breiter induktiver Basis auszuführen versuchte. Denn nach des großen Briten Ansicht ist die kreisende Bewegung der windenden Pflanzen nicht bloß auf diese beschränkt, sondern als eine Urbewegung der Pflanze überhaupt eigentümlich.

Wie die neueren Forschungen auf Grund des Goethe-Archivs ergeben haben, trieb Goethe neben Alex. v. Humboldt als einer der ersten auch pflanzenphysiologische Studien. Über seine Versuche betreffend die Einwirkung des Lichtes auf das Wachstum der Pflanzen liegen sehr ausführliche und genaue Versuchsprotokolle vor. Keimlinge der verschiedensten Art, zum großen Teil solche, die auch in modernen physiologischen Laboratorien zu beliebten Versuchsobjekten gehören. werden im Finstern, in gewöhnlichem Licht und unter farbigen Gläsern gezogen und die Einwirkung geprüft.„Das Licht, indem es auf die Farben der Pflanzen wirkt, wirkt zugleich auf die Form; die Pflanzen, die im finsteren wachsen, entwickeln die Stengelglieder länger als billig; keine Seitenzweige werden erzeugt; die Metamorphose der Pflanzen findet nicht statt. Das Licht versetzt sie sogleich in tätigen Zustand, die Pflanze erscheint grün und der Gang der Metamorphose bis zur Begattung geht unaufhaltsam fort“.[7] Die ausführlichen Versuchsprotokolle lassen Goethe als einen ausdauernden und eine breite Basis liebenden Experimentator erkennen, ebenso wie bei seinen morphologischen so erscheint er auch bei seinen physiologischen Arbeiten in Hinsicht der Arbeitsweise als ein Vorläufer moderner Forscher.

Doch Goethe blieb bei der Pflanze nicht stehen. Schon früher wusste man und nun weiß man nach Aufschließung des Goethe-Archivs erst recht, dass unser Dichter nicht bloß dilettantisch und oberflächlich, sondern zielbewusst

[5] Goethes *Werke.* l. c. 7. Bd. *Morphologie* II. T. p. 38.

[6] Goethes *Werke.* l. c. p. 67.

[7] Zitiert nach F. Cohn, *Die Pflanze*, Breslau 1896. II. Aufl. III. *Goethe als Botaniker*. p. 106 [= Ferdinand Cohn: Goethe als Botaniker, Breslau 1895].

und ungemein intensiv Menschen- und Tieranatomie getrieben hat. Seine künstlerischen Bestrebungen, die Vorliebe für Zeichnen und Malen und das große Interesse für Lavaters Physiognomik, zu welchem Werk er selbst Beiträge lieferte, führten ihn zu Anfang der achtziger Jahre zur Knochenlehre und zu ernsten Untersuchungen darüber unter Anleitung des Jenenser Professors Loder. Zahlreiche von Goethes Hand herrührende Skizzen und Zeichnungen geben Zeugnis davon, dass er sich bis in die kleinsten Details des Menschen- und Säugetierskeletts vertieft hat. Noch bevor ihm die Idee der Pflanzenmetamorphose aufgegangen war, suchte er auch im Tierkörper nach dem einheitlichen Bauplan oder allgemeinen Typus. Auf diesem Wege wandelnd entdeckt er den Zwischenkiefer oder das os intermaxillare, jenen zwischen die rechte und linke Hälfte des Oberkiefers eingeschobenen Knochen, welcher die Schneidezähne der Säugetiere trägt. Bis zur Zeit von Goethes Entdeckung hielt man das Fehlen des Zwischenkiefers beim Menschen für den einzigen osteologischen Unterschied gegenüber dem Affen. Der Mensch habe zwar Schneidezähne, sollte aber trotzdem keinen Zwischenkiefer haben. Das wollte unserem Anatomen nicht in den Sinn. Überzeugt von dem gemeinsamen Bauplan beim Menschen und den Säugetieren, deduziert er den Zwischenknochen auch für den Menschen und sucht nun mit geradezu leidenschaftlichem Eifer darnach. Schädel der verschiedensten Art werden verglichen, von Sömmerring in Kassel erbittet er einen Elefantenschädel, und bei der Nachricht. in Braunschweig befände sich ein Elefantenfötus in Spiritus, erwacht das Verlangen, dahin zu fahren, um „ihm ins Maul sehen". Bezeichnend für Goethes Naturell und für seine Freude am Forschen und Finden ist der Ausruf, den er nach der Entdeckung an Herder richtet:„Ich habe gefunden – weder Gold noch Silber, aber was mir unsägliche Freude bereitet, das os intermaxillare am Menschen".

1785 gelangt das Manuskript, das in jeder Beziehung auch strengen modernen Anforderungen genügt, durch Merck an den berühmten Anatomen Camper. Doch Beifall und Anerkennung blieben zunächst ebenso wie bei der Metamorphose der Pflanze aus. Abgesehen von Loder, seinem wissenschaftlichen Beirat, der von der Arbeit und von der Präzision der anatomischen Beschreibung ganz entzückt ist und allen Ernstes bedauert, dass Goethe leider Minister und nicht Professor anatomiae ist, verhielten sich die Herren von der„Gilde" ablehnend. Camper rühmt zwar das elegante Manuskript, die wunderbare Handschrift, die Sauberkeit der Tafeln, die sorgfältige Untersuchung, kann sich jedoch mit der Anwesenheit des Zwischenkiefers nicht einverstanden erklären.

Indes die Zustimmung sollte zur Freude des gekränkten Dichters schließlich nicht ausbleiben, denn als seine Arbeit mit den Originalzeichnungen in der Leopoldinischen Akademie veröffentlicht worden war, stellten sich die meisten Osteologen auf seine Seite.

Schon in den aufgefundenen Materialien zur Zwischenkieferarbeit finden sich Hinweise darauf, „dass auch andere Knochen des Schädels, so das das innere Gehörorgan umschließende Felsenbein, ferner die vor dem Schläfenbein an der Basis des Schädels gelegenen Flügelbeine in mehrere Elemente aufgelöst werden müssten – wie es die vergleichende Anatomie und Entwickelungsgeschichte inzwischen getan hat".[8]

Doch die Entdeckung des Zwischenkiefers war nur ein wichtiges Ergebnis in Goethes groß angelegten Knochenstudien, das zweite noch wichtigere war die Begründung der Wirbeltheorie des Schädels. Sowie das Gehirn als eine höhere Entfaltung des Rückenmarks angesprochen wird, so erblickt auch unser Forscher in der Schädelkapsel die Fortsetzung der Wirbelsäule und in den Knochen des Schädels verwandelte Wirbel. „Es entsteht," sagt Goethe, „die Frage, ob man denn wirklich die Schädelknochen aus Wirbelknochen ableiten und ihre anfängliche Gestalt, ungeachtet so großer und entschiedener Veränderungen, noch anerkennen solle und dürfe? Und da bekenne ich denn gerne, dass ich seit 30 Jahren von dieser geheimen Verwandtschaft überzeugt bin, auch Betrachtungen darüber immer fortgesetzt habe."

Goethe nahm 6 Schädelwirbel an, wovon sich 3 bereits am Gesichtsskelett beteiligen. „Mit Sicherheit kann man," sagt Virchow, „nur jene 3 Schädelwirbel aufstellen, welche Goethe, wie es scheint, bis 1790 der Hauptsache nach erkannt hatte; sehr zweifelhaft ist es schon, ob man noch einen 4., rudimentären Wirbel zulassen darf, der in die Nasenbildung mit eingeht."[9] Wie Goethe selbst in einem Brief vom 4. Mai 1890 an Herders Gattin aus Venedig schreibt, kam er auf die Idee der Schädeltheorie, als ihm auf einem Friedhof sein Diener einen Schafsschädel vorwies. Der Dichter behielt jedoch vorläufig den Gedanken bei sich und sprach höchstens mit vertrauten Freunden davon. Es musste ihm daher sehr ungelegen kommen, als 1807 der berühmte Naturforscher Oken bei der Übernahme seiner Jenaer Professur die Wirbeltheorie des Schädels verkündete – in vielen Punkten über das Ziel hinausschießend und sich durchaus nicht in jener maßvollen Weise äußerte, wie dies später Goethe tat. Beiden Forschern gebührt jedoch das Verdienst, ganz unabhängig voneinander auf den Gedanken der Wirbeltheorie des Schädels gekommen zu sein, der in der Folgezeit in der vielumstrittenen Lehre vom Kopfskelett so anregend und fruchtbringend gewirkt hat.

Das große Interesse für Natur und die reiche Veranlagung seines Geistes brachten Goethe nicht bloß mit den organischen Naturwissenschaften in Berührung, sondern leiteten ihn auch zur Meteorologie, Mineralogie, Geologie und endlich auf rein physikalisches Gebiet, auf die Farbenlehre. Nicht weniger als drei stattliche Bände füllen seine Untersuchungen und Erwägungen über die drei zuerst genannten Wissenszweige, und einen noch größeren Umfang nehmen seine Farbenstudien ein. Auf keines von seinen naturwissenschaftlichen Werken verwendete er so viel Mühe und Eifer, wie gerade auf

[8] K. v. Bardeleben. *Goethe als Anatom.* Goethe Jahrbuch XIII. Bd. 1892, S. 165–166.

[9] Virchow R. Goethe als Naturforscher und in besonderer Beziehung auf Schiller. Berlin 1861. S. 104.

die Farbenlehre. Er schreibt ihre Geschichte mit rühmenswerter Gründlichkeit, er beweist darin eine außerordentliche Belesenheit, er ist unerschöpflich in der Anstellung von Versuchen, deren Richtigkeit niemand bestreitet, wenn auch ihrer Interpretation eine falsche Theorie zu Grunde liegt. Bekanntlich hat Newton bewiesen, dass das weiße Sonnenlicht sich aus unzähligen Strahlen von ungleicher Brechbarkeit zusammensetzt, welche zusammen die Empfindung von Weiß hervorrufen, hingegen einzeln für sich die Empfindung der Spektralfarben bedingen. Von der Richtigkeit dieser Newton'schen Lehre war Goethe bis an sein Lebensende nicht zu überzeugen, er stellte Hunderte von optischen Versuchen an, um sie zu widerlegen, ja er tritt sogar aus seiner gewohnten olympischen Ruhe heraus, um den großen britischen Forscher und seine Anhänger mit ätzender Schärfe zu verhöhnen. Newtons Farbenlehre zu vernichten, wird ihm sozusagen zur Lebensaufgabe.

Möget ihr das Licht zerstückeln,
Farb um Farbe draus entwickeln,
Oder andere Schwänke führen
Kügelchen polarisieren,
Dass der Hörer ganz erschrocken
Fühlet Sinn und Sinne stocken.
Nein! Es soll euch nicht gelingen,
Sollt uns nicht beiseite bringen,
Kräftig wie wir's angefangen,
Wollen wir zum Ziel gelangen.[10]

Goethe geht in seiner Farbenlehre von seinem Urphänomen aus: Jedes trübe, d. h. schwach beleuchtete Medium erscheint vor dunkel blau, vor hell dagegen gelb bis rot.

So erscheint Wasser in einem Trog mit etwas Milch oder Mastix versetzt vor einem dunkeln Hintergrund gesehen blau, vor einem hellen gelb.

Ein Blick um Mitternacht gegen den klaren Zenit zeigt den schwarzen Himmelsraum, bei Tage das Himmelsblau. Ein Blick gegen die untergehende Sonne lässt uns dieselbe gelb bis rot erscheinen. Auch hier haben wir Goethes Urphänomen vor uns, die trübe Atmosphäre erscheint vor dem dunkeln Weltenraum blau, vor der hellen Sonne gelbrot.

Goethe kennt daher nur zwei einfache Farben: Gelb, d. h. Licht durch ein trübes Medium gesehen, und Blau, d. h. Dunkelheit durch ein trübes erleuchtetes Medium gesehen. Die anderen Farben erklärt er aus seinem Prinzip der „Steigerung". Durch Abschwächung des Hellen erhält man Gelb-Gelbrot-Rot, durch geringe Aufhellung des Dunkeln entsteht Violett statt Blau. Rot und Violett sind nur Steigerungen von Gelb und Blau nach dem Dunkeln hin.

[10] Goethes Werke 1. c. II. Abt. 5. Bd. Chromatik, Zur Farbenlehre. S. 228.

Demnach wären die Farben nur etwas „Schattiges" oder eine Vermischung von weißem Licht und Dunkel. Allein schon Johannes Müller, der große Physiologe, hat darauf aufmerksam gemacht, dass die gegebene Erklärung schon deshalb nicht befriedigen könne, weil weder der Schatten noch das Dunkel etwas Positives ist.

In der Frage nach der Entstehung der prismatischen Farben hat Goethe entschieden geirrt, es hieße jedoch weit über das Ziel hinausschießen, wollte man, wie dies häufig geschah, alle seine Untersuchungen über die Farbenlehre als belanglos hinstellen, denn kein Geringerer als Johannes Müller bemerkte, dass Goethes Bemühungen in Hinsicht der physiologischen Farben, der moralischen Wirkungen der Farben und der Geschichte der Farbenlehre von großer Bedeutung waren.

Die heutige Naturforschung steht im Zeichen der Spezialisierung. Fast jeder Forscher erwählt ein abgegrenztes relativ enges Gebiet, um es nach seinen Kräften zu bearbeiten. So gleicht das naturwissenschaftliche Feld einem großen weit verzweigten Stromsystem, in dem die einzelnen Nebenflüsse, Bäche und Quellen die Spezialgebiete darstellen, deren Ergebnisse wieder dem Hauptstrom zugutekommen. Zu Goethes Zeiten war dies noch nicht in dem Maße der Fall. Goethe war kein Spezialist, sondern, wenn auch nicht in dem Grad wie Alex. v. Humboldt, ein Polyhistor.

Bedenken wir nur, dass er auf dem Gebiet der Botanik und Zoologie als Morpholog und vergleichender Anatom tätig war, dass er fast mit Leidenschaft Physik betrieb, seiner umfangreichen Studien über Mineralogie, Geologie und Meteorologie gar nicht zu gedenken. Wer könnte es ihm da verargen, dass er – der unübertroffene Dichter, Beamte und Minister bei Verteilung seiner geistigen Kräfte auf ein so weites Feld der Naturwissenschaften auf dem Gebiet der Farbenlehre geirrt? Hat denn Newton, der auf dem Boden mathematisch naturwissenschaftlicher Forschung uns wie ein Heros erscheint, nicht auch gefehlt? Hat er nicht, sich übereilend, die Achromasie geleugnet, nicht über die Wesenheit des Lichtes falsche Vorstellungen entwickelt?

Goethe gehört zu den vielseitigsten Naturforschern seiner Zeit, ein Umstand, der umso höher anzuschlagen ist, weil durch all seine Arbeit ein großer gedankenreicher Zug geht.

Er zielt nicht bloß auf Einzelbeobachtungen und begnügt sich nicht mit der Feststellung der Tatsache – nein, immer drängt es ihn, in der Vielheit die Einheit zu finden, daher das Suchen nach der Urpflanze, dem Urtier, den gemeinsamen Typus und dem Urphänomen.

Wer die Geschichte der Naturwissenschaften verfolgt, wer weiß, wie und auf welchen Wegen der Schleier der Natur gehoben wird, um ihr ein Geheimnis abzulauschen, der wird zugestehen müssen, dass die Phantasie hierbei keine geringe Rolle spielt. Wenn der Physiker darauf sinnt, Mittel und Wege zu finden, um den Durchmesser eines unsichtbaren Luftmoleküls zu bestimmen; wenn der Chemiker die Lagerung der Atome im Molekül einer

Verbindung erforscht; wenn der Pflanzenphysiologe sich ein Bild darüber macht, wieso es kommt, dass das von der Wurzel aufgenommene Wasser bis zu den Gipfeln turmhoher Bäume emporgehoben wird; wenn der Phylogenetiker aus der Fülle bestehender und untergegangener Formen sich den Stammbaum einer Tier- oder Pflanzenreihe konstruiert – so spielt die Einbildungskraft hierbei, zumal wenn sie sich von gewagten Spekulationen fern hält und den Boden der Tatsachen nicht verlässt, sicherlich eine beachtenswerte fördernde Rolle.

Bei der Lektüre Goethe'scher naturwissenschaftlichen Schriften drängte sich mir zu wiederholten Malen der Gedanke auf, dass die Phantasie, die dem Dichter und Künstler Goethe in so hohem Grade verliehen war wie selten einem andern Menschen, den Charakter seiner Arbeiten, ihre Vorzüge und mitunter ihre Schattenseiten bestimmte und ihn unter anderem zu der großen starke Phantasie erfordernden Aufgabe befähigte, aus der unendlichen Formenfülle blühender Pflanzen den gemeinsamen Bauplan und aus dem Knochenbau der höheren Tiere und des Menschen den einheitlichen Typus zu abstrahieren.

Damit soll selbstverständlich nicht gesagt sein, dass der Dichter auf seine Entdeckungen gewissermaßen spielend, mühelos und einer momentanen Inspiration folgend kam, denn er erzählt uns selbst, wie er einen großen Teil seines Lebens „mit Neigung und Leidenschaft auf Naturstudien" verwendete, und seine Schriften geben Zeugnis davon, wie sorgfältig er Beobachtung um Beobachtung sammelt und auf wie breiter induktiver Basis er zu seinen Schlüssen gelangt. Nicht eine flüchtige Umschau, nicht ein bloßes Tasten, nicht ein momentanes Interesse führten ihn zu seinen Entdeckungen, sondern eine mühevolle durch Dezennien fortgesetzte, echt naturwissenschaftliche Arbeit.

Ihm, der menschliches Empfinden und Denken wie selten einer in das herrliche Gewand unserer Sprache zu kleiden wusste, ihm, dem die deutsche Dichtkunst und Weltliteratur die herrlichsten Blüten verdankt, ihm verdankt auch die Naturforschung herrliche Gaben, und daher gilt der Lorbeer, der das olympische Haupt des unvergleichlichen Mannes schmückt, nicht bloß dem Dichter, sondern auch dem Naturforscher.

Christian Gottfried Daniel Nees von Esenbeck [Rez.]: J. W. von Goethe: Zur Naturwissenschaft überhaupt, besonders zur Morphologie, Erfahrung, Betrachtung, Folgerung, durch Lebensereignisse verbunden (1818)

Vita – Abstract
Christian Gottfried Daniel Nees von Esenbeck (14. Februar 1776 Schloß Reichenberg/Odenwald – 16. März 1858 Breslau) schloss das Studium der Naturwissenschaften und Medizin von 1795–1799 in Jena mit der medizinischen Promotion 1800 in Gießen ab, widmete sich nach einigen Jahren ärztlichen Tätigkeit vor allem naturwissenschaftlichen und philosophischen Forschungen, legte Sammlungen von Insekten und Vögeln an, folgte 1817 einem Ruf auf den Lehrstuhl für Botanik, war zugleich Direktor des Botanischen Gartens, wechselte 1818 an die Universität Bonn und 1830 an die Universität Breslau, wurde 1852 unter dem Vorwurf des Konkubinats seines Amtes ohne Pension enthoben. Nees von Esenbeck, seit 1818 bis zu seinem Tod Präsident der ‚Deutschen Akademie der Naturforscher Leopoldina' und Mitglied von 70 in- und ausländischen Akademien, war ein Anhänger der Naturphilosophie der Romantik, setzte sich für den Mesmerismus und die Aufnahme der Naturwissenschaften in den Schulunterricht ein, verfasste umfassende Werke der Botanik (*Handbuch der Botanik*, 2 Bde., 1820/21) sowie verschiedene Studien über einzelne Pflanzen und Tiere, legte Publikationen über naturphilosophische (*Naturphilosophie*, 1841), sozialpolitische (*Das Leben der Ehe*, 1845) und theologische Themen (*Das Leben in der Religion*, 1853) vor.

D. von Engelhardt, *Goethe als Naturforscher im Urteil der Naturwissenschaft und Medizin des 19. Jahrhunderts*,
https://doi.org/10.1007/978-3-662-68126-8_34

In seiner Rezension von 1818 wendet sich Nees von Esenbeck Goethes Vorstellungen über die Metamorphose der Pflanzen von 1790 in der Neuauflage von 1817 zu, hebt Goethes Erfahrungen und konkrete Verhältnisse in Weimar, Jena, Karlsbad und Italien hervor, erwähnt die Bedeutung von Carl von Linné (1707–1778), Baruch Spinoza (1632–1677) und William Shakespeare (1564–1616) für Goethe, gibt sein Konzept der Blattentwicklung von den Kotyledonen bis zur Blumenkrone, den Staubfäden und dem Samen mit dem Dualismus von Ausdehnung und Zusammenziehung, den Formen der vorschreitenden oder regelmäßigen und rückschreitenden oder unregelmäßigen Metamorphose wieder und zieht mit Hinweisen auf entsprechende Beiträge deutscher und französischer Forscher das Fazit, dass erst Goethe die Pflanzenwelt „nach wissenschaftlichen Prinzipien geordnet, durch die nötigen Abbildungen erläutert und auf philosophischem Weg“ entwickelt habe.

Nees von Esenbeck, Christian Gottfried Daniel (Kürzel F.) [Rez.]:
J. W. von Goethe: Zur Naturwissenschaft überhaupt, besonders zur Morphologie, Erfahrung, Betrachtung, Folgerung, durch Lebensereignisse verbunden, in: Isis oder Encyklopädische Zeitung (1818) (6) Sp. 996–1008.

***

J. W. von Goethe: *Versuch die Metamorphose der Pflanzen zu erklären*, Gotha 1790, wird uns jetzt noch näher ans Herz gelegt durch das erste Heft einer neuen periodischen Folge von wissenschaftlichen Abhandlungen, unter dem gemeinschaftlichen Titel: *Zur Naturwissenschaft überhaupt, besonders zur Morphologie, Erfahrung, Betrachtung, Folgerung, durch Lebensereignisse verbunden*, v. Goethe, Stuttgart 1817.

In der zuerst genannten Schrift erhielten wir die Idee des Pflanzenlebens als Metamorphose; hier lernen wir die Geschichte dieser Idee selbst, als eines Lebendigen, das vom Geist geboren wurde, kennen, und müssen daran innewerden, dass jede fruchtbare *Darstellung* des Lebens nur das Werk geistiger Offenbarung, d. i. *Kunstwerk* sein kann.

„Sogleich bei meinem Eintritt in den edlen weimarischen Lebenskreis, ward mir der unschätzbare Gewinn zu Teil, Stuben- und Stadtluft mit Land-, Wald- und Gartenatmosphäre zu vertauschen. Schon der erste Winter gewährte die raschen Freuden der Jagd, von welcher ausruhend man die langen Abende nicht nur mit allerlei merkwürdigen Abenteuern der Wildbahn, sondern auch mit Unterhaltung über die nötige Holzkultur zubrachte.“ – Mit diesen Worten führt uns Goethe selbst an den Anfangspunkt seines geregelten Pflanzenstudiums. Er war unmittelbar das Leben, die Behandlung und der Genuss des Tier- und Pflanzenreichs, also eine wahrhaft ursprüngliche und erzväterliche Beziehung, die ihn zunächst der Botanik befreundete. Und nun wickelte er den Faden seiner Studien vor uns auf bis zum Augenblick, wo der schöpferische Gedanke von innen heraus durchbrach; wir aber können uns nicht enthalten, vieles aus dieser kunstreichen Darstellung hervorzuheben, sowohl uns auch bewusst ist, dass unsere Leser die Schrift, aus der wir es ziehen, so gut kennen, als wir selbst.

Zuerst die praktische Anregung. Damals wurden die weimarischen Forsten vermessen, der Holzschlag kunstgerecht eingeteilt, – der Landbau nahm unter tätigen gebildeten Landwirten in jenen Gegenden, wie überhaupt in Deutschland, einen neuen regen Schwung und trachtete nach Wissenschaftlichkeit. – Der Hofapotheker Buchholz leitete sein pharmazeutisches Wirken weiter auf Chemie und Botanik, manche Versuche wurden angestellt, in seinen Gärten mehrere merkwürdige Pflanzen neben den pharmazeutischnutzbaren angezogen, und der junge, schon früh den Wissenschaften zugewandte Fürst lenkte die Tätigkeit dieses Mannes durch Einräumung großer Gartenflächen zu neuen Anlagen auf allgemeinen Gebrauch und Belehrung. So entsprang Goethes Studium der Botanik zugleich mit den herrlichen Gärten, die jetzt durch ihren reichen Pflanzenschatz, das kunsthegende Weimar verherrlichen. „Unter solchen Umständen war auch ich genötigt, über botanisches Wissen immer mehr Aufklärung zu suchen. Linnés *Terminologie, die Fundamente*, worauf das Kunstgebäude sich erheben sollte, Johann Gessner*s* Dissertationen zur Erläuterung der Linnéischen Elemente, alles in Einem schmächtigen Hefte vereinigt, begleiteten mich auf Wegen und Stegen; und noch heute erinnert mich ebendasselbe Heft an die frischen glücklichen Tage, in welchen jene gehaltreichen Blätter mir eine neue Welt aufschlossen. Linnés *Philosophie der Botanik* war mein tägliches Studium und so rückte ich immer weiter vor in Kenntnis und Umsicht, indem ich mir das Überlieferte möglichst anzueignen suchte.“

Mit dem Bekenntnis, dass nach Shakespeare und Spinoza die größte Wirkung auf ihn von Linné ausgegangen, wird uns durch den Zusatz das Verständnis aufgetan: „*und zwar durch den Widerstreit, zu welchem er mich aufforderte.* Denn indem ich sein scharfes geistreiches Absondern, seine treffenden, zweckmäßigen, oft aber willkürlichen Gesetze in mich aufzunehmen versuchte, ging in meinem Innern ein Zwiespalt vor: das, was er mit Gewalt auseinander zu halten suchte, *musste nach dem innersten meines Wesens zur Vereinigung anstreben.*“

Die Nähe des allmählich aufblühenden Bot. Gartens zu Jena gibt Anlass zu manchen Vergleichungen, eine Reise nach Karlsbad, auf welcher den Dichter der junge Dietrich (jetzt Hofgärtner zu Eisenach) begleitete, leitete die Beobachtung unmittelbarer an die Natur. Idyllisch ist die Geschichte dieser Reise, wo der eifrige, gewandte, scharfsehende Jüngling beim Aussteigen auf dem Wagen schnell die merkwürdigsten Pflanzen der nächsten Bezirke aufrafft, im Wagen vorweist und benennt, indes seinen tiefer blickenden Begleiter der Gedanke an die Notwendigkeit, an das Gesetzliche in dem

Verhältnis der Pflanzenwelt zu ihrem Boden, an ihre Nachgiebigkeit und daraus hervorgehende Umbildung durch die ungünstigeren Einflüsse bewegt. In Karlsbad selbst hält der „schmucke Landknabe im kurzen Westchen," wenn er, noch ehe der Meister die Zahl der Becher geleert hatte, mit reichlichen Lektionen von Pflanzen, die er schon vor Sonnenaufgang im Gebirge gesammelt, zu ihm an den Brunnen kam, nicht ohne lebhafte Teilnahme der Kurgäste und selbst der Frauen, fast täglich botanische Vorlesungen.

Wenn nun Dietrich, wie ein Naturgeist, den Dichter gewaltsam hinauszureißen strebte, um sich und sein schaffendes Leben über Berg und Tal in die Heere der blühenden Pflanzen auszugießen; so schien ein anderer junger Naturforscher, Batsch, (bei dessen Namen noch viele sich eines ehrwürdigen Lehrers erinnern), berufen, durch eine verwandte Richtung des Geistes in der Wissenschaft den *Widerstreit* gegen den Zwang des Linnéischen Gesetzes, das, „wie das bürgerliche, weniger die Natur und das Bedürfnis der Staatsbürger beachtet, als vielmehr die schwere Aufgabe zu lösen sucht, wie so viele unbändige, von Haus aus grenzenlose Wesen zusammen einigermaßen bestehen könnten," in Goethe wirksamer und bestimmter aufzuregen. „Seine Denkweise war meinen Wünschen und Forderungen höchst angemessen; die Ordnung der Pflanzen nach Familien in aufsteigendem, sich nach und nach entwickelndem Fortschritt war sein Augenmerk. Diese Naturgemäße Methode, auf die Linné mit frommen Wünschen hingedeutet, wobei französische Botaniker unablässig beharrten, sollte nun einen unternehmenderen jüngeren Mann zeitlebens beschäftigen, *und wie froh war ich, meinen Teil davon aus der ersten Hand zu gewinnen*!" Hofrat Büttner, ein großer Litterator und stiller Gegner Linnés, dessen Bibliothek der großmütige Herzog für die Universität Jena angekauft und Goethe beauftragt hatte, die Anordnung und Aufstellung derselben mit dem in Besitz bleibenden Sammler gemeinschaftlich zu besorgen, drückte der emporkeimenden Idee das Siegel einer langen Erfahrung, großer Beobachtung und ausgebreiteter Belesenheit auf. „Eine Anordnung der Gewächse nach Familien, von den einfachsten fast unsichtbaren Anfängen in das Zusammengesetzteste und Ungeheure fortschreitend", zeigte er gern im Schrein mit eigner Hand zierlich geschrieben vor, worin die Geschlechter nach diesem Sinn gereiht erscheinen, *mir zu großer Erbauung und Beruhigung.*"

Darum legte aber Goethe das Studium der Linnéischen Schriften nicht von der Hand, sondern trieb es fort bis zur Erkenntnis der Unsicherheit derselben in der Anwendung auf die Natur und zur Einsicht, „dass ein ganzes Leben erforderlich sei, um die unendlich freie Tätigkeit eines einzigen Naturreichs zu überschauen und zu ordnen, gesetzt auch, ein angeborenes Talent berechtige, begeistere hierzu. Dabei fühlte ich aber, dass für mich noch ein anderer Weg sein möchte, analog meinem übrigen Lebensgang. *Die Erscheinungen des Wandelns und Umwandelns organischer Geschöpfe hatten mich mächtig ergriffen, Einbildungskraft und Natur schienen hier miteinander zu wetteifern, wer verwegener und konsequenter zu verfahren wisse.*"

Aber er setzte sich nicht an den Schreibpult, um aus logischen Fäden ein wissenschaftliches Gebäude zu erspinnen, worin der Bauherr gleich dem Seidenwurm die eigene Auferstehung herbeizuschaffen pflegt, sondern er reiste nach Italien, die Idee des Pflanzenwachstums wie so manche andere von gleich unermesslichem Umfang im fruchtbaren Keim mit sich dahin führend.

Wie sie nun in dem warmen und reichen Klima Neapels und Siziliens, in einer ungestört sich entfaltenden Pflanzenwelt, Gestalt und Leben gewonnen, wie sie in der üppigen, überwuchernden Vegetation Roms, bei dem zweiten Aufenthalt des Dichters daselbst, noch volleren und schon gewählteren Nahrungsstoff angezogen, – das hat Euch der zweite Band der italienischen Reise treu und ausführlich berichtet, und jeder kann daraus leicht begreifen, wie der nördliche kalte Himmel den Heimgekehrten ergriffen haben muss, „der nun aus dem herrlichen Kunstelement gestoßen, der Verzweiflung übergeben, den Wert und die Würde des Naturelements nur um so lebhafter fühlte."

Wer den Gang, dem wir hier, dem herrlichen Muster nachschleichend, bis auf einzelne Auslassungen treulich gefolgt sind, zu überschauen vermochte, wird inne geworden sein, dass in dem Leben des schaffenden Geistes zwar *alles*, doch vor allem die Geschichte seines Schaffens selbst, ein Kunstwerk sei, und dass hier das Leben unseres großen Dichters durch die vorbereitende Akte bis zu der Katastrophe geführt erscheine, wo die innere Kraft durch den äußeren Widerstreit entweder gebeugt und umgelenkt worden, oder sich in ihrer Herrlichkeit schaffend zu dem, was ihr vom Schicksal unwiederbringlich geraubt schien, erheben musste.

So entstand die *Schrift von der Metamorphose der Pflanzen*, in welcher das schöpferische Vermögen, im Kampfe mit der zeitlichen Bewegung, die Idee des unverwelklichen Pflanzenlebens zur Anschauung brachte.

Wenn eine Pflanze keimt, entfaltet sie einfache gegenüberstehende Blätter, und bei der Familie der Nadelhölzer stehen diese ersten Blätter, Kotyledonen genannt, sogar in größerer Anzahl kreisförmig um einen Mittelpunkt. Noch ist die Substanz der Kotyledonen gewöhnlich dick, roh, unausgearbeitet, ihr Rand ist ganz (höchstens von der Spitze herein ausgeschnitten). Nun schreitet das Wachstum vorwärts.

Zwischen den Kotyledonen bemerkt man schon im Samen, unter dem Namen des Federchens, die folgenden Blätter, die sich im Fortgang des Wachstums bald im Kreis, bald zu Paaren einander gegenübergestellt, bald abwechselnd in größeren oder kleineren Entfernungen nach und nach entwickeln.

Man bezeichne jeden Punkt, wo ein Blatt entspringt, mit dem Namen: *Knoten*, weil sich wirklich bei mehreren Pflanzen, z. B. Gräsern, Nelken etc. diese Stelle durch eine Anschwellung oder Verhärtung kenntlich macht. Der Raum von einem Knoten zum anderen heißt Zwischenknoten. Betrachten wir nun die Blätter von verschiedenen Höhen des Stengels und vergleichen sie mit den aus tieferen Knoten entspringenden: so werden wir gewahr, dass bis zu einer gewissen Höhe des Stengels die Blätter, so wie sie sich dünner und zärter ausbilden, sich auch in größerer Ausbreitung und Ausbildung zeigen.

Die Mittelrippe des Blattes und ihre Seitenzweige dehnen sich, gleichsam das gesteigerte und beschleunigte Wachstum des Stengels teilend, mehr in die Länge, dadurch wird die Spitze des Blattes gedehnt und der Rand häufig gezackt, wenn die Hauptäste in beschleunigtem Wachstum den Umfang an den Einfügungspunkten erweitern. Das Netz der verbindenden untereinander anastomosierenden Adern wird mannigfaltiger, und wenn oft an einer Wasserpflanze, z. B. einer Art des Wasserranunkels, die unteren Blätter nur aus dem frei im Wasser schwimmenden büschelförmigen Gerippe des Blattes zu bestehen scheinen: so verknüpfen diese zusammenwachsenden Zweige des feineren Geschlechts die dem Licht und der Luft ausgesetzten Rippen zu der ebenen Fläche eines ausgebreiteten und lappigen Blatts. Tiefere Spaltungen bilden mannigfaltig geteilte und zusammengesetzte Blattformen, je nach den Bildungsgesetzen jeder einzelnen Pflanzenart.

Hat aber die Blattform die höchste Ausbildung für eine bestimmte Pflanze erreicht: so folgt aus der mit jedem Knoten durch die verfeinerten und gereinigten Säfte höher gesteigerten Entwicklung allmählich oder plötzlich eine *Verkleinerung* der Teile und eine *Kontraktion* der ganzen Pflanze.

Diese Kontraktion erscheint als das Zusammenrücken einiger Knoten, so dass dadurch die ihnen zugehörigen Blätter, statt zerstreut *über*einander, wieder, gleich den Kotyledonen der Fichte, im *Kreis* zu stehen kommen. Dieses neue Gebilde aus im Kreis stehenden Blättern heißt *Kelch*. Oft kann man deutlich sehen, wie sich die oberen Blätter allmählich verändern und zu den Kelchblättern verarbeiten, oft stehlen sich noch einige verschmälerte Blätter des Stengels zu denen des Kelchs gleichsam hinzu, wie z. B. bei manchen Disteln, Astern, Ringelblumen usw., nicht selten aber ist die Läuterung zum Kelch schnell vorbereitet, und der letzte Zwischenknoten hebt sich nun, schlanker und nackt oder mit kleinen schuppenartigen Blättchen versehen, schnell als *Blumenstiel* empor, der sich zum Kelch wie der Blattstiel zum Blatt verhält.

In der gedrängten Stellung der Blättchen, die im Kreise den Kelch bilden, greift wieder leicht das *verbindende* Wachstum der feinsten Gefäß-Zweige vom Grunde aufwärts um sich und verbindet die Blättchen zu einem vom Rande einwärts bald tiefer, bald nur seicht verschlitzten oder gezähnten Stück, einem *einblättrigen Kelch*.

Aus diesem konzentrierten und höher gesteigerten Bildungspunkt beginnt, wie von den Kotyledonen die Expansion der Blätter ausging, abermals eine *zweite Ausdehnung*, die *Blumenkrone*, die gewöhnlich größer, allezeit aber zarter und mehr verfeinert ist, als der Kelch.

Sie hat Mannigfaltigkeit der Farbe bis zum reinen Weiß. Der Geruch ist ihr eigen. Übrigens verhält sie sich nach den Graden der Verbindung wie der Kelch und besteht, wie dieser, aus einem oder aus mehreren Stücken (Blättern).

Die abermalige Zusammenziehung [?] der Blumenkrone in die *Staubfäden* und den mit diesen auf gleicher Entwicklungsstufe stehenden Griffel ist das Produkt der letzten und höchsten Verfeinerung des Pflanzenwachstums. Beide Organe bilden sich in der *kontrahiertesten* Form, als fadenförmige im Kreis stehende *Spitzen*, bald unmittelbar, bald in allmählicher Steigerung aus, indem sich Gebilde zwischen sie und die Blumenblätter stellen, die, bald diesen, bald mehr den fadenförmigen Formen verwandt, unter dem gemeinschaftlichen Nahmen der *Nektarien* oder Honigbehälter, den Übergang der Blumenblätter in die Staubfäden und Griffel vermitteln. Bei der Canna setzt sich noch der Staubbeutel an ein Blumenblatt und der Griffel hat ebenfalls ganz die Form der inneren Blumenblätter.

An den Enden der Staubfäden und Griffel erfolgt noch eine höhere und kaum in die Augen fallende Ausdehnung: der *Staubbeutel*, aus 2 Bälgen (zusammengerollten, länglichen, dünnen, höchst verfeinerten Blättchen) bestehend, und die oft wenigstens noch etwas verbreitete und blattähnliche, geteilte oder einfache *Narbe*. Das ist der Herd, auf welchem das Pflanzenleben in seinen höchsten Produkten, dem Pollen und *der Feuchtigkeit der Narbe*, zu verdünsten scheint.

Hier öffnet uns der geistreiche Führer, nachdem er uns an die scheinbare Grenze des Pflanzenlebens gebracht hat, wo sich das bildende Prinzip desselben in den zusammengezogensten Enden der *simultanen Entwicklung* gleichsam erschöpft und spaltet, einen Blick in das Innere des Pflanzenbaues, wo Spiralgefäßbündel in der Mitte von Saftgefäßbündeln (gestreckten Zellen) im Stamm und in allen an und aus ihm sich entfaltenden Teilen parallel bis zu den zentralen Blütenteilen emporsteigen und dort ihre höchste Kraft gewinnen, so dass sie als elastische Federn sich ausdehnen und die zurückbleibende Ausdehnung der Saftgefäße, die mehr zur Verbreitung und Verwachsung neigen, sich subordinieren. Spiralgefäße machen größtenteils die Substanz der Staubfäden und des Griffels und endigen in den Staubbeutel und den Narben.

> „Wenn wir nun annehmen, dass hier eben jene Gefäße, welche sich sonst verlängerten, ausbreiteten und sich einander wieder aufsuchten, gegenwärtig in einem höchst zusammengezogenen Zustande sind; wenn wir aus ihnen nunmehr den höchst ausgebildeten Samenstaub hervordringen sehn, welcher das durch seine Tätigkeit ersetzt, was den Gefäßen, die ihn hervorbringen, an Ausbreitung entzogen ist: wenn er nun mehr losgelöst die weiblichen Teile aufsucht, welche den Staubgefäßen durch gleiche Wirkung der Natur entgegen gewachsen sind wenn er sich fest an sie anhängt und seine Ausflüsse ihnen mitteilt: so sind wir nicht abgeneigt, die Verbindung der beiden Geschlechter eine geistige Anastomose zu nennen, und glauben wenigstens einen Augenblick die Begriffe von Wachstum und Zeugung einander näher gerückt zu haben."

Nun folgt die letzte Ausdehnung der Pflanze in der Frucht und endlich die höchste Zusammenziehung im Samen, der die Pflanze selbst in einer gesonderten, abgeschlossenen und bis zum Moment des Keimens völlig selbstständigen Existenz darstellt.

So verschieden auch die Gestalten der ausgebildeten Früchte dem Beschauer auf den ersten Blick erscheinen; so wird man doch bald ihren Ursprung aus blattförmigen Gebilden auffinden können. Die Hülse besteht aus einem zusammengefalteten und an der Naht verwachsenen Blatt. Man betrachte eine reife Bohnenhülse, und sehe die Blätter der Wicken, wie sie sich gegen Abend zusammenfalten, so dass sich die Fiederblättchen gegeneinander neigen und jedes derselben wieder der Länge nach aufwärts gefalzt erscheint, und man wird die Übereinstimmung solcher Bildungen selbst bei der auffallendsten Unähnlichkeit in ihren letzten Produkten nicht verkennen. – Die Schote, z. B. des Lacks, besteht aus 3 parallel verwachsenen Blättern.

Höher stehen die Früchte, die sich aus mehreren im Kreis gestellten Blättern bilden, und wenn diese verwachsen, als einfache Kapseln erscheinen, aber doch im Aufspringen die Blattstücke wieder als Klappen, ihre eingeschlagenen Ränder als Scheidewände kenntlich machen. Man sieht selbst bei den Arten *eines* Geschlechts die Übergänge von der mehr gesonderten Form zu der geschlossenen, wenn z. B. die Fruchtkapsel der Nigella orientalis noch fünf halbe mit einander verwachsene einwärts aufspringende Hülsen um eine gemeinschaftliche Axe zeigt, die bei Nigella damascena schon zu einer geschlossenen Kapsel verwachsen sind. Bei solchen zuversichtlichen Andeutungen wird die Anwendung dieses Bildungsgesetzes auch auf die schwerer zu entwickelnden Fruchtarten, Nüsse, Kernobst etc. keine abschreckenden Schwierigkeiten mehr herbeiführen. Die Zusammenziehung der ganzen Pflanze im Samen bedarf keiner weiteren Nachweisungen.

Das ist das einfache Gesetz der Entwicklung, nach welchem die unendliche Mannigfaltigkeit des äußeren Pflanzenbaues aus einem einzigen Gebilde, dem Blatt, hervorgeht, und jeder Teil für jeden andern gesetzt werden kann. Denn wie in der sukzessiv vorschreitenden oder *regelmäßigen* Metamorphose, die wir bisher betrachtet haben, jeder höhere Teil sich aus dem tieferen und früheren durch eine verfeinerte Zusammenziehung oder Ausdehnung herleitet, ohne dass sich diese Übergänge, der gesonderten Zeit- und Raumverhältnisse wegen, anders als mit den Augen des Geistes anschauen ließen: so gibt die *unregelmäßige oder rückschreitende* Metamorphose, in welcher die Pflanze durch äußere Einflüsse (Goethe führt diese auf die Zuleitung roheren Stoffs zurück, der die stetige Ausbildung tieferer und expandierterer Teile zu seiner Aneignung und Verfeinerung heischt) genötigt wird, von den schon errungenen Stufen der Ausbildung auf tiefere wieder herabzusteigen, die körperlich sichtbaren Belege für die Richtigkeit des Gesetzes und hilft gleichsam die Probe über die abgelegte Rechnung machen. So verwandelt sich z. B. ein Fruchtknoten wieder in einen Kelch, aus dem sich neue Blumenblätter entwickeln, wohl gar ein neuer Zweig oder Blütenstiel mit Blüten hervorgeht. Man erinnere sich der sprossenden und zum Platzen gefüllten Nelken, Rosen etc. Staubgefäße und Griffel werden in denselben Fällen wieder zu Blumenblättern, Blumenblätter gehen in Kelchblätter, in Stengelblätter, – Kelchblätter ebenfalls in Stengelblätter, – höhere Stengelblätter in Blätter tieferer Knoten zurück. Mehr als einmal schon sah man am Stengel einer Tulpe, als die Blüte noch geschlossen sich im Schoß der Blätter barg, ein oberes Stengelblatt, mit ihr in Verbindung, sich zwischen Blume und Stengel teilen. Der Stengel hebt sich empor, die Blume färbt sich, und das Blatt bleibt auf seiner einen Hälfte grün, während es auf der andern die Farbe der Blume teilt. Dieser Streit entgegengesetzter Richtungen der Entwicklung in einem und demselben Pflanzenteil setzt sich so lange fort, bis der Stengel immer höher aufschießt und ein gewaltsamer Riss den gespannten Bürger zweier Welten der Länge nach spaltet, so dass ein Teil am Stengel als grünes Blatt haftet, der andere aber mit der Blume verbunden bleibt, deren Farbe und zärtere Textur er an sich trägt. – An einer gemeinen Hain-Anemone (anemone nemorosa), die keinen Kelch, sondern stattdessen nur einen kaum merklichen Ring unter der weißen 6blättrigen Blume hat, sahen wir die ganze Blume sich in grüne Blätter nach dem Muster der diesmal geteilten Stengelblätter, die zu dreien im Kreis unter der Blume stehen, umwandeln. Die äußeren Blumenblätter näherten sich diesen Stengelblättern, die mindere Größe abgerechnet, in der Gestalt fast gänzlich, die folgenden waren einfacher aber noch grün, dann traten solche hervor, die nach unten noch den Blumenblättern glichen, auch die weiße Farbe behalten hatten, aber an der Spitze oder nur an einem Rande, in einige grüne Lappen auswuchsen; – weiter gegen den Mittelpunkt zu, wo sonst die Staubgefäße sich befinden, erschienen Blumenblätter, schmal und schmäler, mit oder ohne grüne Spitzen; einige trugen Antheren; spärlich waren auch noch regelmäßig gebildete Staubgefäße zu sehen, doch hatte alles, auch was noch am meisten von der gewöhnlichen Blütenform an sich trug, einen grünlichen Anstrich. Die weiblichen Teile waren in etwas verminderter Anzahl zugegen, und einige entwickelten sich sogar zu scheinbar vollkommenen reifen Samen, die uns aber nicht keimten.

Wir haben uns durch dieses anziehende Muster aus der eignen Erfahrung verleiten lassen, von dem Meister, dem wir zu folgen berufen sind, abzuweichen und lenken daher wieder zu ihm zurück durch das Beispiel einer durchwachsenen Rose, die er uns malerisch schön beschreibt.

103.

„Alles was wir bisher nur mit der Einbildungskraft und dem Verstande zu ergreifen gesucht, zeigt uns das Beispiel einer durchgewachsenen Rose auf das deutlichste. Kelch und Krone sind um die Axe geordnet und entwickelt, anstatt aber, dass nun im Centro das Samenbehältnis *zusammengezogen*, an demselben und um dasselbe die männlichen und weiblichen Zeugungsteile *geordnet* sein sollten, begibt sich der Stiel halb *rötlich*, halb *grünlich* wieder in die *Höhe*, kleinere, dunkelrote, zusammengefaltete Kronenblätter, deren einige die Spuren der Antheren an sich tragen, entwickeln sich *sukzessiv* an demselben.

Der Stiel wächst fort, schon lassen sich an demselben wieder Dornen sehen, die folgenden einzelnen gefärbten Blätter werden kleiner und gehen zuletzt vor unseren Augen in halb rot, halb grün gefärbte Stengelblätter über, es bildet sich eine Folge von regelmäßigen Knoten, aus deren Augen abermals, obgleich unvollkommene, Rosenknöspchen zum Vorschein kommen.

104.

Es gibt uns eben dies Exemplar auch noch einen sichtbaren Beweis des oben ausgeführten: dass nämlich alle Kelche nur in ihrer Peripherie zusammengezogene Folia Floraia seien. Denn hier besteht der regelmäßige um die Axe versammelte Kelch aus fünf völlig entwickelten, drei oder fünffach zusammengesetzten Blättern, dergleichen sonst die Rosenzweige an ihren Knoten hervorbringen."

Mit diesem Beispiel wir aber auch zugleich auf dem Gipfel des Ganzen angelangt, nämlich bei der *Idee* der Pflanze, als eines Zusammengesetzten, in welchem jeder Teil wieder *gleich einer ganzen Pflanze* ist.

In dem Vorhergehenden nämlich betrachteten wir die Pflanze als einfach, in einem Lebenslauf, der von dem Keim beginnt und in dem Samen endigt. Aber jeder Knoten mit seinem Blatt ist für sich eine abgeschlossene Bildungsstufe, und Grundlage – Boden einer auf ihn gegründeten, durch ihn vorbereiteten, höheren. Das, was ein Knoten mit seinem Blatt *wirklich*, d. h. in der Entfaltung ist, stellt sich in der Knospe, welche sich im Winkel des Blattes bildet, in der *Möglichkeit* einer unendlichen Entwicklung dar. Die Knospe ist in ihrem Ausschlagen eine Pflanze, die *auf* einer Pflanze keimt, und folglich, da sie höherer Nahrung teilhaftig ist, keiner Kotyledonen bedarf, schnell und schneller zum Ziel rückt, nach Verschiedenheit der Pflanzen und ihrer Stelle an derselben, unmittelbar in die Metamorphose der Blüte sich aufschließt.

Denkt euch nun Knospen, die Blüten hegen, an dem Zweig, der sie trägt, aus der sukzessiven Metamorphose in die simultane versetzt, wie sich auch Blätter am Ziel ihrer sukzessiven Entwicklung in einen Kreis stellen und den Kelch bilden, – und Ihr habt den *zusammengesetzten Blütenstand*, wie bei Astern, Sonnenblumen, Skabiosen etc., oder, was auch, nur noch mehr zusammengezogen, hierher gehört, die *Vereinigung mehrerer Früchte im Mittelpunkt einer Blume*, wie bei Erdbeeren, Himbeeren, Ranunkeln etc.

Da ist denn nun klar, dass, wenn jedes Blümchen einer zusammengesetzten Blume und selbst jede Frucht einer einfachen mehrfrüchtigen Blume einer ganzen Knospe, folglich einer ganzen Pflanze, gleich ist, auch jedes Staubgefäß, jeder Griffel, Blumenblatt etc., kurz jeder *Punkt* einer lebendigen Pflanze einer Knospe, *einer unendlichen Pflanze gleich zu achten*, und in alle Formen durch vor- oder rückschreitende Metamorphose überzugehen, aus der inneren *Gleichheit* in die äußere *Ähnlichkeit* hervorzutreten fähig sei.

Das ist die Bedeutung der sprossenden Rose, die, ein mystischer Schlüssel, das Buch von der Pflanzenmetamorphose öffnet und schließt.

Wie einfach zeigt nun ein zusammenfassender Blick auf den zurückgelegten Weg die fruchtbaren Resultate!

> Das Leben der Pflanze äußert sich auf zwiefache Weise „zuerst durch das *Wachstum*, indem sie Stengel und Blätter hervorbringt, und sodann durch die *Fortpflanzung*, welche in dem Blüten- und Fruchtbau vollendet wird." „Auch das Wachstum, das Sprossen von Knoten zu Knoten, ist Fortpflanzung, aber es unterscheidet sich von der Fortpflanzung durch die Blüte und Frucht dadurch, dass hier die Fortpflanzung gleichzeitig in einem Akt, dort hingegen nach und nach in mehreren aufeinander folgenden Entwicklungen vor sich geht. Beide Arten der Fortpflanzung beschränken sich wechselseitig, und man kann den Blütenstand durch Förderung des Sprossens aufhalten und dieses durch Abnehmen der Blüten und Hinderung ihrer Ausbildung fördern, und umgekehrt; daher sich mit Recht sagen lässt: Die Befruchtung sei ein auf einen Punkt zusammengedrängtes Sprossen, und das Sprossen hinwiederum ein auseinander gelegtes Befruchten."

Dieser Gegensatz drückt sich nun auch in der Form aus, die jeder dieser Lebensäußerungen an der Pflanze entspricht.

> „Eine Pflanze, welche sprosst, dehnt sich mehr oder weniger aus, sie entwickelt einen Stiel oder Stengel, die Zwischenräume von Knoten zu Knoten sind meist bemerkbar, und ihre Blätter breiten sich von dem Stengel nach allen Seiten zu aus. – Eine Pflanze dagegen, welche *blüht*, hat sich in allen ihren Teilen zusammengezogen, Länge und Breite sind gleichsam aufgehoben und alle ihre Organe sind in einem höchst konzentrierten Zustand, zunächst an einander entwickelt und *nach gewissen Zahlen und Maßen* um ein Zentrum versammelt."
>
> „Es mag nun aber die Pflanze sprossen, blühen oder Früchte bringen, so sind es doch nur immer dieselben Organe, welche in vielfältigen Bestimmungen und unter oft veränderten Gestalten, die Vorschrift der Natur erfüllen. Dasselbe Organ, welches am Stengel als Blatt sich ausgedehnt und eine höchst mannigfaltige Gestalt angenommen hatte, zieht sich nun im Kelch zusammen, dehnt sich im Blumenblatt wieder aus, zieht sich in den Geschlechtswerkzeugen zusammen, um sich als Frucht zum letzten Mal auszudehnen."

Fasst man diese einzelnen Momente der Gleichartigkeit in dem unähnlich Scheinenden in eine Anschauung: so kann man von dem ganzen Stengel sagen, *„er sei ein ausgedehnter Blüten- und Fruchtstand, wie wir von diesem prädiziert haben, er sei ein zusammengezogener Stengel."*

In den hier ausgezogenen Stellen hat Goethe selbst den Inhalt seines Buchs zur Zeit, da er es vollendete, ausgedrückt. Aber es ist reich und unerschöpflich, wie die Natur.

Was es gewirkt hat, wird erst in den neuesten Zeiten langsam sichtbar; doch es hat desto tiefer gegriffen, und beurkundet dadurch die Gewalt, mit der es sich der Wissenschaft bemächtigt hat, deren geistige Blüte es ist. Alle Gewächse, die für die Dauer keimen, schlagen erst tiefe und starke Wurzeln, während das Stämmchen kaum über die Erde hervorragt; dann aber folgen die Triebe in steigender Kraft, und bald steht die reich belaubte hohe Krone in Blüte.

So erklären wir uns, was Goethe selbst auffiel, dass Anfangs seine Schrift grellen Widerspruch und wegwerfende Urteile erfuhr, dann eine Zeitlang ganz vergessen schien. Es war der Zeitraum vom Springen der Schale bis zum vollendeten Keimen im fruchtbaren Erdreich. Dann war zwar der Keim ans Licht getreten, aber man sah ihn nicht.

Er aber wirkte in den Gemütern der Menschen fort.

Die Anschauung des allgemein gültigen Vegetationsgesetzes verband alle Pflanzen unter *einen* Begriff. Was von jeder Pflanze im Verlauf ihres Lebens gilt, muss von *allen Pflanzen, als ein Ganzes, als eine Pflanze betrachtet*, ebenfalls gelten.

Daraus folgt: *Das Gesetz der Metamorphose* ist das Prinzip des natürlichen Pflanzensystems.

Das will so viel sagen: Alle Pflanzen, vom Schimmel bis zur Eiche und Rose sind zu betrachten als Wurzeln, Stengel, Blätter etc. *einer* Pflanze, und es ist die Aufgabe der Wissenschaft, die natürlichen Familien nach dieser Idee zu erkennen, zu bezeichnen und zur Einheit eines Gewächses, das die ganze Pflanzenwelt umfasst, geistig zu verbinden. Unter den neueren haben diese Idee mehr oder minder vollständig und deutlich verfolgt:

Voigt (Friedr. Siegm.), *System der Botanik.* Jena 1808.
Kieser, *Aphorismen aus der Physiologie der Pflanzen.* Göttingen 1808. 8.
Meinecke, *Abhandlungen der naturforschenden Gesellschaft in Halle.* 1. Heft. 1809.
Oken, *Lehrbuch der Naturphilosophie.* 2. Abt. 1810.
Schelver, erste Fortsetzung seiner *Kritik der Lehre von den Pflanzengeschlechtern.* Karlsruhe 1814. Hier abgesehen von den kritischen Beziehungen dieser Schrift. Diese bloß ihrem philosophischen Teil nach betrachtet.
Kieser, *Elemente der Phytonomie.* 1r Thl. Jena 1815. 8.
Voigt, *Grundzüge einer Naturgeschichte* etc. Frankfurt a. M. 1817. 8.
Sprengel, *Anleitung zur Kenntniß der Gewächse.* Zweite Auflage. 1 Thl. Halle. 1816. 2 Thl. 1 Abth. Daselbst 1817. 8. mit Kupfern.

Hier ist zum ersten Mal der ganze Reichtum der Pflanzenwelt nach wissenschaftlichen Prinzipien geordnet, durch die nötigen Abbildungen erläutert und auf philosophischem Weg sinnreich und lockend eingeleitet. Dieses Buch wählt zu Euerm Gefährten, Ihr, die ihr aus Liebe und innerem Beruf euch den Pflanzen zuwendet. Ihr werdet sie unter seiner Führung gewiss finden und verstehen, ja sie werden Euerm Verständnis selbst entgegenkommen. Da ist alles lichtvoll, verständig, wohlgeordnet, und eine prunklose Fülle von Gelehrsamkeit versteht da zu reden als wäre sie unseres Gleichen.

Mehr durch die Nötigung der Zeit, so scheint es, als durch die Leitung der deutschen Vorgänger, regt sich auch in Frankreich ein verwandter Geist für die Botanik.

De Candolle (*Théorie élémentaire de la Botanique*. Paris 1813. 8.) ist voll von fruchtbaren Ideen für eine höhere wissenschaftliche Ansicht der Pflanzenwelt aus einem großen Schatz von Beobachtungen und schöner Belesenheit gesammelt.

Auf eigenem Wege sucht aber gegenwärtig Hubert du Petit Thouars die Bahn, auf der wir eben Goethe verlassen haben, indem er durch eine scharfsinnige Induktion und sehr genaue analytische Untersuchung die ihrer Möglichkeit nach unendliche Entwicklungsfähigkeit jeder Knospe erweist. Seine Abhandlung (vorgelesen in der Königl. Acad. d. Wissenschaften zu Paris am 7n 8br. 1816) führt den Titel: *De la Terminaison des Plantes*, und ist im ‚Journal de Physique', Juillet 1817 abgedruckt. Ein *Essai sur l'organisation des Plantes*. Paris 1806. 8. von demselben Verf. enthält schon die Grundlagen der Untersuchungen, die in der zuerst genannten Abhandlung die unbegrenzte Metamorphose der Knospen an der Linde, der Rosskastanie usw. nachweist.

Was Robert Brown für die Plantae compositae geworden, davon ein andermal.

Lorenz Oken: Über die Schädelwirbel. Gegen Hegel und Goethe (1847)

Vita – Abstract
Lorenz Oken (1. August 1779 Offenburg – 11. August 1851 Zürich) studierte von 1801–1804 Medizin in Freiburg, wurde 1804 mit einer Arbeit über das Fieber promoviert, habilitierte sich 1805 in Göttingen mit der Schrift *Die Zeugung*, wurde 1807 als a.o. Professor nach Jena berufen, dort 1812 zum Professor der Naturgeschichte ernannt, folgte 1827 einem Ruf als Professor der Physiologie nach München und 1832 als Professor der Naturgeschichte, Physiologie und Naturphilosophie an die neugegründete Universität Zürich, deren erster Rektor er war. Okens Forschungen erstreckten sich über alle Bereiche der Natur und führten zu zahlreichen Entdeckungen in der Anatomie, Physiologie und Zoologie, galten vor allem der Naturphilosophie. Sein Plädoyer für den Entwicklungscharakter der gesamten Natur verstand er explizit nicht stammesgeschichtlich oder realgenetisch („Alles ist in philosophischem Sinn zu nehmen"). 1817 nahm Oken am Wartburgfest teil, setzte sich für die Pressefreiheit ein, gab von 1817 bis 1848 die enzyklopädische Zeitschrift ‚Isis' heraus und gründete 1822 mit einer Reihe Naturforscher und Mediziner die noch heute bestehende ‚Gesellschaft Deutscher Naturforscher und Ärzte', Vorbild für zahlreiche europäische wissenschaftliche Gesellschaften. Seine Eröffnungsrede 1807 *Über die Bedeutung der Schädelknochen* löste einen vieldiskutierten Prioritätsstreit mit Goethe aus, der entsprechende Vorstellungen schon zuvor entwickelt, aber nicht veröffentlich hatte. Den Naturwissenschaften sprach Oken eine zentrale Bedeutung für die schulische Ausbildung und den

D. von Engelhardt, *Goethe als Naturforscher im Urteil der Naturwissenschaft und Medizin des 19. Jahrhunderts*,
https://doi.org/10.1007/978-3-662-68126-8_35

allgemeinen Bildungsbegriff zu (*Über den Wert der Naturgeschichte, besonders für die Bildung der Deutschen*, 1809).

Oken analysiert und kritisiert, motiviert durch Georg Wilhelm Friedrich Hegels (1770–1832) Hinweise in der *Naturphilosophie* (1842), die für ihn nur ein „Kauderwelsch" seien, Goethes anmaßende und unzutreffende Behauptung, die Wirbeltheorie des Schädels vor ihm bereits 1791 entdeckt, wenn auch nicht publiziert zu haben. Goethe sei von der Antrittsvorlesung *Über die Bedeutung der Schädelknochen* von 1807, die er ihm zugeschickt habe, so angetan gewesen, dass er ihn nach Weimar einlud. In dem späteren vielbeachteten Plagiatsvorwurf hätten allerdings Belletristen Goethe geglaubt, Naturforscher jedoch ihm.

Oken, Lorenz:
Über die Schädelwirbel. Gegen Hegel und Goethe, in: Isis oder Encyklopädische Zeitung (1847) Sp. 557–559.

***

Da ich in Hegels Schriften, soweit sie die Natur betrafen, nur sehr allgemein gehaltene, bloß logische Sätze bemerkt, vorzüglich in der organischen Welt nur empirische Exzerpte ohne philosophischen Zusammenhang, von Prinzip, Konstruktion genetischer oder physiologischer Entwicklung der Organe der Pflanzen und Tiere keine Spur gefunden, ich mich aber vorzüglich der Entwicklung und Begründung des Einzelnen zugewendet habe und also nichts aus Hegels Büchern brauchen konnte, habe ich die neue Ausgabe nicht weiter beachtet, nämlich G. Fr. Hegels *Werke*. Vollständige Ausgabe durch einen Verein von Freunden des Verewigten. Band VI. Naturphilosophie, herausgegeben von Dr. C. L. Michelet. Berlin bei Duncker 1842. 8.

Nun finde ich in Professor K. Ph. Fischers Werk: *Speculative Characteristik und Kritik des Hegel'schen Systems*. Erlangen 1845. S. 361, dass jenes Buch sich auch mit mir beschäftigt hatte. Beim Nachschlagen treffe ich S. 567. Auf folgende Stelle:

> „Der Grundorganismus des Knochens ist der Rückenwirbel, und alles nur Metamorphose desselben, nämlich nach inwendig eine Röhre und deren Fortsätze nach außen. Dass dies die Grundform der Knochenbildung sei, hat besonders Goethe (zur *Morphologie* S. 162. 248. 250. 339) mit seinem organischen Natursinn gesehen und die Übergänge vollkommen verfolgt in einer schon 1785 verfassten Abhandlung, die er in seiner Morphologie herausgab. Oken, dem er die Abhandlung mitteilte, hat ihre Gedanken in einem Programm, das er darüber schrieb, geradezu als sein Eigentum ausgekramt und so den Ruhm davongetragen. Goethe zeigt (und es ist eine der schönsten Anschauungen,

die er gehabt), dass die Kopfknochen ganz nur aus dieser Form herausgebildet sind: das *os sphenoideum,* das *os zygomaticum* (das Jochbein), bis zum *os bregmatis*, dem Stirnbein, welches der Hüftknochen im Kopf ist. Aber für solche Umbildung der Knochen, dass sie, statt innere Mitte zu sein, jetzt umschließend werden und nun die Bestimmung haben, nach Außen für die Extremitäten, Arme, Beine usw. Anhaltspunkte zu werden, mit einander sich zu verbinden und zugleich beweglich zu sein, – für diese Umkehrung reicht die Identität der Form nicht hin, wie auch nicht beim Vegetabilischen. Diese andere Seite, das Hereinwerfen des Rückenwirbels zu den einzelnen Knochen, hat Goethe nicht verfolgt, wohl aber Oken. Der Rückenwirbel ist der Mittelpunkt des Knochensystems, der sich in die Extreme des Schädelknochens und der Extremitäten dirimiert und sie zugleich verbindet: dort die Höhlung, die sich durch Vereinigung der Flächen zur Rundung nach Außen schließt, hier das in die Länge gestreckte Hinausgehen, das in die Mitte tritt und sich wesentlich durch Kohäsion an die Längen der Muskeln befestigt."

Dieses Kauderwelsch lasse ich auf sich beruhen.

Ich gehe schon seit einigen Jahren damit um, Goethes Anmaßungen über die Wirbelbildung zurückzuweisen: allein während der Ausarbeitung meiner *allgemeinen Naturgeschichte* blieb mir nicht eine Minute Zeit übrig, etwas anderes zu lesen oder zu schreiben; und als ich damit fertig war und an Goethe dachte, sah ich nicht nur unnützen Zeitverlust vor mir, sondern auch ein schwieriges Zusammensuchen von früherer Rezensionen meines Programmes und ein höchst widerwärtiges Zusammentragen von Dingen, welche das Publikum nicht interessieren können, nämlich einen Wust von Klatschereien, Kleinlichkeiten, Eitelkeiten und Gehässigkeiten, welche zu erzählen ich mich bisher sperrte, die aber nötig sind, um zu zeigen, wie von Goethe allmählich Lust und Muth bekam, sich meine Entdeckung anzueignen.

Schon im Jahr 1836 spielte jemand bei Empfehlung des neuen Abdrucks eines Buches von Goethe in der allgemeinen Zeitung darauf an, dass ich Goethe die Idee der Schädelwirbel gestohlen hätte. Ich erklärte ihn ebendaselbst (20. Juni) kurz für einen Lügner, Verleumder und Ehrabschneider, worauf er schwieg.

Durch diese Beschuldigung veranlasst, hat Professor Kieser bei der Versammlung der Naturforscher und Ärzte zu Jena 1836 folgendes vorgetragen, und zwar in der vierten allgemeinen Sitzung, in der Gegenwart des Großherzogs und des Erbgroßherzogs sowie der weimarischen und altenburgischen Minister,

Amtlicher Bericht über die Versammlung deutscher Naturforscher und Ärzte zu Jena im September 1836. Weimar bei Voigt. 1837. 4. S. 95.

„Der geheime Hofrat Dr. Kieser machte hierauf unter Vorzeigung eines Schildkröten-Schädels folgende Mitteilung:

Ich bin es der Ehre des Stifters der Versammlung schuldig, über eine Nachricht in mehreren Zeitungen, dass seine Entdeckung über die Bedeutung der

Schädelknochen nicht ihm zustehe, sondern entlehnt sei, folgende Erklärung zu Protokoll zu geben: Herr Hofrat Oken hat seine Entdeckung im Jahr 1806 [Frühjahr 1807] in meiner Wohnung unter wechselnder Besprechung in der Wissenschaft geweihten Stunden der Nacht mir demonstriert, als derselbe bei Gelegenheit seiner Reise nach der Insel Wangerooge mich, den damaligen Stadtphysikus zu Northeim bei Göttingen, längere Zeit besuchte. – Der von ihm hierzu eigens zersprengte Schädel einer Schildkröte aus meiner Sammlung hat sich glücklicher Weise jetzt, nach 30 Jahren, noch vorgefunden. Die einzelnen Wirbelknochen des Schädels sind von seiner Hand, die leicht kenntlich ist, bezeichnet; und ich freue mich, diesen das Eigentum seiner Entdeckung beweisenden Schädel hier vorzeigen zu können. – Darauf im [Spät-]Jahr1807, als Oken nach Jena berufen wurde, erschien sein Antrittsprogramm: *Über die Bedeutung der Schädelknochen.* — Dies ist Faktum, für dessen Treue ich bürge.

Hierzu bemerkte der Geheime Medizinalrat Lichtenstein, dass auch ihm der Herr Hofrat Oken die in Rede stehende Entdeckung im Jahr 1806[1] ausführlich mitgeteilt habe.“

Ich hätte mich dabei beruhigen können. Allein dennoch kam Hegels Buch mit obiger Stelle noch im Jahr 1842. Darauf also nur folgendes:

Ich habe die Entdeckung im Jahr 1806 gemacht (Isis 1818. 511.) und im Jahr 1807 die Abhandlung darüber als Privat-Dozent in Göttingen geschrieben, also zu einer Zeit, wo Goethe ohne Zweifel nichts von meiner Existenz wusste.

Diese Abhandlung schickte ich nach Jena und ließ dieselbe bei Göbferdt drucken als *Antritts-Programm der Professur daselbst, wo* Goethe *geheimer Rath und Kurator der Universität war.* Dieses allein wäre hinlänglich, um die freche Lüge zu widerlegen.

Ich schickte natürlich Goethe wie den anderen Regierungsmitgliedern ein Exemplar zu. Diese Entdeckung hat ihm so gefallen, dass er mich einlud, in den Osterferien 1808 auf 8 Tage zu ihm nach Weimar zu kommen, was ich auch getan.

Diese Lehre, anfangs verlacht und verspottet, wurde nachher mit so viel Eifer ergriffen, dass mehrere es versuchten, dieselbe auf allerlei Schleichwegen als die ihrige einzuschwärzen. Solange diese Lehre verhöhnt wurde, schwieg Goethe; als sie aber in Meckels Werke überging, in Spixens *Cephalogenesis* 1815, in Ulrichs Schildkrötenschädel 1816. usw., und also Ruhm zu versprechen anfing, so entstand allmählich unter den Weimaranern, welche gern alles ihrem Goethe zuschrieben, was Neues in Jena zum Vorschein kam, ein Gemurmel, dass diese Idee auch von Goethe herrühre. Um diese Zeit kam Bojanus, Professor zu Wilna (der viel in die Isis arbeitete, dem ich freundschaftlich verbunden war, den ich in seiner tödlichen Krankheit auf 8 Tage bei Darmstadt 1826 besuchte) nach Weimar, wo er bei Verwandten wohnte. Daselbst hörte er nun von dem Gemurmel über Goethes Entdeckung,

[1] Im Spätjahr zu Braunschweig.

schenkte ihr halb Glauben und schickte mir darüber dieses Gerede zu, das ich ohne Bedenken in der Isis abdrucken ließ 1818. S. 509. Darauf zeigte ich nun an, dass ich meine Entdeckung gemacht habe im Spätjahr 1806 am Schädel eines Hirsches auf einer Harzreise. Ebenda S. 511.

Nun Bojanus die Sache zur Sprache gebracht hatte, bekam Goethes Eitelkeit Mut und er kam hinterher, dreizehn Jahre nach meiner Entdeckung, und sagte (*Morphologie* l. 2. 1820. S. 250.): „er sei seit dreißig Jahren von dieser geheimen Verwandtschaft überzeugt und habe Betrachtungen darüber immer fortgesetzt" – im Jahr 1791, nach seinen nachgelassenen Werken. Band X. 1833. S. 94.

Obschon ich ihm nun aus seinen anderen, ganz verwirrten und ideenlosen osteologischen Aufsätzen (datiert 1795. *Morphologie* ebd. S. 145) leicht hätte beweisen können, dass er keine Ahnung davon hatte; so wird man doch wohl begreifen, dass dieser Schritt sehr am unrechten Ort gewesen wäre, besonders da Goethe sich hütete, meiner zu erwähnen. Da ich aber, wie natürlich, darüber schwieg, und seine *Familiares*, wie sie sich selbst nannten, worunter auch der verrückte Schelver, ihm die Entdeckung in Schriften zuschrieben (daher Goethe sie lobte); so wuchs sein Mut immer mehr und er bekam nach 4 Jahren (1824) nun selbst die Keckheit, auf eine jedoch vorsichtige und versteckte, nötigenfalls zum Ableugnen brauchbare Weise zu verstehen zu geben, als wenn ich sein Plagiarius wäre. Das Böse, was G. von der *Isis* sagte und prophezeite, hat sich selbst Lüge gestraft. Die Rezension von seinem „*Leben, Wahrheit und Dichtung*" in der *Isis* 1817. Nr. 42, welche man dem Lord *Byron* zuschreibt, erklärt hinlänglich seinen Zorn gegen letzteren und seine Rachsucht gegen mich. Er war es, der den Großherzog Carl August gegen mich aufstiftete und die Misshandlung hervorrief und unterhielt, welche mir in Weimar zu Teil geworden ist.

Er schreibt S. 122. zur *Morphologie* Band II. Heft 2. 1824 folgendes:

> „Im zweiten Teil der Morphologie Seite 50 [250] steht ein Bekenntnis, wie ich erst drei, dann sechs Wirbelknochen anzuschauen und anzuerkennen veranlasst worden. Hierin fand nun Hoffnung und Aussicht auf die schönste Beruhigung, dachte möglichst die Ausbildung dieses Gedankens ins Einzelne, konnte jedoch nichts Durchgreifendes bewirken. Zuletzt sprach ich hiervon vertraulich unter Freunden, welche bedächtig zustimmten und auf ihre Weise die Betrachtung verfolgten.
>
> Im Jahr 1807 sprang diese Lehre tumultuarisch und unvollständig ins Publikum, da es ihr denn an vielem Widerstreit und einigem Beifall nicht fehlen konnte. Wieviel ihr aber die unreife Art des Vortrags geschadet, möge die Geschichte dereinst auseinandersetzen; am schlimmsten wirkte der falsche Einfluss auf ein würdiges Prachtwerk, welches Unheil sich in der Folgezeit leider immer mehr und mehr offenbaren wird." (Hier meint er ohne Zweifel Spix's *Cephalogenesis*)

Diesen hämischen und versteckten Angriff hätte ich nun beantworten sollen. Da mich aber Goethe nicht genannt, im Grunde auch nicht beschuldiget hat, und ich überdies in Jena wohnte; so würde ich, wie leicht einzusehen ist, dadurch in die größten Unannehmlichkeiten verwickelt worden sein.

Ich dachte, die Naturforscher und Anatomen wären mit der Lage der Sache bekannt, und ich könnte ihr Urteil ruhig abwarten. Die Belletristen aber, welche überall das große Wort führen und von meinen Schriften nichts wussten, nahmen die Andeutungen Goethes begreiflicher Weise an, und verkündigten den Ruhm ihres Mannes in aller Welt. Die Naturforscher aber, welche mit dem Gang dieser Lehre bekannt waren, wie Meckel, Spix, Ulrich, Carus, Cuvier, Geoffroy St. Hilaire, Albers, Burmeister, Straus-Dürckheim, Owen, Kieser und Lichtenstein haben Gerechtigkeit geübt und Goethe zurückgewiesen. Damit war ich zufrieden. Mit Hegels Buch ist es aber etwas anderes.

Goethe selbst erklärt durch obige Stellen, dass er nie einen Aufsatz über diesen Gegenstand geschrieben habe. Kann man also die Stelle in Hegels Buch anders als ein Bubenstück nennen?

Ich erkläre daher die Angabe in diesem Buch als Lüge und Ehrabschneidung, und wenn der Herausgeber in etwa einer zweiten Auflage diese Erklärung nicht wörtlich aufnimmt; so werde ich ihn als gewissenlosen Ehrabschneider gerichtlich verfolgen, und das umso mehr, als Hegel in den von ihm selbst dem Druck übergebenen Schriften nichts dergleichen gesagt und der Herausgeber diesen Band aus Hegels abgelegten Manuskripten, ja sogar aus Kollegien-Heften von Studenten, jedenfalls leichtsinniger Weise zusammengestoppelt hat.

Fernand Papillon: Doctrine physiologique leibnizienne de Goethe (1876)

Vita – Abstract
Fernand Papillon (5. Juni 1847 Belfort – 2. Januar 1874 Belfort) studierte Biologie und Medizin, war Mitglied der ‚Société Chimique de Paris', diente während des Deutsch-Französischen Kriegs 1870/71 als Adjutant im Sanitätsdienst und veröffentlichte neben chemischen, geologischen und biologischen vor allem philosophische Arbeiten, setzte sich kritisch mit Empirismus und Positivismus auseinander und plädierte für eine Verbindung von Empirie und Metaphysik. Posthum erschien 1876 seine *Histoire de la philosophie moderne dans ses rapports avec le développement des sciences de la nature* mit einem Kapitel über Goethe („double talent poétique et philosophique", „la compétence et l'originalité scientifiques").

Für Papillon, von dem auch eine Studie von 1874 über die philosophischen Beziehungen zwischen Denis Diderot (1713–1784) und Goethe stammt, vereint Goethe, wie er in seinem Beitrag über dessen Beziehung zu Leibniz ausführt, poetische und philosophische Fähigkeiten mit naturwissenschaftlicher Originalität, er sei ein Naturforscher („naturaliste") und Idealist („idéaliste") gewesen und stimme mit den Auffassungen der Philosophen Gottfried Wilhelm Leibniz (1646–1716) und Diderot überein. Er habe Naturobjekte gesammelt, Experimente durchgeführt, die beiden Methoden der Aufmerksamkeit und Wahrnehmung einerseits und Reflexion und Produktion andererseits gleichermaßen beachtet („l'attention et la perception", „la réflexion et

D. von Engelhardt, *Goethe als Naturforscher im Urteil der Naturwissenschaft und Medizin des 19. Jahrhunderts*,
https://doi.org/10.1007/978-3-662-68126-8_36

la création“), die Intuition für wichtiger als die Analyse gehalten und mit seinen Studien zur Metamorphose der Pflanzen („fond de la botanique philosophique“), zum Zwischenkiefer und organischen Grundtypus Erfolg gehabt, nicht aber mit seiner gelehrten und detailreichen Farbenlehre.

Papillon, Fernand:
Doctrine physiologique leibnizienne de Goethe, in: ders.: Histoire de la philosophie moderne dans ses rapports avec le développement des sciences de la nature, Bd. 2, Paris 1876, S. 389–416.

* * *

Les poètes philosophes sont rares; mais ce qui est plus rare encore, ce sont les hommes qui unissent au double talent poétique et philosophique la compétence et l'originalité scientifiques. Goethe[1] a été de ceux-là, et chose remarquable, l'universalité qu'il a montrée est une conséquence de son tempérament extraordinaire. Cet homme avait la faculté et le besoin de se répandre et de se développer en tous sens. Tout l'attirait, et il contemplait tout avec une assiduité persévérante, une sympathie profonde et un regard pénétrant. Personne n'a autant vécu hors de soi-même, dans la communion du monde extérieur. Il avait pour la nature les tendresses instinctives d'un enfant pour sa mère. Il aimait à se suspendre à ses mamelles fécondes, et, comme le nourrisson cherche le lait avec avidité, il aspirait à savourer ce qu'il y a de meilleur dans le sein généreux de la terre. L'affinité pour la nature, voilà le premier trait de Goethe. Il est d'abord naturaliste. En même temps, son individualité était très-puissante, très-originale et très-maîtresse de soi. Les sensations et les images étaient aisément transformées au dedans de lui-même et conçues idéalement comme les représentations d'une certaine activité et de certaines lois. Il est idéaliste. Cette double faculté de diffusion et de concentration, de dilatation et de contraction, d'observation et de réflexion, dont les mouvements étaient réglés d'ailleurs par une éminente raison, explique les aptitudes poétiques, scientifiques et philosophiques de Goethe. Nous n'avons pas à nous occuper ici de ce qu'il fut comme poète. Comme philosophe et comme savant, il continue la tradition leibnizienne. Il suit la doctrine de Leibniz, telle que Diderot la répandit au XVIII° siècle. On trouvera plus loin des réminiscences frappantes, des reproductions presque littérales de textes empruntés à Diderot dans les œuvres du poète de Weimar. Du reste, ces deux grands esprits n'ont pas seulement une étroite parenté philosophique: ils se ressemblent par plus d'un trait de leurs physionomies respectives,

[1] Né à Weimar en 1749, l'année où parurent les premiers volumes de *l'Histoire naturelle* de Buffon; mort en 1832.

et, quand même Goethe n'aurait par déclaré, à maintes reprises, qu'il apprécie infiniment Diderot, nous le devinerions à sa façon de sentir et de juger, qui est celle de l'écrivain français.[2] Tous deux admirateurs passionnés de la nature, doués d'un sentiment esthétique très-vif, de la curiosité la plus variée et la plus infatigable; très-versés dans les sciences et très-enclins à la méditation, tous deux étaient faits pour remuer leurs contemporains. Les différences qu'ils présentent sont extérieures et dépendantes des circonstances où ils ont vécu, non de la structure même de leur esprit. Diderot, vivant à Paris et obligé de gagner son pain dans un labeur stérile, ne pouvait avoir le calme majestueux et l'heureuse sérénité de Goethe, habitant Weimar et comblé des dons de la fortune. Mais l'un et l'autre étaient de hautes et puissantes personnalités, sculptées dans le même bloc précieux. Outre cette influence de Diderot et de ce qu'il y eut de meilleur au XVIII° siècle dans l'esprit français, Goethe en reçut une autre non moins bienfaisante: Herder, l'auteur des *Idées sur la philosophie de l'histoire*, l'initia aux traditions de la philosophie allemande. Il ne le fit point passer par les longs détours d'une scholastique stérile; il ne le fit point entrer dans les sanctuaires d'une métaphysique obscure, mais il lui inculqua les principes les plus excellents et les plus vrais qu'on peut tirer de l'immense élaboration spéculative dont Leibniz fut le maître. En un mot, c'est à Diderot et à Herder que Goethe est redevable des idées philosophiques dont il a fait un si grand usage, et Diderot et Herder ne sont ici que des intermédiaires entre Goethe et Leibniz.

Mais il étancha sa soif immense de savoir et de comprendre à d'autres sources. Il étudia toutes les sciences positives sous les meilleurs maîtres, et non-seulement au point de vue théorique, mais par une pratique attentive et suivie. Il recueillait des minéraux et des plantes, il faisait des expériences, il observait le ciel, la terre, les montagnes et les eaux avec un intérêt persévérant. L'activité scientifique occupe une aussi grande place dans sa vie que l'activité esthétique et littéraire. Aussi, le plus scrupuleux respect de la réalité se joint chez lui au génie poétique, et la rigueur de la science ne nuit pas à la splendeur de la poésie. Bref, il fut l'homme que devait faire prévoir le portrait suivant que traçait un de ses amis, au début de leur carrière: „C'est un beau jeune homme de vingt-cinq ans. Il est tout génie de la tête aux pieds; c'est l'énergie, la vigueur même; ce sont les ailes de l'aigle; un esprit de feu, qui *ruit immensus, ore profundo.*"

En dépit des apparences, et tout comme Diderot, Goethe suit une certaine discipline. Il a un certain procédé d'interrogation de la nature, une façon dé-

[2] Entre nous, dit Goethe, je ne haïssais par les Français. Comment pouvais-je, moi pour qui civilisation et barbarie sont des idées d'une importance exclusive, concevoir de l'antipathie pour une nation qui compte parmi les plus cultivés de l'univers et à qui je devais une si grande part de mon éducation personnelle? (Entretiens de Goethe et d'Eckermann. Traduct. de M. J.-N. Charles. In-18, p. 265) [= Entretiens de Goethe et d'Eckermann. Pensées sur la littérature, les mœurs et les arts, übers. v. J.-N. Charles, Paris 1874].

terminée d'examiner les choses et d'y penser. Il est complétement opposé aux méthodes qui établissent des représentations analytiques, géométriques ou mécaniques des phénomènes et prétendent saisir expérimentalement les conditions intimes de l'activité du monde. Frappé de la spontanéité des forces et de l'esthétique des formes, il veut qu'on les contemple dans une intuition immédiate et qu'on les explique en les rapprochant, par une analogie plus ou moins étroite, de ce qu'au dedans de nous-mêmes, nous considérons comme le principe de l'énergie et de l'harmonie. Il est leibnizien. Il accorde plus à l'observation pénétrante et à la réflexion qui considèrent les choses dans leur ensemble agissant, qu'à l'analyse qui en sépare et en démontre mathématiquement les facteurs. C'est le trait principal de sa méthode.

Il y a, en quelque sorte, deux moments dans cette méthode: le premier comprend l'attention et la perception, le second la réflexion et la création. Et ces deux moments sont également essentiels. Il veut qu'on attache autant de prix à observer qu'à méditer. Il veut aussi qu'il y ait réaction alternative de ces deux moments l'un sur l'autre. C'est là une des idées auxquelles il tient le plus. Il faut comparer sans cesse les idées intérieures aux objets extérieurs, et tâcher de réaliser dans notre esprit la même harmonie qui est dans les choses. Il faut que nous puissions indifféremment transporter nos idées dans les choses ou les choses dans nos idées. Il recommande de „soumettre l'action à l'épreuve de la pensée et la pensée à l'épreuve de l'action".[3] Belle parole assurément, et qui, bien comprise, renferme le secret de vivre. – Ailleurs, il dit: „Les naturalistes partisans de Cuvier et de Geoffroy me paraissent des soldats qui creusent des mines et des contre-mines: les uns fouillent de dehors en dedans, les autres de dedans en dehors. S'ils sont habiles, ils doivent se rencontrer dans les profondeurs?"[4] Et, ailleurs encore: „Pendant toute ma vie, soit comme poète, soit comme observateur, j'ai suivi la double méthode analytique et synthétique. C'était pour moi comme la systole et la diastole de l'esprit humain, comme une seconde respiration plus intime qui ne saurait s'arrêter, dont le double mouvement se continue toujours."[5] Pour montrer combien l'idée qu'expriment ces lignes était fondamentale aux yeux de Goethe, nous citerons encore un passage de lui où il la répète sous une forme peu différente: „Que chacun de nous se le persuade bien: séparer et réunir sont deux actes nécessaires de l'entendement, ou plutôt on est forcé, qu'on le veuille ou non, d'aller du particulier au général et du général au particulier. Plus ces fonctions intellectuelles que je compare à l'inspiration et à l'expiration s'exécuteront avec énergie, plus la vie scientifique du monde sera florissante."[6]

[3] Porchat, t. II, p. 255 [= Johann Wolfgang von Goethe: Œuvres, übers. v. Jacques Porchat, Bd. 2, Paris 1862, S. 255].

[4] Riemer, *Mittheilungen über Goethe*, 1841, t. II, p. 680 [= Friedrich Wilhelm Riemer: Mittheilungen über Goethe, Bd. 2, Berlin 1841, S. 680].

[5] Sämtl. Werke, t. XXX, p. 311

[6] *Œuvres d'histoire naturelle* de Goethe, trad. par Martins, 1837, p. 164 [= P. J. F. Turpin, Hg.: Œuvres d'histoire naturelle de Goethe, übers v. Ch. Fr. Martins, Paris 1837, S. 164].

Diderot avait déjà écrit – et le rapprochement est curieux – les paroles suivantes: „Les hommes en sont à peine à sentir combien les lois de l'investigation de la vérité sont sévères... Tout se réduit à revenir des sens à la réflexion et de la réflexion au sens: rentrer en soi et en sortir sans cesse. C'est le travail de l'abeille.

On a battu bien du terrain en vain, si l'on ne rentre pas dans la ruche chargé de cire. On a fait bien des amas de cire inutile, si l'on ne sait pas en former des rayons.“[7]

Quoi qu'il en soit, ce qui prédomine chez Goethe, c'est la tendance artistique, c'est l'habitude d'accorder une importance exagérée à l'extérieur des choses et de croire que la vérité naturelle est dans l'apparence des phénomènes, ou du moins que cette apparence doit suffire à notre esprit soucieux de connaître ce qu'elle recouvre. Considérant les phénomènes et les êtres comme des systèmes d'une ordonnance qu'un rien peut compromettre ou détruire[8], en même temps que très-fugitive puisque tout est dans un état de continuelle évolution, il ne proscrit que les expérimentations compliquées et multiples. Il croit que les expériences de ce genre troublent l'harmonie des choses extérieures et en dérangeant l'ordre normal contribuent à nous faire illusion sur la réalité. „Mystérieuse au milieu même de la clarté du jour, s'écrie-t-il dans *Faust*, la nature ne se laisse point dérober son voile, et, ce qu'elle ne veut point révéler à ton esprit, tu ne le lui arracheras point avec des leviers, ni avec des étaux!“ En plusieurs autres endroits de ses ouvrages et dans ses entretiens, il revient et insiste sur cette idée.

Ainsi donc, et en dépit des paroles citées plus haut, Goethe repousse l'analyse; car l'expérience telle qu'on la pratiquait de son temps était éminemment analytique. Il n'admet pas la nécessité de diviser les choses, de séparer les éléments associés et combinés dans la réalité. Il aime mieux apercevoir et étudier celle-ci dans son intégrale homogénéité, dans la plénitude de son action, dans la pureté inaltérée de sa forme primitive, bref telle qu'elle s'offre immédiatement à nos regards dans le panorama des objets. „Les travaux analytiques toujours continués, dit-il, ont leurs inconvénients. On sépare les êtres vivants en éléments, mais on ne peut les reconstruire ni les animer; ceci est vrai de

[7] Interp. de la nature, aphor. IX [= Denis Diderot: Pensées sur l'interprétation de la nature, Paris 1753].

[8] „Il conçoit la nature comme une œuvre d'art parfaitement circonscrite en elle-même, qui doit, à un moment donné, révéler d'elle-même à celui qui la contemple, l'esprit dont elle est animée. Aussi à l'aspect de ce crâne de mouton qu'il trouve sur les sables du Lido, à Venise, et qui lui inspire tout d'un coup la théorie de la transformation des vertèbres pour former le crâne, quelle remarque fait-il? Il s'est senti, dit-il, plus fortifié que jamais dans sa vieille croyance, si souvent confirmée par l'expérience, que la nature n'a point de secret qu'elle ne révèle en quelque endroit aux yeux attentifs de l'observateur. Il exprime encore la même opinion dans son premier dialogue avec Schiller sur la métamorphose des plantes“ (Helmholtz. Goethe, naturaliste et physicien. – Rev, des Cours scient., 11 décembre 1869) [= Hermann von Helmholtz: Goethe naturaliste, in: Revue des Cours scientifiques (1869) (11. déc.) S. 18–25].

beaucoup de corps organiques et, à plus forte raison, des corps organisés… Aussi les savants ont-ils senti de tout temps la nécessité de considérer les végétaux et les animaux comme des organismes vivants, *d'embrasser l'ensemble de leurs parties extérieures qui sont visibles et tangibles, pour en déduire leur structure intérieure et dominer, pour ainsi dire, le tout par l'intuition.*“[9]

Dominer par l'intuition! voilà la vraie formule de la méthode de Goethe, et peut-on s'exprimer d'une façon plus leibnizienne? Tout ce que Leibniz voit dans le monde, les forces sourdes, la vie partout présente, l'évolution et la continuité, la solidarité dynamique, n'est-ce pas le fruit d'une intuition qui domine tout? n'est-ce pas la vision d'une intelligence qui se croit maîtresse des choses?

Nous avons un autre témoignage de Goethe à ce sujet, dans une conversation qu'il eut avec Schiller et qui fut le point de départ de leurs relations et de leur amitié si féconde en heureuses influences. C'était au sortir d'une des séances de la Société d'histoire naturelle d'Iéna. Jusque-là Goethe et Schiller s'étaient évités. Ce jour-là ils se rencontrèrent en sortant et engagèrent une conversation. Schiller dit qu'il avait pris le plus vif intérêt aux discussions, mais qu'il regrettait la méthode fragmentaire et morcelée dont font usage la plupart des naturalistes. Goethe, tout à fait du même avis, répondit qu'en effet il existait une autre manière d'envisager l'action de la nature créatrice, en procédant du tout à la partie, au lieu de l'examiner isolément et par fragments séparés. En effet, Goethe préconise avant tout l'observation synthétique, l'aperception immédiate de la réalité. Cette opération n'est pas autre chose pour lui qu'une pure intuition, ayant pour objet de saisir des rapports morphologiques. Il admet bien la nécessité d'aller du tout aux parties, mais il croit que cette fonction doit être autant que possible dévolue à l'esprit. Il redoute l'intervention des appareils et des expérimentations compliquées. Il repousse, comme Diderot, l'emploi fréquent du calcul et des mesures. L'analyse pour lui doit se pratiquer non dans les choses, mais en nous-mêmes, par la vertu de la réflexion et de l'activité intellectuelle.

Goethe se prononce nettement et à plusieurs reprises contre les causes finales, d'accord en cela avec une partie des philosophes du XVIIIe siècle, entre autres avec Diderot dont il copie presque les paroles. Diderot avait dit: „Le physicien, dont la profession est d'instruire et non d'édifier, abandonnera donc *le pourquoi* et ne s'occupera que *du commen*t.“[10] – Goethe dit: La question du but, *le pourquoi*, n'est nullement scientifique. L'esprit mieux éclairé se pose la question *du comment*?[11] – Dans un piquant travail où Goethe examine l'*influence* de ses travaux sur les botanistes de son temps, il écrit à propos

[9] L'Œuvres d'histoire naturelle de Goethe, trad. par Martins, 1837, p. 15 [= P. J. F. Turpin, Hg.: Œuvres d'histoire naturelle de Goethe, übers v. Ch. Fr. Martins, Paris 1837, S. 15].

[10] Interp. de la nature. Aphor. LVI [= Denis Diderot: Pensées sur l'interprétation de la nature, Paris 1753].

[11] Entretiens avec Eckermann, trad. de Charles, p. 285 [= wie Anm. 2, S. 285].

d'un ouvrage de Vaucher, botaniste distingué de Genève, ce qui suit: „L'auteur explique les phénomènes physiologiques par les causes finales. Cette manière de voir n'est et ne sera jamais la nôtre, quoi que nous ne contestions à personne le droit de l'adopter.“[12] – Il se montre pénétré de ces principes dans le cours de ses investigations scientifiques, et, quand il se trompe, l'erreur vient plutôt d'une tendance opposée.

Comme Buffon et comme Bonnet, il se prononce contre les classifications et les taxonomies, opposées au principe leibnizien de continuité: „Système naturel, dit-il, expressions qui impliquent une contradiction formelle; il ne peut y avoir de système dans la nature. Elle est vivante et renferme la vie, elle passe par des modifications insensibles d'un centre inconnu à une circonférence qu'on ne saurait atteindre. Les études sur la nature sont sans limites.“[13]

Ainsi, dans la mesure où un esprit aussi souverainement original que Goethe peut être disciple de quelqu'un, dans la mesure où un génie aussi libre, aussi indépendant et aussi capable de se mouvoir en tout sens, peut s'astreindre à suivre une méthode, Goethe procède comme les leibniziens auxquels nous le rattachons.

Goethe a une doctrine, c'est-à-dire une conception générale du monde et cette conception qui lui est toujours présente donne à sa poésie un caractère de grandeur philosophique qui la distingue de toute poésie simplement descriptive ou lyrique. Goethe regarde au fond des choses, y découvre un système de forces, un conflit d'énergies, une harmonie d'activités qui le frappent d'admiration et captivent irrésistiblement son esprit. Quelle est cette doctrine? C'est la doctrine de Leibniz établissant l'universel dynamisme, la diffusion de la vie et de la pensée, l'enchaînement des choses non point par un mécanisme extensif et géométrique, mais par une synergie en quelque sorte esthétique.

Nous savons par Goethe lui-même que Spinoza fut pendant longtemps un de ses auteurs de prédilection, que la lecture de *l'Éthique*, en particulier, lui procurait un plaisir infini. Il n'en faudrait pas conclure que Goethe fut spinoziste. La doctrine de Spinoza, de quelque façon qu'on l'interprète, car elle peut recevoir plusieurs sortes d'exégèses, a un caractère indéniable qui la rapproche du cartésianisme, dont il est facile de montrer par ailleurs qu'elle émane entièrement; ce caractère c'est l'absence de la notion de spontanéité vitale. Spinoza et les cartésiens ont méconnu la vie. Or, si Goethe a remarqué quelque chose dans la nature, n'est-ce point précisément la vie? Dogmatiquement il n'est donc pas spinoziste. La raison que nous venons d'en donner est décisive. Mais il est spinoziste au point de vue moral, en ce sens qu'il est séduit par l'idée de confondre la personnalité humaine dans la personnalité totale de la nature, de considérer l'homme comme une portion du grand tout, comme un esprit emporté par le destin dans un tourbillon dont à peine il

[12] Martins, Op. cit., p. 312. [= wie Anm. 9, S. 312].

[13] *Sämtl. Werke*, t. XXX, p. 350.

connaît le mouvement. Cette idée lui était chère, parce qu'il y voyait un motif de se soumettre avec résignation aux lois fixes de la nature, d'accepter stoïquement les décrets inexorables de la nécessité et de vivre l'âme sereine.

Mais quand il se prend à contempler d'un œil scrutateur le monde extérieur, à méditer sur ses ressorts, ses fores et ses phénomènes, alors il n'en parle pas comme un spinoziste. Il en ressent les charmes, il en comprend le langage, il en interprète les mystères comme ne saurait le faire un métaphysicien disciple de l'*Éthique*, mais comme peuvent le faire un Diderot, un Buffon, un Charles Bonnet, bref, un penseur élevé dans les lumières de la philosophie de Leibniz. Si quelquefois sa pensée a de l'analogie avec celle de Spinoza, c'est aussi quand cette dernière se rapproche de Leibniz. Le métaphysicien juif et le penseur de Hanovre ont par exemple une idée commune, celle que Spinoza exprime ainsi: *ordo et connexio idearum idem est ac ordo et connexio rerum.* Goethe s'en empare à son tour; mais encore une fois, dans la teneur générale de sa doctrine, il n'est pas spinoziste, attendu que personne plus que lui n'a compris la vie et que personne plus que Spinoza ne l'a méconnue.

Toutes les personnes qui ont lu les ouvrages de Goethe ont été frappées de l'émotion qu'il aime à manifester chaque fois qu'il se trouve en présence de la nature, et de l'énergique sentiment qu'il a des activités spontanées qui se déploient dans le monde. Qui n'a pas été sous le charme en lisant entre autres cette page de *Werther*:[14]

> „Cette ardente sensibilité de mon cœur à la nature et à la vie, qui m'inondait de tant de volupté, qui du monde autour de moi faisait un paradis, me devient maintenant un insupportable bourreau, un mauvais génie qui me poursuit en tous lieux. Lorsque autrefois, du haut du rocher, je contemplais par-delà le fleuve la fertile vallée jusqu'à la chaîne de ces collines; que je voyais tout germer et sourdre autour de moi; que je regardais ces montagnes couvertes de grands arbres touffus depuis leur pied jusqu'à leur cime, ces vallées ombragées, dans tous leurs creux, de petits bosquets riants, et comme la tranquille rivière coulait entre les roseaux agités et réfléchissait le léger nuage que le doux vent du soir promenait sur le ciel en le balançant; qu'alors j'entendais les oiseaux animer la forêt; que je voyais des millions d'essaims de moucherons danser gaiement dans le dernier rayon rouge du soleil dont le regard mouvant délivrait et faisait sortir de l'herbe le hanneton bourdonnant; que le bruissement et l'activité autour de moi rappelaient mon attention sur le rocher et la mousse qui arrache à la pierre sa nourriture et le genêt qui croît le long de l'aride colline de sable, m'indiquaient cette *vie intérieure, mystérieuse, toujours active, toute-puissante qui anime la nature*!... comme je faisais entrer cela dans mon cœur! Je me sentais comme déifié par ce torrent qui me traversait, et les majestueuses formes du monde infini vivaient et se mouvaient dans mon âme. Je me voyais environné d'énormes montagnes; des précipices étaient devant moi et des rivières d'orage s'y plongeaient; des fleuves coulaient sous mes pieds, et je voyais, dans les profondeurs de

[14] *Werther*. Lettre du 18 août.

la terre, agir et réagir toutes les forces impénétrables qui créent, et fourmiller sous la terre et sous le ciel les innombrables races des êtres vivants. Tout, tout est peuplé sous mille formes différentes; et puis les hommes dans leurs petites maisons iront se rassurant et se faisant illusion les uns aux autres, et y règneront en idée sur le vaste univers! Pauvre insensé, qui crois en tout si peu de chose, parce que tu es si petit! Depuis les montagnes inaccessibles du désert qu'aucun pied ne toucha, jusqu'au bout de l'océan inconnu, souffle l'esprit de celui qui crée éternellement; et ce souffle réjouit chaque atome qui le sent et qui vit... Oh! pour lors combien de fois j'ai désiré, porté sur les ailes de la grue qui passait sur ma tête, voler au rivage de la mer immense, boire la vie à la coupe écumante de l'infini et seulement un instant sentir dans l'étroite capacité de mon sein une goutte des délices de l'*être qui produit tout en lui-même et par lui-même*... Peut-on dire: „cela est" quand tout passe, quand chaque être conserve si peu de temps la quantité d'existence qu'il a en lui et se trouve entrainé dans le torrent, submergé, écrasé sur les rochers? Il n'y a point d'instant qui ne te dévore toi et les tiens, point d'instant que tu ne sois, que tu ne doives être un destructeur... Ce qui me mine le cœur, c'est cette force dévorante qui est cachée dans toute la nature, qui ne produit rien qui ne détruise ce qui l'environne et ne se détruise soi-même... Ciel, terre, forces actives qui m'environnent, je ne vois rien dans tout cela qu'un monstre toujours dévorant et toujours affamé."

Cet enchaînement des choses dans l'unité de la vie, et cette solidarité universelle dans le temps et dans l'espace qui sont la conclusion principale de l'élaboration philosophique au XVIIe et au XVIIIe siècle, Goethe les explique et les commente de la façon la plus ingénieuse dans plusieurs de ses opuscules, entre autres dans son *Discours sur l'expérience comme intermédiaire entre l'objet et le sujet*, opuscule d'ailleurs directement inspiré par l'*Interprétation de la nature* de Diderot. „Tout phénomène dans la nature, dit Goethe, est lié à l'ensemble; et, quoique nos observations nous semblent isolées, quoique les expériences ne soient pour nous que des faits individuels, il n'en résulte pas qu'elles le soient réellement. Tout dans la nature, mais principalement les forces et les éléments généraux sont soumis à une action et à une réaction continuelles. L'on peut dire d'un phénomène quelconque qu'il est en rapport avec une foule d'autres, semblable à un point lumineux et libre dans l'espace qui rayonne dans tous les sens!"[15]

Voici un autre passage plus intéressant encore: „Chaque être vivant n'est pas une unité, mais une pluralité: alors même qu'il nous apparaît comme une individualité distincte, il est cependant une réunion d'êtres vivants, doués d'une existence propre, identiques sans doute quant à l'idée et au plan primitif, mais en apparence identiques ou semblables, distincts ou dissemblables; la réunion de ces êtres s'est produite tantôt à l'origine et tantôt ultérieurement. Ils s'isolent et se réunissent, et déterminent ainsi une reproduction infinie et variée.

[15] *Œuvres d'histoire naturelle* de Goethe, trad. par Martins, 1837 [= wie Anm. 9], – Cf. Diderot p. 11

Plus la créature est imparfaite, plus les parties qui la composent sont identiques et analogues entre elles et expriment l'image de l'ensemble; plus la créature est parfaite, plus au contraire les parties constitutives sont dissemblables. Dans un cas le tout est plus ou moins semblable à la partie, dans l'autre il est plus ou moins différent. Plus les parties sont semblables, moins elles se subordonnent les unes aux autres; la subordination des parties indique une créature d'un rang plus élevé."[16]

Les passages précédents mettent hors de doute la tendance de Goethe à expliquer les phénomènes et les êtres par l'existence de petites parties plus ou moins analogues aux monades de Leibniz. Mais il existe un ouvrage de lui, très-peu connu, un discours sur Wieland, et qui contient une sorte d'acquiescement à la monadologie, même dans ce qu'elle a de plus subtil et de plus hardi. Il considère les corps organisés comme des assemblages de monades, soumises à une *monade régnante* (*die regierende Hauptmonas*) qui les domine toutes. „L'instant de la mort, dit-il, qui pour cela s'appelle avec raison une dissolution, est justement celui où la monade supérieure régnante affranchit ses sujettes et les dégage de leur fidèle service. C'est pourquoi, de même que l'existence, je regarde la mort comme un acte dépendant de cette monade capitale dont l'être particulier nous est complétement inconnu... Cependant les monades sont inaltérables de leur nature, et leur activité ne saurait ni se perdre, ni se trouver suspendue au moment de la dissolution. Elles ne quittent leurs anciens rapports que pour en contracter de nouveaux sur-le-champ; et, dans cet acte de transformation, tout dépend de l'intention de la puissance contenue dans telle ou telle monade."[17] Goethe entre à ce sujet dans des développements où il dénature le caractère des monades de Leibniz. Mais il ne reste pas moins vrai qu'il a eu recours aux entéléchies primordiales et aux centres infiniment petits où la matière et la force disparaissent dans une consubstantialité purement énergétique, pour expliquer les choses et en particulier les êtres organisés. Cette explication n'est d'ailleurs qu'un épisode de sa vie speculative. En dehors de la morphologie, rien ne lui paraissait susceptible d'une précision rigoureuse et d'une détermination exacte. La diversité multiple et changeante des phénomènes lui paraissait, comme nous l'avons vu, le symbole d'une vie intérieure, d'une force aussi indéfinie que réelle, relevant plutôt du sentiment que de la raison, et où il trouvait ce qu'on peut appeler son Dieu.

Le panthéisme est la théologie des poètes athées. Ce fut celle de Goethe. Son Dieu est l'activité sublime partout présente, partout mouvante et se traduisant par des myriades de créations infiniment variées et dans un état de

[16] Sämmtl. Werke, t. XXVII, p. 5 à 8; cité par Faivre: Les Œuvres scientifiques de Goethe, p. 397 [= Ernest Faivre: Œuvres scientifiques et esthétiques de Goethe, Paris 1862, p. 397].

[17] Fragm. cité par Blaze, dans son *Essai sur Goethe*; en tête de sa trad. de Faust, 1853, p. 80 [= Henri Blaze: Essai sur Goethe, in: Johann Wolfgang von Goethe: Le Faust, Paris 1853, S. 4–151].

perpétuelle métamorphose. Les forces célestes, dont il parle dans *Faust*, qui montent et descendent et se passent de main en main les seaux d'or et remplissent l'univers d'harmonie, l'Esprit dont il invoque la présence aux moments les plus solennels de ses compositions, la cause inconnue de la nature, ou plutôt le ressort caché et tout-puissant qui agit en elle, voilà son Dieu et l'objet de ses adorations poétiques. „Tout, s'écrie-t-il, ne flotte-t-il pas dans un éternel mystère? Remplis-en ton cœur aussi grand qu'il est, et, quand tu nageras dans la plénitude de l'extase, nomme ce sentiment comme tu voudras, nomme-le le bonheur! cœur! amour! Dieu! Je n'ai point de nom pour cela. Le sentiment est tout, le nom n'est que bruit et fumée, obscurcissant la céleste flamme!“[18]

Ce Dieu ne ressemble pas beaucoup à celui de Leibniz sans doute. Cependant, dans le curieux morceau que nous avons cité tout à l'heure, et où Goethe n'hésite pas à proposer quelque chose de bien approchant de la *Monadologie*, on trouve une conception théologique, assez vaguement indiquée il est vrai, mais d'un caractère très-leibnizien. „Pourquoi ne pas supposer au centre de la création une monade universelle, aimante, qui dirige et gouverne selon ses desseins les monades de l'univers, de la façon que notre âme gouverne et dirige les monades qu'elle s'est subordonnées?“[19] Goethe ajoute, il est vrai, que c'est là une pure hypothèse. En tous les cas, par là encore, il s'éloigne singulièrement du panthéisme spinoziste.

Nous avons dit déjà que les sciences d'observation ont occupé la plus grande place dans la vie de Goethe. Et il s'y adonnait non pas en amateur ou en *dilettante*, mais en véritable savant, laborieux, consciencieux, scrupuleux. C'était chez lui affaire de goût et même de besoin, non de caprice ou de vanité. „Les plus beaux moments de ma vie sont ceux que j'ai consacrés à l'étude de la métamorphose des plantes,“ nous dit-il quelque part. Et avec quelle joie, avec quel noble intérêt, âgé de quatre-vingts ans, il suivait les discussions qui eurent lieu, en 1830, au sein de notre Académie des sciences! C'est à les résumer qu'il consacra les dernières pages sorties de sa plume. – D'autres naturalistes ont pénétré plus profondément dans la structure intime des êtres vivants, et en ont conçu avec plus de précision les mécanismes et les ressorts physiologiques; d'autres, ayant à leur disposition plus de faits et de documents, ont embrassé dans leurs études une plus grande quantité d'individus, et en ont mieux saisi les affinités zoologiques; aucun n'a scruté l'animal et la plante, considérés dans leurs harmonies individuelles et le rapport de leurs parties, avec plus de suite, plus de clairvoyance et plus de vigueur.

„A Goethe, dit un savant critique, revient l'honneur d'avoir été, un des premiers, frappé de la ressemblance des êtres et d'avoir conçu que ces ressemblances prouvaient l'existence d'une loi commune d'organisation. Il

[18] Faust, 1re partie: le Jardin de Marthe.

[19] Blaze, *Essai sur Goethe* en tête de sa traduction de Faust, 1853, p. 85 [= wie Anm. 17, S. 85].

doit être regardé comme un des auteurs qui ont contribué à fonder la moderne et brillante science de l'anatomie philosophique."[20] Ce jugement est aussi celui des plus éminents naturalistes de notre temps et particulièrement de de Candolle, des Geoffroy Saint-Hilaire, d'Auguste Saint-Hilaire, d'Alexandre de Humboldt, etc.

Cette loi commune d'organisation, Goethe l'a recherchée dans les plantes et les animaux. Voyons d'abord ce qu'il a fait en botanique.

Il raconte lui-même que l'examen attentif d'un palmier éventail (*Chamaerops humilis*) dans le jardin botanique de Padoue lui inspira subitement des réflexions originales. Il fut frappé de la variété des modifications que peuvent affecter, dans leur développement successif, les feuilles caulinaires d'une plante pour passer aux formes les plus diverses. Il vit comment à la place des premières petites feuilles radicales plus simples se développent des feuilles de plus en plus séparées jusqu'aux feuilles pennées les plus complexes. Il constata ensuite les transformations des feuilles de la tige en feuilles du calice et de la fleur, et de ces dernières en étamines, nectaires et graines. Tel est le fondement de la *Métamorphose des plantes* qu'il donna au public en 1790. L'idée générale de cet ouvrage est donc de montrer que tous les organes de la fleur sont des feuilles transformées ou, d'une manière plus générale, sont analogues les unes aux autres. De même que chez les animaux vertébrés, l'extrémité antérieure devient tantôt un bras comme chez l'homme et le singe, tantôt une patte garnie d'ongles, tantôt un pied antérieur terminé par un sabot, tantôt une nageoire, tantôt une aile, tout en conservant une disposition semblable dans son union avec le corps; ainsi une feuille se présente, soit comme feuille terminale, feuille de la tige ou caulinaire, feuille du calice, feuille de la fleur ou pétale, étamine, nectaire, pistil, péricarpe, etc. Ces opinions de Goethe, d'abord repoussées, puis discutées par les naturalistes, ont aujourd'hui conquis droit de cité dans la science et constituent le fond de la botanique philosophique.

En zoologie, Goethe s'est préoccupé de démontrer que les différences que l'on observe dans la conformation anatomique des animaux, ne doivent être considérées que comme des modifications d'un plan commun et d'un type primitif. Dès 1786, il publia un opuscule sur l'*os intermaxillaire*. On savait que, chez tous les animaux vertébrés, la mâchoire supérieure se compose de chaque côté de deux os distincts, celui de la mâchoire supérieure proprement dite et l'os intermaxillaire; mais on croyait que cet os fait défaut à la bouche de l'homme. C'est alors que Goethe découvrit sur des crânes humains de faibles traces de ces sutures qui, chez les animaux, relient la mâchoire supérieure proprement dite à la partie intermédiaire. Il en conclut que l'homme possédait originairement un os intermaxillaire, lequel a disparu en se soudant avec l'os de la mâchoire supérieure. Ce fait, peu important en lui-même, suggéra

[20] Littré, ,Revue des Deux-Mondes, 1er avril 1838 [= Émile Littré: Œuvres d'histoire naturelle, de Goethe, in: Revue des Deux-Mondes 14 (1838) S. 94–110].

un certain nombre d'idées nouvelles au poète naturaliste: Que l'homme et l'animal aient des organes analogues pour des besoins analogues, rien de plus concevable; mais que ces analogies persistent même quand elles de correspondent plus aux exigences de la structure parfaite des organismes, il y avait là de quoi vivement exciter la curiosité investigatrice de Goethe. Les études auxquelles il se livra dans cette voie dénotent une sagacité rare et une puissance d'observation comme peu d'anatomistes en ont montré. Il en a exposé les résultats dans un ouvrage publié en 1795 et intitulé: *Introduction générale à l'anatomie comparée*. „Je me propose, dit-il, d'établir un type anatomique, un modèle universel, contenant autant que possible les os de tous les animaux, pour servir de règle en les décrivant d'après un ordre établi d'avance; ce type devait être établi en ayant égard, autant que possible, aux fonctions physiologiques. L'idée d'un type universel emporte nécessairement avec elle une autre idée, savoir celle de la non-existence de ce type de comparaison comme être vivant, car la partie ne peut être l'image du tout." Voilà son but. Son livre prouve avec autant de précision que de clarté, que les différences de structure des animaux doivent être regardées comme des modifications d'un seul et même type fondamental, produites par l'oblitération, la déformation, l'augmentation ou la diminution des organes ou par la disparition complète de chaque partie.

Seulement cette idée n'est pas à lui. Il l'a prise à Diderot. Voici, en effet, ce qu'on lit dans l'*Interprétation de la nature*: „Ne croirait-on pas volontiers qu'il n'y a jamais eu qu'un premier animal prototype de tous les animaux dont la nature n'a fait qu'allonger, raccourcir, transformer, multiplier, oblitérer certains organes?"[21] Et Diderot exprime ici un sentiment qu'on retrouve chez tous les naturalistes leibniziens du XVIIIe siècle, le sentiment plus ou moins net de l'unité de composition et de type dans le règne organique.

Une idée dont on n'y trouve pas l'indication explicite, bien qu'elle dérive de la précédente et que Diderot a formulée avec beaucoup de précision, est celle du balancement physiologique et des compensations organiques. „Il est évident, dit-il, que la nature n'a pu conserver tant de ressemblance dans les parties et affecter tant de variétés dans les formes, sans avoir souvent rendu sensible dans un être organisé ce qu'elle a dérobé dans un autre. C'est une femme qui aime à se travestir et dont les différents déguisements, laissant échapper tantôt une partie, tantôt une autre, donnent quelque espérance de connaître un jour toute sa personne."[22]

Diderot avait dit que la somme d'activité est invariable dans l'organisme et que quand un organe travaille trop, c'est toujours au détriment d'un autre organe. Or Goethe s'empare de cette idée, en trouve la vérification constante dans ses études d'anatomie comparée, et écrit à son tour: „Aucune partie ne

[21] Voir tout le passage cité plus haut, liv. III, chap. I. Diderot [= Denis Diderot: Pensées sur l'interprétation de la nature, Paris 1753].

[22] Interpr. de la nature, § XII [= wie Anm. 21].

peut augmenter, sans qu'une autre partie ne perde de son volume, et réciproquement. Telles sont les limites dans lesquelles la force plastique se joue d'une manière bizarre et arbitraire, sans qu'elle puisse ni dépasser, ni franchir le cercle fatal. Les chapitres du budget qui doit régler les dépenses de la nature sont fixés d'avance; mais elle est libre, dans certaines limites, de répartir ses dépenses comme il lui plaît; si elle veut dépenser davantage d'un côté, elle ne rencontre pas d'obstacles, mais elle est forcée de se restreindre sur un autre point: c'est ainsi que la nature ne peut jamais s'endetter ni faire faillite."[23]

Mais comment d'après ce type idéal de tous les êtres, comment représenter l'éternel exemplaire morphologique? Là est la grande difficulté. Le poète lui-même le sentait bien quand il disait: „Cela peut s'exprimer et non se démontrer." En effet, le type est une de ces notions spéculatives tellement générales qu'elles échappent à la détermination. Cependant c'est cette idée qui a inspiré les travaux féconds d'une grande école de naturalistes.[24]

Une autre idée, chère à Goethe, est celle du polyzoïsme, également empruntée aux naturalistes leibniziens:

„Arriver, dit Goethe, à la connaissance des êtres organisés en général et de ceux qui sont les plus parfaits de tous les mammifères en particulier, découvrir les lois universelles qui gouvernent les organismes inférieurs; se pénétrer de cette vérité que la structure de *l'homme* est telle qu'*il réunit en lui une foule d'organismes* et de qualités variées *qui en font un petit monde* au physique comme au moral et le posent comme le représentant des autres espèces animales, tel est le but qu'on doit se proposer."[25]

Goethe fut un des premiers qui comprirent et adoptèrent les idées de Gall, dont la hardiesse étonna tout d'abord tant de philosophes et de physiologistes. Bien plus, il prétend que les idées de Gall lui étaient familières depuis longtemps. Il nous raconte lui-même qu'il suivit à l'université de Halle, et avec le plus grand empressement, les cours de l'illustre inventeur de la physiologie cérébrale et que ses doctrines ne pouvaient manquer de *lui sourire*, car il était „accoutumé à regarder le cerveau sous le rapport de l'anatomie comparée." „L'idée fondamentale de Gall, ajoute-t-il, n'avait rien de neuf pour moi." Il se félicite de ce que Gall exposait, dans ses leçons, des théories sur la métamorphose des plantes.[26]

Dans les sciences inorganiques il a été moins heureux. Il a publié plusieurs opuscules de géologie et de minéralogie, dans lesquels il rend compte des

[23] Trad. et cité par Faivre, *Œuv. scient. de Goethe*, in-8°, 1862, p. 129. [= wie Anm. 16, S. 129].

[24] „Cette doctrine est devenue l'idée mère, le fondement de l'anatomie comparée telle qu'elle existe aujourd'hui. Jamais, depuis Goethe, elle n'a été mieux ni plus clairement exposée que par lui. Depuis, elle n'a subi que peu de changements essentiels, dont le plus important est qu'on n'admet plus aujourd'hui un type commun pour tout le règne animal, mais un pour chacune des principales divisions établies par Cuvier." (Helmholtz, loc. cit., p. 18).

[25] *Œuvres d'histoire naturelle*, trad. par Martins, p. 64 [= wie Anm. 9, S. 64].

[26] *Mémoires* de Goethe. Annales, 1805.

observations qu'il a faites sur les roches de différents pays d'Allemagne. Il y constate de temps en temps quelques particularités intéressantes, il y montre une exactitude scrupuleuse, mais sans avancer rien de nouveau. Il a quelques vues théoriques sur la géogénie, mais d'un caractère obscur.

Goethe voulut appliquer à l'étude des couleurs la méthode vicieuse qu'il croyait applicable à l'étude des choses extérieures, la méthode d'observation immédiate et intuitive. Il a raconté lui-même comment il y fut amené. Il avait longtemps réfléchi sur l'esthétique des couleurs, et si, comme artiste, il était parvenu à s'en faire une idée nette, comme physicien il n'avait pas approfondi l'étude des phénomènes. C'est alors qu'il résolut de répéter les expériences qui établissent la théorie physique des couleurs, et de s'instruire par un examen attentif et scientifique. Dans ce dessein il emprunta un prisme au physicien Buttner, à Iéna. Mais diverses occupations l'empêchèrent de s'en servir. Au bout d'un certain temps, le propriétaire du prisme le fait redemander, Goethe répond qu'il en a toujours besoin. Enfin, après plusieurs démarches vaines, Buttner, homme de beaucoup d'ordre, envoie un commissionnaire qui doit rapporter l'instrument sur-le-champ. Goethe retire alors le prisme du tiroir où il l'avait renfermé, et, avant de le rendre, il veut du moins y jeter un coup d'œil. Il se tourne au hasard du côté d'une grande muraille blanche et brillante, pensant que la lumière répandue sur la muraille se décomposera d'autant mieux que cette lumière est en plus grande quantité: supposition qui prouve, disons-le en passant, combien peu il connaissait les expériences de Newton. Son attente fut déçue. Il ne vit pas de spectre sur la muraille. Tel fut le point de départ d'un grand nombre d'expériences nouvelles, auxquelles il tâcha, mais vainement, d'intéresser les savants qui vivaient autour de lui. Il en tira la théorie suivante. Les couleurs sont toujours plus foncées que le blanc, elles ont quelque chose qui tient de l'ombre. Le mélange direct de lumière et d'ombre, de blanc et de noir donne le gris. Les couleurs proviennent du mélange en diverses proportions de la lumière et de l'ombre. Un des arguments de Goethe, c'est que les matières translucides paraissent bleues quand on les place sur un fond obscur, et jaunes quand on les regarde par transmission. Nous ne pouvons pas entrer dans le détail des expériences nombreuses et ingénieuses de Goethe, où il déploya une patience incroyable et une finesse d'observation digne d'un meilleur résultat. Mais il était engagé dans une impasse, et il suffisait de l'expérience bien faite de la décomposition de la lumière par le prisme pour le convaincre qu'il avait tort, et que la théorie de Newton était exacte. On ne s'explique guère, en vérité, qu'au lieu de lui opposer des arguments discursifs, ses amis n'aient pas cherché à l'édifier par la méthode expérimentale et ne l'aient pas empêché ainsi de perdre un temps précieux. Son livre de la *Théorie des couleurs* très-remarquable au point de vue de l'érudition et plein de vues ingénieuses sur le coloris, peut être encore consulté à cet égard

François-Jules Pictet [Rez.]: Œuvres scientifiques de Goethe (1838)

Vita – Abstract

François Jules Pictet (27. September 1809 Genf – 15. März 1872 Genf) studierte Naturwissenschaften in Genf und Paris, wurde 1835 in Genf zum Professor der Zoologie und Anatomie ernannt, unterrichtete auch Geologie und Paläontologie, war zweimal Rektor der Universität und wurde in verschiedene Akademien aufgenommen. Seine Forschungen behandelten Themen der Insektenkunde (*Histoire naturelle des insectes névroptères*, 1841/43) und Paläontologie (*Traité élémentaire de paléontologie*, 1844–46). Pictet, der sich auch als Politiker in Genf engagierte, vertrat eine sukzessive Schöpfungstheorie („créationnisme progressif") und lehnte entsprechend die Evolutionstheorie von Charles Darwin (1809–1882) ab (*Sur l'origine de l'espèce par Charles Darwin,* in: Archives des Sciences, Bibliothèque Universelle, Bd. 7, 1860, S. 233–255).

Pictet erwartet von der von ihm zustimmend rezensierten Übersetzung von Goethes wissenschaftlichen Werken durch Charles-Frédéric Martins (1806–1889), dass der Dichter aus Weimar auch im Ausland zugleich als ernsthafter Naturforscher und Anatom gelesen werde, dessen Beiträge zur Geologie, Botanik und Anatomie die wichtigsten und ebenso umstrittensten Fragen der Organisation behandelten, wobei Pictet als Zoologe und Anatom besonders auf die vergleichende Anatomie im Zusammenhang mit Goethes Lebensentwicklung hinweist, das Prinzip der Einheit der organischen Komposition („principe de l'unité de composition organique") und den ausgleichenden Budgetgedanken der Natur hervorhebt, speziell auf den Zwischenkieferknochen, die Wirbeltheorie und abschließend den Akademiestreit zwischen Georges Cuvier

D. von Engelhardt, *Goethe als Naturforscher im Urteil der Naturwissenschaft und Medizin des 19. Jahrhunderts*,
https://doi.org/10.1007/978-3-662-68126-8_37

(1762–1832) und Étienne Geoffroy Saint-Hilaire (1772–1844) sowie ihre Würdigung durch Goethe in der Perspektive des Dialogs zwischen Frankreich und Deutschland eingeht und auch nicht den Hinweis auslässt, dass der Dichter in ihm in seinen Forschungen gelegentlich eine nahezu ebenso wichtige Rolle gespielt habe wie der Naturforscher („que le poète y joue un rôle presque aussi important que le naturaliste").

Pictet, François-Jules [Rez.]:
Œuvres scientifiques de Goethe, Paris 1837, in: Bibliothèque universelle de Genève, N. S. (1838) S. 338–350.

* * *

Il y a peu d'années que l'on a commencé à savoir hors d'Allemagne, que Goethe avait cultivé avec succès l'histoire naturelle. La gloire si brillante qu'il s'était acquise comme poète, avait entièrement éclipsé celle plus modeste que lui méritaient, à bien des titres, ses travaux scientifiques. Aussi quand, en 1830, dans l'Académie des Sciences de Paris, au sujet d'une importante discussion sur les principes de l'anatomie comparée, son nom fut, pour la première fois peut-être en France, invoqué comme autorité, la plupart des membres de cette assemblée, ignorant quels étaient ses titres à cet égard, furent près de taxer cette assertion de paradoxe. Et en effet, ses productions littéraires et poétiques seront toujours, de beaucoup, la base la plus solide de sa vaste renommée, et sa popularité ne serait certainement pas si grande s'il se fût borné à écrire les Métamorphoses des plantes ou ses Mémoires d'anatomie comparée.

Alors même qu'il fut bien établi que Goethe s'était occupé des sciences naturelles, peu de personnes lurent ses ouvrages: on ne voulut y voir que les délassements d'un homme de génie, et le résultat de cette tendance naturelle des esprits supérieurs à s'exercer sur les matières qui semblent au premier abord leur être le plus étrangères. On ne pouvait pas croire qu'une imagination si ardente pût se plier à ces recherches froides et sévères, qui sont seules capables d'assurer un succès durable dans les sciences d'observation. Cette opinion était cependant erronée; et maintenant que ses travaux sont plus répandus et plus connus, on peut se convaincre que Goethe a fait de bonnes et solides études d'histoire naturelle, manié avec habileté le scalpel de l'anatomiste, et écrit des mémoires dans lesquels le poète ne disparaît pas, il est vrai, tout à fait, mais se montre en même temps un observateur plein de méthode et de sagacité.

M. Martins a réuni en un volume et traduit en français les œuvres d'histoire naturelle de Goethe. Cette publication contribuera beaucoup à faire connaître en France cette branche des travaux du poète de Weimar. Il nous a semblé qu'une analyse très-succincte de ce livre serait de nature à intéresser les lecteurs de la *Bibliothèque Universelle*, car il y a toujours quelque instruction à recueillir dans l'étude des diverses phases de la vie d'un homme aussi supérieur. Nous désirons surtout leur inspirer le désir d'étudier l'ouvrage lui-même; il intéressera, nous n'en doutons pas, tous ceux qui aiment à voir les questions de principes de la science, traitées avec clarté et philosophie. Nous avouons, d'ailleurs, que notre tâche n'est pas tout à fait désintéressée. Voué à l'étude de l'histoire naturelle nous désirons faire reconnaître Goethe pour un des amis de cette belle science. Ne nous est-il pas permis d'être fier d'avoir un si beau nom à enrôler sous sa bannière?

Les travaux de Goethe sur l'histoire naturelle ont eu pour objet l'anatomie comparée, la botanique et la géologie. Les uns et les autres sont empreints de la hauteur de conception, et de la profondeur de vues qui caractérisent le génie; ils portent sur les points les plus importants, mais aussi quelquefois les plus contestés de l'organisation; aussi devons-nous nous borner à la partie que nous pouvons le mieux apprécier, et faire connaître principalement les services qu'il a rendus à l'anatomie comparée. Mais auparavant, et pour expliquer comment et jusqu'à quel point Goethe a été anatomiste, il est indispensable de jeter un coup d'œil sur sa vie et sur l'époque de ses travaux.

Né et élevé à Francfort-sur-Mein, Goethe dirigea ses premières études, comme il nous l'apprend lui-même, vers la connaissance des langues anciennes et modernes. Son goût littéraire se développa de bonne heure, et des essais poétiques complétèrent ces premiers travaux. Aucune circonstance ne l'avait encore mis à même d'étudier la nature, et tout au plus un vague désir d'en connaître les lois traversait de temps à autre son esprit. „Cà et là dans mes essais poétiques, dit-il dans l'esquisse qu'il a donnée en 1831 de ses études botaniques on aperçoit quelques traces d'un amour passionné pour la campagne, et d'un besoin sérieux de pénétrer le grand secret de la création et de l'anéantissement continuel des êtres; mais ce besoin s'évaporait en vaines et inutiles contemplations."

Ce fut à Strasbourg, en 1770, qu'il aborda pour la première fois les sciences naturelles. Venu dans cette ville pour prendre le grade de docteur en droit, il n'accorda à cette étude que le temps strictement nécessaire, et suivit avec ardeur des cours de chimie, d'anatomie, de médecine, et même de l'art des accouchements. Il retourna en Allemagne avec un goût très-prononcé pour ces sciences, goût que son séjour de Weimar contribua encore à développer. Vivant beaucoup à la campagne, au milieu d'une société d'hommes instruits, faisant des herborisations fréquentes, et profitant de toutes les occasions pour développer et appliquer son esprit d'observation, il se rendit compte des principaux phénomènes de la végétation, et c'est de cette époque que date la conception de ses principales idées d'organographie botanique. Il se représente ensuite à Iéna comme travaillant avec ardeur aux collections d'anatomie comparée, dont l'importance se faisait de plus en plus sentir pour l'enseignement; les collections de cette ville renferment encore plusieurs préparations de sa main. Par là il acquérait la connaissance exacte et détaillée des formes animales, et se préparait d'importants matériaux pour ses travaux postérieurs. „Je sciais, dit-il, et fendais des os et des crânes dans tous les sens, afin d'obtenir des lumières prévues ou imprévues sur la structure des os.“ Et en effet, l'ostéologie est la partie de la zoologie dont il s'est surtout occupé par la suite. A cette époque il devint l'émule et l'ami de l'anatomiste Loder, et dès lors il n'a presque pas cessé de travailler à l'anatomie comparée, soit pour connaître ce qui avait été fait avant lui, soit pour reculer les bornes de la science et améliorer les méthodes. Quatorze mémoires ou notices, composés de 1786 à 1832, ont témoigné de son intérêt continu pour cette étude. Cependant ses mémoires ne reçurent pas toujours un accueil encourageant. Ainsi, lorsqu'il eut rédigé sa découverte de l'os intermaxillaire dans l'homme, il l'envoya à Camper, qui lui fit des éloges sur la rédaction, lui donna des conseils sur les dessins, mais n'admit pas les résultats. Blumenbach se refusa aussi à en reconnaître la vérité. Malgré l'imposante désapprobation de deux des plus célèbres anatomistes de l'Allemagne Goethe ne se découragea pas; mais ce ne fut que quarante ans plus tard que ses idées sur l'os intermaxillaire furent adoptées par tous les naturalistes. C'est malheureusement l'histoire de la plupart des découvertes qui s'écartent de la ligne des idées généralement admises.

Goethe tenait beaucoup à sa réputation de naturaliste, et désirait surtout que l'on n'attribuât pas les résultats auxquels il était arrivé, à une imagination brillante, mais qu'on y vit le fruit de longs et sérieux travaux. Il termine l'histoire de ses études botaniques par ces mots: „Depuis un demi-siècle et plus, je suis connu comme poète dans mon pays et même à l'étranger, et on ne songe pas à me refuser ce talent. Mais ce que l'on ne sait pas aussi généralement, ce que l'on n'a pas suffisamment pris en considération, c'est que je me suis occupé sérieusement et longuement des phénomènes physiques et physiologiques de la nature, que j'avais observés en silence avec cette persévérance que la passion seule peut donner. Aussi lorsque mon Essai sur l'intelligence des lois du développement de la plante, imprimé en allemand depuis quarante ans, fixa l'attention d'abord en Suisse, puis en France, on ne sut comment exprimer son étonnement de ce qu'un poète, occupé ordinairement des phénomènes intellectuels qui sont du ressort du sentiment et de l'imagination, s'étant un instant détourné de sa route, avait fait en passant une découverte de cette importance. C'est pour combattre cette fausse croyance que cet avant-propos a été fait. Il est destiné à montrer que j'ai consacré une grande partie de ma vie à l'étude de l'histoire naturelle, vers laquelle m'entraînait un goût passionné. Ce n'est point par l'inspiration subite et inattendue d'un génie doué de facultés extraordinaires, c'est par des études suivies, que je suis arrivé à ce résultat.“

Ainsi donc nous pouvons regarder Goethe comme un véritable naturaliste, qui, s'il n'avait pas eu une si belle réputation de poète, aurait depuis longtemps été cité parmi les savants dont s'honore l'Allemagne. Il a fait avancer la science et a bien compris ses besoins. Il a étudié avec ardeur les faits sur lesquels elle s'appuie, et, comme il nous le dit lui-même, il est arrivé aux lois générales par la comparaison des détails. Certes nous ne voulons point nier la part que sa force d'imagination peut avoir eue; ce beau don a été en général l'apanage de tous ceux qui ont fait avancer la science par des conceptions nouvelles et d'heureuses théories. Mais nous ne sommes plus au temps où l'on puisse regarder comme un progrès les théories qui ne sont que le produit de cette faculté, quelque brillante qu'elle soit. L'imagination ne peut être admise que quand elle généralise des faits, qu'elle en tire des conséquences, et projette par là une vive lumière sur une matière qui sans elle serait restée inerte et obscure. C'est ce genre d'imagination qui a présidé aux travaux de Goethe. C'est la gloire inhérente à ses résultats, qu'il réclame; gloire que nous allons justifier en recherchant quels sont les services qu'il a rendus à cette science, et quelle est la manière dont il a envisagé quelques-unes des questions importantes qui se sont débattues dans ces dernières années.

Goethe, allemand et poète, devait partir du principe de l'unité de composition organique dans son acception la plus étendue; et en effet, la plupart de ses travaux ont été dirigés vers la démonstration de cette loi, qui tend tous les jours davantage à devenir la base de l'anatomie comparée. Il précéda à cet égard tous les naturalistes de son siècle; toutefois il a été dépassé depuis, et quelques anatomistes allemands ont marché bien plus loin dans cette voie alors nouvelle. Le temps démontrera s'ils y ont marché avec autant de bonheur. Goethe sentit promptement que les déterminations anatomiques étaient entachées d'une variété opposée au développement de la science; il comprit qu'il fallait un point de ralliement pour ces déterminations, qu'elles devaient être uniformes dans tous les animaux, et que, sans ce principe, la confusion et l'absence de règle devaient nécessairement rendre l'étude de l'anatomie comparée, pénible et même impossible. Il ne tarda pas à reconnaître que ce point de ralliement était le principe d'unité de composition organique, et que la découverte de cette loi devait changer la face de la science, en lui donnant pour base l'unité qui règne dans la nature. Il fut donc, à ce qu'il paraît, le premier, sinon qui entrevit, du moins qui comprit clairement ce grand fait. Mais il ne publia pas tout de suite ses idées à cet égard, de sorte que la marche constante de la science le fit découvrir dans l'intervalle, en France, par Geoffroy St.-Hilaire. La régénération de l'anatomie comparée partit donc à la fois de ces deux pays, et si ces découvertes ont entraîné des débats si animés, on ne doit, je pense, l'attribuer qu'à la trop grande promptitude qu'ont voulu déployer les novateurs, car le principe d'unité de composition organique ne peut plus être nié dans certaines limites; les travaux même de ceux qui s'y sont opposés lorsqu'on l'énonçait dans toute sa généralité, reposent sur ce principe considéré comme plus restreint. Toute discussion ne peut plus aujourd'hui avoir pour objet que ces limites à fixer, et nous ne pensons pas que l'état de la science permette de le faire avec quelque sécurité.

Partant de ces principes; l'illustre auteur dont nous analysons les travaux, a publié quelques mémoires que l'on peut rapporter à deux catégories. La première est relative à la méthode qui doit diriger dans les recherches d'anatomie comparée. La seconde est la découverte de quelques faits spéciaux se rapportant à la démonstration du principe. Dans la première, nous citerons principalement le mémoire intitulé, *De la nécessité d'établir un type pour faciliter l'étude de l'anatomie comparée*. L'ancienne méthode, qui consiste à comparer l'homme aux animaux et ceux-ci entre eux, est longue, sans principes fixes, et n'a amené qu'à des résultats incomplets. Il faut pour chaque espèce signaler les différences et les ressemblances avec les autres, et, quoique les méthodes naturelles aient beaucoup facilité ces comparaisons en diminuant le nombre des êtres à comparer, on peut cependant dire avec Goethe, que l'anatomie comparée, envisagée de cette manière est „un travail impossible, infini, qui, si par miracle il s'accomplissait un jour, serait sans résultats comme sans limites."

L'idée d'un type idéal, créé, par abstraction, de la réunion des parties communes à tous les animaux, suppose un aperçu philosophique sur l'ensemble de l'organisation, met dès l'abord en évidence les points saillants, permet de réduire toutes les descriptions à la comparaison des espèces au type, rend par cela même toutes ces descriptions comparables entre elles, et le travail en devient plus facile et plus philosophique. La possibilité de créer ce type découle de la loi d'unité de composition organique, et l'idée du type n'est autre chose que la conception complète de cette loi, car, si l'on suppose les organes analogues et semblablement disposés, cette existence et cette disposition communes, considérées abstraction faite des formes et des variations individuelles, constituent naturellement le type, qui d'après cela ne peut se confondre avec aucune espèce, pas plus que le tout ne peut être confondu avec la partie. On conçoit combien une pareille méthode est préférable à celle, si fréquemment employée, de prendre l'homme pour type, tandis que sa perfection même le rend, dans la plupart des cas, très impropre à cet usage.

La création du type est nécessairement variable suivant les objets de comparaison. Si l'on veut étudier une classe spéciale, le type pourra être plus défini, les caractères communs étant plus nombreux. Le type le plus difficile à établir sera le type animal, car, pour le bien saisir, il faudra avoir une idée complète des parties communes à tous les animaux, ou, en d'autres termes, avoir épuisé l'étude des analogies. Aussi l'établissement des types sera-t-il un tâtonnement, et le type parfait le résultat de la science à son apogée, comme le type imparfait sera le résumé de cette science à une certaine époque, et la base sur laquelle elle s'appuiera pour continuer sa marche.

Une fois le type créé, Goethe s'occupe de sa comparaison avec les formes individuelles, et, dans cette analyse, part du principe, que la diversité des formes ne provient que de ce que, dans le développement, une partie devient prédominante aux dépens d'une autre, et *vice versa*. Il admet à cet égard l'influence des milieux ambiants et en général des causes extérieures, qui forcent la matière nutritive à se porter en surabondance et sous certaines formes à des parties déterminées de manière à y créer une hypertrophie, toujours suivie d'atrophie dans quelque autre partie du même être, parce que la matière nutritive en est détournée au profit des premières. Il suppose qu'une certaine force de formation ou force *plastique* est donnée à chaque être, et que, si elle se porte sur un point, il doit nécessairement en résulter des modifications inverses pour les autres.[1] „Le total général, dit-il, au budget de la nature est fixé; mais elle est libre d'affecter les sommes partielles à telle dépense qu'il lui plaît. Pour dépenser d'un côté, elle est forcée d'économiser de l'autre, c'est pourquoi la nature ne peut jamais ni s'endetter, ni faire faillite.“ Il est facile de reconnaître ici le principe exposé par M. Geoffroy Saint-Hilaire sous le nom de *balancement des organes.*

Ces considérations peuvent s'appliquer de deux manières: ou en comparant les êtres entre eux, et le résultat de cette observation est de montrer le type général modifié par la loi ci-dessus, suivant le rôle que l'espèce joue dans la nature et le milieu qu'elle habite; ou en comparant entre elles les diverses parties d'un même être, étude dans laquelle on remarque le même balancement, et qui conduit à des généralisations d'un caractère plus difficile et compris ordinairement sous le nom de *loi d'homologie*. Nous nous arrêterons ici dans ces recherches sur le type, et ne suivrons pas l'auteur dans les applications qu'il en fait en présentant un modèle de type ostéologique pour les mammifères, et en analysant les variations des os et les caractères auxquels on peut les reconnaître; analyse d'une haute importance par ses applications, mais qui nous entraînerait au-delà des limites que nous nous sommes prescrites en commençant cet article.

Dans la seconde catégorie, celle des travaux spéciaux, nous trouvons toujours la même tendance et les mêmes vues philosophiques. Un des plus généralement connus est la découverte de l'*os intermaxillaire* dans l'homme. On sait que la plupart des mammifères ont chaque côté de la mâchoire supérieure formé de deux os, l'un externe, le plus grand, qui porte les dents molaires et les canines, et qui est le *maxillaire* proprement dit; l'autre interne, plus petit, qui porte les dents incisives, et qui a reçu le nom d'os *incisif* ou *intermaxillaire.* Ces deux os ne sont pas séparés dans l'homme à l'état adulte.

Les naturalistes du siècle passé avaient saisi avec empressement ce fait, comme tendant à établir que l'homme et les animaux n'ont point une structure commune. Sentant quelle distance immense sépare l'homme du reste de la création, ils cherchaient avec soin toutes les différences d'organisation qui pouvaient augmenter cette distance; ne comprenant pas que ces détails de structure ne sont rien auprès des différences d'un ordre plus élevé, qui seu-

[1] Pour faire comprendre cette idée aux personnes peu familiarisées avec ces théories, je citerai l'exemple des reptiles; chez lesquels on voit la force plastique se porter tantôt sur les vertèbres, tantôt sur les pattes. En partant, comme moyenne, du lézard, on arrive d'un côté à la grenouille, où les pattes, en se développant outre mesure, forcent les côtes à s'atrophier, et de l'autre aux serpents, chez lesquels le développement des côtes entraîne la disparition des pattes. Ce dernier exemple a même ceci de remarquable, qu'on peut voir toutes les transitions, d'abord par les scinques, qui ont plus de côtes que les lézards et de plus petites pattes, puis par les seps, qui ont presque les côtes des serpents et des pattes rudimentaires, et enfin par les orvets, qui se rapprochent encore plus des serpents, et dont les membres sont invisibles au dehors.

les peuvent établir une barrière infranchissable. Goethe comprit et démontra que sur ce point, comme sur les autres, les matériaux organiques qui constituent le corps de l'homme sont les mêmes que ceux qui composent celui des animaux. Il prouva que l'homme, à tous les âges, présente des traces de la duplicité des os de la mâchoire, et qu'on peut dans l'homme adulte retrouver à certains critères, dans une portion du maxillaire, le véritable os incisif des mammifères. Il confirma cette manière de voir en établissant que dans l'enfant, à sa naissance, les deux os sont séparés et distincts, et que la seule différence qu'on puisse signaler à cet égard est que, dans l'homme, ils se soudent de bonne heure par le travail de la vie, tandis que dans la plupart des mammifères ils se soudent tard, et dans quelques-uns pas du tout. Cette découverte de Goethe, quoique portant sur un détail qui peut sembler minutieux, a eu de l'importance en ce que son travail a été un des premiers conçus dans cette idée d'établir les analogies, idée qui a été si fertile en beaux résultats. Nous avons dit plus haut combien de temps il a fallu pour que cette opinion fût adoptée.

Le principe de la composition de la tête en vertèbres, cette application remarquable de la loi d'homologie, avait aussi frappé Goethe avant l'époque où, pour la première sois, elle fut soumise à l'examen des anatomistes; mais il ne publia pas ses idées à cet égard, et il ne peut par conséquent pas en être regardé comme l'inventeur. On sait que les os du crâne, considérés d'abord comme des formations spéciales, ont été depuis le commencement de ce siècle envisagés sous un autre point de vue par quelques naturalistes. De même que le cerveau est le prolongement de la moelle épinière, de même le crâne est pour ces anatomistes, le prolongement de la colonne épinière. Le cerveau diffère de la moelle par son épanouissement; le crâne diffère des vertèbres par un développement plus grand des lames tectrices du système nerveux. On a, d'après ces considérations, décomposé le crâne en trois vertèbres, et la face en trois autres, placées, les unes relativement aux autres comme les vertèbres du corps, mais beaucoup plus développées dans les parties qui enveloppent le cerveau, parce que cet organe est beaucoup plus développé que la moelle épinière. Ainsi ces os ne sont plus une formation spéciale, mais une répétition des formations précédentes.

M. Martins raconte, dans une des notes qu'il a jointes à sa traduction, que le poète, se promenant dans le cimetière des Juifs au Lido, près de Venise, ramassa sur le sable une tête de bélier dont le crâne était fendu longitudinalement, et qu'en le regardant l'idée lui vint à l'instant même que la face était composée de vertèbres; la transition du sphénoïde antérieur à l'ethmoïde lui parut évidente au premier coup d'œil. C'était en 1791, et à cette époque il ne fit point connaître son idée. Seize ans plus tard, Oken établit que la tête se composait de six vertèbres. Suivant Carus, cette découverte serait le résultat d'une inspiration tout à fait analogue, pour les circonstances, à celle de Goethe. Se trouvant dans une des antiques forêts du Brocken, Oken voit à ses pieds une tête de cerf parfaitement blanchie; il la ramasse, la retourne, l'examine et s'écrie: c'est une colonne vertébrale! En même temps en France M. Duméril, par des considérations toutes différentes, proclamait à l'Institut l'analogie de la tête et des vertèbres, idée qui fut, à cette époque, reçue avec étonnement et même avec défaveur.

Nous pourrions encore indiquer parmi les travaux spéciaux de Goethe, ses observations sur les recherches du Dr. Jaeger au sujet des taureaux fossiles, trouvés aux environs de Stuttgart. Goethe cherche à démontrer dans cet article, que les différences qui existent entre les taureaux fossiles et les taureaux actuels, peuvent être regardées comme le résultat du perfectionnement de l'espèce en traversant les siècles qui séparent les deux époques. Son argumentation présente de l'intérêt; mais il nous a semblé que le poète y joue un rôle presque aussi important que le naturaliste.

Goethe prit un grand intérêt à la fameuse discussion élevée en 1830 au sein de l'Académie des Sciences de Paris, sur les principes que nous avons signalés ci-dessus. Chacun se rappelle que dans ces débats, les plus remarquables peut-être qui aient jamais eu lieu dans une assemblée savante sur une question relative aux sciences naturelles, M. Cuvier, fort de sa puissance d'observation, de ses immenses travaux, de la rigueur de ses méthodes zoologiques, refusait à l'unité de composition organique le droit de s'ériger en loi générale. Il la reconnaissait dans certaines limites, mais ne voulait pas ad mettre d'autres analogies que celles qui étaient rigoureusement démontrées, et rejetait toute généralisation conçue *a priori* et non encore prouvée par les faits. M. Geoffroy St.-Hilaire, de son côté, entouré aussi d'un cortège nombreux de travaux remarquables et de recherches importantes, s'abandonnait à son imagination pour préjuger les lois générales de l'organisation, que celles qui sont connues lui semblaient révéler. Il voulait que l'unité de composition organique fût reconnue *à priori*, laissant aux progrès de la science le soin de la dé montrer dans ses détails dans les siècles à venir. Nous en avons assez dit pour faire comprendre que Goethe, avec la presque totalité des savants allemands, rendant justice à la science et aux talents des deux illustres champions, partageait la manière de voir de Geoffroy. Il a donné à ses compatriotes une histoire de cette grande lutte entre l'analyse et la synthèse; car il avait senti que c'était une question européenne, et qu'elle s'agitait pour l'Allemagne aussi bien que pour la France. Ces deux pays, faits pour marcher à la tête de l'anatomie comparée, s'étaient jusqu'alors peu compris, et Goethe vit avec raison que cette discussion était le commencement d'une ère nouvelle, dans laquelle les idées synthétiques des Allemands seraient de plus en plus appréciées en France. L'école à la tête de laquelle se plaçait Geoffroy Saint-Hilaire était destinée à opérer cette union, à laquelle le développement de la science est si fort intéressé. Goethe fut heureux de voir cette école apprécier les beaux travaux de ses compatriotes, et les siens propres, et c'est en retraçant ce changement que s'est terminée sa carrière littéraire. L'analyse dont nous parlons est le dernier écrit qui soit sorti de la plume de ce grand écrivain.

Karl von Raumer: Goethe als Naturforscher (1840)

Vita – Abstract
Karl von Raumer (9. April 1783 Wörlitz/Dresden – 2. Juni 1865 Erlangen) studierte zunächst seit 1801 Rechtswissenschaften und Volkswirtschaft in Göttingen, ab 1803 Naturwissenschaften und besonders Geologie in Halle, anschließend 1805 Geognosie und Mineralogie an der Bergakademie Freiberg, führte 1808–09 mit dem baltischen Mineralogen Moritz von Engelhardt (1779–1842) eine mineralogisch-geognostische Studienreise nach Paris durch, wurde 1810 Sekretär beim Oberbergdepartement in Berlin, 1811 Bergrat und Professor der Mineralogie in Breslau und 1812 in die ‚Bayerische Akademie der Wissenschaften' aufgenommen, nahm 1813/14 an den Befreiungskriegen teil, wurde 1819 wegen seiner Unterstützung der Breslauer Burschenschaft und der Turnbewegung an das Oberbergamt und die Universität Halle versetzt, ging wegen politischer Spannungen 1824 als Lehrer an das Erziehungsinstitut des Reformpädagogen Heinrich Dittmar (1792–1866) und folgte nach ihrer Schließung 1827 einem Ruf als Professor der Mineralogie und allgemeinen Naturgeschichte nach Erlangen. In seinen Forschungen behandelte von Raumer, Anhänger der Erweckungsbewegung sowie Mitherausgeber theologischer Zeitschriften, Themen der Geologie, Mineralogie, Geographie und des naturwissenschaftlichen Schulunterrichts, veröffentlichte eine *Geschichte der Pädagogik* (4 Bde., 1843–54) und die Autobiographie *Leben von ihm selbst erzählt* (1866).

Raumer, der bereits 1819 in seinem Buch *Das Gebirge Nieder-Schlesiens* Goethes Auffassung der Konglomeratbildung positiv erwähnt hat, setzt sich 1840 im ersten Band seiner *Kreuzzüge* mit Goethe, den er

D. von Engelhardt, *Goethe als Naturforscher im Urteil der Naturwissenschaft und Medizin des 19. Jahrhunderts*,
https://doi.org/10.1007/978-3-662-68126-8_38

1808 in Karlsbad persönlich kennenlernt, als Geologen und Geognosten auseinander, hebt die Bedeutung von Dilettanten für den wissenschaftlichen Fortschritt hervor, hält Goethes Naturforschung für ein anschauliches Denken oder denkendes Anschauen im Unterschied zu philosophischen Deduktionen, erinnert an seine Distanz gegenüber einer sich verabsolutierende Mathematik, berichtet von Goethes böhmischen Forschungsreisen, hält seine Beschreibung der Modifikationen der Gebirge für überzeugender als die der Kristalle, bestimmt seine Position im Streit der Neptunisten und Vulkanisten über die Entstehung der Gebirge in partieller Übereinstimmung mit dem Geologen, Mineralogen und Begründer der Geognosie Abraham Gottlob Werner (1749–1817) und gibt den Stand der neuen geologischen Theorien wieder, die Goethes Widerwillen verständlich machten – gegen „diese vermaledeite Polterkammer der neuen Weltschöpfung!"

Raumer, Karl von:
Goethe als Naturforscher, in: ders.: Kreuzzüge, Th. 1, Stuttgart 1840, S. 70–92.

***

Jede Korporation erlebt mit der Zeit einen bestimmten Gewohnheitscharakter und beschreibt einen, jeden Fremden zurückweisenden, Bannkreis um sich. So wie aber der einzelne Mensch zur Trägheit geneigt ist und der Nerv seines Willens leicht einschläft, so schläft auch Gewissen und Gewissenhaftigkeit einer Körperschaft leicht ein, wofern nicht Wächter und Weckstimmen den Einzelnen wie die Körperschaft aus der Lethargie reißen. Wer sind die weckenden Wächter? Als im Mittelalter die Geistlichkeit schläfrig wurde, da brachen Bettelmönche unsanft durch die Parochialzäune und weckten; Dissenters taten der Episkopalkirche denselben Dienst. Damit privilegierte Zunftmeister nicht nachlässig würden und ihren Mitbürgern schlechte Ware lieferten, ordneten unsere Vorfahren die Jahrmärkte an, da dann fremde Handwerker mit den einheimischen konkurrieren und letztere nötigen, gut und wohlfeil zu arbeiten.

Auch in der Wissenschaft bildeten sich abgeschlossene Gilden, deren Glieder eine bestimmte Schule durchgemacht und nach Art der Handwerker durch Meisterstücke, ich meine, durch Disputationen, Reden und Dissertationen, das Recht der Mitgliedschaft erwarben. Wer sind die Wächter und Wecker, wenn die wissenschaftlichen Gilden lass und schläfrig werden? Es sind die Dilettanten. Hat sich eine wissenschaftliche Zunft aufs Beste miteinander eingelebt und verständigt, so dass alle ihre Glieder gleiche Ansichten haben und gleiche Sprache führen, so steht unvermutet ein solcher Dilettant auf, der nicht mit in ihrem Rat saß, sieht die Dinge anders an, greift sie anderes an, spricht, unbekümmert um die Zunftsprache, ein eigentümliches wissenschaftliches Idiom. Sind dann die Zunftmeister ihrer Wissenschaft nicht recht gewiss, so geraten sie in Verlegenheit, wofern der sie drängende Dilettant ein tüchtiger Mann ist; die Verlegenheit beschämt, die Scham regt auf, und man geht, durch den unbequemen Eindringling halb und halb gezwungen, von Neuem ans Werk, das man schon abgetan wähnte. So die Redlichen; die Unredlichen, oder auch von Faulheit Überwältigten, weisen wohl den Dilettanten vornehm ab. Hiermit will ich jedoch keineswegs der großen Anzahl unbedeutender, eingebildeter Autodidakten das Wort reden, so wenig als die lebendige, Ehrfurcht gebietende vis unita tüchtiger Gelehrtenkorporationen angreifen.

Dass eminente Köpfe ihren eigenen Weg gingen und nicht gelehrten Zünften einverleibt wurden – öfters wohl deshalb, weil sie eine Universitas in Person waren und darum nicht zu Gliedern taugten – dass sie eben dadurch fast unwillkürlich Opponenten jener Zünfte wurden, davon haben wir viele Beispiele. Welche Mühe kostete es nicht Voltaire, obwohl er auf der größten Höhe menschlicher Berühmtheit stand, bis er es endlich durchsetzte, im zweiundfünfzigsten Lebensjahr, in die Pariser Akademie aufgenommen zu werden; Rousseau ward, soviel ich weiß, nie Mitglied derselben. – Ebenso gehörte Goethe, wie er selbst sagt, nie zu einer Innung. Höchst glücklich organisiert – er war ein sehr schöner Mann –, geboren mit den reizbarsten und empfänglichsten Sinnen, besonders mit den Adleraugen eines Künstlers, zog ihn das Sichtbare gewaltig an, die Werke Gottes, wie der Menschen. Gebirge, Flüsse, das Meer, Pflanzen und Tiere, Wolken, Lichter, Farben, Bauwerke und Bildsäulen, Gemälde, Münzen, vor allem aber die Menschen selbst; alles zog ihn an, klar fasste er alles auf, und mit kräftiger Konzeption hielt sein innerer Sinn die Bilder fest; was er aber innerlich so bestimmt und lebendig schaute, sprach er ebenso bestimmt und lebendig in Worten aus. Wie der Reichtum seines inneren Sinns sich mehrte, wie dieser Sinn wuchs und erstarkte, so wuchs und erstarkte gleichmäßig seine Denkkraft. Goethes Denkvermögen sei gegenständlich tätig, sagte Heinroth, sein Anschauen sei ein Denken, sein Denken ein Anschauen; diesem Urteil stimmt Goethe selbst ganz bei. Sein Denken war das Gegenteil jenes philosophischen, das sich von obersten Prinzipien zur Sinnenwelt herablässt. Doch war es nicht das volle Gegenteil, da Goethe selten von der Sinnenwelt zu den obersten philosophischen Prinzipien aufstieg; höchstens berührte er diese und zog sich dann sogleich wieder in die reiche Bildergalerie seines inneren Sinnes zurück, in welcher er sich heimisch fühlte und mit Liebe und Verstand waltete.

Was das Verhältnis der Freude Goethes an der sichtbaren Welt zur christlichen Religiosität betrifft, so dürfte folgender Ausspruch eines Alten volle Anwendung auf dasselbe erleiden: Et gaudebam in eis, et nesciebam unde esset, quidquid ibi verum et certum esset. Dorsum enim habebam ad lumen et ad ea quae illuminantur faciem: unde ipsa facies mea, qua illuminata cernebam, non illuminabatur.[1] –

[1] Vergl. Weisheit 13, 7–9. Ich behalte mir vor ein anderes Mal von dieser Kehrseite zu sprechen.

Wenn Goethes Universalität innig mit der ursprünglichen, sein ganzes Leben hindurch sorgfältig ausgebildeten, universellen Empfänglichkeit seiner seelenvollen Sinne zusammenhing, so ist es interessant zu untersuchen, welcher Art die Universalität anderer großer Männer gewesen, was sie getrieben und befähigt, sich noch allen Seiten umzuschauen und auszubreiten. Wie von Goethe so ganz verschieden ist z. B. Kant, der sich lebhaft für alle Länder der weiten Erde, für ihren natürlichen Charakter, wie für die Sitten und Künste ihrer Bewohner, interessierte, und dennoch nie sein geliebtes Königsberg verließ! Gewiss war es nicht sinnliche Empfänglichkeit, welche ihn universal ausbildete. Bei den Sitzungen des Nationalinstituts, denen ich in den Jahren 1808 und 1809 beiwohnte, fiel mir unter so vielen ausgezeichneten Männern einer auf, welcher seine Meinung über Vorlesungen der heterogensten Art aussprach, während die meisten nur auf dies oder jenes eingingen. Der Mann war Laplace; seine Universalität gründete sich wie die Newtons und Keplers auf die Universalität jener göttlichen Mathematik, welche im tiefsten Grunde der Kreaturen wie der Kunstwerke waltet.

Von der Universalität des Mathematikers war aber die Goethe'sche am meisten verschieden; dem sonst so reich begabten Manne war das mathematische Talent ganz versagt. Er gesteht dies selbst. „Der Verf.“, sagt er von sich in der Farbenlehre, „kann sich keiner Kultur von dieser Seite (nämlich von Seiten der Mathematik) rühmen und verweilt auch deshalb nur in den von der Messkunst unabhängigen Regionen.“ An einem anderen Ort sagt er: „Ich hörte mich anklagen, als sei ich ein Widersacher, ein Feind der Mathematik, die noch niemand höher schätzen kann, wie ich, da sie gerade das leistet, was mir zu bewirken völlig versagt worden.“ So tritt der über sich selbst klare Mann hier bescheiden zurück.

Es kann uns nicht wundern, wenn die reine Mathematik nicht in Künstlerseelen wohnt. Wie die Bienen es bescheiden französischen Mathematikern überließen, zu demonstrieren, dass die dodekaedrische Figur ihrer Zellen die allerverständigste und zweckdienlichste sei; so überließ es Seb. Bach dem Kirnberger, aus den Schöpfungen seines musikalischen Talents Gesetzte zu abstrahieren; so schafft der Dichter, von höherem Instinkt getrieben, wohlklingende Verse, der Metriker mag sich aus denselben seine mathematische Theorie entnehmen. Von der „dürren Zahl und dem strengen Maß“, welche wie Knochenskelette Träger der Kreaturen und Kunstwerke sind, wendet sich das Gemüt des Künstlers gern weg zur überkleidenden Schönheit, zum Licht und Farbenglanz, zu Blumen und Bildwerken, zum anmutig Beweglichen, Lebendigen.

Wenn Goethe trotz des Bewusstseins seines mathematischen Unvermögens der Mathematik dennoch alle Ehre erzeigt, wenn er besonders Kepler preist, so ist er andererseits über den Missbrauch der Mathematik und die Anmaßungen vieler Mathematiker seiner Zeit tief empört.„Sie sind“, sagt er„„wunderliche Leute; durch das Große, was sie leisten, haben sie sich zur Universal-Gilde aufgeworfen, und wollen nichts anerkennen, als was in ihren Kreis passt, was ihr Organ behandeln kann.“ Hierauf bezieht sich auch folgendes Gedicht:

Das ist eine von den alten Sünden,
Sie meinen: Rechnen das sei Erfinden.
Und weil sie so viel Recht gehabt,
Sei ihr Unrecht mit Recht begabt.
Und weil ihre Wissenschaft exakt,
So sei keiner von ihnen vertrackt.

„Das Recht", sagt er, „die Natur in ihren einfachsten, geheimsten Ursprüngen sowie in ihren offenbarsten, am höchsten auffallenden Schöpfungen, auch ohne Mitwirkung der Mathematik, zu betrachten, zu erforschen, zu erfassen, musste ich mir, meine Anlangen und Verhältnisse zu Rate ziehend, gar früh schon anmaßen. Für mich habe ich es mein Leben durch behauptet."

Wie er aber im Allgemeinen über den ausschließenden Zunftgeist der Mathematiker klagt, so insbesondere über ihr Verfahren gegen seine Leistungen in der Optik. „Es übt", sagt er,„schon seit zwanzig Jahren die physikomathematische Gilde gegen meine Farbenlehre ihr Verbotsrecht aus; sie verschreien solche in Kollegien und wo nicht sonst. – Der Besitz, in dem sie sich stark fühlen, wird durch meine Farbenlehre bedroht, welche in diesem Sinn revolutionär genannt werden kann, wogegen jene Aristokratie sich zu wehren aller Ursache hat."

So sehen wir den reichbegabten originalen Mann als großartigen Dilettanten, als Meister auf eigene Faust, der herrschenden mathematischen Tendenz der Physiker seiner Zeit entgegentreten, zwar unfähig, den Krieg in der Heimat der Feinde, im Lande der Mathematik, auszufechten, aber wohl ebenso unangefochten von ihnen in seiner Heimat. Es entstand ein Streit wie der zwischen zwei Menschen, welche zwei verschiedene Sprachen reden, da dann durch die Unmöglichkeit, sich zu verständigen, die Bitterkeit wächst. Goethe erkannte auch hierin seine Stellung wohl. Hintangesetzt von den Fachgelehrten, welche ihm, von ihrem mathematischen Standpunkt aus, die Anerkennung notwendig versagen mussten, es aufgebend, unter ihnen gleichgesinnte Mitarbeiter zu finden, sagte er resignierend:

Was willst du dass von deiner Gesinnung
Man dir nach in's Ewige sende?
Er gehörte zu deiner Innung,
Blieb Liebhaber bis ans Ende.

Bis ans Ende sehnte er sich aber nach gleichgesinnten Mitarbeitern, um in und durch Gemeinschaft die Kräfte zu stärken und die Arbeit zu fördern.

Dies war Goethes Stellung als Physiker, in Bezug auf seine optischen Arbeiten; seine Gegner Mathematiker, er keiner. Ganz anders war sein Verhältnis zu der der Mathematik ferner stehenden Geognosie und Geologie. Früher meist einverstanden mit der in diesen Wissenschaften herrschenden Ansicht und Behandlung, war er in späteren Jahren ein entschiedener

Antipode neu aufgekommener Theorien und Hypothesen; diese Antipodie floss jedoch aus ganz anderer Quelle als sein Widerwille gegen die Physiker. – Betrachten wir jetzt näher, was Goethe als Geognost und Geologe erstrebt und geleistet hat, was ihm in diesem Feld zusagte, was ihm widerwärtig war.

Nächst der Farbenlehre hat ihn die Geognosie vielleicht unter allen Zweigen der Naturwissenschaft am meisten in Anspruch genommen.

„Wenn ich gedenke", sagt er, „was ich mich seit fünfzig Jahren in diesem Fach gemüht, wie mir kein Berg zu hoch, kein Schacht zu tief, kein Stollen zu niedrig und keine Höhle labyrinthisch genug war."… „Ich habe mich", erzählt er an einem anderen Ort, „der Geognosie befreundet, veranlasst durch den Flötzbergbau. Die Konsequenz dieser übereinander geschichteten Massen zu studieren, verwandte ich mehrere Jahre meines Lebens. Der Ilmenauer Bergbau veranlasste nähere Beobachtung der sämtlichen thüringischen Flötze; vom Totliegenden bis zum obersten Flötzkalk, hinabwärts bis zum Granit. Diese Art des Anschauens begleitete mich auf Reisen; ich bestieg die Schweizer und Savoyer hohen Gebirge, erstere wiederholt; Tirol und Graubünden blieben mir nicht fremd. Doch enthielt ich mich eigentlich allgemeiner geologischer Betrachtungen. Wiederholt viele Jahre", sagt er an einer anderen Stelle, „schaut' ich mir die Felsen des Harzes, des Thüringer Waldes, Fichtelgebirges, Böhmens, der Schweiz und Savoyens an, eh' ich auszusprechen wagte: unser Ur- oder Grundgebirge habe sich aus der ersten großen chaotischen Infusion kristallinisch gebildet, und seien also alle jene Zacken und Hörner, alle Bergrücken und die zwischen ihnen leer gebliebenen Täler und Schluchten nicht zu bewundern, oder sonst woher abzuleiten, als aus jener ersten großen Naturwirkung. Ebenso betrachtete ich ferner das Übergangsgebirge und konnte durchaus das Bestreben, selbst der größten Massen, zu gewissen Gestaltungen nicht mehr zweifelhaft finden. Die dem Ursprung gleichzeitigen Gänge und die Verrückungen derselben klärten sich auf; die Übergänge, Anlagerungen und was sonst vorkommen konnte, ward sorgfältig und wiederholt beobachtet; bis zuletzt die Flötze, sogar mit ihrem Inhalt von Kohlenversteinerungen, sich naturgemäß rationell anschlossen, wobei man freilich nicht übereilt verfahren durfte. Alles, was ich hier ausspreche, hab' ich wiederholt und anhaltend geschaut; ich habe, damit ja die Bilder im Gedächtnis sich nicht auslöschen, die genauesten Zeichnungen veranstaltet, und so hab' ich bezüglich auf den Teil der Erde, den ich beobachtet, immer Regelmäßigkeit und Folge, und zwar übereinstimmend an mehreren Orten und Enden, gefunden."

Aus dem Angeführten ergibt es sich, dass Goethe nicht etwa, arm an eigener Anschauung, seine Gebirgskenntnis aus Büchern zusammengelesen, und dass er nicht bloß Kombinationen fremder Beobachtungen ohne eigenes Quellenstudium gemacht, Kombinationen, welche sich gewöhnlich durch dämmernde Unbestimmtheit und leblose Farblosigkeit verraten. Wir finden die Belege seines fleißigen geognostischen Studiums im 51ten Teil seiner Schriften zusammen. Es war vornehmlich Böhmen, und in Böhmen waren es besonders die Umgebungen von Karlsbad und Eger, welche seinen forschenden Geist anzogen. Von Karlsbad sagt er:

Was ich dort gelebt, genossen,
Was mir all dorther entsprossen,
Welche Freude, welche Kenntnis:
Wär' ein allzu lang Geständnis!
Mög' es jeden so erfreuen,
Die Erfahrenen, die Neuen!

In Karlsbad traf er mit Racknitz zusammen, welcher über die dortige Gegend Briefe an Veltheim drucken ließ; diese benützte Goethe bei wiederholtem Besuch des Badeorts, um sich geognostisch zu orientieren. Dabei war ihm der seltsame Steinschneider Joseph Müller (er starb 1817 im 84. Jahre) behilflich, welcher mit unsäglicher Mühe die mancherlei Gebirgsarten der Karlsbader Gegend gesammelt und insbesondere die durch den Sprudel gebildeten Kalksinter in Tafeln geschnitten und geschliffen hatte, wodurch sie dann in die meisten Mineraliensammlungen Deutschlands etc. Eingang fanden. Goethe kam mit Müller über eine gewisse Anordnung von dessen Sammlungen überein und lieferte hierauf eine Beschreibung derselben in Leonhards *Taschenbuch der Mineralogie* von 1806. Es war das erste Mineralogische, was Goethe drucken ließ.

„Vielleicht könnte man", schreibt er an Hrn. von Leonhard,„da ich mich in einem neuen Fach mit dem Publikum zu unterhalten anfange, nach meiner Legitimation fragen; doch gibt vieljährige Neigung und Beobachtung wohl einiges Recht in einer Sphäre mitzuwirken, wo ein jeder, auch mit dem geringsten Beitrag, willkommen ist."

Die Beschreibung ist, ohne sich an die damals herrschende Werner'sche Kunstsprache zu binden, doch klar und folgt schmiegsam den mannigfaltigen Modifikationen des Gesteins; bei Kristallen befriedigt sie jedoch nicht.

Am 10. Juli 1813, zur Zeit des Waffenstillstandes, da ganz Deutschland in banger Hoffnung der Dinge war, die da kommen sollten, bereiste Goethe die durch Zinnbergbau allbekannte Gegend von Altenberg und Zinnwald, welche bereits am folgenden 27. August, in den Tagen der Schlachten von Dresden und Kulm durch alle Schrecknisse des Krieges heimgesucht ward.

Früher schon, im Jahre 1808, gab Goethe eine höchst lebendige und treue Beschreibung des Kammerbergs bei Eger. „Ein längerer Aufenthalt in Franzenbrunnen," erzählt er, „lässt mich den problematischen Kammerberg bei Eger öfters besuchen. Ich sammle dessen Produkte, betrachte ihn genau, beschreibe und zeichne ihn. Ich finde mich veranlasst, von der Reußischen Meinung, die ihn als pseudovulkanisch anspricht, abzugehen und ihn für vulkanisch zu erklären. In diesem Sinn schreib' ich einen Aufsatz, welcher für sich selber sprechen mag; vollkommen möchte die Aufgabe dadurch wohl nicht gelöst, und eine Rückkehr zu der Reußischen Auslegung gar wohl rätlich sein."

Hier nun kommt zuerst der Streit zur Sprache, welcher, analog dem indischen zwischen Wischnus und Sivas Anhängern, seit länger als einem halben Jahrhundert die Geologen trennt, ein Streit, welcher der Wissenschaft so förderlich wie hinderlich gewesen ist; förderlich, indem er zum Beobachten trieb, hinderlich, weil er die Unbefangenheit der Beobachter so sehr trübte.

In Bezug auf jenen Streit sagt Goethe am Schluss des erwähnten Aufsatzes über den Kammerberg, nachdem er sich für die (später, wie wir sahen, von ihm halb und halb zurückgenommene) Ansicht: jener Berg sei vulkanischen Ursprungs, erklärt, Folgendes:

> „Doch indem wir hier von erhitzenden Naturoperationen sprechen, so bemerken wir, dass wir uns auch an einer heißen theoretischen Stelle befinden, da nämlich, wo der Streit zwischen Vulkanisten und Neptunisten sich noch nicht ganz abgekühlt hat. Vielleicht ist es daher nötig, ausdrücklich zu erklären, was sich zwar von selbst versteht, dass wir diesem Versuch, uns den Ursprung des Kammerbühls zu vergegenwärtigen, keinen dogmatischen Wert beilegen, sondern vielmehr jeden auffordern, seinen Scharfsinn gleichfalls an diesem Gegenstand zu üben. Möchte man doch bei dergleichen Bemühungen immer wohl bedenken, dass alle solche Versuche die Probleme der Natur zu lösen, eigentlich nur Konflikte der Denkkraft mit dem Anschauen sind. Das Anschauen gibt uns auf einmal den vollkommenen Begriff von etwas Geleistetem; die Denkkraft, die sich doch auch auf sich einbildet, möchte nicht zurückbleiben, sondern auf ihre Weise zeigen und auslegen, wie es geleistet werden konnte und musste. Da sie sich selbst nicht ganz zulänglich fühlt, so ruft sie die Einbildungskraft zu Hilfe, und so entstehen nach und nach solche Gedankenwesen (entia rationis), denen das große Verdienst bleibt, uns auf das Anschauen zurückzuführen und uns zu größerer Aufmerksamkeit, zu vollkommenerer Einsicht hinzudrängen." – „Möchten unsere Nachfolger die Natur wiederholt betrachten, die Beschaffenheit der Teile genauer bestimmen, die Bedingungen der Umstände schärfer angeben, die Masse entschiedener bezeichnen und dadurch das, was ihre Vorfahren getan, vervollständigen, oder wie man unhöflicher zu sagen pflegt, berichtigen."

Man sieht, wie bescheiden Goethe von seinem Versuch, sich die Vergangenheit zu vergegenwärtigen, spricht, wie er demselben keinen „dogmatischen Wert" beigelegt wissen will, und leise die Denkkraft verspottet, welche„sich doch auch etwas auf sich einbildet". Es lässt sich denken, wie einem zum Auffassen der gegenwärtigen Gebirge ebenso tüchtigen, als bei Auslegung ihrer Genesis, durch Selbsterkenntnis, durch ein helles Bewusstsein dessen, was er vermöge und nicht vermöge, wahrhaft bescheiden zurückhaltenden Mann, wie diesem zu Mute werden musste, wenn andere mit unbedingter Zuversicht von Entstehung der Gebirge sprachen, als seien sie dabei zugegen gewesen; wenn sie häufig in eben dem Maße dreister von der Vergangenheit sprachen, als sie es mit der Gegenwart weniger genau nahmen. Doch rechnete er den erfahrenen und eben deshalb meist behutsam auftretenden Mineralogen Werner nicht zu den kühnen Phantasten; umso weniger als dessen Formationstheorie zum Teil auf bergmännische Erfahrungen gegründet war, welche Achtung einflößten.

Jene Werner'sche Theorie, die uns einen Überblick der Bildungsgeschichte der Erde gewährte, indem sie von den kristallinischen versteinerungslosen Urgebirgen durch die minder kristallinischen versteinerungsreichen

Übergangs- und Flötzgebirgsformationen hindurch bis auf die letzten Bildungen der neuesten Zeit hinabführt – sie sagte der ganzen naturwissenschaftlichen Denkweise Goethes, wenn auch nicht in allen Einzelheiten, zu.

„Die Konsequenz der übereinander geschichteten Massen zu studieren", sagt er, „verwandte ich mehrere Jahre meines Lebens. Diesen Ansichten war die Werner'sche Lehre günstig, und ich hielt mich zu derselben, wenn ich schon recht zu fühlen glaubte, dass sie manche Probleme unaufgelöst liegen ließ."

Wie anders war es, als nach Werners Tod nicht bloß eine jüngere Generation, sondern auch die meisten älteren Glieder der Freiberger Schule sich der ursprünglichen französischen geologischen Ansicht, der plutonischen, zuwendeten. Goethe spricht seinen tiefen Unwillen über diese Neuerung aus; er ist von der ganzen geologischen Umkehrung auf ähnliche Weise ergriffen, über dieselbe ebenso empört, wie früher beim Ausbruch der französischen Revolution über die frevelhafte Willkür der Freiheitsapostel. In Versen wie in Prosa spricht er diesen seinen Unmut aus; hören wir ihn selbst:

Kaum wendet der edle Werner den Rücken,
Zerstört man das Poseidaonische Reich.
Wenn alle sich vor Hephästos bücken,
Ich kann es nicht sogleich;
Ich weiß nur in der Folge zu schätzen.
Schon hab' ich manches Credo verpasst;
Mir sind sie alle gleich verhasst;
Neue Götter und Götzen.

Wie man die Könige verletzt,
Wird der Granit auch abgesetzt;
Und Gneis der Sohn ist nun Papa!
Auch dessen Untergang ist nah:
Denn Plutos Gabel drohet schon
Dem Urgrund Revolution;
Basalt, der schwarze Teufelsmohr,
Aus tiefster Hölle bricht hervor,
Zerspaltet Fels, Gestein und Erden,
Omega muss zum Alpha werden.
Und so wäre denn die liebe Welt
Geognostisch auf den Kopf gestellt.

So in Gedichten. Aus den prosaischen Schriften will ich nur einige Stellen anführen. Er schreibt im Jahr 1820:

„Auf meiner Reise nach Karlsbad nahm ich meinen Weg über Wunsiedel nach Alexandersbad, wo ich die seltsamen Trümmer eines Granitgebirges nach vielen Jahren seit 1785 zum ersten Mal wieder betrachtete. Mein Abscheu vor gewaltsamen Erklärungen, die man auch hier mit reichlichen Erdbeben, Vulkanen,

> Wasserfluten und anderen titanischen Ereignissen geltend zu machen suchte, ward auf der Stelle vermehrt, da mit einem ruhigen Blick sich gar wohl erkennen ließ, dass durch teilweise Auflösung die teilweise Beharrlichkeit des Urgesteins, durch ein daraus erfolgendes Stehenbleiben, Sinken, Stürzen, und zwar in ungeheuren Massen, diese staunenswürdige Erscheinung ganz naturgemäß sich ergeben habe. Auch dieser Gegenstand ward in meinen wissenschaftlichen Heften wörtlich und bildlich entwickelt; ich zweifle jedoch, dass eine so ruhige Ansicht dem turbulenten Zeitalter genügen werde."

Die folgende Stelle spricht ebenfalls Goethes Missbehagen über die neue geologische Schule, seine Anhänglichkeit an die Werner'sche aus:

> „Die Verlegenheit", sagt er, „kann vielleicht nicht größer gedacht werden, als die, in der sich gegenwärtig ein fünfzigjähriger Schüler und treuer Anhänger der so wohl gegründet scheinenden, als über die ganze Welt verbreiteten Wernerischen Lehre finden muss, wenn er, aus seiner ruhigen Überzeugung aufgeschreckt, von allen Seiten das Gegenteil derselben zu vernehmen hat … Er wandelte auf dem ehemals wasserbedeckten, nach und nach entwässerten Erdboden in folgerechter Beruhigung. Traf er auf die Gewalt der Vulkane, so erschienen ihm solche nur als immer fortdauernde aber oberflächliche Spätlingswirkung der Natur. Nun aber scheint alles ganz anders herzugehen; er vernimmt: Schweden und Norwegen möchten sich wohl gelegenheitlich aus dem Meer eine gute Strecke emporgehoben haben, die ungarischen Bergwerke sollten ihre Schätze von unten auf einströmenden Wirkungen verdanken, und der Porphyr Tirols solle den Alpenkalk durchbrochen und den Dolomit mit sich in die Höhe genommen haben: Wirkungen, freilich der tiefsten Vorzeit, die kein Auge jemals in Bewegung gesehen, noch weniger irgend ein Ohr den Tumult, den sie erregten, vernommen hat. Was sieht denn hier also ein Mitglied der alten Schule? Übertragungen von einem Phänomen zum andern, sprungweis angedeutete Induktionen und Analogien, Assertionen, die man auf Treu und Glauben annehmen soll. Ich kann denn meine Sinnesweise nicht ändern, zu Lieb einer Lehre, die von einer entgegengesetzten Anschauung ausgeht, wo von gar nichts Festem und Regelmäßigem die Rede ist, sondern von zufälligen unzusammenhängenden Ereignissen."

Im Folgenden ermäßigt er zwar das Gesagte, gibt zu, dass er, wäre er in den Anden aufgewachsen, wohl mit den neuen Lehren harmonieren könne; allein nach dem vorher so determiniert ausgesprochenen Urteil und nach Stellen, welche ich noch anführen werde, zu schließen, ist diese Ermäßigung mehr Ausdruck guter Lebensart, mehr aus Rücksicht gegen geachtete Freunde, als aus innerer Bedenklichkeit über die Richtigkeit seines eben gefällten Urteils hervorgegangen. – Die Übereinstimmung der Flötzlagen des nördlichen mit denen des südlichen Deutschlands, welche sich bei Glenks thüringischen Bohrversuchen ergaben, bestätigte Goethes „alten Glauben an die Konsequenz der Flötzbildung und vermehrte – es sind seine eigenen Worte – den Unglauben in Betreff des Hebens und Drängens, Aufwälzens und Quetschens (Refoulement), Schleuderns und Schmeißens, welches mir, sagt er, durchaus widerwärtig von jeher erscheinen musste."

Nun erfuhr er aus französischen Blättern„„dass dieses Heben und Schieben nicht auf einmal“, sondern in verschiedenen Epochen geschehe.

„Dieses von Herrn Elie de Beaumont vorgetragene System, erzählt er, wird am 28. Oktober 1829 der französischen Akademie von der Untersuchungs-Kommission zu beifälliger Aufnahme und Förderung bestens empfohlen. Ich aber leugne nicht, dass es mir gerade vorkommt, als wenn irgendein christlicher Bischof einige Wedams für kanonische Bücher erklären wollte.“

So stark, und wie sich weiterhin ergeben wird, noch weit stärker, tritt Goethe gegen die neuen geologischen Theorien auf.

Regt sich bei ihm etwa nur ein Widerwille, wie bei einem ermüdeten Fußgänger, welcher seinen frisch vorangehenden Gefährten nicht nachfolgen kann; ist er aus Unfähigkeit, die neue Geologie zu fassen, gereizt, oder spricht nicht vielmehr aus ihm ein reiner Sinn für Wahrheit, welcher durch treues Beobachten ausgebildet und erstarkt ist? Ich meine das Letztere, umso mehr, da er, wenn auch nur in kurzen Andeutungen, mit richtigem Takt gegen die herrschenden Ansichten von Bildung der Schichten und Konglomerate auftritt, Ansichten, welche Hauptstützen der Hebungstheorie sind. Einzelne Stimmen lassen sich jetzt schon vernehmen, die im Wesentlichen den Klagen und Anklagen Goethes beistimmen. Man fängt an, die geologischen Theorien und Hypothesen schärfer zu prüfen, jede muss ihre Abstammung nachweisen. Jede gründet sich nämlich zuletzt auf Beobachtung eines oder mehrerer konkreter Gebirgsverhältnisse und auf Auslegung dieser Beobachtung. Wird jene Fundamentalbeobachtung irrig erfunden, oder die Auslegung derselben willkürlich und auf falschen Prinzipien fußend, oder hat beides statt, so ist hiermit das Fundament der ganzen Theorie vernichtet; wer dieselbe dennoch beibehält, gefällt sich in einem Luftschloss. So ward die Hebungstheorie, welche Goethe so sehr zuwider war, in neuerer Zeit durch gründliche Kritiker erfolgreich bekämpft. Gegen Hrn. v. Buchs Beobachtungen in Tirol und seine alles Maß überschreitenden Folgerungen aus jenen Beobachtungen, traten Zeuschner, Berzelius und A. Wagner auf[2]; Greenough schrieb eine scharfsinnige und scharfe Kritik der Hebungstheorie;

[2] Wagners Abhandlung findet sich in der Isis von 1831, S. 458, und in den bayerischen Annalen von 1833, S. 146, Zeuschners in Leonhards Jahrbuch von 1829. Als ein kleiner Beitrag zur Kritik der erwähnten Buch'schen Abhandlung stehe hier Folgendes: Herr v. Buch sagt: „so würde das Alpengebirge als eine Kette bloß allein dem schwarzen (Augit-) Porphyr seine Entstehung verdanken, so auch wahrscheinlich alle übrigen Ketten auf der Erdfläche ... denn fast bei allen lässt sich an ihren Rändern die *erhebende* Gebirgsart nachweisen, oder erscheint sie selbst nicht, doch die Veränderungen, welche wir, als zunächst von ihr ausgehend, erkannt haben. In Deutschland sehen Sie diesen Porphyr in gleichem Zuge den Fuß des Hundsrücks längs der Nahe begleiten, er kommt dort *unter dem Tonschiefer hervor* ... Am Harz sieht man ihn ausgedehnt und mächtig bei Ilefeld; unter den schlesischen Ketten, unmittelbar an dem roten Porphyr hin, durch die Fürstentümer Schweidnitz und Glatz.“ – Ich bemerke dagegen, dass der Augitporphyr der Nahe am Schlossberg von Kirn klar in *gleichförmiger* Lagerung des dortigen SSW. fallende Konglomerat *bedeckt*, welches Konglomerat selbst auf den Tonschiefer folgt; ebenso *be-*

Boué und andere erklärten sich stark gegen Elie de Beaumont. Ohne mich in ausführliche geologische Diskussionen einzulassen, glaube ich doch einiges aus jenen Theorien und über dieselben beispielsweise anführen zu müssen, um Goethe bei denjenigen zu rechtfertigen, welche sich etwa an seiner geologischen Polemik stoßen, und um zu zeigen, dass Männer vom Fach mit ihm übereinstimmen. So sagt z. B. Greenough, der Granit werde als ein agens der Hebungen betrachtet, aus welchem Grunde, könne er nicht herausbringen. Auf die Frage, welche Formationen vulkanischen Ursprungs seien, antwortet Greenough: Alle diejenigen, welche geologische Grübler so zu nennen belieben (whatever geological speculators think proper to call so). Ferner sagt derselbe:

> „Die Anhänger der plutonischen Theorie eignen sich so viele Gebirgsformationen zu, als ihnen gut dünkt. Kraft dieser ihrer Zueignung werde solche Gebirgsformationen notwendig zu ungeschichteten, denn wären sie geschichtet, so könnten sie ja nicht plutonischen Ursprungs sein."

Diese Äußerung klingt so seltsam, dass der Leser dieselbe für eine humoristische Übertreibung nehmen und denken möchte, nach einer Hypothese über den Ursprung einer Gebirgsformation werde doch niemand die gegenwärtig vor Augen liegenden Eigenheiten und Verhältnisse dieser Formation bestimmen wollen, jene Hypothese müsse sich ja vielmehr nach der Beobachtung des Gegenwärtigen richten und aus dieser hervorgehen. Man vergleiche aber mit Greenoughs Äußerung folgende Stelle aus Leonhards Lehrbuch der Geognosie:

„Die Schichtung kann … nur bei Gesteinen *erwartet* werden, welche als Absätze aus Wasser *gelten* … Aber lange waren die Geologen keineswegs ganz im Reinen darüber, ob gewisse Gebirgsarten als geschichtet zu betrachten seien oder nicht. Dieser Meinungsstreit *gründete* sich auf die verschiedenen Ansichten über den Ursprung einer ganzen Reihe von Felsgebilden. Die Anhänger der plutonischen Theorie, welchen Granite, Gneiße

deckt der Augitporphyr (Basalit) in der Grafschaft Glatz in gleichförmiger Lagerung schwarzen Schieferton, welcher Kräuterabdrücke enthält (Vergl. mein Buch: Das Gebirg Niederschlesiens, S. 101). Es können also weder die schlesische Kette, noch der Tonschiefer der Nahe durch den Augitporphyr gehoben sein, da sie ja *unter* ihm liegen. Überhaupt spielt diese Gebirgsart zwar in der Buch'schen Theorie eine große Rolle, in der Natur aber eine kleine. Wenn Herr Walchner (Handbuch der Geognosie S. 971) sagt: Völlig unter denselben Verhältnissen wie die Basalte, nur in *ungleich größeren Massen* sind die dunklen augitischen Gesteine aus dem Innern hervorgebrochen, welche Herr v. Buch Augitporphyre nennt, so kann ich mir dies nicht anders als ein Herr Rezensent von Gumprechts Beiträgen erklären, dass nämlich jener Geognost Herrn v. Buch aufs Wort glaubt, es sei Augitporphyr unter der ganzen Alpenkette, ja unter allen Gebirgsketten der Erde versteckt. Wo ist irgendeine Masse Augitporphyr, die sich mit den Basaltmassen des Mittelgebirges, der Röhn, der Auvergne u. a. nur entfernt messen könnte? – Gilt denn eine Hypothese nicht nur so viel, sondern mehr als die vor Augen liegenden Tatsachen?

etc. *als Erzeugnisse der Schmelzung gelten, konnten keine Schichtung bei solchen Gesteinen annehmen*; eine Ansicht wie diese, wäre unverträglich gewesen mit den ersten Grundprinzipien der Geognosie."

Bestätigt diese Stelle nicht ganz Greenoughs Ausspruch? Leonhards Konsequenz, mit welcher er der eben angeführten Beurteilungsweise getreu bleibt, muss ich vorzüglich in seiner Charakteristik des Glimmerschiefers bewundern. An keiner Gebirgsart lassen sich nämlich die Schichtungsverhältnisse mit solcher Sicherheit und Klarheit beobachten, als am Glimmerschiefer, weil sich bei ihm nicht bloß ein Parallelismus der mehr oder minder mächtigen Schichten zeigt, sondern derselbe Parallelismus sich bis auf die Lage der feinsten Glimmerblättchen erstreckt. Wer nicht weiß, was Schichtung sei, mag es am Glimmerschiefer lernen. Dagegen schließt Leonhard nach der eben angeführten Stelle etwa so: Glimmerschiefer gilt mir als Erzeugnis der Schmelzung, also kann ich keine Schichtung beim Glimmerschiefer annehmen, denn das wäre unverträglich mit den ersten Grundprinzipien der Geologie. Darum schreibt er ihm „Schichten-ähnliche Erscheinungen" zu. „Die ausgezeichnete *Schieferung* des Gesteins, sagt er (nämlich des Glimmerschiefers), wird bedingt von den Blätterdurchgängen des Glimmers, und stimmt mit der Abteilung in Lagen, *mit dem, was man als Schichtung zu bezeichnen gewohnt* ist, stets überein." Als wollte jemand sagen: Die Farbe der Kohle stimmt mit dem, was man als schwarz zu bezeichnen gewohnt ist, stets überein; er sagte so, weil er von einer fixen Idee besessen, mit welcher es nicht übereinstimmte, dass die Kohle wirklich schwarz ist.

Wenn Plutonisten durch ihre Theorie befangen, die klarsten Tatsachen auf solche Weise entstellen, was werden sie sich nicht erst bei Darstellung und Auslegung nur einigermaßen schwieriger Beobachtungsfälle, ihrer Hypothese zuliebe, erlauben? Wird nicht auf solche Weise alle Zuverlässigkeit geognostischer Beschreibungen untergraben? Dugald Stewart sagte:

„Erscheinungen sollten immer in Ausdrücken beschrieben werden, welche keine Meinung über ihre Ursache involvieren. Diese gehören einer gesonderten Untersuchung an und werden am besten verstanden werden, wofern man die Tatsachen *aufrichtig* hingibt, unabhängig von etwas, das zunächst als unbekannt betrachtet werden muss; diese Regel ist besonders wichtig, wenn die Tatsachen in gewissem Grade kompliziert sind."

Einer ganz entgegengesetzten Ansicht ist Herr von Buch, wenn er sagt:

„Ich halte die Art, wie man sich die Dolomit-*Bildung* vorstellt, für einen Führer durch sehr verwickelte Erscheinungen und glaube, dass die wahre und reine Gebirgsfolge gar nicht entwickelt werden kann, wenn man nicht über die *Art der Entstehung* des Dolomits sich völlig klare Begriffe gebildet hat. Ich würde sogar nicht abgeneigt sein, eben den Dolomit als ein merkwürdiges Beispiel aufzuführen, wie notwendig es sei, den *Ursachen* der Erscheinungen nachzuforschen, um nur die *wirklich* vorhandenen Tatsachen beobachten zu können."

Nun äußert sich Berzelius über die Art, wie sich Buch die Dolomitbildung vorstellt, also:

„Über die Vermutung lässt sich kein Urteil fällen, und sie gehört zu den Auswegen, die man bisweilen einzuschlagen verleitet wird, wenn man den Wegweiser der Erfahrung auf dem Feld der Spekulation verliert, oder er zu weit abgeschieden steht."

Und doch soll ein Geognost ohne diese Vermutung, ohne diese Hypothese über die Entstehung des Dolomits im Auge zu behalten, nach Herrn von Buch die vor Augen liegenden Tatsachen nicht gehörig beobachten können!

Goethe fragt: „Wenn der Naturforscher sein Recht einer freien Beschauung und Betrachtung behaupten will, so mache er sich zur Pflicht, die Rechte der Natur zu sichern; nur da, wo sie frei ist, wird er frei sein, da wo man sie mit Menschensatzungen bindet, wird auch er gefesselt werden."

Ich erwähnte: Boué habe sich[3] gegen die Hebungstheorie des Elie de Beaumont erklärt. Es würde mich hier zu weit führen, wenn ich die einzelnen Beobachtungen angeben wollte, aus denen folgendes Resultat hervorgeht:

„Je mehr ich, sagt Herr Boué, die glänzende Hebungstheorie betrachte, so wie dieselbe durch Herrn von Beaumont dargestellt und bestimmt worden ist, umso mehr finde ich sie in Betracht unserer gegenwärtigen Kenntnisse gewagt in ihren rationellen Teilen und unzulässig in ihren Übertreibungen. Herr Conybeare urteilt ebenso über dieselbe."

Boué tadelt dann an Beaumont, dass er zuerst 10, dann 12, zuletzt 15 Revolutionen angenommen.

„Hatte Herr Reboul, fährt er fort, wohl Unrecht, wenn er ihm vorwarf, dass er das Einzelne vernachlässige und die Gebirgsketten in seinen systematischen Überblick der Hebungen eintrage, ohne die Gebirge selbst besucht oder sorgfältig in Schriften studiert zu haben? – Wenn er auf seinen gegenwärtigen Ideen beharrte, so scheue ich mich es auszusprechen, dass er einen Rückschritt machen werde in die Zeit der Erdtheorien oder in jene, da die Phantasie einzig an die Stelle der Beobachtung trat."[4]

[3] Im Résumé des Progrès de la Géologie pendant l'année 1832 [= Ami Boué: Résumé des progrès de la Géologie, et de quelques unes de ses applications principales, pendant l'année 1832, in: Bulletin de la Société Géologique de France 3 (1834) S.II- CLXXXVIII].

[4] Ich könnte hier noch manches über die Hebungstheorie hinzufügen, fürchtete ich nicht mein Hauptthema aus den Augen zu verlieren. Doch beispielsweise dieses: Der Jorullo erhob und durchbrach die Ebene des Malpays, und noch heute soll man in den zerbrochenen Schichten die Grenzen der Emporhebung erkenne. Ist bei irgendeinem der für gehoben gehaltenen Gebirge je eine Grenze der Art nachgewiesen worden? Gewiss nicht. Wie kann man überhaupt die Schichten, insbesondere kristallinischer Gebirgsarten, als biegsam betrachten und sattelförmige Biegungen derselben als Wirkung von Hebungen ansehen? Ist biegsamer Quarz nicht eine Kuriosität? Wie kann man den Jorullo, den Monte nuovo, die Insel Fernandea etc., welche in neuerer Zeit, wahrscheinlich nach vorhergegangenem langem unterirdischem Kochen und Schmelzen, emporgehoben wurden und durch ihr wüstes verbranntes Wesen charakterisiert sind, wie kann man ihre Entstehung als gleichartig mit der Entstehung unserer mächtigen, schönen, frischen Granit- und

So viel glaube ich anführen zu müssen, damit die Leser einen Blick in den gegenwärtigen Zustand der geologischen Theorien tun mögen und Goethes Widerwille gegen diese *Theorien* sie nicht mehr befremde, ja damit sie vielleicht einige Sympathie mit ihm fühlen und sich nicht wundern, wenn er ingrimmig über Hebungstheorie und Vulkanismus sich erhebt und als ein lebendiger Vulkan also Feuer und Flammen speit:

> „Die Sache mag sein, wie sie will, so muss geschrieben stehen: dass ich diese vermaledeite Polterkammer der neuen Weltschöpfung verfluche! und es wird gewiss irgend ein junger geistreicher Mann aufstehen, der sich diesem allgemeinen verrückten Konsens zu widersetzen Mut hat. Im Ganzen denkt kein Mensch, dass wir als sehr beschränkte schwache Personen uns um das Ungeheure beschäftigen, ohne zu fragen, wie man ihm gewachsen sei? Denn was ist die ganze Heberei der Gebirge zuletzt, als ein mechanisches Mittel, ohne dem Verstand irgendeine Möglichkeit, der Einbildungskraft irgendeine Tulichkeit zu verleihen? Es sind bloß Worte, schlechte Worte, die weder Begriff noch Bild geben. Hiermit sei genug gesagt, wo nicht zu viel. – Das Schrecklichste, was man hören muss, ist die wiederholte Versicherung: *die sämtlichen Naturforscher seien hierin derselben Überzeugung*. Wer aber die Menschen kennt, der weiß wie das zugeht: gute, tüchtige, kühne Köpfe putzen durch Wahrscheinlichkeit sich eine solche Meinung heraus; sie machen sich Anhänger und Schüler, eine solche Masse gewinnt eine literarische Gewalt, man steigert die Meinung, übertreibt sie und führt sie mit einer gewissen leidenschaftlichen Bewegung durch. – Hundert und aber hundert wohldenkende, vernünftige Männer, die in anderen Fächern arbeiten, die auch ihren Kreis wollen lebendig wirksam, geehrt und respektiert sehen, was haben sie Besseres und Klügeres zu tun, als jenen ihr Feld zu lassen und ihre Zustimmung zu dem zu geben, was sie nichts angeht. Das heißt man alsdann: *allgemeine Übereinstimmung der Forscher.*“

So ruft der Dilettant ein starkes: Si omnes consentiunt, ego non dissentio! in manche einstimmige Geologenversammlung hinein.

Wer da sagt: si omnes consentiunt, ego non dissentio, kann aus einer wahrhaft liebenswürdigen Bescheidenheit so sprechen, welche der eigenen Kraft und Einsicht nicht traut; bei einem Zweiten ist es Äußerung der Resignation; er ist zwar innerlich gewiss, das, worin alle übereinstimmen, sei keineswegs das Wahre, aber er hält sich nicht für hinlänglich wissenschaftlich gerüstet,

Porphyrformationen betrachten? Fragen der Art ließen sich viele aufwerfen. Wie unbedenklich und ohne gründliche Prüfung die Anhänger der Hebungstheorie angebliche, mit ihrer Theorie harmonierende Beobachtungen ergreifen, beweist unter a. die Übereilung, mit welcher sie die Erzählung der Miß Graham von der Hebung Chilis beim Erdbeben von 1822 für wahr annahmen und aus derselben die ungeheuersten Folgerungen zogen. Quod enim mavult homo verum esse, id potius credit. Nach Lyell sollten 100.000 englische Quadratmeilen und mindestens 200.000 Kubikmeilen Granit gehoben worden sein. Greenough bewies, auf tüchtige Autoritäten gestützt, dass die Angabe der Graham irrig sei, die Briefe von Bowers und Cumming, welche neuerdings der Londoner Societät mitgeteilt wurden, lassen kaum einen Zweifel übrig, dass Greenough Recht habe.

um diese innere Überzeugung im Widerspruch gegen jene allgemeine Übereinstimmung auch andern überzeugend mitteilen zu können; endlich versteckt sich, bei einem Dritten, feige, unredliche Charakterlosigkeit, die es mit niemand verderben möchte, hinter diesen Ausspruch als hinter eine Maske der Bescheidenheit. Goethes strafende Worte mahnen jeden zu ernster sittlicher Prüfung seiner Friedfertigkeit.

Das: si omnes consentiunt, ego dissentio dagegen kann das prahlerische Wort eines eingebildeten Toren sein, welcher sich weiser dünkt, als die andern, bei einem Zweiten gründet sich das dissentio auf richtige Überzeugung, dass er im Gegensatze einer irrenden Menge das Wahre erkannt habe, doch ist es nicht ohne Stolz gesagt, bei einem Dritten geht das dissentio aus der Entschiedenheit eines festen, durch die Wahrheit freien, auch vom Stolze freien Charakters hervor.

Wer die Wahrheit rücksichtslos, von ganzem, nicht von halbem Herzen liebt, wer durch seine Naturforschung einzig Erkenntnis der in den Kreaturen geoffenbarten Weisheit Gottes sucht, nicht aber Ehre der Menschen, der fällt auch nicht unter die Knechtschaft nichtiger Satzungen der Menschen, welche Satzungen *neben* der wahren, wesenhaften großen Schöpfung Gottes als eine abgesonderte gespenstische kleine Welt, ein trügerisches ephemeres Scheindasein haben. Non leve quiddam interest inter humanae mentis idola et divinae mentis ideas, inter placita quaedam inania et veras signaturas atque impressiones factas in creaturis, prout inveniuntur.[5]

[5] Ich bemerke, um jedes Missverständnis und jeden Schein der Ungerechtigkeit zu vermeiden, Folgendes:

1) die vorliegende Polemik bezieht sich *einzig* auf die neueren *Theorien*; auf das in der letztvergangenen Zeit gesammelte geognostische Material nur insofern, als es durch die Theorien etwa verunstaltet und verunreinigt ist.

2) Ich hege die größte Achtung für den unermüdlichen Fleiß jetziger trefflicher Geognosten, durch welche die Wissenschaft, sofern es die Theorien nicht verhinderten, ausgezeichnete Fortschritte, insbesondere hinsichtlich der Kenntnis der jüngsten Flötzgebirge und der Petrefakten gemacht hat, und beziehe mich deshalb auf mein Lehrbuch der allgemeinen Geographie.

3) Ich bin so weit entfernt, Werners Theorie überall festhalten und verteidigen zu wollen; dass ich vielmehr schon vor 25 Jahren gegen dieselbe auftrat. Soweit ich mich selbst richtig kenne, darf ich getrost sagen: Nie hat Werners Autorität mich verführt, einer geognostischen Beobachtung Gewalt anzutun, um dieselbe mit seiner Theorie in Übereinstimmung zu bringen, wiewohl mir die ersten Erfahrungen, welche jener Theorie widersprachen, sehr schmerzhaft waren. Dabei halte ich es aber für notwendig, Werner'sche Fundamentallehren von unerschütterter Wahrheit nicht leichtsinnig aufzugeben.

4) Meine Anerkennung des richtigen geognostischen Blicks Goethes sprach ich schon 1819 in meinem Buch über Schlesien aus, als ich seine Ansicht von der Konglomeratbildung, im Widerspruch gegen Werner und die meisten Geognosten, durch viele Tatsachen bestätige.

5) Einfälle über die Entstehung der Gebirge, welche mir beim Untersuchen kamen, ließ ich fallen, sobald sie sich bei fortgesetzter Forschung im Widerspruch mit der Erfahrung zeigten.

Heinrich Gottlieb Ludwig Reichenbach: Goethe als Naturforscher (1856)

Vita – Abstract

Heinrich Gottlieb Ludwig Reichenbach (8. Januar 1793 Leipzig – 17. März 1879 Dresden) studierte seit 1810 Naturwissenschaften und Medizin in Leipzig, wurde 1816 mit einer entomologischen Arbeit in den Naturwissenschaften, 1817 mit einer pflanzenpharmazeutischen Studie in der Medizin promoviert und nach der Habilitation als Professor für Naturgeschichte an die Chirurgisch-Medizinische Akademie in Dresden berufen sowie zum Direktor des Zoologischen Museums und Botanischen Gartens ernannt. Reichenbach gehörte 1818 zu den Mitbegründern der ‚Naturforschenden Gesellschaft zu Leipzig', gründete 1826 die ‚Sächsische Gesellschaft für Botanik und Gartenbau Flora' in Dresden, war von 1836–1866 Präsident der ‚Naturwissenschaftlichen Gesellschaft ISIS Dresden' und wurde 1820 in die ‚Deutsche Akademie der Naturforscher Leopoldina' aufgenommen. In seinen zahlreichen Publikationen – mit eigenen Zeichnungen – behandelte Reichenbach Themen der Botanik und Zoologie, entwickelte ein philosophisch begründetes Pflanzensystem (1828), verglich das Leben der Tiere mit dem Leben der Menschen, berichtete umfassend über den Stand der Naturgeschichte des In- und Auslandes und erörterte das Verhältnis der Naturwissenschaften zur Theologie und Erziehung (1856).

Reichenbach, der in verschiedenen Studien auf Goethe im Blick auf die Botanik und allgemein die Biologie eingeht, ihn auch in seiner Monographie *Botanik für Damen, Künstler und Freunde der Pflanzenwelt* von 1828 mehrfach zustimmend erwähnt, bezeichnet in seinem

D. von Engelhardt, *Goethe als Naturforscher im Urteil der Naturwissenschaft und Medizin des 19. Jahrhunderts*,
https://doi.org/10.1007/978-3-662-68126-8_39

Vortrag zum Geburtstag Goethes am 28. August 1856 in Dresden das ‚genetische Prinzip' als entscheidend für Goethe als Dichter und Naturforscher, für sein Verständnis der „Rätsel der physischen und psychischen Welt", wobei William Shakespeare (1564–1616), Baruch de Spinoza (1632–1677) und Carl von Linné (1707–1778) einen wesentlichen Einfluss auf ihn ausgeübt hätten. Die Metamorphose der Pflanzen als fortschreitende Umwandlung aller Pflanzenteile aus blattartigen Gebilden durch einen Prozess der Ausdehnung und Zusammenziehung in sechs Schritten sei 1790 zunächst ablehnend aufgenommen worden, habe mit der Neuauflage von 1811 und 1831 durch die französische Übersetzung von Frédéric Soret (1795–1765) aber Beachtung und Anerkennung gefunden. Zutreffend sei Goethes Naturanschauung von dem Mediziner Johann Christian August Heinroth (1773–1843) als „gegenständliches Denken" bezeichnet worden. Das Studium der Natur habe auf Goethe eine dreifache Wirkung ausgeübt: Mühe und Genuss des Sammelns, Dauer im Wandel, Allgegenwärtigkeit Gottes.

Reichenbach, Heinrich Gottlieb Ludwig:
Göthe als Naturforscher, in: Allgemeine deutsche naturhistorische Zeitung, neue Folge, 2 (1856) S. 281–292, auch in: ders.: Freunde und Kenner der Natur, Dresden 1856, S. 1–14.

***

Der deutsche Mann, dessen Andenken heute die ganze gebildete Welt einstimmig und in dankbarer Hingebung feiert, war überall, wo aus dem gleichgültig materiellen Instinktleben der Menschheit Spuren von höherer Geisteskultur emportauchten, schon lange als großer Dichter und Altertumsforscher bekannt, man vergaß aber oder ignorierte gänzlich, dass eine seiner frühesten Schriften im Jahre 1790 aus einer ganz andern Richtung entsprungen und dachte noch nicht daran, dass er durch die Vielseitigkeit seines Geistes, durch die Klarheit seiner Anschauung und durch die Tiefe seiner Forschung, dann durch seinen Sinn für Ordnung und Mäßigung, mit einem Worte durch seine Lebensklugheit und Weisheit wie durch sein Wohlwollen für die Menschheit den ehrwürdigen Namen eines Weltweisen verdiente.

Es hat viele große Dichter im Lauf der Zeiten, es hat viele Forscher der altertümlichen Sitte und der Kunst des Altertums gegeben, aber schwerlich hat einer so lebensfrisch, so vielseitig und so nachhaltig wie Goethe auf die Bildung seiner Mitwelt gewirkt oder so tief und gewaltig die Kreise der gebildeten Nachwelt vorbereitend durchdrungen und aufklärend erleuchtet, und wenige Geister haben die Gesamtheit der Männer *einer* Wissenschaft so tatkräftig für ihr weiteres Forschen erwärmt und betätigt, als wir von Goethe mit Zuversicht annehmen dürfen.

Wie Aristoteles so bildete sich Goethe durch das Beobachten des Lebens in der Natur zu dem was er geworden. Raupach sagt in der ersten Szene seines *Tasso*: „der Mensch kennt wahrhaft nur, was er hat werden sehen", und dieser obwohl höchst einfache, doch gewiss einer der geistreichsten Aussprüche, die wir jemals gehört, bezeichnet das Prinzip, von dem Goethes ganzes Leben, Denken und Wirken beseelt war, bezeichnet die Bahn, die er in seinem langen Leben gegangen, bezeichnet endlich den Maßstab, nach dem *er* alle Werke Gottes und der Menschen sinnig und verständig gemessen.

Das Aufsuchen des Urgrundes aller Dinge und das göttliche Gesetz ihres Werdens, das Gesetz der Entwicklung der Objekte der Natur, mit einem Worte das *genetische Prinzip* wurde die Basis für alles Forschen und Wirken und Schaffen in Goethe. Dieses genetische Prinzip leitete ihn in seiner Anschauung der Phänomene in der Natur, in seinen Untersuchungen vorliegender Objekte der Natur wie der Kunst, es wurde ihm eine feste Stütze in der eigenen Schöpfung seiner Charaktere und Handlungen und in deren Verknüpfung zu einem wohlgeordneten, wahrhaft organischen Ganzen und bot ihm endlich den Schlüssel und Prüfstein für die Erkenntnis des *Wertes* von allem, was seine Vor- und Mitwelt geschaffen, es wurde ihm derselbe Stein der Weisen, mit dem schon Aristoteles und Baco von Verulam Wunder getan, das genetische Prinzip löste ihm alle Rätsel der physischen und psychischen Welt.

Wo aber suchen wir mit Erfolg die Spuren, wie die Manifestation dieses göttlichen Gesetzes anders als in der Natur selbst? Auch unser Goethe wuchs auf, wie alle wahren und glücklichen Forscher nach Wahrheit im Leben, am Busen der Natur; auch er ist geworden, was er gewesen und noch ist und bleiben wird, wozu er in dem Urquell aller Wahrheit, in der ewigreinen Natur seines Gottes, sich selber gemacht hat. Seine Exkursionen durch Wiesen und Felder, durch anmutige Täler und durch das Dickicht der Wälder oder über steile Abhänge der Berge und Felsen boten ihm frühzeitig die Überzeugung, dass die Natur eine ganz andere sei, als der Stubengelehrte wie der Spaziergänger sie dunkel zu ahnen vermögen, denn ihm wurde die Bedeutung und Bildung der unorganischen Unterlage, ihm wurde die Mannigfaltigkeit der Formen der sogenannten leblosen wie der organisierten Körper, ihm wurde die Lagerung der Gesteine, die Gruppierung wie die Verbreitung der Pflanzen und Tiere, ihm wurde gar bald ihre Entstehung und Entwicklung, ihre Veränderung in den Stadien ihres Lebens, vor Allem aber die tiefe Gesetzmäßigkeit in der Verbindung so vieler und mannigfaltiger Teile ihres Organismus, ihm wurde endlich das Höchste, die urgesetzliche Gegenwirkung alles Erschaffenen aufeinander und dessen Zusammenwirken auf das Ganze, auf die Erhaltung und periodische Wiederkehr der Phasen des Weltlebens auffallend und klar und deutlich bewusst, und wie Aristoteles sagt: „vom Bewundern geht alle Wissenschaft aus", so befand sich auch Goethe bei Beobachtung einer neuen Erscheinung jedes Mal zuerst in dem Moment die Natur zu *bewundern*, und die Anerkennung des *Wunders* wurde ihm die Mutter des Bestrebens nach klarer Erkenntnis und Deutung, aber sein Forschen wurde endlich in vollem Selbstbewusstsein geübt, niemals war es ein *Grübeln*, immer ein *Schauen*. Welche Anregungen für seine Naturstudien Goethe zu Teil geworden, erzählt er einfach in Schriften, welche man nicht in die Hand des größeren Publikums, dem man in vielfacher Form seine Werke geboten, gegeben, sondern welche dem Naturforscher allein bekannt zu sein pflegen. Im Anfang seiner Hefte zur Naturwissenschaft und Morphologie gibt er einen Bericht über sein Leben in Weimar, schildert, wie er zuerst angezogen worden vom geheimnisvollen Leben der Pflanze ganze Sommer hindurch einzelne Erscheinungen desselben durch Experimente zu prüfen, wie er dann die Verwandlung der Insekten genauer beobachtete, wie er die Werke von Buffon und Daubenton studierte, mit Peter Camper korrespondierte und sich der unmittelbaren Belehrung des Anatomen Loder in Jena erfreut hat, wie ältere und jüngere Männer mit ihm zusammenwirkten und er dieselben gern in seinen Umgang zog, um mit ihnen und von ihnen zu lernen. Alles dies referiert er in jener einfachen Weise, die so vorzüglich sein Eigentum ist. Bei seinen Studien ging nächst Shakespeare und Spinoza, die größte Wirkung von Linné auf ihn aus; dessen Geisteskraft und Bestimmtheit erkannte er bewundernd an und spricht mit Ehrfurcht und Hochachtung von ihn. Linné war auch eine außerordentliche, eine ungewöhnlich große Erscheinung insbesondere für seine Zeit, er war ein alles in Liebe umfassender, lebendig durchdringender, genial ordnender, doppelter Mensch. Sein tief in das Naturleben hineinschauender Blick hatte sich gekräftigt an, dem Überwinden von Tausenderlei Hindernissen seines Privatlebens, und immer bedacht auf das Eine, auf die Erkenntnis und Anordnung der Natur, lebte in ihm die reine Anschauung des ganzen Naturlebens, verknüpft durch ein sinnig geistiges Band.

Aber um sich blickend und messend die Leistungen, die ihm vorangegangen und die Fassungsgabe seiner Gegenwart erwägend, riet ihm die Klugheit sich nicht zu übereilen, er suchte deshalb nach einem Schlüssel für die noch so wenig befähigte Mitwelt, er ließ den schwächeren Menschen in sich, zuerst in die Öffentlichkeit hinaustreten, und er fand sein Sexualsystem der Pflanzen, nach wenigen einfachen und künstlichen Kennzeichen zusammengestellt und gegliedert, und zwang die ganze Natur der Pflanzenwelt in die Grenze dieses Systems, während die für jede Klasse des Tierreichs wie späterhin für jede natürliche Familie der Pflanzen von ihm gegebenen Aperçus den Beweis bieten, dass sein eigener Geist in jene Grenzen nicht gebannt, den tieferen, lebendigen Zusammenhang der organischen Natur nimmer verkannte. Auch seine leitenden Aufsätze, Abhandlungen und Dissertationen geben dasselbe Zeugnis und seine „prolepsis“ oder Antizipation ist wesentlich eine zunächst verwandte Idee mit der Metamorphose der Pflanzen von Goethe. Jenes Anheimgeben der Pflanzennatur an die künstlichen Schranken des Sexualsystems war nun freilich das, was einem Goethe nicht zu genügen vermochte. Darum sagt dieser selbst, es sei die große Wirkung, welche von Linné auf ihn ausging, durch einen Wiederstreit begründet worden, zu dem seine Schriften ihn aufgefordert hätten. „Denn – sagt er – indem ich sein scharfes, geistreiches Absondern, seine treffenden, zweckmäßigen, oft aber willkürlichen Gesetze in mich aufzunehmen versuchte, ging in meinem Innern ein Zwiespalt vor; das, was er mit Gewalt auseinander zu halten suchte, musste nach dem innersten Bedürfnis meines Wesens zur Vereinigung anstreben.“ Linné hatte aber freilich sein Sexualsystem eben nicht für solche Geister wie Goethe geschrieben und teilte selbst diese Empfindung mit ihm, wofür die bis in die letzten Jahre seines Lebens fortgesetzten Bestrebungen für die natürlichen Verwandtschaften der Gewächse das vollgültigste Zeugnis gegeben. Goethes Geist kannte diese Überwindung und Selbstverleugnung in Linnés wissenschaftlichen Ansichten an sich nicht, er wagte es, was Linné nicht gewagt hatte, sogleich auszusprechen, was er empfunden und was er gedacht, und so gab er schon im Jahre 1790 seine Metamorphose der Pflanzen, die höchst einfache Anschauung von der Entwicklung der einzelnen Teile des phanerogamischen Gewächstypus vom Keimungsakt an bis zur Bildung der Frucht und zum Abschluss des Zyklus eines ganzen sogenannten einjährigen Pflanzenlebens bis zur Wiederentwicklung des Samen.

Seine Grundansicht war ein Entfalten aller Teile der Pflanze aus blattartigen Gebilden, durch fortschreitendes Umwandeln. Er fasste zuerst die Samenblätter oder Kotyledonen ins Auge nach ihrer Zahl, Stellung, Form und Textur, zeigte dann, wie der große Gegensatz des Gewächskörpers von Knoten zu Knoten sich zur Pflanzenachse, zum Stengel oder zentralen Träger aller seitlichen und endständigen Gebilde gestalte, wie der Stammkörper in seiner perpendikulären Richtung emporsteigt von der Erde zur Sonne gewendet, welche die magnetische, die lichtsuchende Pflanze an sich zieht; er verfolgte dann die Entwicklung der Stengelblätter aus den Knoten des Stengels, als den Urquellen neuer Gebilde, achtete auf die Verbreitung der sogenannten Blattnerven und die Verzweigung der sogenannten Blattadern und auf die davon abhängige Gestaltung des Blattes, er berücksichtigte die Lebensverrichtung der Blätter und ihren weiteren Fortschritt zum Übergang, zur Umwandlung durch Deckblätter in die Kreise der Blüten. Hierin ist der Glanzpunkt der Metamorphose gegeben, hier wird nachgewiesen, wie der Kelch, wie aber auch die Blumenkrone, und wie die Staubgefäße in ihrem Kreis um das Pistill und wie das Pistill als Zentralorgan selbst, nur Umwandlungen sind, durch höhere Potenzierung aus blattartig entstandenen Kreisen geschaffen. Ist dies aber einmal vom Pistill angenommen, so kann auch das in seinem Lebenslauf vollendete Pistill, nämlich die Frucht selbst, nichts anderes sein als ein Gebilde aus Blättern verschmolzen, wie das Pistill in seiner Jugendzeit selbst war.

Nach mannigfaltigem, jahrelang fortgesetztem und wiederholtem Erziehen, Beobachten und Vergleichen von Pflanzen, nach immer erneuertem Aufsuchen von Grundformen oder Urpflanzen, war die kleine

Schrift zu Stande gekommen und, nach mehrfach gleichgültiger Aufnahme und sogar missbilligendem Urteil der Freunde, endlich nach Ablehnung eines Buchhändlers, kam sie dennoch wirklich zum Druck, denn der kräftige Genius war nicht zu bekämpfen und nicht zu ermüden. Aber auch die gedruckte Schrift musste erfahren, dass sie zu frühzeitig geboren, von der Welt nicht als ebenbürtig anerkannt wurde. Jedermann war mit ihr unzufrieden, alle versicherten, es sei nicht abzusehen, was mit derselben Goethe so eigentlich gewollt habe. Eine ganze gelehrte Gesellschaft in einer ansehnlichen deutschen Stadt verwarf sie, und ein sonst einsichtsvoller Freund von Goethe deutete auf die wahrscheinlich verborgene Absicht desselben, dem Künstler die Erfindung sprossender und rankender Blumenverzierungen lehren zu wollen, nach Art und Weise der Alten in fortschreitender Bewegung. Marmorpilaster auf solche Weise verziert, sieht man in der Villa Medici, die unendliche Fülle der Blätter wird zuletzt von der Blume übertroffen, so dass endlich statt der Samenkörner oft Tiergestalten und Genien hervorspringen, ohne dass man es, nach der vorhergehenden herrlichen Entwicklungsfolge nur im mindesten unwahrscheinlich fände.

Im laufenden Säkulum steigerte sich endlich der Beifall für jenes Resultat einer einfachen Beobachtungs- und klaren Deutungsgabe immer mehr, ja man kann sagen, dass die Schrift durch den 1811 stattgefundenen Wiederabdruck in den Heften zur Naturwissenschaft und zur Morphologie, ganz vorzüglich aber durch die mit französischer Übersetzung versehene Ausgabe von Soret, welche im Jahre 1831 in Stuttgart bei Cotta erschien, erst eigentlich bekannt wurde und durch diese Ausgabe endlich den übrigen Werken Goethes durch ihre Besitzer beigefügt werden konnte. In dieser Soret'schen Ausgabe erzählt Goethe selbst das ganze Schicksal seiner Schrift bis in diese Zeit. Es wurden der Gegner immer weniger, die einfache Wahrheit wurde immer allgemeiner erkannt, aber wenn bis in die letzte Zeit Einzelne meinten, dass Goethes Metamorphose wohl eine Phantasie sei und man früher nirgends zugeben wollte, dass Wissenschaft und Poesie vereinbar seien, so sagt erstens Goethe selbst: „man vergaß, dass Wissenschaft sich aus Poesie entwickelt habe, man bedachte nicht, dass nach einem Umschwung von Zeiten beide sich einander freundlich zu beiderseitigem Vorteil auf höherer Stufe gar wohl wieder begegnen können", und zweitens bleibt uns noch in der Tat die Pflicht, ernstlich zu untersuchen, ob in der Ansicht Goethes von der Metamorphose der Pflanzen wirklich mehr begründet sei als eine poetische Ansicht und ein geistreiches Gleichnis für phantasiereiche Denker. Aber auch diese Frage kann uns niemand beantworten als die Natur selbst. Goethe nimmt sechs Schritte der Entwicklung an, ein wechselweises Ausdehnen und Zusammenziehen des Körpers der Pflanze. Er sagt: „vom Samen bis zur höchsten Entwicklung des Stengelblattes bemerkten wir zuerst eine Ausdehnung, darauf sahen wir durch eine Zusammenziehung den Kelch entstehen, die Blumenblätter durch eine Ausdehnung, die Befruchtungsteile abermals durch eine Zusammenziehung; und wir werden nun bald die größte

Ausdehnung in der Frucht und die größte Konzentration im Samen gewahr werden. In diesen sechs Schritten vollendet die Natur unaufhaltsam das ewige Werk der Fortpflanzung der Vegetabilien durch zwei Geschlechter. – Nun lehrt uns die treue Beobachtung des geheimen Waltens in der Entwicklung der Pflanze, dass dieser ganze Entfaltungsprozess, den Goethe so einfach aufgefasst hat, ein normal fortschreitender ist. Aber wie in allem Fortschritt, muss auch in diesem eine Hemmung gedacht werden können und diese Hemmung kommt in der Wirklichkeit hier sehr oft vor; so oft, dass wir sie vorzüglich bei der Pflanzen*kultur* gar häufig wahrnehmen können. So wie aber die Hemmung in der Zeitlichkeit jedes Mal relativ ein Rückschritt geworden, so nennt auch Goethe den Vorgang der Hemmungsbildung die *rückschreitende* Metamorphose, und ihre Offenbarung zeigt sich durch Stehenbleiben auf niederer Stufe, oder durch wirklichen Rückschritt in den niederen Kreis. In der gefüllten Blume ist ein solcher Rückschritt, und viele Blumenblättchen der Zentifolie oder sogenannten hundertblättrigen Rose weisen ihren Ursprung aus Staubgefäßen nach durch ein deutliches Anhängsel vom Staubbeutel in seiner Verkümmerung.

Oft bemerken wir aber auch wirkliche Blätter anstatt der höheren Gebilde, welche dem Raum und der Zeit nach entwickelt sein sollten. Wenn bei den Primeln der Kelch wirklich in fünf Blätter aufwächst, wenn ein Blumenblatt der Tulpe am Schaft zurückbleibt und nicht buntgefärbt wird, wenn die sonst weißen oder lilafarbigen Blumen der Nachtriole in üppiger Sprossung grün bleiben, wenn die Staubgefäße der Weide sich in kleine Blätter verwandeln, wenn aus dem Mittelpunkte oder den Pistillen der Rose ein Blattsprössling oder sogenannter Rosenkönig herauswächst oder die Nelkenkapsel sich in Blätter zersplittert, oder wenn auf der Quitte die sogenannte Blüte sich zu wirklichen Blättern entwickelt, dann haben wir Fingerzeige genug in der Natur, um die Metamorphose von Goethe, als tief und natürlich begründet, mit lebendiger Gewissheit als prosaische *Wahrheit* beweisen zu können.

Goethe hat für die Naturkunde im Allgemeinen das große Verdienst, immer – wie Heinroth von ihm sagte: gegenständlich zu denken – auf das Objekt selbst hingeleitet zu haben. Seine rein objektive Anschauung zeigte den Wert, den jedes Naturprodukt und jedes Geschöpf an sich und jeder Teil im Geschöpf wieder an sich habe, die vagen teleologischen Ansichten ignorierte er gänzlich. Er fasste schon einen der Hauptunterschiede der organisierten Gebilde von den unorganisierten besser ins Auge, wenn er in Bezug auf das Wesen ihrer ersten Entstehung bemerkte: „alles was zum Leben hervortrete, alles was lebendig wirken soll, muss *eingehüllt* sein." Im Gegensatz zeigt er, dass die unverhüllt peripherischen Organe, wie die Oberhaut, zunächst die Verstörung und Tötung berühre. Er fasste die Zahlenverhältnisse in der Gliederung der Organismen ins Auge, zeigte die Wichtigkeit der richtigen Erkenntnis der Typen und ihre Wiederholung und Potenzierung sowie ihre Veränderung durch äußere auf sie umbildend wirkende Einflüsse. Eine vorzügliche Aufmerksamkeit wendete er auch der

Betrachtung und der Deutung der Entwicklung des Skeletts zu. Zu der gewöhnlich angenommenen Bedeutung des Skeletts als Gerüst in dem höher organisierten tierischen Körper, als Grundriss für die Formgebung, tritt jedenfalls noch die tiefere Urbedeutung hinzu, nach welcher seine Primitivteile eine Umhüllung für den Stamm des Nervensystems bieten, so dass die Wirbelsäule, welche das Rückenmark einschließt, am ganzen Skelett die Hauptsache ist, und aus diesem Grund auch durch neuere Anatomen das ganze Skelett im Gegensatz zu ähnlichen inneren und äußeren Gebilden vorzugsweise das Nervenskelett genannt wird.

Zahlreiche Arbeiten über Skelett und einzelne Teile desselben hat Goethe der Öffentlichkeit übergeben, und am bekanntesten wurde seine lebendige Ansicht von der Wiederholung einer Wirbelbildung im Schädel. Bei Beschauung des zufällig während der italienischen Reise bei einem Spaziergang auf dem Lido bei Venedig im Jahr 1796 aufgefundenen Schädels einer Hirschkuh kam diese Ansicht ihm plötzlich, fixierte sich in ihm und fand sich bei immer weiterer Vergleichung begründet. Durch einen von Oken und Kieser angeregten Prioritätsstreit ist dieser Gegenstand bekannter geworden, die Ansicht selbst aber hat sich als zentraler Lichtpunkt fixiert, an welchem die Geister aller denkenden Anatomen sich entzündet und ihre späteren Untersuchungen über die Entwicklung und die Verhältnisse aller Ur-Teile jeglicher Skelettbildung angeknüpft und zu einem schönen Ganzen vollendet haben.

Hier kann weder die Zeit noch der Ort sein, Goethes naturwissenschaftliche Forschungen einzeln verfolgen zu wollen. Nur der Versuch einer Beantwortung der einzigen Frage mag noch erlaubt sein: *was hat es ihm genützt und was half es der Welt, dass Goethe mit objektiver Naturkunde sich so eifrig beschäftigte*? Wenn wir nicht leugnen wollen, dass der Naturforscher ebenso geboren wird wie der Dichter, so mag auch ein Erwecken des Sinnes für die Naturforschung ebenso notwendig sein als die Weckung für Poesie, und wenn scheinbare Zufälligkeiten, unverhofftes Bekanntwerden mit guten Vorbildern so manchen Künstler und Dichter geweckt haben, so mag auch mancher Naturforscher, so wie Linné, durch das zufällige verständige Einführen in eine Wiese, in einen Wald, durch das Hinleiten zur Anschauung der Verwandlung einiger Insekten oder des inneren Baus eines Tieres oder einer Pflanze, seinen inneren Sinn für die Natur erschlossen und sich für die Zeit seines Lebens Genüsse bereitet haben, welche der Laie in der Naturkunde keineswegs zu ahnen vermag, welche aber dem, der sie aufsucht, sich mannigfaltig erschließen.

Der erste dieser Genüsse liegt in dem *Sammeln.* Die Notwendigkeit, die mannigfachsten Verhältnisse unserer Erdoberfläche in den drei Elementen: Erde, Wasser und Luft zu durchsuchen, sich mancherlei Anstrengungen und Beschwerden aussetzen zu müssen, das Bewusstsein, ebenso viele getäuschte Hoffnungen ertragen als Überraschung genossen zu haben, mit jedem Tage mehr die Formen und Rätsel der Natur und des verborgenen Naturlebens sich häuten zu sehen, endlich der Sieg der Klugheit und unermüdeten Ausdauer, das sind die ersten Empfindungen des eifrigen Sammlers, weiter bieten dann die Vergleichungen mit den Beobachtungen, den Forschungen und Erfahrungen der Freunde und das Anreihen der neuen Erfahrungen an die alten, das Aufhellen von dunkeln Verhältnissen und das unablässige Fortschreiten auf der Bahn nach klarer Erkenntnis den höchsten Genuss.

Goethe sammelte alles von Produkten der Natur wie der Kunst, und wenn er auch nicht, nach irgendeiner Richtung hin, eine große, ausgezeichnete Sammlung besaß, so hatte er doch alle seine Objekte selbst geistig durchdrungen, und sie waren ihm Erinnerungen an Momente seines Lebens oder an geliebte Personen. Darin liegt aber eben der unwiderstehlichste Reiz, den das Sammeln auf uns ausübt, dass das Objekt außer seinem Erleuchten des Geistes zugleich auch noch dem Gemüt so viele Erinnerungen weckt und bis in das höchste Alter hinaus, seinem Sammler gleichsam dankbar, dieselben erneuert. So wird eine Sammlung nicht allein Erläuterungstafel für eine Wissenschaft oder Kunst, sondern sie wird zugleich ein treues Tagebuch, ja sie wird das reinste Abbild des eigenen Lebens wie des Lebens der Freunde, und ihr *unschätzbarer* Wert wird darum nur vom Besitzer selbst so recht innig erkannt und empfunden, und von jener heiligen Ehrfurcht, mit welcher Kenner dergleichen Sammlungen in Augenschein nehmen, hat der Nichtwissende gewöhnlich gar keine Ahnung, und die Erhaltung von Goethes Sammlungen für die Nachwelt ist darum eine der schönsten Verdienste eines erleuchteten Fürsten.

Bis in sein spätes Alter sammelte Goethe viel und gern Mineralien, aber vorzugsweise geognostisch interessante Felsarten, an welche sich die Ahnungen von den sukzessiven Entwicklungen unseres Erdkörper anknüpften, dem er bei Betrachtung eines jeden Stückes sorgfältig folgte, so wie er überhaupt der Entwicklung der Geognosie gefolgt ist und selbst vom Neptunisten zum Vulkanisten geworden.

Aber mehr als Alles wirkten auf Goethe die Erscheinungen des *organischen* Lebens. Immer war er umgeben von Pflanzen und Tieren, die er beobachtete und deren Leben auf ihn denselben Zauber ausübte, in dem jedes reine Gemüt sich bei solcher Beobachtung gebannt und durch sie sich erwärmt fühlt.

Hier in der Pflanze, in dem niederen Tier bieten sich die Rätsel des Lebens einfacher dar als im höchst komplizierten Organismus des Menschen, und leichter schöpft man aus dem ruhigen Urquell als aus dem wogenden Meer. Das war aber auch von jeher der wahre Segen der vergleichenden Zoologie, und darum ist diese Wissenschaft für die Erkenntnis des Menschen selbst so hochwichtig geworden, weil alles Gestalten und alles Leben in der Natur sich endlich in *seinem* höchsten Typus vereinigt. Alle diese Formen und Erscheinungen des organischen Lebens durchdrang Goethe mit dem tiefgeistigen Blick seines genetischen Prinzips und mochte gern auch seine Freunde auf solche Anschauung leiten. Als der Kanzler ihn einst im Garten besuchte, hatte er Gläser mit Raupen und Schmetterlingspuppen vor sich stehen und die Tage berechnet, an welchen aus den Puppen die geflügelten Falter auskriechen würden, und zeigte eine Schlange in einem anderen Gefäß, welche sich sehr zutraulich benahm. Er machte bei Hindeutung auf ihr kluges Auge die Bemerkung, dass hier der höher organisierte, mit Gliedmaßen versehene Körper der Eidechse schon in dem noch gliedmassenlosen, gleichsam verkümmerten Schlangenleibe durch dieses Auge sich andeute.

Die *Festigkeit* im Walten mit dem genetischen Prinzip für das praktische Leben mag als ein zweiter und höherer Vorteil gelten, den der Umgang mit der lebendigen Schöpfung in uns erzeugt. Geht der Beobachter vertrauensvoll und mit offenem Gemüt hinaus in die freie Natur, so findet er überall, wo er sucht, eine gleiche Befriedigung für Geist und Gemüt. Ein Schema tiefer Gesetzlichkeit prägt sich dem wahren Naturforscher ein, es leitet ihn sicher in allen Verhältnissen des Lebens und verlässt ihn nicht in der Lösung der schwersten Probleme. Unschwer würde man bei Anlegung des Maßstabes an alle einzelnen prosaischen wie poetischen Schöpfungen von Goethe die organische Gliederung nach seinem genetischen Prinzip nachweisen können, unmöglich aber auch die festbegründete Behauptung zu widerlegen vermögen, dass sein unbefangenes Anschauen und sein klares Verständnis der Antike ein Ergebnis seiner treuen Naturstudien war. Wie tief Goethe vom Wert der Studien in der lebendigen Natur durchdrungen gewesen, spricht er unter zahlreichen Stellen auch in der Unterhaltung mit Hegel aus, wo dieser zugeben muss, dass Dialektiker oft das Wahre falsch und das Falsche wahr machen, und Hegel solche Dialektiker Geisteskranke nennt. Darauf antwortet Goethe: „da lobe ich mir das Studium der Natur, das eine solche Krankheit nicht aufkommen lässt. Denn hier haben wir es mit dem unendlich und ewig Wahrem zu tun, das jeden, der nicht durchaus rein und ehrlich bei Beobachtung und Behandlung eines Gegenstandes verfährt, sogleich als unzugänglich verwirft. Auch bin ich gewiss, dass mancher dialektisch Kranke im Studium der Natur eine wohltätige Heilung finden würde."

Ein dritter Vorteil, welcher Goethe selbst durch seinen ungezwungenen Umgang mit der freien Natur geworden, offenbarte sich in seinem reinen und unbedingt festen Glauben an Gott. Sehr bekannte Stellen seiner Werke, am allerbestimmtesten aber solche in seinen naturwissenschaftlichen Schriften und in den mit Eckermann vertraulich gepflogenen Gesprächen, drücken seine tief begründete Religiosität, seine bescheidene Anerkennung der Grenzen des menschlichen Forschens, seine ebenso bescheidene Überzeugung von einem Zugänglichen und einem Unzugänglichen in der Natur auf das bestimmteste (eigentlich: bündigste) aus. Seine Ehrfurcht vor der Heiligkeit Gottes war so groß, dass er die zu häufige Nennung seines Namens, wie sie durch Geistliche geschieht, eine Entweihung genannt hat. Alle Frömmelei war seinem offenen Charakter zuwider, und oft erwähnte er andeutend die Schwächen der Bonnet-Lister'schen naturhistorischen Schule, aber nicht leicht berührte ihn ein Vorgang in der lebendigen Natur, der nicht ihn selbst auf das Walten der göttlichen Allmacht hingeführt hätte. Als ihm Eckermann die Geschichte von den ihm entflogenen jungen Zaunkönigen erzählte, die er am dritten Tage nachher in einem Rotkehlchennest unter der Brut der Rotkehlchen, welche die Pfleglinge mit fütterten, wiedergefunden, antwortete Goethe: „Das ist eine der besten ornithologischen Geschichten, die mir jemals zu Ohren gekommen. Wer das hört und nicht an Gott glaubt, dem helfen nicht Moses und die Propheten. Das ist es nun, was ich die Allgegenwart Gottes nenne, der einen Teil seiner unendlichen Liebe überall verbreitet und eingepflanzt hat, und schon im Tier dasjenige als Knospe andeutet, was im edlen Menschen zur schönsten Blüte kommt.“ – An einer anderen Stelle sagt er: „Mag die geistige Kultur nur immer weiter fortschreiten, mögen die Naturwissenschaften in immer breiterer Ausdehnung und Tiefe wachsen und der menschliche Geist sich erweitern wie er will, – über die Hoheit und sittliche Kultur des Christentums, wie es in den Evangelien schimmert und leuchtet, wird er nicht hinauskommen. – Diese religiöse Richtung Goethes ist besonders wichtig, da einzelne Pietisten die Naturforscher für Atheisten erklären, ohne bewiesen zu haben, dass irgendein Atheist jemals wirklich Naturforscher war.

Wenn aber die aufgeführten drei Folgen seiner Naturstudien vorzüglich für Goethe selbst erheiternd und beruhigend wirkten, so hatte er die Freude, auch noch die Anerkennung seiner Bestrebungen selbst zu erleben und Zeuge zu werden, wie der von ihm gepflanzte Keim in Andern sich zur schönsten Blüte entfaltet, wie er die Wissenschaft selbst mit gefördert.

Anstatt aller Beispiele nur eine. Nach Empfang der Schrift von Carus über die Ur-Teile des Schalen- und Knochengerüstes schrieb Goethe in seinen Heften zur Morphologie: „Eine Region nach der anderen des grenzenlosen Naturreiches, in welchem ich Zeit meines Lebens mehr im Glauben und Ahnen, als im Schauen und Wissen mich bewege, klärt sich auf und ich erblicke, was ich im Allgemeinen gedacht und gehofft, nunmehr im Einzelnen und gar manches *über* Denken und Hoffen. Hierin finde ich nun die größte Belohnung eines treuen Wirkens, und mich erheitert es gar öfters, wenn ich hier und da erinnert werde an Einzelheiten, die ich nur im Fluge wegfing und sie niederlegte, in Hoffnung, dass sie sich irgendwo einmal lebendig aufschließen würden.“ –

Wie seine Metamorphose der Pflanze die Botaniker nach und nach lebendig angeregt hat, das erzählt er selbst in Sorets Ausgabe, und die tief und mathematisch eindringenden Untersuchungen über die Spiraltendenz im Pflanzenwuchs von Alexander Braun, Martius und anderen sind vorzügliche Folgen jener einfachen Anschauungsweise geworden. Die größte Teilnahme und Freude in ihm erregte die endliche Anerkennung seiner genetischen Ansichten in Frankreich, welche, obwohl von *Cuvier* und Anderen heftig und lange bekämpft, Geoffroy de St. Hilaire in reinem, obwohl vielleicht nicht hinreichend klarem Eifer, im Jahr 1830 zu verfechten begonnen. Er erwähnte dieses Kampfes gegen Eckermann am Tag, als die Nachricht von der Julirevolution nach Weimar gekommen, und Eckermann antwortete in Beziehung auf letztere. Goethe nahm davon gar keine Notiz, sondern wendete sich zum Erstaunen Eckermanns sogleich wieder zum genetischen Prinzip und zu den Szenen in der Akademie in Paris.

Es ist gar nicht zu leugnen, dass durch Goethes genetisches Prinzip die ganze Naturkunde, insbesondere die der organischen Reiche, eine neue und ihnen recht eigentümliche Begründung genommen. Diese Begründung ist die einzig entsprechende, die eigentümlich sach- und naturgemäße zu nennen, denn die Natur ist das Werden selbst, und eine der Natur entsprechende Methode kann keine andere sein, als die, welche diese Werdung, diese Entwicklung und Steigerung der Organismen zur lebendigen Anschauung bringt. Sie allein wird dadurch der Schlüssel zur wahren und tieferen Erkenntnis.

Das wahrhafteste und beste System der Natur ist dann selbst der Generalbass in ihrer Entwicklung, und die einzelnen Floren und Faunen aller Länder und Weltteile sind die Sinfonien, welche ihr eigner Schöpfer selbst komponiert hat.

In der Tat ist auch das meiste, was Dr. Alton, v. Baer, Alexander Braun, Carus, Gingins Lassaraz, Goldfuss, Horaninow, v. Martius, Ernst Meyer, Nees v. Esenbeck, Oken, Röper, Sigismund Voigt und andere, insbesondere in Deutschland, geschaffen, aus diesem Prinzip geflossen, und jedes ihrer Werke, außer dem Bestreben an sich, zugleich ein Denkmal für Goethe. Es ist aber der auf dem Kontinent, insbesondere in Deutschland, durch die Doktrinärs geschäftig und systematisch durch Giftpflanzenbücher und durch die sogenannte Naturbeschreibung der giftigen und reißenden Tiere geregelte und dem kindlichen Gemüt tief eingeprägte Hass gegen die Natur und gegen das organische Leben, dem wir den Umstand verdanken, dass wir Goethes tiefste Lichtblicke, seine Anschauungen der lebendigen Natur und seine durch sie gewonnene Erhebung zur Liebe, in den Ausgaben seiner Werke gänzlich vermissen. Doktrinärs haben den lebendigen Geist aus der Natur streng und gehässig und vernichtend verbannt! –

Als die erste Schrift von Goethe, welche von großem Einfluss auf eine gründlichere Lebensanschauung des ganzen Pflanzenreichs gewesen und noch ist, kennen wir seinen „*Versuch die Metamorphose der Pflanze zu erklären*“, welche im Jahre in Gotha bei Ettinger 1790 zum ersten Mal erschien.

Die zweite Ausgabe derselben erschien in den Schriften, „*zur Naturwissenschaft und Morphologie*“ Seite 1–90.

Die dritte Ausgabe: J. W. v. Goethe *Versuch über die Metamorphose der Pflanzen*, übersetzt von Friedrich Soret, nebst geschichtlichen Nachträgen mit zugleich französischem Text: J. W. de Goethe *Essai sur la metamorphose des plantes*, traduit par Frederie Soret et suivi de notes historiques. Stuttgart. Cotta, 1831, ist vorzüglich durch die geschichtlichen Nachträge interessant, indem hier die Ansichten der die Erscheinung beachtenden Schriftsteller vom ersten Anfang bis 1831 zusammengestellt sind. Man kann sagen, dass die Grundideen der Metamorphose vorzugsweise durch diese Ausgabe auch im Auslande maßgebend wurden, und so ist es gekommen, dass dieselbe gegenwärtig in Allen lebt, welche forschen und denken und schaffen für die Ergründung, Erkenntnis und Lehre von der Natur der lebendigen Pflanze.

In den Schriften *Zur Naturwissenschaft überhaupt, besonders zur Morphologie, Entstehung, Betrachtung, Folgerung, durch Lebensereignisse verbunden.* Stuttgart und Tübingen. Cotta, 1817, finden sich zahlreiche für alle Zeiten gewichtige Erfahrungen, Ansichten und Sätze, welche so manches Licht werfen auf den Gang der Entwicklung von Goethes forschendem Geist und von der Entwicklung der Naturwissenschaft selbst.

Goethe aber an sich beurkundete und bewährte, wie in seinem Ganzen, so insbesondere in seinem naturwissenschaftlichen Bestreben seinen hohen Beruf durch sein reines und energisches Wirken im Reich der Wahrheit und Schönheit, seiner Nachwelt die *einzige* wahrhaft fruchtbringende Bahn zu eröffnen, auf welcher Deutschland seine geistige Einheit und seine sittliche Freiheit wieder zu erlangen vermag.

Möge auch heute wieder der Segen des immer lebensfrischen, nun mehr als hundertjährigen Greises die edlen Männer aller deutschen Gauen für *diese* Einheit und Freiheit im *Geist* der Naturforschung und in der *Sitte* des Lebens, in festem und dauerndem Bund vereinen.

Mathias Jacob Schleiden: Goethe als Naturforscher (1867)

Vita – Abstract
Matthias Jacob Schleiden (5. April 1804 Hamburg – 23. Juni 1881 Frankfurt a. M.) wandte sich nach einem Jurastudium 1824–1827 und der juristischen Promotion in Heidelberg sowie einer Tätigkeit in Hamburg als Rechtsanwalt seit 1833 in Göttingen zunächst der Medizin, dann in Berlin den Naturwissenschaften und besonders der Botanik zu und wurde 1839 in Jena promoviert, 1840 zum a.o. Professor und 1850 zum Ordinarius und Direktor des Botanischen Gartens ernannt, hielt zugleich Vorlesungen über anthropologische, philosophische und kulturhistorische Themen, folgte 1863 einem Ruf auf den Lehrstuhl für Pflanzenchemie nach Dorpat (heute Tartu) und kehrte bald darauf als Privatgelehrter nach Dresden, dann Darmstadt, Wiesbaden und Frankfurt a. M. zurück. Schleidens wissenschaftliche Leistungen beziehen sich auf die Entdeckung der Zelle als Formelement der Pflanze (*Beiträge zur Phytogenesis*, 1838), die Morphologie der Pflanzen und – in Kritik unter dem Einfluss des Philosophen Jakob Friedrich Fries (1773–1843) an der metaphysischen Naturphilosophie (*Schellings und Hegels Verhältnis zur Naturwissenschaft*, 1844) – eine induktiv-empirische Grundlegung der Botanik (*Grundzüge der wissenschaftlichen Botanik*, 1842, ^{4}1861) sowie mit öffentlichen Vorträgen (*Studien*, 1858) die Verbreitung der Naturwissenschaften und naturwissenschaftlichen Bildung, in denen auch immer wieder Goethe zustimmend als Poet und Naturforscher erwähnt wird. Schleiden, Mitglied verschiedener in- und ausländischer Akademien, setzte sich für die Evolutionstheorie Charles Darwins (1809–1882) ein und wandte sich mit Publikationen gegen den zeitgenössischen Antisemitismus.

D. von Engelhardt, *Goethe als Naturforscher im Urteil der Naturwissenschaft und Medizin des 19. Jahrhunderts*,
https://doi.org/10.1007/978-3-662-68126-8_40

In seinem Beitrag aus dem Jahr 1867 weist Schleiden zunächst die verbreitete Auffassung von Goethe als eines intuitiv-genialen Naturforschers mit Hinweisen auf seinen Fleiß und seine Sorgfalt in den Beobachtungen und bei der Ausarbeitung seiner naturwissenschaftlichen Veröffentlichungen zurück, um dann mit Zustimmung – unter wiederholten Vergleichen zwischen Goethe und Schiller in ihrem Verhältnis von Dichtung und Naturwissenschaft oder Medizin – näher auf Goethes Beiträge in den verschiedenen Bereichen der Natur einzugehen. Die Metamorphose der Pflanze beherrsche, entwicklungsgeschichtlich fortgebildet, jetzt „die ganze wissenschaftliche Botanik"; das aus der Botanik auf die Tierwelt übertragene Einheitsprinzip habe zur Entdeckung des Zwischenkieferknochens beim Menschen und den Wirbel als Grundorgan der Lebewesen geführt und ebenfalls die wissenschaftliche Zoologie und vergleichende Anatomie nachweislich befruchtet sowie Goethe – „ein wahres Genie" – noch umfassender an eine „allmähliche Umbildung" der ganzen belebten Natur denken lassen: an eine ‚Naturgeschichte' als ‚Geschichte der Natur'; in diesem Sinn habe Goethe auch den Neptunismusim Gegensatz zum Vulkanismusin der Erklärung der Gebirgsbildung vertreten; seine von der Metorologie ausgehende und ebenso oft einseitig gelobte wie abgelehnte Farbenlehre widerspreche im Übrigen keineswegs Newton, da beide, was Goethe allerdings nicht eingesehen habe, ganz unterschiedliche Dinge im Blick gehabt hätten. Schleiden ist im Fazit überzeugt, dass Goethe eine „Einheit für seine naturwissenschaftlichen Bestrebungen" und ihren inneren „Zusammenhang" mit seinem übrigen „Geistesleben" nicht erreicht habe und findet für die Gegenüberstellung von Goethe und Schiller die Formel: „Schiller sucht das Schöne im Guten, Goethe das Gute im Schönen."

Schleiden, Mathias Jacob:
Goethe als Naturforscher, in: Westermanns Illustrierte Deutsche Monatshefte 23 (1867) 614–625.

* * *

Eine Feier zum hundertachtzehnten Geburtstage Goethes gab mir eine natürliche Veranlassung, mich mit ihm zu beschäftigen, und so entstanden die folgenden Aufzeichnungen. Nur nennen will ich Goethe, „nicht ihn preisen;" – nicht preisen, keineswegs um „die vielen ehrenwerten Männer – „Prophete rechts, Prophete links" – nicht zu kränken, sondern weil ein Lob kindisch erscheint bei einem Mann, an dessen vollem Verständnis nicht seine eigene Nation allein bereits seit mehr als dreißig Jahren arbeitet, ohne sagen zu dürfen, dass sie ihn in allen seinen herrlichen Eigenschaften bereits vollständig erkannt und begriffen; weil die Worte Lob und Tadel kaum Anwendung finden auf einen Mann, bei dem die Erkenntnis, was und wie er war, schon genügenden Stoff zur Betrachtung, schon reiche Antriebe zur geistigen Erhebung bietet. Mag es mir denn vergönnt sein, auf eine Seite seines Wesens hinzudeuten, die von der Menge am wenigsten erkannt, von Fachmännern lange ignoriert und auch jetzt noch keineswegs in ihrem ganzen Umfange gewürdigt worden ist. Goethe selbst sagt einmal: „Seit länger als einem halben Jahrhundert kennt man mich als Dichter, dass ich mich aber mit großer Aufmerksamkeit um die Natur in ihren allgemeinen physischen und organischen Phänomenen emsig bemüht und ernstlich angestellte Beobachtungen stetig und leidenschaftlich im Stillen verfolgt, das ist nicht so bekannt, noch weniger mit Aufmerksamkeit bedacht worden." Und der Grund dafür liegt in einem traurigen dem germanischen Stamme recht eigentlich angehörenden Charakterzug, der bornierten Zunftverehrung. Der Deutsche fragt im Allgemeinen noch gar nicht danach, ob ein Mann etwas wisse, sondern nur, ob er von König, Polizei oder Akademie die Erlaubnis habe, dieses und jenes wissen zu dürfen, und wenn ein Goethe die Entdeckung des Zwischenkiefers beim Menschen macht, wodurch freilich allerlei hergebrachte zoologische und anatomische Dogmen über den Haufen geworfen werden, so hat man die Unverschämtheit, einem solchen Mann zu antworten. „Schuster, bleib' bei Deinem Leisten, die Entdeckung völlig zu ignorieren und der Wissenschaft dreizehn Jahre lang vorzuenthalten, bis ein zünftiger Schuhflicker die Sache nachentdeckt hat.

Es ist oft die Frage aufgeworfen worden: Wie kam der Dichter zur Naturwissenschaft, ja, man hat es höchst wunderbar gefunden, dass Schiller von der Naturwissenschaft und Medizin zur Dichtkunst, Goethe umgekehrt von der Poesie zum Studium der Natur übergegangen sei. Leider sind beide Tatsachen rein erdacht, denn Schiller beschäftigte sich schon auf der Karlsschule zum Leidwesen seiner Lehrer, wenn auch nicht dem Zeitmaße, doch jedenfalls dem Interesse und der aufgewendeten Geisteskraft nach mehr mit Poesie als mit seinen Fachstudien, und Goethe fing fast eben so früh, als er dichtete, und wenigstens schon im neunzehnten Jahre in seiner Frankfurter Rekonvaleszenzzeit naturwissenschaftliche Studien an, setzte sie im zwanzigsten Jahre fort und trieb ernster und intensiver im einundzwanzigsten Jahr, sowie er nach Straßburg kam, Chemie, Anatomie und Medizin. Ohne diese Studien je aus dem Auge verloren zu haben, wendete er sich schon im einunddreißigsten Jahre mit erhöhtem Interesse denselben wieder zu und ließ sie dann in seinem ganzen übrigen Leben, also über ein halbes Jahrhundert hindurch, nie wieder fallen. Noch das Jahr 1832, in welchem er am 22. März sein helles Auge für immer schloss, ist durch zwei wichtige naturwissenschaftliche Arbeiten über *plastische Anatomie* und über „Geoffroy de St. Hilaires *Principes de philosophie zoologique*" bezeichnet.

Die Frage aber, „wie der Dichter Goethe zur Naturwissenschaft kam", scheint mir überall eine gänzlich müßige. Goethe war eben ein wahres Genie, das man auch wohl mit dem Ausdruck „Universalgenie“ bezeichnet, ohne recht zu wissen, was man damit sagen will; denn grade das Universale ist es ja, was einen Menschen zum wirklichen Genie macht und von jeher gemacht hat. Nur beispielsweise erinnere ich an Aristoteles, Leibniz, Kant, an Homer, Dante, Shakespeare, Michel Angelo, Leonardo da Vinci, Albrecht Dürer.

Das Genie charakterisiert der nicht zu fesselnde Drang nach Wahrheit, dadurch wird es entdeckend, erfindend, schaffend. Nun aber ist alle Wahrheit, deren der Mensch fähig ist, eine einige. Sie hat ein subjektives Prinzip der Einheit. Man könnte freilich sagen, wahr sind meine Gedanken, wenn sie mit dem gedachten Gegenstand übereinstimmen, wenn nicht darin eine arge Selbsttäuschung, die Forderung einer Unmöglichkeit läge. Wir wissen von der ganzen Welt und allen Gegenständen in ihr gar nichts, haben gar keine Möglichkeit, davon etwas zu erfahren, anders als dadurch, dass die Dinge in unser Vorstellungsspiel eintreten, in unseren Vorstellungen vorkommen. Wessen ich mir nicht bewusst werden kann, das ist auch für mich nicht da. Nun wäre es freilich möglich, dass die Dinge grade so beschaffen sind, wie sie in meinen Vorstellungen vorkommen, aber diese Möglichkeit könnte ich doch nie zur Gewissheit erheben, da ich meine Vorstellung von dem Ding niemals mit dem Ding, wie es unabhängig von meiner Vorstellung für sich existiert (Kant nennt es das Ding an sich) vergleichen kann. So bleibt für uns Menschen die Wahrheit immer nur eine relative. Vom Objekt, vom eigentlichen Gegenstand, kann eigentlich nie die Rede sein. Jenes Kant'sche „Ding an sich“ erscheint in meinen Vorstellungsspielen immer nur als ein Vorgestelltes, d. h. als ein Ungeschautes oder Gedachtes. Ob ich als Mensch richtig anschaue oder denke, kann eben auch nur subjektiv bestimmt werden, indem ich eine *innere* Konsequenz in meine Vorstellungen bringe. Der Mensch *reflektiert* die wirkliche objektive Welt nur wie ein Spiegel und kann immer nur dieses von ihm selbst hervorgebrachte Spiegelbild erkennen, welches natürlich mit allen Fehlern des Spiegels behaftet ist. Ich kann nur Vorstellungen mit Vorstellungen vergleichen, sie vervollständigen, Lücken ausfüllen, Widersprüche aufheben, bis endlich mein ganzes Geistesleben in vollkommener innerer Harmonie, in vollkommenem Einklang aller Vorstellungen mir die höchste, immer aber nur relative Wahrheit offenbart, deren der Mensch überhaupt fähig ist.

Von diesem Ziel bleiben die meisten Menschen unendlich weit entfernt, weil sie gar nicht danach streben. Kein Mensch erreicht dieses Ziel ganz. Die geniale Kraft aber nähert sich demselben am meisten; mag sie nun philosophisch bewusst darauf hinarbeiten oder unbewusst von einem inneren Drang dahingetrieben werden, immer wird sie sich anstrengen, einen möglichst großen Teil aller menschlichen Vorstellungen sich zu eigen und unter denselben sich heimisch zu machen, weil dies in der Tat der einzige Weg zu der dem Menschen erreichbaren Wahrheit ist. Daher muss jedes Genie nur auf einer höheren Stufe das Wort des Terenz als Wahlspruch führen. „Ich bin ein Mensch und meine, dass nichts Menschliches mir fremd bleiben darf;“

darum ist *jedes* Genie eben seiner Natur nach auch Universalgenie. So ist es denn eigentlich gar nichts besonders Merkwürdiges, dass Goethe, offiziell dem juristischen Studium hingegeben, daneben Hebräisch, Kabbala und Alchemie, Anatomie und Medizin trieb, wie er ernste Studien über Architektur machte, dass er, längst als Dichter anerkannt und schaffend tätig, Botanik und Zoologie, Mineralogie und Geognosie studierte, für Bergbau und Landwirtschaft sich ebenso lebendig interessierte wie für Malerei und Plastik.

Nicht dass Goethe sich lebhaft, wie für alles, so auch für die Natur interessierte, ist bemerkenswert, sondern nur die Art und Weise, wie äußere Veranlassungen ihn zur Beschäftigung mit diesem oder jenem speziellen Gegenstand bestimmten oder in der Entwicklung seiner Gedanken förderten. So war es, nachdem er schon lange sich mit Pflanzen beschäftigt, unter Buchholz und Büttner Botanik getrieben, die Anlage eines botanischen Gartens in Weimar geleitet hatte und Linnés *Philosophia botanica* täglich zur Hand nahm, ein Buch, von dem er selbst sagt, dass es nächst Shakespeare und Spinoza die größte Wirkung auf ihn gehabt; nach allen diesen Vorstudien und den mannigfachsten Versuchen, den einheitlichen Typus der Pflanzenwelt sich klar zu machen, war es erst in der üppig treibenden, südlich reichen Natur Siziliens, dass ihm an den dem Herkules geweihten Schwefelquellen von Segesta, an den Ufern des Skamander, die Idee der Pflanzenmetamorphose klar wurde, die er aber noch jahrelang mit sich herumtrug, prüfte, ausführte, verbesserte, bis er im Jahre 1790 schüchtern mit dem ersten Heft zur Metamorphose der Pflanzen hervortrat. Immer fortarbeitend, an jedem sich darbietenden Material seine Ideen aufs Neue berichtigend, erweiternd und vertiefend, ließ er erst 1824 das sechste und letzte Heft *Zur Morphologie der Pflanzen* erscheinen. Die Zunftborniertheit fand in der ersten Darlegung des Gedankens, dass die Pflanze nur aus zwei Grundorganen, aus Stengel und Blatt bestehe, dass alle bis dahin unterschiedene Organe nur durch besondere Ernährungsvorgänge modifizierte Wiederholungen dieser beiden ersten Glieder seien, nur eine traurige Verirrung eines so tüchtigen Poeten und sonst so gescheiten Mannes. Aber bald fanden sich einzelne klarere Köpfe, welche die tiefgreifenden Folgen dieser neuen Lehre ahnten; mehr und mehr brach sich die Sache Bahn; heute von allen Botanikern anerkannt, beherrscht Goethes Entdeckung, zur Entwicklungsgeschichte fortgebildet, die ganze wissenschaftliche Botanik. Und was Goethe auf diesem Feld gesammelt, warf ihm sogleich die Streiflichter aufgehenden Sonnenlichtes auch auf die benachbarten Gebiete. Die Einheit und Einfachheit des Bildungsgesetzes, die sich bei den Pflanzen so klar herausgestellt hatte, musste ihre belebenden Strahlen auch auf die andere Hälfte der organischen Welt werfen. Die Natur, welche den größten Reichtum aus den einfachsten Elementen hervorruft, konnte sich bei den Tieren nicht selbst untreu geworden sein. Sogleich begann für Goethe eine neue Studienrichtung, die er an die frühere anreihte. Die beiden Ideen, dass 1) der ganzen Pflanzenwelt in dem scheinbar unerschöpflichen Reichtum ihrer Formen und Arten ein einfacher Grundtypus unterliege, die von Goethe so genannte Urpflanze, und dass 2) die wunderbare Mannigfaltigkeit der Organe bei der einzelnen Pflanze nur aus sehr wenigen einfachen Grundteilen aufgebaut sei, mussten sich auch auf die Tierwelt anwenden und hier realisieren lassen. In erster Beziehung wendete sich Goethe an einen scheinbar unbedeutenden Knochen: das Zwischenkieferbein, ein bei den Tieren als besonderer Knochen auftretender Teil der oberen Kinnlade, in welchem die Schneidezähne befestigt sind. Es galt damals als unantastbarer Glaubenssatz, dass das Vorhandensein dieses Knochens beim Tier, das Fehlen desselben beim Menschen, den letzteren wesentlich und weit von dem Typus der übrigen Wirbeltiere fortrücke. Goethe, der keine Sprünge in der Natur anerkennen mochte, darin einem metaphysischen Satz der alten Scholastiker getreu: *Natura non facit saltus*, wendete diesem kleinen Knochenstück die ernsteste Aufmerksamkeit zu. Von allen Seiten trug er osteologisches Material zusammen, bis es ihm gelang, den Zwischenkiefer auch beim Menschen als vorhanden und nur durch spätere Entwicklungen unkenntlich geworden nachzuweisen und zugleich in seinem verschiedenen Auftreten bei einer großen Anzahl von Wirbeltieren darzulegen. Die Entdeckung wurde von ihm schon im Jahre 1781 gemacht, aber erst am Ende des Jahres legte er dieselbe in einer Abhandlung nieder, die er dann Camper und Sömmerring mittheilte. Sömmerring meinte, es sei ein „in manchem Betracht sehr artiger Aufsatz" und wollte Goethe bereden, die Sache lieber nicht zu veröffentlichen. Auch Camper fand an dem Aufsatz zwar Einiges zu loben, aber auch sehr viel zu tadeln und leugnete insbesondere entschieden das Vorkommen des fraglichen Knochens beim Menschen. Es dauerte Jahrzehnte bis Autenrieth in Tübingen 1797 und M. I. Weber 1820 die Entdeckungen Goethes wiederholt hatten und bis man allgemein das schon 1784 Aufgefundene gelten ließ.

Hier wäre nun wohl der Ort, um einen alten sehr gemeinen und bis zum Überdruss wiedergekäuten Irrtum zu widerlegen, der nur von inferioren Naturen ersonnen scheint, um Goethes wissenschaftliche Verdienste als bloße Geschenke der Natur herabzusetzen und zugleich die eigene Unbedeutendheit als bloße Ungunst des Himmels zu entschuldigen. Man hat die Sache immer so dargestellt, als handle es sich dabei nur um geniale Einfälle, um die dem Liebling der Götter ohne sein Verdienst gewordenen Offenbarungen. Ein neueres Werkchen über *Goethe als Naturforscher* spricht auf vier Seiten vier Mal von Goethes „divinatorischem Anschauungsvermögen, „ideellen Ausstrahlungen", „ahnungsvoller Deutung der Objektiven", „Intuition";[1] man hat die Nase darüber gerümpft, dass eine glückliche Natur Goethe im „flüchtigen Vorübergehen"[2] Entdeckungen machen ließ, die allen Botanikern entgangen. Diese Ansicht beruht auf groben psychologischen Irrtum, auf völliger Unkenntnis der Geschichte und auf gänzlicher Unwissenheit in

[1] Meding, Seite 13, 16, 17, 20 [= Meding, Karl Heinrich: Goethe als Naturforscher in Beziehung zur Gegenwart, Dresden 1861, S. 13, 16, 17, 20].

[2] Meding, Seite 14 [= wie Anm. 1, S. 14].

Bezug auf Goethes Tun und Lassen. Es ist ein plumper psychologischer Missgriff, zu glauben, das Genie, d. h. hier die bloße natürliche Begabung, könne ohne eigene Anstrengung und gewissenhafte Arbeit irgendetwas Bedeutendes leisten. Man muss sich niemals um die Geschichte der großen Männer, welche wirklich die Menschheit fördernde Werke schufen, bekümmert haben, wenn man nicht weiß, dass grade die größten Geister nur durch die gründlichsten und umfassendsten Arbeiten, durch den ernstesten Fleiß, der ihrem Geist das Material darbot, an dem er sich entwickeln und erstarken konnte, befähigt wurden, Großes und Dauerndes zu leisten, und dass Tausende von Männern geistig verbummelten und zu Grunde gingen, wie Ephemeren, denen derselbe Tag Geburts- und Todesstunde bringt, weil sie, sich einer gewissen Naturbegabung bewusst, dadurch ernster Arbeit überhoben zu sein glaubten und meinten, alles aus dem Genieärmel schütteln zu können. Und wer, der Goethes Tagebücher und Exzerptensammlungen beachtet, die Geschichte der Entstehung seiner wissenschaftlichen Werke studiert, die Urteile seiner Zeitgenossen über ihn gewürdigt, muss nicht den eisernen Fleiß, die gewissenhafte Sorgfalt, die gründliche und vielseitige Beobachtung, die lange, geduldige Durcharbeitung derselben Aufgabe bewundern, aus denen als Resultat ein oft zwar in der Veröffentlichung nur kleines, in seinem tiefen und reichen Inhalt, in seiner nachhaltigen Wirkung erstaunenswert großes Werk hervorging. Ein gleiches Beispiel für Goethes nie rastende Arbeitskraft, von seinem gewissenhaften Fleiß ist der zweite Punkt, der ihn in Bezug auf die höhere Tierwelt lange Zeit beschäftigte und wodurch er der ganzen neuern Betrachtungsweise der Wirbeltiere die Bahn anwies, auf der sie noch jetzt fortschreitet. Hatte er selbst für die entwickeltste Pflanze Stengel und Blatt als einzig wirklich verschiedene Elementorgane nachgewiesen, aus denen sich die ganze Pflanze aufbaut, so führten ihn seine umfassenden zoologischen Studien dahin, für sämtliche Wirbeltiere als Grundorgane Wirbel und Langknochen (oder Extremitäten) aufzustellen und namentlich die knöcherne Kapsel, welche unser Gehirn umschließt, als eine Wiederholung und Verschmelzung derselben Wirbel nachzuweisen, aus denen unsere Wirbelsäule, der feste Halt unseres ganzen Rumpfes, und zugleich die knöcherne Röhre, in welcher unser Rückenmark enthalten ist, sich aufbaut. Auch hier war nach langem Suchen und vielfachen gründlichen anatomischen Studien, besonders unter Loder in den Jahren 1780 bis 1785, die Veranlassung, durch welche sein tastender Geist eine bestimmte Richtung erhielt und die große Entdeckung von der Wirbelbedeutung der Schädelknochen ins Leben trat, eine äußerliche, ja fast triviale. Es war am 4. Mai 1790, als Goethe, auf dem Lido von Venedig spazieren gehend, zwischen den Gräbern des Judenkirchhofes stehen blieb, um die untergehende Sonne zu betrachten. Da reichte ihm sein Diener Götze einen verwitterten Schöpsenschädel, den er aus dem Sand aufgelesen, scherzend als einen Judenschädel hin. Kaum hatte Goethe seinen Blick darauf geworfen, da war ihm klar, wonach er lange gesucht: „Drei eigentümlich umgebildete Wirbel bilden die Schädelhöhle." Ein Satz, der noch beute allgemein anerkannt, als fundamental in der vergleichenden Knochenlehre dasteht. Goethe war aber nicht der Mann, der, wenn er eine Entdeckung gemacht zu haben glaubte, nun gleich ein Buch schrieb und damit herausplatzte. Dreißig Jahre lang prüfte er seine Entdeckung an der Natur, und wenn er auch 1795, angeregt durch den Umgang mit dem damals nach Jena gekommenen A. von Humboldt, sowohl seine Grundsätze der Untersuchungsmethode als auch die Hauptzüge der vergleichenden Knochenlehre niederschrieb[3], so erwähnte er doch öffentlich erst 1820[4] in seiner schlichten unanmaßlichen Weise seiner 1790 gemachten Entdeckung, und erst 1824 sprach er sich ausführlicher darüber aus. Indessen hatte Oken, wie es scheint, ohne von Goethes Entdeckung das Geringste zu wissen, 1807 dieselbe Ansicht in seinem Jenenser Antrittsprogramme ausgesprochen und entwickelt. Er war merkwürdigerweise fast in derselben Weise wie Goethe vom Zufall geführt worden. Im August 1806 machte Oken mit zwei Studenten eine Harzreise, bestieg den Ilsenstein und als er an der Südseite wieder herabrutschte, stieß er auf den schön gebleichten Schädel einer Hirschkuh. „Aufgehoben, umgekehrt, angesehen und wie ein Blitz schoss es mir durch Mark und Bein: Es ist eine Wirbelsäule", so erzählt Oken selbst die Geschichte seiner Entdeckung. Doch kann nach allem, was jetzt über jene Zeit bekannt geworden, und insbesondere nach einem Brief an Herders Gattin vom 4. Mai 1790 und den auf die Angelegenheit bezüglichen Briefen an Schiller aus den Jahren 1796 bis 1802, Goethes Priorität durchaus nicht mehr in Zweifel gezogen werden. Indessen wurde Goethe durch die Verfolgung seiner Entdeckungen und seine vergleichenden Studien über den Bau anderer Tierklassen noch zu einer für die damalige Zeit ebenso neuen als überraschenden Entdeckung geführt, dass nämlich die Mundteile aller Insekten nichts anderes sind als modifizierte und einer anderen Funktion angepasste Beine. Der erwähnte Briefwechsel zwischen Schiller und Goethe aus den Jahren 1796 bis 1802 liefert dafür den vollständigsten Beweis.

Auch hierin kam Oken, unabhängig von Goethe und ehe dieser sich öffentlich über seine neuen Ansichten aussprach, auf denselben Weg, aber viel später. Auch hier ist Goethe der Erste, der eine jetzt allgemein anerkannte Wahrheit, die Grundgesetz der Wissenschaft geworden ist, zuerst erkannte. So waren denn die beiden für das Studium der Pflanzenwelt so durchgreifend entscheidend gewordenen Ideen auch für die Tierwelt geltend gemacht und befruchteten auch hier die wissenschaftliche Behandlung der Zoologie und vergleichenden Anatomie. Aber damit war Goethes nie rastender Geist noch lange nicht befriedigt Er selbst bemerkt einmal darüber: „Welch leidenschaftliche Bewegung wird in unserm Geist durch einen reichhaltigen Gedanken hervorgebracht, wie fühlen wir uns begeistert, indem wir alles dasjenige in

[3] Virchow, Seite 47 [= Rudolf Virchow: Göthe als Naturforscher und in besonderer Beziehung auf Schiller, Berlin 1861, S. 47].

[4] Goethe, Zur Morphologie, Heft I, Seite 250 ff.

Gesamtheit *vorausahnen*, was in der Folge sich mehr und mehr entwickelt". Anfänglich verlacht, dann halb mitleidig anerkannt, lebte in Goethe das selige Bewusstsein, für die Zukunft gearbeitet zu haben. Was er bereits geleistet, stand ihm fest; was noch daraus werden konnte, erschien ihm in siegesgewisser Ahnung kommenden Morgenrots. Aber Goethe war durchaus nicht der Mann, der sich an dem bloßen Ahnen genügen ließ. Alles, was er in der Natur beobachtete, jede neue Anschauung, die ihm seine ununterbrochenen Arbeiten zuführten, hielt er gleichsam wie einen Maßstab an seine Ahnung, und so entwickelte sich in ihm immer klarer und lebendiger der Gedanke von der inneren Einheit und Selbstgenügsamkeit der ganzen Natur als eines großen sich langsam und stetig entwickelnden Organismus. Die unsere ganze neuere Naturwissenschaft durchdringende und belebende Methode der Entwicklungsgeschichte, welche die Betrachtung der kleinsten Pflanzenzellen auf unserer Erde, so gut wie die kaum noch erkennbaren Sonnensysteme in den fernsten Ätherweiten unterworfen ist, wurde ihm klar, und er sprach sie in seiner eigentümlich lichten Weise noch 1832 bei Beurteilung einer Arbeit von Geoffroy de St. Hilaire mit den Worten Montaignes so aus: „Ich lehre nicht, ich erzähle." Wie er den einheitlichen Typus der so verschiedenen Pflanzen- und Tierformen erforscht und teilweise erkannt hatte, ehe noch ein zünftiger Fachmann an solche Betrachtungen der Natur dachte, wie er die mannigfachen Organe des Individuums in großen Beispielen auf die verschiedenartige Entwicklung weniger einfacher Grundorgane zurückgeführt hatte, so drängte sich ihm bei weiterem Fortschritt auch der Gedanke auf, dass die ganze organische Welt an der Erde sich langsam und ruhig aus einfachen Elementarformen durch allmähliche Umbildung müsse entwickelt haben. Unter seinen Händen, in seinem Geist wurde die Naturgeschichte zu einer Geschichte der Natur, in welcher sich ohne wilde Störungen, ohne Revolutionen und neue Schöpfungen, von denen nicht einmal die kindliche Mythe zu erzählen weiß, eine Form aus der andern hervorbildet in ununterbrochener stetiger Umwandlung der einzelnen Teile und Organe. Er gab der schon angeführten metaphysischen Weisheit der Scholastiker: „Die Natur macht keine Sprünge," lebendige Bedeutung und befruchtende Anwendung, indem er sie an die ganze Sinnenwelt anlegte. Schon 1807 sprach Goethe als ein Resultat seiner Naturstudien die Worte:[5] „Wenn man Pflanzen und Tiere in ihrem unvollkommenen Zustande betrachtet, so sind sie kaum zu unterscheiden. Ein Lebenspunkt, starr, beweglich oder halb beweglich, ist das, was unserm Sinne kaum bemerkbar ist. Ob diese ersten Anfänge nach beiden Seiten determinabel, durch Licht zur Pflanze, durch Finsternis zum Tier herüberzuführen sind, getrauen wir uns nicht zu entscheiden, ob es gleich hierüber an Bemerkungen und Analogie nicht fehlt. So viel aber können wir sagen, dass die aus einer kaum zu sondernden Verwandtschaft als Pflanzen und Tiere nach und nach hervortretenden Geschöpfe nach zwei entgegengesetzten Seiten

[5] Goethe, Zur Naturwissenschaft und Morphologie, Heft 1. Seite XIII.

sich vervollkommnen, so dass die Pflanze sich zuletzt im Baum dauernd und starr, das Tier im Menschen zur höchsten Beweglichkeit und Freiheit sich verherrlicht." Zusammengehalten mit zahlreichen verwandten Äußerungen, die er bei Behandlung botanischer oder zoologischer Fragen tat, zeigen diese Worte, dass Goethe schon damals, also schon fast ein Vierteljahrhundert vor dem Auftreten Geoffroy de St. Hilaires, auf dem Standpunkt stand, den heutzutage die jüngeren Bearbeiter der Naturwissenschaft nach Darwins Vorgang einzunehmen beginnen. Wie groß musste daher Goethes Aufregung sein, als Geoffroy de St. Hilaire am 22. Februar 1830 in der Pariser Akademie der Wissenschaften mit ähnlichen Ansichten hervortrat und damit seinem Lehrer und Vorgesetzten Cuvier, so wie der ganzen damals bestehenden Zoologie den Fehdehandschuh hinwarf. Die Nachricht von der Julirevolution war grade in Weimar eingetroffen, als Goethe den Bericht über die berühmt gewordene Sitzung der Pariser Akademie der Wissenschaften gelesen hatte, Eckermann besuchte Goethe, der dem Eintretenden sogleich entgegenrief „Nun, was denken Sie von dieser großen Begebenheit? Der Vulcan ist zum Ausbruch gekommen; Alles steht in Flammen und es ist nicht ferner eine Verhandlung bei geschlossenen Türen." – Als Eckermann antwortete: „Ja, was konnte man bei einem solchen Ministerium anderes erwarten, als dass es mit Vertreibung der königlichen Familie enden würde?" sagte Goethe etwas unwillig. „Wir verstehen uns nicht! Wer redet denn von jenen Leuten! Ich rede von dem folgeschweren Streit zwischen Cuvier und Geoffroy de St. Hilaire."[6]

Indem Goethe des Letzteren Partei ergriff, führte er nur seine eigene Sache, und mutig trat er in den ‚Jahrbüchern für wissenschaftliche Kritik' in den Jahren 1830 und 1832 für den Mann und die Sache in die Schranken.

Goethes Ansicht von der Unvermeidlichkeit der Auffassung der Natur, als einer sich ruhig und stetig durch gesetzmäßige Betätigung der ihr innewohnenden Kräfte entwickelnden, brachte ihn aber auch noch auf einem anderen Feld der Naturwissenschaften mit den Ansichten seiner Zeit und seiner Zeitgenossen in Widerspruch. Schon früh hatte er sich mit Eifer dem Studium der Mineralogie und Geologie hingegeben. Als treuer Schüler Werners lebte er ganz in der eine solche ruhige Bildung der Gebirgssysteme zulassenden Theorie der Neptunisten. Als nun aber mit den Untersuchungen von Elie de Beaumont und L. von Buch über die Vulkane und ihre allgemeinen Einwirkungen auf die Bildungsgeschichte unserer Erdrinde sich die Annahme ausbildete und befestigte von scharf getrennten Perioden der Erdbildung, die jedes Mal ihren Abschluss in heftigen vulkanischen Revolutionen gefunden, sodass denn jedes Mal eine ganz neue Schöpfung an die Stelle der in der Revolution zu Grunde gegangenen eine ganz neue organische Welt habe ins Leben rufen müssen, – da empörte sich Goethes überall nur

[6] Eckermann, III, Seite 339[= Johann Peter Eckermann: Gespräche mit Goethe in den letzten Jahren seines Lebens, Bd. 3, Magdeburg 1848, S. 339], u. Virchow, Seite 63 ff. [= wie Anm. 3, S. 63 ff.].

Ordnung, Gesetz und stetige Entwicklung in der Natur begreifender Geist gegen dieses „Heben, Drängen, Aufwälzen, Quetschen, Schleudern, Schmeißen, gegen diese – wie er sagte – „vermaledeite Polterkammer der neuen Schöpfung.“ Er konnte sich gegen diese neue Richtung, so folgenreich und fruchtbar sie war, bei ihrem Auftreten nur negativ verhalten. Jetzt aber steht die Wissenschaft der Geologie auf einem Standpunkt, der auch hier Goethes Gefühl, welches damals nur keinen positiven Ausdruck finden konnte, rechtfertigt. Denn die meisten und tüchtigsten der Geologen sind längst von dieser Ansicht der großen revolutionären Katastrophe in der Geschichte der Erde zurückgekommen und führen alle Veränderungen auf die ruhig und allmählich, aber in langen Zeiträumen wirkenden bekannten Kräfte zurück. Noch muss ich zwei große Gebiete berühren, in denen Goethe versuchte, sich heimisch zu machen, denn was hätte dieser geniale Kopf nicht alles sich angeeignet und unterworfen. Als Goethe an die Naturwissenschaften herantrat, war die Meteorologie (Witterungskunde) noch fast nur ein seltsames Gebäude astrologischen Aberglaubens. Sehr entscheidend bei der Überführung dieses traurigen Zustandes in einen besseren, wirklich wissenschaftlichen wurden die meteorologischen Untersuchungen von dem Engländer L. Howard. Goethe hat das Verdienst, Deutschland mit diesem Mann und seinen Arbeiten bekannt gemacht zu haben. Goethes besonderes Interesse wurde durch Howards Beobachtungen über die Wolken angeregt. Howard hatte (1798) zuerst gezeigt, dass die Wolkenbildungen noch eine ganz andere Bedeutung haben, als nur dem Landschafter Zeichnung, Gestalt und Farbe in die einförmig blaue Fläche seines Himmels zu geben. Er sonderte die verschiedenen Wolkenformen in bestimmt charakterisierte und meteorologisch sehr bedeutsame Grundformen, und Goethes plastischer Sinn fühlte sich sogleich von dieser Lehre angezogen, er beobachtete und zeichnete selbst und wurde dadurch überhaupt bald in ernste meteorologische Beobachtungen und Studien vertieft. Ein großes, in einem Tadel verstecktes Lob erteilt unser erster jetzt lebende Meteorologe, Dove in Berlin, Goethes genauen Beobachtungen, wenn er sagt: „Aus ihnen allein könne man schon ableiten, dass Goethe am Nordrande des Thüringer Waldes beobachtet habe.“ Wie Goethe alles, was er einmal in seinem Geiste aufgenommen, treu bewahrte und fortbildete, so geschah es auch mit der Meteorologie, in der er bis an sein Ende tätig war und mit fortarbeitete. Noch im Jahr 1828, als ich, ein junger Doktor juris, auf meiner Rückkehr von Heidelberg in Weimar das Glück hatte, Goethe vorgestellt zu werden und zwei mir unvergesslich Abende in seinem Hause zu verleben, drehte sich unser Gespräch, dessen Führung ich selbstverständlich ihm allein überließ, zu einem großen Teil um das in mancher Beziehung abnorme Klima von Heidelberg, und Goethe nahm mit wohltuender Aufmerksamkeit meine zwar nicht wissenschaftlichen, aber doch mit Interesse und gesunden Sinnen während eines dreijährigen Aufenthaltes dort gemachten Bemerkungen entgegen. Schon im Jahr 1822 hatte er seinen *Versuch einer Witterungslehre* geschrieben.

Mit seinen meteorologischen Arbeiten verknüpfte sich bei Goethe noch eine zweite Aufgabe, deren Lösung er einen unbeschreiblichen Fleiß und Forschungseifer zugewendet hat; ich meine seine vom Standpunkt beschränkter Schultheorien ebenso oft einseitig getadelte als gelobte Farbenlehre. Die Einseitigkeit der Schule war es, die ihn provozierte, sich ganz unnötigerweise mit Newton in Widerspruch zu setzen, ein Widerspruch, der in der Tat gar nicht existierte, da beide von ganz verschiedenen Dingen sprachen. Newton behandelte die Farben und das Licht rein mathematisch-physikalisch, wie sie ganz unabhängig vom auffassenden Subjekt in der äußeren Natur vorkommen, oder richtiger gesagt, er brauchte die Worte Licht und Farbe nur der Bequemlichkeit wegen, behandelte aber in seiner Optik nur die physikalischen Grundlagen, die in der subjektiven Auffassung der Empfindung zwar als Licht und Farbe vorkommen, selbst aber weder Licht noch Farbe, sondern Bewegungserscheinungen des Äthers sind. Goethe dagegen interessierte sich nur für die rein subjektiven Auffassungen, als welche er sie bei weiterem Fortschritt in einem Brief an Schiller vom Jahre 1796 selbst erkannte[7], deren Erforschung eigentlich auf psychologischer Tätigkeit, auf feiner und richtiger Selbstbeobachtung beruht, eine Selbstbeobachtung, in welcher Goethe in der Tat trotz seines Widerwillens gegen das: „Mensch, erkenne Dich selbst“, wahrhaft Bedeutendes geleistet hat, wie ihm das auch von unserem großen Physiologen Johannes Müller bereitwillig zum Öfteren anerkannt worden ist.[8]

Goethes meteorologische Studien, die, wie es scheint, schon im Jahr 1781 bei einem längeren Aufenthalt in Jena angefangen waren, führten wahrscheinlich Goethe zu seiner Farbenlehre, wozu die ersten Gedankenkeime, angeregt durch den italienischen Himmel, im Jahre 1790 entstanden.

Wie bei Goethe alle Arbeiten über Knochenlehre, vergleichende Anatomie, Physiognomik und Ethnographie nach seinen eigenen Mitteilungen zuletzt im vollen Verständnis der schönen Menschengestalt und der Antike gipfelten, so lag auch seinen Bestrebungen in Meteorologie, halb unbewusst, der Drang zum Grunde, die Landschaft mit Farbe, Licht und Schatten, mit Luft- und Wolkenperspektive, und die gesetzmäßige Abhängigkeit aller dieser einzelnen Momente voneinander vollständig verstehen zu lernen. In dieser Beziehung sind seine Werke voll der feinsten Beobachtungen, der geistreichsten Winke für den Landschafter. Was darüber hinaus in seiner Farbenlehre Mangelhaftes und Falsches ist, wurde ihm eigentlich nur im Kampf gegen Newton und die mathematische Physik aufgedrängt, wie der Mensch ja überall leicht im Streit sich verstrickt, und von dem ursprünglich richtigen Standpunkt durch den Geist, der stets verneint, unmerklich zu unhaltbaren Behauptungen fortgetrieben wird. Es würde mich viel zu weit führen und keinen hier zu er-

[7] Briefwechsel zwischen Goethe und Schiller, I, Seite 242 [= Briefwechsel zwischen Schiller und Goethe, Bd. 1, vom Jahre 1794 bis 1795, Stuttgart 1828, S. 242].

[8] J. Müller, Ueber phantastische Gesichtserscheinungen, Koblenz 1826, Seite 48, 83.

reichenden Zweck haben, wollte ich Goethes Farbenlehre, und dann selbstverständlich auch die mathematische Optik, mit allen Gründen und Gegengründen für beide Parteien vollständig entwickeln. Ich bemerke nur, dass das Wesentliche der Goethe'schen Ansicht darin besteht, dass er die Farben von der Trübung des Lichtes durch halb durchsichtige Mittel ableitet.

Diese nur flüchtige Skizze von Goethes naturwissenschaftlicher Tätigkeit muss hier wohl genügen. Seine Methode, den Gang seiner Studien, die Ziele, die er verfolgte, sowie seinen ganzen wissenschaftlichen Charakter hat Goethe selbst in wenigen köstlichen Versen niedergelegt, die wohl ein ganzes Handbuch der Methodologie und Hodegetik aufwiegen.

Weite Welt und breites Leben,
Langer Jahre redlich Streben,
Stets geforscht und stets gegründet,
Nie geschlossen, stets geründet.
Ältestes bewahrt mit Treue,
Freundlich aufgefasstes Neue.
Heitrer Sinn und reine Zwecke.
Nun! man kommt wohl eine Strecke.

Dass Goethe mit seinen bedeutenden Entdeckungen bei seinen nächsten Zeitgenossen keinen Anklang fand, nur zweifelndem Achselzucken, Widerspruch, ja selbst Spott begegnete, während eine spätere Nachwelt ihm erst Gerechtigkeit, widerfahren ließ, das könnte uns nicht eben sehr auffallen, da es das Los der meisten wahrhaft genialen Männer ist. Wie diese, stand auch der Dichter Goethe in der Tat „auf einer höheren Warte, als auf den Zinnen der Partei“. Ein guter Genius hatte ihm das geistige Auge gesalbt und es aufgeschlossen, dass er Licht sah, wo alles um ihn her noch in Dunkelheit schmachtete, dass er die Weisheit erkannte, die seiner Mitwelt noch Kinderspott war. Er stand, ein echter Seher, auf dem Sinai der Wahrheit und erblickte schon die Strahlen der aufgehenden Sonne, als sein Volk tief unten am Fuße des Berges noch die täuschende Feuersäule des Hergebrachten für das einzige Licht hielt, während die Rauchwolken der Autorität ihm den Anblick der wahren Sonne entzogen.

Aber abgesehen von diesem Los der großen Geister blieb Goethe bei aller seiner Klarheit doch in Wissenschaft und Politik, in Theorie und Leben, in Poesie und Kunst in eigentümlicher Weise zerrissen, zersplittert, zerstreut. Es blieb etwas Unzusammenhängendes in allen seinen für sich genommen so wunderbaren Schöpfungen. Man kann aus seinen Werken Goethe den Dichter, den Kunstkenner, den Politiker, den Naturforscher, den Sprachkenner, den Menschen und was noch alles bearbeiten, aber schwerlich wird es je gelingen, alles, was er geleistet, in eine einheitliche, harmonische und in sich abgeschlossene Gestalt zu bringen. Er war ein „Werdender“ bis zu seinem Tod und daher für jede neue Anregung liebenswürdig dankbar:

Selbsterfinden ist schön; doch glücklich von Andern Gefundenes
Fröhlich erkannt und geschätzt, nennst Du das weniger Dein?[9]

Aber nie ist er mit dem Leben fertig geworden, nie hat er einen festen unverrückbaren Standpunkt der ganzen Erscheinungswelt gegenüber eingenommen. Meine Aufgabe ist hier nur eine sehr beschränkte, indem ich es unternahm, mit dem Naturforscher Goethe bekannt zu machen, und deshalb will ich auch für dieses Gebiet auf die Betrachtungen nur noch hinweisen, von denen aus sich der gerügte Mangel erklärt, anderen es überlassend, die Anwendung und Ausführung für den ganzen Goethe zu machen.

Die Wissenschaft gleicht der hunderttorigen Thebe, dem Sitz alter ägyptischer Weisheit. Die meisten Menschen werden durch Zufall an irgendein Tor geführt, um einzutreten, umfassendere Geister wie Goethe versuchen den Eingang auch wohl nach und nach durch verschiedene Tore, und immer wird dabei stillschweigend vorausgesagt, dass es dabei möglich sei, durch Ausdauer zur Kenntnis des Ganzen zu gelangen. Das ist aber ein vollkommener Irrtum, den Goethe selbst sehr wohl erkannte. Am 15. Juli 1831 sagte er zu Eckermann: „Es geht doch nichts über die Freude, die uns das Studium der Natur gewährt. Ihre Geheimnisse sind von einer unergründlichen Tiefe, aber es ist uns Menschen erlaubt und gegeben, immer weitere Blicke hineinzutun. Und grade, dass sie am Ende doch unergründlich bleibt, hat für uns einen ewigen Reiz, immer wieder heranzugehen und immer wieder neue Einblicke, neue Entdeckungen zu versuchen." Und muss es einen Punkt der Einheit für unsere Auffassung der Erscheinungswelt geben, und es gibt einen, warum stellte sich Goethe nicht auf denselben? Er ahnte ihn doch. Greife ich auf mein Gleichnis der hunderttorigen Thebe zurück, so kommt Goethe mit der Mahnung: „Was würden wir von dem Architekten sagen, der durch eine Seitentür in einen Palast gekommen wäre und nun bei Beschreibung und Darstellung eines solchen Gebäudes alles auf diese erste untergeordnete Seite beziehen wollte? Und doch geschieht das in den Wissenschaften jeden Tag. In der Geschichte müssen wir es zugeben, schwer aber wird es uns zu bekennen, dass wir selbst noch in solchen Dunkelheiten befangen sind."[10] Er fühlte hier offenbar seinen Mangel. Das Hauptportal, durch welches der Palast besehen werden muss, wenn sich alles in richtiger Perspektive, in richtigem Verhältnis zeigen soll, ist nicht schwer zu erkennen. Ich deutete oben schon darauf hin und Goethe selbst erkannte es, wenn auch zu spät, um danach sein ganzes Innere umzuzeichnen. 1795 schrieb er an einen Künstler: „Alle Philosophie über die Natur ist doch nur Anthropomorphismus, d. h. der Mensch, eins mit sich selbst, teilt allem, was er nicht ist, diese Einheit mit, zieht es in die seinige herein, macht es mit sich selbst eins".[11] Damit sind wir

[9] Goethe, Die vier Jahreszeiten. Herbst 46.

[10] Goethe. Zur Naturwissenschaft und Morphologie, 2. Band, Heft 1. S. 62.

[11] Riemer, Briefe von und an Goethe usw. Seite 316 [= Friedrich Wilhelm Riemer, Hg.: Briefe von und an Goethe. Desgleichen Aphorismen und Brocardia, Leipzig 1846, S. 316].

bei dem Spruch des Anaxagoras angelangt: „Der Mensch ist das Maß aller Dinge, und darauf gründet sich die Anforderung, vor allen Dingen zuerst den Maßstab kennen zu lernen, mit dem gemessen werden soll. Eine auf treue Beobachtung (hier natürlich Selbstbeobachtung) gebaute Theorie des menschlichen Erkenntnisvermögens ist der einzige richtige Eingang in alle Wissenschaft. Hierin liegt die Antwort auf die Forderung des Archimedes: „Pa bo kai kino tān gāhn", wenigstens bildlich genommen. Dies ist der Standpunkt, von wo aus man die Welt bewegt, beherrscht und der Einheit des Geistes unterwirft. Goethe mochte von Philosophie, der damals diese empirisch-psychologische Grundlage noch fehlte, nichts wissen, er verschmähte deshalb die scheinbar in der Luft schwebende Mathematik, von der er eingestand, „dass sie grade das leiste, was zu bewirken ihm völlig versagt sei"; deren Macht und Schranken sich doch sogleich ergeben, wenn man sie als integrierenden Teil des menschlichen Erkenntnisvermögens findet. Damit war Goethe das Prinzip der Einheit für seine naturwissenschaftlichen Bestrebungen verloren. Er fand für sie keinen Zusammenhang, kein Verhältnis zu seinem übrigen Geistesleben. Dass ihm die Beziehung auf die ästhetische Auffassung der Natur diesen Zusammenhang nicht gab, sagt er selbst: „Ich habe niemals die Natur poetischer Zwecke wegen betrachtet"[12], und was hätte ihm diesen Zusammenhang sonst geben können. Noch einen Punkt möchte ich hier andeutungsweise erwähnen, der zugleich den oft besprochenen Unterschied von Schiller und Goethe berührt. Man hat es höchst merkwürdig gefunden, dass beide Dichter grade durch die Naturwissenschaft zusammengeführt wurden. Aus einer Vorlesung von Batsch, dem Professor der Botanik in Jena, herauskommend, führte die Besprechung des Vorgetragenen die beiden, die sich bis dahin gemieden, zusammen, um sie für immer aneinander zu ketten. Es scheint mir die zufällige Veranlassung, die beide Männer zusammenbrachte, eine sehr gleichgültige Sache. Das Wort: „Das ist keine Erfahrung, das ist eine Idee", welches Schiller Goethe entgegenwarf, als dieser ihm seine Metamorphose der Pflanze entwickelte, hätte auch ebenso gut bei einer anderen Veranlassung gesprochen werden können; in diesem Wort aber war Gegensatz und Anknüpfung zwischen beiden gegeben. Es war der scharfe Schulausdruck, worin Idee und Erfahrung einander gegenübergestellt wurden, der Goethe und Schiller trennte und in Goethe anfänglich ein unbehagliches Gefühl erweckte. Es war das Streben, Idee und Erfahrung zu vereinigen, was beide zusammenführte und aufs Engste miteinander verband. Als beide zusammentrafen, hatte Schiller bereits seine Kant'schen Studien durchgemacht, und ihm war die scharfe Umgrenzung und Trennung der Begriffe, wie die Logik sie fordert, geläufig geworden. Goethe, wie er selbst sagt[13], zum Künstler geboren, suchte überall Ver-

[12] Eckermann, Band I. Seite 305 [= Johann Peter Eckermann: Gespräche mit Goethe in den letzten Jahren seines Lebens, Bd. 1, Leipzig 1836, S. 305].

[13] Riemer, Briefe von und an Goethe u. s. w., Seite 50 [= wie Anm. 11, S. 50].

bindung und Einklang, aber er konnte sich nicht überwinden, sich diesem Ziel auf dem Umweg der Trennung und des Widerstreits zu nähern, der doch der Einzige ist, der wirklich zum Ziel führt und den die Philosophie gehen muss. Er wollte direkt und unmittelbar das Ziel erreichen, und eben dadurch verfehlte er es ganz. Wie für die Mathematik, so fehlte ihm auch für Philosophie durchaus das Verständnis. Er selbst hat das nie in Abrede gestellt. Es wird aber auch schlagend bewiesen durch seine Äußerungen über Kant. Indem er Kant eine Art von Anerkennung zollt und sich freut, einiges mit ihm gemein zu haben, zeigt er nur, dass er auch keine leise Ahnung von dem hatte, was Kant erstrebte und wie viel von ihm schon geleistet war. Zu Eckermann sagt er: „Die Unterscheidung von Subjekt und Objekt und ferner die Ansicht, dass jedes Geschöpf um seiner selbst willen existiert, und nicht etwa der Korkbaum gewachsen ist, damit wir unsere Flaschen pfropfen können, dieses hatte Kant mit mir gemein, und ich freue mich, ihm hierin zu begegnen.[14] Wenn ich diese Worte so parodierte: „Die Unterscheidung von Weib und Mann und die Ansicht, dass man dichtend nicht jeden Inhalt in jede beliebige Form zwängen dürfe, habe ich mit Goethe gemein, und es freut mich, ihm hierin zu begegnen“, so tue ich Goethe wahrlich kein Unrecht. Vielleicht ahnte Goethe dunkel, dass sich auf die Kant'schen Grundlagen (und sie sind die einzig richtigen) die Wahrheit für den Menschen zunächst in zwei unvereinbare Gegensätze spaltet, die man kurz und allgemein verständlich die wissenschaftliche und ästhetische Beurteilung der Welt nennen kann, und dass man auf diesem Standpunkt verharrend, die Einheit nur erzwingen kann, wenn man mystisch religiös der einen oder grob materialistisch der anderen Anschauungsweise ihre Berechtigung abspricht. Aber gänzlich unzulänglich blieb für Goethe der Grundgedanke des transzendentalen Idealismus, wie Kant es bezeichnet, ein Standpunkt, welcher nur durch die ernsteste und anstrengendste Geistesarbeit errungen werden kann, auf welcher aber dann beide Arten der Weltanschauung sich vereinigen und als die unvermeidlichen Äußerungen der Doppelstellung des Menschen zur Welt als reiner Geist und als menschlich beschränkter Geist erkannt worden. Beide Weltanschauungen aber aus einem und demselben wissenschaftlichen Prinzip ableiten zu wollen, ist ebenso ein Widerspruch in sich selbst, als wenn man Weiß und Schwarz nicht beide aus der Natur des Lichtes, sondern das Weiß aus einer Eigenschaft des Schwarzen herleiten wollte. In diesem Mangel des Verständnisses trifft Goethe mit Humboldt zusammen, in dem Streben nach Einheit sind sie aber Gegensätze und repräsentieren, allerdings beide in der höchsten und edelsten Weise, Goethe den religiösen Mystiker und Humboldt den Materialisten. Goethe verlangte, dass die Wissenschaft in der Ästhetik aufgehen solle, Humboldt meinte, dass die Ästhetik sich aus der Wissenschaft ergeben könne und werde. Wir finden aber die Schönheit in der Natur nicht durch die mathematische Naturwissenschaft, sondern neben derselben, von

[14] Eckermann Band I, Seite 353 [= wie Anm. 12, S. 353].

ihr unabhängig und unerreichbar. In der Schönheit aber offenbart sich uns das ewige göttliche Wesen der Welt, welches der Mensch, eben weil er Mensch und solange er es ist, niemals rein erkennen, sondern nur in heiliger Ahnung sich aneignen kann. Auf jener wissenschaftlichen Betrachtung beruht die feste wissenschaftliche Leitung des Menschenlebens unter mathematischen Formen, auf dieser ästhetischen Auffassung, die zwar andersartige aber nicht minder feste religiös ästhetische Erhebung über das Menschenleben.

Jenes ist die vollendete Entwicklung der menschlich beschränkten Ansicht der Dinge, dieses die menschlich beschränkte Auffassung der ewigen vollendeten Gotteswelt. Kehren wir nach dieser, der Sache ja durchaus nicht fremden Abschweifung wieder zu Schiller und Goethe zurück. Man hat beide im Verhältnis zueinander oft zu charakterisieren versucht, man hat Schiller den Idealisten, Goethe den Realisten, oder Schiller den subjektiven, Goethe den objektiven Dichter genannt. Solche Worte sind immer die Deckmäntelchen des Mangels an Begriffen, denn „eben wo Begriffe fehlen, da stellt ein Wort zu rechter Zeit sich ein." Ohne weitere Begriffsbestimmung könnte man die Beziehungen auch umkehren, und sie würden grade so viel, oder richtiger, so wenig sagen als vorher. Es ist ein Unding, einen Dichter einen Realisten zu nennen, und niemand war weiter als Goethe von dem rohen Irrweg entfernt, den man in unsern Tagen Realismus in der Kunst nennt. Schiller dagegen zeigt in allen seinen historischen Dramen seine politische Natur, und nichts ist dem Idealismus ferner als die Politik. Schon besser lassen sich die Worte subjektiv und objektiv rechtfertigen, und zwar so:

Zwar ist alle unsere Erkenntnis, als nur durch unsere Vorstellungen ermittelt, subjektiv, aber die Erkenntnis im engeren Sinn, die vollständige Vorstellung der Welt als einer wirklichen, veranlasst doch noch zwei Aufgaben und lässt sie ungelöst stehen. Nämlich

1) Die Verwirklichung der sittlichen Idee durch die Tat, durch das praktische Leben; daran knüpfte Schiller zunächst an, wendet sich mit seinen Betrachtungen an den handelnden Menschen, also an das Subjekt des Geschehens. Dadurch ist er wesentlich Politiker und Dramatiker, insofern kann man ihn denn auch den *subjektiven* Dichter nennen.

2) Die zweite Aufgabe ist die Erhebung des Menschen über die irdische Beschränktheit durch Anerkennung und Gestaltung des Schönen. Es ist die unmittelbare Auffassung des Inhalts unserer Vorstellungen, d. h. des *Objekts* derselben von seiner durch unsere wissenschaftliche Betrachtungsweise unerklärbaren Seite. Daran knüpfte Goethe seine geistige Entwicklung, dadurch ist er wesentlich lyrisch, episch, Künstler, und man mag ihn in diesem Sinn *objektiv* nennen.

Beide aber sind wahre Dichter, verfolgen als solche das gleiche Ziel des Kalon kagathon, das „Gute und Schöne" der Griechen, nur die prismatischen Flächen, mit welchen sie den Lichtstrahl ihres Ideals auffangen, sind verschieden, Schiller sucht das Schöne im Guten, Goethe das Gute im Schönen.

Dieses mag hier genügen, um Goethe auch durch seinen Gegensatz zu Schiller unserm Verständnis näher zu bringen. Habe ich nun eben gesagt, dass Goethe seine Bestrebungen an die ästhetische Beurteilungsweise anschloss, so könnte man auch wohl noch die Frage aufwerfen, ob nicht auch hierin bei ihm irgendwo ein solcher Mangel verborgen lag, der ihm die in sich selbst gegründete Einheit, die er in allem seinem Tun erstrebte, nicht finden ließ. Ich habe freilich hier nur vom Naturforscher zu sprechen, aber indem ich mir seine vielfachen so geistreichen, ernsten Versuche in der Erkenntnis der Natur, die gleichwohl zerstreut, unverbunden nebeneinander herlaufen, noch einmal vergegenwärtige, fallen mir unwillkürlich Goethes so mannigfaltige, einzeln genommen, so schöne Verhältnisse zu lieblichen Frauen, seine so spät geschlossene Scheinehe, die ihm die wahre Weihe des Familienlebens unmöglich geben konnte, ein, und er scheint auch hier den Archimedischen festen Punkt nicht gefunden zu haben, den Friedrich Rückert so sicher zeichnet:

Wer liebend sich ans Nächste hält,
Und will nur das gewinnen,
Umfasst darin die ganze Welt,
Und Gott ist mitten drinnen.

Oscar Schmidt: War Goethe ein Darwinianer? (1871)

Vita – Abstract
Oscar Schmidt (21. Februar 1823 Torgau – 17. Januar 1886 Kappelrodeck b. Offenburg) studierte seit 1842 Mathematik, Physik und Zoologie in Halle und Berlin, wurde 1846 in Halle mit einer Arbeit über den heiligen Skarabäus promoviert, habilitierte sich 1847 in Jena mit einer morphologischen Untersuchung der Tierwelt für das Fach Zoologie, ging 1855 als Ordinarius für Zoologie und vergleichende Anatomie an die Universität von Krakau, hielt Vorlesungen in diesen Fächern in Graz und folgte 1872 einem Ruf auf den Lehrstuhl für Zoologie und Direktor des Instituts für Zoologie und Zootomie in Straßburg. In seinen Publikationen beschäftigte sich Schmidt, seit 1880 Mitglied der ‚Deutschen Akademie der Naturforscher Leopoldina', mit Meerestieren verschiedener Gegenden, veröffentlichte ein *Lehrbuch der Zoologie* (1853), entwarf eine Geschichte der vergleichenden Anatomie seit dem 17. Jahrhundert bis in die Gegenwart (1855), in der er mehrfach Goethe zustimmend erwähnte, verteidigte entschieden die Evolutionstheorie von Charles Darwin (1809–1882) (*Deszendenzlehre und Darwinismus*, 1873) und behandelte *Die naturwissenschaftlichen Grundlagen der Philosophie des Unbewußten* (1877) in Auseinandersetzung mit zeitgenössischen Beiträgen über dieses Thema.

Schmidt, der bereits 1853 eine Studie über Goethes Verhältnis zu den organischen Wissenschaften veröffentlicht hat und 1873 erneut in seiner Monographie *Deszendenlehre und Darwinismus* auf Goethe eingeht, hält Goethe in seinem Beitrag von 1871 – in Übereinstimmung mit seinem Freund und Kollegen Ernst Haeckel (1834–1919) – nicht für einen Darwinianer, wohl aber habe er die Grundanschauung

D. von Engelhardt, *Goethe als Naturforscher im Urteil der Naturwissenschaft und Medizin des 19. Jahrhunderts*,
https://doi.org/10.1007/978-3-662-68126-8_41

der Deszendenzlehre vorweggenommen. Stets sei es ihm in seiner mehr als 50-jährigen lebenslangen Beschäftigung mit der Natur um Ableitungen oder Begründungen der Erscheinungen der Wolken, Pflanzen und Tiere und nicht nur um Beobachtungen entsprechender Phänomene gegangen, denen er im Ergebnis eine „dichterische Form" gegeben habe. Die Beurteilung des Akademiestreites zwischen Étienne Geoffroy Saint-Hilaire (1772–1844) und Georges Cuvier (1769–1832) über die Einheit und Vielheit der Lebewesen („unité de composition organique") am Ende seines Lebens in zwei Rezensionen von 1830 und 1832 sei eine Art „wissenschaftliches Glaubensbekenntnis". Die Grundprinzipien ‚Blatt' und ‚Wirbel' in der botanischen und tierischen Erscheinungsvielfalt – zur Farbenlehre äußert sich Schmidt nicht – führten ihn zum Begriff der ‚Morphologie' und zum Prinzip des konstanten Budgets, nach dem die Natur Vergrößerungen stets durch Verkleinerungen kompensiert. Goethe hat für Schmidt unzweifelhaft tiefere Gedanken über die organische Welt gehabt als seine Zeitgenossen, aber nicht an eine realgenetische Umwandlung einer Art in eine andere Art gedacht, auch nicht von Tieren in Menschen – *„sondern an bloße Erscheinungsweisen des Typus und Urbildes, wie sie in den gegebenen Arten vorliegen."*

Schmidt, Oscar:
War Goethe ein Darwinianer? (= Schriften über Goethe, Bd. 1), Graz 1871.

***

An Ernst Haeckel

Wenn man, wie wir, liebster Freund, in allen wesentlichen Anschauungen des Lebens und der Wissenschaft sich in vollster Übereinstimmung weiß, so tragen kleine Differenzen und der Gedankenaustausch darüber zur Würze des Verkehrs bei.

Wir sind beide so glücklich gewesen, nachdem wir, Du um ein Jahrzehnt später als ich, zu den Füßen Johannes Müllers gesessen, den Umschwung zum Darwinismus sich in uns vollziehen zu sehen. Wir wissen, dass der vollständige Sieg dieser großartigen Wendung der Naturwissenschaft nur eine Frage der Zeit sein kann. Wir haben beide, Du freilich in weit großartigerer Weise, durch eine Reihe von Spezialuntersuchungen, die Deszendenzlehre bestätigt, und seit einigen Jahren habe ich die besondere Freude, Dich auf einem von mir mit Vorliebe bebauten Feld der niederen Lebewelt, wo die Umwandlung der organischen Formen sich, sozusagen, vor dem Auge des Beobachters abspielt, mit der Dir eigenen Energie tätig zu sehen.

Wir finden uns auch zusammen in der Fähigkeit, die Schönheit der Natur in uns aufzunehmen und mit leiblichem und geistigem Auge zu gemessen, und ein Vorbild, wie man zur Natur sich stellen soll, ist uns Goethe.

Auch Du, schreibst Du mir, nachdem Du die folgenden Blätter im Manuskript gelesen, verneinst die obenan stehende Frage, willst aber Goethe von dem Dogmatismus der Speziesfrage der früheren Systematik überhaupt freihalten. Nun also, wir kommen einander schon näher. Und wenn Einer und der Andere von den Millionen der Goethe-Verehrer bestätigend oder berichtigend sich in unser Gespräch mischen wird, so ist es nicht vergeblich auf den Markt des Lebens gebracht.

Dein

Oscar Schmidt

Graz, 12. August 1871.

An den Gedanken und Taten großer Menschen zehren nicht bloß die Zeitgenossen, sie wirken bestimmend und befruchtend auf Reihen von Generationen. So ist es mit Goethe, dem nicht nur der Genius der Poesie die Stirne geküsst, der auch als Weltweiser und Naturverkündiger eine solche Fülle von tiefen Sprüchen und Urteilen niedergelegt, dass wir noch nicht mit der Auffassung derselben im Reinen sind.

Vor fast zwanzig Jahren, als ich mich täglich in den Räumen des großherzoglichen Schlosses in Jena bewegte, welches einen großen Teil der von Goethe organisierten naturhistorischen Sammlungen enthält, den Räumen, in denen er mit Schiller verkehrte und wo er sich mit diesem seinem hochgesinnten Freund über die Bedeutung von Idee und Erfahrung verständigte, vor fast zwanzig Jahren wurde ich angeregt, mich näher mit den naturwissenschaftlichen Schriften, namentlich denen über Botanik und vergleichende Anatomie, zu befassen. Und als ich von meinem inzwischen verstorbenen Lehrer Lichtenstein und dem jetzt neunzigjährigen Raumer die Aufforderung erhielt, im wissenschaftlichen Verein in Berlin eine Vorlesung zum Besten zu geben, fasste ich meine Goethestudien zusammen und erntete damit im großen Saal der Singakademie reichlichen Beifall. Meine Vorlesung ist als *Goethe's Verhältniß zu den organischen Naturwissenschaften* gedruckt und war eines der ersten Zeichen einer neueren eingehenden Würdigung der Tätigkeit Goethes auf diesem Feld. Fast gleichzeitig mit meinem Schriftchen behandelte Helmholtz Goethes Studien über die Farben, später hat Virchow, ich glaube ebenfalls aus Anlass eines öffentlichen Vortrages, in seiner feinen und scharfen Weise Goethes naturforschende Arbeiten verfolgt, und so fand der ausgezeichnete englische Biograph Goethes, Lewes, hinreichendes Material, das er aus eigenem Zutun in der Lebensbeschreibung unseres Dichters verwertete. Es soll damit nicht gesagt werden, dass früher sich niemand um Goethe als Naturforscher gekümmert habe; im Gegenteil stand er seit etwa seinem dreißigsten Jahre in einem fabelhaft lebendigen Verkehr mit Naturforschern und naturforschenden Dilettanten aller Art. Aber diese Bestrebungen und Ziele, die seinen innersten Kern berührten, erschienen der großen Welt als beiläufig und untergeordnet, und erst unser Zeitalter, wie die klassische Literaturgeschichte meines Freundes Hettner zeigt, vermag die große Erscheinung Goethes in ihrer Ganzheit zu beurteilen. Fünf Jahre sind verflossen, seit ein epochemachendes Werk des Jenaischen Zoologen Ernst Haeckel die Fachgenossen und fast noch mehr die an der Biologie naschenden Philosophen und Philosophaster in gelinde Aufregung versetzte. *Die generelle Morphologie der Organismen* ist einem Lebenden, Charles Darwin, und zwei Toten gewidmet: Jean Lamarck und Wolfgang Goethe, und zwar ihnen als „den denkenden Naturforschern und den Begründern der Deszendenztheorie"; und in diesem von den Alten vielfach angefochtenen, von den Jungen mit Enthusiasmus aufgenommenen Werk wird unter anderem die Behauptung aufgestellt und mit zahlreichen Hinweisungen auf Stellen aus Goethes Schriften ausgeführt, dass dieselben Ideen über die Veränderlichkeit der organischen Wesen und ihre Abstammung auseinander, welche Lamarck 1809 in seiner *Philosophie zoologique* verkündete, Darwin aber erst in unserer Zeit begründete, schon von Goethe selbstständig gefunden und in gebundener und ungebundener Rede niedergelegt seien. Es sei Goethe, so meint Haeckel, ähnlich, wenn auch nicht ganz so schlimm ergangen, wie Lamarck. Das Buch des Letzteren, worin in klarer systematischer Weise die Sätze der Deszendenzlehre, d. i. der Lehre, dass die höheren Organismen von niedrigeren Formen abstammen, und dass überhaupt die Organismen veränderlicher Natur seien, dieses Buch ist durch ein halbes Jahrhundert fast unbeachtet geblieben. Goethes zum Teil poetische und fast mystische Aussprüche über das Wesen der organischen Naturen sind zwar immer von Mund zu Mund gegangen, ihre eigentliche, der Zeit vorauseilende Bedeutung sei aber, sagt Haeckel, nicht richtig und vollständig erfasst worden. Hierzu habe es erst der durch Darwin hervorgerufenen Bewegung bedurft, habe man sich aber in dessen Gedankengang und Beweisführung hineingedacht, dann würde es klar, dass man Goethe als den selbstständigen Begründer der Deszendenztheorie in Deutschland feiern dürfe.

Wenn ich nun erwäge, dass die unbedeutendsten Zettelchen und Briefchen Goethes gedruckt und nach allen Seiten hin kommentiert worden sind, so ist es jedenfalls eine notwendige und weit mehr lohnende Aufgabe, die Ansichten Goethes über die Veränderlichkeit der Organismen nochmals zu prüfen. Dass Goethe ein Darwinianer im eigentlichen Sinne gewesen sei, ihm auch schon der „Kampf um das Dasein", die „natürliche Zuchtwahl" als die Ursache der Veränderung und Abstammung der höheren von niedrigeren Stufen vorgeschwebt, behauptet Haeckel nicht. Wenn wir daher fragen, ob Goethe in der Tat den Darwinismus vorausgenommen, so beziehen wir dies auf die aus dem Studium der Natur sich ergebende Grundanschauung der Deszendenz. Ich werde mich zu zeigen bemühen, dass Goethe weder klar noch verhüllt ein eigentlicher Vorgänger Darwins ist, wenn auch viele seiner

Anmerkungen ganz verführerisch danach klingen. Den meisten unserer Leser dürfte es aber willkommen sein, zunächst einen kurzen Überblick über Goethes Leistungen, besonders in Botanik und vergleichender Anatomie, zu erhalten, woran sich ungezwungen ein Urteil über den Geist und die Tendenz seiner Naturforschung anknüpfen lassen wird.

Goethe war ein Mensch so aus einem Guss, dass all sein wundersam intensives Tun und Treiben auch nur aus einem Grund und aus dem Ganzen zu verstehen ist. Er bekam, wie er angibt, über sein eigenes innerstes Wesen Aufschluss durch „ein einziges geistreiches Wort“, indem Heinroth in seiner Anthropologie von ihm sagte, Goethes Denkvermögen sei gegenständlich tätig. Dieses gegenständliche Denken ist der Schlüssel für die Eigenheit Goethe'scher Dichtung und Naturforschung. Nicht das „Erkenne dich selbst“ war seine Maxime, sondern, in die Natur hineingestellt, suchte er sich in dieser Natur zurechtzufinden; ihre Erscheinungsweisen wirkten so auf seine gesunden Sinne, dass er sich nicht von ihnen losmachen konnte. Nicht nach Schillers Art schwebte er in höheren Regionen, ihn drängte es, mit seinen nächsten Umgebungen fertig zu werden, derart, dass er vollkommen heimisch darin war. Er fühlte sich gepeinigt, solange ihm der Zusammenhang der Dinge um ihn noch unklar war und solange er sich nicht mit ihnen auseinandergesetzt hatte. Er konnte Natur und Menschenleben nicht anschauen, ohne in die Gegenstände sich zu vertiefen, in der Bewegung die Ruhe, in dem scheinbar Unbeständigen das Gesetz zu entdecken, um damit für sich und sein ebenmäßiges Ich zu einem Abschluss zu kommen. Aus diesem Grundzug seiner Natur leitet er sein Talent und seinen Zug zum Gelegenheitsgedicht, seine Fähigkeit ab, urgeschichtliche und historische Stoffe abgerundet zu größeren Dichtungen zu gestalten, sogar sich durch die Dichtung mit Ereignissen nach seiner Weise abzufinden, die ihm als Ausartungen von dem regelmäßigen Gang erschienen, wie z. B. die Französische Revolution. Und diese seine eigenste Art, sich den Gegenständen gegenüber zu verhalten, ließ ihn als einen echten Forscher über ein halbes Jahrhundert über den Zusammenhang der Naturerscheinungen nachdenken und zu seiner inneren Beruhigung Untersuchungen aller Art anstellen. Was er nicht ableiten konnte, befriedigte ihn nicht; nur *die* Erscheinung war für ihn eine abgetane oder für das Leben verwertbare, die er ableiten, auf ihren Grund und Zusammenhang hatte zurückführen können. Und so interessierte ihn gleichmäßig die Tiefe der Menschenseele und die scheinbar unregelmäßige Bildung der Wolken, so musste er mit gleicher Emsigkeit nach dem Urbild der Pflanzenfülle und demjenigen der Tierheit suchen. Genauso, wie er über Ereignisse des Lebens, über trübe und heitere Erfahrungen mit einer Dichtung abzuschließen pflegte, gab er den Resultaten seiner Naturforschung eine dichterische Form, wenn er etwas erreicht, einen Einblick in ein großes Gesetz getan zu haben glaubte.

Goethes Aufzeichnungen über seine Stellung zur Natur und seine Forschungen umfassen, wie erwähnt, einen Zeitraum von mehr als fünfzig Jahren. Um das Jahr 1780 fällt unter der Aufschrift „die Natur“ eine Art Hymnus an dieselbe, der mit den schönen Worten endigt, die ihn als reinen Pantheisten erscheinen lassen: „Sie hat mich hereingestellt, sie wird mich auch hinausführen. Ich vertraue mich ihr. Sie mag mit mir schalten. Sie wird ihr Werk nicht hassen. Ich sprach nicht von ihr. Nein, was wahr ist und was falsch ist, alles hat sie gesprochen. Alles ist ihre Schuld, alles ist ihr Verdienst.“ Und wenige Monate vor seinem Tod, im März 1832, ist er mit ganzer Seele mit dem wissenschaftlichen Streit über die verschiedenen Methoden der Naturforschung und die Grundprinzipien der Anschauung beschäftigt, welcher im Schoß der französischen Akademie zwischen den beiden berühmten Vertretern der in das Einzelne gehenden und der aus dem Ganzen urteilenden Richtung: Geoffroy St. Hilaire und Cuvier, hell emporschlug. Was Goethe hier am Spätabend seines Lebens niedergelegt, ist eine Art von wissenschaftlichem Glaubensbekenntnis, und obwohl wir es für keine Schande halten, wenn ein Mann im Laufe der Jahre mächtigen Ereignissen und Entdeckungen nachgibt und seine Ansichten modifiziert, so erfüllt es mit desto größerer Bewunderung, wenn der dreiundachtzigjährige Greis mit denjenigen Grundsätzen auf der Höhe der Zeit und über den Parteien steht, die er in der Blüte des Mannesalters fünfzig und vierzig Jahre früher aus eigenen Kräften sich bildete. Ich habe in dem erwähnten Schriftchen auseinandergesetzt, wie Goethe zur *Metamorphose der Pflanzen* kam. Es war in jenen genialen siebziger und achtziger Jahren, wo Goethe, im Mittelpunkt des Weimarischen Lebens stehend, sich oft aus dem Geräusch der Stadt und des Hofes in die einsame Natur zurückzog. Aber hier fesselte ihn wieder die wechselvolle Erscheinung des Pflanzenlebens, und er musste über die vorausgesetzte, diesem Wechsel zu Grunde liegende Einheit und Regel nachsinnen. Das war ihm eine neue Quelle der Unruhe, die ihn verfolgte, als er 1787 sich gewaltsam den Weimarischen Einflüssen entriss und nach Italien floh. Dort, in Sizilien, fand er die Lösung des Rätsels: das Blatt schien ihm das Grundorgan der pflanzlichen Bildung zu sein. Und als ihm nach der Rückkehr in Christiane Vulpius ein neuer Stern aufgegangen, legte er die Quintessenz seiner Ideen über die Metamorphose der Pflanzen in jenem vorzüglichen Gedicht nieder, dessen Zeilen

> Alle Gestalten sind ähnlich, und keine gleichet der andern,
> Und so deutet der Chor auf ein geheimes Gesetz,
> Auf ein heiliges Rätsel.

allen gegenwärtig sind, welche sich je mit Goethe’scher Muse bekannt gemacht haben. Er sah nun, als er mit geistigem Auge, wie er vom Naturforscher verlangte, sehen gelernt hatte, in den verschiedenen Teilen der Pflanze das einigende Prinzip. „Einerlei Organ kann als zusammengesetztes Blatt ausgebildet und als Stipula (Nebenblatt) in die größte Einfalt zurückgezogen werden. Ebendasselbe Organ kann sich nach verschiedenen

Umständen zu einer Tragknospe oder zu einem unfruchtbaren Zweig entwickeln. Der Kelch, indem er sich übereilt, kann zur Krone werden, und die Krone kann sich rückwärts dem Kelch nähern. *Dadurch werden die mannigfaltigsten Bildungen der Pflanzen möglich*, und derjenige, der bei seinen Beobachtungen diese Gesetze immer vor Augen hat, wird davon große Erleichterung und Vorteil ziehen.“ In diesen wenigen Zeilen ist der Kern der bis in die Zwanzigerjahre unseres Jahrhunderts hinein die Zeitgenossen höchst anregenden Lehre von der Metamorphose der Pflanzen. Bei der Vielseitigkeit seiner Beobachtung musste aber der einmal gefasste Gedanke sich auch auf die übrige organische Welt ausdehnen. Vor Goethe hatte kein Naturforscher die Insekten anders betrachtet, als eine gegebene Summe durch bestimmte Merkmale zu unterscheidender Einzelbildungen. Ihr Inneres war allerdings von einzelnen großen Männern, wie Malpighi, Swammerdam und Lyonnet aufgeschlossen worden, aber weder an eine wahrhaftige Vergleichung der Arten und Gattungen hatte man gedacht und noch weniger an eine Erklärung des Insektenkörpers aus seinen Teilen. Das tat Goethe, und zwar in der geistreichsten Weise, indem, wie es vollkommen richtig, in seiner Anschauung die Ringe, die im Insekt vom Kopf bis zur Leibesspitze sich aneinanderreihen, sich ebenfalls wie die Pflanzenorgane als bloße Modifikationen eines und desselben Grundorganes darstellten. Dort das abstrakte Blatt, das Urblatt oder die Urpflanze, hier der Ring. Dabei sprach er – es war 1796 in den Vorträgen über den Entwurf einer allgemeinen Einleitung in die vergleichende Anatomie – eine Wahrheit aus, welche erst mehr als vierzig Jahre später von einem der ausgezeichnetsten Zoologen, Milne Edwards, wiedererkannt und für die Erkenntnis der Tierwelt verwertet worden ist. Es ist *die Idee von der Vervollkommnung der organischen Wesen* durch die Verschiedenartigkeit der Ausbildung ihrer im Grunde gleichen Teile. Raupe und Schmetterling dienen hierfür als Beispiel. „So ein unvollkommenes und vergängliches Geschöpf ein Schmetterling in seiner Art, verglichen mit den Säugetieren, auch sein mag, so zeigt er uns doch durch seine Verwandlung, die er vor unseren Augen vornimmt, den Vorzug eines vollkommeneren Tieres vor einem unvollkommeneren. Die Entschiedenheit ist es seiner Teile, die Sicherheit, dass keiner für den anderen gesetzt noch genommen werden kann, jeder vielmehr zu seiner Funktion bestimmt und bei derselben auf immer festgehalten bleibt.“ Nun trat aber auch bei den vollkommensten Geschöpfen, den Wirbeltieren, ein solches innerhalb des Individuums sich metamorphosierendes Grundorgan ihm vor Augen: der Wirbel. Er verfolgte ihn in seinen Umwandlungen im Verlauf der Wirbelsäule. So unmöglich es sei, aus der Nebeneinanderstellung des ersten Halsknochens mit dem letzten Schwanzknochen auf die Identität derselben zu schließen, so leicht trete derselbe in dem allmählichen Übergang hervor. Was liegt aber vor dem ersten Halswirbel? Ist der Schädel etwas absolut Anderes, ein Neues, mit der Wirbelsäule nicht Identisches? Das war wieder so ein beunruhigender Gedanke, der Goethe auf Schritt und Tritt verfolgte. Er sann und verglich, es konnte nicht anders sein, der Schädel musste zur Wirbelsäule gehören, nichts als ein Teil der Wirbelsäule sein. Er war durch das Schwanken im Wahren, wie sich später einmal bei einer anderen Gelegenheit ausdrückt, als „redlicher Beschauer in eine Art von Wahnsinn versetzt". Da, als er 1790 auf dem Judenkirchhof in Venedig einen gebleichten Schafschädel aufhob, „offenbarte sich ihm der Ursprung des Schädels aus Wirbelknochen". Die speziellere Geschichte der vergleichenden Anatomie hat nachgewiesen, wie ungemein fruchtbar diese vermeintliche Entdeckung gewesen, obschon die Sache viel komplizierter ist, als Goethe und seine Nachfolger sie sich dachten. Noch einer wahrhaftigen Entdeckung Goethes müssen wir gedenken, welche seine eigenste Weise offenbart und uns zur Behandlung unseres eigentlichen Themas mehr und mehr vorbereiten wird. Es gilt dem Zwischenkiefer des Menschen. Goethe arbeitete im Anfang der Achtzigerjahre in Jena unter Loders, eines namhaften Anatomen, Anleitung über Knochenlehre. Dass alle höheren Tiere einen die oberen Schneidezähne haltenden Knochen als den sogenannten Zwischenkiefer besitzen, ist überaus deutlich.„Hier trat nun der seltsame Fall ein, erzählt Goethe, dass man den Unterschied zwischen Affen und Menschen darin finden wollte, dass man jenem ein os intermaxillare (Zwischenkiefer), diesem aber keinen zuschrieb; da nun aber genannter Teil darum hauptsächlich merkwürdig ist, weil die oberen Schneidezähne darin gefasst sind, so war nicht begreiflich, wie der Mensch Schneidezähne haben und doch des Knochens ermangeln sollte, worin sie eingefügt stehen." Es war ihm darum nicht begreiflich, weil sich ihm aus der Vergleichung in der Natur die Idee gebildet hatte, „dass alle Abteilungen des Geschöpfes, im Einzelnen wie im Ganzen, bei allen Tieren aufzufinden sein möchten". Den Menschen als eine Ausnahme nicht nach diesem Schema zu bemessen, wollte ihm nicht in den Sinn, der Mensch musste einen Zwischenkiefer haben, und entgegen den Ansichten der größten Anatomen der damaligen Zeit, wie Peter Camper, wies Goethe nach, wie dieser Zwischenkiefer beim Menschen zwar später fast spurlos mit dem eigentlichen Oberkiefer verwächst, während der Entwicklung und in den ersten Lebensjahren aber vollkommen deutlich als eigener Teil vorhanden ist.

Wir haben aus der bisherigen Darstellung schon mancherlei gewonnen. Goethe fand an der Betrachtung des Einzelnen und den Einzelheiten gar kein Gefallen. Die Natur und die Naturobjekte als Gewordenes, Fertiges machten auf ihn nur den Eindruck, sofort das Werden und damit den Grund zu untersuchen. Die Dinge nach den Endursachen, nach einem vorausgesetzten, von der Vorsehung vorausbestimmten Zwecke zu beurteilen, erschien ihm als ein „trauriger Behelf" der völlig beseitigt werden müsse. So gibt er der „genetischen Denkweise" die volle Ehre, deren sich der Deutsche nun einmal nicht entschlagen könne. Er schuf für diese von ihm befolgte Naturbetrachtung, wonach alles Lebendige im inneren Zusammenhang, die äußere Gestalt als Andeutung des Inneren aufzufassen sei, den Namen der *Morphologie*, der Gestaltungslehre. Er erforschte, „wie Natur im Schaffen lebt", und aus dem Erstaunen über das ewige Gestalten und Umgestalten, aus der Verwirrung, in welche ihn die Mannigfaltigkeit der Gestaltungen versetzte, haben wir ihn herauskommen sehen durch das Suchen und Finden von Urgestalten. Schon vor der Verwirklichung der Metamorphose der Pflanzen, als er von Knochen und ganzen Skeletten in seinem wissenschaftlichen Beinhaus in Jena umgeben war, erschien ihm als ein Leitstern die Aufstellung eines anatomischen *Typus*, eines allgemeinen Bildes, „worin die Gestalten sämtlicher (Wirbel-) Tiere, der Möglichkeit nach, enthalten wären, und wonach man jedes Tier nach einer gewissen Ordnung beschreibe". „Die Erfahrung muss uns vorerst die Teile lehren, die allen Tieren gemein sind und worin diese Teile verschieden sind. Die Idee muss über dem Ganzen walten und auf eine genetische Weise das allgemeine Bild abziehen." Man soll also, von dem Einzelnen abstrahierend, sich in Besitz eines gewissen Urbildes setzen. Da weder der Mensch zum Maßstab für die Tiere genommen werden könne, noch umgekehrt die unendliche Komplikation des Menschen völlig durch die tierische Organisation erklärt würde, so müsse ein über beiden Schwebendes zu Hilfe kommen. An dieses an sich undarstellbare Urbild, dieses Abstraktum, und nur an dieses hat sich nach Goethe die Natur in ihrem Schaffen zu halten, „ohne dass sie im mindesten fähig wäre, den Kreis zu durchbrechen oder ihn zu überspringen". Wenn man Goethe zu einem offenen Verkündiger oder auch nur zu einem gewissermaßen poetisch inspirierten Propheten der Deszendenzlehre machen will, so legt man auf seine Äußerungen über „unaufhaltsam fortschreitende Umbildung" und ähnliche zu viel Wert, oder geht nicht in den Sinn ein, den er damit verbindet. Nehmen wir einmal die folgende Stelle, die unserem Freund Haeckel als eine entscheidende gilt: „Dies also hätten wir gewonnen, ungescheut behaupten zu dürfen, dass alle vollkommeneren organischen Naturen, worunter wir Fische, Amphibien, Vögel, Säugetiere und an der Spitze der letzteren den Menschen sehen, alle nach einem Urbilde geformt seien, das nur in seinen sehr Menschen sehen beständigen Teilen mehr oder weniger hin und her weicht und sich noch täglich durch Fortpflanzung aus- und umbildet." Ist hier etwa gemeint, dass die beständigen den unbeständigen Teilen gegenüberzustellen seien? Durchaus nicht.

Goethe hat schon vor Geoffroy St. Hilaire von einem Gesetz gesprochen, was aber kein Gesetz ist und auch nicht ein Ausdruck von Tatsachen, dass die Natur in ihren Bildungen mit einem gewissen Budget schalte, mit dessen Posten sie ausgleichend verfahre. Er scheint nicht gewusst zu haben, dass Aristoteles genau dasselbe behauptet hat, dass die Natur nämlich, wenn sie ein Organ vergrößere, es nur auf Kosten eines anderen täte. Auch ein zweites der vermeintlichen von dem Franzosen entdeckten Grundgesetze, dass ein Organ eher zu Grunde ginge, als es seinen Platz aufgebe, hat Goethe damals aufgestellt. Die Natur wirtschaftet also nach Goethe immer mit denselben Teilen. Die Natur ist ihm unerschöpflich in der Modifizierung und Realisierung des *Urbildes*, dem aber, „was einmal zur Wirklichkeit gekommen“, klebt das zähe Beharrlichkeitsvermögen an, eine vis centripeta, welcher in ihrem tiefsten Grunde keine Äußerlichkeit etwas anhaben kann. Wenn er also von der täglichen Aus- und Umbildung durch die Fortpflanzung redet, so versteht er in Betreff der schon zur Wirklichkeit gekommenen Geschöpfe nur jenen Verlauf der Entwicklung und Metamorphose, welche ein Bild der unerschöpflich erscheinenden Natur ist. Die Einflüsse, welche die Natur auf die Teile ausgeübt hat, stellt er sich noch gegenwärtig vor, aber von einem eigentlichen Umwandeln bestehender Arten in neue, wie es die heutige darwinistische Deszendenzlehre verlangt, ist bei Goethe ganz und gar keine Rede. Was sollte denn auch nach Goethes Anschauung umgewandelt werden? Das Urbild doch wohl nicht. Er sagt freilich: „So bildete sich der Adler durch die Luft zur Luft, durch die Berghöhe zur Berghöhe. Der Maulwurf bildet sich zum lockeren Erdboden, die Phoke zum Wasser, die Fledermaus zur Luft“, und im Allgemeinen: „Das Tier wird durch Umstände zu Umständen gebildet.“ Aber die Erläuterungen, welche er in dem Entwurf vom Jahre 1796 hierzu gibt, zeigen ganz evident, dass an ein Umbilden vorhandener Arten nicht gedacht wird, *sondern an bloße Erscheinungsweisen des Typus und Urbildes, wie sie in den gegebenen Arten vorliegen*. Da heißt es: „Die Schlange steht in der Organisation weit oben. Sie hat ein entschiedenes Haupt mit einem vollkommenen Hilfsorgane, einer vorn verbundenen unteren Kinnlade. Allein ihr Körper ist gleichsam unendlich, und er kann es deswegen sein, weil er weder Materie noch Kraft auf Hilfsorgane zu verwenden hat. Sobald nun diese in einer anderen Bildung hervortreten, wie z. B. bei der Eidechse, nur kurze Arme und Füße hervorgebracht werden, so muss die unbedingte Länge sogleich sich zusammenziehen und ein kürzerer Körper stattfinden. Die langen Beine des Frosches nötigen den Körper dieser Kreatur in eine sehr kurze Form, und die ungestaltete Kröte ist nach eben diesem Gesetz in die Breite gezogen.“ Es ist gut, sich diese etwas triviale Stelle gegenwärtig zu halten, um in die poetische Verherrlichung der Metamorphose der Tiere nicht mehr zu legen, als wirklich darin enthalten ist.

Wenn Goethe in diesem prächtigen Gedicht sagt:

> Also bestimmt die Gestalt die Lebensweise des Tieres,
> Und die Weise des Lebens, sie wirkt auf alle Gestalten Mächtig zurück –

so klingt das allerdings, wir geben es zu, höchst verführerisch. Man wird aber entnüchtert oder vielmehr auf den richtigen Standpunkt geleitet, wenn man die höchst anziehenden Bemerkungen Goethes über d'Altons Skelette der Nagetiere (1824) liest. Da zeigt es sich, dass Goethe auch nicht im Entferntesten an eine tatsächliche Umwandlung eines Nagetieres in ein anderes durch die Nötigung der äußeren Einflüsse denkt. Der Leser mag selbst urteilen. „Suchen wir das Geschöpf in der Region des Wassers, so zeigt es sich schweinartig im Ufersumpf (das sogenannte Wasserschwein), als Biber sich an frischen Gewässern anbauend; alsdann immer noch einiger Feuchtigkeit bedürfend, gräbt sich's in die Erde und liebt wenigstens das Verborgene, furchtsam-neckisch vor der Gegenwart der Menschen und anderer Geschöpfe sich versteckend. Gelangt endlich das Geschöpf auf die Oberfläche, so ist es hüpf- und springlustig, so dass es aufgerichtet sein Wesen treibt und sogar zweifüßig mit wundersamer Schnelle sich hin- und herbewegt. Ins völlig Trockene gebracht, finden wir zuletzt den Einfluss der Lufthöhe und des alles belebenden Lichtes ganz entscheidend. Die leichteste Beweglichkeit wird ihnen zu Teil, sie handeln und wirken auf das behendeste, bis sogar ein vogelartiger Schwung in einen scheinbaren Flug übergeht." So belegt Goethe den Einfluss der Umgebungen und äußeren Verhältnisse auf die Gestaltveränderungen; man sucht ganz vergeblich nach den realen Gestalten, welche verändert werden. Nicht der Biber wird zum mauseartigen Erdgräber; nicht die Maus zur Springmaus; nicht die Springmaus zum Eichhörnchen, dieses nicht zum Flughörnchen, sondern „die unaufhaltsam fortschreitende Umbildung" stellt sich nur dem geistigen Auge dar. In der Wirklichkeit findet auch Goethe nur Angepasstes. So sehr er geneigt ist, Modifikationen auf Rechnung der äußeren Verhältnisse zu stellen, ebenso entschieden spricht er auf der anderen Seite: „Die Teile des Tieres, ihre Gestalt unter einander, ihr Verhältnis, ihre besonderen Eigenschaften, bestimmen die Lebensbedürfnisse des Geschöpfes", und wenn wir innerhalb des eingeschränkten Bildungskreises dennoch die Veränderungen der Gestalt ins Unendliche möglich werden sehen (Entwurf 1796), so abstrahieren wir dies mit den einzelnen durch die ewig eine und schöpferische Natur zur Erscheinung gebrachten Arten als den Variationen des Urbildes.

Mit dem Wort Art sind wir bei der Entscheidung unseres Themas angelangt, wenn nicht etwa schon aus dem Bisherigen sich zweifellos ergeben haben sollte, dass Goethe durchaus nicht als der wahre Vorgänger Darwins angesehen werden könne. Darwin und seine Anhänger behaupten die Veränderlichkeit der sogenannten Pflanzen- und Tierarten. Die Frage ist einfach, ob Goethe auch schon, gleich seinem Zeitgenossen Lamarck, von dieser Veränderlichkeit überzeugt war. Wenn er einmal sagt, dass „aus dem Samen immer abweichende, die Verhältnisse ihrer Teile zu einander verändert bestimmende Pflanzen sich entwickeln", so ist das an und für sich zweideutig; es kann auf die Entstehung neuer Arten und auch auf die Variabilität der ihrem Wesen nach unveränderlichen Art bezogen werden. Ein andermal spricht er von der „Naturbestimmung" des Pferdes. Ich kann nur eine einzige Stelle in Goethes Schriften finden, wo von einer wirklichen Umwandlung eines Geschöpfes, wenn nicht zu einer neuen Art, so doch zu einer sehr ausgeprägten konstanten Varietät die Rede ist. Ein Dr. Körte lieferte 1820 die Beschreibung eines im Halberstädtischen gefundenen Urstieres und stellte Vergleiche und Betrachtungen an, wie nach und nach unter dem Einfluss der Zähmung unser vielfach abweichendes Hausrind aus jenem hervorgegangen sei. Dieser Fund und ein anderer in Thüringen, 1821, welches letztere

Exemplar von Goethe für das Jenaische Museum gewonnen worden, gaben ihm Veranlassung, Körte beizustimmen und die Möglichkeit dieser immerhin leichten Umwandlung mit einem wirklichen Vorkommnis zu illustrieren. Von hier bis zur Anerkennung der Umbildung der Art ist aber noch ein weiter Weg, und Goethe hat ihn nicht zurückgelegt. Wir haben eben gesehen, dass der Gedanke, einzelne gegenwärtig lebende Tiere von untergegangenen „Stammrassen" abzuleiten, ihm nicht fremd war. Auch würde die Bemerkung, welche er macht –„haben wir doch von organischen Geschöpfen, die sich in lebendiger Fortpflanzung nicht verewigen konnten, die entschiedensten Reste" – diese Bemerkung würde nicht ausschließen, dass er im Allgemeinen den unmittelbaren, auf direkter Fortpflanzung beruhenden Zusammenhang der heutigen Tierwelt mit ganz anders gestalteten fossilen Geschlechtern angenommen hätte. Denn es ist ja ganz richtig, dass viele Arten, Gattungen und Gruppen nicht nur die Blütezeit, sondern auch ihren Verfall und gänzlichen Untergang vor der gegenwärtigen Periode bestanden. Noch mehr. In aphoristischen Aufzeichnungen, die er Probleme nennt, geschrieben vor dem Jahre 1823, spricht er von„charakterlosen Geschlechtern, denen man vielleicht kaum Spezies zuschreiben darf, da sie sich in grenzenlose Varietäten verlieren", und stellt sie den Geschlechtern gegenüber, „welche einen Charakter haben, den sie in allen ihren Spezies wieder darstellen, so dass man ihnen auf einem rationellen Wege beikommen kann." Goethe hält sich an dieses Faktum, um seine von uns schon oben gewürdigte Idee der Metamorphose zu erläutern, und wir haben nicht das Recht, die charakterlosen oder„liederlichen" Geschlechter im Sinn unseres Darwinismus zu erklären, dass sie solche seien, deren Formen sich nicht befestigt hätten, während die charaktervollen deshalb in wohl unterscheidbare Arten zerfallen, weil eine Menge von Zwischenformen im Verlaufe der Zeit im Kampf um das Dasein unterlegen sind. Goethe gab diese Probleme seinem kunstsinnigen jungen Freund Ernst Meyer, um sie zu verarbeiten und seine Betrachtungen dem Altmeister mitzuteilen. Meyer sagt nun: „Je leichter jene (die charaktervollen Gattungen) sich fügen, desto schwerer ist mit diesen (den charakterlosen) fertig zu werden. Wer sie aber mit Ernst und mit anhaltendem Eifer beobachtet und des angeborenen, durch Übung ausgebildeten Taktes nicht ganz ermangelt, der wird sicherlich, weit entfernt an ihnen sich zu verwirren, *die wahrhaften Arten und deren Charakter aus aller Mannigfaltigkeit der Formen gar bald herausfinden*. Sollte wirklich in irgendeiner formenreichen Gattung durchaus keine Grenze, welche die Natur selbst achtet, zu finden sein, was hindert uns dann, sie als eine einzige Art, alle ihre Formen als ebenso viele Abarten zu behandeln? Solange der Beweis fehlt, der schwerlich je zu führen, dass überhaupt in der Natur keine Art bestehe, sondern dass jede, auch die entfernteste Form durch Mittelglieder aus der andern hervorgehen könne: *solange muss man uns jenes Verfahren schon gelten lassen*. – Mag nun der Meister den Schüler belehren oder nach alter Sitte ihn vertreten." Und er vertritt ihn, da er das, was der Schüler über die Probleme vermeldet, „als ein Zeugnis reiner Sinn- und Geistesgemeinschaft" in seine morphologischen Schriften aufnimmt.

Es kann keine Frage sein, dass Goethe tiefere Gedanken über die organische Natur hegte als seine Zeitgenossen. Vergessen wir aber doch auch nicht, dass die Hauptidee von dem sich umwandelnden Urbild schon vor Goethe und mit Goethe die hervorragenden Geister beherrschte, wie das in meiner kleinen, den Fachgenossen bekannten Schrift: *Die Entwicklung der vergleichenden Anatomie* 1855 zu finden ist. Wenn Peter Camper in seinen populären Vorträgen seine Zuhörer damit amüsierte, dass er auf der Tafel aus einem Pferd eine schöne Frauengestalt hervorgehen ließ, wenn er sagt, dass er so in die Studien über Wale vertieft sei und in die Vergleichung derselben mit der menschlichen Bildung, dass ihm alle Mädchen, hübsche wie hässliche, nur als Delphine und Cacholots erschienen, so geschah dies, weil er von einem Urbild, einer Grundgestalt ausging. Goethe war nur konsequenter und verlangte trotz der „peinlichen Überlegungen", wie am Affen, so auch am Menschen den Zwischenkiefer. Goethe sagt 1807: „Wenn man Pflanzen und Tiere in ihrem unvollkommensten Zustand betrachtet, so sind sie kaum zu unterscheiden. So viel aber können wir sagen, dass die aus einer kaum zu sondernden Verwandtschaft als Pflanzen und Tiere nach und nach hervortretenden Geschöpfe nach zwei entgegengesetzten Seiten sich vervollkommnen, so dass die Pflanze sich zuletzt im Baum dauernd und starr, das Tier im Menschen zur höchsten Beweglichkeit und Freiheit sich verherrlicht." Aber das ist ja nichts anderes, als ein nach Goethes „Art zu forschen, zu wissen und zu genießen" symbolisch verbrämte Wiederholung eines schon fast fünfzig Jahre früher von Buffon aufgestellten und vielfach variierten Satzes.

Nicht erst Goethe in seinem Entwurf von 1796 dringt auf die höchst fruchtbare Vergleichung identischer Organe eines und desselben Körpers, das tut schon der geistreiche Vicq-d'Azyr 1786. Mit einem Wort, die Idee des Typus, Urbildes, Grundplanes (dessein primitif) war eine Errungenschaft des Goethe'schen Zeitalters, die nur in Goethe einen prägnanteren und vielseitigeren Ausdruck fand und uns deshalb bestechlicher erscheint, weil er damit den Begriff der Bewegung und Beweglichkeit verband, dies aber, in seinem ausgesprochenen Bedürfnis nach Symbolen, im figürlichen Sinn.

Wenn Goethe „Gesetze" gefunden zu haben meint, so ist er in derselben Täuschung befangen, in welcher sich die Naturforscher vom vorigen Jahrhundert an bis in die neuesten Zeiten gewiegt haben, indem sie eine bloße Konstatierung von Tatsachen für die Erklärung der Tatsachen, die Zurückführung derselben auf ihren Grund hinnehmen. Goethe weiß von einer „Spiraltendenz" und einer „Vertikaltendenz" der Pflanze, und gleich werden sie ihm zu „Grundgesetzen des Lebens". Nun sehen wir allerdings das vertikale Streben ab- und aufwärts in Wurzel und Stamm, – wir sehen Windungen und Blattspiralen, wir haben diese Tatsachen auch schon in einfachere physikalische und physiologische Phänomene zerlegen können, ohne dass wir auf den innersten Grund, das wahre Gesetz gekommen wären.

Goethes Ansicht über die Stellung des Menschen in der Natur ist im Obigen schon mit enthalten. Dass er, ein Geschöpf und Produkt der Natur, eine Ausnahme von dem ihm offenbar so ähnlichen Tier machen solle, konnte Goethe nicht zugeben. Er bleibt ihm also unbedingt innerhalb des Typus„„dessen Teile durch alle Tiergeschlechter und Arten immerfort verändert werden". Nun haben wir aber, glaube ich, genügend bewiesen, dass der eben angeführte und ähnliche Aussprüche nur von der in den Geschlechtern und Arten zum Ausdruck gekommenen potenziellen Veränderlichkeit des Urbildes zu gelten haben. Also ist ihm auch der Mensch ein in der Idee des Typus und nicht durch die faktische Fortpflanzung und Abstammung mit dem Tier verwandtes Produkt. Dies ist der von ihm gesuchte Aufschluss über die „schönste Organisation". Goethe war hiermit beruhigt.

Julius Schwalbe: Zur Geschichte der „plastischen Anatomie“ (1896)

Vita – Abstract
Julius Schwalbe (13. Juni 1863 Nakel/Posen – 17. Februar 1930 Berlin) studierte Medizin in Berlin, wurde 1886 promoviert, war in einem Krankenhaus tätig und eröffnete 1930 eine Praxis. Schwalbe war Schriftleiter der ‚Deutschen Medizinischen Wochenschrift‘, erhielt für sein Engagement für die medizinische Fachpresse 1902 den Professorentitel verliehen und war später Mitbegründer der Zeitschrift ‚La Medicina Germano-Ibero-Americana‘ sowie der ‚Revista Médica Germano-Ibero-Americana‘. Schwalbes Interesse galt dem Öffentlichen Gesundheitswesen, der Arzneimittelgesetzgebung, dem Medizinstudium und dem Kampf gegen Kurpfuscherei, er war Herausgeber des in mehrere Sprachen übersetzten *Handbuchs der praktischen Medizin* (5 Bde., 1898–1901).

In seinem Aufsatz von 1896 setzt sich Schwalbe für die Vorzüge medizinischer Wachspräparate gegenüber anderen künstlichen Darstellungen anatomischer und pathologischer Körperzustände in den verschiedenen medizinischen Disziplinen ein, weist auf Goethes Plädoyer für die plastische Anatomie vor allem für den medizinischen Unterricht und auch aus humanen Gründen in *Wilhelm Meisters Wanderjahren* (1821/1829) hin und zitiert ausführlich aus einem entsprechenden Schreiben Goethes vom 4. Februar 1832 an den preußischen Oberregierungsrat Peter Wilhelm Christian Beuth (1781–1853).

D. von Engelhardt, *Goethe als Naturforscher im Urteil der Naturwissenschaft und Medizin des 19. Jahrhunderts*,
https://doi.org/10.1007/978-3-662-68126-8_42

Schwalbe, Julius:
Zur Geschichte der „plastischen Anatomie“, in: Deutsche Medizinische Wochenschrift 2 (1896) (47) S. 761–762.

***

Trotz der großen Fortschritte, welche die Photographie in jüngster Zeit auch auf dem Gebiet der medizinischen Wissenschaft errungen und von denen die eben erst verflossene Berliner internationale Ausstellung für Amateurphotographie so reichliche und zu lebhafter Bewunderung herausfordernde Beispiele geliefert hat, und trotz der überraschenden Erfolge, welche die meisten anderen Methoden der Reproduktionstechnik bei der Schöpfung medizinischer Bilder aufweisen, haften fast allen Formen der künstlichen Darstellung klinischer und anatomischer Krankheitszustände wesentliche Unvollkommenheiten an, die eine völlig befriedigende Wiederspiegelung des Originalgegenstandes verhindern. Nur *ein* Verfahren kann von diesem Vorwurf freigesprochen werden: die künstlerische Nachformung der Objekte mit naturgetreuer Übermalung, die *Chromoplastik.* Wer Gelegenheit hatte, die französischen Wachspräparate in der Sammlung des hiesigen pathologischen Instituts, die Nachbildungen von Hautkrankheiten in der Lassar'schen Kollektion, insbesondere aber die vorzüglichen Präparate unseres Kollegen Paul Berliner, die er aus dem Gebiet der Anatomie, pathologischen Anatomie, Anthropologie, Chirurgie, Hautkrankheiten etc. gewonnen und zu wiederholten Malen hier in Berlin, in Rom und an anderen Orten mit immer gleicher Anerkennung vorgeführt hat, zu betrachten, der wird sich der Überzeugung nicht verschließen, dass die sogenannte farbige plastische Moulage (mouler = formen) imstande ist, die Originalgegenstände für die Demonstration in vollendeter Weise zu ersetzen. Die progressiven und regressiven Veränderungen der Haut bei Entzündung, Geschwürsbildung, Lupus, Tuberkulose, Syphilis, Karzinom – die Kehlkopfschleimhaut bei chronischem Katarrh, Rhinoskierom, Krebs der anatomische Status einer pneumonisch infiltrierten Lunge, eines Typhusgeschwürs – die einzelnen Etappen einer chirurgischen Operation – die Einzelheiten anthropologischer Befunde: alles erscheint in dem koloristisch und plastisch behandelten Wachsmodell so ausgezeichnet dargestellt, dass ein Uneingeweihter, selbst bei genauer Betrachtung, momentan leicht einer Verwechselung von Kunst und Natur anheimfallen kann.

Die Vorteile, die aus dieser Tatsache für die Demonstration erwachsen, liegen zu sehr auf der Hand, als dass sie an dieser Stelle schärfer beleuchtet zu werden brauchen. Es genügt beispielsweise, zu erwähnen, welchen Nutzen die objektive Festhaltung und damit die Kontrolle einer fortlaufenden Reihe pathologischer und therapeutischer Veränderungen, die Vergleichung ähnlicher Krankheitsbilder, namentlich an verschiedenen Orten (oft wesentlich für die Verständigung der Autoren im internationalen Meinungsaustausch), die Aufbewahrung seltener Erscheinungsformen aus dem Gebiet der Klinik und Anatomie gewähren muss. Ganz besonders als Lehrmittel an denjenigen Stätten, die des natürlichen Materials aus diesen und jenen Gründen entbehren.

In voller Würdigung dieser Vorzüge ist die farbige Moulage schon vor langer Zeit zu Zwecken des medizinischen Unterrichts verwandt worden. Wohl die älteste derartige Sammlung wird durch die in Bologna von Manzolini und seiner Frau im Anfang des 18. Jahrhunderts geschaffene Reihe anatomischer Wachsfiguren repräsentiert. Aus Italien stammt auch die berühmte Sammlung anatomischer Wachspräparate. Die Kaiser Joseph II. für die später aufgelöste Schule der Militärärzte in Wien anfertigen ließ. In Florenz endlich – und hiermit komme ich zu meinem eigentlichen Thema – hat an der dort auch heute noch im ‚Museo di Fisica di Storia Naturale' aufbewahrten Sammlung ein Deutscher die Wichtigkeit der medizinischen Moulagepräparate erkannt und die Anregung empfangen, in der eigenen Heimat für die Einführung dieser Technik zu wirken, und dieser Mann war kein Geringerer als – Goethe. Dem unsterblichen Heros, der in seinem inhaltreichen Geistesleben„die große und die kleine Welt" umspannte, der mit titanischer Kraft die schwierigsten Probleme der menschlichen Seelen- und Verstandestätigkeit erfasste, ihm, dessen Namen auch unsere Wissenschaft mit goldenen Lettern in ihren Annalen verzeichnen darf, verdanken wir einen eindringlichen Hinweis auf den Nutzen der von ihm sogenannten plastischen Anatomie für den medizinischen Unterricht. Seine Auseinandersetzungen finden sich an zwei Stellen: einmal in *Wilhelm Meisters Wanderjahren*, Goethes Werke, vollständige Ausgabe letzter Hand, 23.Band, S. 28–40, und zweitens in einem Schreiben an Herrn Geheimrat Beuth in Berlin vom 4. Februar 1832, abgedruckt in derselben Goethe-Ausgabe, 44. Band, S. 60–71. Soweit ich sehe, sind diese Mitteilungen in der Literatur des Moulageverfahrens völlig unbekannt geblieben, und sie scheinen mir sowohl wegen des Autors als auch wegen der heute wieder mehr an Bedeutung gewinnenden Sache selbst wertvoll genug, um auch einem größeren Ärztepublikum zugänglich gemacht zu werden.

In *Wilhelm Meisters Wanderjahren* wird die Moulagearbeit, um die es sich hier handelt, nur kurz gestreift. Aus diesem Grunde will ich von einer Wiedergabe der – überdies von jedermann leicht nachzulesenden – Stellen absehen.

Der Brief[1]an Herrn Geheimrat Beuth dagegen, der bei der Seltenheit der zitierten Goethe-Ausgabe nur den Wenigsten zur Hand sein dürfte, verdient in seinem wesentlichen Teil wörtlich abgedruckt zu werden, umso mehr als meiner Meinung nach Goethes Gründe für die praktische Verwertung der

[1] Abgedruckt in Kürschners Deutschen National-Literatur, Goethes Werke, Aufsätze über bildende Kunst und Theater. Herausgegeben von Dr. Alfred Gotthold Meyer und Dr. Georg Witkowski. Stuttgart. – Von Herrn Dr. A. G. Meyer, Privatdozent an der hiesigen technischen Hochschule, bin ich auch auf den Brief in dankenswerter Weise aufmerksam gemacht worden.

plastischen Anatomie hinreichend schwer ins Gewicht fallen, um auch heute noch einer Förderung derselben dienlich zu sein.

„Die Weimarischen Kunstfreunde“ – sagt Goethe – „erfreuen sich mit mir der herrlichen Wirkungen wohlangewendeter großer Mittel; ich aber, jene bedeutende Sendung dankbar anerkennend, möchte dergleichen Kräfte zu einem Zweck in Anspruch nehmen, der schon lange als höchst würdig und wünschenswert mir vor der Seele schwebt. Möge es Ihnen jedoch nicht wunderlich vorkommen, dass ich vorerst meine gedruckten Schriften anführe[2]: ich habe dort unter Paradoxie und Fabel gar manches versteckt oder problematisch vorgetragen, dessen frühere oder spätere Ausführung mir längst am stillen Herzen lag. In diesem Sinne wage ich also zu bitten, dasjenige nachzulesen, was ich im dreiundzwanzigsten Band der kleinen Ausgabe, im dritten Kapitel, von Seite 22 bis 40 niedergeschrieben habe; ist dieses geschehen, so darf ich mich nicht wiederholen, sondern ganz unbewunden erklären, dass ich die Ausführung jener Halbfiktion, die Verwirklichung jenes Gedankens ganz ernstlich von Euer Hochwohlgeboren Mitwirkung zu hoffen, zu erwarten mich längst gedrängt fühlte, nun aber gerade durch das Anschauen eines so schönen Gelingens mich veranlasst sehe, sie endlich als ein Gesuch auszusprechen.

Es ist von der *plastischen Anatomie* die Rede; sie wird in Florenz seit langen Jahren in einem hohen Grad ausgeübt, kann aber nirgends unternommen werden noch gedeihen als da, wo Wissenschaften, Künste, Geschmack und Technik vollkommen einheimisch in lebendiger Tätigkeit sind. *Sollte man aber bei Forderung eines solchen Lokals nicht unmittelbar an Berlin denken, wo alles jenes beisammen ist und daher ein höchst wichtiges, freilich kompliziertes Unternehmen sogleich durch Wort und Willen ausgeführt werden könnte? Einsicht und Kräfte der Vorgesetzten sind vorhanden, zur Ausführung Fähige bieten sich gewiss alsobald an.*[3]

In dieser wahrhaft nationalen, ja ich möchte sagen kosmopolitischen Angelegenheit ist mein unmaßgeblicher Vorschlag der: Man sende einen Anatomen, einen Plastiker, einen Gipsgießer nach Florenz, um sich dort in gedachter besonderen Kunst zu unterrichten. Der Anatom lernt die Präparate zu diesem eigenen Zweck auszuarbeiten. Der Bildhauer steigt von der Oberfläche des menschlichen Körpers immer tiefer ins Innere und verleiht den höheren Stil seiner Kunst Gegenständen, um sie bedeutend zumachen, die ohne eine solche Idealnachhilfe abstoßend und unerfreulich wären. Der Gießer, schon gewohnt, seine Fertigkeit verwickelten Fallen anzupassen, wird wenig Schwierigkeit finden, sich seines Auftrags zu entledigen; es ist ihm nicht fremd, mit Wachs von mancherlei Farben und allerlei Massen umzugehen, und er wird alsobald das Wünschenswerte leisten.

Drei Personen, jeder nach seiner Weise in Wissen, Kunst und Technik schon gebildet, werden in müßiger Zeit sich unterrichten und ein neues Tun nach Berlin bringen, dessen Wirkungen nicht zu berechnen sind.

[2] Heutzutage hat man derartige Skrupel längst überwunden. J. S.

[3] Im Original nicht hervorgehoben.

Dergleichen gelungener Arbeiten kann sich die Wissenschaft zum Unterricht, zu immer wieder erneuter Auffrischung von Gegenständen, die kaum festzuhalten sind, bedienen. Der praktische Arzt wie der Chirurg werden sich das notwendige Anschauen leicht und schnell jeden Augenblick wieder vergegenwärtigen; dem bildenden Künstler treten die Geheimnisse der menschlichen Gestalt, wenn sie schon einmal durch den Künstlersinn durchgegangen sind, umso viel näher. Man lasse alles gelten, was bisher in diesem Fach geschah und geschieht, so haben wir in unserer Anstalt ein würdiges Surrogat, das auf ideelle Weise die Wirklichkeit ersetzt, indem sie derselben nachhilft.

Die fiorentinischen Arbeiten sind teuer und wegen der Zerbrechlichkeit kaum zu transportieren. Einzelne deutsche Männer haben uns in Braunschweig das Gehirn, in Dresden das Ohr geliefert. Man sieht hierin ein stilles Wollen, eine Privatüberzeugung; möge sie bald unter die großen Staatsangelegenheiten gezählt werden. Die Vorgesetzten solcher allgemeinen Institute sind Männer, die besser als ich konnte den vielfach durchdringenden Einfluss eines solchen Wirkens sich vergegenwärtigen. Ich will nur noch von der Verpflichtung sprechen, ein solches Unternehmen zu begünstigen.

In obengenannter Stelle meiner Werke ist auf die immer wachsende Seltenheit von Leichen, die man dem anatomischen Messer darbieten könnte, gedeutet und gesprochen; sie wird noch mehr zunehmen, und in wenigen Jahren, daher muss eine Anstalt wie die oben gewünschte willkommen sein. Diejenigen freien Räume, welche das Gesetz der Willkür überlässt, hat sich die Menschlichkeit erobert und engt nunmehr das Gesetz ein. Die Todesstrafe wird nach und nach beseitigt, die schärfsten Strafen gemildert. Man denkt an die Verbesserung des Zustandes entlassener Verbrecher, man erzieht verwilderte Kinder zum Guten, und schon findet man es höchst unmenschlich, Fehler und Irrtümer auf das Grausamste nach dem Tode zu bestrafen. Landesverräter mögen gevierteilt werden, aber gefallene Mädchen in tausend Stücke anatomisch zu zerfetzen, will sich nicht mehr ziemen. Dergleichen hat zur Folge, dass die alten harten Gesetze zum Teil schon abgeschafft und jedermann die Hände bietet, auch die neueren milderen zu umgehen.

Das Furchtbare der Auferstehungsmänner in England, in Schottland, die Mordtaten, um den Leichenhandel nicht stocken zu lassen, werden zwar mit Erstaunen und Verwunderung gelesen und besprochen, aber gleich anderen Zeitungsnachrichten wie etwas Wildfremdes, das uns nichts angeht.

Die akademischen Lehrer beklagen sich, die emsige Wissbegierde ihrer Sekanten nicht befriedigen zu können, und bemühen sich vergebens, diese Unterrichtsart in das alte Gleis wieder zurückzuweisen. So werden denn auch die Männer vom Fach unsere Vorschläge mit Gleichgültigkeit behandeln; dadurch dürfen wir aber nicht irre werden; das Unternehmen komme zustande, und man wird im Verlauf der Zeit sich einrichten. Es bedarf nur einiger geistreicher, talentvoller Jünglinge, so wird sich das Geschäft gar leicht in Gang setzen.

Soweit hatte ich geschrieben, als mir in dem ersten Heft der ‚Branischen Miszellen‘ ein merkwürdiger Beleg zur Hand kam, wovon ich einen Auszug beizulegen nicht ermangele.“

Es folgt nun eine kurze Historie, betitelt „Die Ersticker in London“, eine Illustration zu der Tätigkeit von Verbrechern, welche Kinder wegfingen, erdrosselten und ihre Leichname zu anatomischen Studien verkauften. – Nachdem Goethe im Anschluss an diese Geschichte noch auf plastische Reproduktionen aus dem Gebiet der Mineralogie, Zoologie etc. hingewiesen hat, endet er seinen Brief mit folgenden Worten: „Schon vor zwanzig Jahren und drüber lebte in Jena ein junger und tätiger Dozent, durch welchen wir jenen Wunsch zu realisieren hofften, indem er freilich besonders pathologische Kuriosa, vorzüglich auch syphilitische Krankheitsfälle, aus eigenem Trieb und ohne entschiedene Aufmunterung ausarbeitete und *in gefärbtem Wachs mit größter Genauigkeit*[4] darzustellen bemüht war. Bei seinem frühen Ableben gelangten diese Exemplare an das Jenaische anatomische Museum und werden dort zu seinem Andenken und als Muster zu einer hoffentlich dereinstigen Nacheiferung im Stillen, da sie öffentlich nicht gut präsentabelsind, aufbewahrt."

Es erschien mir aus historischen Gründen nicht uninteressant, über den Namen des „jungen und tätigen Jenenser Dozenten" und über den Verbleib der von ihm angefertigten Wachspräparate etwas Näheres zu erfahren, und in der Tat sind meine wiederholten Bemühungen von Erfolg gekrönt worden. Herrn Prof. Dr. v. Bardeleben, dem ich auch an dieser Stelle für die liebenswürdige Anteilnahme, die er dieser Sache gewidmet hat, verbindlichst danke, ist es gelungen, den Namen des Präparators und einen Teil seiner Werke auf dem Boden des Jenenser Anatomischen Museums zu entdecken: die Details seines Fundes teilt er selbst im Anschluss an meinen Beitrag mit. Fragen wir nun nach dem Erfolg der Goethe'schen Anregung, so müssen wir ihn, soweit ich orientiert bin, als völlig negativ bezeichnen. Schon wenige Wochen nach der Absendung seines Briefes schloss der große Mann seine Augen für immer, und mit ihm wurde auch, da sich niemand fand, der sich der Sache annahm, seine Idee zu Grabe getragen. Seitdem sind wir in Berlin, wie schon aus der Einleitung zu diesem Artikel hervorgeht, etwas weitergekommen, allerdings erst in neuester Zeit und nur in geringem Umfang. Noch immer ist die medizinische Moulagearbeit auch bei uns, „ein stilles Wollen, eine Privatüberzeugung", und„unter die großen Staatsangelegenheiten" wird sie auch heute noch nicht gezählt. Zwar hat sich, wie bereits erwähnt, die Goethe'sche Voraussetzung, dass in Berlin „zur Ausführung Fähige" gewiss vorhanden sein werden, erfüllt: aber mit einem Faktor hat Goethe bei der Niederschrift seines Briefes wohl nicht gerechnet, und das ist – Finanzminister. Und doch würde die Verwertung der Moulagen für unsere Sammlungen, namentlich zu Unterrichtszwecken, auch heute noch hoch zu veranschlagen sein, trotzdem wir an Leichenmaterial nicht wie zu Goethes Zeit Mangel haben. Abgesehen von Paris mit seinem berühmten Baretta'schen, durch eine staatliche Subvention von 4000 frs. Jährlich unterstützten Institut ist uns auch Wien mit gutem Beispiel vorangegangen. Auf Grund eines Erlasses des Ministeriums für Kultus und Unterricht hat das Dekanat der Wiener medizinischen

[4] Im Original nicht hervorgehoben

Fakultät mit dem Wiener Arzt Dr. Henning einen Kontrakt abgeschlossen, nach welchem die Kliniken und Institutsvorstände in die Lage versetzt sind, im Bedarfsfall Moulagen bis zu einer gewissen Anzahl auf Staatskosten anfertigen zu lassen. Als Maximalzahl sind einstweilen von einem im Professorenkollegium eingesetzten Komitee 100 Moulagen pro Jahr festgesetzt, und zwar für jede innere Klinik 3, für jede chirurgische 6, für die Klinik für Syphilis 20, für Hautkrankheiten 20. Falls im Jahr weniger als 100 Moulagen an der Wiener medizinischen Fakultät gebraucht werden, kann die übrige Zahl in Duplikaten oder Originalien an die anderen Universitäten Österreichs geliefert werden. Die wiederholt in den Jahrbüchern der Wiener Krankenanstalten gelieferten Berichte lehren, wie gern und mit wie großem Nutzen die Wiener Professoren von dieser Einrichtung Gebrauch machen. Hoffen wir – und die Stimmung einiger unserer hervorragendsten Fakultätsmitglieder gibt einer derartigen Hoffnung anscheinend eine genügende Basis –, dass auch der Berliner und mit ihr den gesamten übrigen preußischen Universitäten ein Unterrichtsmittel an die Hand gegeben werde, das in hohem Grade geeignet ist, durch naturgetreue Anschauung dem Geist der Studierenden feste und klare Erinnerungsbilder einzuprägen. Und vielleicht vermag der Gedanke, dass diese Aufgabe gewissermaßen als ein Vermächtnis unseres größten Dichtergenius zu betrachten ist, die Unterstützung der „plastischen Anatomie“ in wirksamer Weise zu fördern.

Franz von Toula: Goethe als Geologe (1880)

Vita – Abstract
Franz von Toula (20. Dezember 1845 Wien – 3. Januar 1920 Wien) studierte seit 1864 in Wien Geologie, Mineralogie und Paläontologie, war von 1872–79 Realschulprofessor und nach der Promotion 1875 auch als Privatdozent tätig, 1880 erfolgte die Ernennung zum a.o. Professor, 1884 zum o. Professor an der TH Wien, deren Rektor er 1893/94 war. Seine Veröffentlichungen umfassen verschiedene geologische Reiseberichte, zahlreiche geologische Karten sowie ein *Lehrbuch der Geologie* (1890, [3]1918); sein besonderes Engagement galt dem naturwissenschaftlichen Unterricht an den Schulen und allgemein der Verbreitung naturwissenschaftlicher Kenntnisse.

Der österreichische Geologe behandelt voller Anerkennung Goethes Beschäftigung mit Geognosie, Geologie und Mineralogie, berichtet von seinen geologischen Exkursionen und Experimente, gibt seine Auffassungen über Basalt, Granit, Kalk und Gänge und Klüfte wieder, geht vor allem auf Goethes Plädoyer für die sedimentäre Entstehung von Gesteinsschichten (Neptunismus) gegenüber ihrer vulkanischen Entstehung (Plutonismus) ein und erinnert an seine allgemeinen Überlegungen zur Naturforschung. Verschiedene „ungerechte" Urteile Goethes über Auffassungen auf dem Gebiet der Geologie stünden seinen „scharfen Äußerungen" in der „unglücklichen Farbenlehre" nicht nach.

D. von Engelhardt, *Goethe als Naturforscher im Urteil der Naturwissenschaft und Medizin des 19. Jahrhunderts*,
https://doi.org/10.1007/978-3-662-68126-8_43

Toula, Franz von:
Goethe als Geologe, in: Die Natur. Zeitung zur Verbreitung naturwissenschaftlicher Kenntniß und Naturanschauung für Leser aller Stände, n. F., 6 (1880) (46–47) S. 581–582, 587–590.

***

I.

Seismos (in der Tiefe brummend und polternd):

Einmal noch mit Kraft geschoben,
Mit den Schultern brav gehoben,
So gelangen wir nach oben,
Wo uns Alles weichen muss.

Der hohe Wert, den viele von Goethes Arbeiten auf naturwissenschaftlichem Gebiet haben, wurde schon von den kompetentesten Richtern anerkannt. Vor allem hat Ernst Häckel in seiner natürlichen Schöpfungsgeschichte auf die eminente Bedeutung von Goethes biologischen Forschungen hingewiesen und gezeigt, wie dieser damit um einen Riesenschritt seinen Zeitgenossen vorangeeilt war. Freilich werden oft die vortrefflichsten, wahrhaft wissenschaftlichen Bemerkungen durch einen „Haufen unbrauchbarer naturphilosophischer Phantasiegebilde" verrammelt und dadurch arg geschädigt. Seine bedauerlichen optischen Irrgänge – vor allem auch darum ganz besonders bedauerlich, weil sie seiner Anerkennung als scharfer Beobachter auf den anderen naturwissenschaftlichen Gebieten Eintrag getan und ihm dadurch gar manche bitterböse Stunde bereitet haben –, seine Jahrzehnte währende intensive Beschäftigung mit der Farbenlehre, in einer Sackgasse, aus welcher er sich durch kein Mittel herausbringen lassen wollte, hat Helmholtz in seinen *populären wissenschaftlichen Vorträgen* erschöpfend behandelt. Auch Virchow, Lange in seiner *Geschichte des Materialismus*, Bernhard von Cotta und manche andere haben Goethes echt naturwissenschaftlicher Geistestätigkeit volle Anerkennung gezollt. Im vorigen Jahr hat Professor Laube in Prag bei Gelegenheit der achten Wanderversammlung des Vereines für Geschichte der Deutschen in Böhmen zu Eger in einem unlängst auch im Buchhandel erschienenen Vortrag[1] speziell Goethes Bedeutung für die naturhistorische Forschung *in Böhmen* ausführlichst dargelegt. Im Nachfolgendem wollen wir uns mit Goethes geologischen Ansichten etwas eingehender befassen.

[1] Goethe als Naturforscher in Böhmen, „Mitth. des Vereines für Geschichte der Deutschen in Böhmen". Prag, 1879. 18. Jahrg. 1. Heft [= Gustav Carl Laube: Goethe als Naturforscher in Böhmen, 1879, in: Mittheilungen des Vereins für Geschichte der Deutschen in Böhmen 18 (1880) S. 16–37].

Eine Hauptquelle, aus der wir in Bezug auf Goethes reiche naturwissenschaftliche Tätigkeit im Allgemeinen und jene in geologischer Richtung insbesondere schöpfen müssen, sind die *Annalen oder Tages- und Jahreshefte* von 1749 bis Ende 1822 (im 27. Band seiner sämtlichen Werke der Cotta'schen Ausgabe in 40 Bänden). Aber auch in seinen Briefen und Gesprächen ist manche hierher gehörige Äußerung enthalten. Herrn Prof. Schröer, dem Gründer und Obmann-Stellvertreter des Wiener Goethe-Vereines, bin ich diesbezüglich für manchen Fingerzeig zu Dank verpflichtet. Beim Durchblättern der Annalen ersehen wir an vielen Stellen die große Vorliebe, welche Goethe gerade den geologischen Fragen zu allen Zeiten zuwendete. Auf keiner seiner vielen Reisen verschließt er seine Augen dem geologischen Schauen, und nie vergisst er zu bemerken, was er geschaut und wie er es aufgefasst habe.

Goethes volle Aufmerksamkeit auf die mineralogisch geologischen Disziplinen der Naturwissenschaften wurde durch seine Beteiligung an den Beratungen in Bezug auf die Wiederaufnahme des Ilmenauer Bergbaues geweckt. Er war dadurch gezwungen, sich mit den einschlägigen Verhältnissen zu befassen. Umso reger mag diese Hinneigung dadurch geworden sein, dass man sich gerade in jener Zeit durch die epochemachenden Vorträge Abraham Gottlob Werners an der Freiberger Bergakademie „mit Eifer allerorts dem anorganischen Reich zuwendete".

Am 7. Sept. 1780 schreibt Goethe an Frau von Stein: „Wir sind auf die hohen Gipfel gestiegen und in die Tiefen der Erde gekrochen und mochten gar zu gern der großen formenden Hand nächste Spur entdecken. Jetzt leb' ich mit Leib und Seele in Stein und Bergen und bin sehr vergnügt über die weiten Aussichten, die sich mir auftun"; und am 11. Oktober desselben Jahres heißt es in einem Schreiben an Merk: „Da ich einmal nichts aus Büchern lernen kann, so fang' ich erst jetzt an, nachdem ich die meilenlangen Blätter unserer Gegend umgeschlagen habe, auch die Erfahrungen anderer zu studieren und zu nützen." Schon „auf seiner zweiten und dritten Harzreise 1783 und 1784 fühlt er sich in seinem Element und klopft alle Felsen der Gegend ab". Schon in jener Gegend hatte sich Goethe „eine Gebirgslehre zurechtgelegt, an der er eifrig arbeitete, und so sehen wir aus allem, dass er, als er sich zur ersten Reise nach Böhmen anschickte, schon zu den wohlunterrichteten Geologen seiner Zeit gehörte". (Laube: *Goethe als Naturforscher*, S. 7). Am Weg durchs Fichtelgebirge wurden rechts und links Steine geklopft, in Karlsbad wurde ihm „vom Granit durch die ganze Schöpfung durch, bis zu den Weibern" der Aufenthalt angenehm und interessant gemacht, woraus, wie Laube betont, zur Genüge hervorgeht, – „dass Goethes Lieblingsgestein, das die Berge von Karlsbad aufbaut, sofort seine Anziehungskraft äußerte". Über den Granit hatte sich Goethe schon früher seine Meinung gebildet. Er galt ihm als das älteste Gestein der Erdoberfläche, das „bis zu den tiefsten Orten der Erde hinreicht". Über das Erzgebirge kehrte Goethe nach Weimar zurück, wo er reich an mineralogischer

Beute anlangte. – Halten wir nun Durchsicht durch die oben zitierten Tages- und Jahreshefte und verweilen wir nur hin und wieder etwas länger bei jenen Fragen, die Goethes Aufmerksamkeit besonders lebhaft beschäftigten.

Im Jahr 1790 finden wir eine Lustfahrt nach den Salinen Wieliczka und einen bedeutenden Gebirgs- und Landritt über Adersbach und Glatz verzeichnet, „der mit Erfahrungen und Begriffen bereicherte".

Im Jahr 1794 erwähnt er seines „getreuen Mitarbeiters auf mineralogischem Feld" Geh. Rat Voigt (der aber nicht mit dem Gegner von Werners neptunischer Weltanschauung, dem Vulkanisten W. Voigt, verwechselt werden darf) und wie Alexander v. Humboldt „ins Allgemeinere der Naturwissenschaft" nötige; er führt auch an, wie er sich nun schon seit mehreren Jahren an dem Bergbau zu Ilmenau herumquäle, der am 24. Februar 1784 mit einer von Goethe gehaltenen Festrede eröffnet worden war (27. Bd., S. 411 bis 415), im Jahr 1795 aber durch einen bedeutenden Stollenbruch „in sich selbst erstickt und begraben" wurde.

Im Jahr 1797 geben ihm Zeichnungen der Harz-Felsen Anlass zu geologischen Betrachtungen. Auf seiner Reise nach der Schweiz beschäftigte ihn anfangs „die genaue Betrachtung der Gegenden, hinsichtlich auf Geognosie und *der darauf gegründeten Kultur*".

Der Fund eines krummen Elefantenzahnes wird im Jahr 1801 erwähnt, obwohl er gerade damals „dergleichen Gegenständen entfremdet, daran wenig Anteil nahm"; – es fällt ja gerade in diesen Zeitraum seine intensive Beschäftigung mit optischen Untersuchungen – Bergrat Werners Erklärungen des Fundes gewährten daher erwünschte „Beruhigung". In demselben Jahr wurde von Pyrmont aus der Kristallberg bei Lüdke besucht, wo sich auf den Äckern tausend und abertausend kleine Bergkristalle aus dem Mergelgesteine ausgewittert finden. Goethe erklärt sich ihre Entstehung gar rasch als „ein neues Erzeugnis, wo ein Minimum der im Kalkgestein enthaltenen Kieselerde, wahrscheinlich dunstartig befreit, rein und wasserhell in Kristalle zusammentritt". Die von seinem Sohn unter Blumenbachs Leitung gesammelten Fossilien des Hainberges wurden übrigens recht im Sinne des Wortes wegwerfend behandelt, indem „manches Ammonshorn", als einst die Hunde nachts recht unerträglich heulten, als Wurfgeschoß gegen die Köter geschleudert wurde.

Von Göttingen aus wurden im selben Jahr die Basaltbrüche von Dransfeld besucht, „deren problematische Erscheinung schon damals die Naturforscher beunruhigte".

Im Jahr 1802 wird der Übergabe des Fürst Gallitzin'schen Mineralkabinettes an das „ohnehin schon wohlversehene" Jenaer Museum gedacht.

Trotz der vielen großweltlichen Ereignisse des nächsten Jahres findet er doch auch Muße, um sich „frische Porphyrstücke" vom Petersberg bei Halle zu holen. Goethe nahm auch an der von Lenz in Jena gegründeten mineralogischen Sozietät den regesten Anteil.

Höchst bedeutsam in geologisch-mineralogischer Beziehung waren für Goethe die Jahre 1806, 1807 und 1808, in welchen wiederholt längerer Aufenthalt in Karlsbad genommen wurde.

Wir werden sofort auf die Früchte dieses Aufenthaltes eingehender zurückkommen und erwähnen nur die Aufsätze über die *Joseph Müllersche Sammlung zur Kenntnis der Gebirge von Karlsbad*, zuerst abgedruckt im Leonhard'schen ‚Taschenbuch für Mineralogie' 1807 – eine ähnliche Sammlung beschrieb er in viel späteren Jahren auch von Marienbad – und den ersten Aufsatz Goethes über den Kammerberg bei Eger, der in derselben Zeitschrift im Jahrgang 1809 erschien.

Von dem ersten Aufsatz sagt nun zwar Cotta in seinem geologischen Repertorium, derselbe sei „nur durch den Verfasser interessant", nichtsdestoweniger wollen wir doch etwas zusehen. Goethe gab ein wohlgeordnetes Verzeichnis der von Müller gesammelten Gebirgsarten und verschmolz „die Gedanken dieses braven Mannes", insofern er sich dieselben aneignen konnte, mit seinen eigenen Überzeugungen. Er unterscheidet zwei Hauptvarietäten des Karlsbader Granits, eine fein- und eine grobkörnige, von welchen die letztere durch das häufige Vorkommen großer Doppelkristalle von Feldspat („Karlsbader Zwillinge") ausgezeichnet ist; er erwähnt und beschreibt das Auftreten der Hornsteingänge und Haarspalten im Granit; wie dieser letztere stellenweise förmlich in Hornstein übergehe oder umgekehrt, stärkere Hornsteingänge Nester von Granit umschließen. Es wird betont, dass in diesem oberflächlich allenthalben tief hinein verwitterten und unscheinbar gewordenen Gestein auch Kalk auftritt und zwar zuerst auf schmalen Klüften zwischen Granit und Hornstein, welch letzterer an solchen Stellen „von einem Eisenocker durchdrungen und überzogen" sei und stellenweise auch Schwefelkies und Quarz enthalte. Goethe führt weiter an, dass man diese merkwürdigen zersetzten Gesteine in Karlsbad immer nur bei Gelegenheit von tiefer eingreifenden baulichen Veränderungen im Stadtgebiet zu Gesicht bekomme. – Dies erinnert auf das lebhafteste an eine im Jahr 1878 bei einem Hausbau aufgedeckte derartige Stelle im Herzen von Karlsbad, wo dieselben zersetzten und umgeänderten Gesteine in schönster Weise wieder erschlossen wurden. Hofrat von Hochstetter hat darüber in den ‚Denkschriften der kaiserlichen Akademie' ausführlich berichtet.

Goethe hebt hervor, dass nur an und in dieser Gesteinsart die heißen Quellen entspringen, dass in diesem Gesteinsgebiet aus tausend Ritzen des Gesteines mineralisches Wasser dampfend hervordringe, und dass sich daselbst allenthalben Gesteinsabsätze, Gewölbe und Röhren so wie Kluftausfüllungen verschiedener Art zu bilden pflegen. Hochstetter beschreibt in der zitierten Abhandlung ein ähnliches Gewölbe aus Kalksinter von ganz herrlicher Ausbildung und von mächtigen Dimensionen.

Die Kalk- oder genauer Aragonitsinterbildungen beschreibt Goethe in seiner ersten Arbeit auf das ausführlichste. Was seine Vorstellungen über den Zusammenhang zwischen den so richtig geschilderten Erscheinungen und den Ursachen, durch welche sie bedingt waren, anbelangt, so weichen dieselben freilich von unseren heutigen wesentlich ab. Für ihn waren nicht die Quellenzüge nur die Folgen großartiger Spaltenbildungen, die hier am Südrand des Erzgebirges hinziehen, für ihn war nicht die Umänderung des Granits eine Folge der Quellen, für ihn entstammten diese Quellen nicht aus bedeutenden Tiefen; er bildete sich nach und nach eine ganz andere Vorstellung und brachte dieselbe erst in viel späterer Zeit zum Ausdrucke. Ja im Anfang war er dem heutigen Stand der diesbezüglichen Fragen viel näher, er lässt noch die Veränderungen des Gesteines durch die heißen Quellen erfolgen, überlässt es aber den späteren Beobachtern, über den Anlass zur Erhitzung nachzudenken.

Schon in seinem Schreiben an Leonhard (vom 25. November 1807) spricht er jedoch die Meinung aus, dass der Hornstein-Granit und wenigstens ein Teil des Kalkes mit dem Granit gleichzeitig entstanden sein möchten, und dass man sich die Entstehung der heißen Quellen unter Mitwirkung der Zersetzung des Kalkes und des Schwefelkieses erklären könne.

In dem Aufsatz: *Problematisch* (*Sämtliche Werke* 40. Bd., S. 216) kommt er nach mehreren Jahren wieder auf die Frage zurück und spricht seine Meinung dahin aus, dass durch innere Vorgänge in dem „differenzierten Granit"... Bedingungen geschaffen worden sein dürften – Goethe vergleicht das Gestein mit einer galvanischen Säule (!) – „welche nur der Berührung des Wassers bedurfte, um jene großen Wirkungen hervorzubringen, um mehrere irdisch-salinische Substanzen, besonders den Kalkanteil der Gebirgsart, aufzulösen und siedend an den Tag zu fördern." Das Wasser aber entstamme einfach der über dieses Gestein fließenden Tepel. – Zu solchen verwickelten Vorstellungen wurde Goethe dadurch gedrängt, weil er mit der Werner'schen Ableitung des Sprudels von fortbrennenden Steinkohlenflötzen sein Denken nicht in Übereinstimmung bringen konnte, weil er fühlte, dass die Werner'schen Vorstellung den Verhältnissen durchaus nicht entsprach. – Mit der Vorstellung aus den späteren Jahren, dass die heißen Quellen großen Tiefen entstammen dürften, konnte er sich nach seinem „freimütigen Geständnis" gleichfalls nicht befreunden. Sein immer mehr und immer entschiedener zur objektiven Betrachtung der Naturverhältnisse hingezogener Geist fühlte sich abgestoßen von allen weitgehenden und wenig sicheren Hypothesen.

Dass Goethe über die Quellenentstehung Zweifel hegte, wird uns umso weniger in Verwunderung setzen, wenn wir bedenken, dass unsere Ansichten über die heißen Quellen auch heutzutage noch durchaus nicht als vollkommen geklärt zu betrachten sind; sonst könnten nicht in ganz neuester Zeit Meinungen auftauchen, wie die von Dr. A. F. P. Nowak im vorigen Jahr wieder ausgesprochene oder die von Dr. Otto Volger konstruierte Hypothese, worin selbst die einfachsten Teile dieser großen Frage auf das abenteuerlichste verzerrt werden. (Eine sehr ansprechende neue Darstellung der Quellen-Frage hat dagegen neuestens Dr. G. C. Laube gegeben in der von ihm verfassten trefflichen Skizze der geologischen Verhältnisse des Mineralwassergebietes Böhmens, in dem kürzlich erschienenen Buch: *Die Heilquellen und Kurorte Böhmens* von Dr. E. H. Kisch. Wien, Braumüller 1879).

II.

Im Jahr 1807 beschäftigte sich Goethe mit dem Gedanken, da er nun „seit so vielen Jahren Berg um Berg bestiegen, Fels um Fels beklettert und beklopft", Stollen und Schächte befahren hatte, ein getreues Modell der Jenaer Gegend anzufertigen und mit Durchschnitten zu versehen, so dass man beim Auseinanderdrücken der Teile den inneren Bau ersehen könnte. Ein gewiss sehr schöner Plan, der aber nicht vollkommen zur Ausführung gelangte.

Aus dem darauffolgenden Jahr stammt der vorhin erwähnte Aufsatz über den Kammerbühel bei Eger, bei dem wir wieder etwas länger verweilen müssen.

„Er zeigt sich – wie es in Goethes Schilderung heißt – wenn man von Franzensbrunn nach Eger geht, etwa eine halbe Stunde rechts am Weg… und wird merkwürdig durch die vulkanischen Produkte, aus denen er besteht." – Ob echt vulkanisch oder pseudovulkanisch? das war die Frage. Ziemlich allgemein neigte man sich damals der letzteren Meinung zu, auch Ambr. Reuß, der im Jahre 1792 die ausgebrannten Vulkane bei Eger im bergmännischen Journal besprochen hatte, war als Wernerianer der Meinung, dass man es mit einem durch Kohlenbrände entstandenen Pseudo-Vulkan zu tun habe. Goethe geht nun in dieser kleinen geologischen Musterarbeit wieder vom Allgemeinen aus und beschreibt die ganze Gegend vorerst kurz und prägnant. Er sieht im Geist einen Gebirgssee an Stelle des Franzensbader Moores, umgeben von kristallinischen Gebirgen, deren Verwitterungsprodukte den Boden ringsum zusammensetzen. Er beschreibt sodann den Bühel selbst und besonders die wohlgeschichteten Lagen loser vulkanischer Auswurfsstoffe am nordöstlichen Fuß. Er erwähnt die darin sich findenden Schlackenkugeln mit Glimmerschieferkernen, die schaumartig aufgeblähten und die deutliche Spuren ihres einstigen flüssigen Zustandes verratenden Schlacken. „Alle sind scharf, frisch, vollständig, als ob sie soeben erstarrt wären. Diesem „Flötzartigen" stellt er das „Felsartige" gegenüber, den in den oberen Teilen etwas löcherigen, in der Tiefe aber ungemein harten und festen Basalt. Die Schlackenschichten lassen es ihm wahrscheinlich erscheinen, dass man zur Entstehung des Kammerbühles „das Wasser notwendig zur Hilfe rufen" müsse, die sanft beböschte Lage der Schlacken- und Aschenschichten lasse sich nur durch Ablagerung unter Wasserbedeckung erklären, da sie sich in freier Luft steiler aufgebaut haben müssten. „Will man zur Entstehung der flötzartigen Produkte eine fremde Gewalt zu Hilfe rufen, so findet ja bei wiederholten Explosionen noch wirksamer Vulkane ein solches Ballotieren an manchen in den Krater zurückfallenden Materien statt", heißt es ganz zutreffend an anderer Stelle. Das Wasser habe dann noch längere Zeit den unteren Teil des Hügels überspült und die leichten Schlacken immer weiter ausgebreitet, auch der Ort der Explosionen, der Krater, sei durch die Gewässer zugespült und unseren Augen entrückt worden; er würde ihn, wie er sagte, südlich am Fuß des Hügels suchen. – Für das „Felsgestein" bleibt uns, sagt Goethe sodann, nur die Wahl, es von irgendeiner basaltähnlichen, und, ganz in den Irrtümern seiner Zeit befangen setzt er hinzu, „dem Wasser ihren Ursprung dankenden Gebirgsbildung abzuleiten oder ihm gleichfalls – und damit zeigt er sofort wieder, wie sehr er die Unzulänglichkeit der Werner'schen Lehren fühlte, und eilt seiner Zeit voraus, indem er sich den Anti-Wernerianern anschließt – einen vulkanischen Ursprung mit oder nach den Flötzlagen zu geben."

„Wir leugnen nicht" – fährt er fort, und wir wollen diese Stelle wörtlich anführen – „dass wir uns zu dieser letzteren Meinung hinneigen. Alle vulkanischen Wirkungen teilen sich in Explosionen des einzelnen Geschmolzenen und in zusammenhängenden Erguss des in großer Menge flüssig Gewordenen. Warum sollten hier in diesem offenbar, wenigstens von einer Seite, vulkanischen Fall nicht auch beide Wirkungen stattgefunden haben? Sie können, wie uns die noch gegenwärtig tätigen Vulkane belehren, gleichzeitig sein, aufeinander folgen, miteinander abwechseln, einander gegenseitig aufheben und zerstören, wodurch die kompliziertesten Resultate entstehen und verschwinden."

Nach Goethes Auffassung hätten wir den Kammerbühel also als einen Inselvulkan aufzufassen, eine Ansicht, die auch später noch einmal von Heinrich Cotta (1813) bestimmt ausgesprochen wurde.

Wiederholt kommt Goethe in späteren Jahren auf den Kammerberg zurück, er erwähnt, wie man einen Schacht abteufte, um die darunter vermutete Steinkohle zu suchen; er erzählt von Graf Sternbergs Stollen, um den inneren Bau zu erschließen. Lange hält er an seiner Meinung trotz mancher innerer Zweifel fest, bis er im Jahr 1820 wieder auf die Reuß-Werner'sche Ansicht zurückkommt und im Jahre 1822 dann so recht eigentlich umsattelt. Eine „mit bescheidener Höflichkeit" vorgetragene Meinung „eines jungen munteren Badegastes" erschütterte seine Meinung auf das ernstlichste, wenngleich die vorgetragene Meinung wahrlich an Abenteuerlichkeit nichts zu wünschen übriglässt: durch den Brand von mit Glimmerschiefer „zu gehörigen Teilen vermischten Kohlen" sollte der Pseudovulkan entstanden sein.

Bei Besprechung der Vorkommnisse am Wolfsberg im Pilsner Kreis sowie des Rehberges (S. 285 des 40. Bandes) ist Goethe ganz und gar in der pseudovulkanischenAnschauung gefangen und denkt nur an die Resultate von Steinkohlen- und Braunkohlenbränden, die er tatsächlich zu beobachten wiederholt Gelegenheit gefunden hatte, wie uns der Aufsatz über *Produkte böhmischer Erdbrände* (40. Band, S. 235) und der im Jahr 1823 verfasste Aufsatz über *Uralte neuentdeckte Naturfeuer- und Glutspuren* beweist. Übrigens unterließ es Goethe nicht, auch praktische Versuche anzustellen, indem er eine große Anzahl verschiedener Gebirgsarten im Töpferfeuer prüfte, um die Veränderungen zu studieren, welche sie durch die Wirkung der Hitze erführen. Döbereiner unterstützte ihn bei diesen seinen Bestrebungen.

An dieser Stelle sei auch erwähnt, dass Goethe den Streit über das Wesen des Basaltes in seiner historischen Entwicklung genau verfolgte, entsprechend dem Ausspruch: „Die Geschichte der Wissenschaft ist die Wissenschaft selbst, die Geschichte des Individuums das Individuum", und dass er aber nach Erörterung der verschiedenen Anschauungsweisen immer noch von der vulkanischen Natur desselben nicht überzeugt ist. „Wie sollten Basalte vulkanisch an allen Orten und Enden gleichartig entsprungen sein, da das unterirdische Feuer verschiedenartige Grundlage zu verkochen hatte." Schließlich kommt er dabei zu dem Ausspruch, dass es dem Menschen wohl gezieme, ein Unerforschliches anzunehmen, dass er dagegen aber seinem Forschen keine Grenze zu setzen habe. Das Wesen des Basaltes scheint ihm als ein derartig Unerforschliches gegolten zu haben.

Doch verfolgen wir die Aufzeichnungen in den *Annalen* weiter.

Im Jahr 1810 gedenkt Goethe der durch den Karlsbader Sprudel angerichteten Verwüstungen und zeichnet den „seltsamen Zustand sorgfältig nach der Wirklichkeit".

Im nächsten Jahr hat ihm dagegen „die Lust des Haftens an der Natur ganz und gar verlassen". Doch schon 1812 betrachtet er die Vorgänge in Karlsbad, die Erweiterung des Neubrunnens mit neuem Interesse, auch stellt er bei den sogenannten Schwefelquellen in Berka an der Ilm geognostische und chemische Betrachtungen an.

Im Jahr 1813, mitten in den kriegerischen Wirren, besuchte Goethe von Teplitz aus die Zinnerz-Bergbau im Erzgebirge: Graupen, Zinnwald und Altenberg, getreu der von ihm ausgesprochenen, eigentümlichen Handlungsweise, sich „wie in der politischen Welt irgendein ungeheures Bedrohliches sich hervortat", eigensinnig auf das Entfernteste zu werfen.

Viele Jahre interessierte sich Goethe für die Zinnformation, aus aller Welt hatte er Material gesammelt, um „etwas Auslangendes darüber zu liefern", da es jedoch bei dem frommen Wunsch blieb, teilte er nur das Vorhandene mit, das er „mit einigen Hauptgedanken zu beleben" trachtete. Er beschreibt mit Meisterschaft die herrschenden Verhältnisse, wie er sie bei seiner Haupttour beobachten konnte – die er am 12. Juli 1813 unternahm „während des Stillstandes, an welchem das Schicksal der Welt hing" – und wie sie ihm die an Ort und Stelle empfangenen Belehrungen darlegten. Er schildert die Lage der erzführenden Gänge und der tauben Klüfte, so wie die großer Einbrüche des Gebirges, die in Folge des Erzbergbaues eingetreten waren. Ohne Unfall kehrt er nach Teplitz zurück, aus der ruhigen Berggegend, welche wenige Tage darauf, „allen Schrecknissen des Krieges ausgesetzt, ihren Wohlstand auf lange Zeit zerstört sah". – Im selben Jahr besuchte er mit Reuß noch die Klingstein-Felsen des Biliner Steines.

Aus dem Jahr 1815 finden wir abermals verzeichnet, wie sehr er sich für die Gangstudien interessierte. Die von Schmidt soeben gegebene Theorie von der Verschiebung älterer Gänge beschäftigt ihn, und auf einer verlassenen Halde im Lahntal gefundene „Tonschieferplatten mit kreuzweis laufenden, sich mehr oder weniger verschiebenden Quarzgängen“ geben ihm Gelegenheit, das Grundphänomen mit Augen zu sehen, „wenn es, auch nicht begriffen, noch weniger ausgesprochen werden kann.“

Dem Erzherzog Karl gegenüber macht er, bei Gelegenheit der Betrachtung der Generalstabskarten, auf welchen ihm jener seine Feldzüge beschrieb, die sehr zutreffende Bemerkung, „dass gute Militärcharte zu geognostischen Zwecken die allerdienlichste sei“ – da weder Soldat noch Geognost frage, „wem Fluss, Land und Gebirge gehöre“. – Aus dem Jahr 1816 sei erwähnt, dass Goethe sich lebhaft für die Ausgrabungen eines uralten Grabhügels bei Romstedt interessierte und fleißig Mineralien sammelte. Auch gedenkt er der Untersuchung ausgetrockneter Seen an der Unstrut, wo auch Tuffsteinbrüche und „Konchylien des süßen Wassers in Menge“ zu sehen seien.

Im Jahr 1817 waren wieder „Geognosie, Geologie, Mineralogie und Angehöriges“ an der Tagesordnung, wieder überdachte er die Ganglehre, stellte die Tonschieferplatten aus dem Lahntal als Tableau zusammen und verfolgte mit Eifer die neuen Forschungsergebnisse aus dem Fassatal, aus Brasilien und Spanien, immer sofort eigene Studien und Versuche daran knüpfend.

Ähnlich ging es auch im nächsten Jahr. Im Sommer des Jahres 1820 nahm Goethe auf seiner Reise nach Karlsbad seinen Weg über Wunsiedel, wobei er „die seltsamen Trümmer“ eines Granitgebirges, die Felslabyrinthe bei Alexanderbad, wieder beobachtete. Er widmet diesem Gegenstande eine recht hübsche kurze Darstellung, indem er darlegt, dass man das Vorkommen dieser ohne Spur einer Ordnung übereinander gestürzten Granitblockmassen auch ohne Sturm und Drang, ohne gewaltige Erdbeben, Fluten und vulkanische Wirkungen und einzig und allein durch Verwitterungs-Vorgänge, wodurch einzelne Felspartien zerstört wurden, erklären könne. Es ist dies eine Erklärungsweise, welche für alle die sogenannten Felsenmeere, wie sie z. B. in den Granit- und Syenitgebirgen auftreten, vollkommen zutreffend ist.

In dieser Zeit befasste er sich auch mit den erratischen Erscheinungen und verzeichnet unter anderem, dass er von „jüngeren Freunden“ Musterstücke von den Urgeschieben bei Danzig und Berlin erhalten habe, „aus denen man eine völlig systematische Sammlung von Gesteinsarten anreihen konnte“.

Hier an dieser Stelle wird sich am besten Goethes Vorstellung über die auf große Flächen weit verbreiteten Granitblockmassen, die man als erratische oder Findlingsblöcke zu bezeichnen pflegt, anschließen lassen, welche auf das Bestimmteste in dem kleinen Schriftchen *Geologische Probleme und Versuch ihrer Auflösung* (40. Bd., S. 293) ausgesprochen wurde.

In Betreff dieser Vorkommnisse war damals ein arger Streit entbrannt, und Goethe stürzte sich als Greis mit fast jugendlichem Feuer in den Kampf der Meinungen. Es widerstreite ihm die überkühne und irrige Ansicht, welche Leopold von Buch über die erratischen Blöcke in den Alpen im Jahre 1815 ausgesprochen hatte, anzunehmen, wonach diese durch große Explosionen entstanden sein sollten. Die am Genfer See sich findenden scharfkantigen Blöcke sollten vom höchsten Gebirge losgerissen, „bei einem tumultuarischen Aufstand der weit rückwärts im Land gelegenen Gebirge“ dahin geschleudert worden sein. Goethe bekennt sich zu der ganz anderen, in späterer Zeit im Großen und Ganzen allgemein gültig gewordenen Ansicht, die er folgendermaßen zusammenfasst: „Wir sagen: Es habe eine Epoche großer Kälte gegeben, etwa zur Zeit, als die Wässer den Kontinent noch bis auf 1000 Fuß Höhe bedeckten und der Genfer See zur Tauzeit noch mit den nordischen Meeren zusammenhing.“

„Damals gingen die Gletscher des Savoyer Gebirges weit tiefer herab bis an den See, und die noch bis auf den heutigen Tag von den Gletschern niedergehenden langen Steinreihen, mit dem Eigennamen Goufferlinien bezeichnet, konnten ebenso gut durch das Arve- und Dransetal herunterziehen und die oben sich ablösenden Felsen unabgestumpft und unabgerundet in ihrer natürlichen Schärfe bis an den See bringen, wo sie uns noch heutzutage bei Thonon scharenweise in Verwunderung setzen.“ Dadurch gesellt sich Goethe zu den Bekennern der bald darauf von Charpentier weiter ausgebildeten Eistheorie.

Die seiner oben ausgesprochenen entgegenstehende v. Buch’sche Ansicht lässt er im zweiten Teil des *Faust* durch Mephistopheles zum Ausdrucke bringen (vierter Akt, erste Szene) zugleich mit der neuen Vulkantheorie, die recht ins Lächerliche gezogen wird.

Als Gott der Herr – ich weiß auch wohl warum –
Uns aus der Luft in tiefste Tiefen bannte,
Da, wo zentralisch glühend, um und um,
Ein ewig Feuer flammend sich durchbrannte,
Wir fanden uns bei allzu großer Hellung
In sehr gedrängter unbequemer Stellung.
Die Teufel fingen sämtlich an zu husten,
Von oben und von unten auszupusten;
Die Hölle schwoll von Schwefelstank und Säure,
Das gab ein Gas! das ging ins Ungeheure,
So dass gar bald der Länder flache Kruste,
So dick sie war, zerkrachend bersten musste.
Nun haben wirs an einem andern Zipfel,
Was eh’mals Grund war, ist nun Gipfel…

Und weiter dann heißt es mit Beziehung auf die erratischen Blöcke:

Ich war dabei, als noch da drunten, siedend
Der Abgrund schwoll und strömend Flammen trug;
Als Molochs Hammer, Fels an Felsen schmiedend,
Gebirgestrümmer in die Ferne schlug.
Noch starrt das Land von fremden Zentnermassen,
Wer gibt Erklärung solcher Schleudermacht?
Der Philosoph, er weiß es nicht zu fassen,
Da liegt der Fels, man muss ihn liegen lassen.

Viel ernster ist da schon das, was Seismos sagt, dessen Worte wir als Motto wählten und den er auf den Diplomen der Jenaer mineralogischen Gesellschaft im Bild darstellen ließ.

Wenn auf diese Weise Goethe mit Bezug auf die erratischen Blöcke ganz auf dem richtigen Weg war, gerade so wie er bei seiner ersten Arbeit über den Kammerbühel der Fall war, so muss es uns Wunder nehmen, dass er für die über die norddeutsche Ebene verbreiteten Findlinge – deren mineralogische Übereinstimmung mit skandinavischen Gesteinen Jordan schon im Jahr 1800 erkannt zu haben scheint – so energisch eine andere Meinung verficht. Er gibt zu, wie wir ja schon oben sahen, dass der Wasserstand früher ein viel höherer gewesen, er gibt zu, dass nordische Gewässer und Gewaltstürme Einfluss gehabt haben mögen, Eisblöcke sollen die Granite nach Süden getragen haben – nur sollen diese nicht aus Skandinavien stammen, sondern von teils zusammenhängenden, teils einzelnstehenden Urgebirgs-Klippen im nördlichen Deutschland herrühren. Das Herkommen aus überbaltischen Regionen widerstreitet so sehr seiner Vorstellung, dass er förmlich in Erregung gerät und schließlich zornesvoll ausruft: „Die Sache mag sein, wie sie will, so muss geschrieben stehen: dass ich diese vermaledeite Polterkammer der neuen Weltschöpfung verfluche!" Es ist dies eine ungerechte, übertriebene Äußerung, die kaum durch irgendeine der scharfen Äußerungen in seiner unglücklichen Farbenlehre überboten wird.

Er kommt dabei auch auf die damals von Leopold v. Buch aufgestellte, von Humboldt eifrig vertretene und von Elie de Beaumont später weiter ausgebildete neue Gebirgsbildungs-Hypothese zu sprechen, die seinen Überzeugungen gleichfalls nicht entsprechen konnte. Er hatte im Jahr 1824 Aufsätze über „Gestaltung großer anorganischer Massen" und über „Gebirgsgestaltung im Ganzen und Einzelnen" verfasst, in welchen er, von der gesetzmäßigen, parallelepipedischen Absonderungsneigung der Gesteine ausgehend, unter Angabe einer großen Zahl geographisch-geognostischer landschaftlicher Beispiele, mit Hinweis auf das Auftreten der Gänge und Klüfte, auf eine schon ursprünglich bei der Entstehung der Gesteine auftretende „Urdurchgitterung" zu sprechen kam, welche in Folge der „Solideszenz" beim Übergang aus dem Weichen in das Starre auftreten sollte und dieses schließlich als die Hauptursache der Gebirgsformation betrachtete.

Er will immer ein greifbares Etwas haben, um eine Erklärung zu geben, hält sich an tatsächlich Beobachtetes und legt es zu Grunde. Das Faule in der Gebirgsbildungsvorstellung jener beiden hervorragenden Forscher fühlt er nur zu gut und ruft, im Hinblick auf die Buch'sche Hebungstheorie, bei welcher bekanntlich gewissen Eruptivgesteinen die Hauptrolle zugeteilt wurde, aus: „Was ist die ganze Heberei der Gebirge zuletzt als ein mechanisches Mittel, ohne dem Verstand irgendeine Möglichkeit, der Einbildungskraft irgendeine Tulichkeit zu verleihen? Es sind bloß Worte, schlechte Worte, die weder Begriff, noch Bild geben."

Empört ist er über die Versicherung: die sämtlichen Naturforscher seien hierin derselben Überzeugung. „Wer aber die Menschen kennt – so erklärt er die Sache – der weiß, wie das zugeht: gute, tüchtige, kühne Köpfe putzen durch Wahrscheinlichkeiten sich eine solche Meinung heraus, sie machen sich Anhänger und Schüler, eine solche Masse gewinnt eine literarische Gewalt, man steigert die Meinung, übertreibt sie und führt sie mit einer gewissen leidenschaftlichen Bewegung durch – hundert und aber hundert wohldenkende, vernünftige Männer, die in anderen Fächern arbeiten, die auch ihren Kreis wollen lebendig wirksam, geehrt und respektiert sehen, was haben sie Besseres und Klügeres zu tun, als jenen ihr Feld zu lassen und ihre Zustimmung zu dem zu geben, was sie nichts angeht. Das heißt man alsdann: allgemeine Übereinstimmung der Forscher." – Welch herrlicher Satz! Wenn er sodann an anderer Stelle ausruft: „es wird gewiss irgendein junger geistreicher Mann aufstehen, der sich diesem allgemeinen verrückten Konsens zu widersetzen Mut hat", so klingt dies wahrhaft prophetisch: Schon 1830 erschienen Lyells *Principles of Geology*, und wurde damit ein gänzlicher Umschwung der wissenschaftlichen Geologie eingeleitet!

Eine für Goethes Stimmung überaus bezeichnende Stelle findet sich auch in seinem Briefwechsel mit Zelter (5. Bd. S. 307 vom 9. Nov. 1824). Dort heißt es unter anderem:

„In allem demjenigen, was man Naturforschung heißt, bleib' ich ernst und aufmerksam Schritt vor Schritt auf meinem Weg. Leider sind die Mitlebenden gar zu wunderlich. Zeigen mir doch die Mailänder ganz erstaunt neuerlichst an, H. von B. (Leopold von Buch) wolle ihnen augenfällig sehen lassen, das Euganeische Gebirge, welches sie bisher als eine natürliche Vorlage der Alpen ansehen, sei plötzlich irgendeinmal aus dem Erdboden aufgestiegen. Sie lassen sich das gefallen, wie ohngefähr die Wilden den Vortrag eines Missionars." – Und doch gibt Goethe in seinem Aufsatz über Nose (40. Bd., S. 225) das vulkanische Hervorsteigen von Inseln im Meer, von Bergen auf dem Land zu.

In demselben Briefe an Zelter folgt sodann die Stelle „Nun meldet man neuerlichst auch aus dem hohen Norden, der Altai sei auch einmal gelegentlich aus dem Tiefgrund gequetscht worden, und ihr könnt Gott danken, wenn es dem Erdbauch nicht irgendeinmal einfällt, sich zwischen Berlin und Potsdam auf gleiche Weise einer Gährung zu entledigen." So steigere sich der Unsinn – ruft er aus – und wird allgemeiner Volks- und Gelehrtenglaube, gerade so wie im dunkelsten Zeitalter man an Hexen, Teufel und ihre Werke glaubte … Er getraue der Natur in ihrem großen Tun einfachere und grandiosere Mittel zu als jene „Strudler, Sprudler und Quetscher".

Humboldt, auf welchen die letzte Stelle hauptsächlich gemünzt ist, kommt auch bei einer anderen Gelegenheit nicht gut weg: als Goethe die im Jahr 1831 in Paris erschienenen *Fragments de Geologie et de Climatologie Asiatique* besprach. Er sagt dabei unter anderem, dass die gegebenen Abhandlungen wahre Reden seien, „mit großer Fazilität vorgetragen, so dass man sich zuletzt einbilden möchte, man begreife das Unmögliche." „Dass sich die Himalaja-Gebirge auf 25,000 Fuß aus dem Boden gehoben und doch so starr und stolz, als wäre nichts geschehen, in den Himmel ragen, steht außer den Grenzen meines Kopfes, in den düsteren Regionen, wo die Transsubstantiation etc. hausen, und mein Zerebralsystem müsste ganz umorganisiert werden – was doch schade wäre – wenn sich Räume für diese Wunder finden sollten." Bei dieser Gelegenheit sei nur noch auf Goethes verunglückten Versuch hingewiesen, das merkwürdige Auftreten von Pholadenlöchern an den Säulen des Jupiter-Serapis-Tempels bei Pozzuoli, die man später durch wiederholte Hebungen und Senkungen des Ufers an dieser Stelle zu erklären suchte, durch rein örtliche Vorgänge zu deuten. Ihm erschien es unmöglich, ein Sinken und wieder Emportauchen des Bodens anzunehmen. (40. Bd., S. 114: *Architektonisch-naturhistorisches Problem*).

Einer der letzten Aufsätze Goethes über geologische Gegenstände betrifft das humoristisch-didaktische Gedicht *King Coal* von John Scafe, aus welchem er im Jahr 1829 in überaus ansprechender Weise die darin handelnden Personen vorführte.

Sehr bezeichnend und für unseren Zweck sehr belehrend ist Goethes eigener Ausspruch, warum er zuletzt am liebsten mit der Natur verkehrte. Er sagt: „weil sie immer Recht hat, und der Irrtum bloß auf meiner Seite sein kann. Verhandle ich hingegen mit Menschen, so irren sie, dann ich, auch sie wieder und immer so fort, da kommt nichts aufs Reine; weiß ich mich aber in die Natur zu schicken, so ist alles getan.

Suchen wir schließlich nach einer kurzen Zusammenfassung des im Vorhergehenden Gesagten, so brauchen wir wieder nur Goethe selbst sprechen zu lassen. Er hat dem Spruch des Weisen: „Erkenne dich selbst!" wahrlich Genüge geleistet.

In dem Aufsatz: *Verschiedene Bekenntnisse* (40. Band, S. 298) aus der letzten Zeit seines überreichen Lebens gibt er den Weg an, der ihn zur Geologie geführt hat, und auch in seinen Gesprächen mit Eckermann (1. Bd., S. 232) spricht er sich über seine mineralogisch-geologischen Bestrebungen aus.

Die Mineralogie – so sagt er an der letzteren Stelle – hat „nur in einer doppelten Hinsicht Interesse für mich gehabt, zunächst nämlich ihres großen praktischen Nutzens wegen" – wir sahen ja, dass der Bergbau zu Ilmenau ihn zuerst mit dieser Wissenschaft befreundete – „und dann, um darin ein Dokument über die Bildung der Urwelt zu finden, wozu die Werner'sche Lehre Hoffnung machte."

Dass ihn diese letztere jedoch nicht ganz befriedigte, weil „sie manche Probleme unaufgelöst liegen ließ", das konnten wir genugsam sehen. Über sein Verhältnis zur Wissenschaft, besonders zur Geologie, sagt er übrigens an einer anderen Stelle (28. Bd. der Hempel'schen Ausgabe, S. 330): „So nahm ich auf, was mir gemäß war, lehnte ab, was mich störte, und da ich öffentlich zu lehren nicht nötig hatte, belehrte ich mich auf meine Weise, ohne mich nach irgendetwas Gegebenem oder Herkömmlichem zu richten."

Seit man nun aber nach (Werners) des trefflichen Mannes Tod in dieser Wissenschaft das Oberste zuunterst kehrte, gehe ich in diesem Fach öffentlich nicht weiter mit, sondern halte mich im Stillen in meiner Überzeugung fort."

Dass ihn die überaus stürmischen und gewaltsamen Vorstellungen, welche durch die Gegner Werners in die geistige Rennbahn geworfen wurden, nicht befriedigten, konnten wir wohl zur Genüge sehen und – auch verstehen. Es war eine gar arge, wenn auch früchtereiche Sturm- und Drangperiode der geologischen Wissenschaft! Goethes Denkweise wollte und konnte manches nicht aufnehmen, und nicht ohne Bekümmernis, wenngleich mit Resignation, spricht er am Schluss seines Lebens über die damals immer mehr zur Herrschaft gelangende Anti-Wernerische Richtung. Nicht ohne Spott kam die neue Anschauungsweise weg, er vergleicht sie einmal (40. Bd., S. 303) mit der des Jesuiten-Paters Kircher aus dem 17. Jahrhundert, der sich mitten in der Erde ein Pyrophylazium und daneben herum manche Hydrophylazien liegend dachte, wodurch „denn alles fertig und bei der Hand" gewesen sei. Mit seinem absprechenden Urteil ging er freilich, wie wir gleichfalls erkennen konnten, nicht selten gar zu weit, und er konnte da, wie wir aus obigem Beispiel sahen, arg wettern und Blitze schleudern, wobei er freilich manchmal, dem von den Griechen immerhin recht menschlich leidenschaftlichen Zeus vergleichbar, trotz aller Gottähnlichkeit auch menschlich fehlte.

John Tyndall: Goethe's Farbenlehre (1880)

Vita – Abstract
John Tyndall (2. August 1820 Leighlinbridge/Irland – 4. Dezember 1893 Hinhead/England) führte nach der Schule im Auftrag verschiedener Institutionen Vermessungen durch, unterrichtete Mathematik am Queenswood College in Hampshire, studierte ab 1848 in Marburg Mathematik, Physik und Chemie, wurde dort 1850 mit einer Arbeit über Schraubenflächen promoviert und setzte seine Forschungen in Berlin fort. 1851 kehrte er nach England zurück und wurde 1853 zum Professor für Naturkunde an der ‚Royal Institution' in London ernannt. Wissenschaftlich beschäftigte sich Tyndall mit Wärmestrahlung, magnetischen Eigenschaften von Kristallen, der blauen Farbe des Himmelslichts, Haltbarmachung von Lebensmitteln (‚Tyndalisation'), Krankheitskeimen, Gletscherbewegungen, entwickelte verschiedene Instrumente (Atemschutzgerät, Hohllichtleiter, Gastroskop), trug mit zahlreichen Vorträgen und Publikationen zur Popularisierung der Naturwissenschaften bei und wurde in verschiedene europäische Akademien aufgenommen. Ein Mondkrater, verschiedene Berge in der Antarktis und ein Asteroid wurden nach ihm benannt.

Tyndall berichtet in seinem mehrfach abgedruckten und in die deutsche und französische Sprache übersetzten Vortrag vom 19. März 1880 vor der ‚Royal Institution' in London, dass der Essayist und Historiker Thomas Carlyle (1795–1881), dem Goethe 1830 seine Farbenlehre geschickt habe und dessen Übersetzung mit dem Titel *Theory of Colours* er für wenig zutreffend halte, ihn zur Lektüre dieser Schrift angeregt habe. Goethes intellektuelle und moralische Beurteilung sei ihm zu-

D. von Engelhardt, *Goethe als Naturforscher im Urteil der Naturwissenschaft und Medizin des 19. Jahrhunderts*,
https://doi.org/10.1007/978-3-662-68126-8_44

nächst falsch und abwegig („wrong“, „perverse“) erschienen, er frage sich aber, ob er ihre für einen Naturwissenschaftler seltsame („strange) Bedeutung überhaupt richtig verstanden habe.

Tyndall, John:
Goethe's Farbenlehre, in: The Fortnightly Review 33 (1880) S. 471–490, auch in: Popular Science Monthly 17 (1880) S. 215–321, auch in: Tyndall: New Fragments, London 1892, S. 47–77, dt. Tyndall: Fragmente, Neue Folge, Braunschweig 1895, S. 55–89, franz. Une théorie des couleurs de Goethe, in: Revue Scientifique de la France et de l'Étranger (1880) (19. 6.), S. 1198–1205, auch in: Annales Oculistiques 84 (1880) S. 192–202.

Goethe's Farbenlehre – (Theory of colours[1])

In the days of my youth, when life was strong and aspiration high, I found myself standing one fine summer evening beside a statue of Goethe in a German city. Following the current of thought and feeling started by the associations of the place, I eventually came to the conclusion that, judging even from a purely utilitarian point of view, a truly noble work of art was the most suitable memorial for a great man. Such a work appeared to me capable of exciting a motive force within the mind which no purely material influence could generate. There was then labour before me of the most arduous kind. There were formidable practical difficulties to be overcome, and very small means wherewith to overcome them, and yet I felt that no material means could, as regards the task I had undertaken, plant within me a resolve comparable with that which the contemplation of this statue of Goethe was able to arouse.

My reverence for the poet had been awakened by the writings of Mr. Carlyle, and it was afterwards confirmed and consolidated by the writings of Goethe himself. But there was one of the poet's works, which, though it lay directly in the line of my own studies, remained for a long time only imperfectly known to me. My opinion of that work was not formed on hearsay. I dipped into it so far as to make myself acquainted with its style, its logic, and its general aim; but having done this I laid it aside, as something which jarred upon my conception of Goethe's grandeur. The mind willingly rounds off the image which it venerates, and only acknowledges with reluctance that it is on any side incomplete; and believing that Goethe in the *Farbenlehre* was wrong in his intellectual, and perverse in his moral judgments – seeing, above all things, that he had forsaken the lofty impersonal calm which was his chief characteristic, and which had entered into my conception of the godlike in literature – I abandoned the

[1] A discourse delivered in the Royal Institution of Great Britain, on Friday evening, March 19, 1880.

Farbenlehre, and looked up to Goethe on that side where his greatness was uncontested and supreme.

But in the month of May, 1878, Mr. Carlyle did me the honour of calling upon me twice; and I, not being at home at the time, visited him in Chelsea soon afterwards. He was then in his eighty-third year, and looking in his solemn fashion towards that portal to which we are all so rapidly hastening, he remembered his friends. He then presented to me, as „a farewell gift", the two octavo volumes of letterpress and the single folio volume, consisting in great part of coloured diagrams, which are here before you. Exactly half a century ago these volumes were sent by Goethe to Mr. Carlyle. They embrace the *Farbenlehre* – a title which may be translated, though not well translated, *Theory of Colours* – and they are accompanied by a long letter, or rather catalogue, from Goethe himself, dated the 14th of June, 1830, a little less than two years before his death. My illustrious friend wished me to examine the book, with a view of setting forth what it really contained. This year for the first time I have been able to comply with the desire of Mr. Carlyle; and as I knew that your wish would coincide with his, as to the propriety of making some attempt to weigh the merits of a work which exerted so great an influence in its day[2], I have not shrunk from the labour of such a review.

The average reading of the late Mr. Buckle is said to have amounted to three volumes a day. But they could not have been volumes like those of the *Farbenlehre*. For the necessity of halting and pondering over its statements was so frequent, and the difficulty of coming to any undoubted conclusion regarding Goethe's real conceptions was often so great, as to invoke the expenditure of an inordinate amount of time. I cannot even now say with confidence that I fully realise all the thoughts of Goethe. Many of them are strange to the scientific man. They demand for their interpretation a sympathy beyond that required, or even tolerated, in severe physical research. Two factors, the one external and the other internal, go to the production of every intellectual result. There is the evidence without and there is the mind within on which that evidence impinges. Change either factor, and the result will cease to be the same. In the region of politics, where mere opinion comes so much into play, it is only natural that the same external evidence should produce different convictions in different minds. But in the region of science, where demonstration instead of opinion is paramount, such differences ought hardly to be expected. That they nevertheless occur is strikingly exemplified by the case before us; for the very experimental facts which had previously converted the world to Newton's views, on appealing to the mind of Goethe, produced a theory of light and colours in violent antagonism to that of Newton.

[2] The late Sir Charles Eastlake translated a portion of the *Farbenlehre*; while the late Mr. Lewes, in his *Life of Goethe*, has given a brief but very clever account of the work. It is also dealt with, in connection with Goethe's other scientific labours, in Helmholtz's lectures.

Goethe prized the *Farbenlehre* as the most important of his works. „In what I have done as a poet“, he says to Eckermann, „I take no pride, but I am proud of the fact I am the only person in this century who is acquainted with the difficult science of colours.“ If the importance of a work were to be measured by the amount of conscious labour expended in its production, Goethe's estimate of the *Farbenlehre* would probably be correct. The observations and experiments there recorded astonish us by their variety and number. The amount of reading which he accomplished was obviously vast. He pursued the history of optics, not only along its main streams, but on to its remotest rills. He was animated by the zeal of an apostle, for he believed that a giant imposture was to be overthrown, and that he was the man to accomplish the holy work of destruction. He was also a lover of art, and held that the enunciation of the true principles of colour would, in relation to painting, be of lasting importance. Thus, positively and negatively he was stimulated to bring all the strength he could command to bear upon this question.

The greater part of the first volume is taken up with Goethe's own experiments, which are described in 920 paragraphs duly numbered. It is not a consecutive argument, but rather a series of jets of fact and logic emitted at various intervals. I picture the poet in that troublous war-time, walking up and down his Weimar garden, with his hands behind his back, pondering his subject, throwing his experiments and reflections into these terse paragraphs, and turning occasionally into his garden-house to write them down. This first portion of the work embraces three parts, which deal respectively with: Physiological or Subjective Colours, with Physical or Prismatic Colours, and with Chemical Colours and Pigments. To these are added a fourth part, bearing the German title, *Allgemeine Ansichten nach innen*: a fifth part, entitled *Nachbarliche Verhältnisse*, neighbouring relations; and a sixth part, entitled *Sinnlich-sittliche Wirkung der Farbe*. sensuously-moral effect of colours. It is hardly necessary to remark that some of these titles, though doubtless pregnant with meaning to the poet himself, are not likely to commend themselves to the more exacting man of science.

The main divisions of Goethe's book are subdivided into short sections, bearing titles more or less shadowy from a scientific point of view: Origin of white; Origin of black; Excitement of colour; Heightening; Culmination; Balancing; Reversion; Fixation; Mixture real; Mixture apparent; Communication actual; Communication apparent. He describes the colours of minerals, plants, worms, insects, fishes, birds, mammals, and men. Hair on the surface of the human body he considers indicative rather of weakness than of strength. The disquisition is continued under the headings: How easily colour arises; How energetic colour may be; Heightening to red; Completeness of manifold phenomena; Agreement of complete phenomena; How easily colour disappears; How durable colour remains; Relation to philosophy; Relation to mathematics; Relation to physiology and pathology; Relation to natural history; Relation to general physics; Relation to tones. Then follows a series of sections dealing with the primary colours and their mixtures. These sections relate less to science than to art. The writer treats, among other things, of: Aesthetic effects; Fear of the Theoretical; Grounds and Pigments; Allegorical, Symbolical, and Mystical use of colours. The headings alone indicate the enormous industry of the poet; showing at the same time an absence of that scientific definition which he stigmatised as „pedantry“ in the case of Newton.

In connection with his subject, Goethe charged himself with all kinds of kindred knowledge. He refers to ocular spectra, quoting Boyle, Buffon, and Darwin; to the paralysis of the eye by light; to its extreme sensitiveness when it awakes in the morning; to irradiation – quoting Tycho Brahe on the comparative apparent size of the dark and the illuminated moon. He dwells upon the persistence of impressions upon the retina, and quotes various instances of abnormal duration. He possessed a full and exact knowledge of the phenomena of subjective colours, and described various modes of producing them. He copiously illustrates the production by red of subjective green, and by green of subjective red. Blue produces subjective yellow, and yellow subjective blue. He experimented upon shadows, coloured in contrast to surrounding light. The contrasting subjective colours he calls „geforderte Farben“, colours „demanded“ by the eye. Goethe gives the following striking illustration of these subjective effects. „I once“, he said, „entered an inn towards evening, when a well-built maiden, with dazzlingly white face, black hair, and scarlet bodice and skirt came towards me. I looked at her sharply in the twilight, and when she moved away, saw upon the white wall opposite a black face with a bright halo round it, while the clothing of the perfectly distinct figure appeared of a beautiful sea-green.“ With the instinct of the poet, Goethe discerned in these antitheses an image of the general method of nature. Every action, he says, implies an opposite. Inhalation precedes expiration, and each systole has its corresponding diastole. Such is the eternal formula of life. Under the figure of systole and diastole the rhythm of nature is represented in other portions of the work.

Goethe handled the prism with great skill, and his experiments with it are numberless. He places white rectangles on a black ground, black rectangles on a white ground, and shifts their apparent positions by prismatic refraction. He makes similar experiments with coloured rectangles and discs. The shifted image is sometimes projected on a screen, the experiment being then „objective“. It is sometimes looked at directly through the prism, the experiment being then „subjective“. In the production of chromatic effects, he dwells upon the absolute necessity of boundaries – „Grenzen“. The sky may be looked at and shifted by a prism without the production of colour; and if the white rectangle on a black ground be only made wide enough, the centre remains white after refraction, the colours being confined to the edges. Goethe's earliest experiment, which led him so hastily to the conclusion that Newton's theory of colours was wrong, consisted in looking through a prism at the white wall of his own room. He expected to see the whole wall covered with colours, this being, he thought, implied in the theory of Newton. But to his astonishment it remained white, and only when he came to the boundary of a dark or a bright space did the colours reveal themselves. This question of „boundaries“ is one of supreme importance to the author of the *Farbenlehre*; the end and aim of his theory being to account for the coloured fringes produced at the edges of his refracted images.

Darkness, according to Goethe, had as much to do as light with a white the production of colour. Colour was really due to the commingling of both. Not only did his white rectangles upon a black ground yield the coloured fringes, but his black rectangles on ground did the same. The order of the colours seemed, however, different in the two cases. Let a visiting-card, held in the hand between the eye and a window facing the bright firmament, be looked at through a prism, then supposing the image of the card to be shifted upwards by refraction, a red fringe is seen above and a blue one below. Let the back be turned to the window and the card so held that the light shall fall upon it; on being looked at through the prism, blue is seen above and red below. In the first case the fringes are due to the decomposition of the light adjacent to the edge of the card, which simply acts as an opaque body, and might have been actually black. In the second case the light decomposed is that coming from the white surface of the card itself. The first experiment corresponds to that of Goethe with a black rectangle on a white ground; while the second experiment corresponds to Goethe's white rectangle on a black ground. Both these effects are immediately deducible from Newton's theory of colours. But this, though explained to him by physicists of great experience and reputation, Goethe could never be brought to see, and he continued to affirm to the end of his life that the results were utterly irreconcilable with the theory of Newton.

In his own explanations Goethe began at the wrong end, inverting the true order of thought, and trying to make the outcome of theory its foundation. Apart from theory, however, his observations are of great interest and variety. He looked to the zenith at midnight, and found before him the blackness of space, while in daylight he saw the blue firmament overhead; and he rightly adopted the conclusion that this colouring of the sky was due to the shining of the sun upon a turbid medium with darkness behind. He by no means understood the physical action of turbid media, but he made a great variety of experiments bearing upon this point. Water, for example, rendered turbid by varnish, soap, or milk, and having a black ground behind it, always appeared blue when shone upon by white light. When, instead of a black background, a bright one was placed behind, so that the light shone, not on, but through the turbid liquid, the blue colour disappeared, and he had yellow in its place. Such experiments are capable of endless variation. To this class of effects belongs the painter's „chill“. A cold bluish bloom, like that of a plum, is sometimes observed to cover the browns of a varnished picture. This is due to a want of optical continuity in the varnish. Instead of being a coherent layer it is broken up into particles of microscopic smallness, which virtually constitute a turbid medium and send blue light to the eye.

Goethe himself describes a most amusing illustration, or, to use his own language, „a wonderful phenomenon", due to the temporary action of a turbid medium on a picture. „A portrait of an esteemed theologian was painted several years ago by an artist specially skilled in the treatment of colours. The man stood forth in his dignity clad in a beautiful black velvet coat, which attracted the eyes and awakened the admiration of the beholder almost more than the face itself. Through the action of humidity and dust, however, the picture had lost much of its original splendour. It was therefore handed over to a painter to be cleaned, and newly varnished. The painter began by carefully passing a wet sponge over the picture. But he had scarcely thus removed the coarser dirt, when to his astonishment the black velvet suddenly changed into a light blue plush; the reverend gentleman acquiring thereby a very worldly, if, at the same time, an old-fashioned appearance. The painter would not trust himself to wash further. He could by no means see how a bright blue could underlie a dark black, still less that he could have so rapidly washed away a coating capable of converting a blue like that before him into the black of the original painting. "

Goethe inspected the picture, saw the phenomenon, and explained it. To deepen the hue of the velvet coat the painter had covered it with a special varnish, which, by absorbing part of the water passed over it, was converted into a turbid medium, through which the black behind instantly appeared as blue. To the great joy of the painter, he found that a few hours' continuance in a dry place restored the primitive black. By the evaporation of the moisture the optical continuity of the varnish (to which essential point Goethe does not refer) was re-established, after which it ceased to act as a turbid medium.

This question of turbid media took entire possession of the poet's mind. It was ever present to his observation. It was illustrated by the azure of noonday, and by the daffodil and crimson of the evening sky. The inimitable lines written at Ilmenau –

> Über allen Gipfeln
> Ist Ruh',
> In allen Wipfeln
> Spürest Du
> Kaum einen Hauch

– suggest a stillness of the atmosphere which would allow the columns of fine smoke from the foresters'cottages to rise high into the air. He would thus have an opportunity of seeing the upper portion of the column projected against bright clouds, and the lower portion against dark pines, the brownish yellow of the one and the blue of the other being strikingly and at once revealed. He was able to produce artificially at will the colours which he had previously observed in nature. He noticed that when certain bodies were incorporated with glass this substance also played a double part, appearing blue by reflected and yellow by transmitted light.[3] The action of turbid media was to Goethe the ultimate fact – the *Urphänomen* – of the world of colours. „We see on the one side Light, and on the other side Darkness. We bring between both Turbidity, and from these opposites develop all colours.“

As long as Goethe remained in the region of fact his observations are of permanent value. But by the coercion of a powerful imagination, he forced his turbid media into regions to which they did not belong, and sought to overthrow by their agency the irrefragable demonstrations of Newton. Newton's theory, as known by everybody, is that white light is composed of a multitude of differently refrangible rays, whose coalescence in certain proportions produces the impression of white. By prismatic analysis these rays are separated from each other, the colour of each ray being strictly determined by its refrangibility. The experiments of Newton, whereby he sought to establish this theory, had long appealed with overmastering evidence to every mind trained in the severities of physical investigation. But they did not thus appeal to Goethe. Accepting for the most part the experiments of Newton, he rejected with indignation the conclusions drawn from them, and turned into utter ridicule the notion that white light possessed the composite character ascribed to it. Many of the naturalists of his time supported him, while among philosophers Schelling and Hegel shouted in acclamation over the supposed defeat of Newton. The physicists, however, gave the poet no countenance. Goethe met their scorn with scorn, and under his lash these deniers of his theory, their Master included, paid the penalty of their arrogance.

How, then, did he lay down the lines of his own theory? How, out of such meagre elements as his yellow, and his blue, and his turbid medium, did he extract the amazing variety and richness of the Newtonian spectrum? Here we must walk circumspectly, for the intellectual atmosphere with which Goethe surrounds himself is by no means free from turbidity. In trying to account for his position, we must make ourselves acquainted with his salient facts, and endeavour to place our minds in sympathy with his mode of regarding them. He found that he could intensify the yellow of his transmitted light by making the turbidity of his medium stronger. A single sheet of diaphanous parchment placed over a hole in his window-shutter appeared whitish. Two sheets appeared yellow, which by the addition of other sheets could be converted into red. It is quite true that by simply sending it through a medium charged with extremely minute particles we can extract from white light a ruby red. The red of the London sun, of which we have had such fine and frequent examples during the late winter, is a case to some extent in point. Goethe did not believe in Newton's differently refrangible rays. He refused to

[3] Beautiful and instructive samples of such glass are to be seen in the Venice Glass Company's shop, No. 30, St. James's Street.

entertain the notion that the red light obtained by the employment of several sheets of parchment was different in quality from the yellow light obtained with two. The red, according to him, was a mere intensification – „Steigerung" – of the yellow. Colours in general consisted, according to Goethe, of light on its way to darkness, and the only difference between yellow and red consisted in the latter being nearer than the former to its final goal.

But how in the production of the spectrum do turbid media come into play? If they exist, where are they? The poet's answer to this question is subtle in the extreme. He wanders round the answer before he touches it, indulging in various considerations regarding penumbrae and double images, with the apparent aim of breaking down the repugnance to his logic which the mind of his reader is only too likely to entertain. If you place a white card near the surface of a piece of plate-glass, and look obliquely at the image of the card reflected from the two surfaces, you observe two images, which are hazy at the edges and more dense and defined where they overlap. These hazy edges Goethe pressed into his service as turbid media. He fancied that they associated themselves indissolubly with his refracted rectangles – that in every case the image of the rectangle was accompanied by a secondary hazy image, a little in advance of the principal one. At one edge, he contended, the advanced secondary image had black behind it, which was converted into blue; while at the other edge it had white behind it, and appeared yellow. When the refracted rectangle is made very narrow, the fringes approach each other and finally overlap. Blue thus mingles with yellow, and the green of the spectrum is the consequence. This, in a nutshell, is the theory of colours developed in the *Farbenlehre*. Goethe obviously regarded the narrowing of the rectangle, of the cylindrical beam, or of the slit of light passing through the prism, which, according to Newton, is the indispensable condition requisite for the production of a pure spectrum, as an impure and complicated mode of illustrating the phenomenon. The elementary fact is, according to Goethe, obtained when we operate with a wide rectangle the edges only of which are coloured, while the centre remains white. His experiments with the parchment had made him acquainted with the passage of yellow into red as he multiplied his layers; but how this passage occurs in the spectrum he does not explain. That, however, his hazy surfaces – his virtual turbid media – produced, in some way or other, the observed passage and intensification, Goethe held as firmly, and enunciated as confidently, as if his analysis of the phenomena had been complete.

The fact is, that between double images and turbid media there is no kinship whatever. Turbidity is due to the diffusion, in a transparent medium, of minute particles having a refractive index different from that of the medium. But the act of reflection which produced the penumbral surfaces, whose aid Goethe invoked, did not charge them with such discrete particles. On various former occasions I have tried to set forth the principles on which the chromatic action of turbid media depends. When such media are to be seen blue, the light scattered by the diffused particles, and that only, ought to reach the eye. This feeble light may be compared to a faint whisper which is easily rendered inaudible by a louder noise. The scattered light of the particles is accordingly overpowered, when a stronger light comes, not from the particles, but from a bright surface behind them. Here the light reaches the eye, minus that scattered by the particles. It is therefore the complementary light, or yellow. Both effects are immediately deducible from the principles of the undulatory theory. As a stone in water throws back a larger fraction of a ripple than of a larger wave, so do the excessively minute particles which produce the turbidity scatter more copiously the small waves of the spectrum than the large ones. Light scattered by such particles will therefore always contain a preponderance of the waves which produce the sensation of blue. During its transmission through the turbid medium the white light is more and more robbed of its blue constituents, the transmitted light which reaches the eye being therefore complementary to blue.

Some of you are, no doubt, aware that it is possible to take matter in the gaseous condition, when its smallest parts are molecules, incapable of being either seen themselves or of scattering any sensible portion of light which impinges on them; that it is possible to shake these molecules asunder by special light-waves, so that their liberated constituents shall coalesce anew and form, not molecules, but particles; that it is possible to cause these particles to grow, from a size bordering on the atomic, to a size which enables them to copiously scatter light. Some of you are aware that in the early stages of their growth, when they are still beyond the grasp of the microscope, such particles, no matter what the substance may be of which they are composed, shed forth a pure firmamental blue; and that from them we can manufacture in the laboratory artificial skies which display all the phenomena, both of colour and polarization, of the real firmament.

With regard to the production of the green of the spectrum by the overlapping of yellow and blue, Goethe, like a multitude of others, confounded the mixture of blue and yellow lights with that of blue and yellow pigments. This was an error shared by the world at large. But in Goethe's own day, Wünsch of Leipzig, who is ridiculed in the *Farbenlehre*, had corrected the error, and proved the mixture of blue and yellow lights to produce white. Any doubt that might be entertained of Wünsch's experiments – and they are obviously the work of a careful and competent man – is entirely removed by the experiments of Helmholtz and others in our own day. Thus, to sum up, Goethe's theory, if such it may be called, proves incompetent to account even approximately for the Newtonian spectrum. He refers it to turbid media, but no such media come into play. He fails to account for the passage of yellow into red and of blue into violet; while his attempt to deduce the green of the spectrum from the mixture of yellow and blue, is contradicted by facts which were extant in his own time.

One hole Goethe did find in Newton's armour, through which he incessantly worried the Englishman with his lance. Newton had committed himself to the doctrine that refraction without colour was impossible. He therefore thought that the object-glasses of telescopes must for ever remain imperfect, achromatism and refraction being incompatible. This inference was proved by Dollond to be wrong.[4] With the same mean refraction, flint glass produces a longer and richer spectrum than crown glass. By diminishing the refracting angle of the flint-glass prism, its spectrum may be made equal in length to that of the crown glass. Causing two such prisms to refract in opposite directions, the colours may be neutralised, while a considerable residue of refraction continues in favour of the crown. Similar combinations are possible in the case of lenses; and hence, as Dollond showed, the possibility of producing a compound achromatic lens. Here, as elsewhere, Goethe proves himself master of the experimental conditions. It is the power of interpretation that he lacks. He flaunts this error regarding achromatism incessantly in the face of Newton and his followers. But the error, which was a real one, leaves Newton's theory of colours perfectly unimpaired.

Newton's account of his first experiment with the prism is for ever memorable. „To perform my late promise to you", he writes to Oldenburg, „I shall without further ceremony acquaint you, in the year 1666 (at which time I applied myself to the grinding of optic-glasses of other figures than spherical) I procured me a triangular glass prism, to try therewith the celebrated phenomena of colours. And in order thereto, having darkened my chamber, and made a small hole in my window-shuts, to let in a convenient quantity of the sun's light, I placed my prism at its entrance, that it might be thereby refracted to the opposite wall. It was at first a very pleasing divertissement, to view the vivid and intense colours produced thereby; but after a while applying myself to consider them more circumspectly, I became surprised to see them in an oblong form, which, according to the received laws of refractions, I expected should have been circular. They were terminated at the sides with straight lines, but at the ends the decay of light was so gradual, that it was difficult to determine justly what was their figure, yet they seemed semi-circular.

Comparing the length of this coloured *spectrum* with its breadth, I found it about five times greater; a disproportion so extravagant, that it excited me to a more than ordinary curiosity of examining from whence it might proceed." This curiosity Newton gratified by instituting a series of experimental questions, the answers to which left no doubt upon his mind that the elongation of his spectrum was due to the fact „that *light* is not similar or homogeneal, but consists of *difform rays, some of which are more refrangible than others*; so that, without any difference in their incidence on the same medium, some shall be more *refracted* than others; and therefore that, according to

[4] Dollond was the son of a Huguenot. Up to 1752 he was a silk weaver at Spitalfields; he afterwards became an optician.

their particular degrees of refrangibility, they were transmitted through the prism to divers parts of the opposite wall. When", continues Newton, „I understood this, I left off my aforesaid glass works; for I saw that the perfection of telescopes was hitherto limited, not so much for want of glasses truly figured according to the prescriptions of optic authors, as because that *light* itself is an heterogeneous mixture of *differently refrangible rays*; so that were a glass so exactly figured as to collect any one sort of rays into one point, it could not collect those also into the same point, which, having the same incidence upon the same medium, are apt to suffer a different refraction. "

Goethe harped on this string without cessation. „The Newtonian doctrine", he says, „was really dead the moment achromatism was discovered. Gifted men, our own Klügel, for example, felt this, but expressed themselves in an undecided way. On the other hand, the school which had been long accustomed to support, patch up, and glue their intellects to the views of Newton, had surgeons at hand to embalm the corpse, so that even after death, in the manner of the Egyptians, it should preside at the banquets of the natural philosophers."

In dealing with the chromatic aberration of lenses, Goethe proves himself to be less heedful than usual as an experimenter. With the clearest perception of principles, Newton had taken two pieces of cardboard, the one coloured a deep red, the other a deep blue. Around those cards he had wound fine black silk, so that the silk formed a series of separate fine dark lines upon the two-coloured surfaces. He might have drawn black lines over the red and blue, but the silk lines were finer than any that he could draw. Illuminating both surfaces, he placed a lens so as to cast an image of the surfaces upon a white screen. The result was, that when the dark lines were sharply defined upon the red, they were undefined upon the blue; and that when, by moving the screen, they were rendered distinct upon the blue, they were indistinct upon the red. A distance of an inch and a half separated the focus of red rays from the focus of blue rays, the latter being nearer to the lens than the former. Goethe appears to have attempted a repetition of this experiment; at all events he flatly contradicts Newton, ascribing his result not to the testimony of his bodily eyes, but to that of the prejudiced eyes of his mind. Goethe always saw the dark lines best defined upon the brighter colour. It was to him purely a matter of contrast, and not of different refrangibility. He argues caustically, that Newton proves too much; for were he correct, not only would a dioptric telescope be impossible, but presented to our naked eyes, differently coloured objects must appear utterly confusing. Let a house, he says, be supposed to stand in full sunshine; let the roof-tiles be red, the walls yellow, with blue curtains behind the open windows, while a lady with a violet dress steps out of the door. Let us look at the whole from a point in front of the house. The tiles we will suppose appear distinct, but on turning to the lady we should find both the form and the folds of her dress undefined. We must move forwards to see her distinctly, and then the red tiles would appear nebulous. And so, with regard to the other objects, we must move to and fro in order to see them clearly, if Newton's pretended second experiment were correct. Goethe seems to have forgotten that the human eye is not a rigid lens, and that it is able to adjust itself promptly and without difficulty to differences of distance enormously greater than that due to the different refrangibility of the differently coloured rays.

Newton's theory of colours, it may be remarked, is really less a „theory“ than a direct presentation of facts. Given the accepted definition of refraction, it is a matter of fact, and not of theoretic inference, that white light is not „homogeneal“, but composed of differently refrangible rays. The demonstration is ocular and complete. Having palpably decomposed the white light into its constituent colours, Newton recompounded these colours to white light. Both the analysis and the synthesis are matters of fact. The so-called „theory of light and colours“ is in this respect very different from the corpuscular theory of light. Newton's explanation of colours stands where it is, whether we accept the corpuscular or the undulatory theory; and it stands because it is at bottom not a theory but a body of fact, to which theory must bow or disappear. Newton himself pointed out that his views of colours were entirely independent of his belief in the „corporeity“ of light.

After refraction-colours Goethe turns to those produced by diffraction; and, as far as the phenomena are concerned, he deals very exhaustively with the colours of thin plates. He studies the colours of Newton's rings both by reflected and transmitted light. He states the conditions under which this class of colours is produced, and illustrates the conditions by special cases. He presses together flat surfaces of glass, observes the flaws in crystals and in ice, refers to the iridescences of oil on water, to those of soap bubbles, and to the varying colours of tempered steel. He is always rich in facts. But when he comes to deal with physical theory, the poverty and confusion of his otherwise transcendent mind become conspicuous. His turbid media entangle him everywhere, leading him captive and committing him to almost incredible delusions. The colours of tempered steel, he says, and kindred phenomena, may perhaps be quite *conveniently deduced* from the action of turbid media. Polished steel powerfully reflects light, and the colouring produced by heating may be regarded as a feeble turbidity, which, acted upon by the polished surface behind, produces a bright yellow. As the turbidity augments, this colour becomes dense, until finally it exhibits an intense ruby-red. Supposing this colour to reach its greatest proximity to darkness, the turbidity continuing to augment as before, we shall have behind the turbid medium a dark background, which appears first violet, then dark blue, and finally light blue, thus completing the cycle of the phenomena. The mind that could offer such an explanation as this must be qualitatively different from that of the natural philosopher.

The words „quite conveniently deduced“, which I have italicised in the last paragraph, are also used by Goethe in another place. When the results of his experiments on prismatic colours had to be condensed into one commanding inference, he enunciated it thus: — „Und so lassen sich die Farben bei Gelegenheit der Refraktion aus der Lehre von den trüben Mitteln gar bequem ableiten.“ This is the crown of his edifice, and it seems a feeble ending to so much preparation. Kingsley once suggested to Lewes that Goethe might have had a vague feeling that his conclusions were not sound, and that he felt the jealousy incident to imperfect conviction. The ring of conscious demonstration, as it is understood by the man of science, is hardly to be found in the words „gar bequem ableiten.“ They fall flaccid upon the ear in comparison with the mind-compelling Q.E.D. of Newton.

Throughout the first 350 pages of his work, wherein he develops and expounds his own theory, Goethe restrains himself with due dignity. Here and there, there is a rumble of discontent against Newton, but there is no sustained ill-temper or denunciation. After, however, having unfolded his own views, he comes to what he calls the „unmasking of the theory of Newton.“ Here Goethe deliberately forsakes the path of calm, objective research, and delivers himself over to the guidance of his emotions. He immediately accuses Newton of misusing, as an advocate, his method of exposition. He goes over the propositions in Newton’s Optics one by one, and makes even the individual words of the propositions the objects of criticism. He passes on to Newton’s experimental proofs, invoking, as he does so, the complete attention of his readers, if they would be freed to all eternity from the slavery of a doctrine which has imposed upon the world for a hundred years. It might be thought that Goethe had given himself but little trouble to understand the theorems of Newton and the experiments on which they were based. But it would be unjust to charge the poet with any want of diligence in this respect. He repeated Newton’s experiments, and in almost every case obtained his results. But he complained of their incompleteness and lack of logical force. What appears to us as the very perfection of Newton’s art, and absolutely essential to the purity of the experiments, was regarded by Goethe as needless complication and mere torturing of the light. He spared no pains in making himself master of Newton’s data, but he lacked the power of penetrating either their particular significance, or of estimating the force and value of experimental evidence generally.

He will not, he says, shock his readers at the outset by the utterance of a paradox, but he cannot withhold the assertion that by experiment nothing can really be proved. Phenomena may be observed and classified; experiments may be accurately executed, and made thus to represent a certain circle of human knowledge; but deductions must be drawn by every man for himself. Opinions of things belong to the individual, and we know only too well that conviction does not depend upon insight, but upon will – that man can only assimilate that which is in accordance with his nature, and to which he can yield assent. In knowledge, as in action, says Goethe, prejudice decides all, and prejudice, as its name indicates, is judgment prior to investigation. It is an affirmation or a negation of what corresponds, or is opposed to our own nature. It is the cheerful activity of our living being in its pursuit of truth or of falsehood, as the case may be – of all, in short, with which we feel ourselves to be in harmony.

There can be no doubt that Goethe, in thus philosophising, dipped his bucket into the well of profound self-knowledge. He was obviously stung to the quick by the neglect of the physicists. He had been the idol of the world, and accustomed as he was to the incense of praise, he felt sorely that any class of men should treat what he thought important with indifference or contempt. He had, it must be admitted, some ground for scepticism as to the rectitude of scientific judgments, seeing that his researches on morphology met at first no response, though they were afterwards lauded by scientific men. His anger against Newton incorporates itself in sharp and bitter sarcasm. Through the whole of Newton's experiments, he says, there runs a display of pedantic accuracy, but how the matter really stands, with Newton's gift of observation, and with his experimental aptitudes, every man possessing eyes and senses may make himself aware. Where, it may be boldly asked, can the man be found, possessing the extraordinary gifts of Newton, who would suffer himself to be deluded by such a *hocus pocus* if he had not in the first instance wilfully deceived himself? Only those who know the strength of self-deception, and the extent to which it sometimes trenches on dishonesty, are in a condition to explain the conduct of Newton and of Newton's school. „To support his unnatural theory", he continues, „Newton heaps experiment on experiment, fiction upon fiction, seeking to dazzle where he cannot convince."

It may be that Goethe is correct in affirming that the will and prejudice of the individual are all-influential. We must, however, add the qualifying words, „as far as the individual is concerned." For in science there exists, apart from the individual, objective truth; and the fate of Goethe's own theory, though commended to us by so great a name, illustrates how, in the progress of humanity, the individual, if he errs, is left stranded and forgotten – truth, independent of the individual, being more and more grafted on to that tree of knowledge which is the property of the human race.

The imagined ruin of Newton's theory did not satisfy Goethe's desire for completeness. He would explore the ground of Newton's error, and show how it was that one so highly gifted could employ his gifts for the enunciation and diffusion of such unmitigated nonsense. It was impossible to solve the riddle on purely intellectual grounds. Scientific enigmas, he says, are often only capable of ethical solution, and with this maxim in his mind he applies himself, in the second volume of the *Farbenlehre*, to the examination of „Newton's Persönlichkeit". He seeks to connect him with, or rather to detach him from, the general character of the English nation – that sturdy and competent race, which prizes above all things the freedom of individual action. Newton was born in a storm-tossed time – none indeed more pregnant in the history of the world. He was a year old when Charles I. was beheaded, and he lived to see the First George upon the throne. The shock of parties was in his ears, changes of ministries, parliaments, and armies were occurring before his eyes, while the throne itself, instead of passing on by inheritance, was taken possession of by a stranger. What, asks Goethe, are we to think of a man who could put aside the claims, seductions, and passions incident to such a time, for the purpose of tranquilly following out his bias as an investigator?

So singular a character arrests the poet's attention. He had laid down his theory of colours; he must add to it a theory of Newton. The great German is here at home, and Newton could probably no more have gone into these disquisitions regarding character, than Goethe could have developed the physical theories of Newton. He prefaces his sketch of his rival's character by reflections and considerations regarding character in general. Every living thing, down to the worm that wriggles when trod upon, has a character of its own. In this sense even the weak and cowardly have characters, for they will give up the honour and fame which most men prize highest, so that they may vegetate in safety and comfort. But the word character is usually applied to the case of an individual with great qualities, who pursues his object undeviatingly, and without permitting either difficulty or danger to deflect him from his course.

„Although here, as in other cases", says Goethe, „it is the exuberant (*Überschwängliche*) that impresses the imagination, it must not be imagined that this attribute has anything to do with moral feeling. The main foundation of the moral law is a *good* will[5] which, in accordance with its own nature, is anxious only for the right. The main foundation of character is a strong will, without reference to right or wrong, good or bad, truth or error. It is that quality which every party prizes in its members. A good will cherishes freedom, it has reference to the inner man and to ethical aims. The strong will belongs to nature and has reference to the outer world – to action. And inasmuch as the strong will in this world is swayed and limited by the conditions of life, it may almost be assumed as certain that it is only by accident that the exercise of a strong will and of moral rectitude find themselves in harmony with each other." In determining Newton's position in the series of human characters, Goethe helps himself to images borrowed from the physical cohesion of matter. Thus, he says, we have strong, firm, compact, elastic, flexible, rigid or obstinate, and viscous characters. Newton's character he places under the head of rigid or obstinate, and his theory of colours Goethe pronounces to be a petrified *aperçu*.

Newton's assertion of his theory, and his unwavering adherence to it to the end of his life, Goethe ascribes straight off to moral obliquity on Newton's part. In the heat of our discussion, he says, we have even ascribed to

[5] I have rendered Goethe's „gute Wille" by good will; his „Wollen", which he contrasts with „Wille", I have rendered by strong will.

him a certain dishonesty. Man, he says, is subject to error, but when errors form a series, which is followed pertinaciously, the erring individual becomes false to himself and to others. Nevertheless, reason and conscience will not yield their rights. We may belie them, but they are not deceived. It is not too much to say that the more moral and rational a man is, the greater will be his tendency to lie when he falls into error, and the vaster will be that error when he makes up his mind to persist in it.

This is all intended to throw light upon Newton, but when Goethe passes from Newton himself to his followers, the small amount of reserve which he exhibited when dealing with the master entirely disappears. He mocks their blunders as having not even the merit of originality. He heaps scorn on Newton's imitators. The expression of even a truth, he says, loses grace in repetition, while the repetition of a blunder is impertinent and ridiculous. To liberate oneself from an error is difficult, sometimes indeed impossible for even the strongest and most gifted minds. But to take up the error of another, and persist in it with stiff-necked obstinacy, is a proof of poor qualities. The obstinacy of a man of originality when he errs may make us angry, but the stupidity of the copyist irritates and renders us miserable. And if in our strife with Newton we have sometimes passed the bounds of moderation, the whole blame is to be laid upon the school of which Newton was the head, whose incompetence is proportional to its arrogance, whose laziness is proportional to its self-sufficiency, and whose virulence and love of persecution hold each other in perfect equilibrium.

There is a great deal more invective of this kind; but you will probably, and not without sadness, consider this enough. Invective may be a sharp weapon, but over-use blunts its edge. Even when the denunciation is just and true, it is an error of art to indulge in it too long. We not only incur the risk of becoming vapid, but of actually inverting the force of reprobation which we seek to rouse, and of bringing it back by recoil upon ourselves. At suitable intervals, separated from each other by periods of dignified reserve, invective may become a real power of the tongue or pen. But indulged in constantly it degenerates into scolding, and then, instead of being regarded as a proof of strength, it is accepted, even in the case of a Goethe, as an evidence of weakness and lack of self-control.

If it were possible to receive upon a mirror Goethe's ethical image of Newton and to reflect it back upon its author, then, as regards vehement persistence in wrong thinking, the image would accurately coincide with Goethe himself. It may be said that we can only solve the character of another by the observation of our own. This is true; but in the portraiture of character, we are not at liberty to mix together subject and object as Goethe mixed himself with Newton. So much for the purely ethical picture. On the scientific side something more is to be said. I do not know whether psychologists have sufficiently taken into account that, as regards intellectual endowment, vast wealth may coexist with extreme poverty. I do not mean to give utterance here to the truism that the field of culture is so large that the most gifted can master only a portion of it. This would be the case supposing the individual at starting to be, as regards natural capacity and potentiality, rounded like a sphere. Something more radical is here referred to. There are individuals who at starting are not spheres, but hemispheres; or, at least, spheres with a segment sliced away – full-orbed on one side, but flat upon the other. Such incompleteness of the mental organization no education can repair. Now the field of science is sufficiently large, and its studies sufficiently varied, to bring to light in the same individual antitheses of endowment like that here indicated.

So far as science is a work of ordering and classification, so far as it consists in the discovery of analogies and resemblances which escape the common eye – of the fundamental identity which often exists among apparently diverse and unrelated things – so far, in short, as it is observational, descriptive, and imaginative, Goethe, had he chosen to make his culture exclusively scientific, might have been without a master, perhaps even without a rival. The instincts and capacities of the poet lend themselves freely to the natural history sciences. But when we have to deal with stringently physical and mechanical conceptions, such instincts and capacities are out of place. It was in this region of mechanical conceptions that Goethe failed. It was on this side that his sphere of capacity was sliced away. He probably was not the only great man who possessed a spirit thus antithetically mixed. Aristotle himself was a mighty classifier, but not a stringent physical reasoner. And had Newton attempted to produce a *Faust*, the poverty of his intellect on the poetic and dramatic side might have been rendered equally manifest. But here, if not always, Newton abstained from attempting that for which he had no capacity, while the exuberance of Goethe's nature caused him to undertake a task for which he had neither ordination nor vocation, and in the attempted execution of which his deficiencies became revealed.

One task among many – one defeat amid a hundred triumphs. But any recognition on my part of Goethe's achievements in other realms of intellectual action would, I fear, be regarded as impertinent. You remember the story of the First Napoleon when the Austrian plenipotentiary, in arranging a treaty of peace, began by formally recognising the French Republic. „Efface that", said the First Consul; „the French Republic is like the sun; he is blind who fails to recognise it." And were I to speak of recognising Goethe's merits, my effacement would be equally well deserved. „life", says Carlyle, „if we examine it, is well represented in that emblem of a solar day. Beautifully rose our summer sun, gorgeous in the red, fervid east, scattering the spectres and sickly damps, of both of which there were enough to scatter; strong, benignant, in his noon-day clearness, walking triumphant through the upper realms – and now mark also how he sets! ‚So stirbt ein Held'; so dies a hero!"

Two grander illustrations of the aphorism „To err is human" can hardly be pointed out in history than Newton and Goethe. For Newton went astray not only as regards the question of achromatism, but also as regards a vastly larger question touching the nature of light. But though as errors they fall into the same category, the mistake of Newton was qualitatively different from that of Goethe. Newton erred in adopting a wrong mechanical conception in his theory of light, but in doing so he never for a moment quitted the ground of strict scientific method. Goethe erred in seeking to engraft in his *Farbenlehre* methods altogether foreign to physics on to the treatment of a purely physical theme.

We frequently hear protests made against the cold mechanical mode of dealing with aesthetic phenomena employed by scientific men. The dissection by Newton of the light to which the world owes all its visible beauty and splendour seemed to Goethe a desecration. We find, even in our own day, the endeavour of Helmholtz to arrive at the principles of harmony and discord in music resented as an intrusion of the scientific intellect into a region which ought to be sacred to the human heart. But all this opposition and antagonism has for its essential cause the incompleteness of those with whom it originates. The feelings and aims with which Newton and Goethe respectively approached Nature were radically different, but they had an equal warrant in the constitution of man. As regards our tastes and tendencies, our pleasures and pains, physical and mental, our action and passion, our sorrows, sympathies, and joys, we are the heirs of all the ages that preceded us; and of the human nature thus handed down, poetry is an element just as much as science. The emotions of man are older than his understanding, and the poet who brightens, purifies, and exalts these emotions may claim a position in the world at least as high and as well-assured as that of the man of science. They minister to different but to equally permanent needs of human nature; and the incompleteness of which I complain consists in the endeavour on the part of either to exclude the other. There is no fear that the man of science can ever destroy the glory of the lilies of the field; there is no hope that the poet can ever successfully contend against our right to examine, in accordance with scientific method, the agent to which the lily owes its glory. There is no necessary encroachment of the one field upon the other. Nature embraces them both, and man, when he is complete, will exhibit as large a toleration.

Rudolf Virchow: Goethe als Naturforscher und in besonderer Beziehung auf Schiller (1861)

Vita – Abstract
Rudolf Virchow (13. Juni 1821 Schivelbein/Pommern – 10. Mai 1902 Berlin) studierte seit 1839 Medizin in Berlin, wurde 1843 bei Johannes Müller mit einer pathologischen Arbeit promoviert, habilitierte sich 1847 mit einer Studie über krankhafte Verknöcherungen, folgte 1849 dem Ruf auf den Lehrstuhl für Pathologische Anatomie in Würzburg und 1856 auf den Lehrstuhl für Pathologie in Berlin. In seinen Forschungen und Publikationen behandelte Virchow, Mitglied zahlreicher Akademien des In- und Auslandes, Themen der Pathologie, Medizin, Anthropologie, Ethnologie, Sozialhygiene wie ebenfalls Geschichte der Medizin. Seine *Mitteilungen über die in Oberschlesien herrschende Typhusepidemie* (1848) warf der Preußischen Regierung schwerwiegende Versäumnisse vor. Die Rückführung aller Lebensformen in seinem mehrfach aufgelegten und in verschiedene Sprachen übersetztem Hauptwerk *Die Cellularpathologie* (1858) auf die Zelle („Alles Leben ist an die Zelle gebunden") beeinflusste tiefgreifend Pathologie und Therapie der Medizin. Virchow prägte auf der Basis seiner empirischen Untersuchungen die Bezeichnungen Leukämie, Thrombose und Embolie, gründete 1847 neben der kurzlebigen ‚Medizinischen Reform' (1848–1849, „Die Medizin ist eine soziale Wissenschaft, und die Politik ist weiter nichts als Medizin im Großen") das noch heute bestehende ‚Archiv für pathologische Anatomie und Physiologie und für klinische Medizin', war Gründungsmitglied der liberalen Fortschrittspartei, setzte sich für die Freiheit der Wissenschaft und mit Emil Du Bois-Reymond (1818–1896) und Hermann von Helmholtz (1821–1894) für einen naturwissenschaftlich und nicht

D. von Engelhardt, *Goethe als Naturforscher im Urteil der Naturwissenschaft und Medizin des 19. Jahrhunderts*,
https://doi.org/10.1007/978-3-662-68126-8_45

einseitig geisteswissenschaftlich geprägten Bildungs- und Kulturbegriff ein („biologische Grundlage"), warnte aber zugleich entschieden vor der Popularisierung unbewiesener Theorien („restringamur") wie etwa der Evolutionslehre von Charles Darwin (1809–1882) und kritisierte in dieser Hinsicht Ernst Haeckel (1834–1919).

Virchow behandelt in der weitgespannten und im Prinzip zustimmenden und verständnisvollen Studie von 1861 Goethe als Naturforscher und Dichter sowie in der segensreichen Verbindung mit Friedrich Schiller (1759–1805), geht konkret – im Zusammenhang mit Goethes Lebensentwicklung und seinen Reisen, besonders nach Italien – auf seine Beiträge zur Naturforschung ein, weist auf den Fortschritt der Meteorologie hin, der Goethes Hypothesen hinfällig gemacht habe, sowie auf die Farbenlehre, mit der er – trotz zahlreicher Versuche und wertvoller Beobachtungen der physiologischen Phänomene des Sehens – die Gilde der Physiker nicht habe überzeugen können, während er im Bereich des Organischen mit der Metamorphose der Pflanzen und der Wirbelknochen nicht nur bei Laien, sondern auch bei Wissenschaftlern auf Zustimmung gestoßen sei. Die Naturstudien habe Goethe nie in poetischer, sondern in wissenschaftlicher Perspektive unternommen. Sie hätten zugleich seiner Dichtung gedient und seien in der wechselseitigen Verbindung von Natur und Kunst ihm wie auch Schiller zu einer Lebenshilfe geworden. Vor allem Naturforscher könnten, wie Virchow überzeugt ist, erkennen und unterscheiden, was in der Naturforschung ein „gütiges Geschick" schenke und was auf „unermüdete Anstrengung" zurückgehe. Bis zu seinem Lebensende sei Goethe an der Natur und ihrer Erforschung interessiert gewesen, wie seine Analyse von 1832 des Akademiestreites über die Philosophie des Tierlebens zwischen dem „strengen Forscher" Georges Cuvier (1769–1832), der mit Schiller die Karlsschule in Stuttgart besucht, und dem „philosophischen Denker" Étienne Geoffroy Saint-Hilaire (1772–1844) belegen könne, der sich für den Ansatz des deutschen Dichters in Frankreich eingesetzt habe.

Virchow, Rudolf:
Goethe als Naturforscher und in besonderer Beziehung auf Schiller, Berlin 1861.

***

Am 14. Dezember 1779 herrschte in der Karlsschule zu Stuttgart die heiterste Feststimmung. Die großen Jahresprüfungen waren beendet, und die Feier des Stiftungstages sollte zugleich denjenigen Eleven, welche die besten Beweise ihres Fleißes geliefert hatten, die öffentlichen Ehren bringen. Denn Herzog Carl wusste es wohl, dass in den jugendlichen Herzen das edle Feuer des Ehrgeizes neue Stärke gewann, indem er die Preisverteilung unter seinem eigenen Vorsitz, bei gefüllten Galerien, wie eine wichtige Staatshandlung vor sich gehen ließ. Wenn dann aus der militärisch geschlossenen Linie der Schüler einer nach dem andern hervorgerufen ward, von dem Herzog selbst den Preis in Empfang nehmen und zum Zeichen des Dankes den Rock des Monarchen küssen durfte, so klopfte wohl das Herz rascher, und die Eltern und Freunde empfanden die Ehre, als ob sie auch ihnen widerfuhr.

Diesmal war die Reihe an Friedrich Schiller. Welche Empfindungen mochten die Brust des freiheitsdürstenden Jünglings erfüllen, als er vortrat, eingezwängt in den steifen Paradeanzug, mit Zopf und Papilloten, den Degen an der Seite, den dreieckigen Hut in der Hand! Kaum waren vier Wochen vergangen, seit er – am 10. November – sein einundzwanzigstes Lebensjahr begonnen, und doch wie leidenschaftlich war schon sein Sehnen, eine Anstalt verlassen zu dürfen, welche, wie ein Gefängnis, ihn fast sechs Jahre seines Lebens gefesselt gesehen hatte. Der Wunsch seiner Eltern, ihn zum Theologen zu machen, war an dem mächtigeren Willen des Herzogs gescheitert, der ihn zum Juristen bestimmte, und als es ihm endlich gelungen war, der Juristerei zu entfliehen, hatte er sich selbst die Medizin erwählt. Leuchtete ihm[1] doch des großen Albrecht v. Haller Vorbild, der nicht nur Mediziner und Staatsmann, sondern auch Dichter war. Rüstig hatte er sich ans Werk gemacht. Schon im Jahre 1778 hatte er den ersten Preis in der Anatomie[2] erlangt, aber schon ein Jahr früher hatte er angefangen, die *Räuber* zu dichten, jenes wunderbare Stück, von dem man nicht mit Unrecht gesagt hat, dass es, in Gutem und in Bösem, nirgends den jungen Mediziner verleugne. In so geteilten Studien war die Zeit gekommen, wo er nach dem gewöhnlichen Gang der Dinge die Akademie hätte verlassen sollen. Er hatte seine Preisschrift eingereicht, welche den stolzen Titel führte: Philosophie der Physiologie, aber seine drei Richter hatten sie einstimmig verworfen.[3] Man hatte dem Verfasser Fleiß und Talent zugestanden; der eine seiner Richter hatte erklärt, „sein alles durchsuchender Geist verspreche nach geendeten jugendlichen Gärungen einen wirklich unternehmenden und nützlichen Gelehrten", ja der Herzog selbst hatte in seiner Ordre vom 13. November erklärt, er werde „gewiss ein recht gutes Subjektum werden."[4] Aber trotz aller dieser Lobsprüche ward er doch auf ein Jahr zurückgesetzt. Das war sein letztes Geburtstagsgeschenk gewesen: noch ein ganzes, langes Jahr in den Mauern einer Anstalt, die ihm so Vieles bot, aber noch weit mehr, ja das Einzige, wonach er sich sehnte, Muße und Freiheit, raubte. Die Räuber gewannen mehr bei dem Jahr, als die

[1] Carl Hoffmeister Schillers Leben, Geistesentwickelung und Werke. Stuttg. 1858. I. S. 52.

[2] C. Hoffmeister Schillers Leben, ergänzt und herausgegeben von Heinr. Viehoff. Stuttg. 1846. I. S. 53.

[3] Palleske Schillers Leben und Werke. Berlin 1858. Bd. I. S. 103 [= Emil Palleske: Schillers Leben und Werke, Bd. 1, Berlin 1858].

[4] Heinr. Wagner Geschichte der Hohen Carlsschule. Würzburg 1856. S. 634.

Heilkunde, und nicht alle urteilten wie der Oberchirurg Klein, dass er das Zeug zu einem Gelehrten habe. Scharffenstein wenigstens, sein damals so geliebter Mitschüler, sagte später von ihm: „Wäre Schiller kein großer Dichter geworden, so war für ihn keine Alternative, als ein großer Mensch im *aktiven*, öffentlichen Leben zu werden, aber leicht hätte die Festung sein unglückliches, doch gewiss ehrenvolles Los werden können."

Und noch waren ja die „jugendlichen Gährungen" nicht beendet, als der blasse, kränkliche, so tief erschütterte junge Mann an jenem Dezember-Tag zu dem Herzog trat, um seine Preise zu empfangen. Ihrer drei waren ihm zugefallen, in der Arzneimittellehre, in der äußeren und inneren Heilkunde je einer. Aber konnte er heute an Arzneimittel, an Chirurgie und Klinik denken, wo neben dem Herzog Carl zwei fremde Gäste standen, deren Erscheinen genügen musste, die gesamte Jugend der Akademie in Aufruhr zu bringen? War da nicht Carl August von Weimar und mit ihm Wolfgang Goethe? Goethe, dessen Werke längst von den Eleven verschlungen waren?„Nicht gering", sagt Petersen, ein anderer Mitschüler, „war das Aufsehen, das der schöngestaltete, mit genialischer Kraft auftretende und um sich blickende Mann in der Akademie erregte."[5] Aber es war nicht bloß die schöne Gestalt, nicht bloß das olympische Haupt, es war der Dichter des *Götz*, des *Werther*, des *Clavigo*, es war der jugendliche Sieger, der mit schaffender Gewalt in Sturm und Drang eine neue Ära geistigen Lebens aus ureigener Kraft begründet hatte. Da stand er, der Liebling der Götter, kaum dreißig Jahre alt, er, auf den die Augen der Nation gerichtet waren, den die Besten aus allen Stämmen Freund zu nennen sich zur Ehre rechneten, den der edelste Fürst in seinen Rat, an seinen Busen gerufen hatte. Wohl mochte die Gewalt der äußeren Erscheinung alle fesseln an einem Manne, von dem Hufeland erzählte: „Noch nie erblickte man eine solche Vereinigung physischer und geistiger Vollkommenheit in einem Manne, als damals (1776) an Goethe"[6], von dem Lavater nach ihrer ersten Begegnung schrieb: „Unaussprechlich süßer, unbeschreiblicher Auftritt des Schauens"[7], ja von dem er zu seinem Freunde Zimmermann sagte, er sei der furchtbarste und der liebenswürdigste Mensch.[8] Das begeisterte Auge der Jugend

[5] Hoffmeister – Viehoff. I. S. 53 [= Carl Hoffmeister Schillers Leben, ergänzt und herausgegeben von Heinrich Viehoff, Bd. 1, Stuttgart 1846, S. 53].

[6] Carus Goethe. S. 48 [= Carl Gustav Carus: Goethe zu dessen näherem Verständnis, Leipzig 1843, S. 48].

[7] Geßner Leben Lavaters. II. S. 127 [= Johann Georg Gessner: Johann Kaspar Lavaters Lebensbeschreibung von seinem Tochtermann, Bd. 2, Winterthur 1802, S. 127].

[8] Aus Herders Nachlaß. Herausgegeben von Düntzer und F. G. v. Herder. Frankf. a. M. 1857. II. S. 343 [= Aus Herders Nachlass, hg. v. Heinrich Düntzer u. Johann Gottfried von Herder, Bd. 2, Frankfurt a. M. 1857, S. 343]. Vergl. Herders Urteil. Ebend. III. S. 403. „Goethe liebe ich wie meine Seele" und Heinses Sämmtl. Werke, herausgeg. von H. Laube. Leipzig 1838. Bd. VIII. S. 118 u. 120 [= Wilhelm Heinse: Sämmtliche Schriften, Bd. 8, hg. v. Heinrich Laube, Leipzig 1838, S. 118 u. 120]. „Ich kenne keinen Menschen aus der ganzen gelehrten Geschichte, der in solcher Jugend so rund und voll von eigenem Genie gewesen wäre wie er. Da ist kein Widerstand; er reißt Alles mit sich fort."

aber schaut ebenso viel, wenn nicht noch mehr, als der prüfende Blick des Physiognomikers, und wie es sich erhob zur bewundernden Betrachtung jener mächtigen und doch so schönen Stirn, hinter deren voller Wölbung schon damals die Entwürfe des *Faust*, des *Egmont*, des *Wilhelm Meister*, der *Iphigenie* sich ordneten, da mochte es wohl den Glanz ruhiger Hoheit ganz aufnehmen, der von da beseligend auf alles ausstrahlte.

So standen die zwei einander gegenüber, wie Menschen, die nie zueinander gehören könnten, und da mochte wohl keiner sein unter den vielen Zuschauenden, dem eine Ahnung durch den Kopf flog, dieser gefeierte Dichter werde von der Nachwelt der Realist, dieser arme Mediziner der Idealist genannt werden, und beide werden dereinst im Leben mit und durcheinander, im Ehrentempel der Nation nebeneinander ihren Platz einnehmen. Sie schieden, ohne sich gesprochen zu haben. Eine Erregung war die Begegnung nur für den, der zurückblieb.

Gewiss war sie eine anhaltende, denn wenige Wochen später wurde Goethes *Clavigo* zur Aufführung gebracht und Schiller selbst versuchte sich in der Titelrolle. Musste sein Blut nicht in Wallung geraten? In dem Geheimnis sorglich bewachter Nächte wuchs Akt um Akt jenes flammenreiche Werk heran, das er so lange vorbereitet und das bald nachher bei seinem ersten Erscheinen alle Leidenschaften des Volkes entzündete. Aber noch lag eine schwere Zeit des Zwanges dazwischen: das Fachstudium musste vollendet werden. Es war wie eine Mauer um den Dichterjüngling herumgebaut. Ja, in der Tat, er empfand es wie eine Mauer, und überall brach er Löcher hinein, um der freien Luft Zutritt, um dem frischen Gewächs von draußen Eingang zu verschaffen. Man setzte ihn an das Krankenbett, aber es war ein Hypochonder, den man seiner Sorgfalt übergab, und nichts hinderte ihn, seine Tagesberichte mit Betrachtungen über das Geistesleben des „unheimreichen Mannes" zu füllen. Er grübelte über dem Problem von dem genauen Band zwischen Körper und Seele, er stellte sich die Frage, wie der Geist sich aus der Sinnlichkeit entwickle und, seinen Ausgang verleugnend, zur Sittlichkeit fortschreite, und als er endlich dahin kam, seine Dissertation zu schreiben, da war die Medizin bei ihm schon so im Sinken, dass sich in seiner Schrift physiologisches Wissen, philosophische Spekulation und dichterisches Anschauen in völlig untrennbarer Innigkeit durchdrangen. Der Humor, der darin liegt, dass jemand auf eine solche Dissertation hin, auf eine Dissertation, in der das Leben Moors als eine englische Tragödie mit dem Anscheine des höchsten Ernstes und der größten Wahrhaftigkeit zitiert wird[9], zum Regimentsmedikus gemacht werden konnte, wird nur durch den übertroffen, dass Schiller in feiner anonymen Selbstkritik der *Räuber* von dem Verfasser der letzteren

[9] Außer diesem Zitat finden sich nur noch Fergusons Moralphilosophie, Schlözers Universal Historie. Muzells medizinische und chirurgische Wahrnehmungen aufgeführt [= Adam Ferguson: Grundsätze der Moralphilosophie, Leipzig 1772; August Ludwig von Schlözer: Vorstellung seiner Universal-Historie, Bd. 1–2, Göttingen 1772/73; Friedrich Ludwig Hermann Muzell: Medizinische und chirurgische Wahrnehmungen, Berlin 1772].

aussagt: „er soll ebenso starke Dosen in Emeticis als in Ästheticis geben und ich möchte ihm lieber zehn Pferde, als meine Frau zur Kur übergeben." Die Brotwissenschaft konnte dem Regimentsmedikus nichts bieten. Heimlich entfloh er dem wüsten Leben der Garnison. Aber schwere Tage kamen über ihn, und vier Jahre nachher, 1784, als alle Zeichen sich trügerisch erwiesen hatten, da stieg wieder der Gedanke in dem Dichter von *Kabale und Liebe*, von *Fiesco* auf, nach Heidelberg zu gehen und das Versäumte in seinem Fache nachzuholen. „Lange schon", so schreibt er, „zog mich mein eigenes Herz zur Medizin zurück"[10]. Er täuschte sich; es war nicht sein Herz, und welches Glück für ihn, dass auch dieser Wunsch ihm fehlschlug. Er war nicht dazu angelegt, „ein großes Subjektum" in den Naturwissenschaften zu werden, und als endlich nach langen Irrfahrten auch ihm die segensreiche Hand Carl Augusts einen Freihafen in Jena eröffnete, da ward der ernsteste Gegenstand seines Forschens die Philosophie. –

Ob Goethe jemals an seine erste Begegnung mit Schiller erinnert worden ist, erhellt aus keiner uns erhaltenen Notiz. Für ihn mochte wohl der Eindruck ein sehr vorübergehender gewesen sein. Denn er stand an einem großen Wendepunkt seiner eigenen inneren Geschichte. Die Reise, welche er eben mit seinem Herzog durch einen Teil von Deutschland und der Schweiz unternommen hatte, war für ihn Epoche machend. Nicht in dem Sinne, wie der große Haufe sie nahm. Denn Wieland schreibt darüber an Merck[11]: „Das Publikum ist dieser an sich selbst so simplen und natürlichen Exkursion halber unglaublich intrigiert und das Odium Vatinianum fast aller hiesigen Menschen gegen unsern Mann, der im Grunde doch keiner Seele Leides getan hat, ist, seitdem er Geh. Rat heißt, auf eine Höhe gestiegen, die nahe an die stille Wut grenzt." Goethe nahm bekanntlich seine Standeserhöhung sehr gleichgültig auf, aber nicht so die ernsten Pflichten, welche ihm damit zufielen. Die „so simple und natürliche Exkursion" bedeutete für ihn so viel als eine Abschiedsreise aus dem Lande seiner unruhigen und ziellosen Jugend. Mit zarter Hand löste er die alten Bande. Noch einmal – zum allerletzten Mal hatte er in der stillen Laube zu Sesenheim gesessen, Hand in Hand mit Friederike; das Herz, das ihm bis in den Tod treu blieb, hatte ihm verziehen. Er hatte Lili wiedergesehen als glückliche Mutter im Schoß ihrer Familie. Zum zweiten Male hatte er die Alpen durchwandert, aber nicht mehr als der übermütige Junker Berlichingen, wie ihn Herders Braut genannt hatte.[12] Das alles war nun abgetan, und als sie endlich im Januar 1780 wieder

[10] Hoffmeister. I. S. 232 [= wie Anm. 5, S. 232].

[11] Briefe an Joh. Heinr. Merck. Herausgegeben von Wagner. Darmst. 1835. S. 179 [= Briefe an Johann Heinrich Merck von Goethe, Herder, Wieland und andern bedeutenden Zeitgenossen, hg. v. Karl Wagner, Darmstadt 1835, S. 179]; vgl. das Urteil der Frau von La Roche. S. 187

[12] Aus Herders Nachlaß. III. S. 485 u. 489 [= Aus Herders Nachlaß, hg. v. Heinrich Düntzer u. Johann Gottfried von Herder, Bd. 3, Frankfurt a. M. 1857, S. 485 u. 489].

in Weimar eintrafen, da fand ihn Wieland gänzlich verändert[13], ja er nahm in Goethes öffentlichem Benehmen eine σωφροσύνην (weise Mäßigung) wahr, welche die Gemüter nach und nach beruhigte.[14] Die Geschäfte treten in den Vordergrund; der Herr Kammerpräsident geht ernsthafter als zuvor an Bergbau, Forstwirtschaft und andere Verwaltungszweige, welche den Wohlstand des Bürgers mehren und zugleich den Säckel des Staates füllen, aber er findet, dass man dazu Mineralogie, Botanik und viele andere Dinge verstehen müsse. Seine Briefe zeigen ihn begeistert von der Lektüre von Buffons Epochen der Natur.[15] Er tritt der Natur näher und näher. Aber noch ist die Natur für ihn eine Art von Persönlichkeit. „Gedacht hat sie und sinnt beständig", so sagt er in seinen ältesten Aphorismen über die Natur aus dem Jahre 1780[16], „aber nicht als ein Mensch, sondern als Natur. Sie hat sich einen eigenen allumfassenden Sinn vorbehalten, den ihr niemand abmerken kann." Sonderbare Natur! Aber Goethe lässt uns tiefer in ihr Wesen hineinblicken. „Sie hat", sagt er, „keine Sprache noch Rede, aber sie schafft Zungen und Herzen, durch die sie fühlt und spricht. Ihre Krone ist die *Liebe*. Nur durch sie kommt man ihr nahe. Sie macht Klüfte zwischen allen Wesen, und alles will sich verschlingen. Sie hat alles isoliert, um alles zusammenzuziehen. Durch ein Paar Züge aus dem Becher der Liebe hält sie für ein Leben voll Mühe schadlos."

O, gewiss war es eine süße Art der Naturforschung, wo Charlotte von Stein den Becher der Liebe kredenzte! Manches Jahr ging dahin in Hoffen und Sehnen, in Bringen und Empfangen, in beglücktem Genuss und düsterer Verzweiflung. Manches Jahr lang wanderten an sie alle Gedanken, richteten sich an sie alle Empfindungen. Wie von der Schweizerreise, so sammelten sich bei ihr die Briefe von der italienischen Reise. Aber es kam die Zeit, wo die Natur nicht mehr dachte und nicht mehr sann, wo sie nicht mehr durch das Herz sprach, die Zeit der Beobachtung und Forschung, der Zergliederung und Analyse. In Italien war es, wo sich diese Metamorphose vollendete, und als er heimkehrte, stolzer fast auf die Entdeckung der Urpflanze und der daran sich knüpfenden Gesetze der Morphologie überhaupt, als auf die Vollendung von *Egmont* und *Iphigenie*, da wandte sich sein frohlockender Gesang bald nicht mehr an die stolze Freifrau, sondern an das arme Mädchen, das seinem Hause endlich die Ruhe gab.

Jetzt spricht die Natur nicht durch den Mund der Liebe, sondern die Liebe erschließt sich selbst als Höchstes aus dem Entwicklungsgange, aus

[13] Briefe an Merck. S. 208. multum mutatus ab illo [= wie Anm. 11, S. 232].

[14] Ebendaselbst S. 235.

[15] Ebend. S. 229 (aus dem Jahre 1780). Man vergl. über diese Periode die Darstellung von Oscar Schmidt (Goethes Verhältnis zu den organischen Naturwissenschaften. Berl. 1853. S. 4), sowie Goethe selbst (Sämmtl. Werke. 1840. Bd. 36 S. 68) [= Johann Wolfgang von Goethe: Sämmtliche Werke, Bd. 36, Stuttgart 1840].

[16] Goethes sämmtl. Werke. 1840. Bd. 40 S. 385 folg. [= Johann Wolfgang von Goethe: Sämmtliche Werke, Bd. 40, Stuttgart 1840, S. 385 f.]. Carus (Goethe S. 175) erwähnt, dass ihm, wie Alex. von Humboldt, dieses Dokument als eines der wichtigsten erscheine.

der Metamorphosenreihe der Natur. Der Geliebte wird der Lehrmeister der Geliebten.

Wende nun, o Geliebte, den Blick zum bunten Gewimmel,
Das verwirrend nicht mehr sich vor dem Geiste bewegt.
Jede Pflanze verkündet dir nun die ew'gen Gesetze,
Jede Blume, sie spricht lauter und lauter mit dir.
Aber entzifferst du hier der Göttin heilige Lettern,
Überall siehst du sie dann, auch in verändertem Zug.
Kriechend zaudre die Raupe, der Schmetterling eile geschäftig,
Bildsam ändre der Mensch selbst die bestimmte Gestalt!
O, gedenke dann auch, wie aus dem Keim der Bekanntschaft
Nach und nach in uns holde Gewohnheit entspross,
Freundschaft sich mit Macht in unserm Innern enthüllte,
Und wie Amor zuletzt Blüten und Früchte erzeugt.

Siehe da, Goethe mit allen Elementen seiner Stärke und seiner Schwäche! Aus dem Keim der Bekanntschaft erwächst die Raupe der Gewohnheit, und aus der Puppe der Freundschaft bricht urplötzlich der schöne Schmetterling Amor hervor. Alles vereinigt sich in dem Bilde, Natur und Geist, Kunst und Altertum, aber – es ist nur ein Bild. In der Vorstellung des Dichters vergeistigt sich die Natur; ihre Gesetze schaut der entzückte Seher wieder in dem innerlichsten Geschehen des geistigen Lebens; die materielle Substanz wird zum Symbol der Empfindung. Das ist das unveräußerliche Recht des Künstlers. Aber wird nicht auch der Naturforscher berührt werden von der Glut des Dichters? wird das empfindende Subjekt in der Wärme seiner wechselnden Empfindung auch das unveräußerliche Recht des empfundenen Objektes anerkennen? wird der Schmetterling nicht davon flattern, gereizt von der Süßigkeit auch anderer Blumen, die auch für ihn Nektar kredenzen? O, wir wissen es Alle, der Dichter war und blieb – ein Dichter; er sog Nektar an mancher Blume, und er hat keine andere Rechtfertigung, als dass es eben seiner Natur gemäß war.

Diesen Gedanken spricht er selbst an einer Stelle aus, wo man es ihm nachfühlt, welche bitteren Fragen der Erinnerung er damit beantwortet. Da er als alter Mann das Gedächtnis seiner rosigen Jugend in sich erneuerte, einer Jugend, die nach so langer Zeit als Wahrheit und Dichtung vor ihm auftauchte, da trat, inmitten der wonnigen Bilder von Sesenheim, die trübe Erinnerung[17] des verlassenen Mädchens an das Herz des Greises. Sein Griffel stockt, und bevor er fortfährt, das süße Spiel ihrer Herzen zu schildern, schiebt er eine längere Betrachtung ein, scheinbar an einen ganz

[17] Es war noch in den schönen Tagen von Sesenheim selbst, wo er einmal an Salzmann schrieb: „Die Kleine fährt fort traurig krank zu sein und das gibt dem Ganzen ein schiefes Ansehen. Nicht gerechnet conscia mens und leider nicht recti, die mit mir herumgeht.“ (Stöber. Der Actuar Salzmann. S. 44) [= August Stöber: Der Aktuar Salzmann, Goethe's Freund und Tischgenosse in Straßburg, München 1855].

anderen Gegenstand geknüpft, in der er sagt: „Der Mensch mag seine höhere Bestimmung auf Erden oder im Himmel, in der Gegenwart oder in der Zukunft suchen, so bleibt er deshalb doch innerlich einem ewigen Schwanken, von außen einer immer störenden Einwirkung ausgesetzt, bis er ein für alle Mal den Entschluss fasst, zu erklären, *das rechte sei das, was ihm gemäß ist.*“[18]

Wohl ist das das Rechte, aber sowohl die sittliche Welt, als auch die Natur fordert billig, dass jeder Einzelne auch das Recht des Andern anerkenne, dass das Subjekt auch das Objekt behandele, wie es demselben gemäß ist, und dass es in der Wirklichkeit anders sei, als in der Dichtung und auch in der religiösen Dichtung, wo der mystische Chor singen darf:

Alles Vergängliche
Ist nur ein Gleichnis.

Der Gedanke von der fortschreitenden Metamorphose eines Unvollkommenen zu einem Vollkommeneren hat gleiche Gültigkeit für die sinnliche und für die außersinnliche Erscheinung, aber er verliert seinen objektiven Wert, er wird rein symbolisch, wenn wir ihn willkürlich, ohne genaueste Ergründung des Einzelnen, von einem zum andern übertragen.

Eines Tages war Eckermann allein mit Goethe. Der 79jährige Dichter erzählte ihm, dass er nach Beendigung der *Wanderjahre* sich wieder zur Botanik wenden werde. „Nur fürchte ich,“ sagte er, „dass es mich wieder ins Weite führt, und dass es zuletzt abermals ein Alp wird. Große Geheimnisse liegen noch verborgen, manches weiß ich, von vielem habe ich eine Ahnung. Etwas will ich Ihnen vertrauen und mich wunderlich ausdrücken. Die Pflanze geht von Knoten zu Knoten, und schließt zuletzt ab mit der Blüthe und dem Samen. In der Tierwelt ist es nicht anders. Die Raupe, der Bandwurm geht von Knoten zu Knoten und bildet zulegt einen Kopf; bei den höherstehenden Tieren und Menschen sind es die Wirbelknochen, die sich anfügen und anfügen, und mit dem Kopf abschließen, in welchem sich die Kräfte konzentrieren. Was so bei Einzelnen geschieht, geschieht auch bei ganzen Korporationen. Die Bienen, auch eine Reihe von Einzelheiten, die sich aneinanderschließen, bringen als Gesamtheit etwas hervor, das auch den Schluss macht, und als Kopf des Ganzen anzusehen. ist, die Bienen-Königin. Wie dieses geschieht, ist geheimnisvoll, schwer auszusprechen, aber ich könnte sagen, dass ich darüber meine Gedanken habe. *So bringt ein Volk seine Helden hervor, die, gleich Halbgöttern, zu Schuss und Heil an der Spitze stehen.*“[19]

[18] Sämmtliche Werke. Bd. 22 S. 18 [= Johann Wolfgang von Goethe: Sämmtliche Werke, Bd. 22, Stuttgart 1855].

[19] Eckermanns Gespräche mit Goethe. Leipz. 1836. II. S. 65 [= Johann Peter Eckermann: Gespräche mit Goethe in den letzten Jahren seines Lebens, Bd. 2, Leipzig 1836, S. 65]. Vgl. Riemer, Briefe an und von Goethe. 1846. S. 298 [= Friedrich Wilhelm Riemer, Hg.: Briefe von und an Goethe. Desgleichen Aphorismen und Brocardia, Leipzig 1846].

Es war nicht mehr Amor, der die lange Reihe der Metamorphosen abschloss; der ergraute Dichter begnügte sich mit dem vielleicht ebenso heißblütigen, aber doch mit kühlerer Verehrung anzuschauenden Geschlechte der „Halbgöttern gleichen" Helden. Sie stehen an der Spitze des Volkes, wie der Kopf des Bandwurms die lange Reihe der Glieder abschließt. Ist das nicht ein Gleichnis, so kühn wie das des Vaters Homers[20], wenn er die unruhig umhergewälzten Gedanken des Odysseus vor der Freiertötung mit einer Bratwurst vergleicht, die im Feuer hin und her geschoben wird? Der Kopf des Bandwurms ist eher da, als die Glieder, und er lässt sich nicht einmal mit dem Kopfe des Menschen vergleichen, viel weniger mit dem Haupte eines Volkes. Auch hat der Kopf eines Tieres nichts gemein mit der Blüte und dem Samen der Pflanze.

Sehr richtig bemerkt daher Eckermann ein anderes Mal, wo er ein schildert: „Goethe, der in seinen Bestrebungen, die Natur zu ergründen, gern das All umfassen möchte, steht gleichwohl gegen jeden einzelnen Naturforscher von Bedeutung, der ein ganzes Leben einer speziellen Richtung widmet, im Nachteil. Bei diesem findet sich die Beherrschung eines Reiches unendlichen Details, während Goethe mehr in der Anschauung allgemeiner großer Gesetze lebt."[21] Wir wissen, dass Goethe selbst diesen Nachteil fühlte, und dass er dankbar jede Anregung aufnahm, welche ihm von bedeutenden Naturforschern zukam.

> Selbst erfinden ist schön; doch glücklich von andren Gefundnes
> Fröhlich erkannt und geschätzt, nennst du das weniger dein?
> (Vier Jahreszeiten. Herbst. 46.)

Wie schön ist es, was er von Alexander von Humboldt sagt: „Wohin man rührt, er ist überall zu Hause und überschüttet uns mit geistigen Schätzen. Er gleicht einem Brunnen mit vielen Röhren, wo man überall nur Gefäße unterzuhalten braucht und wo es uns immer erquicklich und unerschöpflich entgegenströmt."[22] Aber wie viel Quellen strömten auch diesem Brunnen zu! Humboldt hatte das seltene Glück erlebt, gerade in jene Zeit gesetzt zu sein, wo das große Gebiet der Natur fast an allen Orten angegriffen und erobert wurde; Goethe hatte die Hälfte seines Lebens überschritten, als die Wissenschaft von der Natur eine Wissenschaft wurde, und manche Kenntnis, die nachher auf der Straße zu finden war, hatte er als Autodidakt mühsam erworben. Er war mit unter den Angreifern und Eroberern, aber als nun der neue Staat in geregelte Verwaltung kam, da wuchsen ihm die Provinzial-

[20] Odyss. lib. XX. 25–28.

[21] Eckermanns Gespräche. Magdeb. 1848. III. S. 83 [= Johann Peter Eckermann: Gespräche mit Goethe in den letzten Jahren seines Lebens, Bd. 3, Magdeburg 1848, S. 83].

[22] Ebendas. I. S. 260 [= Johann Peter Eckermann: Gespräche mit Goethe in den letzten Jahren seines Lebens, Bd. 1, Leipzig 1836, S. 260].

behörden über den Kopf. Fünfzig Jahre hatte er sich mit Mineralogie und Geologie beschäftigt, und das Zeugnis eines Mannes, wie Carl von Raumer[23], genügt, dass er es ernsthaft damit gemeint hatte, und doch wusste er sich zuletzt so wenig in die fortschreitende Kenntnis der Erdbildung zu finden, dass er, ganz gegen seine sonstige Milde, in die unwilligen Worte ausbrach: „die Sache mag sein, wie sie will, so muss geschrieben stehen: dass ich diese vermaledeite Polterkammer der neuen Weltschöpfung verfluche."[24] In der Meteorologie, welche einen Mann besonders anziehen musste, der so viel auf Reisen war, der die Frische des jungen Morgens so gern im Freien genoss, der die künstlerische Betrachtung der Landschaft und des Himmels so vorwiegend auf wirkliche Gesetze des Naturwaltens begründete, in der Meteorologie erlebte er den großen Umschwung der Wissenschaft nicht mehr, der auch seine Hypothesen mit zu Boden riss. In der Optik, dieser liebsten Gefährtin seiner Mußestunden, gelang es ihm nie, mit der „Gilde" in ein Einverständnis zu kommen, obwohl er unzählige Versuche und die wundervollsten Beobachtungen über die physiologische Seite des Sehens gemacht hatte; es gelang ihm nicht, weil die Behandlung der Optik seit Newton mathematisch geworden war[25]. Er fühlte sich später selbst veranlasst, sich gegen den Vorwurf zu verteidigen, als „sei er ein Widersacher, ein Feind der Mathematik" und er versicherte, dass sie „niemand höher schätzen könne als er, da sie gerade das leiste, was ihm zu bewirken völlig versagt worden"[26]. „Ich ehre", sagt er ein anderes Mal, „die Mathematik als die erhabenste und nützlichste Wissenschaft, so lange man sie da anwendet, wo sie am Platze ist; allein ich kann nicht loben, dass man sie bei Dingen missbrauchen will, die gar nicht in ihrem Bereiche liegen, und wo die edle Wissenschaft sogleich als Unsinn erscheint. Und als ob etwas nur dann existierte, wenn es sich mathematisch beweisen lässt. Es wäre doch töricht, wenn jemand nicht an die Liebe seines Mädchens glauben wollte, weil sie ihm solche nicht mathematisch beweisen kann!"[27]

Amor ist sein Schild auch gegen die Mathematiker. Und mit Recht wendet er sich an ihn. Denn nur im Gebiet des Organischen, des wirklich Lebendigen ist er sicher, dass ihm Erscheinungen begegnen werden, welche der menschlichen verwandt sind. Nur hier erlebt er es, dass trotz vieler Widersacher, trotz mancher widerwärtigen Prioritätsstreitigkeit nicht bloß Laien, sondern

[23] Carl von Raumer Kreuzzüge. Stuttg. 1840. I. S. 70 (Goethe als Naturforscher).

[24] Sämmtliche Werke. Bd. 40. S. 296 [= wie Anm. 16, S. 296]; Vergl. Eckermann I S. 336 [= wie Anm. 22, S. 336].

[25] Ebendaselbst. Bd. 37. S. XVIII. u. S. 10. Bd. 39. S. 454. „Mit Astronomie habe ich mich nie beschäftigt, weil man hier schon zu Instrumenten, Berechnungen und Mechanik seine Zuflucht nehmen muss, die ein eigenes Leben erfordern und nicht meine Sache war en." Eckermann. I. S. 338 [= wie Anm. 22, S. 338]. Vergl. Beilage I.

[26] Sämmtliche Werke. Bd. 40. S. 468 [= wie Anm. 16, S. 468].

[27] Eckermann. I. S. 266 [= wie Anm. 22, S. 266]. Vergl. S. 239 den Grund, warum er sich nicht mit Astronomie beschäftigt.

die besten Forscher sein Verdienst anerkennen.[28] Nur hier knüpft sich die Ahnung des Göttlichen unmittelbar an die sinnliche Anschauung.[29]

Trotzdem sind die langjährigen Forschungen über Licht und Farbe, über Gewölk und Gebirge keine verlorene Arbeit.[30] War ihre Methode nicht vollkommen, so war sie doch eine streng beobachtende und experimentierende, und selbst da, wo ihr, wie in der Optik die allgemeine Zustimmung fehlte, gewann sie doch den entschiedensten Einfluss auf die Entwicklung der Physiologie, wie Johannes Müller[31] mehr als einmal dankbarst anerkannt hat.

Aber weit größer war der Gewinn für den Dichter selbst. Denn auch für ihn kamen Zeiten, wo weder die Geschäfte des Amtes, noch die süße Gewohnheit des Dichtens seiner Stimmung entsprachen, Zeiten, wo die schöpferische Kraft gebunden war durch innere Sorge, durch zwiespältiges Streben des Gemütes. Da bedurfte es der freien Hingabe an ein Äußerliches, Objektives, und der Adel seines Wesens bekundet sich, da er die Beruhigung in der Hingabe an das Ewig Schöne und an das Ewig Wahre fand. „Hätte ich in der bildenden Kunst und in den Naturstudien kein Fundament gehabt, so hätte ich mich in der schlechten Zeit und deren täglichen Einwirkungen auch schwerlich oben gehalten; aber das hat mich geschützt, sowie ich auch Schillern von dieser Seite zu Hülfe kam.“[32] Die schlechteste Zeit aber war die Zeit der französischen Revolution und des Bruches mit Charlotte von Stein. Das Studium der Kunst und der Natur half über alles hinweg; die Versöhnung kam von selbst, wie neue Gedanken, neue Anschauungen den Geist erfüllten, und als sie gesichert waren, da strömte auch der Quell der Dichtung wieder über. Denn leicht und gern verkündete die Lippe des

[28] Sämmtliche Werke. Bd. 40. S. 6 [= wie Anm. 16, S. 6].

[29] Ohne meine Bemühungen in den Naturwissenschaften hätte ich die Menschen nie kennen gelernt, wie sie sind. In allen anderen Dingen kann man dem reinen Anschauen und Denken, den Irrtümern der Sinne wie des Verstandes, den Charakter – Schwächen und Stärken nicht so nachkommen; es ist alles mehr oder weniger biegsam und schwankend, und lässt alles mehr oder weniger mit sich handeln; aber die Natur versteht gar keinen Spaß, sie ist immer wahr, immer ernst, immer strenge; sie hat immer Recht, und die Fehler und Irrtümer sind immer des Menschen. Den Unzulänglichen verschmäht sie, und nur dem Zulänglichen, Wahren und Reinen ergibt sie sich und offenbart ihm ihre Geheimnisse. Der Verstand reicht zu ihr nicht hinauf, der Mensch muss fähig sein, sich zur höchsten Vernunft erheben zu können, um an die Gottheit zu rühren, die sich in Urphänomenen, physischen wie sittlichen, offenbart, hinter denen sie sich hält und die von ihr ausgehen. Die Gottheit aber ist wirksam im Lebendigen, aber nicht im Toten; sie ist im Werdenden, aber nicht im Gewordenen und Erstarrten. Deshalb hat auch die Vernunft in ihrer Tendenz zum Göttlichen es nur mit dem Werdenden, Lebendigen zu tun; der Verstand mit dem Gewordenen, Erstarrten, dass er es nutze.“ Eckermann. II. S. 68 [= wie Anm. 19, S. 68].

[30] Goethe selbst sagte: „Es gereut mich auch keineswegs, obgleich ich die Mühe eines halben Lebens hineingesteckt habe. Ich hätte vielleicht ein halb Dutzend Trauerspiele mehr geschrieben, das ist alles, dazu werden sich noch Leute genug nach mir finden.“ Eckermann. I. S. 336 [= wie Anm. 22, S. 336].

[31] Johannes Müller. Eine Gedächtnisrede von Rud. Virchow. Berlin 1858. S. 20. 9. 16; sowie Beilage I. u. II.

[32] Eckermann. II. S. 90 [= wie Anm. 19, S. 90].

Sängers, wessen das Herz voll und wessen der Geist sicher war, und was sie verkündete, das trug die Gewissheit innerer Wahrheit an sich.

„Ich habe“, sagt er, „niemals die Natur poetischer Zwecke wegen betrachtet. Aber weil mein früheres Landschaftszeichnen und dann mein späteres Naturforschen mich zu einem beständigen genauen Ansehen der natürlichen Gegenstände trieb, so habe ich die Natur bis in ihre kleinsten Details nach und nach auswendig gelernt, dergestalt, dass, wenn ich als Poet etwas brauche, es mir zu Gebote steht und ich nicht leicht gegen die Wahrheit fehle.“[33] Wer erkennt das nicht in seinen unübertroffenen Reisebriefen, schon in den schweizerischen, welche der entzückte Wieland ein wahres Poem nannte, das ihm in seiner Art so lieb sei als Xenophons *Anabasis*![34] Wer empfindet es nicht in seinen unvergleichlichen Dichtungen, dass die Natur für ihn aufgehört hatte, etwas Äußeres zu sein; voll nahm er sie in sich auf, wie einen Teil seines Wesens, und voll, nur verklärt, vergeistigt, erstand sie wieder in seinen Liedern. Wohl mochte er von sich sagen, er habe empfangen

Aus Morgenduft gewebt und Sonnenklarheit
Der Dichtung Schleier aus der Hand der Wahrheit
(Zueignung. Bd. 1. S. 4.)

In ihm wurde Natur und Kunst Eins; hier gab es nicht Vorbild und Nachbildung; hier löste sich der Gegensatz zwischen Welt und Geist in der höchsten ästhetischen Entwicklung des Genies.

Wohl hat der kleinliche Neid es nicht verschmäht, dem Genie seine Begabung, die Ursprünglichkeit, die Naivität seiner Natur zum Vorwurfe zu machen. Menschliche Missgunst begleitet den Liebling der Götter, dem nicht bloß die Pracht der Glieder, die vollendete Schönheit des Leibes, die Tiefe der Empfindung, die Allgewalt des Gedankens als ein Geburtsvorrecht *geschenkt* waren, sondern dem gütige Mächte auch die Sorge des gemeinen Lebens ersparten, der wie ein Gleicher unter den Großen und Fürsten der Erde wandeln durfte.[35] Was er war und leistete, ist es sein *Verdienst* gewesen? Die Toren! Haben die Griechen geforscht, ob Schönheit, Geist und Glück darum weniger bewundernswürdig sind, weil sie geschenkt und nicht verdient sind? Hat die Nation kein Recht, stolz, keine Pflicht, dankbar zu sein, dass ihr das Vorrecht *geschenkt* wurde, aus ihrer Mitte einen Dichter hervorgehen zu sehen, dessen Gleichen keine Zeit gekannt hat?

Aber handelt es sich hier nur um Schenkungen? Wird ein solcher Mann geboren, wie Aphrodite Anadyomene aus dem Schaum des wogenden

[33] Eckermann. I. S. 305 [= wie Anm. 22, S. 305]. (Goethe fährt fort: „In Schillern lag dieses Naturbetrachten nicht“ und erzählt dann die Entstehungsgeschichte des Tell).

[34] Mercks Briefwechsel. S. 235–36 [= wie Anm. 11, S. 235–36].

[35] Vergl. Eckermann I. S. 146 [= wie Anm. 22, S. 146]: „Wäre ich unglücklich und elend, so würde sie (die Neider) aufhören.“

Meeres? Ist es nur dichterische Verstellung, jenes aus dem tiefsten Grunde des Herzens quellende Lied:

> Wer nie sein Brot mit Tränen aß,
> Wer nie die kummervollen Nächte
> Auf seinem Bette weinend saß,
> Der kennt euch nicht, ihr himmlischen Mächte!

O, gewiss nicht! Harte Arbeit, ernster Kampf, sorgenvoller Fleiß zieren dieses lange, edle Leben, und wenn es uns hier nicht vergönnt sein kann, ihm durch alle die Irrsale der Jugend und der Mannheit nachzugehen, so muss es doch ausgesprochen werden, dass die erhabene Ruhe seines Alters, die bis zum Tode ungebrochene Kraft seines Wirkens ein wohl verdienter Lohn, dass der begeisterte Dankesruf seines Volkes eine nicht bloß dem Genie, sondern mindestens ebenso sehr eine dem Verdienst dargebrachte Huldigung müssen. Wir, die Naturforscher, sind vielleicht mehr in der Lage, scheiden zu können zwischen dem, was ein gütiges Geschick schenkte und dem, was unermüdete Anstrengung, was planmäßige, auf bestimmte Ziele unverrückt gerichtete Arbeit erwarben, aber das ganze Volk kann es sehen, wie die Vollendung des Dichters Schritt um Schritt mit dieser Arbeit sich festigt. Welches Bild der Nacheiferung, zu erkennen, wie dieser Mann, dem die schönsten Segnungen des Lebens zugefallen waren, von dem Dichterthrone herabsteigt, um als Staatsmann dem Volke neue Quellen des Wohlstandes, um als Forscher der Wissenschaft neue Wege der Untersuchung aufzudecken! Und welcher Stolz für uns Naturforscher, welche das lebende Geschlecht so leicht als die Gegner der geistigen Interessen brandmarkt, sagen zu können, dass Deutschlands größter Dichter in unserer Wissenschaft zugleich das Mittel seiner Vollendung und die unversiegbare Quelle seiner inneren Beruhigung gefunden hat! 1818 schreibt er an Carus: „Das Alter kann kein höheres Glück empfinden, als dass es sich in die Jugend hineingewachsen fühlt und mit ihr nun fortwächst. Die Jahre meines Lebens, die ich, der Naturwissenschaft ergeben, einsam zubringen musste, weil ich mit dem Augenblicke in Widerwärtigkeit stand, kommen mir nun höchlich zu Gute, da ich mich jetzt mit der Gegenwart in Einstimmung fühle, auf einer Altersstufe, wo man sonst nur die vergangene Zeit zu loben pflegt“[36]. 1826 sagt er: „Wenn ich das neueste Vorschreiten der Naturwissenschaften betrachte, so komm‘ ich mir vor wie ein Wanderer, der in der Morgendämmerung gegen Osten ging, das heranwachsende Licht mit Freuden anschaute und die Erscheinung des großen Feuerballs mit Sehnsucht erwartete, aber doch bei dem Hervortreten desselben die Augen wegwenden musste, welche den gewünschten gehofften Glanz nicht ertragen konnten.“[37] Und noch am 15. Juni 1831, kaum ein

[36] C. G. Carus Goethe. Leipzig 1843. G. 5 [= Carl Gustav Carus: Goethe, Leipzig 1843].

[37] Ebend. S. 33 vgl. S. 36 und Eckermann. I. S. 338 [= wie Anm. 22, S. 338].

Jahr vor seinem Tode, spricht er zu Eckermann: Es geht doch nichts über die Freude, die uns das Studium der Natur gewährt. Ihre Geheimnisse sind von einer unergründlichen Tiefe, aber es ist uns Menschen erlaubt und gegeben, immer weitere Blicke hineinzutun. Und gerade, dass sie am Ende doch unergründlich bleibt, hat für uns einen ewigen Reiz, immer wieder heranzugehen und immer wieder neue Einblicke und neue Entdeckungen zu versuchen.“[38]

Aber die Geschichte des deutschen Geistes hat noch einen besonderen Grund, diese Vertiefung des Dichters in die Natur zu preisen. Ich meine die denkwürdige Vereinigung Goethes und Schillers, welche zunächst daraus hervorging, eine Vereinigung, welche für beide Dichter, am meisten für Schiller von dem segensreichsten Erfolg war und welche der Nation als ein leuchtendes Vorbild der Einigung nie verloren gehen möge. Denn sehr wahr sagt Palleske von dieser Vereinigung der beiden Dichter: „Ihr Bund ist der erste schüchterne Umriss einer neuen nationalen Gestaltung.“[39]

Als Schiller sich zuerst dem Weimarischen Kreise näherte, war Goethe auf seiner italienischen Reise abwesend. Voll von Gedanken über die organische Natur, hatte der gepriesene Dichter die Alpen überschritten, der botanische Garten zu Padua hatte alsbald seine Tätigkeit erregt[40], und nun, je weiter er in dem gebenedeiten Lande, das ihn sich selbst wiedergab, vorschritt, umso klarer enthüllte sich ihm das Geheimnis der Pflanzenzeugung und Organisation.“ „Unter diesem Himmel,“ ruft er entzückt aus, „kann man die schönsten Beobachtungen machen.“ Aber welcherlei Beobachtungen drängen sich da unter einander! Dienstag den 17. April 1787 schreibt er aus Palermo: „Es ist ein wahres Unglück, wenn man von vielerlei Geistern verfolgt und versucht wird! Heute früh ging ich mit dem festen ruhigen Vorsatz, meine dichterischen Träume fortzusehen, nach dem öffentlichen Garten, allein, eh‘ ich mich’s versah, erhaschte mich ein anderes Gespenst, das mir schon dieser Tage nachgeschlichen. Die vielen Pflanzen, die ich sonst nur hinter Glasfenstern zu sehen gewohnt war, stehen hier froh und frisch unter freiem Himmel, und indem sie ihre Bestimmung vollkommen erfüllen, werden sie uns deutlicher. Im Angesicht so vielerlei neuen und erneuten Gebildes fiel mir die alte Grille wieder ein: ob ich nicht unter dieser Schar die Urpflanze entdecken könnte? Eine solche muss es denn doch geben! Woran würde ich sonst erkennen, dass dieses oder jenes Gebilde eine Pflanze sei, wenn sie nicht alle nach Einem Muster gebildet wären?“[41] Noch traute er seinen Kräften nicht recht; ja noch war er so unklar, dass er die „Urpflanze“ als eine

[38] Eckermann. III. S. 356 [= wie Anm. 21, S. 356].

[39] Palleske. Schillers Leben und Werke. Berlin 1859. II. S. 229 [= Emil Palleske: Schillers Leben und Werke, Bd. 2, Berlin 1859, S. 229].

[40] Sämmtliche Werke. Bd. 36. 85 [= wie Anm. 15, S. 85].

[41] Ebendaselbst. Bd. 24. S. 71 [= Johann Wolfgang von Goethe: Sämmtliche Werke, Bd. 24, Stuttgart 1840, S. 71].

vgl. 288.

wirklich existierende, irgendwo in dem „Weltgarten“ versteckte und nur aufzufindende unter den anderen Pflanzen sich dachte. Als ob die Natur ihre „Muster“ ausarbeitete und zur Ansicht der Kenner aufbewahrte! Sehr bald klärten sich die Vorstellungen des Dichters und schon vier Wochen später konnte er von Neapel aus berichten, dass er den Hauptpunkt gefunden habe. Zuversichtlich fügt er schon jetzt hinzu, dasselbe Gesetz werde sich auf alles übrige Lebendige anwenden lassen. „Die Urpflanze wird das wunderlichste Geschöpf von der Welt, um welches mich die Natur selbst beneiden soll.“[42] Hier fühlt der Forscher sich gegenüber der Natur als schaffender Geist: die Urpflanze ist sein Geschöpf und nicht der Natur. Sie ist nur ein Bild, aber ein Bild, in welchem sich der Gedanke der Pflanzenorganisation verleiblicht, in welchem das Naturgesetz sichtbar vor das Auge des Sehers tritt. Die Beobachtung lehrt ihn, dass die Pflanze die verschiedenartigsten Gestalten durch Modifikationen eines einzigen Organs, des Blattes darstelle. „Dasselbe Organ, welches am Stengel als Blatt sich ausdehnt und eine höchst mannichfaltige Gestalt angenommen hat, zieht sich nun im Kelch zusammen, dehnt sich im Blumenblatte wieder aus, zieht sich in den Geschlechtswerkzeugen zusammen, um sich als Frucht zum letzten Mal auszudehnen.“[43] Somit ist die Blattbildung eine Fortpflanzung, welche sich nur dadurch, dass sie sich wiederholt, von der auf einmal geschehenden Fortpflanzung durch Blüthe und Frucht unterscheidet. Und indem er weiterhin folgert, dass eine Pflanze, ja ein Baum, die uns doch als Individuum erscheinen, aus lauter Einzelheiten bestehen, die sich unter einander und dem Ganzen gleich und ähnlich seien[44], so tritt er unmittelbar an das Geheimnis der organischen Individualität, welches ihm zu entschleiern nicht vergönnt war, da das Mikroskop erst nach ihm die Wunder des Zellenlebens enthüllt hat.

Trotzdem erkannte er, dass diese Auflösung des scheinbaren Individuums in eine „Versammlung von mehreren Einzelheiten,“ wie er sich ausdrückt, in eine gesellschaftliche Zusammenordnung organischer Elemente, wie wir sagen[45], nicht etwa bloß den Pflanzen zukomme, sondern auch für die Tiere, ja für den Menschen Gültigkeit habe. Kaum nach Rom zurückgekehrt, schreibt er: „Nun hat mich zuletzt das A und O der uns bekannten Dinge, die menschliche Figur, angefasst, und ich sie, und ich sage: Herr, ich lasse dich nicht, du segnest mich denn, und sollt‘ ich mich lahm ringen.“[46] Freilich vergingen Jahre über dem Ringen, aber endlich segnete ihn der Herr und sein großes Werk gelang ihm. Er lernte, wie die Natur *gesetzlich* zu Werk gehe, um lebendiges Gebilde, als Muster alles künstlichen,

[42] Sämmtliche Werke. Bd. 24 S. 5 [= wie Anm. 41, S. 5] und gleichlautend S. 71. (Neapel, den 17. Mai 1787.)

[43] Ebendaselbst. Bd. 36. S. 62 [= wie Anm. 15, S. 85].

[44] Ebendaselbst. S. 7.

[45] Virchow. Die Cellularpathologie. 2te Aufl. Berlin 1859. S. 12.

[46] Sämmtliche Werke. Bd. 24 S. 87 u. 198 [= wie Anm. 41, S. 87 u. 198].

hervorzubringen[47], und wie selbst das, was uns als Ausnahme erscheint, in der Regel ist[48].

Der Himmel Italiens war ihm glückbringend gewesen. Denn noch ehe er schied, konnte er nach Hause melden: „Ferner habe ich nebenbei Spekulationen über Farben gemacht, welche mir sehr anliegen, weil das der Teil ist, von dem ich bisher am wenigsten begriff. Ich sehe, dass ich mit einiger Übung und anhaltendem Nachdenken auch diesen schönen Genuss der Weltoberfläche mir werde zueignen können."[49] Das war der Anfang seiner optischen Studien. Es mochte ihm schwer werden, heiteren Himmel mit düsterem zu vertauschen, und als er in der Heimat anlangte, da geriet er fast in Verzweiflung: er vermisste jede Teilnahme, niemand verstand seine Sprache, ja sein Leiden, seine Klagen über das Verlorene schienen seine Freunde zu beleidigen[50]. Erschien es ihm selbst doch bald wie ein Märchen, wenn er durch eine seltene Gunst des Himmels an jene „paradiesischen Augenblicke erinnert" wurde, welche ihm in Italien der Verkehr mit der Natur gewährt hatte[51]. Mit Mühe fand er einen Verleger für die Pflanzen-Metamorphose, und als sie erschienen war, da gewann er nicht nur keinen Beifall, sondern mitleidiges Bedauern, dass ein solches Talent sich so aus seinem Kreise entfernen könne. Das Werk, auf dem noch jetzt die wissenschaftliche Botanik fortbaut[52], erschien den Zeitgenossen wie eine Verirrung. Ja, die Gelehrten der nächsten Nachbarschaft enthielten ihm eine Anerkennung vor, welche sie sonst mit vollen Händen ausstreuten[53].

Und wie fand der verstimmte Mann den Zustand der Literatur in Deutschland bei seiner Rückkehr? Er sagt es selbst, wie er ihn fand, oder besser, wie er ihn empfand. Er, der „die reinsten Anschauungen zu nähren und mitzuteilen suchte, er fand sich zwischen Ardinghello und Franz Moor eingeklemmt!"[54] Er glaubte all' sein Bemühen völlig verloren zu sehen; die Gegenstände zu welchen, die Art und Weise wie er sich gebildet hatte, schienen ihm beseitigt zu sein. Er zog sich in sich und, wie er es nennt, in sein wissenschaftliches

[47] Ebendaselbst. Bd. 36 S. 92 [= wie Anm. 15, S. 92]. Vergleiche Bd. 39 S. 442 [= Johann Wolfgang von Goethe: Sämmtliche Werke, Bd. 39, Stuttgart 1855].

[48] Eckermann. I. S. 176 [= wie Anm. 22, S. 176].

[49] Sämmtliche Werke. Bd. 24 S. 261 [= wie Anm. 41, S. 261].

[50] Ebendaselbst. Bd. 36 S. 92 [= wie Anm. 15, S. 92].

[51] Ebendaselbst. Bd. 36 S. 388.

[52] Alex. Braun. Betrachtungen über die Erscheinung der Verjüngung in der Natur. Leipzig 1851. S. 63.

[53] Die Akademie der gemeinnützigen Wissenschaften in Erfurt ernannte Schiller 1791, Goethe 1811 zu ihrem Mitglied. (Denkschrift der Akademie am Sekulartag ihrer Gründung Erfurt 1854. S. CVIII. CXIX.)

[54] Sämmtliche Werke. Bd. 27 S. 35 [= Johann Wolfgang von Goethe: Sämmtliche Werke, Bd. 27, Stuttgart 1840].

Beinhaus[55] zurück, er lehnte es ab, mit Schiller in ein näheres Verhältnis zu treten, – sein Dichtermund verstummte.

Aber auch Schillers Muse schwieg. Mit *Don Carlos* schien die Dichterlaufbahn geendet. Er hatte sich der Geschichte und mehr noch der Philosophie zugewendet, teils gedrängt durch seine neue Stellung als Professor der Geschichte, teils aus dem inneren Bedürfnis, alte Zweifel seines Geistes zur Entscheidung zu bringen. Denn in der Tat waren sie alt. Als er seine Dissertation schrieb, da schon legte er die Probleme vor, die ihn so lange Jahre beschäftigten. Indem er die geistige Entwicklung des Kindes, des Jünglings und Mannes, ja des ganzen Menschengeschlechtes schildert, wie er sie in schönerer und vollendeter Gestalt später in den allbekannten Lehrgedichten, der Glocke, dem Spaziergang, ausführte, indem er Beispiele des täglichen Lebens, der Physiologie und der Pathologie zusammenbringt, so beweist er die Abhängigkeit des Geistes von dem Körper. Dieser ist der erste Sporn zur Tätigkeit, „Sinnlichkeit die erste Leiter zur Vollkommenheit" und „Vollkommenheit ist die Vermischung der tierischen Natur mit der geistigen."[56] Mit dieser Vorstellung von der Duplizität der menschlichen Natur wandert er hinaus in das stürmische Leben. Die beiden Naturen kämpfen mit einander. Wie kann die Sittlichkeit neben der Sinnlichkeit bestehen? In der *Theosophie des Julius* glaubt er die Vermittlung gefunden zu haben. „Liebe," schreibt er an Raphael, „ist die Leiter, worauf wir emporklimmen zur Gottähnlichkeit."[57] Aber Raphaelbemerkt ihm, dass er mehr dem Bedürfnis seines Herzens, mehr seiner Phantasie folge, als seinem Scharfsinn. Freiheit sei das Gepräge der göttlichen Schöpfung und die Aufgabe des edleren Menschen bestehe darin, in seiner Sphäre selbst Schöpfer zu sein. – Aber mit dieser Schöpfung, mit der Handlung an sich ist das moralische Ideal nicht gegeben, denn die Handlung setzt voraus, dass der Streit zwischen Pflicht und Neigung, zwischen Sittlichkeit und Sinnlichkeit schon entschieden ist. Was soll entscheiden? wie soll der freie Mensch sich bestimmen? wie soll die schöpferische Handlung, und diese war ja für Schiller gleichbedeutend mit Kunstschöpfung, wie soll sie ihre moralische Aufgabe lösen?

Mit dieser Frage kam Schiller an Kant. Der kategorische Imperativ des Königsberger Philosophen fordert immer und jedes Mal das Opfer der Neigung, die Erfüllung der Pflicht; immer muss der moralische Gesichtspunkt dem ästhetischen vorgeordnet sein. Schiller macht sich an eine Untersuchung dieser schwierigen Frage und in seinem berühmten Aufsatz über Anmut und Würde empört er sich gegen die „Härte dieser

[55] Ebendaselbst. Bd. 36 S. 251 [= wie Anm. 15, S. 251].

[56] Schiller über den Zusammenhang der thierischen Natur des Menschen mit seiner geistigen, abgedruckt in Fr. Nasses Zeitschrift für psychische Ärzte. 1820. und 272 [= Friedrich Schiller: Versuch über den Zusammenhang der tierischen Natur des Menschen mit seiner geistigen, in: Zeitschrift für psychische Ärzte 3 (1820) (2) S. 228–283].

[57] Schillers Sämmtliche Werke. Stuttg. und Tüb. 1824. Bd. 11 S. 322 [= Friedrich Schiller: Sämmtliche Werke, Bd. 11, Stuttgart 1824, S. 322].

Moralphilosophie."[58] Denn in einer schönen Seele, deren Ausdruck in der Erscheinung die Grazie ist, finden sich Sinnlichkeit und Vernunft, Pflicht und Neigung in Harmonie; hier besitzt die Natur zugleich Freiheit, Damit näherte sich Schiller um einen großen Schritt Goethe, aber dieser fand darin kein Mittel der Versöhnung, denn noch immer war die große Mutter (Natur) nicht als selbständig, lebendig, vom Tiefsten bis zum „Höchsten gesetzlich hervorbringend betrachtet"[59]; noch immer bildete die schöne Seele" den Ausnahmefall.

Endlich schrieb Schiller die Briefe über die ästhetische Erziehung des Menschen. Aus der Ausnahme entwickelt sich das Gesetz. Das Vorrecht der schönen Seele findet sich der Anlage nach bei jedem Menschen, und es handelt sich nur darum, diese Anlage zu einem wirklichen Vermögen zu entwickeln. Diese höchste aller Schenkungen, diese Schenkung der Menschheit ist der ästhetische Zustand, in welchem sich der sinnliche und der vernünftige Trieb gegenseitig aufheben, beide ihre Nötigung verlieren und eine Freiheit, eine Selbstbestimmung hervorbringen, welche freilich eine Wirkung der Natur und in ihren Entschließungen an Gesetze gebunden ist, aber doch unbeschränkt erscheint, weil diese Gesetze nicht vorgestellt werden[60]. Eine solche Harmonie der sinnlichen und geistigen Kräfte in dem gemischten Wesen des Menschen herzustellen, ist die Aufgabe der ästhetischen Erziehung, der Erziehung zum Geschmack und zur Schönheit. Und kaum hat Schiller diese Aufgabe erkannt, so wird er wieder Dichter, und Goethe schreibt ihm: „Wie uns ein köstlicher, unserer Natur analoger Trank willig herunterschleicht und auf der Zunge schon durch gute Stimmung des Nervensystems seine heilsame Wirkung zeigt, so waren mir diese Briefe angenehm und wohltätig, und wie sollte es anders sein, da ich das, was ich für Recht seit langer Zeit erkannte, was ich teils lobte, teils zu loben wünschte, auf eine so zusammenhängende und edle Weise vorgetragen fand?"[61]

Meisterhaft hat Kuno Fischer diese Krise in wenig Zügen geschildert: „Die geistigen Verwandtschaften, die Schiller am Beginn und Ausgange dieses philosophischen Zeitraumes eingeht, bezeichnen den Charakter des letzteren in einer sehr bedeutsamen Weise. Er steht zuerst unter dem Einfluss eines *Philosophen*, des größten, den die neuere Zeit aufzuweisen hat, dem sie einen völligen Umschwung ihrer wissenschaftlichen Denkweise verdankt. Schiller wird von diesem Einfluss nicht schülerhaft abhängig, aber mächtig ergriffen und angeregt. Und zuletzt ist es nicht mehr der Philosoph, der ihn anzieht,

[58] Sämmtliche Werke. Bd. 17 S. 217 u. 223 [= Friedrich Schiller: Sämmtliche Werke, Bd. 17, Stuttgart 1825, S. 217 u. 223].

[59] Goethes Sämmtliche Werke. Bd. 27 S. 36 [= wie Anm. 54, S. 36].

[60] Schillers Sämmtliche Werke. Bd. 18 S. 102, 105 und 107 [= Friedrich Schiller: Sämmtliche Werke, Bd. 18, Stuttgart 1826, S. 102, 105 und 107].

[61] Briefwechsel zwischen Schiller und Goethe 2te Ausgabe. Stuttgart und Augsburg 1856. I. S. 23 (am 26. Oktober 1794). Vgl. Palleske Schiller. II. S. 230 [= Emil Palleske: Schillers Leben und Werke, Bd. 2, Berlin 1858].

sondern ein *Dichter*, der größte der Welt nach den Alten und Shakespeare. Jetzt bewundert er von ganzer Seele diesen Dichter, den er vorher lieber vermieden als gesucht hat, dem er vorher sich fremd fühlte; Jetzt erst hat er gelernt, ihn zu verstehen und lieben. Zuerst wäre er beinahe der Schüler jenes Philosophen geworden; zuletzt wird er der Freund dieses Dichters. Der Philosoph ist *Kant*, der Dichter ist *Goethe*. Und zwischen diesen beiden so verschiedenartigen Größen, von denen der eine die menschliche Natur mit kritischem Scharfsinn zerlegt, während sie der andere in ihrer Lebensfülle dichtet, steht Schiller in einer beweglichen Mitte: er durchmisst den geistigen Zwischenraum, der jene beiden trennt; er geht, indem er philosophiert, von Kant zu Goethe."[62]

Dieser Abschluss fällt in den Herbst des Jahres 1794, aber schon in dem Frühjahr hatten sich die beiden Dichter persönlich gewonnen und gewiss war dieses Verhältnis nicht ohne Einfluss auf das endliche Hinausphilosophieren Schillers aus der Philosophie. Goethe selbst bezeugt es ausdrücklich, dass er es der Metamorphose der Pflanzen zu verdanken habe, dass sich auf einmal, alle seine Wünsche und Hoffnungen übertreffend, das Verhältnis zu Schiller entwickelte, das er zu den höchsten zählte, die ihm das Glück in späteren Jahren bereitete. Er war nach Jena gekommen und hatte in der dortigen naturforschenden Gesellschaft einen Vortrag des Professors der Botanik, Batsch gehört. Beim Hinausgehen führte ihn der Zufall an die Seite Schillers, der sich über die zerstückelte Art, in welcher der Vortragende die Natur behandelte, tadelnd ausließ. Goethe erwiderte ihm, dass in der Tat eine Weise gebe, die Natur nicht gesondert und vereinzelt vorzunehmen, sondern sie wirkend und lebendig, aus dem Ganzen in die Teile strebend, darzustellen. Das Gespräch wurde lebendiger, Goethe trat mit in Schillers Haus um ihm die Metamorphose der Pflanze zu erläutern, er entwarf ihm plastische Schemata, und der Philosoph, der einst in der Anatomie den Preis gewonnen hatte, verstand ihn besser, als die Gelehrten vom Fach. Einen Augenblick schien alles wieder in Frage gestellt, da Schiller ausrief: „Das ist keine Erfahrung, das ist eine Idee."[63] In Goethe, der ausdrücklich behauptete, er habe für Philosophie im eigentlichen Sinne kein Organ[64], begann sich trotz seiner Anerkennung für Kant[65] der alte Groll zu regen. Aber der schlimme Augenblick ging vorüber, und als sich die beiden Männer trennten, da war das Siegel von beider Mund genommen und das entzückte Vaterland durfte

[62] Kuno Fischer. Schiller als Philosoph. Frankf. a. M. 1858. S. 7.

[63] Wie hatte sich Goethe verändert, als er später seine Forschungen nach dem tierischen Typus schilderte: „Ich trachtete das Urtier zu finden, das heißt denn doch zuletzt: den Begriff, die Idee des Tieres." (Sämmtl. Werke. Bd. 36 S. 14).

[64] Sämmtliche Werke. Bd. 40 S. 418 [= wie Anm. 16, S. 481].

[65] Eckermann. I. S. 353 [= wie Anm. 22, S. 353]. „Die Unterscheidung des Subjekts vom Objekt, und ferner die Ansicht, dass jedes Geschöpf um sein selbst willen existiert und nicht wie der Korkbaum gewachsen ist, damit wir unsere Flaschen pfropfen können, dieses hatte Kant mit mir gemein und ich freute mich, ihm hierin zu begegnen."

wieder den Gedichten seiner neu zurückgewonnenen, mit edlerer Kraft ausgerüsteten Sänger lauschen. Schiller erzeugte jetzt jene Reihe von Meisterwerken, welche ihn zum größten dramatischen Dichter unseres Volkes erhoben haben; Goethe sagt in seiner stillen und ruhigen Weise: „Für mich insbesondere war es ein neuer Frühling, in welchem alles froh neben einander keimte und aus aufgeschlossenen Samen und Zweigen hervorging."[66]

Das ist der Anteil, den die Naturwissenschaft an der Errichtung der schönsten Säulen deutschen Dichtertums hat. Nicht nur, dass sie den beiden Dichtern jene breite Grundlage der Naturkenntnis, jene Fähigkeit der anatomischen Analyse auch der zusammengesetztesten Erscheinungen des körperlichen und geistigen Lebens gab, sondern sie brachte ihnen auch das Mittel der Einigung. Und diese Einigung ging nicht wieder verloren[67], trotzdem dass Goethe nachher noch tiefer, als vorher, in das eigentlich anatomische Wesen eindrang. Denn es war ja das Gesetz, welches beide suchten in der Natur, wie in der Kunst, gleichweit abgewendet von der Willkür der Dichterlinge und von der Botmäßigkeit der Frömmler.

Goethe hat die echt humanistische Richtung, in der seine Natur angelegt war, mit Bewusstsein entwickelt. 1796 schreibt er an einen Künstler: „Gehen Sie so genau zu Werk, als es Ihre Natur erheischt, seien Sie in dem, was Sie nachbilden, so ausführlich, um sich selbst genug zu tun, wählen Sie nach eigenem Gefühl, wenden Sie die nötige Zeit auf und denken Sie immer: dass wir nur eigentlich für uns selbst arbeiten. Kann das jemand in der Folge gefallen oder dienen, so ist es auch gut. *Der Zweck des Lebens ist das Leben selbst.* In diesem Sinne bereit' ich mich auch vor, und wenn wir nach *Innen* das Unsrige getan haben, so wird sich das nach Außen von selbst geben."[68] und sehr richtig schließt er: „Alle Philosophie über die Natur ist doch nur Anthropomorphismus, d. h. der Mensch, Eines mit sich selbst, teilt allem, was er nicht ist, diese Einheit mit, zieht es in die seinige herein, macht es mit sich selbst eins."[69]

Goethe kehrte zu seinen Studien über vergleichende Anatomie zurück, als gegen Ende des Jahres 1795 die Gebrüder Humboldt in Jena erschienen.

[66] Sämmtliche Werke. Bd. 27 S. 38 [= wie Anm. 54, S. 38].

[67] Sämmtliche Werke. Bd. 39 S. 459 [= wie Anm. 47, S. 459]. An dieser Stelle bezeugt Goethe ausdrücklich, dass Schillers Einfluss auch später seine Naturbeobachtungen förderte.„Wenn ich manchmal auf meinem beschaulichen Wege zögerte, nötigte er mich durch seine reflektierende Kraft vorwärts zu eilen und riss mich gleichsam an das Ziel wohin ich strebte." Und wie freundlich ist der Zuspruch Schillers, wenn er 1796 schreibt (Briefwechsel I. S. 239) [= wie Anm. 61, S. 239]: „Ich freue mich, wenn Sie mir Ihre neuen Entdeckungen in der Morphologie mitteilen; die poetische Stunde wird schon schlagen." Vergl. Goethes Werke. Bd. 27 S. 495 [= wie Anm. 54, S. 495], wo es von ihnen beiden heißt: „Selten ist es aber, dass Personen gleichsam die Hälften voneinander ausmachen, sich nicht abstoßen, sondern sich anschließen und einander ergänzen."

[68] Riemer. S. 24 [= Friedrich Wilhelm Riemer, Hg.: Briefe von und an Goethe. Desgleichen Aphorismen und Brocardia, Leipzig 1846, S. 24].

[69] Ebendaselbst. S. 316.

Insbesondere war es Alexander, „dessen großer Rotation in physikalischen und chemischen Dingen er nicht widerstehen konnte“[70]; durch ihn ward er bestimmt, sowohl seine Methode der Untersuchung, als auch sein Grundschema der vergleichenden Knochenlehre zu Papier zu bringen.[71] Denn dieses sind die wichtigsten Errungenschaften, welche der Dichter der Wissenschaft vom tierischen Leben hinterlassen hat, nicht jene, freilich viel mehr bekannte, schon 1786 geschriebene Abhandlung über den Zwischenkiefer.[72] Es beschränken sich diese Untersuchungen wesentlich auf die Knochen der Säugetiere und einzelne Verhältnisse der Insekten. Zwar fing er 1796 an, „die Eingeweide der Tiere näher zu betrachten,“ auch Fische und Würmer zu untersuchen[73], jedoch kam er hier zu keinem tieferen Erfolg. Der Knochenbau des Menschen dagegen erregte anhaltend seine ganze künstlerische Teilnahme. Schon 1791 schreibt er an Heinr. Meyer: „auf einen Kanon männlicher und weiblicher Proportion loszuarbeiten, die Abweichungen zu suchen, wodurch Charaktere entstehen, das anatomische Gebäude näher zu studieren und die schönen Formen, welche die äußere Vollendung sind, zu suchen, dazu habe ich von meiner Seite Manches vorgearbeitet.“[74] Derselbe Gedanke, der ihn bei der Untersuchung der Pflanzenmetamorphose geleitet hatte, war auch hier sein Führer: das Ganze aus der genauesten Erkenntnis des Einzelnen zu begreifen und das allgemeine Gesetz, den Typus aus den Beziehungen und Gestaltungen dieses Einzelnen während der Bildung des Ganzen zu erfassen. So ward er, wenn auch nicht der Erfinder, so doch der selbständige Mitbegründer jener Methode, welche man die *genetische* genannt hat, einer Methode, welche in ihrer Anwendung auf die Entwicklungsgeschichte schon vor ihm durch Caspar Friedrich Wolff geübt war[75], welche jedoch durch Goethe eine ungeahnte Ausdehnung und eine allgemeine Anerkennung erlangt hat[76], und welche schon durch ihn sogar auf die Deutung pathologischer Dinge angewendet wurde.[77]

Dass ein Mann, der außerhalb der Gilde stand, einen solchen Einfluss in einer Erfahrungswissenschaft, in welche er „als Freiwilliger hineinkam“[78], gewinnen konnte, ein Mann, den man vielleicht als Laien oder Dilettanten

[70] Riemer. Briefe von und an Goethe. S. 50 [= wie Anm. 68, S. 50]. Vergl. Briefwechsel mit Schiller. I. S. 301) [= wie Anm. 61, S. 301].

[71] Sämmtliche Werke. Bd. 27 S. 41, 62 u. 214 [= wie Anm. 54, S. 41–46 u. 214]. Bd. 36, S. 256 [= wie Anm. 15, S. 256].

[72] Sämmtliche Werke. Bd. 36 S. 223[= wie Anm. 15, S. 223]. Ferner Beilage III.

[73] Briefwechsel mit Schiller. I. S. 234 u. 262 [= wie Anm. 61, S. 234 u. 262].

[74] Riemer. Briefe von und an Goethe. S. 9 [= wie Anm. 68, S. 9].

[75] Sämmtliche Werke. Bd. 36 S. 105 [= wie Anm. 15, S. 105].

[76] Siehe Beilage IV.

[77] Sämmtliche Werke. Bd. 27 S. 69 u. 320. Bd. 26 S. 92 [= wie Anm. 54, S. 69 u. 320]. Bd. 37 S. 46 [= Johann Wolfgang von Goethe: Sämmtliche Werke, Bd. 37, Stuttgart 1840, S. 46].

[78] Sämmtliche Werke. Bd. 40. S. 15 [= wie Anm. 16, S. 15].

bezeichnen möchte, das könnte leicht den Schein erregen, als sei es dem Genie gestattet, auch das Fernste mit sicherer Hand ohne Mühe zu erreichen. Es verlohnt sich also wohl die Frage, ob ein solcher Erfolg wirklich mühelos, gleichsam durch Seherkraft erreicht wurde; es verlohnt sich das umso mehr, als Goethe selbst über seine Anregungen zur Anatomie wenig zusammenhängenden Aufschluss gegeben hat.

Erinnern wir uns zunächst, dass eine andere Zeit in Deutschland war, als jetzt. Wie einst in Italien am Hofe der Medici, so war in der zweiten Hälfte des achtzehnten Jahrhunderts ein offener Sinn für wissenschaftliche und künstlerische Bestrebungen an manchen Höfen und in der guten Gesellschaft. Der Kurfürst von Mainz und der Landgraf zu Kassel sammelten um sich Naturforscher ersten Ranges, unter denen Georg Forster und Sömmerring vor allen zu nennen sind; selbst der kleine Hof zu Münster konnte der Anatomie nicht entbehren und die fromme Fürstin Galizin wendete sich um seltene anatomische Präparate von Lymphgefäßen, vom Auge usw. an berühmte Anatomen.[79] Nirgends aber fanden solche Bestrebungen mehr Anerkennung als am Hofe von Weimar. Die Herzogin Amalie, welche selbst porträtierte, bemühte sich sorgfältig, in die Ansichten Campers über den menschlichen Kopf einzubringen.[80] Der Herzogin Louise, deren lebhaftestes Interesse für die Farbenlehre erwacht war[81], hat Goethe in dankbarster Erinnerung sein optisches Werk gewidmet. Carl August selbst war bis zu seinem Tode ein Freund der Naturwissenschaften und gewiss gibt es Weniges, was rührender ist, als die Schilderung, welche Humboldt von seinen letzten Tagen gegeben hat. Als er schon sehr schwach war, bedrängte Carl August den vielerfahrenen Mann mit den schwierigsten Fragen über Physik, Astronomie, Meteorologie und Geognosie, über Durchsichtigkeit der Kometenferne usw. Dann wendeten sich seine Gedanken, auf religiöse Dinge. „Er klagte über den ein reißenden Pietismus und den Zusammenhang dieser Schwärmerei mit politischen Tendenzen nach Absolutismus und Niederschlagen aller freien Geistesregungen. Dazu sind es unwahre Bursche, rief er aus, die sich dadurch den Fürsten angenehm zu machen glauben, um Stellen und Bänder zu erhalten! Mit der poetischen Vorliebe zum Mittelalter haben sie sich eingeschlichen.“[82]

Ein Fürst, der dem Tode nahe so sprechen konnte, musste wohl eine starke Stütze in kräftiger Jugend und Mannesalter sein. Aber so offenen Blickes waren nicht bloß die Fürsten und die Großen, sondern die gebildete Welt im Großen nahm an allen Vorgängen der Wissenschaft Anteil. Der Umstand, dass große

[79] Briefe an Sömmerring in S.s Leben und Verkehr mit seinen Zeitgenossen von Rud. Wagner. Leipz. 1844. I. S. 75 [= Rudolph Wagner: Samuel Thomas von Soemmerrings Leben und Verkehr mit seinen Zeitgenossen, Leipzig 1844].

[80] Mercks Briefwechsel. S. 422 [= wie Anm. 11, S. 422].

[81] Sämmtliche Werke. Bd. 39. S. 459 [= wie Anm. 47, S. 459].

[82] Eckermann. III. S. 260 [= wie Anm. 21, S. 260].

Ärzte, wie Tissot, Haller, Unzer, Zimmermann durch populäre Schriften auf die allgemeine Bildung bestimmenden Einfluss gewannen[83], war von großer Bedeutung. Goethe selbst hatte in seiner Vaterstadt eines der glänzendsten Beispiele in Senckenberg, der das noch jetzt blühende Institut mit Hospital, Museen, botanischem Garten und anatomischer Anstalt gründete.[84] Auf der Universität in Leipzig geriet Goethe sofort in medizinische Umgebungen. In dem Schönkopfischen Kreise fand er den jüngeren Kapp, einen später berühmten Arzt.[85] Seinen Mittagstisch hatte er bei Hofrat Ludwig[86], einem medizinischen und botanischen Polyhistor, und „die Gesellschaft bestand in lauter angehenden oder der Vollendung näheren Ärzten," so dass er in diesen Stunden gar kein anderes Gespräch, als von Medizin oder Naturhistorie hörte. Die Namen Haller, Linné, Buffon wurden mit großer Verehrung häufig genannt. Auch die Physik ließ er sich (bei Winckler) „wie ein anderer vortragen und die Experimente vorzeigen."[87] Nach Frankfurt krank zurückgekehrt, führte ihn eine wunderliche Neigung zur Chemie, oder besser gesagt, zur Alchimie, er ließ sich insbesondere mit dem Kompendium des großen Holländers Boerhaave, der Hallers Lehrer gewesen war, ein und kam so auch auf die medizinischen Aphorismen desselben[88], dasjenige Buch, welches noch lange nachher die Grundlage des medizinischen Unterrichts in ganz Deutschland gebildet hat und welches durch die Kommentarien eines Mitschülers von Haller, van Swietens, zugleich der Mittelpunkt für das gesamte praktisch-medizinische Wissen der Zeit geworden ist.

So vorbereitet kam Goethe im Frühjahr 1770 nach Straßburg. Die alte Reichsstadt, obwohl damals fast schon seit einem Jahrhundert durch wälschen Verrat und habsburgische Schwäche von Deutschland losgerissen, hatte ihren deutschen Charakter noch ganz bewahrt, ja das Elsass bot dem jungen Dichter einen solchen Schatz treu gehegter Volkslieder, dass ihre Sammlung mit den Grund gelegt hat zu dem neuen Aufschwung, welchen diese Art der Dichtung durch Goethe und seine Freunde, insbesondere bei der durch ihn hervorgerufenen[89] romantischen Schule gefunden hat.

Straßburg war von jeher ein Hauptsitz deutscher Bildung. Denn gerade hier näherte sich ja schon zur Zeit des weströmischen Reiches alte klassische Kultur dem neu aufgeschlossenen Land der Alemannen und hier ward frühe

[83] Sämmtliche Werke. Bd. 21. S. 75 [= Johann Wolfgang von Goethe: Sämmtliche Werke, Bd. 21, Stuttgart 1855, S. 75]: vergl. S. 225.

[84] Sämmtliche Werke. Bd. 20. S. 90. [= Johann Wolfgang von Goethe: Sämmtliche Werke, Bd. 20, Stuttgart 1840, S. 90]. Bd. 26. S. 287 [= Johann Wolfgang von Goethe: Sämmtliche Werke, Bd. 26, Stuttgart 1840, S. 287].

[85] O. Jahn Goethes Briefe an Leipziger Freunde. Leipzig 1849. S. 33 [= Goethes Briefe an Leipziger Freunde, hg. v. Otto Jahn, Leipzig 1849, S. 33].

[86] Sämmtliche Werke. Bd. 21. S. 50 [= wie Anm. 83, S. 50]. Jahn a. a. O. S. 26.

[87] Ebendaselbst. Bd. 39. S. 445 [= wie Anm. 47, S. 445].

[88] Ebendaselbst. Bd. 21. S. 159 [= wie Anm. 83, S. 159].

[89] Eckermann. II. S. 203 [= wie Anm. 19, S. 203].

ein fester Herd für das Christentum geschaffen. Schon im zehnten Jahrhundert wird ein Hospital erwähnt.[90] Nach und nach wächst die Zahl der Krankenanstalten und unmittelbar nach der Reformation finden wir hier die ersten wissenschaftlichen Chirurgen Deutschlands, deren Handbücher in zahlreichen Auflagen und Übersetzungen durch ganz Europa verbreitet wurden. Der Chirurg bedarf aber notwendig der genauesten Kenntnis der Anatomie und so findet sich seit 1566 eine immer sorgfältiger geleitete anatomische Schule[91], welche bald so berühmt wurde, dass noch nach der Zeit, von der wir hier reden, die Anatomen in Deutschland von Straßburg verschrieben wurden.[92] Es begreift sich daher leicht, dass auch Goethes Gesellschaft sich stark aus jungen Medizinern zusammensetzte. Man kennt die Tischgesellschaft aus Dichtung und Wahrheit.[93] Der würdige Aktuarius Salzmann, unter dessen Vorsitz man tagte und der durch seine praktisch-religiöse Richtung einen so nachhaltigen sittlichen Einfluss auf Goethe geübt hat, stammte aus einer alten medizinischen Familie, welche der Fakultät drei Professoren geliefert hatte[94], und in der von ihm gestifteten gelehrten Übungsgesellschaft fehlte es nie an Medizinern.[95] Gerade zu Goethes Zeit bildeten diese unter den Tischgenossen die Mehrzahl. Diese sind“, sagt er, „die einzigen Studierenden, die sich von ihrer Wissenschaft, ihrem Metier, auch außer den Lehrstunden mit Lebhaftigkeit unterhalten. Es liegt dieses in der Natur der Sache. Die Gegenstände ihrer Bemühungen sind die sinnlichsten und zugleich die höchsten, die einfachsten und die kompliziertesten. Die Medizin beschäftigt den ganzen Menschen, weil sie sich mit dem ganzen Menschen beschäftigt. Alles, was der Jüngling lernt, deutet sogleich auf eine wichtige, zwar gefährliche, aber doch in manchem Sinn belohnende Praxis.“[96] An Goethes Tische saßen Meyer von Lindau (später Arzt in London), der bei Tisch die Vorträge der Professoren in komischer Weise wiederholte, ferner der spöttische Waldberg von Wien und der Elsässer Melzer, und bald langte

[90] Ferd. Walter Corp. juris germanici antiqui. Berol. 1824. T. III. p. 793 [= Ferdinand Walter, Hg.: Corpus juris germanici antiqui, Bd. 3, Berlin 1824, S. 793]. Vergl. mein Archiv für pathol. Anatomie und Physiol. 1860. Bd. 19. S. 46.

[91] Michel Essai sur la chirurgie de Strasbourg. Strasb. 1855. p. 4 [= Jean-Simon Michel: Essai sur la chirurgie de Strasbourg, Straßburg 1855, S. 4].

[92] 1779 schreibt Forster an Sömmerring aus Kassel: „Der Landgraf habe sich sagen lassen, in Straßburg und Frankreich würden die besten Zergliederer gebildet, zu dem Ende habe man sich den Dr. Petri (den niemand in der literarischen Welt kenne) verschrieben.“ Später sagt er:„Petri oder ein ähnlicher armer Schinder.“ (Sömmerrings Leben von Wagner. I. S. 122) [= wie Anm. 79, 1. Abt., S. 122].

[93] Sämmtliche Werke. Bd. 21. S. 178.

[94] Aug. Stöber Der Actuar Salzmann. Frankf. a. M. 1855. S. 12. Michel p. 19 [= Jean-Simon Michel: Essai sur la chirurgie de Strasbourg, Straßburg 1855, S. 19].

[95] Stöber gedenkt aus dem Jahre 1763–64 des nachher so berühmten O. Fr. Müller und aus 1776 des späteren Marburger Professors Michaelis (S. 22. 86).

[96] Sämmtliche Werke. Bd. 21. S. 180 [= wie Anm. 83, S. 180].

der Sonderling Jung Stilling in Gesellschaft eines älteren Chirurgus an, der seine Kenntnisse wieder auffrischen wollte.[97] Ein wunderbares Gemisch von Charakteren und eine sonderbare Unterhaltung muss es gewesen sein. Goethe saß gegen Stilling über, und „er hatte“, wie letzterer sagt, „die Regierung am Tische, ohne dass er sie suchte.“

Aber so bunt die Tischgesellschaft, so mannichfaltig waren auch die Interessen, welche in Goethe wachgerufen wurden. „Die Jurisprudenz“, schreibt er, „fängt an, mir sehr zu gefallen. So ist's doch mit allem, wie mit dem Merseburger Bier, das erste Mal schauert man, und hat man's eine Woche getrunken, so kann man's nicht mehr lassen. Und die Chemie ist noch immer meine heimliche Geliebte.“[98] Von Jung wird berichtet, dass er vorzüglich Goethe veranlasst habe, die medizinischen und naturwissenschaftlichen Vorlesungen zu besuchen.[99] Mit dem zweiten Semester hörte er Chemie bei Spielmann, Anatomie bei Lobstein[100], unter dessen Anleitung er später auch die Klinik besuchte und dessen „schöne hippokratische Verfahrungsart“ ihm endlich auch seinen Abscheu gegen die Kranken ganz überwinden half.[101] Später ging er auch in das Klinikum von Ehrmann dem Vater und in die geburtshilflichen Vorlesungen seines Sohnes.[102] Am meisten aber wirkte auf ihn Joh. Friedr. Lobstein, einer der ersten Anatomen und Chirurgen der Zeit, dessen Ruhm viele Fremde heranlockte. So erschien auch Herder; um sich von dem Manne, der ein eignes geschätztes Instrument zur Operation der Tränenfistel erfunden hatte[103], heilen zu lassen. Die Kur zog sich lange hin, aber sie gab Goethe die Gelegenheit zu einer innigen Bekanntschaft mit Herder, dessen milde theologische Anschauung und dessen weitgreifende Gedanken über die Entwicklung der Menschheit ihn noch lange Jahre hindurch vielfach leiteten und bestimmten.[104] Das von Schöll herausgegebene Tage- oder Notizbuch Goethes aus dieser Zeit gibt uns einen Einblick in die mannigfaltigen Anregungen und Beschäftigungen, die ihm hier zukamen[105] und die bis in seine späteste Zeit nachwirkten. Die Erzählung von den anatomischen Studien Wilhelms, welche sich in dem Schlusse der Wanderjahre findet, und

[97] Joh. Heinr. Jungs genannt Stilling Lebensgeschichte. Stuttgart 1835. S. 270.

[98] Brief an Fräulein von Klettenberg 26. Aug. 1770 Schöll Briefe und Aufsätze von Goethe aus den Jahren 1766–86. Weimar 1846. S. 46 [= Briefe und Aufsätze von Goethe aus den Jahren 1766 bis 1786, hg. v. Adolf Schöll, Weimar 1846, S. 46].

[99] Stöber a. a. o. S. 122.

[100] Sämmtliche Werke. Bd. 21. S. 181 [= wie Anm. 83, S. 181].

[101] Ebendaselbst. Bd. 22. S. 4 [= wie Anm. 18, S. 4]. Vergl. das Urteil über Zimmermann Sämmtliche Werke. Bd. 22. S. 257.

[102] Ebendaselbst. Bd. 21. S. 197.

[103] Michel. p. 46 [= wie Anm. 94, S. 46].

[104] Sämmtliche Werke. Bd. 21. S. 234. 240 [= wie Anm. 83, S. 234. 240]. Bd. 36. S. 14 [= wie Anm. 15, S. 14]. Bd. 27. S. 37[= wie Anm. 54, S. 37].

[105] S. Beilage V.

die Beziehung, in welche diese Studien zu der Chirurgie gesetzt werden[106], hat ganz deutlich die Straßburger Erinnerungen zur Grundlage. Nirgends freilich ist die Beziehung so unmittelbar, als im Faust, der nachweisbar aus der Anschauung des Puppenspiels in Straßburg hervorging[107] und der uns den jungen Dichter zeigt, wie er, nachdem er alle Fakultäten durchwandert, wieder zu seiner mystischen Geliebten, der Alchemie zurückkehrt, um die „Wahlverwandtschaften" der Körper, die Symbole, vielleicht die Träger der Wahlverwandtschaften der Geister, zu schauen.[108]

Drum hab' ich mich der Magie ergeben.

Man muss diese schönen Tage des Studentenlebens im Elsass kennen, wenn man die ganze Innigkeit der Zueignung verstehen will, welche dem *Faust* vorangestellt ist.

Gleich einer alten halbverklungnen Sage,
Kommt erste Lieb' und Freundschaft mit herauf.

Vorüber! vorüber! Aber aus dem Schmerz der Trennung rang sich die wahrhaft physiologische Erkenntnis los, *das Rechte sei das, was uns, unserer Natur, dem Gesetz unseres Wesens gemäß ist*).[109] Aus den Banden der Mystik hob sich frei der Realist, der Humanist empor, und als er 1775 die berühmte Rheinreise mit Basedow und Lavater machte,

Prophete rechts, Prophete links,
Das Weltkind in der Mitte,

da war in ihm der ästhetische Zustand für immer gefunden. Der mystische Züricher Diakonus hat das Verdienst, ihm, wie später Gall[110], eine nächste Brücke zur Fortsetzung seiner Naturstudien geboten zu haben, denn Goethe ward der eifrigste Mitarbeiter an dem großen physiognomischen Werke Lavaters, zu dem er zahlreiche Zeichnungen, besonders von Tierköpfen, Gedicht und Text geliefert hat.[111] Die Physiognomik führte zur

[106] Sämmtliche Werke. Bd. 19. S. 18 [= Johann Wolfgang von Goethe: Sämmtliche Werke, Bd. 19, Stuttgart 1840, S. 18]. Die weitere Entwicklung der an dieser Stelle ausgesprochenen Gedanken findet sich in einem Schreiben an Beuth über plastische Anatomie. Sämmtliche Werke. Bd. 32. S. 321 [= Johann Wolfgang von Goethe: Sämmtliche Werke, Bd. 32, Stuttgart 1840, S. 321].

[107] Schöll a. a. o. S. 13. Stöber S. 11.

[108] Wegen der Elsässer Beziehungen der Wahlverwandtschaften. Vgl. Stöber. S. 1.

[109] „Jeder geht in der aufsteigenden Linie seiner Ausbildung fort, so wie er angefangen." Eckermann. I. S. 220.

[110] Riemer. Briefe an und von Goethe. S. 300. Die Anwesenheit des berühmten Phrenologen in Weimar fällt in 1806.

[111] Sämmtliche Werke. Bd. 25 S. 195. Vergl. Bd. 22 S. 372. Eckermann. II. S. 70.

Knochenlehre[112], nicht bloß zum Zwischenkiefer, sondern auch zur Wirbeltheorie des Schädels, und wenn es mir gelungen ist, durch die genauere Darlegung des Einflusses, welchen die Wirbelkörper des Schädelgrundes auf die Bildung und Anordnung der Knochen nicht bloß des Schädels, sondern auch des Gesichts ausüben, die Ahnungen Lavaters von der Bedeutung der starren architektonischen Grundlagen des Knochenbaues für die künstlerische und physiognomische Auffassung zur Klarheit zu entwickeln, so verdanke ich es wesentlich der Anwendung jener genetischen Methode und der weiteren Entwicklung jener Wirbeltheorie, die Goethe geschaffen hat.[113]

Ich sage geschaffen, denn ich halte die Bedenken, welche der sonst so gerechte Lewes in diesem Punkte gegen die Prioritäts-Ansprüche Goethes zugelassen hat[114], und welche die meisten Naturforscher in dieser oder jener Weise teilen, nicht für gerechtfertigt. Weder Peter Frank noch Oken können das Recht in Anspruch nehmen, die Entdeckung der Wirbeltheorie des Schädels gemacht zu haben.[115] Die Zeit der Entdeckung ist durch den, erst in der neuesten Zeit bekannt gewordenen Briefwechsel Goethes mit der Familie Herder sicher festgestellt, und alle Anschuldigungen, besonders Okens, sind dadurch endgültig widerlegt. Unter dem 4. Mai 1790 schreibt Goethe aus Venedig an Herders Gattin: „Durch einen sonderbar glücklichen Zufall, dass Goethe (sein Diener) zum Scherz auf dem Judenkirchhofe ein Stück Tierschädel aufhebt und ein Späßchen macht, als wenn er mir einen Judenkopf präsentierte, bin ich einen großen Schritt in der Erklärung der Tierbildung vorwärts gekommen."[116] Dies war der zerschlagene Schöpfenkopf, an dem sich augenblicklich der Ursprung des Schädels aus Wirbelknochen offenbarte und damit das Geheimnis der knöchernen Grundlage des nachmals sogenannten „Wirbeltieres" erschloss.[117]

Pouchet hat geglaubt, diese Epoche machende Entdeckung auf jene wunderbare Faustfigur des 13. Jahrhunderts, Albertus Magnus, der eine Zeit lang Bischof in Regensburg war, zurückführen zu können.[118] Bei der genauesten Durchsicht des Tierbuches, welches uns der große Predigermönch hinterlassen hat, habe ich keine Stelle der Art aufgefunden. Goethe hat das wichtige Gesetz erkannt, nicht auf fremde Anregung, sondern aus eigenem Drange des Forschens. Wie er schon bei seiner ersten italienischen Reise von der Physiognomik zur Kunst fortschritt, so ist er nachher von da zur Wissenschaft gegangen, um den geheimnisvollen Bau des menschlichen

[112] Siehe Beilage VII.

[113] Siehe Beilage VII.

[114] G. H. Lewes The life and works of Goethe. Leipz. 1858. II. p. 135 sq.

[115] Siehe Beilage VIII.

[116] Aus Herders Nachlaß. I. S. 121 [= Aus Herders Nachlaß, hg. v. Heinrich Düntzer u. Johann Gottfried von Herder, Bd. 1, Frankfurt a. M. 1857, S. 121].

[117] Sämmtliche Werke. Bd. 40 S. 447 u. 527.

[118] Siehe Beilage IX.

Kopfes zu ergründen. In Rom stand er in künstlerischer Bewunderung vor dem Schädel Raphaels in der Akademie Luca[119]; in Weimar fiel ihm die schwerere Aufgabe zu, den Schädel Schillers, der mit anderen zusammen in einer Gruft gefunden ward[120], wieder zu bestimmen und so noch über das Grab hinaus den geliebten Freund zu schützen, den er so lange überlebte. Wie rührend ist der Gesang des Greises, als er das tote Gebein ergreift:

Geheim Gefäß! Orakelsprüche spendend,
Wie bin ich wert dich in der Hand zu halten?

Das war im Jahre 1826. Noch stand der 77jährige Mann ungebeugt da. Aber auch seine Sonne neigte sich zum Niedergang. Längst waren die Tage vorüber, wo er mitten im Winter zu Pferd den Harz durchstreifte, von süßer Frauen Lieb‘ geleitet. Damals sang er:

Umgib mit Wintergrün,
Bis die Rose wieder heranreift,
Die feuchten Haare,
Liebe, deines Dichters!

Jetzt deckte des Lorbeers ewiger Schmuck das kühlere Haupt. Die Geschicke dieser Welt erschütterten ihn wenig mehr. Die Julirevolution hatte eine alte Dynastie auf immer von dem Tron geworfen. Eckermann besuchte ihn am Tage, wo diese Nachricht in Weimar anlangte. „Nun!“ rief Goethe ihm beim Eintritte entgegen, was denken Sie von dieser großen Begebenheit? Der Vulkan ist zum Ausbruch gekommen; Alles steht in Flammen, und es ist nicht ferner eine Verhandlung bei geschlossenen Türen!“

Und als sich Eckermann unwillig über das französische Ministerium, das an allem Schuld sei, äußerte, da sagte der alte Naturforscher: „Wir scheinen uns nicht zu verstehen. Ich rede gar nicht von jenen Leuten; es handelt sich bei mir um ganz andere Dinge! Ich rede von dem in der Akademie zum öffentlichen Ausbruch gekommenen, für die Wissenschaft so höchst bedeutenden Streit zwischen Cuvier und Geoffroy-St. Hilaire.“[121]

Geoffroys Streit war Goethes Streit. Denn der berühmte Verfasser der *Philosophie anatomique* hatte es übernommen, die Methode des deutschen Dichters in Frankreich zur Geltung zu bringen. Ihm gegenüber stand der größte lebende Kenner des Tierreiches, Georges Cuvier, ein alter Eleve der Karlsschule zu Stuttgart, der den wissenschaftlichen Ernst von Kielmeyer gelernt hatte. Und dieser wieder war ein junger, wenig beachteter Mensch

[119] Sämmtliche Werke. Bd. 24 S. 261 u. 290.

[120] Palleske. II. S. 415 [= Emil Palleske: Schillers Leben und Werke, Bd. 2, Berlin 1858, S. 415].

[121] Eckermann. III. S. 339 [= wie Anm. 21, S. 339]. Vgl. 353.

gewesen, als sein Mitschüler Schiller die Akademie verließ. Geoffroy und Cuvier – beide kämpften mit Waffen, in deutschem Feuer gehärtet.[122]

Da hielt es den alten Helden nicht länger. Noch einmal fasste er den Griffel und schrieb mit sicherer Hand das Urteil über die Prinzipien der Philosophie des Tierlebens. Galt es doch, den philosophischen Denker gegen die herbe Kritik des strengen Forschers zu schirmen. Und noch ein zweites Mal – es vergingen dazwischen zwei Jahre – setzte er an und entrollte ein Gemälde von dem Entwicklungsgange der wissenschaftlichen Zoologie, wie er selbst ihn mitgemacht hatte. Seine großen Zeitgenossen, die nun alle dahingegangen waren, die Führer in Anatomie und Zoologie ließ er, wie ein Feldherr, vor dem Auge seines Geistes vorüberziehen. Da kam der edle Graf Buffon, dessen Naturgeschichte in demselben Jahre erschienen war, da Goethe geboren ward. Da kam Daubenton, dessen Forscherblick zuerst die Verbindung des Schädels mit der Wirbelsäule schärfer erfasste. Da Petrus Camper, der würdige Holländer, der den Gesichtswinkel entdeckt. Da erschienen die Freunde, Thomas Sömmerring und Merck, die treuesten Helfer in den Tagen der Jugend.

Die Heerschau ging zu Ende. Der lorbeergeschmückte Feldherr durfte sich den hohen Verblichenen ebenbürtig erachten. Und so schrieb er das Datum unter die Schrift:

Weimar, im März 1832.

Danach schrieb er nichts mehr. Am 22. März schaute sein Auge dieses Licht zum letzten Mal. Und sein letztes Wort war: Mehr Licht!

[122] Siehe Beilage X.

William Crawford Williamson: On Goethe as Botanist and Osteologist (1890)

Vita – Abstract

William Crawford Williamson (24. November 1816 Scarborough – 23. Juni 1895 London) veröffentlichte botanische Arbeiten bereits vor seinem Studium der Medizin in London, das er 1841 mit einer Arbeit über fossile Tiere abschloss, um dann in Manchester erfolgreich ärztlich tätig zu sein, was er bis zu seinem Lebensende fortsetzte. 1851 wurde er als Professor für Naturgeschichte an das neu gegründet 'Owens College' berufen und unterrichtete dort Geologie (Meeresablagerungen), Botanik (Kugelalgen) und Zoologie (Zähne und Knochen der Fische). Williamson behandelte Themen der Geologie, Botanik und Zoologie, gehört mit seinen Arbeiten über fossile Pflanzen zu den Gründern der Paläobotanik und trug mit seinen populärwissenschaftlichen Vorträgen zur Verbreitung der Naturwissenschaften bei. Posthum erschienen 1896 seine autobiographischen *Reminiscences of a Yorkshire Naturalist.*

In seiner Rede am 30. März 1887 am 'Owens College' von Manchester referiert Williamson in großer Zustimmung Goethes Vorstellungen über die Pflanzenmetamorphose in den regelmäßigen, unregelmäßigen und zufälligen, progressiven und regressiven Formen der Blattentwicklung, bedingt durch Wasser, Licht und Luft und gewonnen nicht durch ein phantasievolles Gehirn ("imaginative brain"), sondern über bewusste Schlussfolgerungen ("deliberate conclusions") nach langen und geduldigen Studien. Williamson hält Goethes Auffassung, das gesamte Pflanzenreich könne aus einem Urkeim hervorgegangen sein, für eine partielle Vorwegnahme der Lehre von Charles

D. von Engelhardt, *Goethe als Naturforscher im Urteil der Naturwissenschaft und Medizin des 19. Jahrhunderts*,
https://doi.org/10.1007/978-3-662-68126-8_46

Darwin ("anticipatory bit of Darwinian philosophy"), ist überzeugt, dass Caspar Friedrich Wolff (1733–1794) und Goethe unabhängig voneinander und auf unterschiedlichem Wege das Prinzip der Metamorphose entdeckt hätten, und erklärt Goethe nach knappen Hinweisen auf seine anatomischen Untersuchungen zum Zwischenkieferknochen und Wirbelknochen zum Begründer der modernen Tier- und Pflanzenmorphologie ("founder of the modern schools of animal and vegetable morphology") sowie für einen Dichter und Naturwissenschaftler, der Verbindungen gesehen habe, wo die Mehrheit nur Fragmente wahrnahmen ("who saw connection when and where the multitude only saw fragments").

Zur Farbenlehre von Goethe, Bd. 1–2, Tübingen 1810, in: Ergänzungsblätter zur Jenaischen Allgemeinen Literatur-Zeitung 1 (1813) Sp. 20–44.
Williamson, William Crawford: On Goethe as Botanist and Osteologist, in: Publications of the English Goethe Society 5 (1890) S. 127–140.

* * *

In his classic *Sketch-Book* Washington Irving observed it is "not often that sovereigns write poetry, or that poets deal in fact"; an observation which is broadly true, but one to which Goethe presents a remarkable exception. On the other hand, Emerson speaks of a class of men whom nature elects to a superior office: who see connection where the multitude see fragments. To this philosophic class Goethe unquestionably belonged.

Published lives of the great poet bear witness to the strong hold which various scientific questions had upon his thoughts. But for the overwhelming force of his poetic instincts, he must mainly have been, not only a man of science, but one of the most philosophic type. The mere facts of science interested him much – but only in a limited degree, contrasted with his intense yearning to discover what hidden relations subsisted between those facts, and of what general law those relations, when known, would justify the enunciation. Familiar with much of what Newton had accomplished, he yearned to do, for certain branches of biological science, what Newton had done for the universe, by his discovery of the law of gravitation.

Though the broadest aspects of nature were ever attractive to him, Goethe's more systematic studies were limited to the plant-kingdom, to osteology, and to the nature of light. It is however only with the two former that I have now to deal.

It was impossible that one, whose soul delighted in every form of beauty, should not be attracted to the floral world. He began with the artificial culture of plants; but he soon discovered how great was the enjoyment of hunting for the wild flowers that bloomed on mountains, heaths, and glens

– their native homes. Of such he became an ardent collector; but all these efforts tended towards the same end. When the garden at Weimar, in which so much of his time was spent, came into his possession, some of the deepest of botanical problems engrossed his attention. He had been preceded by Tournefort, Ray, and Linné, whose combined labours had thrown a flood of light upon the vegetable world. But those labours had chiefly been directed to the study of external forms, and were mainly subservient to systematic classification; Goethe was not contented with this: he soon saw that beneath the more conspicuous features of colour, form, and function lay a hidden history, which he determined to explain, and his ambitious labours in this direction were in due time rewarded with an ample harvest.

Rightly to estimate what he accomplished, we must remember that in his time the microscope, now the chief instrument of botanical research, was as wretched a construction as it is now a perfect one. The rapid progress which our knowledge of the vegetable kingdom has made within the last half century has been largely due to the improvements effected in the tools with which we have to work. The want of such tools prevented the men of the eighteenth century from learning many of the physiological truths which are now familiar to the young student; hence, the more important facts of vegetable physiology being out of their reach, these men often strove to evolve a physiology out of their inner consciousness. We must remember this when we are tempted to smile at some of the fantastic physiological ideas with which Goethe's otherwise philosophical essays abound. Men already knew of the existence of a vegetable sap; but they were wholly ignorant of the existence of the all-important substance, protoplasm –Huxley's "physical basis of life", Lacking this knowledge, a rational physiology of the plant-world was an impossibility.

Bearing in remembrance the limits just referred to, Goethe's method of research was alike scientific and practical. He was familiar with such simple relations of the external parts of plants – leaves, calyx, corolla, and seed-vessels– as had long been known to investigators. But he soon proceeded to speak of a process by which the same organ can show itself to us under manifold different aspects, and to reveal a series of phenomena still referred to under his name of the metamorphosis of plants. This metamorphosis presented itself to him in three ways – regular, irregular, and accidental. He then pointed out that regular metamorphosis is always progressive, because from the first emergence of the seed leaves (cotyledons) from the seed, to the finishing growth of the fruit, the activity of development progresses steadily forwards and upwards. Goethe adds: "It is to this I have devoted many years of observation, and for the elucidation of which I attempt the present essay."

In his researches he chiefly experimented with such plants as pass from seed to fructification in a single year (annuals). What he designates the *irregular* metamorphosis, the reverse of the regular, he speaks of as retrogressive. He notes that in it Nature takes one or more steps backward.

As we follow his researches leading to the above and other similar observations, we soon discern that Goethe clearly understood the relations leaves bear to the nodes (*knospen*) from which they spring. He saw that when two or more leaves appeared to spring from a single point of the stem, there was "a sort of concentration, a binding together of parts which naturally would be divided and separate from each other." This sentence embodies a clear recognition of the now accepted philosophy, that in such cases two or more nodes have coalesced owing to the non-development of the internodes, one of which typically intervenes between each two nodes. It is important to remember Goethe's familiarity with these truths, because they show how firm were the foundations of his systematic study of the flower. He concluded that the arrangements which produced such irregular clusterings of leaves were identical with those which brought about the corresponding conditions observable in the flower; and, consequently, seeing the unity of the laws which affected leaves and parts of flowers in the same way, he philosophically inferred some actual unity in the objects thus identically affected.

After watching the development of the young germ in the interior of the seed and the rupturing of the seed-coats, followed by the appearance of its one or two seed-leaves (cotyledons), already referred to, he traced upward the growth of the stem and the various forms and arrangements which its leaves exhibited as the plant advanced in growth. He thus reached the point where the first traces of the flower presented themselves; meanwhile he indulges in some of his baseless theories about the vegetable sap, and the changes of character which he supposes it to undergo as the plant shoots upwards. He considers that, until now, the lower leaves have been indebted for *their* nourishment to the more or less watery parts of that sap which they drew from the stem; so now, the higher leaves owe a further development and refinement, in an important degree, to the light and air. Just as we see each of the enclosed cotyledons furnished only with raw sap, which he supposed to be scarcely, or but slightly, organised and developed, so we find the leaves of plants grown in water are more crudely organised than others grown in fresher air. That sub-aquatic leaves have a less complex organisation than aerial ones is true enough; but Goethe was ignorant of the nature of the epidermis of aerial leaves and of its function in checking the undue evaporation of the watery parts of the sap– a check unneeded by plants that actually grow in the water.

Still later in his essay similar ideas present themselves in another form; after indulging in a fling against the now universally accepted theory of cambial growth, he says of those who believe in it: "So will they now be convinced that an upper node (*knospen*), indirectly receiving the sap through it, must receive it more refined and filtered; and also profiting by the simultaneously accomplished influence, must develop itself more delicately, and bring better sap to its leaves and buds. In this way the raw sap is turned off, and a thinner one introduced; and the plant, by such steps, is further developed."

On arriving at the study of the flower, we find him distinctly recognising the now well-known fact that “overabundant nourishment hinders the flowering of a plant, whilst moderate, or even scanty, nourishment accelerates it”; though here his peculiar notions about the sap again crop up. He attributes the coalescence of the margins of the sepals in a gamo-sepalous calyx to “the intervention of the highest purification of their juices”. On the other hand, speaking of regularity and irregularity in the number of the parts constituting the calyx, he definitely points out that in such instances a calyx is formed by the close union of several nodes and leaves round one point of an abortive twig, which nodes would, under other circumstances, have been developed one after another, and at some distance apart. He says, “Nature has given to the calyx no new organ; it has only bound together and modified those already known to exist.” Thus, after tracing the succession of processes by which the stem and its leaves ordinarily develop from nodes separated in an uninterrupted manner by internodes, he crosses the boundary which divides the vegetative organs of the plant from the reproductive ones: carefully demonstrating, as he does so, that no new organs have been originated; that what he now finds are but modifications of those of which he had traced the growth from the base of the stern up to that point. Having established the truth of this conclusion in the case of the calyx, he had no difficulty in demonstrating that identical reasonings were equally applicable to the remaining verticils of the floral organs.

When dealing with the pistil, and with the fruit of a leguminous plant, he speaks in no doubtful tone. He points out that such a pod as that of the pea is merely an infolded leaf, grown together at its edges; he further demonstrates that where a verticil of such pods are combined to form a compound or polycarpellary fruit we have only the equivalent of a verticil of leaves, each one of which has been similarly modified to form a circle of such closed cavities; and that it is within these foliar cavities, which we now recognise as carpels, that the seeds are developed. But in dealing with the seeds themselves his imagination carries him astray. At the same time, he comprehended accurately that, so far as its potentialities were concerned, each seed was closely allied to the buds developed from the axils of leaves.

Having thus worked out his proofs that all the parts of an ordinary flower are but modified leaf-structures, developed in what he designates a *progressive* manner, he turns his attention to another class of phenomena, in which the changes are what he calls *retrogressive*, terms both of which we owe to him, and which botanists still employ. Here the subjects of his researches were chiefly what are called double-flowers. He shows that in such instances as the double-rose and the double-poppy, the stamens and pistils have failed to attain their normal forms; viewed in the light of what occurs during progressive development, they have gone backwards. They have reverted to the forms of the petals, organs which normally occupy a lower position on the central stem than the stamens and pistils which they ought to have become;

hence his application to such reversed developments of the term *retrogressive*. Rightly to understand the value of these discoveries we must remember, in the first place, that the embodied ideas were new to the generation of botanists who were Goethe's contemporaries; secondly, they were not mere superficial thoughts hastily thrown off by an imaginative brain, but deliberate conclusions arrived at after a long and patient study of the objects to which they related. Nevertheless, the botanists of that time treated them with passive neglect and rejection, if not with absolute contempt. The reasons for this are not difficult to understand.

In January 1778, Carl von Linné breathed his last, leaving behind him a school of botanists that was, if possible, more Linnæan than himself. When Goethe strove to interest his botanical friends in what he believed to be valuable discoveries, they received his efforts with an indifference harder to bear than violent opposition. Nothing like his ideas could be found in any of the writings of the great Swede, and it was inconceivable that anything of botanical importance should have been overlooked by the father of the science, and yet discovered by an amateur German botanist, however distinguished he might be as a poet. High as was their appreciation of Goethe, even they "failed to understand how great a man he was; hence his sorrows were those from which all men have suffered whose understandings were in advance of the age in which they lived and worked. But this idolatry for the head of the school was not the only cause of their antagonism to the results of Goethe's investigations. Those results, and the methods by which he arrived at them, were too philosophical for their apprehensions. The entire Linnæan system, and more especially that classification of plants in which they were chiefly interested, was wholly based upon the external forms of conspicuous organs: forms which required no greater acuteness of vision to see, than of brain-power to understand the purposes to which Linnæus applied them. A system so superficial, however useful for a long season, was not calculated to produce a race of profound thinkers, but the reverse. But such a school had no attractions for Goethe. Speaking of Linnæus, the poet said: "When I meet with his sharp divisions, his deep, but often arbitrary laws, they arouse in me a feeling of rebellion; those things which he has forcibly tried to divide must, according to the innermost necessity of my nature, be brought together." One fact alone showed the difference between the great observer of superficial details and the profound philosophic thinker. At an early period of his investigations Goethe foresaw the possibility that the entire vegetable kingdom might have sprung from one primeval germ. The desire to realise this anticipatory bit of Darwinian philosophy coloured to his eyes the entire aspect of nature. It led him to look for deep-seated unity where others only saw detached fragments. In other words, he sought to discover the great fundamental truths of relationship which were hidden from less philosophic thinkers. Even the failures of such men are not entirely valueless; at least, they remind others that nature furnishes myriads of profound problems, only to be solved by men prepared to attack them in the same spirit. But the botanists by whom Goethe was surrounded were not men of this type.

We must study some of his numerous letters if we would understand the extent of his botanical labours. The enthusiasm shown in these pursuits alarmed many of his best friends, who only sympathised with the poet, and knew little, and cared less, about the philosopher. Unable to understand him, they were even bored by the enthusiasm with which he strove to make others share in his enjoyment of such pursuits. But their sneers and remonstrances only drove him more constantly to his favourite retreat in his garden, where his fine collection of plants afforded him ample materials for indulging in his biological investigations. As his ideas expanded, the mountains around Jena began to attract him. Accompanied by an intelligent companion, he realised the enjoyment of studying the wild Thuringian flowers in their varied native homes. It was on one of these rambles that he first saw the lovely Sundews growing in the bogs in which they flourish. His quick eye soon discovered the insects which they had caught, and also detected the irritability of the large hairs by which those insects were made captives. Dr. Roth had written on the subject in 1782, whereas it was in 1785 that Goethe detected the insects when he saw the Droseras for the first time. There is no ground whatever for supposing that he had either seen or heard of Roth's memoir; if so, he was one of the first to discover the existence of a race of Insectivorous plants. Writing to Frau von Stein, whilst thus engaged with his botanical mountaineering, he dilated enthusiastically on his enjoyment of the pursuit. Still later, writing to his friend Knebel, who had accompanied him on one of his excursions amongst the mountains, he says: "My hypothesis (floral metamorphosis) gives me constant joy; it appears to me clear, and must do good; I am certain that in this way one will attain to a beautiful discovery." On the 6th of June 1786, he writes: "The plant-kingdom entirely fills my mind; I cannot turn away from it for one instant, but I am making glorious strides; it is a wonderful epoch in which you find me." When Goethe made his celebrated visit to Italy, his enthusiasm for his botanical studies never flagged during the entire journey. Every power of observation seems to have become quickened by thus coming into contact with the, to him, novel flora of the sunny South, and he returned to Weimar as earnest as ever. He anticipated much mutual enjoyment from communicating his new ideas to his Weimar friends; but these hopes were not realised. They had no sympathy with such trifles. He says, "For two succeeding years I had undertaken observations in the open air. I had collected, and studied, and endeavoured to strengthen my plans. I believed I had learnt nature by observation; how lawfully she goes to work in order to construct living pictures"; hut all proved in vain. He was obliged to make the melancholy admission, "Nobody understood what I said."

Undismayed by this chilling absence of all sympathy, his essay on the *Metamorphosis of Plants* was ready for the press in the spring of 1790, but his troubles were far from being ended. Göschen, the publisher of his collected works, declined to print it. This, however, was done by a Gotha printer, but the publication brought him no joy. Even the botanists received it with ridicule. They had no confidence in the science of a distinguished poet. His alleged discoveries formed no part of the Linnæan system, hence they could neither be true nor of value. Goethe was disheartened but not crushed. He continued his researches as energetically as ever. At that time he wrote, "I was convinced that one general original type passed, by metamorphosis, through the whole collected organisations of creation. All my work in Breslau was directed toward this thought, but the problem is so vast that the whole of my restricted life would not be sufficient for it." But gleams of a more hopeful dawn began to show themselves and give him some encouragement. Ever yearning to escape from the restraints of the artificial classification of Linnæus, he hailed with delight the first publication of the Natural System of Jussieu. His garden was at once remodelled. The plants that it contained were rearranged in groups corresponding to the natural orders to which they respectively belonged. He had now obtained a botanical system that he soon saw to be in substantial accordance with the truths of nature. Thus encouraged, botany in all its branches interested him more than ever. The consequence was that the close of the century found him labouring in a variety of directions connected with this branch of biology. Further publications embodied the results of these later researches. But, in spite of his energetic labours, the botanical world still refused to be instructed by a poet. He was, indeed, not one of their order!

My friend, Professor Ferdinand Cohn, of Breslau, says: "We see that the metamorphic teaching of Goethe is simple, in fact, as simple as the statement that the earth is drawn by the sun, and yet we know how many thousands of inquiries have been devoted to it. How many conflicts and how many martyrs it cost, before these simple facts could be received as truths. The Goethe teaching, as an introduction to all vegetable morphology, has become so perfectly the flesh and blood of all Natural History that we are ready to accept it as our own understanding, and, therefore; we easily forget that the man who first introduced these truths to us had to struggle for long years with disbelief and contradiction of his facts."

But, whilst thus recognising the present world-wide acceptance of Goethe's long-rejected philosophy of plant-life, an important question, bearing upon the subject, yet remains to be answered. Was Goethe the real discoverer of that philosophy? Before answering this question one remark may not be irrelevant. A common way of stating the doctrine of metamorphosis is, that a flower is composed of a cluster of metamorphosed leaves. But this is not the case. The expression conveys the idea that leaves are first formed, and that these leaves are subsequently metamorphosed into the special organs that constitute a flower. What really occurs is this: a very minute bud develops, wholly consisting of a minute cluster of very small cells, each one of which differs but little from the rest of those with which it is associated; but on the undifferentiated surface of this group of cells a few visible protuberances soon develop themselves. What these protuberances ultimately grow into depends upon the conditions by which they are surrounded. Each little protuberance is *capable of becoming* either an ordinary leaf, or one of the specialised organs which collectively constitute a flower. As Goethe well knew, the result is largely influenced by the amount of nutriment supplied to the plant. When this supply is abundant, such buds are more apt to develop into clusters of leaves than into flowers. Every horticulturist knows, on the other hand, that fruit-trees which bear little or no bloom can be made to do so by subjecting them to a vigorous process of root-pruning, which reduces the supply of food received from the soil. It follows that a flower is not actually a cluster of metamorphosed leaves, but a development of a cluster of rudimentary buds, capable, according to the treatment they receive, of growing into either leaves or floral organs.

Though botanists long refused to recognise the importance and reality of the great truth promulgated by Goethe, that recognition came at last; but, as is so often the case, when this end was reached, much controversy arose respecting the authorship of the discovery.

It is indisputable that a similar conclusion was arrived at by Gaspar Friedrich Wolff, a young man born at Berlin in 1733. When a medical student at Halle, Wolff pursued a series of remarkable researches into the generation both of plants and of animals, and when he became a candidate for his Doctor's degree, he made these researches the subject of the inaugural thesis required on such occasions.

In this thesis, Wolff enunciated the same conclusions as those at which Goethe arrived, but he reached those conclusions by pursuing a different line of inquiry from that adopted by Goethe. Wolff's method, when demonstrating the truth of this doctrine of vegetable metamorphosis, approached more closely to that adopted by modern botanists than that of Goethe did. Wolff saw clearly that the relations of leaves to the parts of a flower could be demonstrated by observing the growth of the young bud. Goethe, as we have seen, reached the same goal from observing that the consecutive development of the floral organs was but a modification of the process by which the true stem-leaves were produced and arranged. The two methods were equally scientific, though different. The very fact of that difference shows that the two observers worked independently – a fact of importance to us when determining Goethe's claim to the discovery of vegetable metamorphosis.

Wolff's thesis was written in Latin and never published, and he soon afterwards retired from German circles, being appointed in 1768 Professor of Anatomy and Physiology in St. Petersburg, where he died in 1794,

The question is, did Goethe receive his idea of metamorphosis from Wolff before he began his systematic investigations on the subject, or, as is often the case in such matters, had the idea suggested itself independently to each of these men, and been worked out separately along lines which, though distinct, brought them, by equally logical methods, to the same conclusions? I think it can scarcely be doubted that the latter was the case. Several circumstances lead me to this conclusion. At an early period of his labours Goethe proclaimed his hypothesis, and announced from time to time the progress he was making towards a demonstration of its truth. He invariably claimed the idea as his own, and his claim was recognised by men like Friedrich Voigt, who were contemporaries of the poet, and in a position to know the facts. Yet more important is the circumstance that the history of Wolff and of his discoveries only became known to the Germans through Goethe himself. Surely this was the last thing that Goethe would have done, had he been conscious that he was dishonestly claiming a discovery really made by the man whose labours he was bringing so prominently before the German world. Goethe's entire life stands out in absolute antagonism to such a combination of dishonesty and suicidal folly. Hence, I cannot but conclude that whilst Wolff and Goethe are equally entitled to the merit of the discovery, each, as in the case of Adams and Leverrier, made it independently of the other.

Whatever doubts may yet exist in some minds respecting the subject of the preceding pages, no one denies his claim to the honour of having led the way in another class of profound investigations. The study of the animal kingdom long continued to be almost as attractive to Goethe as the vegetable one was. Here, again, we find his philosophic intellect seeking to discover fundamental truths hitherto unknown. He yearned to realise an archetype which would embody the idea of the entire animal kingdom. This lay beyond his grasp; yet he laboured on, not without some success. The value of his efforts in these directions is not to be measured by what he actually discovered, so much as by what he suggested; though what he did again showed his capacity for persevering research and accurate observation in scientific matters. When referring to the labours of Cuvier, Geoffroy St. Hilaire, and others, as giving a stimulus to the philosophic side of anatomical investigation, Sir Richard Owen says: "Goethe, indeed, had taken the lead in inquiries of this nature, in his determination, in 1787, of the special homology of that anterior part of the human upper maxillary bone, which is separated by a more or less extensive suture from the rest of the bone in the foetus; and the philosophical principles propounded in the great poet's famous anatomical essays called forth the valuable labours of the kindred spirits, Oken, Bojanus, Meckel, Carus, and other eminent cultivators of anatomical philosophy in Germany."[1]

[1] On the Archetype and Homologies of the Vertebrate Skeleton, by Richard Owen, F.R.S.; London, Van Voorst, 1848.

To have stimulated such illustrious men as those named by Professor Owen to work in any given scientific direction, was in itself a result of no small significance. Such men are not affected by the dreams of a superficial amateur in philosophy, however distinguished he might be as a poet. Hence, great praise was due to Goethe for the influence which he thus exercised, in giving to the study of anatomy a more philosophic direction than it had ever received previously.

The special determination to which Owen refers is one which no anatomist of any position in the scientific world now hesitates to accept as true; at the same time it is one of those observations which bespeaks the accurate observer and interpreter of nature. In all the animals of lower rank than man, the incisors, or four central teeth, of the upper jaw are planted in a central pair of bones designated the pre-maxillaries; whilst the remaining six, on each side of these central ones, are fixed in what are called the maxillary bones. It was long held that man was distinguished even from the ape by his having no pre-maxillary bones. The intense interest which Goethe took in osteological studies is proved by the essays on comparative anatomy which he published in 1820; and amongst other questions which specially attracted his attention was this one of the existence or non-existence in man of pre-maxillary bones. Goethe proceeded to investigate this question by methods equally philosophical with those which he had employed so successfully in his botanical researches. It is now well known that points of anatomical identity, which link together the higher and the lower forms of animal life, are less readily discernible in the higher ones when these have matured their growths, than during the earlier embryonic stages of that growth. Bones that are completely separated from each other in fishes, reptiles, and birds, coalesce to form a single compound bone in the matured quadrupeds. Apparently familiar with this truth, Goethe acted upon it when searching for pre-maxillary bones in the human skull. He carefully studied the development of the upper jaw in the human embryo, and he was rewarded by success. He found that, in this embryo, the two sutures referred to by Professor Owen clearly separated the pre-maxillaries from the two maxillary bones, but which sutures wholly disappeared from the jaw of the adult. These facts, which had escaped the attention of preceding anatomists, led Goethe to conclude that man did possess pre-maxillary bones corresponding to those of the lower vertebrate animals – a conclusion the accuracy of which no one now disputes.

Viewed alone, this discovery may appear to be a trivial one, but we cannot disconnect it from the mental tendencies which impelled him to undertake researches of this nature; impulses which made him a founder of the modern schools of animal and vegetable morphology. Not only one of the highest amongst poets, he was also a man of science who realised Emerson's standard of greatness; who saw connection when and where the multitude only saw fragments.

Karl Joseph Hieronymus Windischmann [Rez.]: Zur Farbenlehre von Goethe (1813)

Vita – Abstract
Karl Joseph Hieronymus Windischmann (24. August 1775 Mainz –23. April 1839 Bonn) schloss das Studium der Philosophie von 1792 bis 1793 und Medizin von 1793 bis 1796 in Mainz mit einer Dissertation über die Natur des organischen Körpers ab, war nach einem Studienaufenthalt in Wien von 1797 bis 1801 als praktischer Arzt in Mainz tätig, anschließend als Hofarzt, Hofbibliothekar und Professor für Philosophie und Universalgeschichte am Lyzeum in Aschaffenburg und wurde 1818 als Professor der Philosophie mit der Verpflichtung zu Vorlesungen in der Medizinischen Fakultät über Enzyklopädie und Geschichte der Medizin an die neu gegründete Universität in Bonn berufen. In seinen Publikationen beschäftigte sich Windischmann, beeinflusst von den Philosophen Friedrich Wilhelm Joseph Schelling (1775–1854) und besonders Georg Wilhelm Friedrich Hegel (1770–1831), der ihn in einer depressiven Krise unterstützt und beraten hatte, mit medizinischen, naturphilosophischen und philosophischen Themen, führte körperliche wie psychische Krankheiten auf immaterielle Ursachen zurück, verstand historische Untersuchungen zugleich als Gegenwartsanalysen und Zukunftsprognosen und plädierte für eine Verbindung der Medizin mit Philosophie und Theologie (*Über etwas, das der Heilkunst Not tut*, 1824).

Windischmann gibt im Detail und mit durchgängiger Anerkennung den didaktischen, polemischen und besonders ausführlich den historischen Teil der Farbenlehre in den Personen und Positionen von der

D. von Engelhardt, *Goethe als Naturforscher im Urteil der Naturwissenschaft und Medizin des 19. Jahrhunderts*,
https://doi.org/10.1007/978-3-662-68126-8_47

Antike bis in die Gegenwart wieder. Der einfache und natürlich Blick der Frühzeit habe den Grund zu einem wahren Verständnis der Farben gelegt, von dem die „Verwicklung und Verwirrung" sich in der Folgezeit entfernt hätten, nun aber die Gegenwart mit „anerkannter Notwendigkeit zur ältesten Ansicht" zurückgekehrt sei. Goethes Kritik an Isaac Newton (1643–1727) hätte so „derb und kräftig" ausfallen müssen, da „alle wahre Polemik für die Sache der Wahrheit auf Leben und Tod zu führen" sei. Windischmann referiert den didaktischen Teil in den physiologischen, physischen und chemischen Farben und stimmt Goethes Auffassung zu, die *Trübung* für ein *Urphänomen*, für die Vermittlung von Licht und Finsternis, für die wahre Mutter der Farben zu halten. Fruchtbar seien die Anregungen der Farbenlehre für die Künste. Die sinnlich-sittlichen Wirkungen der Farben ließen sich in der Kürze nicht angemessen wiedergeben, sie seien aber die „reifste Frucht" der Farbenlehre, die insgesamt den Gipfel entsprechender Beiträge „seit den ältesten Zeiten" darstelle.

Windischmann, Karl Joseph Hieronymus (Kürzel K. J. W.) [Rez.]: Zur Farbenlehre von Goethe, Bd. 1–2, Tübingen 1810, in: Ergänzungsblätter zur Jenaischen Allgemeinen Literatur-Zeitung 1 (1813) Sp. 20–44.

* * *

Die vorliegende Arbeit zerlegt sich in drei Teile: der erste gibt den Entwurf einer Farbenlehre nach einigen Hauptgesichtspunkten, besonders dem *physiologischen, physischen* und *chemischen*, nach allgemeinem Umriss und nachbarlichen Verhältnissen mit anderen Lehren und Künsten, endlich nach sinnlich-sittlicher Wirkung der Farben und deren Bezug auf Schönheit und Ebenmaß. Dieser Teil ist der eigentlich *didaktische* des Werkes. Der andere ist *polemisch* und beschäftigt sich damit, die Newtonische Farbenlehre in ihrer Quelle zu prüfen; ihr gegenüber, und stets im Angesicht, das Natürliche hervorzuheben und gleichsam sichtbar zu machen, wie es sich von selbst rechtfertigt, somit durch einen von der Zeit abgenötigten Umweg, der jedoch wegen der stets dringender werdenden Forderungen der Natur zumal die bündigste Beweisführung ist, zuletzt zu beruhigen und mit bewährter Kraft die natürlichen Lehren selbst weiter zu führen. Der dritte Teil ist der *historische*, bestimmt, von der einfachsten unmittelbarsten Ansicht der Farben, wir möchten sagen von der vollen, aber noch immer sich unverständlichen Empfindung derselben ausgehend durch die Vermittlung der Phantasie, des Gedankens, des Begriffes, kurz der ganzen Entwicklungsreihe des Subjektiven bis zur reinen Objektivität in der Erkenntnis der Farbe hinzuführen. Ein solches Anheben von der Fülle des Sinnes und Fortschreiten durch alle Momente der Verwicklung bis zur Befreiung aus derselben, zum Maß und zu reiner Übersicht des Ganzen, stellt alle Momente der Wissenschaft selbst dar, so dass die wahre Geschichte mit der Wissenschaft: eins und dasselbe ist. Obgleich nun dieser historische Teil, wie er im zweiten Band vor uns liegt, in der Vorrede bescheiden eine bloße Materialiensammlung genannt wird: so fühlen wir uns doch von der Einheit, welche gleichsam verborgen unter diesen historischen Andeutungen und Ausführungen waltet, unwiderstehlich angezogen, dieselbe darzulegen, um zu diesem Behuf vor allem diese historische Galerie zu durchwandern und die fortschreitende Geistesentwicklung darin nach unserem Vermögen aufzudecken, um in solcher Erwägung des sich allmählich aufschließenden Sinnes für die ganze Naturwissenschaft überhaupt, so wie der Erkenntnis der Farbenerscheinungen insbesondere, zuletzt von der Notwendigkeit überzeugt zu werden, wie sehr man einer falschen Lehre entgegenwirken, sie von Grund aus vernichten müsse, wenn es endlich damit Ernst werden soll, der natürlichen Erkenntnis ihre gebührende Wirksamkeit zu verschaffen. So gehen wir dann mit dem Vf. wirklich vereint in den Kampf gegendasjenige, was durch die Zeugnisse der Historie sich als unnatürlich herausgestellt, und reinigen uns gleichsam hierdurch für die Auffassung der heiteren und natürlichen Lehre.

Die einfachsten Farbeneindrücke werden von dem kindlichen, d. h. hier höchst aufmerksamen Sinn sogleich in den tiefsten Beziehungen aufgefasst, ohne dass man sich noch darüber erklären könnte. Diese erste frische Empfindung drückt sich aus als Freude oder Abscheu, wird solcher Art in Dichtung und Gestalt gekleidet sowie im Schaffen und Wirken zu Tage gelegt. Dies alles am meisten, anhaltendsten und mit Religion bei stationären Völkern, so zwar, dass ihre Aufnahme und Behandlung nur von der höchsten Kunstbildung, wo Mechanik zum verständigen Organ sich erhebt, erreicht oder übertroffen wird. Ebenso merkwürdig möchte die sittliche Beziehung der Farben bei den frühesten Völkern sein; wir haben in den indischen und persischen Schriften Beweise genug hiervon gefunden. Schon über die Auswahl der königlichen Farben, des Gelb und Orange der Sinesen, des Blau und Schwarz des indischen Krischna, des Purpurs bei den Vorderasiaten, des Grün bei den Tataren usw. ließe sich mancherlei bemerken. Hier wird das zwar vielfältig, aber ganz in den Mythos oder die Technik verwebt, bei den Morgenländern Vorkommende übergangen und sogleich bei den *Hellenen* begonnen, wo die Behandlung der Farbe als besonderer Gegenstand der Untersuchung uns schon etwas Entscheidenderes verspricht. Vom Pythagoras beginnt die Betrachtung und durchwandert zuerst die altgriechische Literatur bis auf Theophrastus. Besonders bedeutsam hat uns das aus Platon Beigebrachte geschienen; man erkennt hieraus am meisten das Hindringen der alten Physik auf das Harmonische in den Farben wie in anderen Dingen. Immer aber bleibt in einigen Namen der Farben, wie sie im *Timaios* aufgezählt werden, etwas zurück, was noch immer unerklärbar ist und weswegen man andere Stellen zu Rate ziehen muss. Einer der bedeutendsten Aussprüche, ganz elementarisch in der Farbenlehre, ist der, dass durch das Weiße das Gesicht entbunden, durch das Schwarze gesammelt werde. Dieser Satz ist so oft unter anderer Gestalt wieder erschienen, bis er zuletzt von unserem Vf. selbst in reinster Objektivität ausgesprochen worden. Überhaupt können wir nicht eindringend genug bemerken, dass der *Timaios* über Farbe wie über andere Naturerscheinungen die tiefsinnigsten Lehren enthält und uns gleichsam als der reinste und innerlich vollständigste Abriss der ganzen Physik der alten Welt dient. – Aus dem Fortgang der Betrachtung erhellet, wie nahe der rechten Bedingung des Ursprungs der Farbe Aristoteles gewesen: ebenso der Umwandlungen, Steigerungen und Mischungen. – In der beigefügten Rubrik: *Farbenbenennungen der Griechen und Römer*, wird jener oben bemerkten Unentschiedenheit des Ausdrucks über Farben begegnet, und wir sehen das hier Gesagte als einen schönen Anfang der Kritik an, wodurch bei genauester Vergleichung des überall Zerstreuten endlich etwas ganz Entscheidendes wird gesagt werden können. Was die Römer zu Ergründung der Farbenverhältnisse geleistet, ist so ziemlich in Lucretius und Plinius begriffen. Aus des Ersteren Gedicht über die Natur der Dinge ist hier die schöne Stelle über die Farben nach der Knebel'schen Übersetzung beigebracht, und was Plinius und etwa der eine oder der andere über die Malerei und das Kolorit gesagt haben, findet man hier durch Heinrich Meier in eine inhaltsvolle Geschichte des Kolorits verarbeitet, welche, wenn sie gleich hypothetisch genannt wird, dennoch eine so gründliche Vorarbeit bleibt, dass die fernere Erforschung dieses Versuches nicht entraten kann. Denn das trockene Verzeichnis des Plinius ist hier zu schönerem Leben verjüngt.

Nun fasst die fortschreitende Darstellung die Bestrebungen der alten Welt in der Farbenlehre in eine Betrachtung zusammen. Wir müssten zu sehr ins Einzelne gehen, wenn wir alle die treffenden Bemerkungen, denen man hier begegnet, auszeichnen wollten. Insbesondere haben wir das Wahre und so zart Gegriffene gefühlt bei den Äußerungen (S. 113): „So entzückt uns denn auch in diesem Fall, wie in den übrigen, am Plato die heilige Scheu, womit er sich der Natur nähert, die Vorsicht, womit er sie gleichsam nur umtastet und bei näherer Bekanntschaft mit ihr sogleich wieder zurücktritt, jenes Erstaunen, das, wie er selbst sagt, den Philosophen so gut kleidet." So, deucht uns, zeigt sich überall das rechte Beginnen, aus dem etwas Vollendetes hervorgeht. Auch das leuchtet aus diesen Bemerkungen hervor, wieviel den *wirksamen Alten* die Selbsttätigkeit des Auges, seine eigene Lichtkraft gegolten, die wir jetzt minder anerkennen, aber darum ihrem Zauber nicht weniger untertan sind. Endlich wie die Alten alle die hauptsächlichsten Punkte, worauf es ankommt, kannten, aber nicht dazu gelangen, ihre Erfahrungen zu reinigen und zusammenzubringen. Ihre eigentlichen *Versuche* gingen aufs Plastische, die mehr geisterhaften Erscheinungen der Farben wussten sie wohl zu fassen, aber nicht zu bannen und zu behandeln. Am tiefsten bewegten uns die Bemerkungen S. 121 über die Möglichkeit der vollständigen Durcharbeitung aller von den Alten vorbereiteten, von den Neueren weitergeführten Elemente der Kunst und Wissenschaft, welche, wie eindringend gezeigt wird, ungeachtet aller Verwirrungen der Gegenwart, uns Deutschen vor allen verliehen und aufbewahrt sei. – In einem Nachtrag wendet sich der Blick noch einmal auf die Römer und insbesondere auf Seneca, an dem sich zeigt, wie ungeachtet mancher erworbenen schönen Kenntnisse und ungeachtet der Gewandtheit, die insbesondere dieser Römer sonst an sich blicken lässt, und des zutrauensvollen Blickes über seine Zeit hinaus, er dennoch nicht aufhört Römer zu sein, d. h. ein in engen Schranken Geborener, und mit dem Besitz der Welt Überfüllter, der niemals mit der Natur, von Anfang an, vertraut umgegangen nach Art der Griechen, sondern an ihren Begebenheiten hängt und die Seltsamkeit derselben gern erspähen mochte. Übrigens möchte, was besonders noch von der Farbe nach römischem Sinn gesagt werden könnte, in den Dichtern zerstreut zu finden sein. – Die Lücken von hier an bis zur Erwägung dessen, was das Mittelalter gewährt, sind mit Betrachtungen über das Edle, Menschliche, überhaupt Erfreuliche, was uns aus allen, auch den dunkelsten Zeiten entgegentritt, trefflich erfüllt; insbesondere haben uns die Blicke auf die großen Epochen des Werdens und Wirkens in der Universalgeschichte angezogen, wie denn hier ein für alle Mal bemerkt werden muss, dass uns dergleichen weit über das Einzelne der Farbenlehre Hinausreichende in diesem Werk keineswegs wundern, sondern erquicken und befriedigen wird; sobald wir erwägen, was der Vf. S. 107 sagt: „Wie jemand über einen gewissen Fall (hier die Farbe) denke, wird man nur erst recht einsehen, wenn man weiß, wie er überhaupt gesinnt ist. Dieses gilt, wenn wir die Meinungen über wissenschaftliche Gegenstände, es sei nun einzelner Menschen oder ganzer Schulen und Jahrhunderte recht eigentlich erkennen wollen. Daher ist die Geschichte der Wissenschaften mit der Geschichte der Philosophie innigst verbunden, aber ebenso auch mit der Geschichte des Lebens und des Charakters der Individuen, wie der Völker.“ So finden wir denn gerade in der Erwägung dieser für alle Wissenschaften dunklen Zeiten vom Vf. die klarsten Vorschriften zur Ergründung des tief Verborgenen in Natur und Geschichte gegeben, und wenden uns nun mit ihm zur Schätzung des aus dem Altertum dieser Zeiten Überlieferten, welches als weit über die unentwickelte Kraft der Zeit hinausragend mit der vollen Gewalt heiligen Ansehens auf dieselbe wirken musste – der *Bibel*, dann des Platon und Aristoteles. Wie sehr erfreulich ist es in unseren Tagen, wo fast alles auf die entgegengesetzten Seiten entweder des Verständigen, Kritischen, oder des Phantastischen, Schwärmerischen allzu sehr neigt, zwei der besten Männer, Goethe und Johannes Müller, in wahrer Schätzung der für alles Menschliche so bedeutungsvollen Schriften des alten und neuen Bundes übereinstimmend zu finden! Wenige haben den Einfluss derselben auf die Erziehung der Völker so tief eingesehen und so überzeugend dargestellt. Auch den Einfluss Platons und Aristoteles haben wir sonst nirgends mit der Bestimmtheit angegeben gefunden. Ebenso wird die Gewalt der Autorität überhaupt erwogen; wie der Mensch sich benimmt, während sie herrscht, und wie er zuletzt, ihr auszuweichen strebend, ins Extreme geht. Dieses Schwanken der Entwicklung zeigt uns die *Geschichte des Mittelalters* im Großen, und wir möchten sie schon darum die *romantische* Zeit, das *große Helldunkel* der Geschichte überhaupt nennen, darin die hellsten Lichter im tiefsten Dunkel glänzen, von ihm wieder verschlungen werden, die kaum beginnenden Wege bald wieder plötzlich abbrechen, dann aufs neue aus eigener Kraftaufregung aufgefunden werden sollen und zuletzt unter den Füßen ausgleiten, bis der Geist endlich die Selbstständigkeit gewinnt, in diese Verwirrung sich zu finden und das in jener lebensschwangeren Zeit tausendfach Angeregte, Begonnene, scheinbar Verlorene fest zu fassen und zu vollenden.

Mit Vergnügen sehen wir aus dieser Dunkelheit den Rogerius Bacon gleich einem aufgehenden Stern uns entgegenleuchten. Was an dem Mann selbst und dessen Eintritt in seine Zeit merkwürdig ist, wird (S. 148–164) sehr befriedigend aufgeführt. Die Wichtigkeit desselben für die Geschichte der Naturwissenschaft, sowie die Köstlichkeit auch der kleinsten von seinen Schriften, haben wir an dieser Stelle treu und sinnvoll beachtet gefunden. B. hat auch in die Farbenlehre tiefe Blicke getan, nicht selten zwar ganz nach dem Vorbild der damals herrschenden Meister des Altertums, aber dennoch mit eigener Kräftigkeit, welche uns in diesen Zeiten gärenden Geistes auch in anderen und auf anderes gerichteten Männern, z. B. in Peter Abälard, so groß anspricht. Uns ist dieser Rog. Bacon oft wie ein Prophet erschienen, der aus anhaltender Vertraulichkeit der Natur weissagt, was des Menschen Kunst noch zu Tage bringen wird; dann wieder tritt er uns, gefangen von seiner Zeit und deren besonderer Entwicklungsstufe, wie ein in Geheimnis gehüllter Priester Ägyptens mit Hieroglyphen und Symbolen entgegen, um durch die deutungsvollen Zeichen der Mathesis auch das tiefer gelegene Geistige zu bezeichnen, was immer noch nicht verstanden, aber von ihm insbesondere zart und tief gefühlt wurde. Es wäre wünschenswert, dass wir überhaupt von den Früchten jener stillen, einsamen Klosterstudien im Mittelalter ebenso geistreiche Notizen hätten, wie die hier von Bacon gegebene ist. Haben die damals mitlebenden jene mit der Natur vertrauten, ja oft von ihr ganz überwältigten Männer, wie das furchtbare Geheimnis und den Zauber der Natur selbst mit Erstaunen, nicht selten mit Abscheu angesehen: so sollten wir uns umso mehr bemühen, an dem Studium derselben unsere Einsicht zu üben und was in früherer Zeit dunkles Gefühl bleiben musste, nun zur Klarheit zu führen. Hierdurch allein dürfte erkannt werden, auf welche Weise diesen mittleren Zeiten der Schrecken zuerst, dann die Lust am Geheimnis gekommen, und wie man weiter unruhig dahin gewirkt, das Geheimnis so offenbar als möglich zu machen. Übrigens ist außer den wenigen Beobachtern, welche man in dem Zeitalter Bacons findet, von Licht und Farbe selten absichtlich die Rede. In den Lebensaltern, wo die Faktionen alle noch in einer gewissen Fluktuation sind, lebt, atmet, sieht, hört und empfindet man überhaupt, ohne vieles darüber zu bemerken oder zu reden; am liebsten spricht sich dann die Empfindung in Bildern aus, und so sind in den Dichtern damaliger Zeit, besonders den Minnesängern, oft ganz herrliche Blicke in die Farbenwelt geschehen, wovon wir manches Beispiel anzuführen wüssten. Es scheint uns überhaupt das Studium der Dichter nicht allein dieser, sondern aller natürlichen Zeiten im Betreff der Farbe äußerst wichtig; denn wir finden in ihrer gemeinsamen Überzeugung vom Gegensatz der Farben die Beruhigung, deren die Einsicht nur dann sich zu erfreuen hat, wenn sie mit der unbefangenen Empfindung übereinstimmt.

In das 16te Jahrhundert treten wir mit dem frohen Vorgefühl erhöhter Wirksamkeit der Geister ein. Durch alte Literatur und Sprachkunde sehen wir auch die Farbenlehre gefördert. Wir finden (S. 173 ff.) das Büchlein des Thylesius *De coloribus* in der Ursprache abgedruckt, worin ein redliches Bestreben, die Alten zu verstehen und ihre Aussagen von den Farben aufs Reine zu bringen, unverkennbar ist. Ferner lernen wir Portius als Übersetzer und Herausgeber der theophrastischen Schrift von den Farben kennen, endlich den J. L. Scaliger, der solche kritische Untersuchungen über die Ansichten der Alten von Farben und insbesondere Farbenbenennungen für diese Zeit abschließt und zur Erläuterung des Thylesius dient. Zu dergleichen historischen Studien und Ansichten trat nun, ihnen Anfangs geradezu entgegenwirkend und in den meisten Dingen völlig polemisch, die auflebende Chemie und mit ihr als seinem vorzüglich geübten Organ Paracelsus. Wer seine Schriften genau kennt, wird wissen, dass, obgleich auch die Farbe bei ihm überall vom Schwefel und dessen Verhältnissen zu Merkur und Salz abhängt, dennoch außer dieser besonderen Weise von Erklärung sehr vieles Herrliches, das Gemüt aufs innigste Ansprechendes über Licht und Farbe von ihm gesagt worden ist. Besonders möchten wir aufmerksam machen auf die Art, in welcher bei P. die Farbe als Signatur der Dinge genommen wird. Wir haben (nach S. 206) über diesen Mann noch manches zu erwarten und wollen hier nicht vorgreifen. So wahr (S. 207) das Unheil über die *Alchemie* im allgemeinen und als ein *bestimmtes Kunstbestreben* ist, dass sie nämlich „ein Sprung sei von der Idee, vom Möglichen zur Wirklichkeit, eine falsche Anwendung echter Gefühle, ein lügenhaftes Zusagen, wodurch unseren liebsten Hoffnungen und Wünschen geschmeichelt wird", und so monoton auch dergleichen Unwesen von den Meisten bis zum Ekel getrieben wird: so können wir doch nach vielfachen und höchst ermüdenden Studien dieser Sache nicht umhin, von einigen Alchemisten, wie z. B. Basilius, Valentinus, Raim. Lullus (besonders in dessen Experimenten), dann auch von J. P. Faber mit Achtung zu sprechen, und eben für die tiefste Empfindung der Farbenverhältnisse Bedeutendes in ihren Schriften zu finden. Hier ist nicht der Ort, davon zu reden. Dies wird nächstens unter vielen anderen Beleuchtungen des Mystischen in der Erziehung des Menschengeschlechtes in einer eigenen Schrift geschehen.

Es scheidet sich nun immer schärfer die alte und neue Zeit, und es wird klarer, dass, je mehr die Menschen selbst tätig werden und neue Naturverhältnisse entdecken, das Überlieferte an seiner Gültigkeit verliere und seine Autorität nach und nach unscheinbar werde. Dies wird auffallend genug an den Entdeckungen gezeigt, welche von nun an sich drängen. Aber die Scheidung aus dem Chaos der Mittelzeit ging langsam, und so fand auch die

Farbenlehre meistens nur in allgemeinen Betrachtungen über Naturerscheinungen ihre Stelle. Vor Vielen begegnet uns *Bernardin Telesius*, welcher gegen die aristotelische Gewohnheit den durch das All greifenden Gegensatz nach Art der eleatischen Schule aufgriff und denselben auch auf die Farben anwandte. Der Vf. bedauert, das besondere Büchlein *de colorum generatione* nicht gesehen zu haben. Wir möchten nach der krassen Weise, wie Telesius, Pomponatius u. a. der damaligen Zeit die Lehren der Alten erneuerten, aber nicht erfrischten, fast bezweifeln, ob sich in jenem Büchlein etwas Bedeutendes finde. Freilich wäre schon genug, wenn die Farben auf den Gegensatz des Warmen und Kalten richtig verteilt wären, was indes dem natürlichen Gefühl nach schon nicht wohl anders sein kann. Nun folgt Cardanus, ein Mann, der in allem, womit er sich befasste, eine interessante Seite zeigt, voll Seltsamkeit, tiefen Blickes und Verwirrung, doch selten ohne eine die Wissenschaft mächtig fördernde Gewalt des Geistes. Man lernt an ihm mehr als an vielen anderen *sich zurechtfinden*. S. 220 ff. wird Bapt. Porta ganz der großen Bedeutung gemäß, welche dessen Bemühungen für seine Zeit hatten, behandelt und hierbei über das Wesen und den Ursprung der *Magie* eindringende Bemerkungen mitgeteilt, welche man ja nicht übersehen möge, wenn sie gleich nur fern andeutend sind und mehr ans Negative grenzen. Bei Würdigung des Bacon von Verulam und seines vielverheißenden, anregenden, ansprechenden, aber nichts vollendenden Wesens freuen wir uns der gänzlichen Übereinstimmung mit dem Vf. Der ganze Abschnitt vom 16ten Jahrhundert schließt sich mit einigen Grundzügen desselben, dass es nämlich in seiner ersten Hälfte eine hohe Bildung gehabt, welche aus Gründlichkeit, Gewissenhaftigkeit, Gebundenheit und Ernst hervorgegangen, nicht leicht wieder in gleicher Höhe zu erringen sei. Dabei herrsche in ihm noch das lebhafte, fördernde Ineinandergreifen von Autorität und Selbsttätigkeit. In der zweiten Hälfte wird der Freiheitstrieb gewaltiger, und der Protestantismus gegen alles, was bisher gegolten, umgreifender. Bacon spricht das alles nur aus, und jeden tüchtigen Mann sehen wir nun ferner sich und die Natur versuchen, und durch jeden von solcher Art wird seine Zeit auf eine gewisse Weise in Schwingung gesetzt. So ein eigener Mann war Galilei, der bewies, wie ein Fall für Tausende entscheidet. Die Farbe selbst scheint seinem konstruierenden Geist zu weit abgelegen zu haben. Wahrhaft erquickt haben wir uns an dem freundlichen Bild von Kepler (S. 247) – so müsste man überall den Menschen ins Gemüt dringen, wenn eine treffende Geschichte der Wissenschaften, gerecht gegen jede Zeit, zustande kommen sollte. Seine Bezeichnung der Farbe als *Lux in potentia* scheint uns (besonders da er auch die Stelle ihrer Erzeugung zwischen Licht und Dunkel angibt) sehr bedeutungsvoll gewissermaßen die *lebendige Intention zur völligen Verklärung in einer jeden Farbe* anzugeben, und es ließe sich durch manche Stellen seiner Schriften belegen, wie er bei der Farbe und anderen Naturerscheinungen überall dieses stufenweise sich entwickelnde Bestreben der Dinge zur Offenbarung im Sinne gehabt. – Bei Erfindung des Fernrohrs drängte sich alles, an dessen

Verbesserung zu arbeiten; die Gesetze der Refraktion, vorher meist nur empirisch bestimmt, wurden genauer untersucht. Snellius nähert sich dem gegenwärtig allgemein bekannten Gesetz; jedoch sprach er es nicht unter dem Verhältnis der Sinus des Einfalls- und Brechungswinkels aus. Antonius de Dominis tut sehr richtige Blicke in die Lehre von der Verdunkelung des Lichtes zur Farbe, und nächstdem einen großen Schritt zur Erklärung des Regenbogens. Aguilonius gibt ein ziemlich richtiges Farbenbild, betrachtet aber die Gewalt des Lichten und Finsteren zu sehr und fast allein pathologisch. Nun, nachdem durch eine heitere Erklärung von der bei vielen Schriftstellern dieser Zeit besprochenen Intentionalität der Farben (S. 267 ff.) eine gar schickliche Gelegenheit gefunden wäre, hätten wir gewünscht, etwas von dem tiefen Farbengefühl und der Licht- und Flammen-Lust des Giordano Bruno (z. B. *de minimo* c. I.) zu vernehmen; ebenso von den zwar *sehr subjektiven*, aber doch bedeutsamen Eröffnungen J. Böhmes über die Farben (Sign. R. 14.10. *Myst.* m. 1,6. *Ird. und himml. Myst.* 7, 3. 4. 5. 6. 7. Sign. R. 11, 43 u. a. a.o.), von letzteren besonders wegen der sinnlich-sittlichen Bedeutung der Farben. Von Cartesius wird mit völlig entschiedener Wahrhaftigkeit gesprochen. Bei vielem Verdienst um den Regenbogen fühlt man in allen seinen Arbeiten nur allzu sehr den Mangel des Lebens, daher seine lahme Einbildungskraft sich allerwärts an Häkchen und Handhaben festhält. Überhaupt wird man bei der durch ihn vorzüglich vorbereiteten Sucht, alles durch Bewegung zu erklären, bemerken, wie sich die Sinne allzu sehr vermischen und verwirren. Auf ihn hat sich der krasseste Materialismus französischer Atomistik und Handgreiflichkeit gebaut. Ganz anders finden wir es bei Athanasius Kircher, der, weniger Willens, aus eigenem Gedankenwerke die Natur zu bauen, sie vielmehr fleißig beobachtet in Gemeinem und Wundersamem, wie es vorkommt. Er erkennt die rechte Weise, die Farben abzuleiten, und ist reich an den herrlichsten Bemerkungen über dieselben, wie schon der hier gegebene Auszug seines Werkes: *Ars magna lucis et umbrae*, beweist. Man könnte denselben verdoppeln, und das Gute, Brauchbare wäre noch lange nicht erschöpft. Überhaupt ein in Fleiß und Aufmerksamkeit seltener Mensch war dieser Ath. Kircher, freilich nach Art der guten alten Zeit zum Glauben geneigt; aber davon lässt sich eher wegnehmen als hinzutun. Man wird von nun an immer mehr dem Technischen geneigt und kann vor Freude über die täglich anwachsenden Entdeckungen nicht fertigwerden mit Kunststücken und Wundertaten, die man mit steigendem Selbstgefühl sich zumisst und bald alles Geheimnisses mächtig zu werden wähnt, indes dasselbe nur eingesperrt wird, um bald unversehens mit all seiner Wundergewalt die mühsamsten Künsteleien zu verderben und die großsprecherischen Lichter auszulöschen. Der Materialismus war nun unvermeidlich, auch zeigt er sich bald in der Lehre vom Licht und den Farben. So ist dann auch nicht unbegreiflich, wie nun allmählich von Farben als Bestandteilen des Lichtes die Rede kommt. De la Chambre schiebt und schreibt alles dem Licht zu, um alles wieder von ihm zu fordern, indessen jene alte und von Kircher besonders aufgegriffene

Lehre vom Gegensatz sich noch erhält, bis sie von Newton verdrängt wird. Die Schwächung des Lichtes konnte man zwar nicht umgehen; aber die Natur des Schattens wurde nicht mehr erwogen, man hatte ihn ja schon so sehr besiegt. Man hatte sich schon so sehr gewöhnt, von einer behandelbaren Substantialität des Lichtes zu reden, dass Isaac Vossius auch die Ansichten, welche er aus der Alchemie geholt, die Farbe nämlich als Signatur innerer Tätigkeit zu betrachten, als Steigerung zum Licht durchs Verbrennen und als Sinken ins Dunkel durch die Auflösung, nicht benutzte, vielmehr den Schluss hieraus zog, dass also im vollen Licht alle Farben seien. Er ist schon früher als eigentlicher Vorläufer Newtons angesehen worden. Mit Grimaldi beginnen die *Leiden des Lichtes* unter den Menschen *statt des früher anerkannten selbsttätigen Kampfes.* Er zerrt, quetscht, zerreißt, zersplittert das Licht und quält es mannigfach, um ihm Farben abzugewinnen. Diese Leiden steigen, wie der Mechanismus herrschender wird. Durch Boyle, einen Mann von Treue und Aufmerksamkeit für die Natur, aber ganz in der Zeit gefangen, werden diese Leiden von anderer nicht so innerlich zerstörender Art – das Licht wird von Facetten und Rauigkeiten der Oberfläche zurückgeworfen. Auch Malebranche will das Licht durch die Bewegung fassen und neigt besonders zum Vergleich mit den Schallschwingungen. Überhaupt beliebt man in dieser und der nun folgenden Zeit immer mehr *die Natur wie ein mechanisches Produkt menschlicher Kunst* anzusehen, was, so barock es erscheint, doch *eine tiefliegende Bedeutung* hat – es war dieser Ansicht auf diesen Stufen nicht auszuweichen. Ganz klare Beobachtung ist bei aller Wahrhaftigkeit in vielen Naturforschern dieser Zeit etwas Seltenes. Umso achtbarer ist Nuguet, der zuerst die prismatischen Farbenerscheinungen richtig ableitet. Sein ganzes System wird hier (S. 332) mitgeteilt und seine wahren Einsichten von den falschen und unzulänglichen gesondert. Wie natürlich, machte der Mann auf seine Zeit wenig Eindrücke, er war still und ruhig bei der Wahrheit einfacher Beobachtung, indes die selbst gemachte Meinung immer laut hervortritt, und alles überschreit – dies umso mehr, je größere Anstrengung das Selbstmachen der Meinungen kostet. – S. 346 finden wir noch einige Nachholungen, – dann folgt nach einer kurzen Einleitung, woraus zwar die Unsicherheit, aber doch der Vorzugrichtiger Gefühle in der praktischen Farbenbehandlung für diese Zeiten sich ergibt, die Geschichte des Colorits seit Wiederherstellung der Kunst von Hn. Hofrat Meyer – ein ganz köstlicher, hier jedoch keinen Auszug gestattender Aufsatz, der durchaus gelesen werden muss. Es beginnt nun das achtzehnte Jahrhundert und damit die merkwürdige Periode von Newton bis Dollond. Zugleich wird es wichtig, die ‚Londoner Sozietät' kennen zu lernen. Ihr Anfang verliert sich ins Dunkel. Die Unruhe der Zeit hat uns vieles entrückt. In der allgemeinen Bewegung des politischen Lebens suchte man im Stillen Trost an der Natur; früher fühlte man sich nicht hierzu gedrungen, da das Leben noch allzu viel mit sich selbst zu schaffen hatte. Mit dem Frieden musste auch die neue Liebe für die Naturwissenschaft wachsen; doch verlangte der praktische Sinn allzu früh nach dem Brauchbaren, und so konnte bei dem durch Bacon bemerklich gemachten Gefühl des Endlosen in der Natur nicht so bald ein fester Überblick gewonnen werden. Man schweifte planlos, ergriff bald dies bald jenes. Vieles musste so entgegenkommen, noch Mehreres überraschte den unvorbereiteten Geist, der sich nun, wie man in den philosophischen Transaktionen sieht, zwischen der bei der Sozietät angenommenen Scheu vor der Theorie und dem angeborenen Drang zu erklären oft gar wunderlich durchhalf. Vieles wurde angeregt, aber nach Art der *Silva silvarum* des Bacon: man *versuchte bald Gott und die Natur*, aber es kam weniger zur Vollendung, zum Abschluss in Prinzipien. Hook erscheint als geistreicher, unterrichteter, geschäftiger, aber zugleich eigenwilliger, unduldsamer, unordentlicher Sekretär und Experimentator. Nun tritt Newton auf, und geht äußerst rasch zur Vollendung der Lichtzersetzungslehre vorwärts, wie sich denn bei schwankenden Meinungen diejenige alsbald in ihrer Art vollendet, welche von dem eigensinnigsten Geist gehalten wird. Wir machen hier mit dem Vf. (S. 410) auf den Grundfehler N.s. – das Leugnen vom Einfluss der Grenze bei der Farbenerzeugung – aufmerksam. Es ist dies die Hauptsache, mit deren Erläuterung die Newtonische Lehre stehen oder fallen muss, welches letztere jetzt durch unseres Vf.s. Entwurf der Farbenlehre hinlänglich erwiesen, ja man darf sagen, nach den Hauptpunkten abgeschlossen ist. N. hat viele dadurch für sich gewonnen, dass er die oft für unstet und gesetzlos gehaltenen prismatischen Farben mit entschiedener Haltung als gesetzmäßig erklärte, wofür man ihm Dank schuldig ist; aber die Behauptung des Gesetzmäßigen in einer Erscheinung ist noch nicht die wahre Erörterung des Gesetzmäßigen selbst nach seinen innerlichen Bedingungen. Der innere Reichtum des Lichtes, seine Farbenfülle kann gefallen, mag sogar, recht behandelt, etwas Poetisches haben: aber allzu reich macht arm und unterwirft endlosen Leiden, wie denn das Licht nie mehr gelitten, als da man es *innerlich* trübte und dabei doch alles so hellmachen wollte. Wenn die Dunkelheit nichts Wesentliches bei Erzeugung der Farben ist, wodurch sollte denn jemals das Licht bewogen werden, anders denn als Licht – nur in verschiedenen Graden der Stärke – zu erscheinen? Was jedoch noch auf keine Weise Farbe zu nennen ist. Aber gerade ein solcher Schein hat die meisten verführt, und N. selbst rannte sich fest darin und wurde sophistisch. – Dieser Gegenstand, als der wichtigste in Beziehung auf den polemischen Teil, wird hier sehr ausführlich und gründlich behandelt. Es wird dann weiter gezeigt, wie Lucas gründliche Einwendungen beseitigt worden, wie man sich im Falschen mehr und mehr verhärtete. Mariotte fasst die Sache gegen N. auf, kommt der Wahrheit nahe, bemerkt genau die zwei Reihen der Farben, aber kann sich von dem solidifizierten Lichtstrahl nicht losreißen. Seiner wird wenig geachtet. Desaguliers tritt gegen ihn und Rizzetti auf, welcher ebenfalls das Wahre in mancher Hinsicht getroffen. Newtons Lehre siegt – sein unbeugsamer Charakter drückt ihr das Siegel auf. Hierbei ganz ins Innerste dringende Bemerkungen *über Charakter* und *Charakterlosigkeit*, den tiefen Eindruck, welchen Konsequenz auf den mit ihr Begabten selbst sowohl als auf die anderen macht und über die Individualität der Engländer im Ganzen; dann, was die ersten Schüler und Bekenner N.s.: Clarke, s'Gravesande, Musschenbroek u. a. getan.

Nun tritt die ‚französische Akademie' auf. Da wurde denn gleich vom Anfang her zwar nicht so Reichliches wie in London, aber doch Gutes und im Ganzen nach einem geordneteren Plan geleistet. Der gesellige Geist der Franzosen konnte aber nicht lange im Stillen die Naturbeobachtung fortsetzen, ohne dass ein größeres Publikum daran Teil nähme. So wurde, was zuerst nur zwischen einigen wackeren Männern, wie Mariotte, de la Hire etc., zur Beförderung der Farbenerkenntnis verhandelt worden, was weiter zur Aufnahme der Newtonischen Ansicht geschah, sehr bald ins gesellschaftliche Interesse gezogen, umso mehr, je mehr man sich von Seiten der Akademiker bemühte, die Gegenstände gründlicher Untersuchung in interessante Gegenstände zu verwandeln. Literatoren, Lobredner, Schöngeister, Auszügler und Gemeinmacher, Fontenelle, Voltaire, Algarotti u. a., geben vor der Menge den Ausschlag für die Newtonische Lehre, welche als eine bereits fertige und in der Autorität einer schon wohlbegründeten Gesellschaft glänzende von der eben entstandenen französischen Akademie der Wissenschaften mit Begierde aufgenommenen, und diese Aufnahme schon der Anglomanie der Franzosen wegen zu einer hohen Ehre gerechnet wurde. Des Eigenen, Besseren einzelner Glieder vergaß man leicht. Die größte Angelegenheit aber ließ man sich sein, die einmal autorisierte Sache zu verbreiten, alles eifrig zu besprechen, ja damit die Lust der Gesprächigkeit nicht unterbrochen würde, alles unmittelbar vom Auge und von den anderen Sinnen sogleich in die Kehle gehen zu lassen. So wurde Physik und Optik insbesondere *mise de la portée de tout le monde* – man nippte, kostete von allem, und es wurde der Rand des Weltbechers vielfach beschmutzt, aber der Inhalt nicht erschöpft. Dazu das siebenfarbige Licht, welchen Spielraum gestattete es nicht der Redseligkeit! und die Lichtstrahlen, die hüpfenden, springenden, dann plötzlich gelähmten, gebrochenen, zerrissenen und wieder heil und ganz auferstehenden – wie war *dem* Reiz zu widerstehen? – Der gesunde Verstand praktischer Arbeiter in der Färberei wirkte indessen im Stillen fort, und man sieht hieran, wie der einfache, in sich selbst sich besinnende Sinn das Zusammengesetzte, Gekünstelte sich nicht aufdringen lässt. Der gelehrteren Gegner N.s., z. B. Dufay, Castel, wird nicht geachtet, so geistreich und treffend besonders des Letzteren Äußerungen sind (527). Gautier trat noch kühner hervor, hatte sehr viel Wahres, hing aber an den Strahlen, womit sich dann gegen Strahlen nur endlos kämpfen lässt. Indessen sind wir ihm Vieles schuldig. Seine Unterdrückung durch die Akademie fällt mit der Geburt und dem frühesten Leben unseres Vfs. in eine Zeit. So ist die Geisterwelt verbunden; ihr innerliches Leben mag wohl unterdrückt, ja dem Schein nach zerrissen werden: keine Gewalt der Willkür aber wird sie jemals überwinden; in ihr liegt die Spannkraft aller Dinge. – S. 551 ff. wird aufgeführt, was seit der Zeit in Deutschland für die Farbenlehre geschehen. Einzelne richtige, manchmal tiefe Blicke sind nicht zu verkennen, besonders an Tob. Mayer, Lambert, Scherffer, allein die Atomistik und die bald weit und breit herrschende Autorität Newtons hinderten den freien Blick. Scherffer hat noch mitten im Druck des Irrtums am meisten das Wahre gefühlt und ausgesprochen. Über die physiologischen Farben machte auch Franklin wichtige Bemerkungen.

Die Entdeckung der Achromasie entkräftete N.s Lehre im Innersten: teils aber achtete man ihrer Anfangs wenig, teils schloss man sie durch das Wort *Zerstreuung* an das bisherige Gerede an, und so suchte man die Gefahr noch zu umgehen, was umso leichter war, da diejenigen Freunde der einfachen Natur, wie z. B. Klügel, der schon in Zusammenstellung der Lehrmeinungen über die Farbe äußerst behutsam zu Werke ging, die Bedeutung der Achromasie zwar anerkannten, aber damit kühn und derb hervorzutreten noch nicht wagten. So viel geschah indes durch viele dergleichen aufeinanderfolgende Erfahrungen, die alle gegen N. zeugten, dass manche von der Autorität sich losrissen; doch nur wenige vermochten schon für sich selbst zu gehen – man versuchte mancherlei Akkomodationen und geriet bald mehr und mehr in eine völlige Anarchie der Meinungen. Indes war hiermit ein jeder auf seine eigene Kraft zurückgewiesen, und es geschahen bei vielem Unwesen dennoch einige die Sache fördernde Schritte, die man in der Art, wie sie geschehen, nach der Verzeichnung S. 593–665 selbst mitwandeln muss. Nicht selten kam uns hier Erfreuliches entgegen, und in den Bemerkungen des Vfs. insbesondere liegen segensreiche Maximen für den Umgang mit der Natur. Doch dies sind ihren Stellen gemäß nur Fragmente, und wir dringen weiter zum Ganzen und wie der Vf. selbst dazu gekommen. Vom *einfachen, natürlichen* Blick ist in den frühesten Zeiten der Grund zur wahren Farbenlehre gelegt worden; mit der Verwicklung und Verwirrung menschlicher Bildung hat man sich hiervon entfernt, hat *alle Ausflüchte* des Falschen bis zur Hartnäckigkeit versucht, und wir sehen die Geschichte nun bis dahin geführt, dass sie mit anerkannter Notwendigkeit zur ältesten Ansicht zurückkehrt. Aus der *Konfession* des Vfs. von sich selbst leuchtet hervor, wie er aus besonderem, und man darf bei einem für die ganze Naturwissenschaft so wichtigen Gegentand wohl sagen, *höherem Beruf* bei dem Grund aller Farbe, den ihm eben jener natürliche Blick eröffnete, nicht bloß, gleich so vielen anderen, zusehend stehen blieb, sondern darauf fortbaute, sich durch keinerlei kalte, spöttische oder bemitleidende Aufnahme seiner Mitteilungen, insbesondere von Seiten der Physiker von Profession, abschrecken ließ, wie vielmehr die von innen durchdringende Kraft hierdurch vielfach geübt, gestärkt und zur völligen Klarheit in sich selbst gebracht wurde. Wir wissen nicht leicht etwas Lehrreicheres, jeden wahren Beruf gegen alle Schwierigkeiten Stärkenderes, als diese Konfession, wodurch dann zumal auch das Verhältnis zwischen den fruchtbaren Bestrebungen des Vfs. in Poesie, bildender Kunst und Naturforschung in ein heiteres freundlich überraschendes Licht gesetzt wird. Unverrückbar hat der Vf. den Anfang und das Ende aller Farbenlehre festgehalten, und zuletzt durch die historische Vermittlung im eigentlichen

Entwicklungsgang derselben sich festgesetzt, so dass wir in den ersten Elementen dieser Lehre in dem frühesten Zeitalter ihm schon begegnen, mit ihm den Gang der Entwicklung gewandelt, zuletzt in Anerkennung der Notwendigkeit nur auf jenen Elementen fortzubauen aufs Neue mit ihm zusammengetroffen sind, somit für die Farbenlehre, ja für alle wahre Naturwissenschaft, eine entschiedene Erkenntnis des Anfangs, Mittels und Endes gewonnen haben.

Wie nun dieses in aller Wissenschaft das eigentlichste Bestreben sein und man sich nirgends beruhigen sollte, bis jeder einzelne Moment sorgfältig erwogen, das Wahre durchgehends vom Falschen geschieden und dem letzteren keinerlei Ausflucht mehr gestattet ist, so dass es nun in eigenem Ärger sich auffrisst oder berstet: so hat uns der Vf. im polemischen Teil (S. 353 bis zu Ende des ersten Bandes) ein Beispiel gegeben, wie alle wahre Polemik für die Sache der Wahrheit auf Leben und Tod zu führen ist. So derb und kräftig musste gestritten werden – hatte das falsche *Evangelium* von der *inneren Zwietracht des Lichtes* nicht alle Köpfe eingenommen? Es war demnach entweder so zu kämpfen, wie hier geschieht, oder man muss besser gar nicht anfangen. Wir haben ja die Beweise, dass man es sich auch im Falschen und Unreinen bequem machen könne, dabei verbleibe man. Wie sehr wünschten wir, dass alle Tüchtigen in allen Wissenschaften den angehäuften Wust, mit *der* Geduld, mit *dem* Scharfblick zergliederten, und so aus dem eigenen Gewebe desselben den Beweis von seiner Nichtigkeit führten. Einstweilen hat uns der Vf. das reine Licht wieder gegeben, bei dessen Klarheit wir hoffen dürfen, auch noch in anderen Dingen und am meisten über uns selbst klar zu werden. – Was nun in dieser Abteilung des Werkes begriffen ist, gestattet keinen Auszug, es muss Schritt vor Schritt verfolgt werden. Wir geben nur die Hauptgesichtspunkt an, unter denen der erste die genaue Angabe des *wesentlichen Unterschiedes der newtonischen und goethischen Farbenlehre* ist. Hierüber hat sich der Vf. (Seite 365 1. B.) zur Genüge erklärt, und wir haben nichts als das schon hier und da Angedeutete zu wiederholen, wie nämlich N. das Licht bloß von der leidenden Seite fasse, ohne ihm doch seinen wahren Feind entgegenzusetzen; G. aber wie natürlich das Licht von der wirksamen, gleichwie von der leidenden Seite betrachtet und durch die Entgegensetzung des Dunkels auf die Vollständigkeit des Urphänomens dringt. Ferner aber müssen wir den Leser dringend ersuchen, auf die (S. 387) gegebene Betrachtung des Grundsteins der n. Lehre, die Refrangibilität des Lichtes als Quelle der Farben, sowie auf die Rekapitulation der 8 ersten Versuche Newtons (S. 463) vor allem aufmerksam zu sein; dabei immer Newtons Optik zur Hand zu haben, um sich von der Aufrichtigkeit des Kampfes, den Goethe führt, zu überzeugen. Bei der mühseligen Durcharbeitung des polemischen Teils, der durch dürre Wüsten führt, wo die Meinung nicht selten wie durch die *Fata Morgana* täuschen möchte, wird dem Leser an den Ruhepunkten des Kampfes manches Erfreuliche begegnen, z. B. die tief gegriffenen Äußerungen über den Wert des Experiments, über den Ursprung der Meinung aus der Art des

Wollens usw. Beim Abschluss dieses polemischen Teils verweist uns der Vf. auf die historische Entwicklung, aus welcher wir die Sinnes- und Denkart, gegen die solche Polemik notwendig geworden, ihrer Entstehung und Bedingungen nach begreifen sollen. Da dies nun dem von uns eingeschlagenen Wege gemäß schon einigermaßen klar geworden und man sich mit dem Menschen, gleich wie es der Vf. lehrt, sogleich völlig aussöhnen soll, sobald man dessen Irrtümer ihm sichtbar gemacht: so hoffen wir, dass wahrheitsliebende Newtonianer, durch das Studium des historischen und polemischen Teils vom alten Irrtum losgebunden, zu freier Beweglichkeit gelangen und ihr Gemüt in eine Stimmung bringen werden, welche heiter genug ist, die einfachen und gründlichen Lehren des Entwurfs selbst aufzunehmen, wie sie gegeben sind – wohlmeinend und mit Liebe zur Natur.

Der *Entwurf der Farbenlehre* selbst (S. 1–352 des ersten Bandes) hat, abgesehen von der Wahrheit des Inhaltes, schon in Hinsicht der Methode den Vorzug vor der Newtonischen Optik, dass in jenem nicht wie in dieser von den verwickeltsten, alle Sorgfalt und Vorbereitung erfordernden Erscheinungen ausgegangen, vielmehr die Grundanschauung, worauf alles beruht, auch vor allem uns nahegebracht und von ihr in heiterer Folge fortgeschritten wird. Stellt sich dem Geist gleich Anfangs eine intriguate Verwicklung entgegen: so geschieht gar leicht, dass er nach dem nächsten Scheine greift, der etwa die Sache erhellen könnte, weil der Geist sich gerne vom Drange befreit. Hier dagegen wird Schritt vor Schritt nichts zugemutet, das die vorhergehenden Anschauungen und Betrachtungen nicht schon wohl und ohne Schwierigkeit begründet hätten. Die Schwierigkeit kann demnach nur demjenigen noch sich aufwerfen, welcher den Entwurf nicht von vornherein studierte, sondern nur da und dort etwas aufgreifen wollte. Wonach die ganze historische Entwicklung trachtete, das ist hier nicht in Bruchstücken, sondern in wohlgeordnetem Zusammenhang aufgestellt, und wir dürfen behaupten, dass, wer diese Anordnung der Grundanschauungen, ihre natürliche Entwicklung, leugnen wollte, der müsste gegen eigenes Gewissen seinen Sinn verleugnen, denn auch nicht das Geringste ist in den Grundlehren, das nicht ohne die mindeste Künstelei dem Auge dargelegt werden könnte, und dies ist doch wohl die erste Forderung, welche man an eine Farbenlehre zu machen berechtigt ist. Wir können hier nur skizzieren, und hier und da eine Bemerkung beifügen; mit der besonderen Anordnung des Entwurfs hat die den Kupfertafeln des Werkes angehängte Anzeige und Übersicht den teilnehmenden Leser schon hinreichend bekannt gemacht. Der Vf. betrachtet in der *ersten Abteilung* die Farben, insofern sie dem Auge angehören und auf einer Wirkung und Gegenwirkung desselben beruhen. Er nennt sie mit Recht *physiologische* Farben, da sie zur gesunden Natur des Auges gehören, wenn man sie gleich sonst meistens als schädliche Gespenster ansah. Sie sind die eigentlichen Gegenstände des Gesichtes, und alles, was von ihnen ihrer Erzeugung, Erscheinen und Verschwinden gesagt werden kann, beruht auf der ursprünglichen Anschauung des Lichtes und der Finsternis, wodurch das Auge in einen völlig entgegengesetzten Zustand versetzt wird, in Spannung und Fülle des Lichtgefühls und in Erschlaffung und Leere, da dann das Auge sucht und strebt, und nach außen stets verschwimmend, gleichsam nach Innen gewiesen wird. Es knüpft sich natürlich hieran das Verhältnis der Retina, ihr Wechsel von Empfindlichkeit und Unempfindlichkeit für Licht und Finsternis; das gesunde Schweben des Auges im mäßig Erleuchteten. Dem Licht und Dunkel entspricht das Weiße und Schwarze, und zwar zum Behuf der Farbenerzeugung im begrenzten Verhältnis – in *Bildern.* – Beide können neben einander aufs Auge wirken, und tun dies wirklich. – Die Wirksamkeit in der Fülle des einen fordert das andere, wo dann in der Opposition der große Unterschied vom Ausstrahlen des Weißen und dem in sich selbst sich Zurückziehen des Schwarzen bemerklich wird. Bei Versuchen hierüber hat man sich vor den Täuschungen des Ineinanderwirkens der Entgegengesetzten zu hüten, dass nicht alles im Nebel schwinde. Hieran schließt sich also von selbst die Betrachtung grauer Bilder und die Erhebung derselben auf schwarzem, die Verdunkelung auf weißem Grund. Dies eben Bezeichnete ist so sehr die Opposition und das *Ineinandergreifen der ersten Regsamkeiten des Auges,* dass es Menschen gibt, welche durchaus die Farbe nicht unterscheiden, ja, was hier die Hauptsache ist, sie gar nicht sehen, wie uns selbst ein Fall gegenwärtig ist. Nur erst beim *festeren Aushalten des Auges* im Licht sowohl als im Dunkeln, im Weißen wie im Schwarzen, beginnt die Farbe, dem Schattenhaften entsteigend, sich zu zeigen, in ihrer natürlichen Ordnung zu folgen, im gesetzmäßigen Gegensatz sich zu erwecken, wie dies im 4. *Abschn., blendendes, farbenloses Bild,* und im 5. *Abschn., farbige Bilder,* sich aufs Anschaulichste zeigt. Wir erinnern uns nirgends so freundlichen, heiteren und leicht zu wiederholenden Erfahrungen begegnet zu sein. Die ganze Farbenwelt erscheint uns in höherem Leben, da uns ihr voller Umkreis, ihre wechselseitige Belebung und Erfrischung, ihr Bezug auf Grundfarben, worin das Leben der Farben überhaupt sich sammelt und die Brennpunkte seiner Existenz erreicht, aufgeschlossen wird und gezeigt, wie das Auge nach Totalität verlangt und nur darin sich beruhigt, weil nur in diesem Fall seine Funktion erfüllt ist. Daher denn bei Kindern und kindlichen Völkern sogleich vom ersten Helldunkel die Neigung nach Grundfarben strebt, und zwar nach den strahlendsten Lichtern in denselben – die Vermittlung folgt erst im Verlauf der Bildung. Jedes Stehenbleiben auf einer dieser Entwicklungsstufen des Auges, sowie das Auseinanderweichen oder in sich selbst Schwinden des ganzen Farbenkreises sowohl, wie jedes Grades und jeder Stufe desselben, führt ins Krankhafte, wovon S. 42 folgende bedeutende Beispiele vorkommen, die wir, wenn's der Raum gestattete, leicht vermehren könnten. *Des* Winkes doch wollen wir uns nicht enthalten: Beobachter möchten bei solchen Übeln, wo sie von innen entspringen, niemals die Gemütsart der Kranken übersehen, und welche Welt jedes Mal aus derselben sich erzeugen und fortbilden könne. – An die physiologischen Farben schließen sich in der *zweiten Abteilung die physischen* an, zu deren Hervorbringung farblose Mittel, durchsichtig und durchscheinend sowohl als undurchsichtig, gehören. Sie lassen sich schon leicht objektivieren, aber noch nicht halten. Hier begegnen wir nun im ersten dioptrischen Abschnitt der wichtigen Lehre von den Graden der Durchsichtigkeit und der Trübung der Mittel. Diese Lehre, durch alle verschiedenen Mittel hindurchgeführt, wie hier der Anfang gemacht worden, würde uns zugleich auf die *Stufen innerer Beweglichkeit und Lebendigkeit der Mittel* aufmerksam machen; damit zumal würde die *mannigfaltige Regsamkeit für flüchtigeres Farbenspiel* sowie das mit hartnäckigerer Trübung auch *dauerndere Halten der Farbe* bemerklich werden. Überhaupt scheint uns die Lehre von der Trübung der Mittel den eigentlichsten innersten Lebensprozess der chemischen Farben aufzuschließen, und wir sehen mit dem Vf. die *Trübung* als ein *Urphänomen*, als das Wirken und Schaffen, wodurch Licht und Finsternis sich vermitteln, und als die wahre Mutter der Farben an. (Die wunderliche Erfahrung vom Erscheinen des Blauen beim Abwaschen eines schwarz bekleideten Portraits (S. 63) ist zum Teil auch uns begegnet). Nun folgt die durch subjektive und objektive Versuche erläuterte und berichtigte Lehre von der Refraktion und zugleich der eindringendste Beweis, dass kein farbenloses Licht, von welcher Art es auch sei, durch Refraktion Farben hervorbringe, wenn es nicht begrenzt, nicht in ein Bild verwandelt worden. Das hier S. 70–142 von den Bildern und deren Wirkung zur Erzeugung und Anordnung der Farben Gesagte können wir dem eigenen Studium nicht genug empfehlen. Die Klarheit der Sache, das Unwidersprechliche zeigt sich schon auf den ersten Blick; aber umso leichter ist es auch, diesen ersten natürlichen Blick des Sinnes durch Vermittlung mannigfaltiger sub- und objektiver Versuche, wie sie hier angegeben sind und leicht vermannigfacht werden können, zu rechtfertigen und zur vollen Evidenz zu bringen. Wir selbst bewerkstelligen dies auf eine sehr fruchtbare Weise in Gesellschaft einiger unbefangener Kinder von 11–13 Jahren, deren reinen Sinn wir zwar leiten, aber die Erscheinungen selbst finden und an denselben sich erfreuen lassen. – Was nun die Farbenerscheinungen betrifft, welche bei der *Spiegelung* sich zeigen: so findet man auch hierüber im Gefolge der Entwicklung der Farbenlehre (S. 142 ff.) sowohl in objektivem als subjektivem Betracht höchst merkwürdige Erfahrungen und tief eindringende Blicke. Es sind manche Erscheinungen darunter, die einem jeden begegnen: aber hat man sie wohl bei aller Präzision der katoptrischen Gesetze auch gesetzmäßig und ordentlich an die übrigen anzuknüpfen gewusst? Die *paroptischen* Erscheinungen, bisher von der sogar als Beweis der Anziehung des Lichts durch die Körper berühmt gewordenen *Beugung* desselben hergeleitet, hier aber als aus dem an undurchsichtigen farbenlosen Körpern herstrahlenden Licht entstanden betrachtet, führen eben auch wieder auf die Ränder und auf die Verhältnisse farbiger Schatten und Doppelbilder. Sie gehören zu den nicht seltenen im Leben und mögen manche Täuschung bewirken, weil sie unser Auge, wie die ganze Körperwelt, *nur an den Rändern* berühren. (Zu den Randbeleuchtungen und Ränderausgleichungen durch das Sonnenbild (S. 154) möchten wir auch die Erscheinung noch hinzufügen, dass am hohen Mittag da, wo die Sonne durch dunkelbelaubte Gänge dringt, ihre Erleuchtung in kreisförmigen oder ovalen, teils helleren, teils halbschattigen Lichtbildern auf dem Boden erscheint, wie vielfältig auch bei genauerer Untersuchung die Ränder sind, an welchen das Licht vorbeistrahlt). Die *epoptischen* Farben entspringen auf der Oberfläche eines farbenlosen Körpers durch mancherlei Veranlassung, jedoch ohne fremde Mitteilung, vielmehr aus der Art ihres Fortschrittes im eigenen Trübungsverhältnis. So zeigen sie sich in verschiedenen Stufen, welche (S. 165 ff.) lehrreich durchgeführt werden, zuerst noch vorübergehend, wie beim Anhauchen geschliffener Flächen, alsbald aber dauerhafter, z. B. bei Sprüngen im Glas oder Eis, bei der Trennung der Blätter durchsichtiger Steine, sodann immer mehr in die Oberfläche dringend und haftend, wie bei den Häutchen metallischer Auflösungen, bei Erhitzung der Metalle; endlich fast die ganze Masse durchdringend, wie bei abgestorbenem Glas. So gelangen wir an die Grenze, wo, nach denselben Gesetzen erscheinend, dieselben Gesetze nur körperlicher, d. h. durch einen und alle Punkte hindurch ausdrückend, die *chemischen* Farben eintreten, welchen die *3. Abteilung* dieses Entwurfs (S. 186–254) gewidmet ist.

Wir müssten eine Abhandlung schreiben, wenn wir alles mitteilen wollten, was sich uns beim Studium dieser dritten Abteilung aufgedrungen, z. B. bei Anknüpfung des Gegensatzes der Farbenreihe an den *chemischen Gegensatz von Säure* und *Alkali*, wo sich das ganze Gebiet der *Gärung* und *Verbrennung*, der *Fäulnis* und *Verwesung* auftut, und der ganze chemische Farbenkreis sich wieder an das Schwarze und Weiße anschließt, wie dies schon wackere Chemiker des Mittelalters aufs herrlichste zeigten, nur allzu sehr in rätselhafte Worte gehüllt. Ferner, wie vieles gibt die Erscheinung des Weißen bei Pulverisierung durchsichtiger Kristalle zu denken! Zeigt sich nicht schon auf dieser Stufe erstarrten Lebens die Klarheit der Gemeinschaft und die Trübung des Selbstischen? Bei den Metallen wird das chemische Farbenverhältnis am reichsten und wichtigsten, und wie in physiologischer Entwicklung des Auges schließt sich auch hier mit dem Gegensatz des Weißen und Schwarzen die Farbenwelt auf. Doch über dem Drang und der Beschattung der Farben in den Metamorphosen dieser ohnehin *drangvollsten Körper* der Erde gerät äußere Beobachtung selbst in Drang, und wir haben uns noch gar sehr zu gedulden, nur um gehörig zu unterscheiden. Neben dem, was hier sich findet, verweisen wir einstweilen auf die schönen Bemerkungen von Steffens bei Runges *Farbenkugel*. Die Wichtigkeit der Grenze wird S. 198 auch für die chemische Farbensteigerung dargetan, ebenso S. 199 das Schwanken und lebendige Wogen der Farbe. Wie weit wären wir, wenn überall das Durchwandern der ganzen Farbenkreise so wie S. 202 berücksichtiget würde! – Was die Fixation, Mischung und Mitteilung der chemischen Farben betrifft: so ist bisher nirgends so Vollständiges gesagt worden, wie S. 205–224; die praktische Behandlung ist für den Künstler hierdurch ausnehmend befördert. Die

Bemerkungen über den Gang der Färbung bei Mineralien, Pflanzen, Tieren, Menschen S. 228–248 geben uns wesentliche Grundzüge zu reichen Betrachtungen, insbesondere, wenn man den Gegensatz zwischen dem Licht und der Finsternis, wie er in der inneren Natur eines jeden Geschlechts liegt, tiefer verfolgt. Auf diesem Weg allein kommen wir zur Erkenntnis der hohen Bedeutung, welche die Farbe für die Physiognomik der Dinge hat. Die physische und chemische Wirkung farbiger Beleuchtung, dann die chemische Wirkung bei der dioptrischen Achromasie deuten zuletzt noch auf eine höhere Belebung und Verklärung des chemischen Farbenverhältnisses und Steigerung zu einer Zartheit und Feinheit, welche, das Körperliche erweckend und betätigend, dasselbe mehr und mehr einem durchdringenden, heiteren Geist unterwirft. – So sehen wir denn beim Schluss dieser Abteilung deutlicher als je, das ursprünglich geistige Verhältnis von Licht und Dunkel bis in die tiefste Leiblichkeit verfolgt und in dieser letzteren noch das in den Bewegungen und mannigfaltigen Metamorphosen der Farbe sich verkündigende Regen und Leben jenes Grundverhältnisses; und so dürfen wir mit Recht die Arbeit unseres Vfs. als den Gipfel dessen betrachten, was seit den ältesten Zeiten für die Farbenlehre geschehen ist, und zugleich als den in einem ausführlichen Beispiel dargelegten Anfang einer gründlichen echt empirischen Durchforschung der Natur zu rechtem Heil und Frommen der Wissenschaft. Die 4. *Abteilung: allgemeine Ansicht nach Innen*, enthält Rückblicke auf die innerliche Natur der Farbe, sucht im lebendigen, durchgreifenden Verein zu fassen und darzustellen, was bisher der genauen Unterscheidung wegen auseinandergehalten wurde. Das Unterscheiden scheint uns fast überall in der gegenwärtigen Manier der Behandlung der Naturlehre das Verwahrlosteste zu sein und eben daher so mancher Jammer zu kommen. Hier finden wir ein Muster des Geduldens bis ins Einzelnste des Unterschieds. Umso erfreulicher kommen uns die Betrachtungen nach Innen entgegen. Vor allem musste auffallen, wie leicht, wie augenblicklich die Farbe entsteht, oft durch leisen Druck, Schwingung, Hauch, Wärme an glatten reinen Körpern sowohl wie an farbenlosen Flüssigkeiten; wie ernst jedoch bei dieser spielenden Beweglichkeit die Farbe sei. Schon als Ausdruck des geheimnisvollen, rätselhaften Strebens und Versinkens im Verhältnis zwischen Licht und Finsternis erscheint sie notwendig tief und ernst; ebenso entschieden und bestimmt ansprechend, charakteristisch, da ein gewisser Grad jenes Verhältnisses jedes Mal ausgedrückt ist. In völliger Klarheit wird der Geist wieder magisch in das Geheimnis gezogen, von da verlangt er wieder zur Klarheit; was aber dazwischen liegt, macht den eigentlichen Reiz des Lebens aus. – Der Vortrag geht nun immer mehr in die Tiefe des Farbenlebens, weist bestimmt auf zwei Grundfarben, *Gelb* und *Blau* – als zwei ursprüngliche Gegensätze, die durch Steigerung sich gemeinschaftlich einem Dritten nähern, wodurch nach beiden Seiten ein Tiefstes und Höchstes, ein *Gemeinstes* und *Edelstes* – das *Grün* und der *Purpur* entsteht, und zuletzt eine Harmonie der Farben, die uns befriedigt und neu belebt, die ebenso beweglich und mannigfach ist, als sie sich entschieden und dauerhaft darstellen lässt usw. Die 5. *Abteilung* betrachtet die *nachbarlichen Verhältnisse der Farbenlehre* zu anderen Lehren und Künsten, wobei wir besonders auszeichnen, was über des Physikers Anerkennen seiner Grenze und verständiges Bewegen innerhalb derselben, vom Haften auf den Urphänomenen gesagt ist, in denen die Physik ihre Vollendung und Abschluss in sich und die Philosophie den wahren Anfang findet. Die Teilnahme der Mathesis finden wir mit dem Vf. umso wünschenswerter, weil durch sie erst eine richtig eingeleitete Methode zur Schärfe der Evidenz gebracht wird. In diese Evidenz haben wir indessen hier schon den Grund der Farbenlehre, zwar ohne Zahl und Figur, aber mit der wahren innerlichen Gestalt der Mathesis erhoben gefunden. – Welche Bedeutung die Farbe in der wahren Naturgeschichte zur Bezeichnung des beweglichen Lebens in den Dingen habe, möge jeder Naturfreund bedenken. Hierin haben wir vom Vf. noch vieles Schöne zu erwarten: aber auch schon ausgesprochen hat er vieles als Dichter für den, der es zu nehmen versteht.

Wenn bekannt ist, was in der Physiologie die richtige Fassung der natürlichen Wirksamkeit eines so edlen Organs wie das Auge besagen wolle, und dann die Erörterung des Verrückten, Verwirrten in einer solchen Wirksamkeit für die Pathologie, wird begreifen, wie vielen Dank auch der heilende Künstler unserem Vf. schuldig sei. Auf gleiche Weise in seiner Art der Färber. Was die allgemeine Physik besonders in ihrer Methode gewinnen möchte, sobald sie durchaus mit *der* Geradheit, Schärfe und Klarheit behandelt wird, wie hier die Farbenlehre, dies ist schon aus dem von uns bisher Angegebenen einigermaßen zu erkennen; des Genaueren muss man sich selbst belehren. Nur wenn die Kraft des Sinnes so geleitet, geübt, befriediget wird, mag manches, was bis jetzt Formel und Wortschall war, zum Leben auferstehen. Die Lehre vom Gegensatz, der durch alles greift, konnte von keinem Sinn so objektiv und subjektiv zugleich gefasst werden, die Momente der Wirksamkeit durch keinen anderen so neben einander gestellt, im Übergang gezeigt, mit einem Mal übersehen, wie durch das Auge; auch ergibt sich bei näherer Betrachtung, dass z. B. die Lehren vom Magnetismus, von der Elektrizität, vom Galvanismus, chemischen Prozess usw., so tief sie auch eindringen in die Natur, dennoch, ihren Gegenständen gemäß, nie zu dem überall eingreifenden Reichtum, zu der Steigerung und Veredelung in sich selbst – kurz, zu dem Adel, welcher den Menschen schon an sich zur Kunst auffordert, gelangen können, so dass man sagen darf, die Farbenlehre verklärt die Erkenntnis der übrigen Erscheinungsweisen der Natur, wie das Auge den dunkeln Leib verklärt, und wohl verstanden wird sie uns einen heiteren Durchblick ins Innerste der Dinge gewähren, wie durch das Auge wir ins Gemüt des Menschen schauen. Von der 6. *Abteilung*: *Sinnlich sittliche Wirkung der Farbe* schweigen wir lieber ganz, als dass wir in allzu gedrängter Kürze etwas Ungehöriges sagen sollten. Am liebsten geht man ohnehin mit dem Zartesten, Edelsten in stiller Vertrautheit um. Hierzu aber wird eine Würdigkeit erfordert, die errungen sein will, und wir können jeden, insbesondere auch den Künstler, versichern, dass diese reifste Frucht der Farbenlehre, welche sinnig genossen das innere Auge eröffnet, niemals von demjenigen erreicht werden möchte, welcher voreilig oder in müßiger Neugierde nach ihr hinlangt; nur der wird sie verdienen und haben, welcher sich mühselig durch alle Entwicklungsstufen, wie wir bisher sie angedeutet, durchgearbeitet hat.

Thomas Young [Rez.]: Zur Farbenlehre. On the Doctrine of Colours. By Goethe (1814)

Vita – Abstract
Thomas Young (13. Juni 1773 Milverton – 10. Mai 1829 London) studierte seit 1792 Medizin in London, Edinburgh und Göttingen, wurde auf Grund ophthalmologischer Entdeckungen (Akkomodation des Auges) Fellow der ‚Royal Society' und 1796 in Göttingen mit einer Dissertation über lebenserhaltende Kräfte in Krankheiten promoviert, arbeitete lebenslang als Arzt in London, war zwischenzeitlich parallel von 1801 bis 1804 Professor für Naturwissenschaft (Natural Philosophy) am ‚Royal Institute', wurde Mitglied verschiedener Akademien und mit der Benennung eines Kraters nach ihm geehrt. In seinen weitgespannten Forschungen – viele erschienen anonym – untersuchte Young, vertraut mit zwölf Sprachen, Themen der Physik (Wellennatur des Lichts, Theorie der Elastizität), Augenheilkunde (Dreifarbentheorie des Sehens, Astigmatismus), der Kardiologie (Physiologie des Herzens und der Arterien), der Pädiatrie (medikamentöse Therapie) und ebenso der Sprachwissenschaft (Vergleich der Grammatik und des Vokabulars von 400 Sprachen, Entzifferung der ägyptischen Hieroglyphen). Seine dreibändigen *Miscellaneous Works* von 1855, erneut 1972, enthalten wissenschaftliche Abhandlungen, hieroglyphische Essays und Auszüge aus seiner Korrespondenz.

Mit seiner anonym erschienen, ihm aber zugeschriebenen Kritik gehört Young zu den seinerzeit bedeutenden Gegnern der Farbenlehre Goethes. Weniger aus Interesse an sachlicher Information als aus Neugier auf ein Beispiel der Verirrung menschlicher Fähigkeiten („perversion of the human faculties") bei einem anerkannten

D. von Engelhardt, *Goethe als Naturforscher im Urteil der Naturwissenschaft und Medizin des 19. Jahrhunderts*,
https://doi.org/10.1007/978-3-662-68126-8_48

Schriftsteller will Young sich zur Lektüre der Farbenlehre entschlossen haben. Auf die überwiegende Ablehnung bei Mathematikern und Physikern habe sich Goethe wenig überzeugend mit Schmähungen und Invektiven („obloquy and invective") gerächt. Die „Halluzinationen" Goethes werde er mit seinen eigenen Worten aus seiner „Konfession" belegen, Plan und Inhalt des Werkes manifestierten eindrucksvoll seine Krankheit („malady"). Young referiert und kritisiert die Teile Didaktik, Polemik und Geschichte der Farbenlehre als unzutreffend in den Phänomen und Erklärungen, wenn auch sorgfältig in der Wiedergabe vergangener Autoren, aber ohne wirkliches Talent und Urteilsvermögen („some industry, but little talent, and less judgement") und wenig nachvollziehbar in der moralischen Einschätzung der „abscheulichen Newton'schen Lehren" („detestable Newtonian doctrines"). Anschließend gibt Young wörtliche Passagen aus der „Farbenlehre" von Goethe („Konfession des Verfassers"), Johann Heinrich (1760–1832) („Geschichte des Kolorits seit Wiederherstellung der Kunst") und Thomas Johann Seebeck (1770–1831) („Wirkung farbiger Beleuchtung") in englischer Sprache wieder und beendet seinen Beitrag mit dem Fazit, dass selbst schlechte Theoretiker überzeugende experimentelle Untersuchungen durchführen könnten – „a bad theorist is sometimes capable of making correct and valuable combinations of experimental investigations".

Young, Thomas [Rez.]:
Zur Farbenlehre. On the Doctrine of Colours. By Goethe, Bd. 1–2, Tübingen 1810, in: The Quarterly Review 10 (1814) S. 427–441.

* * *

Our attention has been less directed to this work of Mr. von Goethe, by the hopes of acquiring from it anything like information, than by a curiosity to contemplate a striking example of the perversion of the human faculties, in an individual who has obtained enough of popularity among his countrymen, by his literary productions, to inspire him with a full confidence in his own powers, and who seems to have wasted those powers for the space of twenty years, by forcing them into a direction, in which he had originally mistaken his way, for want of profiting by the assistance of a judicious guide. Having failed of exciting the attention, and obtaining the approbation of mathematicians and philosophers, he has revenged himself for their neglect, by obloquy and invective: and calling in his powers of versification to the aid of his weakness in argumentation, he has overwhelmed the young gentlemen and ladies, who have been in the habit of reading the almanack of the muses, with epigrams and satires, equally demonstrative with the present elaborate work; equally instructive, and equally poetical.

We shall exhibit the symptoms of this curious case of ‚hallucination', in the words of the patient's own very amusing ‚Confession', after premising a sketch of the plan and contents of the work, which forms so prominent a feature in the malady.

In the first, or ‚didactic' part, the author professes to consider colours, with respect to their physiological, their physical, and their chemical properties. Physiological, or ‚subjective' colours, are ocular spectra, coloured shadows, and, as he is inclined to believe, the halos seen round candles, especially when the eye is weak; but to us, these coronae appear to depend on particles floating on the surface of the eye, and derived from the secretion of the eyelids, and not to be immediately connected with the physiology of the nervous system. As allied to affections of this kind, Mr. von Goethe mentions the morbid state of the organ, which he calls acyanoblepsia, or the incapacity of perceiving blue light, by which he explains some cases of the confusion of colours, in a manner somewhat analogous to the hypothesis of our countryman Mr. Dalton on the same subject. Physical colours our author thinks little more real than physiological colours, and often merely apparent and transitory. He divides them into dioptric, either by simple transmission, or by refraction; paroptic, sometimes called colours by inflection or diffraction; and epoptic, or depending on the properties of surfaces, as the colours of thin plates. Chemical colours, he observes, are the most permanent; and here he considers the chemical effects of different colours, as nearly related to the subject, together with the chemical properties connected with dying and bleaching. The other divisions of this part contain a „connected sketch of the doctrine of colours"; a discussion of the relation of chromatics to other departments of science; and an examination of the effect of colours, with regard to the fine arts.

Colours, in Mr. von Goethe's opinion, are intimately connected with the phenomena exhibited by the magnet, the tourmalin, the electrical machine, the galvanic battery, and the processes of chemistry. In all these phenomena, as well as in those of colours, there exists, he says, „a hither and thither, an inductive separation, a discharge by reunion, an opposition, an indifference, and in short, a polarity; in an elevated, a diversified, a decided, an instructive, and an improving sense." – Anz. p. 2.

But if we may venture to interpret his opinions into intelligible language, the most elementary of them seems to be, that red is generally and essentially derived from the perception of light, and blue from that of darkness, viewed through a semitransparent medium; a fact by no means universally admissible, and which, where it actually occurs, may be referred to a combination of much simpler causes.

Our author asserts, that colours are the joint production of light, and of the substances exposed to it, or an effect of the modification of light, produced by partial darkness; a modification which, he says, has been overlooked by the authors of the received theories.

The ‚polemical‘ part, which follows the didactic, is a minute and detailed examination and discussion of the optics of Newton, which our author considers as grossly deficient in satisfactory demonstration, and wholly inadequate to prove the compound nature of white light. In this discussion, he has certainly shown no small portion of courage, though little of the better part of valour. He gives us, for instance, in his third plate, a number of coloured objects to be viewed through a prism; in his fourth, a representation of the same objects, as seen through the prism: one of the objects is a space, of which one half is coloured red, and the other blue; and in the representation of the prismatic appearance, the two halves are still placed side by side, and terminated by the same rectilinear outline. This is an ‚experimentum crucis‘: we have looked through a prism, at the identical figure of the third plate, and it does NOT appear as Mr. von Goethe has represented it in the fourth; but the blue image is manifestly more displaced by the effect of refraction, than the red.

The second volume of the work is occupied principally by a historical abstract of the discoveries and opinions of all philosophers, ancient and modern, respecting light and colours; in which the author has exhibited some industry, but little talent, and less judgment. He does not fail to triumph over the „detestable Newtonian doctrines“, on occasion of the discoveries of Dollond; and although he is disposed to admit, that an accident may have given rise to the experimental error of Newton, he still very truly infers from the circumstance, that „a great philosopher may have a phenomenon completely within his view, and yet suffer it to escape his observation“. He attempts „a moral solution of the problem, how so extraordinary a man could have been so egregiously mistaken, as Newton was, with respect to light, and should have continued to labour on the subject of his error, until the end of his life, with self-complacency, with diligence, and with obstinacy, in spite of all warnings, both internal and external; to establish its popularity, and to carry with him, in defiance of reason, so many men of distinguished talent and celebrity.“

We will not compliment him so far, as to hint that his own case may afford anything like an illustration of the supposed paradox; but we shall exhibit his feelings, respecting himself, in an abstract of his ‚Confession‘.

> „The public is not unwilling to allow any man the credit of possessing talents, which he has employed with industry, and with a certain degree of good fortune; but if he wishes to diversify his occupations, and multiply his powers, by the pursuit of different objects, he appears to violate the right which he has allowed the public opinion to acquire over him, and his exertions, in a new capacity, are therefore very seldom received with favour and approbation. There may be some foundation for this disposition, in truth and reason; since every beginning must be imperfect, and so far is one man from being able to make

improvements in a multitude of different departments, that the united labours of many men are required, in order to bring any one to perfection. On the other hand, it is certain that some branches of human knowledge are in absolute need of assistance from others, and that a man must possess, within himself, a combination of various faculties, and of various virtues, in order to advance, as far as possible, in the pursuit of intellectual cultivation.

My poetical attempts had been received with partiality, though I had followed no rules of art: I meditated long, and executed rapidly; a habit which has perhaps given some animation and energy to my productions. But wherever I attempted to seek assistance from the existing rules of art, I found them either wholly wanting, or absolutely useless. I was therefore desirous of finding some other department, connected with my immediate pursuits, in which technical precepts had done more to assist the progress of a student; and I made choice of the fine arts, and of painting in particular; for which, having no natural talent, I was the more in need of rules, and was even the more zealous in the study of them: for it is perfectly certain, that a false taste will often incite a man to more passionate exertions, than a true one; and that *he often takes much more pains in a pursuit which must unavoidably fail, than in another which might easily succeed.*

From a wish to improve myself in the study of painting, I was induced to undertake a journey into Italy. Here I had to unlearn all that I had before learned, relating to the arts, and to begin from the most elementary principles; and by the time that I was obliged to return from my travels, I found myself just far enough advanced to begin to be able to profit by them.

Respecting the theory of colouring, however, I could form no distinct idea: I found that the practice of the best painters was governed by their taste only; their taste, by custom; their custom, by prejudice; and their prejudice, by a peculiar turn of mind or of study. I heard indeed of cold and warm colours, of colours that relieved each other, and the like; but all this was confined within very narrow limits, and even within them was very imperfectly understood. In order to relieve the monotony of my conversations with my friends on the subject, having observed the feeble effects of blue tints, I undertook *to maintain a parador*, that blue was no colour; and I had the *pleasure* of having my assertion universally *controverted.* Angelica only, who had before obliged me by executing a painting in the old Florentine manner, completing the chiaro oscuro in grey, and covering it with transparent tints, which produced an uncommonly pleasing picture, though the eye could not discover the manner in which it was painted; Angelica now approved my paradox, and promised me to paint a little landscape, without a particle of blue; and she executed accordingly a very agreeable and harmonious composition, nearly resembling the appearance which the objects would assume to an acyanobleptic eye; and the picture may possibly still be in the possession of some amateur, who be interested in the anecdote.

The experiment however served only to furnish a transitory subject of conversation, and I felt the necessity of considering the nature of colours, as an object of physical research; never doubting the truth of the common opinion, that they were all contained in light. I had indeed formerly attended courses of lectures on natural philosophy, and well remembered the experiments exhibited in them; but for want of sunshine at a proper time, I had not seen those which are commonly employed for the illustration of the Newtonian doctrine of colours.

In order to supply this deficiency, I had borrowed some optical instruments of Mr. Büttner, of Jena; but having long neglected to pursue the investigation, I was about to return them in great haste. I determined however to look once through a prism before I sent it away. When I took the prism into my hand, I expected, from the impression that I had received of the Newtonian theory, to see the whole of the white wall of the room coloured in different degrees, and the light, returning to the eye, divided into a multitude of coloured lights. But with no small astonishment, I perceived that the wall remained white as before, and that the colours only appeared in the neighbourhood of a dark part. I was immediately convinced that a limit was necessary, in order to the production of colours, and asserted without hesitation, *that the Newtonian doctrine was false.* I then determined to keep the apparatus, and pursue the experiments.

Having no experience in researches of this kind, I requested a natural philosopher, who resided in the neighbourhood, to examine the results of my arrangements. I had communicated to him my doubts respecting the Newtonian theory, and was in hopes that the first glance would convince him of the truth of my opinion. But what was my astonishment to find, that although he attended to my experiments with complacency and approbation, he at the same time assured me, that the appearances were perfectly well known, and were completely explicable upon the Newtonian theory! That the colours belonged only to the light, the darkness merely affording an opportunity for their separate exhibition, while the white in the middle was a compound of coloured lights, gradually succeeding each other; and that the whole effect was explained by Newton himself, and by other authors who adopted his principles! Nor would he allow the least weight to my objection, that violet was not more refrangible than yellow; nor to any other reason which I adduced.

I was deeply interested in the pursuit, and I sought for companions in it: but I found the whole world prepossessed with incredulity of my capacity for the investigation; *every one appeared to entertain an aversion for my labours, which assumed so much the more the form of displeasure, and almost of enmity, as the individual was the more learned, and the better informed.*

I have indeed to acknowledge, with gratitude, the kindness and confidence of the Duke of Weimar, Duke Ernest and Prince Augustus of Gotha, and the Prince Primate, who was at that time at Erfurt; as well as of many celebrated anatomists, chemists, scholars, and moralists; but not of a single natural philosopher. I corresponded long with Lichtenberg: for a time he answered my letters; but when I became more urgent, and expressed more violently my abhorrence of the nauseous doctrine of the Newtonian white, he abruptly dropped the subject, and notwithstanding our intimacy, he had not even the friendship to mention my essays in the last edition of his Erxleben.

Being thus left to myself, I examined, at leisure and in detail, the experiments and reasonings contained in Newton's *Optics*, and the *Lectiones Opticae*; and I became more and more convinced that the phenomena, so much misunderstood, depended actually on a separation and an opposition, which is best expressed under the comprehensive term of polarity, and which appears to take place wherever colours are concerned. I had again arrived at the subject of physiological colours, which was immediately connected with the first objects of my investigation; and in pursuing this subject, I had the happiness of proceeding in concert with my friend Henry Meyer, to whom I had before been indebted for much instruction in Rome; who now undertook to execute a series of coloured drawings, in order to verify the principles which we had before deduced from reason and experience; and who has since, in a second journey to Italy, particularly studied the subject of colouring. The result of his observations are contained in two essays, published in this work; the one speculative or hypothetical, respecting the origin of the art; the other historical, giving an account of its progress in different schools of painting.

Having now arrived at the end of my Confession, I should hold myself inexcusable if I concluded it without mentioning the name of Schiller, in terms expressive of the strongest sense of the magnitude of my obligation to the friendship and talents of one, whose loss can never be repaired; and without repeating my acknowledgments for the patronage and protection of the reigning Duchess of Weimar, without whose assistance and encouragement, my labours could not have been reduced into a proper form for appearing before the public at large.“

Much as we have been entertained by the singularity of this statement, we cannot think it necessary to make any serious remarks on it, and shall now take our leave of Mr. von Goethe's work, as far as his own discoveries and opinions are concerned: but we cannot omit to give some account of two short contributions of his friends, which appear to us to be by far the most valuable part of the compilation. The one is by Mr. Meyer (II. 350), entitled a *History of Colouring*, from the time of the revival of the arts: the other by Dr. Seebeck, of Jena (II. 703), containing experiments on solar phosphori. It may be necessary to premise to Mr. Meyer's essay, that the harmony of colours, on which so much stress is laid, seems to consist in the choice of such as are complementary to each other, so that the whole of the tints employed, if blended together, should form a neutral or grey mixture, without any preponderant colour. Mr. von Goethe admits also of some latitude for the introduction of ‚characteristic‘ tints, which are separated in the circle of colours by a certain interval, standing next but one to each other; while colours immediately contiguous, as blue and green, like discords in music, have a less agreeable effect when viewed together. We are not prepared to decide positively, how much either of originality or of truth there may be in these opinions; but it was observed in this country, at least twenty years ago, „that probably those colours, which together approach near to white light, will have the most pleasing effect in apposition". Ph. Tr. 1793.

„Whether Cimabue, Guido of Siena, or Berlinghieri, was the first, that in the 13th century began to copy nature more closely, it is certain that Cimabue made the most essential improvements in the art, and that his colouring, or rather his colours, though whitish in the lights, and brown and dirty in the shadows, are still more agreeable, clear, and lively, than those of his contemporaries. His scholar, Giotto, introduced warmer carnations; and his shades are somewhat less dirty, and sometimes of a greyish cast. Among the pupils of Giotto, Gaddi's colours were stronger and more contrasted: Memmi made no improvements. Giottino introduced more harmony, together with more blooming and more varied tints, and stronger shadows. Lorenzo di Bicci was fond of clear and lively colours, and kept his local tints pure, and delicately shaded off into each other, so as still to preserve their distinctness. Masolino improved the art of observing light and shade, and was the first that succeeded well in foreshortening. His scholar, Masaccio, was more correct in his carnations, and employed his colouring in a masterly way, to assist the expression of his figures: his light and dark masses are tranquil, broad, and well distinguished. Giovanni da Fiesole seems to have derived from nature his lovely delicate tints, and a general harmony, which pervaded every part of his pictures. His pupil, Gentile da Fabriano, was still livelier and more blooming, and Filippo Lippi was more energetic: but the reddish shadows of Masolino were too much adopted by all his immediate followers.

The improved employment of oil colours, by John Van Eyck, produced a greater softness and fulness of colouring: the shadows became more forcible, more transparent, more dignified, and more animated; so that more shadow was generally introduced, and paintings assumed a darker complexion. This artist was correct and diligent, but little more; and his contemporaries, Schön and Wohlgemuth, are of a similar character.

The Venetian school now begins to rise into importance. Some of the latest works of Bartolomeo Vivarini appear to have been in oil: his tints possess a dignified clearness, and already afford a specimen of the characteristic beauty of the school. Bellini had still more bloom and vigour.

To return to the Florentines; we find Pietro Perugino, the pupil of Verrocchio, adopting a more delicate style than any of his predecessors; but so far inferior to Bellini, as his shadows are greenish and reddish. Leonardo da Vinci, another pupil of the same master, effected a very important improvement, by an accurate attention to light and shade: his colouring has somewhat of a cheerless and feculent appearance, but his middle tints are delicately expressed, and exhibit correctly the relief of the parts; and his shadows have an unprecedented degree of force. Hence the energetic colouring of Bartolomeo was immediately derived; and the Venetian school was not left behind hand. Giorgione employed, with shadows equally strong, still more glowing tints; so that his fellow student and follower Titian had scarcely a step further to advance, in order to arrive at the highest excellence of colouring with which we are acquainted.

The admirable works of Raphael and Andrea del Sarto are less distinguished for their colouring, than for their other beauties; and a similar remark may be applied to A. Dürer, Holbein, and L. Kranach. Dürer's light carnations are sometimes very successful; but his shadows are either faint or greenish. Holbein was more delicate, managed his pencil with greater art, and seldom allowed his precision to degenerate into hardness. Kranach's colouring was still better, and perhaps the best of any artist's out of Italy: he had probably studied Titian with diligence, and had approached near to his manner.

Although colouring, considered as an imitation of nature, may be said to have been brought to perfection by Titian, yet the harmony, obtained by a judicious selection of colours, was not altogether so completely understood in the Venetian school. It was not however neglected; and attention was paid to a proper distribution of the reds, which are the most striking of colours, and were the most generally employed, either near the middle of the picture, or in nearly equal proportions throughout its extent. Yellows and browns were the next in order of frequent introduction; greens and blues were but little used, and only for variety, in order to relieve the others. From this preponderance of ‚active' colours, the whole character of the piece becomes warm and ‚tranquil': but the eye is not relieved by the cheerful effect of the harmonious introduction of the whole circle of colours. The Venetian masters observed, almost without exception, the rule, to employ unmixed colours in the draperies, for the more effectual relief of the mixed tints of the skin; and Titian added to this the artifice of constantly introducing a white drapery of linen, between the skin and a coloured drapery of any kind. In the carnation tints, this school was never excelled; but the general effect of colouring was still improved by Correggio.

Correggio's principal study was the effect of light; he has excelled all others in his soft transitions from light to shade, in the distinct separation of his masses, in the clearness of his shadows, and in the accuracy of his reflections; and he seems to have been the first that attended to the harmony produced by an artificial juxtaposition and opposition of colours. Hence his colouring has more variety, life, and cheerfulness than that of Titian: and the Lombards, who followed him, distinguished themselves in general by the force of their shadows and colours; they employed, as may be exemplified in the works of Parmeggianino, less yellow and purple, but more blue in their draperies, whence their pictures derived a character of seriousness, and vigour of colouring.

Barocci's manner, though cheerful and agreeable, is rather a caprice than an extension of the art. He employs in his draperies the strongest and most brilliant colours: in the skin, his lights are too yellow, his middle tints too blue, and his reds too gaudy. In many of his pictures, the large masses of light are too much divided. He introduced the mode of endeavouring to remedy a want of general harmony by throwing a yellow tint over the whole picture. Bassano often used varnish colours, especially in his draperies. The works of Paul Veronese exhibit the liveliest play of colours, and those of Tintoret the effect of very dark shadows; but in other respects these artists followed, with little variation, the improved methods of their school.

The Florentine painters had acquired a mannered style, with unnatural forms and faint insipid colouring, which was in some measure corrected by Chimenti and Cardi, and still more by Allori, whose painting of St. Julian is so justly admired. But about this time the three Carraccis gave to Bologna a decided superiority in all the essential perfections of the art, though their style of colouring was neither new nor peculiarly characterized.

Caravaggio adopted, without selection, the forms presented to him by nature; his colours were stronger than those of any other artist: in general he introduces more shadow than light, and his beams of light are confined, and derived from an elevated point. Spagnoletto was one of his most spirited imitators, and employed his local tints with still greater accuracy: but he often descended below the dignity of a great artist.

Quercino or Guercino, though of the school of the Carraccis, adopted the manner of Caravaggio; but his forms and his ideas were more dignified. A simple and affecting loveliness is often combined in his works with force and expression. His colouring is more delicate and pleasing than that of Caravaggio.

The great Guido too, at first, employed very extensive and forcible shadows, accompanied by lighter and more delicate carnations than even those of Guercino. He afterwards represented his objects as situated in a more open space, and a fuller light; and extended, if he did not improve, the art of colouring, by the introduction of a prevailing silver grey middle tint. His contemporary Albani painted too in a full light, with tints as lovely and blooming as any other artist in the school of Bologna. Domenichino has no peculiar merit in colouring; although in fresco his style was agreeable.

In the middle of the seventeenth century the Flemish school had made colouring one of its principal objects; and Rubens and Van Dyck stand in the foremost rank of those who have excelled in it. Rembrandt too is a great master of this art, and still more of that of the management of light, and of shadows interrupted by reflections. Teniers, Ostade, Gerard Douw, Metzu, Terburg, and many others, have also acquired deserved celebrity in this department of the art.

The principal merit of the Flemish school consists not in the execution of the separate parts, for in this the Venetians were superior, but in the tone and harmony of the whole piece, acquired by the observance of a prevalent colour, which produced an effect similar to that of viewing the picture through a coloured glass. This style was first introduced by Barocci, but oftener employed, and much improved, by the Flemish painters.

About the same time, the French school had attained its highest degree of perfection, but none of the French painters was particularly distinguished for his colouring. Claude is indeed in the highest degree animated, delicate, and true: but landscape allows much less scope for colouring than historical painting.

Among the Spaniards, Velázquez and Murillo may be ranked with the greatest masters of their age. Mengs attributed to Velázquez a power of representing the air, and detaching one object from another, not inferior to that of Rembrandt. Murillo was forcible and natural, and his best pieces are in the style of colouring of the Venetian school.

Returning again to Italy, we find Pietro da Cortona inexhaustible in his invention, and rapid, agreeable, and diversified in his execution. In the distribution of his colours for promoting the effect of general harmony, we are disposed to maintain that he is unrivalled. The Venetians, as we have already observed, were somewhat monotonous: Correggio felt the power of the harmony of colouring, but not being aware of its proper foundation, he attempted to obtain it by mixture of colours, and by a judicious gradation of his lights, or what is termed keeping: and the Flemings substituted a general tone for a perfect harmony; nor has Van Dyck been completely successful in his attempt to supply its place, by the arbitrary introduction of lights and shadows, where an appropriate colour would have answered his purpose much more effectually. Pietro da Cortona had acquired a true sense of the efficacy of a proper variety in producing this harmony: and he knew how to modify it so that the effect should be either melancholy or tragical: but he always placed near each other colours which are naturally allied, and avoided all disagreeable contrasts, as is well exemplified in his picture of St. Paul receiving his sight, at Rome. He appears, however, not to have been capable of communicating his art to his pupils, if we may judge from Ciro Ferri, the most celebrated of them. His contemporary Andrea Sacchi is considered as having painted in a soft and harmonious style; but it was more from the employment of a general tone, than from the adoption of a well assorted variety of colouring.

Sacchi's pupil, the celebrated Carlo Maratti, has often introduced full and rich colours, which have destroyed the harmony and tranquillity of the piece: and latterly, when he used lighter colours, he was unable to avoid an insipid tameness of effect. Luca Giordano is often a good colourist; but when he has succeeded in producing a harmonious picture, it has been rather from a general tone, than from an artificial distribution of colours.

In the beginning of the eighteenth century, a perversion of taste in the arts had pervaded even Italy itself. Piazzetta, Corrado, and Solimena, though men of good talents, were so far led away by it as to introduce the wildest confusion into their pictures. Solimena is often grey, cold, and full of disagreeable contrasts; and the greatest of his numerous faults is his neglect of good colouring and harmonious tints. Romanelli, Cignani, Franceschini, Luti and others, have committed fewer errors, but have been distinguished by no peculiarity of excellence.

In France, Rigaud and Largilliere were considered as great masters of portrait painting; but they were obliged to adopt the harsh and boisterous tints of the day, though they would probably have done but little more in any case, with respect to harmony of colouring, than we observe in the works of Coypel, Watteau, Lancret, Restout, and others. Jouvenet, one of the most respectable of the French school, has only acquired that degree of harmony, which is derived from a yellow tone, and well blended tints.

In Germany the French manner was partly imitated, and partly a darker style was adopted, for instance by Cupezky: Gran and Holzer were among the best of the historical painters: they were followed by Dietrich, who was too fond of introducing a discordant variety of colours, except where he imitated the Flemish style of a harmonious tone, Oeser, who was a little later, certainly possessed great talents: but the harmony of his pictures is only derived from the faintness of his colours.

The exertions and example of Mengs, which have acquired him immortal fame, brought back the art of painting to a correct and classical style, especially with regard to drawing. His colouring is warm and beautiful: he was fond of lively, strong, and brilliant tints; but he exhibited no great skill in their distribution, although he sometimes introduced very happily, instead of it, a yellow tone pervading the whole piece. His scholars and imitators, Knoller, Unterberger, the younger Conca, Maron, and others, were also fond of bright colours: but they employed them with so little judgment, as to produce either a discordant and motley, or a cold effect, except where they kept them down by the prevalence of a yellow tint. Angelica adopted a style nearly similar: but her natural talents, and her mildness of disposition prevented her carrying it to excess; so that her pictures are always cheerful and agreeable, although the harmony is often interrupted by too bright colours in the neighbourhood of her carnations. Battoni, the rival of Mengs, adopted the ‚academical' style of Sacchi and Maratti: his colouring is powerful and lively, but leaves the eye too little at its ease.

Among the English artists, Reynolds may certainly be considered as one of the best portrait painters of the last century; and West has produced some highly meritorious performances. Reynolds appears to have possessed great powers of colouring, and to have particularly studied the effect of light and shade: but of the merits of these painters, with respect to harmonious distribution of colours, we are unable to give an opinion. Fuseli employs an energetic and often gloomy style of colouring, with deep full tints, in unison with the scenes of terror which he is in the habit of representing: he cannot be considered as holding a distinguished rank among colourists; but he has at least the merit of not offending the rules either of colouring or of harmony.

The insipid sweetness of Boucher, and the sentimentality of Greuze have been succeeded, in France, by the more serious and dignified style of David. He has studied the contrast of the strongest colours, diffused in large masses of light and shade, rather than the quiet harmony of cheerful tints well assorted with each other; and a similar taste seems to have been adopted by the best painters of Italy, and even of Germany: although *a young artist* at Rome has excited great attention by pictures of a different character, with tints more moderate, more natural, and more delicate; and from the approbation which he has obtained, there is some reason to hope, that other painters will again seek rather to cultivate an agreeable manner of adding to the attractions of beautiful and dignified forms, than to depend on the violent effect of harsh and striking contrasts; and that they will of course feel the necessity of a harmonious arrangement of their colours, and employ themselves in the study of those principles, which are essential to their success in this department of the art."

We doubt not that such of our readers as are either engaged in the study of painting, or deeply interested in its advancement, will be gratified by the perusal of these original and ingenious, though, perhaps, somewhat fanciful, remarks; and we trust that those, who may be disposed to think the abstract unnecessarily prolix, will consider the inaccessibility of the original work to the English public, as a sufficient apology for its admission here: and, for a similar reason, we shall insert all that is essential of the observations of Dr. Seebeck on solar phosphori, that is, on such bodies as are rendered luminous by exposure to light, so as to remain for some time visible in the dark.

„I employed", says Dr. Seebeck, „several kinds of solar phosphori; the Bolognan, prepared according to Marggraf's method, which afforded an orange-coloured light: a similar preparation from sulfate of strontia, made with tragacanth, and exposed to the open fire of a wind furnace, giving a sea-green light, and some pieces a faint blue: and Canton's calcarious phosphorus, of burnt oyster shells, some affording a bright yellow light, others a rose-coloured, and others a pale violet. In a very faint light, however, they all appeared to acquire a pale colour, scarcely distinguishable from white.

All these substances were exposed in succession to the different colours of the prismatic spectrum; they immediately became luminous in the blue and the violet light, but their appropriate colours remained unaltered the Bolognan phosphorus exhibited in the dark an orange-coloured light, the strontia a sea-green, exactly as if they had been exposed to the full light of the sun. In the blue they were a little less luminous than in the violet; and just above the violet, where scarcely any light was visible, they assumed as bright a colour as in the violet itself. In the green they became considerably less brilliant than in the blue; in the yellow still fainter, and in the red their light was the weakest of all, and scarcely distinguishable from white. Below the red, too, they often became, in some degree, luminous. When the quantity of the sun's light was diminished, the red produced no effect at all, while the blue and violet afforded the usual luminous appearances.

When light was admitted through a thick blue glass, which only allowed bright objects to be seen through it, the phosphori assumed their usual orange colour; but when an orange-coloured glass was substituted for it, through which all objects could be distinctly seen, they exhibited no luminous appearances, however long they remained exposed to the light.

This orange light had also manifestly the power of extinguishing the luminous appearance of the phosphorus; for a piece, which had before remained visible for ten minutes, lost its light in two by exposure to these rays. The effect was the more marked as the sunshine was brighter; and when the light was condensed by a lens of four inches focus, the extinction was almost instantaneous; while the blue light, similarly concentrated, produced an illumination as rapidly as the brightest sunshine. The prismatic red, also, as Wilson, ‚Davy', and Ritter have observed, has the effect of diminishing the light of solar phosphori, at least when it exceeds the intensity which would arise from an original exposure to this light only.

When two similar pieces of phosphorus were placed in a blue and an orange tube, at the distance of an inch from the balls of a universal discharger of electricity, the piece placed in the blue tube was illuminated by the discharge of a jar, while the other piece remained perfectly invisible. The luminous appearance of these phosphori in the dark is evidently only a continuance of an effect which had commenced in the light; for if we take a piece of Bolognan phosphorus, which exhibits the property in one part only, and expose it to light transmitted through a thick blue glass, it will appear bright and of an orange colour at that part, and blue or violet at all others; so that this emission of light seems to resemble the resonance of an instrument which has been struck, and of which the sound dies gradually away.

Zanotti long ago obtained results nearly similar (Comm. Bon. VI. 205). Beccaria, on the contrary, found the light under blue glasses blue. Wilson repeated his experiments without success. Beccaria himself seems to have found that he had been mistaken, although some collateral authority has been advanced in support of his experiments; but the evidence on the other side is manifestly the stronger, even independently of these experiments."

Grosser too, as well as Dr. Seebeck, found that even the red light of solar phosphori became most vivid in the blue rays (Rozier XX. 270); and from his experiments on diamonds, as well as from much earlier observations, it seems difficult to believe that the general cause of these phenomena can be any change of a chemical nature, although the effect of violent ignition in contact with borax, which seems to have produced the phosphorescence, in diamonds which did not before possess it, rather favours the suspicion of some chemical agency.

„It was observed by Scheele, that the blackening of the muriate of silver took place more rapidly in the violet than in the red light of the spectrum. Sénébier compared the times required to produce a given effect; and Ritter discovered that there appeared to be rays beyond the violet, capable of reducing the metal still more rapidly, and that the orange and red had a tendency to re-oxydate that which was already reduced. I have found the colour reddish brown in the violet, and somewhat above it; about the place of the yellow, little altered; and generally pink in the red, and also somewhat below it, at least in such prisms as produced the greatest degree of heat below the red rays. These tints extended several inches on each side, where a faint light was still visible, though without the range of the ordinary spectrum. If we employ muriate of silver which has acquired a grey colour in the light, and is still moist, it becomes darker in the violet and blue light, and lighter in the red; not much lighter, but distinctly and decidedly. If we mix the violet and red of two prisms, the colour often becomes a bright crimson.

The effects of coloured glasses were nearly similar: when inclosed in blue or violet glasses, the substance was darkened as in the open light, when in yellow and yellow green, very slightly, although the colour was faint: in dark orange it remained long unaltered; but by exposure for weeks to the sun's light in a moist state, it became slightly reddish; and when it had previously been blackened as much as possible, it was soon rendered lighter, and in six hours became yellow or reddish.

In the open day-light, the colour is at first yellowish, then pale red, afterwards grey, brown, and black. In order to illustrate the dependence of these changes on deoxydation, I inclosed some red oxyd of mercury in three different glasses, dark blue, orange, and white, and exposed them, moistened with distilled water, to the sunshine and the day-light for several months. In the white and the blue glasses the substance was completely deoxydated, partly becoming grey, and partly being reduced to a metallic globule; while the portion contained in the orange-coloured glass was scarcely altered in six months, except that its colour became a little lighter. The colourless nitric acid also, if kept in blue or violet-coloured glasses, becomes yellow; in orange-coloured it retains its natural appearance; and a similar difference is observable in Bestuschef's nervous tincture, [an ethereal preparation containing iron], which is whitened in the open day-light, or in a blue glass, but remains yellow in an orange-coloured one.

In this case, too, it may be shown, as in that of solar phosphori, that the action continues after the cause is removed. This is true in the case of the muriate of silver; but it may be more distinctly exhibited. with the muriate of gold: if we apply a little of the solution to two pieces of paper, and having removed the one immediately to a dark place, expose the other for a few minutes to the light, so that it may acquire a very slight change of colour, and then lay it by with the former for half an hour, the difference between the

> two will be much more marked; and it will increase from hour to hour, until at length the one will have assumed a violet colour, while the other retains its original golden hue.
>
> It appears, also, from the experiments of Sénébier and Tessier, that plants assume their natural colours in the light which is transmitted by blue glasses, while in a deep yellow light they are blanched or etiolated, as if they grew in perfect darkness. "

We see no reason to call in question the general accuracy of these experiments; and as Mr. von Goethe has remarked on occasion of Sir Isaac Newton's error respecting dispersion, that an excellent philosopher may be mistaken in the observation of a simple fact, so, on the other hand, the example of Dr. Seebeck, who professes himself an Anti-Newtonian, may be sufficient to show, that a bad theorist is sometimes capable of making correct and valuable combinations of experimental investigations.

Hermanus Hartogh Heijs van Zouteveen: Over Goethe's verdiensten als onderzoeker der organische natuur (1876)

Vita – Abstract
Hermanus Hartogh Heijs van Zouteveen (13. Februar 1841 Delft – 1. Juni 1891 Assen) studierte Rechtswissenschaften in Leiden, wurde 1864 in diesem Fach mit einer statistischen Arbeit promoviert, wandte sich den Naturwissenschaften zu, erlangte 1866 mit einer Studie über die Synthese organischer Verbindungen den naturwissenschaftlichen Doktorgrad, wurde 1867 zum Dozenten der Zoologie ernannt und war, da ihm eine Professur wegen seines Engagements für den Darwinismus verwehrt wurde, als Stadtrat in Leiden tätig, beteiligte sich an der Urbarmachung von Smilde und unterhielt ein Kontor in Groningen. Er lernte Charles Darwin (1809–1882) persönlich kennen, übersetzte mehrere Werke von ihm in die holländische Sprache, untersuchte 1883 die Ursprünge des religiösen Denkens aus der Sicht der Evolutionstheorie, publizierte zoologische Untersuchungen, gründete 1875 die naturwissenschaftliche Zeitschrift ‚Isis. Maandschrift voor Natuurwetenschap' und veröffentlichte auch Gedichte und Erzählungen.

In seinem Beitrag von 1866 bezeichnet der holländische Naturforscher van Zouteveen Goethe als berühmtesten Dichter („beroemdste dichters") und unsterblichen Naturforscher („onsterfelijk"), der philosophische Reflexionen für eine wesentliche Bedingung des wissenschaftlichen Fortschritts gehalten habe, hebt im Einzelnen seine besonderen Leistungen in der Zoologie (Zwischenkieferknochen, Schädelwirbel), Botanik (Metamorphose der Pflanzen) und Theorie des Organismus (Zentrifugal- und Zentripetalkraft) gegenüber der falschen Farbenlehre hervor, versteht Goethe als Vorläufer der Evolutionstheorie von Charles

D. von Engelhardt, *Goethe als Naturforscher im Urteil der Naturwissenschaft und Medizin des 19. Jahrhunderts*,
https://doi.org/10.1007/978-3-662-68126-8_49

Darwin (1809–1882) und Alfred Russel Wallace (182–1913), würdigt seine Reaktion auf den Akademiestreit von 1830 zwischen Georges Cuvier (1769–1832) und Étienne Geoffroy Saint-Hilaire (1772–1844) über die Einheit und Vielfalt der Lebewesen und ist insgesamt überzeugt, dass Goethes „poetischer Geist mit prophetischem Blick (dichterlijke geest met prophetische blik)“ weit über den Standpunkt der Naturforscher seiner Zeit hinausgeschaut habe.

Zouteveen, Hermanus Hartogh Heijs van:
Over Goethe's verdiensten als onderzoeker der organische natuur (Über Goethes Verdienste als Erforscher der organischen Natur, niederl.), in: Album der Natuur 25 (1876) (1) S. 202–215.

* * *

Es muss sich regen, schaffend handeln,
Erst sich gestalten, dann verwandeln,
Nur scheinbar steht's Momente still;
Das Ew'ge regt sich fort in Allem,
Denn Alles muss in Nichts zerfallen,
Wenn es im Sein beharren will.

Goethe

Onder de meest veelzijdig ontwikkelde geniën, welke het mensdom ooit opgeleverd heeft, verdient Wolfgang Goethe een der eerste plaatsen. Wanneer hij niet een der beroemdste dichters van den nieuwere tijd geweest ware, zouden zijne natuurwetenschappelijke onderzoekingen en ontdekkingen toch volkomen voldoende geweest zijn om zijnen naam onsterfelijk te maken. Op verscheidene plaatsen van zijn geschriften beklaagt hij zich bitter over de miskenning, welke die onderzoekingen bij zijne tijdgenoten vonden, over die bekrompen vakgeleerden, die door al de bomen het bos niet zien; die zich niet verheffen kunnen tot het begrip, dat aan de massa waargenomen afzonderlijke feiten algemene oorzaken ten grondslag moeten liggen, en dat het de plicht van den beoefenaar der natuurlijke geschiedenis is om te trachten van de waargenomen feiten tot die algemene oorzaken op te klimmen; die niet inzien dat alle wezenlijke vooruitgang der wetenschap steeds berust heeft en zal blijven berusten op filosofische bespiegeling, die wel is waar de empirie tot noodzakelijke grondslag heeft, maar van die empirie gebruik maakt tot het vinden van algemene wetten.

Ook in onze dagen, en niet het minst bij ons te lande, wordt nog veel te voel voorbijgezien, dat empirie wel do grondslag moet zijn van onze wereldbeschouwing, maar dat onze wijsbegeerte zich nooit uitsluitend tot die empirie mag bepalen, en dat zij, die het doel der biologie bereikt zouden achten, wanneer zij met behulp der fijnste instrumenten en waarnemingsmiddelen de organisatie en levensverschijnselen van alle bewerktuigde wezens grondig hadden leren kennen, ongetwijfeld zeer nuttige arbeiders kunnen zijn bij den opbouw van den tempel der wetenschap, maar daarbij toch slechts de ondergeschikte rol vervullen van opperlieden, die de stenen aandragen, waarvan later de architect, de wijsgeer, gebruik maakt om den trotse bouw te voltooien. Van den anderen kant komt de wijsgeer, zodra hij zijn gebouw optrekt op een anderen grondslag dan zinnelijke waarneming en empirische kennis, maar al te licht in zijne bespiegelingen tot valse gevolgtrekkingen, die den toets van het empirisch onderzoek niet kunnen doorstaan; want evenmin als eenvoudige werklieden een trots gebouw kunnen stichten zonder architect, evenmin kan een architect zijne plannen verwezenlijken zonder de hulp der werklieden. Wel verre dat empirie en wijsbegeerte elkander uitsluiten, gelijk zeer velen ten onrechte aannemen, zijn zij integendeel elkanders noodzakelijke aanvulling.[1]

Reeds gedurende zijn studententijd stelde Goethe veel belang in de natuurwetenschap. Nadat hij zich den 49^{den} Oktober 1765, op verlangen van zijn vader Michaelis, als student in de rechten aan de universiteit te Leipzig had laten inschrijven, maakte hij vooral werk van de literarische colleges van de hoogleraren Gellert en Ernesti en was er weldra van een vast plan van studie geen sprake meer. Hij verwonderde zich bij de filosofische colleges, dat de denkverrichtingen, die hij van kindsbeen af met het grootste gemak uitgevoerd had, zoo geanalyseerd en om zoo te zeggen vernietigd moesten worden om er het rechte gebruik van te leren. Niet anders ging het met de juridische colleges, zodat hij reeds toen tot de beschouwingen kwam, die hij later in zijn *Faust* zoo meesterlijk ontwikkelde. Toen hij in 1768 van Leipzig naar Straatsburg verhuisde om aan de universiteit aldaar zijne juridische studiën te voleindigen, waren niet deze, maar scheikunde, anatomie en kliniek zijne lievelingsstudiën, en in zijn later leven zei hij, van de organische natuurwetenschappen sprekende: „De geest oefent zich aan de waardigste zaak, als hij het levende in zijn innerlijke waarde zoekt te leren kennen en te ontleden".

[1] Een Nederlandsch geleerde, wie ik dit artikel liet lezen voor het ter perse ging, ziet in deze alinea geheel ten onrechte een miskenning der empirische filosofie, zoals zij door hare voortreffelijkste beoefenaars van Baco tot Stuart Mill gepredikt is. Mijne bedoeling is juist, dat empirie en bespiegeling steeds hand aan hand behoren te gaan, en dat, zoo bespiegeling zonder empirie niets dan hersenschimmen oplevert, empirie zonder bespiegeling ook al zeer weinig waard is. Er is een bespiegelende filosofie, die niet op empirie rust, b.v. die van Plato, Descartes en Hegel; deze verdedig ik niet. Maar er is ook een andere filosofie, merkt bovenbedoelde geleerde op, die van het bijzondere steeds tot het algemene opklimt, hare hypothesen op empirische gegevens bouwt en nimmer nalaat die hypothesen aan die gegevens te toetsen. Deze filosofie, die aan de namen van Aristoteles, Baco Verulamius, Galileo, Newton en Darwin verbonden is, heb ik hier juist op het oog! In hoeverre Opzoomer, gelijk bovenbedoelde geleerde mij schreef, hier te lande die filosofie, het voetspoor van Stuart Mill en Comte drukkende, geleerd heeft, laat ik daar. Op religieuze terrein zeker niet!

Een der hoofdredenen van de miskenning, die Goethes onderzoekingen omtrent plant- en dierkunde vonden, lag in zijn kleurenleer, waarover hij een werk publiceerde, waarin hij de volkomen juiste leer van Newton omtrent dit onderwerp scherp aanviel, doch daarvoor in de plaats slechts beschouwingen gaf, die, hoeveel schone bijzonderheden zij ook bevatten mogen, toch op een geheel en al onjuister grondslag rusten. De oorzaak hiervan was, dat de dichterlijke geest van Goethe geen behagen schiep in de exacte wiskundige methode, die ons toch alleen in staat stelt om in de anorganische natuurwetenschappen, en vooral in de fysica stap na stap op onomstotelijk zekeren grondslag voort te bouwen. Hij behoorde niet tot de eigenlijke klasse der natuurkundigen, hij had weinig begrip van het trapsgewijze en voorzichtige vooruitgaan der inductieve methode en gevoelde daarvoor nog minder sympathie; hij sloot de empirie niet buiten, maar de waarneming werd bij hem overvleugeld door de gedachte, en dikwijls ook de gedachte door de dichterlijkheid van zijn geest, totdat zich uit de liefelijke bloesem der poëzie de rijpe vrucht der natuurfilosofie ontwikkelde; want het bezielde gemoed des dichters heeft dikwijls een dieper inzicht in het eigenlijk wezen der natuur, als een groot geheel beschouwd, dan het door talloze kleinigheden benevelde microscopische oog van den natuurkundige.

Al mogen Goethes fysische onderzoekingen en beschouwingen omtrent de kleurenleer derhalve slechts op geringe wetenschappelijke waarde aanspraak kunnen maken, zoo is zulks met zijne botanische en osteologische onderzoekingen en beschouwingen in genen dele het geval; deze hebben integendeel een zo hoge waarde, en met zulk ene reuzenschrede ijlde hij daarin zijne tijdgenoten voorbij, dat van de toenmalige natuurkundigen slechts zeer enkelen hem begrepen en zelfs van de tegenwoordige zeer velen zijn standpunt nog lang niet bereikt hebben. Want in de organische natuurwetenschappen is het slechts zelden mogelijk, om dadelijk van den beginne af aan van een onomstotelijk vasten, wiskundigen grondslag uit te gaan, maar bij haar berust de vooruitgang vooral op de vergelijking van verwante reeksen van verschijnselen en op het combineren der talrijke afzonderlijke waarnemingen, ook al zijn deze nog niet geheel volledig, om daardoor tot algemene wetten op te klimmen. Terecht zegt Professor Cohn (*Botanische Probleme*, ‚Deutsche Rundschau', 1, p. 86): „Wanneer wij het uitgangspunt der moderne plantenkunde, die eigenlijk het werk van een gehele generatie is, aan den naam van een enkel man willen vastknopen, dan weet ik geen beteren dan dien van Goethe." En in de dierkunde zijn verdiensten niet geringer. Door zijn werveltheorie van den schedel en door zijne ontdekking van de tusschenkaaksbeenderen bij den mens verdient Goethe evenzeer als door zijne botanische beschouwingen een der eerste ereplaatsen onder de baanbrekers der moderne natuurbeschouwing, onder de voorlopers van Darwin en Wallace.

De grote gedachte, waardoor Goethe een volkomen hervorming der organische natuurwetenschap voorbereidde, was het denkbeeld van ontwikkeling. Voor hem lag het eigenlijk wezen van planten, dieren en mensen niet in den onveranderlijke vorm, hoe kunstig samengesteld die moge schijnen, en evenmin in het spel der mechanische krachten, waarvan de voortdurende werking de levensverschijnselen doet ontstaan, maar hij zag in elk organisme een ontwikkelingsproces, dat op het ogenblik van zijn ontstaan aanvangt en het een reeks van ontwikkelingstoestanden doet doorlopen, tot het eindelijk weder te gronde gaat. Even als het leven der volken niet te begrijpen is zonder de kennis der geschiedenis, even als wij een mens niet juist kunnen beoordelen zonder zijn levensloop te kennen, is ook elk dier en elke plant voor ons onbegrijpelijk, wanneer wij onbekend zijn met de geschiedenis zijner ontwikkeling. „Als wij wezens“ („Gestalten“) zegt hij, „en vooral de organische beschouwen, dan vinden wij, dat nergens iets blijvends, iets rustend, iets afgeslotens voorkomt, maar dat veeleer alles in voortdurende beweging is. Het gevormde wordt dadelijk weder omgevormd, en wij moeten ons, als wij enigszins tot ene levende aanschouwing der natuur geraken willen, zelve even zoo bewegelijk en vormbaar houden, naar het voorbeeld, waarmede zij zelve ons voorgaat.“

In 1786 verscheen Goethes *Osteologie*, waarin hij, onafhankelijk van Oken, die eerst in 1806, onafhankelijk van Goethe, op dezelfde gedachte kwam, het denkbeeld ontwikkelde, dat de schedel van den mens en van alle andere gewervelde dieren samengesteld is uit enige achter elkander gelegen wervels, welke zich van die, waaruit de ruggengraat bestaat, slechts door de eigenaardige wijze, waarop zij ontwikkeld zijn, onderscheiden. Im zijn *Gedenkschriften* (1790) verhaalt Goethe, dat hij, toen hij eens te Venetië op het zand van het Lido wandelde, een schapenschedel op den grond zag liggen, op de meest gelukkige wijze gespleten. „Deze schedel“, zegt hij, „bevestigde niet slechts de grote, door mij reeds ontdekte waarheid, dat al de schedelbeenderen vervormde wervels zijn, maar deed mij tevens het streven zien van vormeloze organische stoffen naar ene trapsgewijze veredeling en ene ontwikkeling, die er hogere organen van maakt. Toen werd te gelijker tijd mijn oud geloof weer levendig, door de proef versterkt, dat de natuur geen geheim heeft, dat zij niet hier of daar aan den oplettenden waarnemer openbaart... Ik werd volkomen overtuigd, dat een universele type, zich door gedaanteverwisselingen verheffende, in alle organische wezens bestond; dat men die, op zekere middelste trappen, gemakkelijk kon terugvinden in alle hare delen, en dat zij insgelijks daar moest ontdekt worden, waar zij zich bescheiden verborgen hield, zoals in haar hoogsten ontwikkelingstrap, de mensheid.“

Hoe waar en juist het geniale denkbeeld van Goethe, dat de schedel slechts een aggregaat van vervormde wervels is, ook zijn moge, heeft het tot in den laatsten tijd toe aan de geleerden in de praktische toepassing vele moeilijkheden gebaard. Men kon het er namelijk volstrekt niet over eens worden, uit hoeveel oorspronkelijke wervels de schedel dan bestond. Geoffroy Saint-Hilaire telde er zeven, anderen vier, de meesten tot voor korte jaren drie. Eerst in 1872 is het Gegenbaur, professor te Jena, gelukt den juisten weg te ontdekken, waarop Goethes theorie empirisch bewezen kan worden.[2] Hij ging daarbij uit van den schedel der haaien en toonde aan, dat die oorspronkelijk uit minstens negen of tien wervels ontstaan moest zijn, en dat hetzelfde het geval moest zijn bij alle hogere gewervelde dieren, welke allen zonder onderscheid door lange reeksen van verschillend gevormde voorouders van haaiachtige vissen afstammen. Het aantal hersenzenuwparen, bij den mens twaalf, wijst hierop nog met zekerheid terug, want die hersenzenuwparen moeten, met uitzondering van de gezichts- en gehoorzenuwen (na aftrek waarvan er dus tien overblijven) eenvoudig als vervormde ruggemergszenuwen beschouwd worden, van welke met elkeen wervel één paar overeenstemt.

Wat Goethes denkbeeld aangaat van een algemene type, die, zich door gedaanteverwisselingen verheffende, bij alle organische wezens bestaat, zoo hebben tot in den laatsten tijd toe de dierkundigen aangenomen, dat er in het dierenrijk van vier tot zeven geheel en al verschillende grondplannen van bewerktuiging bestonden, en eerst in 1874 heeft Ernst Haeckel, professor te Jena, getracht al die typen door zijne Gastraea-theorie tot een enkele terug te brengen.[3] Volgens hem stammen alle meercellige dieren van enen oorspronkelijken meercelligen vorm, door hem *Gastraea* genoemd, af, welke met de thans nog levende *Gastrula* (een ontwikkelingsvorm der kalksponsen) de grootste overeenkomst had, en die zelve van ééncellige voorouders afstamde.

Dat de overeenkomst in type, zelfs daar, waar zij zich bescheiden verborgen hield, zoals in haar hoogsten ontwikkelingstrap, de mensheid, toch nog ontdekt kon worden, bewees Goethe door zijn beroemde ontdekking van de *tusschenkaaksbeenderen* bij den mens. Bij alle zoogdieren bestaat namelijk een paar afzonderlijke beenderen, die elkander op de middellijn van het aangezicht onder den neus aanraken, midden tussen de beide helften van de eigenlijke bovenkaak gelegen zijn, en de boven-snijtanden dragen. Bij den mens waren deze tusschenkaaksbeenderen niet bekend, en de boven-snijtanden, naar men meende, onmiddellijk in de bovenkaak bevestigd, en men grondde hierop een bewijsvoering van de diepe klove, die tussen mens en dier bestaan zou, alsof het begrip der menselijke waardigheid afhankelijk was, niet van zedelijke en verstandelijke ontwikkeling, maar van een paar beenderen meer of minder in zijn geraamte!

[2] C. Gegenbaur, *Das Kopfskelet der Selachiër, als Grundlage zur Beurtheilung der Genese des Kopfskelets der Wirbelthiere*, 1872. In 1873 publiceerde dezelfde geleerde een hoogst interessante beschouwing over de vergelijkende anatomie der ledematen, waaruit bleek, dat de bouw der ledematen van alle gewervelde dieren, den mensch niet uitgezonderd, om zoo te zeggen mathematisch uit den bouw der vinnen bij de haaiachtige vissen en longvissen (*Dipneusta*) voortvloeit, zodat zij allen als vervormde vinnen beschouwd kunnen worden (C. Gegenbaur, *Ueber das Archipterygium*, *Jenaische Zeitschrift für Naturwiss.*, Bd. VII, 1873, p. 1381).

[3] E. Haeckel, *Die Gastrea-Theorie, die phylogenetische Classification des Thierreichs und die Homologie der Keimblätter*, *Jenaische Zeitschrift für Naturwiss.*, Bd. VII, 1874, p. 1–56. Wij moeten hier echter doen opmerken, dat tegen deze theorie nog verscheidene bezwaren bestaan, zodat men haar nog geenszins als wel gevestigd kan beschouwen

Goethe nu meende terecht, dat, daar alle overige zoogdieren tusschenkaaksbeenderen bezitten, en daar in alle andere punten van zijn organisatie de mens niet wezenlijk van de overige zoogdieren verschilt, ook de mens tusschenkaaksbeenderen bezitten moest, ook al werd zulks door de beroemdste vakgeleerden, zoals o. a. den vermaarden ontleedkundige Petrus Camper, geloochend. Hij rustte niet voor hij, door vergelijking van een groot aantal schedels, werkelijk ook bij den mens de tusschenkaaksbeenderen gevonden had. Dat deze niet bij elke schedel zichtbaar zijn, is alleen het gevolg daarvan, dat zij gewoonlijk reeds op zeer jeugdigen leeftijd met de bovenkaaksbeenderen vergroeien en slechts bij enkele individuen gedurende het gehele leven bewaard blijven. Bij den menselijke embryo zijn daarentegen de tusschenkaaksbeenderen steeds afzonderlijk voorhanden.

Nog beroemder dan Goethes vergelijkend anatomische zoölogische geschriften is echter zijne „*Metamorphose der Pflanzen*“, welke in 1790 verscheen. Hij trachtte daarin, een enkel grondorgaan aan te wijzen door de oneindig veelvuldige ontwikkeling en vervorming waarvan men zich den gehelen vormenrijkdom van de plantenwereld ontstaan kon denken, en vond dat grondorgaan in het *blad.* Hij vervolgde daarin de ontwikkelingsgeschiedenis der plant van de vormloze kiembladeren (cotelydonen) in de zaden der hogere planten af, en toonde hoe uit dezelfde grondvorm geleidelijk zelfs de meest ontwikkelde vormen van het loof en eindelijk door een eigenaardige gedaanteverwisseling ook de organen van bloem en vrucht ontstonden. Deze beschouwing werd de grondslag van ene nieuwe wijze van opvatting van de plantenwereld, de plantenmorfologie, waarin alle organen der plant tot het dualisme van blad en as (de laatste bestaande uit stengel en wortel) teruggevoerd worden. Ook de systematische plantkunde kreeg daardoor een meer wijsgerige basis.

Wanneer destijds het gebruik van het mikroskoop meer algemeen geweest ware, en Goethe dit werktuig bij zijne botanische onderzoekingen aangewend had, dan zou hij waarschijnlijk tot een nog hogere eenheid opgeklommen zijn. Hij zou dan ingezien hebben, dat zijn grondorgaan, het blad, zelf reeds een samengesteld orgaan is, en uit een vereniging van eenvoudiger delen, de cellen, bestaat. Zoo zou hij opgeklommen zijn tot het grondorgaan, dat door zijn vermeerdering, gedaanteveranderingen en verbinding met andere gelijke grondorganen aan al de zozeer verschillende vormen van planten en dieren het aanzijn geeft, en in zijn schoot het protoplasma bevat, de eiwitstof, die de drager der levenseigenschappen is.

In het jaar 1830 had in den boezem der Fransche Academie van Wetenschappen tussen George Cuvier en Geoffroy Saint Hilaire een levendige strijd plaats. De laatste stond de ontwikkelingstheorie voor; hij beweerde, dat de dier- en plantsoorten veranderlijk waren en dat verwante soorten van gemeenschappelijke stamvormen afstammen. Deze tegenwoordig door alle denkende en wijsgerig ontwikkelde plant- en dierkundigen angenommen stelling was reeds in 1809 door den Franschen dierkundige Jean Lamarck in zijn beroemde „*Philosophie zoologique*" verdedigd en was geheel in overeenstemming met Goethes eigen denkbeelden. Ten onrechte worden dan ook door velen Darwin en Wallace als de grondleggers dezer theorie beschouwd; aan deze natuurkundigen komt echter de verdienste toe, door hun beginsel van teeltkeus (selectie) het eerst aan die theorie een houdbare grondslag gegeven en haar door hun uitstekende onderzoekingen en beschouwingen onder de geleerden algemeen ingang verschaft te hebben. In tegenstelling met Geoffroy Saint Hilaire beweerde Cuvier, „dat de onveranderlijkheid der soort ene noodzakelijke voorwaarde voor het bestaan ener wetenschappelijke natuurlijke historie was." Den 22sten Februari begon de strijd, die met een zoo beslissende overwinning van Cuvier zou aflopen, dat dertig jaar lang de filosofische opvatting der natuur zich bijna niet meer dorst doen horen. De strijd hield gedurende het gehele voorjaar en den gehelen zomer van 1830 aan, en hoeveel belang de destijds 81jarige Goethe, die natuurlijk voor Geoffroy Saint Hilaire partij koos, daarin stelde, blijkt uit zijn laatste werk *Principes de Philosophie zoologique par Mr. Geoffroy Saint Hilaire*, dat hij eerst weinige dagen voor zijn dood, in Maart 1832, voleindigde, maar wellicht nog beter uit ene anekdote, welke Soret met de volgende woorden verhaalt:

„Maandag 2 Augustus 1830. De berichten omtrent de begonnen Julirevolutie kwamen te Weimar aan en verwekten algemene opgewondenheid. Ik ging in den loop van den namiddag naar Goethe. „Nu?" riep hij mij toe, „wat denkt gij van deze grote gebeurtenis? De vulkaan is tot uitbarsting gekomen; alles staat in vlammen, en de zaken worden niet langer met gesloten deuren verhandeld!" „Ene vreselijke geschiedenis!" antwoordde ik. „Maar wat liet zich in de gegeven omstandigheden en met zulk een ministerie anders verwachten, dan dat men met de verdrijving der koninklijke familie zou eindigen?" „Wij schijnen elkander niet te begrijpen, mijn waarde", antwoordde Goethe. „Ik spreek volstrekt niet van die lieden, maar bedoel geheel andere dingen. Ik spreek van den in de Academie tot openlijke uitbarsting gekomen, voor de wetenschap zoo hoogst gewichtige strijd tussen Cuvier en Geoffroy Saint Hilaire." Dit gezegde van Goethe verwachtte ik zoo weinig, dat ik niet wist wat ik zeggen moest, en bespeurde, dat gedurende enige minuten mijn gedachten geheel en al stilstonden. „De zaak is van de grootste betekenis", ging Goethe voort, „en gij kunt u geen begrip maken van mijn gewaarwordingen, toen ik van de vergadering van 19 Juli bericht ontving.[4] Wij hebben thans in Geoffroy Saint Hilaire op den duur een machtigen bondgenoot. Ik zie daaruit echter te gelijker tijd, hoe groot de deelneming van de Franse wetenschappelijke wereld in deze aangelegenheid zijn moet, daar, in weerwil van de vreselijke politieke opgewondenheid, de vergadéring van 19 Juli toch nog bijzonder druk bezocht was. Het beste is echter, dat de door Geoffroy in Frankrijk ingevoerde synthetische behandelingswijze der natuur thans niet meer ongedaan gemaakt kan worden. De aangelegenheid is door de vrije di-

[4] Den 19^{den} Juli was de strijd het hevigst.

scussies in de Academie, en dat nog wel in tegenwoordigheid van een talrijk publiek, thans algemeen eigendom geworden; men kan haar niet meer naar geheime commissies verwijzen en bij gesloten deuren afdoen en onderdrukken."

De zoo lang miskende betekenis van Goethe voor de natuurwetenschap is in den nieuwere tijd vooral aan het licht gebracht door Helmholtz (*Ueber Goethe's naturwissenschaftliche Arbeiten*, in de Kieler *Monatsschrift für Wissenschaft und Literatur*, 1853, I, p. 383), Oskar Schmidt (*Goethes Verhältniss zu den organischen Naturwissenschaften*, Jena 1853), G. H. Lewes (*Goethes Leben und Schriften*, uit het Engels in het Duits vertaald door J. Frese, Berlijn, 1858, verreweg de beste biografie van Goethe), Rudolf Virchow (*Goethe als Naturforscher*, 1861) en Ernst Haeckel. Deze laatste handelt daarover vrij uitvoerig in zijne *Natürliche Schöpfungsgeschichte*, doet in zijne *Generelle Morphologie der Organismen* elk boek en elk hoofdstuk door een aan Goethe ontleend motto voorafgegaan, en noemt in zijn laatste grote algemene werk, de *Anthropogenie*, waarvan de eerste uitgaaf in 1874 verscheen Goethe de profeet van de afstammingstheorie.

Door zijne morfologische studiën kwam Goethe tot onderzoekingen over de „vorming en vervorming van organische naturen" (*Bildung und Umbildung organischer Naturen*), die hem tot algemene denkbeelden omtrent de afstamming en bloedverwantschap der verschillende organismen brachten, welke aan die der tegenwoordige moderne naturalisten zeer nabij kwamen. Hij werkte die denkbeelden echter geenszins, gelijk Lamarck, tot een wetenschappelijk stelsel uit, maar men vindt ze in groot aantal hier en daar in zijne werken verstrooid, vooral in zijne artikelen *zur Morphologie*. Zoo zegt hij onder anderen: „Dit zouden wij derhalve gewonnen hebben, dat wij onbeschroomd zouden durven beweren, dat alle meer volkomen organische naturen, waaronder wij vissen, amfibiën, vogels, zoogdieren en aan het hoofd der laatsten den mens zien, allen volgens één oorspronkelijk model („Urbild") gevormd zijn, dat slechts in zijn zeer bestendige delen meer of minder heen en weder wijkt, *en zich nog dagelijks door voortplanting tot andere en meer volkomen vormen ontwikkelt* (*aus- und umbildet*, 1796); en op een andere plaats (in 1807 geschreven): „Als men planten en dieren in hun minst volkomen toestand beschouwt, dan zijn zij nauwelijks te onderscheiden. Zoo veel echter kunnen wij zeggen, dat de zich uit een nauwelijks te scheiden verwantschap allengs als planten en dieren ontwikkelende schepsels in twee tegenovergestelde richtingen volkomener worden, zodat ten laatste de plant zich in den boom blijvend en stijf, en het dier zich in den mens tot de hoogste bewegelijkheid en vrijheid verheerlijkt."

Volgens Goethe ontstaat de vorm van elk organisme door de samenwerking van twee tegenovergestelde krachten, waarvan de eerste, in het organisme zelf huizend, de „centripetaalkracht" of „specificatiedrift" de organische soort-vormen in de reeks der generaties steeds gelijk zoekt te houden, en de tweede, de „centrifugaalkracht" of „metamorphosendrift", „door de bestendige verandering der uitwendige voorwaarden van bestaan voortdurend vervormend op de soorten inwerkt." Het is niet moeilijk in deze twee krachten die beginselen te herkennen, welke de nieuwere natuurkundigen met de namen *erfelijkheid* en *aanpassing* onderscheiden. „Ene innerlijke oorspronkelijke gemeenschap", zegt Goethe, „ligt aan alle organismen te gronde" (dit is de erfelijkheid); „de verscheidenheid der vormen daarentegen ontspringt uit de noodzakelijke betrekkingverhoudingen tot de buitenwereld, en men mag daarom met recht ene oorspronkelijke, gelijktijdige verscheidenheid en een onophoudelijk voortgaande vormverandering" (*Umbildung*, dit is de aanpassing) „aannemen, om de evenzo standvastige als afwijkende verschijnselen te kunnen begrijpen."

Dat Goethe onder zijn metamorfose niet alleen de vormveranderingen van de individu's, maar wel degelijk het ontstaan van soorten uit andere soorten en van verschillende soorten uit éene stamsoort op het oog heeft, dat zijn „Urbild" niet betekent een ideaal grondplan, volgens hetwelk de soorten gebouwd zijn, maar een reële vorm, waarvan zij de gewijzigde afstammelingen zijn, drukt hij o. a. zeer duidelijk (in 1819) in de volgende zinsnede uit: „De triomf der fysiologische metamorfose vertoont zich daar, waar het geheel zich in families, families zich in geslachten, geslachten in soorten, en deze weer door andere afwijkingen tot de individualiteit toe scheiden, van elkander verwijderen en zich omvormen. Geheel tot in het oneindige gaat deze handeling der natuur, zij kent rust noch duur, maar kan ook niet alles, wat zij voortbracht, bewaren en behouden. Wij bezitten immers de duidelijkste overblijfselen van organische schepselen, die niet door levendige voortplanting voortdurend behouden konden blijven. Daarentegen ontwikkelen zich uit de zaden altijd afwijkende, in de verhoudingen van hare delen veranderingen vertonende planten". Dat Goethe den invloed van de wederkerige inwerking der organismen op elkander en op hunne ontwikkeling op zijn rechte waarde wist te schatten, blijkt, als hij zegt: „Het erkennen van een neven-, met- en in elkander zijn en werken van verwante levende wezens is ons een leidraad bij de beschouwing van elk organisme en werpt licht op de trapsgewijze opklimming van het onvolkomene tot het volkomene."

Eerst de ontwikkelingstheorie heeft de dier- en plantkunde van een dorre opsomming van feiten tot een werkelijke wetenschap verheven. Ook Goethe zag dit in, al kende hij natuurlijk de latere onderzoekingen en beschouwingen Darwin en Wallace ook niet, waardoor de ontwikkelingstheorie eerst een vasten grondslag gekregen heeft. „Als een weten rijp is om wetenschap te worden", zegt Goethe, „dan moet noodzakelijk een crisis ontstaan; want dan openbaart zich het verschil tussen hen, die het afzonderlijke scheiden en gescheiden behandelen, en hen, die het algemene op het oog hebben en gaarne het bijzondere daaraan zouden willen vastknopen en er tussenvoegen." Wat hij hiermede op het oog had, blijkt, wanneer hij in zijn *Philosophie Zoologique* par Mr. Geoffroy St. Hilaire zegt: „Cuvier werkt onvermoeid, onderscheidende, de voorwerpen zijner studie nauwkeurig beschrijvende, en verkrijgt daardoor heerschappij over een onmetelijke breedte. Geoffroy St. Hilaire daarentegen bestudeert in stilte de analogieën der schepselen en hun geheimzinnige verwantschappen; de eerste komt van het afzonderlijke tot een geheel, waarvan hij het bestaan wel is waar vooronderstelt, maar dat hij als aan onze kennis onttrokken beschouwt; de laatste gloeit in zijn binnenste van verlangen naar het geheel („hegt das Ganze im innern Sinne"), en leeft in de overtuiging dat het afzonderlijke zich daaruit allengs ontwikkelen kan."

Zijn standpunt tegenover de bloot empirische naturalisten, die geheel blijven staan op het standpunt hunner afzonderlijke zinnelijke waarnemingen, die waarneming op waarneming hoopen, zonder te trachten door combinatie daarvan en door wijsgerige bespiegeling tot de algemene oorzaken er van op te klimmen[5], kenschetst Goethe o. a. in de volgende uitspraken:

„Wie 't levende wil leren kennen en beschrijven,
Zoekt eerst den geest er uit te drijven;
Hij heeft de delen dan in zijne hand,
Alleen ontbreekt, helaas, de geestelijke band!"

„Om in't oneind'ge u te vinden
Moet ge onderscheiden en *daarna verbinden.*

„Geen verschijnsel verklaart zich uit zichzelf; slechts vele, tezamen overzien en stelselmatig gerangschikt, geven ten laatste iets, dat voor theorie zou kunnen gelden".

„De wijsgeer zal zeer spoedig ontdekken, dat zich de waarnemers zelden tot een standpunt verheffen, waaruit zij zovele in belangrijke betrekking tot elkander staande zaken overzien kunnen".

„Een waarneming, die uit verscheidene andere bestaat, is blijkbaar van ene hogere soort. Zijn arbeid in te richten („los zu arbeiten") op het verkrijgen van zulke waarnemingen van hogere soort, houd ik voor den hoogste plicht van den natuuronderzoeker".

Uit al het voorgaande mogen wij het besluit trekken, dat Goethe, al heeft hij ook niet, gelijk vele andere naturalisten, dikke delen met beschrijvingen van dier- en plantvormen nagelaten, al was hij wellicht geen grondig kenner van dat mengelmoes van allerlei afzonderlijke systematische en anatomische bijzonderheden, waarvan onze dier- en plantkundige literatuur wemelt, al heeft hij geen boeken vol geschreven over de naïeve vraag, of de ene of andere dier- of plantvorm een soort dan wel een ras of ene verscheidenheid is, al heeft hij zich zelfs ook nu en dan (zoals in zijn kleurenleer) vergist, toch niet slechts

[5] De ware wijsbegeerte kent een andere inductie dan de *inductie per enumerationem simplicem*, dan een bloote optelling van feiten zonder groepering of combinatie er van. Een empirie, die nooit verder komt dan het bijzondere, verdient noch den naam van wetenschap, noch dien van filosofie!

als een groot dichter, maar ook als een groot natuuronderzoeker vereerd verdient te worden; want hij, die rusteloos en koen in de geheime binnenkamers der natuur zocht door te dringen, hij, wiens diepzinnig verstand het innerlijk en eigenlijk wezen der verschijnselen van het toevallige wist te scheiden, hij, wiens dichterlijke geest met profetische blik het standpunt der natuuronderzoekers van zijnen tijd voorbij ijlde en als het ware bij ingeving tot de algemene oorzaken der door deze laatsten waargenomen afzonderlijke feiten opklom, stond wetenschappelijk oneindig hoger, dan die, helaas nog lang niet geheel uitgestorven bent van *louter* beschrijvende naturalisten, door Haeckel eigenaardig museum-zoölogen en herbarium-botanici genoemd[6], die, als bloote verzamelaars en specialisten, van hun bekrompen standpunt het hoogste doel der wetenschap bereikt achten, als zij een elke hogere gedachte ontberende beschrijving gegeven hebben van de talloze levensvormen, welke de organische natuur aan ons onderzoek aanbiedt, en op die beschrijving een beredeneerden of niet beredeneerden catalogus gemaakt hebben, door hen „stelsel van classificatie" genoemd, waarin zij den Latijnse soort- en geslachtsnaam van een gegeven organisme kunnen naslaan, en die bij een goed etymologisch woordenboek of een Conversations-Lexicon daarin achterstaat, dat men, van begrippen uitgaande, tot woorden komt, terwijl men, in het woordenboek of het Conversations Lexicon woorden naslaande, tot begrippen en kennis en dus van het lagere tot het hogere opklimt! Terecht zeide Johannes Müller reeds in 1884: „De fantasie is een onontbeerlijk goed; want zij is het, waardoor nieuwe combinaties gemaakt worden, die tot nieuwe ontdekkingen aanleiding geven. Voor den natuuronderzoeker is het noodzakelijk, dat het onderscheidingsvermogen van het isolerende verstand en de fantasie, welke den blik verruimt en naar het algemene streeft, wederkerig harmonisch op elkander inwerken. Door storing van dit evenwicht wordt de natuuronderzoeker door de fantasie tot dromerijen heengesleept, terwijl deze gave den talentvols natuurvorser van toereikende verstandssterkte tot de gewichtigste ontdekkingen voert."

Of zoals Goethe zeide:

> Je weiter Du wirst aufwärts gehn
> Dein Blick wird immer allgemeiner;
> Ein desto größer's Teil wirst Du vom Ganzen sehn,
> Und alles Einzelne immer kleiner

Assen, Februari 1875

[6] Men vatte dit intussen niet zoo op alsof het verzamelen, beschrijven en bepalen van soorten als bijzondere dier- en plantvormen niet op zich zelve reeds een zeer verdienstelijk werk zoude zijn, Haeckel zelf trouwens heeft dit voor de Radiolariën en kalksponsen gedaan. Men meene alleen niet dat dit werk, hoe nodig en onmisbaar ook, de eigenlijke wetenschap uitmaakt.

TEIL II

Bibliographie der Primärtitel

Ein Buch, das große Wirkung gehabt, kann eigentlich gar nicht mehr beurteilt werden.

Goethe

Bibliographie der Primärtitel (alphabetisch)

Anonym [Rez.]: J. W. von Goethe, Versuch die Metamorphose der Pflanzen zu erklären, Gotha 1790, in: Hallische Neue Gelehrten Zeitungen (1790) (19.7.) S. 451–452, auch in: Julius W. Braun: Goethe im Urtheile seiner Zeitgenossen. Zeitungskritiken aus den Jahren 1787–1801, Berlin 1884, S. 80–81.

Anonym [Rez.]: J. W. von Goethe, Versuch die Metamorphose der Pflanzen zu erklären, Gotha 1790, in: Magazin für das Neueste aus der Physik und Naturgeschichte 7 (1792) (4) S. 177–190, auch im Auszug in: Julius W. Braun: Goethe im Urtheile seiner Zeitgenossen. Zeitungskritiken aus den Jahren 1787–1801, Berlin 1884, S. 95–96.

Anonym [Rez.]: J. W. von Goethe, Versuch die Metamorphose der Pflanzen zu erklären, Gotha 1790, in: Gothaische gelehrte Zeitungen (1791) (31) S. 313–317.

Anonym [Rez.]: J. W. von Goethe, Beyträge zur Optik. I. Stück, Weimar 1791, in: Allgemeine Literatur-Zeitung 31 (1792) (28.1.) Sp. 241–245.

Anonym [Rez.]: J. W. von Goethe, Beyträge zur Optik. II. Stück, Weimar 1792, in: Allgemeine Literatur-Zeitung 31 (1792) (3. 12. 1792) Sp. 457–458.

Anonym [Rez.]: J. W. von Goethe, Beyträge zur Optik. I. Stück, Weimar 1791, in: Gothaische Gelehrte Zeitungen (1792) (27) S. 713–718, auch in: Julius W. Braun: Goethe im Urtheile seiner Zeitgenossen. Zeitungskritiken aus den Jahren 1787–1801, Berlin 1884, S. 111–118.

Anonym [Rez.]: Versuch die Metamorphose der Pflanzen zu erklären, Gotha 1790, in: Medicinisch-chirurgische Zeitung, 3. Ergbd. (1798) (Nr. 60 f.) S. 17–34.

D. von Engelhardt, *Goethe als Naturforscher im Urteil der Naturwissenschaft und Medizin des 19. Jahrhunderts*,
https://doi.org/10.1007/978-3-662-68126-8_50

Anonym (? Franz Joseph Schelver) [Rez.]: Johann Wolfgang von Goethe: Versuch die Metamorphose der Pflanzen zu erklären, Gotha 1790, in: Allgemeine Literatur-Zeitung, 3. Ergbl. (1803) (66) Sp. 521–525.

Anonym [Rez.]: Zur Farbenlehre von Göthe, Bd. 1–2, Tübingen 1810, in: Neue Oberdeutsche allgemeine Literatur-Zeitung 132 (1810) Sp. 25–32, auch in: Julius W. Braun: Goethe im Urtheile seiner Zeitgenossen. Zeitungskritiken aus den Jahren 1802–1812, Berlin 1885, S. 246–251.

Anonym [Rez.]: Zur Farbenlehre von Göthe, Bd. 1–2, Tübingen 1810, in: Neue Leipziger Literaturzeitung (1810) Sp. 1629–1632.

Anonym [Rez.]: Zur Farbenlehre, von v. Göthe, Bd. 1–2, Tübingen 1810, in: Allgemeine Literatur-Zeitung 30 (1811) (29. 1. 1811) Sp. 233–240, 31 (1811) (30. 1. 1811) Sp. 241–247, 32 (1811) (31. 1. 1811) Sp. 249–251, auch im Auszug in: Julius W. Braun: Goethe im Urtheile seiner Zeitgenossen. Zeitungskritiken aus den Jahren 1802–1812, Berlin 1885, S. 273–276.

Anonym [Rez.]: Merkwürdige Phänomene an und durch verschiedene Prismen. Zur richtigen Würdigung der Newton'schen und der von Göthe'schen Farbenlehre. Vom Dr. J. Friedrich Christian Werneburg, Nürnberg 1817, in: Leipziger Literatur-Zeitung (1817) Sp. 1577 f., auch in: Isis oder Encyklopädische Zeitung (1818) (3) Sp. 433–446.

Anonym [Rez.]: Johann Wolfgang von Goethe: Zur Naturwissenschaft überhaupt, Bd. 1, 2. Heft, Tübingen 1817 u. 1820, in: Allgemeines Repertorium der neuesten in- und ausländischer Literatur (1820) S. 230.

Anonym [Rez.]: Johann Wolfgang von Goethe: Zur Naturwissenschaft überhaupt, Bd. 1, 1.–2. Heft, Tübingen 1817 u. 1820, in: Flora oder Botanische Zeitung 3 (1820) (1) S. 717.

Anonym [Rez.]: Johann Wolfgang von Goethe: Zur Naturwissenschaft überhaupt, Bd. 1, 3. Heft, Tübingen 1817 u. 1820, in: Allgemeines Repertorium der neuesten in- und ausländischen Literatur (1821) (1) S. 28–30.

Anonym [Rez.]: Johann Wolfgang von Goethe: Zur Naturwissenschaft überhaupt, Bd. 1, 3. Heft, Tübingen 1820, in: Literarisches Conversations-Blatt (1821) (1) S. 537–539.

Anonym [Rez.]: Johann Wolfgang von Goethe: Zur Naturwissenschaft überhaupt, Bd. 1, 1.–3. Heft, Tübingen 1817 u. 1820, in: Leipziger Literatur-Zeitung (1822) (1) Sp. 1018–1020.

Anonym [Rez.]: Johann Wolfgang von Goethe: Zur Naturwissenschaft überhaupt, Bd. 2, 1. Heft, Tübingen 1823, in: Allgemeines Repertorium der neuesten in- und ausländischen Literatur (1823) (3) S. 15–16.

Anonym [Rez.]: Johann Wolfgang von Goethe: Zur Naturwissenschaft überhaupt, Bd. 1, Tübingen 1817, in: Taschenbuch über die gesammte Mineralogie in Hinsicht auf die neuesten Entdeckungen 18 (1824) S. 164–169.

Anonym [Rez.]: Johann Wolfgang von Goethe: Zur Naturwissenschaft überhaupt, Bd. 2, 2. Heft, Tübingen 1823, in: Literarischer Anzeiger (1824) Sp. 6–7.

Anonym [Rez.]: Johann Wolfgang von Goethe: Essai sur la métamorphose des plantes, trad. de l'allemand sur l'édition orginale de Gotha (1790) par Frédéric de Gingins-La Sarraz, Genève 1829, in: Botanische Literaturblätter zur periodischen Darstellung der Fortschritte der Pflanzenkunde 2 (1829) S. 348.

Anonym: Göthes Witterungs-Deutung, in: Archiv für Chemie und Meteorologie 8 (1834) S. 320–324.

Anonym [Rez.]: Johann Wolfgang von Goethe: Œuvres d'histoire naturelle, trad. et annot. par Charles Frédéric Martins, Paris 1837, in: Annales des Sciences, n. s., 10 (1838) S. 379–382.

Anonym [Rez.]: Goethe's Theory of Colours, transl. from the German, with Notes, by Charles Lock Eastlake, London 1840, in: The Athenaeum 693 (1840) (28.11.) S. 941–942.

Anonym: Goethe als Naturforscher, in: Minerva. Ein Journal historischen und politischen Inhalts 3 (1846) S. 432–447.

Anonym: Goethe as Man of Science, in: The Eclectic Magazine of Foreign Literature, Science and Art 27 (1852) S. 460–475.

Anonym: Goethe anatomista, in: Minerva 6 (1896) (7) S. 4–10.

A. C.: Lamarck e Goethe i precursori di Darwin. Haeckel il suo apostolo, in: Il Convegno Raccolta Mensile di Studi Critici e Notizie 4 (1874) S. 322–337.

Aderholdt, August Eduard: Ueber Göthe's Farbenlehre. Ein Vortrag gehalten in der mathematischen Gesellschaft zu Jena, Weimar 1858, gekürzt auch in: Sitzungs-Berichte der naturwissenschaftlichen Gesellschaft *Isis* zu Dresden (1862) (10–12) S. 265–269.

Bailey, George Herbert: Goethe as a Student of Chemistry, in: Transactions of the Manchester Goethe Society (1886–1893) 1894, S. 142–144.

Bardeleben, Karl von: Goethe als Anatom, in: Goethe-Jahrbuch 13 (1892) S. 163–180.

Bartels, Ernst Daniel August [Rez.]: Seebeck: Von den Farben und dem Verhalten derselben gegen einander, in: Neues Journal für Chemie und Physik 1 (1812) (1), S. 4–12, in: Jenaische Allgemeine Literatur-Zeitung 77–78 (1812) Sp. 89–96, 97–100.

Batsch, Johann Georg Carl [Rez.]: J. W. von Goethe, Versuch die Metamorphose der Pflanzen zu erklären, Gotha 1790, in: Magazin für die Botanik 4 (1790) (11) S. 164–171.

Beketov, Andrej Nikolaevič: O morfologičeskich otnošenijach listovich častei meždu soboju i so steblem (Über die morphologischen Beziehungen der Blattteile untereinander und mit dem Stengel, russ.), Diss. St. Petersburg 1858.

Beketov, Andrej Nikolaevič: Gëte – estestvoispytatel' (Goethe – Naturforscher, russ.) in: Enciclopedičeskij Slovar', Bd. 7-A, St. Petersburg 1893, S. 594–595.

Beketov, Andrej Nikolaevič: Morfologija rastenij (Morphologie der Pflanzen, russ.), in: Enciclopedičeskij Slovar', Bd. 19-A, St. Petersburg 1896, S. 919- 920.

Bendt, Franz: Goethe als Meteorologe, in: Die Gegenwart. Wochenschrift für Literatur, Kunst und öffentliches Leben 33 (1888) (9) S. 134–136.

Benzenberg, Johann Friedrich: Briefe geschrieben auf einer Reise durch die Schweiz im Jahr 1810, Bd. 2, Düsseldorf 1812 (34. Brief, S. 501–513).

Berthold, Arnold Adolf: Am 28. August des J. 100 nach der Geburt Goethe's in einem Kreise Göttingischer Verehrer und Verehrerinnen dieses grossen Genius über seine Anatome comparata, Göttingen 1849.

Blainville, Henri Marie de: Goethe, in: Histoire des sciences de l'organisation et de leurs progrès, comme base de la philosophie, Bd. 3, Paris 1845, S. 483–494.

Boulay, Jean Nicolas: Goethe et la science de la nature, Straßburg 1869.

Brandis, Joachim Dietrich [Rez.]: J. W. von Goethe. Versuch die Metamorphose der Pflanzen zu erklären, Gotha 1790, in: Allgemeine deutsche Bibliothek 116 (1794) (2) S. 477–479.

Brewster, David (anonym): Goethe's Theory of Colours, transl. from the German, with Notes, by Charles Lock Eastlake, London 1840, in: The Edinburgh Review or Critical Journal 72 (1841) S. 99–131.

Brewster, David (anonym): [Rez.]: Œuvres scientifiques de Goethe, analysées et appréciées, par Ernest Faivre, in: The North British Review 38 (1863) S. 57–71.

Brocchi, Giovanni Battista (Kürzel B.): Goethe scienziato, in: Biblioteca Italiana 63 (1831) S. 247–251.

Büsgen, Moritz: Über Goethes botanische Studien, in: Goethe Jahrbuch 11 (1890) S. 145–185.

Candolle, Augustin Pyramus de: Essai sur la métamorphose des plantes, par S. W. de Goethe, traduit de l'allemand par Mr. Fréd. Gingins-Lasarraz, Genève 1829, in: Bibliothèque Universelle des Sciences, Belles Lettres et Arts 40 (1829) S. 262–263.

Carus, Carl Gustav [Rez.]: Johann Wolfgang von Goethe: Versuch über die Metamorphose der Pflanzen, übers. franz. von Friedrich Soret, Berlin 1831, u. Josef Hermann Schmidt: Zwölf Bücher über Morphologie und vergleichende Noso-Morphologie insbesondere, Bd. 1–2, Berlin 1831, in: Jahrbücher für wissenschaftliche Kritik (1832) (1) Sp. 1–33, auch in: Karl Robert Mandelkow, Hg.: Goethe im Urteil seiner Kritiker. Dokumente zur Wirkungsgeschichte Goethes in Deutschland, Teil I 1773–1832, München 1975, S. 496–502.

Carus, Carl Gustav: Goethes Meteorologie, in. ders.: Zwölf Briefe über das Erdleben, Stuttgart 1841, S. 226–246.

Carus, Carl Gustav: Goethe's Verhältnis zur Natur und Naturwissenschaft, Leipzig 1843, auch in: ders.: Goethe zu dessen näherem Verständnis, Dresden 1953, S. 97–119, auch in Auswahl in: Karl Robert Mandelkow,

Hg.: Goethe im Urteil seiner Kritiker. Dokumente zur Wirkungsgeschichte Goethes in Deutschland, Teil II 1832–1870, München 1977, S. 251–255.

Carus, Carl Gustav: Göthe und seine Bedeutung für diese und die künftige Zeit. Eine Festrede gehalten zu Dresden am 28. August 1849, Dresden 1849.

Carus, Carl Gustav: Goethe, dessen Bedeutung für unsere und die kommende Zeit, Wien 1863.

Cattie, Joseph Theodore: Göthe ein Gegner der Descendenztheorie. Eine Streitschrift gegen Ernst Haeckel, Utrecht 1877.

Cesati, Vincenzo [Rez.]: Goethe: Versuch die Metamorphose der Pflanzen zu erklären, Gotha 1790, in: ders.: Le teoriche più recenti dei botanici del Nord in fatto di fisica vegetabile, in: Biblioteca Italiana 84 (1836) S. 92–99, hier S. 96–99.

Choulant, Ludwig (Kürzel Ch.) [Rez.]: Johann Wolfgang von Goethe: Zur Naturwissenschaft überhaupt, Bd. 1, 3. Heft, Tübingen 1820, in: Allgemeine Medizinische Annalen des neunzehnten Jahrhunderts (1821) (5) Sp. 668–670.

Classen, August: Goethe und die Koryphäen der heutigen Naturwissenschaft, in: Die Grenzboten. Zeitschrift für Politik, Literatur und Kunst 42 (1883) (1) S. 619–634.

Classen, August: Goethes naturwissenschaftliche Schriften, in: Die Grenzboten. Zeitschrift für Politik, Literatur und Kunst 43 (1884) (2) S. 544–552.

Clemens, Aloys: Goethe als Naturforscher. Eine Skizze, Frankfurt a. M. 1841.

Clemens, Aloys: Ueber Goethes Naturbetrachtung, in: Morgenblatt für gebildete Leser 41 (1847) (9.2.) S. 134–135, (10.2.) S. 138–140.

Clemens, Aloys: Goethes Farbenlehre, zum 28. August in einer Skizze dargestellt, in: Morgenblatt für gebildete Leser 41 (1847) (1.9.) S. 833–834, (2. 9.) S. 838–839, (3. 9.) S. 841–842, (4. 9.) S. 846–847, (6. 9.) S. 849–850.

Clemens, Aloys: Goethe's geognostische Ansichten, in: Morgenblatt für gebildete Leser 42 (1848) (206) S. 822–824.

Clemens, Aloys: Goethe's Metamorphose der Pflanzen, in: Frankfurter Konversationsblatt (1856) (2) S. 822–823, 826–827, 83–831, 834–835.

Clemens, Aloys: Neueste Actenstücke über Goethe's Farbenlehre, in: Frankfurter Konversationsblatt (1860) (10.10.) S. 958–959, (11.10.) S. 962–963, (12.10.) S. 966–967, (13.10.) S. 970–971, (16.10.) S. 978–979.

Clemens, Aloys: Goethe's geognostischer Triumph, in: Frankfurter Konversationsblatt (1862) (Nr. 205 u. 207):

Cohn, Ferdinand: Goethe und die Metamorphose der Pflanze, in: Deutsches Museum. Zeitschrift für Literatur, Kunst und öffentliches Leben 12 (1862) S. 128–141.

Cohn, Ferdinand: Goethe als Botaniker, in: Deutsche Rundschau 28 (1881) S. 26–56, leicht verändert, auch in: ders.: Die Pflanze. Vorträge aus dem

Gebiet der Pflanze, Breslau 1882, S. 23–64, auch russ. Gëte kak botanik, in: Rastenie, Bd. 1, hg. v. Sergej Ivanovič Koržanskij, St. Petersburg 1901, S. 71–138.

Cohn, Hermann: Goethe über den Impfzwang, in: Wochenschrift für Therapie und Hygiene des Auges 4 (1900/1901) S. 411–412, auch in: Goethe-Jahrbuch 23 (1902) S. 216–218.

Cuvier, Georges: De la philosophie de la nature en Allemagne et en France, in: ders.: Histoire des sciences naturelles pendant la deuxième moitié de XVIIIe siècle et une partie du XIXe chez tous les peuples connus, 3. p., t. 5, compl., posthum, Paris 1845, S. 313–435. (Goethe S. 315–323).

Darlington, William: An Essay on the Development and Modifications of the External Organs of Plants. Compiled Chiefly from the Writings of J. Wolfgang von Goethe, for a Public Lecture to the Class of the Chester County Cabinet of Natural Science, March 1, 1839, West Chester, Pennsylvania 1839.

Dove, Heinrich Wilhelm: Die neuere Farbenlehre mit andern chromatischen Theorien verglichen, Berlin 1838. (Goethe, passim).

Dreher, Eugen: Goethe's Bedeutung als Naturforscher, in: Die Natur, n. F., 6 (1880) S. 516–519, auch in: ders.: Philosophische Abhandlungen, Berlin 1903, S. 125–138.

Du Bois-Reymond, Emil: Goethe und kein Ende. In der Aula der Berliner Universität am 15. Oktober 1882 gehaltene Rektoratsrede, Leipzig 1883, auch in: ders.: Reden, Bd. 1, Leipzig 1886, S. 418–447, auch in: Karl Robert Mandelkow, Hg.: Goethe im Urteil seiner Kritiker. Dokumente zur Wirkungsgeschichte Goethes in Deutschland, Teil III 1870–1918, München 1979, S. 103–117, franz. Goethe, in: La Revue Scientifique de la France et de l'Étranger, 3. sér., t. 4 (1882) S. 769–776.

Faivre, Ernest: Goethe Naturaliste. Quatrième Partie. La Science dans les poésie, les Romans et les Œuvres artistiques de Goethe, in: Revue Contemporaine. Philosophie – Histoire – Sciences 42 (1859) S. 39–58, auch erweitert u. d. T. La sciences dans les écrits littéraires et esthétiques, in: ders.: Œuvres scientifiques de Goethe. Analysées et appréciées, Paris 1862, S. 301–350.

Faivre, Ernest: Œuvres scientifiques et esthétiques de Goethe. Analysées et appréciées, Paris 1862.

Fechner, Gustav Theodor: Kurze Darstellung der Goethe'schen Farbentheorie, in: Jean Baptiste Biot: Lehrbuch der Experimental-Physik, Bd. 4, a. d. Franz. (1816) übers. v. Gustav Theodor Fechner, Leipzig 1817, [2]1829, S. 486–488.

Feuchtersleben, Ernst von: Goethe's naturwissenschaftliche Ansichten, in: ders.: Beiträge zur Literatur, Kunst und Lebens-Theorie, Wien 1837, S. 99–140, auch in: ders.: Sämmtliche Werke, Bd. 5, Wien 1852, S. 83–116, auch in Auswahl in: Karl Robert Mandelkow, Hg.: Goethe im Urteil seiner Kritiker. Dokumente zur Wirkungsgeschichte Goethes in Deutschland, Teil II 1832–1870, München 1977, S. 165–174.

Fries, Jakob Friedrich [Rez.]: Zur Farbenlehre, von Goethe, Bd. 1–2, Tübingen 1810, in: Heidelbergische Jahrbücher der Literatur für Mathematik, Physik und Kameralwissenschaften, 3 (1810) (4. Abth.) S. 289–307.

Fries, Jakob Friedrich [Rez.]: Christoph Heinrich Pfaff: Ueber Newton's Farbentheorie, Herrn von Göthe's Farbenlehre und den chemischen Gegensatz der Farben. Ein Versuch in der experimentalen Optik, Leipzig 1813, in: Heidelbergische Jahrbücher der Litteratur 7 (1814) S. 417–430.

Geoffroy Saint-Hilaire, Étienne: Sur les écrits de Goethe lui donnant des droits au titre de savant naturaliste, in: Annales des Sciences Naturelles 22 (1831) S. 188–193.

Geoffroy Saint-Hilaire, Étienne: Sur un nouvel ouvrage de Goethe, traitant des analogies et de la métamorphose des plantes, in: Journal Complémentaire des Sciences Médicales 40 (1831) S. 279–282.

Geoffroy Saint-Hilaire, Étienne [Rez.]: Goethe: Essai sur la métamorphose des plantes, dt. u. franz., übers. von Frédéric Soret, Stuttgart 1831 (Note lue à l'Académie des Sciences le 5 juillet 1831), in: Revue Encyclopédique ou Analyse Raisonnée 51 (1831) S. 523–526.

Geoffroy Saint-Hilaire, Étienne: Analyse des travaux de Goethe en histoire naturelle, et considérations sur le caractère de leur portée scientifque, in: Comptes Rendus Hebdomadaires des Séances de l'Académie des Sciences 12 (1836) (1) S. 523–527, 555–557, 563–565.

Geoffroy Saint-Hilaire, Isidore: Rapport verbal sur les Œuvres d'histoire naturelle de Goethe, trad. par Charles Frédéric Martins, Paris 1837, in: Comptes Rendus Hebdomadaires des Séances de l'Académie des Sciences 6 (1838) S. 320–331.

Geoffroy Saint-Hilaire, Isidore: Sur les travaux zoologiques et anatomiques de Goethe, in: ders.: Essais de zoologie générale, Paris 1841, S. 153–174.

Gerber, Paul Henry: Goethe als Mediziner, in: Wiener Medizinische Wochenschrift 49 (1899) Sp. 2001–2005, 2061–2065.

Gerber, Paul Henry: Goethes Beziehungen zur Medizin. Ein populärer Vortrag, Berlin 1900.

Gieseke, Paul Dietrich (?, Kürzel G...e) [Rez.]: J. W. von Goethe, Versuch die Metamorphose der Pflanzen zu erklären, Gotha 1790, in: Beilage, Nr. 72, Kaiserlich Privilegirte Hamburgische Neue Zeitung. Beyträge von gelehrten Sachen 25 (1791) (6.5.).

Gillette, Eugène: Goethe (Jean Wolfgang). Littérateur, naturaliste, in: Dictionnaire des Sciences Naturelles 61 (1845) S. 155–156.

Gingins-La Sarraz, Frédéric de: Précis historique et avant-propos, in: Johann Wolfgang von Goethe: Essai sur la métamorphose des plantes, übers. v. Fédéric Gingins-La Sarraz, Genève 1829, S. VI-XIV.

Gmelin, Johann Friedrich [Rez.]: J. W. von Goethe, Versuch die Metamorphose der Pflanzen zu erklären, Gotha 1790, in: Göttingische Anzeigen von gelehrten Sachen (1791) (1) S. 269.

Goldfuss, Georg August, Christian Gottfried Daniel Nees von Esenbeck u. Johann Jakob Nöggerath (Symbol ** s+K II) [Rez.]: Johann Wolfgang von Goethe: Zur Naturwissenschaft überhaupt, besonders zur Morphologie, Bd. 1, 1.-4. Heft, Stuttgart u. Tübingen 1817–22, in: Jenaische Allgemeine Literatur-Zeitung 20 (1823) (Bd. 2) (Nr. 101–109) Sp. 321–323, 329–336, 337–344, 345–352, 353–360, 361–368, 369–373, 377–383.

Gonzalez de Linares, Augusto: Göthe considerado como naturalista y como filósofo de la naturaleza, in: La Enseñanza. Revista General de Instrucción Pública y Particular de Archivos y Bibliotecas, 29 (1866) S. 65–67.

Graevell, Friedrich: Goethe im Recht gegen Newton, Berlin 1857.

Graevell, Friedrich: Ueber Licht und Farben. Mit besonderer Beziehung auf die Farbenlehren Newton's und Goethes, Berlin 1859.

Graevell, Friedrich: Die zu sühnende Schuld gegen Goethe, Berlin 1860.

Gren, Friedrich Albrecht Carl: Einige Bemerkungen über des Hrn. von Göthe Beyträge zur Optik, in: Journal der Physik 7 (1793) S. 3–21.

Haberlandt, Gottlieb: Goethes botanische Studien, in: Humboldt. Monatsschrift für die gesamten Naturwissenschaften 5 (1886) (6) S. 201–207.

Haberlandt, Gottlieb: Die Entwicklung der Lehre von der Metamorphose der Pflanzen von J. W. von Goethe an bis auf die neueste Zeit, Neustrelitz 1887.

Haeckel, Ernst: Entwickelungs-Theorie von Goethe und Oken, in: ders.: Natürliche Schöpfungsgeschichte, Berlin 1868, [8]1889, S. 65–88, span. Teoría evolutiva de Goethe y de Oken, in: Revista Europea 5 (1878) (231) S. 107–117, engl. Theory of Development According to Goethe and Oken, in: ders.: The History of Creation, Bd. 1, London 1876, S. 72–99, franz. Théorie évolutive de Goethe et Oken, in: ders. Histoire de la création, Paris 1877, S. 64–88.

Haeckel, Ernst: Die Naturanschauung von Darwin, Goethe und Lamarck, in: Tagblatt der 55. Versammlung Deutscher Naturforscher und Ärzte in Eisenach vom 18. Bis 22. September 1882, Eisenach 1882, S. 81–91, auch in: ders.: Gemeinverständliche Werke, Bd. 5, Leipzig 1924, S. 291–331, auch in Auswahl in: Karl Robert Mandelkow, Hg.: Goethe im Urteil seiner Kritiker. Dokumente zur Wirkungsgeschichte Goethes in Deutschland, Teil III 1870–1918, München 1979, S. 95–103, franz. Darwin, Goethe et Lamarck, in: La Revue Scientifique de la France et de l'Étranger 3. sér., t. 4 (1882) (23) S. 705–716, schwed. Darwins, Goethes och Lamarcks natursyn, in: Ernst Haeckel: Två föredrag, Stockholm 1902, S. 55–97.

Haeckel, Ernst: Transformismus. Goethe, in: ders.: Die Welträtsel, Bonn 1899, S. 86–88.

Hahn, François-Louis: Göthe, in: Dictionnaire Encyclopédique des Sciences Médicales, 4. sér., t. 9 (1883) S. 738–744.

Hallier, Ernst: Goethes Naturwissenschaft, in: ders.: Kulturgeschichte des neunzehnten Jahrhunderts in ihren Beziehungen zu der Entwickelung der Naturwissenschaften, Stuttgart 1889, S. 617–619.

Hantzsch, Georg Rudolf: Goethe's Farbenlehre und die Farbenlehre der heutigen Physik, Dresden 1862.

Hantzsch, Georg Rudolf: Ueber die der Göthe'schen Farbenlehre bisher zu Theil gewordene Kritik, in: Sitzungs-Berichte der naturwissenschaftlichen Gesellschaft *Isis* zu Dresden (1862) (10–12) S. 244–256.

Hederich, Reinhard Paul Andreas Oskar: Goethe und die physikalische Geographie, phil. Diss. Erlangen 1897, auch München 1898.

Helmholtz, Hermann von: Ueber Goethe's naturwissenschaftliche Arbeiten, in: Allgemeine Monatsschrift für Wissenschaft und Kultur (1853) S. 383–398, auch in: ders.: Vorträge und Reden, Bd.1, Braunschweig 1884, [4]1896, S. 23–47, auch in: Karl Robert Mandelkow, Hg.: Goethe im Urteil seiner Kritiker. Dokumente zur Wirkungsgeschichte Goethes in Deutschland, Teil II 1832–1870, München 1977, S. 401–416, franz. Goethe naturaliste, in: La Revue des Cours Scientifiques de la France et de l'Étranger 7 (1870) S. 18–25, engl. On Goethe's Scientific Researches, in: ders.: Popular Scientific Lectures, Bd. 1, London 1873, S. 33–59, ital. Le idee e le opere scientifiche di Goethe, in: La Rassegna Nazionale 22 (1900) S. 574–591.

Helmholtz, Hermann: Goethes Vorahnungen kommender naturwissenschaftlicher Ideen, in: Deutsche Rundschau (1892) (Juli) S. 115–132, auch Berlin 1892. 55 S., auch in: ders.: Vorträge und Reden, Bd. 2, Braunschweig [4]1896, S. 335–361, auch in: Karl Robert Mandelkow, Hg.: Goethe im Urteil seiner Kritiker. Dokumente zur Wirkungsgeschichte Goethes in Deutschland, Teil III 1870–1918, München 1979, S. 227–245, ital. Kurzref. Previsoni di Goethe intorno alle future scoperte scientifiche, in: Minerva. Rassegna Internazionale 4 (1892) (7) S. 180 f., franz. Kurzref. Pressentiments scientifiques de Goethe, in: La Revue 5 (1892) (7) S. 59.

Hemerdinger, Michel: Goethe naturaliste, in: La Critique Francaise. Revue Philosophique et Littéraire 2 (1862) (15.2.) S. 125–131.

Heuer, Otto: Goethe's elektrische Studien, in: Elektrizität (1891) S. 39–40.

Hjertman, Kristoffer Rudolf: Theoria celeberrimi a Goethe de coloribus physiologicis, phil. Diss. Abo 1819.

Hlawaczek, Eduard: Goethe in Karlsbad, Karlsbad 1877, mit Viktor Ruß, [2]1883.

Hoh, Theodor: Göthe als Naturforscher, in: Neunter Bericht der naturforschenden Gesellschaft zu Bamberg für die Jahre 1869–70 (1870) S. 1–20.

Hufeland, Christoph Wilhelm: Nachschrift: Carl Vogel: Die letzte Krankheit Goethes. Nebst einer Nachschrift von C. W. Hufeland, Berlin 1833, erneut, hg. v. Klaus Bergdolt, Heidelberg 1999, S. 40–43.

Huxley, Thomas Henry: Nature: Aphorisms by Goethe, in: Nature 4 (1869) S. 9–11.

Janota, Eduard, d. Ä.: Goethe als Naturforscher im nordwestlichen Böhmen, in: Pharmaceutische Post 33 (1900) S. 735–739.

Jordan, Karl Friedrich: Goethe – und noch immer kein Ende! Kritische Würdigung der Lehre Goethes von der Metamorphose der Pflanze, Hamburg 1888.

Jussieu, Antoine-Laurent de (?) [Rez.]: Johann Wolfgang von Goethe: Essai sur la métamorphose des plantes, trad. de l'allemand sur l'édition orginale de Gotha (1790), par Frédéric de Gingins-La Sarraz, Genève 1829, in: Bulletin des Sciences Naturelles et de Géologie 17 (1829) S. 422–423.

Kämtz, Ludwig Friedrich: Dissertatio mathematico-physica de legibus repulsionum electricarum mathematicis, Halle 1823.

Kalischer, Salomon: Goethe und Darwin, in: Die Wage. Wochenblatt für Politik und Literatur (1876) S. 166–176, S. 179–192.

Kalischer, Salomon. Goethe als Entdecker der Eiszeit, in: Die Wage. Wochenblatt für Politik und Literatur (1876) S. 220–224.

Kalischer, Salomon: Einleitung, in: Goethes Werke, Bd. 34, Zur Metorologie. – Zur Naturwissenschaft im Allgemeinen. – Naturwissenschaftliche Einzelheiten, hg. v. Salomon Kalischer, Berlin 1877, S. VII–XVI.

Kalischer, Salomon: Goethe's Verhältnis zur Naturwissenschaft und seine Bedeutung in derselben, Berlin 1878.

Kalischer, Simon: Noch einmal ‚Goethe als Geologe'. Mit Bezug auf den gleichnamigen Aufsatz des Herrn Prof. Franz Toula in Wien, in: Die Natur. Zeitung zur Verbreitung naturwissenschaftlicher Kenntniß und Naturanschauung für Leser aller Stände, n. F., 6 (1880) S. 654–655.

Kalischer, Simon: Goethe als Naturforscher und Herr Du Bois-Reymond als sein Kritiker, Berlin 1883, S. 3–90.

Kerner von Marilaun, Anton: Goethe und Darwin, in: Neue Freie Presse (Wien) (1880) (29.4.) (5628) S. 4, auch in: Ernst Moritz Kronfeld: Anton Kerner von Marilaun. Leben und Arbeit eines deutschen Naturforschers, Leipzig 1908, S. 215–224.

Kerner von Marilaun, Anton: Goethes Verhältnis zur Pflanzenwelt, in. Chronik des Wiener Goethe-Vereins 12 (1989) S. 22–24.

Kirchhoff, Alfred: Die Idee der Pflanzenmetamorphose bei Wolf und bei Göthe, Berlin 1867, in: Zweiter Jahresbericht der über die Luisenstädtische Gewerbeschule in Berlin, Berlin 1867, S. 1–33, auch Berlin 1867.

Kirschleger, Frédéric: Goethe naturaliste et spécialement botaniste, lecture publique, faite le 21 décembre 1864 à la Préfecture du Bas-Rhin.

Kirschleger, Frédéric: La métamorphose des plantes de Goethe, Straßburg 1865.

König, Arthur: Über Goethes Bezeichnung der von ihm beobachteten Fälle von Farbblindheit als ‚Akyanoblepsie', in: Zentralblatt für praktische Augenheilkunde 7 (1883) S. 497–498, auch in: Verhandlungen der Physikalischen Gesellschaft zu Berlin 2 (1883) 1884, (14. Dez.) S. 72–73.

König, Walter: Goethes optische Studien (Festrede), in: Physikalische Zeitschrift 1 (1899/1900) S. 454–463, 467–470, auch Frankfurt a. M. 1899.

Köstlin, Otto: Goethe und sein Verhältniß zu den Naturwissenschaften, in: Allgemeine Zeitung, Beilage (1883) (10.8.) S. 3241–3242, (11.8.) S. 3258–3260, (12.8.) S. 3274–3276.

Kossmann, Robby: War Goethe ein Mitbegründer der Descendenztheorie? Eine Warnung vor Haeckel's Citaten, in: Verhandlungen des Heidelberger naturhistorisch-medizinischen Vereins 1 (1877) (2) S. 152–164, auch Heidelberg 1877.

Kronfeld, Ernst Moritz: Goethe als Botaniker, in: ders.: Mutter Grün, Wien 1893, S. 13–23.

Laube, Gustav Carl: Goethe als Naturforscher in Böhmen, 1879, in: Mittheilungen des Vereins für Geschichte der Deutschen in Böhmen 18 (1880) S. 16–37.

Laube, Gustav Carl: Goethe als Naturforscher in Eger, in: Prager Tageblatt (1879) (5. u. 6.6.) (Nr. 154 u. 155).

Leclerc, François: Goethe et le livre de la métamorphose des plantes, in: Mémoires de la Société d'Émulation du Doubs 4. Série, 6 (1872) S. 155–182, auch Besançon 1872.

Link, Heinrich Friedrich (Kürzel L. R.) [Rez.]: Zur Farbenlehre von Goethe, Bd. 1–2, Tübingen 1810, in: Ergänzungsblätter zur Jenaischen Allgemeinen Literatur-Zeitung 1 (1813) Sp. 17–20.

Littré, Émile: Œuvres d'histoire naturelles de Goethe, in: Revue des Deux Mondes 4. Sér. 14 (1838) (1) S. 94–110.

Lövy, Hermann: Göthe's Farbenlehre, im Gegentheil eine zu wenig beachtete Ergänzung der Theorie der Polarität, in: ders.: Ueber Polarität, Prag 1831, S. 47–54.

Lommel, Eugen von: Eine optische Reliquie von Goethe, in: Deutsche Revue über das gesamte nationale Leben der Gegenwart 20 (1895) (2) S. 44–48.

Lo Re, Antonio: Goethe scienziata, in: Szienza e Diletto 7 (1899) (39) (21.9.).

Lungo, Carlo del: Meteorologia Goethiana, in: Rassegna Internazionale (1892) (1. 6.), auch in: ders.: Goethe ed Helmholtz, Torino 1903, S. 67 ff.

Lungo, Carlo del: Goethe scienziato, in: Nuova Antologia 64 (1896) S. 105–131, auch: Goethe come naturalista, in: ders.: Goethe ed Helmholtz, Torino 1903, S. 1–20.

Malus, Étienne Louis (Anonym): Traité des couleurs, par M. Goethe (1810), in: Annales de Chimie 79 (1811), S. 199–219, dt.: Bericht eines französischen Physikers über Herrn von Göthe's Werk: Zur Farbenlehre, Bd. 1–2, Tübingen 1810, in: Annalen der Physik 40 (1812) S. 103–115, im Auszug, in: Julius W. Braun: Goethe im Urtheile seiner Zeitgenossen. Zeitungskritiken aus den Jahren 1802–1812, Berlin 1885, S. 283–285.

Mappes, Johann Michael: Ueber Goethe als Naturforscher, in: ders.: Festreden gehalten im naturgeschichtlichen Museum zu Frankfurt am Main, Frankfurt a. M. 1842, S. 143–151.

Martins, Charles Frédéric: Analyse des travaux de Goethe en histoire naturelle, in: Le Temps. Journal des Progrès Politiques, Scientifiques, Littéraires et Industriels 7 (1836) Sp. 37.500–37.560.
Martins, Charles Frédéric: La métamorphose des plantes de Goethe et la loi de symétrie d'Aug. Pyr. De Candolle, in: La Revue Indépendante 16 (1845) S. 38–60.
May, Walther: Goethes Verhältnis zur Natur und ihrer Wissenschaft, in: Verhandlungen des Naturwissenschaftlichen Vereins in Karlsruhe 13 (1895/1900) 1900, S. 524–550, auch Karlsruhe 1899, erweitert erneut u. d. T.: Goethe und Darwin, in: ders.: Otto, Goethe und Darwin. Darwinismus und Religion, Berlin 1904, S. 49–148.
Mayer, Johann Tobias [Rez.]: Zur Farbenlehre, von Goethe, Bd. 1–2, Tübingen 1810, in: Göttingische gelehrte Anzeigen 99 (1811) S. 977–990, auch im Auszug, in: Julius W. Braun: Goethe im Urtheile seiner Zeitgenossen. Zeitungskritiken aus den Jahren 1802–1812, Berlin 1885, S. 279.
Mayer, Johann Tobias [Rez.]: Christoph Heinrich Pfaff: Ueber Newton's Farbentheorie, Hrn. v. Göthe's Farbenlehre, und den chemischen Gegensatz der Farben. Ein Versuch in der experimentalen Optik, Kiel 1813, in: Göttingische gelehrte Anzeigen 77 (1813) S. 761–767.
McBride, Thomas Huston: Vegetable Morphology a Century Ago. – Goethe, in: Science 6 (1885) S. 130–131.
Meding, Carl Heinrich: Goethe als Naturforscher in Beziehung zur Gegenwart, Dresden 1861.
Meyer, Ernst Heinrich Friedrich: Die Metamorphose der Pflanzen und ihr Widersacher, in: Linnaea. Ein Journal für die Botanik in ihrem ganzen Umfange 7 (1832) S. 401–460.
Möbius, Karl: Ueber die Goethe'schen Worte: „Leben ist die schönste Erfindung der Natur und der Tod ist ihr Kunstgriff viel Leben zu haben". Rede beim Antritt des Rektorats an der Königlichen Universität zu Kiel gehalten am 3. März 1879, Kiel 1879.
Möbius, Paul Julius: Ueber das Pathologische bei Goethe, Leipzig 1889, erneut München 1982.
Molisch, Hans: Goethe als Naturforscher, in: Bericht der Lese- und Redehalle der deutschen Studenten in Prag 1899, Prag 1900, S. 5–14, auch in: ders.: Populäre biologische Vorträge, Jena ^{2}1922, S. 1–13.
Mollweide, Carl Brandan: Prüfung der Farbenlehre des Herrn v. Goethe und Vertheidigung des Newton'schen Systems wider dieselbe, Halle 1810.
Mollweide, Carl Brandan [Rez.]: Zur Farbenlehre, von v. Göthe, Bd. 1–2, in: Allgemeine Literatur-Zeitung (1811) Sp. 233–240, 241–247, 249–251.
Mollweide, Carl Brandan [Rez.]: Pfaff, Christoph Heinrich: Ueber Newton's Farbentheorie, Herrn von Goethe's Farbenlehre und den chemischen Gegensatz der Farben. Ein Versuch in der experimentalen Optik, Leipzig 1813, in: Leipziger Literatur-Zeitung (1815) Sp. 1473–1480.

Moser, Ludwig: Ueber Goethe's Leistungen in der Farbenlehre. In: Historische und literärische Abhandlungen der königlichen deutschen Gesellschaft zu Königsberg, Dritte Sammlung, Königsberg 1834, S. 111–140.

Müller, Erich: Goethe und die Medizin, in: Die Heilkunde. Monatsschrift für praktische Medizin 3 (1898/1899) S. 718–721, 4 (1899/1900) S. 24–27, 94–96, 280–282.

Müller, Johannes: Fragmente zur Farbenlehre, insbesondere zur Goetheschen Farbenlehre, in: ders.: Zur vergleichenden Physiologie des Gesichtssinnes des Menschen und der Thiere, Leipzig 1826, S. 391–434.

Müller, Johannes: Ueber die phantastischen Gesichtserscheinungen. Eine physiologische Untersuchung mit einer physiologischen Urkunde des Aristoteles über den Traum, den Philosophen und Aerzten gewidmet, Koblenz 1826. (Goethe, passim).

Müller, Johannes: Einleitung: Johann Wolfgang von Goethe: Über den Zwischenkiefer des Menschen und der Thiere, Jena 1786, Nachdruck (= Nova Acta Leopoldina 15.1.1831), Bonn 1831, S. 5.

Nees von Esenbeck, Christian Gottfried Daniel (Kürzel F.) [Rez.]: Goethe: Versuch die Metamorphose der Pflanzen zu erklären, Gotha 1790, in: Isis oder Encyklopädische Zeitung (1818) (1) Sp. 996–1008.

Nees von Esenbeck, Christian Gottfried Daniel, Georg August Goldfuss u. Johann Jakob Nöggerath (Symbol ** s+K II) [Rez.]: Johann Wolfgang von Goethe: Zur Naturwissenschaft überhaupt, besonders zur Morphologie, Bd. 1, 1.–4. Heft, Stuttgart u. Tübingen 1817–22, in: Jenaische Allgemeine Literatur-Zeitung 20 (1823) (Bd. 2) (Nr. 101–109) Sp. 321–323, 329–336, 337–344, 345–352, 353–360, 361–368, 369–373, 377–383.

Neumann, Carl: Über die wesentlichsten Irrthümer in Göthe's Farbenlehre, in: Sitzungs-Berichte der naturwissenschaftlichen Gesellschaft *Isis* zu Dresden (1863) S. 105–107 (Bericht), auch Dresden 1863.

Nöggerath, Johann Jakob, Christian Gottfried Daniel Nees von Esenbeck u. Georg August Goldfuss (Symbol ** s+K II) [Rez.]: Johann Wolfgang von Goethe: Zur Naturwissenschaft überhaupt, besonders zur Morphologie, Bd. 1, 1.-4. Heft, Stuttgart u. Tübingen 1817–22, in: Jenaische Allgemeine Literatur-Zeitung 20 (1823) (Bd. 2) (Nr. 101–109) Sp. 321–323, 329–336, 337–344, 345–352, 353–360, 361–368, 369–373, 377–383.

Oken, Lorenz (?) [Rez.]: Johann Wolfgang von Goethe: Zur vergleichenden Osteologie, mit Zusätzen und Bemerkungen von Dalton, in: Nova Acta 12 (1824) (1) S. 323, in: Isis oder Encyklopädische Zeitung (1825) (2) Sp. 203.

Oken, Lorenz (?) [Rez.]: Johann Wolfgang von Goethe: Über den Zwischenkiefer des Menschen und der Thiere, 1786, in: Nova Acta 15 (1833) (2) S. 51–80, in: Isis oder Encyklopädische Zeitung (1833) (7) Sp. 594.

Oken, Lorenz: Schädelwirbel. Gegen Hegel und Goethe, in Isis oder Encyklopädische Zeitung (1847) Sp. 557–559.

Osborn, Henry Fairfield: Johann Wolfgang Goethe was the Greatest Poet of Evolution …, in: ders.: From the Greeks to Darwin. An Outline of the Development of the Evolution Idea (= Columbia University Biological Series, 1), New York 1894, ²1899, S. 181–187.

P. [Rez.]: Johann Wolfgang von Goethe: Zur Naturwissenschaft überhaupt, Bd. 1, 1.–2 Heft, Tübingen 1817 u. 1820, in: Allgemeine Medizinische Annalen des neunzehnten Jahrhunderts (1821) S. 73–85.

Papillon, Fernand: Des rapports philosophiques de Goethe et de Diderot, in: Séances et Travaux de l'Académie des Sciences Morales et Politiques 33 (1874) (1) S. 245–263.

Papillon, Fernand: Doctrine physiologique leibnizienne de Goethe, in: ders.: Histoire de la philosophie moderne dans ses rapports avec le développement des sciences de la nature, Bd. 2, Paris 1876, S. 389–416.

Paschkis, Heinrich: Einige Bemerkungen über Goethe und die Medizin, in: Wiener Klinische Rundschau 13 (1899) S. 670–671.

Pauls, Johann Peter [Rez.] Les't Les't: Johann Wolfgang von Goethe: Zur Naturwissenschaft überhaupt, Bd. 1, 1. Heft, Tübingen 1817, in: Der Eil-Bote (1824) (8. 12.) S. 896.

Perrier, Edmond: Goethe. Idées de Goethe sur l'unité des types organiques, in: ders.: La philosophie zoologiques avant Darwin, Paris 1884, S. 142–148.

Pfaff, Christoph Heinrich: Ueber die farbigen Säume der Nebenbilder des Doppelspaths, mit besonderer Rücksicht auf Hrn. v. Göthes Erklärung der Farbenentstehung durch Nebenbilder, in: Journal für Chemie und Physik 6 (1812) S. 177–204.

Pfaff, Christoph Heinrich: Ueber Newton's Farbentheorie, Herrn von Goethe's Farbenlehre und den chemischen Gegensatz der Farben. Ein Versuch in der experimentalen Optik, Leipzig 1813.

Pictet, François-Jules [Rez.]: Johann Wolfgang von Goethe: Œuvres d'histoire naturelle, trad. et annot. par Charles Frédéric Martins, Paris 1837, in: Bibliothèque Universelle de Genève, n. s., 15 (1838) S. 338–350.

Pisko, Franz Josef: Die Farbenlehre Goethe's, in: Licht und Farbe. Eine gemeinfaßliche Darstellung der Optik, München 1869, ²1876, S. 513–525.

Poselger, Friedrich Theodor: Der farbige Rand eines durch ein biconvexes Glas entstehenden Bildes, untersucht, mit Bezug auf Herrn von Göthe's Werk: Zur Farbenlehre, in: Annalen der Physik 37 (1811) S. 135–154, auch in: Julius W. Braun: Goethe im Urteil seiner Zeitgenossen […] aus den Jahren 1802–1812, Berlin 1885, S. 276–278.

Plüss, Nathanel: Die Begründung der Farbenlehre durch Newton und ihre Bekämpfung durch Göthe, in: Einladungsschrift zur Promotionsfeier des Pädagogiums, Basel 1874, S. 3–30.

Potonié, Henry: Die botanische (theoretische) Morphologie und Goethe, in: Naturwissenschaftliche Wochenschrift 5 (1890) (5) S. 46–48.

Potonié, Henry: Goethe ein Vorgänger Charles Darwin's?, in: Naturwissenschaftliche Rundschau 6 (1891) (38) S. 365–366.

Prévost, Pierre: Versuch, die verschiedene Brechbarkeit des farbigen Lichtes im Wasser unmittelbar sichtbar zu machen, in Beziehung auf Herrn von Göthe's Farbenlehre. In: Annalen der Physik 49 (1815) S. 393–404.

Procházka, Vladimír Josef: O geologické sbirce J. W. Goethe z okoli Kárlovýck Varu o museu Královstoí Céského (Über die geologische Sammlung Goethes im Museum des Königreichs Böhmen in Prag), Praha 1895.

Quintus Icilius, Gustav von [Rez.]: Friedrich Grävell: Goethe im Recht gegen Newton, Berlin 1857, in: Kritische Zeitschrift für Chemie, Physik und Meteorologie (1858) S. 108–117, 206–226.

r r r. [Rez.]: Johann Wolfgang von Goethe: Mittheilungen aus der Pflanzenwelt, posthum, in: Literaturberichte zur Flora oder allgemeinen botanischen Zeitung 3 (1833) S. 227–229.

Raumer, Ernst von: Göthe als Naturforscher, in: ders.: Kreuzzüge, Th. 1, Stuttgart 1840, S. 70–92.

Robiati, Pietro: Cenno preliminare, in: Johann Wolfgang von Goethe: Saggio sulla metamorfosi delle piante, Milano 1842, S. XI–XII.

Reichenbach, Heinrich Gottlieb Ludwig: Versuch einer Fortbildung von Göthe's Metamorphose zu einer Beschauung des Pflanzenreichs in seiner Totalität, in: ders.: Handbuch des natürlichen Pflanzensystems, Dresden 1837, ^{2}1850, S. 19–96.

Reichenbach, Heinrich Gottlieb Ludwig: Göthe als Naturforscher, in: Allgemeine deutsche naturhistorische Zeitung, n. F., 2 (1856) S. 281–292, auch in: ders.: Freunde und Kenner der Natur, Dresden 1856, S. 1–14.

Reichenbach, Heinrich Gustav: Goethe und die Biologie, in: Bericht der Senckenbergischen naturforschenden Gesellschaft in Frankfurt am Main, Frankfurt a. M. 1899, S. 124–155.

Reitlinger, Edmund: Doctor Faust und die Naturwissenschaften, 1866, in: ders.: Freie Blicke. Populär wissenschaftliche Aufsätze, Berlin 1874, ^{3}1877, S. 296–307, 326–346.

Ritter, Johann Wilhelm: Anmerkungen zu: Schreiben des Geh. Rath von Göthe an J. W. Ritter, Herschel's thermometrische Versuche in den Farben des Lichts betreffend, in: Journal für die Chemie, Physik und Mineralogie 6 (1808) S. 719–729.

Rollett, Alexander: Aus dem Zeitalter der Phrenologie mit besonderer Beziehung auf Göthes Verkehr mit dem Phrenologen Gall, in: Deutsche Revue über das gesamte nationale Leben der Gegenwart 7 (1882) S. 360–380.

Saint-Hilaire, Auguste: Rapport sur la traduction de la partie botanique des Œuvres de Goethe, publié par Charles Frédéric Martins, Paris 1837, in:

Comptes Rendus Hebdomadaires des Séances de l'Académie des Sciences 7 (1838) S. 434–440.

Schelver, Franz Joseph (?) [Rez.]: Johann Wolfgang von Goethe: Versuch die Metamorphose der Pflanzen zu erklären, Gotha 1790, in: Allgemeine Literatur-Zeitung, 3. Ergbl. (1803) (66) Sp. 521–525.

Schiff, Emil: Goethe und kein Ende, in: Neue Freie Presse (1882) (17. 11.) (6548).

Schiff, Emil: Ueber Helmholtz' Goetherede in Weimar, in: Die Nation. Wochenschrift für Politik, Volkswirtschaft und Literatur 9 (1891/1892) S. 573–576.

Schiff, Julius: Goethes naturwissenschaftliche Forschungen und ihre Bedeutung für den naturwissenschaftlichen Unterricht, in: Programm des städtischen Johannes-Gymnasiums zu Breslau für das Schuljahr von Ostern 1899 bis Ostern 1900, Breslau 1899, S. 3–32.

Schimper, Carl: Göthe in der Naturwissenschaft, in: ders.: Gedichte. 1840–1846, Mannheim 1847, S. 302–304 u. S. 342–345.

Schleiden, Mathias Jakob: Goethe als Naturforscher, in: Westermanns Illustrierte Monatshefte 23 (1867) S. 614–625.

Schmidt, Oscar: Göthe's Verhältniß zu den organischen Wissenschaften. Vortrag gehalten im wissenschaftlichen Verein zu Berlin, Berlin 1853.

Schmidt, Oscar: War Goethe ein Darwinianer? (= Schriften über Goethe, Bd. 1), Graz 1871.

Schmidt, Oscar: Die Naturphilosophie. Goethe. Prädestinirte Umbildung nach Richard Owen. Lamarck, in: ders.: Deszendenzlehre und Darwinismus, Leipzig 1873, S. 94–114.

Schultz-Schultzenstein, Carl Heinrich: Göthe's Metamorphosenlehre, in: ders.: Die Anaphytose oder Verjüngung der Pflanzen, Berlin 1843, S. 12–14.

Schuster, Arthur: Goethe's Theory of Colour, in: Transactions of the Manchester Goethe Society (1884) S. 127–138, dt. Goethe's Farbenlehre, in: Publications of the English Goethe Society 5 (1890) S. 141–151.

Schwalbe, Julius: Zur Geschichte der „plastischen Anatomie", in: Deutsche Medizinische Wochenschrift 2 (1896) (47) S. 761–762.

Schwalbe, Julius: Zu ‚Goethe und die plastische Anatomie', in: Goethe-Jahrbuch 18 (1897) S. 282–283.

Seebeck, Thomas Johann: Von den Farben und dem Verhalten derselben gegen einander, in: Journal für Chemie und Physik 1 (1811) S. 4–12.

Soret, Frédéric: Catalogue raisonné des variétés d'Amphibole et de Pyroxène rapportées de Bohème par S. E. Monsieur le Ministre d'Etat de Goethe, 1824, in: Johann Wolfgang von Goethe: Zur Naturwissenschaft überhaupt, Bd. 2, 1. H., 1824, in: ders.: Die Schriften zur Naturwissenschaft, 1. Abt., Bd. 8, Weimar 1962, S. 397–403, dt. Catalogue raisonné der verschiedenen Amphibole und Pyroxene, welche Seine Exzellenz Herr Staatsminister von Goethe aus Böhmen mitgebracht hat, 1824, in: Hans Prescher: Goethes Sammlungen zur Mineralogie, Geologie und Paläontologie, Berlin 1878, S. 465–472, franz. Bericht: Catalogue raisonné des variétés d'Amphibole et de Pyroxène, provenant du Wolfsberg, près Czerlochin, Bohème, in: Nouveau Bulletin des Sciences (1825) S. 39–41, auch in: Annales des Sciences Naturelles 5 (1825) S. 387–391.

Stępniewski, Tymoteusz: Goethe, znaczenie jego prac na polu biologii i filozofii przyrody (Goethe, die Bedeutung seiner Arbeit auf dem Gebiet der Biologie und der Naturphilosophie, poln.), Warschau 1877.

Stiehler, August Wilhelm: Goethe in seinem Verhältniß zum Neptunismus und Vulkanismus, in: Deutsches Museum. Zeitschrift für Literatur, Kunst und öffentliches Leben 5 (1855) (30) S. 124–137.

Stilling, Jacob: Über Goethes Farbenlehre, in: Straßburger Goethevorträge, Straßburg 1899, S. 147–173.

Straus-Durckheim, Hercule (Kürzel S–s) [Rez.]: Johann Wolfgang von Goethe: Remarque sur l'ostéologie (Morphologie, 1824, 2. vol., 2. cah., S. 126), in: Bulletin des Sciences Naturelles et de Géologie 7 (1826) S. 240.

Stromeyer; Georg Friedrich Louis: Carus und Goethe, oder: Der neue Empedokles, in: ders.: Erinnerungen eines deutschen Arztes, Bd. 1, Hannover 1875, S. 230–236.

Toula, Franz von: Goethe als Geologe, in: Die Natur. Zeitung zur Verbreitung naturwissenschaftlicher Kenntniß und Naturanschauung für Leser aller Stände, n. F., 6 (1880) (46–47) S. 581–582, S. 587–590.

Tyndall, John: Goethe's *Farbenlehre*, in: The Fortnightly Review 33 (1880) S. 471–490, auch in: Popular Science Monthly 17 (1880) S. 215–321, auch in: ders.: New Fragments, London 1892, S. 47–77, dt. Fragmente, Neue Folge, Braunschweig 1895, S. 55–89, franz. Une théorie des couleurs de Goethe, in: La Revue Scientifique de la France et de l'Étranger, 2. sér., t. 18 (1880) S. 1198–1205, auch in: Annales Oculistiques 84 (1880) S. 192–202.

Virchow, Rudolf: Göthe als Naturforscher und in besonderer Beziehung auf Schiller, Berlin 1861, erneut Darmstadt 1962, russ. Gëte kak estestvoispytatel' i osobennoje otoschenije jevo k Schilleru, St. Petersburg 1862.

Vogel, Carl: Die letzte Krankheit Goethes. Nebst einer Nachschrift von C. W. Hufeland, Berlin 1833, erneut, hg. v. Klaus Bergdolt, Heidelberg 1999.

Vogel, Heinrich: Goethe in seinen Beziehungen zu Apothekern, in: Apotheker-Zeitung 15 (1900) S. 525–526, 533–534, 541–542.

Vogt, Carl: Goethes geologische Studien in Karlsbad und bei Franzensbad, in: Nord und Süd. Eine deutsche Monatsschrift 25 (1883) (73) S. 319–336, auch in: Fremdenblatt für die böhmischen Kurorte (1883) (11., 8. u. 15. 6.) (Nr. 10).

Weiss, Frederick Ernest: Goethe as Naturalist, 1888, in: Publications of the English Goethe Society 5 (1890) (1) S. 43–66.

Welcker, Hermann: Goethe, in: ders.: Ueber Irradiation und einige andere Erscheinungen des Sehens, med. Diss. Gießen 1852, S. 62–64.

Werneburg, Johann Friedrich Christian: Merkwürdige Phaenomene an und durch verschiedene Prismen. Zur richtigen Würdigung der Newton'schen und der von Goethe'schen Farbenlehre. Nürnberg 1817.

Wiener, Christian: Die Farbe der atmosphärischen Luft und Etwas über die Göthesche Farbenlehre, in: Verhandlungen des Naturwissenschaftlichen Vereins in Karlsruhe 13 (1895/1900) S. 215–222, auch Karlsruhe 1896.

Wigand, Albert: Göthe, in: ders.: Kritik und Geschichte von der Metamorphose der Pflanze, Leipzig 1846, S. 41–50.

Wilde, Emil: Die Einwürfe Goethe's gegen die Newtonsche Theorie, in: ders.: Geschichte der Optik, Bd. 2, Berlin 1843, S. 153–217.

Wilde, Emil: Die Farben-Terminologie Goethe's, in: ders.: Geschichte der Optik, Bd. 2, Berlin 1843, S. 218–225.

Williamson, William Crawford: On Goethe as Botanist and Osteologist, in: Publications of the English Goethe Society 5 (1890) S. 127–140.

Windischmann, Carl Joseph Hieronymus (Kürzel K. J. W.) [Rez.]: Zur Farbenlehre von Goethe, Bd. 1–2, Tübingen 1810, in: Ergänzungsblätter zur Jenaischen Allgemeinen Literatur-Zeitung 1 (1813) Sp. 20–44.

Wünsche, Otto: Goethe als Naturfreund und Naturforscher, 1892, in: Jahresbericht des Vereins für Naturkunde zu Zwickau in Sachsen (1894) S. 1–30, auch Zwickau 1894.

Young, Thomas [Rez.]: Zur Farbenlehre. On the Doctrine of Colours, by Goethe, Bd. 1–2, Tübingen, 1810, in: The Quarterly Review 10 (1814) S. 427–441.

Zacharias, Otto: Ist Goethe als ein Vorläufer Darwins zu betrachten?, in: Die Gegenwart. Wochenschrift für Literatur, Kunst und öffentliches Leben 9 (1876) S. 110–111.

Zouteveen. Hartogh Heijs van: Over Goethe's verdiensten als onderzoeker der organische natuur (Über Goethes Verdienste als Untersucher der organischen Natur, niederl.), in: Album der Natuur 25 (1876) (1) S. 202–215.

Bibliographie der Primärtitel (chronologisch)

Batsch, Johann Georg Carl [Rez.]: J. W. von Goethe, Versuch die Metamorphose der Pflanzen zu erklären, Gotha 1790, in: Magazin für die Botanik 4 (1790) (11) S. 164–171.

Anonym [Rez.]: J. W. von Goethe, Versuch die Metamorphose der Pflanzen zu erklären, Gotha 1790, in: Hallische Neue Gelehrten Zeitungen (1790) (19.7.) S. 451–452, auch in: Julius W. Braun: Goethe im Urtheile seiner Zeitgenossen. Zeitungskritiken aus den Jahren 1787–1801, Berlin 1884, S. 80–81.

Gmelin, Johann Friedrich [Rez.]: J. W. von Goethe, Versuch die Metamorphose der Pflanzen zu erklären, Gotha 1790, in: Göttingische Anzeigen von gelehrten Sachen (1791) (1) S. 269.

Anonym [Rez.]: J. W. von Goethe, Versuch die Metamorphose der Pflanzen zu erklären, Gotha 1790, in: Gothaische gelehrte Zeitungen (1791) (31) S. 313–317.

Gieseke, Paul Dietrich (?, Kürzel G…e) [Rez.]: J. W. von Goethe, Versuch die Metamorphose der Pflanzen zu erklären, Gotha 1790, in: Beilage, Nr. 72, Kaiserlich Privilegirte Hamburgische Neue Zeitung. Beyträge von gelehrten Sachen 25 (1791) (6.5.).

Anonym [Rez.]: J. W. von Goethe, Beyträge zur Optik. I. Stück, Weimar 1791, in: Allgemeine Literatur-Zeitung 31 (1792) (28.1.) Sp. 241–245.

Anonym [Rez.]: J. W. von Goethe, Versuch die Metamorphose der Pflanzen zu erklären, Gotha 1790, in: Magazin für das Neueste aus der Physik und Naturgeschichte 7 (1792) (4) S. 177–190, auch im Auszug in: Julius W. Braun: Goethe im Urtheile seiner Zeitgenossen. Zeitungskritiken aus den Jahren 1787–1801, Berlin 1884, S. 95–96.

D. von Engelhardt, *Goethe als Naturforscher im Urteil der Naturwissenschaft und Medizin des 19. Jahrhunderts*,
https://doi.org/10.1007/978-3-662-68126-8_51

Anonym [Rez.]: J. W. von Goethe, Beyträge zur Optik. II. Stück, Weimar 1792, in: Allgemeine Literatur-Zeitung 31 (1792) (3. 12. 1792), Sp. 457–458.
Anonym [Rez.]: J. W. von Goethe, Beyträge zur Optik. I. Stück, Weimar 1791, in: Gothaische Gelehrte Zeitungen (1792) (27) S. 713–718, auch in: Julius W. Braun: Goethe im Urtheile seiner Zeitgenossen. Zeitungskritiken aus den Jahren 1787–1801, Berlin 1884, S. 111–118.
Gren, Friedrich Albrecht Carl: Einige Bemerkungen über des Hrn. von Göthe Beyträge zur Optik, in: Journal der Physik 7 (1793) S. 3–21.
Brandis, Joachim Dietrich [Rez.]: J. W. von Goethe. Versuch die Metamorphose der Pflanzen zu erklären, Gotha 1790, in: Allgemeine deutsche Bibliothek 116 (1794) (2) S. 477–479.
Anonym [Rez.]: Versuch die Metamorphose der Pflanzen zu erklären, Gotha 1790, in: Medicinisch-chirurgische Zeitung, 3. Ergbd. (1798) (Nr. 60 f.) S. 17–34.
Anonym (? Franz Joseph Schelver) [Rez.]: Johann Wolfgang von Goethe: Versuch die Metamorphose der Pflanzen zu erklären, Gotha 1790, in: Allgemeine Literatur-Zeitung, 3. Ergbl. (1803) (66) Sp. 521–525.
Schelver, Franz Joseph (?) [Rez.]: Johann Wolfgang von Goethe: Versuch die Metamorphose der Pflanzen zu erklären, Gotha 1790, in: Allgemeine Literatur-Zeitung, 3. Ergbl. (1803) (66) Sp. 521–525.
Ritter, Johann Wilhelm: Anmerkungen zu: Schreiben des Geh. Rath von Göthe an J. W. Ritter, Herschel's thermometrische Versuche in den Farben des Lichts betreffend, in: Journal für die Chemie, Physik und Mineralogie 6 (1808) S. 719–729.
Anonym [Rez.]: Zur Farbenlehre von Göthe, Bd. 1–2, Tübingen 1810, in: Neue Oberdeutsche allgemeine Literatur-Zeitung 132 (1810) Sp. 25–32, auch in: Julius W. Braun: Goethe im Urtheile seiner Zeitgenossen. Zeitungskritiken aus den Jahren 1802–1812, Berlin 1885, S. 246–251.
Anonym [Rez.]: Zur Farbenlehre von Göthe, Bd. 1–2, Tübingen 1810, in: Neue Leipziger Literaturzeitung (1810) Sp. 1629–1632.
Fries, Jakob Friedrich [Rez.]: Zur Farbenlehre, von Goethe, Bd. 1–2, Tübingen 1810, in: Heidelbergische Jahrbücher der Literatur für Mathematik, Physik und Kameralwissenschaften, 3 (1810) (4. Abth.) S. 289–307.
Mollweide, Carl Brandan: Prüfung der Farbenlehre des Herrn v. Goethe und Vertheidigung des Newton'schen Systems wider dieselbe, Halle 1810.
Mayer, Johann Tobias [Rez.]: Zur Farbenlehre, von Goethe, Bd. 1–2, Tübingen 1810, in: Göttingische gelehrte Anzeigen 99 (1811) S. 977–990, auch im Auszug, in: Julius W. Braun: Goethe im Urtheile seiner Zeitgenossen. Zeitungskritiken aus den Jahren 1802–1812, Berlin 1885, S. 279.
Anonym [Rez.]: Zur Farbenlehre, von v. Göthe, Bd. 1–2, Tübingen 1810, in: Allgemeine Literatur-Zeitung 30 (1811) (29. 1. 1811) Sp. 233–240, 31 (1811) (30. 1. 1811) Sp. 241–247, 32 (1811) (31. 1. 1811) Sp. 249–251, auch im Auszug in: Julius W. Braun: Goethe im Urtheile seiner Zeitgenossen. Zeitungskritiken aus den Jahren 1802–1812, Berlin 1885, S. 273–276.

Malus, Étienne Louis (Anonym): Traité des couleurs, par M. Goethe (1810), in: Annales de Chimie 79 (1811), S. 199–219, dt.: Bericht eines französischen Physikers über Herrn von Göthe's Werk: Zur Farbenlehre, Bd. 1–2, Tübingen 1810, in: Annalen der Physik 40 (1812) S. 103–115, im Auszug, in: Julius W. Braun: Goethe im Urtheile seiner Zeitgenossen. Zeitungskritiken aus den Jahren 1802–1812, Berlin 1885, S. 283–285.

Mollweide, Carl Brandan [Rez.]: Zur Farbenlehre, von v. Göthe, Bd. 1–2, in: Allgemeine Literatur-Zeitung (1811) Sp. 233–240, 241–247, 249–251.

Poselger, Friedrich Theodor: Der farbige Rand eines durch ein biconvexes Glas entstehenden Bildes, untersucht, mit Bezug auf Herrn von Göthe's Werk: Zur Farbenlehre, in: Annalen der Physik 37 (1811) S. 135–154, auch in: Julius W. Braun: Goethe im Urteil seiner Zeitgenossen [...] aus den Jahren 1802–1812, Berlin 1885, S. 276–278.

Seebeck, Thomas Johann: Von den Farben und dem Verhalten derselben gegen einander, in: Journal für Chemie und Physik 1 (1811) S. 4–12.

Bartels, Ernst Daniel August [Rez.]: Seebeck: Von den Farben und dem Verhalten derselben gegen einander, in: Neues Journal für Chemie und Physik 1 (1812) (1), S. 4–12, in: Jenaische Allgemeine Literatur-Zeitung 77–78 (1812) Sp. 89–96, 97–100.

Benzenberg, Johann Friedrich: Briefe geschrieben auf einer Reise durch die Schweiz im Jahr 1810, Bd. 2, Düsseldorf 1812 (34. Brief, S. 501–513).

Pfaff, Christoph Heinrich: Ueber die farbigen Säume der Nebenbilder des Doppelspaths, mit besonderer Rücksicht auf Hrn. v. Göthes Erklärung der Farbenentstehung durch Nebenbilder, in: Journal für Chemie und Physik 6 (1812) S. 177–204.

Mayer, Johann Tobias [Rez.]: Christoph Heinrich Pfaff: Ueber Newton's Farbentheorie, Hrn. v. Göthe's Farbenlehre, und den chemischen Gegensatz der Farben. Ein Versuch in der experimentalen Optik, Kiel 1813, in: Göttingische gelehrte Anzeigen 77 (1813) S. 761–767.

Pfaff, Christoph Heinrich: Ueber Newton's Farbentheorie, Herrn von Goethe's Farbenlehre und den chemischen Gegensatz der Farben. Ein Versuch in der experimentalen Optik, Leipzig 1813.

Link, Heinrich Friedrich (Kürzel L. R.) [Rez.]: Zur Farbenlehre von Goethe, Bd. 1–2, Tübingen 1810, in: Ergänzungsblätter zur Jenaischen Allgemeinen Literatur-Zeitung 1 (1813) Sp. 17–20.

Fries, Jakob Friedrich [Rez.]: Christoph Heinrich Pfaff: Ueber Newton's Farbentheorie, Herrn von Göthe's Farbenlehre und den chemischen Gegensatz der Farben. Ein Versuch in der experimentalen Optik, Leipzig 1813, in: Heidelbergische Jahrbücher der Litteratur 7 (1814) S. 417–430.

Windischmann, Carl Joseph Hieronymus (Kürzel K. J. W.) [Rez.]: Zur Farbenlehre von Goethe, Bd. 1–2, Tübingen 1810, in: Ergänzungsblätter zur Jenaischen Allgemeinen Literatur-Zeitung 1 (1813) Sp. 20–44.

Young, Thomas [Rez.]: Zur Farbenlehre. On the Doctrine of Colours, by Goethe, Bd. 1–2, Tübingen, 1810, in: The Quarterly Review 10 (1814) S. 427–441.

Mollweide, Carl Brandan [Rez.]: Pfaff, Christoph Heinrich: Ueber Newton's Farbentheorie, Herrn von Goethe's Farbenlehre und den chemischen Gegensatz der Farben. Ein Versuch in der experimentalen Optik, Leipzig 1813, in: Leipziger Literatur-Zeitung (1815) Sp. 1473–1480.

Prévost, Pierre: Versuch, die verschiedene Brechbarkeit des farbigen Lichtes im Wasser unmittelbar sichtbar zu machen, in Beziehung auf Herrn von Göthe's Farbenlehre. In: Annalen der Physik 49 (1815) S. 393–404.

Anonym [Rez.]: Merkwürdige Phänomene an und durch verschiedene Prismen. Zur richtigen Würdigung der Newton'schen und der von Göthe'schen Farbenlehre. Vom Dr. J. Friedrich Christian Werneburg, Nürnberg 1817, in: Leipziger Literatur-Zeitung (1817) Sp. 1577 f., auch in: Isis oder Encyklopädische Zeitung (1818) (3) Sp. 433–446.

Werneburg, Johann Friedrich Christian: Merkwürdige Phaenomene an und durch verschiedene Prismen. Zur richtigen Würdigung der Newton'schen und der von Goethe'schen Farbenlehre. Nürnberg 1817.

Nees von Esenbeck, Christian Gottfried Daniel (Kürzel F.) [Rez.]: Goethe: Versuch die Metamorphose der Pflanzen zu erklären, Gotha 1790, in: Isis oder Encyklopädische Zeitung (1818) (1) Sp. 996–1008.

Hjertman, Kristoffer Rudolf: Theoria celeberrimi a Goethe de coloribus physiologicis, phil. Diss. Abo 1819.

Anonym [Rez.]: Johann Wolfgang von Goethe: Zur Naturwissenschaft überhaupt, Bd. 1, 2. Heft, Tübingen 1817 u. 1820, in: Allgemeines Repertorium der neuesten in- und ausländischer Literatur (1820) S. 230.

Anonym [Rez.]: Johann Wolfgang von Goethe: Zur Naturwissenschaft überhaupt, Bd. 1, 1.–2. Heft, Tübingen 1817 u. 1820, in: Flora oder Botanische Zeitung 3 (1820) (1) S. 717.

Anonym [Rez.]: Johann Wolfgang von Goethe: Zur Naturwissenschaft überhaupt, Bd. 1, 3. Heft, Tübingen 1817 u. 1820, in: Allgemeines Repertorium der neuesten in- und ausländischen Literatur (1821) (1) S. 28–30.

Choulant, Ludwig (Kürzel Ch.) [Rez.]: Johann Wolfgang von Goethe: Zur Naturwissenschaft überhaupt, Bd. 1, 3. Heft, Tübingen 1820, in: Allgemeine Medizinische Annalen des neunzehnten Jahrhunderts (1821) (5) Sp. 668–670.

Anonym [Rez.]: Johann Wolfgang von Goethe: Zur Naturwissenschaft überhaupt, Bd. 1, 3. Heft, Tübingen 1820, in: Literarisches Conversations-Blatt (1821) (1) S. 537–539.

P. [Rez.]: Johann Wolfgang von Goethe: Zur Naturwissenschaft überhaupt, Bd. 1, 1.–2 Heft, Tübingen 1817 u. 1820, in: Allgemeine Medizinische Annalen des neunzehnten Jahrhunderts (1821) S. 73–85.

Anonym [Rez.]: Johann Wolfgang von Goethe: Zur Naturwissenschaft überhaupt, Bd. 1, 1.–3. Heft, Tübingen 1817 u. 1820, in: Leipziger Literatur-Zeitung (1822) (1) Sp. 1018–1020.

Anonym [Rez.]: Johann Wolfgang von Goethe: Zur Naturwissenschaft überhaupt, Bd. 2, 1. Heft, Tübingen 1823, in: Allgemeines Repertorium der neuesten in- und ausländischen Literatur (1823) (3) S. 15–16.

Goldfuss, Georg August, Christian Gottfried Daniel Nees von Esenbeck u. Johann Jakob Nöggerath (Symbol ** s+K II) [Rez.]: Johann Wolfgang von Goethe: Zur Naturwissenschaft überhaupt, besonders zur Morphologie, Bd. 1, 1.–4. Heft, Stuttgart u. Tübingen 1817–22, in: Jenaische Allgemeine Literatur-Zeitung 20 (1823) (Bd. 2) (Nr. 101–109) Sp. 321–323, 329–336, 337–344, 345–352, 353–360, 361–368, 369–373, 377–383.

Kämtz, Ludwig Friedrich: Dissertatio mathematico-physica de legibus repulsionum electricarum mathematicis, Halle 1823.

Nees von Esenbeck, Christian Gottfried Daniel, Georg August Goldfuss u. Johann Jakob Nöggerath (Symbol ** s+K II) [Rez.]: Johann Wolfgang von Goethe: Zur Naturwissenschaft überhaupt, besonders zur Morphologie, Bd. 1, 1.–4. Heft, Stuttgart u. Tübingen 1817–22, in: Jenaische Allgemeine Literatur-Zeitung 20 (1823) (Bd. 2) (Nr. 101–109) Sp. 321–323, 329–336, 337–344, 345–352, 353–360, 361–368, 369–373, 377–383.

Nöggerath, Johann Jakob, Christian Gottfried Daniel Nees von Esenbeck u. Georg August Goldfuss (Symbol ** s+K II) [Rez.]: Johann Wolfgang von Goethe: Zur Naturwissenschaft überhaupt, besonders zur Morphologie, Bd. 1, 1.–4. Heft, Stuttgart u. Tübingen 1817–22, in: Jenaische Allgemeine Literatur-Zeitung 20 (1823) (Bd. 2) (Nr. 101–109) Sp. 321–323, 329–336, 337–344, 345–352, 353–360, 361–368, 369–373, 377–383.

Anonym [Rez.]: Johann Wolfgang von Goethe: Zur Naturwissenschaft überhaupt, Bd. 1, Tübingen 1817, in: Taschenbuch über die gesammte Mineralogie in Hinsicht auf die neuesten Entdeckungen 18 (1824) S. 164–169.

Anonym [Rez.]: Johann Wolfgang von Goethe: Zur Naturwissenschaft überhaupt, Bd. 2, 2. Heft, Tübingen 1823, in: Literarischer Anzeiger (1824) Sp. 6–7.

Oken, Lorenz (?) [Rez.]: Johann Wolfgang von Goethe: Zur vergleichenden Osteologie, mit Zusätzen und Bemerkungen von Dalton, in: Nova Acta 12 (1824) (1) S. 323, in: Isis oder Encyklopädische Zeitung (1825) (2) Sp. 203.

Soret, Frédéric: Catalogue raisonné des variétés d'Amphibole et de Pyroxène rapportées de Bohème par S. E. Monsieur le Ministre d'Etat de Goethe, 1824, in: Johann Wolfgang von Goethe: Zur Naturwissenschaft überhaupt, Bd. 2, 1. H., 1824, in: ders.: Die Schriften zur Naturwissenschaft, 1. Abt., Bd. 8, Weimar 1962, S. 397–403, dt. Catalogue raisonné der verschiedenen Amphibole und Pyroxene, welche Seine Exzellenz Herr Staatsminister von Goethe aus Böhmen mitgebracht hat, 1824, in: Hans Prescher: Goethes Sammlungen zur Mineralogie, Geologie und Paläontologie, Berlin 1878, S. 465–472, franz. Bericht: Catalogue raisonné des variétés d'Amphibole et de Pyroxène, provenant du Wolfsberg, près Czerlochin, Bohème, in: Nouveau Bulletin des Sciences (1825) S. 39–41, auch in: Annales des Sciences Naturelles 5 (1825) S. 387–391.

Pauls, Johann Peter [Rez.] Les't Les't: Johann Wolfgang von Goethe: Zur Naturwissenschaft überhaupt, Bd. 1, 1. Heft, Tübingen 1817, in: Der Eil-Bote (1824) (8. 12.) S. 896.

Müller, Johannes: Fragmente zur Farbenlehre, insbesondere zur Goetheschen Farbenlehre, in: ders.: Zur vergleichenden Physiologie des Gesichtssinnes des Menschen und der Thiere, Leipzig 1826, S. 391–434.

Müller, Johannes: Ueber die phantastischen Gesichtserscheinungen. Eine physiologische Untersuchung mit einer physiologischen Urkunde des Aristoteles über den Traum, den Philosophen und Aerzten gewidmet, Koblenz 1826. (Goethe, passim).

Straus-Durckheim, Hercule (Kürzel S–s) [Rez.]: Johann Wolfgang von Goethe: Remarque sur l'ostéologie (Morphologie, 1824, 2. vol., 2. cah., S. 126), in: Bulletin des Sciences Naturelles et de Géologie 7 (1826) S. 240.

Anonym [Rez.]: Johann Wolfgang von Goethe: Essai sur la métamorphose des plantes, trad. de l'allemand sur l'édition orginale de Gotha (1790) par Frédéric de Gingins-La Sarraz, Genève 1829, in: Botanische Literaturblätter zur periodischen Darstellung der Fortschritte der Pflanzenkunde 2 (1829) S. 348.

Candolle, Augustin Pyramus de: Essai sur la métamorphose des plantes, par S. W. de Goethe, traduit de l'allemand par Fréd. Gingins-Lasarraz, Genève 1829, in: Bibliothèque Universelle des Sciences, Belles Lettres et Arts 40 (1829) S. 262–263.

Fechner, Gustav Theodor: Kurze Darstellung der Goethe'schen Farbentheorie, in: Jean Baptiste Biot: Lehrbuch der Experimental-Physik, Bd. 4, a. d. Franz. (1816) übers. v. Gustav Theodor Fechner, Leipzig 1817, ^{2}1829, S. 486–488.

Jussieu, Antoine-Laurent de (?) [Rez.]: Johann Wolfgang von Goethe: Essai sur la métamorphose des plantes, trad. de l'allemand sur l'édition orginale de Gotha (1790), par Frédéric de Gingins-La Sarraz, Genève 1829, in: Bulletin des Sciences Naturelles et de Géologie 17 (1829) S. 422–423.

Gingins-La Sarraz, Frédéric de: Précis historique et avant-propos, in: Johann Wolfgang von Goethe: Essai sur la métamorphose des plantes, übers. v. Frédéric de Gingins-La Sarraz, Genève 1829, S. VI–XIV.

Brocchi, Giovanni Battista (Kürzel B.) [Rez.]: Goethe scienziato, in: Biblioteca Italiana o sia Giornale di Letteratura, Scienze ed Arti 63 (1831) S. 247–251.

Geoffroy Saint-Hilaire, Étienne: Sur les écrits de Goethe lui donnant des droits au titre de savant naturaliste, in: Annales des Sciences Naturelles 22 (1831) S. 188–193.

Geoffroy Saint-Hilaire, Étienne: Sur un nouvel ouvrage de Goethe, traitant des analogies et de la métamorphose des plantes, in: Journal Complémentaire des Sciences Médicales 40 (1831) S. 279–282.

Geoffroy Saint-Hilaire, Étienne [Rez.]: Goethe: Essai sur la métamorphose des plantes, Stuttgart 1831, dt. u. franz., übers. von Frédéric Soret, Stuttgart 1831, in: Revue Encyclopédique ou Analyse Raisonnée 51 (1831) S. 523–526.

Lövy, Hermann: Göthe's Farbenlehre, im Gegentheil eine zu wenig beachtete Ergänzung der Theorie der Polarität, in: ders.: Ueber Polarität, Prag 1831, S. 47–54.

Müller, Johannes: Einleitung: Johann Wolfgang von Goethe: Über den Zwischenkiefer des Menschen und der Thiere, Jena 1786, Nachdruck (= Nova Acta Leopoldina 15.1.1831), Bonn 1831, S. 5.

Carus, Carl Gustav [Rez.]: Johann Wolfgang von Goethe: Versuch über die Metamorphose der Pflanzen, übers. franz. von Friedrich Soret, Berlin 1831, u. Josef Hermann Schmidt: Zwölf Bücher über Morphologie und vergleichende Noso-Morphologie insbesondere, Bd. 1–2, Berlin 1831, in: Jahrbücher für wissenschaftliche Kritik (1832) (1) Sp. 1–33, auch in: Karl Robert Mandelkow, Hg.: Goethe im Urteil seiner Kritiker. Dokumente zur Wirkungsgeschichte Goethes in Deutschland, Teil I 1773–1832, München 1975, S. 496–502.

Meyer, Ernst Heinrich Friedrich: Die Metamorphose der Pflanzen und ihr Widersacher, in: Linnaea. Ein Journal für die Botanik in ihrem ganzen Umfange 7 (1832) S. 401–460.

Hufeland, Christoph Wilhelm: Nachschrift: Carl Vogel: Die letzte Krankheit Goethes. Nebst einer Nachschrift von C. W. Hufeland, Berlin 1833, erneut, hg. v. Klaus Bergdolt, Heidelberg 1999, S. 40–43.

Oken, Lorenz (?) [Rez.]: Johann Wolfgang von Goethe: Über den Zwischenkiefer des Menschen und der Thiere, 1786, in: Nova Acta 15 (1833) (2) S. 51–80, in: Isis oder Encyklopädische Zeitung (1833) (7) Sp. 594.

r r r. [Rez.]: Johann Wolfgang von Goethe: Mittheilungen aus der Pflanzenwelt, posthum, in: Literaturberichte zur Flora oder allgemeinen botanischen Zeitung 3 (1833) S. 227–229.

Vogel, Carl: Die letzte Krankheit Goethes. Nebst einer Nachschrift von C. W. Hufeland, Berlin 1833, erneut, hg. v. Klaus Bergdolt, Heidelberg 1999.

Anonym: Göthes Witterungs-Deutung, in: Archiv für Chemie und Meteorologie 8 (1834) S. 320–324.

Moser, Ludwig: Ueber Goethe's Leistungen in der Farbenlehre. In: Historische und literärische Abhandlungen der königlichen deutschen Gesellschaft zu Königsberg, Dritte Sammlung, Königsberg 1834, S. 111–140.

Geoffroy Saint-Hilaire, Étienne: Analyse des travaux de Goethe en histoire naturelle, et considérations sur le caractère de leur portée scientifque, in: Comptes Rendus Hebdomadaires des Séances de l'Académie des Sciences 12 (1836) (1) S. 523–527, 555–557, 563–565.

Martins, Charles Frédéric: Analyse des travaux de Goethe en histoire naturelle, in: Le Temps. Journal des Progrès Politiques, Scientifiques, Littéraires et Industriels 7 (1836) Sp. 37.500–37.560.

Feuchtersleben, Ernst von: Goethe's naturwissenschaftliche Ansichten, in: ders.: Beiträge zur Literatur, Kunst und Lebens-Theorie, Bd. 1, Wien 1837, S. 99–140, auch in: ders.: Sämmtliche Werke, Bd. 5, Wien 1852, S. 83–116, auch in Auswahl in: Karl Robert Mandelkow, Hg.: Goethe im Urteil seiner Kritiker. Dokumente zur Wirkungsgeschichte Goethes in Deutschland, Teil II 1832–1870, München 1977, S. 165–174.

Reichenbach, Heinrich Gottlieb Ludwig: Versuch einer Fortbildung von Göthe's Metamorphose zu einer Beschauung des Pflanzenreichs in seiner Totalität, in: ders.: Handbuch des natürlichen Pflanzensystems, Dresden 1837, [2]1850, S. 19–96.

Anonym [Rez.]: Johann Wolfgang von Goethe: Œuvres d'histoire naturelle, trad. et annot. par Charles Frédéric Martins, Paris 1837, in: Annales des Sciences, n. s., 10 (1838) S. 379–382.

Cesati, Vincenzo [Rez.]: Goethe: Versuch die Metamorphose der Pflanzen zu erklären, Gotha 1790, in: ders.: Le teoriche più recenti dei botanici del Nord in fatto di fisica vegetabile, in: Biblioteca Italiana 84 (1836) S. 92–99, hier S. 96–99.

Dove, Heinrich Wilhelm: Die neuere Farbenlehre mit andern chromatischen Theorien verglichen, Berlin 1838. (Goethe, passim).

Geoffroy Saint-Hilaire, Isidore: Rapport verbal sur les Œuvres d'histoire naturelle de Goethe, trad. par Charles Frédéric Martins, Paris 1837, in: Comptes Rendus Hebdomadaires des Séances de l'Académie des Sciences 6 (1838) S. 320–331.

Littré, Émile: Œuvres d'histoire naturelles de Goethe, in: Revue des Deux Mondes 4. Sér. 14 (1838) (1) S. 94–110.

Pictet, François-Jules [Rez.]: Johann Wolfgang von Goethe: Œuvres d'histoire naturelle, trad. et annot. par Charles Frédéric Martins, Paris 1837, in: Bibliothèque Universelle de Genève, n. s., 15 (1838) S. 338–350.

Saint-Hilaire, Auguste: Rapport sur la traduction de la partie botanique des Œuvres de Goethe, publié par Charles Frédéric Martins, Paris 1837, in: Comptes Rendus Hebdomadaires des Séances de l'Académie des Sciences 7 (1838) S. 434–440.

Darlington, William: An Essay on the Development and Modifications of the External Organs of Plants. Compiled Chiefly from the Writings of J. Wolfgang von Goethe, for a Public Lecture to the Class of the Chester County Cabinet of Natural Science, March 1, 1839, West Chester, Pennsylvania 1839.

Anonym [Rez.]: Goethe's Theory of Colours, transl. from the German, with Notes, by Charles Lock Eastlake, London 1840, in: The Athenaeum 693 (1840) (28.11.) S. 941–942. Blainville, Henri Marie de: Goethe, in: Histoire des sciences de l'organisation et de leurs progrès, comme base de la philosophie, Bd. 3, Paris 1845, S. 483–494.

Raumer, Ernst von: Göthe als Naturforscher, in: ders.: Kreuzzüge, Th. 1, Stuttgart 1840, S. 70–92.

Brewster, David (anonym): Goethe's Theory of Colours, transl. from the German, with Notes, by Charles Lock Eastlake, London 1840, in: The Edinburgh Review or Critical Journal 72 (1841) S. 99–131.

Carus, Carl Gustav: Goethes Meteorologie, in. ders.: Zwölf Briefe über das Erdleben, Stuttgart 1841, S. 226–246.

Clemens, Aloys: Goethe als Naturforscher. Eine Skizze, Frankfurt a. M. 1841.

Geoffroy Saint-Hilaire, Isidore: Sur les travaux zoologiques et anatomiques de Goethe, in: ders.: Essais de zoologie générale, Paris 1841, S. 153–174.

Mappes, Johann Michael: Ueber Goethe als Naturforscher, in: ders.: Festreden gehalten im naturgeschichtlichen Museum zu Frankfurt am Main, Frankfurt a. M. 1842, S. 143–151.

Robiati, Pietro: Cenno preliminare, in: Johann Wolfgang von Goethe: Saggio sulla metamorfosi delle piante, Milano 1842, S. XI–XII.

Carus, Carl Gustav: Goethe's Verhältnis zur Natur und Naturwissenschaft, Leipzig 1843, auch in: ders.: Goethe zu dessen näherem Verständnis, Dresden 1953, S. 97–119, auch in Auswahl in: Karl Robert Mandelkow, Hg.: Goethe im Urteil seiner Kritiker. Dokumente zur Wirkungsgeschichte Goethes in Deutschland, Teil II 1832–1870, München 1977, S. 251–255.

Cuvier, Georges: De la philosophie de la nature en Allemagne et en France, in: ders.: Histoire des sciences naturelles pendant la deuxième moitié de XVIIIe siècle et une partie du XIXe chez tous les peuples connus, 3. p., t. 5, compl., posthum, Paris 1845, S. 313–435. (Goethe S. 315–323).

Schultz-Schultzenstein, Carl Heinrich: Göthe's Metamorphosenlehre, in: ders.: Die Anaphytose oder Verjüngung der Pflanzen, Berlin 1843, S. 12–14.

Wilde, Emil: Die Einwürfe Goethe's gegen die Newtonsche Theorie, in: ders.: Geschichte der Optik, Bd. 2, Berlin 1843, S. 153–217.

Wilde, Emil: Die Farben-Terminologie Goethe's, in: ders.: Geschichte der Optik, Bd. 2, Berlin 1843, S. 218–225.

Gillette, Eugène: Goethe (Jean Wolfgang). Littérateur, naturaliste, in: Dictionnaire des Sciences Naturelles 61 (1845) S. 155–156.

Martins, Charles Frédéric: La métamorphose des plantes de Goethe et la loi de symétrie d'Aug. Pyr. De Candolle, in: La Revue Indépendante 16 (1845) S. 38–60.

Anonym: Goethe als Naturforscher, in: Minerva. Ein Journal historischen und politischen Inhalts 3 (1846) S. 432–447.

Wigand, Albert: Göthe, in: ders.: Kritik und Geschichte von der Metamorphose der Pflanze, Leipzig 1846, S. 41–50.

Clemens, Aloys: Ueber Goethes Naturbetrachtung, in: Morgenblatt für gebildete Leser 41 (1847) (9.2.) S. 134–135, (10.2.) S. 138–140.

Clemens, Aloys: Goethes Farbenlehre, zum 28. August in einer Skizze dargestellt, in: Morgenblatt für gebildete Leser 41 (1847) (1.9.) S. 833–834, (2. 9.) S. 838–839, (3. 9.) S. 841–842, (4. 9.) S. 846–847, (6. 9.) S. 849–850.

Oken, Lorenz: Schädelwirbel. Gegen Hegel und Goethe, in Isis oder Encyklopädische Zeitung (1847) Sp. 557–559.

Schimper, Carl: Göthe in der Naturwissenschaft, in: ders.: Gedichte. 1840–1846, Mannheim 1847, S. 302–304 u. S. 342–345.

Clemens, Aloys: Goethe's geognostische Ansichten, in: Morgenblatt für gebildete Leser 42 (1848) (206) S. 822–824.

Berthold, Arnold Adolf: Am 28. August des J. 100 nach der Geburt Goethe's in einem Kreise Göttingischer Verehrer und Verehrerinnen dieses grossen Genius über seine Anatome comparata, Göttingen 1849.

Carus, Carl Gustav: Göthe und seine Bedeutung für diese und die künftige Zeit. Eine Festrede gehalten zu Dresden am 28. August 1849, Dresden 1849.

Anonym: Goethe as Man of Science, in: The Eclectic Magazine of Foreign Literature, Science and Art 27 (1852) S. 460–475.

Welcker, Hermann: Goethe, in: ders.: Ueber Irradiation und einige andere Erscheinungen des Sehens, med. Diss. Gießen 1852, S. 62–64.

Helmholtz, Hermann von: Ueber Goethe's naturwissenschaftliche Arbeiten, in: Allgemeine Monatsschrift für Wissenschaft und Kultur (1853) S. 383–398, auch in: ders.: Vorträge und Reden, Bd.1, Braunschweig 1884, [4]1896, S. 23–47, auch in: Karl Robert Mandelkow, Hg.: Goethe im Urteil seiner Kritiker. Dokumente zur Wirkungsgeschichte Goethes in Deutschland, Teil II 1832–1870, München 1977, S. 401–416, franz. Goethe naturaliste, in: Revue des Cours Scientifiques de la France et de l'Étranger 7 (1870) S. 18–25, engl. On Goethe's Scientific Researches, in: ders.: Popular Scientific Lectures, Bd. 1, London 1873, S. 33–59, ital. Le idee e le opere scientifiche di Goethe, in: La Rassegna Nazionale 22 (1900) S. 574–591.

Schmidt, Oscar: Göthe's Verhältniß zu den organischen Wissenschaften. Vortrag gehalten im wissenschaftlichen Verein zu Berlin, Berlin 1853.

Stiehler, August Wilhelm: Goethe in seinem Verhältniß zum Neptunismus und Vulkanismus, in: Deutsches Museum. Zeitschrift für Literatur, Kunst und öffentliches Leben 5 (1855) (30) S. 124–137.

Clemens, Aloys: Goethe's Metamorphose der Pflanzen, in: Frankfurter Konversationsblatt (1856) (2) S. 822–823, 826–827, 83–831, 834–835.

Reichenbach, Heinrich Gottlieb Ludwig: Göthe als Naturforscher, in: Allgemeine deutsche naturhistorische Zeitung, n. F., 2 (1856) S. 281–292, auch in: ders.: Freunde und Kenner der Natur, Dresden 1856, S. 1–14.

Graevell, Friedrich: Goethe im Recht gegen Newton, Berlin 1857.

Beketov, Andrej Nikolaevič: O morfologičeskich otnošenijach listovich častei meždu soboju i so steblem (Über die morphologischen Beziehungen der Blattteile untereinander und mit dem Stengel, russ.), Diss. St. Petersburg 1858.

Quintus Icilius, Gustav von [Rez.]: Friedrich Grävell: Goethe im Recht gegen Newton, Berlin 1857, in: Kritische Zeitschrift für Chemie, Physik und Meteorologie (1858) S. 108–117, 206–226.

Faivre, Ernest: Goethe Naturaliste. Quatrième Partie. La Science dans les poésie, les Romans et les Œuvres artistiques de Goethe, in: Revue Contemporaine. Philosophie – Histoire – Sciences 42 (1859) S. 39–58, auch erweitert u. d. T. La sciences dans les écrits littéraires et esthétiques, in: ders.: Œuvres scientifiques de Goethe. Analysées et appréciées, Paris 1862, S. 301–350.

Clemens, Aloys: Neueste Actenstücke über Goethe's Farbenlehre, in: Frankfurter Konversationsblatt (1860) (10.10.) S. 958–959, (11.10.) S. 962–963, (12.10.) S. 966–967, (13.10.) S. 970–971, (16.10.) S. 978–979.
Aderholdt, August Eduard: Ueber Göthe's Farbenlehre. Ein Vortrag gehalten in der mathematischen Gesellschaft zu Jena, Weimar 1858, gekürzt auch in: Sitzungs-Berichte der naturwissenschaftlichen Gesellschaft *Isis* zu Dresden (1862) (10–12) S. 265–269.
Graevell, Friedrich: Ueber Licht und Farben. Mit besonderer Beziehung auf die Farbenlehren Newton's und Goethes, Berlin 1859.
Graevell, Friedrich: Die zu sühnende Schuld gegen Goethe, Berlin 1860.
Meding, Carl Heinrich: Goethe als Naturforscher in Beziehung zur Gegenwart, Dresden 1861.
Virchow, Rudolf: Göthe als Naturforscher und in besonderer Beziehung auf Schiller, Berlin 1861, erneut Darmstadt 1962, russ. Gëte kak jestestvoispytatel' i osobennoje otošenije jevo k Schilleru, St. Petersburg 1862.
Clemens, Aloys: Goethe's geognostischer Triumph, in: Frankfurter Konversationsblatt (1862) (Nr. 205 u. 207).
Cohn, Ferdinand: Goethe und die Metamorphose der Pflanze, in: Deutsches Museum. Zeitschrift für Literatur, Kunst und öffentliches Leben 12 (1862) S. 128–141.
Faivre, Ernest: Œuvres scientifiques et esthétiques de Goethe. Analysées et appréciées, Paris 1862.
Hantzsch, Georg Rudolf: Goethe's Farbenlehre und die Farbenlehre der heutigen Physik, Dresden 1862.
Hantzsch, Georg Rudolf: Ueber die der Göthe'schen Farbenlehre bisher zu Theil gewordene Kritik, in: Sitzungs-Berichte der naturwissenschaftlichen Gesellschaft *Isis* zu Dresden (1862) (10–12) S. 244–256.
Hemerdinger, Michel: Goethe naturaliste, in: La Critique Française. Revue Philosophique et Littéraire 2 (1862) (15.2.) S. 125–131.
Carus, Carl Gustav: Goethe, dessen Bedeutung für unsere und die kommende Zeit, Wien 1863.
Neumann, Carl: Über die wesentlichsten Irrthümer in Göthe's Farbenlehre, in: Sitzungs-Berichte der naturwissenschaftlichen Gesellschaft *Isis* zu Dresden (1863) S. 105–107 (Bericht).
Dresden 1863.
Brewster, David (anonym): [Rez.]: Œuvres scientifiques de Goethe, analysées et appréciées, par Ernest Faivre, in: The North British Review 38 (1863) S. 57–71.
Kirschleger, Frédéric: Goethe naturaliste et spécialement botaniste, lecture publique, faite le 21 décembre 1864 à la Préfecture du Bas-Rhin.
Kirschleger, Frédéric: La métamorphose des plantes de Goethe, Straßburg 1865.
González de Linares, Augusto: Göthe considerado como naturalista y como filósofo de la naturaleza, in: La Enseñanza. Revista General de Instrucción Pública y Particular de Archivos y Bibliotecas, 29 (1866) S. 65–67.

Kirchhoff, Alfred: Die Idee der Pflanzenmetamorphose bei Wolf und bei Göthe, in: Zweiter Jahresbericht der über die Luisenstädtische Gewerbeschule in Berlin, Berlin 1867, S. 1–33, auch Berlin 1867.

Schleiden, Mathias Jakob: Goethe als Naturforscher, in: Westermanns Illustrierte Monatshefte 23 (1867) S. 614–625.

Haeckel, Ernst: Entwickelungs-Theorie von Goethe und Oken, in: ders.: Natürliche Schöpfungsgeschichte, Berlin 1868, [8]1889, S. 65–88, span. Teoría evolutiva de Goethe y de Oken, in: Revista Europea 5 (1878) (231) S. 107–117, engl. Theory of Development According to Goethe and Oken, in: ders.: The History of Creation, Bd. 1, London 1876, S. 72–99, franz. Théorie évolutive de Goethe et Oken, in: ders. Histoire de la création, Paris 1877, S. 64–88.

Boulay, Jean Nicolas: Goethe et la science de la nature, Straßburg 1869.

Huxley, Thomas Henry: Nature: Aphorisms by Goethe, in: Nature 4 (1869) S. 9–11.

Pisko, Franz Josef: Die Farbenlehre Goethe's, in: Licht und Farbe. Eine gemeinfaßliche Darstellung der Optik, München 1869, [2]1876, S. 513–525.

Hoh, Theodor: Göthe als Naturforscher, in: Neunter Bericht der naturforschenden Gesellschaft zu Bamberg für die Jahre 1869–70 (1870) S. 1–20.

Schmidt, Oscar: War Goethe ein Darwinianer? (= Schriften über Goethe, Bd. 1), Graz 1871.

Leclerc, François: Goethe et le livre de la métamorphose des plantes, in: Mémoires de la Société d'Émulation du Doubs 4. Série, 6 (1872) S. 155–182, auch Besançon 1872.

Schmidt, Oscar: Die Naturphilosophie. Goethe. Prädestinirte Umbildung nach Richard Owen. Lamarck, in: ders.: Deszendenzlehre und Darwinismus, Leipzig 1873, S. 94–114.

A. C.: Lamarck e Goethe i precursori di Darwin. Haeckel il suo apostolo, in: Il Convegno Raccolta Mensile di Studi Critici e Notizie 4 (1874) S. 322–337.

Papillon, Fernand: Des rapports philosophiques de Goethe et de Diderot, in: Séances et Travaux de l'Académie des Sciences Morales et Politiques 33 (1874) (1) S. 245–263.

Plüss, Nathanel: Die Begründung der Farbenlehre durch Newton und ihre Bekämpfung durch Göthe, in: Einladungsschrift zur Promotionsfeier des Pädagogiums, Basel 1874, S. 3–30.

Reitlinger, Edmund: Doctor Faust und die Naturwissenschaften, 1866, in: ders.: Freie Blicke. Populär wissenschaftliche Aufsätze, Berlin 1874, [3]1877, S. 296–307, 326–346.

Kalischer, Salomon: Goethe und Darwin, in: Die Wage. Wochenblatt für Politik und Literatur (1876) S. 166–176, S. 179–192.

Kalischer, Salomon. Goethe als Entdecker der Eiszeit, in: Die Wage. Wochenblatt für Politik und Literatur (1876) S. 220–224.

Papillon, Fernand: Doctrine physiologique leibnizienne de Goethe, in: ders.: Histoire de la philosophie moderne dans ses rapports avec le développement des sciences de la nature, Bd. 2, Paris 1876, S. 389–416.

Stromeyer; Georg Friedrich Louis: Carus und Goethe, oder: Der neue Empedokles, in: ders.: Erinnerungen eines deutschen Arztes, Bd. 1, Hannover 1875, S. 230–236.

Zacharias, Otto: Ist Goethe als ein Vorläufer Darwins zu betrachten?, in: Die Gegenwart. Wochenschrift für Literatur, Kunst und öffentliches Leben 9 (1876) S. 110–111.

Zouteveen. Hartogh Heijs van: Over Goethe's verdiensten als onderzoeker der organische natuur (Über Goethes Verdienste als Untersucher der organischen Natur, niederl.), in: Album der Natuur 25 (1876) (1) S. 202–215.

Cattie, Joseph Theodore: Göthe ein Gegner der Descendenztheorie. Eine Streitschrift gegen Ernst Haeckel, Utrecht 1877.

Hlawaczek, Eduard: Goethe in Karlsbad, Karlsbad 1877, mit Viktor Ruß, ^{2}1883.

Kalischer, Salomon: Einleitung, in: Goethes Werke, Bd. 34, Zur Metorologie. – Zur Naturwissenschaft im Allgemeinen. – Naturwissenschaftliche Einzelheiten, hg. v. Salomon Kalischer, Berlin 1877, S. VII–XVI.

Kossmann, Robby: War Goethe ein Mitbegründer der Descendenztheorie? Eine Warnung vor Haeckel's Citaten, in: Verhandlungen des Heidelberger naturhistorisch-medizinischen Vereins 1 (1877) (2) S. 152–164, auch Heidelberg 1877.

Stępniewski, Tymoteusz: Goethe, znaczenie jego prac na polu biologii i filozofii przyrody (Goethe, die Bedeutung seiner Arbeit auf dem Gebiet der Biologie und der Naturphilosophie, poln.), Warschau 1877.

Kalischer, Salomon: Goethe's Verhältnis zur Naturwissenschaft und seine Bedeutung in derselben, Berlin 1878.

Laube, Gustav Carl: Goethe als Naturforscher in Eger, in: Prager Tageblatt (1879) (5. u. 6.6.) (Nr. 154 u. 155).

Möbius, Karl: Ueber die Goethe'schen Worte: „Leben ist die schönste Erfindung der Natur und der Tod ist ihr Kunstgriff viel Leben zu haben". Rede beim Antritt des Rektorats an der Königlichen Universität zu Kiel gehalten am 3. März 1879, Kiel 1879.

Dreher, Eugen: Goethe's Bedeutung als Naturforscher, in: Die Natur, n. F., 6 (1880) S. 516–519, auch in: ders.: Philosophische Abhandlungen, Berlin 1903, S. 125–138.

Kerner von Marilaun, Anton: Goethe und Darwin, in: Neue Freie Presse (Wien) (1880) (29.4.) (5628) S. 4, auch in: Ernst Moritz Kronfeld: Anton Kerner von Marilaun. Leben und Arbeit eines deutschen Naturforschers, Leipzig 1908, S. 215–224.

Laube, Gustav Carl: Goethe als Naturforscher in Böhmen, 1879, in: Mittheilungen des Vereins für Geschichte der Deutschen in Böhmen 18 (1880) S. 16–37.

Rollett, Alexander: Aus dem Zeitalter der Phrenologie mit besonderer Beziehung auf Göthes Verkehr mit dem Phrenologen Gall, in: Deutsche Revue über das gesamte nationale Leben der Gegenwart 7 (1882) S. 360–380.

Toula, Franz von: Goethe als Geologe, in: Die Natur. Zeitung zur Verbreitung naturwissenschaftlicher Kenntniß und Naturanschauung für Leser aller Stände, n. F., 6 (1880) (46–47) S. 581–582, S. 587–590.

Kalischer, Simon: Noch einmal ‚Goethe als Geologe'. Mit Bezug auf den gleichnamigen Aufsatz des Herrn Prof. Franz Toula in Wien, in: Die Natur. Zeitung zur Verbreitung naturwissenschaftlicher Kenntniß und Naturanschauung für Leser aller Stände, n. F., 6 (1880) S. 654–655.

Tyndall, John: Goethe's *Farbenlehre*, in: The Fortnightly Review 33 (1880) S. 471–490, auch in: Popular Science Monthly 17 (1880) S. 215–321, auch in: ders.: New Fragments, London 1892, S. 47–77, dt. Fragmente, Neue Folge, Braunschweig 1895, S. 55–89, franz. Une théorie des couleurs de Goethe, in: La Revue Scientifique de la France et de l'Étranger, 2. sér., t. 18 (1880) S. 1198–1205, auch in: Annales Oculistiques 84 (1880) S. 192–202.

Cohn, Ferdinand: Goethe als Botaniker, in: Deutsche Rundschau 28 (1881) S. 26–56, leicht verändert, auch in: ders.: Die Pflanze. Vorträge aus dem Gebiet der Pflanze, Breslau 1882, S. 23–64, russ. Gëte kak botanik, in: Rastenie, Bd. 1, hg. v. Sergej Ivanovič Koržanskij, St. Petersburg 1901, S. 71–138.

Du Bois-Reymond, Emil: Goethe und kein Ende. In der Aula der Berliner Universität am 15. Oktober 1882 gehaltene Rektoratsrede, Leipzig 1883, auch in: 1882, in: ders.: Reden, Bd. 1, Leipzig 1886, S. 418–447, auch in: Karl Robert Mandelkow, Hg.: Goethe im Urteil seiner Kritiker. Dokumente zur Wirkungsgeschichte Goethes in Deutschland, Teil III 1870–1918, München 1979, S. 103–117, franz. Goethe, in: La Revue Scientifique de la France et de l'Étranger, 3. sér., t. 4 (1882) S. 769–776.

Haeckel, Ernst: Die Naturanschauung von Darwin, Goethe und Lamarck, in: Tagblatt der 55. Versammlung Deutscher Naturforscher und Ärzte in Eisenach vom 18. Bis 22. September 1882, Eisenach 1882, S. 81–91, auch in: ders.: Gemeinverständliche Werke, Bd. 5, Leipzig 1924, S. 291–331, auch in Auswahl in: Karl Robert Mandelkow, Hg.: Goethe im Urteil seiner Kritiker. Dokumente zur Wirkungsgeschichte Goethes in Deutschland, Teil III 1870–1918, München 1979, S. 95–103, franz. Darwin, Goethe et Lamarck, in: La Revue Scientifique de la France et de l'Étranger 3. sér., t. 4 (1882) S. 705–716, schwed. Darwins, Goethes och Lamarcks natursyn, in: Ernst Haeckel: Två föredrag, Stockholm 1902, S. 55–97.

Schiff, Emil: Goethe und kein Ende, in: Neue Freie Presse (1882) (17. 11.) (6548).

Classen, August: Goethe und die Koryphäen der heutigen Naturwissenschaft, in: Die Grenzboten. Zeitschrift für Politik, Literatur und Kunst 42 (1883) (1) S. 619–634.

Hahn, Francois-Louis: Göthe, in: Dictionnaire Encyclopédique des Sciences Médicales, 4. sér., t. 9 (1883) S. 738–744.

Kalischer, Simon: Goethe als Naturforscher und Herr Du Bois-Reymond als sein Kritiker, Berlin 1883, S. 3–90.

König, Arthur: Über Goethes Bezeichnung der von ihm beobachteten Fälle von Farbblindheit als ‚Akyanoblepsie', in: Zentralblatt für praktische Augenheilkunde 7 (1883) S. 497–498, auch in: Verhandlungen der Physikalischen Gesellschaft zu Berlin 2 (1883) 1884, (14. Dez.) S. 72–73.

Köstlin, Otto: Goethe und sein Verhältniß zu den Naturwissenschaften, in: Allgemeine Zeitung, Beilage (1883) (10.8.) S. 3241–3242, (11.8.) S. 3258–3260, (12.8.) S. 3274–3276.

Vogt, Carl: Goethes geologische Studien in Karlsbad und bei Franzensbad, in: Nord und Süd. Eine deutsche Monatsschrift 25 (1883) (73) S. 319–336, auch in: Fremdenblatt für die böhmischen Kurorte (1883) (11., 8. u. 15. 6.) (Nr. 10).

Classen, August: Goethes naturwissenschaftliche Schriften, in: Die Grenzboten. Zeitschrift für Politik, Literatur und Kunst 43 (1884) (2) S. 544–552.

Perrier, Edmond: Goethe. Idées de Goethe sur l'unité des types organiques, in: ders.: La philosophie zoologiques avant Darwin, Paris 1884, S. 142–148.

Kerner von Marilaun, Anton: Goethes Verhältnis zur Pflanzenwelt, in. Chronik des Wiener Goethe-Vereins 12 (1989) S. 22–24.

Schuster, Arthur: Goethe's Theory of Colour, in: Transactions of the Manchester Goethe Society (1884) S. 127–138, dt. Goethe's Farbenlehre, in: Publications of the English Goethe Society 5 (1890) S. 141–151.

McBride, Thomas Huston: Vegetable Morphology a Century Ago. – Goethe, in: Science 6 (1885) S. 130–131.

Haberlandt, Gottlieb: Goethes botanische Studien, in: Humboldt. Monatsschrift für die gesamten Naturwissenschaften 5 (1886) (6) S. 201–207.

Haberlandt, Gottlieb: Die Entwicklung der Lehre von der Metamorphose der Pflanzen von J. W. von Goethe an bis auf die neueste Zeit, Neustrelitz 1887.

Bendt, Franz: Goethe als Meteorologe, in: Die Gegenwart. Wochenschrift für Literatur, Kunst und öffentliches Leben 33 (1888) (9) S. 134–136.

Jordan, Karl Friedrich: Goethe – und noch immer kein Ende! Kritische Würdigung der Lehre Goethes von der Metamorphose der Pflanze, Hamburg 1888.

Hallier, Ernst: Goethes Naturwissenschaft, in: ders.: Kulturgeschichte des neunzehnten Jahrhunderts in ihren Beziehungen zu der Entwickelung der Naturwissenschaften, Stuttgart 1889, S. 617–619.

Möbius, Paul Julius: Ueber das Pathologische bei Goethe, Leipzig 1889, erneut München 1982.

Büsgen, Moritz: Über Goethes botanische Studien, in: Goethe Jahrbuch 11 (1890) S. 145–185.

Potonié, Henry: Die botanische (theoretische) Morphologie und Goethe, in: Naturwissenschaftliche Wochenschrift 5 (1890) (5) S. 46–48.
Weiss, Frederick Ernest: Goethe as Naturalist, 1888, in: Publications of the English Goethe Society 5 (1890) (1) S. 43–66.
Williamson, William Crawford: On Goethe as Botanist and Osteologist, in: Publications of the English Goethe Society 5 (1890) S. 127–140.
Heuer, Otto: Goethe's elektrische Studien, in: Elektrizität (1891) S. 39–40.
Potonié, Henry: Goethe ein Vorgänger Charles Darwin's?, in: Naturwissenschaftliche Rundschau 6 (1891) (38) S. 365–366.
Schiff, Emil: Ueber Helmholtz' Goetherede in Weimar, in: Die Nation. Wochenschrift für Politik, Volkswirtschaft und Literatur 9 (1891/1892) S. 573–576.
Bardeleben, Karl von: Goethe als Anatom, in: Goethe-Jahrbuch 13 (1892) S. 163–180.
Lungo, Carlo del: Meteorologia Goethiana, in: Rassegna Internazionale (1892) (1. 6.), auch in: ders.: Goethe ed Helmholtz, Torino 1903, S. 67 ff.
Helmholtz, Hermann: Goethes Vorahnungen kommender naturwissenschaftlicher Ideen, in: Deutsche Rundschau (1892) (Juli) S. 115–132, auch Berlin 1892. 55 S., auch in: ders.: Vorträge und Reden, Bd. 2, Braunschweig [4]1896, S. 335–361, auch in: Karl Robert Mandelkow, Hg.: Goethe im Urteil seiner Kritiker. Dokumente zur Wirkungsgeschichte Goethes in Deutschland, Teil III 1870–1918, München 1979, S. 227–245, auch ital. Kurzref. Previsoni di Goethe intorno alle future scoperte scientifiche, in: Minerva. Rassegna Internazionale 4 (1892) (7) S. 180 f., auch franz. Kurzref. Pressentiments scientifiques de Goethe, in: La Revue 5 (1892) (7) S. 59.
Beketov, Andrej Nikolaevič: Gëтe – estestvoispytatel' (Goethe – Naturforscher, russ.) in: Enciclopedičeskij Slovar', Bd. 7-A, St. Petersburg 1893, S. 594–595.
Kronfeld, Ernst Moritz: Goethe als Botaniker, in: ders.: Mutter Grün, Wien 1893, S. 13–23.
Bailey, George Herbert: Goethe as a Student of Chemistry, in: Transactions of the Manchester Goethe Society (1886–1893) 1894, S. 142–144.
Osborn, Henry Fairfield: Johann Wolfgang Goethe was the Greatest Poet of Evolution …, in: ders.: From the Greeks to Darwin. An Outline of the Development of the Evolution Idea (= Columbia University Biological Series, 1), New York 1894, [2]1899, S. 181–187.
Wünsche, Otto: Goethe als Naturfreund und Naturforscher, 1892, in: Jahresbericht des Vereins für Naturkunde zu Zwickau in Sachsen (1894) S. 1–30, auch Zwickau 1894.
Lommel, Eugen von: Eine optische Reliquie von Goethe, in: Deutsche Revue über das gesamte nationale Leben der Gegenwart 20 (1895) (2) S. 44–48.
Procházka, Vladimír Josef: O geologické sbírce J. W. Goethe z okoli Kárlovýck Varu o museu Královstoí Céského (Über die geologische Sammlung Goethes im Museum des Königreichs Böhmen in Prag), Praha 1895.

Anonym: Goethe anatomista, in: Minerva 6 (1896) (7) S. 4–10.

Beketov, Andrej Nikolaevič: Morfologija rastenij (Morphologie der Pflanzen, russ.), in: Enciclopedičeskij Slovar', Bd. 19-A, St. Petersburg 1896, S. 919–920.

Lungo, Carlo del: Goethe scienziato, in: Nuova Antologia 64 (1896) S. 105–131, auch: Goethe come naturalista, in: ders.: Goethe ed Helmholtz, Torino 1903, S. 1–20.

Wiener, Christian: Die Farbe der atmosphärischen Luft und Etwas über die Göthesche Farbenlehre, in: Verhandlungen des Naturwissenschaftlichen Vereins in Karlsruhe 13 (1895/1900) 1900, S. 215–222, auch Karlsruhe 1896.

Schwalbe, Julius: Zur Geschichte der „plastischen Anatomie", in: Deutsche Medizinische Wochenschrift 2 (1896) (47) S. 761–762.

Hederich, Reinhard Paul Andreas Oskar: Goethe und die physikalische Geographie, phil. Diss. Erlangen 1897, auch München 1898.

Schwalbe, Julius: Zu ‚Goethe und die plastische Anatomie', in: Goethe-Jahrbuch 18 (1897) S. 282–283.

Müller, Erich: Goethe und die Medizin, in: Die Heilkunde. Monatsschrift für praktische Medizin 3 (1898/1899) S. 718–721, 4 (1899/1900) S. 24–27, 94–96, 280–282.

Gerber, Paul Henry: Goethe als Mediziner, in: Wiener Medizinische Wochenschrift 49 (1899) Sp. 2001–2005, 2061–2065.

Haeckel, Ernst: Transformismus. Goethe, in: ders.: Die Welträtsel, Bonn 1899, S. 86–88.

König, Walter: Goethes optische Studien (Festrede), in: Physikalische Zeitschrift 1 (1899/1900) S. 454–463, 467–470, auch Frankfurt a. M. 1899.

Lo Re, Antonio: Goethe scienziata, in: Szienza e Diletto 7 (1899) (39) (21.9.).

Reichenbach, Heinrich Gustav: Goethe und die Biologie, in: Bericht der Senckenbergischen naturforschenden Gesellschaft in Frankfurt am Main, Frankfurt a. M. 1899, S. 124–155.

Schiff, Julius: Goethes naturwissenschaftliche Forschungen und ihre Bedeutung für den naturwissenschaftlichen Unterricht, in: Programm des städtischen Johannes-Gymnasiums zu Breslau für das Schuljahr von Ostern 1899 bis Ostern 1900, Breslau 1899, S. 3–32.

Stilling, Jacob: Über Goethes Farbenlehre, in: Straßburger Goethevorträge, Straßburg 1899, S. 147–173.

May, Walther: Goethes Verhältnis zur Natur und ihrer Wissenschaft, in: Verhandlungen des Naturwissenschaftlichen Vereins in Karlsruhe 13 (1895/1900) 1900, S. 524–550, auch Karlsruhe 1899, erweitert erneut u. d. T.: Goethe und Darwin, in: ders.: Otto, Goethe und Darwin. Darwinismus und Religion, Berlin 1904, S. 49–148.

Molisch, Hans: Goethe als Naturforscher, in: Bericht der Lese- und Redehalle der deutschen Studenten in Prag 1899, Prag 1900, S. 5–14, auch in: ders.: Populäre biologische Vorträge, Jena ^{2}1922, S. 1–13.

Paschkis, Heinrich: Einige Bemerkungen über Goethe und die Medizin, in: Wiener Klinische Rundschau 13 (1899) S. 670–671.

Gerber, Paul Henry: Goethes Beziehungen zur Medizin. Ein populärer Vortrag, Berlin 1900.

Janota, Eduard, d. Ä.: Goethe als Naturforscher im nordwestlichen Böhmen, in: Pharmaceutische Post 33 (1900) S. 735–739.

Vogel, Heinrich: Goethe in seinen Beziehungen zu Apothekern, in: Apotheker-Zeitung 15 (1900) S. 525–526, 533–534, 541–542.

Cohn, Hermann: Goethe über den Impfzwang, in: Wochenschrift für Therapie und Hygiene des Auges 4 (1900/1901) S. 411–412, auch in: Goethe-Jahrbuch 23 (1902) S. 216–218.

Personenregister

A

D. von Engelhardt, *Goethe als Naturforscher im Urteil der Naturwissenschaft und Medizin des 19. Jahrhunderts*, https://doi.org/10.1007/978-3-662-68126-8

C

D

H

L

M

Q

R

SPRINGER NATURE

GPSR Compliance

The European Union's (EU) General Product Safety Regulation (GPSR) is a set of rules that requires consumer products to be safe and our obligations to ensure this.

If you have any concerns about our products, you can contact us on ProductSafety@springernature.com

In case Publisher is established outside the EU, the EU authorized representative is:

Springer Nature Customer Service Center GmbH
Europaplatz 3
69115 Heidelberg, Germany

The manufacturer's authorised representative in the EU is Springer Nature Customer Service Centre GmbH, Europaplatz 3, 69115 Heidelberg, Germany. If you have any concerns regarding our products, please contact ProductSafety@springernature.com

Printed and bound by CPI Group (UK) Ltd, Croydon, CR0 4YY
19/08/2026
02200168-0019